无师自通

AutoCAD

中文版 室内设计

◎ 李元莉 编著

self-learning

人 民 邮 电 出 版 社
北 京

图书在版编目（CIP）数据

无师自通AutoCAD中文版室内设计 / 李元莉编著. --
北京 : 人民邮电出版社, 2018.1
ISBN 978-7-115-47294-6

Ⅰ. ①无… Ⅱ. ①李… Ⅲ. ①室内装饰设计－计算机
辅助设计－AutoCAD软件 Ⅳ. ①TU238.2-39

中国版本图书馆CIP数据核字(2017)第310496号

内容提要

本书以 AutoCAD 2014 中文版为平台，通过“知识点+实例+疑难解答+经验分享”的形式，以细致入微的知识点讲解，结合大量具体的设计案例，全面地介绍 AutoCAD 室内设计的应用技巧。

本书共 16 章，主要内容包括熟悉室内设计环境，室内设计环境的设置，室内设计中的坐标输入与点、线图元，室内设计中二维图形的绘制与编辑，室内设计中的图形组合与编辑，室内设计素材的管理与应用，室内设计图的标注与打印，室内设计必备知识，小户型室内设计，别墅一层室内设计，别墅二层室内设计，别墅三层室内设计，企业办公区室内设计，酒店包间室内设计，宾馆套房室内设计以及多功能厅室内设计。

本书配套一张 DVD 光盘，其主要内容有：长达 30 小时共 273 集的与书内容同步的高清教学视频，帮助读者有效提高实战能力；长达 1.5 小时共 41 集的难点教学视频，帮助读者快速解决学习及设计过程中的疑难问题；书中所有案例的素材文件、效果文件和图块文件，方便读者学习本书内容。

本书适合所有从业于 AutoCAD 室内设计的读者阅读，尤其适合零基础的读者自学。也可以作为中职、高职院校室内设计专业的辅助教材以及 AutoCAD 室内设计培训班的培训教材。

◆ 编　　著　李元莉
责任编辑　牟桂玲
责任印制　沈　蓉　彭志环
◆ 人民邮电出版社出版发行　　北京市丰台区成寿寺路 11 号
邮编　100164　　电子邮件　315@ptpress.com.cn
网址　http://www.ptpress.com.cn
三河市潮河印业有限公司印刷
◆ 开本：787×1092　1/16
印张：24.25
字数：647 千字　　2018 年 1 月第 1 版
印数：1 – 2 000 册　　2018 年 1 月河北第 1 次印刷

定价：79.80 元（附光盘）

读者服务热线：(010)81055410　印装质量热线：(010)81055316
反盗版热线：(010)81055315
广告经营许可证：京东工商广登字 20170147 号

编者的话

EDITOR

AutoCAD 是由美国 Autodesk 公司研究开发的通用计算机绘图和设计软件，被广泛应用于建筑设计、室内装饰装潢制图、机械设计、服装设计等领域，一直以来深受广大设计人员的青睐。

本书以 AutoCAD 2014 为平台，结合大量工程设计案例，全面介绍 AutoCAD 2014 在室内设计方面的应用技巧和方法。在无老师指导的情况下，读者通过阅读本书，能在短时间内快速提高使用 AutoCAD 进行室内设计的能力，从而为其职业生涯奠定扎实的基础。

本书特色

（1）知识体系完善，讲解细致入微

AutoCAD 是一款功能强大的图形设计软件，其知识点多、内容繁杂，读者要想在无老师指导的情况下全面掌握其操作技能非常困难。目前市面上大多数 AutoCAD 图书，仅关注技术实现，其结果是只能授人以鱼。本书则立足于工作实际，从“菜鸟”级读者的角度出发，对软件基础知识进行系统分类及讲解，然后通过大量的真实案例，全方位展现室内设计图的设计思路、设计方法以及技术实现，使读者如亲临工作现场，真正体验室内设计之要义。同时，书中知无不言，言无不尽，不仅细说其然，更点明其所以然，帮助读者快速掌握 AutoCAD 室内设计的精髓。另外，书中还安排了具体实例让读者自己尝试练习，及时实践和消化所学知识，最终达到融会贯通、无师自通。

（2）案例丰富，专业性和实用性强

AutoCAD 室内设计包括家装室内设计和工装室内设计两大部分，本书在案例安排上，特别挑选了家装室内设计和工装室内设计中的典型案例进行讲解。在讲解过程中，每一个知识点后均配有实例辅助读者理解，每一个操作都配有相应的图解和操作注释，这种图文并茂的方法，使读者在学习的过程中直观、清晰地看到操作过程和结果，便于深刻理解和掌握。此外，对于每一个案例，都配有多媒体教学视频，读者可边看边练，轻松、高效学习。

（3）6 个特色小栏目，帮助读者加深理解和掌握所学知识和技能

本书提供了“实例引导”“技术看板”“练一练”“疑难解答”“综合实例”“综合自测”6 个特色小栏目。

- 实例引导：通过具体案例对相关命令功能进行讲解。
- 技术看板：对容易出现的操作错误及时提点和分析；对所涉及的相关技巧进行补充和延伸介绍。
- 练一练：在重要命令讲解后，让读者通过自己实操练习，加深对该命令的理解和掌握。
- 疑难解答：对学习及操作过程中遇到的疑难问题进行详细分析和专业解答，帮助读者能彻底消除疑惑，扫清学习障碍。
- 综合实例：通过具体案例对每一章知识点进行综合练习，强化核心操作方法。
- 综合自测：通过精心设计的章末选择题及操作题，对该章所学的知识及操作方法进行检验，帮助读者巩固所学知识，提升实践应用能力。

光盘特点

为了使读者更好学习本书的内容，本书附有一张 DVD 光盘，光盘中包含以下内容。

- 专家讲堂：本书同步案例操作视频讲解。
- 效果文件：本书所有实例的效果文件。

- 图块文件：本书调用的素材文件。
- 样板文件：本书绘图样板文件。
- 素材文件：本书实例调用素材文件。
- 疑难解答：本书疑难问题专业解答视频。
- 习题答案：章末综合自测的参考答案及操作题详解。
- 附赠资料：涵盖室内、建筑设计领域的267个设计素材。
- 快捷命令速查：36个常用命令功能键及103个常用命令快捷键。

创作团队

本书由李元莉执笔完成，参与本书资料整理及光盘制作的人员有史宇宏、张伟、陈玉蓉、姜华华、陈玉芳、石旭云、陈福波、史嘉仪、郝晓丽、石京兵、翟成刚等，在此一并表示感谢。

尽管在本书的编写过程中，我们力求做到精益求精，但也难免有疏漏和不妥之处，恳请广大读者不吝指正。若您在学习的过程中产生疑问，或者有任何建议，可发送电子邮件至muguiling@ptpress.com.cn.

编　者

目录

CONTENTS

第 1 章 熟悉室内设计环境

AutoCAD 强大的设计功能，是室内设计的首选软件。在使用 AutoCAD 进行室内设计之前，首先要熟悉 AutoCAD 2014 的室内设计环境，以及工作界面、基本操作，本章就围绕这几方面进行详细介绍。

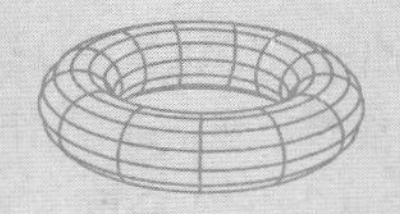

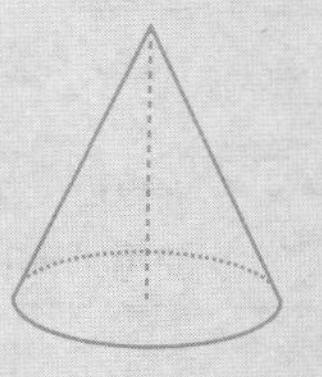

第 1 章

熟悉室内设计环境

本章内容概览

知识点	功能 / 用途	难易度与使用频率
选择室内设计工作空间（P2）	● 选择合适的工作空间 ● 熟悉工作空间环境	难易度：★★ 使用频率：★★
新建、保存与打开室内设计绘图文件（P6）	● 新建绘图文件 ● 保存绘图文件 ● 打开绘图文件	难易度：★★ 使用频率：★★★★★
缩放、平移与恢复视图（P9）	● 缩放视图以查看图形对象 ● 平移视图以查看图形对象 ● 恢复视图	难易度：★★ 使用频率：★★★★★
选择、移动图形对象（P11）	● 选择图形对象并编辑图形 ● 移动图形对象的位置	难易度：★★★ 使用频率：★★★★★
启动室内设计绘图命令（P17）	● 启动绘图命令绘制图形	难易度：★★ 使用频率：★★★★★
综合自测（P20）	● 软件知识检测——选择题 ● 软件操作入门——操作题	

1.1 选择室内设计工作空间

AutoCAD 2014 有 4 种工作空间，分别是“草图与注释”工作空间、“AutoCAD 经典”工作空间、“三维基础”工作空间与“三维建模”工作空间。这 4 种工作空间都有其独特的操作方法和用途，但就 AutoCAD 室内设计而言，最方便、最实用的还是“AutoCAD 经典”工作空间。本节介绍如何选择工作空间以及熟悉“AutoCAD 经典”工作空间的相关知识。由于篇幅所限，其他工作空间不再介绍，如果用户对其他工作空间感兴趣，可以参阅其他书籍。

本节内容概览

知识点	功能 / 用途	难易度与使用频率
进入“AutoCAD 经典”工作空间（P2）	切换到“AutoCAD 经典”工作空间	难易度：★ 使用频率：★★★★★
疑难解答（P3）	为什么“AutoCAD 经典”工作空间更适合室内设计	
熟悉“AutoCAD 经典”工作空间（P3）	了解“AutoCAD 经典”工作空间布局与操作	难易度：★ 使用频率：★
疑难解答（P6）	在命令行输入了错误命令或参数怎么办	

1.1.1 进入“AutoCAD 经典”工作空间

视频文件	专家讲堂 \ 第 1 章 \ 进入“AutoCAD 经典”工作空间 .swf

如果是 AutoCAD 2014 的初始用户，系统将呈现默认的名为“草图与注释”的工作空间，同时还会自动打开一个名为“AutoCAD 2014 Drawing1.dwg”的默认绘图文件，如图 1-1 所示。

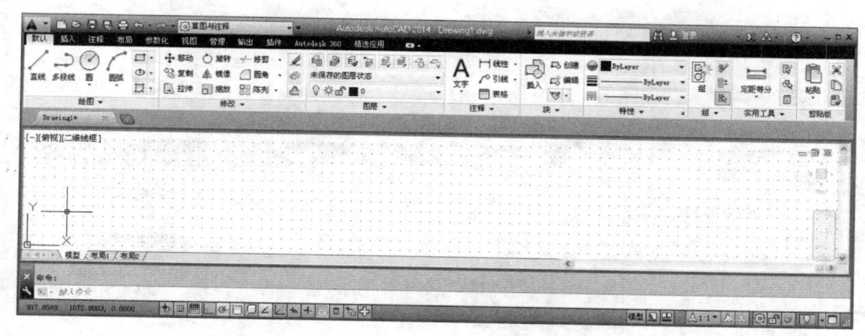

图 1-1

该工作空间并不太适合进行 AutoCAD 室内设计工作，因此，用户需要从该工作空间切换到“AutoCAD 经典”工作空间。

1.1.2　疑难解答——为什么“AutoCAD 经典”工作空间最适合室内设计

视频文件	疑难解答 \ 第 1 章 \ 疑难解答——为什么“AutoCAD 经典”工作空间最适合室内设计 .swf

疑难：既然 AutoCAD 2014 有 4 种工作空间，那为什么“AutoCAD 经典”工作空间最适合室内设计呢?

解答：其实，AutoCAD 2014 提供的 4 种工作空间的功能都是一样的，只是操作上稍有不同，但“AutoCAD 经典”工作空间最合适进行室内设计工作，具体原因如下。

（1）人性化的界面布局设计

“AutoCAD 经典”工作空间人性化的界面布局设计，与其他应用软件的界面布局设计几乎完全一样，这对于从来没有接触过 AutoCAD 软件的用户来说，操作起来会更加得心应手。

（2）形象而直观的工具按钮

“AutoCAD 经典”工作空间将创建、修改、编辑工具都以各种形象而生动的按钮形式呈现在工具栏中，同时还将常用工具栏放置在界面两侧和上方，这样不仅便于用户识别各种工具按钮，也方便用户快速启用这些工具按钮。

（3）更宽敞的绘图界面（更适合绘制较大幅的室内设计图）

我们知道，室内设计图一般都很大，如果绘图界面过小，观察和编辑设计图都不太方便，而“AutoCAD 经典”工作空间将各工具按钮、菜单命令集中放置在界面的上下方和两侧，界面中间位置空出更大的绘图空间，这样不管是绘制还是编辑较大幅的设计图时都会游刃有余。

基于以上原因，得出“AutoCAD 经典”工作空间更适合进行室内设计工作的结论。另外，当用户熟悉“AutoCAD 经典”工作空间之后，其他 3 个工作空间的操作问题也会迎刃而解。

1.1.3　熟悉“AutoCAD 经典”工作空间

视频文件	专家讲堂 \ 第 1 章 \ 熟悉“AutoCAD 经典”工作空间 .swf

“AutoCAD 经典”工作空间由应用程序菜单、标题栏、菜单栏、工具栏、命令行与文本窗口、状态栏与辅助绘图功能区和绘图区与十字光标等部分组成。

1. 应用程序菜单

在应用程序菜单中，用户不仅可以快速创建、打开、保存、发布、打印或输出文件，浏览最近使用的文档，关闭当前文件，同时还可以单击右下方的“选项”按钮或“退出 Autodesk AutoCAD 2014”按钮，退出 AutoCAD 2014 应用程序或打开【选项】对话框进行相关设置，如图 1-2 所示。

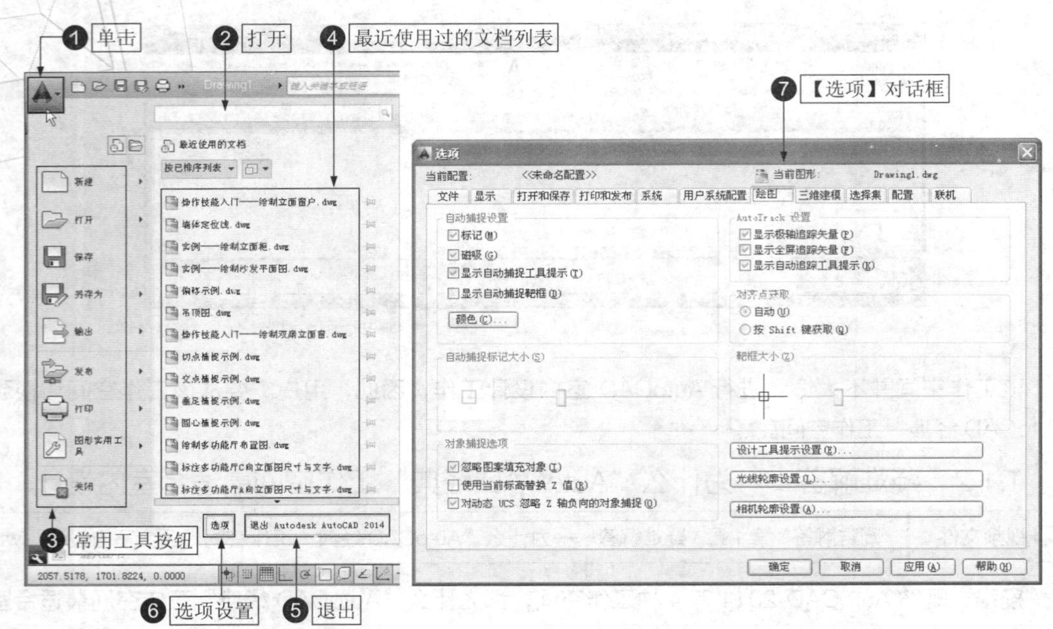

图 1-2

2．标题栏

标题栏位于 AutoCAD 2014 工作界面的最顶部，包括快速访问工具栏、工作空间切换按钮、当前文件名称、快速查询和信息中心以及程序窗口控制按钮等，如图 1-3 所示。

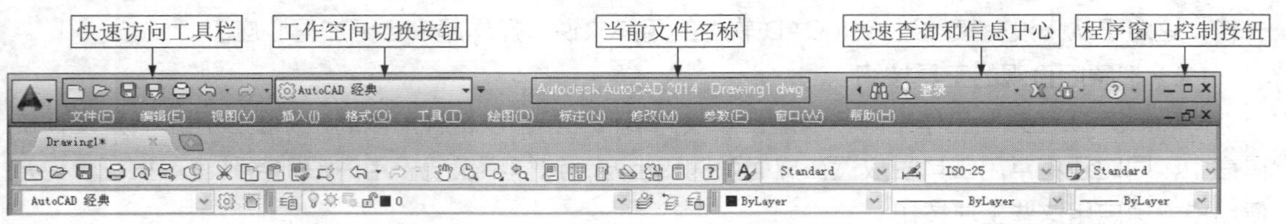

图 1-3

3．菜单栏

与其他应用程序菜单一样，AutoCAD 2014 的菜单栏位于标题栏的下方，菜单栏中放置了一些与绘图、图形编辑等相关的菜单命令，如【文件】、【编辑】、【视图】、【插入】、【格式】、【工具】、【绘图】、【标注】、【修改】、【参数】、【窗口】、【帮助】等，是 AutoCAD 中最常用的调用命令的方式之一。

4．工具栏

工具栏可以说是 AutoCAD 2014 的重要组成部分，也是进行室内设计的利器，AutoCAD 室内设计中的大多数操作都要依靠工具栏中的工具按钮来完成。

AutoCAD 2014 共为用户提供了 52 种工具栏，系统默认下，只在绘图区上方，也就是菜单栏的下方和两侧显示主工具栏、绘图工具栏和修改工具栏，如图 1-4 所示。

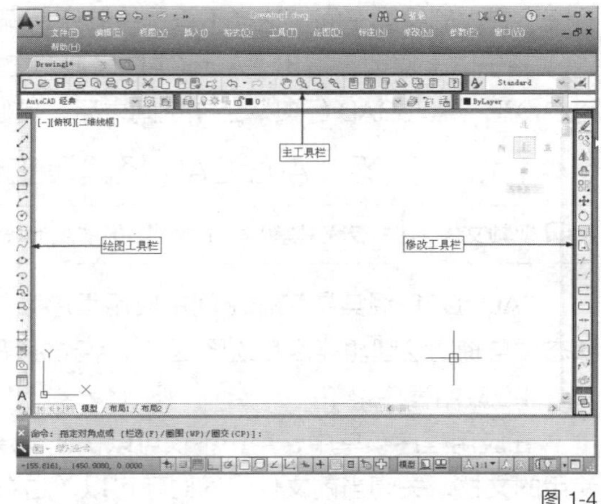

图 1-4

为了给绘图提供更宽敞的绘图区域，

AutoCAD 2014 将其他工具栏都隐藏了起来，当用户需要其他工具时，在主工具栏任意工具按钮上单击鼠标右键，即可打开工具菜单，从中单击选择需要的工具菜单，即可打开相应的工具如图 1-5 所示。

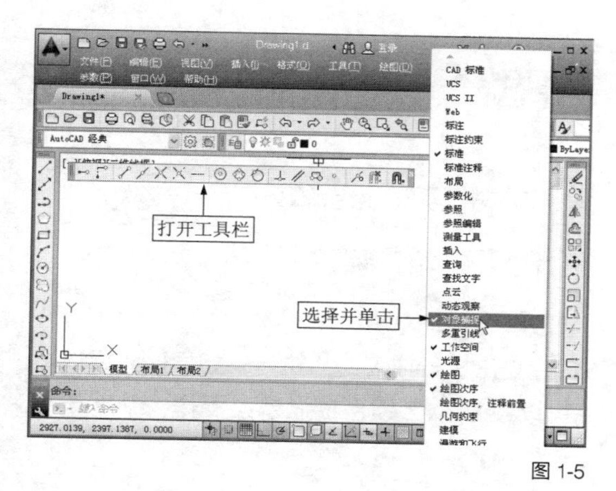

图 1-5

5. 绘图区与十字光标

界面中间部分就是绘图区，它相当于手工绘图时的绘图纸。只是该绘图纸要比手工绘图所用的绘图纸功能更强大，它是一个无限大的电子纸，无论多大或多小的图形，都可以在该电子纸上绘制。

绘图区内的十字符号就是十字光标，它相当于手工绘图时所使用的绘图笔，会随鼠标移动而移动，如图 1-6 所示。

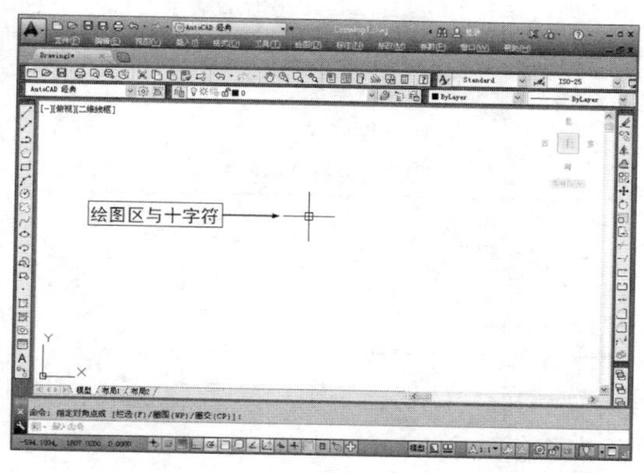

图 1-6

在没有执行任何命令时，十字光标是由“拾取点光标”和“选择光标”两个符号叠加而成，但在执行了绘图命令后，它就只有一个十字符号，我们将其称为“拾取点光标”。它是点的坐标拾取器，用于拾取坐标点进行绘图。

在进入图形的编辑修改模式后，十字符号就会显示为一个小矩形，我们将其称为“选择光标”。它是对象拾取器，用于选择对象，当选择结束后，光标又显示为“拾取点光标”，即一个十字，此时再次拾取点，绘制图形，当绘制或者编辑完成并退出这些操作后，光标就会显示为十字光标。

图 1-7 所示是光标在不同模式下的显示状态。

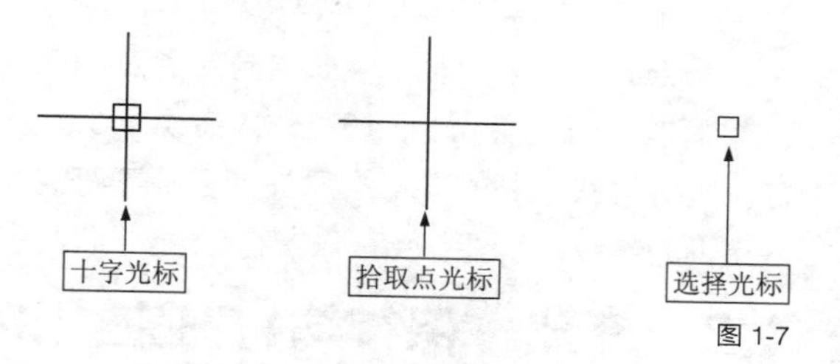

图 1-7

6. 命令行与文本窗口

命令行与文本窗口位于界面的下方位置，它是 AutoCAD 应用软件最核心的部分，也是用户与 AutoCAD 进行交流的唯一手段。在绘图时，用户需要在命令行输入相关命令，AutoCAD 应用程序会按照用户的指令进行操作。

命令行由两部分组成：一部分是“命令输入窗口”，用于提示用户输入命令或命令选项；另一部分是“命令历史窗口”，用于记录执行过的操作信息，方便用户随时查看操作过程，如图 1-8 所示。

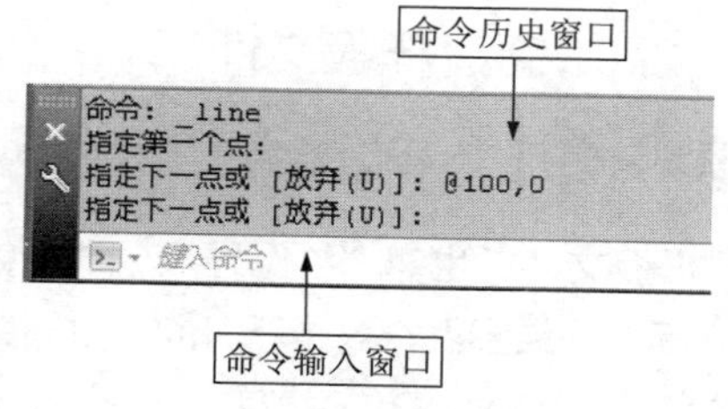

图 1-8

另外，由于“命令历史窗口”的显示有限，如果需要直观快速地查看更多的历史信息，用户可以按 F2 功能键，系统就会以“文本窗口”的形式显示历史信息，如图 1-9 所示，再次按

F2 功能键，即可关闭文本窗口。

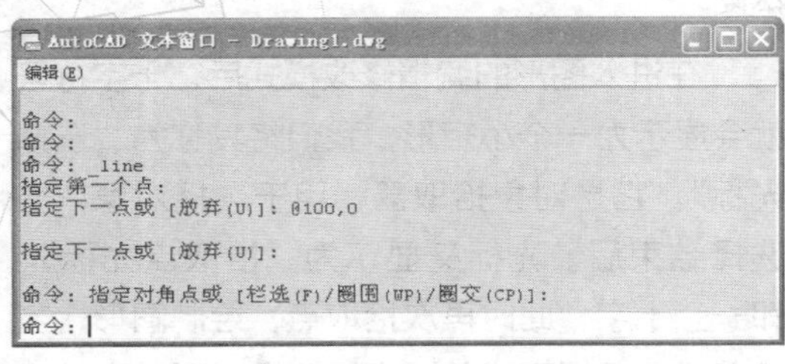

图 1-9

7. 状态栏与辅助绘图功能区

与大多数应用程序一样，AutoCAD 2014 也有状态栏，它位于操作界面的最底部，是由坐标读数器、辅助功能区、状态栏菜单等 3 部分组成，如图 1-10 所示。

图 1-10

1.1.4 疑难解答——在命令行输入了错误命令或参数怎么办

视频文件	疑难解答\第 1 章\疑难解答——在命令行输入了错误命令或参数怎么办 .swf

疑难：在绘图过程中，如果输入了错误的命令或参数怎么办?

解答：一般情况下，如果输入错误命令，会导致命令无法执行或者终止执行；如果输入错误参数，则会导致绘制的图形与原设计目标不符。此时，可以按 Ctrl+Z 组合键撤销该操作，并重新输入正确的参数。

1.2 新建、保存与打开室内设计绘图文件

新建、保存与打开绘图文件是 AutoCAD 中的基本操作，本节就来学习这些基本操作。

本节内容概览

知识点	功能 / 用途	难易度与使用频率
新建样板文件（P6）	● 创建绘图文件 ● 创建样板文件	难易度：★ 使用频率：★★★★★
疑难解答（P7）	● “样板”文件与“无样本”文件的区别 ● “公制”与“英制”的区别	
保存与另存图形文件（P8）	● 保存图形文件 ● 另存图形文件	难易度：★★ 使用频率：★★★★★
疑难解答（P8）	● 图形文件的存储格式	
打开图形文件（P8）	● 打开图形文件	难易度：★ 使用频率：★★★★★

1.2.1 新建样板文件

视频文件	专家讲堂\第 1 章\新建绘图文件 .swf

“样板文件”也叫“绘图样板”或“绘图文件”，简单地说，就相当于用户在手工绘图时准备了一张标准的绘图纸，只是新建的“绘图文件”是一张电子绘图纸。

当启动 AutoCAD 2014 之后，系统就自动新建了绘图文件，用户可以在这张“绘图纸”上尽情发挥，绘制出精彩的室内设计图。当然，用户也可以重新新建绘图文件。

实例引导——新建样板绘图文件

Step01 ▸ 单击【标准】工具栏上的“新建”按钮□。

Step02 ▸ 打开【选择样板】对话框。

| 技术看板 | 除了单击【标准】工具栏或快速访问工具栏上的“新建”按钮打开【选择样板】对话框外，用户还可以通过以下方法打开该对话框。

（1）单击菜单【文件】/【新建】命令。

（2）在命令行输入“NEW”后按 Enter 键。

（3）按 Ctrl+N 组合键。

Step03 ▸ 选择“acadISo-Named Plot Styles”样板文件。

Step04 ▸ 单击 打开(O) 按钮，就可以新建绘图文件，如图 1-11 所示。

图 1-11

| 技术看板 | 在【选择样板】对话框中，系统为用户提供了多种基本样板文件，其中“acadISo-Named Plot Styles”和“acadiso”都是公制单位的样板文件，主要用于绘制二维设计图，这两种样板文件的区别就在于，前者使用的打印样式为“命名打印样式”，而后者使用的打印样式为“颜色相关打印样式”。其实这两个打印样式对绘图没有任何影响。

另外，用户还可以以“无样板”方式新建绘图文件，具体操作就是在【选择样板】对话框中选择一个图纸类型后，单击 打开(O) 按钮右侧的下三角按钮，在打开的下拉菜单选择“无样板打开 - 公制”选项，即可快速新建一个无样本的公制单位的绘图文件，如图 1-12 所示。

图 1-12

1.2.2 疑难解答——“样板”文件与“无样板”文件的区别

视频文件	疑难解答 \ 第 1 章 \ 疑难解答——“样板”文件与“无样板”文件的区别 .swf

疑难： 什么是“样板”文件？“无样本”文件与“样板”文件的区别是什么？

解答：“样板”就是已经定义好了绘图单位、绘图精度等一系列与绘图有关的设置的文件。系统默认设置下，所有样板文件都已经定义了相关的设置，这些设置只是系统的设置，并不能满足实际绘图要求。而“无样板”就是还没有定义相关设置的空白文件。其实，在实际绘图过程中，不管是有样板还是无样板，用户都需要重新定义相关的设置，才能绘制出符合设计要求的图纸。因此，采用“无样板”方式还是“样板”方式得到的绘图纸与实际设计无太大意义，至于如何设置才能满足绘图需要，将在下面章节中详细讲述。

1.2.3 疑难解答——“公制”与“英制”的区别

视频文件	疑难解答 \ 第 1 章 \ 疑难解答——“公制”与“英制”的区别 .swf

疑难： 在新建文件时，有“公制”与“英制”两种模式，这两种模式有什么区别呢？

解答： 所谓“公制”，就是采用我国对设计图的相关制式要求，而“英制”就是采用美国对设计图的相关制式要求。一般情况下，都是采用我国对设计图的相关制式要求来绘图的，因此，在新建绘图文件时，选择“公制”模式即可。

1.2.4 保存与另存图形文件

视频文件	专家讲堂\第 1 章\保存与另存图形文件 .swf

绘制完设计图后一定要记得将其保存，否则工作成果就会丢失。保存图形文件时要注意，一般情况下使用【保存】命令即可将设计图保存在系统默认的源目录下，但是，如果是对已有的设计作品进行了编辑修改，使用【保存】命令后，其结果就是对源设计作品进行了更新。为了避免这一情况的发生，可以使用【另存为】命令，将设计作品重新保存在其他目录下，这样可以对源设计图进行备份，具体使用哪种保存方式，用户可以自己决定。下面介绍保存图形文件的相关方法。

实例引导 ——保存与另存绘图文件

Step01 ▸ 单击【标准】工具栏上的“保存”按钮。

Step02 ▸ 打开【图形另存为】对话框。

Step03 ▸ 在“保存于”列表选择存盘路径。

Step04 ▸ 在“文件名”输入框中输入为图形文件进行命名。

Step05 ▸ 在“文件类型”列表选择存盘格式。

Step06 ▸ 单击 保存(S) 按钮，如图 1-13 所示。

图 1-13

1.2.5 疑难解答——如何选择图形文件的存储格式

视频文件	疑难解答\第 1 章\疑难解答——如何选择图形文件的存储格式 .swf

疑难： 在保存图形文件时，AutoCAD 提供了多种存储格式，选择哪种文件类型存储图形文件比较合适？

解答： AutoCAD 专业文件类型为“*.dwg”，默认的 AutoCAD 存储类型为“AutoCAD 2013 图形（*.dwg）”，使用此种格式将文件存盘后，只能被 AutoCAD 2013 及其以后的版本打开，如果用户需要在 AutoCAD 早期版本中打开设计图，可以选择更低的文件类型进行存盘，如图 1-14 所示。

另外，如果用户要将设计图与其他软件进行交互使用，例如要在 3ds Max 软件中使用设计图，应该选择“.dws”或者“.dxf”格式进行文件保存；如果保存的是一个样板文件，就应该选择“.dwt”格式进行保存。有关样板文件，将在后面章节进行更详细的讲解。

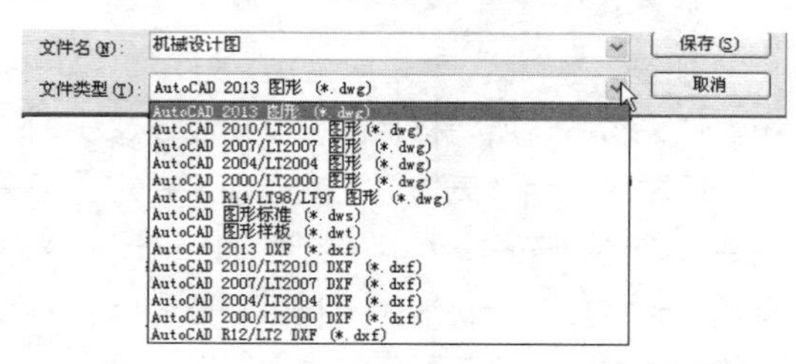

图 1-14

1.2.6 打开图形文件

视频文件	专家讲堂\第 1 章\打开图形文件 .swf

如果要查看或者编辑已经存储的图形文件，首先需要在 AutoCAD 中打开相关图形文件。打开图形文件的方法有以下 4 种。

（1）单击【标准】工具栏或快速访问工具栏上的“打开”按钮打开【选择文件】对话框，在该对话框中选择要打开的文件。

（2）单击菜单【文件】/【打开】命令。

（3）在命令行输入“OPEN”后按 Enter 键。

（4）按 Ctrl+O 组合键。

1.3　缩放、平移与恢复视图

在室内设计中，通过缩放、平移与恢复视图，可以方便地对图形进行编辑和修改，本节介绍缩放、平移与恢复视图的方法。

本节内容概览

知识点	功能 / 用途	难易度与使用频率
缩放视图（P9）	● 放大视图 ● 缩小视图	难易度：★ 使用频率：★★★★★
恢复与平移视图（P11）	● 恢复视图到原来状态 ● 平移视图以观察图形	难易度：★ 使用频率：★★★★★

1.3.1　缩放视图

素材文件	素材文件 \ 沙发茶几组合 .dwg
视频文件	专家讲堂 \ 第 1 章 \ 缩放视图 .swf

缩放视图时，视图中的图形对象也会随之缩放，这样便于对图形进行编辑和修改。缩放视图有不同的方式，通过不同的方式，可以获得不同的缩放效果，本小节介绍缩放视图的方法。

首先打开素材文件，如图 1-15（左图）所示，这是一个沙发茶几组合的图形。下面使用不同的方法来缩放视图，从而对该沙发茶几组合图形进行观察。

1. 窗口缩放

单击“窗口缩放”按钮，在视图区域拖曳鼠标指针拉出一个矩形框，位于该框内的图形将放大显示在视图内。下面通过“窗口缩放”功能，将该沙发茶几组合图形中的左边单人沙发图形放大显示。

实例引导 ——窗口缩放视图

Step01 ▸ 单击【缩放】工具栏上的“窗口缩放”按钮。

Step02 ▸ 按住鼠标左键在左侧沙发图位置拖曳鼠标指针创建矩形框。

Step03 ▸ 释放鼠标左键，左边单人沙发图形被放大，如图 1-15 所示。

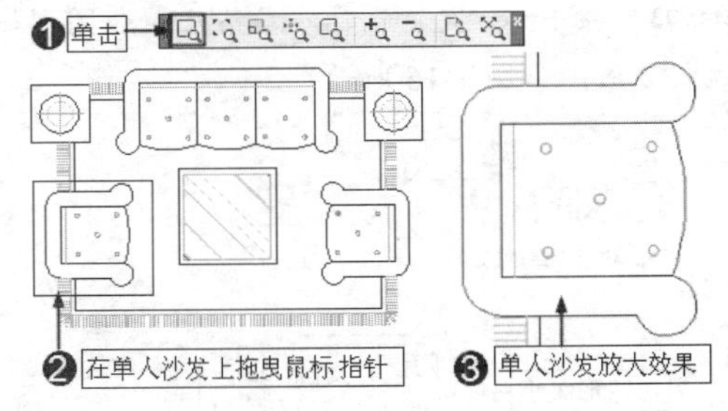

图 1-15

| 技术看板 | 需要说明的是，当选择框的宽高比与绘图区的宽高比不同时，AutoCAD 将使用选择框宽与高中相对当前视图放大倍数的较小者，以确保所选区域都能显示在视图中。

2. 比例缩放

如果想按照一定的比例来缩放视图，可以单击“比例缩放”按钮，然后输入比例参数来调整视图，视图被比例调整后，视图中心点保持不变。

在输入比例参数时，有以下 3 种情况。

♦ 第一种情况，就是直接在命令行内输入数字，表示相对于图形界限的倍数，“图形界限”其实就是用户绘图时的图纸大小，例如用户的绘图纸大小为 A1 图纸，如果输入“2”，表示将视图放大 A1 的 2 倍。需要说明的是，如果当前视图已经超过图形界限大小，则会缩小视图。

♦ 第二种情况，就是在输入的数字后加字母 X，表示相对于当前视图的缩放倍数。当前视图就是图形当前显示的效果，例如输入“2X”，表示将视图按照当前视图大小放大 2 倍。

♦ 第三种情况，就是在输入的数字后加字母 XP，表示系统将根据图纸空间单位确定缩放比例。

通常情况下，相对于视图的缩放倍数比较直观，较为常用。下面通过“比例缩放”将沙发茶几组合图形放大 2 倍。

实例引导 ——将沙发茶几组合图形放大 2 倍

Step01 ▸ 单击【缩放】工具栏上的“比例缩放”按钮。

Step02 ▸ 在命令行输入缩放比例“2X”。

Step03 ▸ 按 Enter 键，此时沙发茶几组合图形被放大 2 倍，如图 1-16 所示。

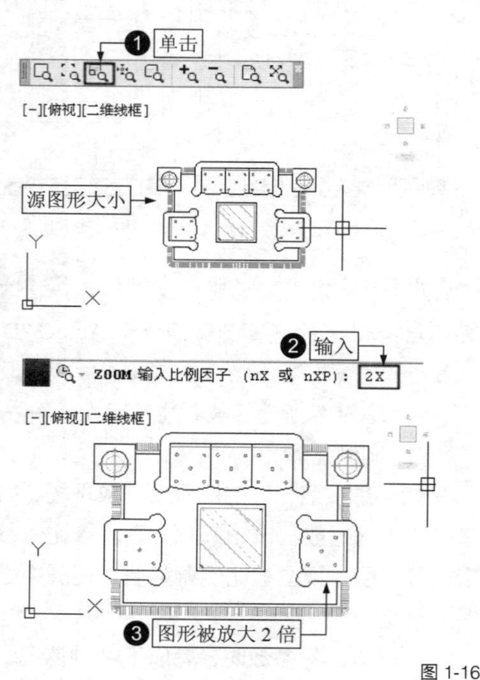

图 1-16

3. 中心缩放

如果用户想根据所确定的中心点进行调整视图，可以单击“中心缩放”按钮，然后用鼠标指针在屏幕上选择一个点作为新的视图中心点，输入新视图的高度，即可对视图进行缩放，具体有两种情况。

♦ 第一，直接在命令行输入一个数值，系统将以此数值作为新视图的高度，进行调整视图。

♦ 第二，如果在输入的数值后加一个 X，则系统将其看作视图的缩放倍数。

4. 缩放对象

使用“缩放对象”按钮，用户可以将室内设计图的某部分最大限度地显示在当前视图内。

5. 放大、缩小图形

如果只想将图形放大一倍或缩小一半，可以单击“放大”按钮或“缩小”按钮，每单击一次，就可以将图形放大一倍或缩小一半，多次单击则可以成倍的放大或缩小视图。

6. 全部缩放图形

如果想将图形按照图形界限或图形范围的尺寸，在绘图区域内全部显示，只需要单击“全部缩放”按钮即可，在显示时，图形界限与图形范围中哪个尺寸大，便由哪个决定图形显示的尺寸。

7. 范围缩放图形

使用“全部缩放”功能显示图形时会受到图形界限的限制，如果不想让图形界限影响图形的缩放，可以使用“范围缩放”功能，将所有图形全部显示在屏幕上，并最大限度地充满整个屏幕。

技术看板 在【视图】/【缩放】菜单的联级菜单下，系统提供了众多的视图调控功能菜单，如图 1-17 所示。

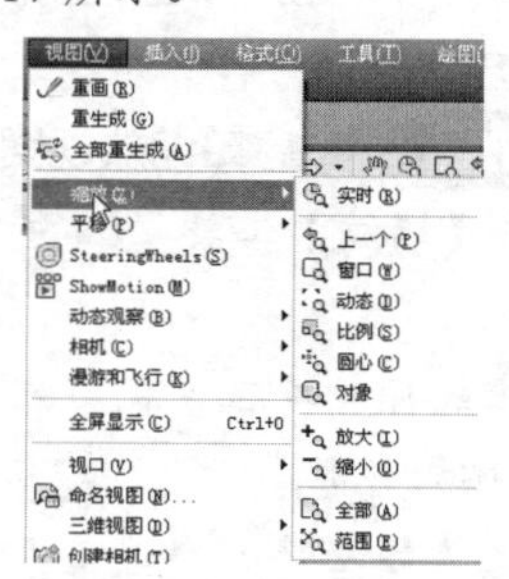

图 1-17

1.3.2　恢复与平移视图

素材文件	素材文件 \ 沙发茶几组合 .dwg
视频文件	专家讲堂 \ 第 1 章 \ 恢复与平移视图 .swf

视图被放大或缩小后，用户还可以将视图恢复到原来的效果。另外，当视图被放大或缩小后，还需要对视图进行平移，以方便观察视图。

1. 恢复视图

AutoCAD 有一个特殊功能，那就是当视图被缩放后，以前视图的显示状态会被 AutoCAD 自动保存起来，如果想恢复视图，使其回到调控之前的视图状态，就要通过“缩放上一个”功能完成这个操作。

实例引导——恢复视图

Step01 ▸ 单击主工具栏上的“缩放上一个”按钮。

Step02 ▸ 视图被恢复到上一个视图状态。

Step03 ▸ 连续单击该按钮，即可将视图恢复到前 10 个视图状态，如图 1-18 所示。

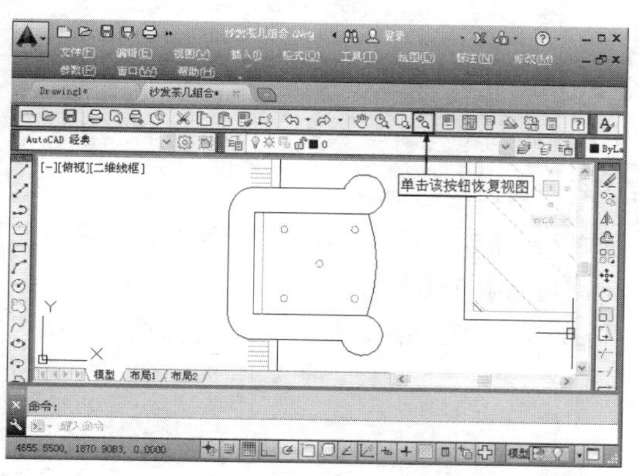

图 1-18

2. 平移视图

视图被缩放后，如果用户想查看视图，可以使用视图的平移工具对视图进行平移，以方便观察视图内的图形。执行菜单栏中的【视图】/【平移】命令，在其下一级菜单中有各种平移命令，如图 1-19 所示。

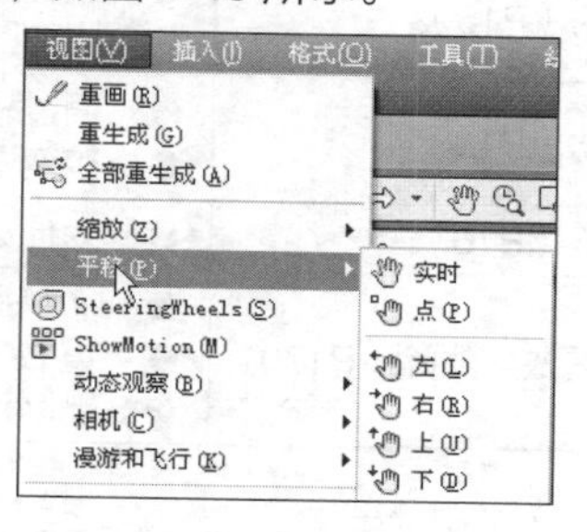

图 1-19

◆【实时】用于将视图随着指针的移动而平移，也可在【标准】工具栏上单击按钮，以激活【实时平移】工具。

◆【点】平移是根据指定的基点和目标点平移视图。定点平移时，需要指定两点，第一点作为基点，第二点作为位移的目标点，平移视图内的图形。

◆【左】、【右】、【上】和【下】命令分别用于在 X 轴和 Y 轴方向上移动视图。

| 技术看板 | 激活【实时】命令后，光标变为形状，此时可以按住鼠标左键向需要的方向平移视图，在任何时候都可以按 Enter 键或 Esc 键来停止平移。

1.4　选择、移动图形对象

在 AutoCAD 室内设计中，当用户对图形进行任何操作时，首先需要选择图形。如果要调整图形的位置，还需要对图形进行移动。选择、移动图形对象是室内设计中的基本操作，本节就来介绍选择与移动图形对象的方法。

本节内容概览

知识点	功能 / 用途	难易度与使用频率
点选（P12）	● 选择单个图形对象	难易度：★ 使用频率：★★★★★
疑难解答	● 在什么情况下适合使用“点选”（P12） ● 使用“点选”方式能否选择多个对象（P13） ● “编辑模式”和“非编辑模式”（P13）	
窗口选择（P14）	● 选择多个图形对象 ● 编辑图形	难易度：★★ 使用频率：★★★★★
窗交选择（P14）	● 选择多个图形对象 ● 编辑图形	难易度：★★ 使用频率：★★★★★
定点移动（P15）	● 通过捕捉基点和目标点移动对象 ● 改变图形对象的位置	难易度：★★ 使用频率：★★★★★
坐标移动（P16）	● 通过输入目标点的坐标移动对象 ● 改变图形对象的位置	难易度：★★ 使用频率：★★★★★
疑难解答（P16）	● 为什么输入的坐标值均为负值	
放弃、重做与删除（P17）	● 撤销操作 ● 重做 ● 删除对象	难易度：★ 使用频率：★★★

1.4.1 点选

素材文件	素材文件 \ 地板拼花 .dwg
视频文件	专家讲堂 \ 第 1 章 \ 点选 .swf

所谓“点选”，是指通过单击对象进行选择，“点选”时一次只能选择一个对象，例如单击选择一条直线、一个矩形、一个圆或者一个图块文件。“点选”是最简单的一种对象选择方式。

打开素材文件，这是一个未完成的地板拼花图，如图 1-20（a）所示。下面使用点选方式选择外侧圆并将其删除，结果如图 1-20（b）所示。

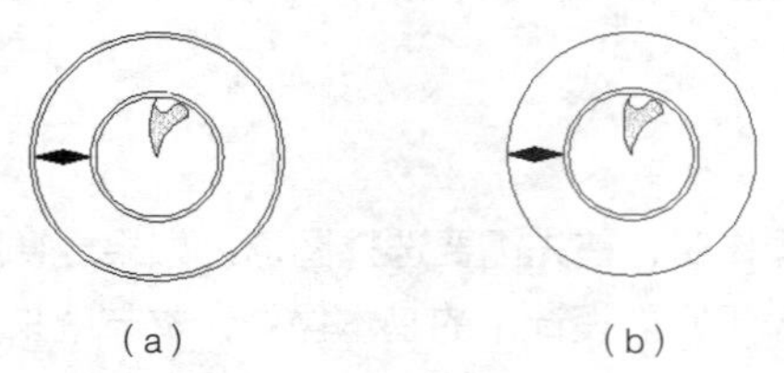

图 1-20

实例引导 ——点选

Step01 ▸ 在无任何命令发出的情况下，移动指针到外侧圆上。

Step02 ▸ 单击选择该圆，圆被选择后以虚线显示，同时显示象限点。

Step03 ▸ 按 Delete 键将选择的圆删除，如图 1-21 所示。

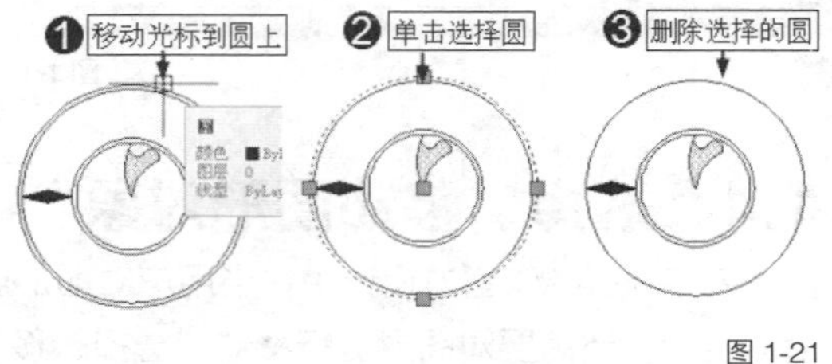

图 1-21

1.4.2 疑难解答——在什么情况下适合使用“点选”

素材文件	素材文件 \ 地板拼花 .dwg
视频文件	疑难解答 \ 第 1 章 \ 疑难解答——在什么情况下适合使用“点选” .swf

疑难："点选"一次只能选择一个对象，那么在什么情况下使用"点选"方式选择对象比较合适呢?

解答："点选"方式一次只能选择一个对象，因此，当用户需要对一个图形对象进行编辑时，例如，要将一个图形对象进行删除、复制、移动、旋转、阵列等，都适合使用"点选"方式选择该对象。下面使用【复制】命令，结合"点选"方式，将素材文件中外侧的圆进行复制。

Step01 ▸ 单击【修改】工具栏上的"复制"按钮。

Step02 ▸ 光标显示为矩形框（选择模式），此时将光标移动到外侧圆上。

Step03 ▸ 单击选择圆，圆以虚线显示。

Step04 ▸ 按 Enter 键结束选择，然后捕捉圆心作为基点。

Step05 ▸ 移动光标到合适位置，单击确定目标点以复制圆。

Step06 ▸ 按 Enter 键结束操作，如图 1-22 所示。

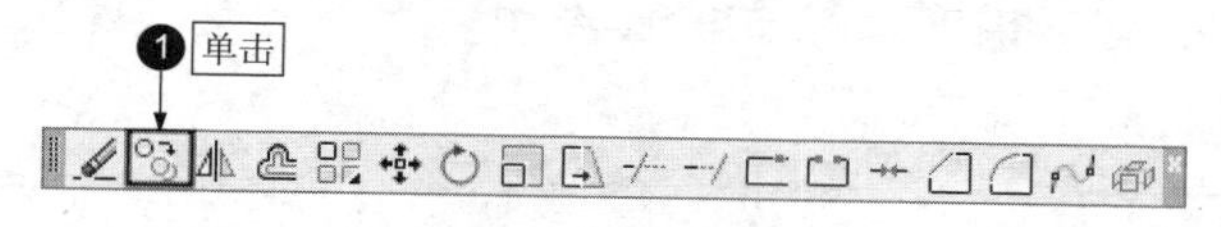

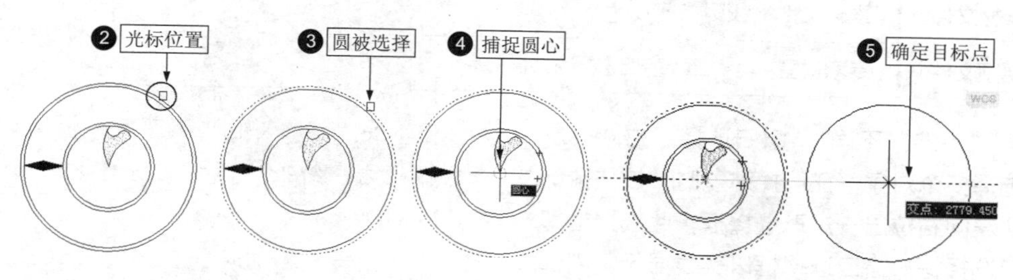

图 1-22

1.4.3　疑难解答——使用"点选"方式能否选择多个对象

素材文件	素材文件 \ 地板拼花 .dwg
视频文件	疑难解答 \ 第 1 章 \ 疑难解答——使用"点选"方式能否选择多个对象 .swf

疑难：能否使用"点选"方式选择多个对象?

解答：虽然"点选"方式一次只能选择一个对象，但用户同样可以使用"点选"方式选取多个对象。方法非常简单，只要分别单击要选择的对象，即可将这些对象全部选择，例如，在非编辑模式下，分别单击素材文件中的外侧圆、内侧圆，即可将外侧圆和内侧圆都选择，如图 1-23 所示；在编辑模式下，分别单击素材文件中的外侧圆、内侧圆，同样可将外侧圆和内侧圆都选择，如图 1-24 所示。

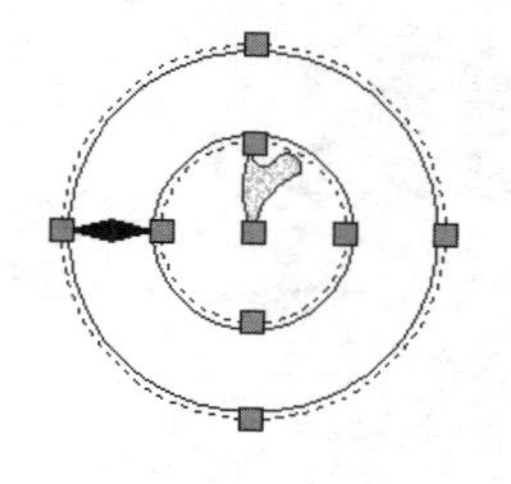

图 1-23

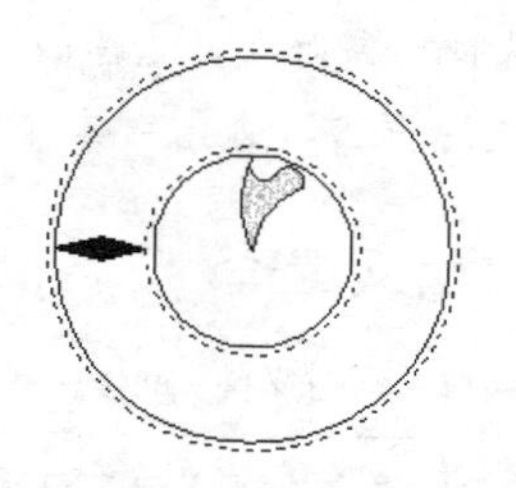

图 1-24

1.4.4 疑难解答——“编辑模式”和“非编辑模式”的区别

视频文件	疑难解答\第1章\疑难解答——“编辑模式”和“非编辑模式”.swf

疑难：什么是“编辑模式”？什么是“非编辑模式”？这两种模式下选择对象后有什么区别？

解答：所谓“编辑模式”，是指在对图形进行编辑修改时，如对图形进行复制、移动、旋转、阵列等编辑操作时，在执行相关编辑命令后选择对象，就称为“编辑模式”，图1-31就是在编辑模式下选择对象；而“非编辑模式”则是指在无任何命令执行的情况下选择对象，图1-30就是在“非编辑模式”下选择对象。

在“编辑模式”下选择对象后，对象只以虚线显示，如图1-31所示。而在“非编辑模式”下选择对象后，对象进入“夹点编辑”模式，对象的特征点就会以蓝色小方块的形式显示（不同对象其特殊点数目不同），我们将这些蓝色小方块称为“夹点”。“夹点编辑”是编辑图形的一种方式，有关“夹点”以及“夹点编辑”的相关内容，将在后面章节进行详细讲解。

1.4.5 窗口选择

素材文件	素材文件\地板拼花.dwg
视频文件	专家讲堂\第1章\窗口选择.swf

与“点选”不同，“窗口选择”方式一次可以选择多个对象。在选择对象时，按住鼠标左键从左向右拉出一矩形选择框，此选择框即为窗口选择框。窗口选择框以实线显示，内部以浅蓝色填充，当指定窗口选择框的对角点之后，所有完全位于框内的对象都能被选择。下面使用“窗口选择”方式选取素材文件内部的图形对象，并将其删除。

实例引导——窗口选择

Step01▶ 在无任何命令发出的情况下，按住鼠标左键由左向右拖曳，拖出选择框将内部对象包围。

Step02▶ 释放鼠标，内部所有对象都被选择。

Step03▶ 按Delete键将对象删除，如图1-25所示。

| 技术看板 |

用窗口方式选择对象时，要选择的对象必须全部被包围在选择框内，否则对象不能被选择，如图1-26所示，外侧两个圆没有被全部包围在选择框内，结果这两个圆没有被选择，如图1-26（b）所示。

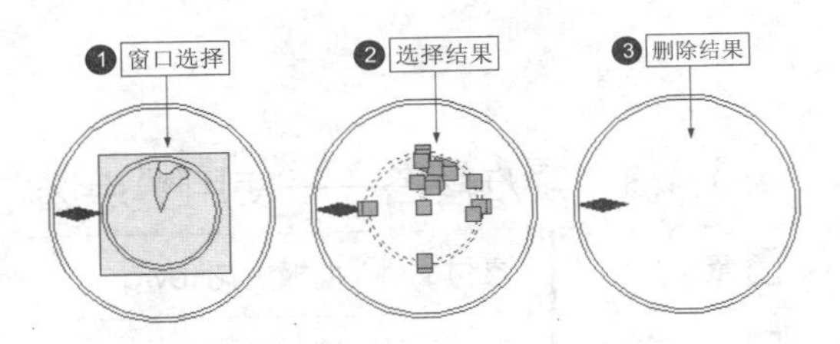

图1-25

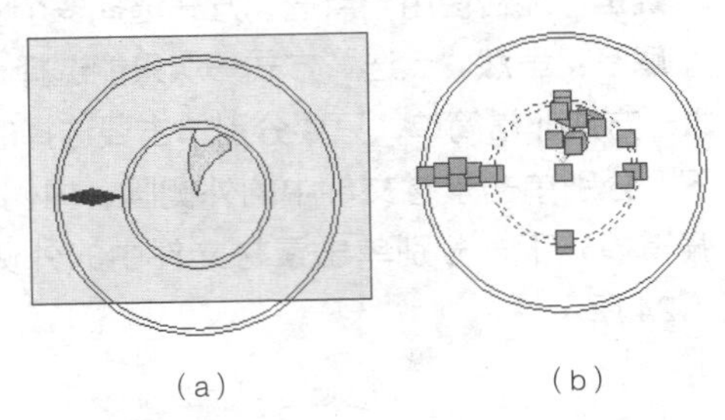

图1-26

1.4.6 窗交选择

素材文件	素材文件\地板拼花.dwg
视频文件	专家讲堂\第1章\窗交选择.swf

“窗交选择”方式一次也可以选择多个对象，只是并不需要将所选对象全包围在选择框内。按

住鼠标左键从右向左拉出矩形选择框，此选择框即为窗交选择框。窗交选择框以虚线显示，内部以浅绿色填充，当指定窗交选择框的对角点之后，所有与选择框相交以及被选择框包围的对象都能被选择。下面使用“窗交选择”方式选取素材文件中的所有对象，并将其删除。

实例引导 ——窗交选择

Step01 ▶ 在无任何命令发出的情况下，按住鼠标左键由右向左拖出选择框。

Step02 ▶ 释放鼠标，结果与选择框相交以及被选择框包围的对象被选择。

Step03 ▶ 按 Delete 键将对象删除，如图 1-27 所示。

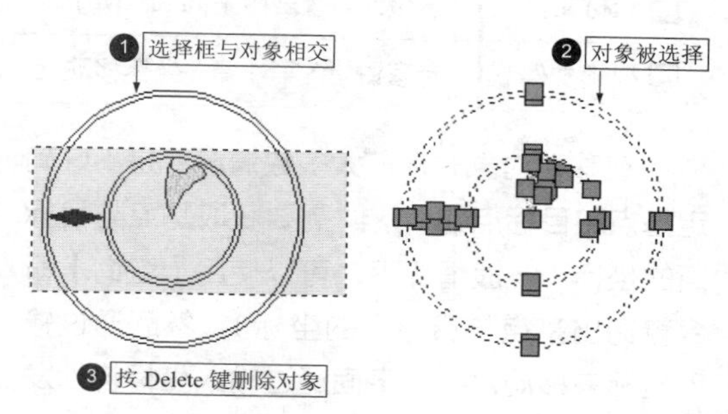

图 1-27

1.4.7　定点移动

素材文件	素材文件\室内平面图 .dwg
视频文件	专家讲堂\第 1 章\定点移动 .swf

“定点移动”是指拾取对象上的一点作为基点，拾取另一点作为目标点来移动对象。移动对象时，对象的尺寸及形状均不发生变化，改变的仅仅是对象的位置。

打开素材文件，这是一个室内平面图，如图 1-28 所示。下面将沙发茶几组合图形移动到室内平面图内。

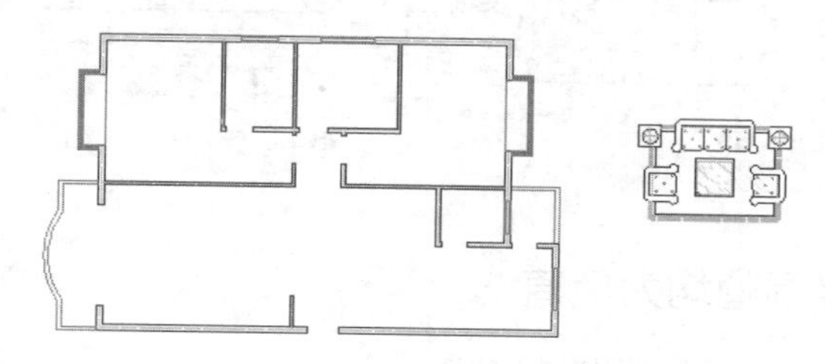

图 1-28

实例引导 ——移动对象

Step01 ▶ 单击【修改】工具栏上的“移动”按钮✥。

Step02 ▶ 使用“窗口选择”方式选择沙发茶几组合图形对象。

Step03 ▶ 按 Enter 键，捕捉上方三人沙发的中点作为基点。

Step04 ▶ 捕捉平面图客厅墙线的中点作为目标点，移动结果如图 1-29 所示。

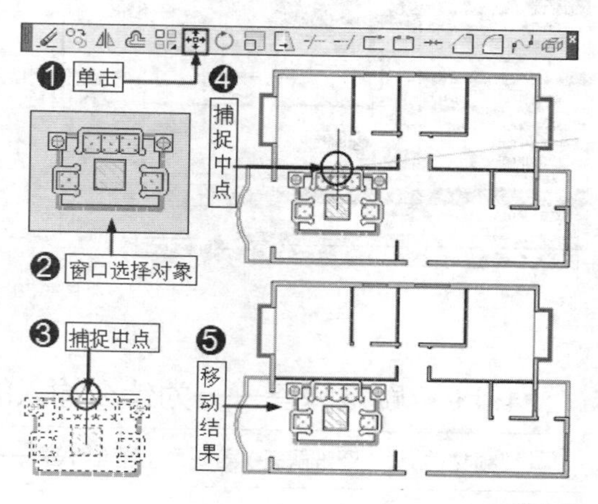

图 1-29

| 技术看板 | 除了单击【修改】工具栏上的“移动”按钮✥激活该命令之外，用户还可以采用以下方法激活【移动】命令。

- 单击菜单【修改】/【移动】命令。
- 在命令行输入“MOVE”后按 Enter 键。
- 使用快捷命令“M”。

1.4.8 坐标移动

素材文件	素材文件 \ 室内平面图 .dwg
视频文件	专家讲堂 \ 第 1 章 \ 坐标移动 .swf

在移动对象时，在大多数情况下是不好确定基点和目标点的，这时需要获取基点与目标点的坐标（一般情况下，可以使用【查询】命令查询出基点与目标点的坐标），然后通过输入坐标来移动对象。下面通过输入坐标将沙发茶几组合移动到平面图中的客厅墙体位置。

实例引导——坐标移动

1. 查询坐标

Step01 ▶ 执行菜单栏中的【工具】/【查询】/【距离】命令。

Step02 ▶ 捕捉平面图客厅上墙体的中点。

Step03 ▶ 捕捉沙发茶几组合图形中三人沙发的中点。此时查询出两点之间的坐标，如图 1-30 所示。

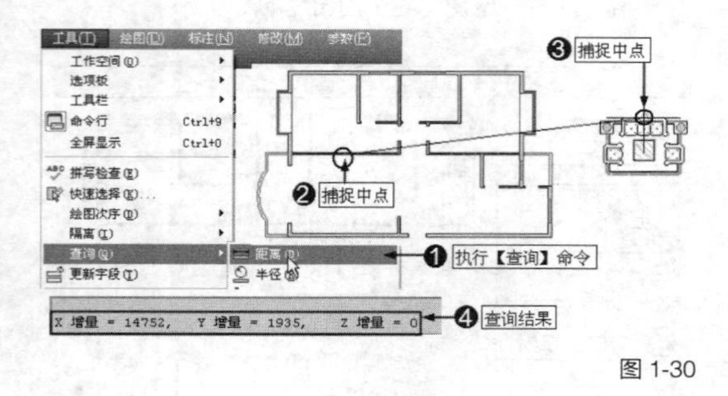

图 1-30

| 技术看板 | 在查询结果中，“X 增量”表示从客厅墙体中点到沙发中点的 X 值为 14752，“Y 增量”表示从客厅墙体中点到沙发中点的 Y 值为 1935，这两个数值就是基点到目标点的 X 轴和 Y 轴的坐标。

2. 坐标移动

Step01 ▶ 单击“移动”按钮。

Step02 ▶ 使用“窗口选择”方式选择沙发茶几组合图形对象。

Step03 ▶ 按 Enter 键，捕捉上方三人沙发的中点作为基点。

Step04 ▶ 输入“@-14752,-1935”，按 Enter 键，输入目标点的坐标。移动结果如图 1-31 所示。

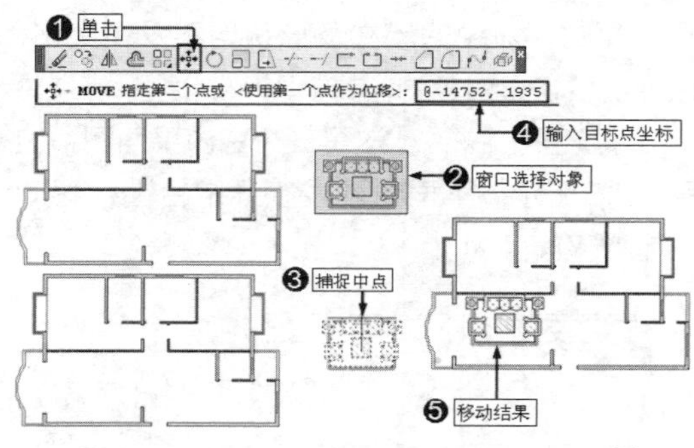

图 1-31

1.4.9 疑难解答——为什么输入的坐标值均为负值

视频文件	疑难解答 \ 第 1 章 \ 疑难解答——为什么输入的坐标值均为负值 .swf

疑难：在上例坐标移动的过程中，测量的两点之间的距离均为正值，为什么在实际操作过程中输入的目标点的坐标都是负值吗?

解答：在坐标系中，X 轴水平向右为正，水平向左为负；Y 轴垂直向上为正，垂直向下为负。在本例中，沙发位于平面图的右上侧，是移动对象，其基点是沙发的中点，而目标点是客厅墙体的中点，在沙发的左下方，这就说明，要将基点向左下方移动才能到达目标点，因此输入 X 和 Y 值时均为测量值的负值。

练一练 相信用户现在已经掌握了坐标移动对象的方法，下面打开“素材文件”目录下的“室内平面图 01.jpg”素材文件，如图 1-32 所示，通过测量基点和目标点的坐标，将沙发茶几组合图形移动到客厅墙体位置，结果如图 1-33 所示。

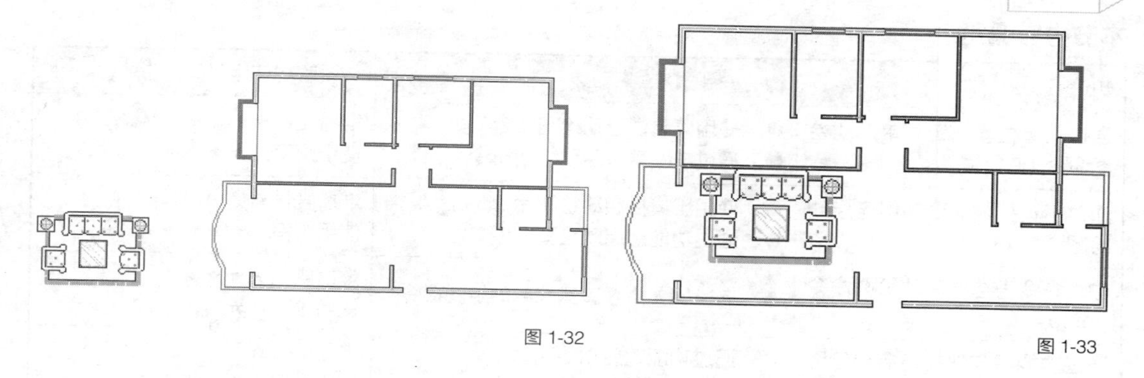

图 1-32　　图 1-33

1.4.10　放弃、重做与删除

视频文件	专家讲堂 \ 第 1 章 \ 放弃、重做与删除 .swf

在室内设计中，难免出现错误操作，这时用户可以通过【放弃】、【重做】命令进行恢复。另外，还可以通过【删除】命令删除不需要的图形对象等，本节介绍相关操作技能。

1.【放弃】和【重做】

放弃是指放弃已操作的过程，使其恢复到原来的状态，用户可以采用以下方法执行该命令。

- 单击【标准】工具栏上的“放弃”按钮，使其恢复到操作前的状态。
- 单击菜单栏【编辑】/【放弃】命令。
- 在命令行输入“UNDO”或“U”，即可激活【放弃】命令。

而【重做】则是返回【放弃】前的状态，用户可以采用以下方法执行该命令。

- 单击【标准】工具栏上的“重做”按钮，使其返回【放弃】前的状态。
- 单击菜单栏【编辑】/【重做】命令。
- 在命令行输入“REDO”，即可激活【重做】命令。

2. 删除对象

如果要删除一个不需要的对象，可以使用【删除】命令将其删除，该命令就像手工绘图时使用的橡皮擦，可以将不需要的图形擦除。

当激活该命令后，用户首先需要选择要删除的图形，然后单击鼠标右键或按 Enter 键，即可将图形删除。执行【删除】命令主要有以下几种方式。

- 单击【修改】菜单上的【删除】命令。
- 单击【修改】工具栏上的按钮。
- 在命令行输入“ERASE”后按 Enter 键。
- 使用快捷命令“E”。

另外，在无任何命令发出的情况下，单击要删除的对象，使其夹点显示，然后按 Delete 键，也可以将对象删除，【删除】命令的操作非常简单，在前面的操作中，我们已经对【删除】命令有所体验，在此不再赘述，用户可以尝试操作。

1.5　启动室内设计绘图命令

AutoCAD 2014 是一款智能化程度很高的软件，其所有操作都是用户与程序交流来完成的。也就是说，用户只要向程序发出相关指令（启动命令），程序就会自动完成相关的操作。本节就来学习启动 AutoCAD 2014 命令的方法。

本节内容概览

知识点	功能 / 用途	难易度与使用频率
通过菜单栏与右键菜单启动绘图命令（P17）	● 使用菜单栏启动绘图命令 ● 通过右键菜单启动绘图命令	难易度：★ 使用频率：★★
通过工具栏与命令功能区启动绘图命令（P18）	● 使用工具栏启动绘图命令 ● 通过功能区启动绘图命令	难易度：★ 使用频率：★★★★★
输入命令表达式启动绘图命令（P19）	● 通过输入命令表达式启动绘图命令	难易度：★★★★★ 使用频率：★
通过功能键与快捷键启动绘图命令（P19）	● 通过功能键启动绘图命令 ● 通过快捷键启动绘图命令	难易度：★ 使用频率：★★★★★

1.5.1 通过菜单栏与右键菜单启动绘图命令

视频文件	专家讲堂 \ 第 1 章 \ 通过菜单栏与右键菜单启动绘图命令 .swf

这是一种较传统的命令启动方式，它与其他应用程序的命令启动方式相同，用户只要单击“菜单”中的命令选项即可启动相关命令，另外，对于某些命令，还可以通过右键菜单来启动。所谓右键菜单，指的就是单击鼠标右键弹出的快捷菜单，用户只需单击右键菜单中的命令或选项，即可快速激活相应的功能。

根据操作过程的不同，右键菜单归纳起来共有 3 种。

♦ 默认模式菜单。此种菜单是在没有命令执行的前提下或没有对象被选择的情况下，单击右键显示的菜单，菜单内容主要包括重复操作（即重复上一次的操作）、视图缩放调整、图形隔离、图形剪切、复制、粘贴等常用命令，例如，在没有选择图形时单击鼠标右键，其右键菜单如图 1-34 所示。

♦ 编辑模式菜单。此种菜单是在有一个或多个对象被选择的情况下单击右键出现的快捷菜单，例如，选择并夹点显示圆形，单击鼠标右键弹出右键菜单，如图 1-35 所示。

♦ 模式菜单。此种菜单是在一个命令执行的过程中，单击鼠标右键而弹出的快捷菜单，这类菜单主要包括取消或确认正在执行的命令以及该命令的其他选项。例如输入“C”按 Enter 键激活【复制】命令，选择圆并捕捉圆心，此时单击鼠标右键弹出右键菜单，如图 1-36 所示。

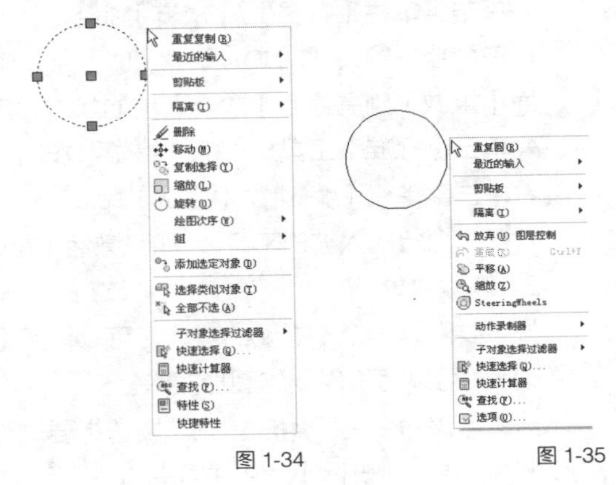

图 1-34　　图 1-35

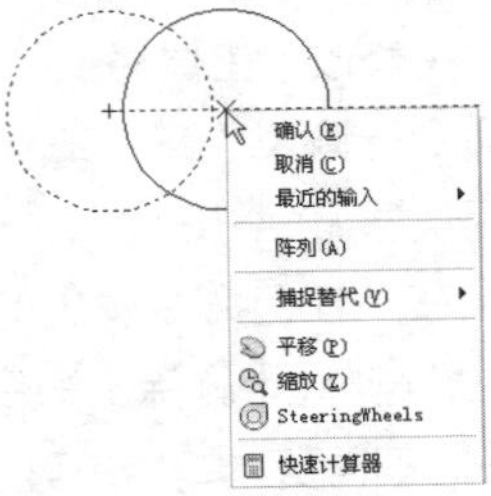

图 1-36

1.5.2 通过工具栏与命令功能区启动绘图命令

视频文件	专家讲堂 \ 第 1 章 \ 通过工具栏与命令功能区启动绘图命令 .swf

单击工具栏或功能区上的命令按钮启动命令是一种常用、快捷的命令启动方式。这些图标按钮形象而又直观，它代替了 AutoCAD 一个个复杂繁琐的英文命令及菜单，操作简单便捷。例如，将鼠标指针移到"直线"按钮上，系统就会自动显示出该按钮所代表的命令，单击该按钮即可激活该命令，如图 1-37 所示。

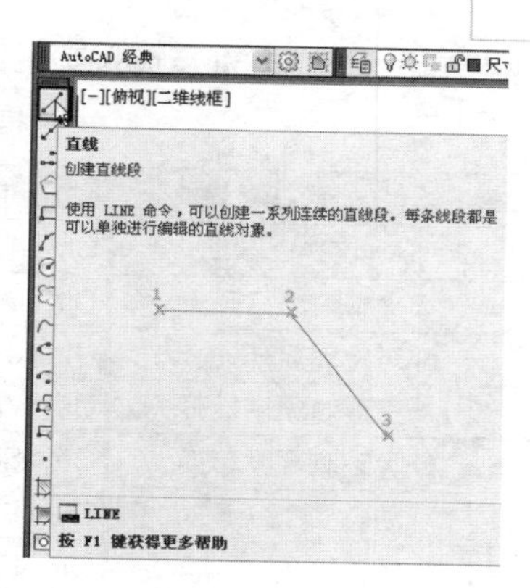

图 1-37

1.5.3　输入命令表达式启动绘图命令

视频文件	专家讲堂 \ 第 1 章 \ 输入命令表达式启动绘图命令 .swf

"命令表达式"指的就是 AutoCAD 的英文命令，用户只需在命令行的输入窗口中输入 CAD 命令的英文表达式，然后按 Enter 键，就可以启动命令。例如，在命令行输入"PLINE"，按 Enter 键，即可激活【多段线】命令，如图 1-38 所示。

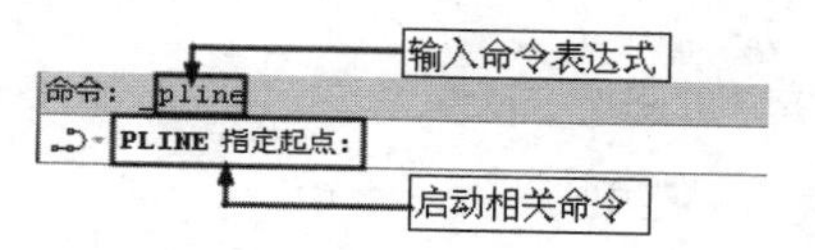

图 1-38

此种方式是一种最原始的方式，也是一种很重要的方式，当启动命令后，还可以继续输入相关命令选项激活更多功能，例如，启动【多段线】命令并确定多段线的起点后，输入"A"，即可激活"圆弧"选项，多段线转入画弧模式，如图 1-39 所示。

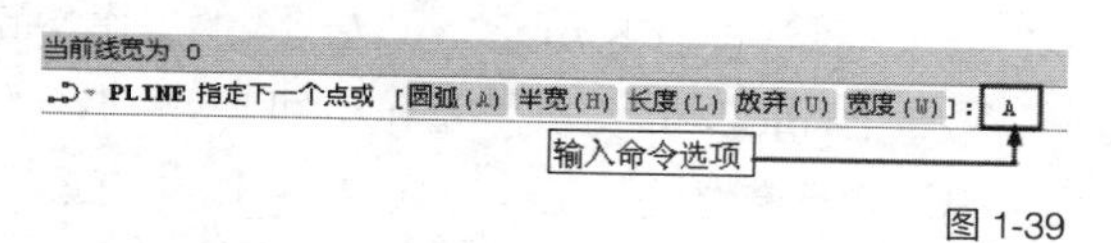

图 1-39

1.5.4　通过功能键与快捷键启动绘图命令

视频文件	专家讲堂 \ 第 1 章 \ 通过功能键与快捷键启动绘图命令 .swf

其实，以上启动绘图命令的方式都有些过时，使用功能键和快捷键启动绘图命令才是 AutoCAD 最便捷的操作方法。用户甚至根本不用去操作光标，只需在命令行输入相关命令的功能键或者快捷键即可完成绘图。例如要绘制一个 100mm × 100mm 的矩形，具体的操作步骤如下。

Step01 ▸ 输入"REC"，按 Enter 键，激活【矩形】命令。

Step02 ▸ 输入"0,0"，按 Enter 键，确定矩形第 1 个角点坐标。

Step03 ▸ 输入"100,100"，按 Enter 键，确定矩形另一个角点坐标，结果如图 1-40 所示。

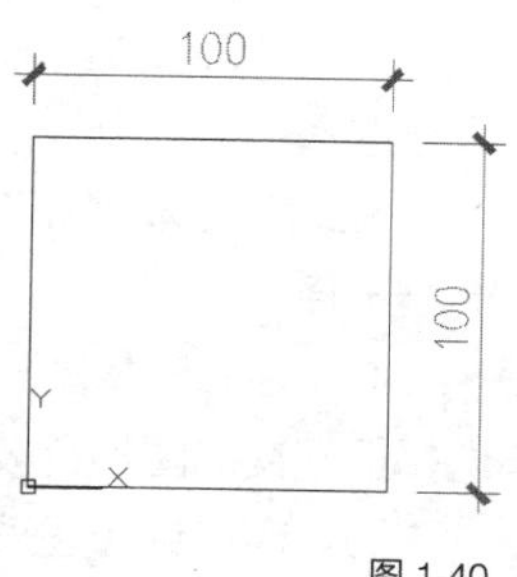

图 1-40

AutoCAD 2014 为大多数绘图命令都设定了功能键，用户只要记住这些功能键并适时使用，就会大大提高绘图速度。表 1-1 是 AutoCAD 2014 自身设定的一些命令功能键。

另外，AutoCAD 2014 还有一种更为方便的"命令快捷键"，即命令表达式的缩写。严格地说，它算不上是命令快捷键，但是使用命令简写的确能起到快速执行命令的作用，所以也称为快捷键。不过使用此类快捷键时需要配合 Enter 键。比如【直线】命令的英文缩写为"L"，用户只需按下键盘上的 L 键后再按 Enter 键，就能激活【直线】命令。

表 1-1　AutoCAD 功能键

功能键	功能含义	功能键	功能含义	功能键	功能含义
F1	AutoCAD 帮助	Ctrl+4	图纸集管理器	Ctrl+V	粘贴
F2	文本窗口打开	Ctrl+6	数据库连接	Ctrl+K	超级链接
F3	对象捕捉开关	Ctrl+8	快速计算器	Ctrl+0	全屏
F4	三维对象捕捉开关	Ctrl+W	选择循环	Ctrl+1	特性管理器
F5	等轴测平面转换	Ctrl+Shift+I	推断约束	Ctrl+2	设计中心
F6	动态 UCS	Ctrl+Shift+V	粘贴为块	Ctrl+3	特性
F7	栅格开关	Ctrl+N	新建文件	Ctrl+5	信息选项板
F8	正交开关	Ctrl+O	打开文件	Ctrl+7	标记集管理器
F9	捕捉开关	Ctrl+S	保存文件	Ctrl+9	命令行
F10	极轴开关	Ctrl+P	打印文件	Ctrl+Shift+P	快捷特性
F11	对象跟踪开关	Ctrl+Z	撤销上一步操作	Ctrl+Shift+C	带基点复制
F12	动态输入	Ctrl+Y	重复撤销的操作	Ctrl+Shift+S	另存为
Delete	删除	Ctrl+X	剪切		
Ctrl+A	全选	Ctrl+C	复制		

1.6　综合自测

1.6.1　软件知识检测——选择题

（1）默认设置下 AutoCAD 2014 的工作空间是（　　）。

A. “AutoCAD 经典”工作空间　　B. “草图与注释”工作空间

C. “三维建模”工作空间　　D. “三维基础”工作空间

（2）AutoCAD 文件的默认存储格式是（　　）。

A. DWG　　B. DXF　　C. DWS　　D. DWT

（3）AutoCAD 样本文件的存储格式是（　　）。

A. DWG　　B. DXF　　C. DWS　　D. DWT

（4）关于窗口选择方式，说法正确的是（　　）。

A. 窗口选择图形时，从左向右拖曳鼠标，拖出实线浅蓝色选择框，被选择框全部包围的图形会被选择

B. 窗口选择图形时，从右向左拖曳鼠标，拖出实线浅蓝色选择框，被选择框全部包围的图形会被选择

C. 窗口选择图形时，从右向左拖曳鼠标，拖出虚线浅绿色选择框，被选择框全部包围以及与选择框相交的图形会被选择

D. 窗口选择图形时，从右向左拖曳鼠标，拖出虚线浅绿色选择框，被选择框全部包围的图形会被选择

1.6.2　软件操作入门——操作题

（1）尝试新建一张公制单位的绘图文件。

（2）尝试缩放视图以查看图形。

（3）尝试采用多种方式选择图形对象。

第 2 章 室内设计环境的设置

AutoCAD 是一款人性化程度很高的设计软件，它允许用户可以根据个人喜好和操作习惯，对系统进行个性化设置。本章就来学习 AutoCAD 室内设计环境的设置方法。

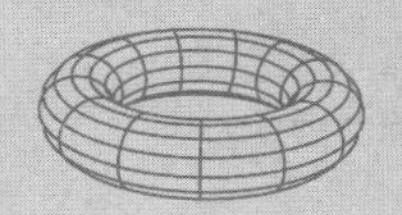

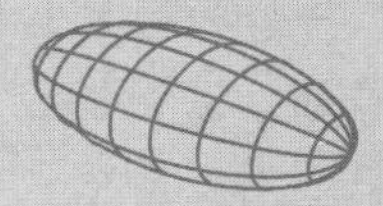

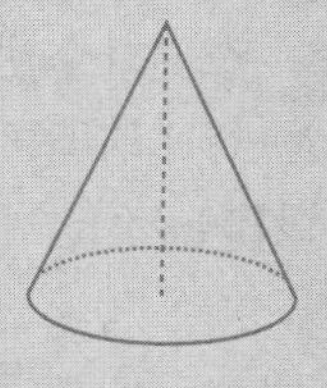

|第 2 章|

室内设计环境的设置

本章内容概览

知识点	功能 / 用途	难易度与使用频率
系统环境的设置（P22）	● 设置绘图环境 ● 辅助绘图	难易度：★ 使用频率：★★
绘图辅助功能设置（P24）	● 设置绘图辅助功能 ● 辅助绘图	难易度：★ 使用频率：★★
绘图文件与绘图区域的安全设置（P27）	● 设置绘图文件的保存格式、设置绘图文件安全措施、绘图界限 ● 保证图形文件的安全	难易度：★★ 使用频率：★★★★★
绘图单位与精度设置（P31）	● 设置绘图单位类型、精度 ● 精确绘图	难易度：★★★ 使用频率：★★★★★
捕捉设置（P33）	● 设置绘图捕捉功能 ● 精确绘图	难易度：★★ 使用频率：★★★★★
追踪设置（P38）	● 设置绘图追踪功能 ● 精确绘图	难易度：★★★★ 使用频率：★★★★★
其他捕捉与追踪功能（P43）	● 设置其他捕捉与追踪功能 ● 精确绘图	难易度：★★ 使用频率：★★★★★
综合自测（P45）	● 软件知识检测——选择题 ● 软件操作入门——绘制简单图形	

2.1 系统环境的设置

在命令行中输入“OP”，按 Enter 键，或者执行菜单栏中的【工具】/【选项】对话框，打开【选项】对话框，如图 2-1 所示。

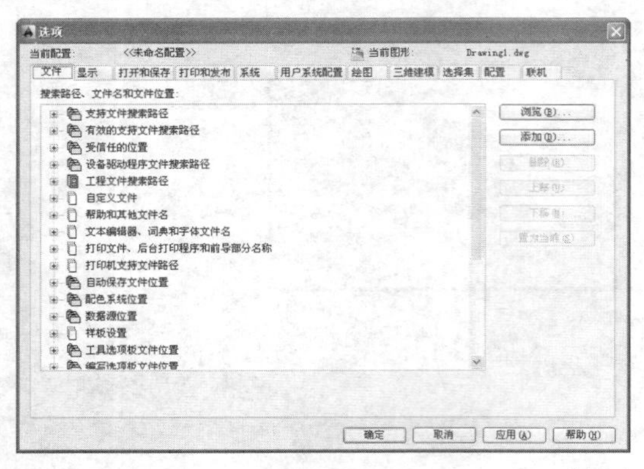

图 2-1

在该对话框中，可以设置窗口元素、布局元素、显示精度、十字光标大小、文件保存格式、文件安全措施、默认输出设备等选项参数。

其实，系统默认下的设置基本都能满足绘图需要，因此不建议用户对默认设置做过多的修改。如果用户是一个追求个性化绘图环境的人，仅对个别设置进行修改即可。本节介绍修改 AutoCAD 默认设置的方法。

本节内容概览

知识点	功能 / 用途	难易度与使用频率
设置界面颜色（P23）	● 设置界面颜色	难易度：★ 使用频率：★
设置工具按钮大小（P23）	● 设置工具按钮大小	难易度：★ 使用频率：★
设置十字光标大小（P24）	● 设置十字光标大小	难易度：★ 使用频率：★★

2.1.1 设置界面颜色

视频文件	专家讲堂 \ 第 2 章 \ 设置界面颜色 .swf

AutoCAD 2014 的初始用户，启动 AutoCAD 2014 程序之后，会发现整个绘图空间是黑色的，如图 2-2 所示。

相信这种界面颜色会让大多数设计人员感觉有些沉闷。用户可以重新设置一种界面颜色，其结果如图 2-3 所示。

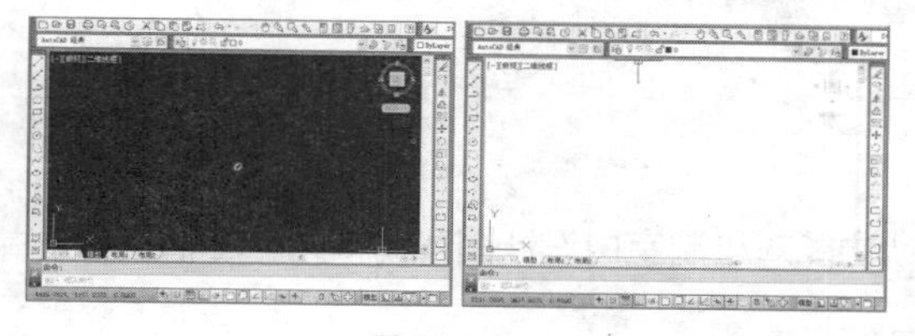

图 2-2　　图 2-3

实例引导——设置界面颜色

Step01 ▶ 打开【选项】对话框，进入“显示”选项卡，然后单击 颜色(C)... 按钮。

Step02 ▶ 打开【图形窗口颜色】对话框。

Step03 ▶ 在“颜色”列表框中选择“白”。

Step04 ▶ 单击 应用并关闭(A) 按钮，如图 2-4 所示。

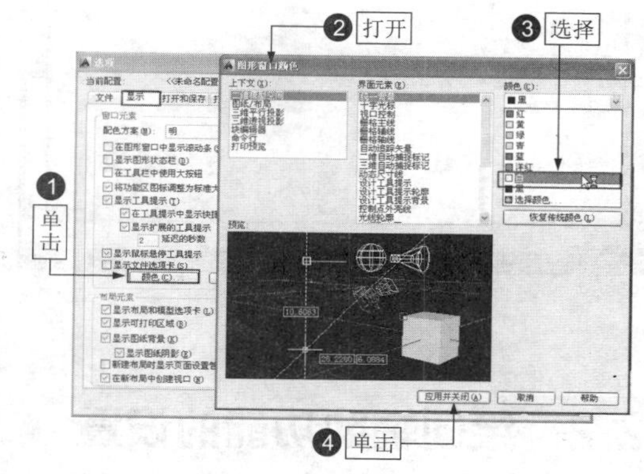

图 2-4

Step05 ▶ 单击 应用并关闭(A) 按钮返回到【选项】对话框，此时会发现绘图空间背景颜色变为了白色。当然，您也可以根据自己的喜好，使用相同的方法设置自己喜欢的绘图背景颜色。

| 技术看板 | 还可以设置界面其他元素的颜色，方法是：在“界面元素”列表框中选择相关选项，然后在“颜色”下拉列表中选择所需颜色。如果想恢复系统默认的颜色，可以单击 恢复传统颜色(L) 按钮，然后依次单击 应用并关闭(A) 按钮。

2.1.2 设置工具按钮大小

视频文件	专家讲堂 \ 第 2 章 \ 设置工具按钮大小 .swf

默认设置下，工具按钮都是以标准大小来显示，但这样的大小对用户来说显得有点小，不容易操作，用户可以通过设置，使这些按钮更大一些。

实例引导——设置大按钮

Step01 ▶ 在【选项】对话框的“显示”选项卡中，勾选“窗口元素”选项下的“在工具栏中使用大按钮”选项。

Step02 ▸ 单击[应用(A)]按钮，此时即可发现工具栏中的各按钮都变大了。

2.1.3 设置十字光标大小

视频文件	专家讲堂\第 2 章\设置十字光标大小 .swf

十字光标是呈十字相交的两条线，它是用户绘图时的主要操作工具。系统默认下，十字光标会布满整个绘图区，如图 2-5 所示。

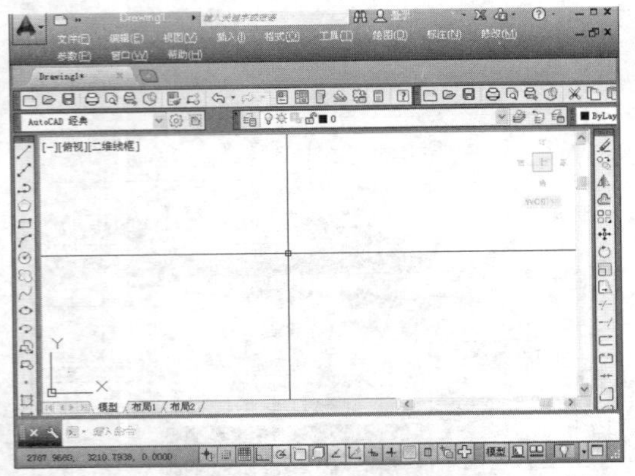

图 2-5

十字光标的这种显示，并不利于初学者绘图，因为十字光标的两条线容易与绘图轮廓线重合，造成视觉上的误差。因此，建议用户对十字光标大小进行设置。

实例引导——设置十字光标大小

Step01 ▸ 在【选项】对话框的“显示”选项卡中，将“十字光标大小”选项下的滑块向左拖动，设置十字光标大小为 5。

Step02 ▸ 单击[应用(A)]按钮，此时您会发现十字光标变小了。

| 技术看板 | 除了以上常用设置的修改外，建议用户不要对其他默认设置进行修改，因为这些设置都是系统根据软件性能所作的最好设置，如果用户对这些设置修改不当，反而不利于绘图。

2.2 绘图辅助功能的设置

AutoCAD 2014 提供了许多辅助功能，这些辅助功能对绘制室内设计图帮助很大，它们是精确绘图的保证。本节就来学习设置绘图辅助功能的方法。

本节内容概览

知识点	功能 / 用途	难易度与使用频率
显示图形标记（P24）	● 设置图形标记的显示 ● 辅助绘图	难易度：★ 使用频率：★★
应用磁吸功能（P25）	● 设置磁吸功能 ● 精确捕捉辅助绘图	难易度：★ 使用频率：★★
显示自动捕捉工具提示（P25）	● 显示工具提示 ● 判断是否正确捕捉	难易度：★ 使用频率：★★
显示自动捕捉靶框（P26）	● 显示自动捕捉靶框 ● 精确捕捉特征点以精确绘图	难易度：★ 使用频率：★★
追踪设置（P26）	● 设置追踪功能 ● 精确绘图	难易度：★ 使用频率：★★

2.2.1 显示图形标记

视频文件	专家讲堂\第 2 章\显示图形标记 .swf

在 AutoCAD 中，不同类型的图形都有不同的特征点，在编辑图形时，这些特征点会由不同的几何符号来显示，例如中点、端点、交点等，显示图形标记，有助于用户区分所捕捉的特征点是否

正确，从而帮助用户正确绘图。

实例引导 ——显示图形标记

Step01 ▸ 在“绘图”选项卡的“自动捕捉设置”中勾选“标记”选项并确认。

Step02 ▸ 此时，捕捉图形的中点，将显示中点标记符号。

Step03 ▸ 捕捉图形的端点，将显示端点标记符号。

Step04 ▸ 捕捉图形的交点，将显示交点标记符号，如图 2-6 所示。

如果用户取消“标记”选项的勾选，则不显示这些标记符号。但这样不利于用户判断捕捉是否正确，因此建议用户勾选该选项。

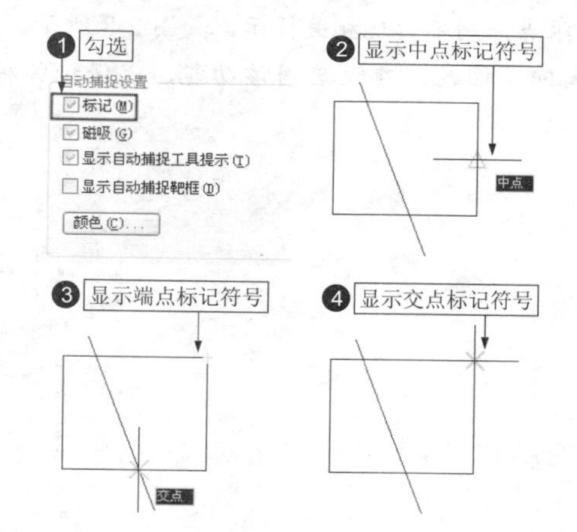

图 2-6

2.2.2　应用磁吸功能

视频文件	专家讲堂\第 2 章\应用磁吸功能 .swf

AutoCAD 2014 中的“磁吸”功能可以将光标准确锁定到距离光标最近的特征点上，以帮助用户精确绘图。

实例引导 ——设置“磁吸”功能

Step01 ▸ 在“绘图”选项卡的“自动捕捉设置”选项组中，勾选“磁吸”选项并确认。

Step02 ▸ 将光标移动到圆上，光标自动捕捉距离光标最近的特征点。

Step03 ▸ 单击鼠标将捕捉到圆的特征点，如图 2-7 所示。

如果用户取消“磁吸”选项的勾选，还想精确捕捉到图形的特征点，只有将光标移动到图形的特征点上，光标才能锁定到该特征点。但这样操作难度很大，并且不准确，因此建议用户设置“磁吸”功能。

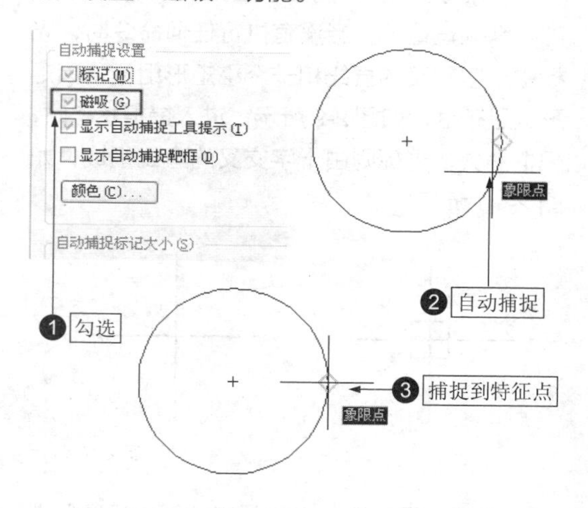

图 2-7

2.2.3　显示自动捕捉工具提示

视频文件	专家讲堂\第 2 章\显示自动捕捉工具提示 .swf

在绘图时，当捕捉到某一点后，用户可以通过捕捉提示了解光标捕捉点的特征，以确定捕捉是否正确，用户可以通过勾选“显示自动捕捉工具提示”选项来实现该功能。

实例引导 ——设置“显示自动捕捉工具提示”选项

Step01 ▸ 在“绘图”选项卡的“自动捕捉设置”选项组中，勾选“显示自动捕捉工具提示”选项并确认。

Step02 ▸ 捕捉圆的象限点，出现相关提示。

Step03 ▸ 如果取消该选项的勾选，再捕捉圆的象限点，则不出现相关提示，如图 2-8 所示。

Step04 ▸ 因此，建议启用该功能，以保证捕捉正确。

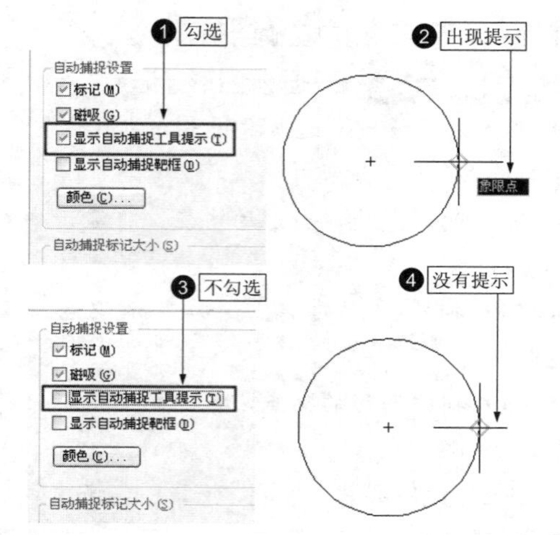

图 2-8

2.2.4 显示自动捕捉靶框

视频文件	专家讲堂\第 2 章\显示自动捕捉靶框 .swf

靶框就是进入捕捉状态时光标的显示状态。默认设置下，当没有执行任何命令时，光标由十字交叉的直线和一个小矩形组成，该矩形就是靶框，如图 2-9 所示。进入捕捉状态时，靶框消失，光标则由十字交叉的直线组成，如图 2-10 所示。

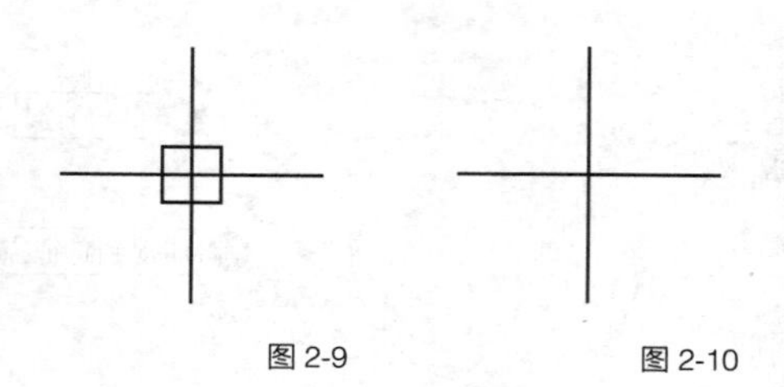

图 2-9　　图 2-10

在“绘图”选项卡的“自动捕捉设置”选项组中，勾选“显示自动捕捉靶框”选项，进入捕捉状态时，光标显示状态与没有执行任何命令时的光标显示状态无二，这样不利于用户判断是否已经进入捕捉状态，因此，建议用户取消“显示自动捕捉靶框”选项的勾选。当然，如果用户勾选了“显示自动捕捉靶框”选项，还可以在“靶框大小”选项下拖曳滑块设置靶框大小，如图 2-11 所示。

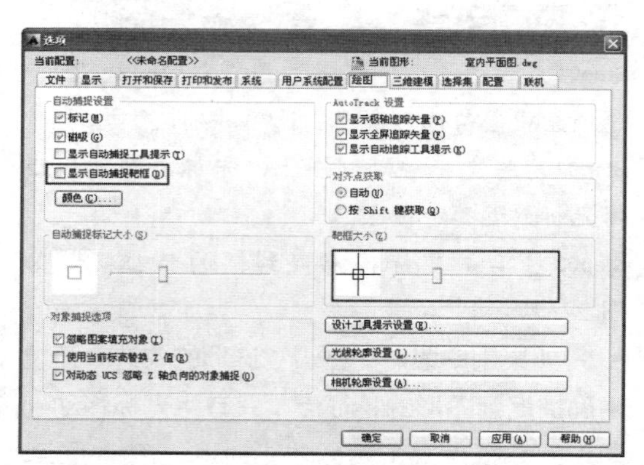

图 2-11

| 技术看板 | 自动捕捉设置的应用必须是在启用了【对象捕捉】功能，同时设置了相关捕捉的基础上才起作用。有关捕捉设置的相关知识，将在 2.5 节中进行详细介绍。

2.2.5 追踪设置

视频文件	专家讲堂\第 2 章\追踪设置 .swf

追踪是指当捕捉到图形的某特征点，或沿图形特征点引导光标时，系统会由该图形特征点沿追踪角度引出一条追踪虚线，便于用户捕捉图形的另一个特征点。

用户可以在“AutoTrack 设置”中勾选或取消勾选“显示极轴追踪矢量”选项进行设置。

实例引导 ——AutoTrack 设置

Step01 ▶ 在“AutoTrack 设置”选项组中勾选“显示极轴追踪矢量”选项并确认。

Step02 ▶ 沿图形特征点引导光标，此时出现追踪虚线。

Step03 ▶ 取消“显示极轴追踪矢量”选项的勾选并确认。

Step04 ▶ 沿图形特征点引导光标，此时不出现追踪虚线，如图 2-12 所示。

| 技术看板 | “显示全屏追踪矢量”是指是否全屏显示追踪虚线，勾选该选项，从捕捉的点向两端引出全屏追踪虚线；不勾选该选项，则在捕捉点到光标位置引出追踪虚线，如图 2-13 所示。

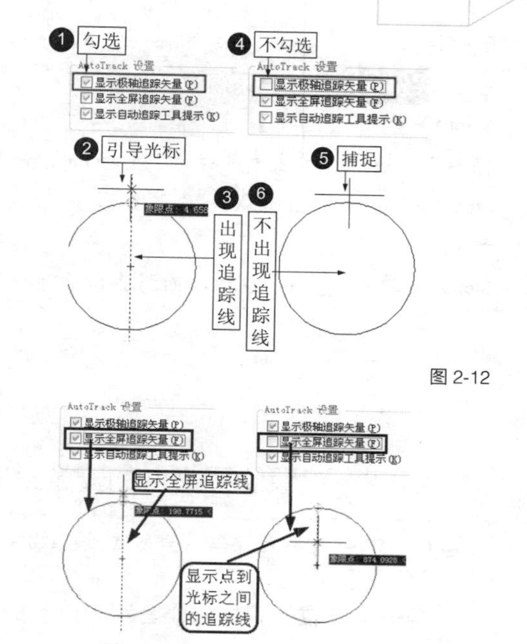

图 2-12

图 2-13

2.3 绘图文件与绘图区域的安全设置

绘图文件是用户设计成果的体现。绘图文件需要在绘图区域内完成，如果绘图文件与绘图区域不够安全，则用户的设计工作将功亏一篑。本节就来学习设置绘图文件与绘图环境的方法。

本节内容概览

知识点	功能 / 用途	难易度与使用频率
设置绘图文件的保存格式（P27）	● 正确保存绘图文件	难易度：★ 使用频率：★
设置绘图文件的安全措施（P28）	● 保证绘图文件的安全	难易度：★ 使用频率：★
设置最近使用的文件数（P28）	● 快速查看并打开绘图文件	难易度：★ 使用频率：★★
设置绘图界限（P29）	● 在特定区域内绘图	难易度：★ 使用频率：★★★★★
疑难解答	● 设置图形界限后为什么绘图区没有变化（P29） ● 设置图形界限后就一定能在该界限内绘图吗（P30） ● 在图形界限外绘图对图形的影响（P31）	

2.3.1 设置绘图文件的保存格式

视频文件	专家讲堂 \ 第 2 章 \ 设置绘图文件的保存格式 .swf

室内设计图设计好后，需要将其保存。AutoCAD 2014 中有多种文件保存格式和保存版本，不同格式的文件其用途不同，而不同版本的文件，只能在特定版本中打开。那么如何才能将绘图文件按照不同用途，选择合适的格式进行正确保存呢？这取决于用户的保存设置。例如，如果用户想让设计作品在 AutoCAD 2013 及其以后的版本中打开，则可以设置文件的保存格式为 AutoCAD 2013

图形格式。

实例引导——保存格式设置

Step01 ▸ 打开【选项】对话框，进入“打开和保存”选项卡，单击“另存为”下拉列表按钮。

Step02 ▸ 选择“AutoCAD 2013 图形（*.dwg）”格式。

Step03 ▸ 单击 应用(A) 按钮，如图 2-14 所示。

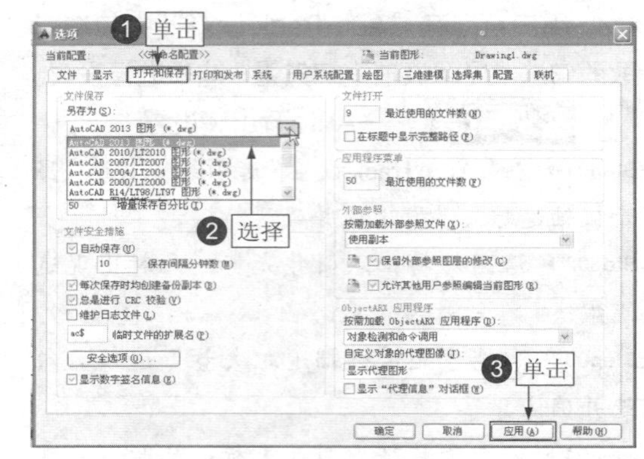

图 2-14

2.3.2 设置绘图文件的安全措施

视频文件	专家讲堂 \ 第 2 章 \ 设置绘图文件的安全措施 .swf

相信每一位计算机操作者都有这样的经历：集中精神操作时，电脑突然间毫无征兆的出现故障，结果前面所做的工作全都丢失了。这种突发情况谁也无法预料，只能尽量减小这种情况带来的损失的，其办法就是设置文件安全措施。

在 AutoCAD 中，用户可以在“文件安全措施”选项组中设置文件自动保存以及保存的间隔时间，系统会定时对文件进行自动保存。

实例引导——设置文件安全措施设置

Step01 ▸ 在“打开和保存”选项的“文件安全措施”下勾选“自动保存”选项。

Step02 ▸ 在“保存间隔分钟数”输入框设置保存间隔的时间，例如可以设置为 10 分钟，那么系统将每隔 10 分钟自动保存文件。

Step03 ▸ 如果用户想得到更安全的保障，那么可以勾选“每次保存时均创建备份副本”选项，以创建备份保存。

Step04 ▸ 设置完成后，单击 应用(A) 按钮，如图 2-15 所示。

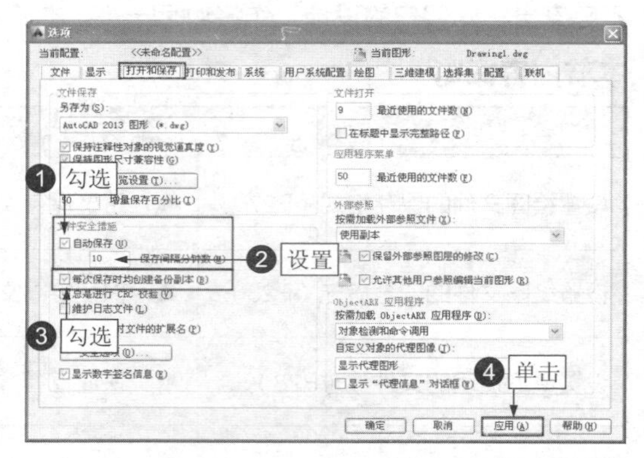

图 2-15

2.3.3 设置最近使用的文件数

视频文件	专家讲堂 \ 第 2 章 \ 设置最近使用的文件数 .swf

室内设计中，经常需要对以前绘制的图形进行查看或调用，但要在众多的图形文件中快速找到某一个文件并非易事。在 AutoCAD 2014 中，将最近使用过的 9 个文件设置在【文件】菜单中，这样用户就可以通过【文件】菜单快速找到需要的文件。如果觉得这些还不够，用户还可以自己设置最近使用的文件数的相关方法。

实例引导——设置最近使用过的文件数

Step01 ▸ 在【选项】对话框中，进入“打开和保存”选项卡，在“文件打开”选项中设置“最近使用的文件数”为“9”。

Step02 ▶ 在“应用程序菜单”选项中设置“最近使用的文件数”为“50”。

Step03 ▶ 设置完成后单击 应用(A) 按钮。

Step04 ▶ 执行【文件】命令，您会发现在其菜单底部显示最近使用过的 9 个文件及其存储路径，如图 2-16 所示；单击应用程序菜单按钮，也会发现在该菜单的右侧显示最近使用过的至少 50 个文件，如图 2-17 所示。

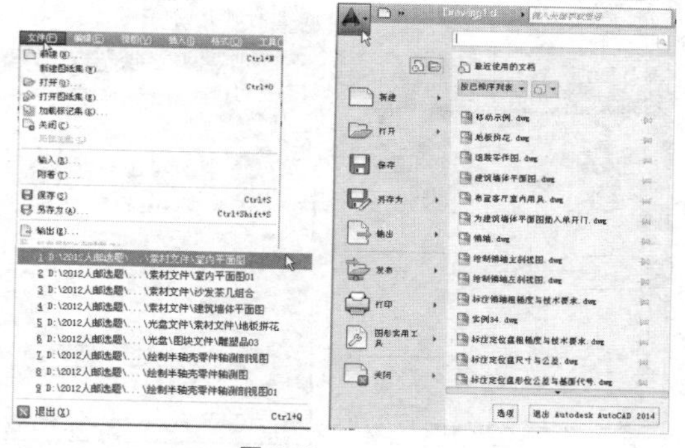

图 2-16　　图 2-17

2.3.4　设置绘图界限

视频文件	专家讲堂 \ 第 2 章 \ 设置绘图界限 .swf

“绘图界限”其实就是绘图区域，也就是绘图的范围。尽管 AutoCAD 提供了无限大的电子绘图纸，但是在实际绘图时，还需要在这张电子绘图纸上划定绘图范围。也就是说，用户必须将图形绘制在设定的范围内，以保证最后的绘图成果能被正确打印和输出。

默认设置下，系统为用户设定的图形界限是以左下角为坐标系原点的矩形区域，其长度为 490 个绘图单位、宽度为 270 个绘图单位。如果这样的绘图区域不能满足用户的绘图要求，用户可以重新设置合适的绘图区域。

实例引导 ——设置 220mm × 120mm 的绘图区域

Step01 ▶ 单击菜单栏中的【格式】/【图形界限】命令。

Step02 ▶ 输入“0,0”，按 Enter 键，指定绘图区域左下角为坐标系原点。

Step03 ▶ 输入“220,120”，按 Enter 键，指定绘图区域右上角位置。这样就设置了新的图形界限，用户就可以在该范围内绘制图形了。

2.3.5　疑难解答——设置绘图界限后为什么绘图区域没有变化

视频文件	疑难解答 \ 第 2 章 \ 疑难解答——设置绘图界限后为什么绘图区域没有变化 .swf

疑难：设置绘图界限后，绘图区域看起来没有任何变化，这是为什么呢?

解答：当设置了绘图界限后，绘图区域看起来与原来并没有什么区别，但是当用户开启了栅格之后，设置后的绘图界限才能真正显示。

Step01 ▶ 将光标移到功能区“显示栅格”按钮上单击将其激活。

Step02 ▶ 在该按钮上单击鼠标右键，并选择“设置”选项。

Step03 ▶ 打开【草图设置】对话框并进入“捕捉和栅格”选项卡。

Step04 ▶ 在“栅格样式”选项下取消“二维模型空间”选项的勾选。

Step05 ▶ 在“栅格行为”选项下取消“显示超出界限的栅格”选项的勾选。

Step06 ▶ 单击 确定 按钮关闭【草图设置】对话框。回到绘图区，此时用户就可以看到，以栅格显示的区域就是设置的图形界限，如图 2-18 所示。

| 技术看板 | 为了使设置的绘图区域能最大限度地显示在绘图区，可以单击菜单栏中的【视图】/【缩放】/【全部】命令，使图形界限最大化显示。

练一练 相信用户现在一定掌握了设置图形界限的方法了吧，那好，下面请用户尝试重新设置一个 1024mm×768mm 的图形界限，并使其显示在绘图区，结果如图 2-19 所示。

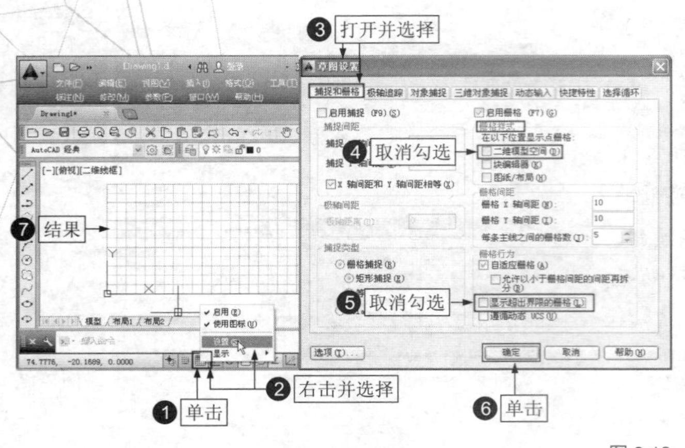

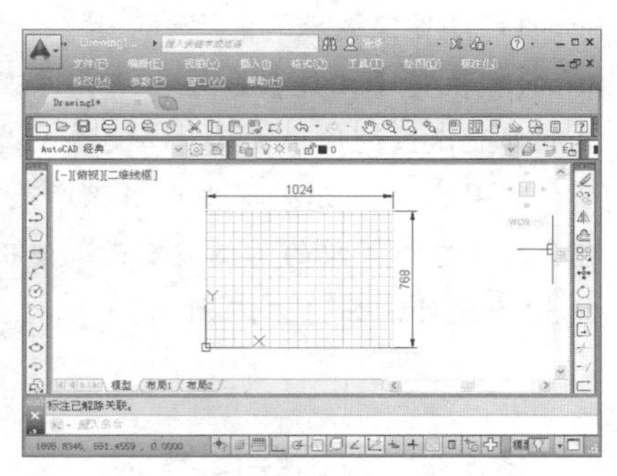

图 2-18　　图 2-19

2.3.6 疑难解答——设置绘图界限后就一定会在该界限内绘图吗

视频文件	疑难解答 \ 第 2 章 \ 疑难解答——设置绘图界限后就一定会在该界限内绘图吗 .swf

疑难：设置绘图界限后，是不是就能保证一定会在该界限内绘图呢?

解答：我们先来验证一下，在设置了绘图界限的视图内绘制图形，看看是否就一定在绘图界限内绘制。

Step01 ▶ 输入“L”，按 Enter 键，激活【直线】命令。

Step02 ▶ 在绘图界限内单击拾取一点。

Step03 ▶ 在绘图界限内单击拾取下一点。

Step04 ▶ 在绘图界限外单击拾取下一点。

Step05 ▶ 在绘图界限外单击拾取下一点。

Step06 ▶ 按 Enter 键，结束操作，如图 2-20 所示。

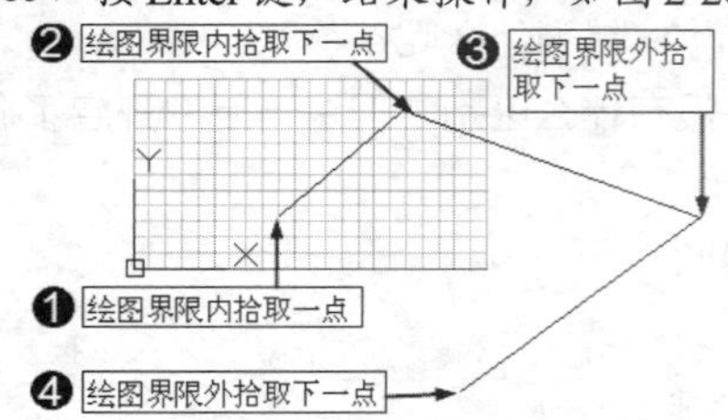

图 2-20

通过以上操作，用户会发现即使设置了绘图界限，也不是只能在绘图界限内绘图。这是因为，默认设置下，系统允许用户既可以在设置的绘图界限内绘图，也允许在绘图界限外绘图。如果要保证一定是在设定的绘图界限内绘图，需要开启绘图界限的检测功能，禁止绘制的图形超出所设置的绘图界限。当开启此功能后，系统会自动将坐标点限制在设置的绘图界限区域内，拒绝绘图界限之外的点，这样就不会使用户绘制的图形超出绘图界限了。下面开启绘图界限的检测功能，然后再来绘制线段。

Step01 ▶ 在命令行输入“LIMITS”后按 Enter 键，激活【图形界限】命令。

Step02 ▶ 在命令行“指定左下角点或 [开（ON）/ 关（OFF）] <0.0000,0.0000> ：”提示下，输入“ON”后按 Enter 键，即可打开图形界限的自动检测功能。

Step03 ▶ 输入“L”，按 Enter 键，激活【直线】命令。

Step04 ▶ 在绘图界限内单击拾取一点。

Step05 ▶ 在绘图界限内单击拾取下一点。

Step06 ▶ 在绘图界限外单击拾取下一点，此时用户会发现，无论如何单击，在绘图界限外总不能拾取下一点，如图 2-21 所示。

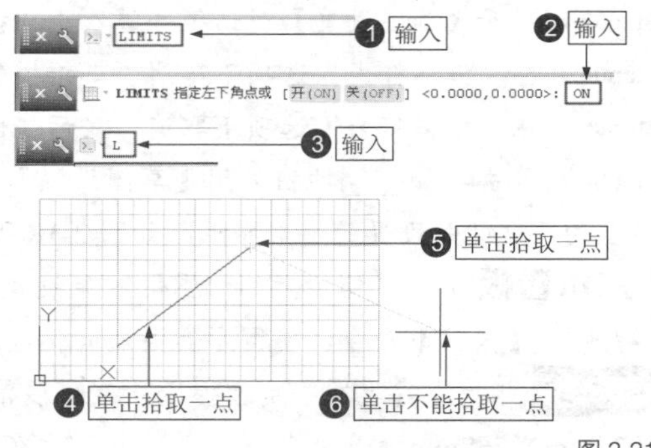

图 2-21

2.3.7　疑难解答——在绘图界限外绘图对图形有什么影响

视频文件	疑难解答 \ 第 2 章 \ 疑难解答——在图形界限外绘图对图形有什么影响 .swf

疑难：设置绘图界限后，由于没有开启图形界限检测功能，绘制的图形部分超出了绘图界限，这样对图形有什么影响?

解答：如果用户设定了绘图界限，但绘制的图形超出了绘图界限，则在打印该图形时，如果选定的打印范围是“图形界限”，则超出绘图界限的图形不能被打印，但是使用“窗口”或“布局”打印时不受影响。建议用户绘图时设置绘图界限，并开启图形界限检测功能，尽量在绘图界限内绘图。

2.4　绘图单位与精度的设置

在绘制图形前，要先设置绘图单位和精度。在 AutoCAD 中时，用户只需设置测量单位的类型，所绘制的图形即可表示任何真实世界的单位。例如，用户绘制了长度为 100 个绘图单位的直线，如果是以“米”为单位，那么它就表示 100 米；如果是以“毫米”为单位，那么它就表示 100 毫米。本节就来学习设置绘图单位和精度的方法。

本节内容概览

知识点	功能 / 用途	难易度与使用频率
设置长度单位类型与精度（P31）	● 设置绘图单位类型	难易度：★ 使用频率：★★★★★
设置角度类型和精度（P31）	● 设置绘图单位的类型	难易度：★ 使用频率：★★★★★
设置插入时的缩放单位（P32）	● 设置绘图单位的类型	难易度：★ 使用频率：★★★★★
设置角度方向（P32）	● 设置绘图时的精度与角度方向	难易度：★ 使用频率：★★★★★

2.4.1　设置长度类型与精度

视频文件	专家讲堂 \ 第 2 章 \ 设置长度类型与精度 .swf

设置长度类型与精度其实就是设置绘图时的长度、宽度的单位类型和精度。在室内设计中，一般长度类型采用“小数”，其精度为0.0。

实例引导 ——设置长度单位类型和精度

Step01 ▸ 执行菜单栏中的【格式】/【单位】命令。

Step02 ▸ 打开【图形单位】对话框。

Step03 ▸ 在“长度”选项的“类型”下拉列表选择“小数”。

Step04 ▸ 在“精度”下拉列表选择“0.0”。

Step05 ▸ 设置完成后，单击 确定 按钮，如图 2-22 所示。

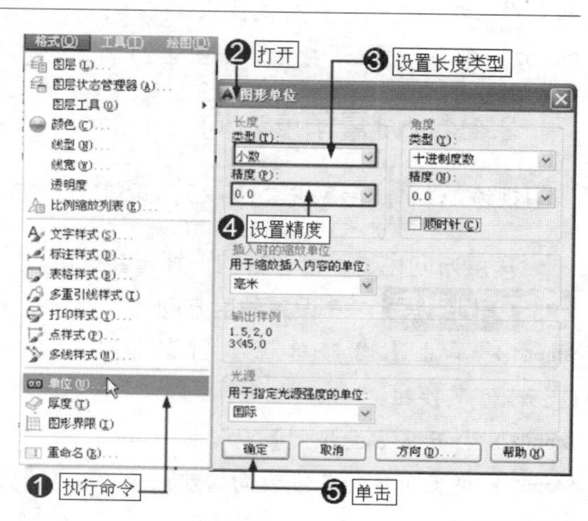

图 2-22

2.4.2 设置角度类型和精度

视频文件	专家讲堂\第 2 章\设置角度类型和精度 .swf

角度类型和精度其实就是图形角度所使用的单位类型和精度。在室内设计中，一般使用“十进制度数”作为角度类型，其精度为 0。

实例引导 ——设置角度类型和精度

Step01 ▸ 在【图形单位】对话框的“角度”选项组单击“类型”下拉列表按钮，并选择“十进制度数”作为角度类型。

Step02 ▸ 在“精度”下拉列表中选择精度为 0。

Step03 ▸ 设置完成后单击 确定 按钮确认，如图 2-23 所示。

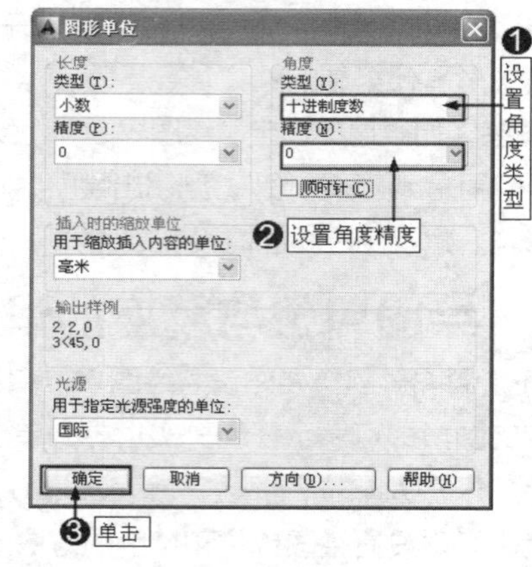

图 2-23

2.4.3 设置插入时的缩放单位

视频文件	专家讲堂\第 2 章\设置插入时的缩放单位 .swf

在室内设计中经常会使用【插入】命令调用设计素材文件，但插入后的素材并不一定与场景文件相匹配，还需要对插入的素材进行缩放，这就涉及插入时的缩放单位。为了能按正确比例对插入的素材文件进行缩放，需要设置用于缩放插入内容的单位。一般情况下，插入时的缩放单位多采用“毫米”。

实例引导 ——设置插入时的缩放单位

Step01 ▸ 在“用于缩放插入内容的单位”下拉列表中选择“毫米”作为单位。

Step02 ▸ 单击 确定 按钮，如图 2-24 所示。

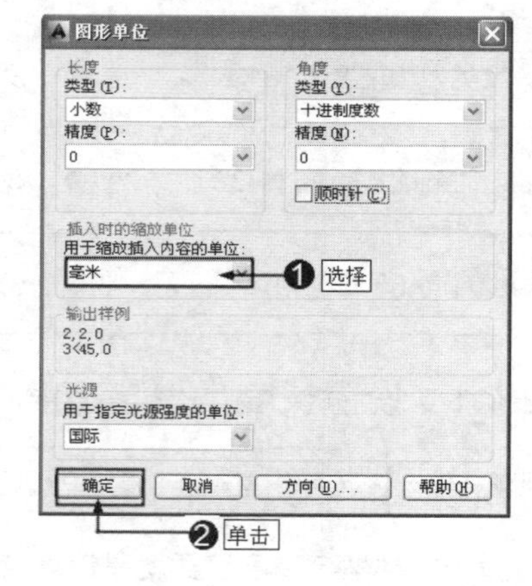

图 2-24

2.4.4 设置角度方向

视频文件	专家讲堂\第 2 章\设置角度方向 .swf

角度方向也是不容忽视的一种重要设置。

实例引导 ——设置角度方向

Step01 ▸ 单击【图形单位】对话框下方的 方向(D)... 按钮。

Step02 ▸ 打开【方向控制】对话框。

Step03 ▸ 设置角度的基准方向，默认为“东”

Step04 ▸ 设置完成后单击 确定 按钮，如图 2-25 所示。

默认设置下，AutoCAD 是以东为角度的基准方向依次来设置角度的。也就是说，东（水平向右）为 0° ；北（垂直向上）为 90° ；西（水平向左）为 180° ；南（垂直向下）为 270° 。如果用户设置了北为基准角度，那么垂直向上就是 0° ，依次类推，西（水平向左）就是 90° ；南（垂直向下）就是 180° ，而东（水平向右）就是 270° 。

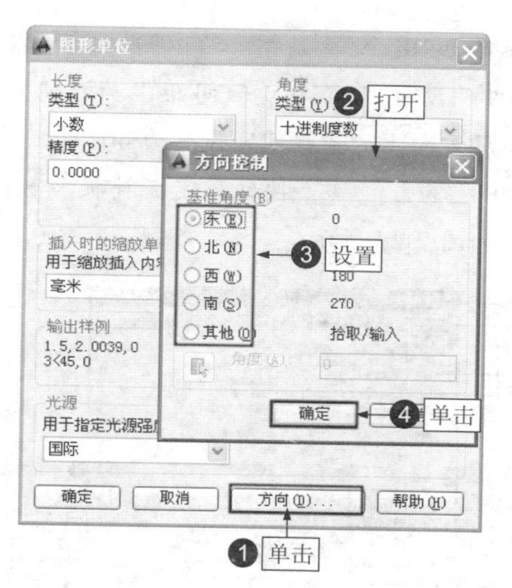

图 2-25

另外，在【图形单位】对话框中的“顺时针”选项也可以用于设置角度的方向，如图 2-26 所示。

默认设置下，AutoCAD 以逆时针为角度方向，如果以“东”为基准方向，勾选该选项，那么在绘图过程中就以顺时针为角度方向，例如，原来的北（垂直向上 90°）此时就是 270°；原来的南（垂直向下 270°）现在就是 90°。

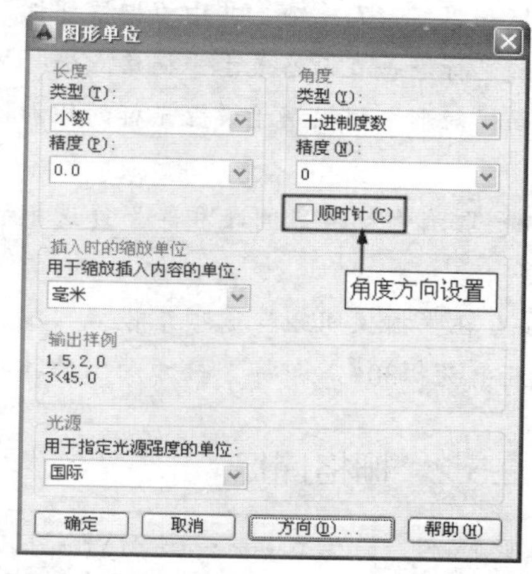

图 2-26

2.5 捕捉设置

捕捉是指拾取图形上的点，以精确绘制图形。本节学习捕捉设置的方法。

本节内容概览

知识点	功能 / 用途	难易度与使用频率
步长捕捉（P33）	● 设置光标移动的步长 ● 精确捕捉图形特征点	难易度：★ 使用频率：★
栅格捕捉（P34）	● 显示栅格 ● 显示图形界限 ● 精确捕捉图形点	难易度：★ 使用频率：★★
对象捕捉（P35）	● 设置对象捕捉模式 ● 精确捕捉图形特征点	难易度：★ 使用频率：★★★★★
疑难解答（P37）	● 设置对象捕捉后不能捕捉	

2.5.1 步长捕捉

视频文件	专家讲堂 \ 第 2 章 \ 步长捕捉 .swf

步长捕捉就是强制性地控制十字光标，使其按照事先定义的 X 轴、Y 轴方向的固定距离（即步长）进行跳动，从而精确定位点。例如，将 X 轴的步长设置为 50，将 Y 轴方向上的步长设置为 40，那么光标每水平跳动一次，则走过 50 个绘图单位的距离；每垂直跳动一次，则走过 40 个单位的距离；如果连续跳动，走过的距离则是步长的整数倍。

实例引导 ——设置步长捕捉

Step01 ▸ 单击状态栏上“捕捉模式”按钮，将其激活。

Step02 ▸ 在此按钮上单击鼠标右键，选择右键菜单中的“启用”选项。

Step03 ▸ 打开【草图设置】对话框。

Step04 ▸ 进入“捕捉和栅格”选项卡。

Step05 ▸ 勾选“启用捕捉”选项，打开捕捉功能。

Step06 ▸ 在“捕捉类型”选项组中勾选“栅格捕捉”和“矩形”选项。其中“栅格捕捉”用于强制光标沿垂直栅格或水平栅格点进行捕捉点，而“矩形”捕捉用于设置光标的矩形捕捉模式。

Step07 ▸ 取消“X 和 Y 间距相等”复选框的勾选。

Step08 ▸ 在“捕捉间距”选项下设置“捕捉 X 轴间距”为“30”，即将 *X* 轴方向上的捕捉间距设置为 30。

Step09 ▸ 设置“捕捉 Y 轴间距”为“40”，即将 *Y* 轴方向上的捕捉间距设置为 40。

Step10 ▸ 单击 确定 按钮，完成捕捉参数的设置，如图 2-27 所示。

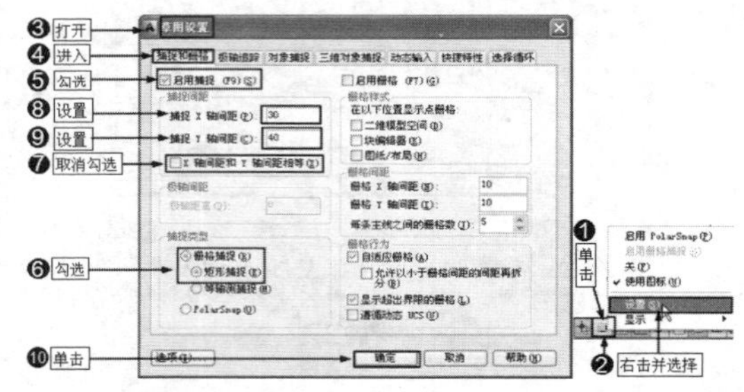

图 2-27

2.5.2 栅格捕捉

视频文件	专家讲堂\第 2 章\栅格捕捉 .swf

所谓“栅格”，指的是由一些虚拟的栅格点或栅格线组成，以直观地显示出当前文件的图形界限区域，这些栅格点和栅格线仅起到一种参照显示功能，它不是图形的一部分，也不会被打印输出。启用栅格并设置栅格捕捉的方法见光盘文件。

实例引导 ——启用并设置栅格捕捉

Step01 ▸ 在【草图设置】对话框的“捕捉和栅格”选项卡下勾选“启用栅格”选项。

Step02 ▸ 在“栅格样式”选项组中设置栅格显示样式。

♦ 勾选“二维模型空间”选项，则在二维绘图空间显示栅格。

♦ 勾选“块编辑器”选项，则在“块编辑器”窗口显示栅格。

♦ 勾选“图纸 / 布局”选项，则在布局空间显示栅格。

♦ 如果全部勾选了此选项组中的 3 个复选项，那么系统将会以栅格点的形式显示图形界限区域，如图 2-28 所示；反之，系统将会以栅格线的形式显示图形界限区域，如图 2-29 所示。

| 技术看板 | 单击状态栏上的“栅格捕捉”按钮将其激活，或在此按钮上单击鼠标右键，选择右键菜单上的“启用”选项，或按 F7 功能键，或按 Ctrl+G 组合键，均可启用栅格功能。

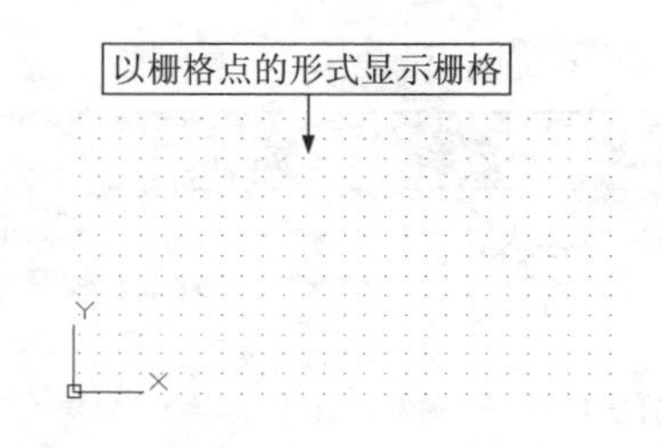

图 2-28

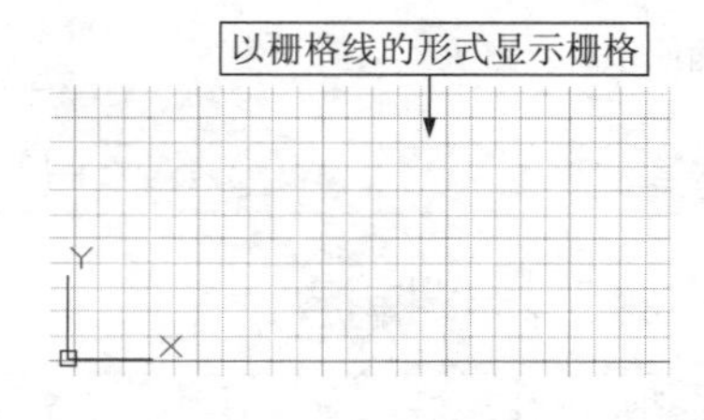

图 2-29

Step03 ▸【栅格间距】选项组用于设置 *X* 轴方向和 *Y* 轴方向的栅格间距以及栅格主线之间的栅格数。系统默认下，两个栅格点或两条栅格线之间的间距为 10 个绘图单位，每条主线之间的栅格数为 5 个绘图单位，用户可根据需要自行设置。

Step04 ▸ 在【栅格行为】选项组中，可以设置栅格的行为方式。

➢ 勾选“自适应栅格”复选框，系统将自动设置栅格点或栅格线的显示密度。

➢ 勾选“显示超出界限的栅格”复选框，系统将显示图形界限区域外的栅格点或栅格线。

➢ 勾选“遵循动态 UCS”复选框，将更改栅格平面，以跟随动态 UCS 的 X Y 平面。

2.5.3　对象捕捉

视频文件	专家讲堂 \ 第 2 章 \ 对象捕捉 .swf

“对象捕捉”就是指捕捉对象特征点，例如直线、圆弧的端点、中点，圆的圆心和象限点等。

在【草图设置】对话框中进入“对象捕捉”选项卡，此选项卡中为用户提供了 13 种对象捕捉功能，如图 2-30 所示。

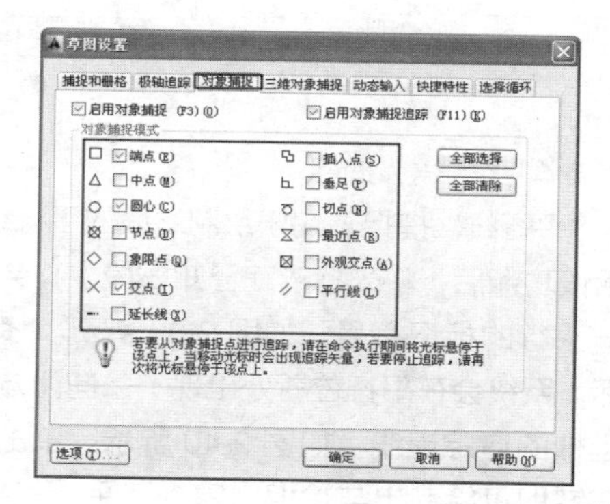

图 2-30

用户只需勾选所需捕捉模式选项，即可完成对象捕捉的设置。当用户设置了某种捕捉之后，系统将一直沿用该捕捉设置，除非取消相关的捕捉设置，因此，该捕捉模式常被称为“自动捕捉”模式。

1. “端点”捕捉

“端点”捕捉是指捕捉线的端点，例如矩形边的端点、线段的端点等。当设置该捕捉模式后，将光标移动到图形上，光标自动捕捉图形的端点，并出现端点捕捉符号，此时单击鼠标左键捕捉端点，如图 2-31 所示。

2. “中点”捕捉

“中点”捕捉用于捕捉线、弧等对象的中点，激活此功能后，将光标移动到对象中点位置，会显示中点标记符号，此时单击鼠标左键即可捕捉到该中点，如图 2-32 所示。

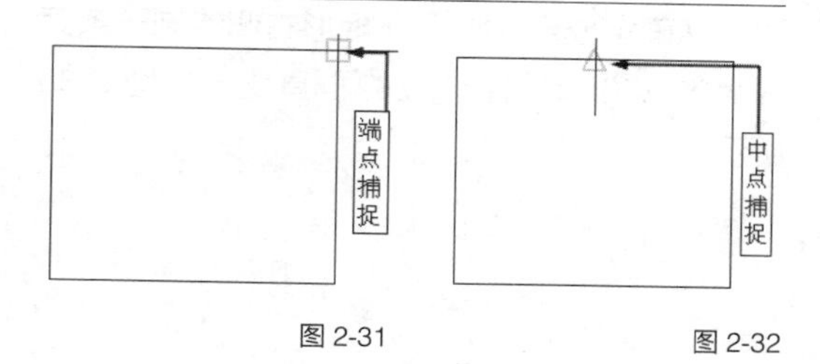

图 2-31　　图 2-32

3. “交点”捕捉

“交点”捕捉用于捕捉对象之间的交点。激活此功能后，将光标移动到对象的交点处，会显示交点标记符号，此时单击鼠标左键即可捕捉到该交点，如图 2-33 所示。

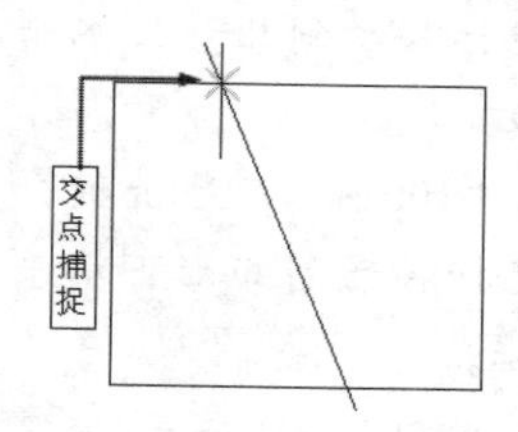

图 2-33

| 技术看板 | 如果需要捕捉延长线的交点，首先需要将光标放在其中的一个对象上单击，拾取该延伸对象，如图 2-34 所示。然后将光标放在另一个对象上，系统将自动在延伸交点处显示交点标记符号，如图 2-35 所示，此时单击鼠标左键即可精确捕捉到对象延长线的交点。

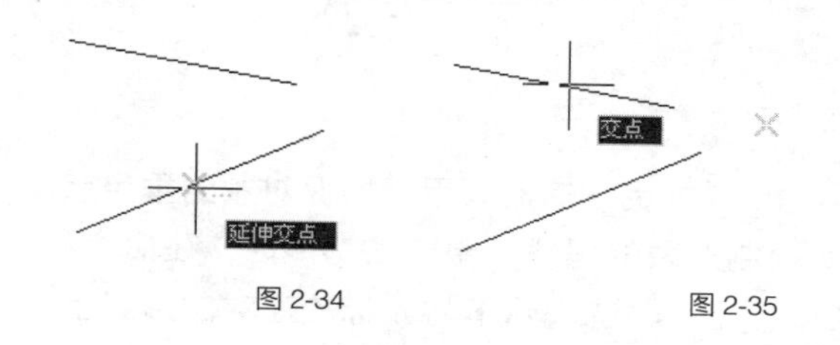

图 2-34　　图 2-35

4. “外观交点”捕捉

“外观交点”捕捉用于捕捉三维空间内对象在当前坐标系平面内投影的交点，该功能的应用将在学习三维设计之后详细讲解。

5. “延长线”捕捉

“延长线”捕捉用于捕捉对象延长线上的点。激活该功能后，将光标移动到对象的末端稍一停留，然后沿着延长线方向移动光标，系统会在延长线处引出一条追踪虚线，此时单击鼠标左键，或输入距离值，即可在对象延长线上精确定位点，下面在矩形右侧绘制一条距离矩形 100 个绘图单位的垂直线，如图 2-36 所示。

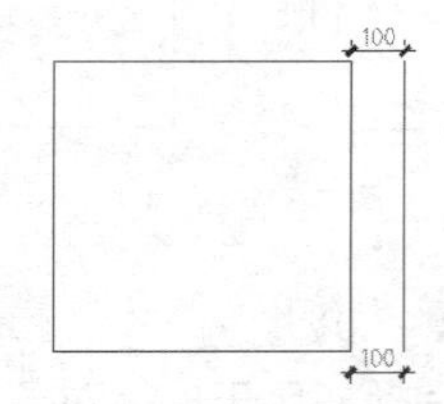

图 2-36

Step01 ▸ 输入“L”，激活【直线】命令。

Step02 ▸ 设置“延长线”捕捉模式。

Step03 ▸ 将光标移动到矩形上水平边右端点，向右引导光标。

Step04 ▸ 输入“100”，按 Enter 键。

Step05 ▸ 将光标移动到矩形下水平边右端点，向右引导光标。

Step06 ▸ 输入“100”，按 Enter 键。

Step07 ▸ 按 Enter 键，结束操作，绘制结果如图 2-37 所示。

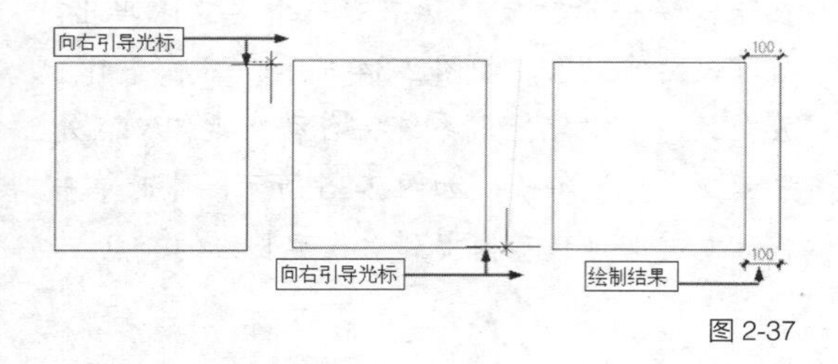

图 2-37

6. “垂足”捕捉

“垂足”捕捉用于捕捉对象的垂足点，绘制对象的垂线。激活该功能后，在命令行“指定点”的提示下将光标放在对象边缘上，系统会在垂足点处显示出垂足标记符号，此时单击鼠标左键即可捕捉到垂足点，绘制对象的垂线。下面绘制矩形对角线的垂线。

Step01 ▸ 输入“L”，按 Enter 键，激活【直线】命令。

Step02 ▸ 设置“垂足”捕捉模式。

Step03 ▸ 将光标移动到矩形对角线上，此时出现垂足捕捉符号。

Step04 ▸ 单击捕捉一点。

Step05 ▸ 引导光标到合适位置单击拾取另一点。

Step06 ▸ 按 Enter 键，结束操作，绘制结果如图 2-38 所示。

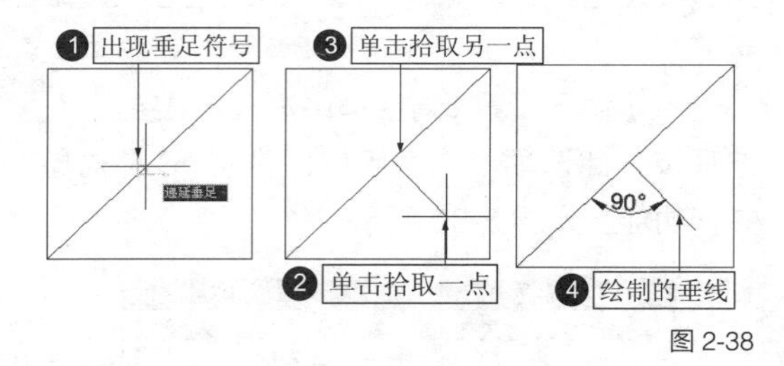

图 2-38

7. “平行线”捕捉

“平行线”捕捉用于绘制线段的平行线。激活该功能后，将光标放在已知线段上，会出现一平行的标记符号，如图 2-39 所示。移动光标，系统会在平行位置处出现一条向两方无限延伸的追踪虚线，如图 2-40 所示。单击鼠标左键即可绘制出与拾取对象相互平行的线，如图 2-41 所示。

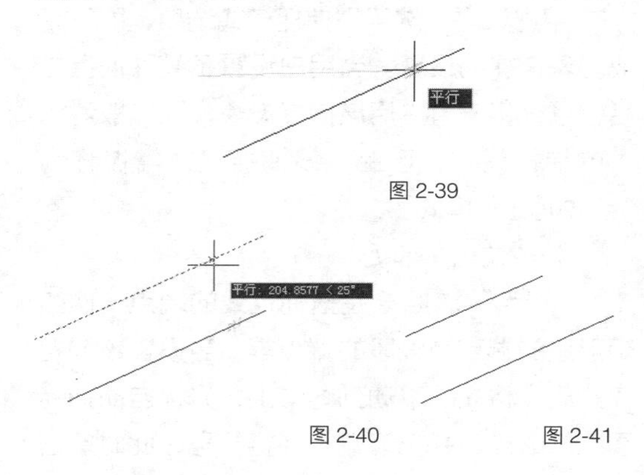

图 2-39

图 2-40　图 2-41

8. “圆心”捕捉

“圆心”捕捉用于捕捉圆、弧或圆环的圆心。激活该功能后，将光标放在圆或弧等的边缘上，也可直接放在圆心位置上，系统在圆心处显示出圆心标记符号，如图 2-42 所示，此时单击鼠标左键即可捕捉到圆心。

9. “象限点”捕捉

“象限点”捕捉用于捕捉圆或弧的象限点。激活该功能后，将光标放在圆的象限点位置上，系统会显示出象限点捕捉标记，如图 2-43 所示，此时单击鼠标左键即可捕捉到该象限点。

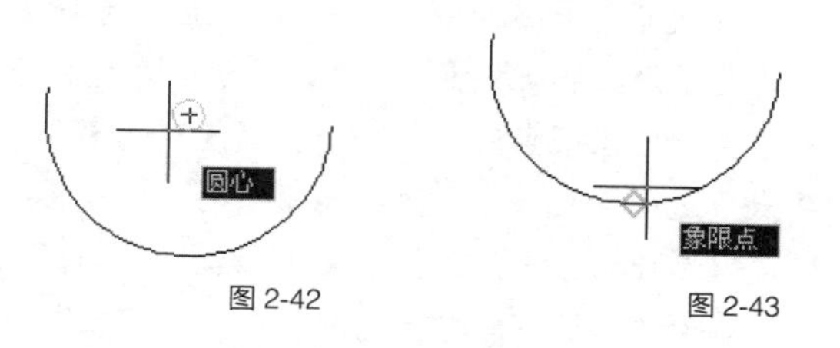

图 2-42　　图 2-43

10. “切点”捕捉

“切点”捕捉用于捕捉圆或弧的切点，绘制切线。激活该功能后，将光标放在圆或弧的边缘上，系统会在切点处显示出切点标记符号，如图 2-44 所示。此时单击鼠标左键即可捕捉到切点，绘制出对象的切线，如图 2-45 所示。

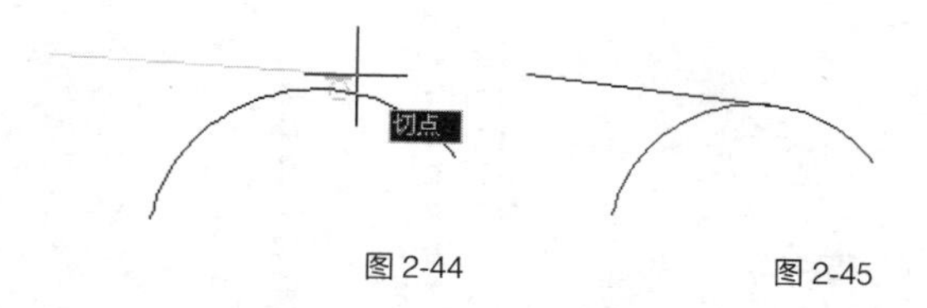

图 2-44　　图 2-45

11. “节点”捕捉

“节点”捕捉用于捕捉使用【点】命令绘制的点对象。使用时需将拾取框放在节点上，系统会显示出节点的标记符号，如图 2-46 所示，单击鼠标左键即可拾取该点。

12. “插入点”捕捉

“插入点”捕捉用来捕捉块、文字、属性或属性定义等的插入点，如图 2-47 所示。

13. “最近点”捕捉

“最近点”捕捉用来捕捉光标距离对象最近的点，如图 2-48 所示。

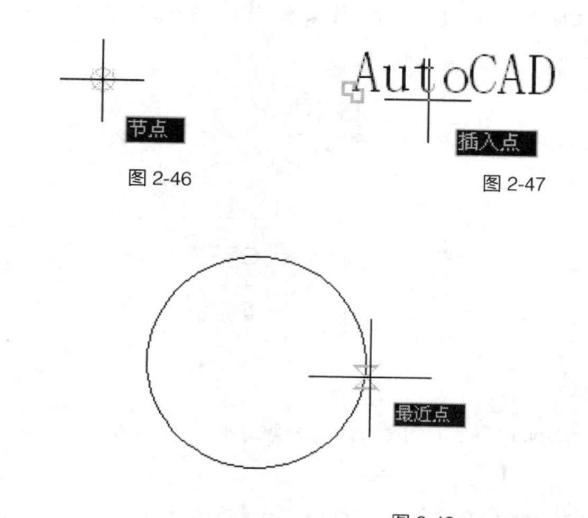

图 2-46　　图 2-47

图 2-48

2.5.4　疑难解答——为什么有时设置对象捕捉后仍不能捕捉

素材文件	素材文件 / 对象捕捉示例 .dwg
视频文件	疑难解答 \ 第 2 章 \ 疑难解答——为什么有时设置对象捕捉后仍不能捕捉 .swf

疑难：设置对象捕捉后，有时并不能捕捉到图形对象的特征点，这是为什么？

解答：设置对象捕捉之后，用户还需要勾选“启用对象捕捉”选项，或者单击状态栏上的“对象捕捉”按钮（或在此按钮上单击右键，选择“启用”选项，或者按 F3 功能键，以启用对象捕捉功能，这样用户就可以很方便地捕捉到对象特征点了。

下面利用捕捉功能来绘图。首先打开素材文件，这是一个矩形，如图 2-49（a）所示，然后设置“中点”和“端点”捕捉，再绘制该矩形的中心线和对角线，结果如图 2-49（b）所示。具体操作见光盘文件。

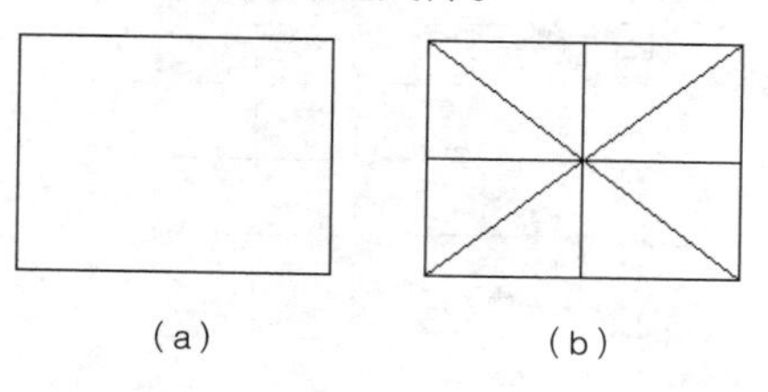

图 2-49

实例引导——绘制矩形中心线和对角线

1. 设置捕捉模式

Step01 ▸ 打开【草图设置】对话框，进入“对象捕捉”选项卡。

Step02 ▸ 勾选“启用对象捕捉”选项。

Step03 ▸ 在“对象捕捉模式”选项下勾选“端点”和“中点”捕捉模式。

Step04 ▸ 单击 确定 按钮关闭该对话框。

2. 绘制垂直中心线

Step01 ▸ 单击╱按钮，激活【直线】命令。

Step02 ▸ 将光标移动到矩形上水平边中点位置，出现“中点”捕捉符号，单击捕捉中点。

Step03 ▸ 将光标移动到矩形下水平边中点位置，出现“中点”捕捉符号，单击捕捉中点。

Step04 ▸ 按 Enter 键结束操作，绘制垂直中心线，如图 2-50 所示。

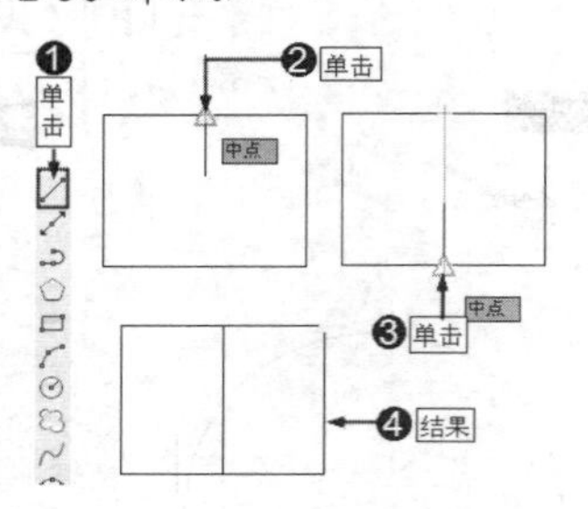

图 2-50

Step05 ▸ 使用同样的方法绘制水平中心线。

3. 绘制对角线

Step01 ▸ 单击╱按钮，激活【直线】命令。

Step02 ▸ 将光标移动到矩形左下角点位置，出现端点符号，单击捕捉端点。

Step03 ▸ 将光标移动到矩形右上角点位置，出现端点符号，单击捕捉端点。

Step04 ▸ 按 Enter 键结束操作，绘制对角线，如图 2-51 所示。

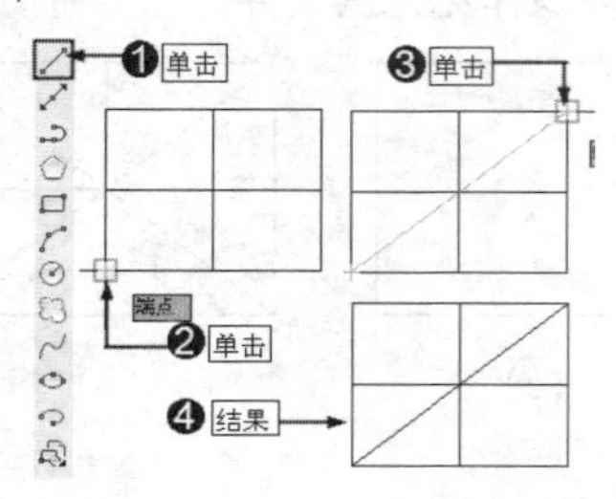

图 2-51

Step05 ▸ 使用同样的方法绘制矩形的另一条对角线即可。

| 技术看板 | 当用户设置了对象捕捉之后，系统将一直沿用这些捕捉，直到取消为止。这种看似以逸待劳的设置方式其实对用户的绘图并不利，因为过多的捕捉相互之间会产生影响，导致不能精确捕捉到所需的点上。例如，当设置了“象限点”捕捉和“最近点”捕捉后，在捕捉圆的象限点时，有可能会捕捉到距离象限点最近的一个点上，这样会影响用户的绘图精度。为此，系统又设置了临时捕捉功能。所谓“临时捕捉”，指的就是激活一次捕捉功能后，系统仅能捕捉一次，它包含 13 种捕捉功能，与对象捕捉功能完全相同。用户只需在状态栏中的“对象捕捉”按钮□上单击右键，即可打开临时捕捉菜单，如图 2-52 所示。用户也可以按照第 1 章中所讲的方法打开“对象捕捉”工具栏，启用临时捕捉功能，如图 2-53 所示。

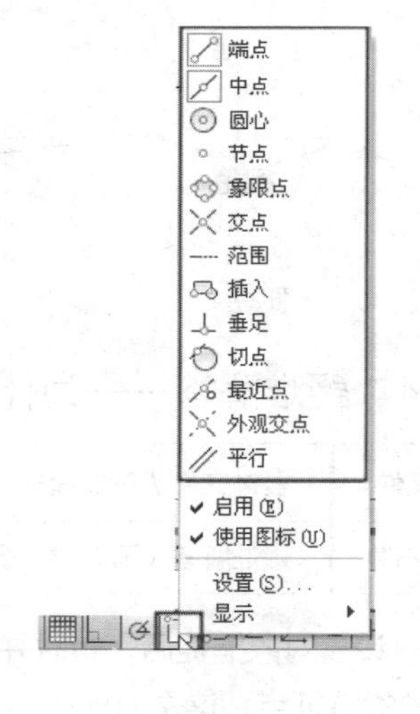

图 2-52

图 2-53

2.6 追踪设置

追踪是指强制光标沿某一方向，例如水平方向、垂直方向或者某一角度引出追踪虚线，然后捕捉虚线上的一点进行绘图。AutoCAD 追踪功能有“正交模式”“极轴追踪”“对象捕捉追踪”和“捕捉自”4 种。

本节内容概览

知识点	功能 / 用途	难易度与使用频率
正交模式（P39）	● 强制光标在水平、垂直方向移动 ● 绘制水平、垂直图线 ● 精确绘图	难易度：★ 使用频率：★★★★★
极轴追踪（P40）	● 设置极轴追踪角度 ● 绘制任意角度的图线 ● 精确绘图	难易度：★ 使用频率：★★★★★
疑难解答（P40）	● 系统预设的极轴角度不能满足绘图需要时该如何操作	
实例（P41）	● 绘制边长为 120mm 的等边三角形	
疑难解答（P42）	● 设置的极轴角度与实际操作不符 ● 关于绘图方向与角度设置	
对象捕捉追踪（P43）	● 设置对象捕捉追踪模式 ● 精确捕捉对象特征点 ● 精确绘图	难易度：★ 使用频率：★★★★★

2.6.1　正交模式

视频文件	专家讲堂 \ 第 2 章 \ 正交模式 .swf

所谓“正交”，是指强制光标在水平或垂直方向上移动，以绘制水平或垂直的直线。当向右引导光标时，系统定位 0° 方向；当向上引导光标时，系统定位 90° 方向；当向左引导光标时，系统定位 180° 方向；当向下引导光标时，系统定位 270° 方向，如图 2-54 所示。

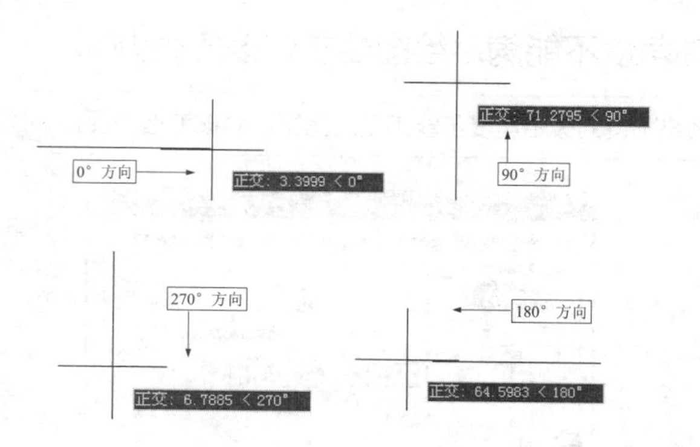

图 2-54

下面使用“正交”模式绘制如图 2-55 所示的楼梯台阶截面图。

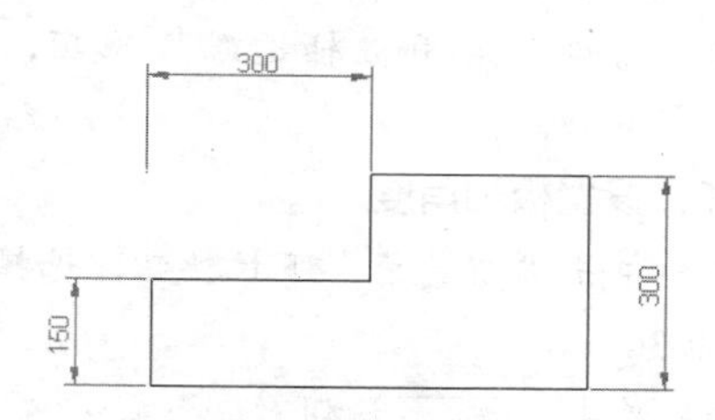

图 2-55

实例引导——启用正交模式绘制楼梯台阶平面图

Step01 ▸ 按 F8 功能键，启用状态栏上的【正交模式】功能。

Step02 ▸ 单击【绘图】工具栏上的╱按钮，激活【直线】命令。

Step03 ▸ 在绘图区单击拾取一点作为起点

Step04 ▸ 向上引导光标，输入“150”后按 Enter 键，绘制台阶高度。

Step05 ▸ 向右引导光标，输入“300”后按 Enter 键，绘制台阶宽度。

Step06 ▸ 向上引导光标，输入“150”后按 Enter 键，绘制台阶高度。

Step07 ▸ 向右引导光标，输入“300”后按Enter键，绘制台阶宽度。

Step08 ▸ 向下引导光标，输入“300”后按Enter键，绘制台阶总高度。

Step09 ▸ 输入“C”后按Enter键，闭合图形，完成图形的绘制，如图2-56所示

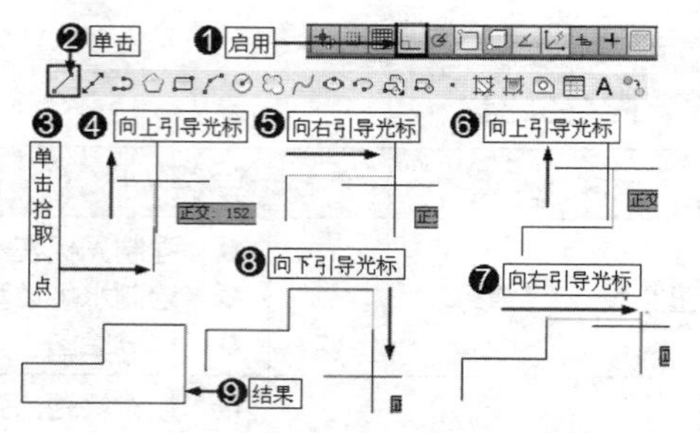

图 2-56

2.6.2 极轴追踪

视频文件	专家讲堂\第2章\极轴追踪.swf

与“正交”模式不同，“极轴追踪”是指沿任意角度引导光标，引出追踪线，以捕捉追踪线上的一点进行绘图。

实例引导 ——绘制倾斜角度为30°、长度为100mm的线段

1. 启用极轴追踪

Step01 ▸ 在【草图设置】对话框中进入“极轴追踪”选项卡。

Step02 ▸ 勾选“启用极轴追踪”选项，单击 确定 按钮。

2. 设置极轴角度

Step01 ▸ 单击“增量角”下拉按钮，选择增量角度为30°。

Step02 ▸ 单击 确定 按钮。

3. 绘制角度为30°、长度为100mm的线段

Step01 ▸ 单击【绘图】工具栏上的╱按钮。

Step02 ▸ 拾取一点，然后引出30°的极轴角度。

Step03 ▸ 输入线段长度“100”，按Enter键。

Step04 ▸ 按Enter键，绘制结果如图2-57所示。

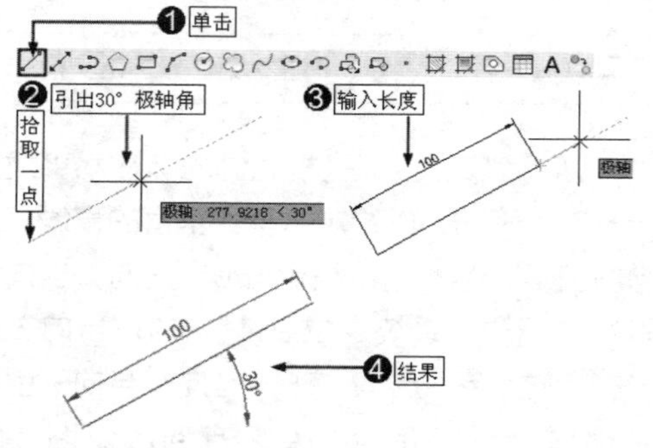

图 2-57

2.6.3 疑难解答——系统预设的极轴角度不能满足绘图要求时该怎么办

视频文件	疑难解答\第2章\疑难解答——系统预设的极轴角度不能满足绘图要求时该怎么办.swf

疑难：在室内设计中，如果系统预设的极轴角度不能满足绘图要求时该怎么办呢？

解答：如果系统提供的角度不能满足绘图要求时，系统允许用户新建需要的角度。例如，用户需要新建一个13°的增量角度，则可按如下步骤操作。

Step01 ▸ 勾选“附加角”选项。

Step02 ▸ 单击 新建(N) 按钮新建一个预设角度。

Step03 ▸ 输入预设角度值“13”。

Step04 ▸ 单击 确定 按钮，如图2-58所示。

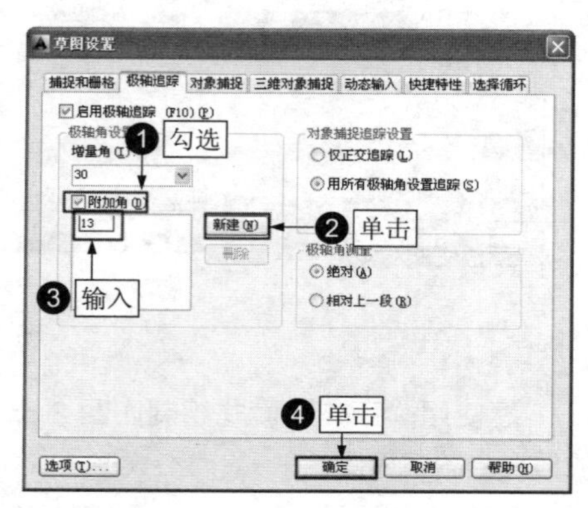

图 2-58

| 技术看板 | 当新建预设角度之后，系统将一直沿用该角度进行绘图。如果用户想取消或删除新建的预设角度，可以采用两种方式：一种方式是取消“附加角”选项的勾选，这样可以保留用户新建的增量角，以便以后使用。另一种方式是，如果用户以后都不可能再使用该新建的增量角，可以直接将其删除：①选择新建的增量角度；②单击 删除 按钮。结果如图 2-59 所示。

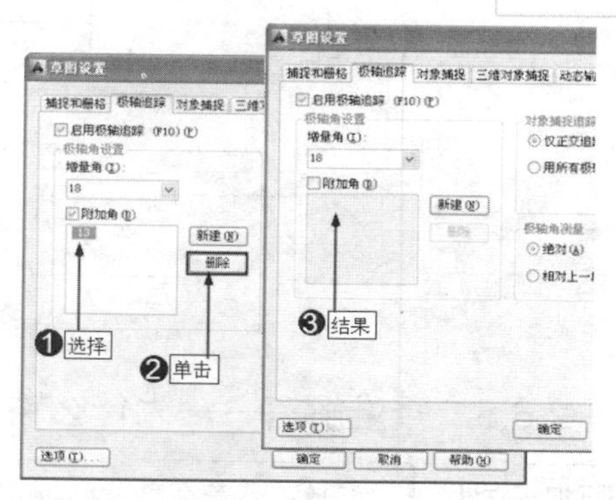

图 2-59

2.6.4　实例——绘制边长为 120mm 的等边三角形

视频文件	专家讲堂 \ 第 2 章 \ 实例——绘制边长为 120mm 的等边三角形 .swf

下面绘制如图 2-60 所示的边长为 120mm 的等边三角形。

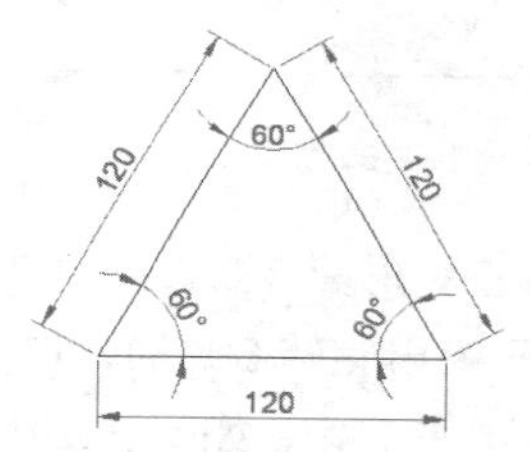

图 2-60

操作步骤

1. 新建增量角度

Step01 ▸ 在状态栏上的“极轴追踪”按钮上单击鼠标右键，在弹出的快捷菜单中选择“设置”选项。

Step02 ▸ 打开【草图设置】对话框，并进入“极轴追踪”选项卡。

Step03 ▸ 勾选“启用极轴追踪”复选框。

Step04 ▸ 勾选“附加角”选项。

Step05 ▸ 单击 新建(N) 按钮新建一个增量角。

Step06 ▸ 输入增量角度“60”。

Step07 ▸ 单击 确定 按钮，如图 2-61 所示。

2. 绘制等边三角形

Step01 ▸ 单击【绘图】工具栏上的按钮。

Step02 ▸ 在绘图区单击拾取一点，向右引出 0° 方向矢量，输入“120”，按 Enter 键，绘制三角形一条边，如图 2-62 所示。

Step03 ▸ 向左上角引出 120° 方向矢量，输入“120”，按 Enter 键，绘制三角形另一条边，如图 2-63 所示。

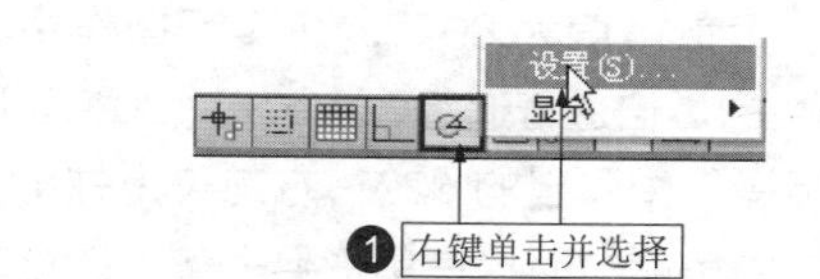

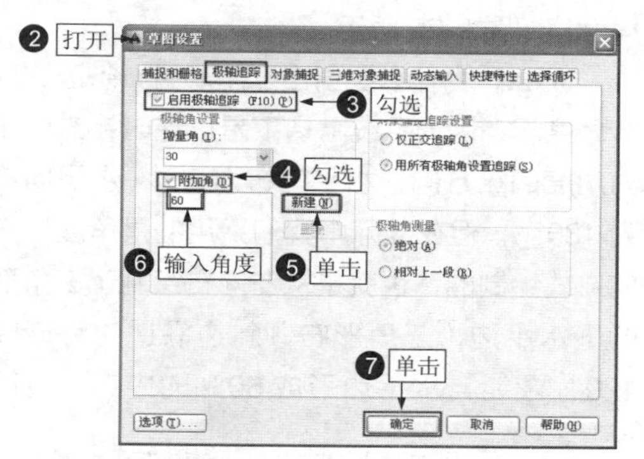

图 2-61

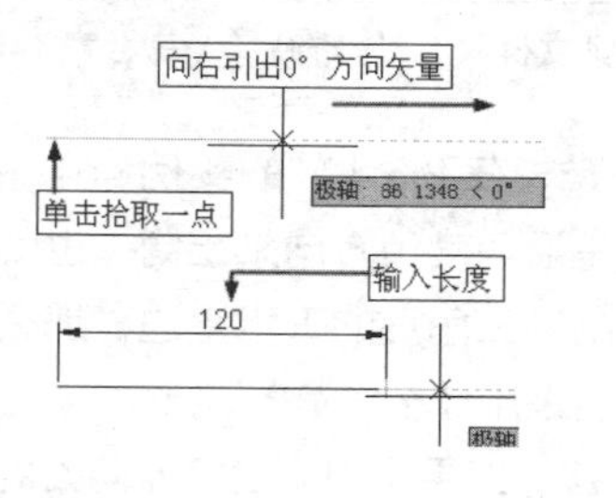

图 2-62

Step04 ▸ 向左下角引出 240° 方向矢量，输入“120”，按 Enter 键，绘制三角形另一条边，如图 2-64 所示。

Step05 ▸ 按 Enter 键，绘制结果如图 2-60 所示。

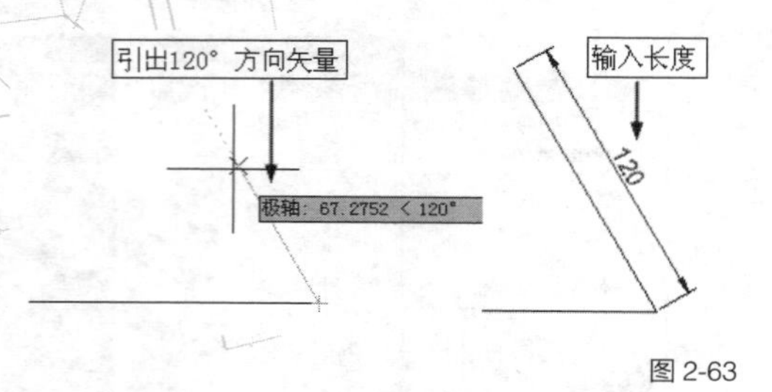

图 2-63

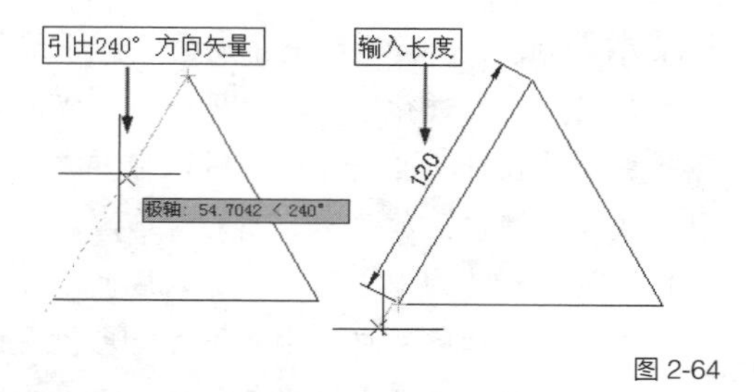

图 2-64

2.6.5 疑难解答——为什么设置的极轴角度与实际操作不符

视频文件	疑难解答 \ 第 2 章 \ 疑难解答——为什么设置的极轴角度与实际操作不符 .swf

疑难：在 2.6.4 节的实例操作中，设置的极轴角度是 60°，为什么实际操作中使用的是 120° 的角?

解答：这个问题我们需要分两部分来解答。首先要说明的是，极轴角度可以成倍数进行追踪，设置角度为 60°，在实际操作中使用了 60° 的 2 倍进行追踪，也就是 120°。另外，实际操作中引出的 120° 方向矢量并不是三角形的内角度，而是三角形另一条边的旋转角度，如图 2-65 所示。

那么，为什么要引出三角形另一条边的旋转角度呢? 因为系统默认下是以逆时针方向作为角度的正方向，水平向右为 0°，水平向左为 180°，但在实际中我们采用的是角度正方向方式绘制的，也就是从左向右绘制了三角形的下水平边，三角形右倾斜边需逆时针旋转 120° 才能与水平边形成 60° 的内夹角，因此，实际操作中引出三角形另一条边的旋转角度 120° 是正确的操作，如图 2-66 所示。

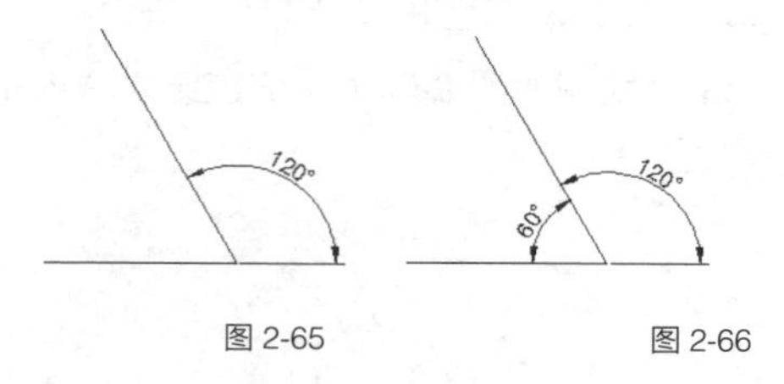

图 2-65　　图 2-66

同理，三角形第 3 条边逆时针旋转 240°（从 180° 开始再旋转 60°），这样才能与水平线形成 60° 的夹角，如图 2-67 所示。

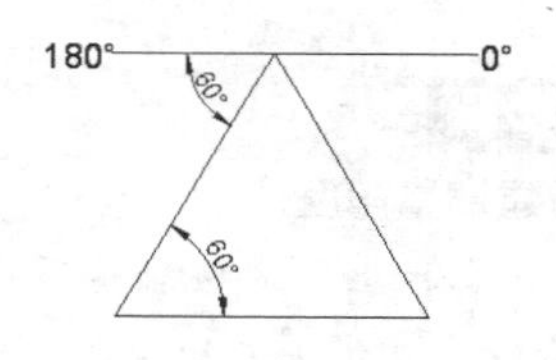

图 2-67

2.6.6 疑难解答——绘图方向为角度负方向时如何设置角度

视频文件	疑难解答 \ 第 2 章 \ 疑难解答——绘图方向为角度负方向时如何设置角度 .swf

疑难：在 2.6.4 节的实例操作中，如果绘图方向是沿角度负方向来绘制，也就是说从右向左先绘制三角形的下水平边，那么三角形的其他边要采用什么角度?

解答：如果采用角度负方向绘制，那么三角形左倾斜边采用我们设置的 60° 的增量角即可，这就相当于该边逆时针旋转 60°，如图 2-68 所示。

同理，三角形右倾斜边侧逆时针旋转 300°（360°-60°），这样才能与水平线形成 60° 的夹角，如图 2-69 所示。

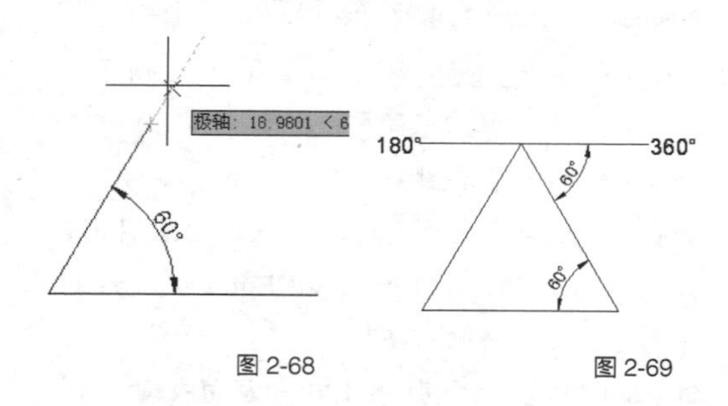

图 2-68　　图 2-69

2.6.7　对象捕捉追踪

视频文件	专家讲堂\第 2 章\对象捕捉追踪 .swf

默认设置下，系统采用的是“仅正交追踪”模式。也就是说，用户只能沿水平或垂直的方向追踪另一点。当启用极轴追踪后，可以设置极轴角度，按照某一角度进行追踪。而“对象捕捉追踪”则是通过对象上的特征点，引出向两端无限延伸的对象追踪虚线，以捕捉追踪虚线上的一点，如图 2-70 所示。通过圆弧的下象限点引出向两端无限延伸的水平追踪线，捕捉水平虚线上的一点。

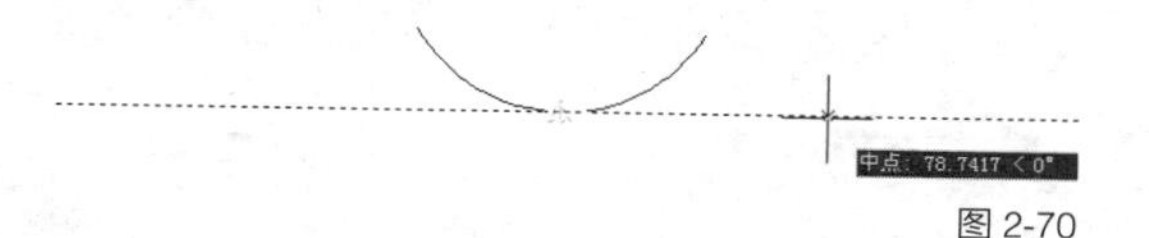

图 2-70

启用“用所有极轴角设置追踪”选项后，即使在没有开启“启用极轴追踪”的情况下，也可以通过图形上的特征点引出向两端无限延伸的追踪虚线，以捕捉追踪虚线上的一点。如图 2-71 所示，开启“用所有极轴角设置追踪”选项，不开启“启用极轴追踪”选项，通过矩形左下端点，向两端引出 45° 的追踪虚线，捕捉追踪虚线上的一点。

| 技术看板 |“对象捕捉追踪”功能只有在“对象捕捉”和“对象捕捉追踪”同时启用的情况下才可使用。

另外，在“对象捕捉追踪设置”选项组中，“仅正交追踪”选项与当前极轴角无关，它仅沿水平或垂直方向进行捕捉追踪，即在水平或垂直方向引出向两方无限延伸的对象追踪虚线。“用所有极轴角设置追踪”选项是根据当前所设置的极轴角及极轴角的倍数出现对象追踪虚线。在“极轴角测量”选项组中，“绝对”选项用于根据当前坐标系确定极轴追踪角度；而“相对上一段”选项用于根据上一个绘制的线段确定极轴追踪的角度。

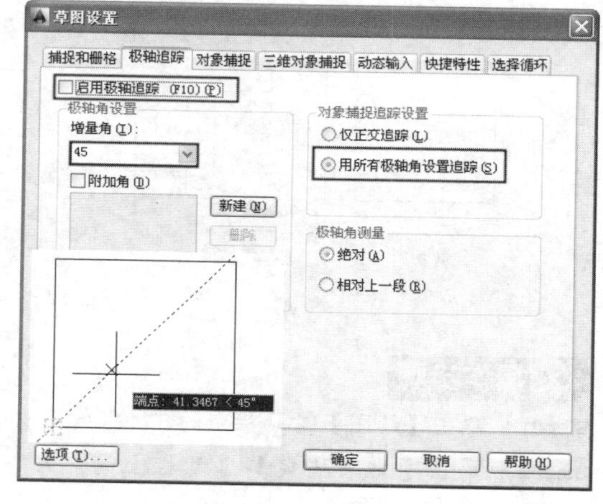

图 2-71

2.7　其他捕捉与追踪功能

除了以上我们所学的捕捉与追踪功能之外，AutoCAD 还提供了其他相关捕捉与追踪功能，例如“自”功能、“临时追踪点”功能以及“两点之间的中点”功能，这些功能也是精确绘图时不可缺少的辅助工具。

本节内容概览

知识点	功能 / 用途	难易度与使用频率
“自”功能（P44）	● 捕捉相对点 ● 在未知点坐标的情况下捕捉相对点以定位目标点	难易度：★ 使用频率：★★★★★
临时追踪点（P44）	● 从目标点引出追踪线 ● 捕捉目标点之外的点	难易度：★ 使用频率：★★★
两点之间的点（P45）	● 捕捉目标点 ● 捕捉目标点之间的中点	难易度：★ 使用频率：★★★★★

2.7.1 “自”功能

素材文件	素材文件 \ 对象捕捉示例 .dwg
视频文件	专家讲堂 \ 第 2 章 \“自”功能 .swf

所谓“自”功能就是借助捕捉和相对坐标定义窗口中相对于某一点的另外一点坐标。

打开素材文件，如图 2-72（a）所示，下面在该矩形内再绘制一个矩形，两个矩形的边距为 20mm，如图 2-72（b）所示。

要想在矩形内部再绘制一个距离矩形边距为 20mm 的另一个矩形，必须知道内部矩形的两个对角点的坐标，此时就可以依据外侧矩形的对角点来确定内侧矩形的对角点坐标，这就是“自”捕捉功能。

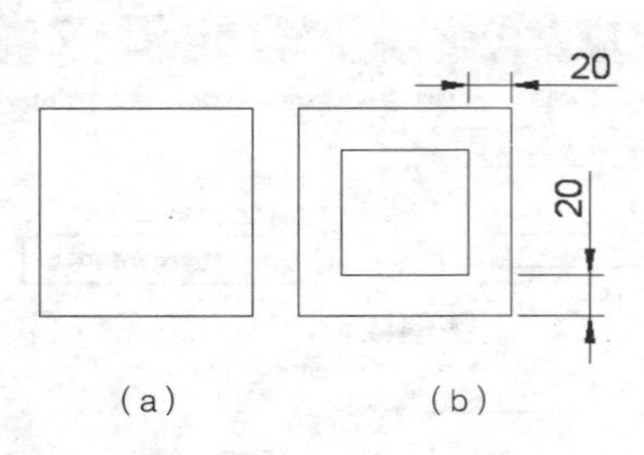

图 2-72

操作步骤

Step01 ▸ 单击【绘图】工具栏上的□按钮。

Step02 ▸ 单击【对象捕捉】工具栏上的“自”按钮，启用“自”功能。

Step03 ▸ 捕捉外侧矩形左下端点作为参照点。

Step04 ▸ 输入“@20,20”，按 Enter 键，输入内侧矩形的左下角坐标（该坐标值也就是两个矩形的边距值）。

Step05 ▸ 单击按钮，再次启用“自”功能。

Step06 ▸ 捕捉外侧矩形右上端点作为参照点。

Step07 ▸ 输入“@-20,-20”，按 Enter 键，输入内侧矩形的右上角坐标（该坐标值也就是两个矩形的边距值），结果如图 2-73 所示。

| 技术看板 | 用户也可以通过以下方式激活捕捉“自”功能。

- 在命令行输入“FROM”后按 Enter 键。
- 按住 Ctrl 或 Shift 键同时单击鼠标右键，选择菜单中的“自”选项，如图 2-74 所示。

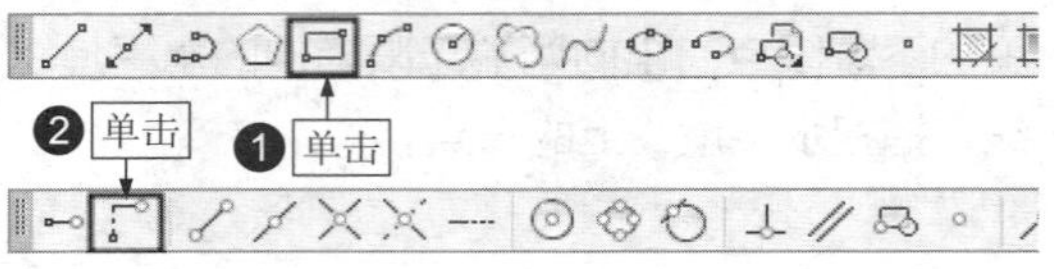

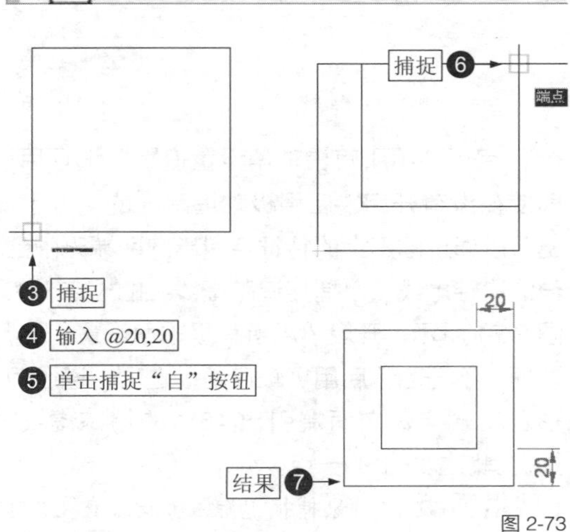

图 2-73

练一练 根据提示尺寸，尝试在素材文件内绘制一条线段，如图 2-75 所示。

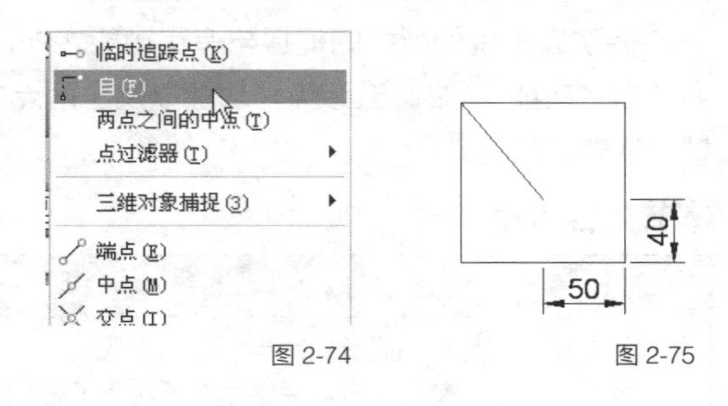

图 2-74　　图 2-75

2.7.2 临时追踪点

视频文件	专家讲堂 \ 第 2 章 \ 临时追踪点 .swf

“临时追踪点”与“对象捕捉追踪”功能类似，不同的是，前者需要事先精确定位出临时追踪

点，然后才能通过此追踪点，引出向两端无限延伸的临时追踪虚线，以进行追踪定位目标点。

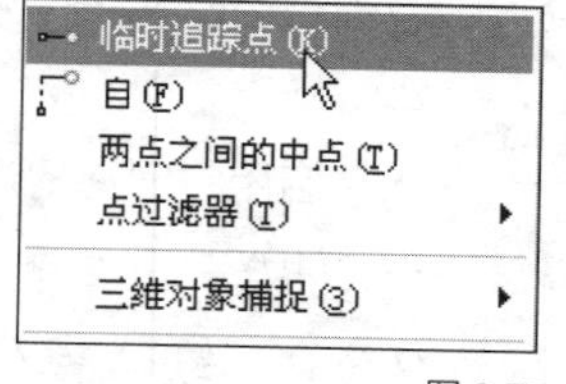

图 2-76

用户可以采用以下方式激活“临时追踪点”功能。

- 按住 Ctrl 或 Shift 键同时单击鼠标右键，选择菜单中的“临时追踪点”选项，如图 2-76 所示。
- 单击【对象捕捉】工具栏上的“临时追踪点”按钮。
- 使用快捷命令“TT”。

2.7.3　两点之间的中点

素材文件	素材文件 \ 两点之间的中点示例 .dwg
视频文件	专家讲堂 \ 第 2 章 \ 两点之间的中点 .swf

“两点之间的中点”功能用于精确捕捉两个点之间的中点，这是其他捕捉功能无法实现的。打开素材文件，这是两条间距为 300 个绘图单位的平行线，如图 2-77 所示，下面在这两条线的中点位置绘制另一条平行线，结果如图 2-78 所示。

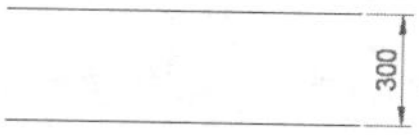

图 2-77

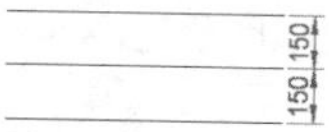

图 2-78

实例引导 ——绘制两条平行线之间的另一条平行线

Step01 ▸ 使用快捷键 L 激活“直线”命令。

Step02 ▸ 按住 Shift 键右击，选择【两点之间的中点】命令。

Step03 ▸ 捕捉上水平线左端点。

Step04 ▸ 捕捉下水平线左端点。

Step05 ▸ 捕捉到两条平行线的中点位置，确定直线的起点。

Step06 ▸ 再次按住 Shift 键右击，选择【两点之间的中点】命令。

Step07 ▸ 捕捉上水平线右端点。

Step08 ▸ 捕捉下水平线右端点。

Step09 ▸ 再次捕捉到两条平行线的中点位置，确定直线的端点。

Step10 ▸ 按 Enter 键，结束操作，结果如图 2-79 所示。

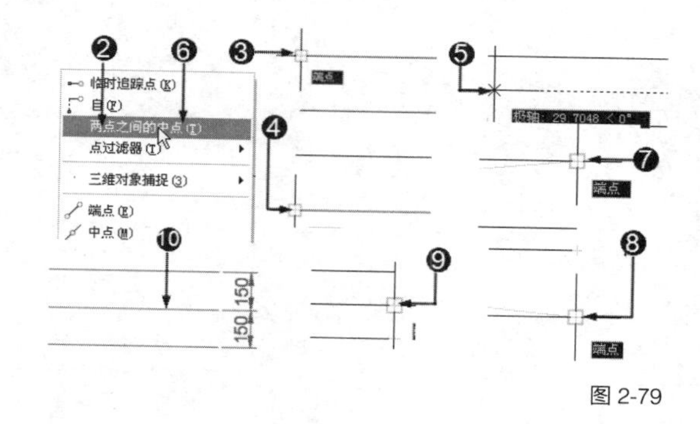

图 2-79

2.8　综合自测

2.8.1　软件知识检测——选择题

（1）显示栅格的快捷键是（　　）。

A. F5　　B. F6　　C. F7　　D. F8

（2）启用正交模式的快捷键是（　　）。

A. F5　　B. F6　　C. F7　　D. F8

（3）启用极轴追踪的快捷键是（　　）。

A. F10　　B. F9　　C. F7　　D. F8

（4）启用对象捕捉的快捷键是（　　）。

A. F2　　B. F3　　C. F4　　D. F5

（5）启用对象捕捉追踪的快捷键是（　　）。

A. F10　　B. F11　　C. F12　　D. F13

2.8.2 软件操作入门——绘制简单图形

效果文件	效果文件 \ 第 2 章 \ 软件操作入门——绘制简单图形 .dwg
视频文件	专家讲堂 \ 第 2 章 \ 软件操作入门——绘制简单图形 .swf

根据图示尺寸，配合坐标输入以及捕捉“自”功能，尝试绘制如图 2-80 所示的图形。

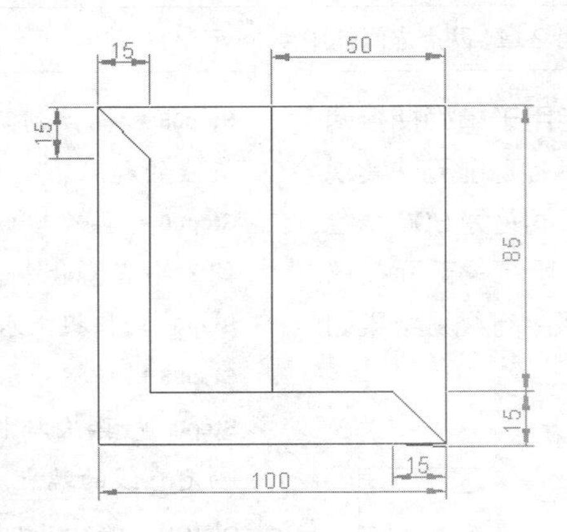

图 2-80

第3章 室内设计中的坐标输入与点、线图元

在 AutoCAD 室内设计中，坐标输入是室内设计的操作基础，通过输入坐标可以绘制点、线等基本图元，并可对这些基本图元进行编辑，从而达到绘图要求。本章介绍坐标输入以及点、线基本图元的绘制方法。

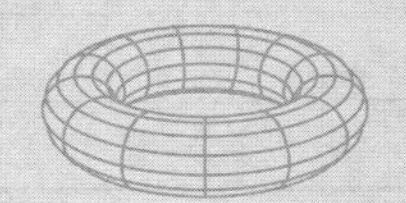

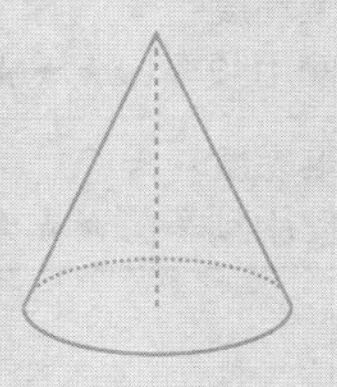

|第 3 章|

室内设计中的坐标输入与点、线图元

本章内容概览

知识点	功能 / 用途	难易度与使用频率
认识坐标系与坐标输入（P48）	● 输入坐标值绘制图形	难易度：★★ 使用频率：★★★
绝对坐标输入（P49）	● 输入坐标的绝对值绘制图形	难易度：★★ 使用频率：★★★★★
相对坐标输入（P52）	● 输入坐标的相对值绘制图形	难易度：★★ 使用频率：★★★★★
动态输入（P54）	● 启用动态功能输入坐标的相对值绘制图形	难易度：★★ 使用频率：★★★★★
室内设计中的点（P55）	● 创建室内设计图中的灯具 ● 等分目标对象	难易度：★★ 使用频率：★★★
室内设计中的直线与构造线（P59）	● 绘制室内图形轮廓线 ● 创建绘图辅助线	难易度：★★★ 使用频率：★★★★★
室内设计中的多段线（P63）	● 创建室内图形轮廓线 ● 绘制室内设计图	难易度：★★★★ 使用频率：★★★★★
室内设计中的多线（P66）	● 创建室内墙线和窗线 ● 创建室内图形轮廓线	难易度：★★★★★ 使用频率：★★★★★
综合自测（P71）	● 软件知识检测——选择题	
	● 软件操作入门——绘制立面窗户	

3.1 认识坐标系与坐标输入

坐标系是绘图的核心，它除了定位图形之外，通过坐标输入还是绘图的唯一途径，本节介绍坐标系与坐标输入的相关知识。

本节内容概览

知识点	功能 / 用途	难易度与使用频率
认识坐标系（P48）	● 认识坐标系 ● 了解坐标系的构成与功能	难易度：★ 使用频率：★★★★★
坐标输入（P49）	● 输入点的坐标 ● 绘制图形	难易度：★ 使用频率：★★★★★

3.1.1 认识坐标系

视频文件	专家讲堂 \ 第 3 章 \ 认识坐标系 .swf

在 AutoCAD 中，坐标系包括 WCS（世界坐标系）与 UCS（用户坐标系）两种坐标系，这两种坐标系是绘图的基础。

AutoCAD 默认坐标系为 WCS（世界坐标系），当用户新建一个绘图文件后，WCS 坐标系就已经出现在绘图纸上了，此坐标系是由三个相互垂直并相交的坐标轴 X、Y、Z 组成，坐标系的 X 轴正方向水平向右，负方向水平向左；Y 轴正方向垂直向上，负方向垂直向下；Z 轴正方向垂直屏幕向外，指向用户，X 轴与 Y 轴的交点称为坐标系原点，如图 3-1 所示。

如果以坐标系原点作为起点，以 A、B、C、D 为端点，绘制长度均为 50 个绘图单位的 4 条直线，用坐标系表示这 4 个端点的坐标，则 A（50,0）、B（0,50）、C（-50,0）、D（0,-50），如图 3-2 所示。

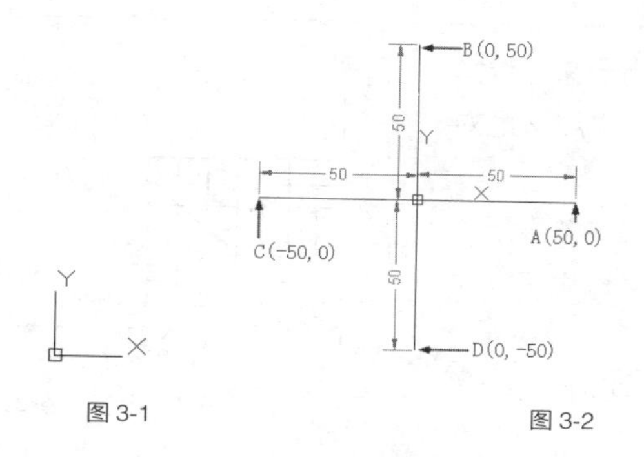

图 3-1　　图 3-2

其中，A（50,0）表示由坐标系原点沿 X 轴正方向延伸 50 个绘图单位到达 A 点；B（0,50）表示由坐标系原点沿 Y 轴正方向延伸 50 个绘图单位到达 B 点；C（-50,0）表示由坐标系原点沿 X 轴负方向延伸 50 个绘图单位到达 C 点；D（0,-50）表示由坐标系原点沿 Y 轴负方向延伸 50 个绘图单位到达 D 点。

在实际绘图中，有时 WCS 坐标系并不能满足绘图的需要，此时需要用户重新定义坐标系。重新定义的坐标系称为用户坐标系，简称 UCS，此种坐标在 AutoCAD 室内设计中不常用，故在此不对其进行讲解，感兴趣的读者可以参阅《无师自通 AutoCAD 2014 中文版》中的介绍。

另外，执行菜单栏中的【视图】/【显示】/【UCS 图标】/【开】命令，可以将坐标系隐藏或显示，如图 3-3 所示。

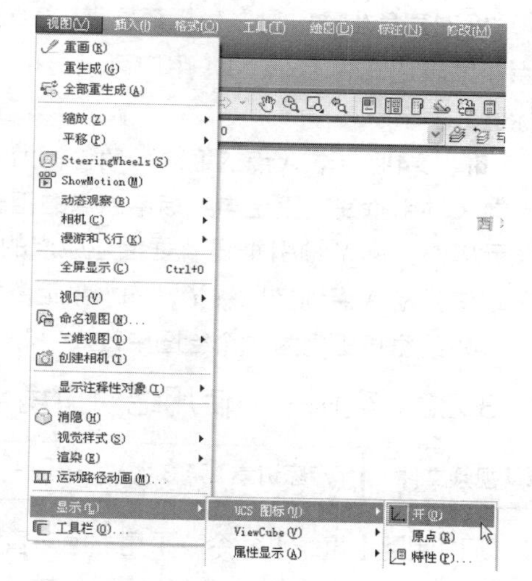

图 3-3

3.1.2　坐标输入

视频文件	专家讲堂 \ 第 3 章 \ 坐标输入 .swf

坐标输入就是向系统中输入图形的各坐标参数，系统会根据输入的参数来生成相关图形，简单地说就是输入图形尺寸进行绘图。需要注意的是，在输入点的坐标值时，应在英文输入方式下进行，坐标值 X 和 Y 之间必须以逗号分隔，且标点必须为英文标点，如 X 值为 10，Y 值为 20，其正确的表达方法是（10,20）。若绘制图 3-2 所示的直线 A，其操作步骤如下。

Step01 ▸ 输入"L"，按 Enter 键，激活【直线】命令。

Step02 ▸ 输入"50,0"，按 Enter 键，绘制直线 A。

Step03 ▸ 按 Enter 键，结束操作。

3.2　绝对坐标输入

"绝对坐标输入"是指输入点的绝对坐标值。通俗地讲，就是输入坐标原点与目标点之间的绝对距离值，如 3.1.2 节中绘制直线 A，就是采用了绝对坐标输入方式。绝对坐标输入包括"绝对直角坐标"和"绝对极坐标"两种，本节就来学习这两种坐标的输入方法。

本节内容概览

知识点	功能 / 用途	难易度与使用频率
绝对直角坐标输入（P50）	● 输入目标点的绝对直角坐标值 ● 绘制图形	难易度：★★ 使用频率：★★★★★
实例（P50）	● 使用绝对直角坐标输入绘制矩形	
绝对极坐标输入（P50）	● 输入目标点的绝对坐标值以及与 X 轴的角度 ● 绘制图形	难易度：★★★ 使用频率：★★★★★
实例（P51）	● 使用绝对极坐标输入绘制矩形	

3.2.1 绝对直角坐标输入

视频文件	专家讲堂 \ 第 3 章 \ 绝对直角坐标输入 .swf

“绝对直角坐标”是以坐标系原点（0,0）作为参考点来定位其他点，其表达式为（x,y,z），用户可以直接输入点的 x、y、z 绝对坐标值来表示点。

如图 3-4 所示，A 点的绝对直角坐标为（4,7），其中 4 表示从 A 点向 X 轴引垂线，垂足与坐标系原点的距离为 4 个绘图单位，而 7 表示从 A 点向 Y 轴引垂线，垂足与原点的距离为 7 个绘图单位，简单地说就是 A 点到坐标系 Y 轴的水平距离为 4 个绘图单位，到坐标系 X 轴的垂直距离为 7 个绘图单位。

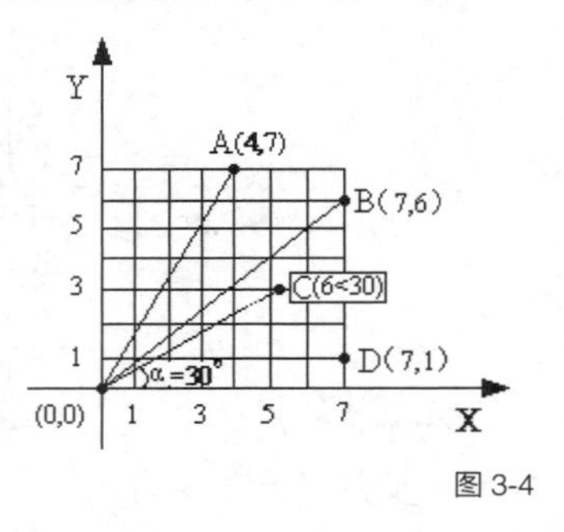

图 3-4

3.2.2 实例——使用绝对直角坐标输入绘制矩形

视频文件	专家讲堂 \ 第 3 章 \ 实例——使用绝对直角坐标输入绘制矩形 .swf

下面使用【直线】命令，采用“绝对直角坐标”绘制 100mm × 100mm 的矩形，其矩形左下端点位于坐标系原点位置。

操作步骤

Step01 ▸ 输入“L”，按 Enter 键，激活【直线】命令。

Step02 ▸ 输入“0,0”，按 Enter 键，确定直线端点为坐标系的原点。

Step03 ▸ 输入“100,0”，按 Enter 键，绘制矩形下水平边。

Step04 ▸ 输入“0,100”，按 Enter 键，绘制矩形右垂直边。

Step05 ▸ 输入“-100,0”，按 Enter 键，绘制矩形上水平边。

Step06 ▸ 输入“0,-100”，按 Enter 键，绘制矩形左垂直边。

Step07 ▸ 按 Enter 键，结束操作，如图 3-5 所示。

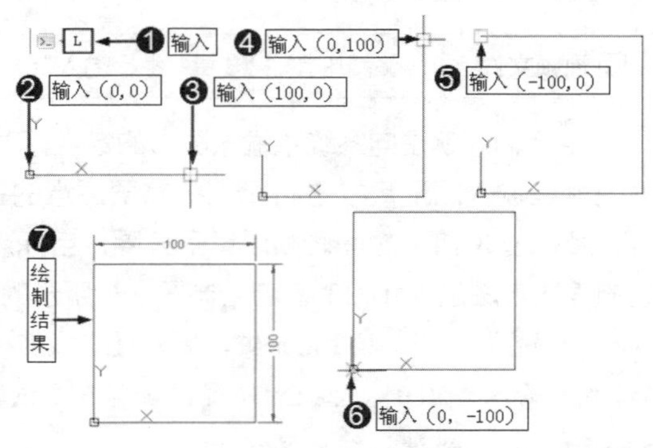

图 3-5

3.2.3 绝对极坐标输入

视频文件	专家讲堂 \ 第 3 章 \ 绝对极坐标输入 .swf

“绝对极坐标”也是以坐标系原点作为参考点，通过某点相对于原点的极长和角度来定义点的。其表达式为（L< α），L 表示某点和原点之间的极长，即长度；α 表示某点连接原点的边线与 X 轴的夹角，如图 3-6 所示的 C 点就是用绝对极坐标表示的，其表达式为（6<30），6 表示 C 点和原点连线的长度，30 表示 C 点和原点连线与 X 轴的正向夹角为 30°。

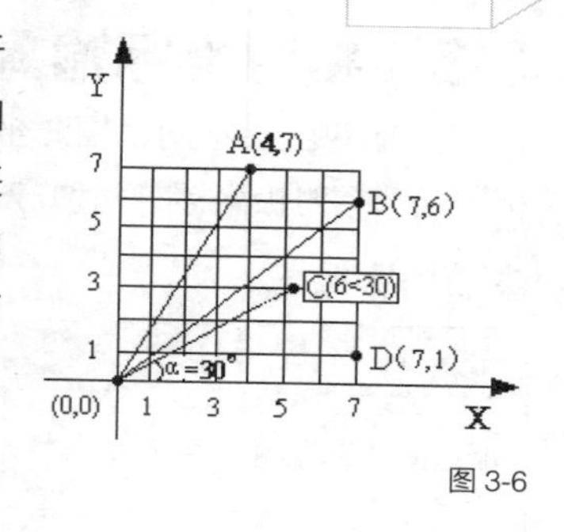

图 3-6

| 技术看板 | 在默认设置下，AutoCAD 是以逆时针来测量角度的。水平向右为 0° 方向，90° 垂直向上，180° 水平向左，270° 垂直向下。

3.2.4 实例——使用绝对极坐标输入绘制矩形

视频文件	专家讲堂 \ 第 3 章 \ 实例——使用绝对极坐标输入绘制矩形 .swf

使用【直线】命令，采用“绝对极坐标”方式绘制边长为 100 个绘图单位的矩形，其矩形的左下角点位于坐标系原点位置。

操作步骤

Step01 ▸ 输入“L”，按 Enter 键，激活【直线】命令。

Step02 ▸ 输入“0,0”，按 Enter 键，确定矩形下水平线的左端点（即坐标系原点）。

Step03 ▸ 输入“100<0”，按 Enter 键，确定矩形下水平线右端点（表示坐标系原点到水平线右端点的长度为 100 个绘图单位，水平线与坐标轴 X 轴的角度为 0°），如图 3-7 所示。

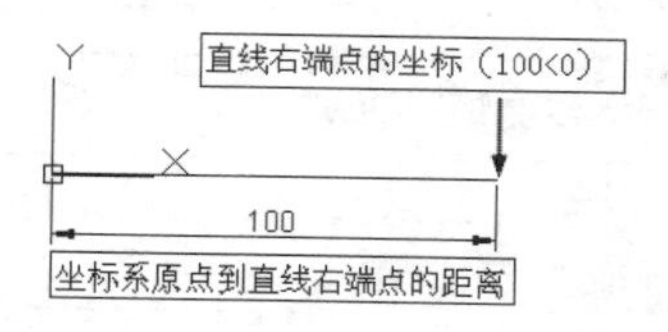

图 3-7

Step04 ▸ 输入“141.42<45”，按 Enter 键，确定矩形右上角点坐标（表示坐标系原点与矩形右上角点的距离为 141.42 个绘图单位，矩形右上角点到坐标系原点连线与 X 轴的角度为 45°），如图 3-8 所示。

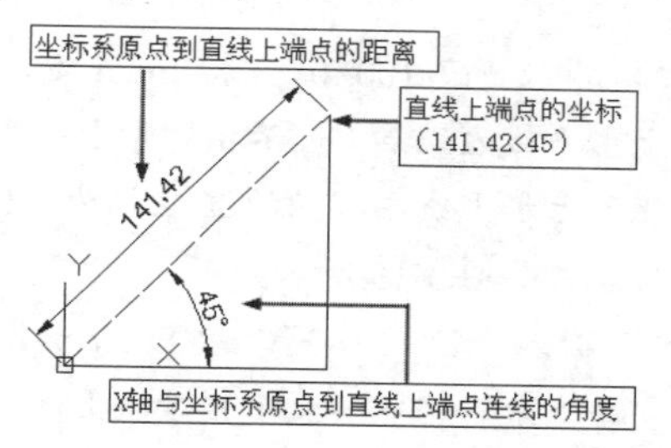

图 3-8

Step05 ▸ 输入“100<90”，按 Enter 键，确定矩形左上角点坐标（表示坐标系原点与矩形左上角点的距离为 100 个绘图单位，左上角点距离坐标轴 X 轴的角度为 90°）（表示线的长度为 100 个绘图单位，直线与坐标轴 X 轴的角度为 90°），如图 3-9 所示。

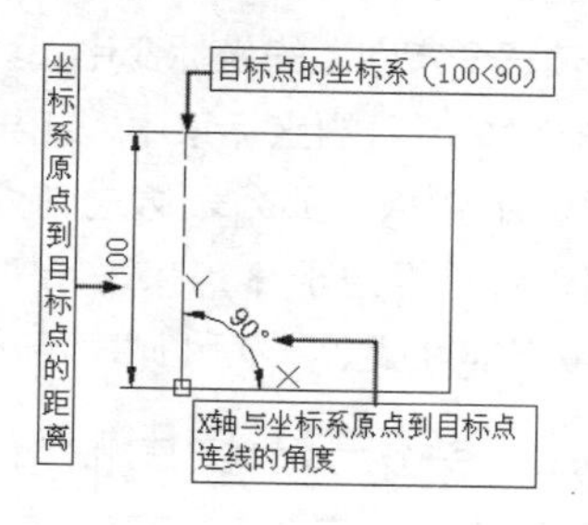

图 3-9

Step06 ▸ 输入“0,0”，按 Enter 键，输入下一目标点的坐标（即坐标系原点），如图 3-10 所示。

Step07 ▸ 按 Enter 键，结束操作，如图 3-5 所示。

练一练 采用“绝对极坐标”输入法绘制边长为 100 个绘图单位的等边三角形，如图 3-11 所示。

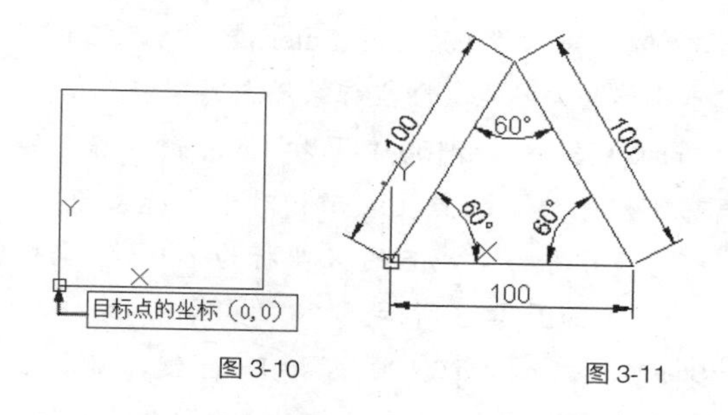

图 3-10　图 3-11

3.3 相对坐标输入

与绝对坐标不同，相对坐标是以上一点作为参照，输入下一点的坐标，它包括“相对直角坐标”和“相对极坐标”两种方式。

本节内容概览

知识点	功能 / 用途	难易度与使用频率
相对直角坐标输入（P52）	● 输入相对坐标值 ● 绘制图形	难易度：★★ 使用频率：★★★★★
实例（P52）	● 使用相对直角坐标输入绘制矩形	
相对极坐标（P53）	● 输入相对极坐标值 ● 绘制图形	难易度：★★★ 使用频率：★★★★★
实例（P53）	● 使用相对极坐标输入绘制矩形	

3.3.1 相对直角坐标输入

视频文件	专家讲堂 \ 第 3 章 \ 相对直角坐标输入 .swf

在实际绘图当中常把上一点看作参照点，后续绘图操作是相对于上一点而进行的。而“相对直角坐标”就是上一点相对于参照点 X 轴、Y 轴和 Z 轴三个方向上的坐标变化。其表达式为（@x,y,z）。

如图 3-12 所示的坐标系中，如果以 B 点作为参照点，使用相对直角坐标表示 A 点，那么表达式则为（@-3,1），其中，@ 是表示相对的意思，就是相对于 B 点来表示 A 点的坐标，-3 表示从 B 点到 A 点的X 轴负方向的距离，而 1 则表示从 B 点到 A 点的 Y 轴正方向距离。

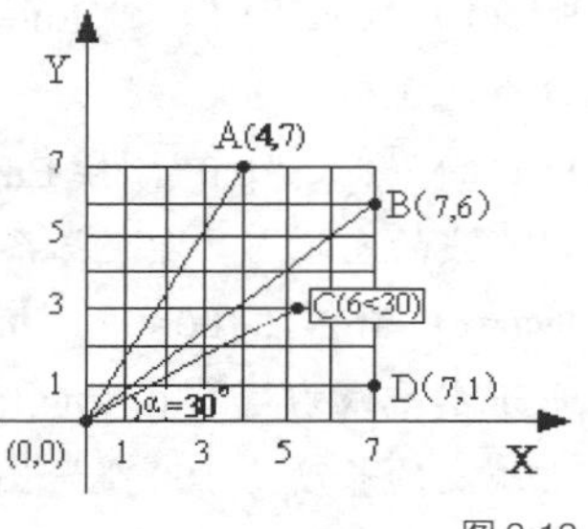

图 3-12

3.3.2 实例——使用相对直角坐标输入绘制矩形

视频文件	专家讲堂 \ 第 3 章 \ 实例——使用相对直角坐标输入绘制矩形 .swf

下面使用“相对直角坐标”输入法来绘制 100mm × 100mm 的矩形，看看与其他输入法有什么不同。

操作步骤

Step01 ▸ 输入“L”，按 Enter 键，激活【直线】命令。

Step02 ▸ 输入“0,0”，按 Enter 键，确定矩形下水平线的左端点（即坐标系原点）。

Step03 ▸ 输入“@100,0”，按 Enter 键，确定矩形下水平线右端点（表示相对于坐标系原点，矩形下水平线右端点的 X 坐标为 100，Y 坐标为 0），如图 3-13 所示。

Step04 ▸ 输入“@0,100”，按 Enter 键，确定矩形右垂直线上端点（表示相对于水平线右端点，矩形右垂直线上端点的 X 坐标为 0，Y 坐标为 100），如图 3-14 所示。

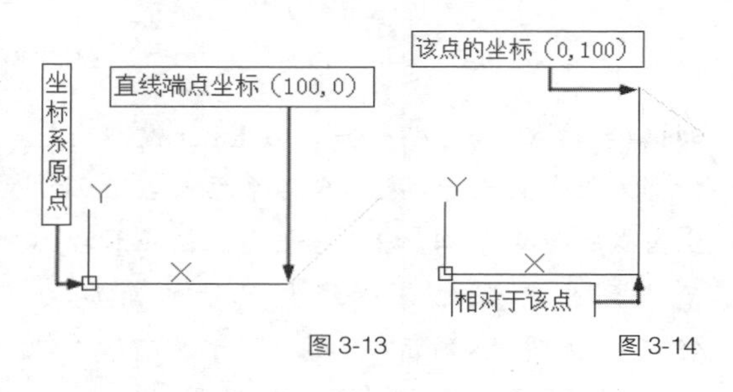

图 3-13 图 3-14

Step05 ▸ 输入“@-100, 0”，按 Enter 键，确定矩形上水平线左端点（表示相对于水平线右端点，矩形上水平线左端点的 X 坐标为 -100，Y 坐标为 0），如图 3-15 所示。

Step06 ▸ 输入“@0, -100”，按 Enter 键，确定矩形左垂直边下端点（表示相对于上水平线左端点，矩形左垂直线下端点的 X 坐标为 0，Y 坐标为 -100)，如图 3-16 所示。

Step07 ▸ 按 Enter 键，结束操作。

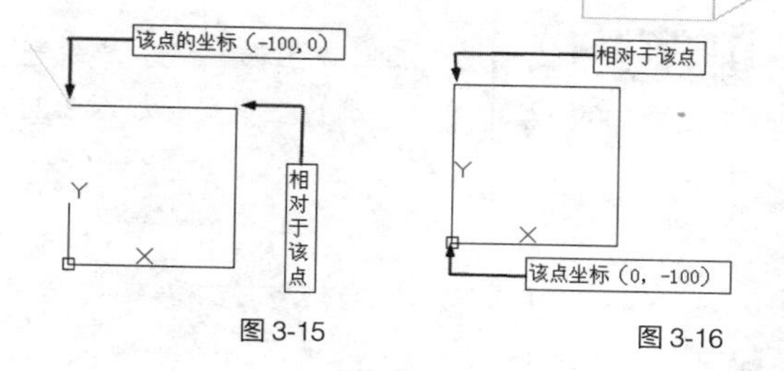

图 3-15　　图 3-16

3.3.3　相对极坐标输入

视频文件	专家讲堂 \ 第 3 章 \ 相对极坐标输入 .swf

“相对极坐标”是通过相对于参照点的极长距离和偏移角度来表示的，其表达式为（@L<α），其中，@ 表示相对，L 表示极长，α 表示角度。

在图 3-17 所示的坐标系中，如果以 D 点作为参照点，使用相对极坐标表示 B 点，那么表达式则为（@5<90），其中 5 表示 D 点和 B 点的极长距离为 5 个图形单位，90 表示 D 点和 B 点的连线与 X 轴的角度为 90°。

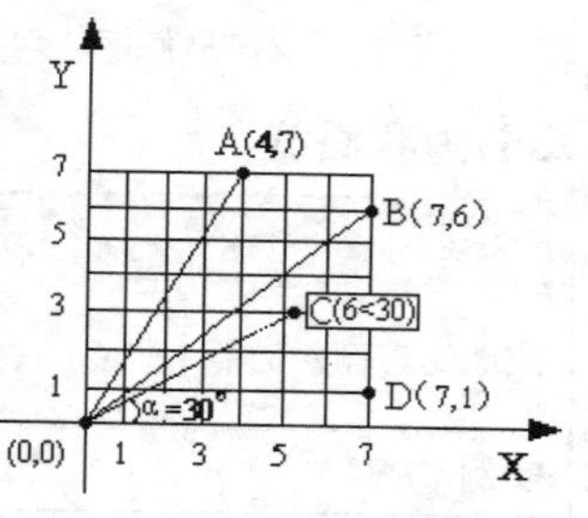

图 3-17

3.3.4　实例——使用相对极坐标输入绘制矩形

视频文件	专家讲堂 \ 第 3 章 \ 相对极坐标输入 .swf

再次使用“相对极坐标”来绘制 100mm × 100mm 的矩形，看看这种输入法绘图与其他输入法有什么不同。

操作步骤

Step01 ▸ 输入“L”，按 Enter 键，激活【直线】命令。

Step02 ▸ 输入“0,0”，按 Enter 键，确定矩形下水平线的左端点（即坐标系原点）。

Step03 ▸ 输入“@100<0”，按 Enter 键，确定矩形下水平线（表示相对于坐标系原点，矩形下水平线长度为 100mm，水平线与 X 轴的角度为 0°），如图 3-18 所示。

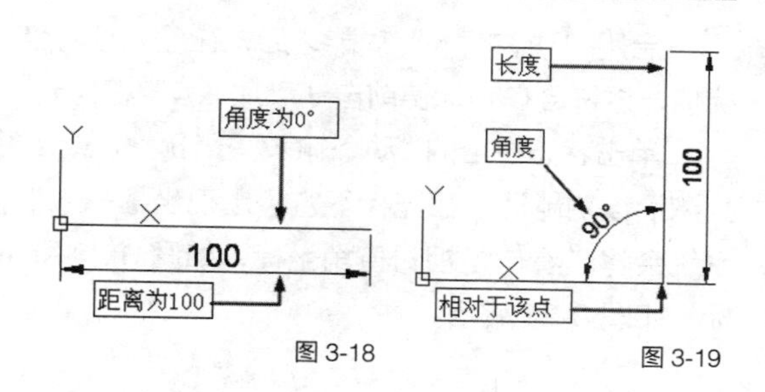

图 3-18　　图 3-19

Step04 ▸ 输入“@100<90”，按 Enter 键，确定矩形右垂直线（表示相对于下水平线右端点，矩形右垂直线长度为 100mm，右垂直线与 X 轴的角度为 90°），如图 3-19 所示。

Step05 ▸ 输入“@100<180”，按 Enter 键，确定矩形上水平线（表示相对于右垂直线上端点，矩形上水平线长度为 100mm，上水平线与 X 轴的角度为 180°），如图 3-20 所示。

Step06 ▸ 输入“@100<270”，按 Enter 键，确定矩形左垂直线（表示相对于矩形上水平线的左端点，矩形左垂直线长度为 100mm，左垂直线 X 轴的角度为 270°），如图 3-21 所示。

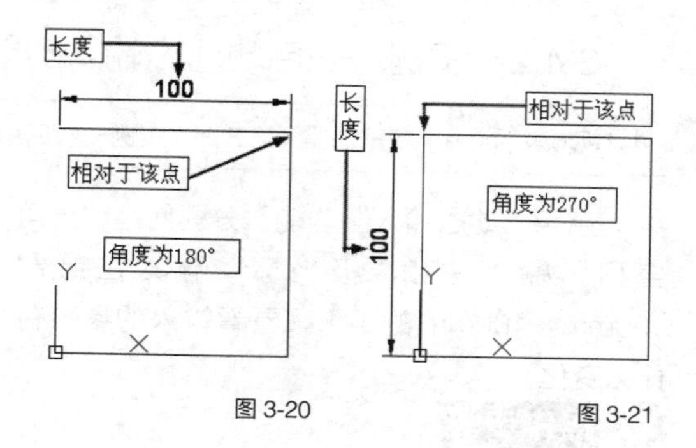

图 3-20　　图 3-21

练一练 尝试采用“相对极坐标”输入法绘制边长为100个绘图单位的等边三角形，如图3-22所示。

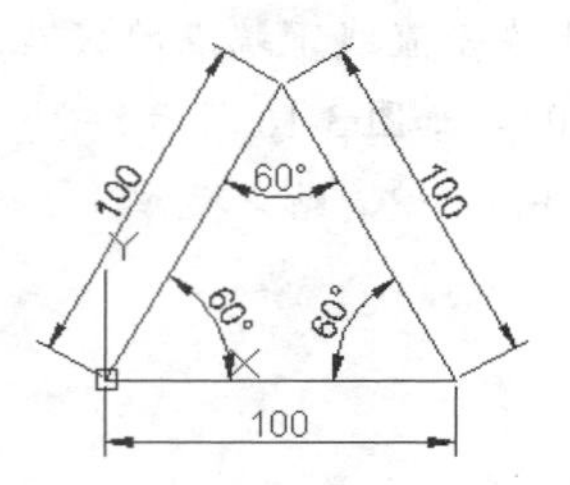

图 3-22

3.4 动态输入

除了“绝对坐标”和“相对坐标”两种输入功能之外，AutoCAD 2014 又新增加了一种“动态输入”功能，本书就来学习这种全新的输入方法。

本节内容概览

知识点	功能 / 用途	难易度与使用频率
启动动态输入功能（P54）	● 坐标输入 ● 绘制图形	难易度：★★ 使用频率：★★★★★
实例（P54）	● 启用动态输入功能绘图	

3.4.1 启动动态输入功能

视频文件	专家讲堂 \ 第 3 章 \ 启用动态输入功能 .swf

启用“动态输入”功能之后，在输入相对坐标点时，用户可以像输入绝对坐标那样直接输入坐标值，系统会在坐标值前自动添加“@”符号。

单击状态栏上的“动态输入”按钮，或按键盘上的F12功能键，都可激活【动态输入】功能。当激活该功能后，在光标下方会出现坐标输入框，用户只需输入坐标值即可，例如输入“100,0”，系统会将其看作是相对直角坐标，如图3-23所示；输入“100<90”，系统会将其看作是相对极坐标，如图3-24所示。

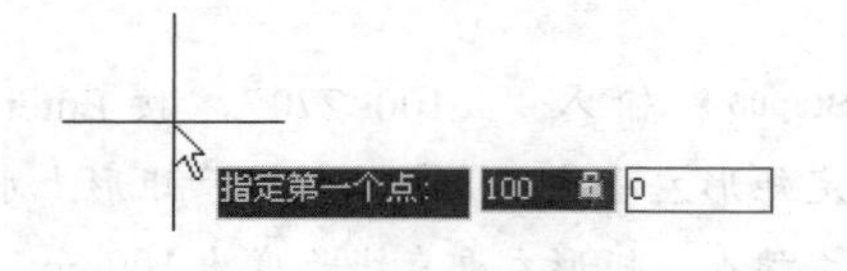

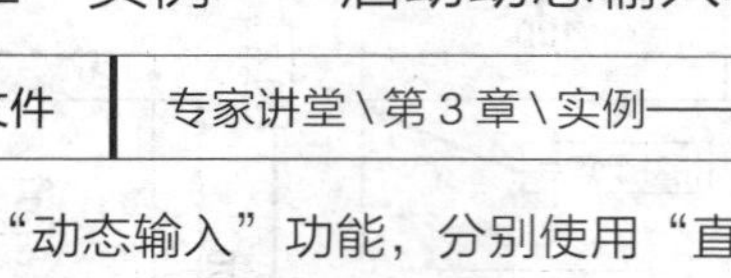

图 3-23

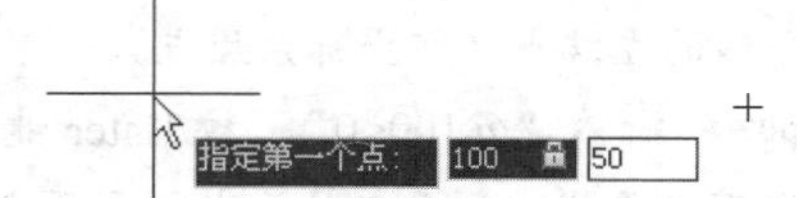

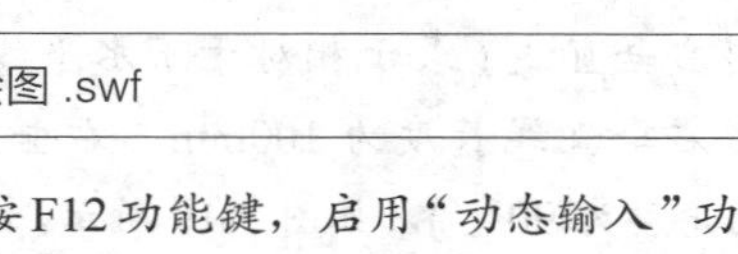

图 3-24

3.4.2 实例——启动动态输入功能绘图

视频文件	专家讲堂 \ 第 3 章 \ 实例——启用动态输入功能绘图 .swf

启用“动态输入”功能，分别使用“直角坐标”输入法和“极坐标”输入法绘制100mm×100mm的矩形，看看输入的参数有什么变化。

操作步骤

1. 使用“直角坐标”绘制矩形

Step01 ▸ 按F12功能键，启用“动态输入”功能。

Step02 ▸ 输入“L”，按Enter键，激活【直线】命令。

Step03 ▸ 输入“0,0”，按Enter键，确定矩形下水平线的左端点（即坐标系原点）。

Step04 ▸ 输入“100,0”，按Enter键，确定矩形

下水平线。

Step05 ▸ 输入“0,100”，按 Enter 键，确定矩形右垂直线。

Step06 ▸ 输入“-100,0”，按 Enter 键，确定矩形上水平线。

Step07 ▸ 输入“0,-100”，按 Enter 键，确定矩形左垂直线。

2. 使用“极坐标”绘制矩形

Step01 ▸ 按 F12 功能键，启用“动态输入”功能。

Step02 ▸ 输入“L”，按 Enter 键，激活【直线】命令。

Step03 ▸ 输入“0,0”，按 Enter 键，确定矩形下水平线的左端点（即坐标系原点）。

Step04 ▸ 输入“100<0”，按 Enter 键，确定矩形下水平线。

Step05 ▸ 输入“100<90”，按 Enter 键，确定矩形右垂直线。

Step06 ▸ 输入“100<180”，按 Enter 键，确定矩形上水平线。

Step07 ▸ 输入“100<270”，按 Enter 键，确定矩形左垂直线。

通过以上操作可以发现，启用“动态输入”功能后，这两种输入法其实都是“相对直角坐标”输入法和“相对极坐标”输入法，只是不用再输入“@”符号而已。

3.5 室内设计中的点

在 AutoCAD 室内设计中，点是一个基本图元，常使用点来表示室内设计吊顶图中的各种灯具。本节就来学习点的绘制方法。

本节内容概览

知识点	功能 / 用途	难易度与使用频率
设置点样式（P55）	● 设置点的样式	难易度：★ 使用频率：★★★★
绘制单点和多点（P56）	● 绘制单点、多点 ● 创建室内灯具	难易度：★★ 使用频率：★★★★
绘制定数等分点（P56）	● 使用点将目标对象等分为距离相等的段数 ● 创建室内灯具	难易度：★★ 使用频率：★★★★
绘制定距等分点（P57）	● 使用点将目标对象按照定距等分为不同的段数 ● 创建室内灯具	难易度：★★ 使用频率：★★★
疑难解答	● 【定数等分】与【定距等分】的区别（P57） ● 使用【定距等分】时的单击位置（P58）	
实例（P58）	● 完善室内吊顶图灯具	

3.5.1 设置点样式

视频文件	专家讲堂 \ 第 4 章 \ 设置点样式 .swf

AutoCAD 中提供了多种点样式。默认设置下，点是一个小点，几乎看不到，因此，在绘制点时，首先需要设置点样式。

实例引导 ——设置点样式

Step01 ▸ 执行【格式】/【点样式】命令。

Step02 ▸ 打开【点样式】对话框。

Step03 ▸ 单击选中一种点样式。

Step04 ▸ 单击 确定 按钮，完成点样式的设置，如图 3-25 所示。

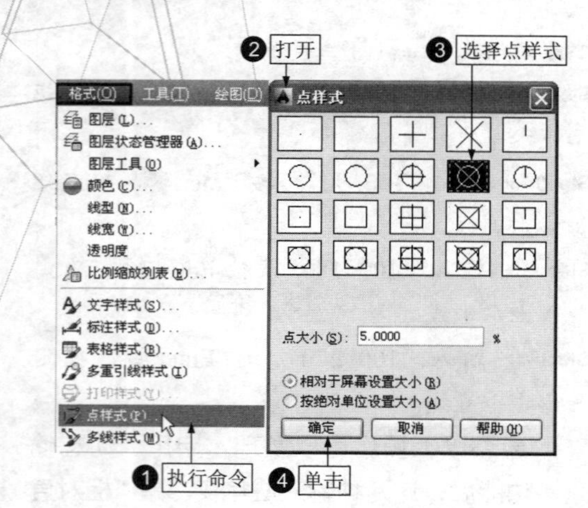

图 3-25

| 技术看板 | 不仅可以设置点的样式，还可以设置点样式的大小。

- ♦ 相对于屏幕设置大小：按照屏幕的百分比显示点。这种点会根据屏幕大小变化而发生变化，一般可用于在屏幕上表现点时使用。
- ♦ 用绝对单位设置大小：按照点的实际尺寸来显示点。也就是说，不管屏幕如何变化，点的实际尺寸是不会发生变化的。这种点适合在图纸上表现点时使用。

选择好点大小的显示方式后，用户可以在“点大小”输入框中输入点的百分比或者实际尺寸。

3.5.2 绘制单点和多点

视频文件	专家讲堂 \ 第 3 章 \ 绘制单点和多点 .swf

所谓“单点”，就是执行一次【单点】命令后，只能绘制一个点。如果要绘制多个点，需多次执行【单点】命令。而“多点”则是执行一次【多点】命令，可以绘制多个点，直到结束操作。

实例引导 ——绘制单点和多点

1. 绘制单点

Step01 ▸ 执行菜单栏中的【绘图】/【点】/【单点】命令。

Step02 ▸ 在绘图区单击绘制一个单点，如图 3-26 所示。

2. 绘制多点

Step01 ▸ 执行【绘图】/【点】/【多点】命令。

Step02 ▸ 在绘图区连续单击，即可绘制多个点。

Step03 ▸ 按 Esc 键结束操作，绘制的多点如图 3-26 所示。

Step04 ▸ 执行【格式】/【点样式】命令，在打开的【点样式】对话框中选择一种点样式，当前绘制的多点即可被更新，如图 3-26 所示。

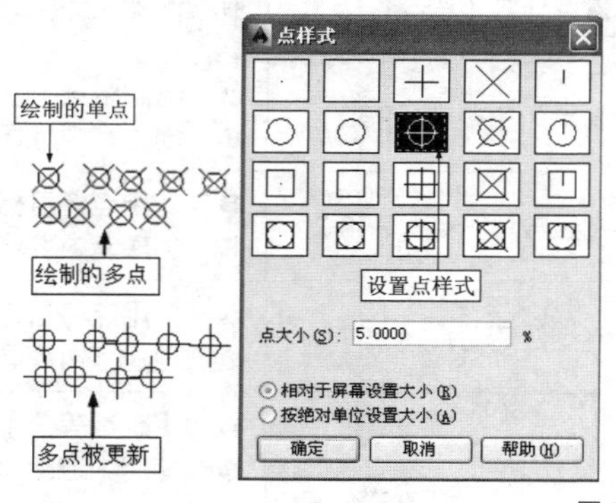

图 3-26

3.5.3 绘制定数等分点

视频文件	专家讲堂 \ 第 3 章 \ 绘制定数等分点 .swf

所谓“定数等分点”，其实就是使用点将目标对象等分为距离相等的不同段。下面绘制长度为 100 个绘图单位的线段，然后绘制“定数等分点”，将该线段等分为长度为 20 个绘图单位的 5 段。

实例引导 ——绘制定数等分点

Step01 ▸ 设置用于等分直线的点样式。

Step02 ▸ 执行菜单栏中【绘图】/【点】/【定数等分】命令。

Step03 ▸ 单击直线。

Step04 ▸ 输入“5”，按 Enter 键，输入分段数。结果如图 3-27 所示。

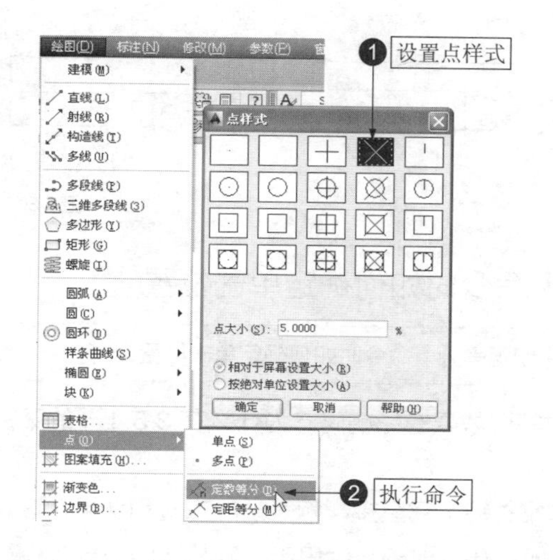

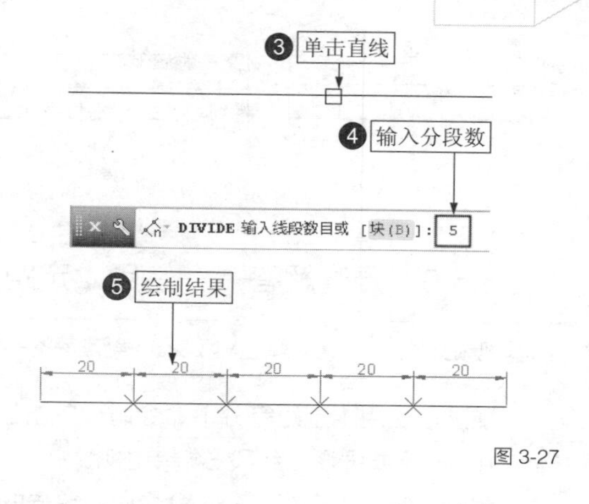

图 3-27

3.5.4　绘制定距等分点

视频文件	专家讲堂 \ 第 3 章 \ 绘制定距等分点 .swf

“定距等分点”同样可以将目标对象进行等分，与“定数等分点”不同的是，“定距等分”与等分段数无关，它可以按照目标对象的长度和等分距离，对目标对象进行等分。绘制长度为 100 个绘图单位的直线，使用“定距等分点”将该线段以每段 30 个绘图单位进行等分。

实例引导

Step01 ▸ 执行【绘图】/【点】/【定距等分】命令。

Step02 ▸ 在直线右端单击。

Step03 ▸ 输入等分距离“30”，按 Enter 键，结果如图 3-28 所示。

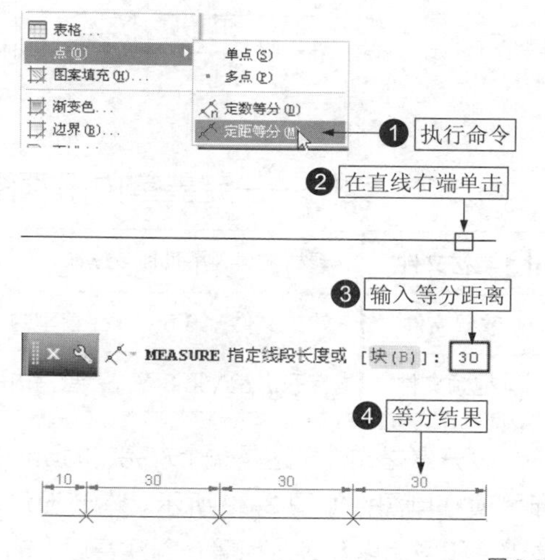

图 3-28

3.5.5　疑难解答——【定数等分】与【定距等分】的区别

视频文件	疑难解答 \ 第 3 章 \ 疑难解答——【定数等分】与【定距等分】的区别 .swf

疑难：【定数等分】与【定距等分】有什么区别?

解答：【定数等分】是按照分段数来等分对象，不管将目标对象等分多少段，各等分段之间的距离永远是相等的。例如，长度为 100 个绘图的线段使用【定数等分】命令分别等分 5 段和 3 段，每一种等分结果的每段距离都是相等的，如图 3-29（a）所示，是等分为 5 段的结果；如图 3-29（b）所示，是等分为 3 段的结果。

而【定距等分】则是按照等分距离来等分目标对象，其等分段数会因目标长度和等分距离的影响而不同，例如，长度为 100 个绘图的线段使用【定距等分】命令分别按照 30 和 50 个绘图单位的距离进行等分，其等分距离不同，等分的分段数和每段的距离都不同，如图 3-30（a）所示，是等分距离为 30 个绘图单位的等分结果；而如图 3-30（b）所示，则是距离为 50 个绘图单位的等分结果。

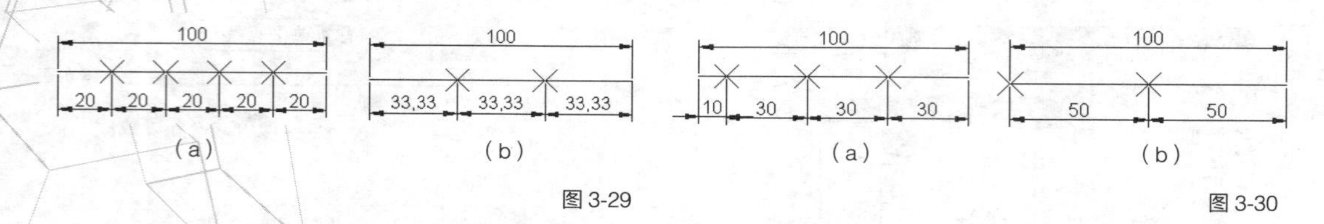

图 3-29　　图 3-30

3.5.6　疑难解答——使用【定距等分】命令时如何确定单击位置

视频文件	疑难解答\第 3 章\疑难解答——使用【定距等分】命令时如何确定单击位置 .swf

疑难：使用【定距等分】命令时，单击的位置对等分效果有影响吗？为什么在 3.5.4 节的案例操作中，一定要强调在线段右端单击呢？

解答：使用【定距等分】命令时，单击的位置非常关键，它直接影响等分的方式和结果，这是因为系统总是先从单击的一端开始等分对象。例如，如果在线段的左端单击，则从左向右等分，结果如图 3-31（a）所示；如果在线段的右端单击，则会从右向左等分，结果如图 3-31（b）所示。

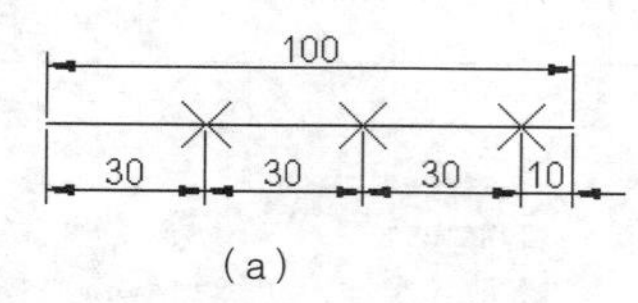

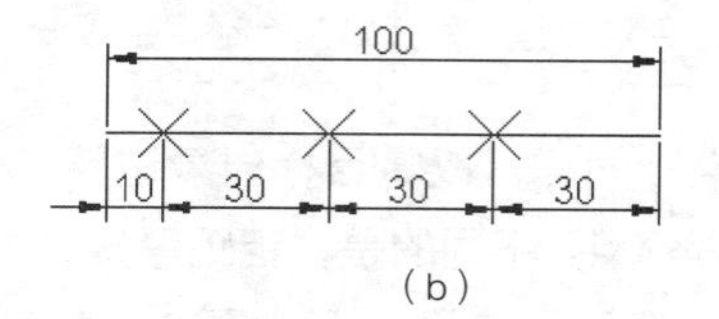

图 3-31

3.5.7　实例——完善室内吊顶图灯具

素材文件	素材文件\吊顶图 .dwg
效果文件	效果文件\第 3 章\完善室内吊顶图灯具 .dwg
视频文件	专家讲堂\第 3 章\完善室内吊顶图灯具 .swf

打开素材文件，这是一个未完成的室内装饰吊顶灯具图，如图 3-32 所示。本节通过创建单点和多点以及等分点等，创建各房间的各种灯具，对吊顶图进行完善。

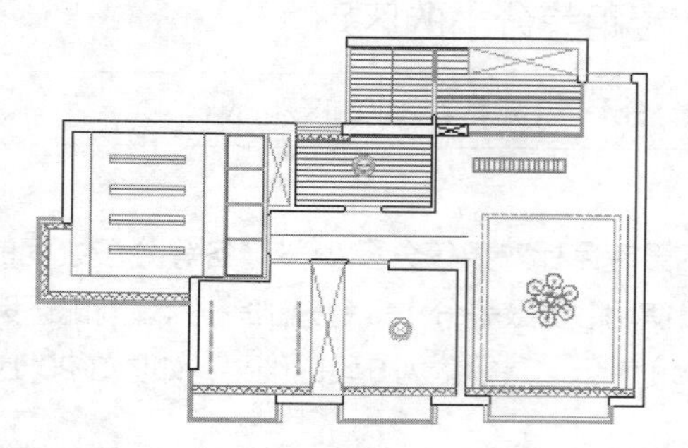

图 3-32

操作步骤

1. 设置捕捉模式

在布置室内辅助灯具时，为了使辅助灯具的位置更精准，需要设置相关的捕捉模式，在此需要设置“中点”捕捉模式。

Step01 ▶ 输入“SE”，按 Enter 键，打开【草图设置】对话框。

Step02 ▶ 设置“中点”捕捉模式并启用对象捕捉。

Step03 ▶ 单击 确定 按钮。

2. 设置点样式

在以点代表室内灯具时，根据灯具类型的不同，需要选择不同的点样式，另外还需要根据灯具具体大小设置点样式大小。

Step01 ▶ 执行【格式】/【点样式】命令，打开【点样式】对话框。

Step02 ▶ 选择点样式并设置大小。

Step03 ▶ 在“点大小”输入框设置点样式大小。

Step04 ▶ 选择“按绝对单位设置大小”选项。

Step05 ▶ 单击 确定 按钮。

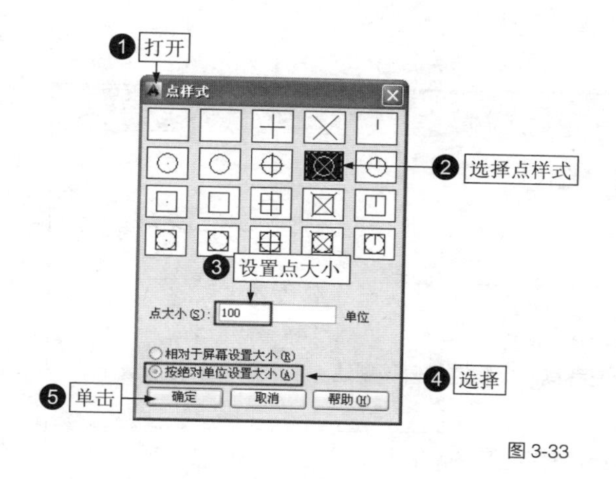

图 3-33

3. 设置平面图中的装饰射灯

在该案例中，其主卧室吊顶左右两边各有 3 盏射灯，其他各房间的装饰灯具数各不相同，下面首先使用【定数等分】命令将主卧室吊顶左右两边的灯具辅助线等分为 4 段，这样就形成 3 个辅助灯具。

Step01 ▸ 执行【绘图】/【点】/【定数等分】命令。

Step02 ▸ 单击主卧室吊顶左侧的垂直灯具辅助线。

Step03 ▸ 输入等分数“4”，按 Enter 键，结果如图 3-34 所示。

Step04 ▸ 使用相同的方法，根据其他房间灯具的设置要求，为其他房间布置灯具。

4. 设置餐厅射灯

餐厅灯具主要用于照明，其辅助线上只有一个射灯，可以使用【多点】命令来创建点。

Step01 ▸ 执行【绘图】/【点】/【多点】命令。

Step02 ▸ 配合“中点”捕捉依次捕捉餐厅定位线的中点。

Step03 ▸ 按 Esc 键结束操作。

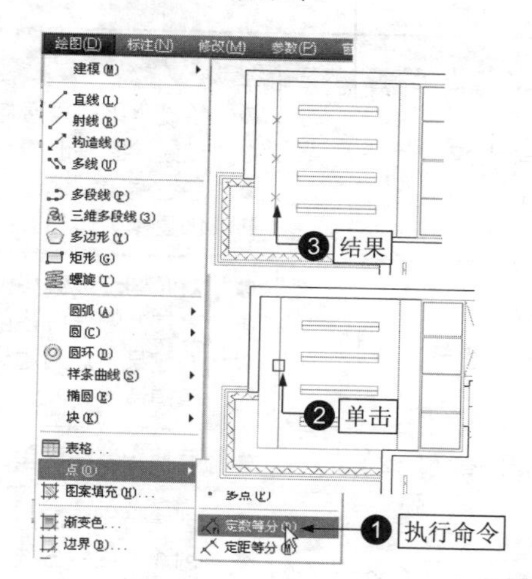

图 3-34

5. 删除灯具定位辅助线并保存文件

Step01 ▸ 在无任何命令发出的情况下，单击所有灯具辅助线，使其夹点显示。

Step02 ▸ 按 Delete 键将其删除，将图形保存，如图 3-35 所示。

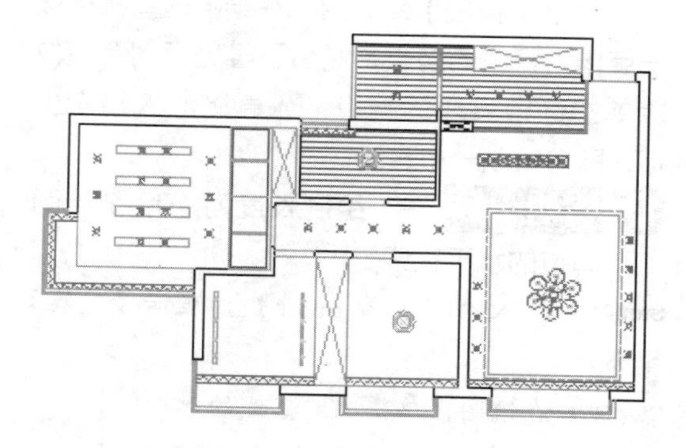

图 3-35

3.6 室内设计中的直线与构造线

直线是最简单也是最常用的线图元，常用于绘制室内各家具图形。构造线是向两端无限延伸的直线，此种直线通常用作绘图时的辅助线或参照线，一般情况下不能直接作为图形轮廓线，但是可以通过修改工具将其编辑为图形轮廓线进行绘图。本节就来学习直线和构造线的绘制方法。

本节内容概览

知识点	功能 / 用途	难易度与使用频率
绘制直线（P60）	● 绘制水平、垂直以及任意角度的直线 ● 创建图形轮廓线	难易度：★ 使用频率：★★★★

续表

知识点	功能 / 用途	难易度与使用频率
绘制水平、垂直构造线（P60）	● 绘制水平或垂直构造线 ● 创建绘图辅助线 ● 通过编辑创建图形轮廓线 ● 创建修剪边界	难易度：★ 使用频率：★★★★
偏移构造线（P61）	● 对源构造线偏移创建另一条构造线 ● 对其他图线偏移创建另一条构造线 ● 通过某一点对源构造线或者其他图线进行偏移创建另一条构造线	难易度：★★ 使用频率：★★★★★
疑难解答（P62）	● 偏移构造线时单击的位置对偏移结果的影响	
角度构造线（P62）	● 创建特定角度的构造线 ● 创建角度平分线 ● 创建特定角度的图线轮廓线 ● 创建特定角度的绘图辅助线	难易度：★★★ 使用频率：★★

3.6.1　绘制直线

视频文件	专家讲堂\第 3 章\绘制直线 .swf

激活【直线】命令后，在绘图区单击拾取一点作为直线的起点，然后引导光标到合适位置单击确定直线的端点，或直接输入端点坐标，即可绘制一条直线。

实例引导 ——绘制长度为 100 个绘图单位的水平直线

Step01 ▸ 输入“L”，按 Enter 键，激活【直线】命令。

Step02 ▸ 在绘图区单击确定直线的起点。

Step03 ▸ 输入直线端点坐标“@100,0”，按 Enter 键。

Step04 ▸ 按 Enter 键结束操作，结果如图 3-36 所示。

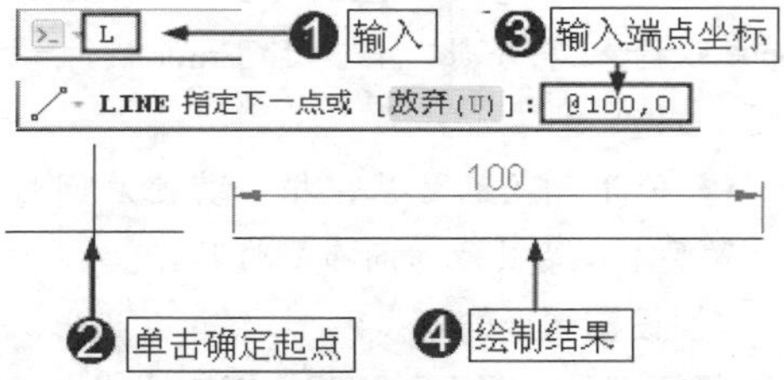

①输入
③输入端点坐标
LINE 指定下一点或 [放弃(U)]: @100,0
100
②单击确定起点
④绘制结果

图 3-36

练一练 以本例绘制的水平直线的左端点为直线的起点，配合坐标输入功能，绘制长度为 100 个绘图单位的垂直直线，结果如图 3-37 所示。

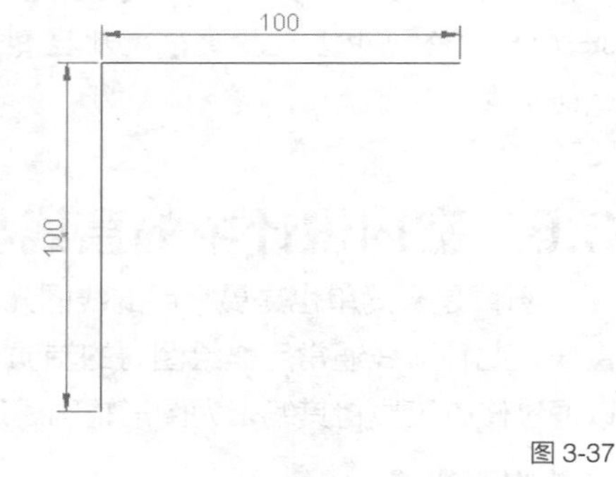

图 3-37

3.6.2　绘制水平、垂直构造线

视频文件	专家讲堂\第 3 章\绘制水平、垂直构造线 .swf

水平构造线是指沿 0° 方向无限延伸的直线，垂直构造线是指沿 90° 方向无限延伸的直线，这两种类型的构造线常用来作为绘图辅助线使用，也可以将其编辑为图线轮廓线。

实例引导 ——绘制水平、垂直构造线

1. 绘制水平构造线

Step01 ▸ 单击【绘图】工具栏上的"构造线"按钮。

Step02 ▸ 输入"H"并按 Enter 键，激活"水平"选项。

Step03 ▸ 在绘图区单击。

Step04 ▸ 按 Enter 键结束操作，结果如图 3-38 所示。

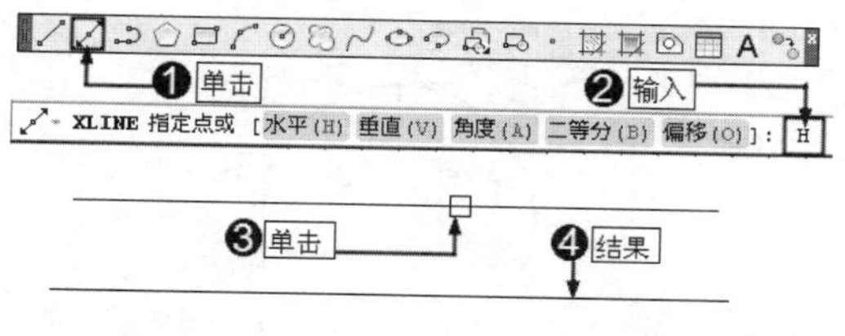

图 3-38

2. 绘制垂直构造线

Step01 ▸ 在命令行中输入"XlINE"后按 Enter 键。

Step02 ▸ 输入"V"并按 Enter 键，激活"垂直"选项。

Step03 ▸ 在绘图区单击。

Step04 ▸ 按 Enter 键结束操作，结果如图 3-39 所示。

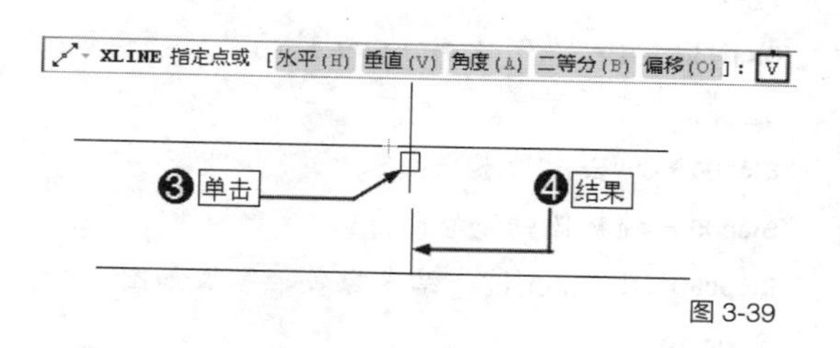

图 3-39

3.6.3 偏移构造线

素材文件	素材文件 \ 定点偏移示例 .dwg
视频文件	专家讲堂 \ 第 3 章 \ 偏移构造线 .swf

"偏移构造线"是指通过偏移创建的构造线。"偏移构造线"又分为两种：一种是通过某一点偏移，称为"定点偏移"；另一种是通过距离来偏移，称为"距离偏移"。

实例引导 ——偏移构造线

1. "距离偏移"构造线

通过距离偏移是指通过指定偏移距离来创建构造线，下面通过距离偏移方式，将上一节创建的垂直构造线向右偏移 100 个绘图单位，以创建另一条垂直构造线。

Step01 ▸ 单击【绘图】工具栏上的按钮。

Step02 ▸ 输入"O"，按 Enter 键，激活"偏移"选项。

Step03 ▸ 输入偏移距离"100"，按 Enter 键。

Step04 ▸ 单击垂直构造线。

Step05 ▸ 在构造线一侧单击。

Step06 ▸ 按 Enter 键，结束操作，结果如图 3-40 所示。

练一练 下面尝试将水平构造线向下和向上各偏移 200 个绘图单位，以创建另外两条水平构造线，结果如图 3-41 所示。

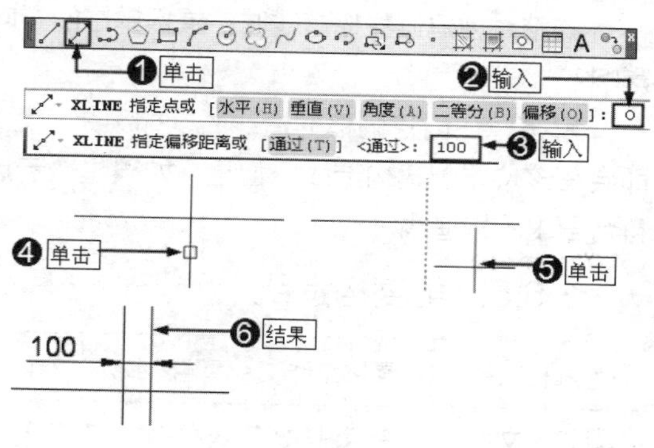

图 3-40

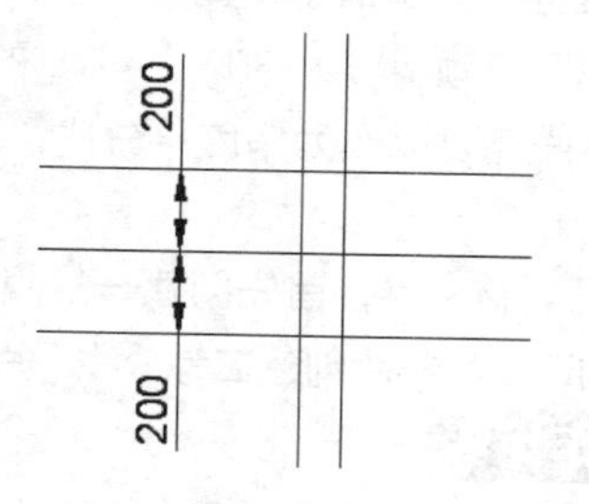

图 3-41

2. “定点偏移”构造线

与“距离偏移”不同，“定点偏移”不用指定距离，而是捕捉某一点来偏移以创建构造线。打开素材文件，下面通过圆的下象限点，将水平半径创建为一条水平构造线。

Step01 ▸ 单击【绘图】工具栏上的“构造线”按钮。

Step02 ▸ 输入“O”，按 Enter 键，激活“偏移”选项。

Step03 ▸ 输入“T”，按 Enter 键，激活“通过”选项。

Step04 ▸ 单击圆的水平半径。

Step05 ▸ 捕捉圆的下象限点。

Step06 ▸ 按 Enter 键，结束操作，结果如图 3-42 所示。

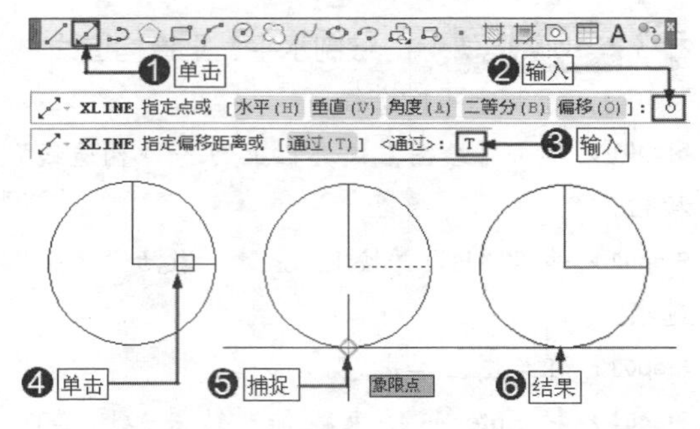

图 3-42

练一练 下面尝试通过“定点偏移”，将圆的垂直半径通过圆的左右两个象限点，创建另外两条垂直构造线，结果如图 3-43 所示。

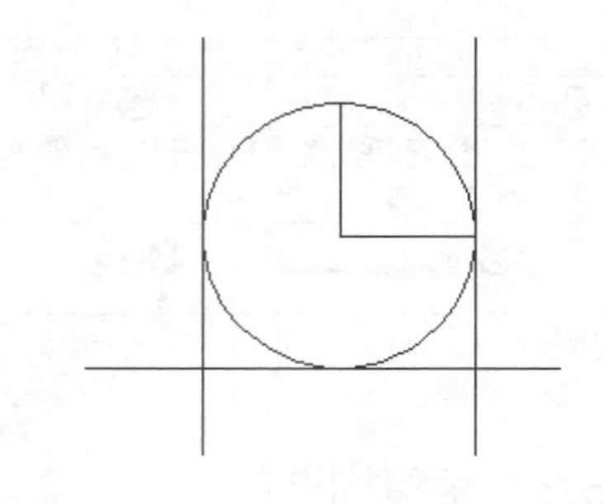

图 3-43

3.6.4 疑难解答——偏移构造线时单击的位置对偏移结果有何影响

视频文件	疑难解答\第 3 章\疑难解答——偏移构造线时单击的位置对偏移结果有何影响 .swf

疑难：创建偏移构造线时，鼠标单击的方向和位置有什么特别的要求吗？它对偏移结果有什么影响？

解答：在创建偏移构造线时，如果是“距离偏移”，一般情况下，在源对象的哪个位置单击，即会在该位置创建构造线。但是，如果是“定点偏移”，则必须捕捉到合适的点，这样才能创建出符合要求的构造线。

3.6.5 角度构造线

素材文件	素材文件\定点偏移示例 .dwg
视频文件	专家讲堂\第 3 章\角度构造线 .swf

角度构造线是指创建具有一定倾斜角度的构造线，例如倾斜度为 30°、40° 的构造线，这类构造线还可以作为角度平分线，即角度二等分线。

打开素材文件，首先创建一条倾斜角度为 30° 的构造线，然后创建二等分线（角平分线）。

操作步骤

1. 创建 30° 角的构造线

Step01 ▸ 单击【绘图】工具栏上的按钮。

Step02 ▸ 输入“A”，按 Enter 键，激活“角度”选项。

Step03 ▸ 输入角度“30”，按 Enter 键。

Step04 ▸ 捕捉半径的端点。

Step05 ▸ 按 Enter 键，结束操作，结果如图 3-44 所示。

练一练 参照上述操作，尝试创建角度为 75° 的构造线，结果如图 3-45 所示。

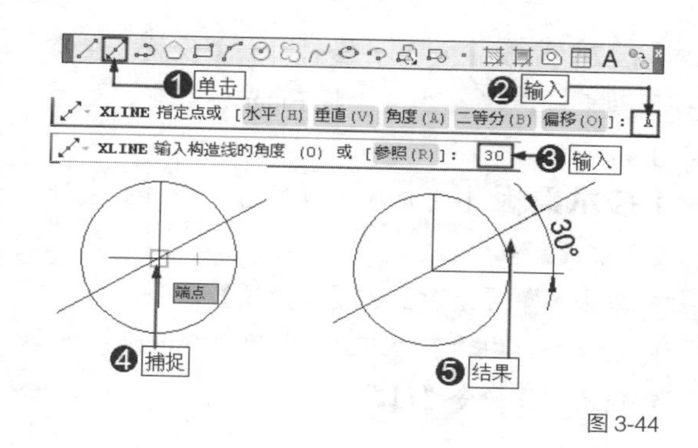

图 3-44

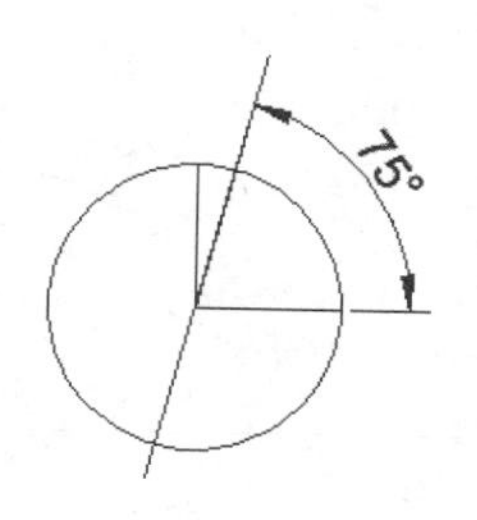

图 3-45

2. 创建角度平分线

下面为素材文件中的两个半径所形成的 90° 角创建一个角度平分线。

Step01 ▸ 单击【绘图】工具栏上的 按钮。

Step02 ▸ 输入"B"，按 Enter 键，激活"二等分"选项。

Step03 ▸ 捕捉圆心（即半径的交点）。

Step04 ▸ 捕捉垂直半径的端点。

Step05 ▸ 捕捉水平半径的端点。

Step06 ▸ 按 Enter 键，结束操作，结果如图 3-46 所示。

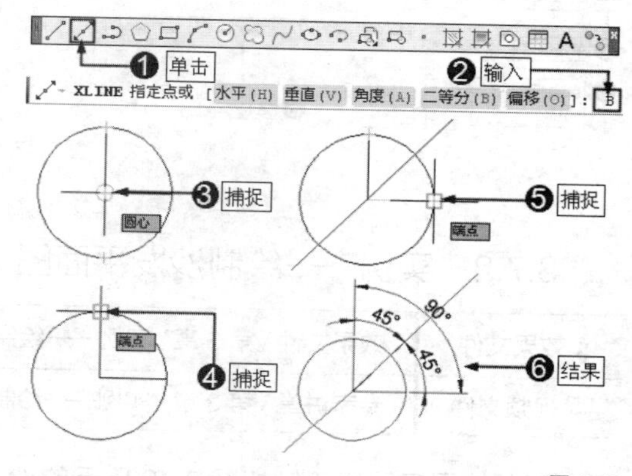

图 3-46

3.7 室内设计中的多段线

多段线是由一系列直线段或弧线段连接而成的一种特殊线图元，无论它包含多少条直线或弧，它都是一个整体。在室内设计中，多段线常用来创建室内各家具图形。

本节内容概览

知识点	功能 / 用途	难易度与使用频率
绘制多段线（P63）	● 创建图形轮廓线 ● 创建修剪边界	难易度：★★★ 使用频率：★★★★★
实例	● 绘制沙发平面图（P64） ● 绘制箭头（P65）	

3.7.1 绘制多段线

视频文件	专家讲堂 \ 第 3 章 \ 绘制多段线 .swf

默认设置下，多段线是由直线段组成，类似于使用【直线】命令绘制。绘制多段线时，可以绘制开放的多段线图形，也可以绘制闭合的多段线图形，还可以绘制圆弧形多段线。

实例引导 ——绘制多段线

Step01 ▸ 单击【绘图】工具栏上的"多段线"按钮。

Step02 ▸ 在绘图区单击指定起点。

Step03 ▸ 在合适位置单击指定下一点。

Step04 ▸ 输入“A”，按 Enter 键，激活“圆弧”选项。

Step05 ▸ 在合适位置单击指定圆弧的端点。

Step06 ▸ 按 Enter 键，结束操作，结果如图 3-47 所示。

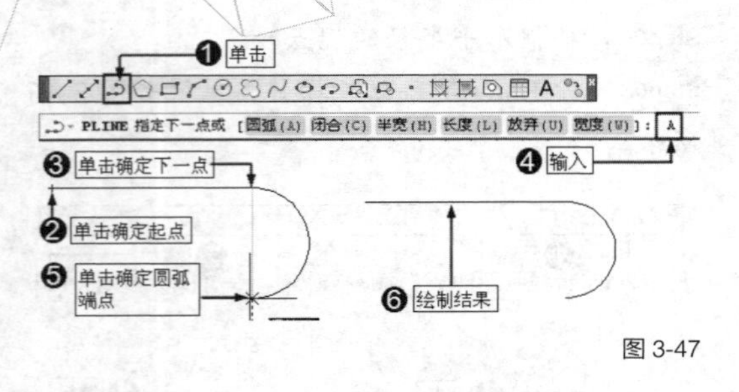

图 3-47

| 技术看板 | 如果要绘制闭合多段线，在绘制结束时，输入“C”，按 Enter 键即可，如图 3-48 所示。

| 技术看板 | 用户还可以通过以下方式激活【多段线】命令。

- 单击菜单【绘图】/【多段线】命令。
- 在命令行中输入“PLINE”后按 Enter 键。
- 使用快捷命令“PL”。

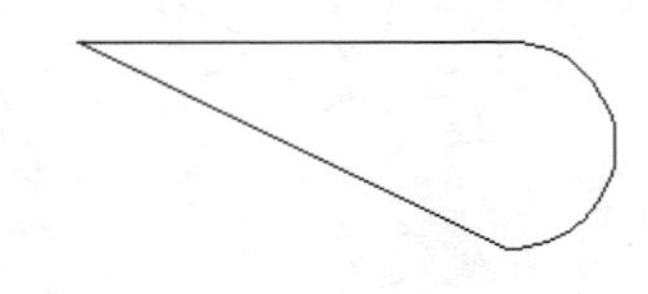

图 3-48

3.7.2 实例——绘制沙发平面图

效果文件	效果文件 \ 第 3 章 \ 实例——绘制沙发平面图 .dwg
视频文件	专家讲堂 \ 第 3 章 \ 实例——绘制沙发平面图 .swf

下面使用多段线绘制如图 3-49 所示的沙发平面图。

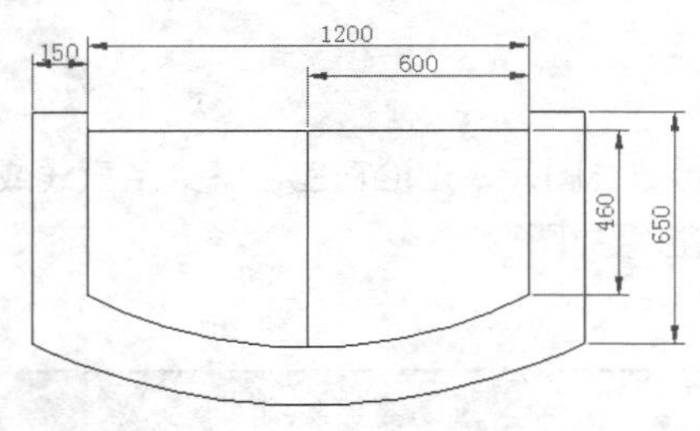

图 3-49

操作步骤

1. 设置捕捉模式

Step01 ▸ 输入“SE”，按 Enter 键，打开【草图设置】对话框。

Step02 ▸ 设置捕捉模式，单击按钮。

2. 设置视图高度

默认设置下的视图高度一般不能满足绘图需要，因此在绘图前需要重新设置视图高度，这里将该视图的高度设置为 1200 个绘图单位。

Step01 ▸ 单击【视图】/【缩放】/【中心】命令。

Step02 ▸ 在绘图区拾取一点。

Step03 ▸ 输入“1200”，按 Enter 键确认。

3. 绘制平面沙发外轮廓线

Step01 ▸ 单击【绘图】工具栏上的按钮。

Step02 ▸ 在绘图区拾取一点。

Step03 ▸ 输入“@650<-90”，按 Enter 键，指定下一点坐标。

Step04 ▸ 输入“A”，按 Enter 键，激活“圆弧”选项。

Step05 ▸ 输入“S”，按 Enter 键，激活“第二个点”选项。

Step06 ▸ 输入“@750,-170”，按 Enter 键，指定圆弧上的第二个点。

Step07 ▸ 输入“@750,170”，按 Enter 键，指定圆弧的端点。

Step08 ▸ 输入“L”，按 Enter 键，转入画线模式。

Step09 ▸ 输入“@650<90”，按 Enter 键，指定下一点。

Step10 ▸ 输入“@-150,0”，按 Enter 键，指定下一点。

Step11 ▸ 输入“@0,-510”，按 Enter 键，指定下一点。

Step12 ▸ 输入“A”，按 Enter 键，转入画弧模式。

Step13 ▸ 输入“S”，按 Enter 键，指定圆弧上

的第二个点。

Step14 ▶ 按住 Shift 键，同时单击鼠标右键，选择“自”选项。

Step15 ▶ 捕捉如图 3-50 所示的圆弧中点。

Step16 ▶ 输入“@0,160”，按 Enter 键。

Step17 ▶ 按住 Shift 键，同时单击鼠标右键，选择“自”选项。

Step18 ▶ 捕捉如图 3-51 所示的端点。

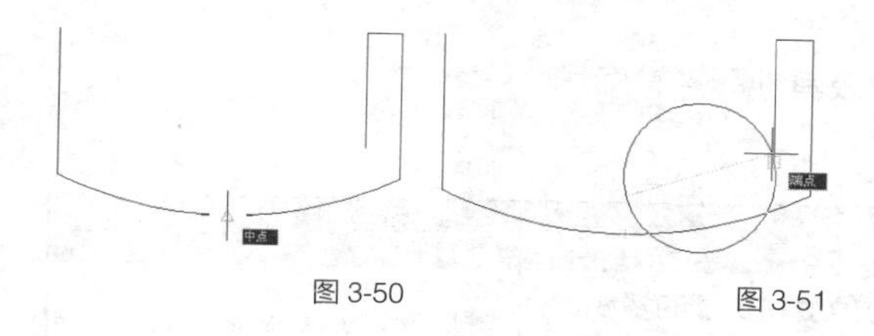

图 3-50　　图 3-51

Step19 ▶ 输入“@-1200,0”，按 Enter 键。

Step20 ▶ 输入“L”，按 Enter 键，转入画线模式。

Step21 ▶ 输入“@510<90”，按 Enter 键，指定下一点。

Step22 ▶ 输入“C”，按 Enter 键，闭合图形，结果如图 3-52 所示。

4. 绘制平面沙发内部线

Step01 ▶ 按 Enter 键，重复【多段线】命令。

Step02 ▶ 由沙发左扶手右上角点向下引出延伸矢量。

Step03 ▶ 输入“50”，按 Enter 键，指定起点。

Step04 ▶ 输入“@1200,0”，按 Enter 键，指定下一个点。

Step05 ▶ 按 Enter 键，绘制结果如图 3-53 所示。

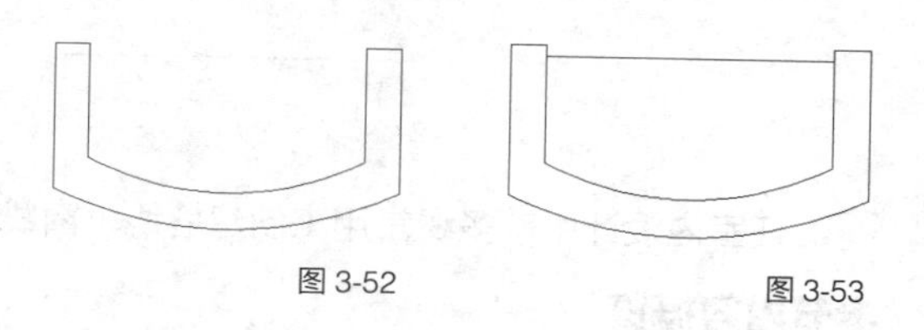

图 3-52　　图 3-53

Step06 ▶ 按 Enter 键，重复执行【多段线】命令。

Step07 ▶ 捕捉如图 3-54 所示的中点。

Step08 ▶ 捕捉如图 3-55 所示的中点。

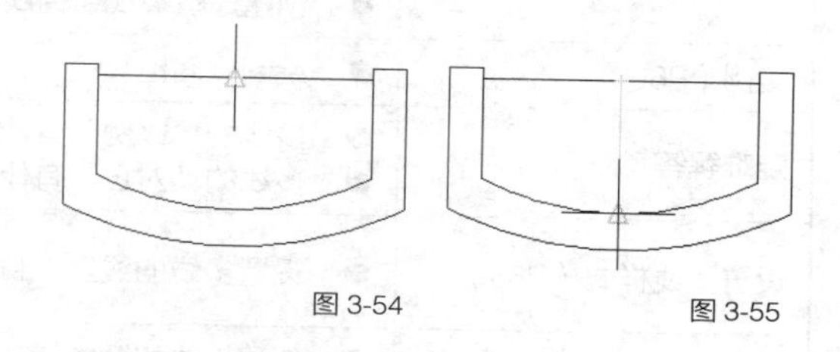

图 3-54　　图 3-55

Step09 ▶ 按 Enter 键结束绘制，结果如图 3-49 所示，将绘制结果保存。

3.7.3 实例——绘制箭头

视频文件	专家讲堂\第 3 章\实例——绘制箭头 .swf

默认设置下，多段线宽度为 0，而宽度多段线是指具有一定宽度的多段线，这类多段线常用来绘制箭头、墙体结构图等。下面绘制一个箭头线宽度为 10 个绘图单位，箭头线长度为 500 个绘图单位，箭头宽度为 100 个绘图单位的箭头。

实例引导 ——绘制箭头

Step01 ▶ 单击【绘图】工具栏上的“多段线”按钮。

Step02 ▶ 在绘图区单击指定起点。

Step03 ▶ 输入“W”，按 Enter 键，激活“宽度”选项。

Step04 ▶ 输入箭头线起点宽度“10”，按 Enter 键。

Step05 ▶ 输入箭头线端点宽度“10”，按 Enter 键。

Step06 ▶ 输入箭头线端点坐标“@500,0”，按 Enter 键。

Step07 ▶ 输入“W”，按 Enter 键，激活“宽度”选项。

Step08 ▶ 输入箭头起点宽度“100”，按 Enter 键。

Step09 ▶ 输入箭头端点宽度“0”，按 Enter 键。

Step10 ▶ 输入箭头端点坐标“@100,0”，按 Enter 键。

Step11 ▶ 按 Enter 键，结束操作，结果如图 3-56 所示。

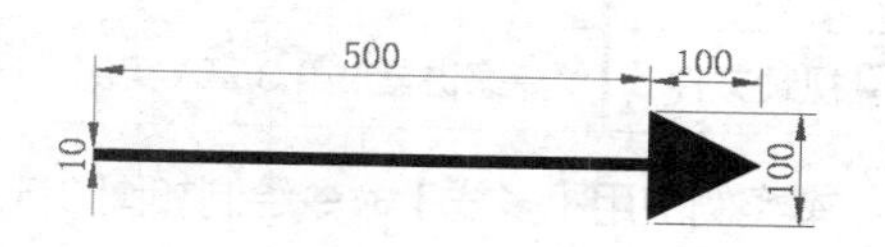

图 3-56

3.8 室内设计中的多线

多线是由两条或两条以上的平行线元素构成的特殊线图元，无论多线中包含多少条平行线元素，系统都将其看作是一个对象，并且平行线元素的线型、颜色及间距都是可以设置，如图 3-57 所示。

图 3-57

在室内设计中，多线常用来创建墙线、窗线以及其他图形轮廓线。

本节内容概览

知识点	功能 / 用途	难易度与使用频率
绘制多线（P66）	● 绘制水平、垂直或任意角度和长度的多线 ● 创建图形轮廓线 ● 创建建筑墙线、窗线	难易度：★★★★ 使用频率：★★★★★
实例（P66）	● 绘制立面柜	
疑难解答	● 多线的“比例”有什么作用（P67） ● 多线的“对正”有什么作用（P68）	
设置多线样式（P68）	● 设置多线的线型、封口形式、图元等样式	难易度：★★ 使用频率：★★★★★
实例（P70）	● 新建墙线和窗线样式	

3.8.1 绘制多线

视频文件	专家讲堂 \ 第 3 章 \ 绘制多线 .swf

绘制多线的方法与绘制直线的方法基本相同，绘制时可以移动光标到合适位置后再单击，拾取下一点，也可以直接输入下一点的坐标来绘制多线。如果要绘制闭合的多线，在绘制结束时输入“C”，按 Enter 键即可，如图 3-58 所示。

| 技术看板 | 除了单击菜单栏中的【绘图】/【多线】命令之外，用户还可以通过以下方式激活【多线】命令。

- ♦ 在命令行输入“Mline”后按 Enter 键。
- ♦ 使用快捷命令“ML”。

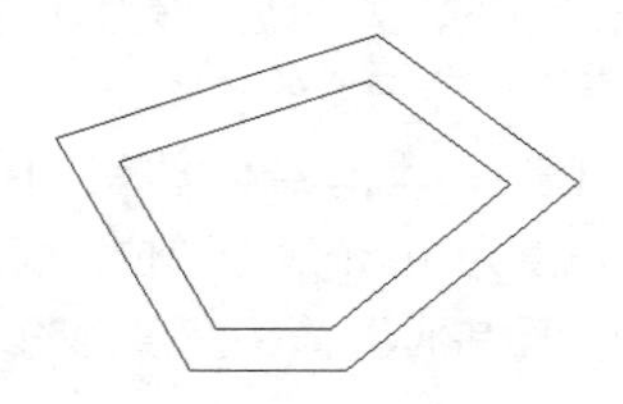

图 3-58

3.8.2 实例——绘制立面柜

效果文件	效果文件 \ 第 3 章 \ 实例——绘制立面柜 .dwg
视频文件	专家讲堂 \ 第 3 章 \ 实例——绘制立面柜 .swf

本实例使用【多线】命令绘制如图 3-59 所示的立面柜图形。绘制前，先设置“端点”捕捉模式，以保证精确捕捉到多线的端点。

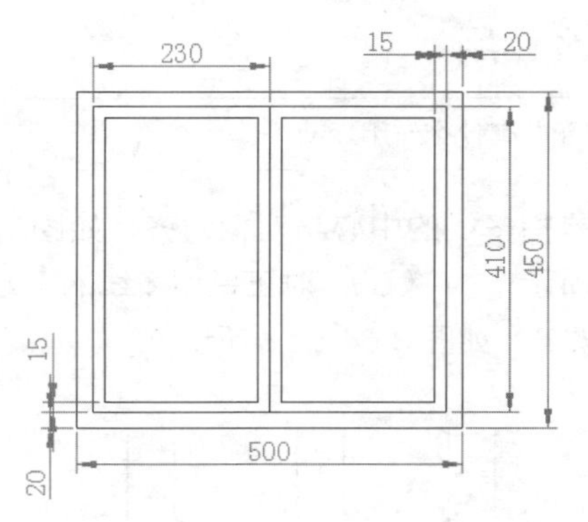

图 3-59

操作步骤

1. 设置多线绘图模式

Step01 ▸ 执行【绘图】/【多线】命令。

Step02 ▸ 输入“S”，按 Enter 键，激活“比例”选项。

Step03 ▸ 输入“20”，按 Enter 键，设置多线比例。

Step04 ▸ 输入“J”，按 Enter 键，激活“对正”选项。

Step05 ▸ 输入“B”，按 Enter 键，设置下对正方式。

2. 绘制立面柜外边框

Step01 ▸ 在适当位置拾取一点作为起点。

Step02 ▸ 输入下一点坐标“@500,0”，按 Enter 键。

Step03 ▸ 输入下一点坐标“@0,450”，按 Enter 键。

Step04 ▸ 输入下一点坐标“@-500,0”，按 Enter 键。

Step05 ▸ 输入“C”，按 Enter 键，闭合图形，绘制结果如图 3-60 所示。

3. 绘制立柜左边图形

当设置完多线模式之后，就可以开始绘图了。绘图时要注意根据图形尺寸输入相关坐标，以便精确绘图。

Step01 ▸ 按 Enter 键，重复执行【多线】命令。

Step02 ▸ 捕捉立柜外框左下内端点作为起点。

Step03 ▸ 输入下一点坐标“@230,0”，按 Enter 键。

Step04 ▸ 输入下一点坐标“@0,410”，按 Enter 键。

Step05 ▸ 输入下一点坐标“@-230,0”，按 Enter 键。

Step06 ▸ 输入“C”，按 Enter 键，闭合图形，绘制结果如图 3-61 所示。

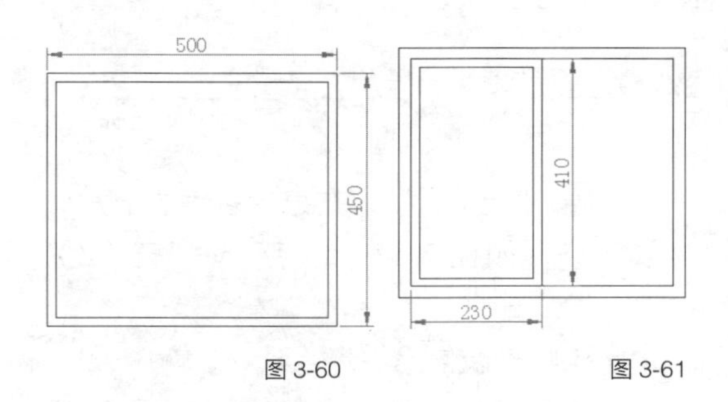

图 3-60　　图 3-61

4. 绘制立柜右边门图形

Step01 ▸ 按 Enter 键，重复执行【多线】命令。

Step02 ▸ 捕捉左侧门右下外端点。

Step03 ▸ 输入下一点坐标“@230,0”，按 Enter 键。

Step04 ▸ 输入下一点坐标“@0,410”，按 Enter 键。

Step05 ▸ 输入下一点坐标“@230<180”，按 Enter 键。

Step06 ▸ 输入“C”，按 Enter 键，闭合图形。

5. 保存文件

执行【保存】命令，将该文件保存。

3.8.3　疑难解答——多线的“比例”有什么作用

视频文件	疑难解答 \ 第 3 章 \ 疑问解答——多线的“比例”有什么作用 .swf

疑难：在绘制多线时，“比例”指的是什么？有什么作用？

解答：“比例”指的是多线的两条平行线之间的距离，不同的比例值，绘制的多线的宽度不同，如图 3-62 所示。

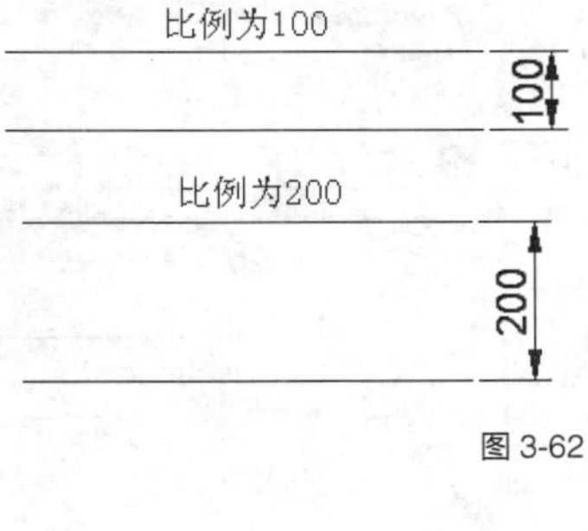

比例为100

100

比例为200

200

图 3-62

通过设置“比例”，可以控制多线的宽度，以满足绘图需要。例如在建筑设计中，主墙线的宽度是 240mm，次墙线的宽度为 120mm，那么在使用多线绘制主墙线时需要设置多线“比例”为 240，绘制次墙线时需要设置多线“比例”为 120。

3.8.4 疑难解答——多线的“对正”有什么作用

视频文件	疑难解答\第 3 章\疑问解答——多线的“对正”有什么作用 .swf

疑难：绘制多线时，“对正”指的是什么？有什么作用？

解答：简单地说，“对正”是指多线的对齐方式。输入“J”，按 Enter 键，激活“对正”选项，此时命令行显示这 3 种对正方式，如图 3-63 所示。

MLINE 输入对正类型 [上(T) 无(Z) 下(B)] <下>:

图 3-63

其中，“上（T）”对正是指多线的上方与对象对齐，如图 3-64（a）所示；“无（Z）”对正是指多线的中心与对象对齐，如图 3-64（b）所示；“下（B）”对正是指多线的下方与对象对齐，如图 3-64（c）所示。

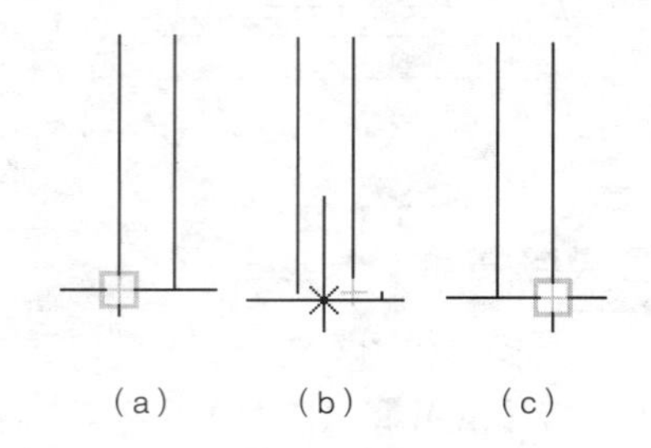

图 3-64

3.8.5 设置多线样式

视频文件	专家讲堂\第 3 章\设置多线样式 .swf

系统默认下的多线是两条平行的线，但在实际绘图中，有时系统默认的样式并不能满足绘图需要，这时需要重新设置多线样式。

实例引导——设置多线样式

1. 新建样式

Step01 ▸ 单击【格式】/【多线样式】命令，打开【多线样式】对话框。

Step02 ▸ 单击 新建(N)... 按钮，打开【创建新的多线样式】对话框。

Step03 ▸ 输入新样式名称。

Step04 ▸ 单击 继续 按钮，如图 3-65 所示。

图 3-65

Step05 ▸ 单击 继续 按钮后，打开【新建多线样式：样式 1】对话框，对新建的多线设置样式，包括封口形式、图元以及填充等，如图 3-66 所示。

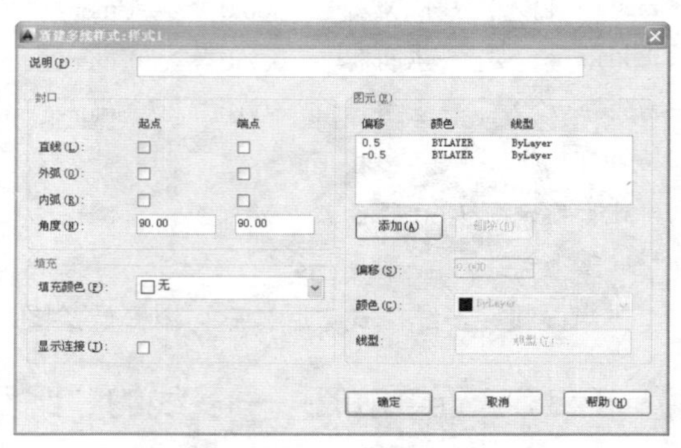

图 3-66

2. 设置封口样式

默认设置下，多线并没有封口，即多线的起点和端点都是开放的，如图 3-67 所示，如果需要，用户可以在“封口”选项组设置多线的封口形式。

Step01 ▸ 勾选“直线”选项的“起点”和“端点”选项。

Step02 ▸ 单击 确定 按钮。

Step03 ▸ 使用直线对多线的起点和端点进行封口，如图 3-67 所示。

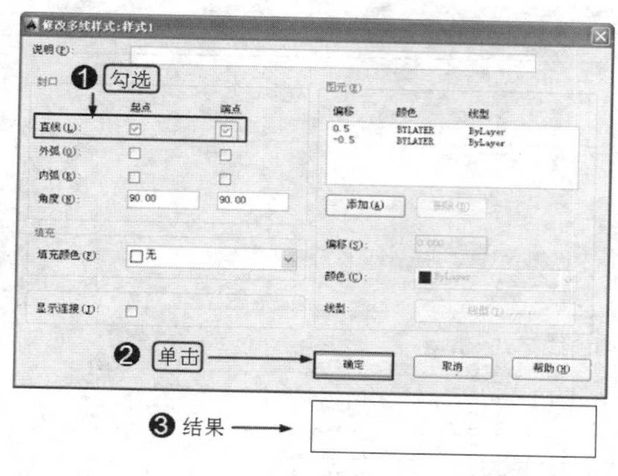

图 3-67

| 技术看板 | 封口设置其实很简单，用户只需要勾选相应的封口选项，即可对封口进行设置，除了使用直线进行封口之外，还可以设置"外弧"和"内弧"封口，也可以设置"直线"和"外弧"同时封口等，如图 3-68 所示。另外，还可以设置封口的角度，默认设置为 90°，用户可以根据需要进行设置，例如设置"起点"和"端点"的封口类型为"直线"，设置"起点"和"端点"的角度为 45°，则效果如图 3-69 所示。

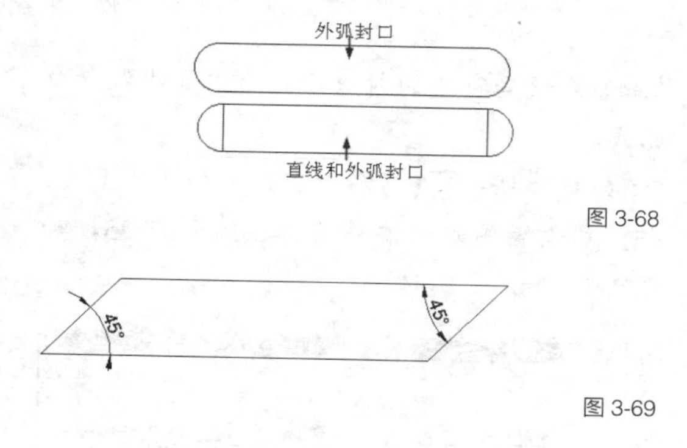

图 3-68

图 3-69

3. 设置图元

图元就是多线中的各平行线，默认设置下，多线是由两条平行线组成，其图元只有两个，如图 3-70 所示。

在许多情况下，这并不能满足绘图的需要，例如在建筑设计中，窗线是由 4 条平行线表示，这时使用多线绘制窗线显然不合适，这时还可以添加更多的图元。

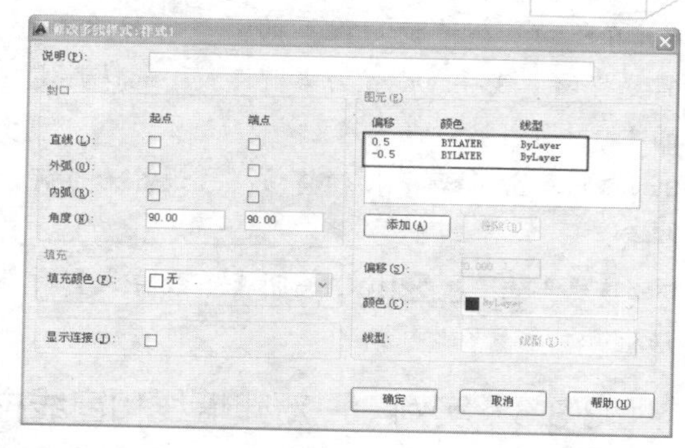

图 3-70

Step01 ▸ 单击 添加(A) 按钮。

Step02 ▸ 添加一个图元。

Step03 ▸ 设置图元的"偏移"值。

Step04 ▸ 单击"颜色"下拉列表设置颜色。

Step05 ▸ 单击 线型(Y)... 按钮设置线型，如图 3-71 所示。

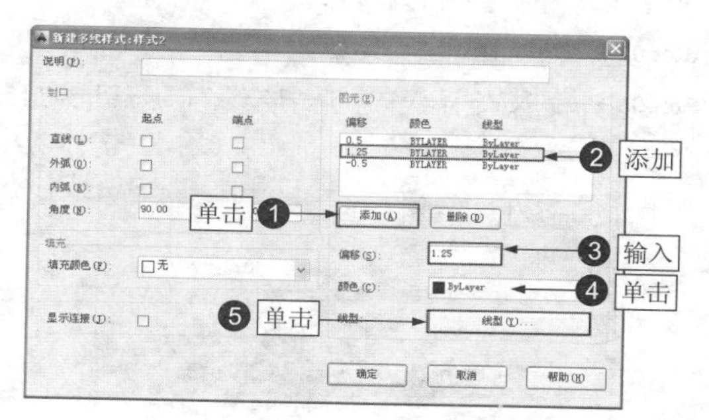

图 3-71

| 技术看板 | 单击 线型(Y)... 按钮之后，将打开【选择线型】对话框，在该对话框单击 加载(L)... 按钮，在打开的【加载或重载线型】对话框可以选择一种线型。

Step06 ▸ 设置完成之后，单击 确定 按钮回到【多线样式】对话框，可以预览新建的多线样式，如图 3-72 所示。

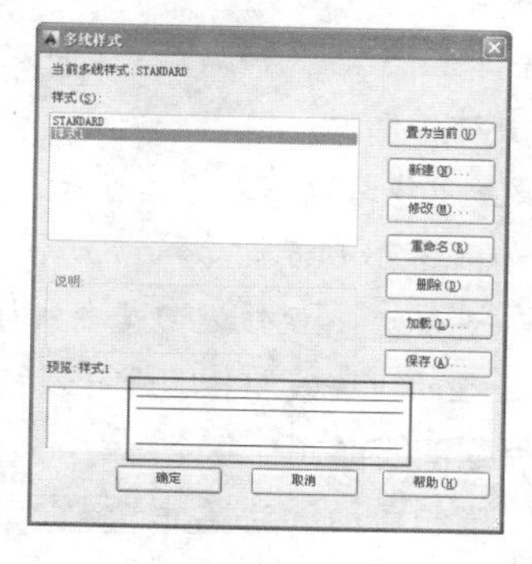

图 3-72

Step07 ▸ 如果想要使用设置的多线进行绘图，需要将该多线样式设置为当前样式。选择新建的“样式 1”。

Step08 ▸ 单击 置为当前(U) 按钮将该样式设置为当前样式。

Step09 ▸ 单击 确定 按钮关闭【多线样式】对话框。

Step10 ▸ 执行【多线】命令绘制多线，结果如图 3-73 所示。

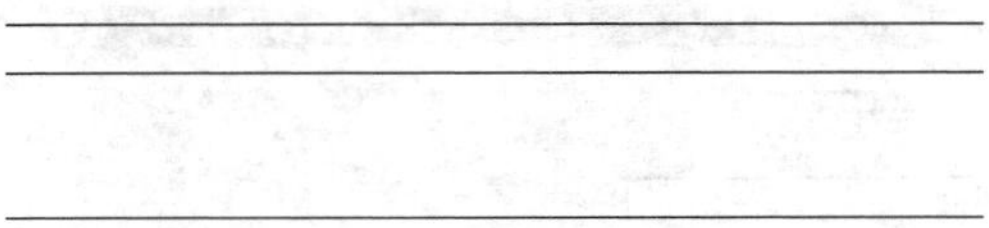

图 3-73

3.8.6 实例——新建墙线和窗线样式

效果文件	效果文件 \ 第 3 章 \ 实例——新建墙线和窗线样式 .dwg
视频文件	专家讲堂 \ 第 3 章 \ 实例——新建墙线和窗线样式 .swf

操作步骤

1. 新建墙线样式

Step01 ▸ 执行【格式】/【多线样式】命令，打开【多线样式】对话框。

Step02 ▸ 单击 新建(N)... 按钮。

Step03 ▸ 输入新样式名为“墙线”，如图 3-74 所示。

图 3-74

2. 设置墙线样式

Step01 ▸ 单击 继续 按钮进入【新建多线样式：墙线】对话框。

Step02 ▸ 设置多线封口形式为“直线”，其他设置默认，如图 3-75 所示。

Step03 ▸ 单击 确定 按钮返回【多线样式】对话框，对设置的“墙线”样式进行预览。

3. 新建窗线样式

Step01 ▸ 依照相同的方法单击 新建(N)... 按钮新建名为“窗线”的多线样式。

Step02 ▸ 单击 继续 按钮进入【新建多线样式：窗线】对话框。

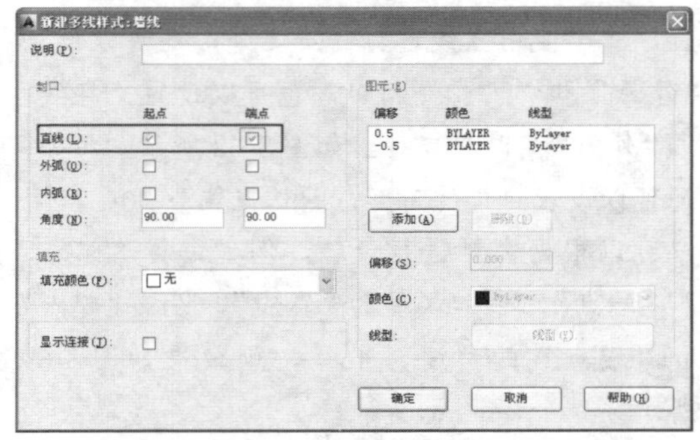

图 3-75

Step03 ▸ 设置窗线的封口形式为“直线”封口形式。

Step04 ▸ 单击 添加(A) 按钮 2 次添加 2 个图元，并分别设置图元的偏移值为 0.25 和 -0.25，如图 3-76 所示。

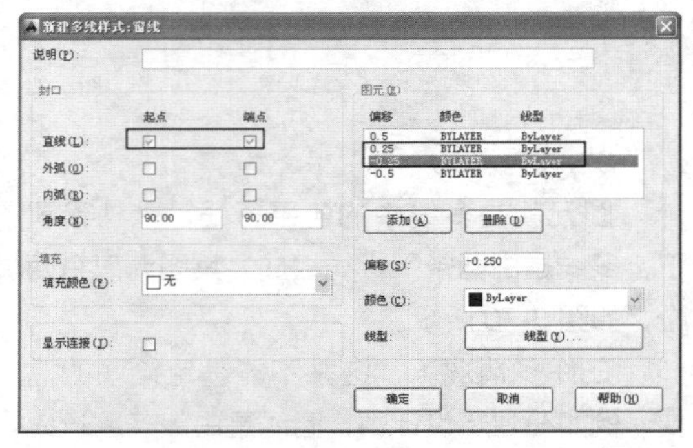

图 3-76

| 技术看板 | 窗线一般由 4 条平行线组成，因此，要单击 2 次 添加(A) 按钮添加 2 个图元，然后设置 2 个图元的偏移值分别为 0.25 和 -0.25。另外，一般情况下，多线的线型以及颜色可以不用设置，采用随层颜色和线型。

Step05 ▸ 单击 确定 按钮返回【多线样式】对话框，对“窗线”多线样式进行预览，如图 3-77 所示。

Step06 ▸ 单击 确定 按钮关闭【多线样式】对话框，完成墙线和窗线样式的设置。

图 3-77

3.9 综合自测

3.9.1 软件知识检测——选择题

（1）关于【定数等分】说法正确的是（　　）。

A.【定数等分】可以按照一定距离等分直线

B.【定数等分】可以将一条直线等分为相等的段数

C.【定数等分】可以向直线上添加点

D.【定数等分】既可以按照一定距离等分直线，也可以将一条直线等分为相等的段数

（2）绘制水平构造线的选项是（　　）。

A. H　　B. V

C. A　　D. B

（3）关于构造线，说法正确的是（　　）。

A. 构造线可以作为图形的轮廓线

B. 构造线通过编辑可以作为图形轮廓线

C. 构造线是一条水平直线

D. 构造线是一条垂直直线

（4）关于多段线，说法正确的是（　　）。

A. 多段线无论有多少段，都是一个整体

B. 多段线只能绘制直线

C. 多段线只能绘制圆弧线

D. 多段线不能设置宽度

（5）关于多线，说法正确的是（　　）。

A. 多线只能由两条平行线组成

B. 多线宽度为 240mm

C. 多线只有两个图元

D. 多线既可以设置宽度，也可以添加图元

（6）输入（　　）可以设置多线比例。

A. S　　B. J

C. D　　D. K

（7）输入（　　）可以设置多线的对正。

A. S　　B. J

C. D　　D. K

3.9.2 软件操作入门——绘制立面窗户

效果文件	效果文件 \ 第 3 章 \ 软件操作入门——绘制立面窗户 .dwg
视频文件	专家讲堂 \ 第 3 章 \ 软件操作入门——绘制立面窗户 .swf

根据图示尺寸，绘制如图 3-78 所示的立面窗户图。

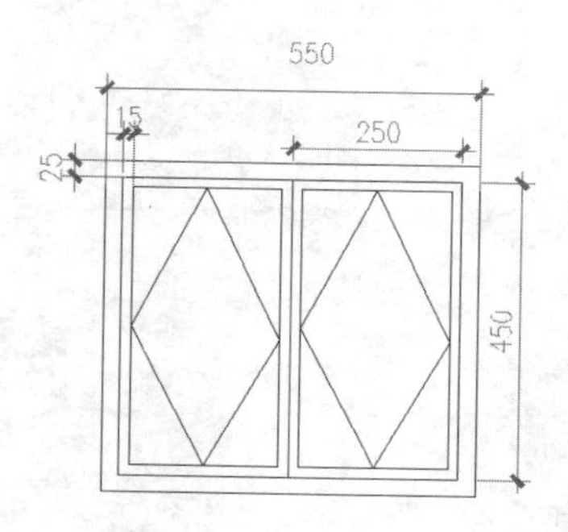

图 3-78

第 4 章 室内设计中二维图形的绘制与编辑

在 AutoCAD 室内设计中，常用的二维图形有圆、矩形和多边形，本章学习这些常用的二维图形的绘制与编辑方法。

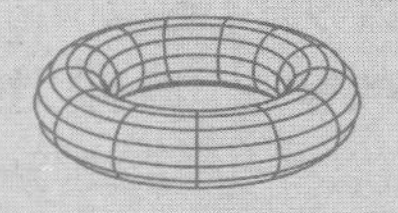

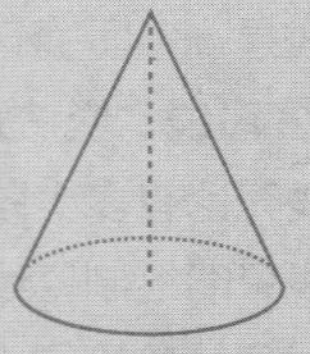

第 4 章
室内设计中二维图形的绘制与编辑

本章内容概览

知识点	功能 / 用途	难易度与使用频率
室内设计中的圆（P73）	● 绘制圆 ● 绘制室内图形	难易度：★★ 使用频率：★★★★★
室内设计中的矩形（P76）	● 绘制矩形 ● 绘制室内图形	难易度：★★ 使用频率：★★★★★
室内设计中的多边形（P81）	● 绘制多边形 ● 绘制室内图形	难易度：★★ 使用频率：★★★★★
修剪室内图线（P83）	● 修剪图线 ● 编辑完善室内图形	难易度：★ 使用频率：★★★★★
延伸室内图线（P86）	● 延伸图线 ● 编辑完善室内图形	难易度：★ 使用频率：★★★★★
打断室内图线（P87）	● 打断图线 ● 编辑完善室内图形	难易度：★★★★★ 使用频率：★★★★★
编辑多线与夹点编辑（P90）	● 编辑多线 ● 夹点编辑图形	难易度：★★★★★ 使用频率：★★★★★
综合实例（P94）	● 绘制室内墙体平面图	
综合自测（P100）	● 软件知识检测——选择题 ● 应用技能提升——绘制平面椅	

4.1　室内设计中的圆

在 AutoCAD 室内设计中，圆是一种常见的二维图形，常用于绘制室内家具，其绘制方法有多种，本节就来学习圆的绘制方法。

本节内容概览

知识点	功能 / 用途	难易度与使用频率
半径、直径方式绘制圆（P73）	● 半径画圆 ● 直径画圆	难易度：★★ 使用频率：★★★★★
三点方式绘制圆（P74）	● 三点画圆 ● 绘制二维图形	难易度：★ 使用频率：★★★★★
两点方式绘制圆（P74）	● 二点画圆 ● 绘制二维图形	难易度：★ 使用频率：★★★★★
切点、切点、半径方式绘制圆（P75）	● 切点、半径画圆 ● 绘制二维图形	难易度：★ 使用频率：★★★★★
疑难解答（P76）	●“三点”方式与“相切、相切、相切”方式的区别	

4.1.1　半径、直径方式绘制圆

视频文件	专家讲堂 \ 第 4 章 \ 半径、直径方式绘制圆 .swf

半径方式绘制圆就是当确定圆心之后，输入圆的半径即可绘制圆；而直径方式绘制圆就是确定圆心之后，输入圆的直径，即可绘制圆。

下面绘制半径为200个绘图单位和直径为400个绘图单位的两个圆，如图4-1所示。

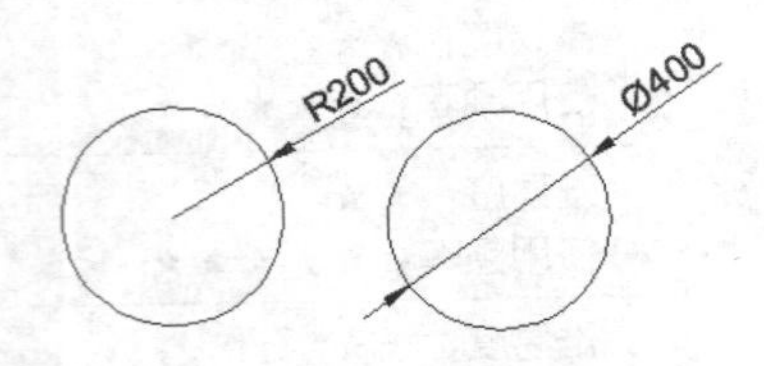

图4-1

实例引导——半径、直径方式绘制圆

1. 半径方式绘制圆

这是系统默认的绘制圆的方式，只要确定圆心后，输入圆的半径即可绘制圆。

| 技术看板 | 用户还可以采用以下方式激活【圆】命令。

- 单击【绘图】工具栏上的“圆”按钮⊙。
- 在绘图区单击确定圆心。
- 输入“200”，按Enter键，确定圆的半径。绘制结果如图4-1所示。

2. 直径方式绘制圆

采用直径方式绘制圆时，需要激活“直径”选项。

Step01 ▸ 在命令行输入“CIRCLE”后按Enter键。

Step02 ▸ 在绘图区单击确定圆心。

Step03 ▸ 输入“D”，按Enter键，激活“直径”选项。

Step04 ▸ 输入“400”，按Enter键，确定直径，绘制结果如图4-1所示。

4.1.2 三点方式绘制圆

素材文件	素材文件\三点绘制圆示例.dwg
视频文件	专家讲堂\第4章\三点绘制圆示例.swf

除了以上两种绘制圆的方法之外，用户还可以通过拾取三点来绘制圆，这种绘制圆的方式与圆的半径和直径无关。

打开素材文件，如图4-2（a）所示是一个等边三角形，下面通过拾取三角形3个顶点绘制圆，结果如图4-2（b）所示。

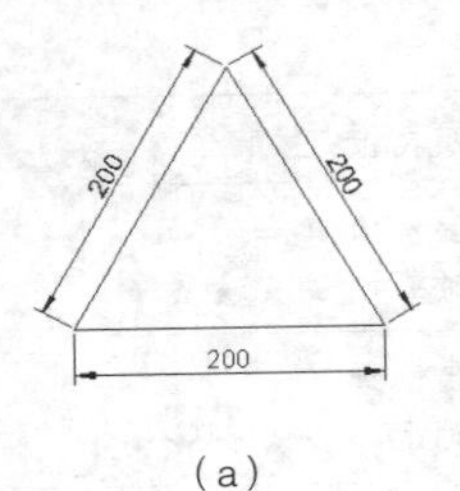

（a）

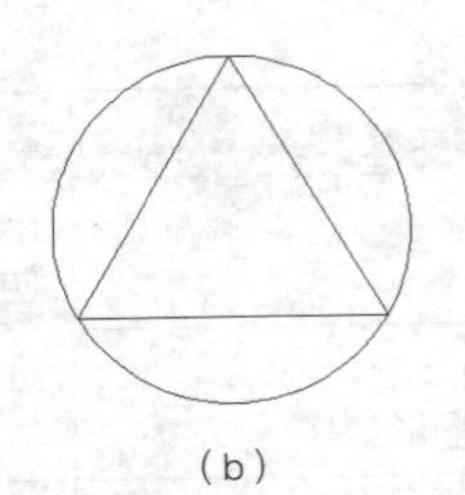

（b）

图4-2

实例引导——三点方式绘制圆

1. 设置捕捉模式

要通过三角形三个顶点绘制圆，首先要能正确捕捉到三角形的3个顶点，因此需要设置“交点”捕捉模式。交点其实就是三角形两条边的交点，也叫顶点。

Step01 ▸ 单击菜单栏中的【工具】/【绘图设置】命令，打开【草图设置】对话框。

Step02 ▸ 勾选“启用对象捕捉”和“交点”选项，单击“确定”按钮。

2. 三点方式绘制圆

Step01 ▸ 单击【绘图】工具栏上的“圆”按钮⊙。

Step02 ▸ 输入“3P”，按Enter键，激活“三点”选项。

Step03 ▸ 分别捕捉三角形3个顶点，绘制结果如图4-2所示。

练一练 用户可以尝试通过三角形3条边的中点绘制图4-2所示的圆。

4.1.3 两点方式绘制圆

视频文件	专家讲堂\第4章\两点方式绘制圆.swf

与三点绘制圆不同，两点绘制圆需要指定圆直径的两个端点。简单地说，当知道圆的直径之后，拾取直径的起点和端点，即可绘制圆。下面使用两点方式绘制直径为 100 个绘图单位的圆。

实例引导 ——两点方式绘制圆

Step01 ▸ 单击【绘图】工具栏上的“圆”按钮。

Step02 ▸ 输入“2P”，按 Enter 键，激活“两点”选项。

Step03 ▸ 在绘图区单击拾取直径的起点（即第 1 点）。

Step04 ▸ 输入直径端点坐标“@100,0”，按 Enter 键，绘制结果如图 4-3 所示。

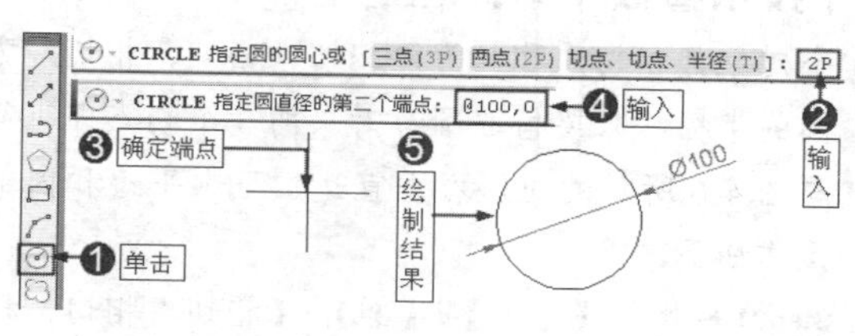

图 4-3

4.1.4　切点、切点、半径方式绘制圆

素材文件	素材文件 \ 切点、半径绘制圆示例 .dwg
视频文件	专家讲堂 \ 第 4 章 \ 切点、切点、半径方式绘制圆 .swf

两条光滑曲线交于一点，并且它们在该点处的切线方向相同，则该点称为切点。直线与圆相交，且由交点到圆心的连线与该直线垂直，则该直线称为圆的切线，该交点也称为切点。

“切点、切点、半径”方式绘制圆就是绘制一个与两条直线都相切的圆。打开素材文件，这是一个矩形，如图 4-4（a）所示，下面绘制一个与矩形两条边都相切、半径为 50 个绘图单位的圆，如图 4-4（b）所示。

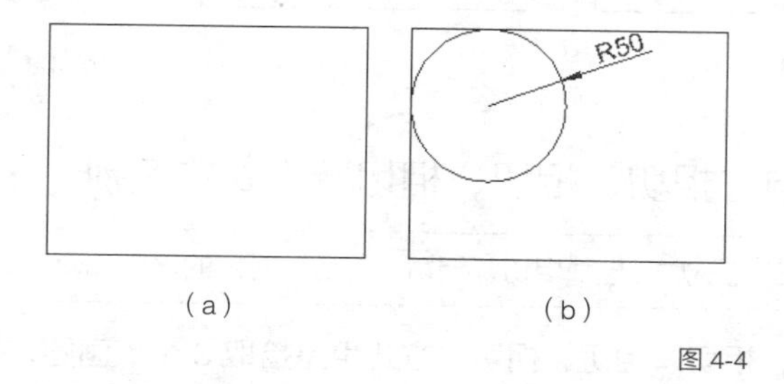

（a）　（b）

图 4-4

实例引导 ——切点、切点、半径方式绘制圆

1. 设置捕捉模式

使用“切点、切点、半径”方式绘制圆时，要设置“切点”捕捉模式，这样便于精确捕捉到圆的切点上。

Step01 ▸ 输入“SE”，按 Enter 键，打开【草图设置】对话框。

Step02 ▸ 设置“切点”捕捉模式。

Step03 ▸ 单击 确定 按钮，如图 4-5 所示。

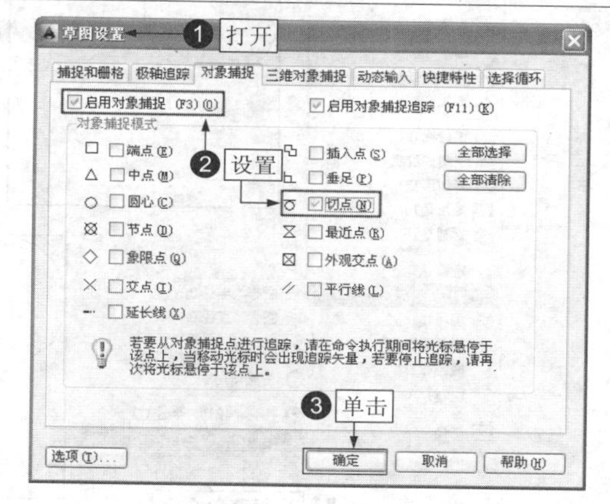

图 4-5

2. 切点、切点、半径方式绘制圆

Step01 ▸ 单击【绘图】工具栏上的“圆”按钮。

Step02 ▸ 输入“T”，按 Enter 键，激活“切点、切点、半径”选项。

Step03 ▸ 在矩形上水平边单击拾取一个切点。

Step04 ▸ 在矩形左垂直边单击拾取另一个切点。

Step05 ▸ 输入圆的半径“50”。

Step06 ▸ 按 Enter 键，结果如图 4-6 所示。

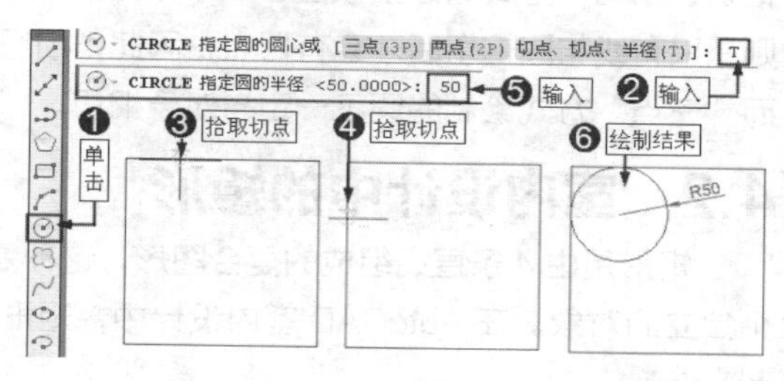

图 4-6

练一练 尝试使用“切点、切点、半径”绘制圆的方式，绘制半径为40个绘图单位，与矩形左垂直边和上方圆相切的另一个圆，如图4-7所示。

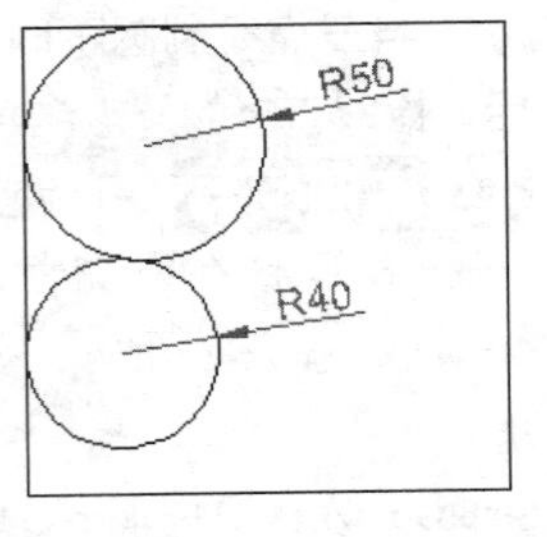

图 4-7

| 技术看板 | 除了以上绘制方式之外，还有一种绘制方式，即圆与3个对象都相切，称其为“相切、相切、相切”方式。这种方式不用考虑圆的半径，只要拾取圆与对象的3个切点即可绘制圆。例如，绘制一个与图4-6所示的矩形右垂直边、下水平边和内部圆都相切的圆，具体的操作如下。

Step01 ▸ 执行【绘图】/【圆】/【相切、相切、相切】命令。

Step02 ▸ 在矩形右垂直边单击拾取第1个切点。

Step03 ▸ 在矩形下水平边单击拾取第2个切点。

Step04 ▸ 在内部圆上单击拾取第3个切点。绘制结果如图4-8所示。

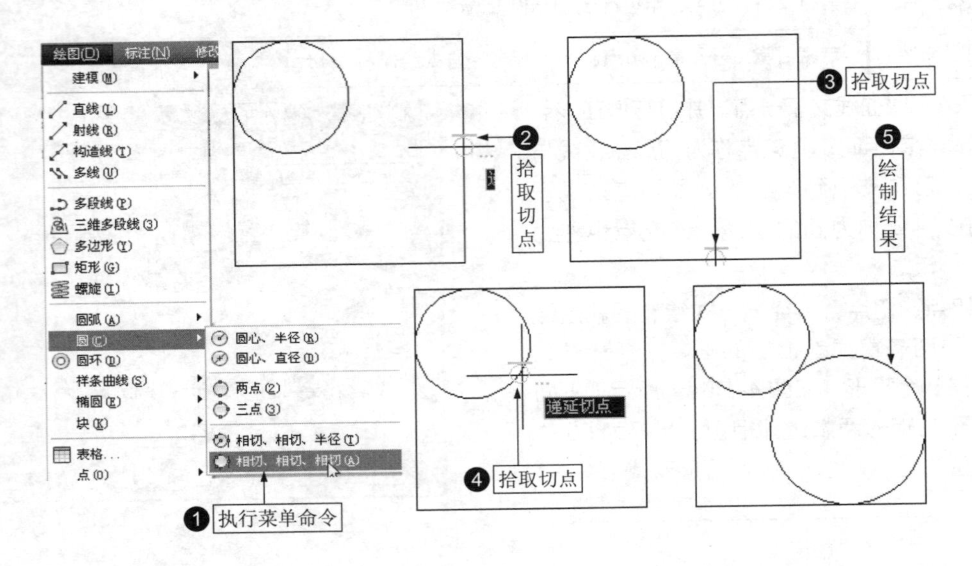

图 4-8

4.1.5 疑难解答——“三点”方式与“相切、相切、相切”方式的区别

🖵 视频文件	疑难解答\第4章\疑难解答——“三点”方式与“相切、相切、相切”方式的区别 .swf

疑难：“三点”方式是拾取任意3点即可画圆,“相切、相切、相切”方式也是拾取3个点画圆，这两种方式有什么区别吗?

解答：“三点”方式是拾取任意3点，这3点可以是直线与圆的交点以及其他任意点；而“相切、相切、相切”方式则是拾取圆与3个对象的3个切点。点和切点是不同的，点就是任意点，而切点则是只有线与圆相切后才会有切点，因此,“相切、相切、相切”方式绘制的是与3个对象相切的圆，而“三点”方式绘制的圆不一定与对象相切。

4.2 室内设计中的矩形

矩形是由4条直线组成的复合图形，这种复合图形系统将其看作是一条闭合的多段线，属于一个独立的对象。在AutoCAD室内设计中，矩形也是一种常用的二维图形，本节就来学习矩形的绘制方法。

本节内容概览

知识点	功能 / 用途	难易度与使用频率
绘制矩形（P77）	● 输入矩形端点坐标绘制矩形	难易度：★ 使用频率：★★★★★
面积（P77）	● 输入面积绘制矩形	难易度：★★ 使用频率：★★★★★
尺寸（P78）	● 输入长度和宽度绘制矩形	难易度：★★★ 使用频率：★★★★★
旋转（P78）	● 设置旋转度绘制倾斜矩形	难易度：★★★★ 使用频率：★★★
倒角（P78）	● 绘制倒角矩形	
疑难解答（P79）	● 关于倒角矩形的倒角值与绘制方式	
圆角（P79）	● 绘制圆角矩形	难易度：★★★★ 使用频率：★★★
实例（P80）	● 绘制茶几平面图	

4.2.1　绘制矩形

视频文件	专家讲堂 \ 第 4 章 \ 绘制矩形 .swf

系统默认绘制矩形的方法比较简单，首先确定矩形一个角点位置，然后输入矩形另一对角点坐标即可绘制一个矩形。

实例引导 ——绘制 300mm×200mm 的矩形

Step01 ▸ 单击菜单中的【绘图】/【矩形】命令。

Step02 ▸ 在绘图区单击拾取矩形的一个角点。

Step03 ▸ 输入矩形的另一个角点坐标“@300，200”，按 Enter 键确认。

4.2.2　面积

视频文件	专家讲堂 \ 第 4 章 \ 面积 .swf

当只知道矩形的面积与另一条边的长度时，使用系统默认的绘制矩形的方式是无法绘制该矩形的，此时可以通过另一种方法来绘制，例如绘制面积为 50000mm²、长度为 250mm 的矩形，可进行如下操作。

Step01 ▸ 单击【绘图】工具栏上的“矩形”按钮□。

Step02 ▸ 在绘图区单击拾取矩形的一个角点。

Step03 ▸ 输入“A”，按 Enter 键，激活“面积”选项。

Step04 ▸ 输入矩形面积“50000”，按 Enter 键。

Step05 ▸ 输入“L”，按 Enter 键，激活“长度”选项。

Step06 ▸ 输入长度“250”，按 Enter 键。绘制结果如图 4-9 所示。

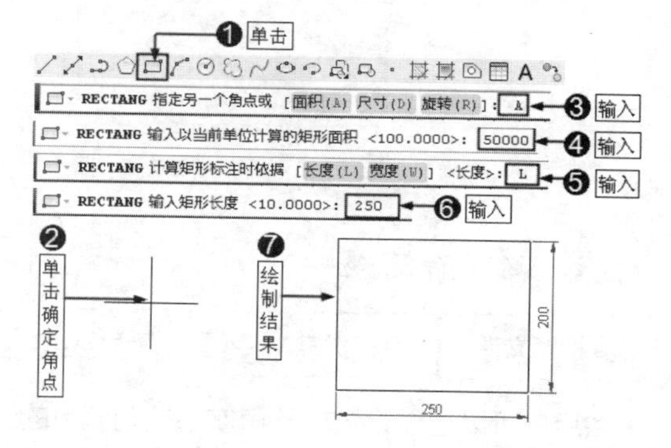

图 4-9

| 技术看板 | 在使用面积方式绘制矩形时，输入矩形的长度或宽度都可以绘制出矩形，如图 4-10 所示。

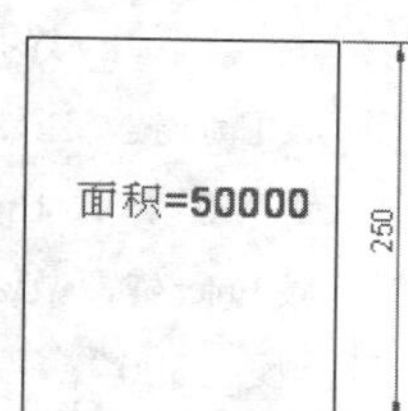

图 4-10

4.2.3 尺寸

视频文件	专家讲堂\第 4 章\尺寸 .swf

尺寸是指矩形的长度尺寸和宽度尺寸，这种绘制方式与手工绘制矩形相似，例如，若要绘制长度为 300mm、宽度 200mm 的矩形，可进行如下操作。

Step01 ▸ 单击【绘图】工具栏上的“矩形”按钮□。

Step02 ▸ 在绘图区单击拾取矩形的一个角点。

Step03 ▸ 输入“D”，按 Enter 键，激活“尺寸”选项。

Step04 ▸ 输入矩形长度“300”，按 Enter 键。

Step05 ▸ 输入矩形宽度“200”，按 Enter 键。

Step06 ▸ 单击确定矩形的位置。绘制结果如图 4-11 所示。

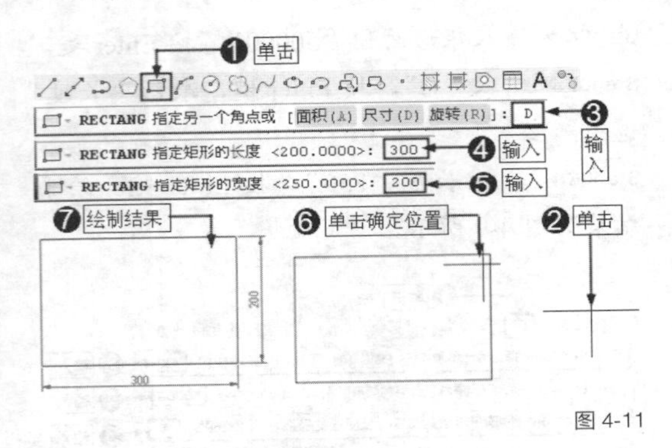

图 4-11

4.2.4 旋转

视频文件	专家讲堂\第 4 章\旋转 .swf

用户可以通过设置旋转角度来绘制倾斜的矩形，例如，若要绘制 300mm × 200 mm、倾斜角度为 30° 的一个矩形，可进行如下操作。

Step01 ▸ 单击【绘图】工具栏上的“矩形”按钮□。

Step02 ▸ 在绘图区单击拾取矩形的一个角点。

Step03 ▸ 输入“R”，按 Enter 键，激活“旋转”选项。

Step04 ▸ 输入角度值“30”，按 Enter 键。

Step05 ▸ 输入“D”，按 Enter 键，激活“尺寸”选项。

Step06 ▸ 输入矩形长度“300”，按 Enter 键。

Step07 ▸ 输入矩形宽度“200”，按 Enter 键。

Step08 ▸ 单击确定矩形的位置，绘制结果如图 4-12 所示。

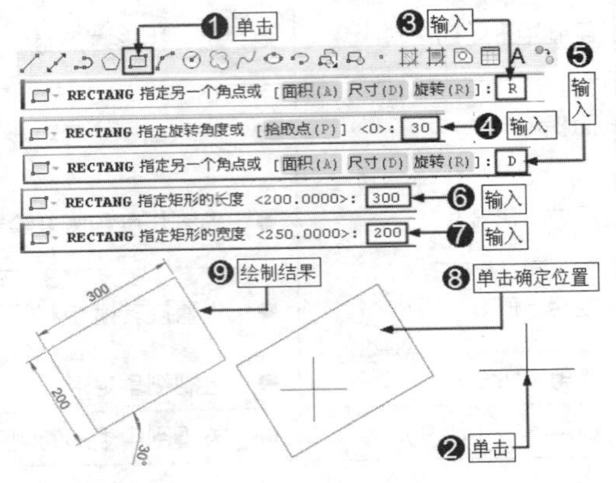

图 4-12

练一练 在绘制倾斜矩形时，当设置了倾斜角度后，可以选择使用面积方式或者尺寸方式来绘制。请尝试使用面积方式绘制面积为 50000mm²、宽度为 250mm、倾斜角度为 60° 的矩形，结果如图 4-13 所示。

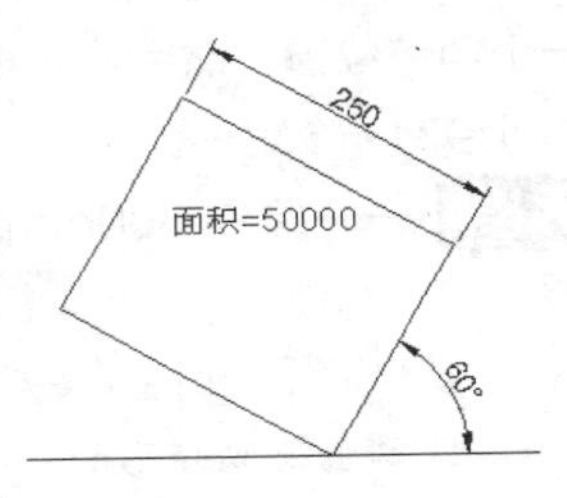

图 4-13

4.2.5 倒角

视频文件	专家讲堂\第 4 章\倒角 .swf

倒角是指为矩形进行倒角，简单地说就是将矩形 4 个角切去，使其形成一个倒角效果，我们将这种矩形称为倒角矩形。

实例引导 ——绘制 100mm × 100mm、倒角距离为 20mm 的倒角矩形

Step01 ▸ 单击【绘图】工具栏上的“矩形”按钮□。

Step02 ▸ 输入“C”，按 Enter 键，激活“倒角”选项。

Step03 ▸ 输入第 1 个倒角距离“20”，按 Enter 键。

Step04 ▸ 输入第 2 个倒角距离“20”，按 Enter 键。

Step05 ▶ 在绘图区单击指定第 1 个角点。

Step06 ▶ 输入第 2 个角点坐标“@100,100”。

Step07 ▶ 按 Enter 键，结果如图 4-14 所示。

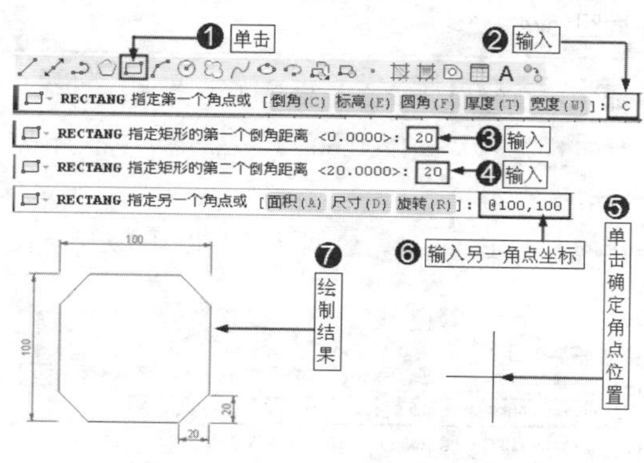

图 4-14

练一练 根据图示尺寸，绘制如图 4-15 所示的倒角矩形。

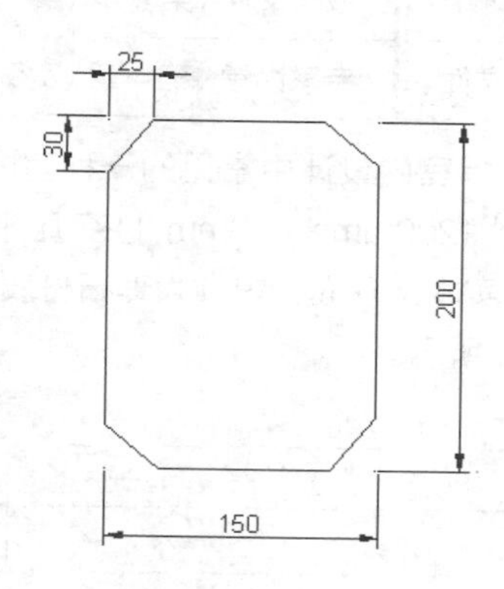

图 4-15

4.2.6　疑难解答——关于倒角矩形的倒角值与绘制方式

视频文件	疑难解答 \ 第 4 章 \ 疑难解答——关于倒角矩形的倒角值与绘制方式 .swf

疑难：在绘制倒角矩形时，有“倒角 1”和“倒角 2”两个倒角参数，这两个参数设置必须相同吗？另外，绘制倒角矩形时只能使用默认方式绘制吗？

解答：“倒角 1”和“倒角 2”两个倒角参数可以相同，也可以不同，这取决于图形的设计要求。例如，在图 4-14 所示的操作中，矩形的两个倒角参数相同；在图 4-15 所示的操作中，矩形的两个倒角参数就不同。

在绘制倒角矩形时，设置好倒角参数后，可以根据已知条件，选择默认方式、面积方式以及尺寸方式等多种方式来绘制。另外，还可以设置“旋转”参数，以绘制具有一定倾斜角度的倒角矩形。

4.2.7　圆角

视频文件	专家讲堂 \ 第 4 章 \ 圆角 .swf

与倒角不同，圆角简单地说就是使矩形的 4 个角呈圆弧，使其形成一个圆角效果，我们将这种矩形称为圆角矩形。

实例引导——绘制 200mm×200mm、圆角半径为 30mm 的圆角矩形

Step01 ▶ 单击【绘图】工具栏上的“矩形”按钮□。

Step02 ▶ 输入“F”，按 Enter 键，激活“圆角”选项。

Step03 ▶ 输入圆角半径“30”，按 Enter 键。

Step04 ▶ 在绘图区单击指定第 1 个角点。

Step05 ▶ 输入第 2 个角点坐标“@200,200”。

Step06 ▶ 按 Enter 键，结果如图 4-16 所示。

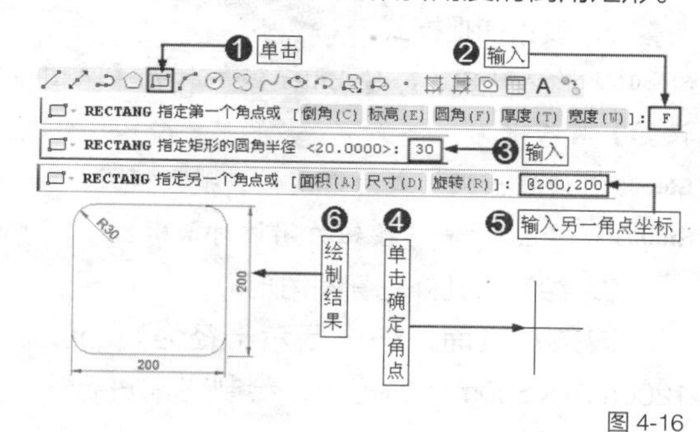

图 4-16

练一练 使用圆角方式绘制图 4-17 所示的圆角矩形。

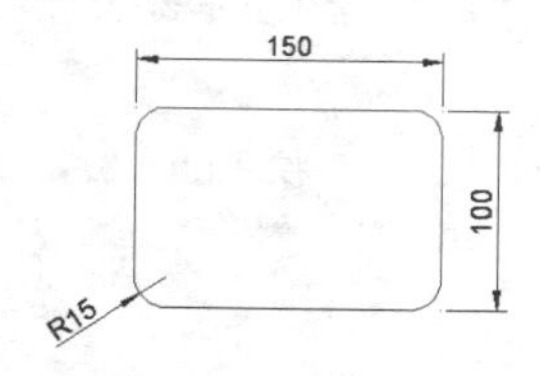

图 4-17

4.2.8 实例——绘制茶几平面图

效果文件	效果文件 \ 第 4 章 \ 实例——绘制茶几平面图 .dwg
视频文件	专家讲堂 \ 第 4 章 \ 实例——绘制茶几平面图 .swf

茶几是室内设计中常见的一种室内用具。本节绘制 1200mm × 600mm 的茶几平面图。该茶几为实木茶几面，内嵌大理石材质，效果如图 4-18 所示。

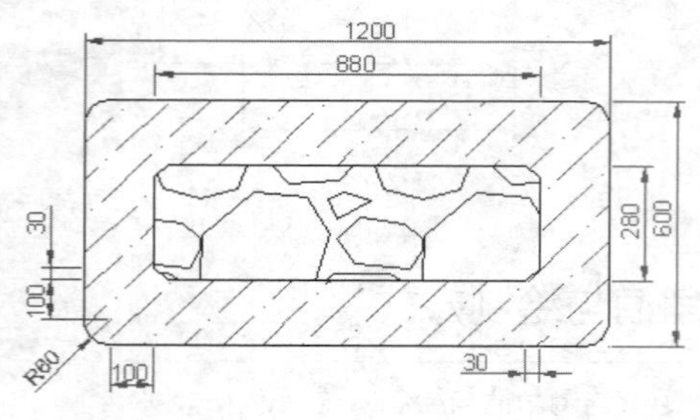

图 4-18

操作步骤

1．设置绘图环境

Step01 ▸ 执行【新建】命令，快速新建一个绘图文件。

Step02 ▸ 按 F3 和 F11 键，打开“对象捕捉”和“对象捕捉追踪”功能。

2．设置捕捉模式

Step01 ▸ 输入“SE”，按 Enter 键，打开【草图设置】对话框。

Step02 ▸ 设置捕捉模式为“圆心”捕捉模式。

Step03 ▸ 单击 确定 按钮关闭该对话框。

3．绘制茶几外轮廓圆角矩形

该茶几表面是一个圆角半径为 60mm、1200mm × 600mm 的矩形，绘制时需进行矩形圆角的设置。

Step01 ▸ 单击【绘图】工具栏上的“矩形”按钮□。

Step02 ▸ 输入“F”，按 Enter 键 r，激活“圆角”选项。

Step03 ▸ 输入“60”，按 Enter 键，输入圆角半径。

Step04 ▸ 在绘图区单击指定第 1 个角点。

Step05 ▸ 输入“@1200,600”，输入第 2 个角点坐标。

Step06 ▸ 按 Enter 键，绘制结果如图 4-19 所示。

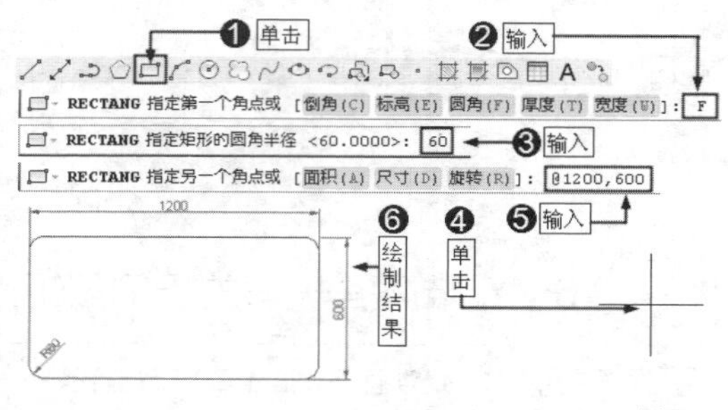

图 4-19

4．绘制茶几内部倒角矩形

该茶几表面内部为倒角距离为 60mm、880mm × 280mm 的倒角矩形大理石材质。

Step01 ▸ 单击【绘图】工具栏上的“矩形”按钮□。

Step02 ▸ 输入“C”，按 Enter 键，激活“倒角”选项。

Step03 ▸ 输入第 1 个倒角距离“30”，按 Enter 键。

Step04 ▸ 输入第 2 个倒角距离“30”，按 Enter 键。

Step05 ▸ 按住 Shift 键单击右键，选择【自】选项。

Step06 ▸ 捕捉矩形左下圆角的圆心。

Step07 ▸ 输入矩形第 1 个角点坐标“@100,100”，按 Enter 键。

Step08 ▸ 按住 Shift 键单击右键，选择【自】选项。

Step09 ▸ 捕捉矩形右上圆角的圆心。

Step10 ▸ 输入矩形第 2 个角点坐标“@-100,-100”，按 Enter 键。

Step11 ▸ 绘制果如图 4-20 所示。

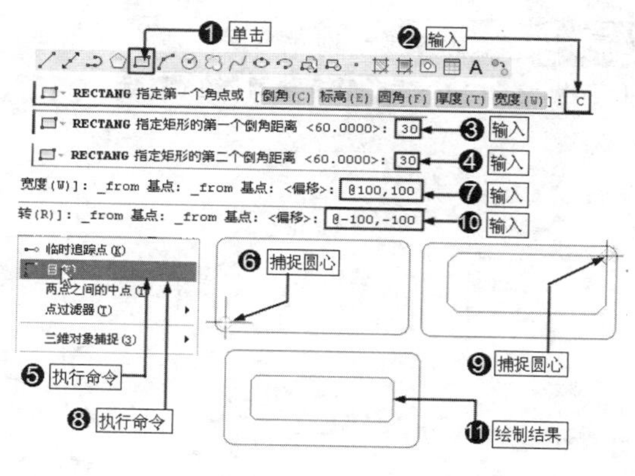

图 4-20

5. 填充材质

Step01 ▸ 输入“H”，按 Enter 键，打开【图案填充和渐变色】对话框。

Step02 ▸ 选择填充图案并设置参数，然后单击“添加：拾取点”按钮。

Step03 ▸ 返回绘图区，在倒角矩形内部单击拾取填充区域，按 Enter 键回到【图案填充和渐变色】对话框。

Step04 ▸ 单击 确定 按钮进行填充，结果如图 4-21 所示。

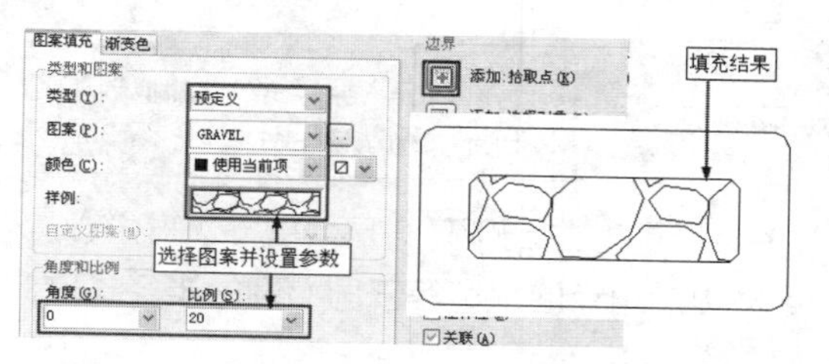

图 4-21

Step05 ▸ 使用相同的方法，选择另一种实木填充图案并设置参数，然后对外部圆角矩形进行填充，结果如图 4-22 所示。

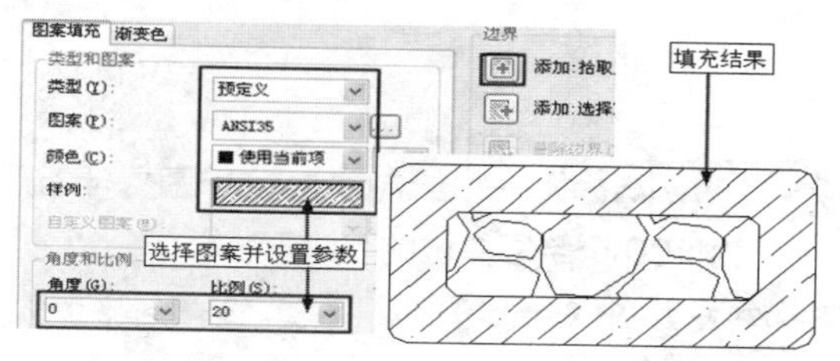

图 4-22

6. 保存文件

至此茶几平面图绘制完毕，将绘制结果保存。

4.3 室内设计中的多边形

多边形是由相等的边角组成的闭合图形，多边形可以根据需要设置不同的边数，例如四边形、五边形、六边形、八边形等，如图 4-23 所示。

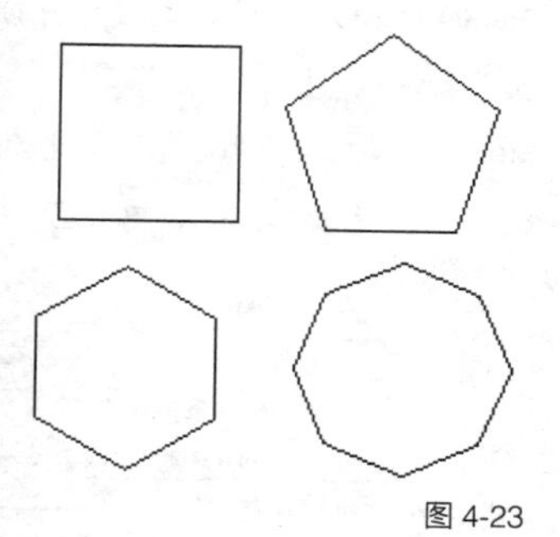

图 4-23

多边形与矩形有很多共同点，不管多边形内部包含有多少直线元素，系统都将其看做是一个单一的对象。另外，四边形其实就是一个矩形。多边形的绘制主要有 3 种，分别是“内接于圆”方式、“外切于圆”方式以及“边”方式。本节就来学习多边形的绘制方法和技巧。

本节内容概览

知识点	功能 / 用途	难易度与使用频率
绘制“内接于圆”多边形（P82）	● 绘制与圆内接的多边形	难易度：★ 使用频率：★★★★★
绘制“外切于圆”多边形（P82）	● 绘制与圆相切的多边形	难易度：★ 使用频率：★★★★★
疑难解答（P83）	● “内接于圆”与“外切于圆”绘制的多边形有何不同	
“边方式”绘制多边形（P83）	● 通过输入边长度绘制多边形	难易度：★ 使用频率：★★★

4.3.1 绘制“内接于圆”多边形

视频文件	专家讲堂\第 4 章\绘制“内接于圆”多边形 .swf

所谓“内接于圆”，是指由多边形中心点到多边形角点的距离等于同心圆的半径长度，如图 4-24 所示。

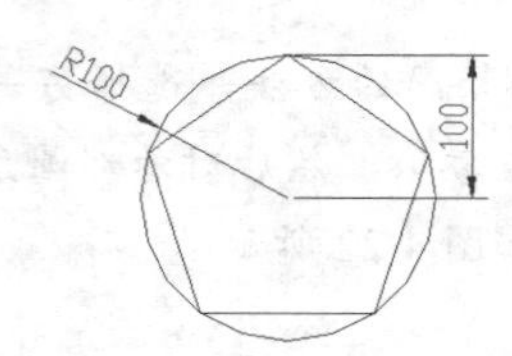

图 4-24

实例引导 ——绘制“内接于圆”半径为 100 个绘图单位的五边形

Step01 ▸ 单击【绘图】工具栏上的“多边形”按钮。

Step02 ▸ 输入“5”，按 Enter 键，确定多边形的边数。

Step03 ▸ 在绘图区单击确定圆心。

Step04 ▸ 输入“I”，按 Enter 键，激活“内接于圆”选项。

Step05 ▸ 输入“100”，按 Enter 键，确定内接圆半径。绘制结果如图 4-25 所示。

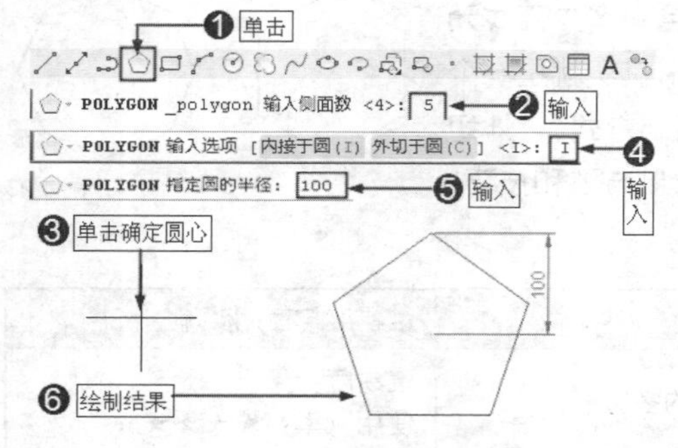

图 4-25

| 技术看板 | 还可以采用以下方式激活“多边形”命令。

(1) 单击菜单栏中的【绘图】/【正多边形】命令。

(2) 在命令行输入“POLYGON”后按 Enter 键。

(3) 使用快捷命令“POL”。

练一练 绘制内接于圆半径为 150 个绘图单位、边数为 8 的多边形，如图 4-26 所示。

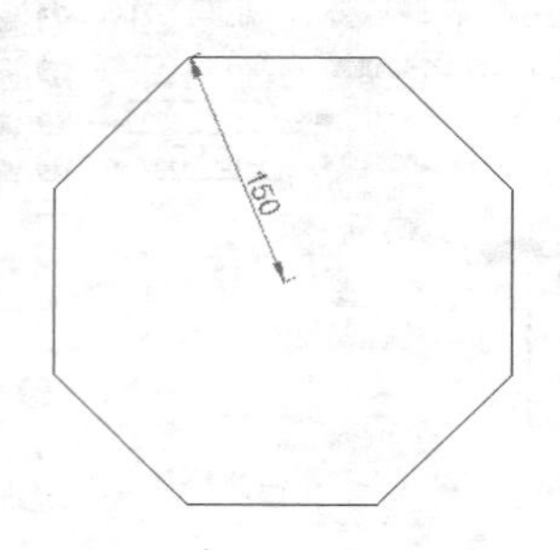

图 4-26

4.3.2 绘制“外切于圆”多边形

视频文件	专家讲堂\第 4 章\绘制“外切于圆”多边形 .swf

“外切于圆”多边形是指多边形各边与其同心圆相切，由多边形中心到多边形各边的垂线距离等于同心圆的半径长度，如图 4-27 所示。

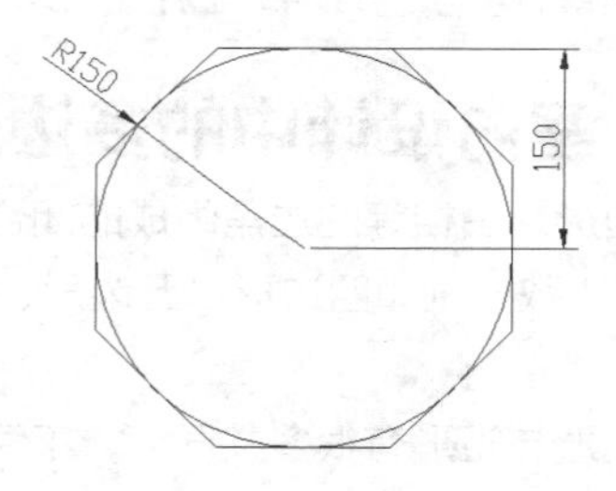

图 4-27

实例引导 ——绘制“外切于圆”半径为 150 个绘图单位的八边形

Step01 ▸ 单击【绘图】工具栏上的多边形”按钮。

Step02 ▸ 输入“8”，按 Enter 键，确定多边形的边数。

Step03 ▸ 在绘图区单击确定中心。

Step04 ▸ 输入“C”，按 Enter 键，激活“外切于圆”选项。

Step05 ▸ 输入“150”，按 Enter 键，确定内接圆半径。绘制结果如图 4-28 所示。

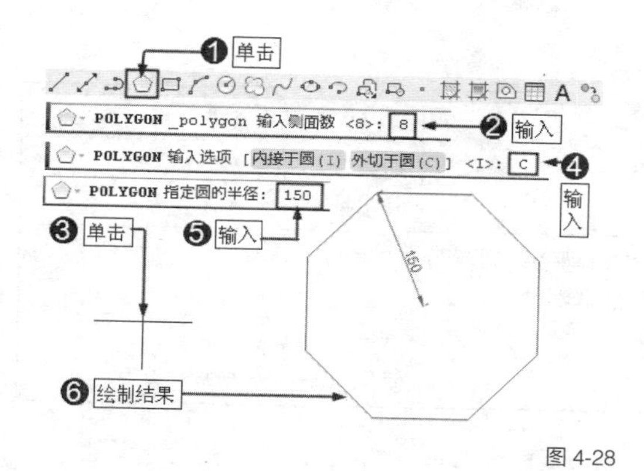

图 4-28

练一练 绘制外切于圆半径为 200 个绘图单位、边数为 6 的多边形，如图 4-29 所示。

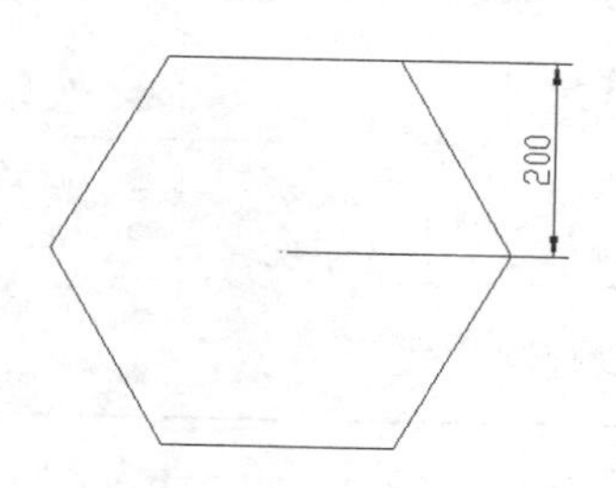

图 4-29

4.3.3 疑难解答——“内接于圆”与“外切于圆”绘制的多边形有何不同

视频文件	疑难解答 \ 第 4 章 \ 疑难解答——“内接于圆”与“外切于圆”绘制的多边形有何不同 .swf

疑难：“内接于圆”与“外切于圆”绘制的多边形有什么不同？这两种方式各在什么情况下使用更合适？

解答：当半径和边数相同时，以“内接于圆”与“外切于圆”方式绘制的多边形最大的区别就是多边形的大小不同，以“内接于圆”方式绘制的多边形要比以“外切于圆”方式绘制的多边形小。例如，半径均为 100 个绘图单位，采用这两种方式绘制的五边形大小，如图 4-30 所示。

在实际工作中，选择哪种方式绘制多边形，需要用户根据绘图要求和绘图条件来确定。

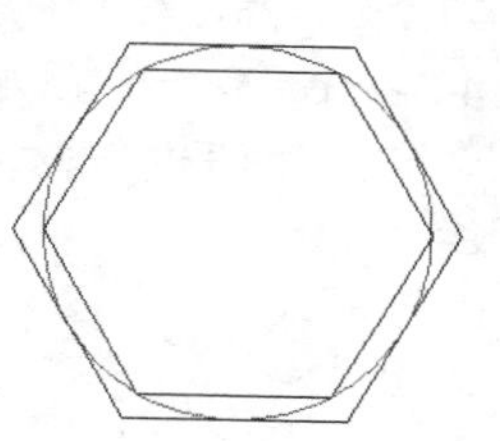

图 4-30

4.3.4 “边方式”绘制多边形

视频文件	专家讲堂 \ 第 4 章 \ “边方式”绘制多边形 .swf

多边形无论有多少条边，其边长度都是相等的，因此可以通过输入边长来绘制多边形，这种绘制方式称为“边方式”。

实例引导 ——“边方式”绘制边数为 5、边长为 50 个绘图单位的多边形

Step01 ▸ 单击【绘图】工具栏上的“多边形”按钮。

Step02 ▸ 输入“5”，按 Enter 键，确定多边形的边数。

Step03 ▸ 输入“E”，按 Enter 键，激活“边”选项。

Step04 ▸ 在绘图区单击指定边的端点。

Step05 ▸ 输入“50”，按 Enter 键，确定边长度，结果如图 4-31 所示。

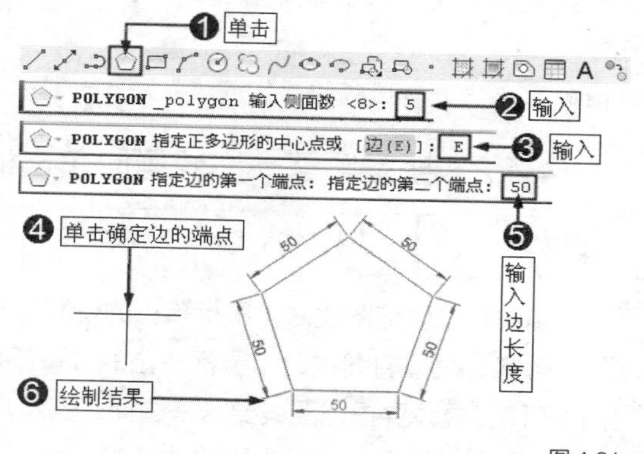

图 4-31

4.4 修剪室内图线

修剪是指将图形中多余的图线沿指定的边界修剪掉，这相当于手工绘图时使用橡皮擦将多余图形擦除，它是一个图形编辑工具，本节介绍修剪图形的方法。

本节内容概览

知识点	功能 / 用途	难易度与使用频率
修剪（P84）	● 修剪实际相交的图线 ● 编辑二维图形	难易度：★★★ 使用频率：★★★★★
疑难解答（P84）	● 修剪时单击的位置对修剪结果的影响 ● 如何修剪两条线之间的线	
延伸修剪（P85）	● 修剪隐含交点的线 ● 编辑二维图形	难易度：★★★★★ 使用频率：★★★★★

4.4.1 修剪

🖵 视频文件	专家讲堂 \ 第 4 章 \ 修剪 .swf

修剪是指沿修剪边界将图线的另一部分删除。绘制水平和倾斜两条图线，并使其相交于一点，如图 4-32（a）所示。以倾斜图线作为修剪边界，对水平图线进行修剪，效果如图 4-32（b）所示；以水平图线作为修剪边界，对倾斜图线进行修剪，效果如图 4-32（c）所示。

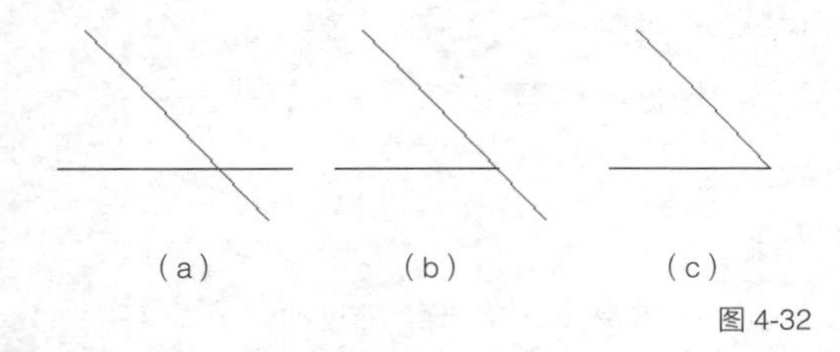

图 4-32

实例引导——修剪

Step01 ▶ 单击【修改】工具栏上的“修剪”按钮 -/-。

Step02 ▶ 单击倾斜图线作为修剪边界。

Step03 ▶ 按 Enter 键，在水平图线右端单击。

Step04 ▶ 按 Enter 键，结果水平图线被修剪，如图 4-33 所示。

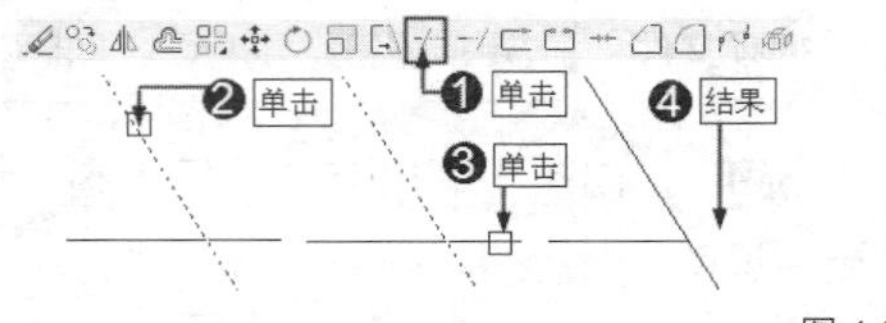

图 4-33

| 技术看板 | 用户还可以通过以下方式激活【修剪】命令。

- 单击菜单栏中的【修改】/【修剪】命令。
- 在命令行输入“TRIM”后按 Enter 键。
- 使用快捷命令“TR”。

练一练 以水平图线作为修剪边界，继续对倾斜图线进行修剪，结果如图 4-34 所示。

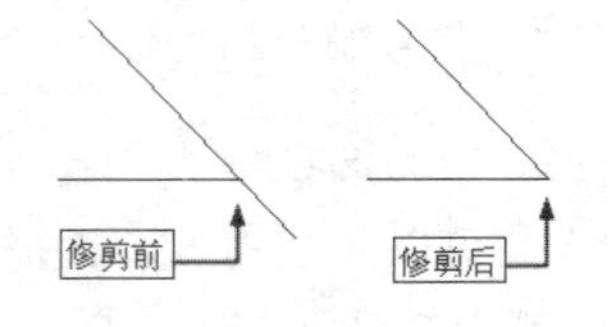

图 4-34

4.4.2 疑难解答——修剪时单击的位置对修剪结果有影响吗

🖵 视频文件	疑难解答 \ 第 4 章 \ 疑难解答——修剪时单击的位置对修剪结果的影响吗 .swf

疑难： 在修剪图线时，鼠标单击的位置对修剪结果有影响吗?

解答： 在修剪图线时，鼠标单击的位置不同，其修剪结果也不同，具体要根据图线要求来选择。例如，在图 4-29 所示的操作中，如果要修剪水平线的右端，就在水平线右端单击；如果在水平线的左端单击，则水平线的左端会被修剪，如图 4-35 所示。

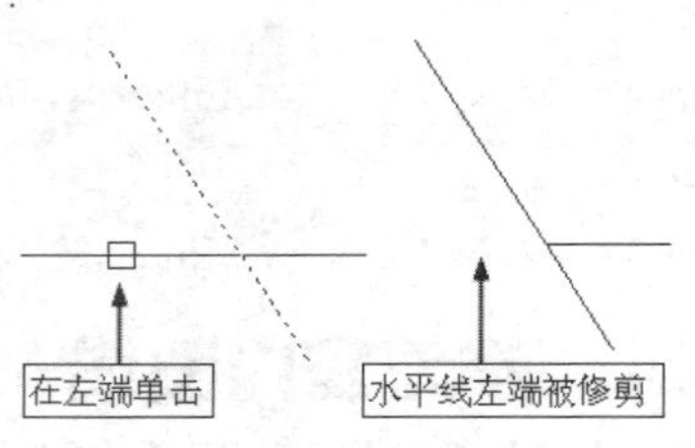

图 4-35

同理，要修剪倾斜线的下端，就在倾斜线下端单击，反之就在倾斜线上端单击。

4.4.3 疑难解答——如何修剪两条线之间的线

视频文件	疑难解答\第 4 章\疑难解答——如何修剪两条线之间的线 .swf

疑难：如图 4-36 所示，如果要修剪掉两条垂直图线之间的水平图线该如何操作？

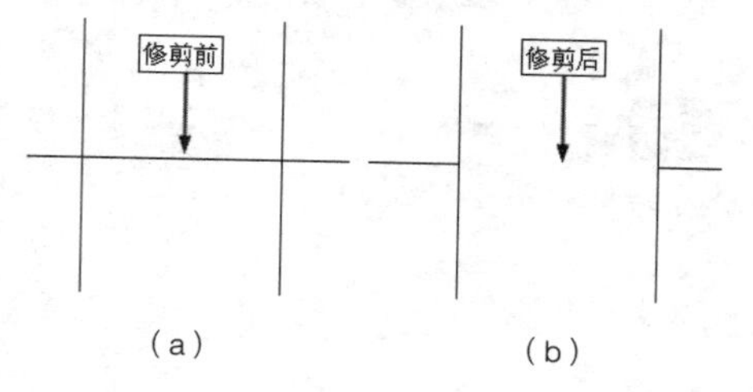

图 4-36

解答：在修剪这类图线时，需要两条修剪边界。例如在图 4-36（a）中，要修剪的图线位于两条垂直线的中间，这时需要选择两条垂直线作为修剪边界，并在两条垂直线之间位置单击水平线，这样才能达到图 4-36（b）所示的修剪效果，具体操作如下。

Step01 ▸ 单击【修改】工具栏上的“修剪”按钮 -/-。

Step02 ▸ 单击左边垂直线作为第 1 条修剪边界。

Step03 ▸ 单击右边垂直线作为第 2 条修剪边界。

Step04 ▸ 按 Enter 键，在两条垂直线的中间位置单击水平线。

Step05 ▸ 按 Enter 键，结果如图 4-37 所示。

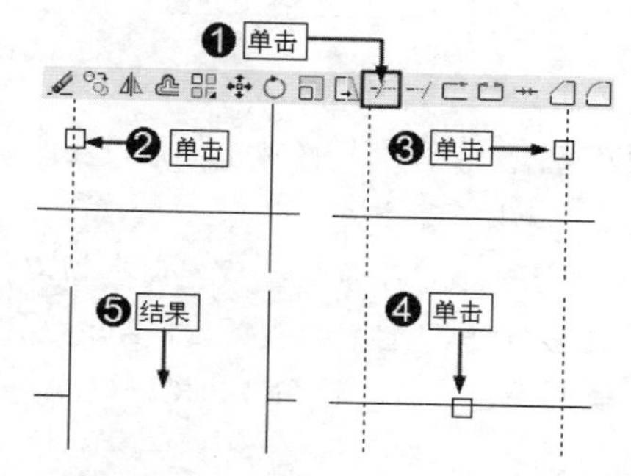

图 4-37

练一练 尝试将如图 4-38（a）所示的图线修剪为如图 4-38（b）所示的效果。

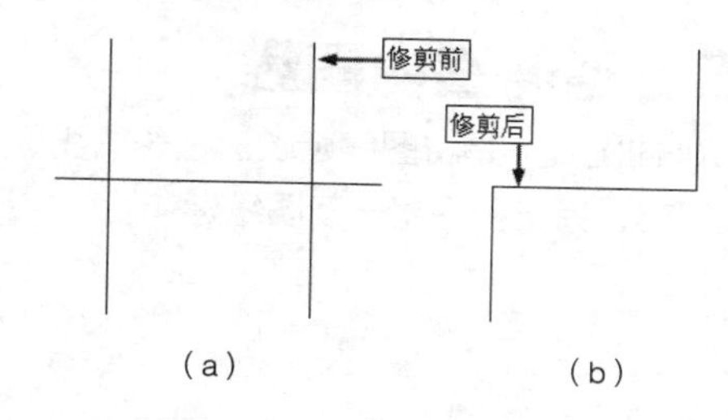

图 4-38

4.4.4 延伸修剪

视频文件	专家讲堂\第 4 章\延伸修剪 .swf

修剪图线时，需要一个修剪边界，而该边界必须是与修剪对象相交的另一条图线，但在某些情况下，两条图线并没有实际相交，如图 4-39（a）所示，如果将另一条图线延伸，其延伸线就会与被修剪的图线相交，如图 4-39（b）所示。

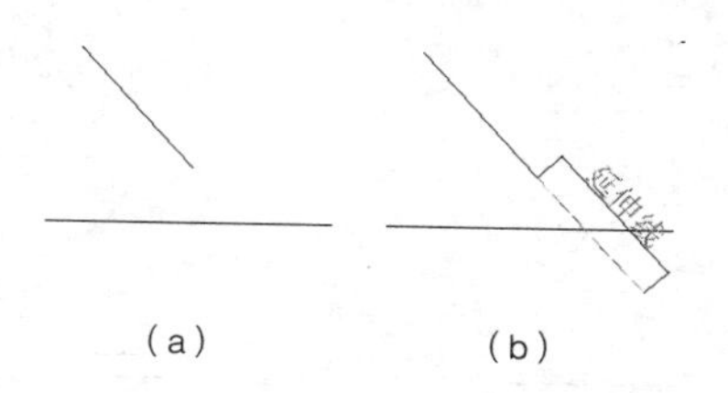

图 4-39

需要说明的是，在“延伸修剪”中，并不需要对图形进行延伸，只需要激活“延伸”选项，系统就会以该线作为修剪边界进行修剪，这就是“延伸修剪”。

实例引导 ——延伸修剪

Step01 ▸ 单击【修改】工具栏上的“修剪”按钮 -/-。

Step02 ▸ 单击倾斜线作为修剪边界。

Step03 ▸ 输入“E”，按 Enter 键，激活“边”选项。

Step04 ▸ 输入“E”，按 Enter 键，激活“延伸”选项。

Step05 ▸ 在水平线右端位置单击。

Step06 ▸ 按 Enter 键，结果如图 4-40 所示。

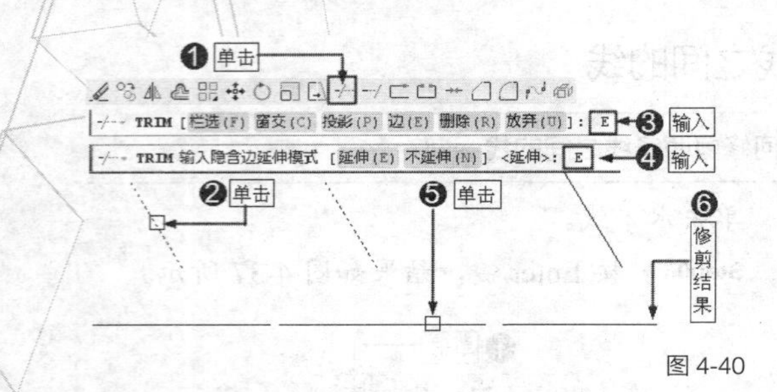

图 4-40

| 技术看板 | 当选择修剪边界后，在命令行会出现命令提示，其中：

♦"投影"选项用于设置三维空间剪切实体的不同投影方法，选择该选项后，AutoCAD 出现"输入投影选项 [无（N）/UCS（U）/ 视图（V）]< 无 >："的操作提示。

♦"无"选项表示不考虑投影方式，按实际三维空间的相互关系修剪。

♦"Ucs"选项指在当前 UCS 的 XOY 平面上修剪。

♦"视图"选项表示在当前视图平面上修剪。当输入"E"激活"边"选项后，可以选择"延伸"或"不延伸"，如果选择"不延伸"，将无法对图线进行修剪。

当修剪多个对象时，可以使用"栏选"和"窗交"两种方式选择对象，这样可以快速对多条线进行修剪。

练一练 对如图 4-41(a) 所示的图线进行修剪，其修剪结果如图 4-41（b）所示。

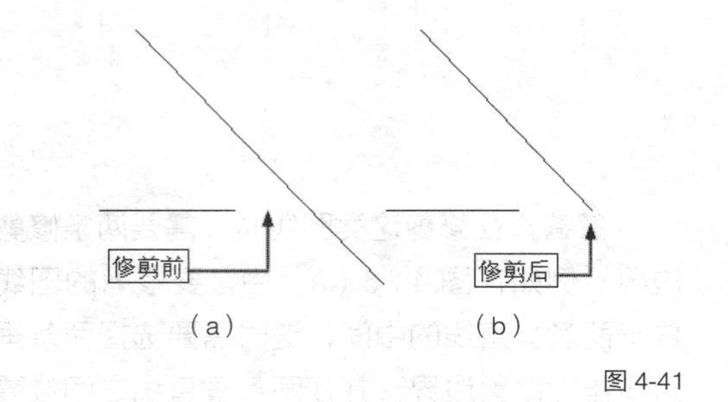

图 4-41

4.5 延伸室内图线

延伸图线就是将图线延长。延长图线分为两种情况：一种是将一条图线延伸后会与另一条图线实际相交；另一种是将一条图线延伸后，与另一条图线的延长线相交，如图 4-42 所示。

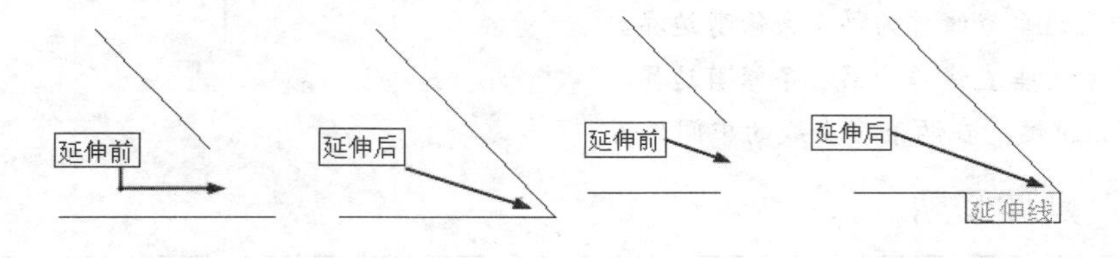

图 4-42

本节内容概览

知识点	功能 / 用途	难易度与使用频率
延伸（P86）	● 延伸图线使其实际相交 ● 编辑完善二维图形	难易度：★ 使用频率：★★★★★
"边"延伸（P87）	● 延伸图线使其与另一图线的延伸线相交 ● 编辑完善二维图形	难易度：★★ 使用频率：★★★★★

4.5.1 延伸

视频文件	专家讲堂 \ 第 4 章 \ 延伸 .swf

与修剪图线相似，延伸图线时同样需要一个延伸边界。绘制如图 4-43（a）所示的两条图线，下面对倾斜图线进行延伸，使其与水平图线实际相交，结果如图 4-43（b）所示。

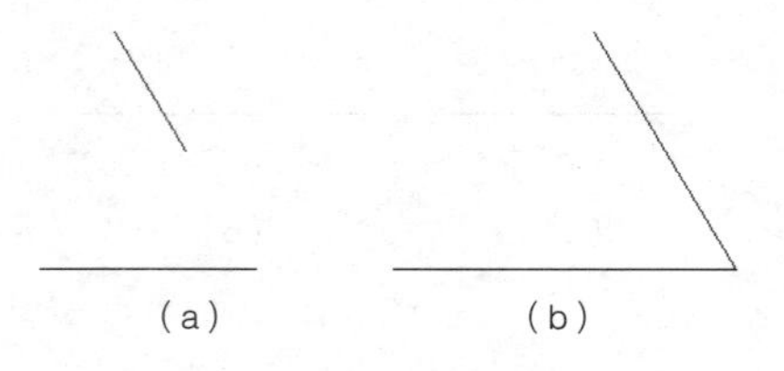

图 4-43

实例引导——延伸

Step01 ▸ 单击【修改】工具栏上的“延伸”按钮 。

Step02 ▸ 单击水平图线作为延伸边界。

Step03 ▸ 按 Enter 键，在倾斜图线下方单击。

Step04 ▸ 按 Enter 键，结果如图 4-44 所示。

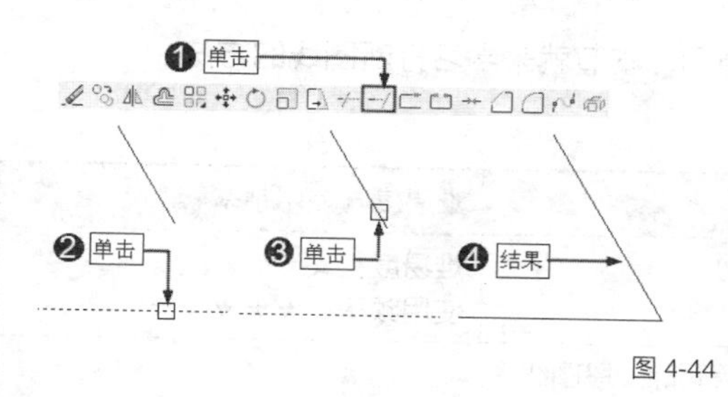

图 4-44

| 技术看板 | 还可以通过以下方法激活【延伸】命令。

- 单击菜单栏中的【修改】/【延伸】命令。
- 在命令行输入“EXTEND”后按 Enter 键。
- 使用快捷命令“EX”。

练一练 将图 4-45（a）所示的圆的半径通过延伸，创建为圆的直径，如图 4-45（b）所示。

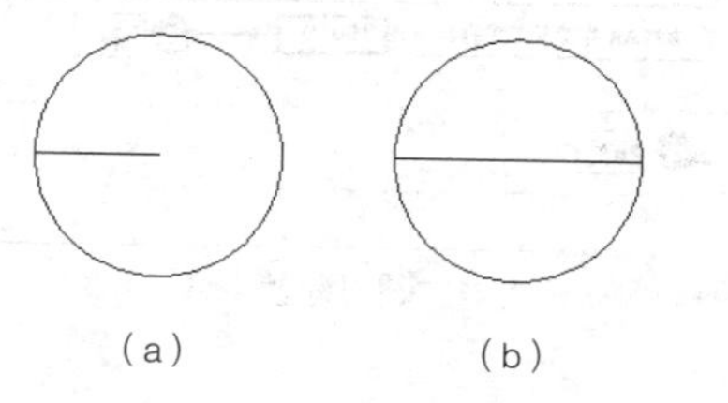

（a）　　（b）

图 4-45

4.5.2 “边”延伸

视频文件	专家讲堂\第 4 章\“边”延伸 .swf

“边”延伸与“延伸修剪”有些相似，就是通过对一条线进行延伸，使其与另一条线的延伸线相交。绘制如图 4-46（a）所示的两条图线，下面通过对倾斜图线进行延伸，使其与水平图线的延伸线进行相交，结果如图 4-46（b）所示。

延伸线

（a）　　（b）

图 4-46

实例引导——“边”延伸

Step01 ▸ 单击【绘图】工具栏中的“延伸”按钮 。

Step02 ▸ 单击水平图线作为延伸边界。

Step03 ▸ 输入“E”，按 Enter 键，激活“边”选项。

Step04 ▸ 输入“E”，按 Enter 键，激活“延伸”选项。

Step05 ▸ 在倾斜图线的下方单击。

Step06 ▸ 按 Enter 键，结果如图 4-47 所示。

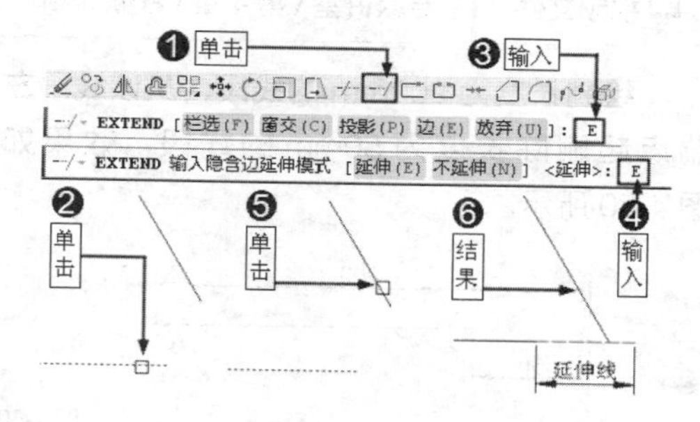

图 4-47

练一练 尝试以倾斜线作为延伸边界，对水平线进行延伸，使其与倾斜线的延伸线相交于一点，结果如图 4-48 所示。

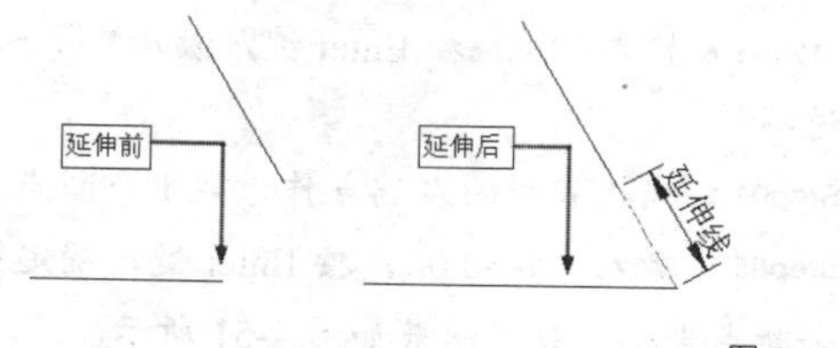

图 4-48

4.6 打断室内图线

“打断”指将一条图线的中间某部分删除，使其成为相连的两部分，如图 4-49（a）所示；或者从图线的一端删除一部分，如图 4-49（b）所示。

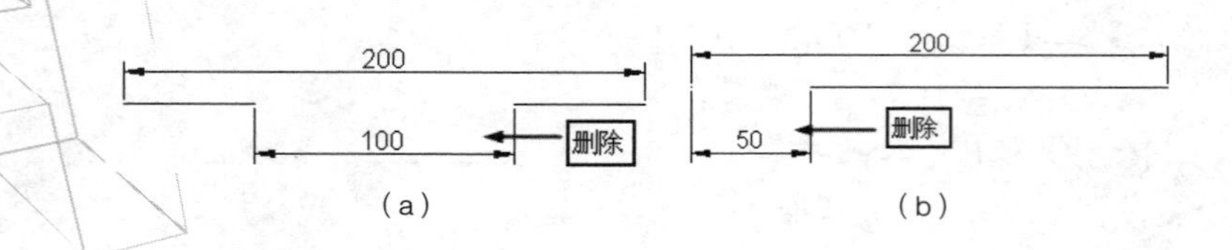

图 4-49

在室内设计中，常用【打断】命令创建门洞和窗洞，本节就来学习打断图线的方法。

本节内容概览

知识点	功能 / 用途	难易度与使用频率
打断（P88）	● 删除图线中部分线段 ● 编辑完善二维图形	难易度：★ 使用频率：★★★★★
疑难解答（P89）	● 如何在图线中间位置删除一段图线 ● 操作中使用“自”的作用是什么	
实例（P190）	● 在室内墙体轴线图上创建门洞和窗洞	

4.6.1 打断

视频文件	专家讲堂 \ 第 4 章 \ 打断 .swf

绘制长度为 200mm 的线段，从该线段左端点起删除长度为 50mm 的线段，效果如图 4-50 所示。

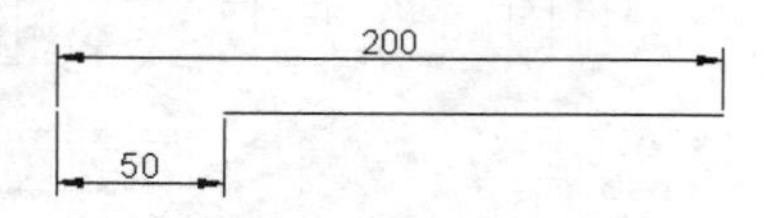

图 4-50

实例引导——打断

Step01 ▸ 单击【修改】工具栏上的“打断”按钮。

Step02 ▸ 单击直线。

Step03 ▸ 输入“F”，按 Enter 键，激活“第一点”选项。

Step04 ▸ 捕捉直线的左端点作为第 1 个断点。

Step05 ▸ 输入“@50,0”，按 Enter 键，确定第 2 个断点坐标。打断结果如图 4-51 所示。

| 技术看板 | 打断图线时需要两个断点，一个是被打断图线的起点，另一个是被打断图线的端点，因此，在打断图线时，要输入“F”激活“第一点”选项，拾取第 1 点，再输入第 2 点坐标，这样才能按照要求打断图线。

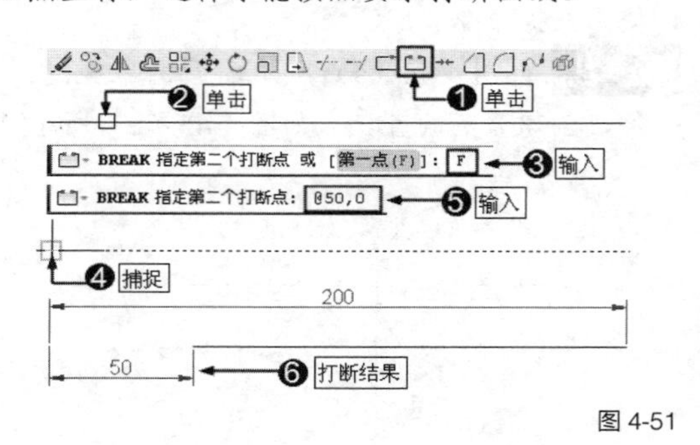

图 4-51

练一练 从长度为 200mm 的线段的右端点起，删除长度为 50mm 的线段，如图 4-52 所示。

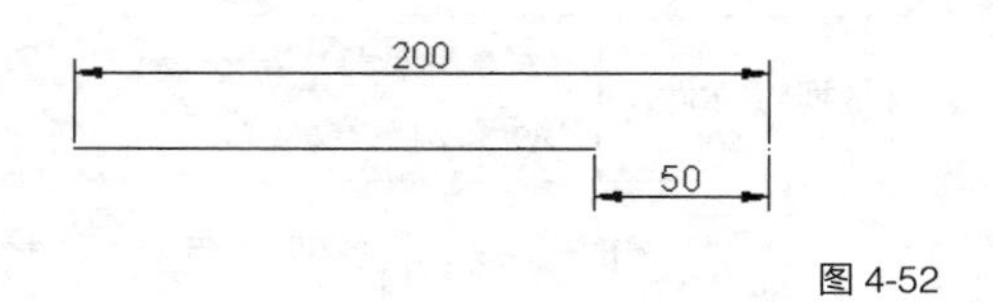

图 4-52

| 技术看板 | 用户还可以通过以下方法激活【打断】命令。

- 单击菜单栏中的【修改】/【打断】命令。
- 在命令行输入“BREAK”后按 Enter 键。
- 使用快捷命令“BR”。

4.6.2　疑难解答——如何在图线的中间位置删除一段图线

视频文件	疑难解答 \ 第 4 章 \ 疑难解答——如何在图线的中间位置删除一段图线 .swf

疑难： 如果想在图线中间某位置创建一个开口，例如在距离图线中点 50 个绘图距离处向右创建宽度为 20 个绘图单位的开口，如图 4-53 所示，该如何操作?

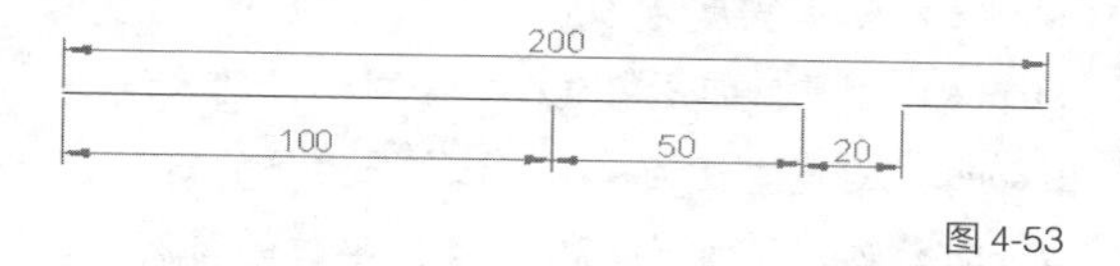

图 4-53

解答： 我们先来想想，如果是手工绘图，要想实现这样的效果该如何操作呢？是不是首先需要找到该图线的中点，然后从中点向右测量 50 个绘图单位作为开口的起点，再从起点测量 20 个绘图单位作为开口的端点，之后将起点到端点的图线擦除呢？其实在 AutoCAD 中要想实现这样的效果，其原理与手工绘图是一样的，但操作上要比手工绘图更简单，具体的操作过程如下。

Step01 ▸ 单击【修改】工具栏上的“打断”按钮。

Step02 ▸ 单击直线。

Step03 ▸ 输入“F”，按 Enter 键，激活“第一点”选项。

Step04 ▸ 按住 Shift 键，同时单击鼠标右键，选择“自”选项。

Step05 ▸ 捕捉图线中点。

Step06 ▸ 输入“@50,0”，按 Enter 键，确定第 1 点坐标。

Step07 ▸ 输入“@20,0”，按 Enter 键，确定第 2 点坐标，结果如图 4-54 所示。

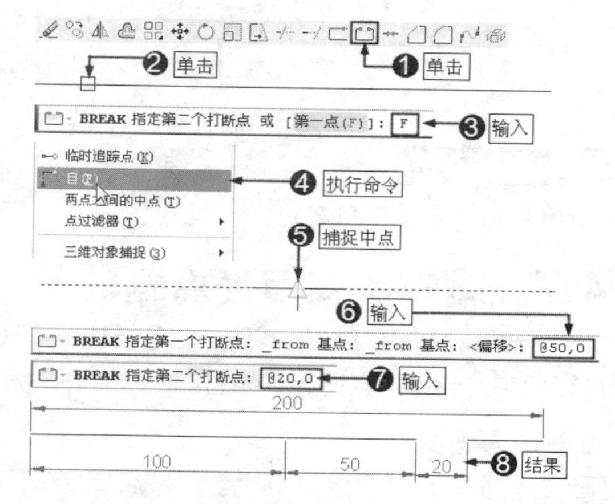

图 4-54

4.6.3　疑难解答——操作中使用“自”的作用是什么

视频文件	疑难解答 \ 第 4 章 \ 疑难解答——操作中使用“自”的作用是什么 .swf

疑难： 什么是“自”？为什么指定第一点时要激活“自”选项？其作用是什么？

解答：“自”是一个临时捕捉功能，它往往用于捕捉目标点的参照点。在编辑图形的过程中，如果目标点不是图形的特征点，这时就需要为目标点找到一个参照点来确定目标点的位置。

例如，在图 4-50 所示的操作中，要打断的图线的第 1 点（目标点）在距离中点 50 个绘图单位的位置，这时就需要以中点作为参照点来确定第 1 点（目标点）的位置。激活“自”选项，然后捕捉中点作为参照点，输入“@50,0”，表示从中点到第 1 点的距离为 X 轴 50 个绘图单位，这样就确定了第 1 点的位置，然后输入第 2 点坐标“@20,0”，表示从第 1 点到第 2 点的距离为 X 轴 20 个绘图单位。

练一练 在距离线段左端点 50 个绘图单位的位置创建宽度为 50 个绘图单位的开口，如图 4-55 所示。

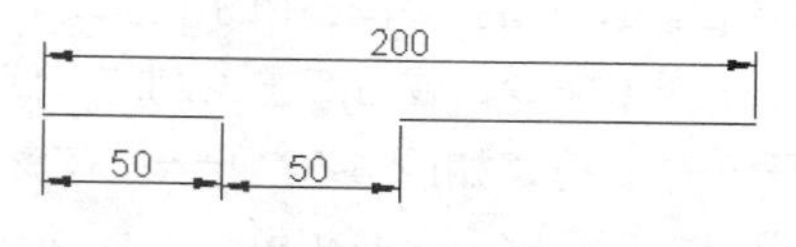

图 4-55

4.6.4 实例——在室内墙体轴线图上创建门洞和窗洞

素材文件	素材文件 \ 室内墙体轴线图 .dwg
效果文件	效果文件 \ 第 4 章 \ 实例——在室内墙体轴线图上创建门洞和窗洞 .dwg
视频文件	专家讲堂 \ 第 4 章 \ 实例——在室内墙体轴线图上创建门洞和窗洞 .swf

打开素材文件，这是一个绘制好的建筑墙体轴线图，如图 4-56（a）所示，下面我们在该室内墙体轴线图上创建门洞和窗洞，完善室内墙体轴线图，结果如图 4-56（b）所示。

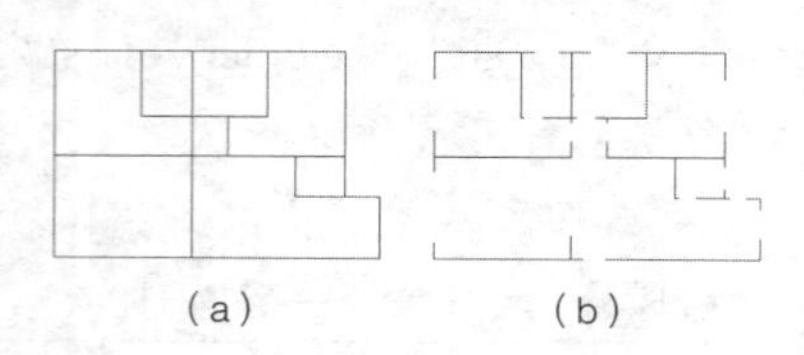

图 4-56

操作步骤

Step01 ▸ 创建第 1 个门洞。

Step02 ▸ 创建宽度为 2100 个绘图单位的窗洞。

Step03 ▸ 创建宽度为 1000 个绘图单位的窗洞。

Step04 ▸ 创建宽度为 1500 个绘图单位的窗洞。

Step05 ▸ 创建宽度为 2100 个绘图单位的窗洞。

Step06 ▸ 创建宽度为 930 个绘图单位的窗洞。

Step07 ▸ 创建宽度为 1200 个绘图单位的窗洞。

Step08 ▸ 将创建完成的轴线图保存。

具体的操作步骤请观看随书光盘中的视频文件“实例——在室内墙体轴线图上创建门洞和窗洞 .swf”。

4.7 编辑多线与夹点编辑

前面我们介绍了绘制多线的相关技能。多线在室内设计中常用来绘制室内墙线和窗线，有时也可以用来绘制室内家具等其他图形，本节介绍编辑多线的相关技能。

本节内容概览

知识点	功能 / 用途	难易度与使用频率
编辑多线（P90）	● 编辑多线 ● 编辑完善室内墙线	难易度：★ 使用频率：★★★★★
疑难解答（P92）	● 编辑多线时选择顺序对编辑结果的影响	
夹点编辑（P92）	● 通过夹点编辑图形 ● 编辑完善室内设计图	难易度：★ 使用频率：★★★★★
实例（P93）	● 绘制地面拼花	

4.7.1 编辑多线

视频文件	专家讲堂 \ 第 4 章 \ 编辑多线 .swf

【多线编辑工具】对话框是一个综合性的多线编辑工具，执行菜单栏中的【修改】/【对象】/【多线】命令，或者双击绘制的多线，即可打开该对话框，如图 4-57 所示。在该对话框中可以对多线进行各种效果的编辑。

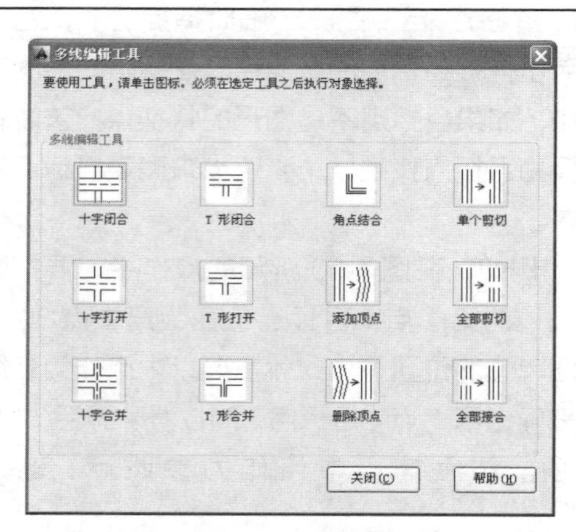

图 4-57

依照第 3 章第 8 节介绍的方法，设置多线样式并绘制如图 4-58 所示的十字相交的多线，下面对该多线进行编辑。

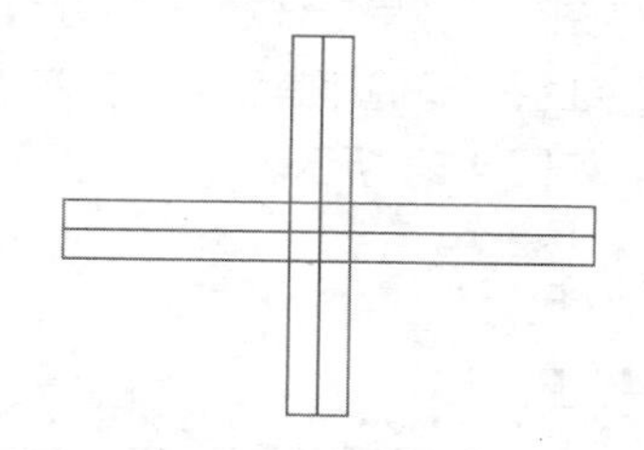

图 4-58

实例引导 ——编辑多线

1. 十字合并

表示相交的两条多线的十字合并状态，即将两条多线的相交部分断开，但两条多线的轴线在相交部分相交。

Step01 ▸ 单击“十字合并”按钮返回绘图区。

Step02 ▸ 单击水平多线。

Step03 ▸ 单击垂直多线。

Step04 ▸ 按 Enter 键，编辑结果如图 4-59 所示。

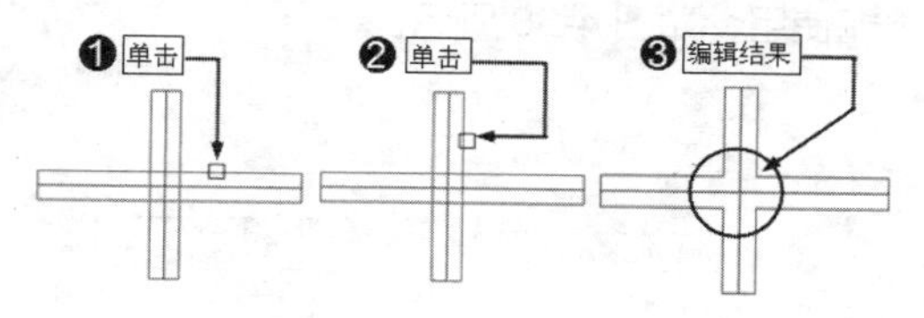

图 4-59

| 技术看板 | 对于十字相交的多线，除了十字合并之外，用户还可以进行如下编辑。

♦ 十字闭合：表示相交的两条多线的十字封闭状态，即一个多线不断开，另一个多线断开。

♦ 十字打开：表示相交的两条多线的十字开放状态，即将两线的相交部分全部断开，第一条多线的轴线在相交部分也要断开。

2. T 形合并

表示相交的两条多线的 T 形合并状态，即将两线的相交部分全部断开，但第一条与第二条多线的轴线在相交部分相交。

Step01 ▸ 单击“T 形合并”按钮返回绘图区。

Step02 ▸ 单击水平多线。

Step03 ▸ 单击垂直多线。

Step04 ▸ 按 Enter 键，编辑结果如图 4-60 所示。

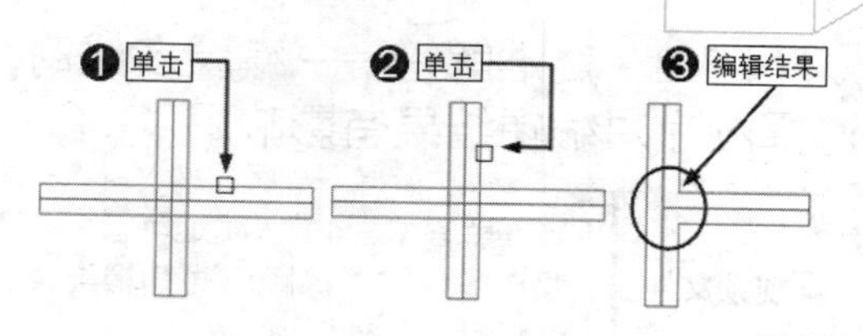

图 4-60

| 技术看板 | 对于 T 形字相交的多线，除了 T 形合并之外，用户还可以进行如下编辑。

♦ T 形闭合：表示相交两条多线的 T 形封闭状态，将选择的第一条多线与第二条多线相交部分修剪去掉，而第二条多线保持原样连通。单击“T 形闭合”按钮，返回绘图区，对多线进行编辑。

♦ T 形打开：表示相交的两条多线的 T 形开放状态，将两线的相交部分全部断开，但第一条多线的轴线在相交部分也断开。单击“T 形打开”按钮，返回绘图区，对多线进行编辑。

3. 角点结合

表示修剪或延长两条多线直到它们接触形成一相交角，将第一条和第二条多线的拾取部分保留，并将其相交部分全部断开剪去。

Step01 ▸ 单击“角点结合”按钮返回绘图区。

Step02 ▸ 单击水平多线。

Step03 ▸ 单击垂直多线。

Step04 ▸ 按 Enter 键，编辑结果如图 4-61 所示。

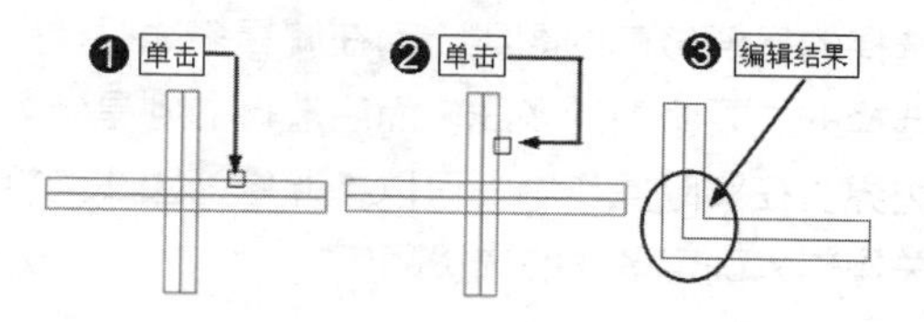

图 4-61

| 技术看板 | 除了以上编辑的多线方式，用户还可以对多线进行如下编辑。

♦ 单个剪切：表示在多线中的某条线上拾取两个点从而断开此线，单击“单个剪切”按钮返回绘图区，对多线进行编辑。

♦ 全部剪切：表示在多线上拾取两个点从而将此多线全部切断一截。单击“全部剪切”按钮，返回绘图区，对多线进行编辑。

♦ 全部接合：表示连接多线中的所有可见间断，但不能用来连接两条单独的多线。单击“全部接合”按钮，返回绘图区，对多线进行编辑。

4.7.2 疑难解答——编辑多线时选择顺序对编辑结果有影响吗

视频文件	疑难解答\第 4 章\疑难解答——编辑多线时选择顺序对编辑结果有影响吗 .swf

疑难：编辑多线时，选择多线的顺序对编辑结果有影响吗?

解答：编辑多线时，选择多线的顺序不同，其编辑结果也不同。例如，在 T 形合并操作中，先选择水平多线，再选择垂直多线，其编辑结果是水平多线以垂直多线作为边界进行了修剪，如图 4-62（a）所示；如果先选择垂直多线，再选择水平多线，其编辑结果是垂直多线以水平多线作为边界进行了修剪，如图 4-62（b）所示。

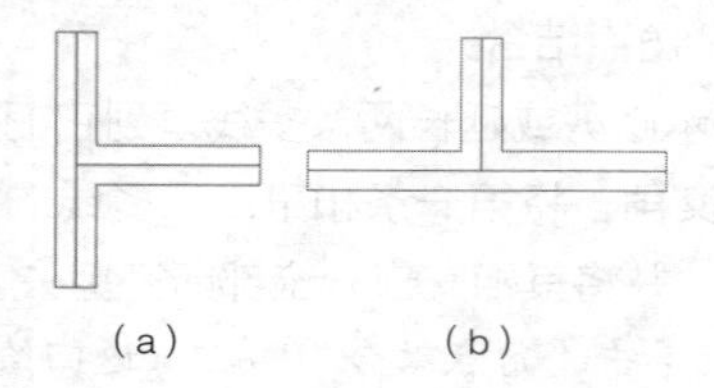

图 4-62

编辑多线其实与修剪图线的选择顺序相反，在修剪图线时，先选择的是修剪边界，后选择的是要修剪的图线，而在编辑多线时，先选择的是要修剪的多线，而后选择的则是修剪边界。在实际操作中，可以参照修剪图线的相关操作来确定多线的选择顺序。

4.7.3 夹点编辑

视频文件	专家讲堂\第 4 章\夹点编辑 .swf

所谓“夹点”，是指在没有命令执行的前提下选择图形时，图形上会显示出一些蓝色实心的小方框，这些蓝色小方框就是图形的夹点。图形的结构不同，其夹点个数及位置也会不同，如图 4-63 所示。

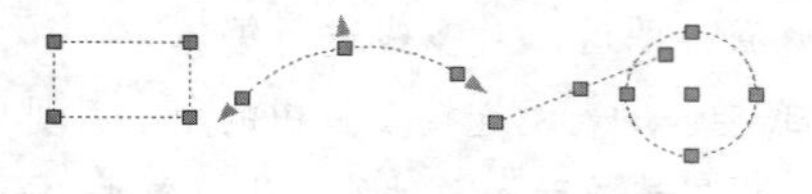

图 4-63

“夹点编辑”就是将多种修改工具组合在一起，通过编辑图形上的夹点，达到快速编辑图形的目的。本节就来学习夹点编辑的方法。

编辑图形时，单击任意一个夹点，该夹点将显示为红色，我们将其称为“夹基点”或者“热点”，如图 4-64 所示。

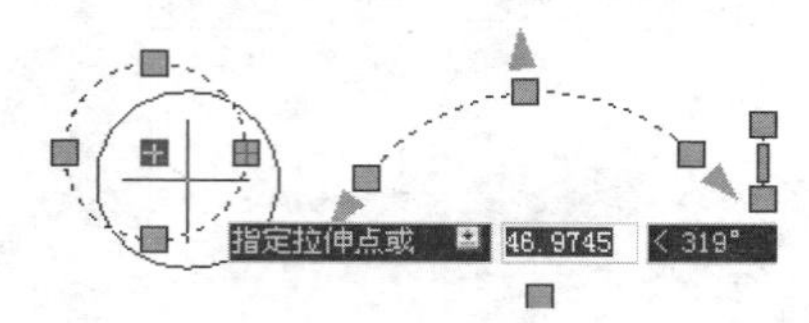

图 4-64

此时单击鼠标右键，可打开夹点编辑菜单，该菜单中共有两类夹点命令：第一类夹点命令为一级修改菜单，包括【移动】、【旋转】、【比例】、【镜像】、【拉伸】命令，这些命令是平级的，用户可以通过单击菜单中的各命令进行编辑图形；第二类夹点命令为二级选项菜单，如【基点】、【复制】、【参照】、【放弃】等，这些选项菜单在一级修改命令被执行的前提下才能使用，如图 4-65 所示。

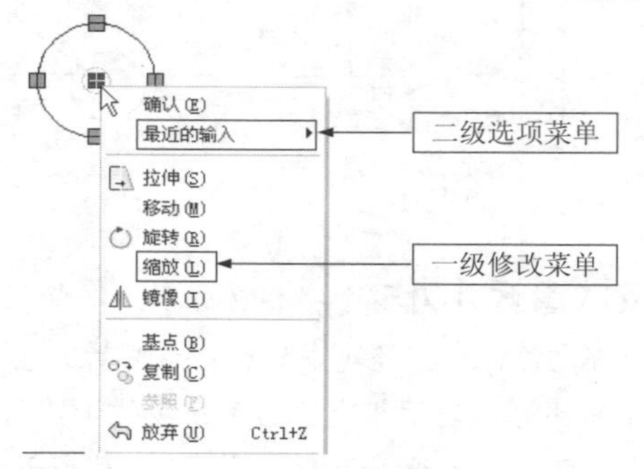

图 4-65

| 技术看板 | 如果用户要将多个夹点作为夹基点，并且保持各选定夹点之间的几何图形完好如初，需要在选择夹点时按住 Shift 键再单击各夹点；如果要从显示夹点的选择集中删除特定对象，也要按住 Shift 键。另外，当进入夹点编辑模式后，在命令行输入各夹点命令及各命令选项后，连续按 Enter 键，可以在“移动”“旋转”“比例”“镜像”“拉伸”这 5 种命令选项中切换，也可以通过快捷命令“MI”“MO”“RO”“ST”“SC”进行切换。

首先绘制一个圆，然后对其进行夹点编辑操作。

实例引导——夹点编辑

1．夹点复制

Step01 ▶ 在没有任何命令发出的情况下，单击圆使其夹点显示。

Step02 ▶ 单击圆心的夹点并单击鼠标右键，选择【复制】命令。

Step03 ▶ 移动光标到合适位置单击进行复制。

Step04 ▶ 按 Enter 键结束操作，然后按 Esc 键退出夹点模式，结果如图 4-66 所示。

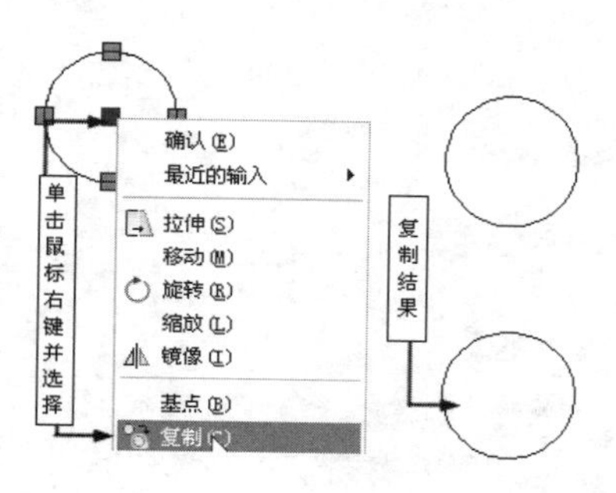

图 4-66

2．夹点移动

夹点移动是指通过夹点编辑来移动图形，其操作与使用【移动】工具移动图形相同，如图 4-67 所示。

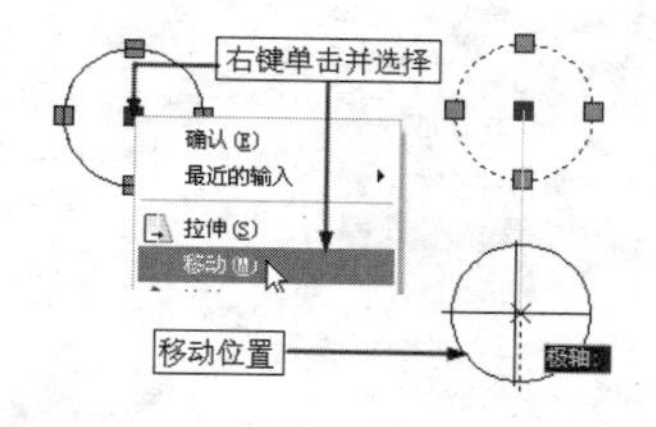

图 4-67

3．夹点旋转

Step01 ▶ 绘制一个矩形，然后在没有任何命令发出的情况下，单击使其夹点显示。

Step02 ▶ 选择右下角的夹点，再单击鼠标右键，选择【旋转】命令。

Step03 ▶ 输入“30”，按 Enter 键，对其进行旋转。

Step04 ▶ 按 Enter 键结束操作，然后按 Esc 键退出夹点模式，结果如图 4-68 所示。

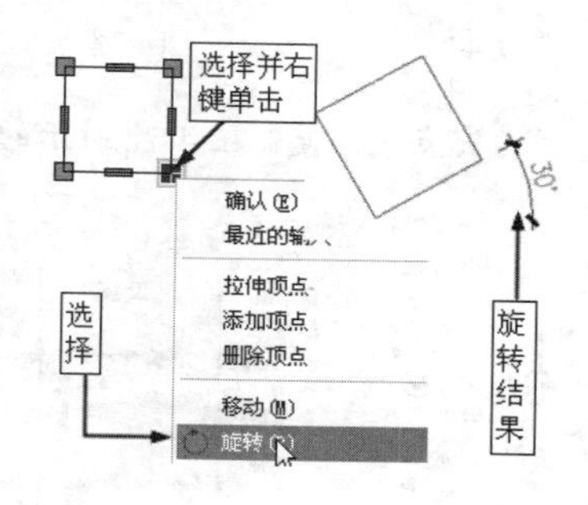

图 4-68

4．夹点旋转复制

还可以通过夹点编辑来旋转复制对象，其操作结果与使用【旋转】工具旋转复制图形相同。

Step01 ▶ 单击矩形右夹点并单击鼠标右键选择【旋转】命令。

Step02 ▶ 再次单击鼠标右键选择【复制】命令。

Step03 ▶ 输入“-30”，然后 2 次 Enter 键。

Step04 ▶ 按 Esc 键退出夹点模式，结果如图 4-69 所示。

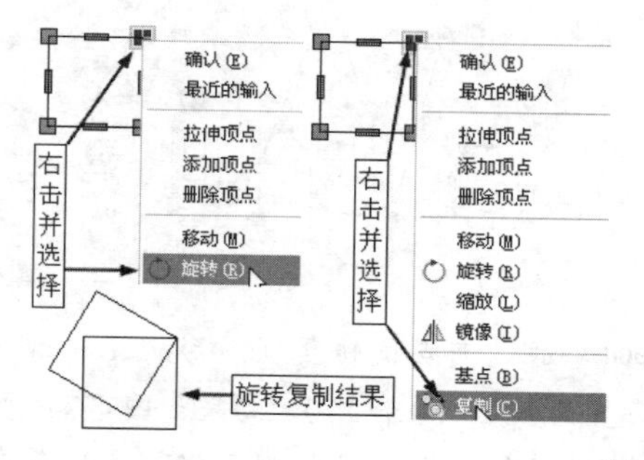

图 4-69

4.7.4　实例——绘制地面拼花

效果文件	效果文件 \ 第 4 章 \ 实例——绘制地面拼花 .dwg
视频文件	专家讲堂 \ 第 4 章 \ 实例——绘制地面拼花 .swf

本节绘制室内地面拼花图形。

操作步骤

Step01 ▶ 设置捕捉模式并绘制直线 1200 个绘图单位的垂直线。

Step02 ▶ 通过夹点旋转复制绘制如图 4-70 所示的图形。

Step03 ▸ 删除多余的图线，如图 4-71 所示。

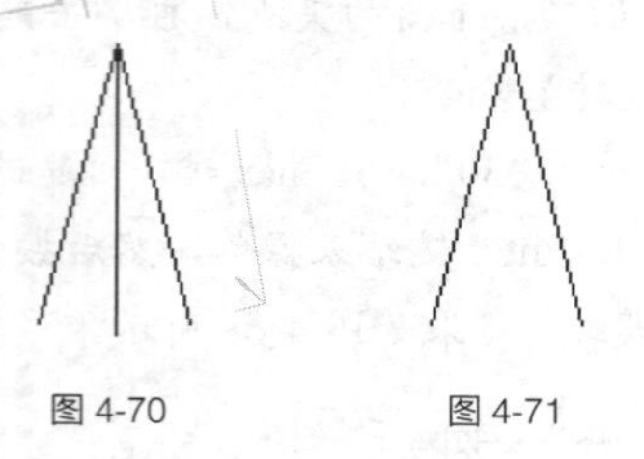

图 4-70　　图 4-71

Step04 ▸ 通过夹点镜像复制图 4-72 所示的图形。

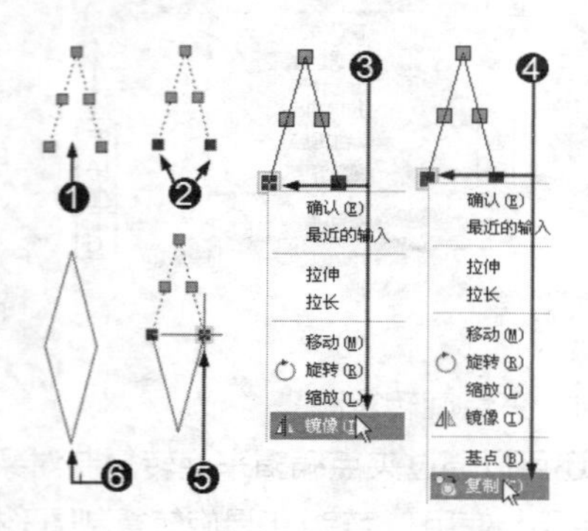

图 4-72

Step05 ▸ 通过夹点拉伸 800 个绘图单位，绘制图 4-73。

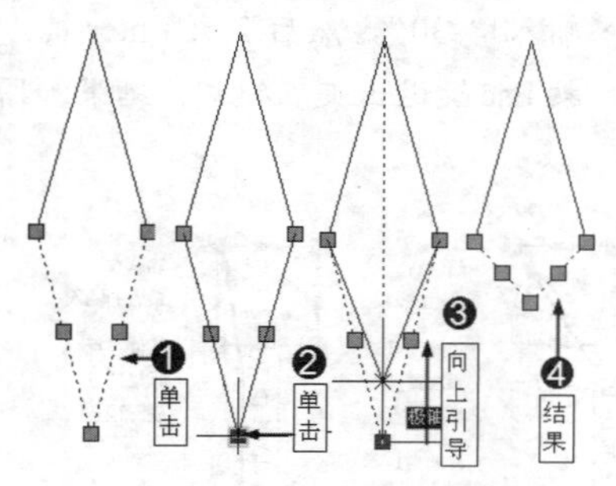

图 4-73

Step06 ▸ 通过夹点旋转复制图形，旋转角度依次设置为 90、180 和 270，结果如图 4-74 所示。

Step07 ▸ 继续夹点旋转复制图形，旋转角度设置为 45，且旋转两次，结果如图 4-75 所示。

Step08 ▸ 为地面拼花填充图案，效果如图 4-76 所示。

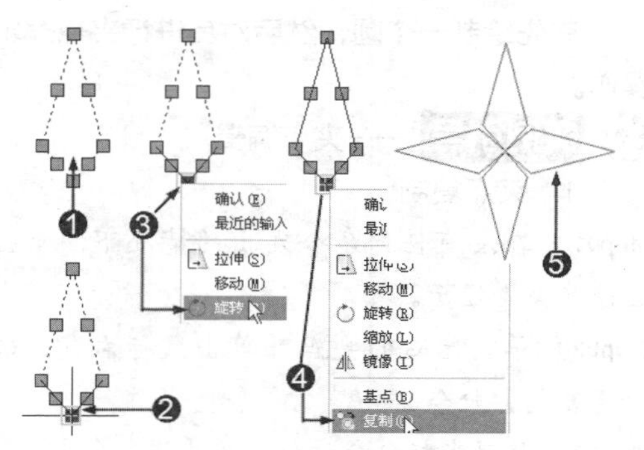

图 4-74

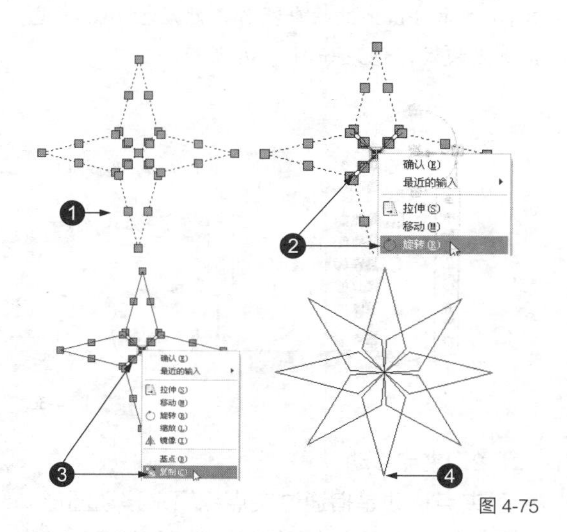

图 4-75

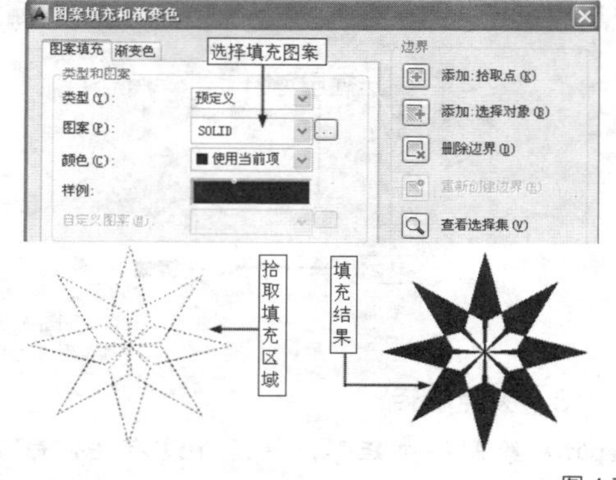

图 4-76

Step09 ▸ 将该图形命名保存。

4.8 综合实例——绘制室内墙体平面图

本节绘制如图 4-77 所示的某室内墙体平面图。

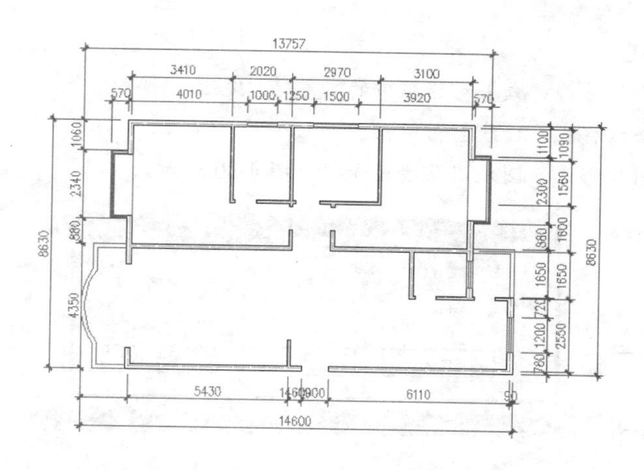

图 4-77

4.8.1　绘制墙线

素材文件	效果文件 \ 第 4 章 \ 实例——在室内墙体轴线图上创建门洞和窗洞 .dwg
效果文件	效果文件 \ 第 4 章 \ 综合实例——绘制墙线 .dwg
视频文件	专家讲堂 \ 第 4 章 \ 综合实例——绘制墙线 .swf

室内墙线是在墙体轴线图的基础上绘制的。墙体轴线图简称轴线图，它是定位墙线和窗线的辅助线，是创建墙线和窗线的关键，也是建筑工程中放线的主要依据。本节调用已经创建完成的墙体定位图，在该图的基础上绘制墙线。

操作步骤

1．调用墙体轴线图并设置当前图层

Step01 ▸ 执行【打开】命令，打开素材文件，这是 4.6.4 节创建的门洞和窗洞后的墙体轴线图，如图 4-78 所示。

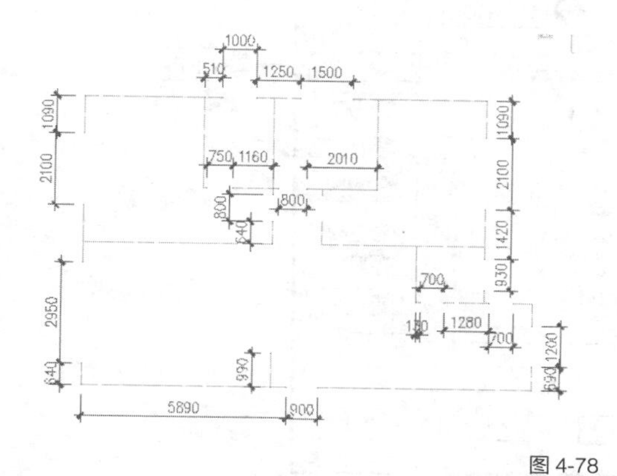

图 4-78

Step02 ▸ 单击“图层”控制下拉按钮，选择“墙线层”图层作为当前图层，并关闭“尺寸层”图层。

2．新建墙线样式

Step01 ▸ 单击【格式】/【多线样式】命令，打开【多线样式】对话框。

Step02 ▸ 单击 新建(N)... 按钮。

Step03 ▸ 打开【创建新的多线样式】对话框。

Step04 ▸ 输入新样式名称为“墙线”，如图 4-79 所示。

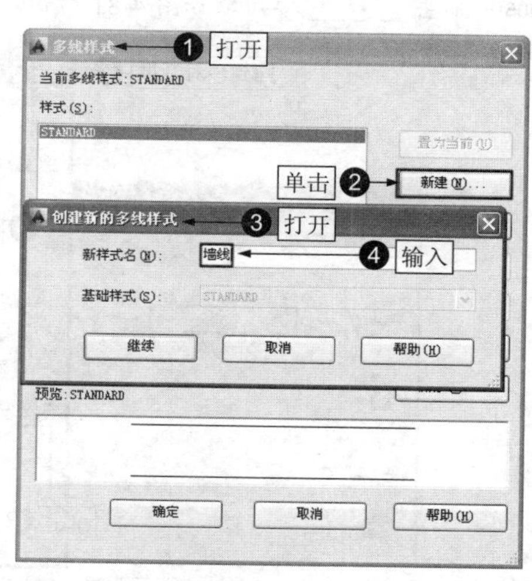

图 4-79

3. 设置墙线样式

Step01 ▸ 单击【创建新的多线样式】对话框中的 继续 按钮。

Step02 ▸ 打开【新建多线样式：墙线】对话框。

Step03 ▸ 设置多线的封口形式、图元以及填充等，如图 4-80 所示。

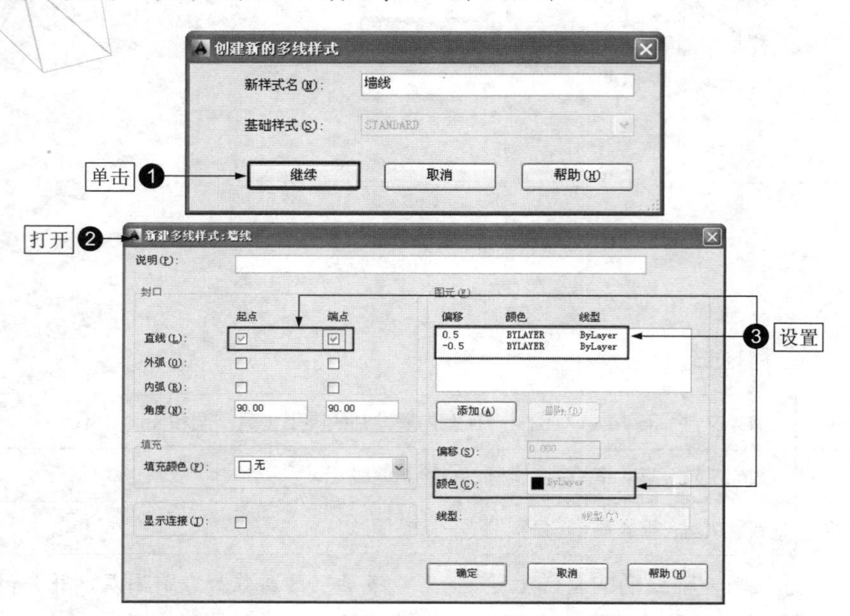

图 4-80

4. 设置墙线样式为当前样式

Step01 ▸ 单击【新建多线样式：墙线】对话框中的 确定 按钮。

Step02 ▸ 回到【多线样式】对话框。

Step03 ▸ 选择新建的“墙线”样式。

Step04 ▸ 单击 置为当前(U) 按钮。

Step05 ▸ 将“墙线”样式设置为当前样式。

Step06 ▸ 单击 确定 按钮，如图 4-81 所示。

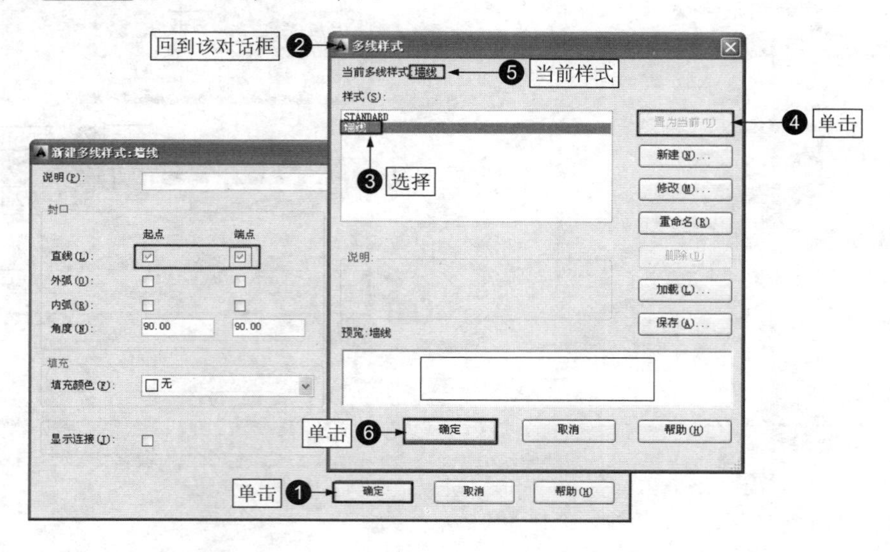

图 4-81

5. 绘制宽度为 180mm 的主墙线

墙线有主墙线和次墙线之分，所谓主墙线就是我们平常所说的承重墙，它是建筑物的主要骨架，承担建筑物整体重量以及房屋结构的受力。一般主墙体厚度为 240mm 或 180mm。不管在什么情况下，严禁对主墙体进行人为破坏，否则会影响建筑物的整体结构和安全。次墙体不承担建筑物的承重和框架结构的受力，只起到分割建筑物内部空间的作用。一般情况下，允许对次墙体进行拆除，尤其是在建筑室内装饰中，为了重新布置建筑物内部空间，可以适当拆除部分次墙体。次墙体的厚度一般为 120mm。

Step01 ▸ 执行【绘图】/【多线】命令。

Step02 ▸ 输入“S”，按 Enter 键，激活“比例”选项。

Step03 ▸ 输入“180”，按 Enter 键，设置多线比例。

Step04 ▸ 输入“J”，按 Enter 键，激活“对正”选项。

Step05 ▸ 输入“Z”，按 Enter 键，设置“无”对正方式，如图 4-82 所示。

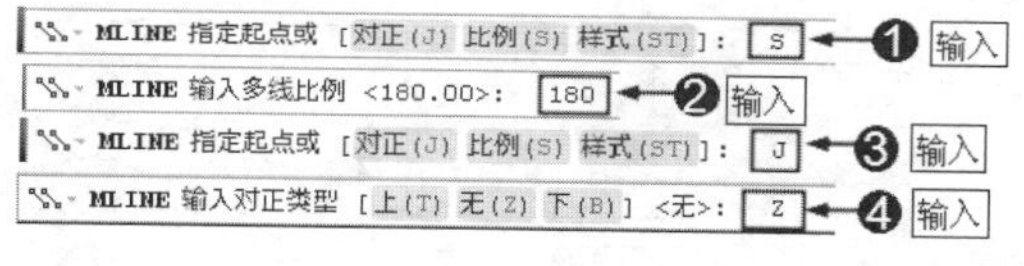

图 4-82

Step06 ▸ 依次捕捉端点 1、端点 2 和端点 3，如图 4-83 所示，然后按 Enter 键，完成墙线的绘制，结果如图 4-84 所示。

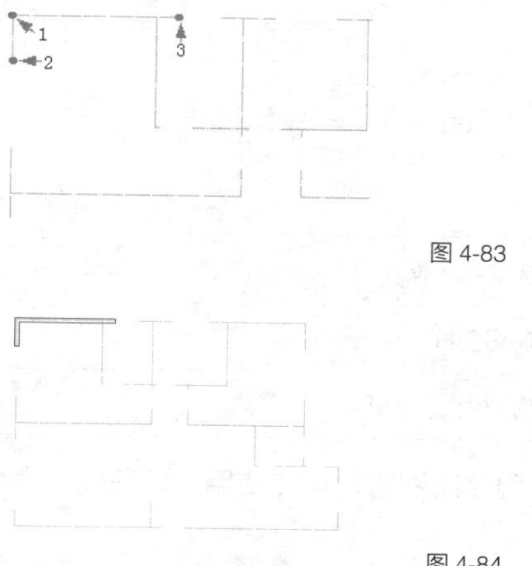

图 4-83

图 4-84

Step07 ▸ 依照相同的方法，采用相同的设置，分别捕捉各定位线的端点绘制其他主墙线，绘制结果如图 4-85 所示。

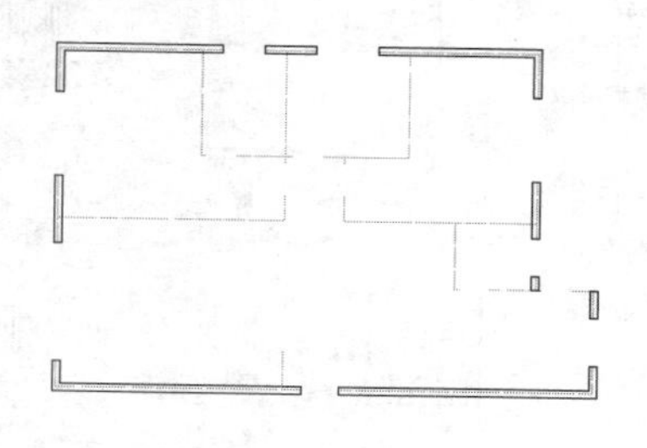

图 4-85

6. 绘制宽度为 120mm 的次墙线

Step01 ▸ 按 Enter 键，重复执行【多线】命令。

Step02 ▸ 输入“S”，按 Enter 键，激活“比例”选项。

Step03 ▸ 输入“120”，按 Enter 键，设置多线比例。

Step04 ▸ 输入“J”，按 Enter 键，激活“对正”选项。

Step05 ▸ 输入“Z”，按 Enter 键，设置“无”对正方式。

Step06 ▸ 分别捕捉轴线各端点，绘制其他次墙线，结果如图 4-86 所示。

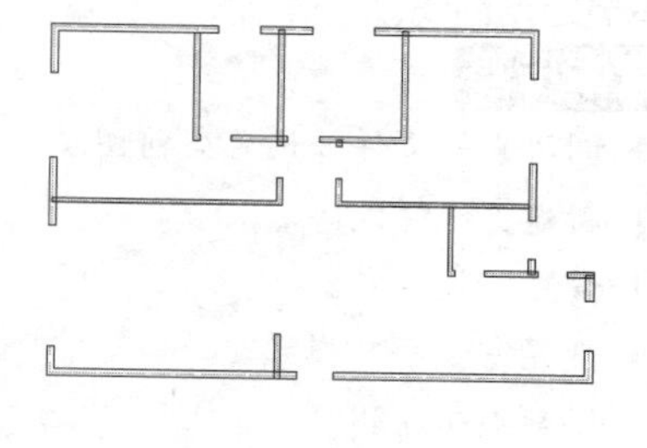

图 4-86

7. 编辑完善 T 形相交的墙线

Step01 ▸ 关闭“轴线层”图层。

Step02 ▸ 双击任意墙线打开【多线编辑工具】对话框。

Step03 ▸ 单击“T 形合并”按钮，如图 4-87 所示。

Step04 ▸ 返回绘图区，单击左上方房间的垂直墙线。

Step05 ▸ 单击最上方的水平墙线。

Step06 ▸ 按 Enter 键，结果这两条墙线呈 T 形合并效果，如图 4-88 所示。

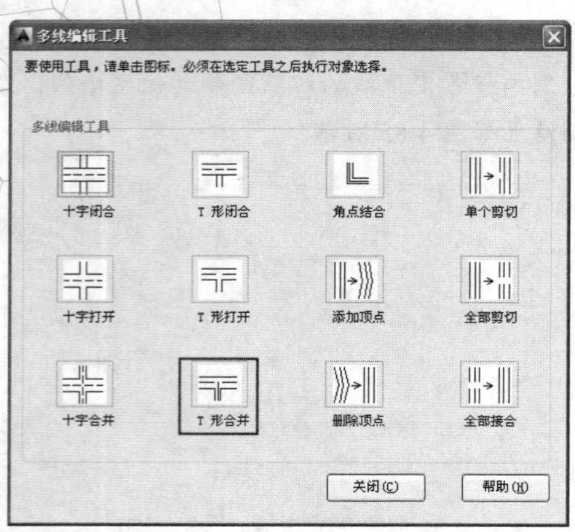

多线编辑工具

要使用工具，请单击图标。必须在选定工具之后执行对象选择。

多线编辑工具

十字闭合 T 形闭合 角点结合 单个剪切

十字打开 T 形打开 添加顶点 全部剪切

十字合并 T 形合并 删除顶点 全部接合

关闭(C) 帮助(H)

图 4-87

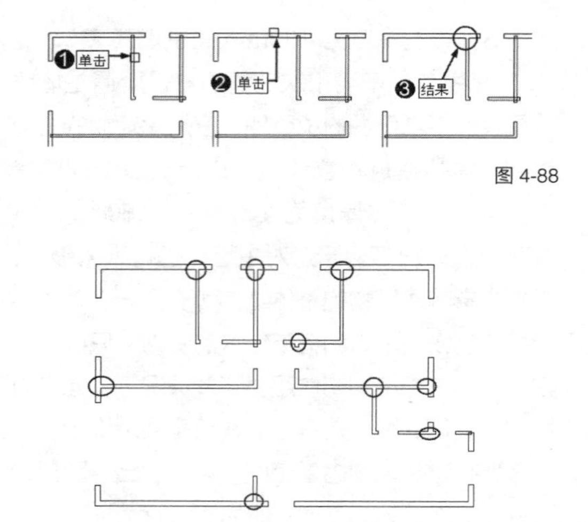

图 4-88

图 4-89

Step07 ▸ 使用相同的方法对其他 T 形相交的墙线进行编辑完善，编辑时注意墙线的选择顺序，结果如图 4-89 所示。

Step08 ▸ 编辑完善角点结合墙线。

Step09 ▸ 编辑完善十字相交墙线。

Step10 ▸ 将该文件命名保存。

4.8.2 绘制窗线

素材文件	效果文件 \ 第 4 章 \ 综合实例——绘制墙线 .dwg
效果文件	效果文件 \ 第 4 章 \ 综合实例——绘制窗线 .dwg
视频文件	专家讲堂 \ 第 4 章 \ 综合实例——绘制窗线 .swf

本节绘制窗线。

操作步骤

Step01 ▸ 调用素材文件并设置当前图层。

Step02 ▸ 新建窗线样式。

Step03 ▸ 设置窗线样式。

Step04 ▸ 设置窗线绘制模式。

Step05 ▸ 绘制平面窗线。

Step06 ▸ 绘制凸窗。

Step07 ▸ 窗线绘制完毕后，如图 4-90 所示将该文件命名保存。

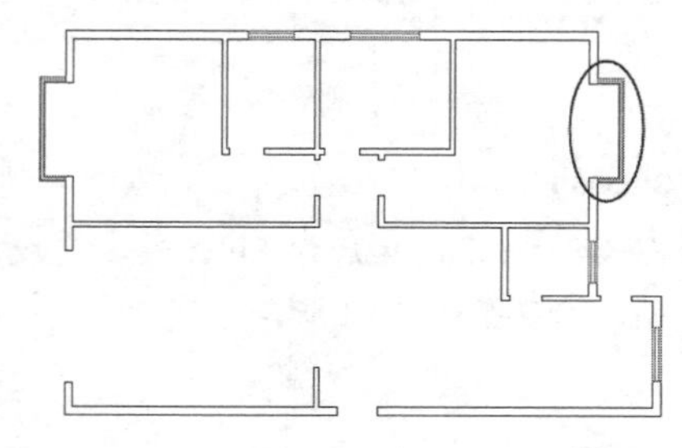

图 4-90

具体的操作步骤请观看随书光盘中的视频文件“综合实例——绘制窗线 .swf”。

4.8.3 绘制阳台线

素材文件	效果文件 \ 第 4 章 \ 综合实例——绘制窗线 .dwg
效果文件	效果文件 \ 第 4 章 \ 综合实例——绘制阳台线 .dwg
视频文件	专家讲堂 \ 第 4 章 \ 综合实例——绘制阳台线 .swf

与平面窗、凸窗不同，阳台具有一定的结构，因此绘制时，首先使用“多段线”命令绘制阳台轮廓线，然后对轮廓线进行偏移。

操作步骤

1. 绘制阳台轮廓线

Step01 ▸ 输入“PL”，按 Enter 键，激活【多段线】命令。

Step02 ▸ 捕捉下方墙线的端点作为起点，如图 4-91 所示。

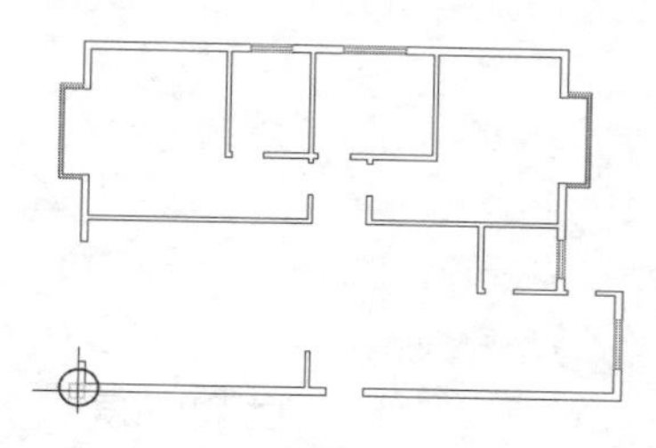

图 4-91

Step03 ▸ 输入“@-1120,0”，按 Enter 键，确定下一点坐标。

Step04 ▸ 输入“@0,875”，按 Enter 键，确定下一点坐标。

Step05 ▸ 输入“a”，按 Enter 键，激活“圆弧”选项。

Step06 ▸ 输入“S”，按 Enter 键，激活“第 2 点”选项。

Step07 ▸ 输入“@-400,1300”，按 Enter 键，确定第 2 点坐标。

Step08 ▸ 输入“@400,1300”，按 Enter 键，确定圆弧端点坐标。

Step09 ▸ 输入“L”，按 Enter 键，激活“直线”选项。

Step10 ▸ 输入“@0,875”，按 Enter 键，确定直线端点坐标。

Step11 ▸ 输入“@1120,0”，按 Enter 键，确定直线下一点坐标。

Step12 ▸ 按 Enter 键，结束操作，结果如图 4-92 所示。

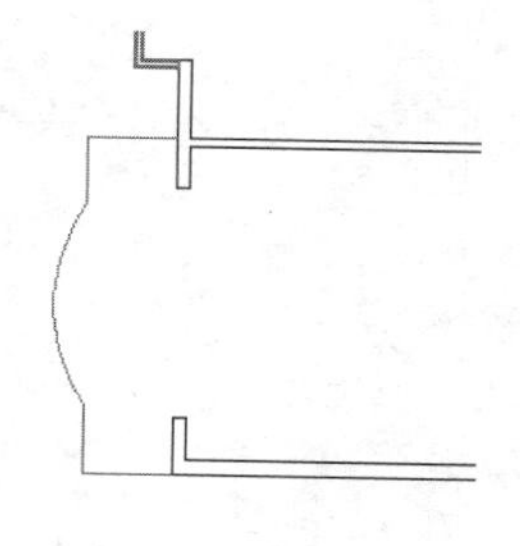

图 4-92

2. 完善阳台线

对阳台轮廓线进行偏移，以完善阳台图形。

Step01 ▸ 输入“O”，按 Enter 键，激活【偏移】命令。

Step02 ▸ 选择刚绘制的阳台轮廓线。

Step03 ▸ 输入“120”，按 Enter 键，确定偏移距离。

Step04 ▸ 在阳台线右侧单击，结果如图 4-93 所示。

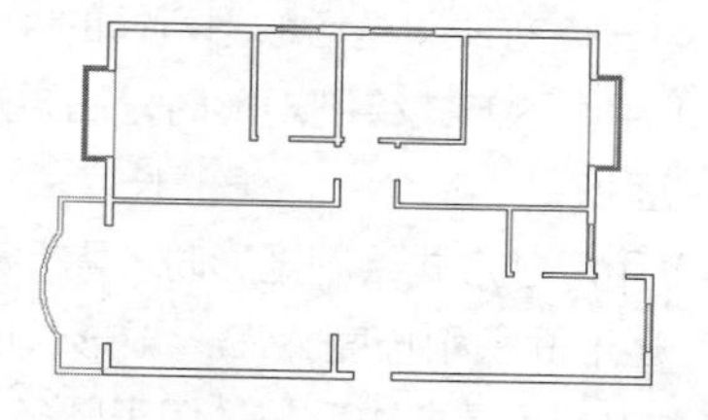

图 4-93

3. 绘制右侧阳台线

Step01 ▸ 输入“PL”，按 Enter 键，激活【多段线】命令。

Step02 ▸ 捕捉右侧墙线的端点。

Step03 ▸ 向上引出追踪线。

Step04 ▸ 由上方墙线的端点向右引出水平追踪线，捕捉追踪线的交点。

Step05 ▸ 向左引出追踪线，捕捉追踪线与墙线的交点。

Step06 ▸ 按 Enter 键，结束操作，结果如图 4-94 所示。

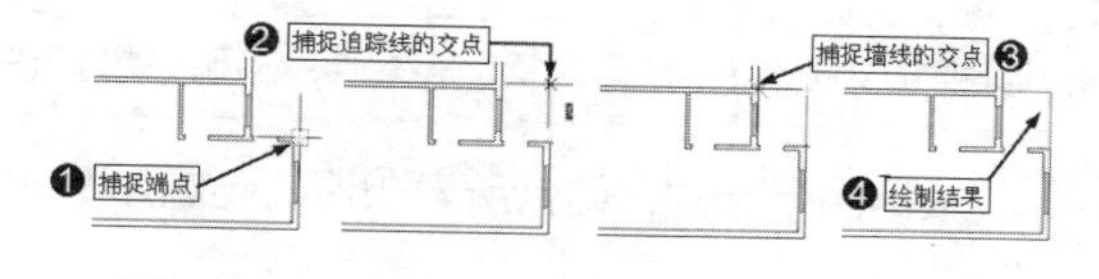

图 4-94

Step07 ▸ 依照前面的操作，至此将该阳台线向左偏移 120 个绘图单位，完成室内墙体平面图的绘制，结果如图 4-95 所示。

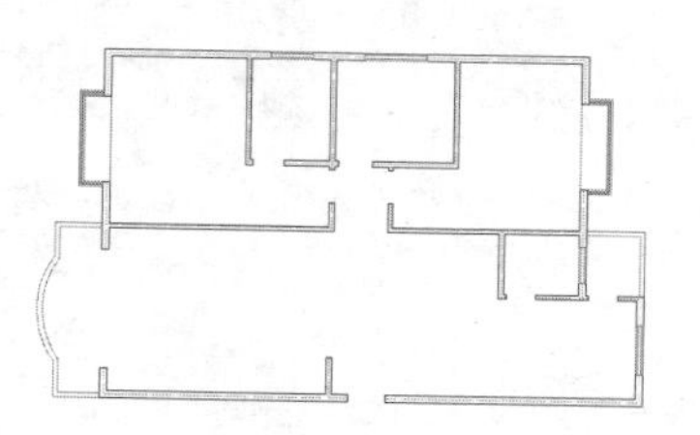

图 4-95

4. 保存文件

样条线绘制完毕后，将图形命名保存。

4.9 综合自测

4.9.1 软件知识检测——选择题

（1）关于“三点方式”绘制圆，说法正确的是（　　）。

A. “三点方式”是拾取圆上的任意三点

B. “三点方式”是拾取圆直径的两个端点和圆象限点

C. “三点方式”是拾取圆上的 3 个象限点

D. “三点方式”是拾取圆直径的 1 个端点和 2 个象限点

（2）用面积方式绘制矩形时，需要知道（　　）。

A. 面积　　B. 长度　　C. 宽度　　D. 面积和长度

（3）用尺寸方式绘制矩形时，需要知道（　　）。

A. 矩形面积和长度　　B. 矩形长度和宽度　　C. 矩形长度　　D. 矩形宽度

（4）内接于圆多边形与外切于圆多边形的区别是（　　）。

A. 相同半径下，内接于圆多边形大于外切于圆多边形

B. 相同半径下，内接于圆多边形小于外切于圆多边形

C. 没有区别

D. 多边形边数不同

（5）修剪与延伸的区别是（　　）。

A. 修剪使图线变短，延伸使图线边长

B. 修剪是沿边界删除图线，延伸是使图线与边界相交

C. 修剪时删除图线，延伸时没有删除图线

D. 只能修剪实际相交的图线，而可以延伸没有实际相交的图线

4.9.2 应用技能提升——绘制平面椅

效果文件	效果文件 \ 第 4 章 \ 应用技能提升——绘制平面椅 .dwg
视频文件	专家讲堂 \ 第 4 章 \ 应用技能提升——绘制平面椅 .swf

根据图示尺寸，结合所学知识，绘制如图 4-96 所示的平面椅图形。

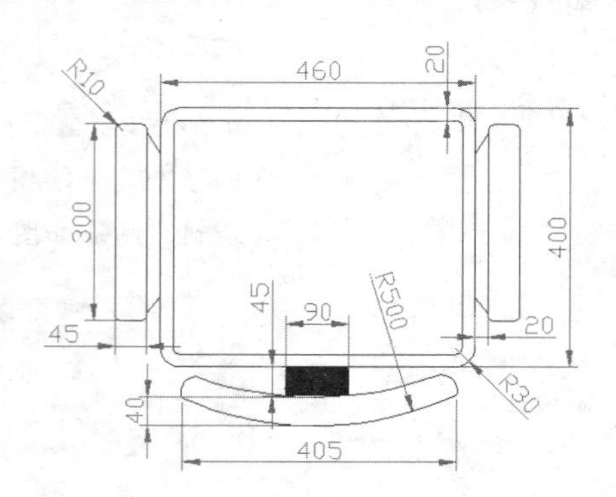

图 4-96

第5章 室内设计中的图形组合与编辑

在室内设计中，室内家具图形都是通过对基本图形的编辑与组合来创建的，本章学习图形组合与编辑的方法与技巧。

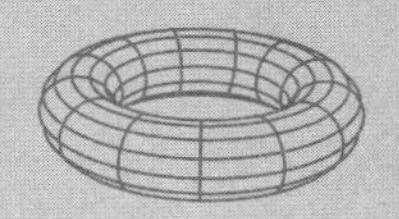

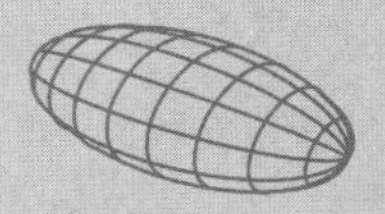

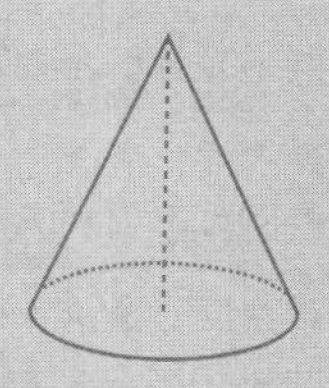

第 5 章

室内设计中的图形组合与编辑

本章内容概览

知识点	功能 / 用途	难易度与使用频率
偏移室内图形（P102）	● 编辑图形 ● 创建室内图形	难易度：★★ 使用频率：★★★★★
复制室内图形（P104）	● 编辑图形 ● 创建室内图形	难易度：★★ 使用频率：★★★★★
旋转室内图形（P106）	● 编辑图形 ● 创建室内图形	难易度：★★★★ 使用频率：★★
镜像室内图形（P109）	● 编辑图形 ● 创建室内图形	难易度：★★ 使用频率：★★★★★
阵列室内图形（P111）	● 编辑图形 ● 创建室内图形	难易度：★ 使用频率：★★★★★
缩放室内图形（P115）	● 编辑图形 ● 创建室内图形	难易度：★ 使用频率：★★★★★
综合实例（P118）	● 绘制客厅拐角沙发和茶几平面图 ● 绘制电视柜与电视平面图 ● 绘制办公桌组合平面图 ● 绘制可移动文件柜立面图 ● 绘制梳妆台组合立面图 ● 绘制卧室壁灯立面图 ● 绘制厨房橱柜家具立面图	
综合自测（P133）	● 软件知识检测——选择题	
	● 软件操作入门——绘制茶几平面图	

5.1 偏移室内图形

所谓偏移，就是将源对象通过设定距离或指定通过点进行复制。与传统意义上的复制不同的是，通过偏移可以创建多个形状相同而尺寸完全不同的图形对象。本节介绍偏移对象的方法。

本节内容概览

知识点	功能 / 用途	难易度与使用频率
“距离”偏移（P102）	● 通过距离偏移图形 ● 编辑完善室内图形	难易度：★★ 使用频率：★★★★★
“定点”偏移（P103）	● 通过特定点偏移图形 ● 编辑完善室内图形	难易度：★★★ 使用频率：★★★★★
“删除”偏移（P104）	● 删除源对象以创建偏移对象 ● 编辑完善室内图形	难易度：★ 使用频率：★★★★★

5.1.1 “距离”偏移

视频文件	专家讲堂 \ 第 5 章 \ “距离”偏移 .swf

“距离偏移”是系统默认的一种较常用的偏移方式，偏移时需要设置偏移距离，以偏移创建另一个对象。首先绘制半径为 100 的圆，如图 5-1（a）所示，下面将该圆向外偏移 50 个绘图单位，以创建半径为 150 个绘图单位的同心圆，如图 5-1（b）所示。

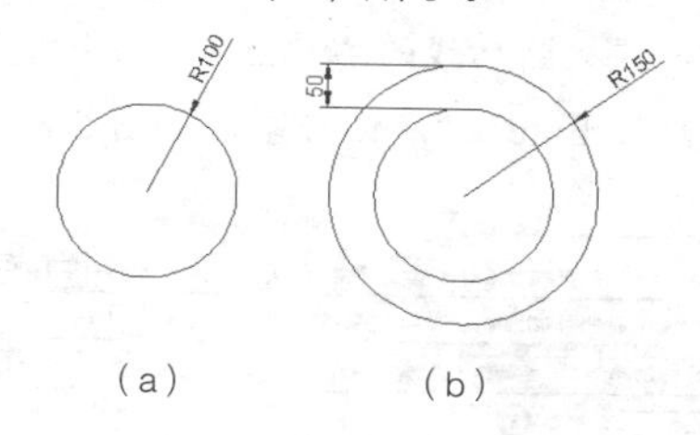

图 5-1

实例引导 ——“距离”偏移

Step01 ▸ 单击【修改】工具栏上的“偏移”按钮。

Step02 ▸ 输入“50”，按 Enter 键，指定偏移距离。

Step03 ▸ 单击半径为 100 个绘图单位的圆。

Step04 ▸ 在该圆外侧单击。

Step05 ▸ 按 Enter 键，结束操作，偏移结果如图 5-2 所示。

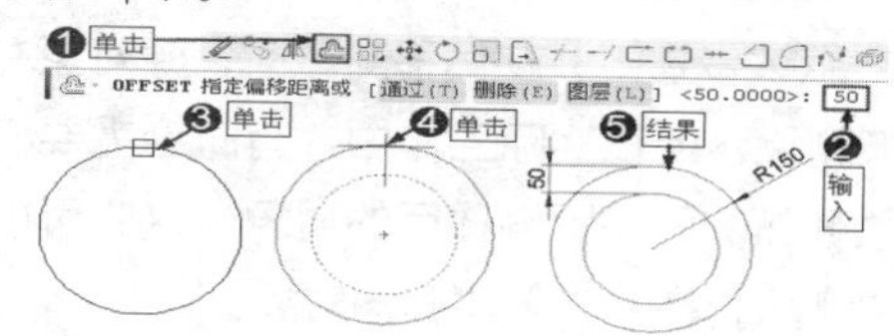

图 5-2

练一练 下面自己再尝试创建一个矩形，如图 5-3（左）所示，然后将该矩形分别向内、向外偏移 50 个绘图单位，创建如图 5-3（右）所示的图形效果。

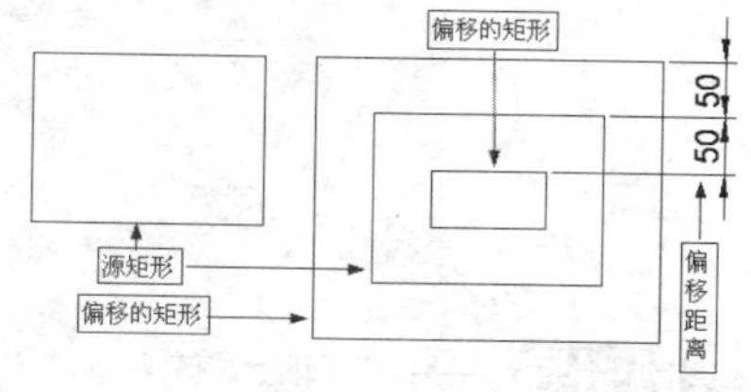

图 5-3

5.1.2 “定点”偏移

视频文件	专家讲堂\第 5 章\“定点”偏移 .swf

与“距离偏移”不同，“定点偏移”是指通过某一点来偏移对象，这种偏移不用设定偏移距离。首先绘制一个圆，并绘制该圆的直径，如图 5-4（a）所示。下面对该圆的直径进行偏移，以创建圆的两条公切线，效果如图 5-4（b）所示。

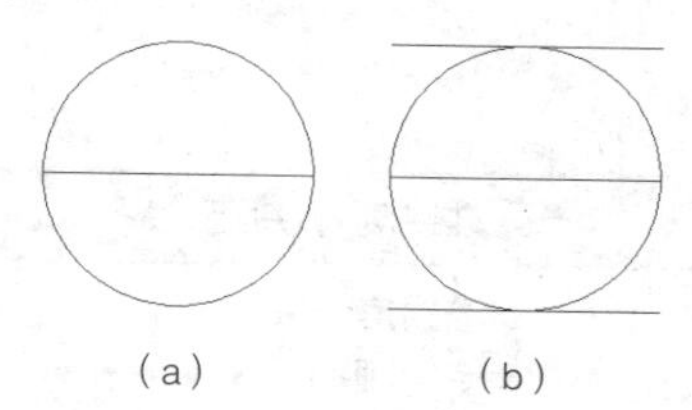

图 5-4

实例引导 ——“定点”偏移

Step01 ▸ 单击【修改】工具栏上的“偏移”按钮。

Step02 ▸ 输入“T”，按 Enter 键，激活“通过”选项。

Step03 ▸ 单击直径作为偏移对象。

Step04 ▸ 捕捉圆的上象限点作为通过点。

Step05 ▸ 单击直径作为偏移对象。

Step06 ▸ 捕捉圆的下象限点作为通过点。

Step07 ▸ 按 Enter 键，偏移结果如图 5-5 所示。

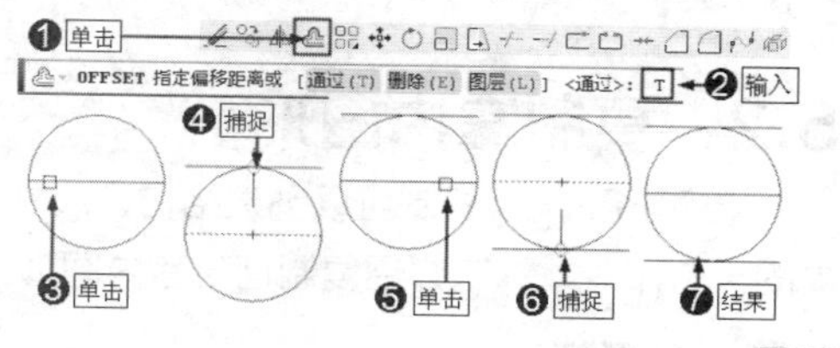

图 5-5

| 技术看板 | 在该操作中，需要首先设置“象限点”捕捉模式，同时开启“对象捕捉”功能。有关设置“象限点”捕捉模式和开启“对象捕捉”功能的相关操作，请参阅本书 2.5 节中的介绍。

练一练 下面用户可以尝试将上一节操作中的圆通过其切线右端点进行偏移，结果如图 5-6 所示。

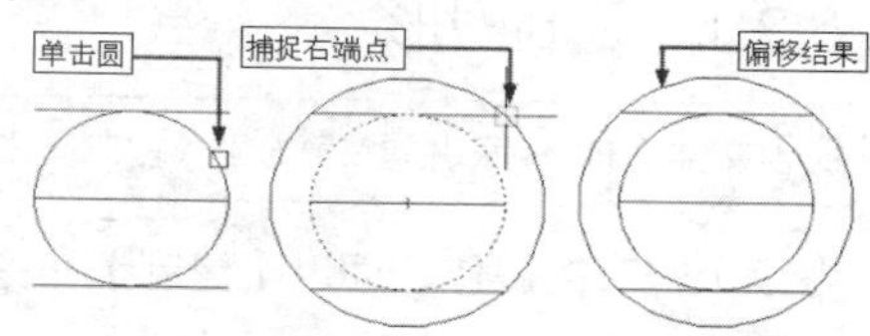

图 5-6

5.1.3 “删除”偏移

视频文件	专家讲堂 \ 第 5 章 \ “删除”偏移 .swf

默认设置下，在偏移对象时，源对象并不会被删除，但在实际工作中，有时会需要将源对象删除，只保留偏移后的对象，这时可以使用“删除偏移”来创建偏移对象。

继续上一节的操作，下面将上一节操作中的圆源对象删除，然后通过圆的切线的端点，创建另一个圆，效果如图 5-7 所示。

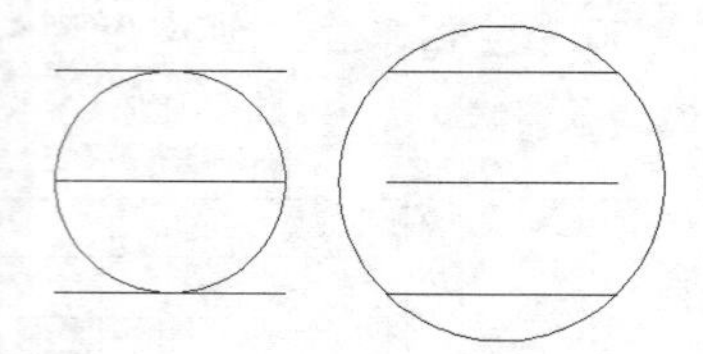

图 5-7

实例引导 ——“删除”偏移

Step01 ▸ 单击【修改】工具栏上的“偏移”按钮。

Step02 ▸ 输入“E”，按 Enter 键，激活“删除”选项。

Step03 ▸ 输入“Y”，按 Enter 键，激活“是”选项。

Step04 ▸ 输入“T”，按 Enter 键，激活“通过”选项。

Step05 ▸ 单击圆作为偏移对象。

Step06 ▸ 捕捉圆切线的右端点。

Step07 ▸ 按 Enter 键，偏移结果如图 5-8 所示。

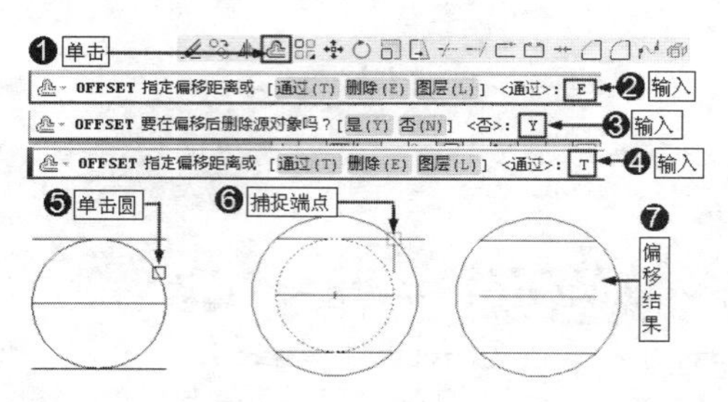

图 5-8

| 技术看板 | 在偏移复合图形对象（矩形、圆、多边形、圆弧等）时，偏移后图形结构不发生任何变化，但图形的尺寸都会发生变化。另外，除了以上所介绍的几种偏移外，还有一种“图层偏移”，这种偏移可以将 A 图层上的对象偏移到 B 图层上。“图层偏移”在室内设计中不常用，在此不做讲解。

5.2 复制室内图形

与偏移不同，复制可以创建结构、尺寸完全相同的多个图形对象，这是图形设计中使用频率最高的一个命令，本节介绍复制创建室内图形的方法。

本节内容概览

知识点	功能 / 用途	难易度与使用频率
复制图形（P104）	● 创建尺寸、形状相同的图形对象 ● 编辑完善室内图形	难易度：★ 使用频率：★★★★★
疑难解答	● 如何才能使复制的对象间距相等（P105） ● 复制距离与实际输入距离不相等（P105） ● 基点的选择位置对复制结果的影响（P106）	

5.2.1 复制图形

视频文件	专家讲堂 \ 第 5 章 \ 复制图形 .swf

继续上一节的操作，通过【复制】命令，对上一节操作中的圆进行复制，以创建另一个圆，如图 5-9 所示。

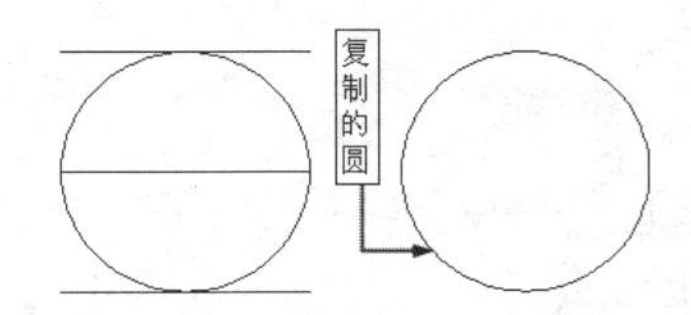

图 5-9

具体操作步骤见光盘“视频讲解”文件。

| 技术看板 | 如果需要复制多个图形对象，则移动光标到合适位置连续单击，即可复制多个对象，如图 5-10 所示，按 Enter 键即可结束复制操作。

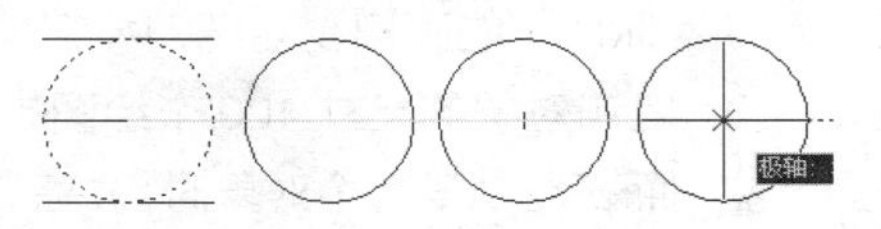

图 5-10

| 技术看板 | 另外，用户还可以通过以下方式激活【复制】命令。

- 单击【修改】菜单中的【复制】命令。
- 在命令行输入“COPY”后按 Enter 键。
- 使用快捷命令“CO”。

5.2.2 疑难解答——如何才能使复制的对象间距相等

视频文件	疑难解答 \ 第 5 章 \ 疑难解答——如何才能使复制的对象间距相等 .swf

疑难： 复制对象时，如何才能使复制的对象之间间距相等？例如，使复制的各对象之间间距均为 100 个绘图单位？

解答： 要想使复制的对象间距相等，需要输入目标点的坐标值，目标点的坐标值是“基点”到“目标点”的距离。所谓“基点”，就是复制时拾取的对象上的点，例如，在复制圆时，捕捉圆的圆心，该圆心就是“基点”，如果捕捉圆的象限点，那么该象限点就是“基点”。

绘制半径为 100 个绘图单位的圆，下面将该圆复制 3 个，各圆之间的距离为 100 个绘图单位，效果如图 5-11 所示。

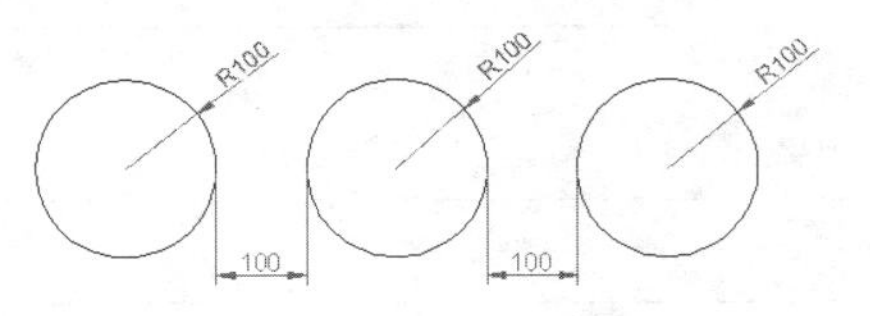

图 5-11

实例引导 ——复制间距相等的 3 个圆

Step01 ▸ 单击【修改】工具栏上的“复制”按钮。

Step02 ▸ 单击圆对象。

Step03 ▸ 按 Enter 键，捕捉圆心作为基点。

Step04 ▸ 输入“@300,0”，按 Enter 键，确定目标点坐标。

Step05 ▸ 继续输入“@600.0”，按 Enter 键，确定下一目标点坐标。

Step06 ▸ 按 Enter 键，结束操作，结果如图 5-12 所示。

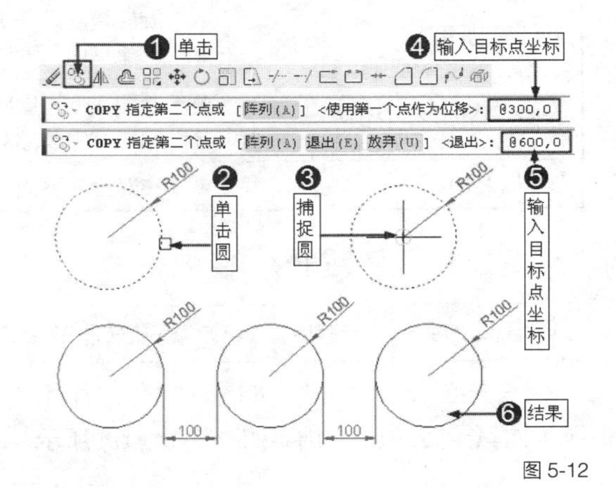

图 5-12

5.2.3 疑难解答——为什么复制距离与实际输入距离不相等

视频文件	疑难解答 \ 第 5 章 \ 疑难解答——为什么复制距离与实际输入距离不相等 .swf

疑难： 复制的对象之间的距离为 100 个绘图单位，为什么输入的距离却是 300 个绘图单位、600 个绘图单位呢？

解答： 前面我们讲过，目标点的距离值中包含了对象本身的尺寸，当复制第 1 个对象时，“基点”到“目标点”的距离是：源对象尺寸 100+ 对象之间的距离 100+ 复制对象的尺寸 100 个绘图单位，就等于 300 个绘图单位；而在复制第 2 个对象时，“基点”到“目标点”的距离同样包含了以上各尺寸以及第 1 个目标点到第 2 个目标点的距离，因此是 600 个绘图单位。

下面用户可以尝试重新复制间距为 10 个绘图单位的 3 个圆，如图 5-13 所示。

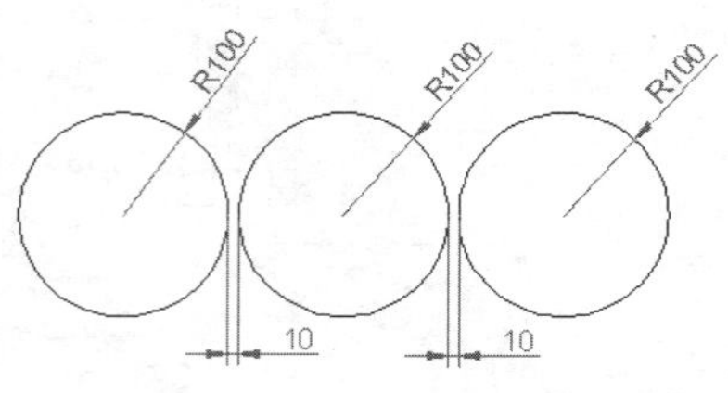

图 5-13

5.2.4 疑难解答——基点的选择位置对复制结果有何影响

视频文件	疑难解答\第 5 章\疑难解答——基点的选择位置对复制结果有何影响 .swf

疑难：在复制对象时，选择基点时有什么特殊要求吗？选不同的基点对复制结果有何影响？

解答：复制对象时，一般情况下捕捉对象上的任意一点都可以，但在精确复制时最好捕捉图形的特征点作为基点，这样容易精确计算目标点的坐标。

5.3 旋转室内图形

可以对室内图形按照指定的角度进行旋转，也可以参照某一对象角度进行旋转。另外，还可以在旋转的同时进行复制对象。

本节内容概览

知识点	功能 / 用途	难易度与使用频率
旋转图形（P106）	● 调整图形角度 ● 创建室内图形对象	难易度：★ 使用频率：★★★★★
旋转复制图形（P107）	● 旋转复制另一个对象 ● 创建室内图形对象	难易度：★★ 使用频率：★★★★★
参照旋转图形（P107）	● 参照其他对象旋转图形 ● 创建室内图形对象	难易度：★★ 使用频率：★★★★★
实例（P107）	● 布置室内平面椅	

5.3.1 旋转图形

视频文件	专家讲堂\第 5 章\旋转图形 .swf

首先绘制一个矩形，如图 5-14（a）所示，下面对其旋转 30°，结果如图 5-14（b）所示。

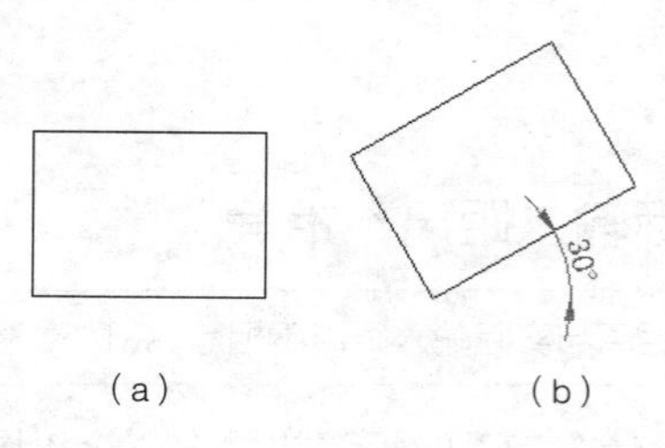

图 5-14

Step01 ▸ 在命令行输入“ROTATE”后按 Enter 键。

Step02 ▸ 单击矩形，按 Enter 键。

Step03 ▸ 捕捉矩形左下角点作为基点。

Step04 ▸ 输入旋转角度“30”。

Step05 ▸ 按 Enter 键，旋转结果如图 5-15 所示。

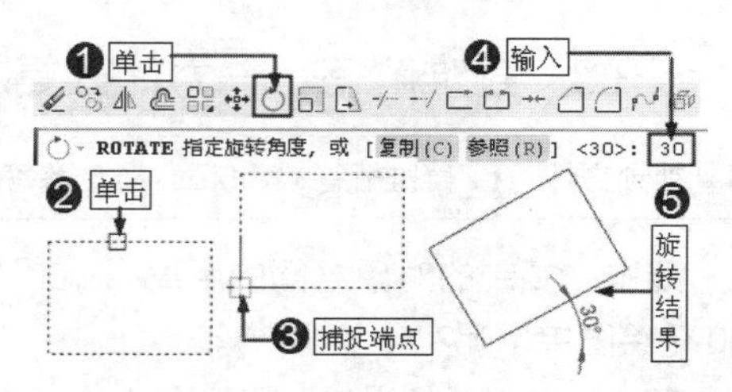

图 5-15

5.3.2　旋转复制图形

视频文件	专家讲堂 \ 第 5 章 \ 旋转复制图形 .swf

在旋转对象时，还可以对图形进行复制，创建另一个与源图形尺寸、形状相同的图形对象。下面将矩形旋转 30° 并进行复制。

实例引导 ——旋转复制图形

Step01 ▸ 使用快捷命令“RO”激活“旋转”命令。

Step02 ▸ 单击矩形，按 Enter 键。

Step03 ▸ 捕捉右下角点作为基点。

Step04 ▸ 输入“C”，按 Enter 键，激活“复制”选项。

Step05 ▸ 输入“30”，确定旋转角度。

Step06 ▸ 按 Enter 键，旋转复制结果如图 5-16 所示。

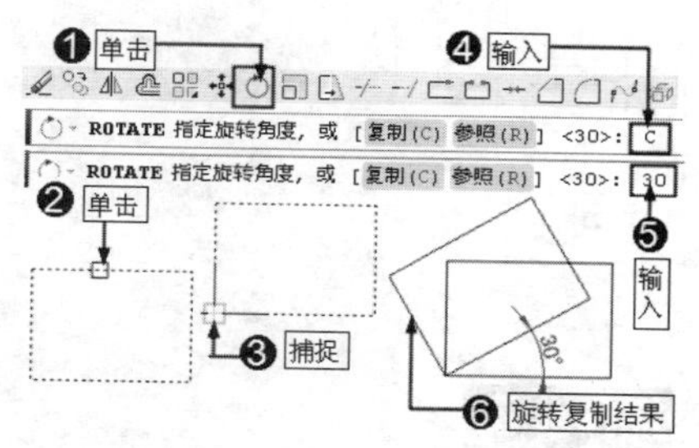

图 5-16

5.3.3　参照旋转图形

视频文件	专家讲堂 \ 第 5 章 \ 参照旋转图形 .swf

参照旋转图形时，不需要输入旋转角度，而是参考其他图形进行旋转。例如，绘制一个三角形和一个矩形，如图 5-17（a）所示，下面参照该三角形的右下角度对矩形进行旋转，结果如图 5-17（b）所示。

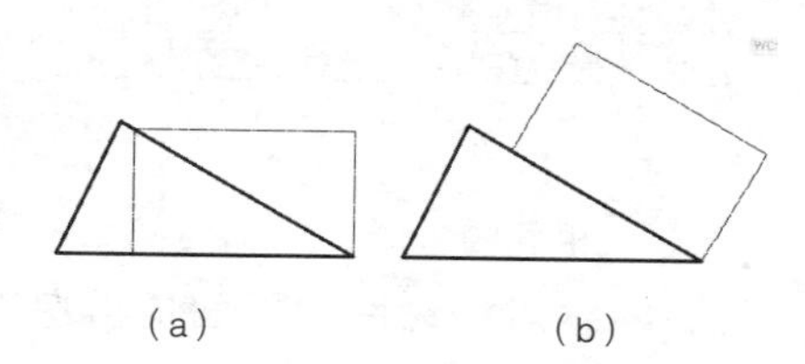

图 5-17

实例引导 ——参照旋转图形

Step01 ▸ 单击【修改】工具栏上的“旋转”按钮。

Step02 ▸ 单击矩形作为旋转对象。

Step03 ▸ 按 Enter 键，然后捕捉矩形右下角点。

Step04 ▸ 输入“R”，按 Enter 键，激活“参照”选项。

Step05 ▸ 捕捉三角形右下角点。

Step06 ▸ 捕捉三角形左下角点。

Step07 ▸ 捕捉三角形左上角点。结果如图 5-18 所示。

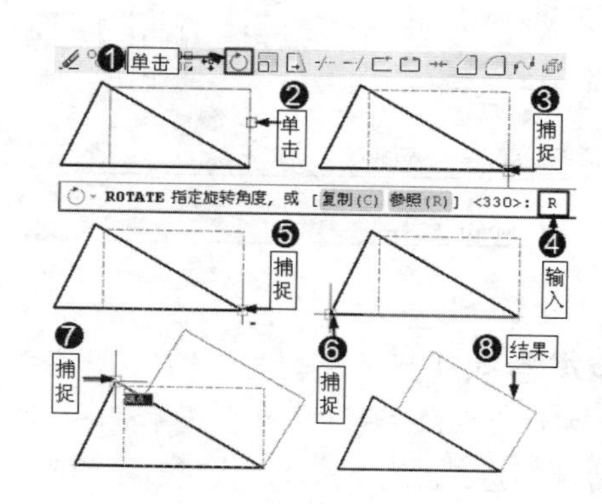

图 5-18

5.3.4　实例——布置室内平面椅

素材文件	效果文件 \ 第 4 章 \ 应用技能提升——绘制平面椅 .dwg
效果文件	效果文件 \ 第 5 章 \ 实例——布置室内平面椅 .dwg
视频文件	专家讲堂 \ 第 5 章 \ 实例——布置室内平面椅 .swf

打开素材文件，这是第 4 章操作技能进阶中绘制的室内平面椅图形，如图 5-19（左）所示，

下面使用【复制】和【旋转】命令布置室内平面椅，效果如图5-19（右）所示。

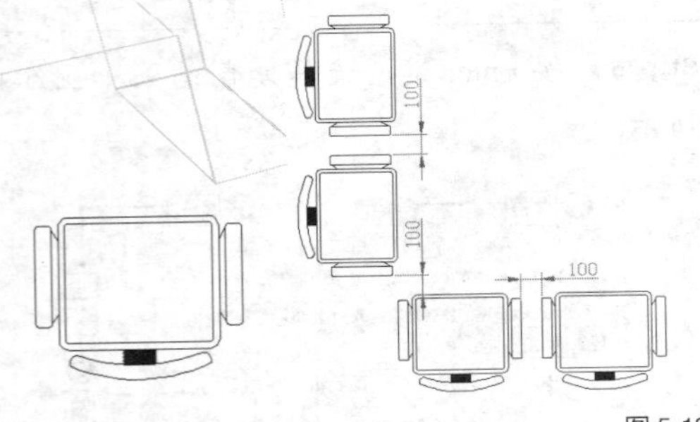

图5-19

操作步骤

1. 旋转并复制平面椅

Step01 ▸ 单击“旋转”按钮。

Step02 ▸ 用窗口方式选择平面椅。

Step03 ▸ 按Enter键，捕捉中点。

Step04 ▸ 输入“C”，按Enter键，激活“复制”选项。

Step05 ▸ 输入“-90”，按Enter键，确定旋转角度。结果如图5-20所示。

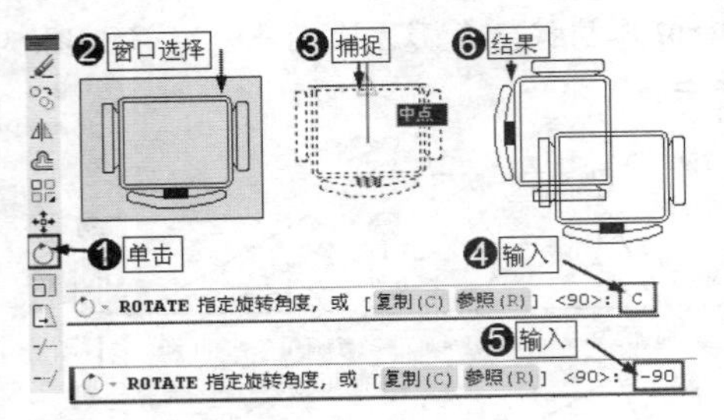

图5-20

| 技术看板 | 所谓窗口方式选择，是指按住鼠标左键由左向右拖出浅蓝色选择框，将要选择的对象包围在选择框内，这种选择方式一次可以选择多个对象，是选择图形常用的一种选择方法。在该操作中，由于该平面椅是由多个图形元素组成，如果使用其他选择方式会很麻烦，因此只能使用窗口选择方式，这样可以将平面椅所有图形元素全部选择。

2. 移动平面椅位置

下面需要对旋转复制的平面椅的位置进行调整。

Step01 ▸ 单击“移动”按钮。

Step02 ▸ 用点选方式选择旋转复制的平面椅。

Step03 ▸ 捕捉平面椅下扶手圆弧的圆心。

Step04 ▸ 移动光标到源平面椅子左扶手中点。

Step05 ▸ 向上引导光标引出追踪线。

Step06 ▸ 输入“100”，按Enter键，确定移动距离。移动结果如图5-21所示。

| 技术看板 | 所谓点选，是指单击要选择的对象即可将对象选择。由于该平面椅是由多个独立的图形对象所组成，另外，复制的平面椅与源平面椅相重叠，使用其他选择方式来选择并不合适，因此只能使用点选的方式，分别将平面椅各元素全部选择，这样才能对旋转复制的平面椅进行整体移动。

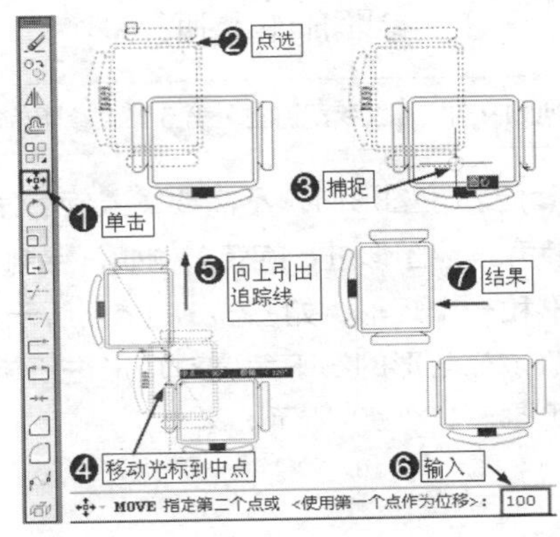

图5-21

3. 复制平面椅

下面继续对移动后的平面椅再次进行复制。

Step01 ▸ 单击“复制”按钮。

Step02 ▸ 用窗口方式选择平面椅。

Step03 ▸ 按Enter键，捕捉端点。

Step04 ▸ 输入“@0,700”，按Enter键，指定下一点坐标。

Step05 ▸ 按Enter键，结果如图5-22所示。

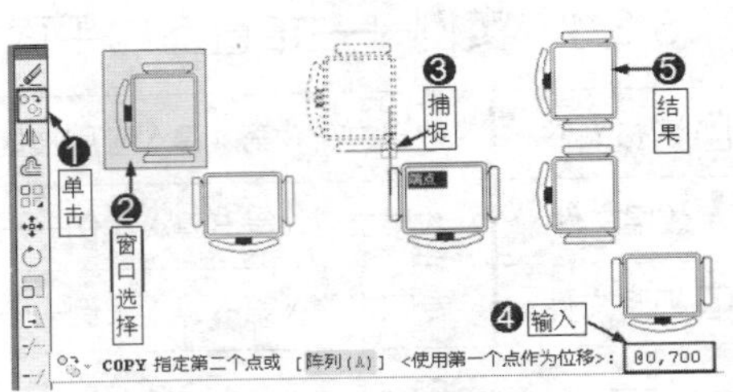

图5-22

| 技术看板 | 输入的复制距离为“@0,700”，是因为 700 包括了平面椅本身的宽度 600 以及复制的距离 100。如果复制距离小于平面椅子宽度距离 600，则复制的平面椅子会与源平面椅图形重叠。

Step06 ▸ 使用相同的方法，将下方的平面椅子向右复制，基点为平面椅子左扶手上端点，目标点是“@700,0”，复制结果如图 5-23 所示。

4. 保存文件

将绘图结果进行保存。

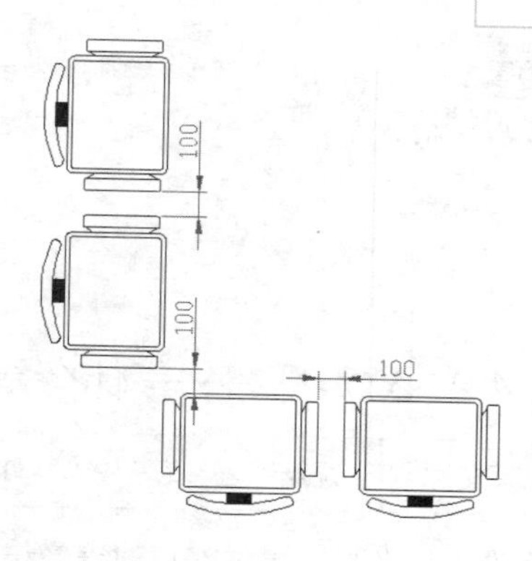

图 5-23

5.4 镜像室内图形

镜像用于将图形对象沿镜像轴进行对称复制，在镜像时，源对象可以保留，也可以删除，本节介绍镜像室内图形的相关方法和技能。

本节内容概览

知识点	功能 / 用途	难易度与使用频率
镜像图形（P109）	● 创建与源对象相对的图形 ● 编辑完善室内图形	难易度：★ 使用频率：★★★★★
疑难解答（P110）	● 什么是镜像轴？它对镜像结果有何影响 ● 关于镜像轴的坐标参数	
删除镜像（P110）	● 删除源对象进行镜像 ● 编辑完善室内图形	难易度：★ 使用频率：★★★★★
实例（P111）	● 完善室内平面椅	

5.4.1 镜像图形

素材文件	素材文件 \ 第 4 章 \ 应用技能提升——绘制平面椅 .dwg
视频文件	专家讲堂 \ 第 5 章 \ 镜像图形 .swf

打开素材文件，这是 4.9.2 节中绘制的平面椅图形对象，如图 5-24（a）所示，下面使用【镜像】命令将该平面椅图形进行镜像复制，使其呈面对面的效果，如图 5-24（b）所示。

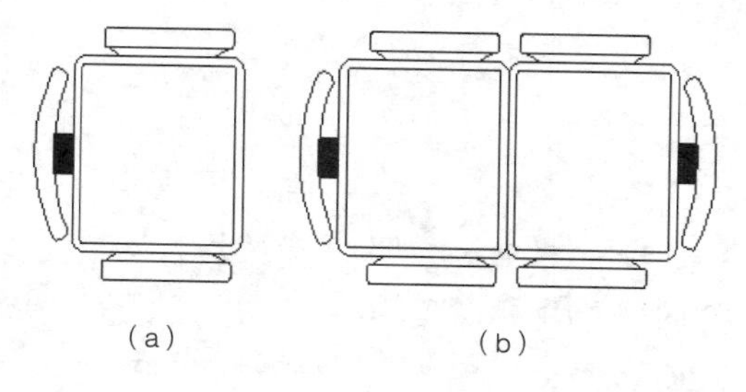

图 5-24

Step01 ▸ 在命令行输入“MIRROR”后按 Enter 键。

Step02 ▸ 窗口方式选择平面椅。

Step03 ▸ 按 Enter 键，捕捉中点。

Step04 ▸ 向下引导光标并拾取一点。

Step05 ▸ 按 Enter 键，结果如图 5-25 所示。

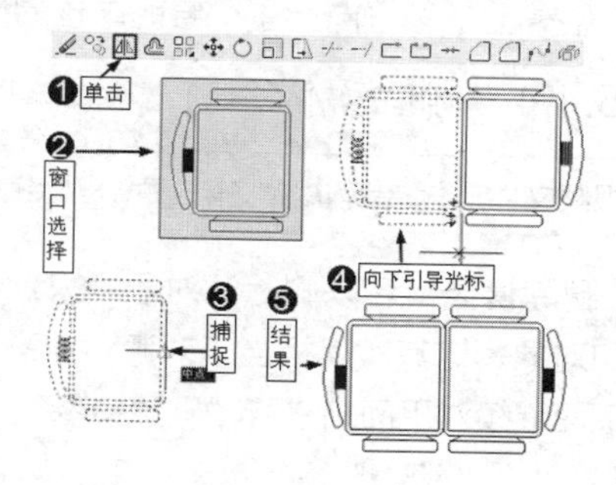

图 5-25

练一练 尝试将平面椅垂直镜像，使其呈如图 5-26 所示的效果。

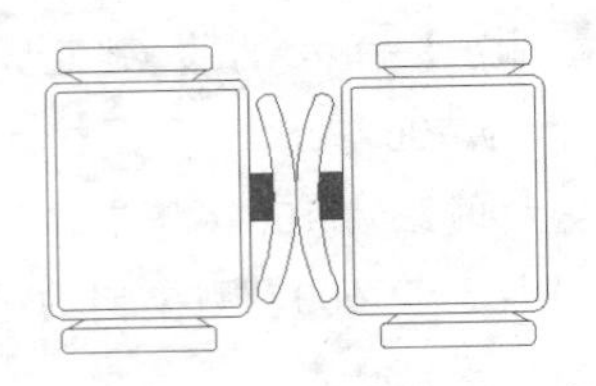

图 5-26

5.4.2 疑难解答——什么是镜像轴？它对镜像结果有何影响

视频文件	疑难解答\第 5 章\疑难解答——什么是镜像轴？它对镜像结果有何影响 .swf

疑难：什么是镜像轴？它对镜像结果有何影响？

解答：镜像轴就是源对象与镜像后的对象之间的中线。镜像轴对镜像结果有很大影响，它影响着源对象与镜像对象之间的距离，例如在图 5-27 所示的操作中，镜像轴是平面椅的一条边，则镜像结果是两个对象之间的距离为 0，如果想使镜像后的对象相距一定的距离，则镜像轴就只能是平面椅之外的一条线，下面我们通过镜像，使镜像后的平面椅与源平面椅之间保持 650mm 的距离，则可以这样操作。

Step01 ▸ 单击“镜像”按钮⚠。

Step02 ▸ 用窗口方式选择平面椅，按 Enter 键。

Step03 ▸ 移动光标到平面椅中点位置。

Step04 ▸ 水平向右引出追踪线。

Step05 ▸ 输入“325”，按 Enter 键，确定镜像轴的第 1 点坐标。

Step06 ▸ 输入“@0,1”，按 Enter 键，确定镜像轴的另一点坐标。

Step07 ▸ 按 Enter 键，结果如图 5-27 所示。

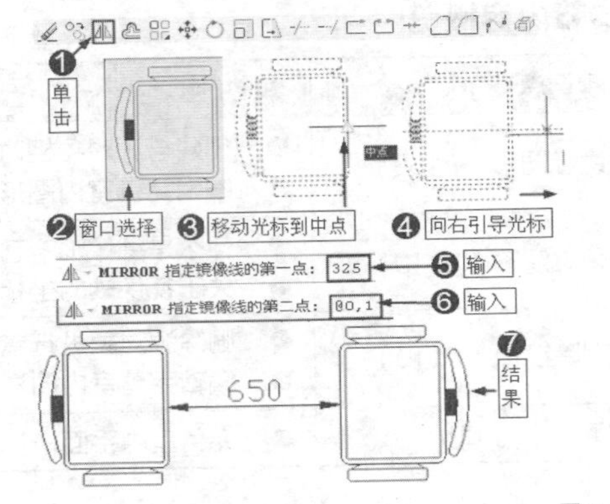

图 5-27

5.4.3 疑难解答——镜像轴的坐标参数如何确定

视频文件	疑难解答\第 5 章\疑难解答——镜像轴的坐标参数如何确定 .swf

疑难：在图 5-25 所示的操作中，两个图形对象之间的距离为 650，为什么输入的镜像轴第 1 点是 325，第 2 点是“@0,1”？“@0,1”表示什么意思？

解答：镜像轴其实就是两个对象之间的中线，两个对象之间的距离为 650，那么中线就在距离平面椅中点 X 轴方向 325 的位置上，该位置上的一点就是镜像轴的第 1 点，而“@0,1”则表示在 325 的位置上 Y 轴方向上 1 个绘图单位的点，该点就是镜像轴的第 2 点。

5.4.4 删除镜像

视频文件	专家讲堂\第 5 章\删除镜像 .swf

“删除镜像”可以删除源对象，只保留镜像后的对象，这其实就相当于对源对象进行旋转。下面继续对平面椅进行“删除镜像”。

Step01 ▸ 单击“镜像”按钮⚠。

Step02 ▸ 窗口方式选择平面椅，按 Enter 键。

Step03 ▸ 捕捉中点作为镜像轴的第 1 点。

Step04 ▸ 向下引出追踪线。

Step05 ▸ 拾取一点作为镜像轴的第 2 点。

Step06 ▸ 此时系统询问是否删除源对象，输入“Y”，激活【是】选项，表示要删除源对象。

Step07 ▶ 按 Enter 键，结果镜像后源对象被删除，如图 5-28 所示。

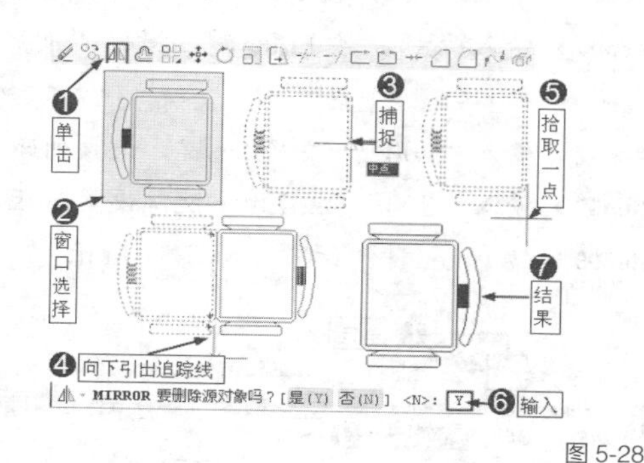

图 5-28

5.4.5　实例——完善室内平面椅

素材文件	效果文件 \ 第 5 章 \ 实例——布置室内平面椅 .dwg
效果文件	效果文件 \ 第 5 章 \ 实例——完善室内平面椅 .dwg
视频文件	专家讲堂 \ 第 5 章 \ 实例——完善室内平面椅 .swf

打开素材文件，这是上一节未完成的室内平面椅图形，如图 5-29（a）所示。下面通过【镜像】命令，对该平面椅图形进行完善，结果如图 5-29（b）所示。详细的操作步骤请观看随书光盘中的视频文件“实例——完善室内平面椅 .swf”。

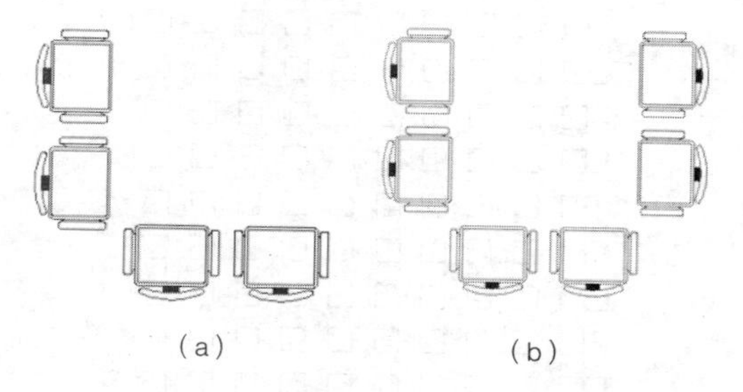

图 5-29

| 技术看板 | 对文字进行镜像时，镜像后文字的可读性取决于系统变量“MIRRTEX”的值，当变量值为 1 时，镜像文字不具有可读性；当变量值为 0 时，镜像后的文字具有可读性。

5.5　阵列室内图形

阵列用于将室内图形呈矩形或环形整齐排列，以创建多个图形对象。

本节知识概览

知识点	功能 / 用途	难易度与使用频率
矩形阵列（P111）	● 将对象呈矩形复制排列 ● 创建室内图形	难易度：★ 使用频率：★★★★★
疑难解答（P112）	● 关于矩形阵列中的参数设置	
实例（P112）	● 完善矮柜立面图	
极轴阵列（P113）	● 将对象呈环形复制排列 ● 创建室内图形	难易度：★ 使用频率：★★★★★
疑难解答	● 如何找到“环形阵列”按钮（P147） ● 影响极轴阵列效果的关键因素是什么（P148） ● 如何避免极轴阵列中对象重叠的情况（P148）	
实例（P114、P115）	● 完善地板拼花图	

5.5.1　矩形阵列

视频文件	专家讲堂 \ 第 5 章 \ 矩形阵列 .swf

“矩形阵列”是一种用于创建规则图形结构的复合命令，使用此命令可以将图形按照指定的行数和列数，呈“矩形”的排列方式进行大规模复制，以创建均布结构的图形，系统默认下，这些矩

形结构的图形具有关联性。

首先使用【矩形】命令绘制一个 100mm×100mm 的矩形，再使用【矩形阵列】命令创建如图 5-30 所示的组合图形效果。

图 5-30

实例引导——矩形阵列

Step01 ▸ 单击【修改】工具栏上的“矩形阵列”按钮。

Step02 ▸ 单击绘制的矩形，按 Enter 键。

Step03 ▸ 输入“COU”，按 Enter 键，激活“计数”选项。

Step04 ▸ 输入“10”，按 Enter 键，设置列数。

Step05 ▸ 输入“10”，按 Enter 键，设置行数。

Step06 ▸ 输入“S”，按 Enter 键，激活“间距”选项。

Step07 ▸ 输入“200”，按 Enter 键，设置列距。

Step08 ▸ 输入“200”，按 Enter 键，设置行距。

Step09 ▸ 按 Enter 键，结果如图 5-31 所示。

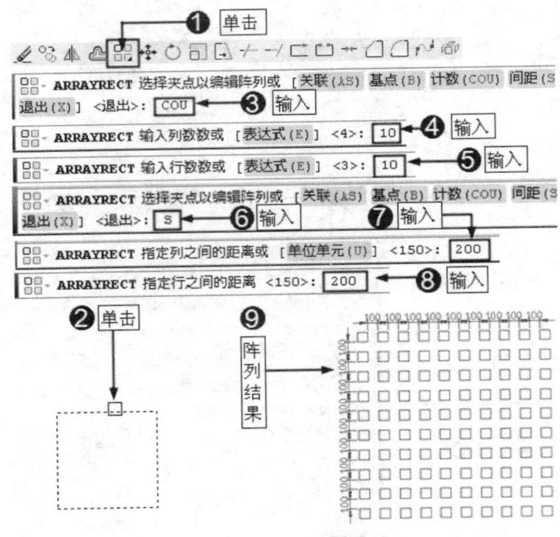

图 5-31

5.5.2 疑难解答——关于矩形阵列中的参数设置

视频文件	疑难解答\第 5 章\疑难解答——关于矩形阵列中的参数设置 .swf

疑难：图形之间的间距值为 100mm，为什么在创建的过程中输入的间距值为 200mm？

解答：这与复制图形相同，系统在计算间距值时会将图形本身的尺寸计算在内，图形尺寸为 100mm，图形之间的间距值为 100mm，因此，在创建时输入的间距值就是图形尺寸（100mm）与间距值（100mm）的和，也就是 200mm。

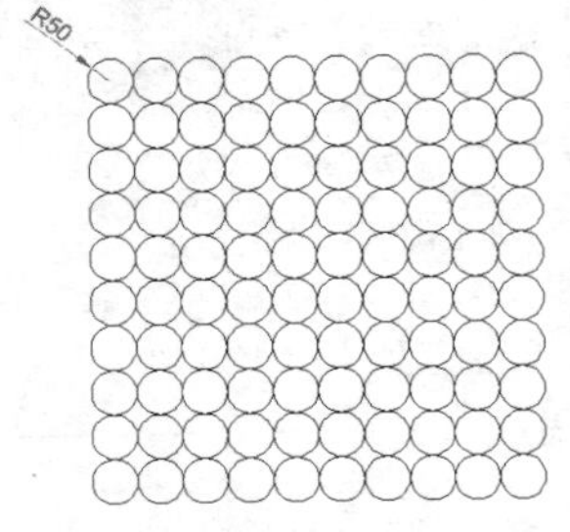

图 5-32

练一练 绘制半径为 50mm 的圆，使用【矩形阵列】命令创建如图 5-32 所示的图形，注意行距和列距的设置。

5.5.3 实例——完善矮柜立面图

素材文件	素材文件\矮柜立面图 .dwg
效果文件	效果文件\第 5 章\实例——完善矮柜立面图 .dwg
视频文件	专家讲堂\第 5 章\实例——完善矮柜立面图 .swf

打开素材文件，这是一个未完成的矮柜立面图，如图 5-33 所示。下面使用【矩形阵列】命令对其进行完善，效果如图 5-34 所示。

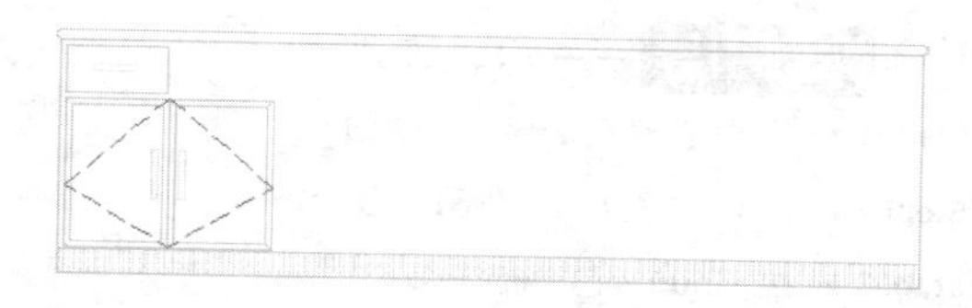

图 5-33

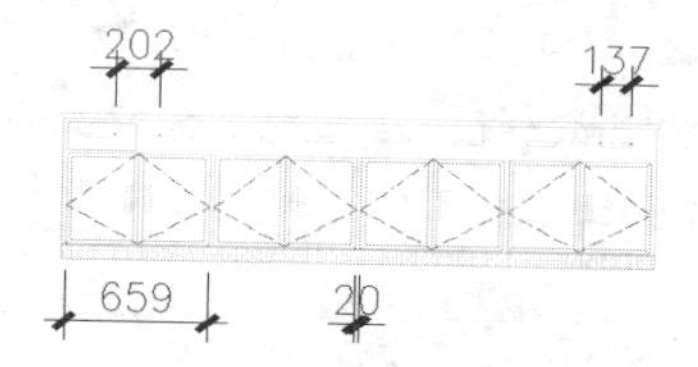

图 5-34

操作步骤

1. 创建矮柜抽屉拉手

该矮柜抽屉拉手一共有 1 行 8 个，拉手之间的距离为 202 个绘图单位，因此在创建时需要设置列数为 8，行数为 1，然后设置列间距为 339 个绘图单位（拉手间距 + 拉手长度）即可。

Step01 ▸ 单击“矩形阵列”按钮。

Step02 ▸ 单击拉手图形，按 Enter 键。

Step03 ▸ 输入“COU”，按 Enter 键，激活“计数”选项。

Step04 ▸ 输入“8”，按 Enter 键，确定列数。

Step05 ▸ 输入“1”，按 Enter 键，确定行数。

Step06 ▸ 输入“S”，按 Enter 键，激活“间距”选项。

Step07 ▸ 输入“339”，按 Enter 键，指定列之间的距离。

Step08 ▸ 输入“1”，按 Enter 键，指定行之间的距离。

Step09 ▸ 按 Enter 键，结果如图 5-35 所示。

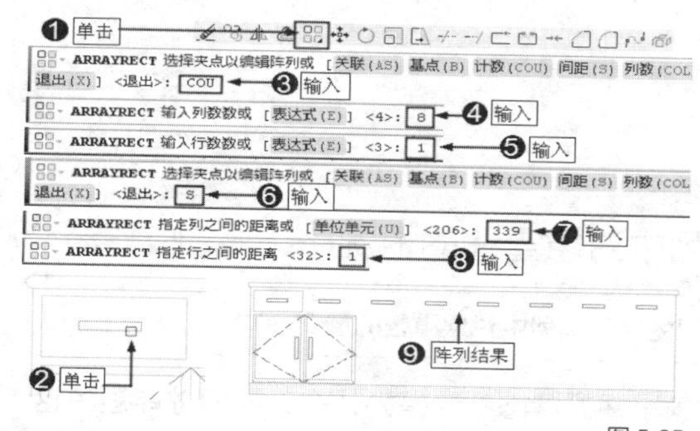

图 5-35

2. 创建矮柜门

该矮柜门一共是 1 行 4 个，其间距为 659 个绘图单位，柜门之间的距离 20 个绘图单位，因此在创建时需要设置列数为 4，行数为 1，然后设置列间距为 679 即可。

Step01 ▸ 单击“矩形阵列”按钮。

Step02 ▸ 用窗口方式选择矮柜门，按 Enter 键。

Step03 ▸ 输入“COU”，按 Enter 键，激活【计数】选项。

Step04 ▸ 输入“4”，按 Enter 键，确定列数。

Step05 ▸ 输入“1”，按 Enter 键，确定行数。

Step06 ▸ 输入“S”，按 Enter 键，激活【间距】选项。

Step07 ▸ 输入“679”，按 Enter 键，指定列之间的距离。

Step08 ▸ 输入“1”，按 Enter 键，指定行之间的距离。

Step09 ▸ 按 Enter 键，结果如图 5-36 所示。

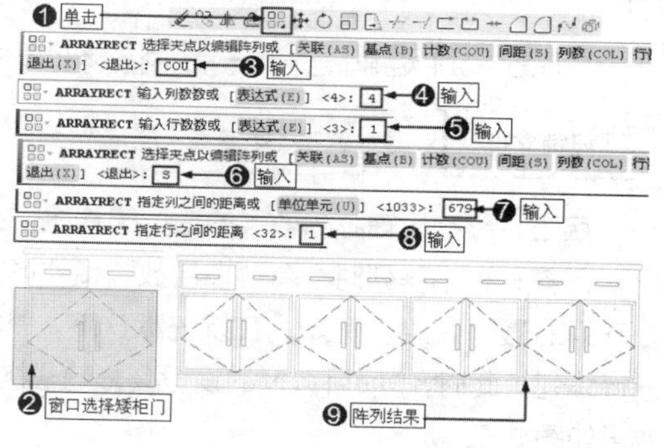

图 5-36

3. 保存文件

将绘制结果保存。

5.5.4 极轴阵列

素材文件	素材文件 \ 圆形餐桌与餐椅 .dwg
视频文件	专家讲堂 \ 第 5 章 \ 极轴阵列 .swf

所谓“极轴阵列”，是指沿中心点对图形进行环形复制，以快速创建聚心结构图形，因此“极轴阵列”也叫“环形阵列”。打开素材文件，这是一个圆桌和一把椅子的平面图，如图 5-37 所示。下面使用【极轴阵列】命令创建如图 5-38 所示的图形效果。

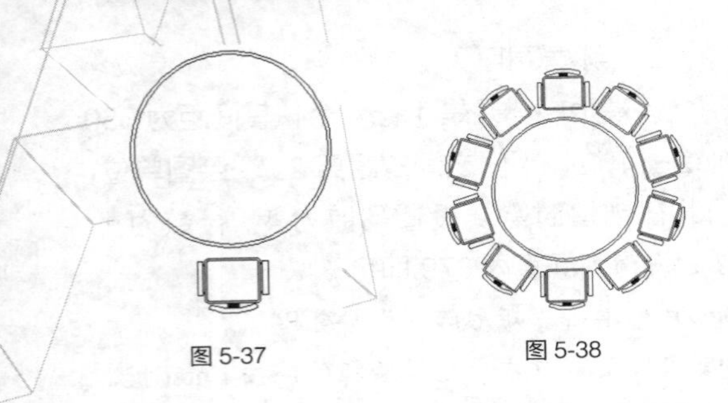

图 5-37　　图 5-38

实例引导——极轴阵列

Step01 ▸ 单击“环形阵列”按钮。

Step02 ▸ 窗口方式选择平面椅图形。

Step03 ▸ 按 Enter 键，捕捉圆心。

Step04 ▸ 输入“I”，按 Enter 键，激活“项目”选项。

Step05 ▸ 输入“10”，按 Enter 键，输入项目数。

Step06 ▸ 按 Enter 键，结果如图 5-37 所示。

5.5.5 疑难解答——如何找到“环形阵列”按钮

视频文件	疑难解答\第 5 章\疑难解答——如何找到 “环形阵列”按钮 .swf

疑难： 如何才能找到“环形阵列”按钮？

解答： 系统默认下，“环形阵列”按钮隐藏在“矩形阵列”按钮下，用户可以按住“矩形阵列”按钮，在弹出的下拉按钮中即可找到“环形阵列”按钮，具体操作如下。

Step01 ▸ 按住“矩形阵列”按钮。

Step02 ▸ 在弹出的下拉按钮中选择“环形阵列”按钮，如图 5-39 所示。

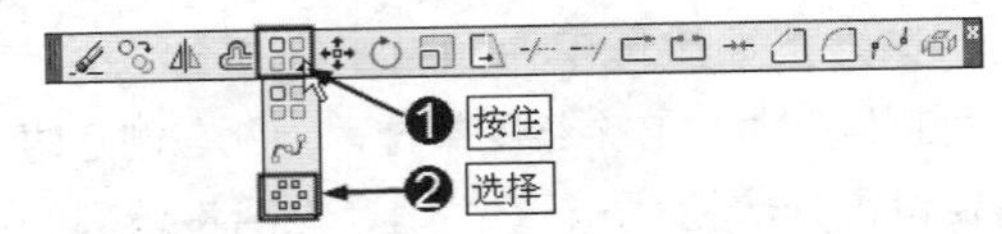

图 5-39

5.5.6 疑难解答——影响极轴阵列效果的主要因素是什么

视频文件	疑难解答\第 5 章\疑难解答——影响极轴阵列效果的主要因素是什么 .swf

疑难： 影响极轴阵列效果的主要因素是什么？

解答： 极轴阵列时，有“项目数”和“填充角度”两个选项非常重要，这两个选项直接影响极轴阵列的最终效果。例如，在系统默认下，“填充角度”为 360°，这表示在 360° 范围内对图形进行阵列，此时，“项目数”的设置会影响最终的效果，“项目数”分别是 3、4、5 和 6 的极轴阵列效果如图 5-40 所示。

反过来，当“项目数”不发生变化的情况下，则“填充角度”就是影响极轴阵列的最主要因素了，例如，“项目数”为 5，“填充角度”分别为 90°、180° 和 270° 时，这表示要将 5 个图形分别在 90°、180° 和 270° 范围内进行排列，其阵列效果如图 5-41 所示。

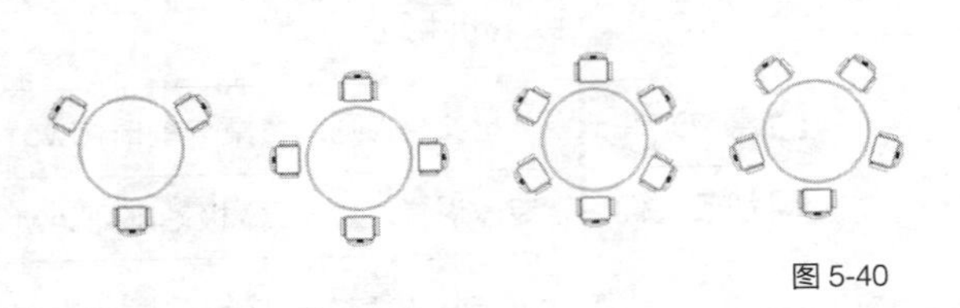

图 5-40

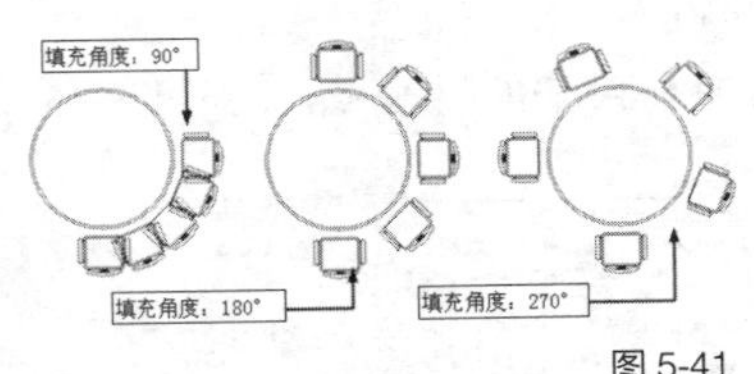

图 5-41

5.5.7 疑难解答——如何避免极轴阵列中对象重叠的情况

视频文件	疑难解答\第 5 章\疑难解答——如何避免极轴阵列中对象重叠的情况 .swf

疑难： 阵列后有时出现如图 5-42 所示的阵列对象重叠的状态？这是为什么？如何才能避免这

种情况?

解答： 这是因为填充角度是固定的，如果项目数太多或者对象本身的尺寸过大，就会导致极轴阵列后对象重叠。这就好比让 10 个身体宽度为 30cm 的人站在长度为 100cm 的线上，10 个人的身宽总和早就超过了 100cm 的线的长度，那这 10 个人只能是重叠站立了。如果是 3 个或 3 个以下的人，或者是 10 个身宽为 10cm 的人站在长度为 100cm 的线上，那这样人就不会重叠站立了。

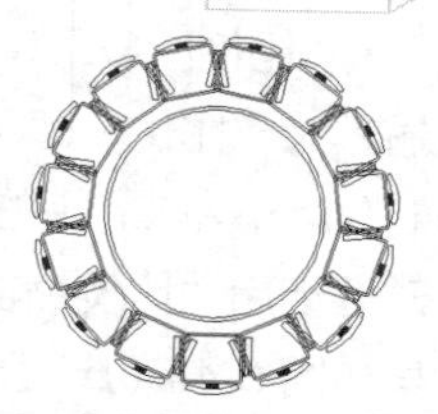

图 5-42

要避免图形阵列后不重叠，需要事先计算好图形的阵列数目以及图形本身的宽度与极轴阵列的周长，这样就会避免极轴阵列后图形重叠的现象。

5.5.8　实例——完善地板拼花图

素材文件	素材文件 \ 地板拼花 .dwg
效果文件	效果文件 \ 第 5 章 \ 实例——完善地板拼花 .dwg
视频文件	专家讲堂 \ 第 5 章 \ 实例——完善地板拼花 .swf

首先打开素材文件，这是一个未完成的地板拼花图，如图 5-43（a）所示。下面使用【极轴阵列】命令对该未完成的地板拼花图形进行完善，效果如图 5-43（b）所示。

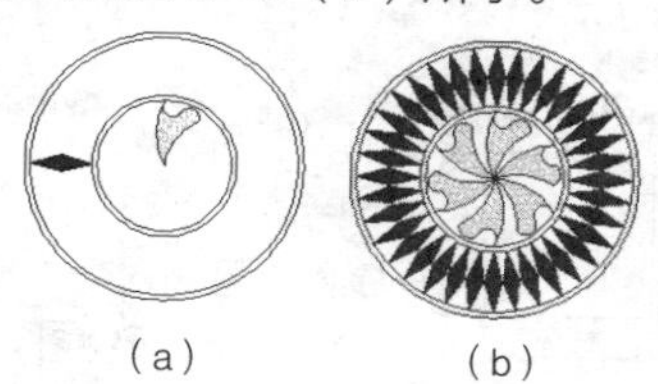

（a）　（b）

图 5-43

操作步骤

Step01 ▸ 创建内部拼花。

Step02 ▸ 创建外部拼花。

Step03 ▸ 将绘制结果保存。

具体的操作步骤请观看随书光盘中的视频文件“实例——完善地板拼花 .swf”。

5.6　缩放室内图形

在 AtuoCAD 室内设计中，经常会对室内图形进行大小缩放，使其能符合室内设计要求，本节介绍缩放室内图形的相关技能。

本节知识概览

知识点	功能 / 用途	难易度与使用频率
比例缩放（P115）	● 根据比例缩放图形 ● 创建室内图形	难易度：★ 使用频率：★★★★★
参照缩放（P116）	● 参照对象缩放图形 ● 创建室内图形	难易度：★ 使用频率：★★★★★
缩放复制（P116）	● 通过缩放复制图形 ● 创建室内图形	难易度：★ 使用频率：★★★★★
疑难解答（P117）	● 如何通过参照缩放复制图形对象	

5.6.1　比例缩放

视频文件	专家讲堂 \ 第 5 章 \ 比例缩放 .swf

“比例缩放”是系统默认的一种缩放形式，输入缩放比例，即可对图形进行缩放。首先绘制50mm × 50mm的矩形，如图5-44(a)所示，然后使用“比例缩放”将该矩形放大两倍，结果如图5-44（b）所示。

实例引导 ——比例缩放

Step01 ▸ 单击【绘图】工具栏上的“缩放”按钮。

Step02 ▸ 按 Enter 键，捕捉右下端点作为基点。

Step03 ▸ 输入比例因子“2”，按 Enter 键。

Step04 ▸ 按 Enter 键，结果如图 5-44 所示。

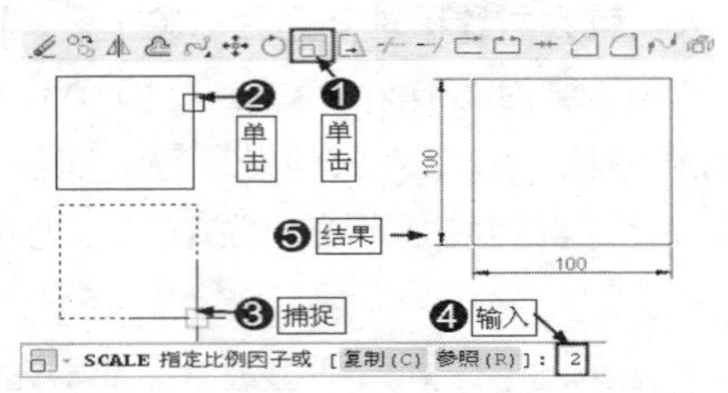

图 5-44

5.6.2 参照缩放

视频文件	专家讲堂 \ 第 5 章 \ 参照缩放 .swf

与“比例缩放”完全不同，“参照缩放”与比例因子无关，“参照缩放”是指参照某对象对源图形进行缩放，绘制边长为 60mm 的等边三角形和边长为 50mm 的正方形图形，如图 5-45（a）（b）所示，下面参照三角形的边长，对正方形进行缩放，使其正方形边长与三角形边长相等，如图 5-45（c）所示。

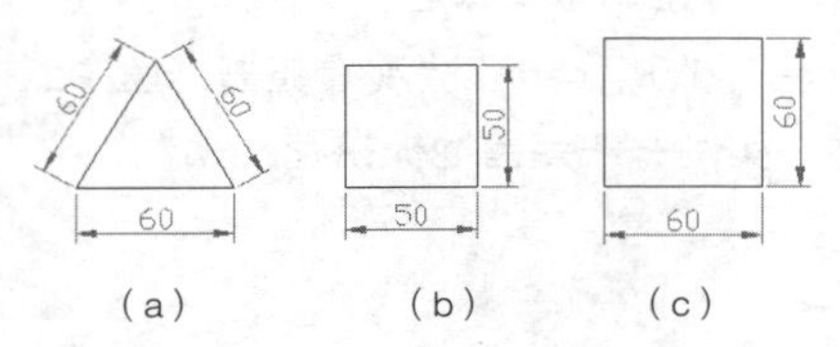

图 5-45

实例引导 ——参照缩放

Step01 ▸ 单击【修改】工具栏上的“缩放”按钮。

Step02 ▸ 单击矩形，按 Enter 键。

Step03 ▸ 捕捉矩形右下端点作为基点。

Step04 ▸ 输入“R”，按 Enter 键，激活“参照”选项。

Step05 ▸ 捕捉矩形右下端点。

Step06 ▸ 捕捉矩形的左下端点。

Step07 ▸ 输入“P”，按 Enter 键，激活“点”选项。

Step08 ▸ 捕捉三角形右端点。

Step09 ▸ 捕捉三角形左端点。结果如图 5-46 所示。

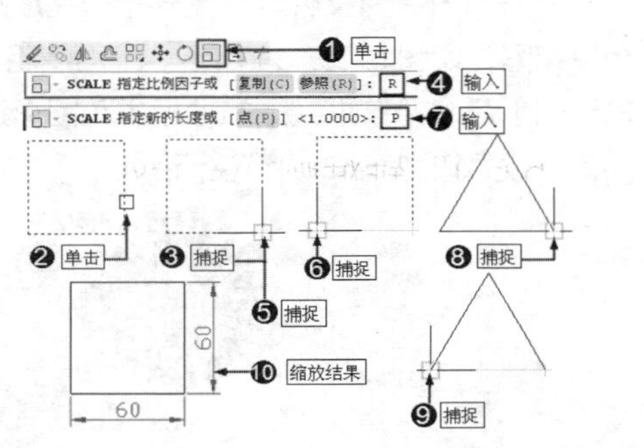

图 5-46

练一练 参照缩放时与比例值无关，下面用户可以尝试以如图 5-47（a）所示的矩形作为参照，对如图 5-47（b）所示的三角形进行缩放，使其三角形边长与矩形边长相等，如图 5-47(c) 所示。

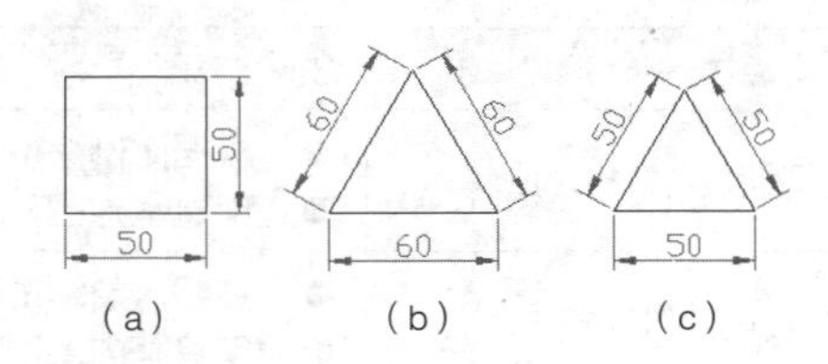

图 5-47

5.6.3 缩放复制

视频文件	专家讲堂 \ 第 5 章 \ 缩放复制 .swf

【缩放】命令不仅可以缩放对象，还可以复制出一个与源对象尺寸不同，但结构完全相同的图形，首先创建一个 100mm × 100mm 的矩形，然后通过“缩放复制”创建 150mm × 150mm 的矩形，如图 5-48 所示。

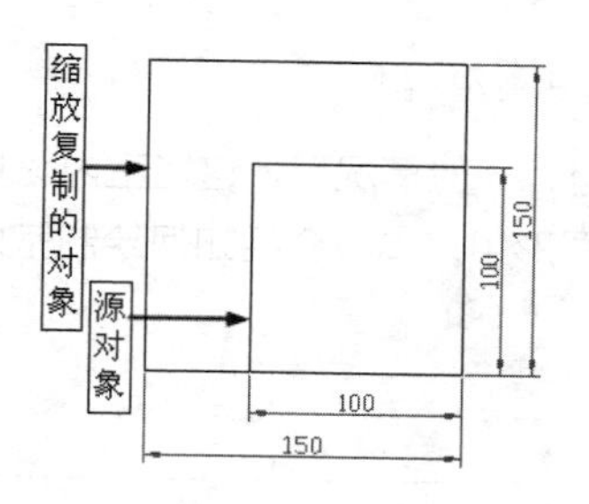

图 5-48

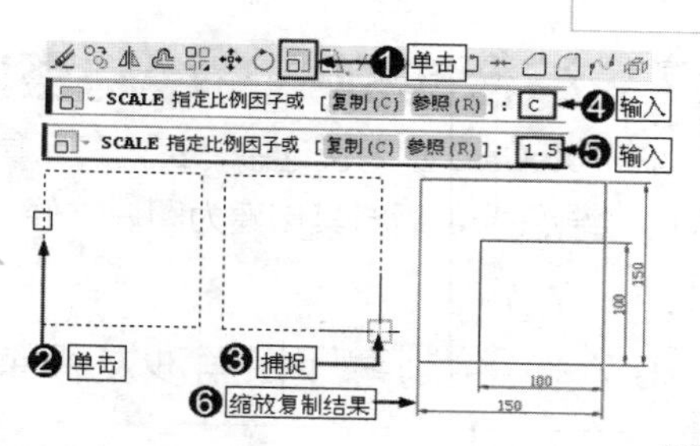

图 5-49

实例引导 ——缩放复制

Step01 ▸ 单击【修改】工具栏上的“缩放”按钮。

Step02 ▸ 单击矩形，按 Enter 键。

Step03 ▸ 捕捉矩形右下端点作为基点。

Step04 ▸ 输入“C”，按 Enter 键，激活“复制”选项。

Step05 ▸ 输入“1.5”，按 Enter 键，输入缩放比例。

Step06 ▸ 按 Enter 键，结果如图 5-49 所示。

练一练 下面用户可以尝试将 100mm×100mm 的矩形通过缩放复制创建出另一个 50mm×50mm 的矩形，如图 5-50 所示。

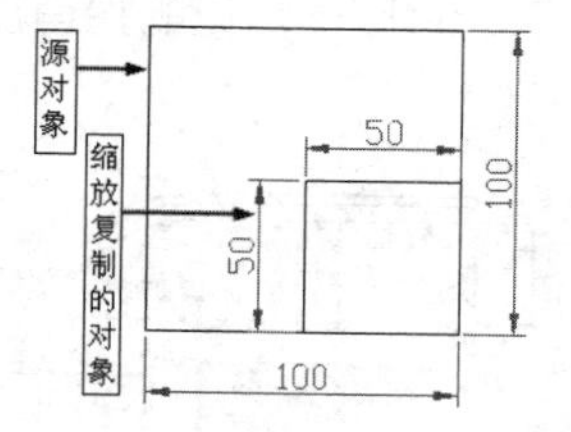

图 5-50

5.6.4　疑难解答——如何通过参照缩放复制图形对象

视频文件	疑难解答 \ 第 5 章 \ 疑难解答——如何通过参照缩放复制图形对象 .swf

疑难： 如果要对一个图形进行参照缩放复制，这时该如何操作？

解答： 参照缩放复制图形其实就是参照缩放和缩放复制的集合，因此，我们只要将这两种缩放结合起来执行就可以了，绘制边长为 60mm 的等边三角形和 50mm × 50mm 的正方形，如图 5-51（a）（b）所示，下面以三角形为参照对象，对正方形进行参照缩放复制，结果如图 5-51（c）所示。

(a)	(b)	(c)
60 60 60	50 50	60 60

图 5-51

实例引导 ——参照缩放复制图形

Step01 ▸ 单击“缩放”按钮。

Step02 ▸ 单击矩形，按 Enter 键。

Step03 ▸ 捕捉矩形左下端点。

Step04 ▸ 输入“C”，按 Enter 键，激活“复制”选项。

Step05 ▸ 输入“R”，按 Enter 键，激活“参照”选项。

Step06 ▸ 捕捉矩形的右下端点。

Step07 ▸ 捕捉矩形的左下端点。

Step08 ▸ 输入“P”，按 Enter 键，激活“点”选项。

Step09 ▸ 捕捉三角形右端点。

Step10 ▸ 捕捉三角形左端点。结果如图 5-52 所示。

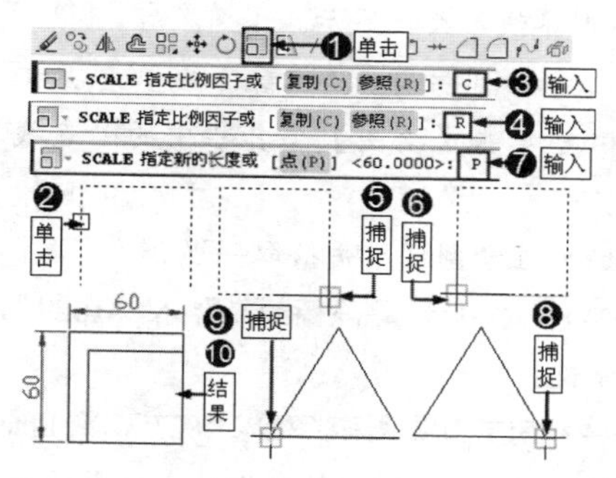

图 5-52

5.7 综合实例——绘制室内家具图形

在 AutoCAD 室内设计中，室内各家具是不可缺少的素材，一般情况下，这些室内家具都需要我们来绘制好，然后将其创建为图块文件，最后再插入室内图形中，本节介绍如何绘制室内各家具图形。

5.7.1 绘制客厅拐角沙发和茶几平面图

效果文件	效果文件\第 5 章\综合实例——绘制客厅拐角沙发和茶几平面图 .dwg
视频文件	专家讲堂\第 5 章\综合实例——绘制客厅拐角沙发和茶几平面图 .swf

客厅是室内设计的重要空间，而沙发和茶几又是客厅中的重要家具，本节就来绘制如图 5-53 所示的客厅中常见的拐角沙发和茶几平面图。

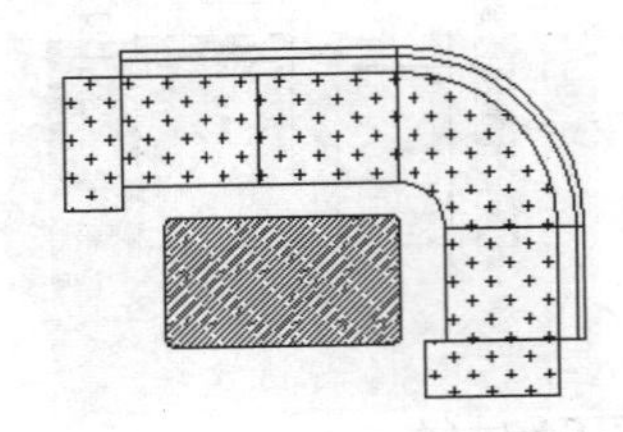

图 5-53

操作步骤

1. 设置图形界限

Step01 ▸ 快速新建一个空白文件。

Step02 ▸ 按 F3 功能键启用“对象捕捉”功能。

Step03 ▸ 按 F8 功能键启用“正交”功能。

Step04 ▸ 执行【格式】/【图形界限】命令。

Step05 ▸ 按 Enter 键，确定绘图界限的第 1 角点为坐标系原点。

Step06 ▸ 输入“3000,2000”，按 Enter 键，确定另一点，完成图形界限的设置。

Step07 ▸ 执行【视图】/【缩放】/【全部】命令，将图形界线最大化显示。

2. 绘制拐角沙发轮廓

Step01 ▸ 单击【绘图】工具栏中的“直线”按钮。

Step02 ▸ 在绘图区单击拾取一点。

Step03 ▸ 向右引导光标，输入“1623”，按 Enter 键。

Step04 ▸ 向下引导光标，输入“827”，按 Enter 键。

Step05 ▸ 按 Enter 键，结束操作，结果如图 5-54 所示。

图 5-54

3. 绘制相切圆

Step01 ▸ 单击【绘图】工具栏中的“圆”按钮。

Step02 ▸ 输入“T”，按 Enter 键，激活“相切、相切、半径”选项。

Step03 ▸ 在水平线上捕捉切点。

Step04 ▸ 在垂直线上捕捉切点。

Step05 ▸ 输入“240”，确定圆的半径。

Step06 ▸ 按 Enter 键，结果如图 5-55 所示。

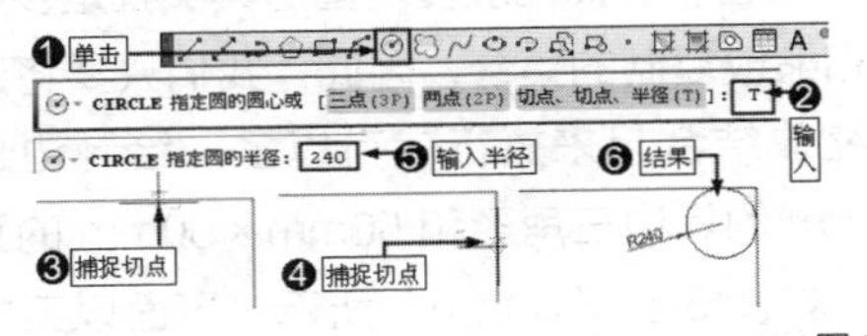

图 5-55

4. 修剪图形

Step01 ▸ 单击【修改】工具栏中的“修剪”按钮。

Step02 ▸ 单击圆作为修剪边界，

Step03 ▸ 按 Enter 键，在水平线的右边单击。

Step04 ▸ 在垂直线的上端单击。

Step05 ▸ 按 Enter 键，修剪结果如图 5-56 所示。

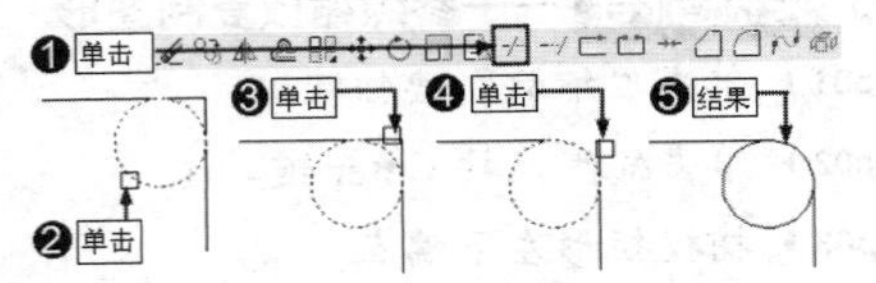

图 5-56

Step06 ▸ 使用【修剪】命令，以修剪后的两条直线作为修剪边界，对圆继续修剪，结果如图 5-57 所示。

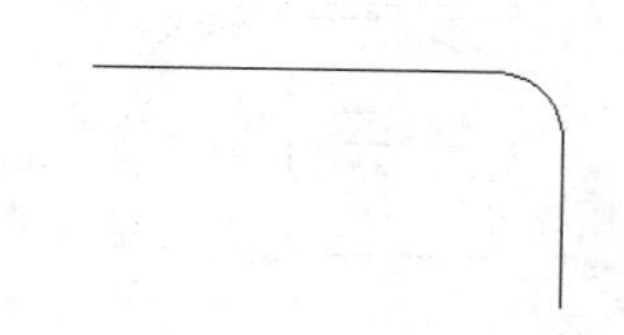

图 5-57

5. 创建多段线

Step01 ▸ 执行【修改】/【对象】/【多段线】命令。

Step02 ▸ 选择修剪后的任意一条线。

Step03 ▸ 输入“Y”，按 Enter 键。

Step04 ▸ 输入“J”，按 Enter 键，激活“合并”选项。

Step05 ▸ 依次选择所有图线。

Step06 ▸ 按 2 次 Enter 键，将修剪后的图线编辑为多段线。

6. 偏移图线

Step01 ▸ 单击【修改】工具栏上的“偏移”按钮。

Step02 ▸ 输入“566”，按 Enter 键，设置偏移距离。

Step03 ▸ 单击多段线。

Step04 ▸ 在多段线的外侧单击。

Step05 ▸ 按 Enter 键，偏移效果如图 5-58 所示。

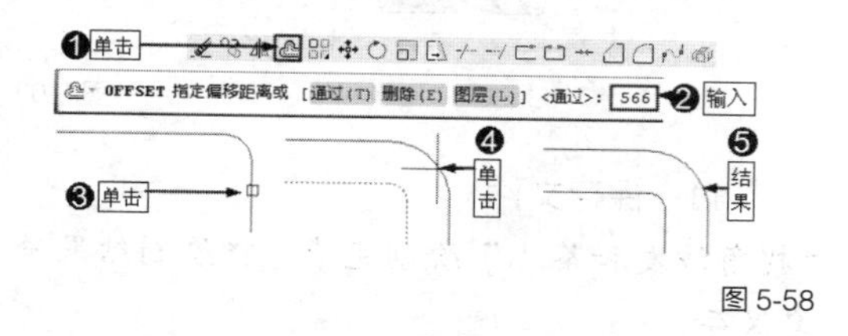

图 5-58

Step06 ▸ 使用【偏移】命令，将偏移后的图线继续向外偏移 88 个绘图单位和 134 个绘图单位，结果如图 5-59 所示。

7. 绘制沙发内部图线

Step01 ▸ 设置“端点”和“中点”捕捉模式。

Step02 ▸ 输入“L”，按 Enter 键，激活【线直线】命令。

Step03 ▸ 配合“端点”和“中点”捕捉功能绘制沙发内部图线，如图 5-60 所示。

8. 绘制沙发扶手

Step01 ▸ 单击【绘图】工具栏中的“矩形”按钮。

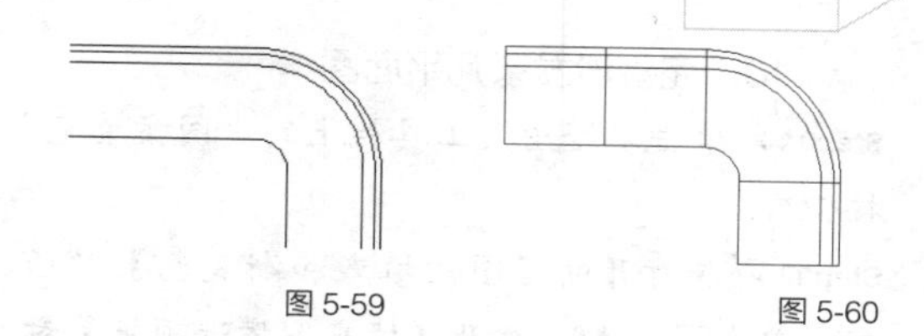

图 5-59　　图 5-60

Step02 ▸ 捕捉沙发左端点。

Step03 ▸ 输入“@-285,-685”，设置另一端点坐标。

Step04 ▸ 按 Enter 键，绘制结果如图 5-61 所示。

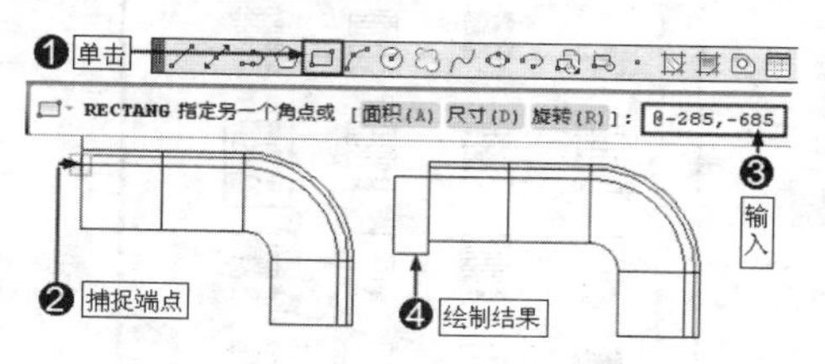

图 5-61

Step05 ▸ 使用相同的方法，绘制另一个沙发扶手，基点是沙发右下端点，目标点是“@-685,-285”，绘制结果如图 5-62 所示。

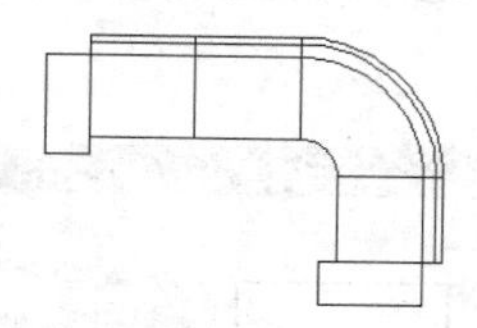

图 5-62

9. 绘制茶几

Step01 ▸ 单击【绘图】工具栏上的“矩形”按钮。

Step02 ▸ 输入“F”，按 Enter 键，激活“圆角”选项。

Step03 ▸ 输入“35”，按 Enter 键，确定圆角半径。

Step04 ▸ 在绘图区单击指定第 1 个角点。

Step05 ▸ 输入“@1180,660”，确定第 2 个角点坐标。

Step06 ▸ 按 Enter 键，结果如图 5-63 所示。

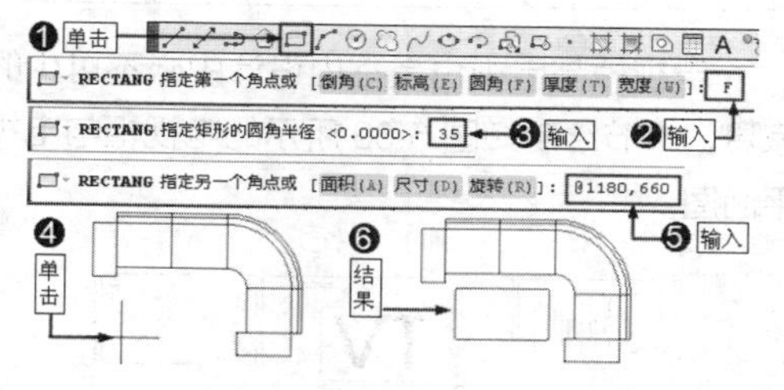

图 5-63

10. 完善沙发茶几平面图

Step01 ▶ 单击“绘图”工具栏上的“图案填充”按钮。

Step02 ▶ 在打开的【图案填充和渐变色】对话框中单击按钮，打开【填充图案选项板】对话框，选择一种图案，如图 5-64 所示。

图 5-64

Step03 ▶ 确认返回，然后设置其他参数，如图 5-65 所示。

图 5-65

Step04 ▶ 单击“添加：拾取点”按钮返回绘图区，在沙发坐垫位置和扶手位置单击使其填充区域，如图 5-66 所示。

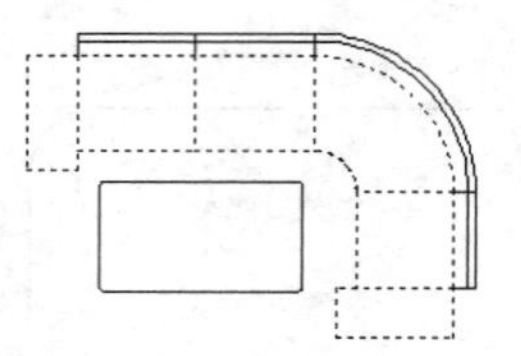

图 5-66

Step05 ▶ 按 Enter 键确认，单击 确定 按钮进行填充，效果如图 5-67 所示。

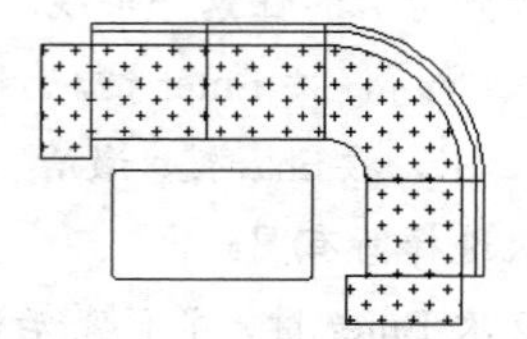

图 5-67

Step06 ▶ 使用相同的方法，对茶几填充一种“JIS_STN_1E”的图案，设置填充比例为 50，填充效果如图 5-68 所示。

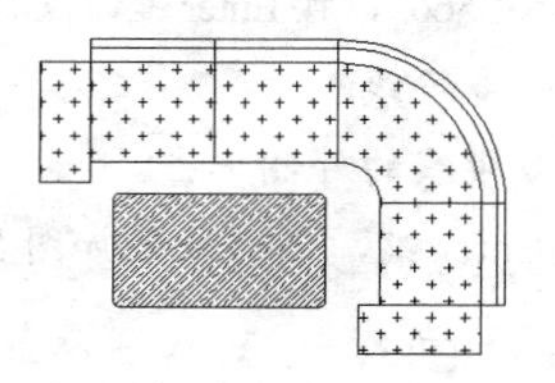

图 5-68

11. 保存文件

“拐角沙发和茶几”绘制完毕，将绘制结果命名保存。

5.7.2 绘制电视柜与电视平面图

效果文件	效果文件 \ 第 5 章 \ 综合实例——绘制客厅电视柜与电视平面图 .dwg
视频文件	专家讲堂 \ 第 5 章 \ 综合实例——绘制客厅电视柜与电视平面图 .swf

电视柜与电视也是室内设计中必不可少的家具，本节绘制如图 5-69 所示的电视柜与电视平面图。

图 5-69

操作步骤

Step01 ▶ 绘制电视柜外轮廓。

Step02 ▶ 偏移轮廓线。

Step03 ▶ 绘制圆弧。

Step04 ▶ 绘制电视柜内部矩形。

Step05 ▶ 复制矩形。

Step06 ▸ 圆角处理电视柜。

Step07 ▸ 绘制电视。

Step08 ▸ 输入电视文字。

Step09 ▸ 将绘制结果命名保存。

详细的操作步骤请观看随书光盘中的视频文件“综合实例——绘制客厅电视柜与电视平面图 .swf”。

5.7.3　绘制办公桌组合平面图

效果文件	效果文件 \ 第 5 章 \ 综合实例——绘制办公桌组合平面图 .dwg
视频文件	专家讲堂 \ 第 5 章 \ 综合实例——绘制办公桌组合平面图 .swf

办公桌组合是工装和家装室内设计中必不可少的室内家具，本节介绍绘制如图 5-70 所示的办公桌组合平面图。

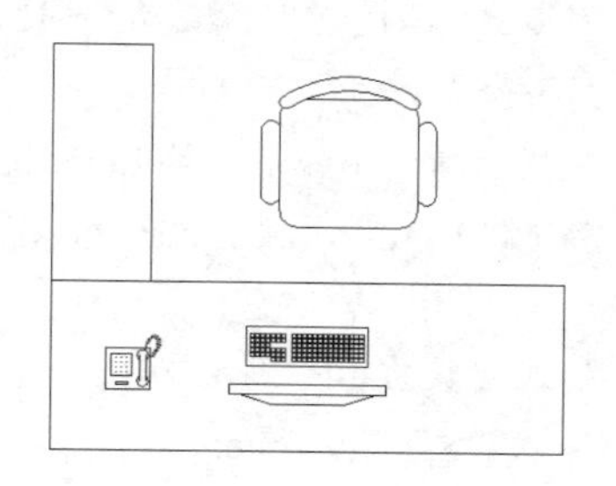

图 5-70

1. 新建文件并设置绘图界限

Step01 ▸ 新建一个空白文件。

Step02 ▸ 按 F3 功能键启用状态栏上的“对象捕捉”功能。

Step03 ▸ 执行【格式】/【图形界限】命令。

Step04 ▸ 在绘图区单击拾取一点，然后输入“4200,3500”，按 Enter 键。

Step05 ▸ 执行【视图】/【缩放】/【全部】命令，将视图最大化显示。

2. 绘制办公桌平面图

Step01 ▸ 输入“REC”，按 Enter 键，激活【矩形】命令。

Step02 ▸ 在绘图区单击拾取一点。

Step03 ▸ 输入“@2460,-850”，按 Enter 键，绘制矩形，如图 5-71 所示。

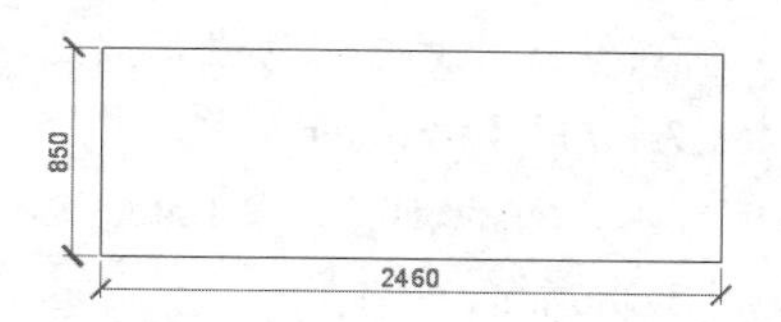

图 5-71

Step04 ▸ 使用【矩形】命令，以矩形左上角点为角点，绘制 478mm×1171mm 的矩形作为书桌的另一个轮廓线，结果如图 5-72 所示。

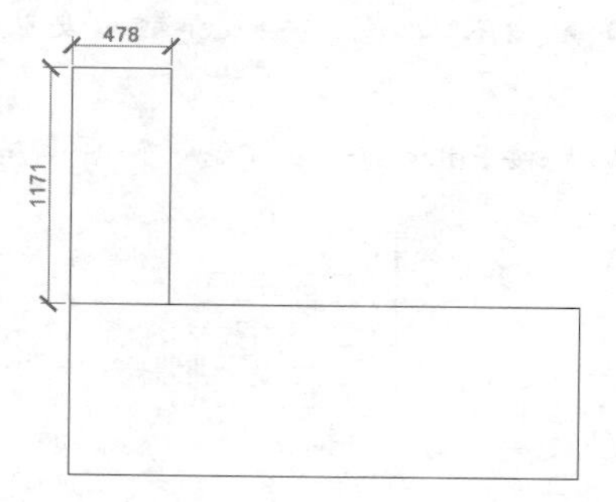

图 5-72

3. 绘制电脑键盘平面图

Step01 ▸ 输入“REC”，按 Enter 键，激活【矩形】命令。

Step02 ▸ 在绘图区单击拾取一点。

Step03 ▸ 输入“@588,210”，按 Enter 键，绘制一个矩形。

Step04 ▸ 按 Enter 键，重复执行【矩形】命令。

Step05 ▸ 按住 Shift 键，同时单击鼠标右键，选择“自”选项。

Step06 ▸ 捕捉矩形左上角点，然后输入“@20,-20”，按 Enter 键。

Step07 ▸ 输入“@20,-20”，按 Enter 键，在该矩形内部再次绘制小矩形，如图 5-73 所示。

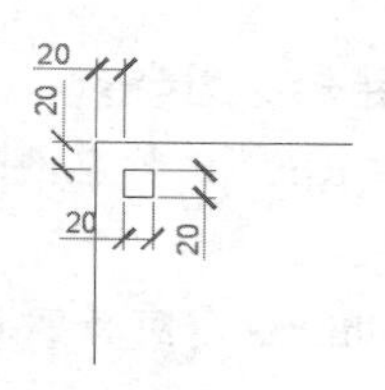

图 5-73

4. 阵列创建键盘键

Step01 ▸ 输入“ARRAY”，按 Enter 键，激活【矩形阵列】命令。

Step02 ▸ 选择创建的小矩形，按 Enter 键。

Step03 ▸ 输入“COU”，按 Enter 键，激活“计数”选项。

Step04 ▸ 输入列数为 7、行数为 5。

Step05 ▸ 输入“S”，按 Enter 键，激活“间距”选项。

Step06 ▸ 输入列间距和行间距均为 25。

Step07 ▸ 输入“AS”，按 Enter 键，激活“关联”选项。

Step08 ▸ 输入“N”，按 Enter 键，设置“不关联”。

Step09 ▸ 按 Enter 键，创建结果如图 5-74 所示。

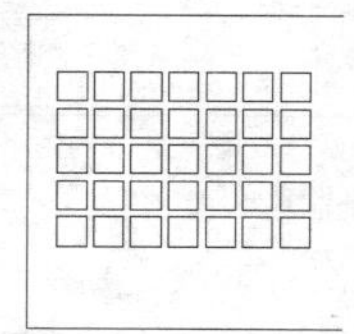

图 5-74

5. 调整键盘的位置

Step01 ▸ 输入“M”，按 Enter 键，激活【移动】命令。

Step02 ▸ 窗交方式选择右下方 9 个键盘小矩形。

Step03 ▸ 按 Enter 键，捕捉左上方小矩形的左上角点作为基点。

Step04 ▸ 捕捉左下方小矩形的左上角点作为目标点。移动结果如图 5-75 所示。

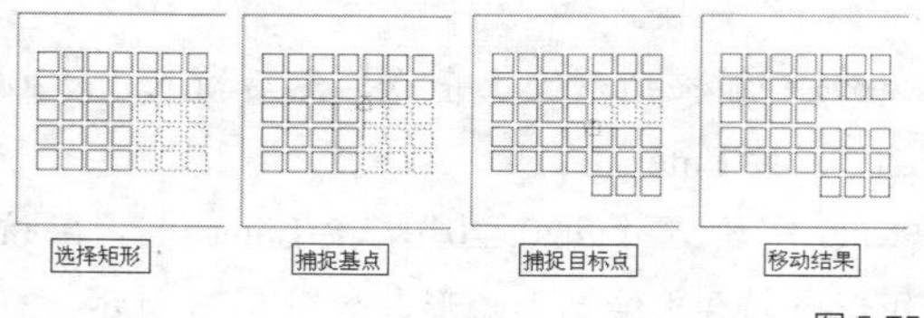

图 5-75

6. 绘制另一边键盘键

Step01 ▸ 输入“REC”，按 Enter 键，激活【矩形】命令。

Step02 ▸ 按住 Shift 键，同时单击鼠标右键，选择“自”选项。

Step03 ▸ 捕捉右侧小矩形的右上端点，然后输入“@30,0”，按 Enter 键。

Step04 ▸ 输入“@20,-20”，按 Enter 键，继续绘制另一个小矩形，结果如图 5-76 所示。

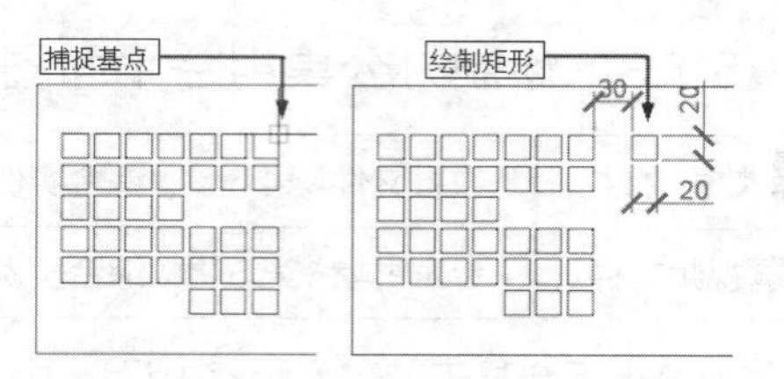

图 5-76

7. 阵列右侧键盘键

Step01 ▸ 输入“ARRAY”，按 Enter 键，激活【矩形阵列】命令。

Step02 ▸ 选择创建的小矩形，按 Enter 键。

Step03 ▸ 输入“COU”，按 Enter 键，激活“计数”选项。

Step04 ▸ 输入列数为 14、行数为 6。

Step05 ▸ 输入“S”，按 Enter 键，激活“间距”选项。

Step06 ▸ 输入列间距和行间距均为 25。

Step07 ▸ 输入“AS”，按 Enter 键，激活“关联”选项。

Step08 ▸ 输入“N”，按 Enter 键，设置“不关联”。

Step09 ▸ 按 Enter 键，创建结果如图 5-77 所示。

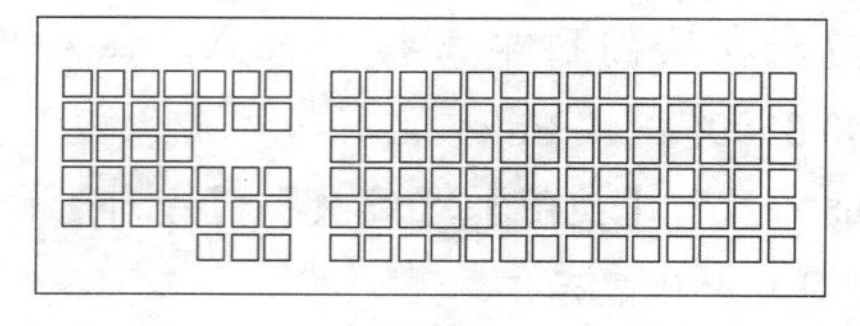

图 5-77

8. 绘制计算机显示器平面图

Step01 ▸ 输入“REC”，按 Enter 键，激活【矩形】命令。

Step02 ▸ 按住 Shift 键，同时单击鼠标右键，选择“自”选项。

Step03 ▸ 捕捉键盘外侧矩形的左下端点，然后输入“@-75,-90”，按 Enter 键。

Step04 ▸ 输入“@750,50”，按 Enter 键，绘制结果如图 5-78 所示。

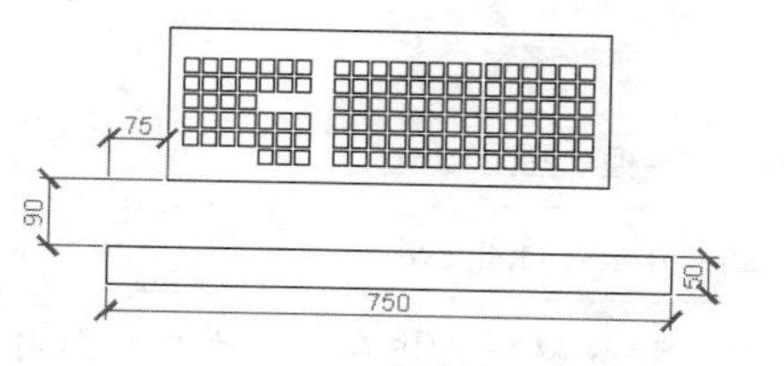

图 5-78

Step05 ▸ 输入“L”，按 Enter 键，激活【直线】命令。

Step06 ▸ 按住 Shift 键，同时单击鼠标右键，选择“自”选项。

Step07 ▸ 捕捉显示器左下角点，输入“@50,0”，按 Enter 键，定位第 1 点。

Step08 ▸ 输入“@150,-50”，按 Enter 键，定位第 2 点。

Step09 ▸ 按住 Shift 键，同时单击鼠标右键，选择“自”选项。

Step10 ▸ 捕捉显示器右下角点，输入“@-200,-50”，按 Enter 键，定位第 3 点。

Step11 ▸ 由显示器右下角点向左引出追踪线，输入“50”，按 Enter 键，定位第 4 点。

Step12 ▸ 按 Enter 键，绘制结果如图 5-79 所示。

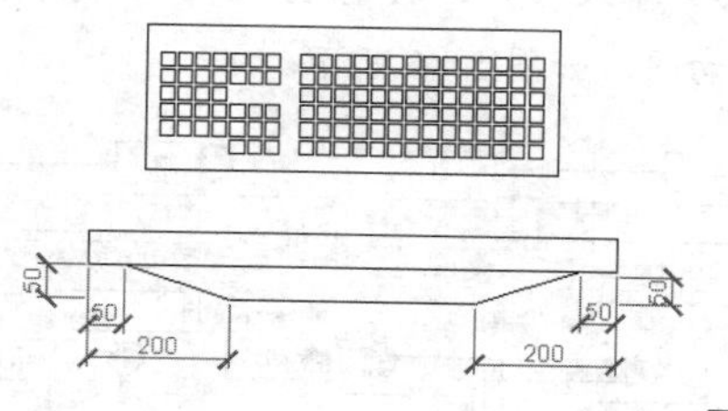

图 5-79

9. 调整电脑位置

Step01 ▸ 设置“中点”捕捉模式，并启用“对象捕捉追踪”功能。

Step02 ▸ 单击【修改】工具栏上的“移动”按钮✣。

Step03 ▸ 用窗口方式选择绘制的电脑平面图的所有图形对象。

Step04 ▸ 按 Enter 键，捕捉键盘的中点作为基点。

Step05 ▸ 由办公桌上水平线的中点向下引导光标，在合适位置单击，将电脑移动到办公桌位置，如图 5-80 所示。

10. 调用电话与办公椅图形

Step01 ▸ 输入“I”，按 Enter 键，打开【插入】对话框。

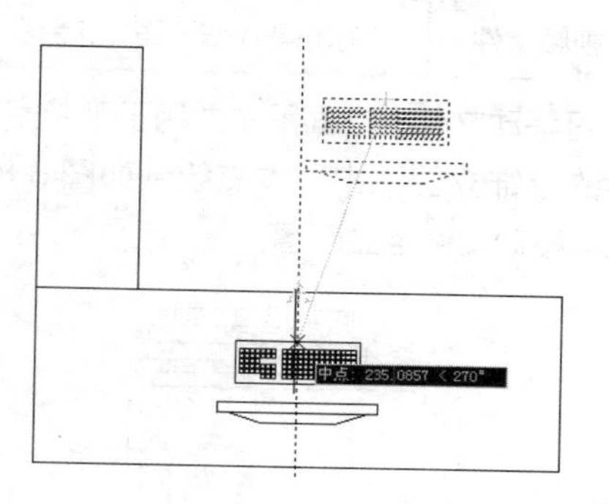

图 5-80

Step02 ▸ 单击[浏览(B)...]按钮，选择本书配套光盘“图块文件”目录下的“电话俯视图 .dwg”图形文件，然后设置【插入】对话框参数，如图 5-81 所示。

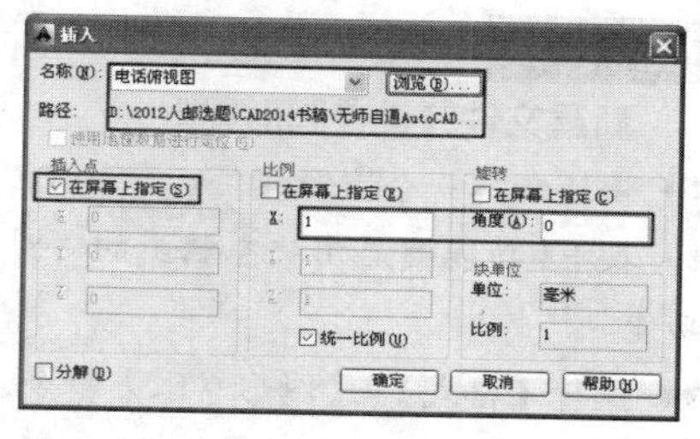

图 5-81

Step03 ▸ 单击[确定]按钮返回绘图区，在电脑左边位置单击插入电话图块，如图 5-82 所示。

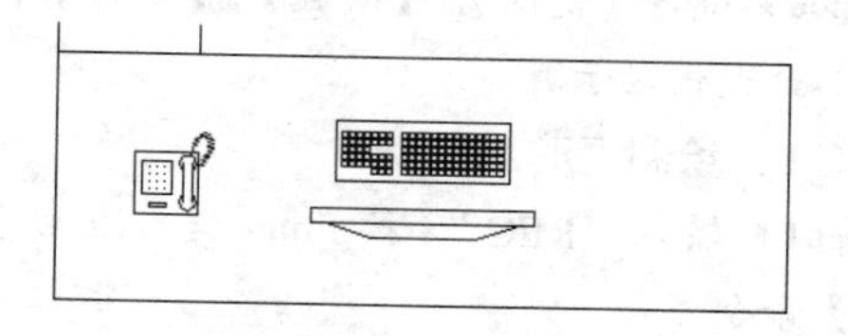

图 5-82

Step04 ▸ 使用相同的方法，在办公桌上方位置插入本书配套光盘“图块文件”目录下的“办公椅 .dwg”文件，如图 5-70 所示。

11. 保存文件

至此，办公桌组合平面图绘制完毕，将该文件命名保存。

5.7.4 绘制可移动文件柜立面图

效果文件	效果文件 \ 第 5 章 \ 综合实例——绘制可移动文件柜立面图 .dwg
视频文件	专家讲堂 \ 第 5 章 \ 综合实例——绘制可移动文件柜立面图 .swf

可移动文件柜立面图主要用于工装室内设计中的装饰立面图中，本节绘制如图 5-83 所示的可移动文件柜立面图。

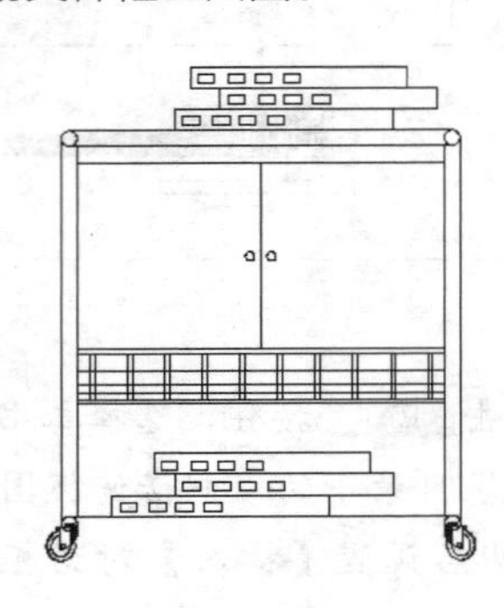
图 5-83

操作步骤

1. 新建文件并设置图形界限

Step01 ▸ 快速新建一个空白文件。

Step02 ▸ 按 F3 功能键启用状态栏上的“对象捕捉”功能。

Step03 ▸ 执行【格式】/【图形界限】命令。

Step04 ▸ 在绘图区单击拾取一点。

Step05 ▸ 输入“4200，3500”，按 Enter 键，设置图形界限。

Step06 ▸ 执行【视图】/【缩放】/【全部】命令将其最大化显示。

2. 绘制矩形

Step01 ▸ 输入“REC”，按 Enter 键，激活【矩形】命令。

Step02 ▸ 在绘图区单击拾取一点。

Step03 ▸ 输入“@468,486”，按 Enter 键，绘制矩形，如图 5-84 所示。

3. 分解矩形并偏移图线

Step01 ▸ 输入“X”，按 Enter 键，激活【分解】命令。

Step02 ▸ 选择绘制的矩形并按 Enter 键，将其分解为四条独立的线段。

Step03 ▸ 输入“O”，按 Enter 键，激活【偏移】命令。

Step04 ▸ 将分解后的矩形 4 条边分别向内偏移 18 个绘图单位，结果如图 5-85 所示。

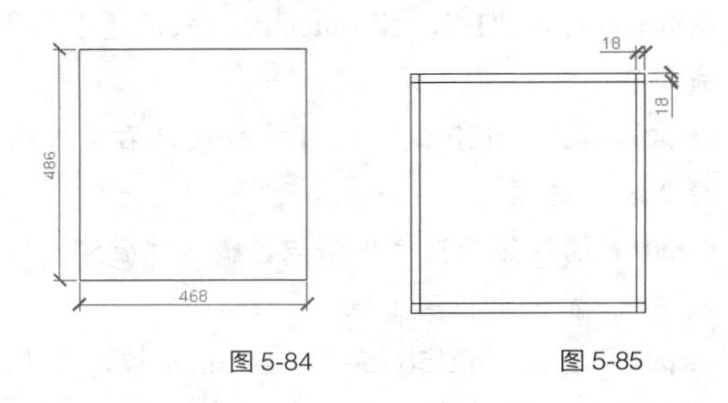

图 5-84　　图 5-85

4. 绘制相切圆

Step01 ▸ 输入“C”，按 Enter 键，或单击按钮激活【圆】命令。

Step02 ▸ 输入“T”，按 Enter 键，激活“相切、相切、半径”选项。

Step03 ▸ 捕捉矩形最上边上的一个切点。

Step04 ▸ 捕捉矩形最左边上的一个切点。

Step05 ▸ 输入“9”，按 Enter 键，绘制半径为 9 的相切圆，如图 5-86 所示。

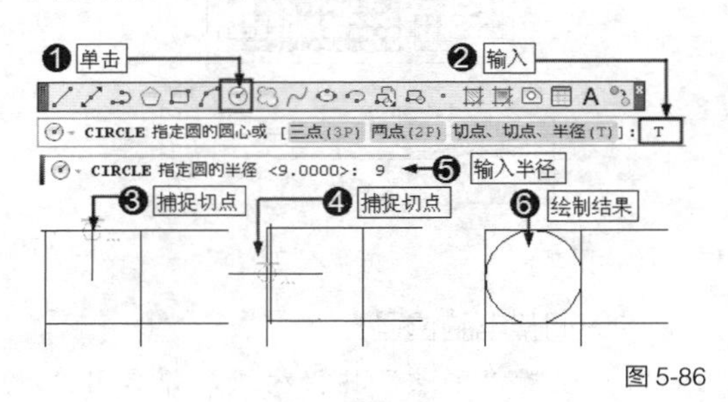

图 5-86

Step06 ▸ 使用相同的方法，继续在其他 3 个角位置绘制半径为 9 个绘图单位的相切圆，效果如图 5-87 所示。

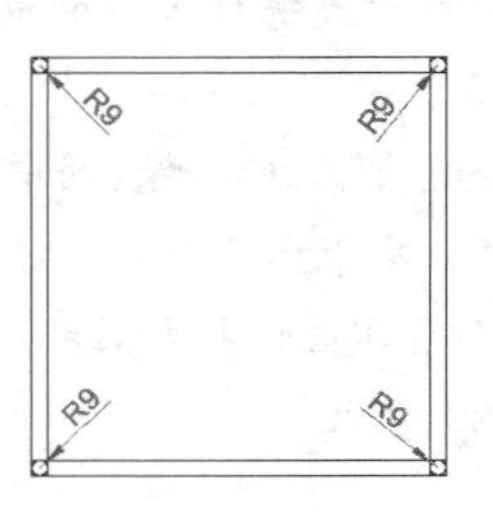

图 5-87

5. 修剪外部轮廓图形

Step01 ▸ 输入“TR”，按 Enter 键，激活【修剪】命令。

Step02 ▸ 选择 4 个圆作为修剪边，对矩形进行修剪，然后以偏移的水平图线作为修剪边，对偏移的垂直图线进行修剪，最后删除矩形下水平边，效果如图 5-88 所示。

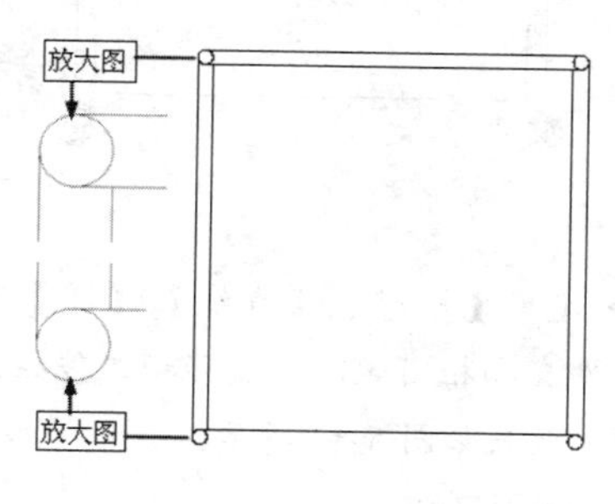

图 5-88

6. 绘制内部图形

Step01 ▸ 输入“O”，按 Enter 键，激活【偏移】命令。

Step02 ▸ 将矩形第 2 条水平边依次向下偏移 22、245、252、272、289、299、307 和 313，效果如图 5-89 所示。

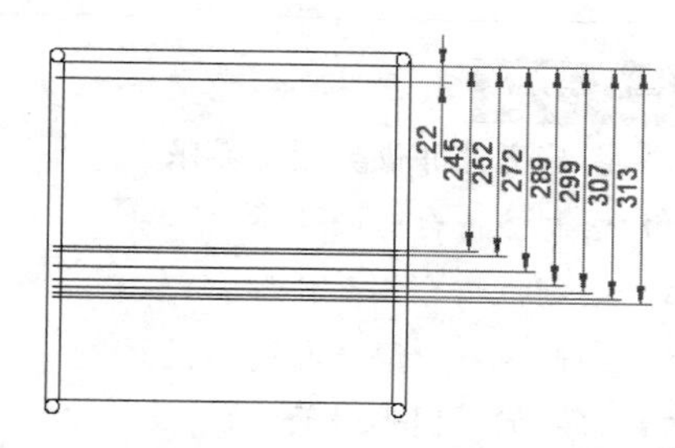

图 5-89

Step03 ▸ 输入“TR”，按 Enter 键，激活【修剪】命令。

Step04 ▸ 以内部两条垂直线作为修剪边，对偏移的水平线进行修剪，效果如图 5-90 所示。

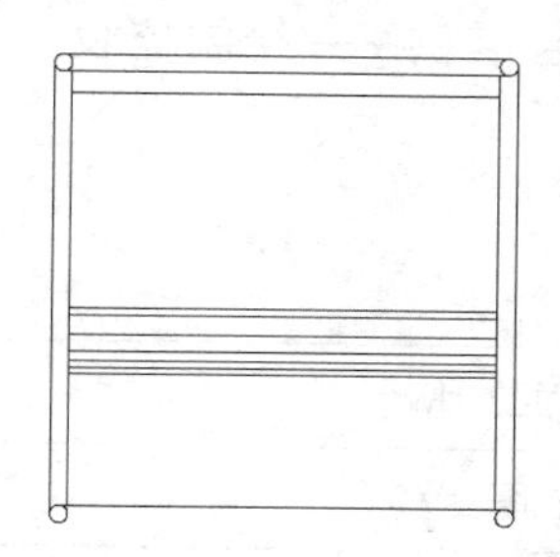

图 5-90

Step05 ▸ 输入“L”，按 Enter 键，激活【直线】命令。

Step06 ▸ 按住 Shift 键，同时单击鼠标右键，选择“自”选项。

Step07 ▸ 捕捉下方第 2 条水平线的左端点。

Step08 ▸ 输入“@16,0”，按 Enter 键，确定起点。

Step09 ▸ 向下引出追踪虚线，捕捉追踪虚线与第 6 条水平线的交点。

Step10 ▸ 按 Enter 键，结束绘制，效果如图 5-91 所示。

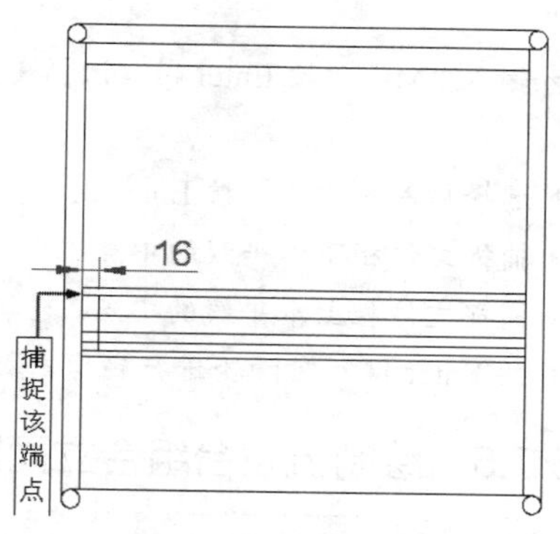

图 5-91

Step11 ▸ 使用【偏移】命令将绘制的垂直线向右偏移 5 个绘图单位，然后使用【复制】命令将这两条垂直线向右复制 9 组，距离分别为 44、88、132、176、220、264、308、352 和 396 个绘图单位，效果如图 5-92 所示。

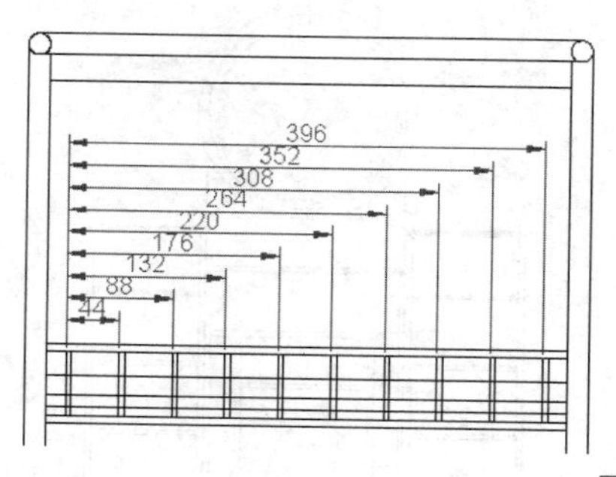

图 5-92

7. 插入底部滑轮并绘制文件夹

Step01 ▸ 输入“I”，按 Enter 键，激活【插入】命令，在打开的【插入】对话框选择本书配套光盘“图块文件”目录下的“滑轮 .dwg”图块文件。

Step02 ▸ 单击 确定 按钮回到绘图区，捕捉右下角圆心将其插入，如图 5-93 所示。

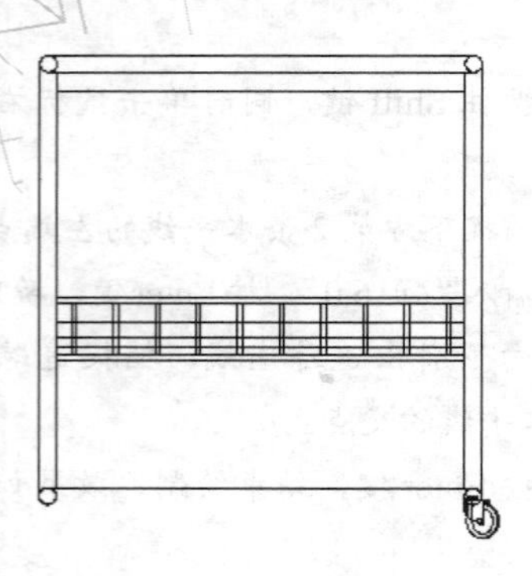

图 5-93

Step03 ▶ 输入“MI”，按 Enter 键，激活【镜像】命令。

Step04 ▶ 选择插入的滑轮，按 Enter 键。

Step05 ▶ 捕捉文件柜下水平线的中点。

Step06 ▶ 捕捉文件柜上水平线的中点。

Step07 ▶ 按 Enter 键，对滑轮进行镜像，效果如图 5-94 所示。

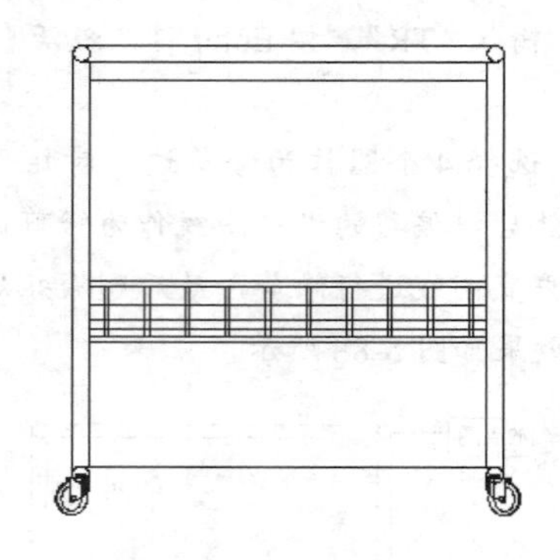

图 5-94

Step08 ▶ 使用【矩形】、【直线】、【圆】等命令绘制文件夹和柜门等，完成移动文件柜立面图的绘制，效果如图 5-83 所示。

8. 保存文件

至此，移动文件柜立面图绘制完毕，将该文件命名保存。

5.7.5 绘制梳妆台组合立面图

效果文件	效果文件 \ 第 5 章 \ 综合实例——绘制梳妆台组合立面图 .dwg
视频文件	专家讲堂 \ 第 5 章 \ 综合实例——绘制梳妆台组合立面图 .swf

梳妆台组合是居室室内设计中的家具图形，本节绘制如图 5-95 所示的梳妆台组合立面图。

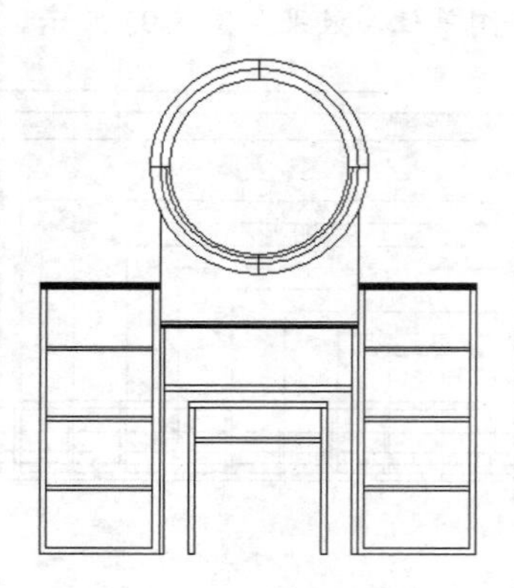

图 5-95

操作步骤

Step01 ▶ 新建文件并设置图形界限。

Step02 ▶ 绘制梳妆台台面轮廓。

Step03 ▶ 绘制梳妆台侧面轮廓。

Step04 ▶ 绘制梳妆台隔板与圆形镜面。

Step05 ▶ 偏移完善圆形镜面。

Step06 ▶ 修剪完善圆形镜面并绘制坐凳。

Step07 ▶ 绘制梳妆台右侧立柜。

Step08 ▶ 完善梳妆台立面图。

Step09 ▶ 将绘制结果命名保存。

详细的操作步骤请观看随书光盘中的视频文件“综合实例——绘制梳妆台组合立面图 .swf”。

5.7.6 绘制卧室壁灯立面图

效果文件	效果文件 \ 第 5 章 \ 综合实例——绘制卧室壁灯立面图 .dwg
视频文件	专家讲堂 \ 第 5 章 \ 综合实例——绘制卧室壁灯立面图 .swf

壁灯立面图是卧室装修立面图中常见的一种图形，本节继续绘制如图 5-96 所示的卧室壁灯立面图。

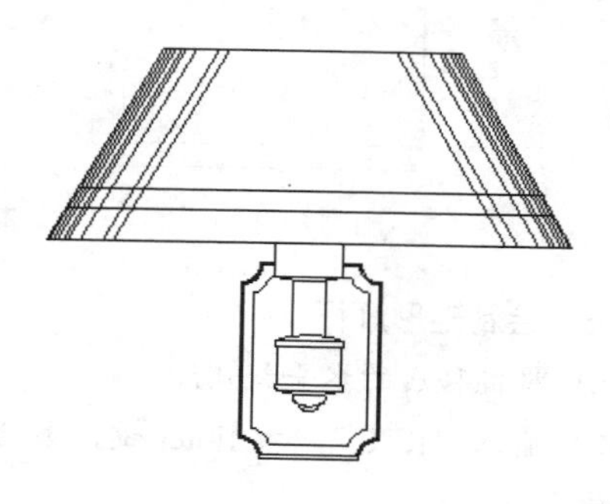

图 5-96

操作步骤

1. 新建图形文件并设置绘图界限

Step01 ▸ 快速新建一个空白文件。

Step02 ▸ 按 F3 功能键启用状态栏上的“对象捕捉”功能。

Step03 ▸ 执行【格式】/【图形界限】命令。

Step04 ▸ 在绘图区单击拾取一点。

Step05 ▸ 输入“600,600”，按 Enter 键，设置图形界限。

Step06 ▸ 执行【视图】/【缩放】/【全部】命令将其最大化显示。

2. 绘制壁灯罩轮廓

Step01 ▸ 输入“L”，按 Enter 功能，激活【直线】命令。

Step02 ▸ 在绘图区单击拾取一点，然后输入“@275,0”，按 Enter 功能。

Step03 ▸ 输入“O”，按 Enter 功能，激活【偏移】命令。

Step04 ▸ 将水平线向上偏移 16.56、27.6 和 103.47 绘图单位，结果如图 5-97 所示。

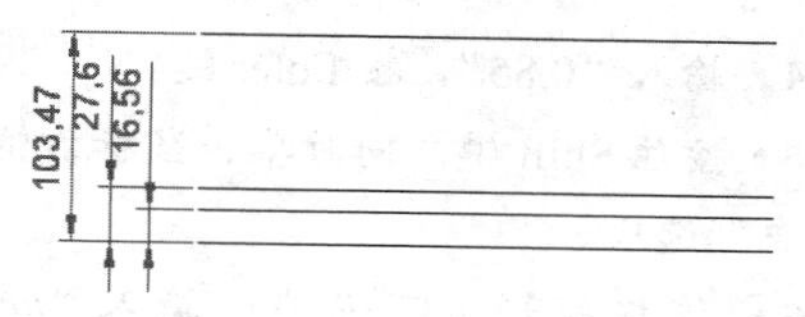

图 5-97

Step05 ▸ 输入“XL”，按 Enter 键，激活【构造线】命令。

Step06 ▸ 捕捉最下方水平线的左端点，然后向右上引出 60° 的矢量方向。

Step07 ▸ 单击绘制构造线，然后按 Enter 键，绘制结果如图 5-98 所示。

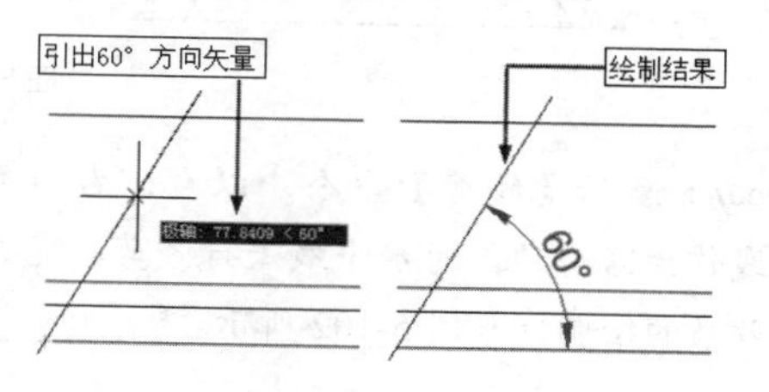

图 5-98

3. 完善壁灯罩

Step01 ▸ 输入“O”，按 Enter 键，激活【偏移】命令。

Step02 ▸ 将绘制的构造线向左偏移 1.6、3.16、5.12、7.08、9.7、15、25 和 30 个绘图单位，效果如图 5-99 所示。

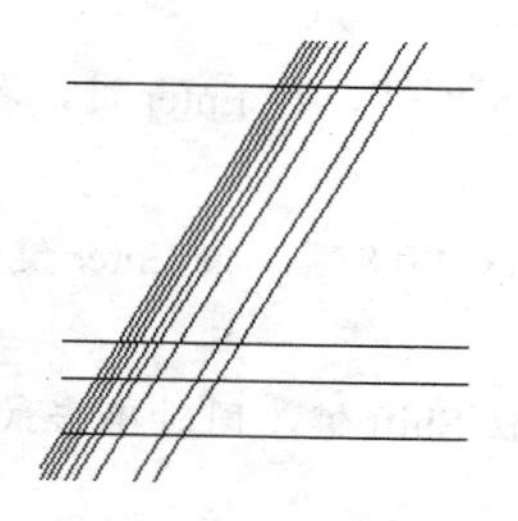

图 5-99

Step03 ▸ 输入“TR”，按 Enter 键，激活【修剪】命令。

Step04 ▸ 选择上下两条水平线作为修剪边界，对偏移的构造线进行修剪，效果如图 5-100 所示。

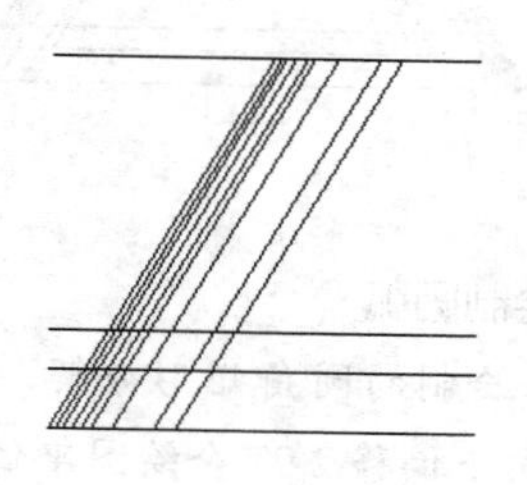

图 5-100

Step05 ▸ 输入“MI”，按 Enter 键，激活【镜像】命令。

Step06 ▸ 以上下两条水平线中点作为镜像轴，

对所有构造线进行镜像，效果如图 5-101 所示。

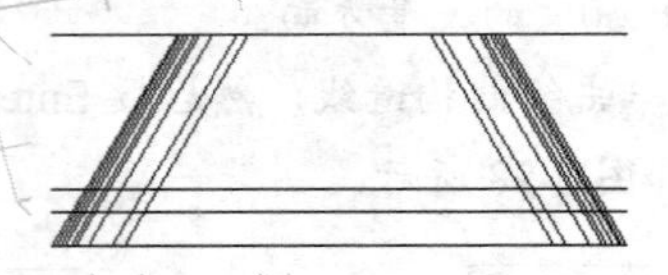

图 5-101

Step07 ▸ 激活【修剪】命令，以左、右两条构造线作为修剪边，对水平线进行修剪，完成灯罩效果的绘制，如图 5-102 所示。

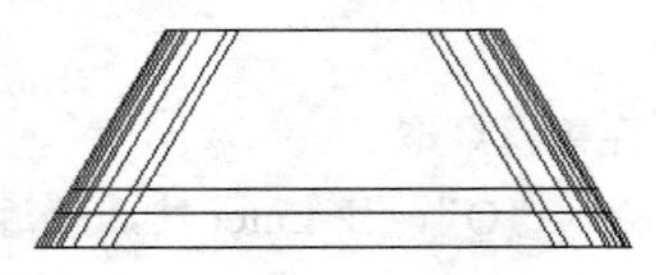

图 5-102

4. 绘制圆角矩形壁灯灯杆

Step01 ▸ 输入“REC”，按 Enter 键，激活【矩形】命令。

Step02 ▸ 输入“F”，按 Enter 键，激活“圆角”选项。

Step03 ▸ 输入“0.85”，按 Enter 键，设置圆角半径。

Step04 ▸ 按住 Shift 键，同时单击鼠标右键，选择“自”选项。

Step05 ▸ 捕捉灯罩下方水平线的中点，输入“@-17.64,0”，按 Enter 键。

Step06 ▸ 输入“@35.29,-18.25”，按 Enter 键，效果如图 5-103 所示。

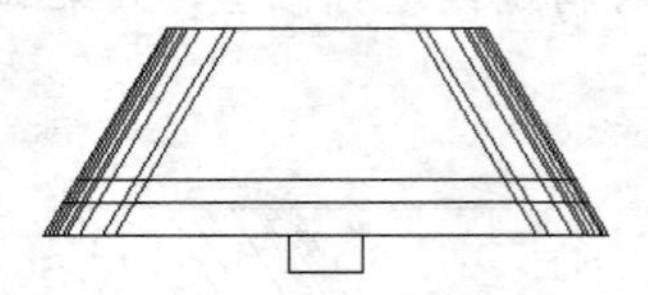

图 5-103

5. 绘制圆弧

Step01 ▸ 将绘制的圆角矩形分解，然后将矩形下水平边向下偏移 2.97 个绘图单位。

Step02 ▸ 输入“ARC”，按 Enter 键，激活【圆弧】命令。

Step03 ▸ 捕捉矩形下水平边的左端点。

Step04 ▸ 捕捉偏移线的中点。

Step05 ▸ 捕捉矩形下水平边的右端点，绘制结果如图 5-104 所示。

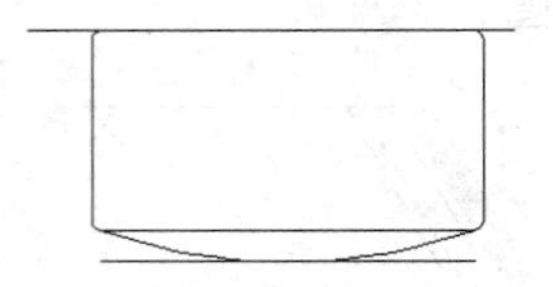

图 5-104

6. 绘制矩形灯杆

Step01 ▸ 将偏移后的水平线删除。

Step02 ▸ 输入“REC”，按 Enter 键，激活【矩形】命令。

Step03 ▸ 按住 Shift 键，同时单击鼠标右键，选择“自”选项。

Step04 ▸ 捕捉圆弧左端点，输入“@8.7,-2.3”，按 Enter 键，确定矩形第 1 个角点。

Step05 ▸ 输入“@17.35,-30.1”，按 Enter 键，结束绘制，效果如图 5-105 所示。

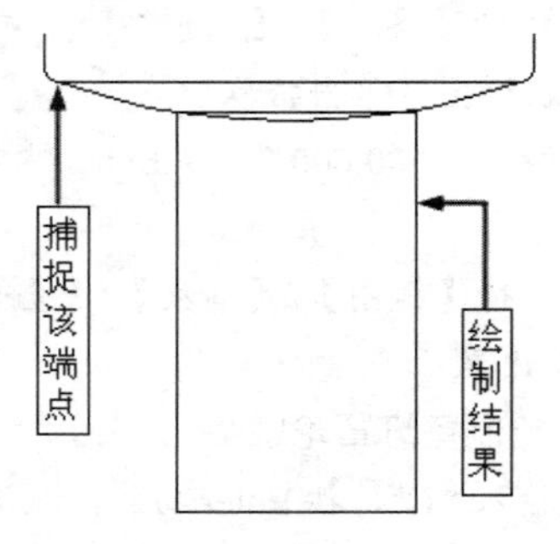

图 5-105

7. 绘制圆角矩形灯杆

Step01 ▸ 将绘制的矩形分解，然后将下方水平边向上偏移 0.67 个绘图单位备用。

Step02 ▸ 执行【矩形】命令。

Step03 ▸ 输入“F”，按 Enter 键，激活“圆角”选项。

Step04 ▸ 输入“0.85”，按 Enter 键。

Step05 ▸ 按住 Shift 键，同时单击鼠标右键，选择“自”选项。

Step06 ▸ 捕捉矩形左下角点，输入“@-8.27,-2.26”，按 Enter 键。

Step07 ▸ 输入“@35.29,-3.25”，按 Enter 键，绘制的矩形效果如图 5-106 所示。

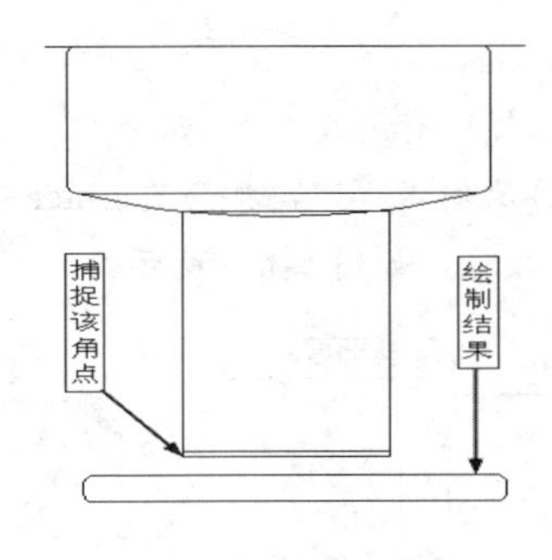

图 5-106

8. 绘制圆弧

Step01 ▶ 输入“ARC”，按 Enter 键，激活【圆弧】命令。

Step02 ▶ 捕捉矩形上水平边的左端点。

Step03 ▶ 捕捉偏移线的中点。

Step04 ▶ 捕捉矩形上水平边的右端点，绘制结果如图 5-107 所示。

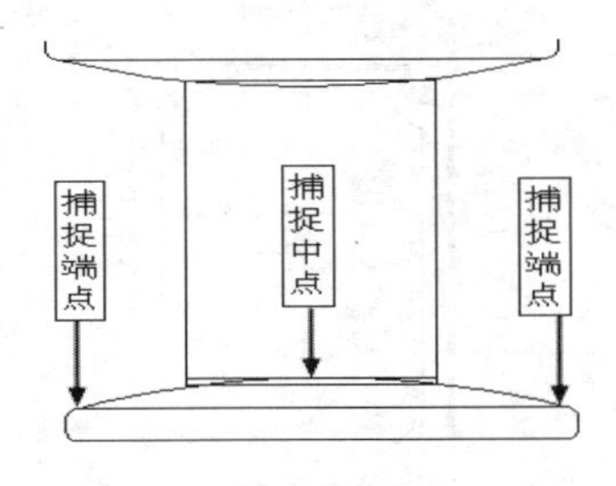

图 5-107

9. 镜像并完善壁灯灯杆图形

Step01 ▶ 输入“MI”，按 Enter 键，激活【镜像】命令。

Step02 ▶ 选择下方矩形与圆弧，按 Enter 键。

Step03 ▶ 由矩形下水平边的中点向下引出矢量线，然后输入“10”，按 Enter 键，确定镜像轴的第 1 点。

Step04 ▶ 输入“@1,0”，确定镜像轴的第 2 点。

Step05 ▶ 按 Enter 键，镜像结果如图 5-108 所示。

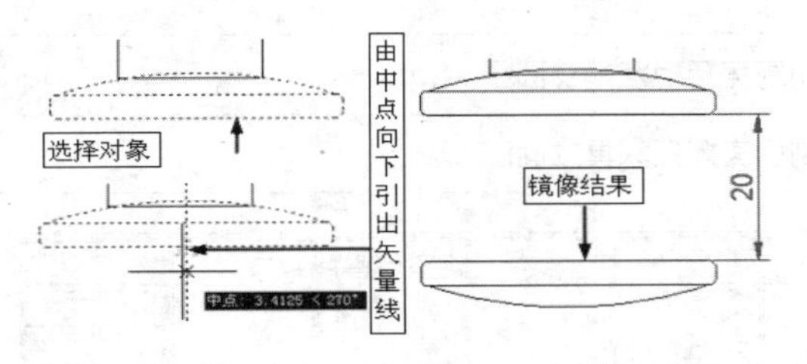

图 5-108

Step06 ▶ 输入“L”，按 Enter 键，激活【直线】命令，配合“端点”捕捉功能绘制灯杆两边的垂直线，效果如图 5-109 所示。

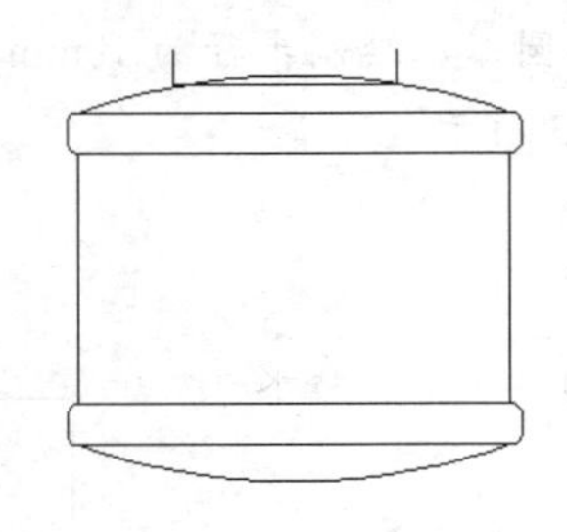

图 5-109

10. 绘制灯杆球形装饰图形

Step01 ▶ 输入“EL”，按 Enter 键，激活【椭圆】命令。

Step02 ▶ 捕捉下方水平线的中点。

Step03 ▶ 向下引导光标输入“8.6”，按 Enter 键。

Step04 ▶ 输入“8.6”，按 Enter 键，绘制效果如图 5-110 所示。

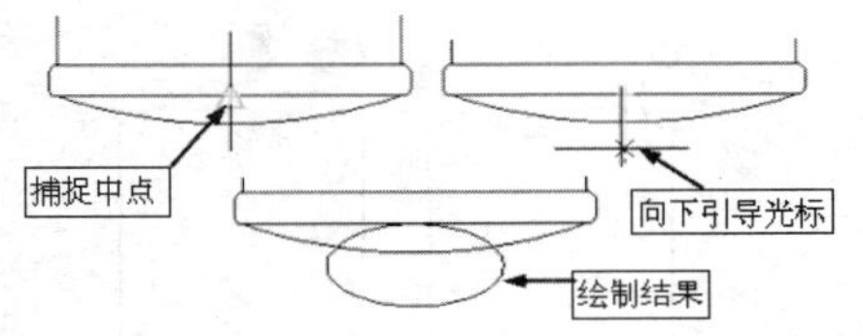

图 5-110

Step05 ▶ 使用【椭圆】命令，以下方圆弧的中点作为椭圆的第 1 点，绘制长轴为 8.5 个绘图单位、短轴为 5.5 个绘图单位的椭圆，效果如图 5-111 所示。

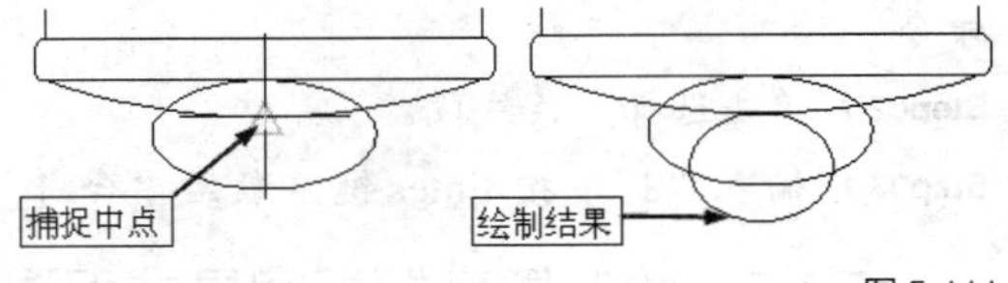

图 5-111

11. 修剪图形

Step01 ▶ 输入“TR”，按 Enter 键，激活【修剪】命令。

Step02 ▶ 以绘制的圆弧作为修剪边，对灯杆矩形、大椭圆进行修剪，然后以修剪后的椭圆为修剪边，对下方的小椭圆进行修剪，结果如图 5-112 所示。

12. 绘制壁灯的灯座轮廓

Step01 ▸ 激活【矩形】命令，在绘图区绘制 73.67mm×104.83mm 的矩形，然后以矩形 4 个角点为圆心，绘制半径为 10mm 的 4 个圆，如图 5-113 所示。

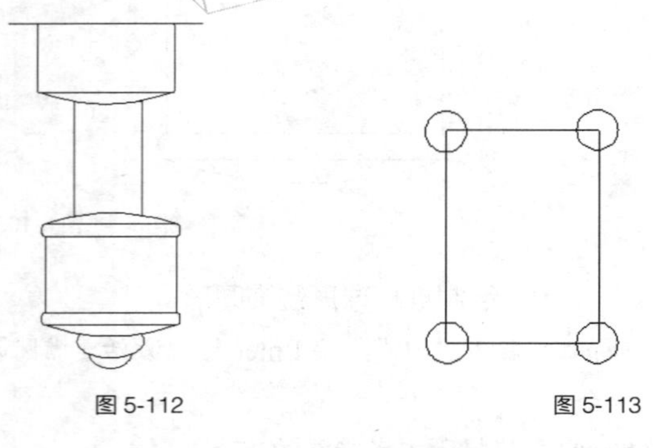

图 5-112　　图 5-113

Step02 ▸ 激活【修剪】命令，首先以 4 个圆作为修剪边对矩形 4 条边进行修剪，然后以矩形 4 条边作为修剪边，对 4 个圆进行修剪，结果如图 5-114 所示。

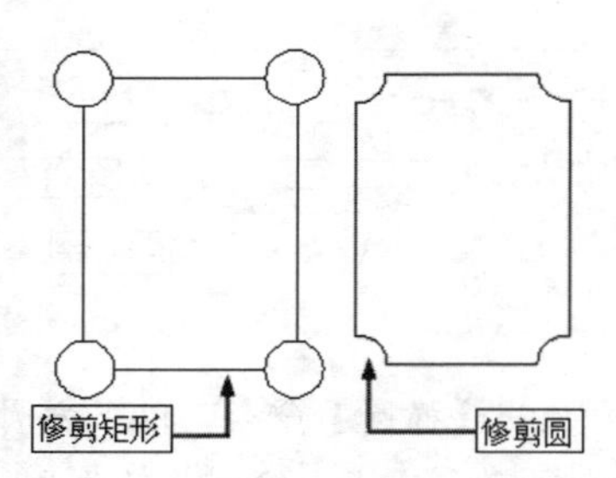

图 5-114

13. 创建灯座多段线

Step01 ▸ 执行【修改】/【对象】/【多段线】命令。

Step02 ▸ 单击选择一条线段。

Step03 ▸ 输入“J”，按 Enter 键，激活“合并”选项。

Step04 ▸ 选择所有图线。

Step05 ▸ 再次输入“J”，按 2 次 Enter 键，将其编辑为多段线，如图 5-115 所示。

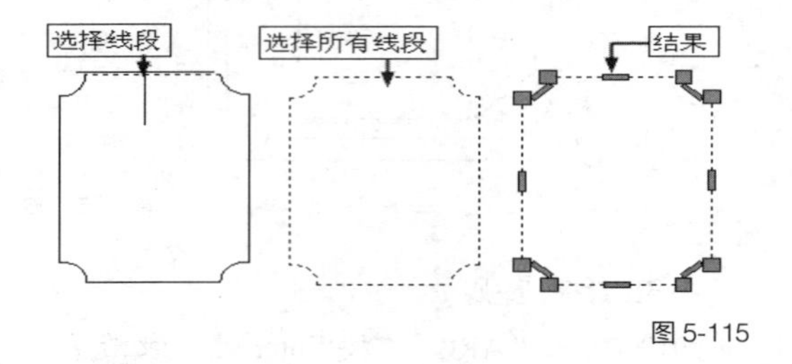

图 5-115

14. 完善灯座图形并组合壁灯

Step01 ▸ 输入“O”，按 Enter 键，激活【偏移】命令。

Step02 ▸ 将灯座向内分别偏移 1.16 和 7.19 个绘图单位，效果如图 5-116 所示。

图 5-116

Step03 ▸ 激活【移动】命令，配合“中点”捕捉和“对象捕捉追踪”功能将灯座所有对象移动到灯柱中间位置，然后使用【修剪】命令进行修剪完善，效果如图 5-96 所示。

15. 保存文件

至此，壁灯立面图绘制完毕，将该图形命名保存。

5.7.7 绘制厨房橱柜家具立面图

效果文件	效果文件\第 5 章\综合实例——绘制厨房橱柜家具立面图 .dwg
视频文件	专家讲堂\第 5 章\综合实例——绘制厨房橱柜家具立面图 .swf

橱柜家具立面图也是室内装饰设计中不可缺少的图形，本节绘制如图 5-117 所示的橱柜家具立面图。

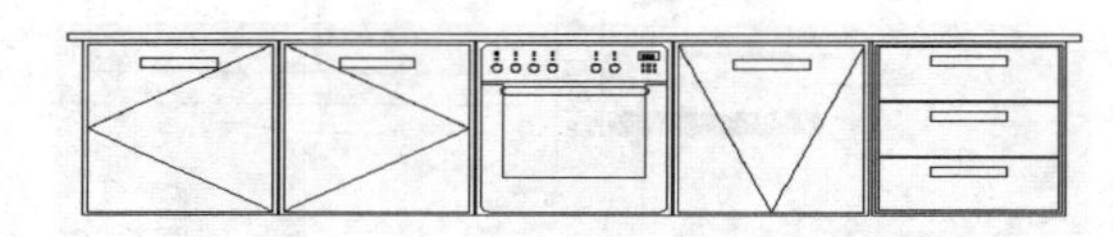

图 5-117

操作步骤

1. 新建绘图文件并设置图形界限

Step01 ▸ 快速新建一个空白文件。

Step02 ▸ 按 F3 功能键启用状态栏上的“对象捕捉”功能。

Step03 ▸ 执行【格式】/【图形界限】命令。

Step04 ▸ 在绘图区单击拾取一点。

Step05 ▸ 输入“3000,600”，按 Enter 键，设置图形界限。

Step06 ▸ 执行【视图】/【缩放】/【全部】命令将其最大化显示。

2. 绘制矩形

Step01 ▸ 输入“REC”，按 Enter 键，激活【矩形】命令。

Step02 ▸ 在绘图区拾取一点，然后输入“@2650,25”，按 Enter 键，绘制矩形。

Step03 ▸ 按 Enter 键，重复执行【矩形】命令。

Step04 ▸ 按住 Shift 键，同时单击鼠标右键，选择“自”选项。

Step05 ▸ 捕捉上方矩形左下角点，输入“@38,0”，按 Enter 键。

Step06 ▸ 输入“@510,-564”，按 Enter 键，绘制效果如图 5-118 所示。

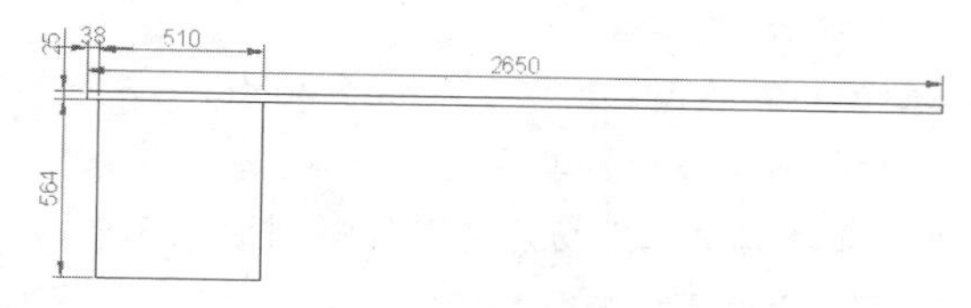

图 5-118

3. 偏移并复制矩形

Step01 ▸ 输入“O”，按 Enter 键，激活【偏移】命令。

Step02 ▸ 输入“12”，按 Enter 键，设置偏移距离。

Step03 ▸ 选择左边矩形，在矩形内部单击将其进行偏移。

Step04 ▸ 输入“CO”，按 Enter 键，激活【复制】命令。

Step05 ▸ 选择左边两个矩形，按 Enter 键。

Step06 ▸ 捕捉外侧矩形的左上角点，输入“@516,0”，按 Enter 键。

Step07 ▸ 输入“@1032,0”，按 Enter 键。

Step08 ▸ 输入“@1548,0”，按 Enter 键。

Step09 ▸ 输入“@2064,0”，按 Enter 键。

Step10 ▸ 按 Enter 键，复制效果如图 5-119 所示。

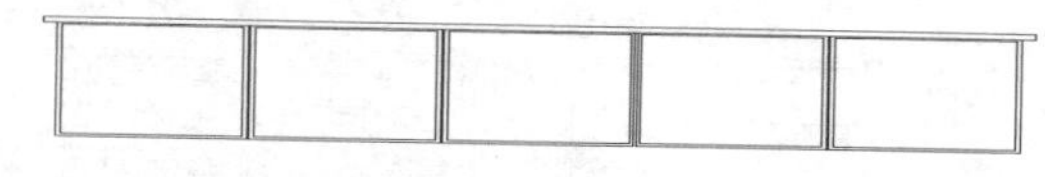

图 5-119

4. 圆角处理矩形

Step01 ▸ 输入“F”，按 Enter 键，激活【圆角】命令。

Step02 ▸ 输入“R”，按 Enter 键，激活“半径”选项。

Step03 ▸ 输入“20”，按 Enter 键，设置半径参数。

Step04 ▸ 输入“T”，按 Enter 键，激活“修剪”选项。

Step05 ▸ 输入“T”，按 Enter 键，选择“修剪”模式。

Step06 ▸ 输入“P”，按 Enter 键，激活“多段线”选项。

Step07 ▸ 选择第 3 个内部矩形进行圆角。圆角效果如图 5-120 所示。

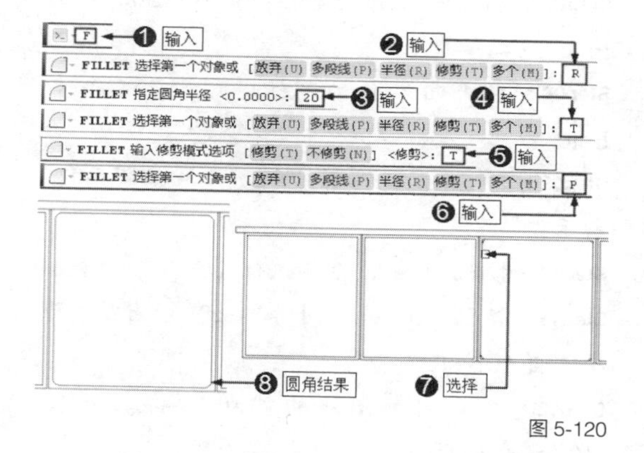

图 5-120

5. 绘制内部水平图线

Step01 ▸ 输入“L”，按 Enter 键，激活【直线】命令。

Step02 ▸ 按住 Shift 键，同时单击鼠标右键，选择“自”选项。

Step03 ▸ 捕捉圆角矩形左上角的圆弧的下端点。

Step04 ▸ 输入“@0,-100”，按 Enter 键，确定线的第 1 个点。

Step05 ▸ 水平引出追踪线，捕捉追踪线与圆角矩形右垂直边的交点。

Step06 ▸ 按 Enter 键，效果如图 5-121 所示。

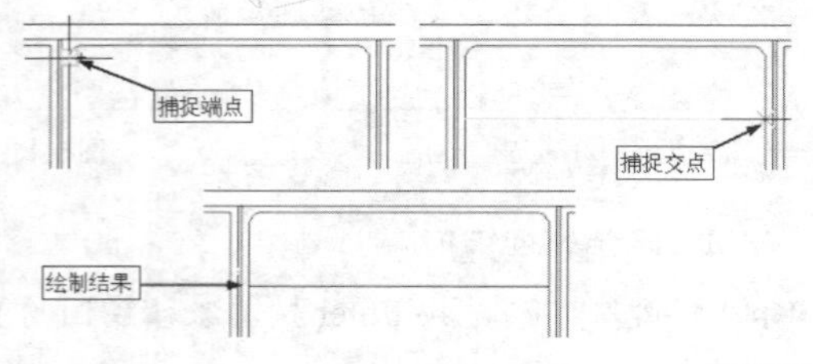

图 5-121

6. 绘制内部其他图线

Step01 ▸ 激活【直线】命令，

Step02 ▸ 按住 Shift 单击右键，选择“自”选项。

Step03 ▸ 捕捉水平线的左端点，输入“@0,-6”，按 Enter 键。

Step04 ▸ 水平向右引导光标，输入“58”，按 Enter 键。

Step05 ▸ 垂直向下引导光标，输入“300”，按 Enter 键。

Step06 ▸ 水平向右引导光标，输入“370”，按 Enter 键。

Step07 ▸ 垂直向上引导光标，输入“300”，按 Enter 键。

Step08 ▸ 水平向右引导光标，输入“58”，按 Enter 键。

Step09 ▸ 按 Enter 键结束绘制，效果如图 5-122 所示。

Step10 ▸ 按 Enter 键，重复执行【直线】命令。

Step11 ▸ 按住 Shift 键，同时单击鼠标右键，选择“自”选项。

Step12 ▸ 捕捉内部图线的端点，输入“@10,-10”，按 Enter 键。

Step13 ▸ 输入“@350,0”，按 Enter 键。

Step14 ▸ 按 Enter 键，结果如图 5-123 所示。

7. 完善内部图线

Step01 ▸ 使用【偏移】命令将绘制的线向下偏移 25 个绘图单位。

Step02 ▸ 输入“F”，按 Enter 键，激活【圆角】命令。

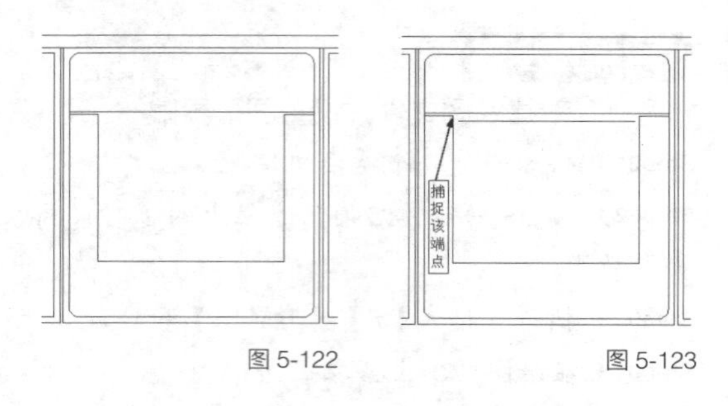

图 5-122　　图 5-123

Step03 ▸ 分别单击两条直线的左端和右端，进行圆角处理，效果如图 5-124 所示。

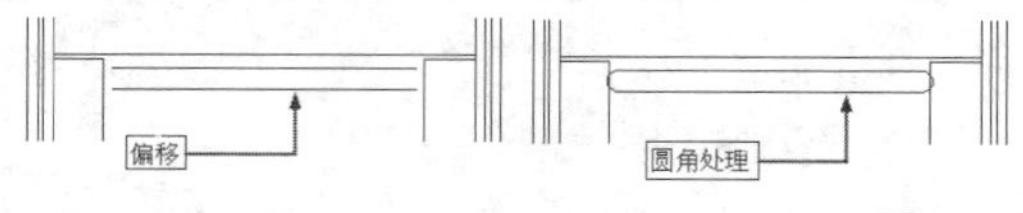

图 5-124

Step04 ▸ 使用【偏移】命令将两个圆弧分别向外偏移 5 个绘图单位，然后使用【修剪】命令对两条垂直线进行修剪，效果如图 5-125 所示。

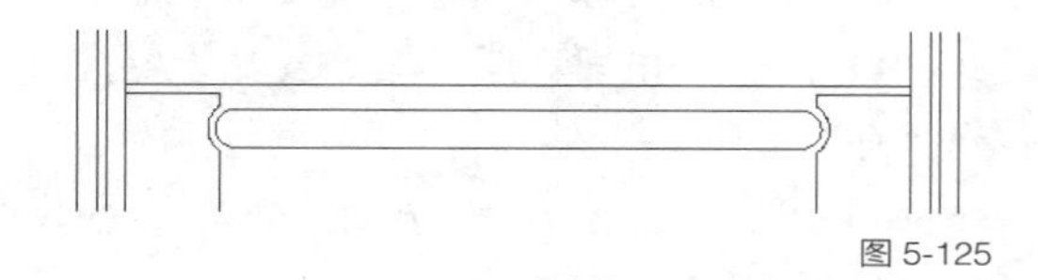

图 5-125

8. 绘制橱柜矩形拉手

Step01 ▸ 输入“REC”，按 Enter 键，激活【矩形】命令。

Step02 ▸ 在绘图区绘制 200mm×30mm 的矩形，然后使用【移动】工具，配合“中点”捕捉和“对象捕捉追踪”功能将其复制到右边 3 个橱柜门上方位置，如图 5-126 所示。

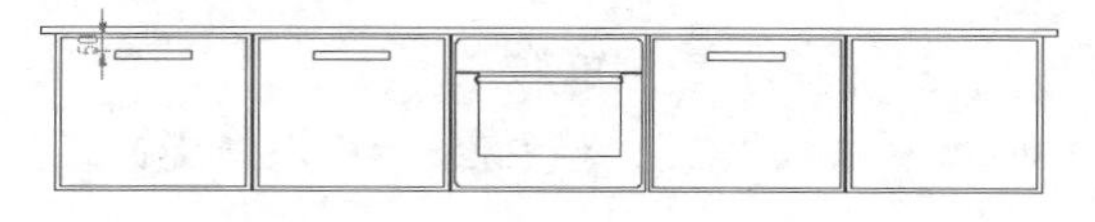

图 5-126

9. 绘制右侧橱柜抽屉

Step01 ▸ 输入“REC”，按 Enter 键，激活【矩形】命令。

Step02 ▸ 按住 Shift 键，同时单击鼠标右键，选择“自”选项。

Step03 ▸ 捕捉右边橱柜门的左上角点，输入“@6,-6”，按 Enter 键。

Step04 ▸ 输入“@474,-172”，按 Enter 键，效果

如图 5-127 所示。

10．复制右侧橱柜抽屉

Step01 ▸ 输入“CO”，按 Enter 键，激活【复制】命令。

Step02 ▸ 将左侧矩形橱柜门拉手复制到右侧抽屉位置，然后将右侧抽屉连同拉手一起向下复制，复制距离分别为 178 个绘图单位和 356 个绘图单位，效果如图 5-128 所示。

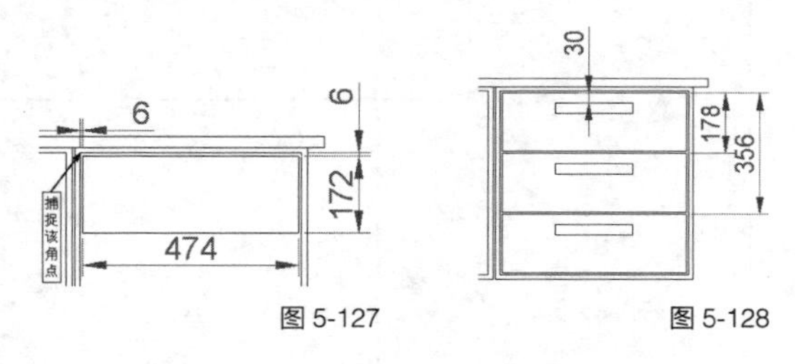

图 5-127　　图 5-128

11．完善橱柜立面图

Step01 ▸ 输入“PL”，按 Enter 键，激活【多段线】命令，配合“端点”捕捉和“中点”捕捉功能在橱柜门绘制多段线，效果如图 5-129 所示。

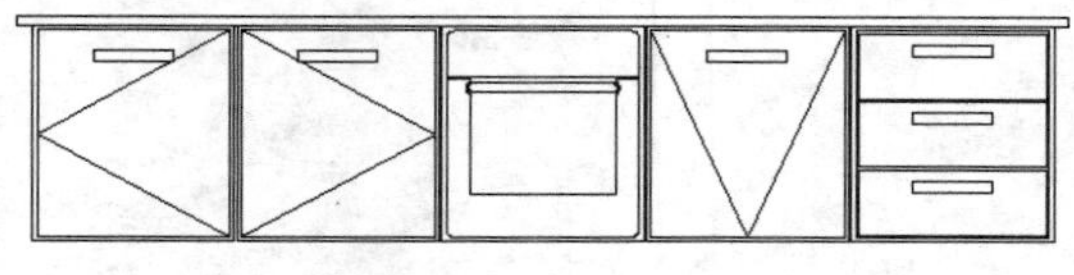

图 5-129

Step02 ▸ 输入“I”，按 Enter 键，激活【插入】命令。

Step03 ▸ 选择本书配套光盘“图块文件”目录下的“打火灶构件 .dwg”文件，采用默认参数将其插入打火灶位置，完成橱柜的绘制，如图 5-117 所示。

12．保存文件

至此，厨房橱柜立面图绘制完毕，将该文件命名保存。

5.8　综合自测

5.8.1　软件知识检测——选择题

（1）【偏移】的快捷命令是（　　）。

A．O　　B．Q　　C．B　　D．G

（2）阵列图形时，输入“COU”激活（　　）选项。

A．计数　　B．列数　　C．关联　　D．行数

（3）极轴阵列的快捷命令是（　　）。

A．AR　　B．PO　　C．PA　　D．R

（4）缩放对象时，输入（　　）可以激活“复制”选项。

A．A　　B．B　　C．C　　D．R

（5）缩放对象时，输入（　　）可以激活“参照”选项。

A．A.　　B．B　　C．C　　D．R

5.8.2　软件操作入门——绘制茶几平面图

效果文件	效果文件 \ 第 5 章 \ 软件操作入门——绘制茶几平面图 .dwg
视频文件	专家讲堂 \ 第 5 章 \ 软件操作入门——绘制茶几平面图 .swf

根据图示尺寸，绘制如图 5-130 所示的茶几平面图。

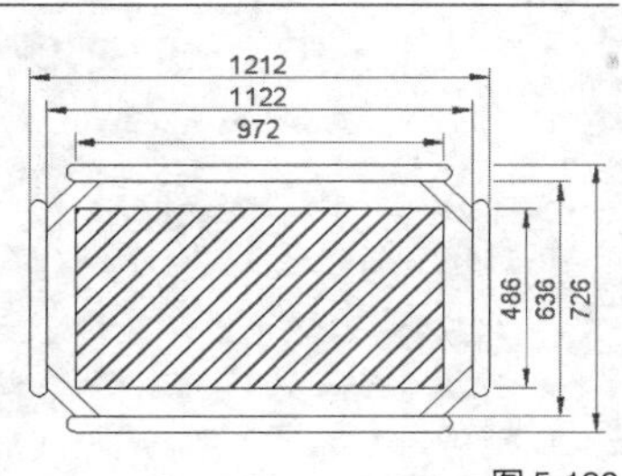

图 5-130

第 6 章 室内设计素材的管理与应用

在室内设计中，经常会调用素材文件，这些素材文件主要是室内各种家具图形等。调用素材文件不仅可以提高设计速度、减轻设计工作量，同时还可以使设计图更规范。本章介绍室内素材文件的创建、管理和应用的方法。

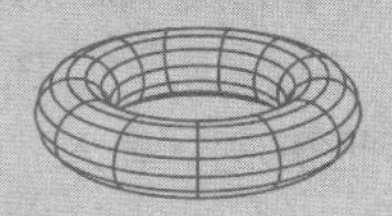

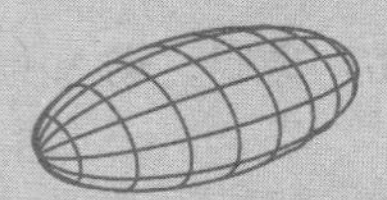

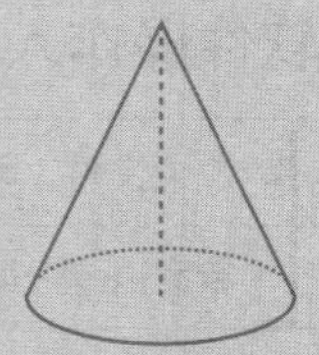

| 第 6 章 |

室内设计素材的管理与应用

本章内容概览

知识点	功能 / 用途	难易度与使用频率
室内设计中的图层（P136）	● 管理图形	难易度：★★ 使用频率：★★★★★
创建并应用室内图块文件（P143）	● 创建室内素材文件 ● 应用室内素材文件	难易度：★★ 使用频率：★★★★★
共享室内设计资源形（P148）	● 与其他文件共享图形资源 ● 编辑完善室内图形	难易度：★★★★ 使用频率：★★
室内设计中的图案填充（P151）	● 向室内地面填充材质 ● 编辑完善室内图形	难易度：★★ 使用频率：★★★★★
综合实例（P154）	● 创建单开门图块文件	
	● 插入单开门	
	● 插入客厅用具	
	● 插入主卧室用具	
	● 插入其他房间用具并完善厨房操作台	
	● 填充室内平面图地面材质	
综合自测（P164）	● 软件知识检测——选择题	
	● 软件操作入门——创建浴缸图块文件	
	● 应用技能提升——向平面图插入图块并填充地面材质	

6.1　室内设计中的图层

图层是一个综合性的制图工具，在室内设计中，图层主要用于放置各图形元素，例如一幅室内墙体平面图，它由“尺寸标注”“门窗”以及“墙线”3 个不同属性的图形元素组成，这些元素都会按照不同的属性放置在不同的图层中，如“尺寸标注”要放置在“尺寸层”图层，“门窗”要放置在“门窗层”图层，而“墙线”则要放置在“墙线层”图层，如图 6-1 所示。将这些图层叠加起来，就形成了一幅完整的设计图，如图 6-2 所示。这样便于对图形进行编辑和管理。

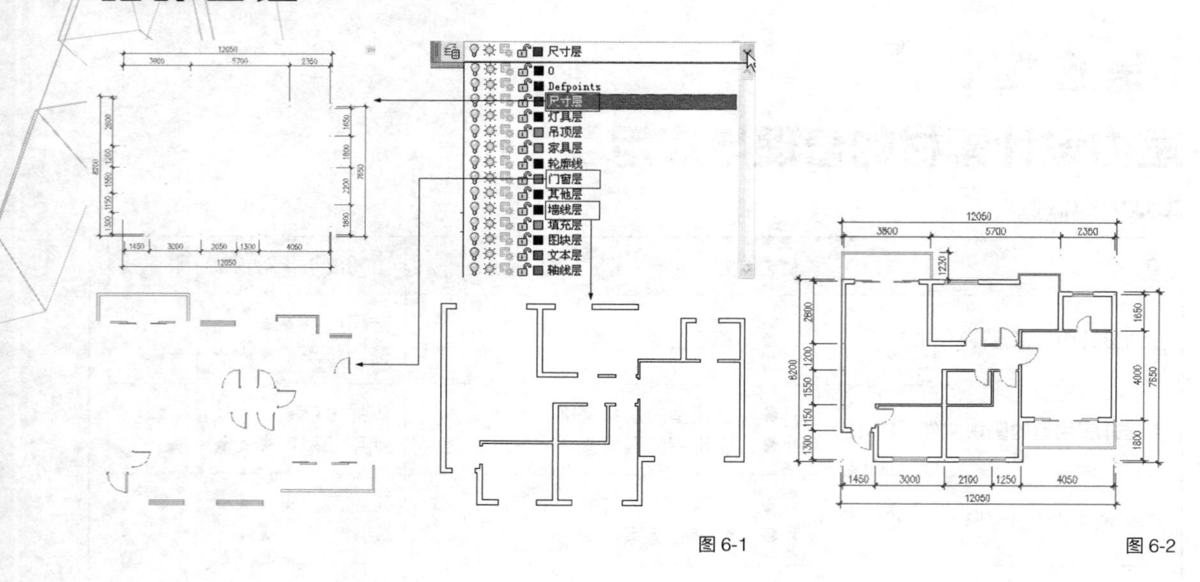

图 6-1　　图 6-2

本节内容概览

知识点	功能 / 用途	难易度与使用频率
新建图层（P136）	● 创建新图层	难易度：★ 使用频率：★★★★★
命名、切换与删除图层（P137）	● 为新图层命名 ● 切换当前图层 ● 删除多余图层	难易度：★ 使用频率：★★★★★
操作图层（P138）	● 显示、隐藏图层 ● 锁定、解锁图层 ● 冻结、解冻图层	难易度：★ 使用频率：★★★★★
设置图层特性（P141）	● 设置图层颜色特性 ● 设置图层线型特性 ● 设置图层线宽特性	难易度：★ 使用频率：★★★★★
实例（P143）	● 设置室内设计中的图层	

6.1.1 新建图层

视频文件	专家讲堂\第 6 章\新建图层 .swf

在 AutoCAD 中，当新建一个图形文件之后，系统会自动新建一个名为“0”的新图层，用户可以在该图层上绘制图形并进行尺寸标注等所有设计工作。另外，还可以新建更多的图层，以满足绘图的需要。

实例引导 ——新建 3 个图层

Step01 ▸ 单击【图层】工具栏上的“图层特性管理器”按钮。

Step02 ▸ 打开【图层特性管理器】对话框。

Step03 ▸ 单击“新建图层”按钮。

Step04 ▸ 新建名为“图层 1”的新图层，如图 6-3 所示。

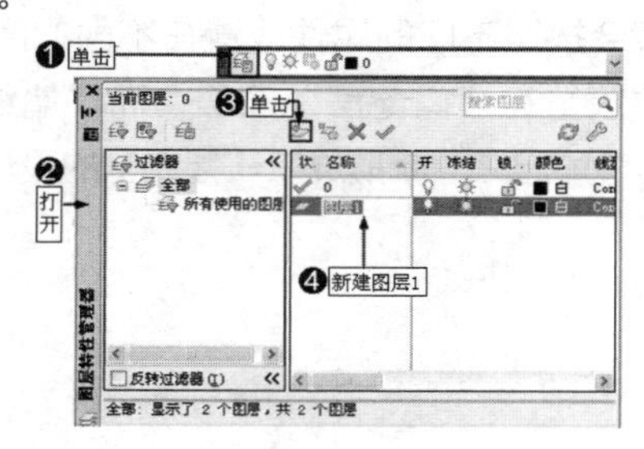

图 6-3

Step05 ▸ 连续单击“新建图层”按钮，新建

“图层 2”和“图层 3”，如图 6-4 所示。

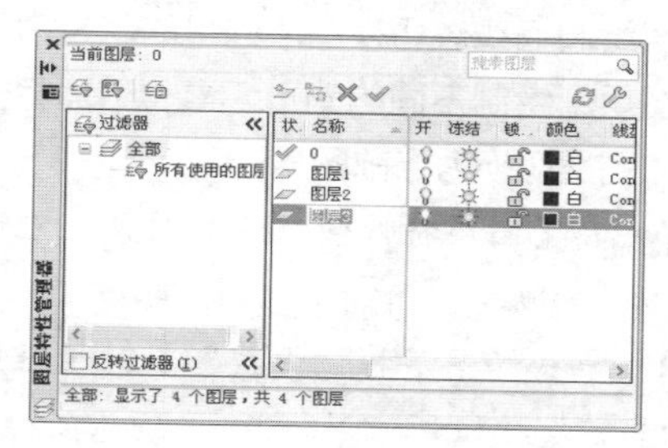

图 6-4

使用相同的方式，用户可以新建多个图层。另外，也可以通过以下 3 种方式快速新建多个图层：①在刚创建了一个图层后，连续按下键盘上的 Enter 键；②按下 Alt+N 组合键；③在【图层特性管理器】对话框中单击右键，选择右键菜单中的“新建图层”选项。

6.1.2 命名、切换与删除图层

视频文件	专家讲堂 \ 第 6 章 \ 命名、切换与删除图层 .swf

新建图层后，可以对图层进行重命名、切换当前图层以及删除多余图层等操作，本节介绍相关内容。

实例引导 ——命名、切换与删除图层

1. 重命名图层

新建的图层，系统将其依次命名为“图层 1”“图层 2”……为了方便对图形各元素进行有效管理和控制，用户可以根据图形元素各属性，为新建的图层重命名。例如，将标注尺寸的图层命名为“尺寸层”，将绘制墙线的图层命名为“墙线层”等。下面我们将新建的 3 个图层分别重命名为“尺寸层”“墙线层”和“门窗层”。

Step01 ▸ 在【图层特性管理器】对话框中单击“图层 1”名，使其反白显示。

Step02 ▸ 输入图层新名“尺寸层”。

Step03 ▸ 按 Enter 键确认，结果如图 6-5 所示。

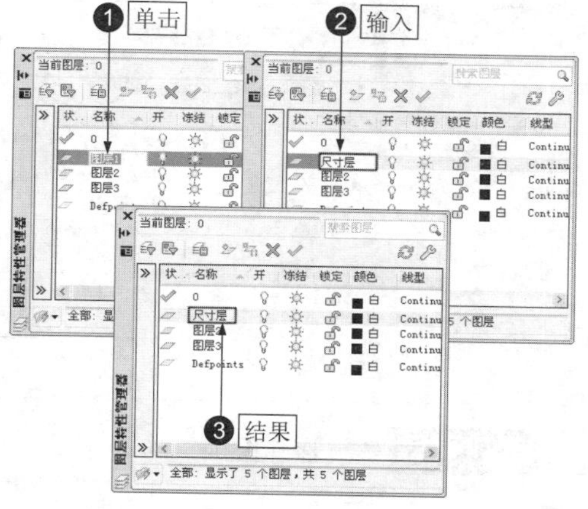

图 6-5

Step04 ▸ 使用相同的方法，继续将其他两个图层分别命名为“墙线层”和“门窗层”，结果如图 6-6 所示。

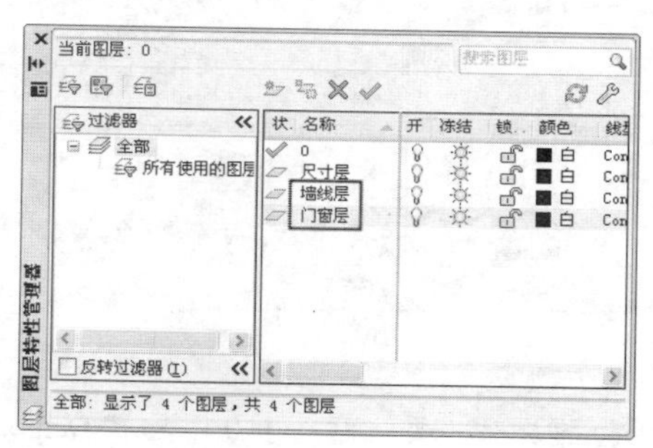

图 6-6

| 技术看板 | 在为图层进行重命名时，图层名最长可达 255 个字符，可以是数字、字母或其他字符。图层名中不允许含有大于号（>）、小于号（<）、斜杠（/）、反斜杠（\）以及标点等符号。另外，为图层命名或更名时，必须确保当前文件中图层名的唯一性。

2. 删除图层

如果用户新建了太多无用的图层，可以将这些无用的图层删除，以加快 AutoCAD 的计算速度。下面删除上例中新建的名为“门窗层”的图层。

Step01 ▸ 在【图层特性管理器】对话框中选择“门窗层”图层。

Step02 ▸ 单击【图层特性管理器】对话框中的“删除图层”按钮✕。

Step03 ▸ 此时“门窗层”图层被删除，结果如图 6-7 所示。

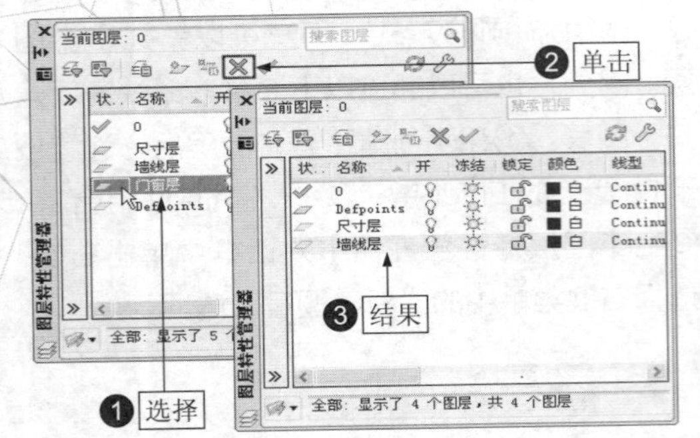

图 6-7

| 技术看板 | 在选择图层后单击鼠标右键，在弹出的快捷菜单中选择【删除图层】选项，也可将图层删除，如图 6-8 所示。

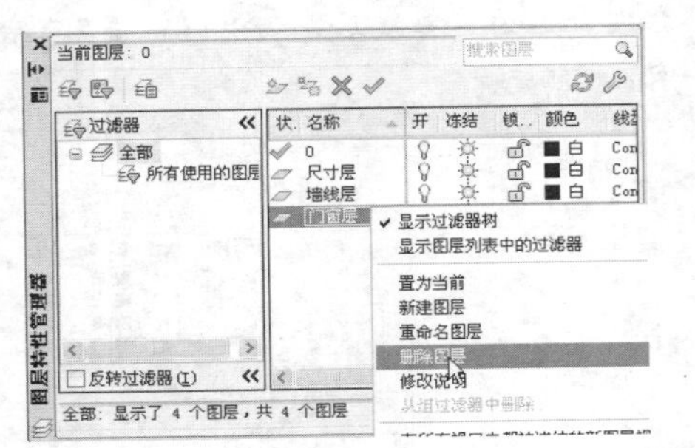
图 6-8

在删除图层时，要注意：① 0 图层和 Defpoints 图层不能被删除，因为这两个图层是系统预设的图层，因此不能删除；②当前图层不能被删除。所谓当前图层，是指当前操作的图层，在【图层特性管理器】中会看到 0 图层前面有一个✔图标，这表示该图层为当前操作图层；③包含对象的图层或依赖外部参照的图层都不能被删除。

3. 切换图层

通过切换图层，可以设置某一个图层为当前操作图层，以便于在该层上进行绘图。例如，用户可以将"尺寸层"图层切换为当前图层进行尺寸标注，将"墙线层"图层切换为当前图层绘制墙线。切换图层的目的就是为了在当前图层上绘制不同的图形元素，下面将"尺寸层"图层切换为当前图层。

Step01 ▸ 在【图层特性管理器】对话框中选择"尺寸层"图层。

Step02 ▸ 单击【图层特性管理器】对话框中的"置为当前"按钮✔。

Step03 ▸ 此时"尺寸层"图层被切换为当前图层，并在该图层前面显示✔符号，如图 6-9 所示。

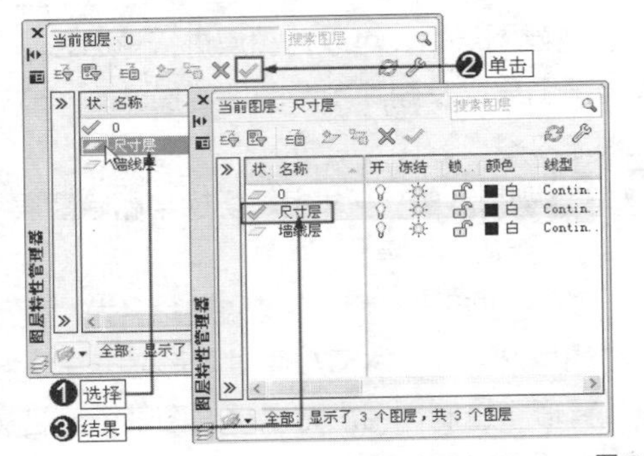

图 6-9

| 技术看板 | 用户还可以通过以下 3 种方式进行切换图层：①选择图层后单击鼠标右键，选择"置为当前"选项；②选择图层后按下键盘上的 Alt+C 组合键；③在【图层】工具栏中展开其下拉列表，选择要切换为当前图层的图层，如图 6-10 所示。

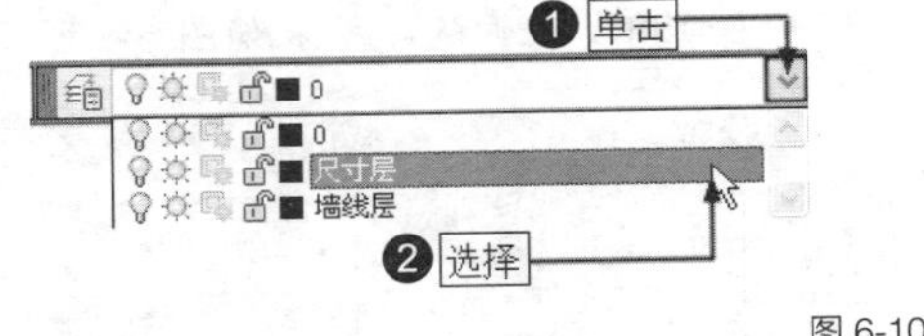

图 6-10

6.1.3 操作图层

素材文件	素材文件 \ 室内墙体结构图 .dwg
视频文件	专家讲堂 \ 第 6 章 \ 操作图层 .swf

用户可以对图层进行操作控制，如关闭、打开图层，冻结、解冻图层，锁定、解锁图层等。

实例引导 ——操作图层

1. 开、关图层

所谓开、关图层，其实就是打开或关闭图

层，以隐藏或显示图层上的图形元素。打开素材文件，这是一个室内墙体结构图，再打开【图层特性管理器】对话框，用户会发现在每一个图层后面都有按钮，该按钮就是图层开关控制按钮，如图 6-11 所示。

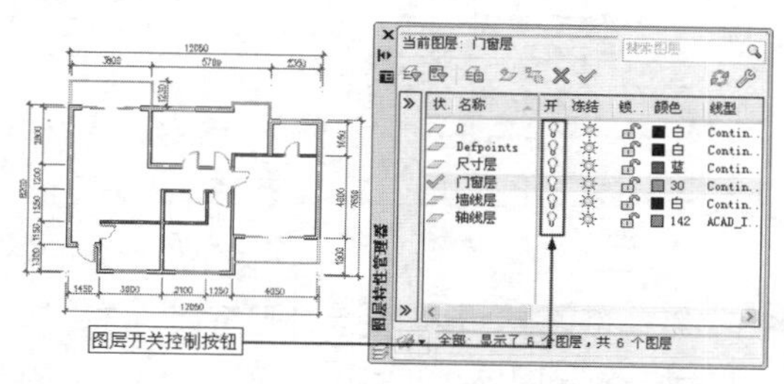

图 6-11

默认状态下按钮显示为，此时，位于该图层上的所有图形对象都是可见的，并且可以在该图层上进行绘图和修改操作。在按钮上单击鼠标左键，按钮显示为（按钮变暗），此时图层被关闭，位于该图层上的所有图形对象都会被隐藏。下面关闭“尺寸层”图层，看看该图层上的图形有什么变化。

Step01 ▸ 在【图层特性管理器】对话框单击“尺寸层”后面的按钮。

Step02 ▸ 该按钮显示为按钮（按钮变暗），此时图形中的尺寸标注被隐藏，如图 6-12 所示。

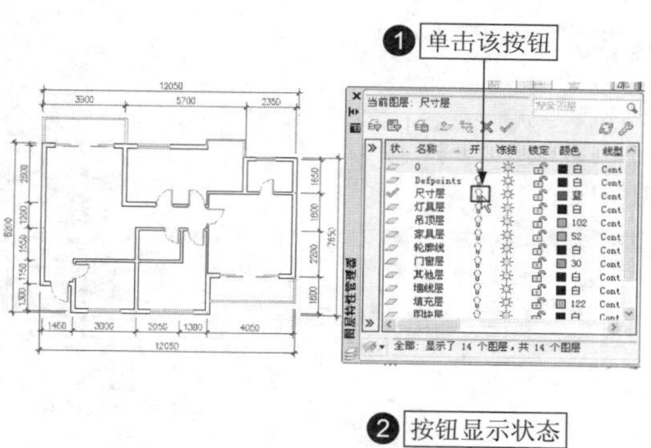

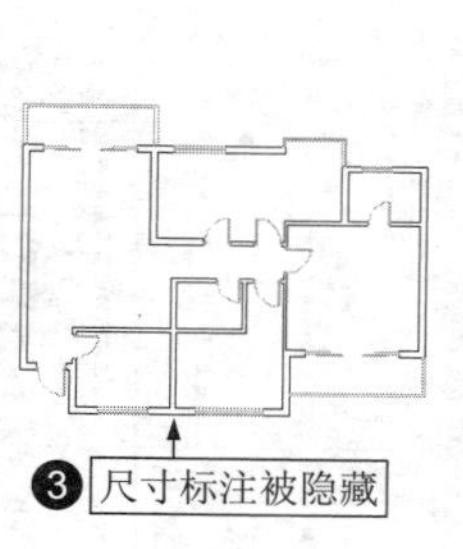

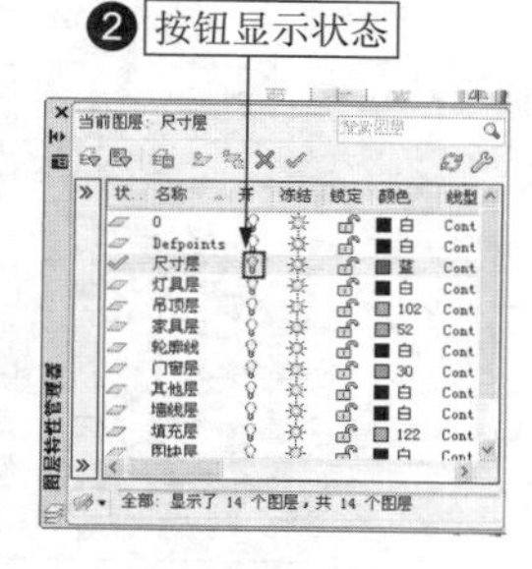

图 6-12

Step03 ▸ 单击按钮，按钮显示为图标，此时即可显示图层上的图形对象。

| 技术看板 | 当图层被隐藏后，不能对该图层上的对象进行编辑。在输出打印时，被隐藏的图形也不能被打印或由绘图仪输出。但重新生成图形时，图层上的实体仍将重新生成。

另外，单击【图层】工具栏的控制列表按钮，在展开的列表中单击图标或图标，也可以关闭或显示图层。

2. 冻结与解冻图层

冻结、解冻图层与打开、关闭图层类似，冻结图层后，图层上的图形对象也会处于隐藏状态。图形被冻结后，图形不仅不能在屏幕上显示，而且不能由绘图仪输出，也不能进行重生成、消隐、渲染和打印等操作。

打开素材文件，同时打开【图层特性管理器】对话框，此时在每一个图层后面都有按钮，该按钮就是用于冻结、解冻图层的按钮，如图 6-13 所示。

默认设置下，所有图层都是解冻状态，按钮显示为图标，在该按钮上单击，按钮将显示为图标，此时图层上的图形对象被冻结。下面冻结“门窗层”图层，看看该图层上的图形有什么变化。

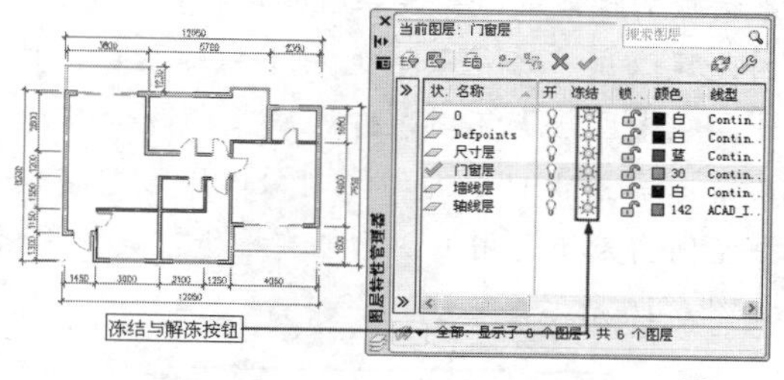

图 6-13

Step01 ▸ 在【图层特性管理器】对话框单击“门窗层”后面的按钮。

Step02 ▸ 该按钮显示为按钮（按钮变暗），此时图形中的门窗元素不可见，如图 6-14 所示。

| 技术看板 | 单击【图层】工具栏的控制列表按钮，将其展开，在其中单击图标或图标，也可以冻结和解冻图层，如图 6-15 所示。

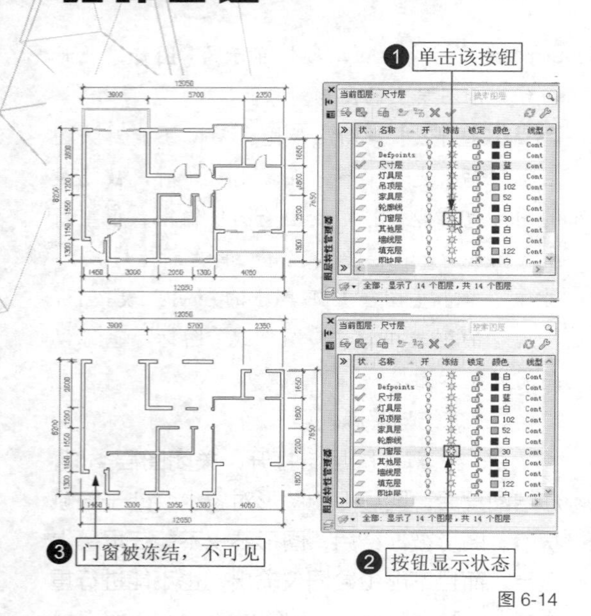

图 6-14

图 6-15

| 技术看板 | 当图层被冻结后，图层上的图形对象都是不可见和不可输出的。被冻结的图层不参加运算处理，可以加快视窗缩放、视窗平移以及其他操作的处理速度，增强对象选择的性能并减少复杂图形的重生成时间，因此建议用户冻结长时间用不到的图层。另外，在【图层】工具栏中，按钮用于冻结或解冻当前视口中的图形对象，不过它在模型空间内是不可用的，只能在图纸空间使用，如图 6-16 所示。

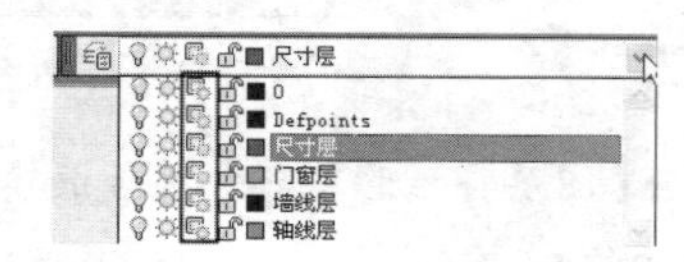

图 6-16

3. 锁定与解锁图层

在进行图形设计时，常会出现错误操作，如不小心将不必删除的图形删除，要想避免这样的情况发生，用户可以锁定图层。图层被锁定后，将不能对其进行任何操作。

打开素材文件，同时打开【图层特性管理器】对话框，此时在每一个图层后面都有图标按钮，该按钮就是用于锁定图层的按钮，如图 6-17 所示。

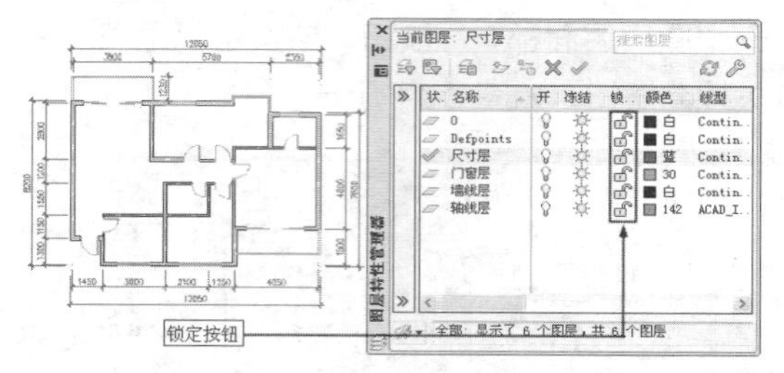

图 6-17

默认设置下，所有图层都是解锁状态，其按钮显示为图标，此时用户可以对该层上的图形对象进行任何编辑操作。在该按钮上单击，按钮显示为图标，这表示图层被锁定，此时不能对其进行任何操作，但该图层上的图形仍可以显示和输出。下面锁定“门窗层”图层，看看该图层上的图形有什么变化。

Step01 ▸ 在【图层特性管理器】对话框单击“门窗层”后面的按钮。

Step02 ▸ 该按钮显示为按钮，此时门窗图形可见，单击门窗图形发现不能选择，如图 6-18 所示。

| 技术看板 | 当前图层不能被冻结，但可以被关闭和锁定。另外，如果要对锁定的图层解锁，可以再次单击图标，此时该按钮显示为按钮，表示该图层被解锁。

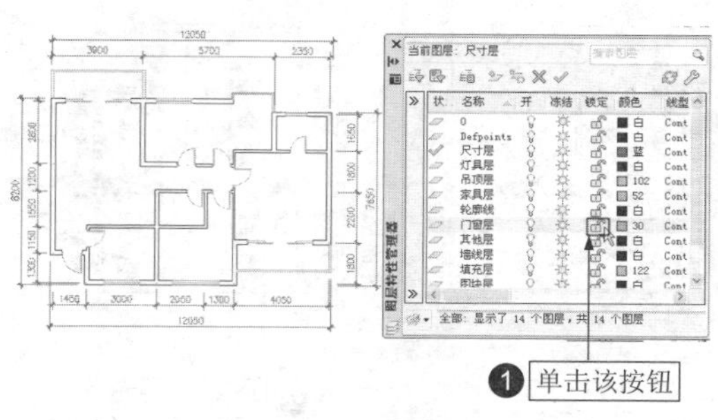

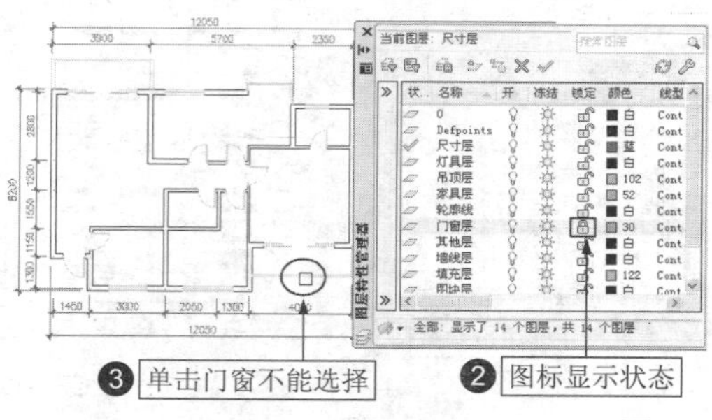

图 6-18

6.1.4　设置图层特性

素材文件	素材文件 \ 室内墙体结构图 .dwg
视频文件	专家讲堂 \ 第 6 章 \ 设置图层特性 .swf

图层的特性包括颜色、线型和线宽等。在室内设计中，要根据室内各图形元素的属性，为其设置不同的颜色、线型和线宽等，这些设置都是在图层中完成的。

实例引导 ——设置图层特性

1. 设置图层颜色特性

颜色对于图形设计影响并不大，设置颜色的主要目的是为了区分不同属性的图形元素。打开素材文件，下面将“门窗层”图层的颜色设置为红色。

Step01 ▸ 在【图层特性管理器】对话框中的“门窗层”颜色块上单击。

Step02 ▸ 打开【选择颜色】对话框。

Step03 ▸ 在【选择颜色】对话框的【索引颜色】选项卡中单击红色。

Step04 ▸ 单击 确定 按钮。

Step05 ▸“门窗层”图层的颜色设置为红色。

Step06 ▸ 图层中门窗图形元素的颜色也变为红色，如图 6-19 所示。

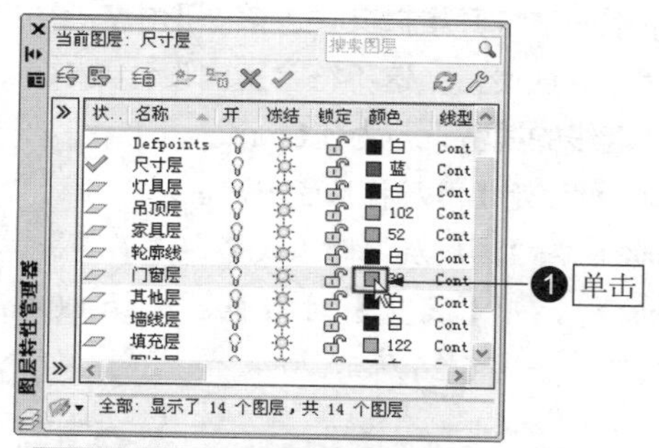

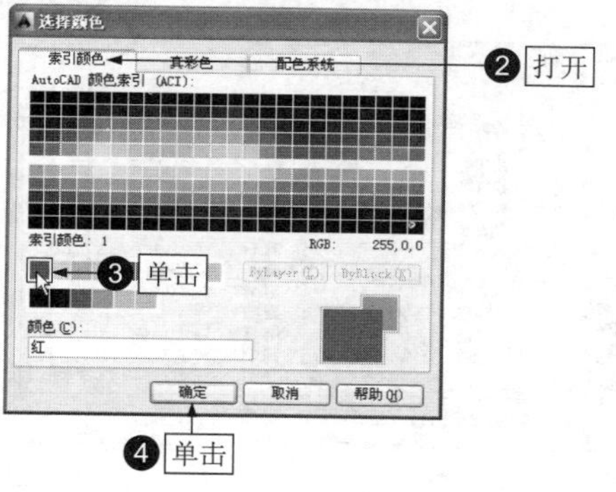

图 6-19

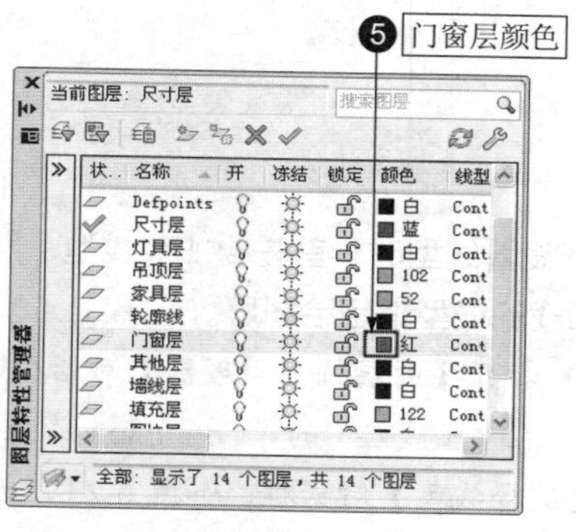

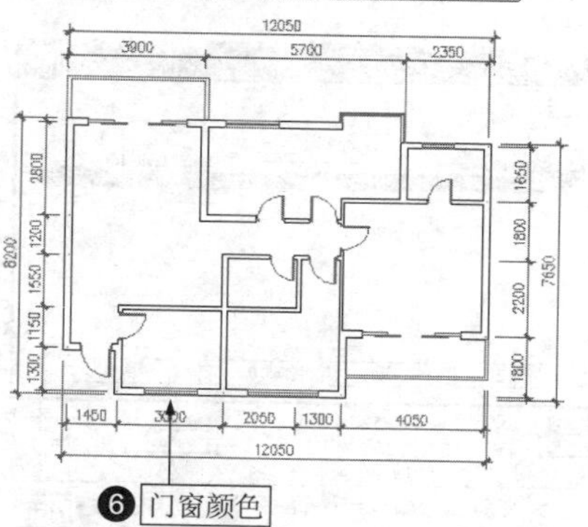

图 6-19（续）

| 技术看板 | 除了【索引颜色】配色之外，用户还可以选择【真颜色】和【配色系统】两种配色，如图 6-20 所示。

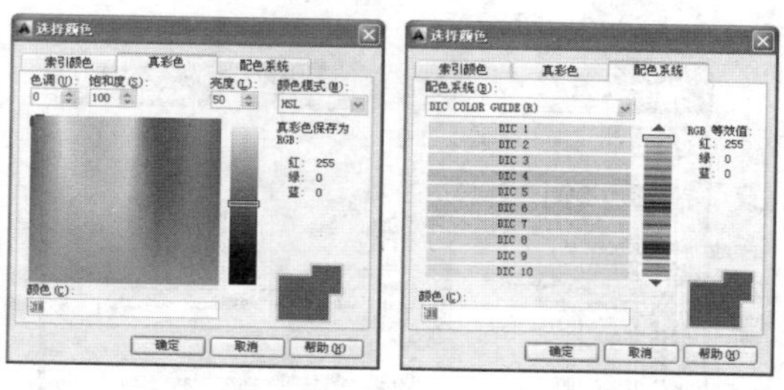

图 6-20

2. 设置图层线型特性

不同的图形元素所使用的线型也不同。打开素材文件，然后关闭“尺寸层”“墙线层”和“门窗层”等图层，显示“轴线层”图层，此时可以发现，轴线使用了系统默认的线型，如图 6-21 所示，这不符合图形的设计要求。

下面为其设置一种“ACAD ISO04W100”的线型，如图 6-22 所示。

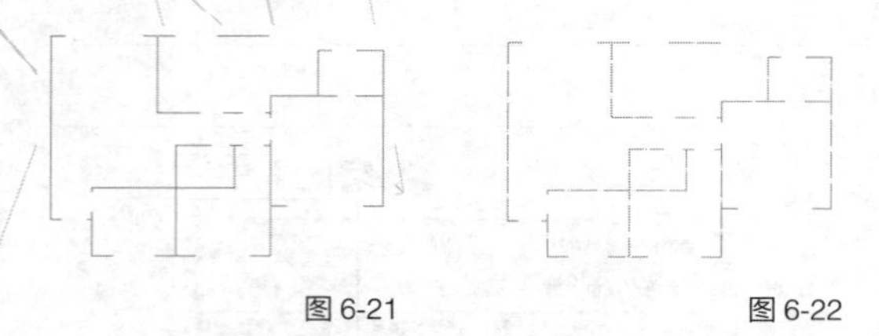

图 6-21　　图 6-22

在设置线型时，首先要加载线型，然后才能将加载的线型指定给图层。

Step01 ▸ 打开【图层特性管理器】对话框。

Step02 ▸ 在“轴线层”的“Continuous”上单击，打开【选择线型】对话框，如图 6-23 所示。

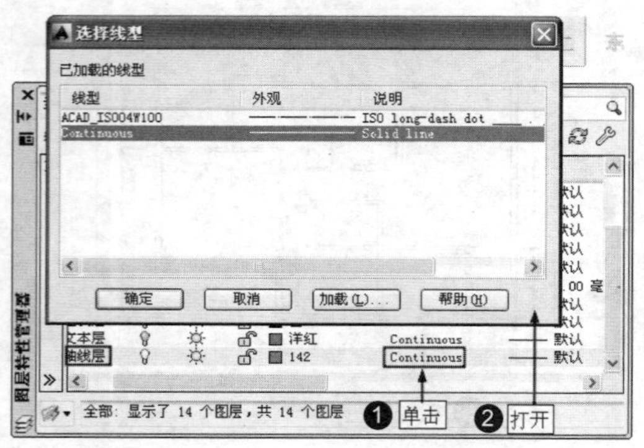

图 6-23

Step03 ▸ 单击 加载(L)... 按钮，打开【加载或重载线型】对话框。

Step04 ▸ 选择名为“ACAD ISO04W100”的线型，如图 6-24 所示。

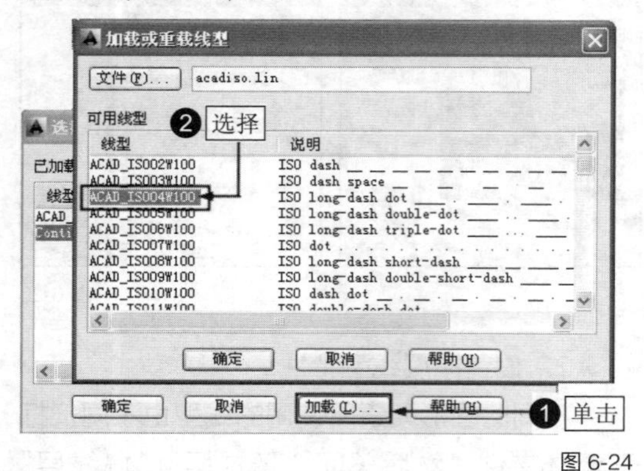

图 6-24

Step05 ▸ 单击 确定 按钮返回【选择线型】对话框。

Step06 ▸ 选择加载的线型，单击 确定 按钮，将该线型指定给“轴线层”图层。此时轴线应用了加载的线型，如图 6-25 所示。

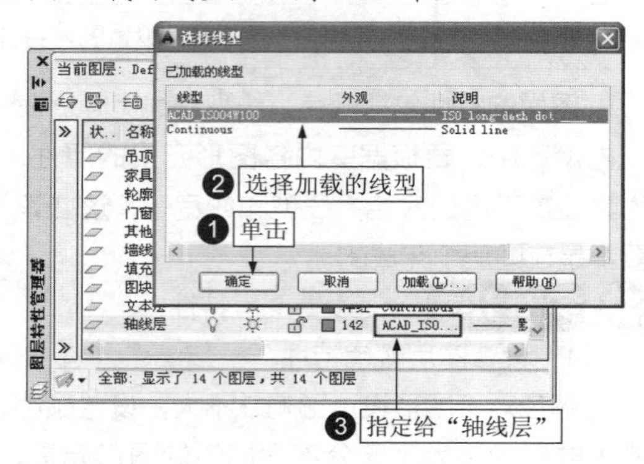

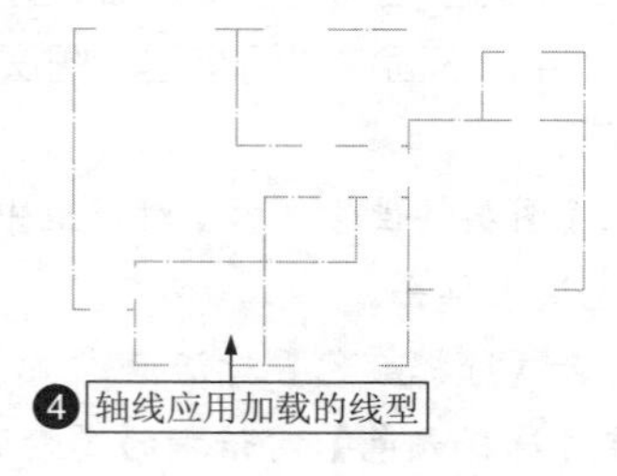

图 6-25

3. 设置图层线宽特性

线宽就是线的宽度，在默认设置下，所有图层的线宽为系统默认的线宽，但在室内设计中，不仅各图形元素的线型不同，其线宽要求也不相同。打开素材文件，该图形中，墙线的线宽为默认设置，这不符合室内设计要求，下面将墙线的线宽设置为 1.0mm。

Step01 ▸ 打开【图层特性管理器】对话框。

Step02 ▸ 在“墙线层”的“线宽”位置单击。

Step03 ▸ 打开【线宽】对话框，选择 1.00mm 的线宽，如图 6-26 所示。

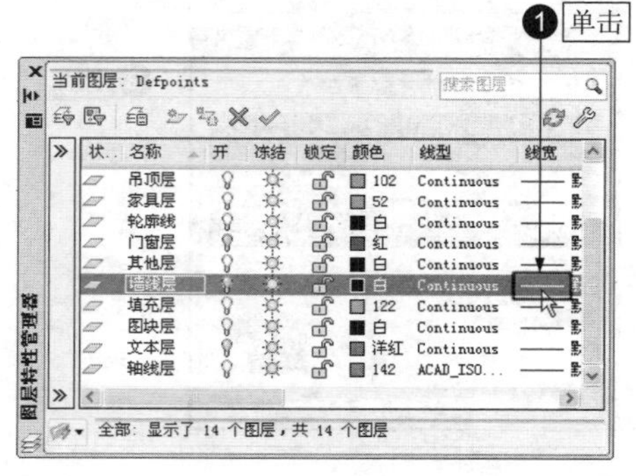

图 6-26

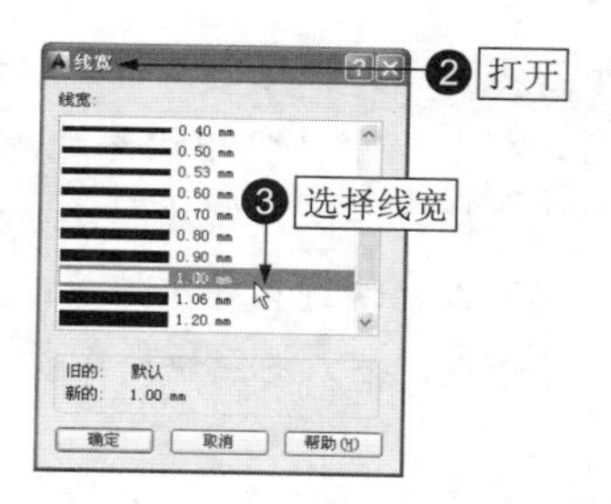

图 6-26（续）

Step04 ▸ 单击 确定 按钮，“墙线层”的线宽就被设置为“1.00mm”，如图 6-27 所示。

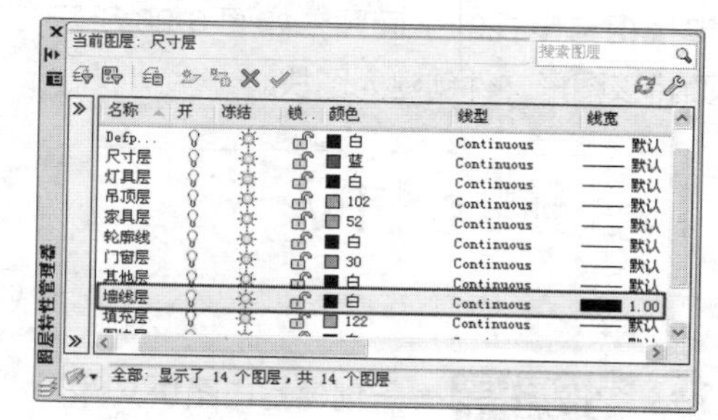

图 6-27

6.1.5　实例——新建并设置室内设计中的所有图层

效果文件	效果文件 \ 第 6 章 \ 实例——新建并设置室内设计中的所有图层 .dwg
视频文件	专家讲堂 \ 第 6 章 \ 实例——新建并设置室内设计中的所有图层 .swf

在室内设计中，需要设置多个图层，以满足绘图需要，本节就来新建室内设计中所需的所有图层，并设置其图层特性。

操作步骤

Step01 ▸ 新建绘图文件并新建“尺寸层”“地面层”“家具层”“墙线层”“吊顶层”“门窗层”和“文本层”等图层。

Step02 ▸ 设置各图层的颜色特性。

Step03 ▸ 新建“轴线层”图层，并为其加载“ACDCIS004W100”线型。

Step04 ▸ 为“墙线层”图层指定线宽。

Step05 ▸ 执行【保存】命令，将文件命名存储。

6.2　创建并应用室内图块文件

所谓“图块”，就是将多个图形或文字组合起来形成单个对象的集合。在室内设计中引用图块，不仅可以提高绘图速度、节省存储空间，还可以使绘制的室内设计图标准化和规范化，同时也方便对图形进行选择、应用和编辑等操作。

本节内容概览

知识点	功能 / 用途	难易度与使用频率
创建室内图块文件（P143）	● 将图形创建为图块文件 ● 完善室内设计图	难易度：★ 使用频率：★★★★★
疑难解答（P145）	● 如何判断一个图形是否是图块文件	
写块（P145）	● 将内部图块创建为外部图块 ● 完善室内设计图	难易度：★ 使用频率：★★★★★
疑难解答（146）	● 能否将图形直接创建为外部图块	
应用图形资源（P147）	● 将图形资源应用到室内设计图中	难易度：★ 使用频率：★★★★★

6.2.1　创建室内图块文件

素材文件	效果文件 \ 第 5 章 \ 综合实例——绘制客厅电视柜与电视平面图 .dwg
视频文件	专家讲堂 \ 第 6 章 \ 创建室内图块文件 .swf

打开素材文件，这是第 5 章中绘制的客厅电视柜与电视的平面图，如图 6-28 所示。下面将该图形文件创建为图块。

图 6-28

实例引导——创建室内图块文件

Step01 ▸ 单击【绘图】工具栏上的“创建块”按钮，打开【块定义】对话框。

Step02 ▸ 在“名称”输入框中输入块名“电视柜与电视平面图”。

注意：图块名是一个不超过 255 个字符的字符串，可包含字母、数字、“$”、“-”及“_”等符号。

用户也可以通过以下方式打开【块定义】对话框。

| 技术看板 |

♦ 单击菜单栏中的【绘图】/【块】/【创建】命令。

♦ 在命令行输入“BLOCK”或“BMAKE”后按 Enter 键。

♦ 使用快捷命令“B”。

Step03 ▸ 单击“拾取点”按钮返回绘图区。

Step04 ▸ 捕捉电视柜组合的中点作为块的基点。

| 技术看板 | 所谓“基点”，就是插入图块时的所选择的点，该点将定位图块插入后的位置。在定位图块的基点时，一般捕捉图形上的特征点，将特征点定义为基点。

Step05 ▸ 返回【创建块】对话框，单击“选择对象”按钮。

Step06 ▸ 返回绘图区，用窗口方式选择电视柜与电视平面图对象。

Step07 ▸ 按 Enter 键，返回【块定义】对话框，在此对话框中出现图块的预览图标。

Step08 ▸ 单击 确定 按钮，所创建的图块保存在当前文件内，如图 6-29 所示。

| 技术看板 | 在定义图块时，系统默认下，直接将源图形转换为图块文件，如果勾选“保留”单选项，定义图块后，源图形将保留，否则源图形不保留。如果勾选“删除”选项，定义图块后，将从当前文件中删除选定的图形。另外，勾选“按统一比例缩放”复选框，在插入块时，仅可以对块进行等比缩放；勾选“允许分解”复选框，插入的图块允许被分解。

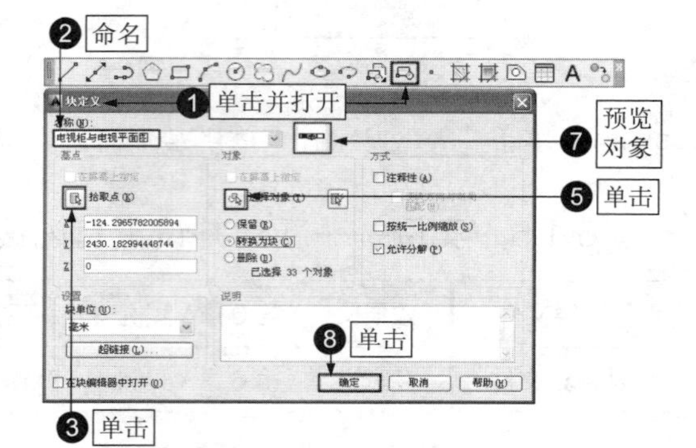

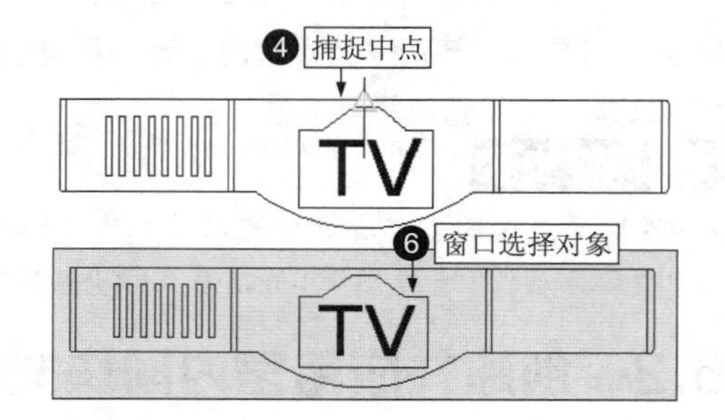

图 6-29

| 技术看板 |

♦“名称”下拉列表框用于为新块命名。

♦“基点”选项组主要用于确定图块的插入基点。在定义基点时，用户可以直接在“X”“Y”和“Z”文本框中输入基点坐标值，也可以在绘图区直接捕捉图形上的特征点。AutoCAD 默认基点为原点。

♦ 单击“快速选择”按钮，将弹出【快速选择】对话框，用户可以按照一定的条件定义一个选择集。

♦“转换为块”单选项用于将创建块的源图形转化为图块。

♦“删除”单选项用于将组成图块的图形对象从当前绘图区中删除。

♦“在块编辑器中打开”复选框用于定义完块后自动进入块编辑器窗口，以便对图块进行编辑管理。

6.2.2　疑难解答——如何判断一个图形是否是图块文件

视频文件	疑难解答 \ 第 6 章 \ 疑难解答——如何判断一个图形是否是图块文件 .swf

疑难： 如何判断一个图形是否是图块文件?

解答： 图块是指将所有图形、文字等组合为一个对象，因此，单击图块文件中的任何一个图形对象，其他图形对象也都会被选择。而没有定义为图块的图形对象，其各部分都是独立的，单击选择一个图形，其他图形对象并不能被选择。例如，电视柜与电视平面图没有被定义为图块前，单击电视柜的弧形边，发现只有该弧形边被选择，而其他图形并没有被选择，如图 6-30（a）所示。而将电视柜与电视平面图定义为图块后，再次单击电视柜，发现所有图形对象都被选择，如图 6-30（b）所示。根据这一特征，就可以判断图形是否是图块文件了。

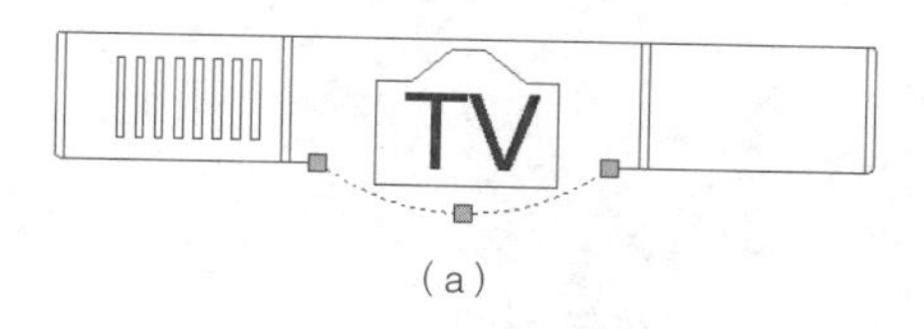

（a）

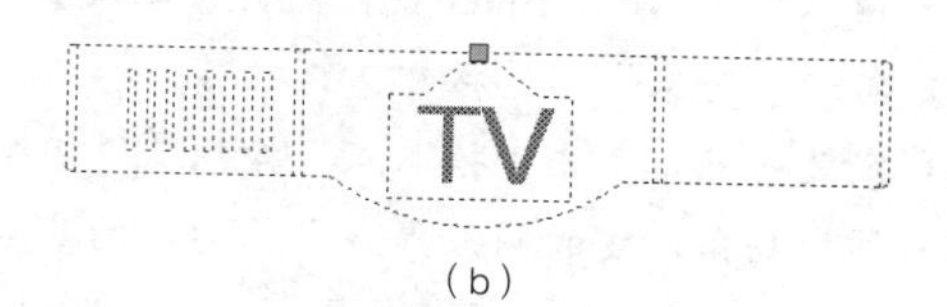

（b）

图 6-30

6.2.3　写块

视频文件	专家讲堂 \ 第 6 章 \ 写块 .swf

在上一节中，我们将电视柜与电视平面图创建为图块文件，但该图块文件只是一个“内部块”文件。所谓“内部块”，是指在当前图形文件中创建并保存于当前文件中，只能供当前文件重复使用的图块。也就是说，该图块文件不能被应用到其他文件中。为了弥补内部块的这一缺陷，AutoCAD 提供了【写块】命令，使用此命令，可以创建不仅能被当前文件重复使用，而且也可以供其他文件重复使用的图块，我们将这种图块称为“外部块”。下面将“电视柜与电视平面图”内部块创建为外部块，也就是“写块”。

实例引导——写块

Step01 ▸ 输入“W”，按 Enter 键，打开【写块】对话框。

Step02 ▸ 勾选“块”单选项，然后在其下拉列表中选择创建的内部块“电视柜与电视”。

Step03 ▸ 单击“文件名和路径”文本列表框右侧的按钮，打开【浏览图形文件】对话框。

Step04 ▸ 为“外部块”选择存储路径并命名。

Step05 ▸ 单击 保存(S) 按钮将其保存。

Step06 ▸ 返回【写块】对话框，单击 确定 按钮，这样就将该“内部块”转化为“外部块”，并以独立文件形式存盘，如图 6-31 所示。

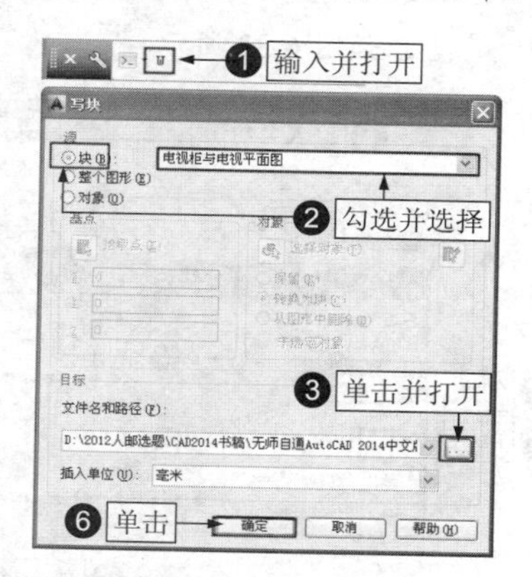

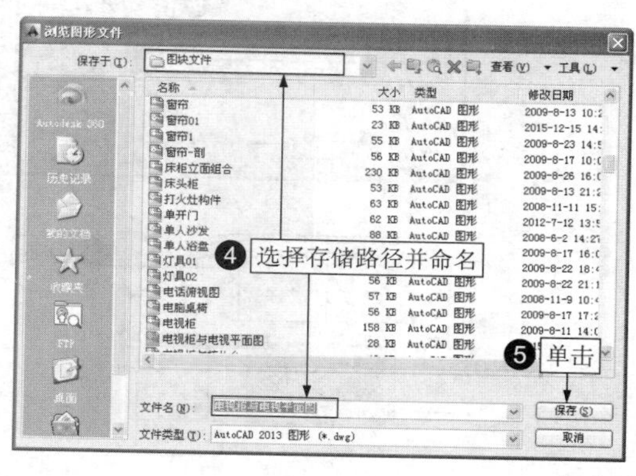

图 6-31

| 技术看板 | 在默认状态下，系统将继续使用源内部块的名称作为外部图块的新名称进行存盘，用户也可以重新为外部块命名，同时重新选择保存路径，将外部图块进行保存。

6.2.4 疑难解答——能否将图形直接创建为外部块

素材文件	效果文件\第 5 章\综合实例——绘制客厅拐角沙发和茶几平面图 .dwg
视频文件	疑难解答\第 6 章\疑难解答——能否将图形直接创建为外部块 .swf

疑难： 将内部块创建为外部块太麻烦，能否将图形直接创建为外部块?

解答： 可以将任何图形直接创建为外部块。打开素材文件，这是第 5 章中绘制的客厅拐角沙发和茶几平面图，下面将其直接创建为外部块。

Step01 ▸ 输入“W”，按 Enter 键，打开【写块】对话框。

Step02 ▸ 勾选“对象”单选按钮。

Step03 ▸ 定义基点。单击“拾取点”按钮返回绘图区。

Step04 ▸ 捕捉拐角沙发的圆弧象限点作为块的基点。

Step05 ▸ 按 Enter 键，返回【写块】对话框，单击“选择对象”按钮。

Step06 ▸ 返回绘图区，窗口方式选择沙发和茶几所有图形对象。

Step07 ▸ 按 Enter 键，返回【写块】对话框，单击“文件名和路径”文本列表框右侧的按钮，打开【浏览图形文件】对话框。

Step08 ▸ 为外部图块选择存储路径并为图块命名。

Step09 ▸ 单击 保存(S) 按钮将其保存。

Step10 ▸ 返回【写块】对话框，单击 确定 按钮，这样就将该图形对象创建为外部图块，并以独立文件形式存盘，如图 6-32 所示。

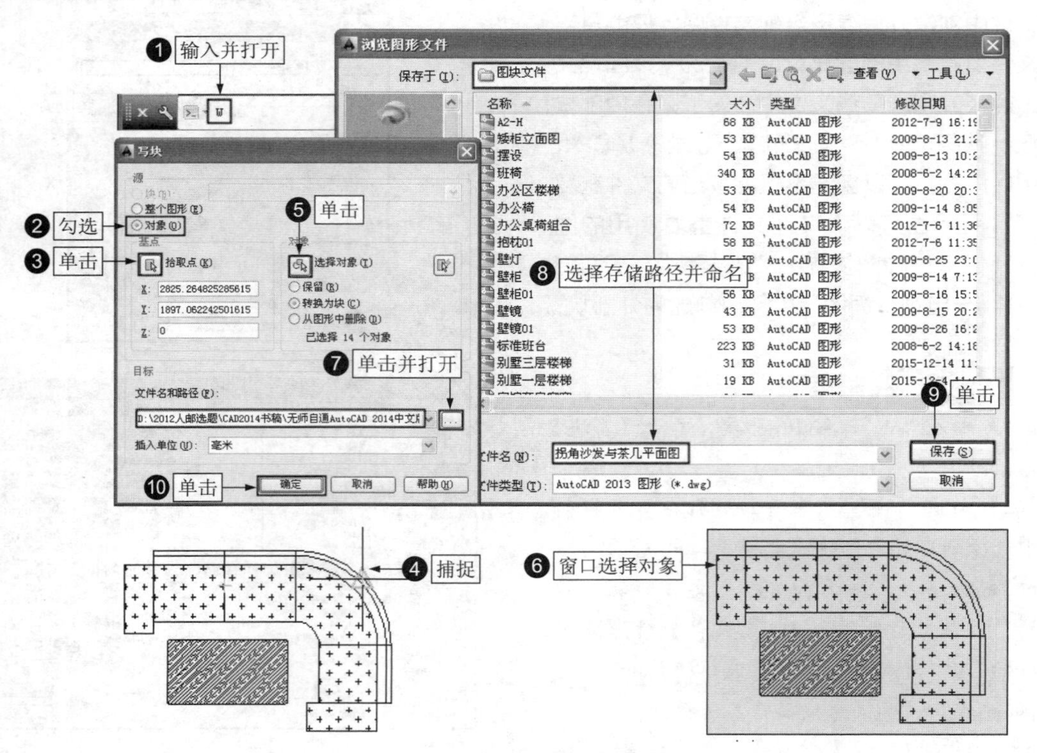

图 6-32

6.2.5　应用图块资源

素材文件	效果文件 \ 第 5 章 \ 综合实例——绘制客厅电视柜与电视平面图 .dwg
视频文件	专家讲堂 \ 第 6 章 \ 应用图块资源 .swf

定义图块的目的就是将其应用到图形文件中，应用图块资源的方法比较简单。打开素材文件，这是一个室内墙体平面图，下面将上一节创建的“电视柜与电视平面图 .dwg”的图块插入该平面图中。

实例引导——应用图块资源

Step01 ▶ 单击【绘图】工具栏上的“插入块”按钮，打开【插入】对话框。

Step02 ▶ 单击 浏览(B)... 按钮，打开【选择图形文件】对话框。

Step03 ▶ 选择“电视柜与电视平面图 .dwg”图块，单击 打开(O) 按钮。

Step04 ▶ 回到【插入】对话框，设置参数，然后单击 确定 按钮。

Step05 ▶ 返回绘图区，捕捉客厅上墙线的中点插入点，即可将该图块文件插入到墙体平面图中，如图 6-33 所示。

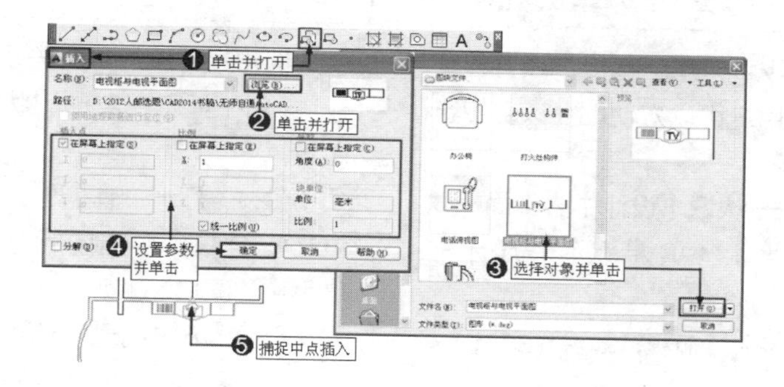

图 6-33

| 技术看板 | 在插入图块时，可以根据具体情况设置插入点、比例以及旋转角度等，其中：

♦ 勾选“在屏幕上指定”单选项，可在视图中指定插入点插入图块；如果取消该选项的勾选，则可以输入坐标值，将图块插入指定的坐标点上。

♦ 在“比例”选项组中设置插入时的图块的比例，可对插入的图块调整大小。勾选“统一比例”复选框，则图块等比例缩放；取消该复选框的勾选，则可以通过输入各比例调整图块大小。例如，当插入比例为 1 时，图块按照原大小直接插入；当设置“X”为 1.5 时，图块将被放大 1.5 倍进行插入，如图 6-34 所示。

♦ 在“旋转”选项组中可设置插入图块时的角度。例如，设置“角度”为 90°，则图块旋转 90° 后插入，如图 6-35 所示。

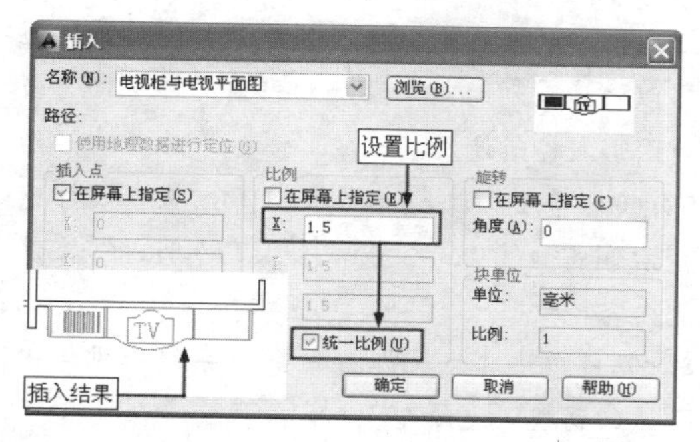

图 6-34

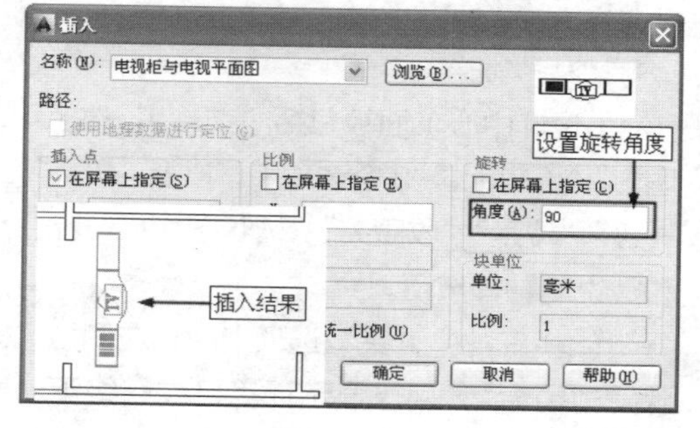

图6-35

6.3 共享室内设计资源

创建了室内设计资源后，可以通过【设计中心】面板来查看、管理和共享这些图形资源。

本节内容概览

知识点	功能 / 用途	难易度与使用频率
认识【设计中心】面板（P148）	● 认识【设计中心】面板	难易度：★ 使用频率：★★★
在【设计中心】面板查看图块资源（P149）	● 查看图形信息 ● 查看图块信息	难易度：★ 使用频率：★★★★★
通过【设计中心】面板共享图块资源（P149）	● 将图形资源共享到图形中 ● 完善室内设计图	难易度：★ 使用频率：★★★★★

6.3.1 认识【设计中心】面板

视频文件 | 专家讲堂\第 6 章\认识【设计中心】面板 .swf

【设计中心】面板与 Windows 的资源管理器界面功能相似，用户可以方便地在该窗口查看、共享图块资源。

实例引导 ——认识【设计中心】面板

Step01 ▸ 单击【标准】工具栏上的“设计中心”按钮。

Step02 ▸ 打开【设计中心】面板，如图 6-36 所示。

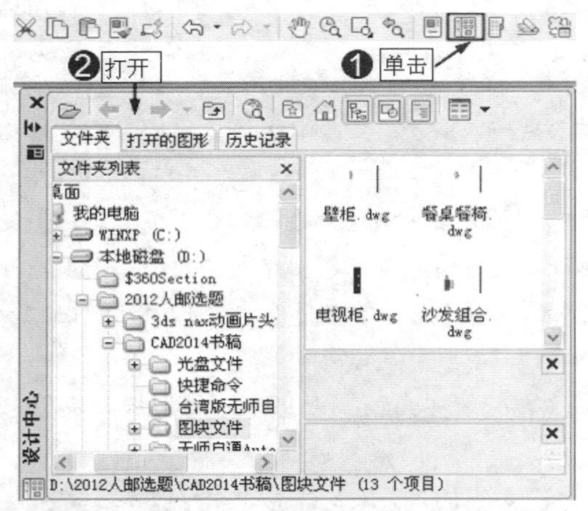

图 6-36 操作【设计中心】面板

【设计中心】面板包括“文件夹”“打开的图形”“历史记录”3 个选项卡，以及“加载”“上一级”“搜索”“收藏夹”“树状图切换”“预览”和“说明”等按钮。

（1）在“文件夹”选项卡中，左侧为“树状管理视窗”，用于显示计算机或网络驱动器中文件和文件夹的层次关系；右侧为“控制面板”，用于显示在左侧树状视窗中选定文件的内容。

（2）“打开的图形”选项卡用于显示 AutoCAD 任务中当前所有打开的图形，包括最小化的图形。

（3）“历史记录”选项卡用于显示最近在设计中心打开的文件的列表。它可以显示【浏览 Web】对话框最近链接过的 20 条地址的记录。

Step03 ▸ 单击“加载”按钮，将弹出【加载】对话框，以方便浏览本地和网络驱动器或 Web 上的文件，然后选择内容加载到内容区域。

Step04 ▸ 单击“上一级”按钮，将显示活动容器的上一级容器的内容。容器可以是文件夹也可以是一个图形文件。

Step05 ▸ 单击“搜索”按钮，将弹出【搜索】对话框，用于指定搜索条件，查找图形、块以及图形中的非图形对象，如线型、图层等。还可以将搜索到的对象添加到当前文件中，为当前图形文件所使用。

Step06 ▸ 单击“收藏夹”按钮，将在设计中心右侧窗口中显示“Autodesk Favorites”文件夹内容。

Step07 ▸ 单击“主页”按钮，系统将设计中心返回到默认文件夹。

Step08 ▸ 单击“树状图切换”按钮，设计中心左侧将显示或隐藏树状管理视窗。如果在绘图区域中需要更多空间，可以单击该按钮隐藏树状管理视窗。

Step09 ▸ 单击“预览”按钮，可显示或隐藏图像的预览框。当预览框被打开时，在上部的面板中选择一个项目，在预览框内将显示出该项目的预览图像。

Step10 ▸ 单击“说明”按钮，将显示或隐藏选定项目的文字信息。

| 技术看板 | 打开【设计中心】窗口还有以下方式。

- 单击菜单栏中的【工具】/【选项板】/【设计中心】命令。
- 在命令行输入“ADCENTER”后按 Enter 键。
- 使用快捷命令“ADC”。
- 按 Ctrl+2 组合键。

6.3.2　在【设计中心】面板查看图块资源

视频文件	专家讲堂 \ 第 6 章 \ 在【设计中心】面板查看图块资源 .swf

通过【设计中心】面板，不但可以方便查看本机或网络机上的 AutoCAD 资源，还可以单独将选择的 CAD 文件打开。

实例引导 ——在【设计中心】面板查看图块资源

1. 查看文件夹资源

Step01 ▸ 进入“文件夹”选项卡。

Step02 ▸ 在左侧树状窗口中单击需要查看的文件夹。

Step03 ▸ 在右侧窗口中即可查看该文件夹中的所有图形资源，如图 6-37 所示。

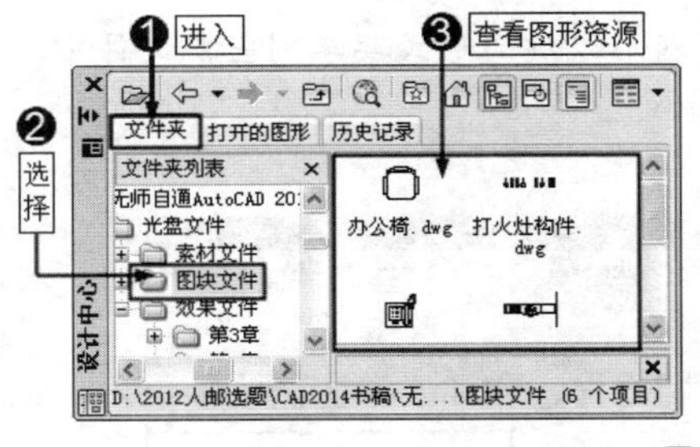

图 6-37

2. 查看文件内部资源

Step01 ▸ 在左侧树状窗口中单击需要查看的文件。

Step02 ▸ 在右侧窗口中即可查看该文件内部的所有资源。

3. 查看文件块资源

文件块资源是指文件内部包含的图块文件。

Step01 ▸ 在左侧树状窗口单击文件名前面的“+”号将其展开。

Step02 ▸ 在展开的下拉列表选择“块”选项。

Step03 ▸ 在右侧窗口查看该文件的所有图块，如图 6-38 所示。

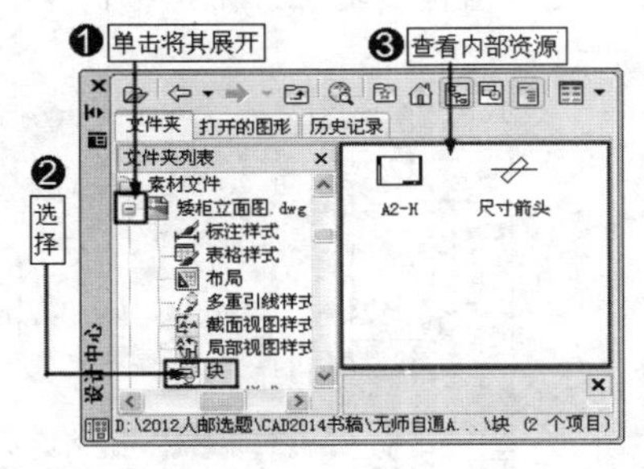

图 6-38

6.3.3　通过【设计中心】面板共享图块资源

素材文件	效果文件 \ 第 4 章 \ 综合实例——绘制阳台线 .dwg
视频文件	专家讲堂 \ 第 6 章 \ 通过【设计中心】面板共享图块资源 .swf

用户还可以通过【设计中心】面板共享图块资源，如打开图形，或者将图形以块的形式插入当前文件中。

实例引导 ——通过【设计中心】面板共享图块资源

1. 打开 CAD 文件

Step01 ▸ 在左侧树状窗口选择需要打开的文件路径。

Step02 ▸ 在右侧窗口单击鼠标右键需要打开的文件图标。

Step03 ▸ 选择【在应用程序窗口中打开】选项。

Step04 ▸ 在 AutoCAD 绘图窗口打开文件，如图 6-39 所示。

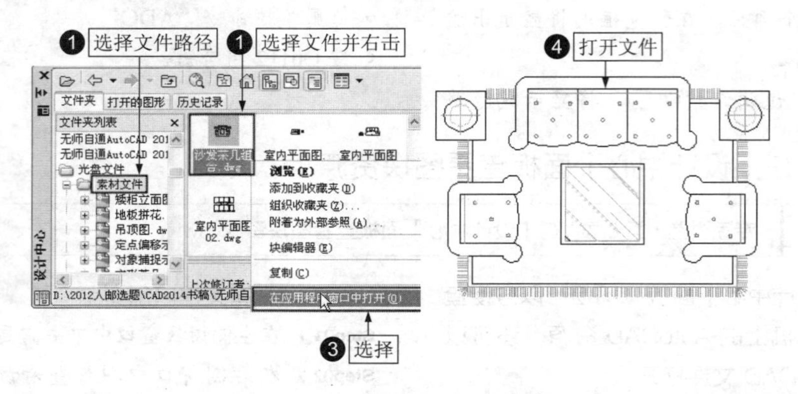

图 6-39

2. 插入图块资源

通过【设计中心】面板可以将图形资源以块的形式插入当前图形文件中，这是室内设计中较常用的一种共享图形资源的方法。打开素材文件，下面通过【设计中心】面板将“电视柜与电视平面图”图形资源以块的形式插入室内墙体平面图的客厅中。

Step01 ▸ 在左侧树状窗口中单击“图块文件”文件夹。

Step02 ▸ 在右侧窗口中选择“电视柜与电视平面图 .dwg”文件并单击鼠标右键。

Step03 ▸ 选择【插入为块】选项，打开【插入】对话框。

Step04 ▸ 设置参数相关参数，然后单击 确定 按钮。

Step05 ▸ 在绘图区捕捉客厅上墙体的中点，这样即可将图形以块的形式共享到当前文件中，如图 6-40 所示。

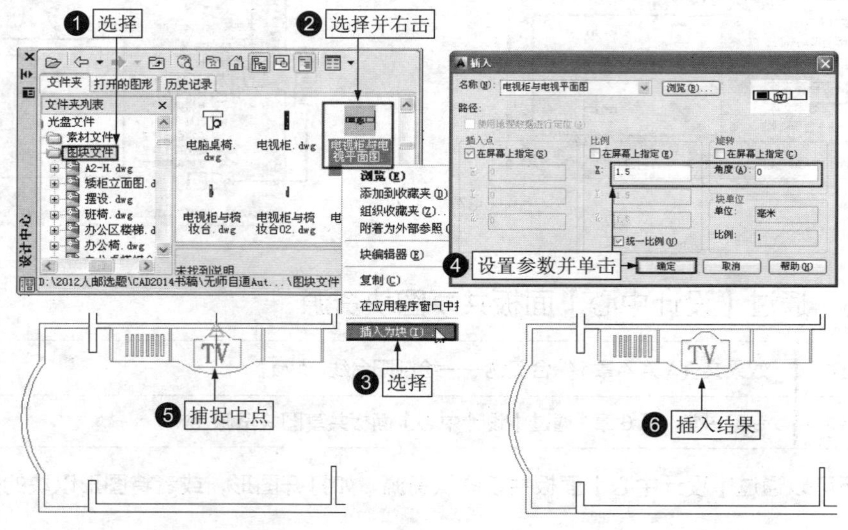

图 6-40

6.4　室内设计中的图案填充

在室内设计中，室内地面通常需要使用图案来填充，以表示地面材质。

本节内容概览

知识点	功能 / 用途	难易度与使用频率
预定义图案（P151）	● 选择系统预设的图案填充图形	难易度：★ 使用频率：★★★★★
了解预定义图案的参数设置（P152）	● 设置预定义图案参数 ● 填充预定义图案	难易度：★★ 使用频率：★★★★★
用户定义图案（P153）	● 使用用户定义图案填充	难易度：★★ 使用频率：★★★★★

6.4.1　预定义图案

素材文件	效果文件 \ 第 4 章 \ 综合实例——绘制阳台线 .dwg
视频文件	专家讲堂 \ 第 6 章 \ 预定义图案 .swf

“预定义图案”是一种系统预设的较常用的图案，它包含多种图案类型，用户可以根据具体需要来选择不同的图案进行填充。打开素材文件，这是一个室内墙体平面图，在“图层”控制下拉列表中将“地面层”图层设置为当前图层，然后使用【直线】命令在客厅阳台和门洞位置绘制直线，将客厅封闭，如图 6-41 所示，然后为客厅地面填充一种木地板图案，效果如图 6-42 所示。

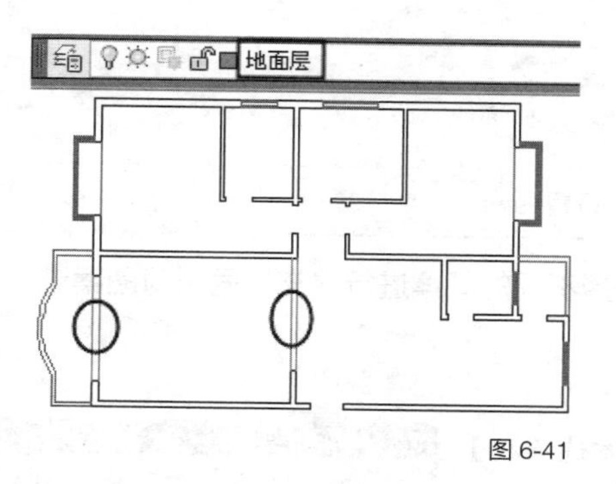

图 6-41

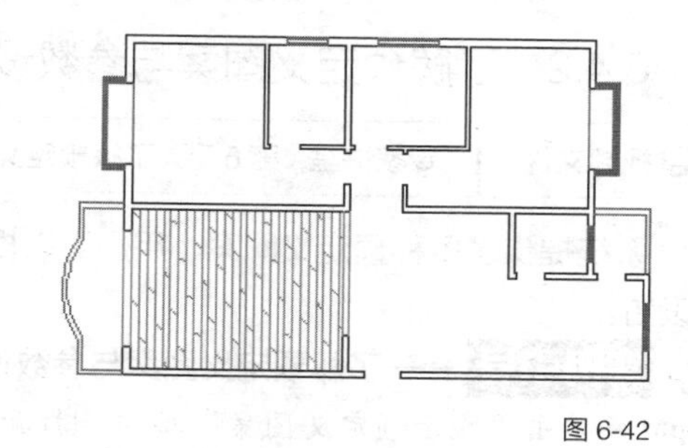
图 6-42

实例引导——为客厅地面填充实木地板图案

Step01 ▸ 单击【绘图】工具栏上的“图案填充”按钮，打开【图案填充和渐变色】对话框。

Step02 ▸ 进入“图案填充”选项卡，单击“图案”右侧的按钮。

Step03 ▸ 打开【填充图案选项板】对话框，进入“其他预定义”选项卡。

Step04 ▸ 选择名为“DOLMIT”的填充图案，如图 6-43 所示。

Step05 ▸ 单击 确定 按钮回到【图案填充和渐变色】对话框。

Step06 ▸ 设置图案的各参数和选项。

Step07 ▸ 单击“添加：拾取点”按钮。

Step08 ▸ 返回绘图区，在客厅内部单击拾取填充区域。

Step09 ▸ 按 Enter 键，再次回到【图案填充和渐变色】对话框，单击 确定 按钮确认，客厅使用选定的图案进行了填充，效果如图6-44所示。

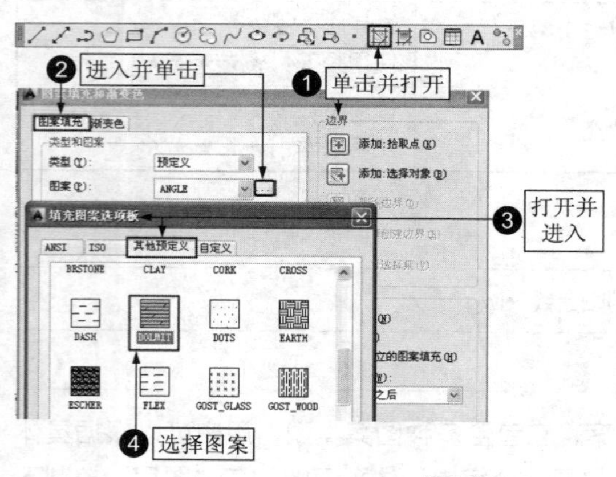

图6-43

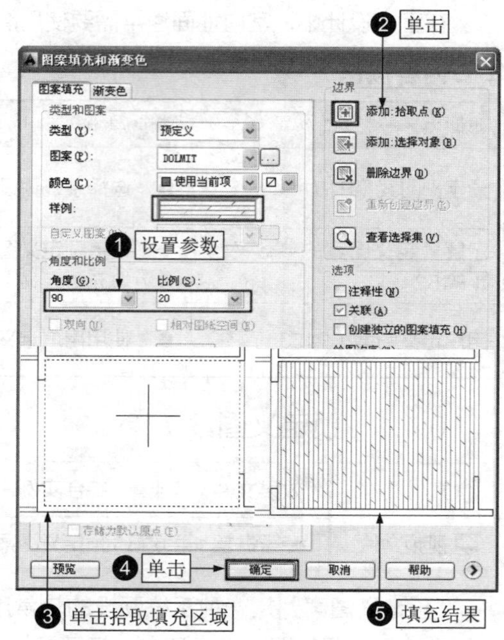

图6-44

| 技术看板 | 用户也通过以下方式激活【图案填充】命令。

- 单击菜单栏中的【绘图】/【图案填充】命令。
- 在命令行输入表达式“BHATCH”后按Enter键。
- 使用快捷命令“H”或“BH”。

6.4.2 了解预定义图案与参数设置

视频文件	专家讲堂\第6章\了解预定义图案与参数设置.swf

系统提供了多种预定义图案，用户可以根据需要选择不同的图案进行填充，同时对图案进行参数设置。

实例引导 ——了解预定义图案与参数设置

Step01 ▸ 单击“显示预定义图案”按钮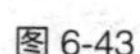打开【填充图案选项板】对话框。

Step02 ▸ 进入“其他预定义”图案，这是室内设计中较常用的图案类型。

Step03 ▸ 选择一种图案类型，例如选择“DOLMIT”的图案，如图6-45所示。

Step04 ▸ 单击 确定 按钮回到【图案填充和渐变色】对话框。

Step05 ▸ 在“角度和比例”选项设置图案的填充角度和比例，不同的“角度”和“比例”设置会产生不同的填充效果，如图6-46所示，是两种不同参数设置的填充效果。

图6-45

Step06 ▸ 系统默认下填充的图案一般使用当前颜色进行填充，用户也可以单击颜色下拉按钮，选择一种颜色代替当前使用颜色，图6-47所示是选择“红色”填充的效果。

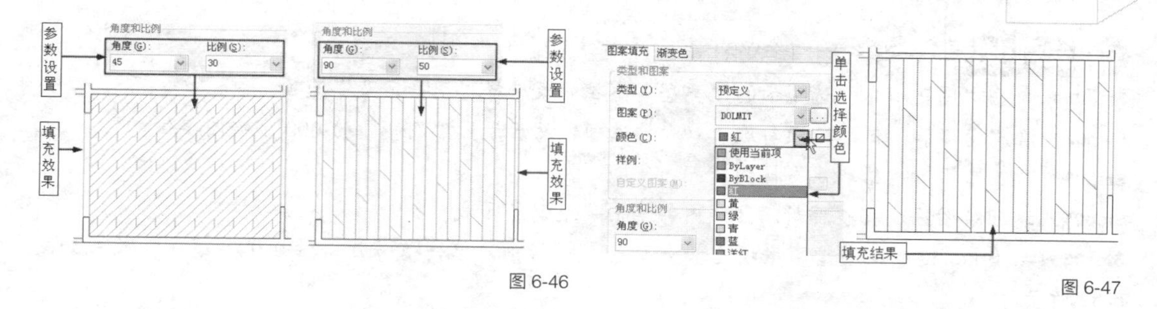

图 6-46　　图 6-47

| 技术看板 | 除了“其他预定义”图案之外，分别单击“ANSI”和“ISO”选项卡，可以选择ANSI和ISO两种图案，如图6-48所示，这两种图案是两种行业标准的图案，在室内设计中不常用，故在此不作详细讲解。

练一练 下面用户可以尝试绘制一个矩形，在矩形内部填充如图6-49所示的其他预定义图案，并设置相关参数。

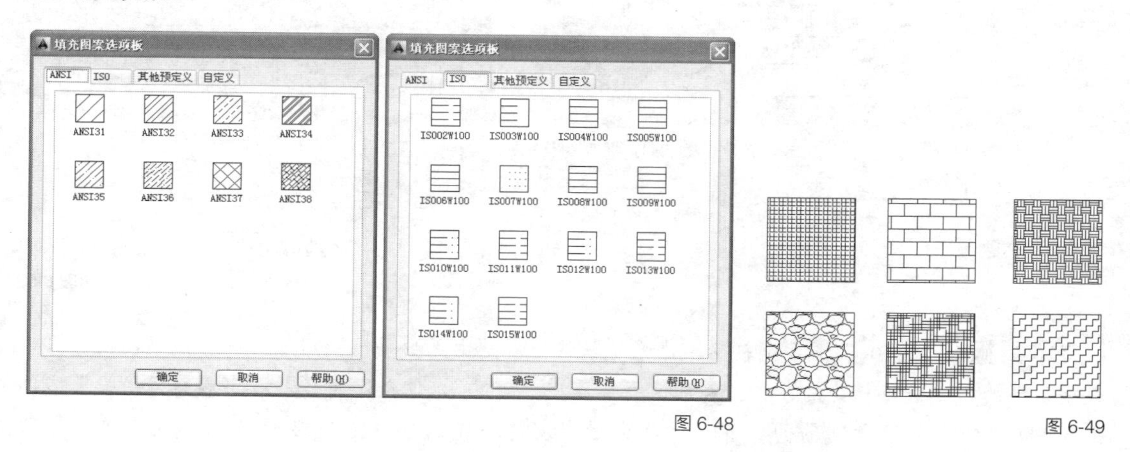

图 6-48　　图 6-49

6.4.3　用户定义图案

素材文件	效果文件 \ 第 4 章 \ 综合实例——绘制阳台线 .dwg
视频文件	专家讲堂 \ 第 6 章 \ 用户定义图案 .swf

“用户定义图案”其实也是系统预设的一种图案，这种图案是由无数平行线组成的一种图案，用户可以根据需要进行相关的设置。

在室内设计中，“用户定义图案”常用来填充室内客厅大理石地面以及厨房、卫生间吊顶。本节继续上一节的操作，使用【直线】命令在餐厅门洞和厨房门洞位置绘制直线，并将该区域创建为一个封闭区域，效果如图 6-50 所示。然后使用“用户定义图案”向该区域地面填充一种大理石材质的图案，效果如图 6-51 所示。

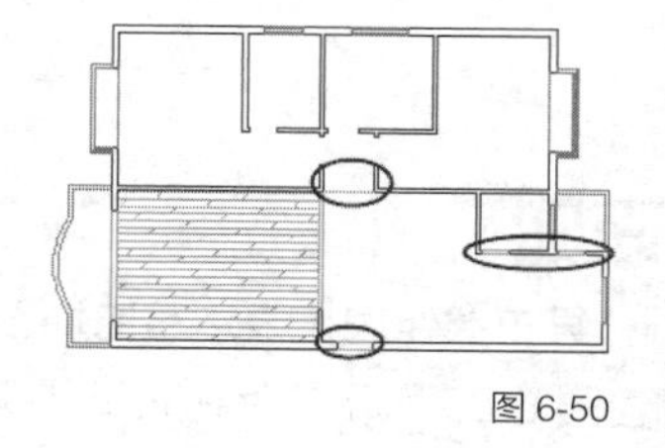

图 6-50

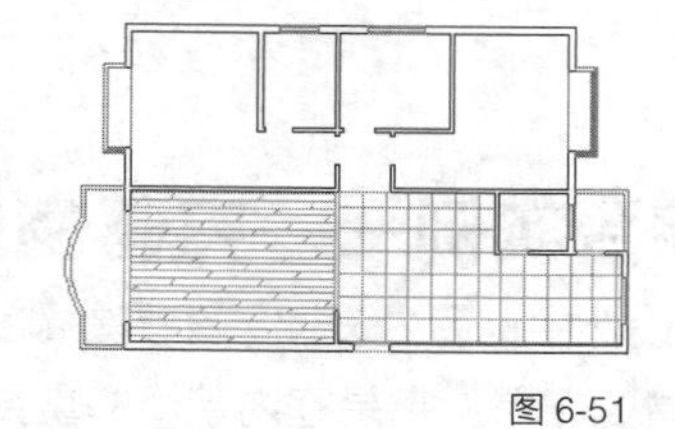

图 6-51

实例引导——填充用户定义图案

Step01 ▸ 单击“图案填充”选项卡的“类型”下拉列表选择“用户定义”选项。

Step02 ▸ 在“角度和比例”选项勾选“双向”选项，然后设置“间距”为 600 个绘图单位。

Step03 ▸ 单击“添加：拾取点”按钮⊞。

Step04 ▸ 返回绘图区，在餐厅封闭区域内部单击确定填充区域。

Step05 ▸ 按 Enter 键，返回【图案填充和渐变色】对话框，单击 确定 按钮进行填充，效果如图 6-52 所示。

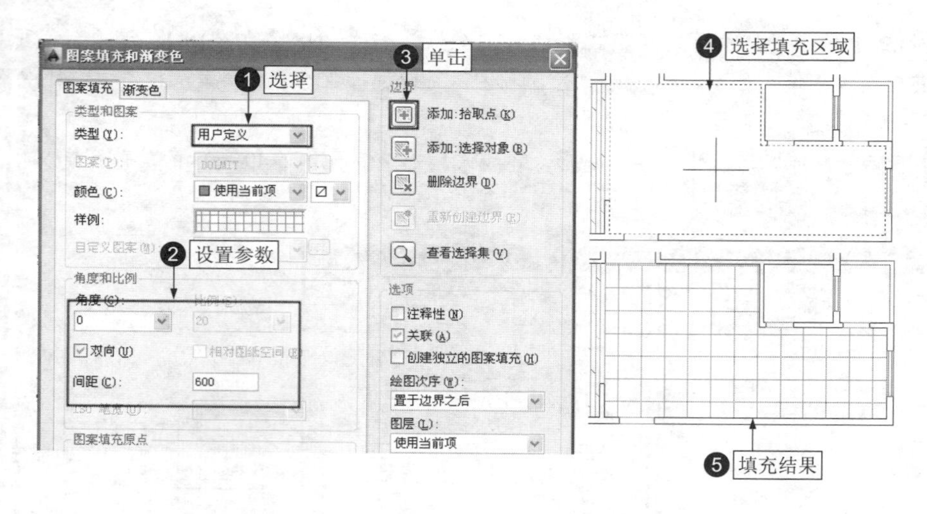

图 6-52

| 技术看板 | 用户定义图案比较简单，系统默认下就是由无数平行线组成的一种图案，用户可以根据自己的需要进行相关的设置。例如，设置填充“角度”，使其平行线呈一定倾斜角；设置“间距”，以增加平行线之间的间距等，以获得更丰富的填充效果。图 6-53（a）所示是“角度”为 60°、“间距”为 600 个绘图单位的填充效果。另外，勾选“双向”复选框，则可以呈现双向的填充效果，如图 6-53（b）所示。

练一练 为室内墙体平面图中的其他房间地面填充系统预设的其他图案，效果如图 6-54 所示，填充时注意设置相关参数。

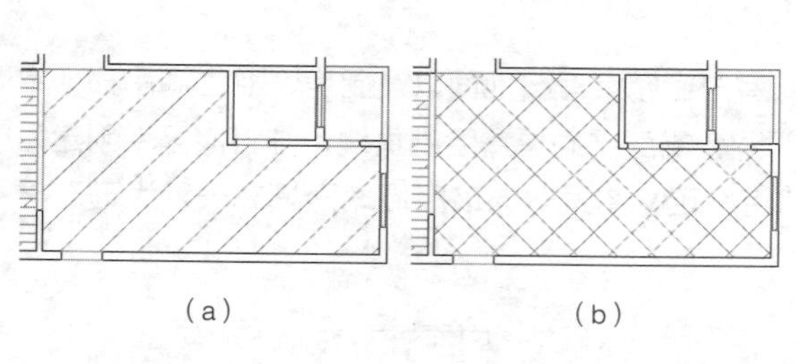

图 6-53

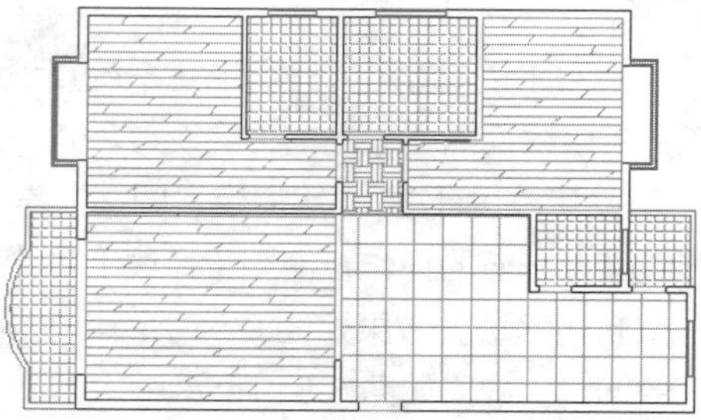

图 6-54

6.5 综合实例——完善室内设计平面图

在室内设计中，室内设计平面图是最重要的一种图纸，其主要作用是表达室内地面装修材质以及室内各家具的布置，它是室内装修的重要依据。本节完善图 6-55 所示的室内设计平面图。

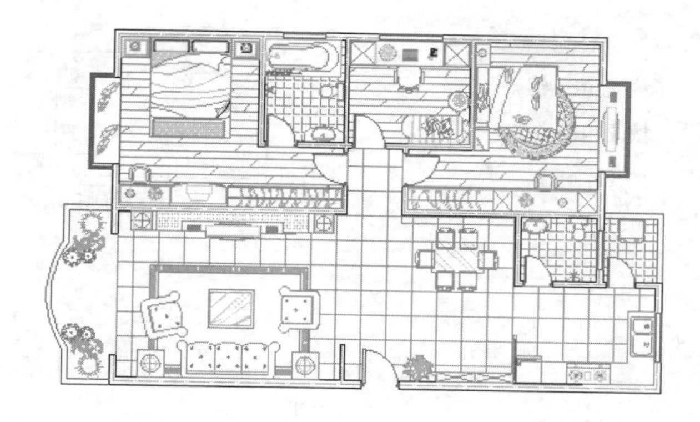

图 6-55

6.5.1　创建单开门图块文件

效果文件	效果文件 \ 第 6 章 \ 综合实例——创建单开门图块文件 .dwg
视频文件	专家讲堂 \ 第 6 章 \ 综合实例——创建单开门图块文件 .swf

单开门也叫平面门，一般被插入各房间的门洞位置。因此，通常需要将单开门创建为图块文件，本节就来创建如图 6-56 所示的单开门图块文件。

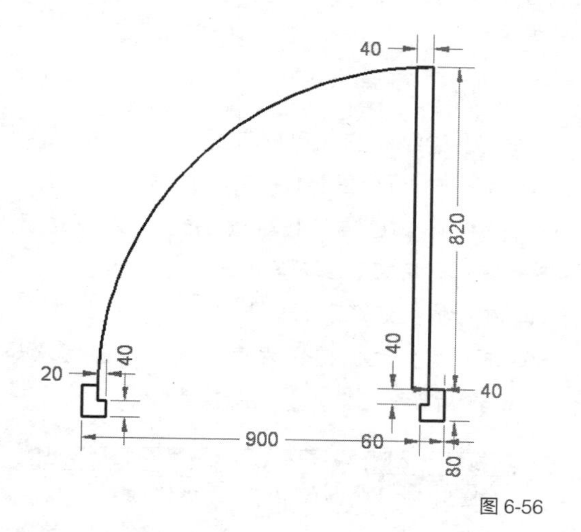

图 6-56

图 6-57

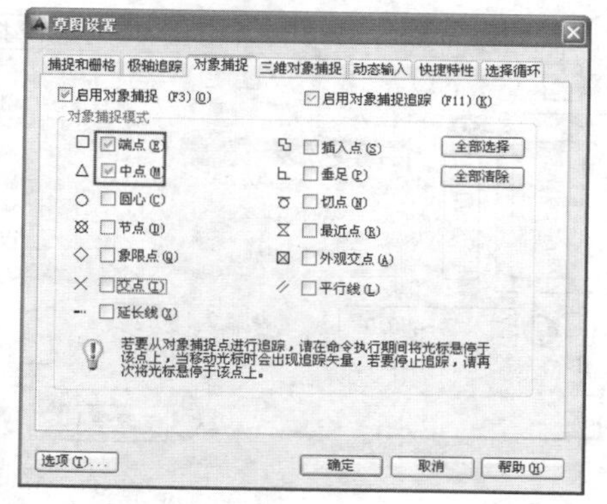

图 6-58

操作步骤

1. 新建文件并设置捕捉模式

Step01 ▶ 按 Ctrl+N 组合键打开【选择样板】对话框，选择如图 6-57 所示的样板文件。

Step02 ▶ 单击 打开(O) 按钮新建空白文件。

Step03 ▶ 输入“SE”，按 Enter 键，打开【草图设置】对话框。

Step04 ▶ 设置“端点”和“中点”捕捉模式。

Step05 ▶ 单击 确定 按钮，如图 6-58 所示。

2. 绘制单开门门垛

Step01 ▶ 输入“L”，按 Enter 键，激活【直线】命令。

Step02 ▶ 在绘图区单击拾取一点。

Step03 ▶ 输入“@60,0”，按 Enter 键。

Step04 ▸ 输入“@0,80”，按 Enter 键。

Step05 ▸ 输入“@-40,0”，按 Enter 键。

Step06 ▸ 输入“@0,-40”，按 Enter 键。

Step07 ▸ 输入“@-20,0”，按 Enter 键。

Step08 ▸ 输入“C”，按 Enter 键，闭合图形，如图 6-59 所示。

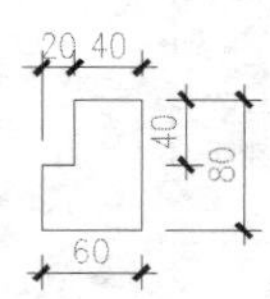

图 6-59

3. 镜像复制门垛

Step01 ▸ 单击【修改】工具栏上的“镜像”按钮。

Step02 ▸ 用窗口方式选择绘制的门垛，按 Enter 键。

Step03 ▸ 按住 Shift 键，同时单击鼠标右键，选择“自”选项。

Step04 ▸ 捕捉门垛的右下角点。

Step05 ▸ 输入“@-450,0”，按 Enter 键，指定镜像轴的第 1 点。

Step06 ▸ 输入“@0,1”，按 Enter 键，指定镜像轴的第 2 点。

Step07 ▸ 按 Enter 键，镜像结果如图 6-60 所示。

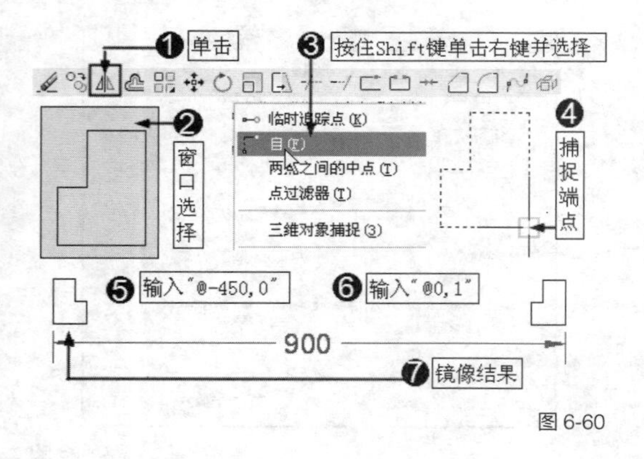

图 6-60

4. 绘制门轮廓线

Step01 ▸ 单击【绘图】工具栏上的“矩形”按钮。

Step02 ▸ 捕捉左侧门垛右上端点。

Step03 ▸ 捕捉右侧门垛左上端点。绘制结果如图 6-61 所示。

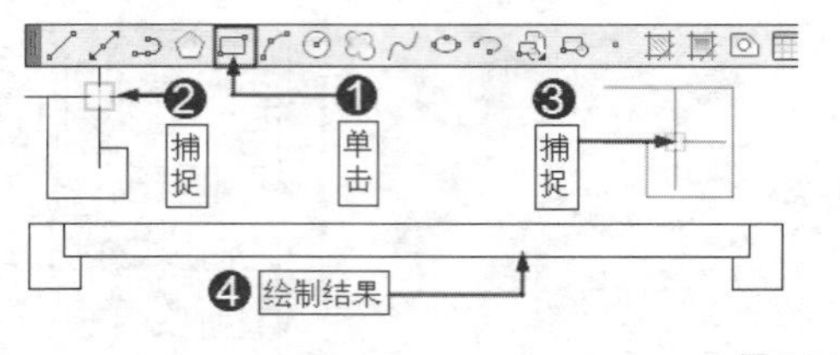

图 6-61

5. 旋转门轮廓线

Step01 ▸ 单击【修改】工具栏上的“旋转”按钮。

Step02 ▸ 单击选择刚绘制的矩形。

Step03 ▸ 按 Enter 键，捕捉矩形的右上角点。

Step04 ▸ 输入“-90”，按 Enter 键，设置旋转角度。旋转结果如图 6-62 所示。

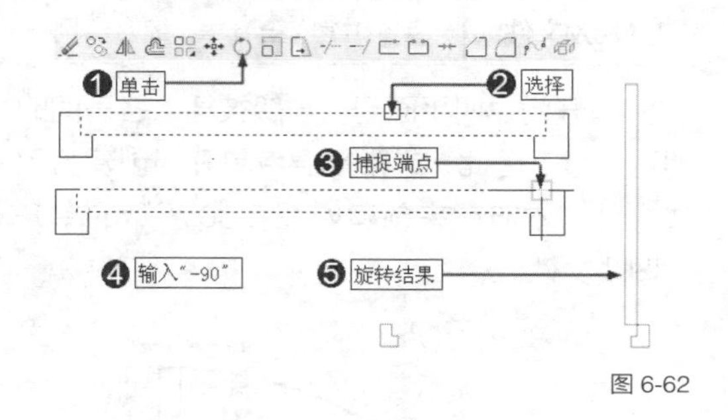

图 6-62

6. 绘制门的开启方向线

Step01 ▸ 单击【绘图】工具栏上的“圆弧”按钮。

Step02 ▸ 输入“C”，按 Enter 键，激活“圆心”选项。

Step03 ▸ 捕捉矩形右下角点。

Step04 ▸ 捕捉矩形右上角点。

Step05 ▸ 捕捉左侧门垛右上端点。绘制结果如图 6-63 所示。

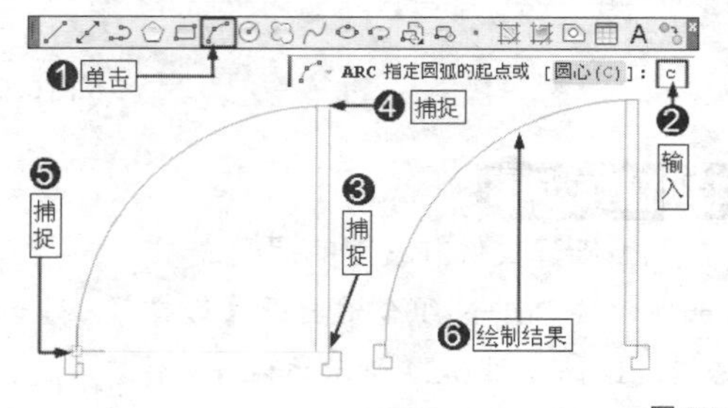

图 6-63

7. 创建图块

Step01 ▸ 单击【绘图】工具栏上的“创建块”按钮。

Step02 ▸ 打开【块定义】对话框。

Step03 ▸ 在“名称”输入框输入“单开门”。

Step04 ▸ 单击“拾取点”按钮返回绘图区。

Step05 ▸ 捕捉门垛中点作为基点。

Step06 ▸ 返回【块定义】对话框，单击“选择对象”按钮。

Step07 ▸ 返回绘图区，用窗口方式选择单开门对象。

Step08 ▸ 按 Enter 键，返回【块定义】对话框，勾选“保留”选项。

Step09 ▸ 单击 确定 按钮将其创建为内部块，如图 6-64 所示。

8. 创建外部图块

当创建图块文件之后，记得一定再将其创建为外部图块，这样该图块文件就可以被其他文件重复使用，否则，该图块文件只能被当前图形文件重复使用。

Step01 ▸ 输入“W”，按 Enter 键，打开【写块】对话框。

Step02 ▸ 勾选“块”选项，然后在其列表选择“单开门”的图块文件。

Step03 ▸ 单击“文件名和路径”文本列表框右侧的按钮打开【浏览图形文件】对话框。

Step04 ▸ 将“单开门”外部块保存在“图块文件”目录下。

Step05 ▸ 单击 保存(S) 按钮将其保存。

Step06 ▸ 返回【写块】对话框，单击 确定 按钮，这样就将“单开门”内部块转化为外部块，如图 6-65 所示。

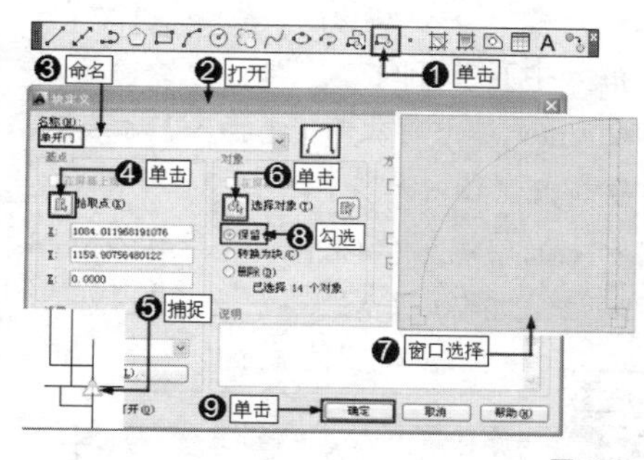

图 6-64

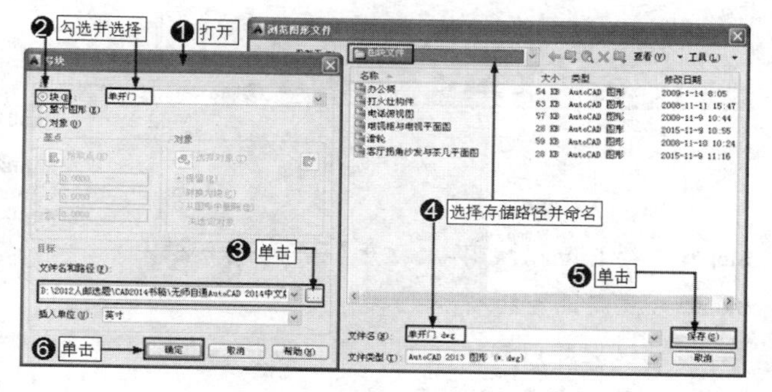

图 6-65

9. 保存文件

将绘制的单开门图形文件命名保存。

6.5.2　插入单开门

素材文件	效果文件 \ 第 4 章 \ 综合实例——绘制阳台线 .dwg 图块文件目录下
效果文件	效果文件 \ 第 6 章 \ 综合实例——插入单开门 .dwg
视频文件	专家讲堂 \ 第 6 章 \ 综合实例——插入单开门 .swf

打开素材文件，这是绘制好的室内墙体平面图，首先将“门窗层”图层设置为当前图层，然后将上一节创建的单开门图块插入室内墙体平面图中，结果如图 6-66 所示。

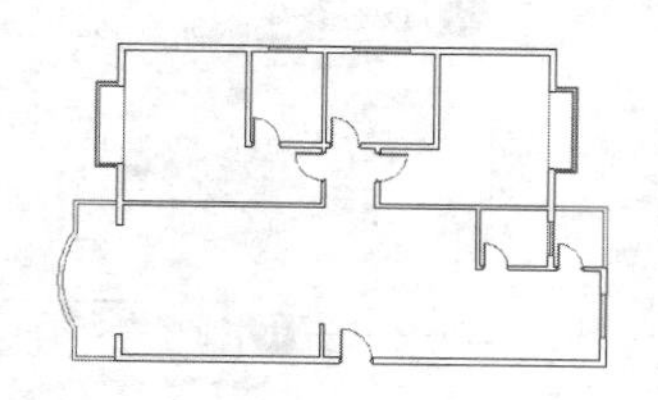

图 6-66

操作步骤

1. 插入主卧卫生间单开门

Step01 ▸ 输入“I”，按 Enter 键，打开【插入】对话框。

Step02 ▸ 单击 浏览(B)... 按钮，在打开的【选择图形文件】对话框选择上一节创建并保存的“单开门”图块文件。

Step03 ▸ 返回【插入】对话框，设置插入比例以及其他参数。

Step04 ▸ 单击 确定 按钮回到绘图区。

Step05 ▸ 捕捉书房门洞左墙线的中点作为插入点，插入结果如图 6-67 所示。

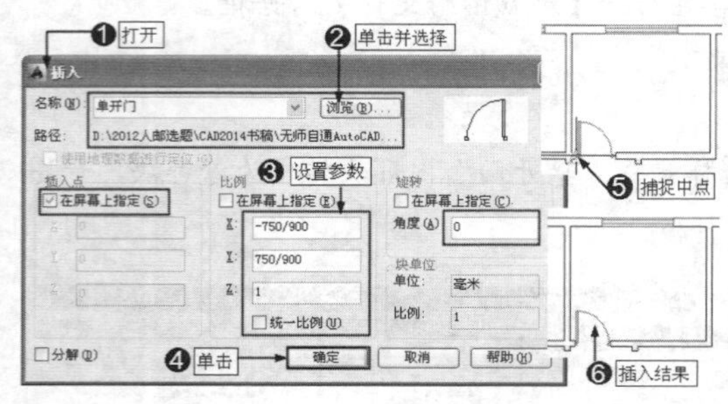

图 6-67

2. 插入书房单开门

Step01 ▸ 按 Enter 键，再次打开【插入】对话框。

Step02 ▸ 重新设置插入参数。

Step03 ▸ 以次卧门洞墙线的中点作为插入点插入单开门，如图 6-68 所示。

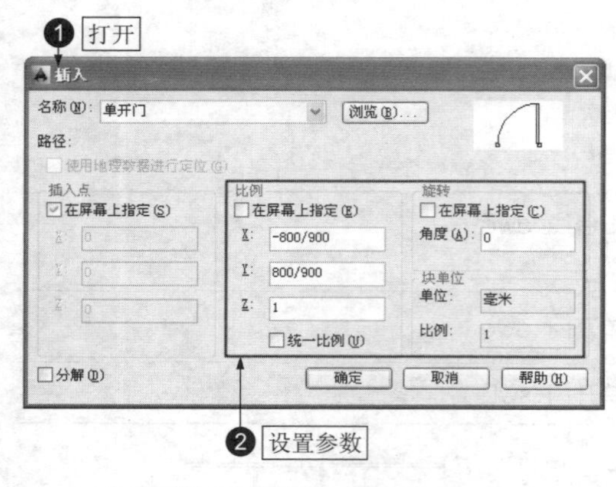

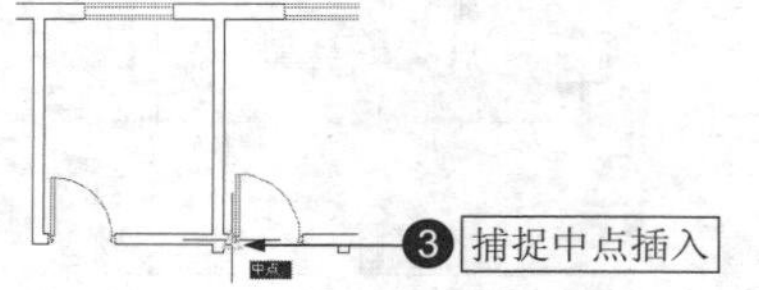

图 6-68

3. 插入主卧单开门

Step01 ▸ 按 Enter 键，再次打开【插入】对话框。

Step02 ▸ 重新设置插入参数。

Step03 ▸ 以主卧门洞墙线的中点作为插入点插入单开门，如图 6-69 所示。

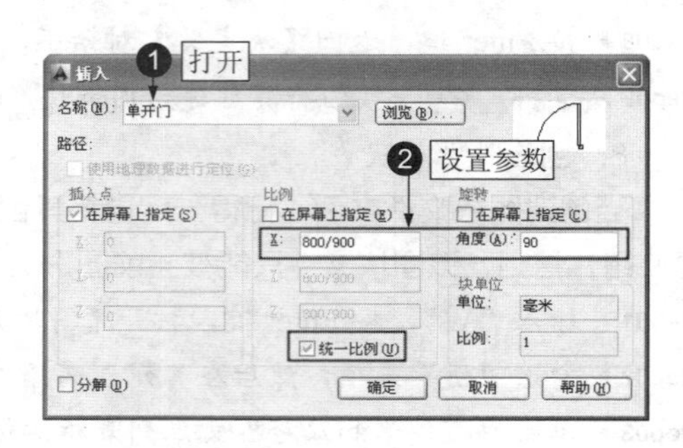

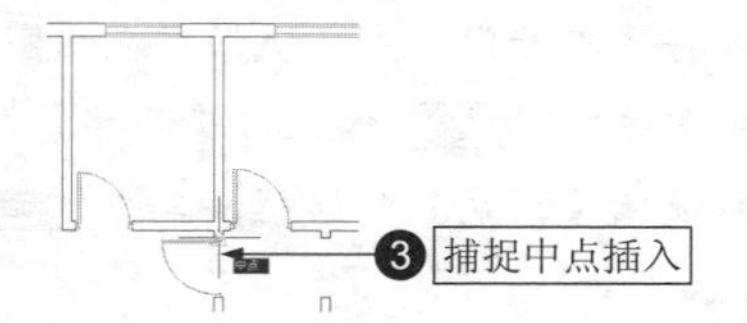

图 6-69

4. 插入主卫单开门

Step01 ▸ 按 Enter 键，再次打开【插入】对话框。

Step02 ▸ 重新设置插入参数。

Step03 ▸ 以主卫门洞墙线的中点作为插入点插入单开门，如图 6-70 所示。

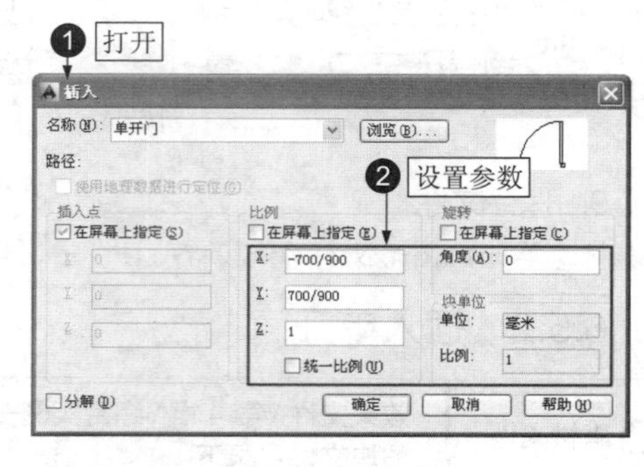

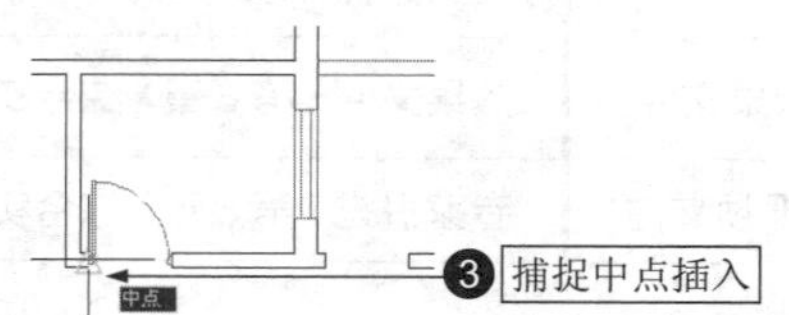

图 6-70

5. 插入客厅入口单开门

Step01 ▸ 按 Enter 键，再次打开【插入】对话框。

Step02 ▸ 重新设置插入参数。

Step03 ▸ 以客厅入口门洞墙线的中点作为插入点插入单开门，如图 6-71 所示。

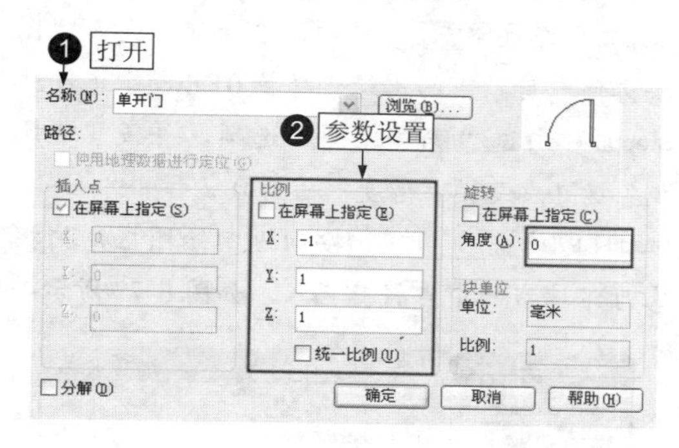

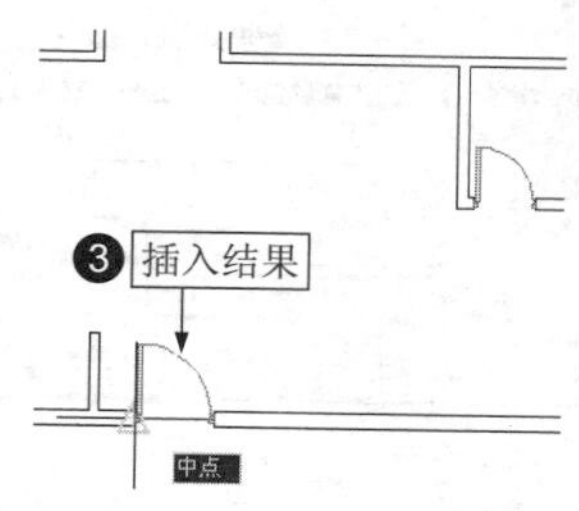

图 6-71

6. 镜像创建次卧单开门

Step01 ▸ 输入“MI”，按 Enter 键，激活【镜像】命令。

Step02 ▸ 单击选择主卧单开门，按 Enter 键。

Step03 ▸ 按住 Shift 键，同时单击鼠标右键，选择【两点之间的中点】命令。

Step04 ▸ 捕捉主卧门洞墙线的中点。

Step05 ▸ 捕捉次卧门洞墙线的中点。

Step06 ▸ 输入“@0,1”，按 Enter 键，设置镜像轴的另一点坐标。镜像结果如图 6-72 所示。

图 6-72

7. 复制创建储藏室单开门

Step01 ▸ 输入“CO”，按 Enter 键，激活【复制】命令。

Step02 ▸ 单击选择主卫单开门，按 Enter 键。

Step03 ▸ 捕捉单开门左门垛的中点作为基点。

Step04 ▸ 捕捉储藏室门洞左墙线的中点作为目标点。

Step05 ▸ 按 Enter 键，复制结果如图 6-73 所示。

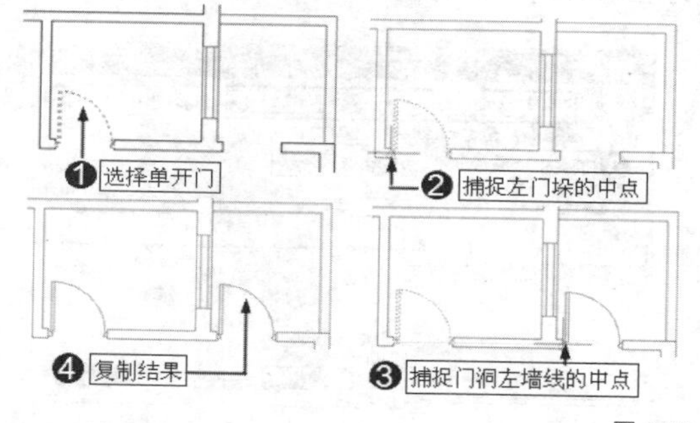

图 6-73

8. 保存文件

至此室内平面图的单开门插入完毕，最后将文件命名保存。

6.5.3 插入客厅用具

素材文件	效果文件 \ 第 6 章 \ 综合实例——插入单开门 .dwg “图块文件”目录下
效果文件	效果文件 \ 第 6 章 \ 综合实例——插入客厅用具 .dwg
视频文件	专家讲堂 \ 第 6 章 \ 综合实例——插入客厅用具 .swf

本节继续使用【插入】命令向客厅布置电视柜、沙发以及绿化植物等室内用具，结果如图 6-74 所示。

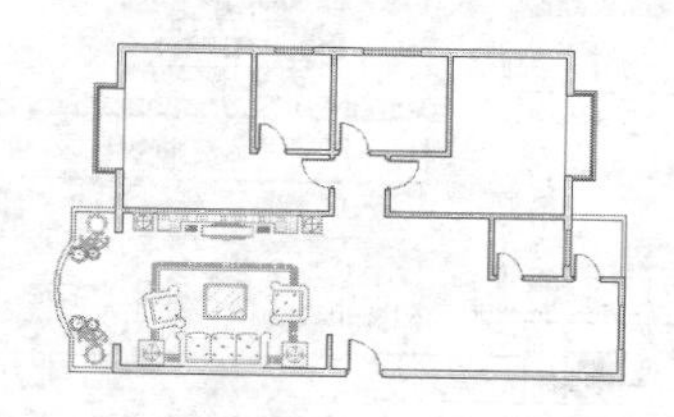

图 6-74

操作步骤

1. 设置捕捉模式与当前图层

Step01 ▶ 输入“SE”，按 Enter 键，打开【草图设置】对话框。

Step02 ▶ 设置捕捉模式为“端点”捕捉。

Step03 ▶ 在“图层”控制下拉列表中将“家具层”图层设置为当前图层。

2. 向客厅插入电视与电视柜图块文件

Step01 ▶ 输入“I”，按 Enter 键，打开【插入】对话框。

Step02 ▶ 单击 浏览(B)... 按钮，选择随书光盘“图块文件”目录下的“电视与电视柜 03.dwg”文件。

Step03 ▶ 勾选“统一比例”选项，并设置“比例”为 1.2，设置“角度”值为 90。

Step04 ▶ 单击 确定 按钮返回绘图区，捕捉客厅上墙线的中点将其插入，如图 6-75 所示。

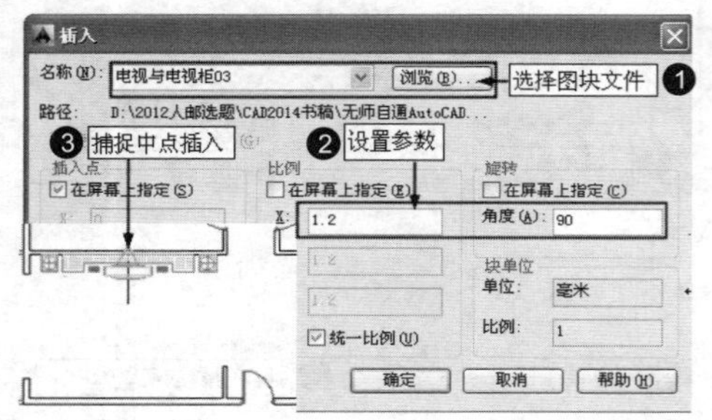

图 6-75

3. 插入沙发组合

Step01 ▶ 按 Enter 键，打开【插入】对话框。

Step02 ▶ 单击 浏览(B)... 按钮，选择随书光盘“图块文件”目录下的“沙发组合 02.dwg”文件。

Step03 ▶ 勾选“统一比例”选项，并设置“比例”为 1，设置“角度”值为 0。

Step04 ▶ 单击 确定 按钮返回绘图区，捕捉客厅下墙线的中点将其插入，如图 6-76 所示。

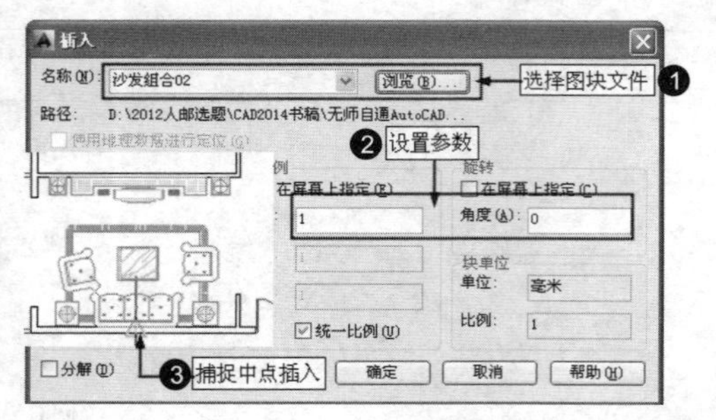

图 6-76

4. 插入绿化植物

Step01 ▶ 按 Enter 键，打开【插入】对话框。

Step02 ▶ 单击 浏览(B)... 按钮，选择随书光盘“图块文件”目录下的“绿化植物 01.dwg”文件。

Step03 ▶ 勾选“统一比例”选项，并设置“比例”为 1，设置“角度”值为 0。

Step04 ▶ 单击 确定 按钮返回绘图区，捕捉客厅下墙线的中点将其插入，如图 6-77 所示。

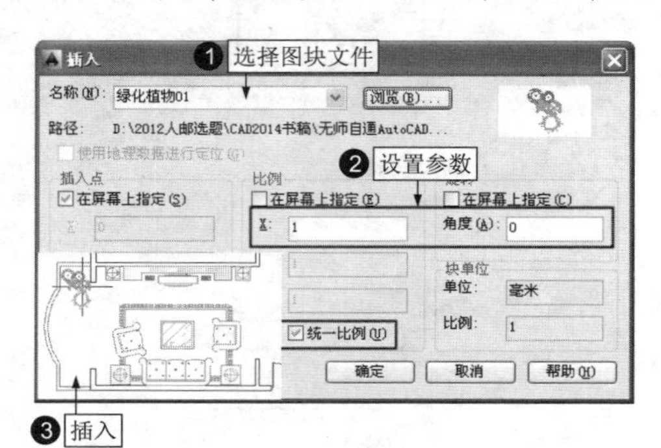

图 6-77

5. 镜像绿化植物

Step01 ▶ 单击“镜像”按钮。

Step02 ▶ 单击选择绿化植物图块。

Step03 ▶ 按 Enter 键，捕捉阳台圆弧的中点作为镜像轴的第 1 点。

Step04 ▶ 水平引导光标拾取镜像轴的第 2 点。

Step05 ▶ 按 Enter 键，结果如图 6-78 所示。保存文件。

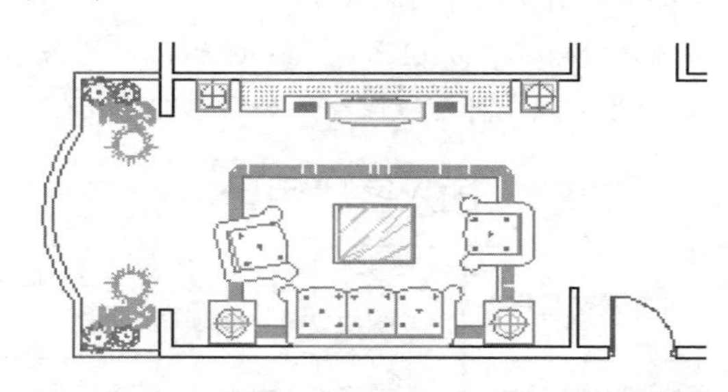

图 6-78

6.5.4　插入主卧室用具

素材文件	效果文件 \ 第 6 章 \ 综合实例——插入客厅用具 .dwg “图块文件”目录下
效果文件	效果文件 \ 第 6 章 \ 综合实例——插入主卧室用具 .dwg
视频文件	专家讲堂 \ 第 6 章 \ 综合实例——插入主卧室用具 .swf

继续上一节的操作，向主卧布置双人床、梳妆台、橱柜组合以及抱枕等室内用具，结果如图 6-79 所示。

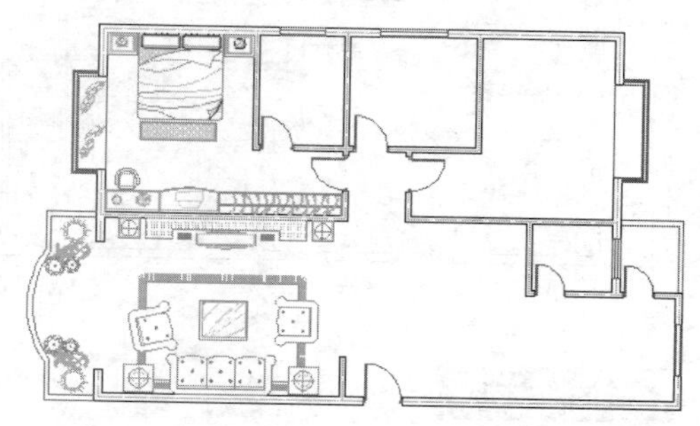

图 6-79

操作步骤

Step01 ▸ 插入梳妆台与组合柜。

Step02 ▸ 插入双人床。

Step03 ▸ 插入抱枕。

Step04 ▸ 保存文件。

详细的操作步骤请观看随书光盘中的视频文件“综合实例——插入主卧室用具 .swf”。

6.5.5　插入其他房间用具并完善厨房操作台

素材文件	效果文件 \ 第 6 章 \ 综合实例——插入主卧室用具 .dwg “图块文件”目录下
效果文件	效果文件 \ 第 6 章 \ 综合实例——插入其他房间用具并完善厨房操作台 .dwg
视频文件	专家讲堂 \ 第 6 章 \ 综合实例——插入其他房间用具并完善厨房操作台 .swf

打开素材文件，向书房、厨房、客卧、卫生间以及餐厅等房间插入相关各用具，然后完善厨房操作台，结果如图 6-80 所示。

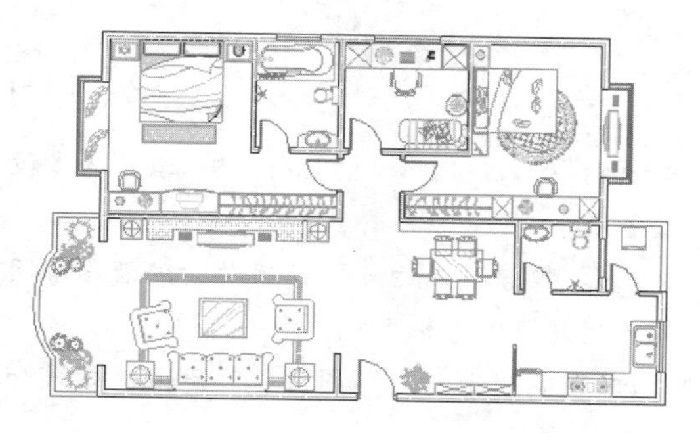

图 6-80

操作步骤

Step01 ▸ 插入其他房间各用具。

Step02 ▸ 完善厨房灶台。

Step03 ▸ 绘制酒柜。

Step04 ▸ 绘制壁橱。

Step05 ▸ 保存文件。

详细的操作步骤请观看随书光盘中的视频文件“综合实例——插入其他房间用具并完善厨房操作台 .swf”。

6.5.6　填充室内平面图地面材质

素材文件	效果文件 \ 第 6 章 \ 综合实例——插入其他房间用具并完善厨房操作台 .dwg
效果文件	效果文件 \ 第 6 章 \ 综合实例——填充室内平面图地面材质 .dwg
视频文件	专家讲堂 \ 第 6 章 \ 综合实例——填充室内平面图地面材质 .swf

打开素材文件，向室内平面图各房间地面填充地面材质，具体包括实木地板材质、大理石地板材质以及防滑地板材质，结果如图 6-81 所示。

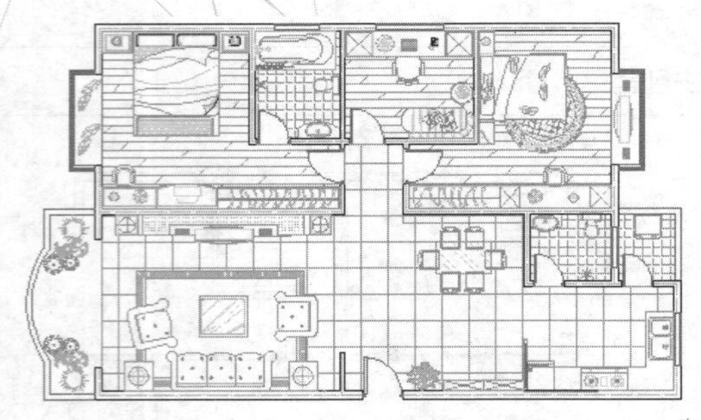

图 6-81

操作步骤

1. 设置当前图层并封闭填充区域

地面材质应该被填充到“地面层”图层，因此，需要设置“地面层”图层为当前图层，另外，由于图案只能在封闭的区域内进行填充，因此，在填充时，首先需要将各房间进行封闭，使其形成一个封闭的空间，这样才能进行图案填充。

Step01 ▸ 在“图层”控制下拉列表中选择“地面层”图层为当前图层。

Step02 ▸ 单击【绘图】工具栏上的“直线”按钮。

Step03 ▸ 配合“端点”捕捉功能，捕捉墙线的端点绘制直线，将各房间封闭，结果如图 6-82 所示。

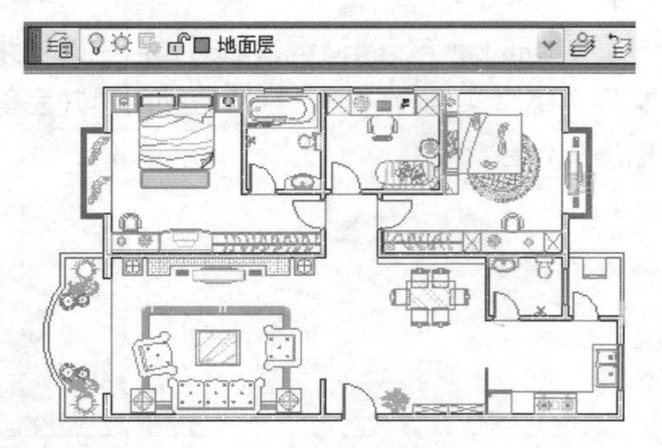

图 6-82

2. 填充前的准备工作

下面向主卧、客卧和书房地面填充实木地板材质。在填充前，需要做一些准备工作，例如将无关紧要的其他图层冻结，并将要填充的房间内的家具图块放入其他层，另外，可以使用多段线沿各家具边缘创建封闭的图线等，这样做的目的是，可以加快图形的运算速度，便于图案填充。

Step01 ▸ 在无命令执行的前提下，单击主卧、客卧以及书房内的家具图块使其夹点显示，如图 6-83 所示。

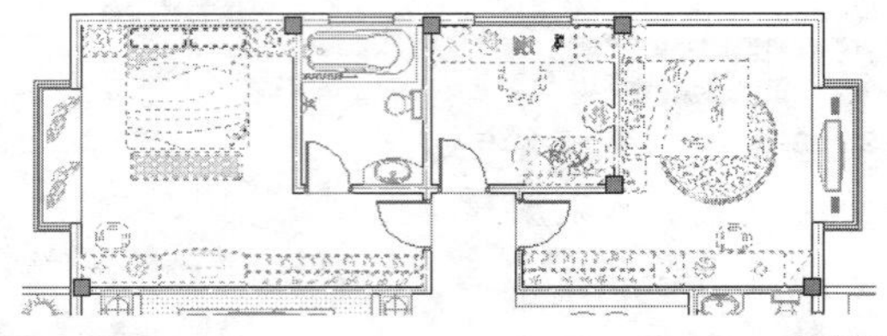

图 6-83

Step02 ▸ 展开“图层”控制下拉列表，选择“0”图层，将夹点显示的对象暂时放置在0图层上。

Step03 ▸ 按 Esc 键取消对象的夹点显示，然后冻结“家具层”图层，此时平面图的显示效果如图 6-84 所示。

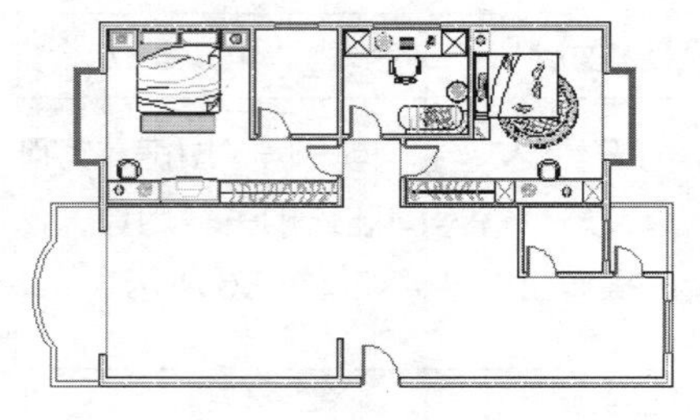

图 6-84

Step04 ▸ 输入“PL”，按 Enter 键，激活【多段线】命令。

Step05 ▸ 配合“最近点”捕捉功能，沿各房间家具创建闭合的多段线。

Step06 ▸ 将“家具层”图层暂时隐藏，效果如图 6-85 所示。

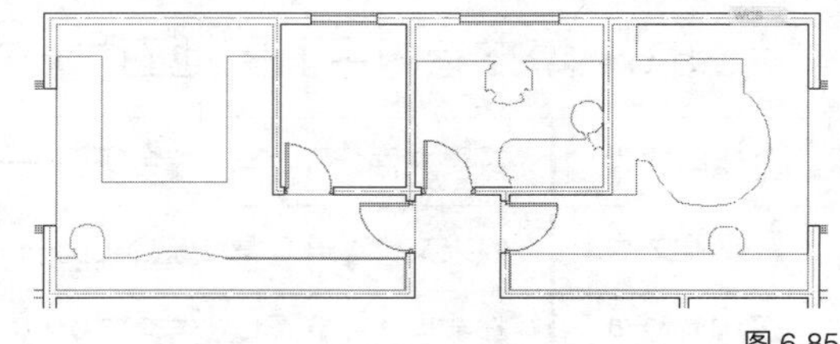

图 6-85

3. 填充实木地板材质

实木地板材质将使用系统预设的一种图案来填充。

Step01 ▶ 输入“H”，按 Enter 键，打开【图案填充和渐变色】对话框。

Step02 ▶ 单击“样例”图案打开【填充图案选项板】对话框。

Step03 ▶ 选择“DOLMIT”的图案，如图 6-86 所示。

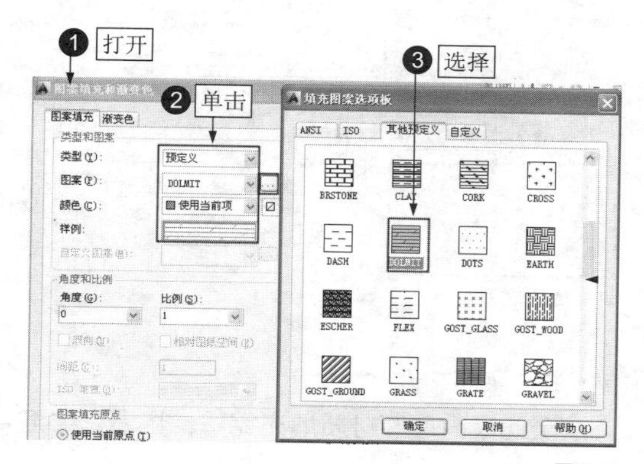

图 6-86

Step04 ▶ 单击 确定 按钮返回【图案填充和渐变色】对话框，设置图案参数。

Step05 ▶ 单击“添加：拾取点”按钮返回绘图区。

Step06 ▶ 在主卧、书房和客卧地面单击，确定填充区域，如图 6-87 所示。

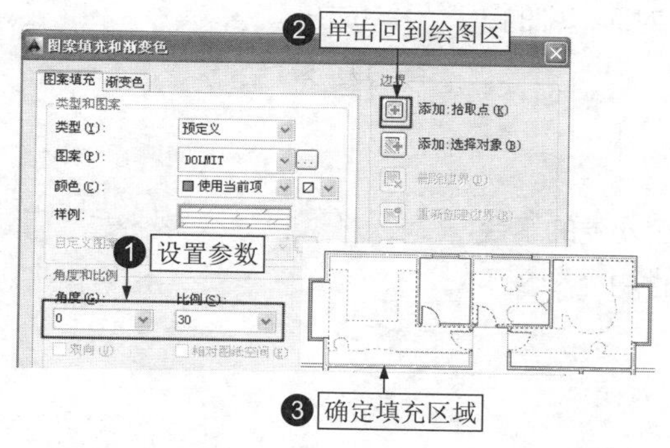

图 6-87

Step07 ▶ 按 Enter 键，返回【图案填充和渐变色】对话框，单击 确定 按钮进行填充。

Step08 ▶ 显示被隐藏的“家具层”图层，填充结果如图 6-88 所示。

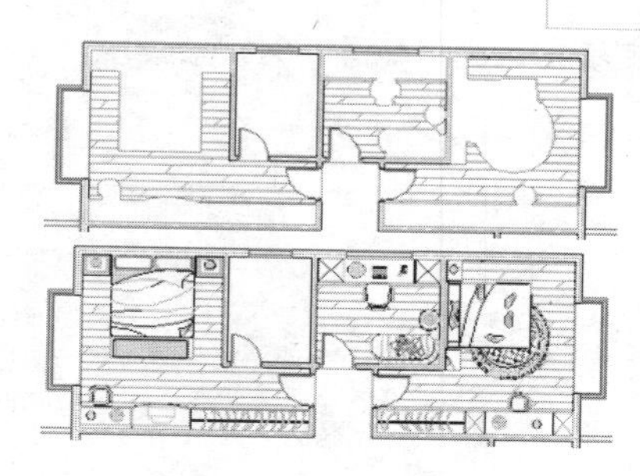

图 6-88

4. 填充大理石地面材质

大理石地面材质主要用于客厅、餐厅以及厨房地面铺装，该材质将使用用户自定义图案来填充。

Step01 ▶ 首先选择主卧、客卧以及书房的各家具，将其再次放入“家具层”图层，然后取消“家具层”图层的隐藏。

Step02 ▶ 依照前面的操作，继续使用多段线，沿客厅和餐厅家具轮廓绘制闭合多段线，然后将“家具层”图层再次隐藏，效果如图 6-89 所示。

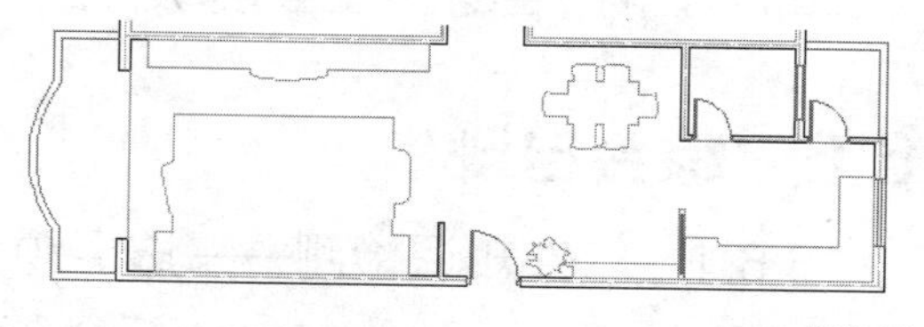

图 6-89

Step03 ▶ 打开【图案填充和渐变色】对话框，选择“用户定义”图案，并设置填充参数，如图 6-90 所示。

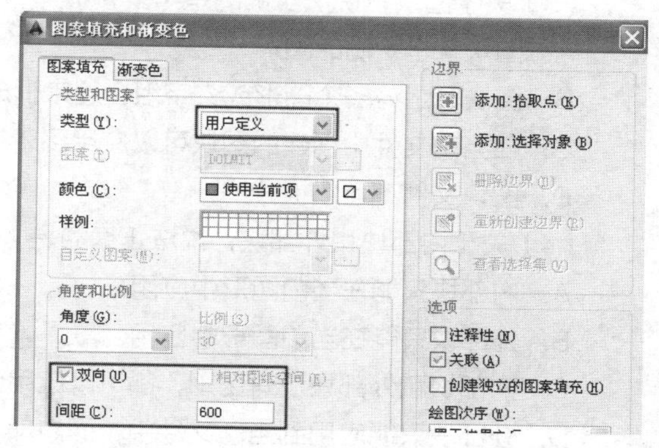

图 6-90

Step04 ▶ 单击“添加：拾取点”按钮返回绘图区，在客厅、餐厅以及厨房地面空白位置单击确定填充区域，如图 6-91 所示。

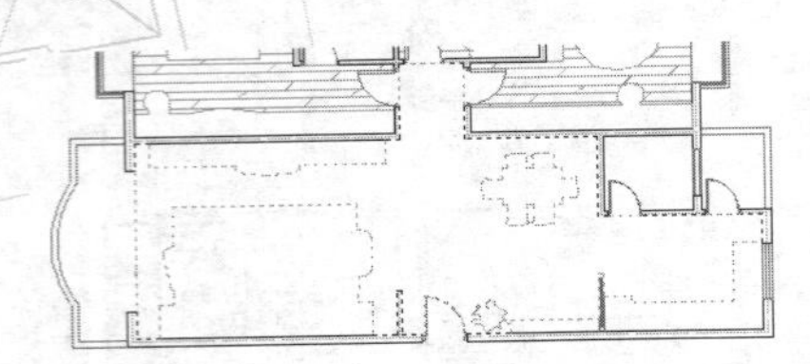

图 6-91

Step05 ▸ 按 Enter 键回到【图案填充和渐变色】对话框，单击 确定 按钮进行填充，效果如图 6-92 所示。

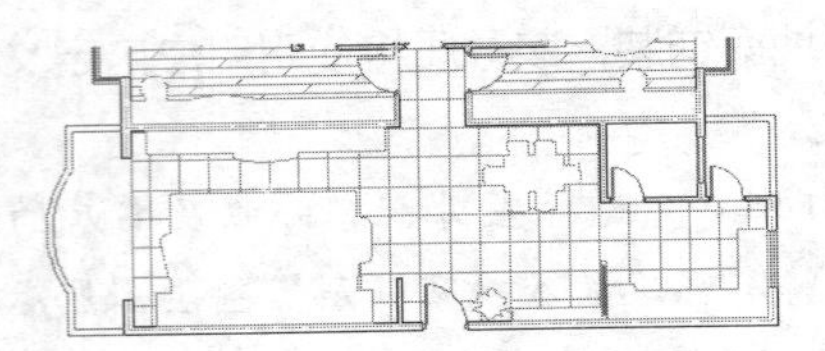

图 6-92

Step06 ▸ 取消“家具层”图层的隐藏，填充结果如图 6-81 所示。

5. 填充防滑地板材质

防滑地面材质主要用于卫生间以及洗衣房地面，该材质可以使用系统预设的一种图案来填充。

Step01 ▸ 依照前面的操作重新选择系统预设的一种图案，并设置图案参数。

Step02 ▸ 回到绘图区，在卫生间以及洗衣房地面单击拾取填充区域进行填充，如图 6-93 所示。

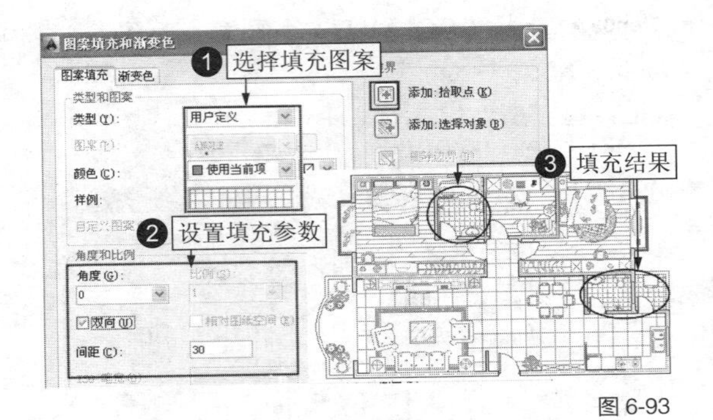

图 6-93

6. 保存文件

至此室内地面材质填充完毕，将填充结果命名保存。

6.6 综合自测

6.6.1 软件知识检测——选择题

(1) 当新建了一个图层后，按（ ）键可以连续新建图层。

A. Enter　B. Shift　C. Ctrl　D. Alt

(2) 新建图层时，需要单击【图层特性管理器】对话框中的（ ）按钮。

A. 　B. 　C. 　D.

(3) 关于图块，说法正确的是（ ）。

A. 图块就是绘制的图形

B. 图块就是将多个图形或文字组合起来形成单个对象的集合

C. 在当前文件中创建的图块可以应用到所有文件中

D. 图块文件不可以被分解

(4) 关于内部块和外部块，说法正确的是（ ）。

A. 内部块只能在当前图形中应用

B. 外部块只能在当前图形中应用

C. 内部块和外部块没有区别，都可以应用到任何文件中

D. 外部块只能应用到当前文件中，而内部块可以在任何文件中应用

6.6.2　软件操作入门——创建浴缸图块文件

素材文件	素材文件 \ 室内平面图 02.dwg
效果文件	效果文件 \ 第 6 章 \ 软件操作入门——创建浴缸图块文件 .dwg
视频文件	专家讲堂 \ 第 6 章 \ 软件操作入门——创建浴缸图块文件 .swf

打开素材文件，根据图示尺寸，绘制如图 6-94 所示的浴缸平面图，并将其创建为图块文件。

6.6.3　应用技能提升——向平面图插入图块并填充地面材质

素材文件	素材文件 \ 室内平面图 02.dwg
效果文件	效果文件 \ 第 6 章 \ 应用技能提升——向平面图插入图块并填充地面材质 .dwg
视频文件	专家讲堂 \ 第 6 章 \ 应用技能提升——向平面图插入图块并填充地面材质 .swf

将创建的浴缸图块文件插入素材文件卫生间，然后为素材文件卫生间地面填充防滑地面材质，效果如图 6-95 所示。

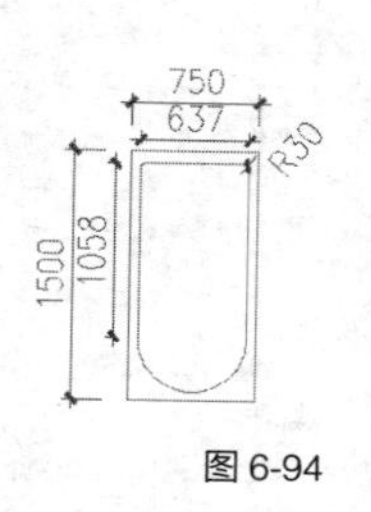

图 6-94

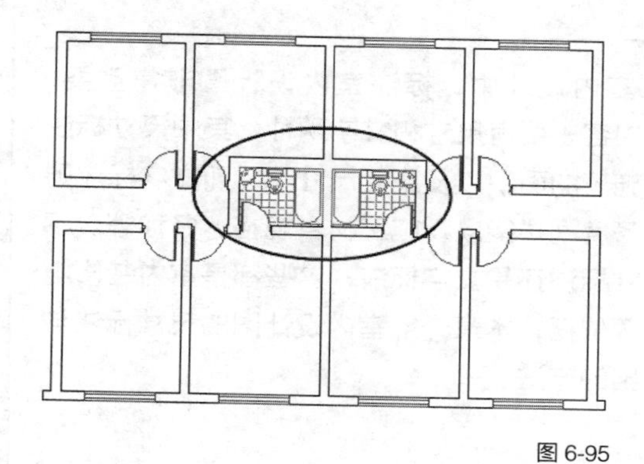

图 6-95

第7章
室内设计图的标注与打印

在室内设计中，标注室内设计图非常重要，其标注内容主要有尺寸和文字两种，其中尺寸标注表明了施工的面积以及施工尺寸等，而文字标注则表明了各房间功能以及施工材料规格、名称等。不管是尺寸标注还是文字标注，这些都是室内装修施工的重要依据，本章介绍室内设计图的尺寸标注与打印输出的方法。

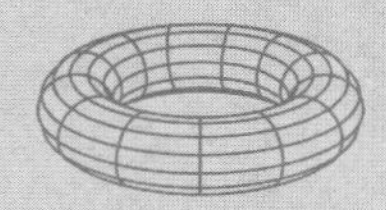

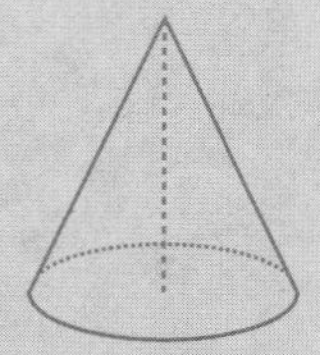

| 第 7 章 |

室内设计图的标注与打印

本章内容概览

知识点	功能 / 用途	难易度与使用频率
室内设计中的尺寸标注（P167）	● 新建尺寸标注样式 ● 设置当前尺寸标注样式	难易度：★★ 使用频率：★★★★★
标注室内设计图尺寸（P173）	● 标注室内设计图尺寸 ● 完善室内设计图	难易度：★★ 使用频率：★★★★★
标注室内设计图文字注释（P181）	● 标注房间功能、面积、地面材质等 ● 编辑完善室内设计平面图	难易度：★★★★ 使用频率：★★
综合实例（P185）	● 标注室内平面图文字注释	
打印输出室内平面图（P189）	● 打印室内设计图到图纸上	难易度：★★★★ 使用频率：★★
综合自测（P194）	● 软件知识检测——选择题	
	● 软件操作入门——标注平面图尺寸和文字注释	

7.1　室内设计中的尺寸标注

尺寸标注分为“尺寸”和“标注”两部分。“尺寸”就是通过测量得到图形的实际尺寸，如矩形的长、宽，圆的半径，线的长度等；而“标注”就是将测量得到的图形的这些尺寸精确地标注在图形上。

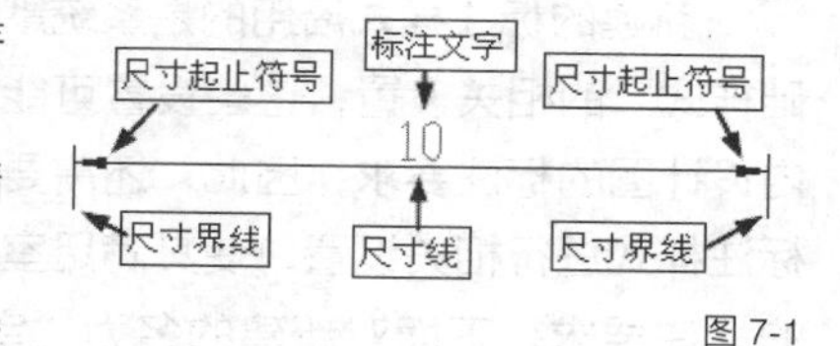

图 7-1

尺寸标注由“标注文字”“尺寸线”“尺寸界线”和“尺寸起止符号”4 部分元素组成，如图 7-1 所示。

♦ 标注文字：用于表明对象的实际测量值，一般由阿拉伯数字与相关符号表示。
♦ 尺寸线：用于表明标注的方向和范围，一般使用直线表示。
♦ 尺寸界线：从被标注的对象延伸到尺寸线的短线。
♦ 尺寸起止符号：用于指出测量的开始位置和结束位置。

本节内容概览

知识点	功能 / 用途	难易度与使用频率
新建室内尺寸标注样式（P167）	● 新建标注样式 ● 标注室内图形尺寸	难易度：★ 使用频率：★★★★★
设置室内尺寸标注样式（P168）	● 设置标注样式 ● 标注室内图形尺寸	难易度：★ 使用频率：★★★★★
设置当前标注样式（P172）	● 将标注样式设置为当前样式 ● 标注室内图形尺寸	难易度：★ 使用频率：★★★★★

7.1.1　新建室内尺寸标注样式

🖵 视频文件	专家讲堂 \ 第 7 章 \ 新建室内尺寸标注样式 .swf

在标注室内设计图尺寸之前，首先需要设置标注样式，这样可以使标注的尺寸更规范、完整，符合设计要求。

在 AutoCAD 中，标注样式的设置是在【标注样式管理器】对话框中进行的。在该对话框中，可以新建新的标注样式、修改已有的标注样式等。下面新建名为“室内设计”的标注样式。

实例引导 ——新建室内尺寸标注样式

Step01 ▸ 单击【标注】工具栏中的“标注样式”按钮。

Step02 ▸ 打开【标注样式管理器】对话框。

| 技术看板 | 打开【标注样式管理器】对话框还有以下方式。

- 执行菜单栏中的【标注】或【格式】/【标注样式】命令。
- 在命令行输入“DIMSTYLE”后按 Enter 键。
- 使用快捷命令“D”。

Step03 ▸ 单击新建(N)...按钮。

Step04 ▸ 打开【创建新标注样式】对话框。

Step05 ▸ 在“新样式名”输入框输入“室内设计”，如图 7-2 所示。

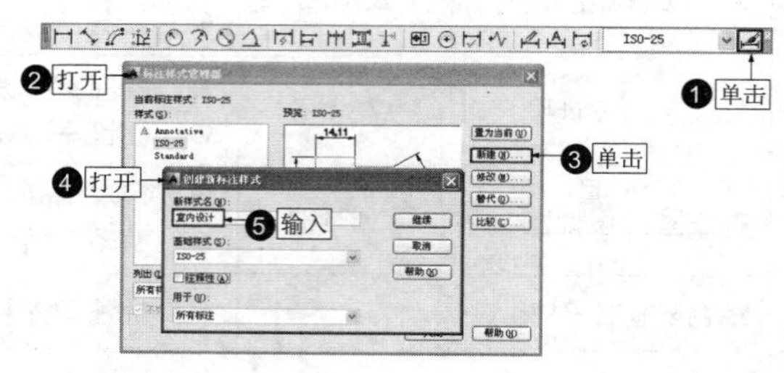

图 7-2

7.1.2 设置室内尺寸标注样式

视频文件	专家讲堂\第 7 章\设置室内尺寸标注样式 .swf

新建的标注样式沿用的是系统默认的“基础样式”的相关设置，这些设置可能不适合室内设计图的标注要求，因此，还需要对新建的标注样式进行相关设置，使其满足室内设计图的标注要求。下面对新建的名为“室内设计”的标注样式进行设置，其设置内容包括“线”“符号和箭头”“文字”“主单位”“调整”以及“换算单位”等。

实例引导 ——设置室内尺寸标注样式

1. 设置“线”

“线”指标注样式的尺寸线和尺寸界线。

Step01 ▸ 继续 7.1.1 节的操作，单击【创建新标注样式】对话框中的继续按钮，打开【新建标注样式：室内设计】对话框。

Step02 ▸ 进入“线”选项卡，在“尺寸线”选项组中设置尺寸线的颜色、线型、线宽以及超出标记和基线间距等。

Step03 ▸ 在“尺寸界线”选项组中设置尺寸界线的颜色、尺寸界线 1 和尺寸界线 2 的线型以及线宽等，如图 7-3 所示。

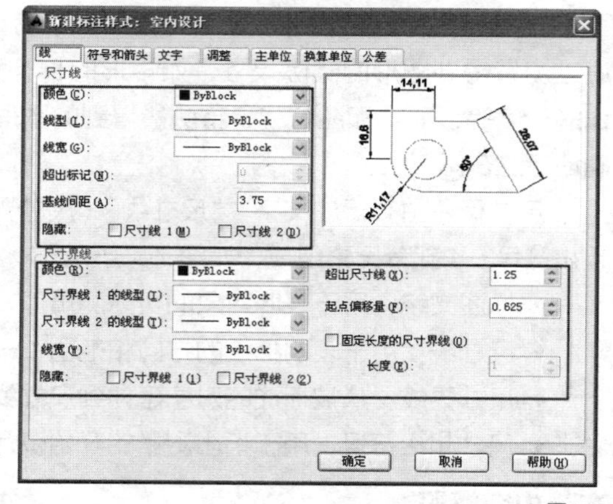

图 7-3

| 技术看板 | 尺寸线和尺寸界线的颜色、线型、线宽的设置方法与前面章节中所讲解的图层线型、颜色、线宽的设置方法相同，故在此不再赘述。一般情况下，这些线型、线宽和颜色等使用系统默认设置即可。另外，勾选“尺寸线 1（M）”和“尺寸线 2（D）”两个复选框，则会隐藏尺寸线，如图 7-4 所示。

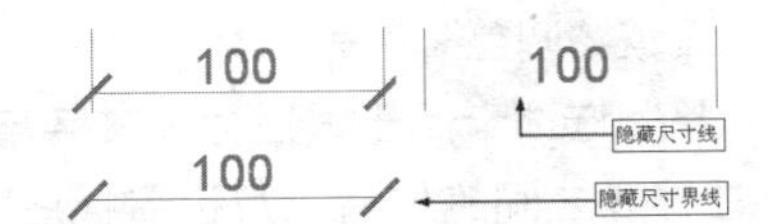

图 7-4

Step04 ▸ 单击“超出尺寸线”微调按钮，设置尺寸界线超出尺寸线的长度；单击“起点偏移量”微调按钮，设置尺寸界线起点与被标注对象间的距离。

Step05 ▸ 勾选“固定长度的尺寸界线”复选框后，可在下侧的“长度”文本框内设置尺寸界线的固定长度。

| 技术看板 | 在设置尺寸线和尺寸界线时，其选项列表默认为“Bylayer”或“ByBlock”。如果选择“Bylayer”选项，尺寸线与尺寸界线将沿用当前层的所有属性，包括颜色、线型、线宽等；如果选择“ByBlock”选项，对象属性将随该对象本身的属性而变化，不受所在图层的属性的影响。

2. 设置“符号和箭头”

“符号和箭头”用于设置尺寸线和尺寸界线的标记符号，引线标出时的引线箭头，圆心标记符号大小等。一般情况下，在室内设计中，尺寸线和尺寸界线的标记符号选择“建筑标记”符号即可。

Step01 ▸ 进入“符号和箭头”选项卡。

Step02 ▸ 在“第一个”下拉列表选择“建筑标记”选项，则“第二个”列表也会自动选择“建筑标记”选项。

Step03 ▸ 在“引线”下拉列表框中设置引线箭头的形状为“实心闭合”箭头。

Step04 ▸ 单击“箭头大小”微调按钮，设置箭头的大小，如图 7-5 所示。

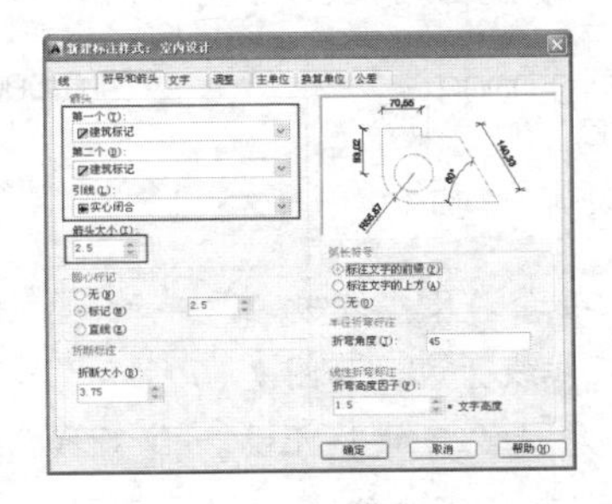

图 7-5

| 技术看板 | 在“符号和箭头”选项，除了“箭头”和“箭头大小”两个选项外，其他选项在室内设计中并不常用，故在此不再对其他设置进行详细讲解，如果用户对这些设置感兴趣，可以参阅其他书籍的详细讲解。

3. 设置“文字”

“文字”是尺寸标注中的重要内容，也是尺寸标注的核心，其主要包括文字外观以及文字位置和对齐等设置。

Step01 ▸ 进入“文字”选项卡。

Step02 ▸ 在“文字外观”选项的“文字样式”列表框中选择标注文字的样式。

Step03 ▸ 在“文字颜色”列表框中设置标注文字的颜色，一般可以选择红色。

Step04 ▸ 在“填充颜色”列表框中设置尺寸文本的背景色，一般文字背景无颜色。

Step05 ▸ 单击“文字高度”微调按钮，根据标注需要设置标注文字的高度。

Step06 ▸ 单击“分数高度比例”微调按钮设置标注分数的高度比例。只有在选择分数标注单位时，此选项才可用。

Step07 ▸ 勾选“绘制文字边框”复选框，可以为标注文字加上边框。

| 技术看板 | 在选择文字样式时，单击右端的 ... 按钮，可打开【文字样式】对话框，如图 7-6 所示。该对话框用于新建或修改文字样式。

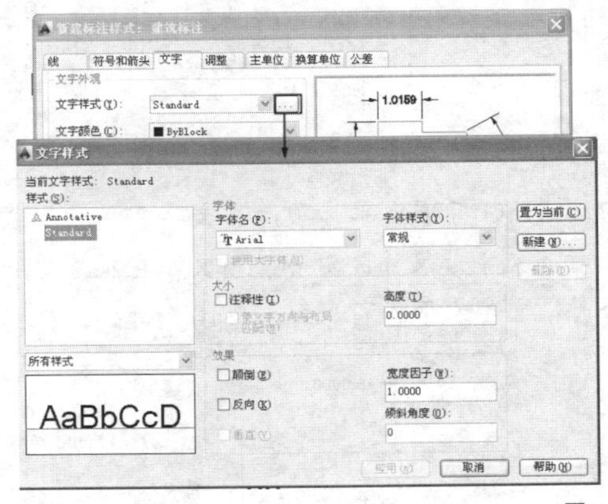

图 7-6

Step08 ▸ 在“文字位置”选项下的“垂直”列表框中设置标注文字相对于尺寸线垂直方向的放置位置，一般情况下选择“居中”。

Step09 ▸ 在“水平”列表框中设置标注文字相对于尺寸线水平方向的放置位置，一般情况下选择“居中”。

Step10 ▸ 在“观察方向”列表框中设置文字的观察方向，一般选择“从左到右”。

Step11 ▸ 单击“从尺寸线偏移”微调按钮，设置标注文字与尺寸线之间的距离。

Step12 ▸ 在“文字对齐”选项组中设置标注文字的对齐样式，如图 7-7 所示。

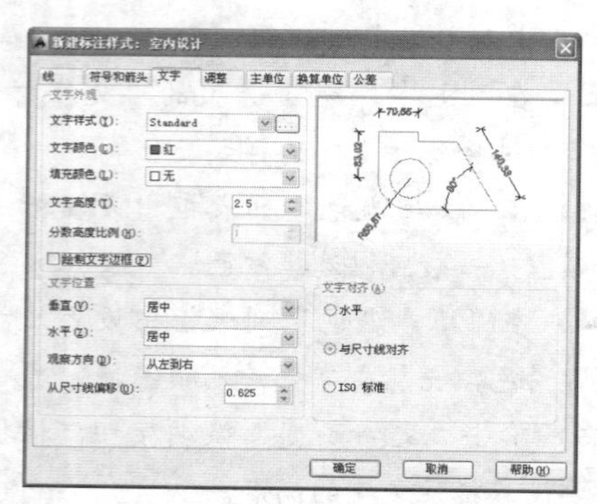

图 7-7

| 技术看板 | 在“文字对齐”选项组中，勾选“水平”单选项，标注文字以水平方向放置，如图 7-8 所示；勾选“与尺寸线对齐”单选项，设置标注文字与尺寸线平行的方向放置，如图 7-9 所示。

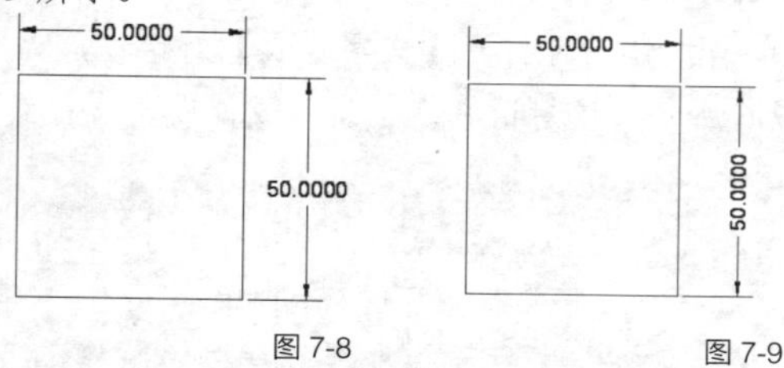

图 7-8　　图 7-9

勾选“ISO 标准”单选项，当文字在尺寸界线内时，文字与尺寸线对齐，当文字在尺寸界线外时，文字水平排列，如图 7-10 所示。

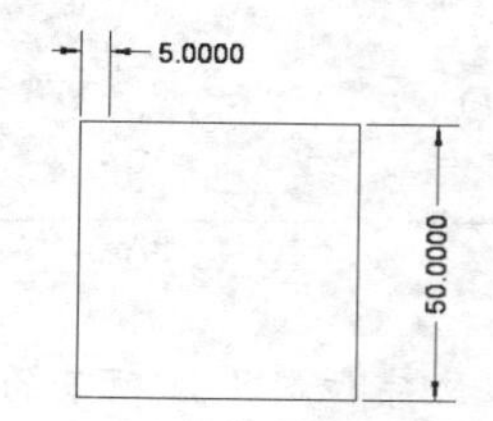

图 7-10

4. 设置“调整”

“调整”选项卡用于设置标注文字与尺寸线、尺寸界线之间的位置以及设置标注大小，如图 7-11 所示。

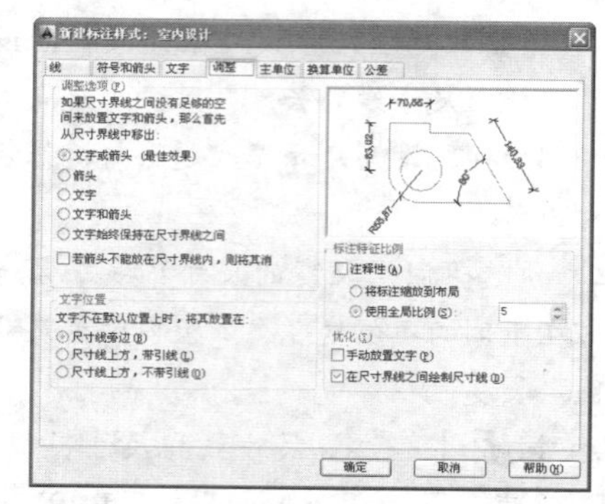

图 7-11

Step01 ▸ 勾选“文字或箭头（最佳效果）”选项，系统自动调整文字与箭头的位置，使两者达到最佳效果。

Step02 ▸ 勾选“箭头”单选项，将箭头移到尺寸界线外，如图 7-12 所示。

Step03 ▸ 勾选“文字”单选项，将文字移到尺寸界线外，如图 7-13 所示。

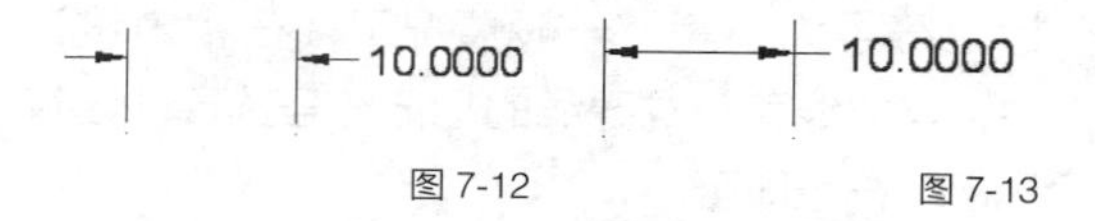

图 7-12　　图 7-13

Step04 ▸ 勾选“文字和箭头”单选项，将文字与箭头都移到尺寸界线外，如图 7-12 所示。

Step05 ▸ 勾选“文字始终保持在尺寸界线之间”选项，将文字始终放置在尺寸界线之间，如图 7-14 所示。

Step06 ▸ 勾选“若箭头不能放在尺寸界线内，则将其消”单选项，如果尺寸界线内没有足够的空间，则不显示箭头，如图 7-15 所示。

图 7-14　　图 7-15

Step07 ▸ 勾选“尺寸线旁边”单选项，将文字放置在尺寸线旁边，如图 7-16 所示。

Step08 ▸ 勾选“尺寸线上方，带引线”选项，将文字放置在尺寸线上方，并加引线，如图

7-17 所示。

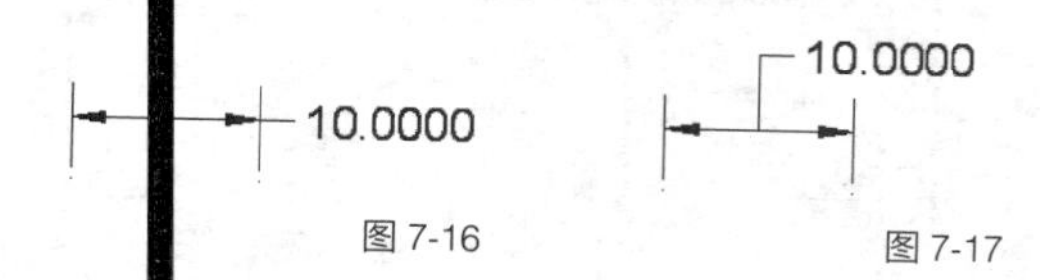

图 7-16　　图 7-17

Step09 ▸ 勾选“尺寸线上方，不带引线”单选项，将文字放置在尺寸线上方，但不加引线引导，如图 7-18 所示。

Step10 ▸ 勾选“注释性”复选框，设置标注为注释性标注。

Step11 ▸ 勾选“使用全局比例”单选项，设置标注的比例因子，如图 7-19（a）所示，比例因子为 5，如图 7-19（b）所示，比例因子为 10。

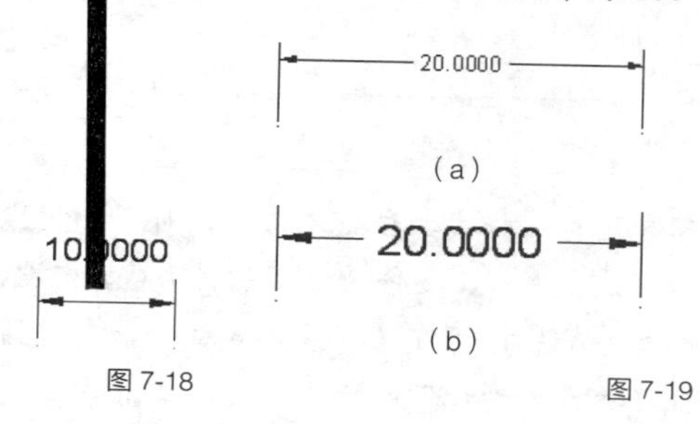

图 7-18　　图 7-19

Step12 ▸ 勾选“将标注缩放到布局”单选项，系统会根据当前模型空间的视口与布局空间的大小来确定比例因子。

Step13 ▸ 勾选“手动放置文字”复选框，可手动放置标注文字。

Step14 ▸ 勾选“在尺寸界线之间绘制尺寸线”复选框，在标注圆弧或圆时，尺寸线始终在尺寸界线之间。

5. 设置“主单位”

“主单位”选项卡主要用于设置线性标注和角度标注的单位格式以及精确度等参数变量，如图 7-20 所示。

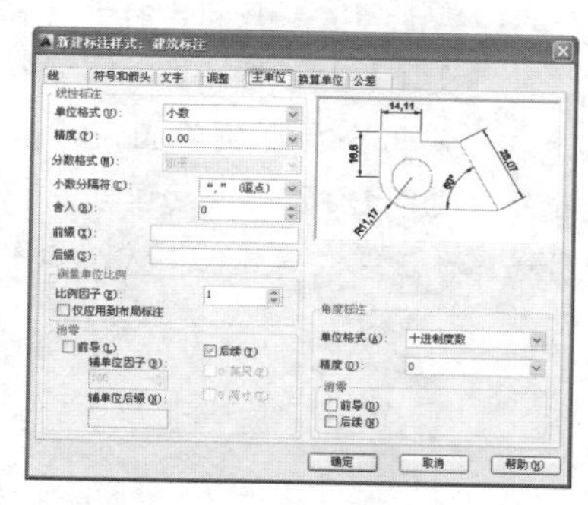

图 7-20

Step01 ▸ 在“单位格式”下拉列表框中设置线性标注的单位格式，缺省值为小数。

Step02 ▸ 在“精度”下拉列表框中设置尺寸的精度。

Step03 ▸ 在“分数格式”下拉列表框中设置分数的格式。只有当“单位格式”为“分数”时，此下拉列表框才能激活。

Step04 ▸ 在“小数分隔符”下拉列表框中设置小数的分隔符号。

Step05 ▸ 单击“舍入”微调按钮，设置除了角度之外的标注测量值的四舍五入规则。

Step06 ▸ 在“前缀”文本框中设置标注文字的前缀，可以为数字、文字、符号等。例如，输入控制代码 %%C，显示直径符号。

Step07 ▸“后缀”文本框用于设置标注文字的后缀，可以为数字、文字、符号。

Step08 ▸“比例因子”微调按钮用于设置除了角度之外的标注比例因子。

Step09 ▸“仅应用到布局标注”复选框仅对在布局里创建的标注应用线性比例值。

| 技术看板 | 单位格式、精度等设置与本书前面章节绘图单位的设置相同，在此不再赘述。

Step10 ▸ 在“消零”选项组中设置是否“消零”。所谓“消零”，是指消除小数点前、后的 0，如 0.500，消零后将成为 0.5 或者 .5000。

Step11 ▸ 勾选“前导”复选框，消除小数点前面的零。当标注文字小于 1 时，比如为“0.5”，勾选此复选框后，此“0.5”将变为“.5”，消除前面的零。

Step12 ▸ 勾选“后续”复选框，消除小数点后面的零，当标注文字小于 1 时，比如为“0.5000”，勾选此复选框后，此“0.5000”将变为“0.5”，消除后面的零。

Step13 ▸ 勾选“0 英尺”复选框，消除零英尺前的零。只有当“单位格式”设为“工程”或“建筑”时，此复选框才可被激活。

Step14 ▸ 勾选“0 英寸”复选框，消除英寸后的零。

Step15 ▸ 在“角度标注”选项设置单位格式、精度以及消零设置等，这些设置与绘图单位设置相同。

Step16 ▸ 在“单位格式”下拉列表框设置角度标注的单位格式。

Step17 ▸ 在“精度”下拉列表框设置角度的小数位数。

Step18 ▸ 在“消零”选项下勾选“前导”复选框，可消除角度标注前面的零。

Step19 ▸ 在“消零”选项下勾选“后续”复选框，可消除角度标注后面的零。

Step20 ▸ 单击 确定 按钮返回【标注样式管理器】对话框。

Step21 ▸ 单击 关闭 按钮，完成标注样式的设置，如图 7-21 所示。

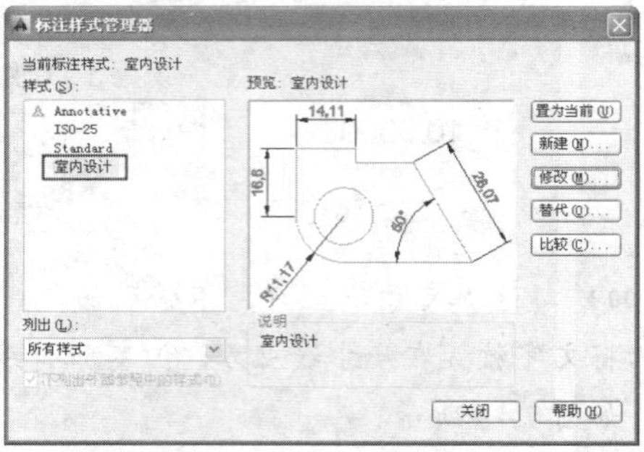

图 7-21

| 技术看板 | 除了以上设置外，还可以设置“换算单位”以及“公差”，这两个设置在室内设计中不常用，故在此不再对其进行讲解。

7.1.3 设置当前标注样式

视频文件	专家讲堂 \ 第 7 章 \ 设置当前标注样式 .swf

当所有设置完成后，还需要将设置的标注样式设置为当前样式，这样才能在当前文件中使用设置的标注的样式。

实例引导 ——设置当前标注样式

Step01 ▸ 单击【标注】工具栏中的“标注样式”按钮。

Step02 ▸ 打开【标注样式管理器】对话框。

Step03 ▸ 选择新建的“室内设计”的标注样式。

Step04 ▸ 单击 置为当前(U) 按钮，将新建标注样式设置为当前标注样式。

Step05 ▸ 单击 关闭 按钮关闭该对话框，完成标注样式的设置，如图 7-22 所示。

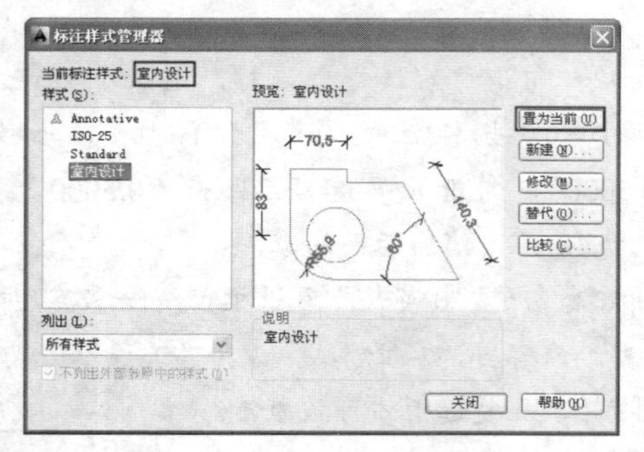

图 7-22

| 技术看板 | 标注样式设置完成后，如果对新建的标注样式的设置不满意，可以对样式进行修改。例如，要修改新建的名为“室内设计”的标注样式，可在【标注样式管理器】对话框选择“室内设计”的标注样式，单击 修改(M)... 按钮，打开【修改标注样式：室内设计】对话框，根据需要分别进入各选项卡，修改线型、颜色、文字、单位等内容，修改完毕后单击 确定 按钮，返回【标注样式管理器】对话框。另外，还可以创建当前标注样式的临时替代样式。所谓“替代”，是指临时修改当前标注样式的某一些值，但不会影响源标注样式的其他设置。它与修改标注样式不同，通过修改标注样式的临时替代值，可以使用一个标注样式对不同的图形文件进行标注。例如，需要临时调整“室内设计”标注样式中的标注比例，可在【标注样式管理器】对话框中选择“室内设计”的标注样式，单击 替代(O)... 按钮，打开【替代当前样式：室内设计】对话框，进入“调整”选项卡，修改“使用全局比例”值，最后单击 确定 按钮，返回【标注样式管理器】对话框，此时会出现源标注样式的替代样式，如图 7-23 所示。

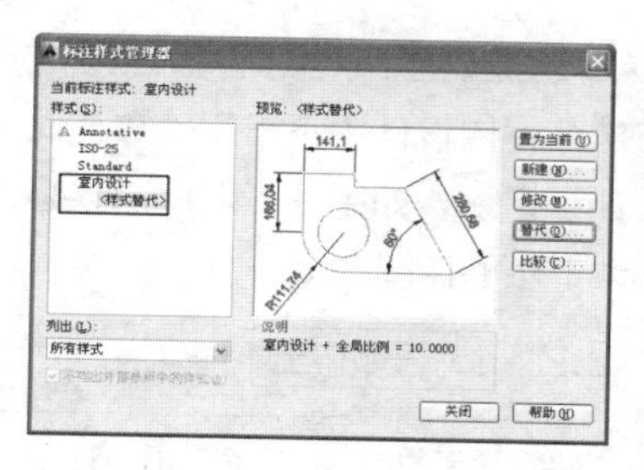

图 7-23

当创建了替代样式后，当前标注样式将被应用到以后所有尺寸标注中，直到用户删除替代样式为止，而不会改变替代样式之前的标注样式。另外，也可以删除除当前样式之外的其他标注样式。例如，要删除“室内设计”样式的替代样式，可在【标注样式管理器】对话框中选择“样式替代”标注样式并单击右键，选择【删除】选项，弹出【标注样式 - 删除标注样式】询问框，单击 是(Y) 按钮即可将该样式删除，如图 7-24 所示。

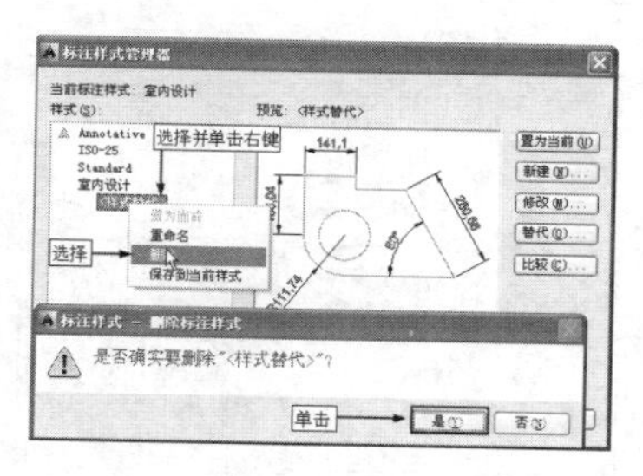

图 7-24

7.2　标注室内设计图尺寸

尺寸标注是室内设计图中的重要内容，也是室内装饰装潢工程施工、装修材料的采购、工程项目的资金、工时预算的重要依据，本节介绍室内设计图尺寸标注的方法。

本节内容概览

知识点	功能 / 用途	难易度与使用频率
室内设计图的尺寸标注内容与方法（P173）	● 了解室内尺寸的标注方法与内容	难易度：★ 使用频率：★★★★★
线性标注（P174）	● 标注室内设计图总尺寸 ● 完善室内设计图	难易度：★ 使用频率：★★★★★
连续标注（P175）	● 标注室内各尺寸 ● 完善室内设计图	难易度：★ 使用频率：★★★★★
快速标注（P176）	● 快速标注室内各尺寸 ● 完善室内设计图	难易度：★ 使用频率：★★★★★
编辑与修改尺寸标注（P176）	● 编辑修改尺寸标注内容 ● 完善室内设计图	难易度：★ 使用频率：★★★★★
实例（P177）	● 标注室内平面图尺寸	

7.2.1　室内设计图的尺寸标注内容与方法

视频文件	专家讲堂 \ 第 7 章 \ 室内设计图的尺寸标注内容与方法 .swf

与建筑设计图的尺寸标注稍有不同，在室内设计图中，尺寸标注内容主要有 3 种，分别是“总尺寸”“内部尺寸”以及“细部尺寸”。

“总尺寸”是室内装饰平面图的长、宽总尺寸，用于计算室内整体装修面积，一般标注在设计图的四周，位于所有尺寸标注的最外边。图 7-25 所示是某室内吊顶图的总尺寸。

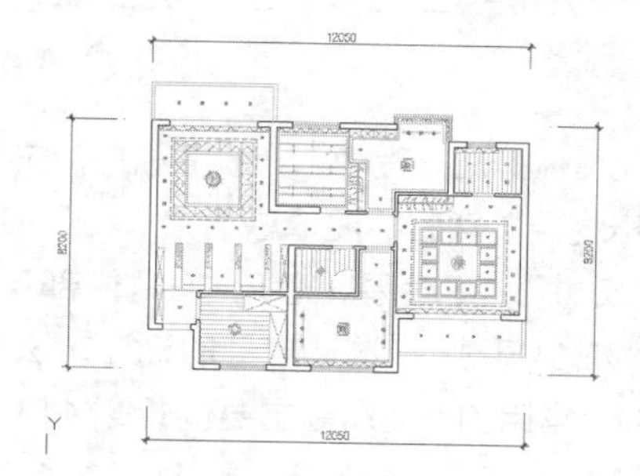

图 7-25

“内部尺寸”是墙体宽度以及各房间内部的长、宽尺寸，用于计算各房间的装修面积，一般标注在设计图的四周，位于“总尺寸”标注的内部。图 7-26 所示是某室内吊顶图的内部尺寸。

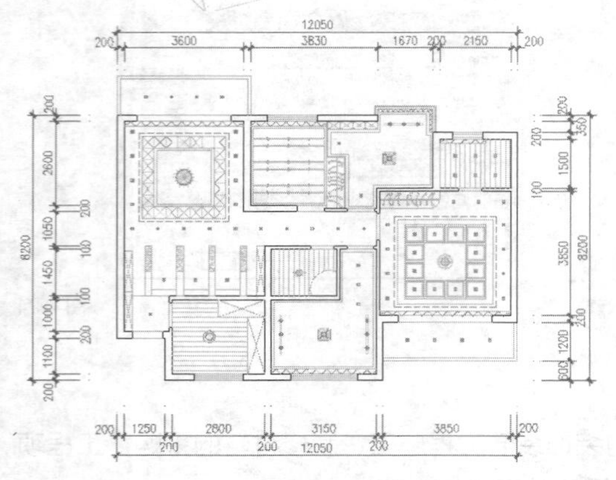

图 7-26

“细部尺寸”是室内各灯具之间的距离以及各装饰构件尺寸等的细部尺寸，是装修的重要依据，一般直接标注在设计图中的各对象上，以标明这些对象的尺寸以及各对象之间的距离。图 7-27 所示是某室内吊顶图的内部尺寸。

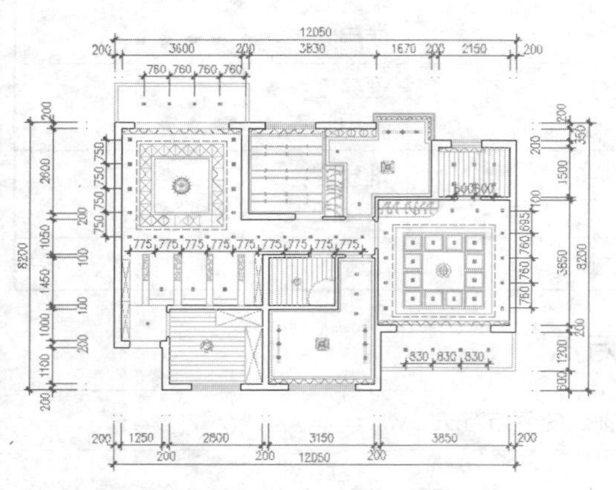

图 7-27

在具体标注过程中，一般情况下，先标注“内部尺寸”，然后标注“总尺寸”，最后标注“细部尺寸”。不管是“总尺寸”“内部尺寸”还是“细部尺寸”，这些尺寸的标注方法都是相同的，常用的标注命令主要有【线性】标注、【连续】标注以及【快速标注】3 种。除此之外，AutoCAD 还提供了其他几种标注方法，这些标注方法在室内设计中不常用，故在此不再对其进行详细讲解，如果读者对此感兴趣，可以参阅其他书籍的详细介绍。

7.2.2 线性标注

素材文件	素材文件 \ 方形茶几 .dwg
视频文件	专家讲堂 \ 第 7 章 \ 线性标注 .swf

“线性”标注是标注两点之间的尺寸，常用于标注室内设计图总尺寸、内部尺寸以及细部尺寸。打开素材文件，这是一个方形茶几平面图，如图 7-28（a）所示。下面标注该茶几的长度和宽度尺寸，结果如图 7-28（b）所示。

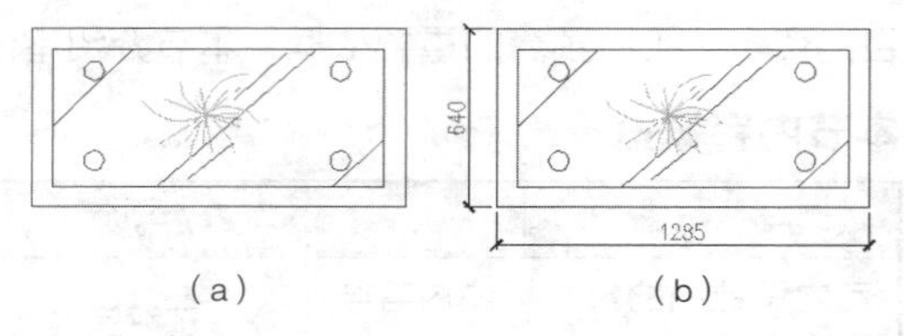

（a）　　（b）

图 7-28

实例引导 ——标注茶几长度和宽度尺寸

Step01 ▸ 单击【标注】工具栏上的“线性”按钮。

Step02 ▸ 捕捉茶几的左下端点。

Step03 ▸ 捕捉茶几的右下端点。

Step04 ▸ 向下引导光标。

Step05 ▸ 在合适位置单击确定尺寸线的位置，结果如图 7-29 所示。

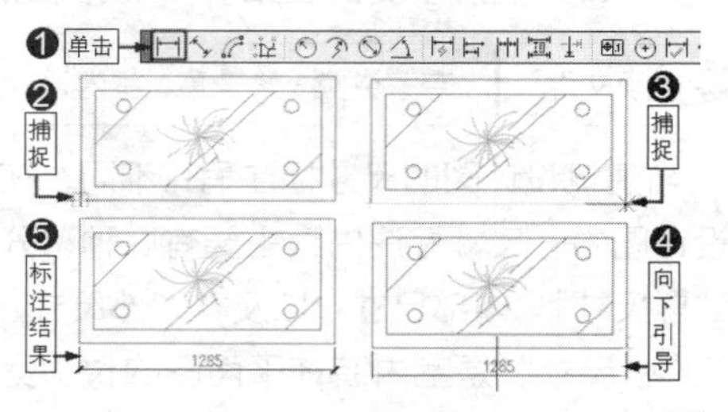

图 7-29

| 技术看板 | 也可以通过以下方式执行【线性】命令。

- ♦ 单击菜单【标注】/【线性】命令。
- ♦ 在命令行输入“DIMLINEAR”或“DIMLIN”后按 Enter 键。

Step06 ▸ 按 Enter 键，重复执行【线性】命令。

Step07 ▸ 捕捉茶几左下端点。

Step08 ▸ 捕捉茶几左上端点。

Step09 ▸ 向左引导光标。

Step10 ▸ 在合适位置单击确定尺寸线的位置，结果如图 7-30 所示。

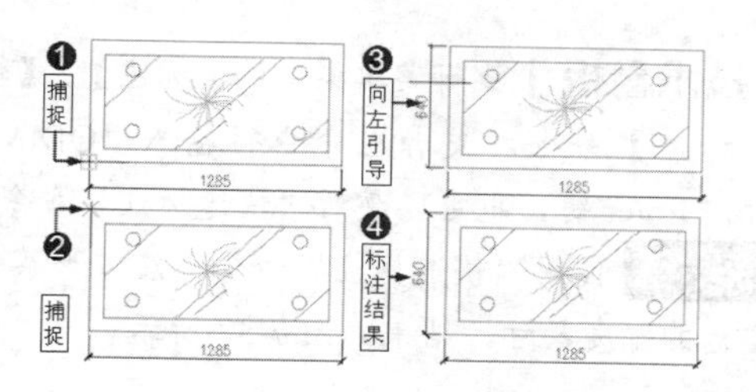

图 7-30

练一练 标注方形茶几内部矩形的长度和宽度尺寸，结果如图 7-31 所示。

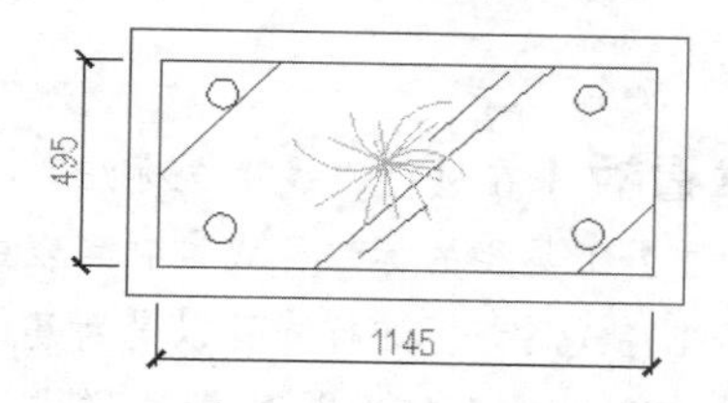

图 7-31

7.2.3　连续标注

素材文件	素材文件 \ 方形茶几 .dwg
视频文件	专家讲堂 \ 第 7 章 \ 连续标注 .swf

“连续”标注是在“线性”尺寸的基础上，创建的位于同一个方向矢量上的连续尺寸标注，其标注结果与“线性”尺寸相同。使用“连续”标注的目的是，可以快速标注多个尺寸。打开素材文件，下面使用“连续”标注命令标注该方形茶几下方的各尺寸，结果如图 7-32 所示。

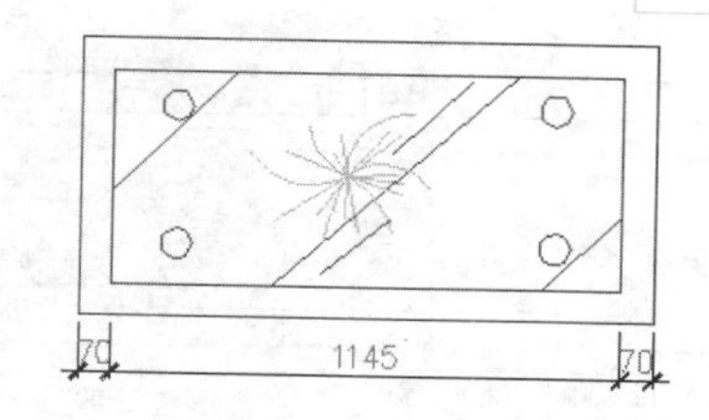

图 7-32

实例引导 ——标注连续尺寸

1. 创建线性尺寸

在标注连续尺寸时，首先需要创建一个线性尺寸，在该线性尺寸的基础上才能标注连续尺寸。

Step01 ▸ 单击【标注】工具栏上的“线性”按钮。

Step02 ▸ 捕捉茶几的左下端点。

Step03 ▸ 由茶几内部矩形左下端点向下引出追踪线，捕捉追踪线与茶几下边的交点。

Step04 ▸ 向下引导光标。

Step05 ▸ 在合适位置单击确定尺寸线的位置，结果如图 7-33 所示。

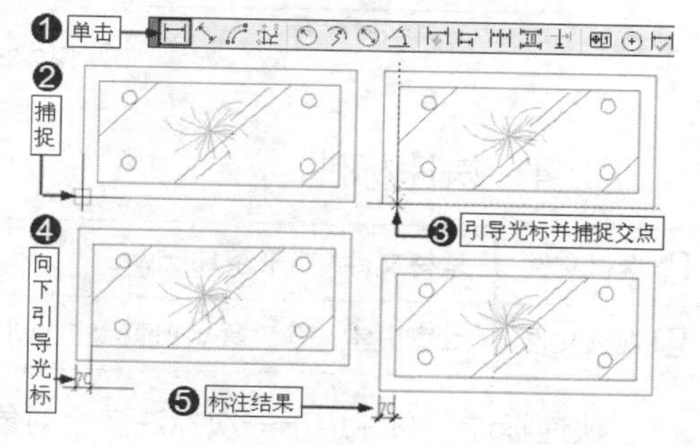

图 7-33

2. 标注连续尺寸

下面在该线性尺寸的基础上标注连续尺寸。

Step01 ▸ 单击【标注】工具栏上的“连续”按钮。

Step02 ▸ 由茶几内部矩形右下端点向下引出追踪线，捕捉追踪线与茶几下水平边的交点。

Step03 ▸ 捕捉茶几右下端点。

Step04 ▸ 按 2 次 Enter 键结束操作，结果如图 7-34 所示。

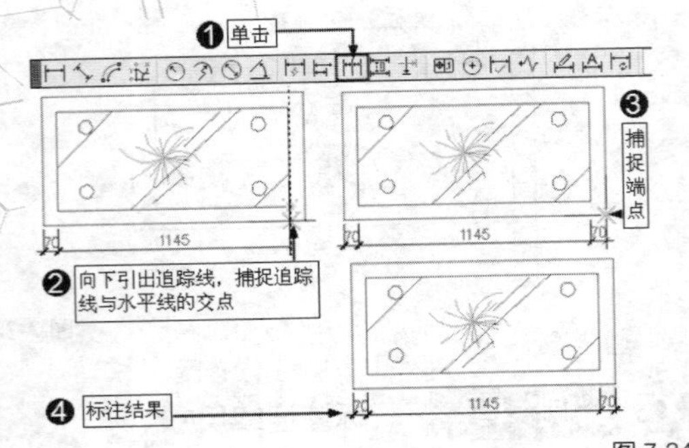

图 7-34

| 技术看板 | 除了单击【标注】工具栏中的“连续”按钮激活连续标注外，还可以执行菜单栏中的【标注】/【基线】命令，或者在命令行输入“DIMCONTINUE”或“DIMCONT”后按 Enter 键以激活该命令。

练一练 使用“连续”标注命令标注方形茶几右边的宽度尺寸，结果如图 7-35 所示。

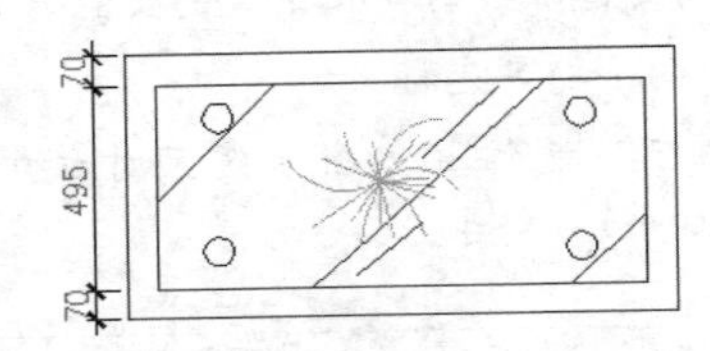

图 7-35

7.2.4 快速标注

素材文件	素材文件 \ 方形茶几 .dwg
视频文件	专家讲堂 \ 第 7 章 \ 快速标注 .swf

“快速标注”命令用于一次标注多个对象间的水平尺寸或垂直尺寸，是一种比较常用的复合标注工具。继续打开素材文件，下面使用“快速标注”命令标注该方形茶几下方的各尺寸，结果如图 7-36 所示。

实例引导 ——快速标注茶几下方各尺寸

Step01 ▸ 单击【标注】工具栏上的“快速标注”按钮。

Step02 ▸ 单击选择茶几各垂直线。

Step03 ▸ 按 Enter 键，然后向下引导光标。

Step04 ▸ 在合适位置单击，标注结果如图 7-36 所示。

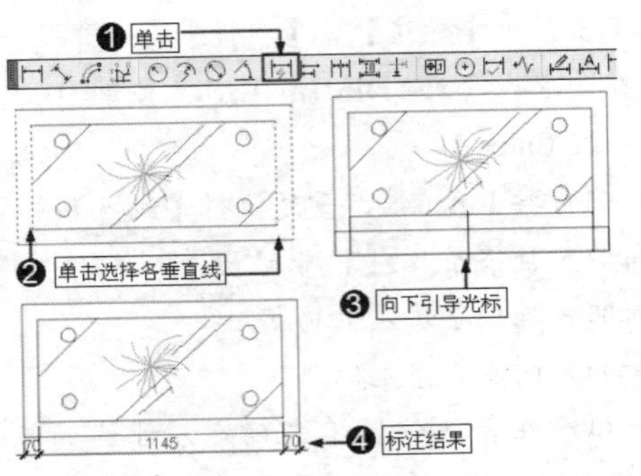

图 7-36

| 技术看板 | 执行菜单栏中的【标注】/【快速标注】命令，或者在命令行输入“QDIM”后按 Enter 键，也可以激活“快速标注”命令。

练一练 使用“快速标注”命令标注方形茶几左边的宽度尺寸，结果如图 7-37 所示。

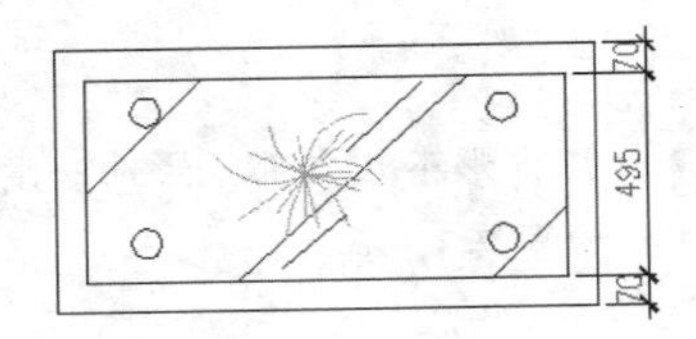

图 7-37

| 技术看板 | 在进行“线性”标注时，可以在【标注】工具栏的标注样式控制列表中选择一种标注样式。该标注样式可以是新建的标注样式，也可以是系统默认的标注样式，如图 7-38 所示。

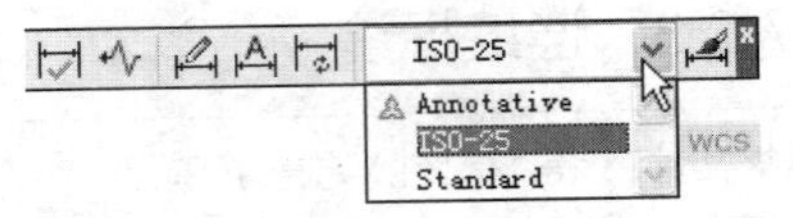

图 7-38

7.2.5 编辑与修改尺寸标注

素材文件	素材文件 \ 方形茶几 .dwg
视频文件	专家讲堂 \ 第 7 章 \ 其他标注 .swf

有时还需要对标注的尺寸进行编辑修改，以符合室内设计的要求，例如，为尺寸标注添加特殊符号、修改尺寸标注的内容、调整尺寸标注的间距等。本节介绍编辑、修改尺寸标注的方法。

实例引导——编辑与修改尺寸标注

1．调整尺寸文字的位置

在上一节的尺寸标注中，我们发现左右两边尺寸为 70 的两个标注文字与尺寸界线相互重叠，这样会影响尺寸标注的效果，同时这样也是图形设计中是决不允许的，我们可以使用“编辑标注文字”命令，对重叠的尺寸文字进行调整。

Step01 ▸ 单击【标注】工具栏上的“编辑标注文字”按钮。

Step02 ▸ 单击尺寸为 5 的标注。

Step03 ▸ 将其移动到左边尺寸标注线位置，如图 7-39 所示。

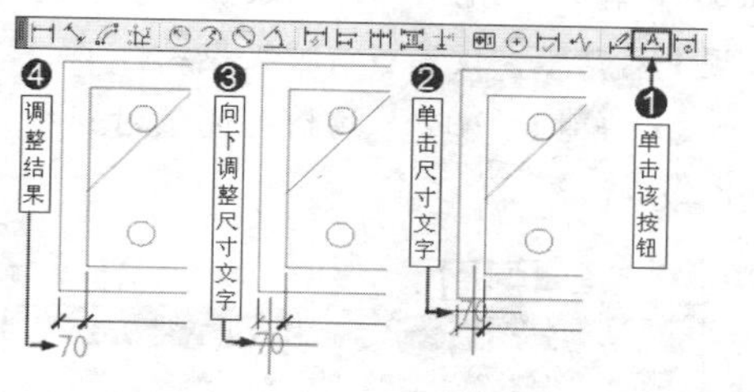

图 7-39

| 技术看板 | 除了调整文字的位置，还可以设置标注文字的旋转角度、标注文字的对齐方式等。当进入“编辑标注文字”状态，此时在命令行会出现相关命令选项，如图 7-40 所示，激活相关选项即可实现相关效果。

- 激活“左对齐”选项，标注文字沿尺寸线左端对齐。
- 激活“右对齐”选项，标注文字沿尺寸线右端放置。
- 激活“居中”选项，标注文字放在尺寸线的中心。
- 激活“默认”选项，标注文字移回默认位置。
- 激活“角度”选项，设置旋转角度旋转标注文字。

DIMTEDIT 为标注文字指定新位置或 [左对齐(L) 右对齐(R) 居中(C) 默认(H) 角度(A)]:

图 7-40

2．修改尺寸文字内容并添加特殊符号

有时需要对标注的尺寸内容进行修改，并在尺寸前添加特殊符号，以满足图形设计的要求，下面我们为左侧的尺寸为 70 的文字前添加正 / 负符号，并修改尺寸为 71。

Step01 ▸ 单击【标注】工具栏上的“编辑标注”按钮。

Step02 ▸ 输入“N”，按 Enter 键，打开【文字格式】编辑器。

Step03 ▸ 按 Delete 键删除文本输入框中默认的尺寸。

Step04 ▸ 单击工具栏中的“符号”按钮@。

Step05 ▸ 在弹出的下拉列表中选择“正 / 负”选项，如图 7-41 所示。

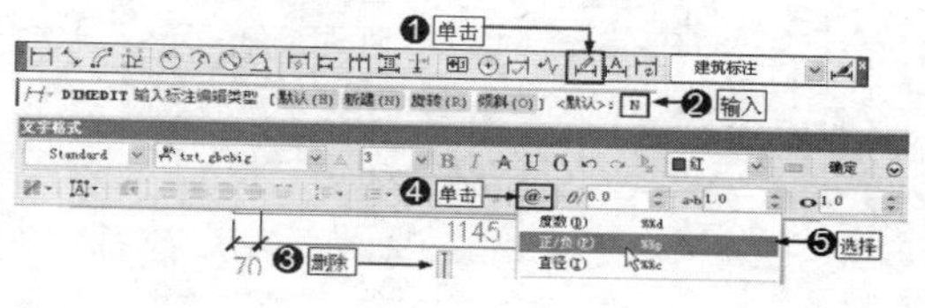

图 7-41

Step06 ▸ 在正 / 负符号后面重新输入“71”。

Step07 ▸ 单击 确定 按钮返回绘图区。

Step08 ▸ 单击左侧 70 的尺寸标注文字。

Step09 ▸ 按 Enter 键，该尺寸文字内容被修改，并添加了正 / 负符号，结果如图 7-42 所示。

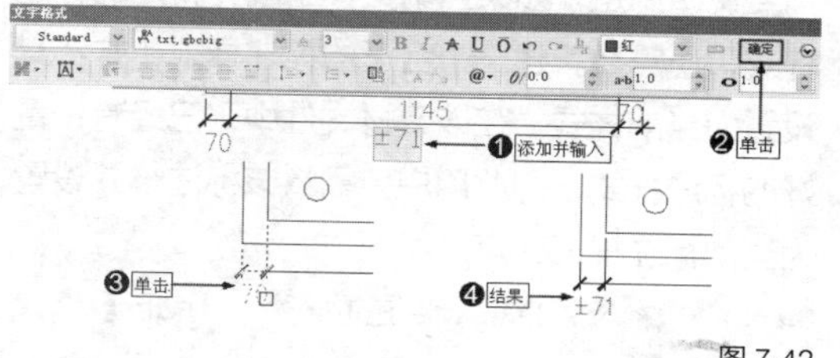

图 7-42

7.2.6　实例——标注室内平面图尺寸

素材文件	效果文件 \ 第 6 章 \ 综合实例——填充室内平面图地面材质 .dwg
效果文件	效果文件 \ 第 7 章 \ 实例——标注室内平面图尺寸 .dwg
视频文件	专家讲堂 \ 第 7 章 \ 实例——标注室内平面图尺寸 .swf

打开素材文件，这是上一章绘制的室内平面图，如图 7-43 所示。本节将为该平面图标注尺寸，效果如图 7-44 所示。

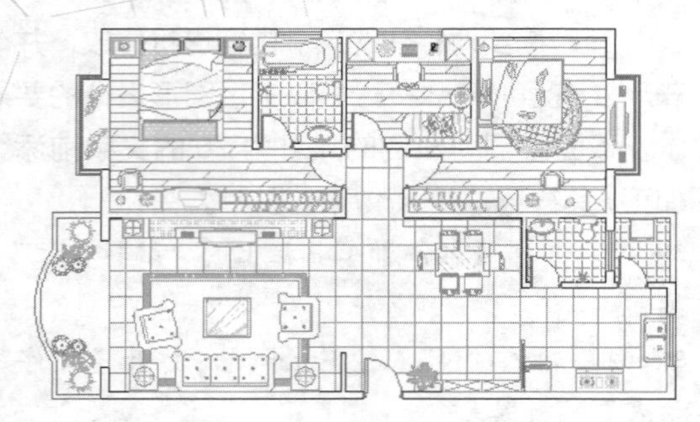

图 7-43

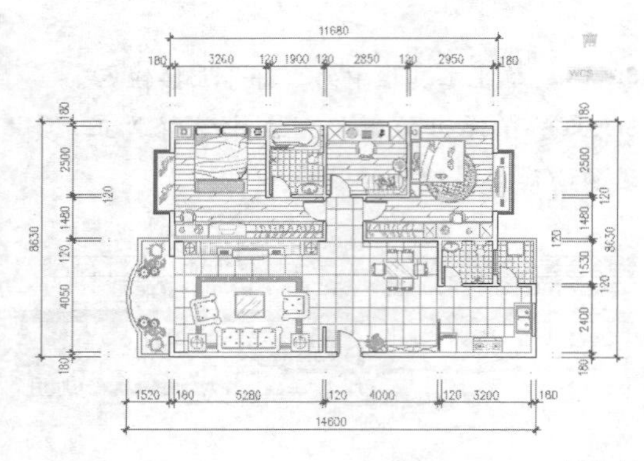

图 7-44

操作步骤

1. 设置标注样式、当前图层与捕捉模式

在标注尺寸前，首先需要设置标注样式、当前图层与捕捉模式，这是标注尺寸的第 1 步。需要说明的是，如果当前文件中没有新建的标注样式，还需要新建一个合适的标注样式，并将其设置为当前样式。在该素材文件中，已经有设置好的标注样式，因此用户只需将该标注样式设置为当前标注样式即可。

Step01 ▸ 输入“D”，按 Enter 键，打开【标注样式管理器】对话框，将“建筑标注”标注样式设置为当前标注样式。

Step02 ▸ 单击 修改(M)... 按钮进入【修改标注样式：建筑标注】对话框，在“调整”选项卡中修改“使用全局比例”为 100，如图 7-45 所示。

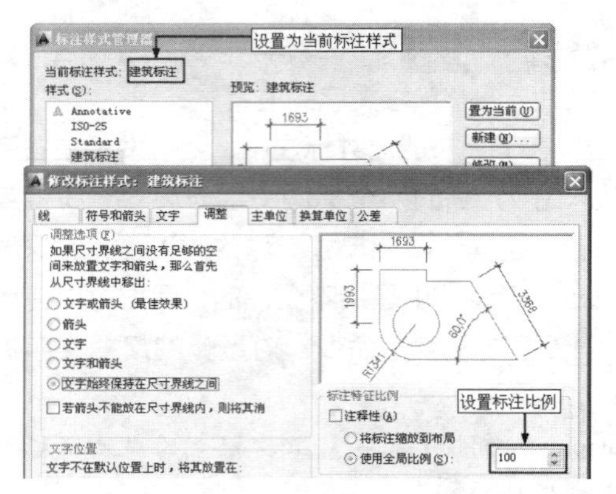

图 7-45

Step03 ▸ 在“图层”控制下拉列表中将“尺寸层”图层设置为当前图层。

Step04 ▸ 输入“SE”，按 Enter 键，打开【草图设置】对话框，设置当前捕捉模式。

Step05 ▸ 单击 确定 按钮关闭该对话框，如图 7-46 所示。

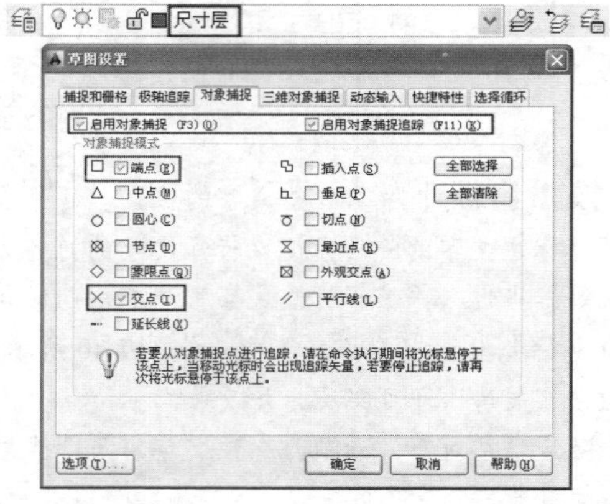

图 7-46

2. 绘制尺寸定位线

尺寸定位线可以定位尺寸线的位置，使标注的尺寸更规范。一般情况下，尺寸定位线可以使用“构造线”命令来绘制。

Step01 ▸ 使用快捷命令“XL”激活【构造线】命令。

Step02 ▸ 配合“端点”捕捉功能，在平面图最外侧绘制 4 条构造线作为尺寸定位辅助线，如图 7-47 所示。

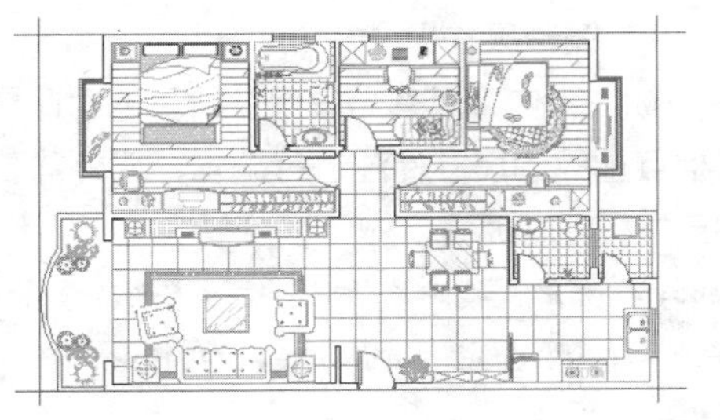

图 7-47

Step03 ▸ 使用快捷命令“O”激活【偏移】命令。

Step04 ▸ 设置偏移距离为 600，将 4 条构造线向外侧偏移 600 个绘图单位，并将源构造线删除，结果如图 7-48 所示。

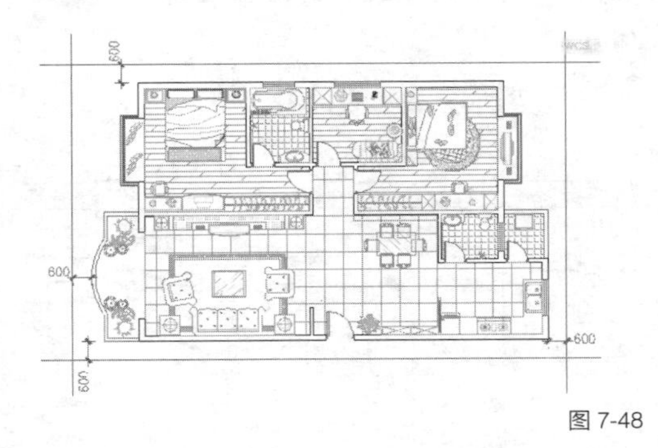

图 7-48

| 技术看板 |“偏移”命令的功能及使用方法请参阅本书第 5 章，在此不再详细讲解。

3. 关闭其他图层

为了方便标注尺寸，我们可以将无关的图层暂时关闭，在此将“家具层”“地面层”和“轴线层”等图层暂时关闭。

Step01 ▸ 在“图层”控制下拉列表中“家具层”“地面层”和“轴线层”等图层前面的💡按钮上单击鼠标左键，按钮显示为💡。

Step02 ▸ 此时这 3 个图层被关闭，图形显示效果如图 7-49 所示。

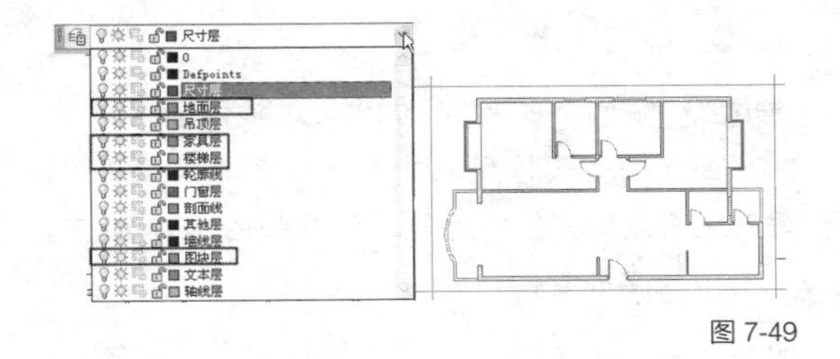

图 7-49

4. 标注内部尺寸

前面讲过，“内部尺寸”是指墙体宽度以及各房间内部的长、宽尺寸，用于计算各房间的装修面积，内部尺寸可以使用【线性】和【连续】标注命令进行标注。

Step01 ▸ 单击【标注】工具栏中的“线性”按钮⊢⊣。

Step02 ▸ 由左边阳台中点向下引出追踪线，捕捉追踪虚线与辅助线的交点。

Step03 ▸ 由下墙线的端点向下引出追踪线，捕捉追踪虚线与辅助线的交点。

Step04 ▸ 向下引导光标，输入“1400”并按 Enter 键，结果如图 7-50 所示。

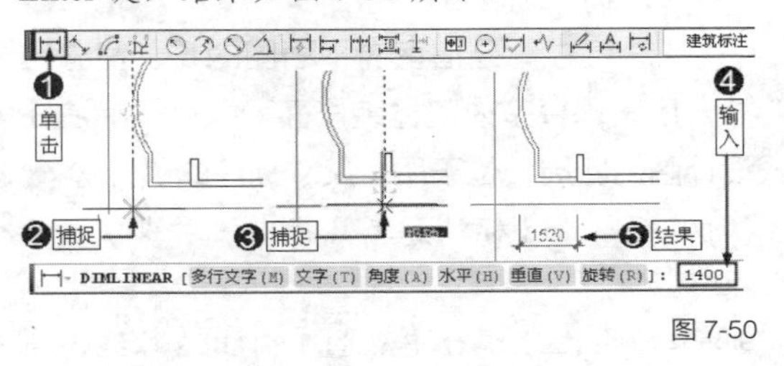

图 7-50

5. 标注连续尺寸

“连续”尺寸需要在已有的尺寸的基础上标注，并且可以快速标注其他尺寸，下面继续标注“连续”尺寸，以标注图形其他内部尺寸。

Step01 ▸ 单击【标注】工具栏中的“连续”按钮⊢⊢⊣。

Step02 ▸ 由客厅左墙线的右下端点向下引出追踪线，捕捉追踪线与辅助线的交点。

Step03 ▸ 由客厅右墙线的左右两个端点向下引出追踪线，捕捉追踪线与辅助线的交点。

Step04 ▸ 由厨房左隔断的左右两个端点向下引出追踪线，捕捉追踪线与辅助线的交点。

Step05 ▸ 由厨房左墙线的左右两个端点向下引出追踪线，捕捉追踪线与辅助线的交点。

Step06 ▸ 按 2 次 Enter 键，标注出墙线厚度与室内宽度，结果如图 7-51 所示。

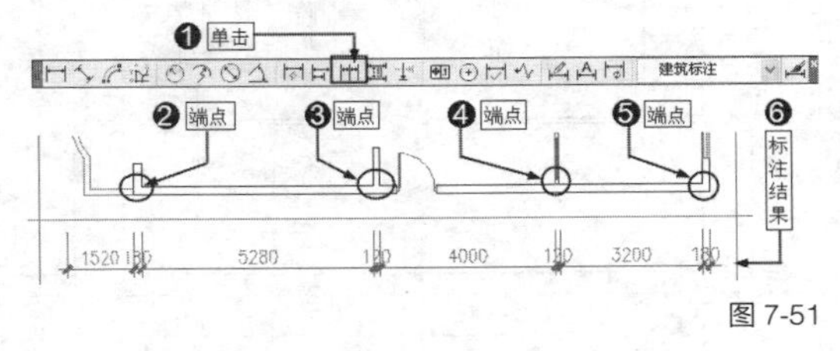

图 7-51

Step07 ▸ 使用相同的方法，继续标注平面图其他 3 个面的内部尺寸，结果如图 7-52 所示。

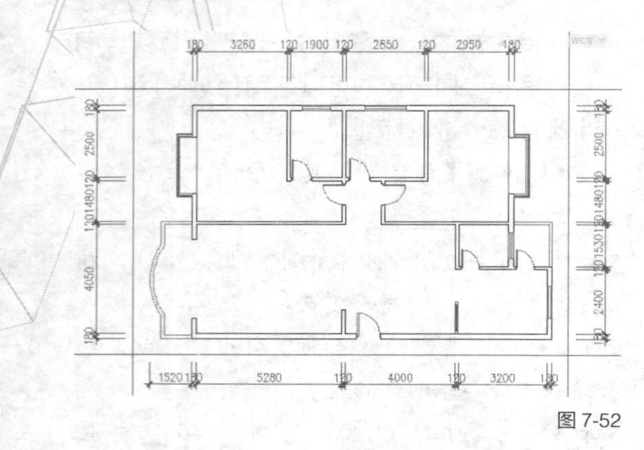

图 7-52

6. 标注总尺寸

“总尺寸”是指室内平面图的长、宽总尺寸，用于计算室内整体装修面积，一般标注在设计图的四周，位于所有尺寸标注的最外边。

Step01 ▸ 单击【标注】工具栏中的“线性”按钮。

Step02 ▸ 由左边阳台中点向下引出追踪线，捕捉追踪虚线与辅助线的交点。

Step03 ▸ 继续由右墙线的端点向下引出追踪线，捕捉追踪虚线与辅助线的交点。

Step04 ▸ 向下引导光标，输入“2800”并按 Enter 键，结果如图 7-53 所示。

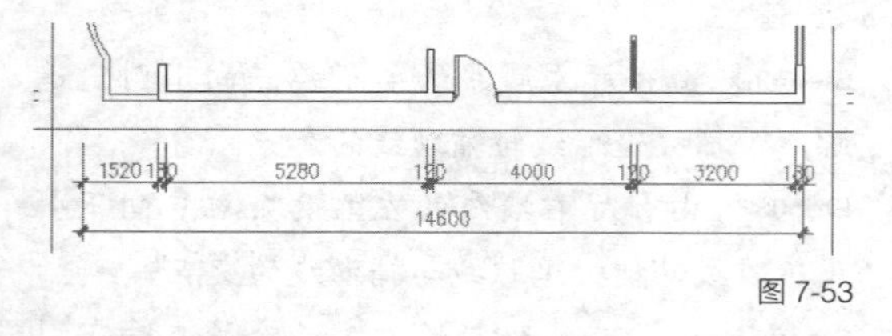

图 7-53

Step05 ▸ 使用相同的方法，分别标注平面图其他侧面的总尺寸，标注结果如图 7-54 所示。

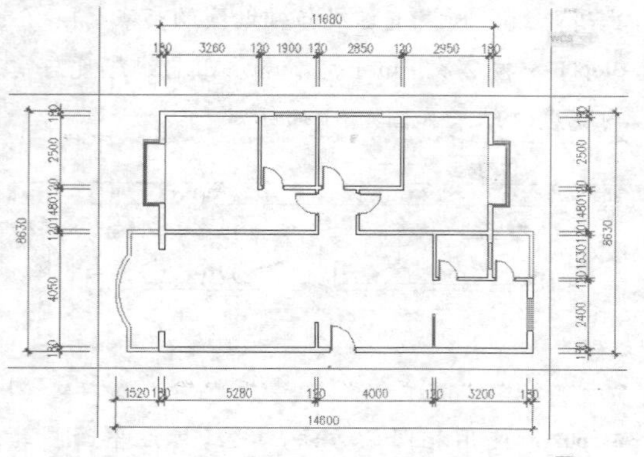

图 7-54

7. 编辑尺寸标注

标注完内部尺寸与总尺寸后，下面还需要对相互重叠的尺寸标注进行编辑，另外需要删除尺寸标注辅助线。

Step01 ▸ 使用快捷命令“E”激活【删除】命令，选择 4 条尺寸定位辅助线，按 Enter 键将其删除。

Step02 ▸ 单击【标注】工具栏上的“编辑标注文字”按钮。

Step03 ▸ 单击选择左侧 180 个绘图单位的墙宽尺寸标注。

Step04 ▸ 将该尺寸文字向右移动到尺寸界线右侧位置。

Step05 ▸ 调整结果如图 7-55 所示。

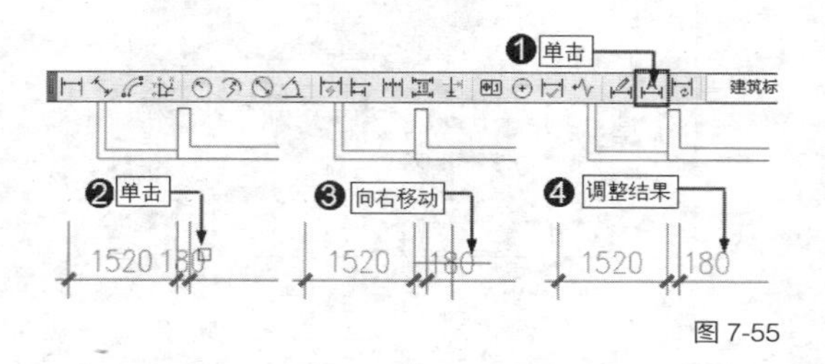

图 7-55

Step06 ▸ 使用相同的方法，分别对其他尺寸文字进行调整，结果如图 7-56 所示。

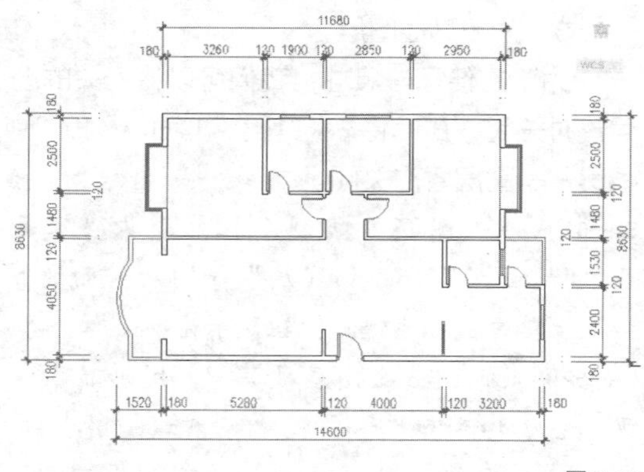

图 7-56

Step07 ▸ 至此，室内平面图尺寸标注完毕，在“图层”控制下拉列表中取消“家具层”图层与“地面层”图层的隐藏，效果如图 7-44 所示。

8. 保存文件

最后执行“另存为”命令，将图形另名存储。

7.3 标注室内设计图文字注释

文字注释与尺寸标注同样重要，文字注释表明了室内各房间的功能、各装饰材质名称、规格等，是室内装饰装潢工程施工的重要依据，本节介绍室内设计中文字注释的相关知识。

本节内容概览

知识点	功能 / 用途	难易度与使用频率
文字类型与文字标注样式（P181）	● 了解文字类型 ● 设置文字样式	难易度：★ 使用频率：★★★
创建单行文字注释（P182）	● 标注室内房间功能 ● 完善室内设计图	难易度：★ 使用频率：★★★★★
编辑单行文字注释（P182）	● 修改室内房间功能注释 ● 完善室内设计图	难易度：★ 使用频率：★★★★★
创建多行文字注释（P183）	● 标注室内房间面积 ● 完善室内设计图	难易度：★ 使用频率：★★★★★
编辑多行文字注释（P183）	● 修改室内房间面积注释 ● 完善室内设计图	难易度：★ 使用频率：★★★★★
创建引线注释（P184）	● 标注室内地面材质 ● 完善室内设计图	难易度：★ 使用频率：★★★★★
查询室内面积（P185）	● 查询各房间面积 ● 完善室内设计图	难易度：★ 使用频率：★★★★★

7.3.1 文字类型与文字标注样式

视频文件	专家讲堂\第 7 章\文字类型与文字标注样式 .swf

AutoCAD 中提供了两种类型的文字，即单行文字与多行文字，这两种文字在室内设计图中的注释作用不同。其中，单行文字指的就是使用“单行文字”命令输入的文字，该文字每一行系统都将其作为一个独立的对象，当选择一行文字时，另一行文字不会被选择，如图 7-57（a）所示。多行文字则是由“多行文字”命令创建的文字，无论该文字包含多少行、多少段，AutoCAD 都将其作为一个独立的对象，当选择一行文字时，另一行文字也会被选择，如图 7-57（b）所示。

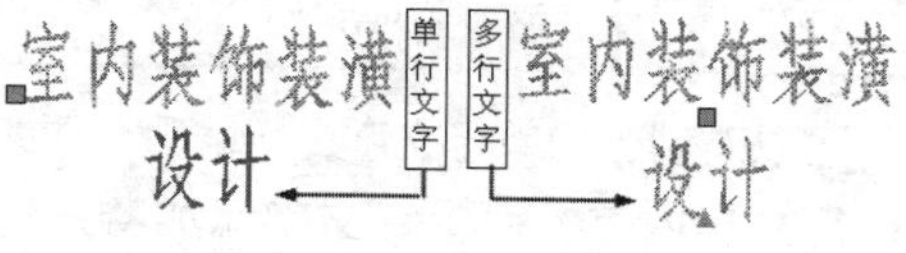

（a）　　（b）

图 7-57

在室内设计中，单行文字多用于标注字数比较少的文字内容，如房间功能等；而多行文字则多用于标注带字符的文字、数字等字数比较多的文字内容，如房间面积、装修材料名称以及规格等。

无论是标注单行文字还是多行文字，都需要一种文字样式。所谓“文字样式”，简单地说就是文字的字体、文字大小、文字的旋转角度、外观效果等一系列内容。

实例引导——设置“汉字”的文字样式

1. 新建文字样式

Step01 ▶ 单击【文字】工具栏上的“文字样式”按钮A。

Step02 ▶ 打开【文字样式】对话框。

Step03 ▶ 单击 新建(N)... 按钮。

Step04 ▶ 打开【新建文字样式】对话框。

Step05 ▶ 在“样式名”输入框中输入新样式名为“汉字”。

Step06 ▶ 单击 确定 按钮返回【文字样式】对

话框。

Step07 ▸ 新建的文字样式如图 7-58 所示。

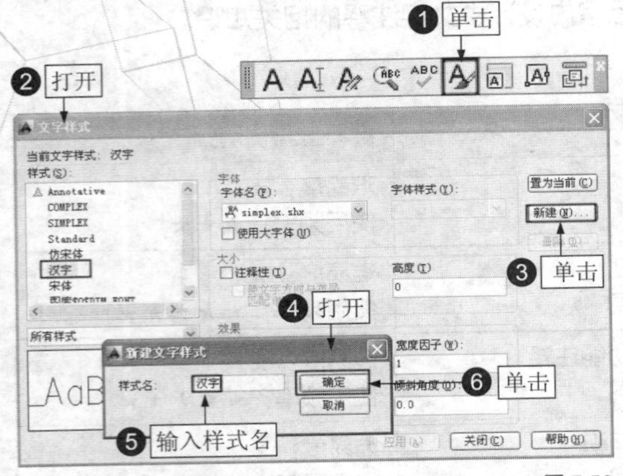

图 7-58

| 技术看板 | 可以通过以下方式打开【文字样式】对话框。

- 单击菜单栏中的【格式】/【文字样式】命令。
- 在命令行输入“STYLE”后按 Enter 键。
- 使用快捷命令“ST”。

2. 设置新样式

Step01 ▸ 选择新建的“汉字”的文字样式。

Step02 ▸ 在“字体名”下拉列表框选择一种字体，并设置文字高度、宽度等。

Step03 ▸ 单击 应用(A) 按钮应用设置。

Step04 ▸ 单击 置为当前(C) 按钮将新样式设置为当前样式。

Step05 ▸ 单击 关闭(C) 按钮关闭该对话框，如图 7-59 所示。

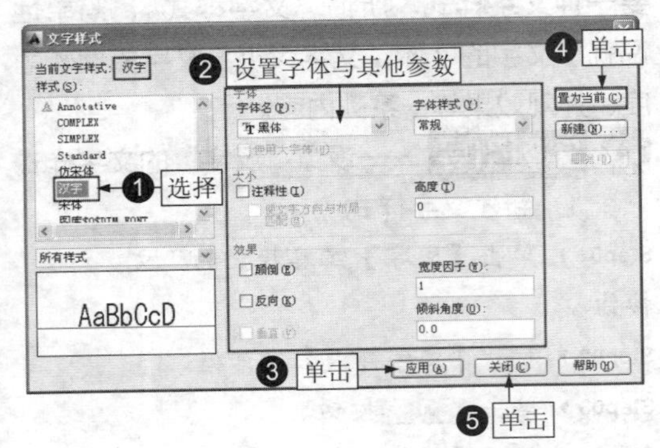

图 7-59

| 技术看板 | 一般情况下，字体的高度在输入文字时可以直接输入。另外，国标规定工程图样中的汉字应采用长仿宋体，宽高比为 0.7，当此比值大于 1 时，文字宽度放大，否则将缩小。在“倾斜角度”文本框中可以设置文字的倾斜角度。如果要删除某一个文字样式，选择要删除的文字样式，单击 删除(D) 按钮即可将其删除。需要说明的是，默认的 Standard 样式、当前文字样式以及在当前文件中已使过的文字样式都不能被删除。

7.3.2 创建单行文字注释

视频文件	专家讲堂\第 7 章\创建单行文字注释 .swf

可以使用“单行文字”命令来创建单行文字注释。创建单行文字注释时，需要选择一种文字样式。下面以上一节所新建的名为“汉字”的文字样式作为当前文字样式，创建名为“室内装饰装潢设计”的单行文字注释。

实例引导 ——创建单行文字注释

Step01 ▸ 单击【文字】工具栏上的“单行文字”按钮 A|。

Step02 ▸ 在绘图区单击拾取一点，然后输入“120”，按 Enter 键，设置文字高度。

Step03 ▸ 按 Enter 键，使用默认的文字旋转角度值。

Step04 ▸ 输入“室内装饰装潢设计”字样。

Step05 ▸ 2 次按 Enter 键，结果如图 7-60 所示。

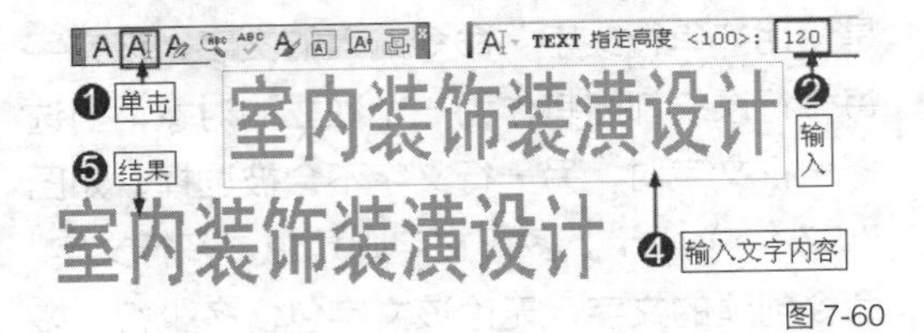

图 7-60

7.3.3 编辑单行文字注释

视频文件	专家讲堂\第 7 章\编辑单行文字注释 .swf

可以对创建的单行文字进行编辑，例如修改单行文字内容、为单行文字添加特殊符号等，下面将上一节创建的“室内装饰装潢设计”的单行文字注释修改为“卧室室内设计”的单行文字注释。

实例引导——编辑单行文字注释

Step01 ▸ 单击【文字】工具栏上的“编辑”按钮 。

Step02 ▸ 在绘图区单击“室内装饰装潢设计”的单行文字注释内容使其反白显示。

Step03 ▸ 输入“卧室室内设计”文字注释内容。

Step04 ▸ 按 2 次 Enter 键，退出编辑模式，结果如图 7-61 所示。

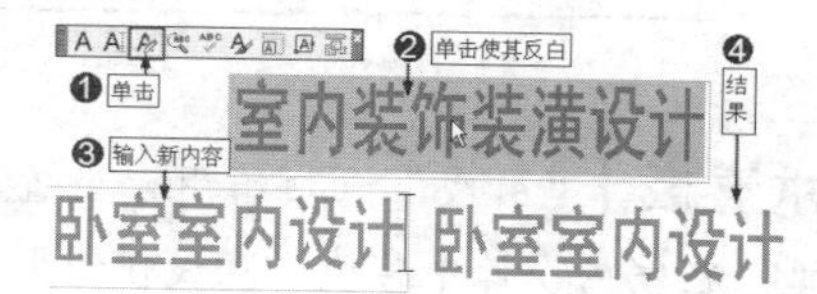

图 7-61

7.3.4　创建多行文字注释

视频文件	专家讲堂 \ 第 7 章 \ 创建多行文字注释 .swf

创建多行文字注释的方法与创建单行文字注释的方法完全不同，创建多行文字注释时，会打开【文字格式】编辑器。在【文字格式】编辑器中，可以选择文字样式、设置文字大小、文字对正方式等。下面创建“室内装饰装潢设计”的多行文字注释。

实例引导——创建多行文字注释

Step01 ▸ 单击【标注】工具栏中的“多行文字”按钮 A 。

Step02 ▸ 在绘图区拖曳鼠标指针拖出文本框。

Step03 ▸ 打开【文字格式】编辑器。

Step04 ▸ 在“样式”列表选择文字样式；在“字体”列表选择字体；在“文字高度”输入框中输入文字高度等。

Step05 ▸ 在文本框输入文字内容为“室内装饰装潢设计”。

Step06 ▸ 单击 确定 按钮确认，创建结果如图 7-62 所示。

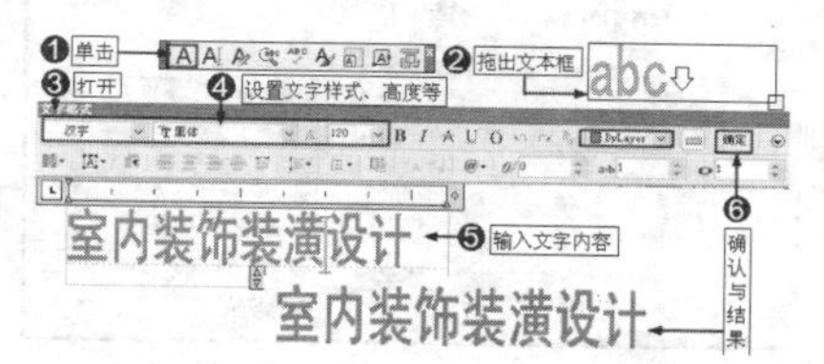

图 7-62

| 技术看板 |【文字格式】编辑器不仅是输入多行文字的唯一工具，而且也是编辑多行文字的唯一工具，它是由工具栏、顶部带标尺的文本输入框两部分组成的，其操作方法与 Word 工具栏的操作方法相同。

7.3.5　编辑多行文字注释

视频文件	专家讲堂 \ 第 7 章 \ 编辑多行文字注释 .swf

编辑多行文字时同样是在【文字格式】编辑器中进行编辑的，例如修改文字的样式、字体、字高以及向文字添加特殊字符等特性。下面来修改上一节创建的多行文字的标注内容为“卧室室内设计”，并将文字样式修改为“仿宋体”文字样式。

实例引导——编辑多行文字注释

Step01 ▸ 双击创建的多行文字注释内容，打开【文字格式】编辑器。

Step02 ▸ 在文字一端拖曳鼠标指针，将文字选择，使其反白显示，如图 7-63 所示。

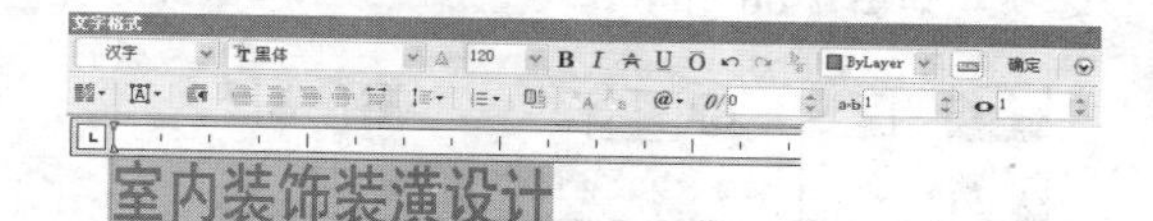

图 7-63

Step03 ▸ 按 Delete 键将该文字内容删除，然后在“文字样式”列表选择“仿宋体”文字样式，并重新在文本框输入文字内容为“卧室室内设计”，如图 7-64 所示。

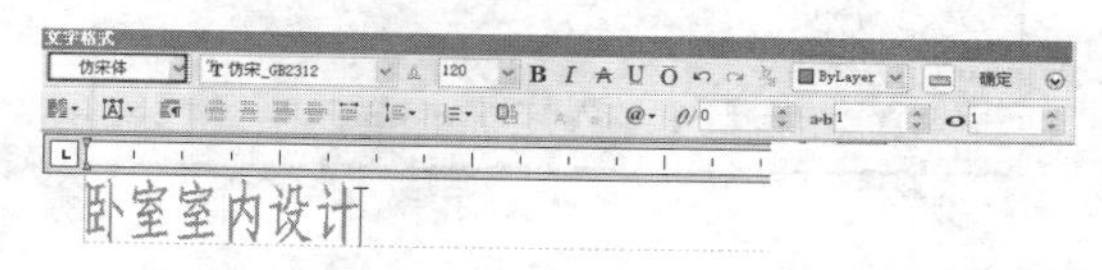

图 7-64

Step04 ▸ 单击 确定 按钮，关闭【文字格式】编辑器，完成对多行文字的编辑，结果如图 7-65 所示。

卧室室内设计

图 7-65

7.3.6 创建引线注释

视频文件	专家讲堂\第 7 章\创建引线注释 .swf

引线标注其实就是带引线和箭头的文字注释，在室内设计中主要用于标注室内装修材质的名称以及规格等。一般情况下，引线注释的箭头指向要标注的对象，标注文字则位于引线的另一端，下面介绍创建引线注释。

实例引导 ——创建引线注释

1. 设置引线和箭头

引线注释的引线和箭头是关键，因此，在创建引线注释前，首先需要设置合适的引线和箭头，这对正确创建引线注释非常关键。

Step01 ▸ 输入“LE”，按 Enter 键，激活【引线】命令。

Step02 ▸ 输入“S”，按 Enter 键，激活“设置”选项。

Step03 ▸ 打开【引线设置】对话框。

Step04 ▸ 在“注释”选项卡勾选“多行文字”选项，如图 7-66 所示。

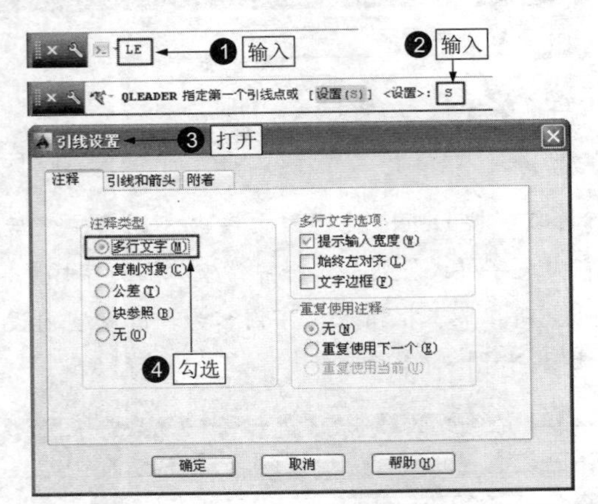

图 7-66

Step05 ▸ 进入“引线和箭头”选项卡。

Step06 ▸ 在“引线”选项勾选“直线”选项。

Step07 ▸ 设置“点数”的“最大值”为 3。

Step08 ▸ 在“箭头”下拉列表中选择箭头类型为“点”。

Step09 ▸ 在“角度约束”的“第一段”列表中选择“任意角度”选项。

Step10 ▸ 在“角度约束”的“第二段”列表中选择“水平”选项，如图 7-67 所示。

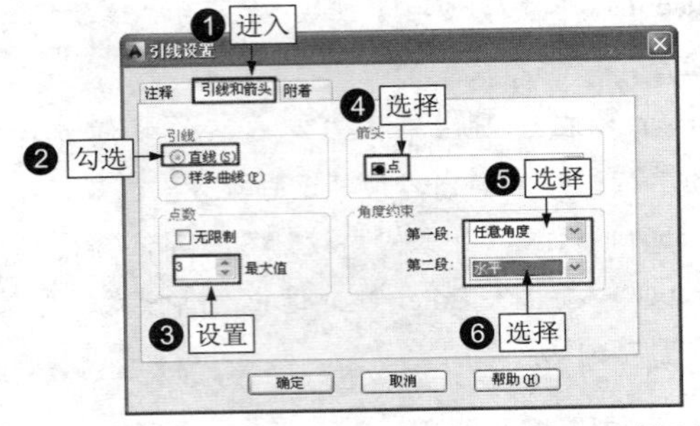

图 7-67

| 技术看板 | “引线”选项组用于设置引线的类型，在室内设计中常使用直线作为引线类型；“点数”选项组用于设置引线的点数，在室内设计中常设置点数为 3，即可绘制折线作为引线；“箭头”选项组用于设置引线的箭头，室内设计中箭头一般选择“点”，用户也可以选择其他类型的箭头，如图 7-68 所示；“角度约束”选项组用于设置引线的角度，以控制引线的绘制方式。用户也可以根据具体需要，选择其他角度约束方法，以创建不同角度上的引线注释，如图 7-69 所示。

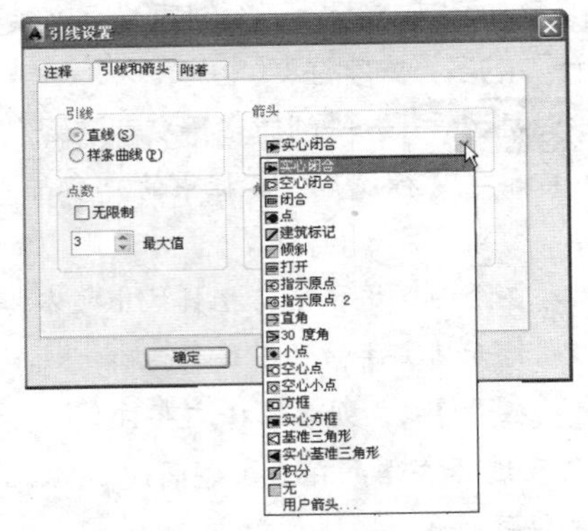

图 7-68

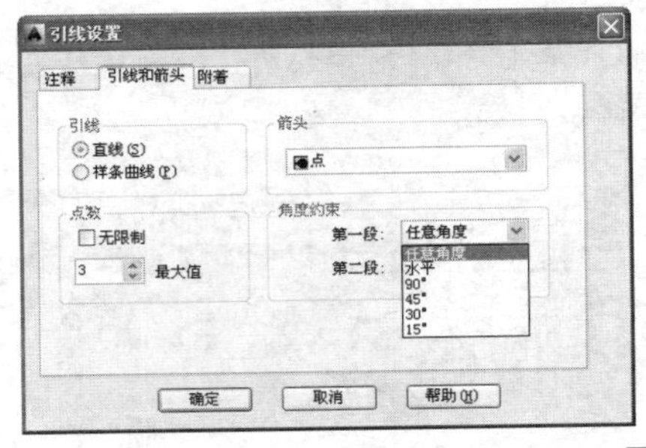

图 7-69

2. 创建引线注释

当引线设置完成后，下面创建引线注释。

Step01 ▸ 单击 确定 按钮回到绘图区，在要标注的对象上单击确定引线的第 1 点。

Step02 ▸ 沿合适角度引导光标，在合适位置单击确定引线第 2 点。

Step03 ▸ 沿水平角度引导光标，在合适位置单击确定引线第 3 点。

Step04 ▸ 按 2 次 Enter 键，打开【文字格式】编辑器。

Step05 ▸ 选择合适的文字样式，并设置文字高度等其他参数。

Step06 ▸ 在文本框输入引线的文字注释。

Step07 ▸ 单击 确定 按钮确认。引线注释效果如图 7-70 所示。

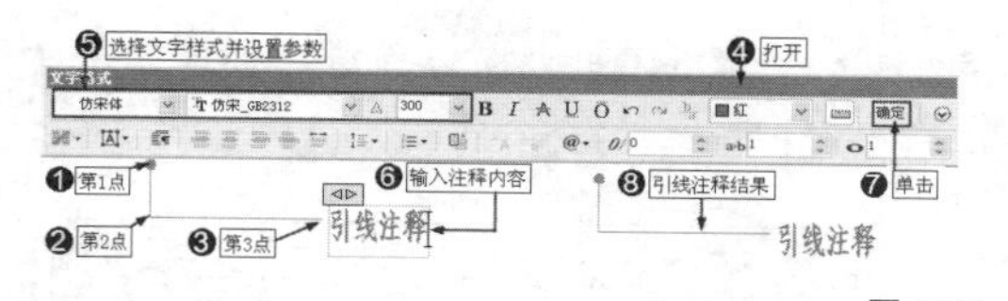

图 7-70

| 技术看板 | 引线注释的编辑修改与多行文字的编辑修改方法相同，在此不再赘述。

7.3.7 查询室内面积

素材文件	效果文件\第 7 章\实例——标注平面图尺寸 .dwg
视频文件	专家讲堂\第 7 章\查询室内面积 .swf

在室内设计中，除了要标注室内尺寸、材质注释等之外，还需要标注室内面积，这就需要查询室内面积，然后进行标注。打开素材文件，这是一个室内平面图，下面查询该平面图中的客厅室内面积。

实例引导 ——查询室内面积

Step01 ▸ 单击菜单栏中的【工具】/【查询】/【面积】命令。

Step02 ▸ 捕捉客厅墙体内左上端点。

Step03 ▸ 捕捉客厅墙体内左下端点。

Step04 ▸ 捕捉客厅墙体内右下端点。

Step05 ▸ 捕捉客厅墙体内右上端点。

Step06 ▸ 按 Enter 键，在命令行显示查询出的客厅面积和周长。

Step07 ▸ 输入“X”，按 Enter 键退出操作，如图 7-71 所示。

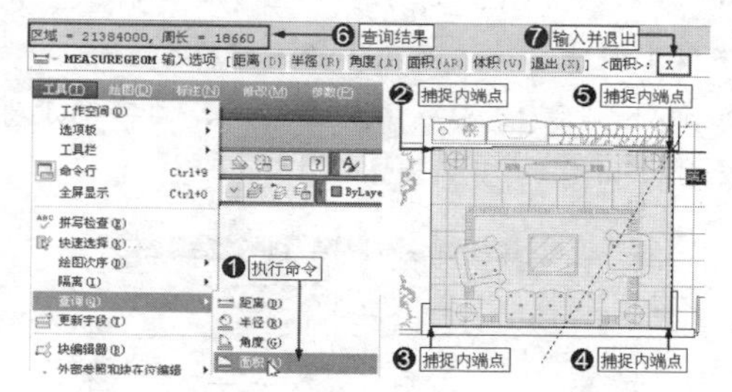

图 7-71

练一练 参照上述操作方法，尝试查询该平面图其他房间的各面积。

| 技术看板 | 查询面积时，系统会同时查询出房屋的周长，房屋面积和周长会显现在命令行中，用户可以通过查看命令行中的命令记录得到查询结果。

7.4 综合实例——标注室内平面图文字注释

打开素材文件，这是上一节我们标注了尺寸的室内平面图，本节继续为该平面图标注房间功能、房间面积以及室内装修材料等文字注释，结果如图 7-72 所示。

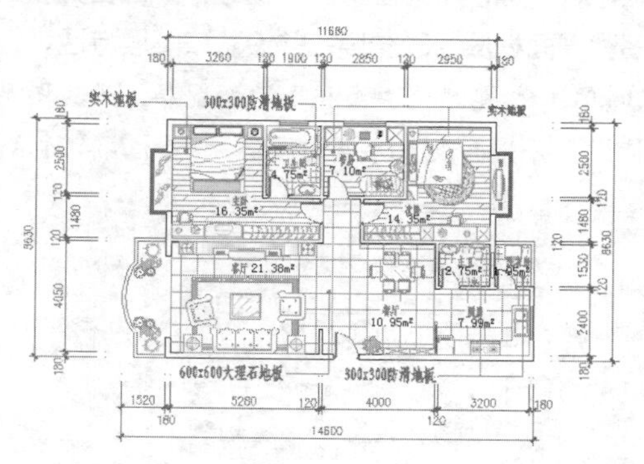

图 7-72

7.4.1 标注房间面积

素材文件	效果文件\第 7 章\实例——标注室内平面图尺寸 .dwg
视频文件	专家讲堂\第 7 章\综合实例——标注房间面积 .swf

标注室内面积前，需要查询室内面积，然后进行标注。打开素材文件，这是一个室内平面图，下面来查询并标注该平面图中的室内面积。

操作步骤

1. 设置“面积”文字样式

在室内设计中，房间面积与房间功能需要使用不同的文字样式来标注，因此需要设置两种不同的文字样式。由于该文件中已经新建了用于标注房间功能的文字样式，下面只需要再新建一种用于标注房间面积的文字样式。

Step01 ▶ 依照前面的方法，在【文字样式】对话框中新建名为“面积”的文字样式。

Step02 ▶ 设置该文字样式的字体、文字高度等参数，如图 7-73 所示。

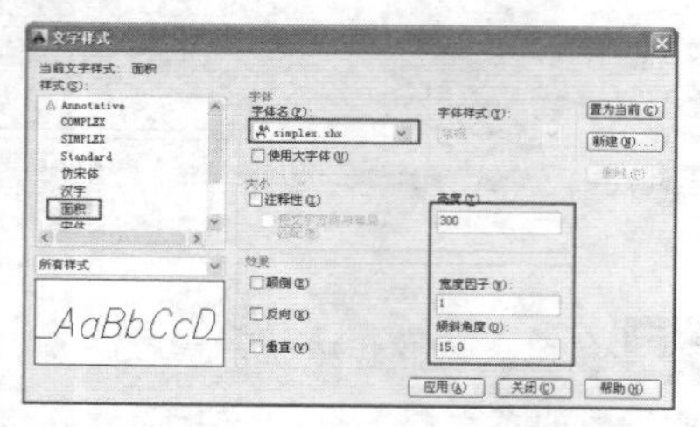

图 7-73

Step03 ▶ 单击 应用(A) 按钮确认，完成“面积”文字样式的设置。

2. 标注主卧房间面积

一般情况下，房间面积要标注在特定的图层中，这样便于对图形进行管理。下面首先新建名为“面积层”的图层，并设置该图层特性。

Step01 ▶ 新建名为“面积”的新图层，设置图层特性，并将其设置为当前图层，如图 7-74 所示。

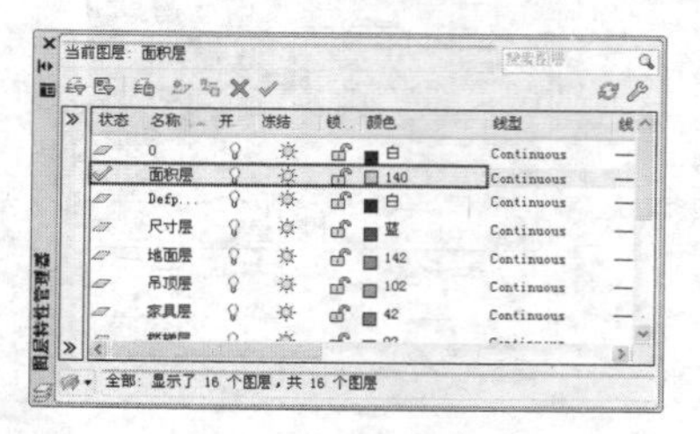

图 7-74

Step02 ▶ 查询各房间的面积。

Step03 ▶ 在主卧房间打开【文字格式】编辑器。

Step04 ▶ 根据 Step02 中查询的结果，输入主卧的测量面积“16.35m2^”，如图 7-75 所示。

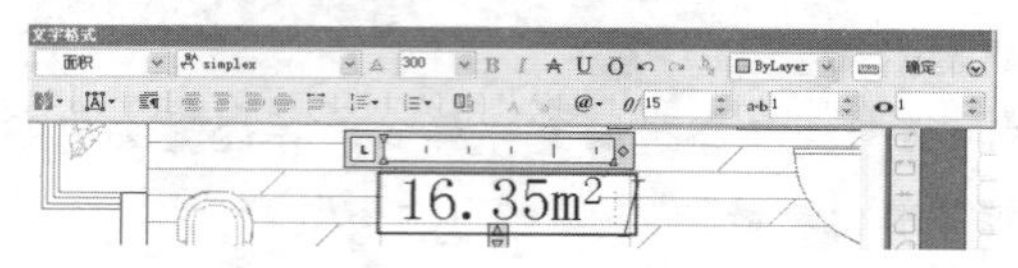

图 7-75

Step05 ▶ 拖曳鼠标指针选择“2^”字样，单击“堆叠”按钮进行堆叠。

Step06 ▶ 单击 确定 按钮确认，标注结果如图 7-76 所示。

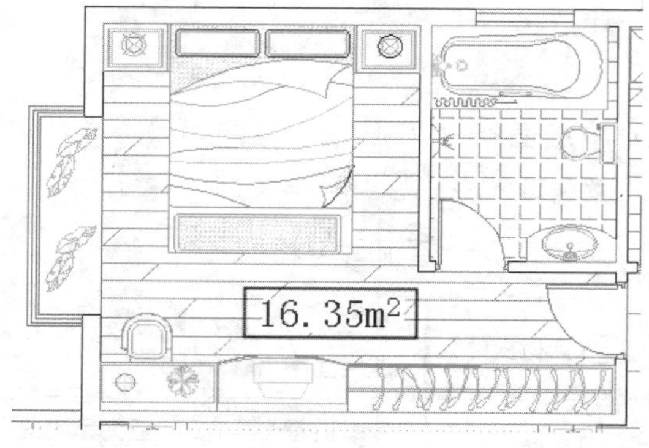

图 7-76

3. 标注其他房间面积

标注其他房间面积时，既可以依照标注主卧面积的方法进行标注，也可将主卧面积复制到其他房间，然后进行修改。下面我们将主卧标注的面积复制到其他房间，然后进行修改，完成其他房间面积的标注。

Step01 ▶ 输入“CO”，按 Enter 键，激活【复制】命令。

Step02 ▶ 选择主卧中标注的房间面积，将其复制到其他房间，如图 7-77 所示。

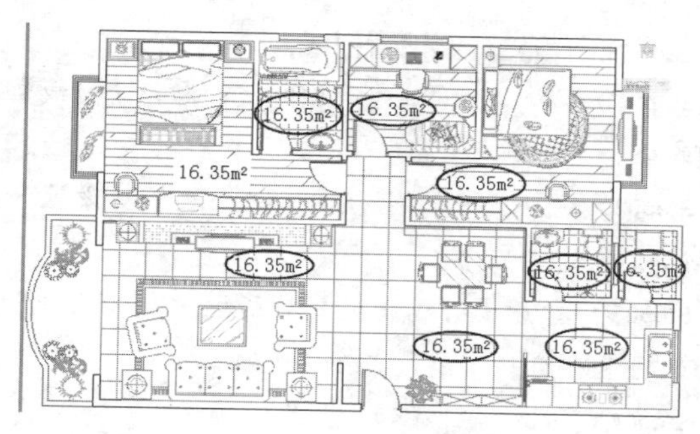

图 7-77

Step03 ▸ 双击主卧卫生间的标注面积，打开【文字格式】编辑器。

Step04 ▸ 修改其内容为“4.75”，然后单击 确定 按钮确认，如图 7-78 所示。

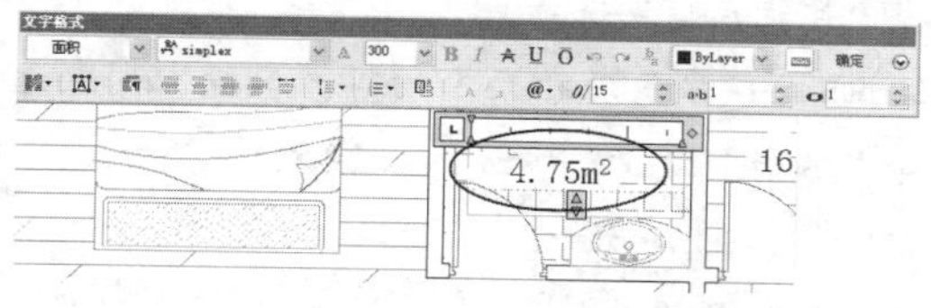

图 7-78

Step05 ▸ 使用相同的方法，继续修改其他房间的面积，完成房间面积的标注，结果如图 7-79 所示。

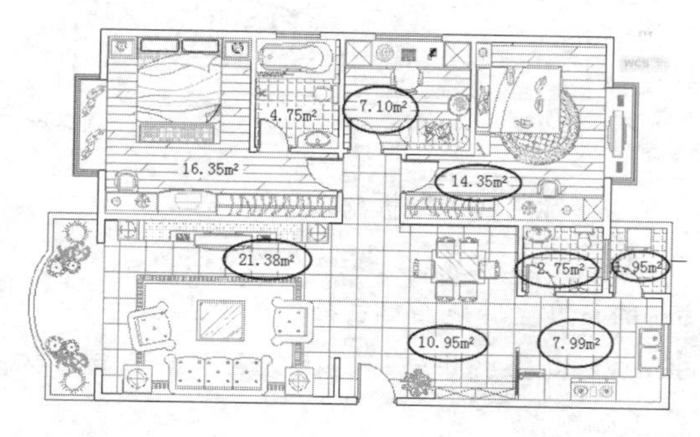

图 7-79

7.4.2　标注房间功能

视频文件	专家讲堂\第 7 章\综合实例——标注房间功能 .swf

房间功能需要标注在“文本层”图层，同时需要使用另一种文字样式。继续上一节的操作，下面设置“仿宋体”文字样式为当前文字样式，同时将“文本层”图层设置为当前图层，然后标注室内功能。

操作步骤

Step01 ▸ 设置当前文字样式与图层。

Step02 ▸ 标注主卧房间功能。

Step03 ▸ 标注其他房间功能。

详细的操作步骤请参见随书光盘中的视频文件“综合实例——标注房间功能 .swf”。

7.4.3　编辑完善文字注释效果

视频文件	专家讲堂\第 7 章\综合实例——编辑完善文字注释效果 .swf

房间面积和功能标注完成后，我们发现这些文字注释内容与地面材质图案重叠，很难看清楚，此时需要对地面材质进行编辑，使文字注释与地面材质图案不重叠。

操作步骤

Step01 ▸ 在无任何命令发出的情况下，单击选择主卧地面材质使其夹点显示。

Step02 ▸ 单击右键，选择【图案填充编辑】命令，如图 7-80 所示。

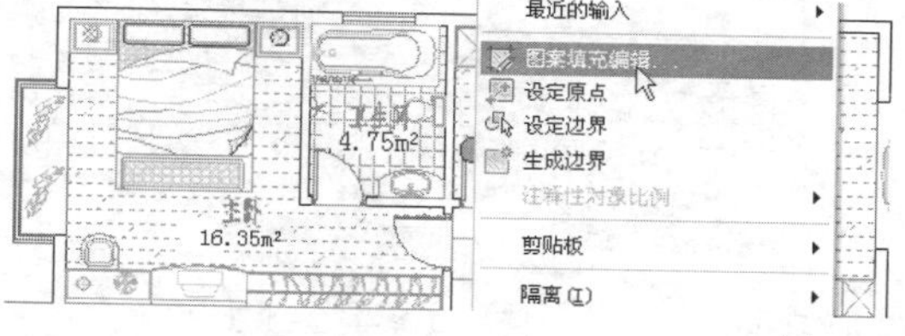

图 7-80

Step03 ▸ 打开【图案填充编辑】对话框。

Step04 ▸ 单击“添加：选择对象”按钮返回绘图区，如图 7-81 所示。

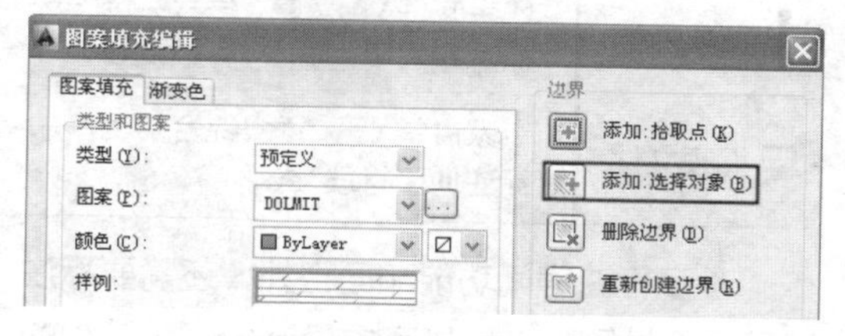

图 7-81

Step05 ▸ 在绘图区分别单击主卧、书房和次卧房间的房间功能和房间面积文字注释，如图 7-82 所示。

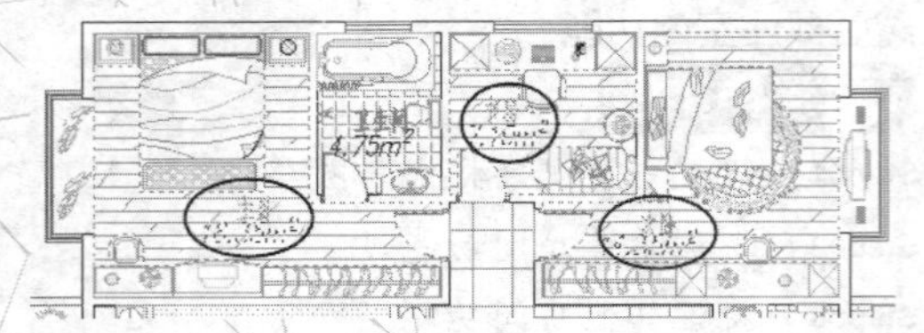

图 7-82

Step06 ▸ 按 Enter 键，返回【图案填充编辑】对话框，单击 确定 按钮确认，结果文字注释下方的图案填充被删除，效果如图 7-83 所示。

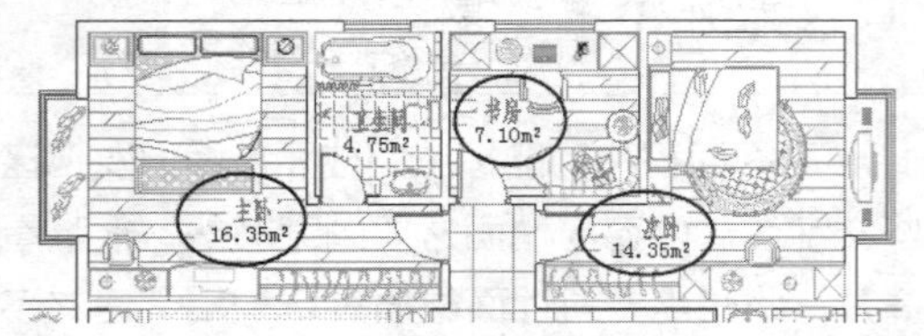

图 7-83

Step07 ▸ 使用相同的方法，分别对其他房间地面图案进行编辑，删除文字注释下方的填充图案，效果如图 7-84 所示。

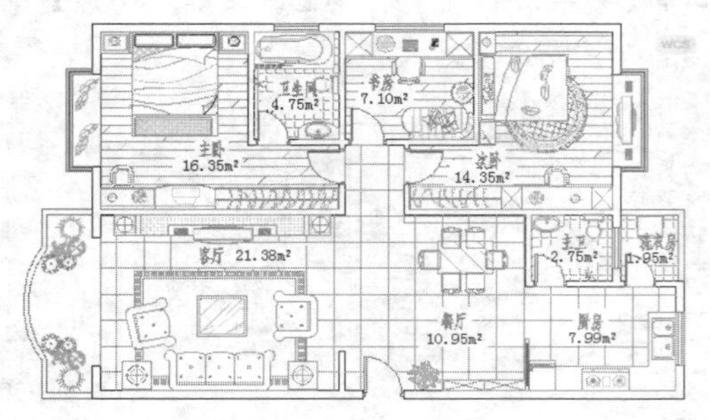

图 7-84

7.4.4 标注地面材质

效果文件	效果文件\第 7 章\综合实例——标注室内平面图文字注释 .dwg
视频文件	专家讲堂\第 7 章\综合实例——标注地面材质 .swf

除了标注房间功能和面积外，还需要标注房间地面材质，这也是室内设计中不可缺少的内容。继续上一节的操作，下面标注房间地面材质。

操作步骤

1. 设置引线

地面材质需要使用引线注释来标注，因此在标注前首先需要设置引线。

Step01 ▸ 输入“LE”，按 Enter 键，激活【引线】命令。

Step02 ▸ 输入“S”，按 Enter 键，激活“设置”选项。

Step03 ▸ 打开【引线设置】对话框，在“注释”选项卡中勾选“多行文字”选项。

Step04 ▸ 进入“引线和箭头”选项卡。

Step05 ▸ 在“引线”选项勾选“直线”选项。

Step06 ▸ 设置“点数”的“最大值”为 3。

Step07 ▸ 在“箭头”下拉列表选择箭头类型为“点”。

Step08 ▸ 在“角度约束”的“第一段”列表选择“任意角度”选项。

Step09 ▸ 在“角度约束”的“第二段”列表选择“水平”选项，如图 7-85 所示。

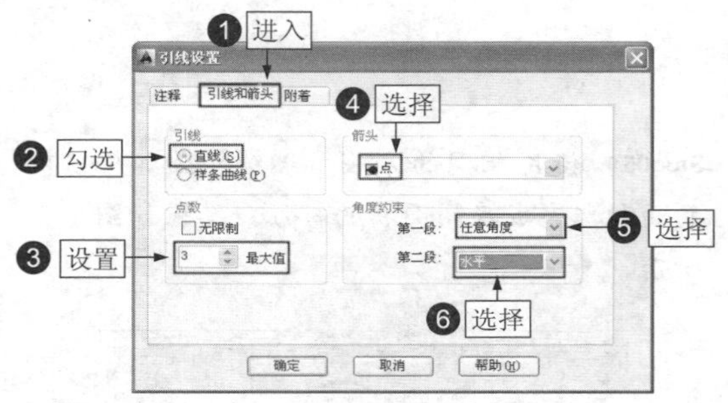

图 7-85

2. 标注实木地板材质

Step01 ▸ 单击 确定 按钮返回绘图区。

Step02 ▸ 在主卧地面单击拾取第 1 点。

Step03 ▸ 向上引导光标，在合适位置单击拾取第 2 点。

Step04 ▸ 向左引导光标，在合适位置单击拾取第 3 点。

Step05 ▸ 两次按 Enter 键，打开【文字格式】编辑器，设置相关参数，然后输入“实木地板”文字内容，如图 7-86 所示。

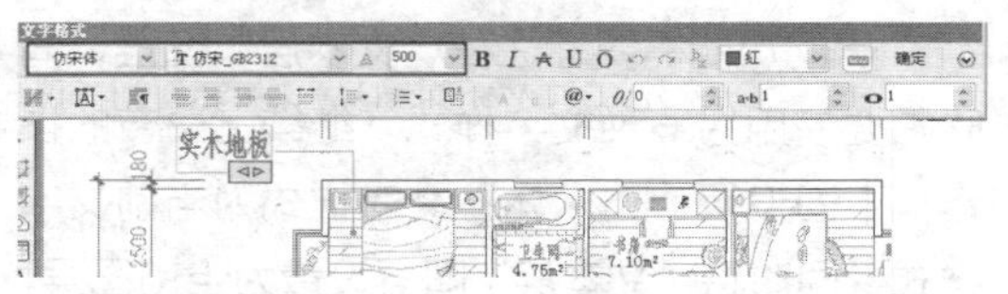

图 7-86

Step06 ▸ 按 Enter 键，重复执行【引线】命令，参照上述操作，继续标注其他各房间地面材质注释，效果如图 7-71 所示。

3. 保存文件

至此室内平面图文字注释标注完毕，将该图形文件命名为“综合实例——标注室内平面图文字注释 .dwg”文件。

7.5 打印输出室内平面图

当绘制完室内设计图之后，我们的设计工作并没有全部完成，还需要将我们的设计图打印输出到图纸上，这样才算完成了整个设计工作，本节介绍打印输出室内设计图的方法。

本节内容概览

知识点	功能 / 用途	难易度与使用频率
添加绘图仪（P189）	● 向打印中添加绘图仪 ● 打印设计图纸	难易度：★★ 使用频率：★★★★★
定义打印图纸尺寸（P190）	● 设置打印图纸尺寸 ● 打印输出设计图	难易度：★ 使用频率：★★★★★
添加打印样式表（P190）	● 添加打印样式表 ● 打印输出设计图	难易度：★ 使用频率：★★★★★
设置打印页面（P191）	● 设置打印机、打印尺寸等 ● 打印输出设计图	难易度：★★★ 使用频率：★★★★★
其他设置（P191）	● 设置打印的其他参数 ● 打印输出设计图	难易度：★★★ 使用频率：★★★★★
实例（P192）	● 打印室内设计平面图	

7.5.1 添加绘图仪

视频文件	专家讲堂 \ 第 7 章 \ 添加绘图仪 .swf

绘图仪其实就是打印机，在打印设计图之前，首先需要向计算机中添加打印机，这是设置打印环境的第一步。下面添加名为“光栅文件格式”的绘图仪。

实例引导 ——添加绘图仪

Step01 ▸ 单击菜单【文件】/【绘图仪管理器】命令，打开【Plotters】窗口，如图 7-87 所示。

图 7-87

Step02 ▸ 双击【添加绘图仪向导】图标，打开【添加绘图仪 - 简介】对话框，依次单击 下一步(N) > 按钮，直到打开【添加绘图仪 – 绘图仪型号】对话框，在该对话框中设置绘图仪型号及其生产商，如图 7-88 所示。

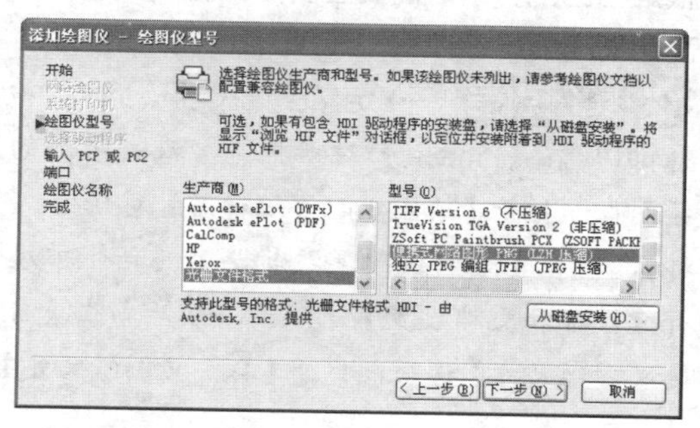

图 7-88

Step03 ▸ 依次单击 下一步(N) > 按钮，直到打开图 7-89 所示的【添加绘图仪 – 绘图仪名称】对话框，用于为添加的绘图仪命名，在此采用默认设置。

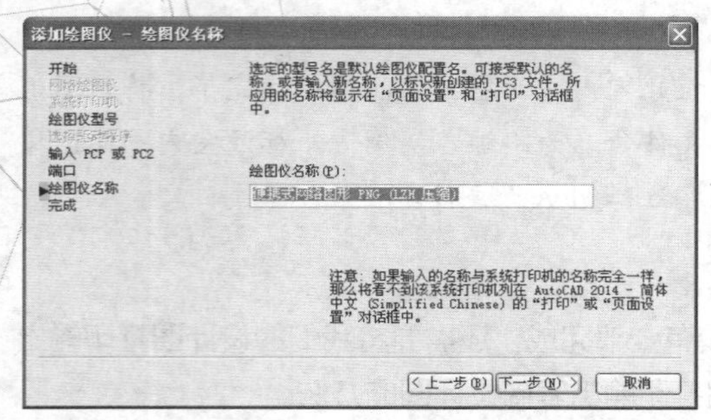

图 7-89

Step04 ▶ 单击[下一步(N) >]按钮，打开【添加绘图仪 – 完成】对话框，单击[完成(F)]按钮，添加的绘图仪会自动出现在【Plotters】窗口内，如图 7-90 所示。

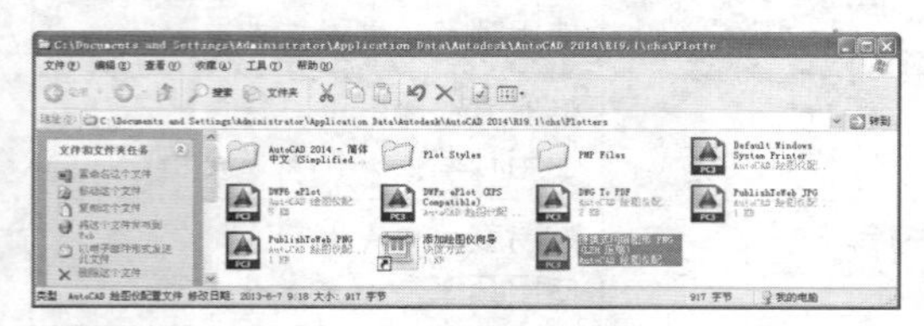

图 7-90

7.5.2 定义打印图纸尺寸

视频文件	专家讲堂 \ 第 7 章 \ 定义打印图纸尺寸 .swf

图纸尺寸是保证正确打印图形的关键，尽管不同型号的绘图仪，都有适合该绘图仪规格的图纸尺寸，但有时这些图纸尺寸与打印图形很难相匹配，这时需要重新定义图纸尺寸，下面定义图纸尺寸。

实例引导 ——定义图纸尺寸

Step01 ▶ 在【Plotters】对话框中，双击添加的绘图仪，打开【绘图仪配置编辑器】对话框。

Step02 ▶ 在【绘图仪配置编辑器】对话框中展开【设备和文档设置】选项卡，然后单击【自定义图纸尺寸】选项，打开【自定义图纸尺寸】选项组。

Step03 ▶ 单击[添加(A)...]按钮，此时系统打开【自定义图纸尺寸 – 开始】对话框，单击[下一步(N) >]按钮，打开【自定义图纸尺寸 – 介质边界】对话框，然后分别设置图纸的宽度、高度以及单位，如图 7-91 所示。

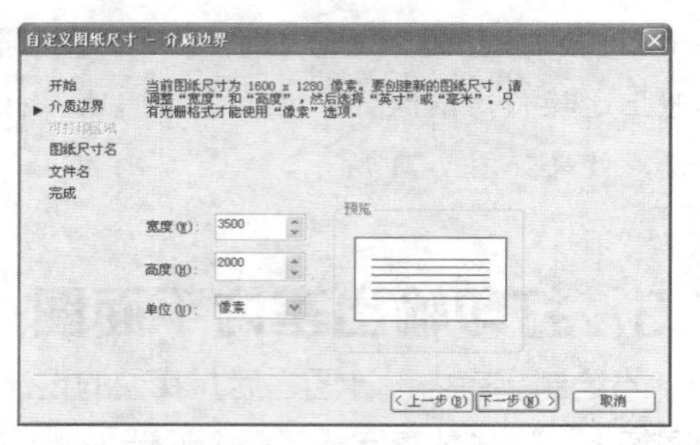

图 7-91

Step04 ▶ 依次单击[下一步(N) >]按钮，直至打开【自定义图纸尺寸 – 完成】对话框，完成图纸尺寸的自定义过程。

Step05 ▶ 单击[完成(F)]按钮，结果新定义的图纸尺寸自动出现在图纸尺寸选项组中，如图 7-92 所示。

图 7-92

Step06 ▶ 如果需要将此图纸尺寸进行保存，可以单击[另存为(S)...]按钮；如果用户仅在当前使用一次，可以单击[确定]按钮即可。

7.5.3 添加打印样式表

视频文件	专家讲堂 \ 第 7 章 \ 添加打印样式表 .swf

打印样式表其实就是一组打印样式的集合，而打印样式则用于控制图形的打印效果，修改打印图形的外观。使用【打印样式管理器】命令可以创建和管理打印样式表，下面添加名为“stb01”颜色相关打印样式表。

实例引导 ——添加打印样式表

Step01 ▶ 单击菜单【文件】/【打印样式管理器】命令，打开【Plotte】窗口。

Step02 ▸ 双击窗口中的【添加打印样式表向导】图标，打开【添加打印样式表】对话框。

Step03 ▸ 依次单击 下一步(N) > 按钮，在打开的【添加打印样式表 - 开始】对话框，勾选“创建新打印样式表”选项，然后单击 下一步(N) > 按钮。

Step04 ▸ 在打开的【添加打印样式表—选择打印样式表】对话框勾选“颜色相关打印样式表”选项。

Step05 ▸ 单击 下一步(N) > 按钮，在打开的【添加打印样式表 - 文件名】对话框，为打印样式表命名，如图 7-93 所示。

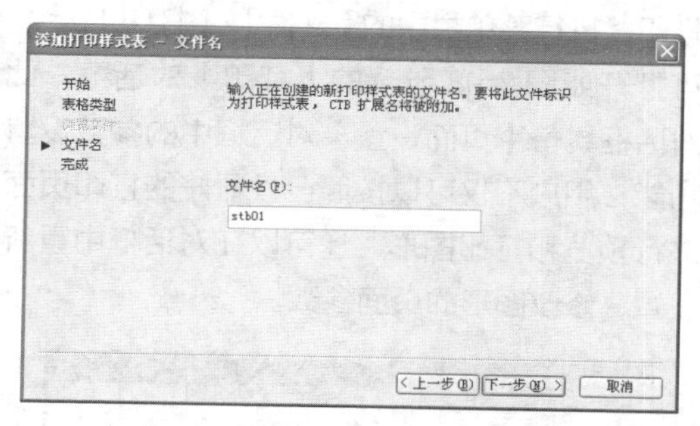

图 7-93

Step06 ▸ 单击 下一步(N) > 按钮，打开【添加打印样式表 - 完成】对话框，单击 完成 按钮，即可添加设置的打印样式表，新建的打印样式表文件图标显示在【Plot Styles】窗口中，如图 7-94 所示。

图 7-94

7.5.4　设置打印页面

视频文件	专家讲堂 \ 第 7 章 \ 设置打印页面 .swf

在配置好打印设备后，还需要设置打印页面参数。页面参数一般是通过【页面设置管理器】命令来设置的。

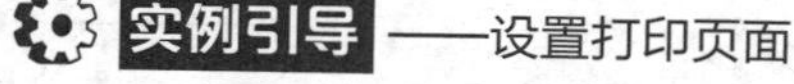

实例引导 ——设置打印页面

Step01 ▸ 执行菜单栏中的【文件】/【页面设置管理器】命令，打开【页面设置管理器】对话框，如图 7-95 所示。

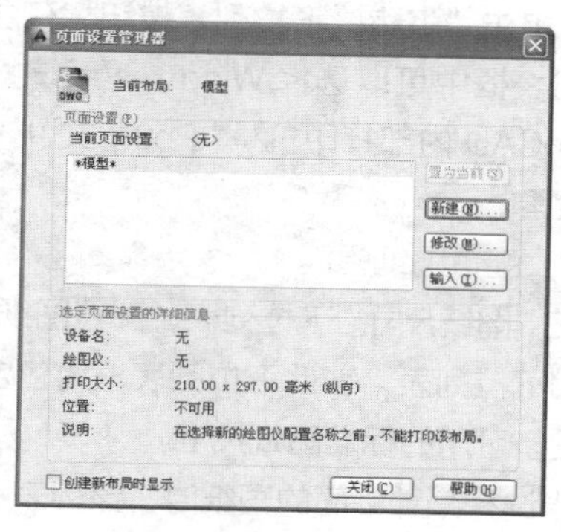

图 7-95

Step02 ▸ 单击 新建(N)... 按钮，在打开的【新建页面设置】对话框中为新页面命名，如图 7-96 所示。

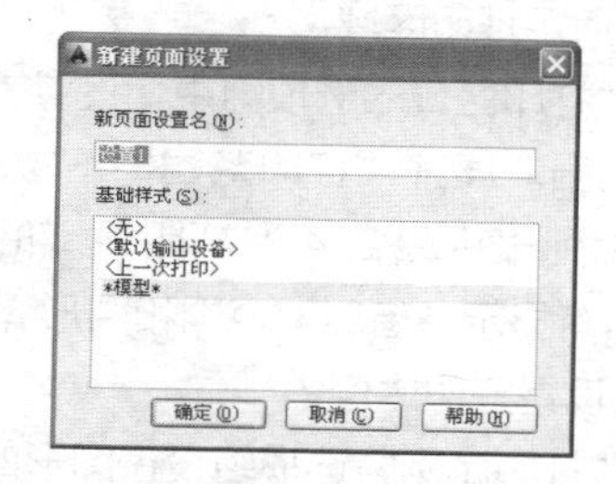

图 7-96

Step03 ▸ 单击 确定(O) 按钮，打开【页面设置】对话框，如图 7-97 所示，在此对话框内可以进行打印设备的配置、图纸尺寸的匹配、打印区域的选择以及打印比例的调整等操作。

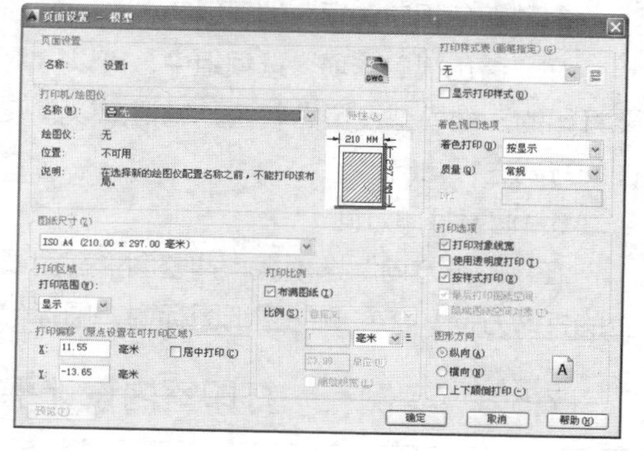

图 7-97

7.5.5　其他设置

视频文件	专家讲堂 \ 第 7 章 \ 其他设置 .swf

除了以上设置之外，还有下面相关设置。

1. 选择打印设备

在“打印机 / 绘图仪”选项组配置绘图仪设备，单击“名称”下拉列表按钮，在展开的下拉列表框中可以选择 Windows 系统打印机或 AutoCAD 内部打印机（“.Pc3”文件）作为输出设备。

2. 配置图纸幅面

在“图纸尺寸”下拉列表，配置图纸幅面。展开此下拉列表，在此下拉列表框内包含选定打印设备可用的标准图纸尺寸。

当选择某种幅面的图纸时，该列表右上角则出现所选图纸及实际打印范围的预览图像，将光标移到预览区中，光标位置处会显示出精确的图纸尺寸以及图纸的可打印区域的尺寸。

3. 指定打印区域

在“打印区域”选项组中，设置需要输出的图形范围。展开“打印范围”下拉列表框，在此下拉列表中包含 4 种打印区域的设置方式，具体有显示、窗口、范围和图形界限等。

4. 设置打印比例

在“打印比例”选项组设置图形的打印比例，其中，“布满图纸”复选框仅能适用于模型空间中的打印，当勾选该复选框后，AutoCAD 将缩放自动调整图形，与打印区域和选定的图纸等相匹配，使图形取最佳位置和比例。

5. “着色视口选项”选项组

在“着色视口选项”选项组中，可以将需要打印的三维模型设置为着色、线框或以渲染图的方式进行输出。

6. 调整打印方向

在“图形方向”选项组，调整图形在图纸上的打印方向。在右侧的图纸图标中，图标代表图纸的放置方向，图标中的字母 A 代表图形在图纸上的打印方向，共有“纵向、横向”两种方式。

在“打印偏移”选项组设置图形在图纸上的打印位置。默认设置下，AutoCAD 从图纸左下角打印图形。打印原点处在图纸左下角，坐标是（0,0），用户可以在此选项组中，重新设定新的打印原点，这样图形在图纸上将沿 *X* 轴和 *Y* 轴移动。

7. 预览与打印图形

当打印环境设置完毕后，即可进行图形的打印，执行菜单栏中的【文件】/【打印】命令，可打开如图 7-98 所示的【打印】对话框，此对话框具备【页面设置】对话框中的参数设置功能，用户不仅可以按照已设置好的打印页面进行预览和打印图形，还可以在对话框中重新设置、修改图形的页面参数。

图 7-98

单击 预览(P)... 按钮，可以提前预览图形的打印结果，单击 确定 按钮，即可对当前的页面设置进行打印。

7.5.6 实例——打印室内设计平面图

素材文件	效果文件 \ 第 7 章 \ 综合实例——标注室内平面图文字注释 .dwg
效果文件	效果文件 \ 第 7 章 \ 实例——打印室内设计平面图 .dwg
视频文件	专家讲堂 \ 第 7 章 \ 实例——打印室内设计平面图 .swf

打开素材文件，下面在布局空间内按照 1 ：50 的精确出图比例，将该室内设计平面图打印输出到 2 号标准图纸上，如图 7-99 所示。

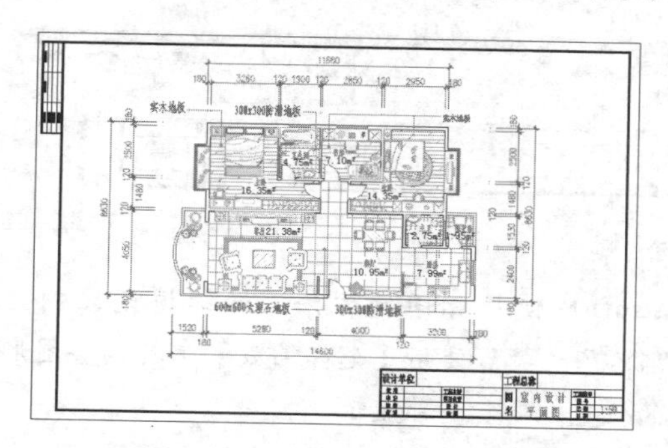

图 7-99

操作步骤

Step01 ▸ 单击绘图区下方的“布局2”标签，进入“布局 2”空间，执行【删除】命令，删除系统自动产生的视口。

Step02 ▸ 单击菜单【文件】/【页面设置管理器】命令，在打开的【页面设置管理器】对话框中单击 新建(N)... 按钮，为新页面命名为“室内设计平面图”的新页面，然后单击 确定 按钮，打开【页面设置 - 布局 2】对话框。

Step03 ▸ 在该对话框配置打印设备、设置图纸尺寸、打印偏移、打印比例和图形方向等参数，如图 7-100 所示。

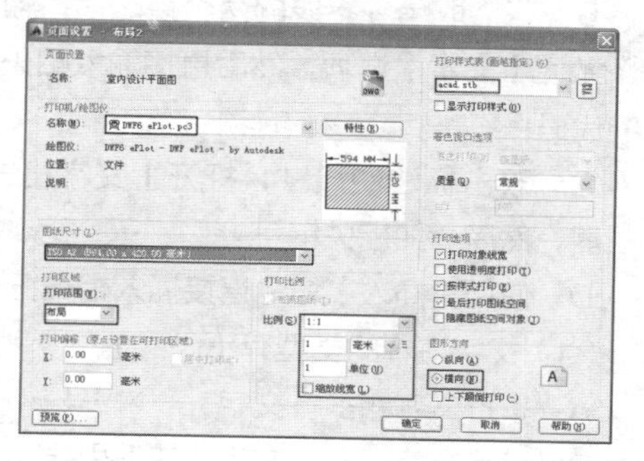

图 7-100

Step04 ▸ 单击 确定 按钮返回【页面设置管理器】对话框，将刚创建的新页面置为当前，然后关闭该对话框。

Step05 ▸ 执行【插入块】命令，选择随书光盘“图块文件”目录下的“A2-H.dwg”的图块文件，并进行参数设置，如图 7-101 所示。

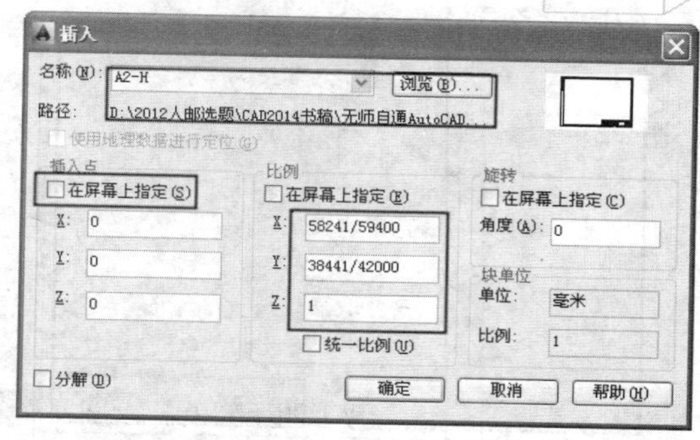

图 7-101

Step06 ▸ 单击 确定 按钮，插入结果如图 7-102 所示。

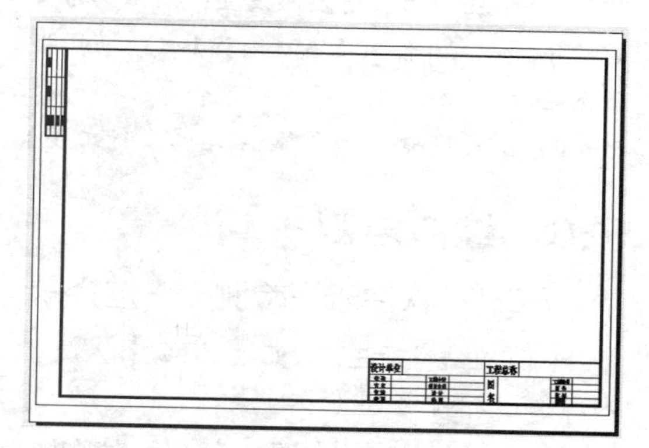

图 7-102

Step07 ▸ 单击菜单【视图】/【视口】/【多边形视口】命令，分别捕捉图框内边框的角点，创建多边形视口，将平面图从模型空间添加到布局空间，如图 7-103 所示。

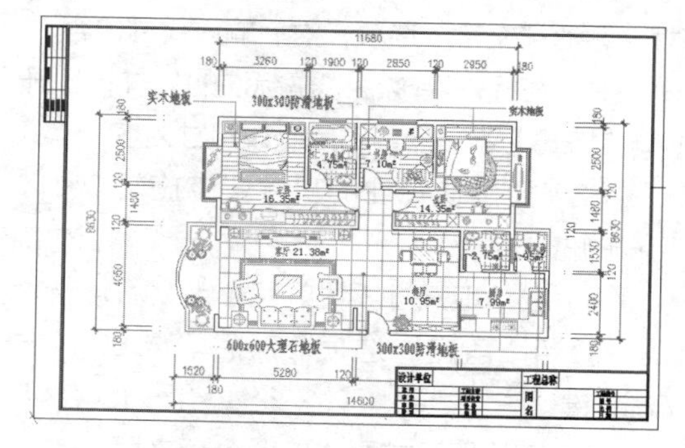

图 7-103

Step08 ▸ 单击状态栏上的 图纸 按钮，激活刚创建的视口，打开【视口】工具栏，调整比例为 1:50，然后使用【实时平移】工具调整图形的出图位置，如图 7-104 所示。

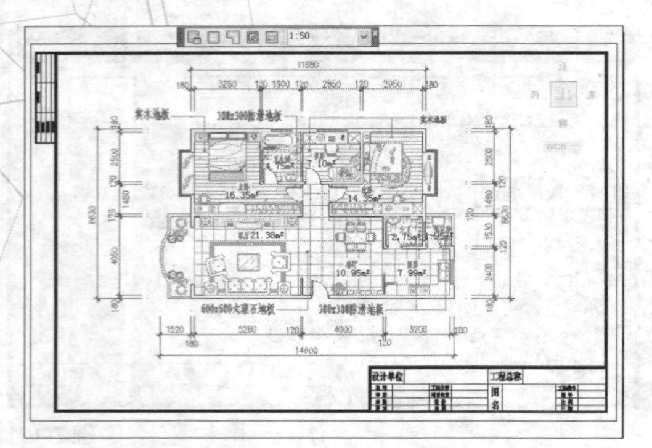

图 7-104

Step09 ▸ 单击 模型 按钮返回图纸空间，设置“文本层”图形为当前层，设置“宋体”为当前文字样式，并使用【窗口缩放】工具将图框放大显示。

Step10 ▸ 使用快捷命令“T”激活【多行文字】命令，设置字高为 8、对正方式为正中对正，为标题栏填充图名为“室内设计平面图”，如图 7-105 示。

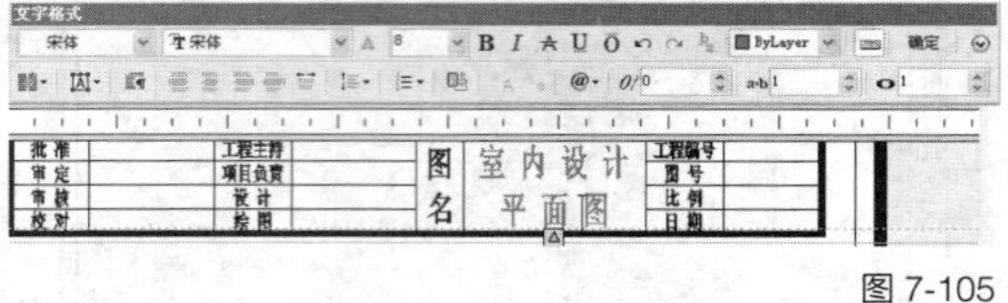

图 7-105

Step11 ▸ 使用相同的方法，继续填充比例为“1:50”，最后使用【全部缩放】工具调整图形的位置，使其全部显示。

Step12 ▸ 执行【打印】命令，在打开的【打印 - 布局 2】对话框中单击 确定 按钮，进行打印输出。

Step13 ▸ 最后执行【另存为】命令，将图形命名保存。

7.6 综合自测

7.6.1 软件知识检测——选择题

（1）在线性标注时，如果想手动输入尺寸内容，正确的做法是（　　）。

A. 在拾取尺寸线的两个点之后直接输入尺寸内容

B. 在拾取尺寸界线的两个点之后，输入“M”打开【文字格式】编辑器，然后输入尺寸内容

C. 在拾取尺寸界线的两个点之后，输入“T”激活“文字”选项，然后输入尺寸内容

D. 在标注完成后双击标注的尺寸，打开【文字格式】编辑器，然后修改尺寸内容

（2）要想使标注的尺寸文字旋转 60°，正确的做法是（　　）。

A. 在拾取尺寸界线的两个点之后，输入“A”激活“角度”选项，然后输入 60 并按 Enter 键

B. 在拾取尺寸界线的两个点之后，输入“T”激活“文字”选项，然后输入尺寸内容

C. 在拾取尺寸界线的两个点之后，直接输入 60

D. 在拾取尺寸界线的两个点之后，输入“M”打开【文字格式】编辑器，然后修改倾斜角度为 60

（3）想在尺寸文字中添加特殊符号，正确的做法是（　　）。

A. 在拾取尺寸界线的两个点之后，输入“M”打开【文字格式】编辑器，然后在“符号”列表选择相关符号

B. 在拾取尺寸界线的两个点之后，输入“T”激活【文字】选项，然后直接输入相关符号的代码

C. 双击标注的尺寸，打开【文字格式】编辑器，然后添加相关符号

D. 使用【插入】命令直接插入相关符号

（4）文字注释的类型有（　　）。

A. 单行文字和多行文字

B. 单行文字、多行文字和快速引线

C. 多行文字、单行文字和多重引线

D. 快速引线和多重引线

（5）打开【文字样式】对话框的快捷命令是（　　）。

A. ST　　B. S　　C. T　　D. A

（6）关于多行文字，说法正确的是（　　）。

A．多行文字就是有多行的文字内容

B．多行文字就是不管有多少行多少段，每一行每一段文字都是独立的

C．多行文字就是不管有多少行多少段，系统都将其看作是一个整体

D．多行文字就是用于标注机械图技术要求的文字

7.6.2　软件操作入门——标注平面图尺寸和文字注释

素材文件	效果文件 \ 第 6 章 \ 应用技能提升——向平面图插入图块并填充地面材质 .dwg
效果文件	效果文件 \ 第 7 章 \ 软件操作入门——标注平面图尺寸和文字注释 .dwg
视频文件	专家讲堂 \ 第 7 章 \ 软件操作入门——标注平面图尺寸和文字注释 .swf

打开素材文件，为该平面图标注尺寸、房间功能和面积，效果如图 7-106 所示。

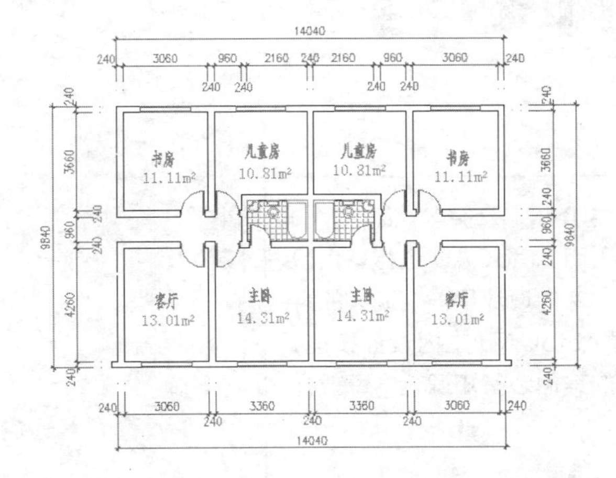

图 7-106

第 8 章

室内设计必备知识

通过前面章节内容的介绍，掌握了 AutoCAD 的基本操作技能，但对于用 AutoCAD 进行室内设计来说，这还远远不够。室内设计是一个庞大的系统工程，要想真正掌握 AutoCAD 室内设计技能，你还必须了解室内设计的其他必备知识，本章就介绍这些必备知识。

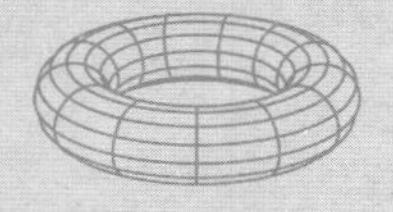

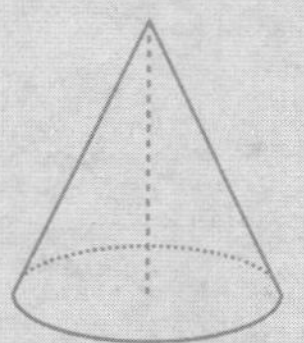

| 第 8 章 |

室内设计必备知识

本章内容概览

知识点	功能 / 用途	难易度与使用频率
室内设计的空间（P197）	● 空间的组成类型 ● 空间的关系	难易度：★★ 使用频率：★★
人体工程学与室内设计的尺寸（P198）	● 了解人体工程系 ● 了解室内设计的尺寸要求	难易度：★★ 使用频率：★★
室内设计的内容与装饰材料的选择（P202）	● 室内设计的内容 ● 选择装饰材料	难易度：★★ 使用频率：★★
室内设计中的三大图纸与制图规范（P205）	● 了解室内设计图纸 ● 制图规范	难易度：★★ 使用频率：★★
室内房屋数据的测量方法（P209）	● 测量室内数据 ● 获得设计第 1 手资料	难易度：★★ 使用频率：★★★
综合实例（P219）	● 设置样板文件绘图环境 ● 设置样板文件的图层与特性 ● 设置样板文件的绘图样式 ● 绘制样板文件的图纸边框 ● 绘制投影符号并设置页面布局	

8.1 室内设计的空间

在进行室内装饰设计的过程中，空间的处理是主导因素，室内装饰设计的特征主要取决于空间形态、空间组织、空间构图以及空间色彩等因素。

本节内容概览

知识点	功能 / 用途	难易度与使用频率
室内空间的组成与类型（P197）	● 了解空间组成	难易度：★ 使用频率：★★
室内空间的关系（P198）	● 了解空间关系	难易度：★ 使用频率：★★

8.1.1 室内空间的组成与类型

1. 室内空间的组成

空间是由界面围合而成的，在室内就是指基面、垂直面和顶面。通过对这 3 个面的处理与装饰，可以使室内空间富有变化，重点突出。

♦ 基面：通常是指室内空间的底界面或底面，在建筑上称为“地面”或“楼地面”。基面一般又分为水平基面、抬高基面和降低基面。

♦ 顶面：指室内空间的顶界面，在建筑上称为“天花”“顶棚”等，顶面的高低直接影响人的感受。顶面不需承担结构载荷，在设计时可以采用多种多样的形式，以取得丰富的室内空间效果。

♦ 垂直面：主要是指室内空间的墙面，也包括隔断。它主要给人一种围合空间的感觉。

2. 空间类型

室内空间主要有 16 种类型，这里着重介绍以下 6 种常见类型。

♦ 结构空间：即建筑物的室内结构构件暴露于外的空间，是现代派建筑所具有的一个显著特征。由于暴露的结构构件容易出现粗劣感，因此在设计时必须注意细节部分的完美设计。

♦ 封闭空间：用限定性较高的围护结构包围，即形成与外部空间隔离的“封闭空间”。设计时可以采用人造景窗、镜面、灯窗等来增强空间的层次感，但应以不破坏特定机能为前提。

♦ 开敞空间：开敞空间的开敞程度取决于有无侧界面、侧界面的围合程度、开洞的大小等。该空间经常作为室内外过滤空间，有一定的流动性。

♦ 固定空间：是一种使用持久、功能明确、位置固定的空间，可用固定不变的界面围合而成。

♦ 可变空间：又称灵活空间，是可以改变的。设计时可以根据使用功能的不同而改变空间形式。

♦ 动态空间：引导人们从动态的角度观察事物，从而将自己置身于一个由空间和时间结合的“第四空间”。

8.1.2 室内空间的关系

室内空间并不是单独存在的，它与周围的其他空间存在着一定的关系，如相互包含、相互沟通、相互衬托等。

1．包含的空间

包含的空间又称“空间中的空间”或“母子空间”，是指一个大空间中包含着另一个小空间。大空间是外围空间，小空间是内含空间，它们之间要处理得当，主次分明。

内含空间的大小、形式要根据使用功能的要求而定，使其既能满足使用功能的要求，又能丰富空间层次。

2．相邻的空间

封闭的空间给人以阻塞、沉闷感；四面透空的空间又会给人以不安全感，因此处理好空间的相互关联是非常重要的。一个房间可以通过封闭式分隔、局部分隔、列柱分隔等方式，与周围空间产生相邻的关系。

3．过渡空间

过渡空间的主要功能是在被连接的空间之间架起一座互相沟通的桥梁，它在功能和设计创作上有着独特的地位。通常，过渡空间的体量不宜过大，明度不宜过亮，体形要与被连接的主体空间相协调。

4．组合空间

设计者根据业主对居室的功能、体量、采光、交通、景观等不同要求，将若干个空间组合在一起成为一个空间群，这种空间群就是“组合空间”。

组合空间的布置形式主要包括集中式组合空间、线式组合空间、组团式组合空间。

8.2 人体工程学与室内设计中的尺寸

室内设计的最终目的是以人为本，为人服务。而人在工作生活中无论坐卧、行走，都具有一定方式和距离。所以，根据人体工程学原理，对室内设计中的相关尺寸有严格的要求，本节介绍人体工程系与室内设计中的相关尺寸要求。

本节内容概览

知识点	功能 / 用途	难易度与使用频率
人体工程系、人体尺寸与空间关系（P199）	● 了解人体工程学 ● 人体工程学与空间关系	难易度：★ 使用频率：★★
室内设计中的相关尺寸要求（P199）	● 了解室内设计相关尺寸要求	难易度：★ 使用频率：★★★★★

8.2.1　人体工程学、人体尺度与空间关系

人体工程学又称“人类工程学”“人体工学”和“人类工学”等。它的涉及范围很广，只要是有人参与的活动，都与该学科有关。

从室内设计的角度来讲，运用人体工程学的目的，就是从人的生理和心理方面出发，使室内环境能够充分满足人的生活活动的需要，从而提高室内的使用性能。而如何最大限度地提高人的活动效率，正是室内设计者们研究人体工程学的意义所在。

在室内设计中，人体尺度是设计中的最基本的参数，只有客观掌握了人体的尺寸和四肢活动的范围，才能更准确地把握人在活动过程中的变化情况。

人体的尺度从形式上可分为两类：一类为静态尺度，一类为动态尺度。

♦ 静态尺度：是指静止的人体尺寸，即人在立、坐、卧时的尺寸。人的生活行动基本上是按立、坐、卧、行这四种方式中的一种进行的。人体的高度与种族、性别以及所处的地区相关。一般来说，人体工程学中的尺寸是按人体平均尺寸确定的。

♦ 动态尺度：是指人在空间中作业或动作时所发生的尺寸。人的活动分为手足活动和身体移动两大类。手足活动，是人在原姿势下只活动手足部分，身躯位置并没有变化，手动、足动各为一种；身体移动包括姿势改换、步行等。其中，姿势改换、步行等动作，又集中体现在正立姿势与其他可能的姿势之间的改换，也就是手足活动的过程。

人体尺度与空间关系，由人和家具、人和墙壁、人和人之间的关系来决定。而人的休息空间、活动空间也是由室内空间的家具多少、人员多少来决定的。人体工程学在室内空间中的作用，主要表现在以下两个方面。

♦ 为确定空间范围提供依据。在确定空间范围之前要清楚人员的多少、家具的多少等。

♦ 为家具设计提供依据。家具是构成室内环境的基本要素，是为人提供实用、安全、美观功效的一切器皿。它设计的基准点就在人体上，即根据人体各部分的不同需要以及使用活动范围来确定。

家具设计的最终目的是要满足要求，使其符合人体的基本尺寸和人们从事各种活动所需要的尺寸。如设计椅子时首先要考虑人的舒适感，其次才是它的美观和实用。

下面就以如何设计椅子来讲解人体尺度与家具的密切关系。

♦ 坐面：椅子坐面的高度应以 400 mm 为宜，高于或低于 400 mm 都会使人的腰部产生疲劳。

♦ 靠背：一般椅子的靠背高度宜在肩胛以下，这样既不影响人的上肢活动，又能使背部肌肉得到充分的休息。

♦ 脚踏板：脚踏板的位置应摆放在脚的前方或上方，以方便脚的活动。

♦ 扶手：扶手的倾角以 90° ± 20° 为宜。

8.2.2　室内设计中的相关尺寸要求

室内设计是“以人为本”的设计，因此，室内设计要以满足人们生活、工作需要，营造舒适惬意的生活、工作环境为宗旨，因此，行业中对室内各家具都有相关尺寸要求，只有遵循这些尺寸要求，才能设计出能满足人们生活、工作需要的室内环境。

各尺寸要求具体如下。

● 墙面设计的尺寸

♦ 踢脚板高：80~200mm。

♦ 墙裙高：800~1500mm。

♦ 挂镜线高：1600~1800（画中心距地面高度）mm。

● 餐厅用具尺寸

♦ 餐桌高：750~790mm。

♦ 餐椅高：450~500mm。

♦ 圆桌直径：二人 500mm、三人 800mm、四人 900mm、五人 1100mm、六人 1100~1250mm、八人 1300mm、十人 1500mm、十二人 1800mm。

♦ 方餐桌尺寸：二人 700×850mm、四人 1350×850mm、八人 2250×850mm，

♦ 餐桌转盘直径：700~800mm。

♦ 餐桌间距：（其中座椅占 500mm）应大于 500mm。

♦ 主通道宽：1200~1300mm。

♦ 内部工作道宽：600~900mm。

♦ 酒吧台高：900~1050mm、宽 500mm。

♦ 酒吧凳高：600~750mm。

● 商场营业厅背部装修细部尺寸

♦ 单边双人走道宽：1600mm。

♦ 双边双人走道宽：2000mm。

♦ 双边三人走道宽：2300mm。

♦ 双边四人走道宽：3000mm。

♦ 营业员柜台走道宽：800mm。

♦ 营业员货柜台：厚 600mm、高 800~1000mm。

♦ 单背立货架：厚 300~500mm、高 1800~2300mm。

♦ 双背立货架：厚 600~800mm、高 1800~2300mm

♦ 小商品橱窗：厚 500~800mm、高 400~1200mm。

♦ 陈列地台高：400~800mm。

♦ 敞开式货架：400~600mm。

♦ 放射式售货架：直径 2000mm。

♦ 收款台：长 1600mm、宽 600mm。

● 饭店客房内部装修细部尺寸

♦ 标准面积：大型客房为 25m²、中型客房为 16~18m²、小型客房为 16m²。

♦ 床高：400~450mm。

♦ 床头高：850~950mm。

♦ 床头柜：高 500~700mm、宽 500 ~ 800mm。

♦ 写字台：长 1100 ~ 1500mm、宽 450 ~ 600mm、高 700 ~ 750mm。

♦ 行李台：长910~1070mm、宽500mm、高 400mm。

♦ 衣柜：宽 800~1200mm、高 1600~2000mm、深 500mm。

♦ 沙发：宽 600~800mm、高 350~400mm、背高 1000mm。

♦ 衣架高：1700~1900mm。

● 卫生间用具尺寸

♦ 卫生间面积：3~5 m²。

♦ 浴缸：长度一般有 3 种（1220mm、1520mm、1680mm）、宽 720mm、高 450mm。

♦ 坐便：750mm×350mm。

♦ 冲洗器：690mm×350mm。

♦ 盥洗盆：550mm×410mm。

♦ 淋浴器高：2100mm。

♦ 化妆台：长 1350mm、宽 450 mm。

● 会议室装修细部尺寸

♦ 中心会议室客容量：会议桌边长 600mm。

♦ 环式高级会议室客容量：环形内线长 700~1000mm。

♦ 环式会议室服务通道宽：600~800mm。

● 室内交通空间常用尺寸

♦ 楼梯间休息平台净空：等于或大于 2100mm。

♦ 楼梯跑道净空：等于或大于 2300mm。

♦ 客房走廊高：等于或大于 2400mm。

♦ 两侧设座的综合式走廊宽度：等于或大于 2500mm。

♦ 楼梯扶手高：850~1100mm。

♦ 门的常用尺寸：宽 850~1000mm。

♦ 窗的常用尺寸：宽 400~1800mm（不包括组合式窗子）。

♦ 窗台高：800~1200mm。

● 灯具常用尺寸

♦ 大吊灯最小高度：2400mm。

♦ 壁灯高：1500~1800mm。

♦ 反光灯槽最小直径：等于或大于灯管直径两倍。

♦ 壁式床头灯高：1200~1400mm。

♦ 照明开关高：1000mm。

● 办公空间办公用具尺寸

♦ 办公桌：长 1200~1600mm、宽 500~650mm、高 700~800mm。

♦ 办公椅：高 400~450mm、长 × 宽为

450mm×450mm。

♦ 沙发：宽600~800mm、高350~400mm、背面1000mm。

♦ 茶几：前置型900×400×400mm、中心型900×900×400mm、左右型600×400×400mm。

♦ 书柜：高1800mm、宽1200~1500mm、深450~500mm。

♦ 书架：高1800mm、宽1000~1300mm、深350~450mm。

● 室内家具尺寸

♦ 衣橱：深600~650mm；推拉门700mm，衣橱门宽400~650mm。

♦ 推拉门：宽750~1500mm、高度1900~2400mm。

♦ 矮柜：深350~450mm、柜门宽300~600mm。

♦ 电视柜：深450~600 mm、高600~700 mm。

♦ 单人床：宽度有900mm、1050mm、1200mm；长度有1800mm、1860mm、2000mm、2100mm。

♦ 双人床：宽度有1350mm、1500mm、1800mm；长度有1800mm、1860mm、2000mm、2100mm。

♦ 圆床：直径有1860mm、2125mm、2424mm（常用）。

♦ 室内门：宽800~950mm；高度有1900mm、2000mm、2100mm、2200mm、2400mm。

♦ 厕所、厨房门：宽800mm、900mm；高度有1900mm、2000mm、2100mm。

♦ 窗帘盒：高120~180mm；深度有两种，单层布120mm、双层布160~180mm（实际尺寸）。

♦ 单人沙发：长800~950mm、深850~900mm、坐垫高350~420mm、背高700~900mm。

♦ 双人沙发：长1260~1500mm、深800~900mm。

♦ 三人沙发：长1750~1960mm、深800~900mm。

♦ 四人沙发：长2320~2520mm、深800~900mm。

♦ 小型茶几（长方形）：长600~750mm，宽450~600mm，高380~500mm（380mm最佳）。

♦ 中型茶几（长方形）：长1200~1350mm；宽380~500mm或者600~750mm。

♦ 中型茶几（正方形）：长750~900mm，高430~500mm。

♦ 大型茶几（长方形）：长1500~1800mm、宽600~800mm，高330~420mm（330mm最佳）。

♦ 大型茶几（圆形）：直径750mm、900mm、1050mm、1200mm；高330~420mm。

♦ 大型茶几（正方形）：宽度有900mm、1050mm、1200mm、1350mm、1500mm；高330 ~ 420mm。

♦ 书桌（固定式）：深450~700mm（600mm最佳）、高750mm。

♦ 书桌（活动式）：深650~800mm、高750 ~ 780mm。

♦ 书桌下缘离地至少580mm；长度最少900mm（1500~1800mm最佳）。

♦ 餐桌：高750~780mm（一般）、西式高为680~720mm、一般方桌宽1200mm、900mm、750mm。

♦ 长方桌：宽度有800mm、900mm、1050mm、1200mm；长度有1500mm、1650mm、1800mm、2100mm、2400mm。

♦ 圆桌：直径有900mm、1200mm、1350mm、1500mm、1800mm。

♦ 书架：深250~400mm（每一格）、长600~1200mm、下大上小型下方深度为350~450mm、高度为800 ~ 900mm。

8.3 室内设计的内容与装饰材料的选择

室内设计是一个系统工程，其内容繁多，但归纳起来主要有三部分内容，分别是“室内照明设计”“室内陈设设计”和“室内色彩设计”，另外，选择装饰材料也非常重要，本节介绍相关知识。

本节内容概览

知识点	功能 / 用途	难易度与使用频率
室内照明设计（P202）	● 设计室内照明	难易度：★ 使用频率：★★★★★
室内陈设设计（P203）	● 设计室内陈设品	难易度：★ 使用频率：★★★★★
室内色彩设计（P203）	● 设计室内色彩	难易度：★ 使用频率：★★★★★
装饰材料的选择（P204）	● 选择室内装饰材料	难易度：★ 使用频率：★★★★★

8.3.1 室内照明设计

照明设计是室内设计中非常重要的内容。室内设计能否满足人们的生活需要、能否带给居住者方便、快捷的生活方式以及高质量的生活享受，在很大限度上取决于照明设计，因此，合理的照明设计是决定室内装潢设计成败的关键。本节介绍室内照明设计的相关知识。

1. 室内照明的作用

室内照明即人工照明，或灯光照明，它是夜间的主要光源，同时又是白天室内光线不足时的重要补充。

在布置室内照明时首先必须合理地控制光照度，确保室内各项活动舒适自如地进行，同时还要避免出现光线过强或光照度不够两个极端；其次必须保证安全，即设计时要在技术上给予充分考虑，避免发生触电和火灾等事故；再次，照明灯光的照射应有利于表现室内空间的轮廓、结构以及室内家具的主体形象，同时有利于强调室内特殊装饰的效果。

室内照明设计的作用主要体现在以下几个方面。

♦ 保证室内活动的正常进行。室内照明的最根本作用是为室内活动提供足够的亮度。人们在日常的工作、学习、生活中，其各种活动只有在适当的亮度条件下才能发挥最大的效力。这就要求设计人员在设计时应根据具体的要求，合理地选择和确定光源。

♦ 增强室内空间的感染力。增加室内照明的目的除了满足光照需求外，还要丰富室内空间、装饰室内空间。不同的光照度、不同的光色、不同的照射方式都会产生不同的室内效果，如暖光使室内空间产生温暖的感觉，冷光使室内空间产生清凉的感觉。

♦ 保障身心健康。室内光线的质量直接影响人体的健康，如暗淡的光线会使人产生心理和生理上的不良反应。因此，在设计时应尽量避免出现对人的身心健康不利的光线。

♦ 保证安全。室内照明是保障安全的要素之一，尤其是公共场所的照明，如果重视“安全第一”的原则，将会避免许多意外事件的发生。

2. 室内照明的方式和种类

室内照明的方式主要分为局部照明、整体照明、混合照明和成角照明等几部分。

♦ 整体照明。它是指在设计灯具的位置时，不考虑某些部位的特殊需要，而是以室内空间的整体照明要求布置的光照度基本均匀的照明。常用于教室、普通办公室。

♦ 局部照明。它是指局限于特定工作面的

固定或移动照明，常布置在对光照度要求高且对光线方向有特殊要求的位置。

♦ 混合照明。它是一种整体照明和局部照明结合使用的一种照明方式。广泛应用于商场、医院、图书馆等场所。

♦ 成角照明。它是指采用特殊设计的反射罩，使光线的照射方向向主要方向照射的一种照明方式。

室内照明主要分为以下几大类。

♦ 根据光源的投射光量的不同分为直接照明、半直接照明、漫射照明、半间接照明和间接照明。

♦ 根据照明功能性质不同分为一般照明、重点照明、装饰照明和艺术照明。

♦ 根据照明功能要求的不同分为工作照明、应急照明、值班照明和警卫照明。

3. 室内照明的原则与照明灯具的选择

室内照明设计主要应满足实用性、舒适性、安全性的基本原则。

♦ 实用性。根据室内活动的特征，在设计时要考虑光源、光质、投射方向和角度等因素，以便取得良好的整体效果。

♦ 舒适性。良好的照明质量会给人们的心理和生理带来舒适感，使人们在光照度适合的空间内活动时感到心情愉快。

♦ 安全性。在设计时要防止发生漏电、触电、短路、火灾等意外事件。

室内照明的重要组成部分是灯具，它作为建筑装饰的一部分，不仅要兼顾统一性，还要兼顾功能性、经济性和艺术性等特点。灯具的材料、造型、设置方式如果能做到与室内空间紧密结合，将会创造出风格各异的室内情调。

8.3.2　室内陈设设计

室内陈设设计包括两大类：一类是生活中必不可少的日用品，如家具、日用器皿、家用电器等；另一类是为观赏而陈设的艺术品，如字画、工艺品、古玩、盆景以及绿化植物等。

做好室内的陈设设计是室内装修的点睛之笔，而其前提是了解各种陈设品的不同功能以及房屋主人的爱好和生活习惯，这样才能做到恰到好处地选择、组织日用品和艺术品。

1. 家具设计

家具与人们的日常生活和工作密切相关，室内功能的组织在某种程度上也可以理解为如何合理地配置和安排室内家具。家具的设计不仅表现在其自身的设计方面，还表现在家具与室内环境的组织与布置两个方面。

室内家具根据其用途不同可以分为两大类：一类是实用性家具，包括坐卧类家具、储存类家具和凭倚类家具；另一类是观赏性家具。

家具自身的设计以满足使用、提供舒适性为目标，同时由于它在室内占有大部分的空间，因此其外观造型、设计风格在很大程度上都会影响着室内空间环境。在家具与室内环境的组织与布置方面，以对室内使用空间起着实质性的作用为目标。所以室内的家具设计是室内设计的重要组成部分。

2. 绿化设计

室内绿化是指把自然界中的植物、水体和山石等景物移入室内，经过科学的设计和组织而形成具有多种功能的自然景观。

室内绿化按其内容大致分为两个层次：一个层次是盆景和插花，这是一种以桌、几、架为依托的绿化，这类绿化一般尺度较小；另一个层次是以室内空间为依托的室内植物、水景和山石景，这类绿化在尺度上与所在空间相协调，人们既可静观又可游玩其中。

8.3.3　室内色彩设计

在室内设计中，色彩占有相当大的比例，它可以强烈而直接地影响人的感觉。在设计中合理地运用色彩，不仅会对视觉环境产生影响，还会对人们的情绪和心理产生影响。因此，色彩在装潢设计中同样占重要地位。

色相、明度和彩度是色彩的三种基本属性，通常又被称为“色彩的三要素”或“色彩的三属性”，是对色彩进行分析的标准尺度。

♦ 色相：又称色别，是不同颜色的相貌或名称。它是色彩最基本的要素，并以此区分色彩的颜色。

♦ 明度：又称光度，是指色彩的明暗程度，同一色相的物体表面反射光线的能力不同，所以呈现出不同的明暗程度。其中白色明度最高，黑色明度最低，而介于两者之间的为灰色。

♦ 彩度：又称饱和度，是指颜色的纯净程度。一种颜色所含的有效成分越多，色彩的纯度也越高，纯度最高的是三原色。

在室内设计中，各种物质要素与色彩是密不可分的，了解色彩的作用是做好装修设计的前提之一。色彩的作用主要表现在如下几个方面。

♦ 色彩的物理作用：指通过人的视觉系统所带来的物体物理性能上的一系列主观感觉的变化。它又分为温度感、距离感、体量感和重量感四种主观感受。

♦ 色彩的心理作用：主要表现在它的悦目性和情感性两个方面，它可以给人以美感，引起人的联想，影响人的情绪，因此它具有象征的作用。

♦ 色彩的生理作用：它主要表现在对人的视觉本身的影响，同时也对人的脉搏、心率、血压等产生明显的影响。

♦ 色彩的光线调节作用：不同的颜色具有不同的反射率，因此，色彩的运用对光线的强弱有着较大的影响。

设计师在设计色彩时要综合考虑功能、美观、空间、材料等因素。由于色彩的应用对人的心理和生理会产生较大的影响，因此，在设计时首先应考虑功能上的要求，如医院常用白色或中性色，商店的墙面应采用素雅的色彩，客厅的色彩宜用浅黄、浅绿等较具亲和力的浅色，卧室常采用乳白、淡蓝等着重安静感的色彩。

不同的界面采用的色彩各不相同，甚至同一界面也可以采用几种不同的色彩。如何使不同的色彩交接自然，这是一个很关键的问题。

♦ 墙面与顶棚：墙面是室内装修中面积较大的界面，色彩以明快、淡雅为主；而顶棚是室内空间的顶盖，一般采用明度高的色彩，以免产生压抑感。

♦ 墙面与地面：地面的明度可以设计得较低，这样能使整个地面具有较好的稳定性；而墙面的色彩较亮，这时可以设置踢角来进行色彩的过渡。

8.3.4 装饰材料的选择

在进行室内装修时，正确选择不同的装饰材料，会直接影响居室的使用功能、形式表现、耐久性等诸多方面。

1. 装饰材料的特性

不同的建筑装饰材料具有不同的特性，如金属具有其本身的光泽度与色彩、玻璃具有透明度、木材具有弹性等，一般将装饰材料的特性归纳为以下几类。

♦ 光泽与透明：许多经过加工的建筑装饰材料都具有良好的光泽。这种表面光泽的材料易于清洁，在厨房、卫生间得到普遍应用。

♦ 质地：是指建筑装饰材料表面的粗糙程度。

♦ 弹性：弹性材料由于其本身具有弹性的反力作用，从而使人感到省力舒适。这种材料一般用于地面、墙面和坐面。

♦ 肌理：一些建筑装饰材料本身具有天然的肌理和纹理，这些纹理有水平的、垂直的、斜纹的、曲折的等。而这种天然形成的肌理是人工制作无法达到的图案。

2. 装饰材料的组合方式

装饰材料的组合与色彩的组合一样，也是为了给人们的生活创造美的空间。装饰材料的组合主要分为以下几种。

♦ 粗质材料的组合：该材料组合能够使人产生粗犷豪放、刚毅的感觉。例如在室内装修中采用天然的石材，会给人一种自然美。

♦ 细质材料的组合：细质材料本身不具有材料的质感，缺少变化，但是比较容易协调。在设计时可以通过色彩的强烈对比，在调和中求变化，以丰富整个装饰空间的效果。

♦ 异类材料组合：将两种不同质地、肌理的材料进行构图组合，这种组合方式具有粗中有细、细中有粗的对比效果，可以创造出生动活泼的室内空间。

♦ 同类材料组合：采用同一种装饰材料，运用不同的方式进行排列组合，可以产生丰富多彩的艺术效果。

8.4　室内设计中的三大图纸与制图规范

在室内设计中有三大图纸，分别是“室内布置图”“吊顶图”和“装饰立面图”，这三大图纸涵盖了室内设计中的所有内容，本节来介绍这三大图纸。

本节内容概览

知识点	功能 / 用途	难易度与使用频率
平面布置图（P205）	● 表现室内装饰平面效果	难易度：★★★★★ 使用频率：★★★★★
吊顶图（P206）	● 表现室内吊顶装饰效果	难易度：★ 使用频率：★★★★★
装饰立面图（P207）	● 表现室内各垂直面的装饰效果	难易度：★ 使用频率：★★★★★
室内设计制图规范（P207）	● 室内设计图的制图规范与要求	难易度：★ 使用频率：★★★★★

8.4.1　平面布置图

平面布置图是假想用一个水平的剖切平面，在窗台上方位置将房屋整个剖开，移去以上部分向下所作的水平投影图。

平面布置图表明室内地面、门窗、楼梯、隔断、装饰柱、护壁板或墙裙等装饰结构的平面形状、位置、大小和所用材料，表明这些布置与建筑主体结构之间，以及这些布置与布置之间的相互关系。另外，平面布置图还控制了水平向纵横两轴的尺寸数据，其他视图又多数由它引出，因此，平面布置图是绘制和识读其他图形的基础。

在进行室内设计时，针对平面布置图要兼顾以下几个表达特点。

1. 功能布局

住宅室内空间的合理利用，在于不同功能区域的合理分割、巧妙布局，充分发挥居室的使用功能。例如，卧室、书房要求静，可设置在靠里边一些的位置以不被其他室内活动干扰；起居室、客厅是对外接待、交流的场所，可设置靠近入口的位置；卧室、书房与起居室、客厅相连处又可设置过渡空间或共享空间，起间隔调节作用。此外，厨房应紧靠餐厅，卧室与卫生间贴近。

2. 空间设计

平面空间设计主要包括区域划分和交通流线两个内容。区域划分是指室内空间的组成，交通流线是指室内各活动区域之间以及室内外环境之间的联系，它包括有形和无形两种，有形的指门厅、走廊、楼梯、户外的道路等；无形的指其他可能供作交通联系的空间。设计时应尽量减少有形的交通区域，增加无形的交通区域，以达到空间充分利用且自由、灵活和缩短距离的效果。

另外，区域划分与交通流线是居室空间整体组合的要素，区域划分是整体空间的合理分配，交通流线寻求的是个别空间的有效连接。唯有两者相互协调作用，才能取得理想的效果。

3. 内含物的布置

室内内含物主要包括家具、陈设、灯具、绿化等设计内容，这些室内内含物通常要处于视觉中显著的位置，它可以脱离界面布置于室内空间内，不仅具有实用和观赏的作用，对烘托室内环境气氛、形成室内设计风格等方面也起到举足轻重的作用。

4. 整体上的统一

“整体上的统一”指的是将同一空间的许

多细部，以一个共同的有机因素统一起来，使它变成一个完整而和谐的视觉系统。设计构思时，就需要根据业主的职业特点、文化层次、个人爱好、家庭成员构成、经济条件等做综合的设计定位。

图 8-1 所示是某住宅室内平面布置图。

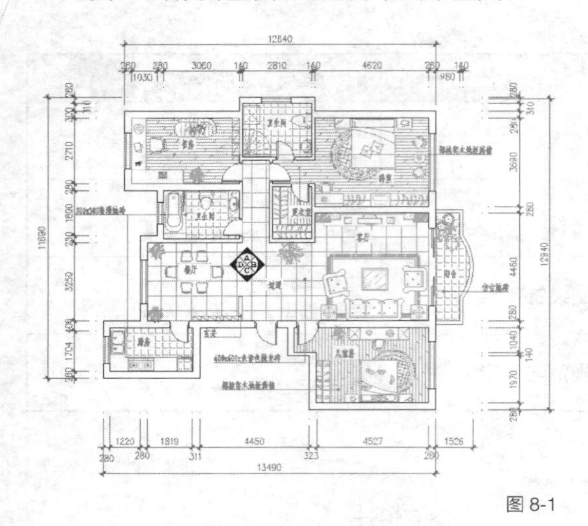

图 8-1

8.4.2 吊顶图

吊顶也称天棚、顶棚、天花板等，它是室内装饰的重要组成部分，也是室内空间装饰中最富有变化、最引人注目的界面，其透视感较强。通过不同的处理，再配以合适的灯具造型，能增强空间的感染力，使顶面造型丰富多彩，新颖美观。

吊顶图一般采用镜像投影法绘制，它主要是根据室内的结构布局，进行天花板的设计和灯具的布置，与室内其他内容构成一个有机联系的整体，让人们从光、色、形体等方面综合地感受室内环境。

一般情况下，吊顶的设计常常要从审美要求、物理功能、建筑照明、设备安装管线敷设、防火安全等多方面进行综合考虑。

归纳起来，吊顶一般可分为平板吊顶、异形吊顶、局部吊顶、格栅式吊顶、藻井式吊顶等五大类型，具体如下。

♦ 平板吊顶

此种吊顶一般是以 PVC 板、铝扣板、石膏板、矿棉吸音板、玻璃纤维板、玻璃等作为主要装修材料，照明灯卧于顶部平面之内或吸于顶上。此种类型的吊顶多适用于卫生间、厨房、阳台和玄关等空间。

♦ 异形吊顶

异形吊顶是局部吊顶的一种，使用平板吊顶的形式，把顶部的管线遮挡在吊顶内，顶面可嵌入筒灯或内藏日光灯，使装修后的顶面形成两个层次，不会产生压抑感。

异形吊顶采用的云型波浪线或不规则弧线，一般不超过整体顶面面积的三分之一，超过或小于这个比例，就难以达到好的效果。

♦ 格栅式吊顶

此种吊顶需要使用木材做成框架，镶嵌上透光或磨砂玻璃，光源在玻璃上面。这也属于平板吊顶的一种，但是造型要比平板吊顶生动和活泼，装饰的效果比较好。一般适用于餐厅、门厅、中厅或大厅等大空间，它的优点是光线柔和、轻松自然。

♦ 藻井式吊顶

藻井式吊顶是在房间的四周进行局部吊顶，可设计成一层或两层，装修后的效果有增加空间高度的感觉，还可以改变室内的灯光照明效果。

这类吊顶需要室内空间具有一定的高度，而且房间面积较大。

♦ 局部吊顶

局部吊顶是为了避免室内的顶部有水、暖、气管道，而且空间的高度又不允许进行全部吊顶的情况下，采用的一种局部吊顶的方式。

♦ 无吊顶装修

由于城市的住房普遍较低，吊顶后会使人感到压抑和沉闷。随着装修的时尚，无顶装修开始流行起来。所谓无顶装修，就是在房间顶面不加修饰的装修。无吊顶装修的方法是：顶面做简单的平面造型处理，采用现代的灯饰灯具，配以精致的角线，也给人一种轻松自然的怡人风格。

什么样的室内空间选用相应的吊顶，不但可以弥补室内空间的缺陷，还可以给室内增加个性色彩，图 8-2 所示是某室内吊顶图。

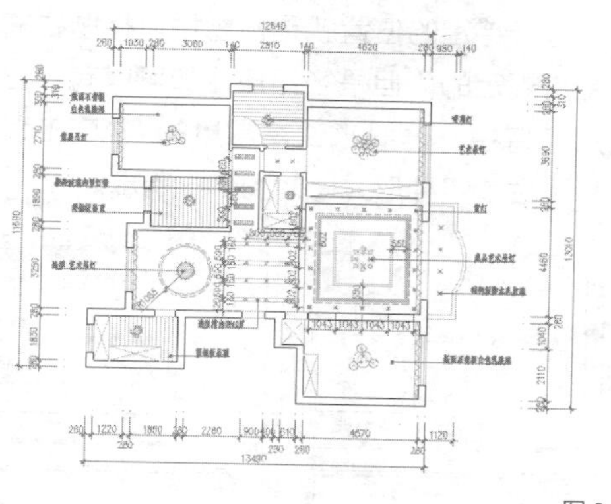

图 8-2

8.4.3　装饰立面图

与平面布置图与吊顶图不同，装饰立面图的形成主要有以下 3 种方式。

（1）假想将室内空间垂直剖开，移去剖切平面前的部分，对余下的部分作正投影而成。这种立面图实质上是带有立面图示的剖面图。它所示图像的进深感比较强，并能同时反映顶棚的选级变化。但此种形式的缺点是剖切位置不明确（在平面布置上没有剖切符号，仅用投影符号表明事项），其剖面图示安排较难与平面布置图和顶棚平面图对应。

（2）假想将室内各墙面沿面与面相交处拆开，移去暂时不予图示的墙面，将剩下的墙面及其装饰布置，向铅直投影面作投影而成。这种立面图不出现剖面图像，只出现相邻墙面及其上装饰构件与该墙面的表面交线。

（3）设想将室内各墙面沿某轴阴角拆开，依次展开，直至都平等于同一铅直投影面，形成立面展开图。这种立面图能将室内各墙面的装饰效果连贯地展示在人们眼前，以便人们研究各墙面之间的统一与反差及相互衔接关系，对室内装饰设计与施工有着重要作用。

立面图主要用于表明建筑内部某一装修空间的立面形式、尺寸及室内配套布置等内容，其图示内容主要表现在以下两点。

（1）在居室立面图中，具体需要表现出室内立面上各种装饰品，如壁画、壁挂、金属等的式样、位置和大小尺寸。

（2）在居室立面图上还需要体现出门窗、花格、装修隔断等构件的高度尺寸和安装尺寸以及家具和室内配套产品的安放位置和尺寸等内容。

如果采用剖面图形表示居室立面图，还要表明顶棚的选级变化以及相关的尺寸。有必要时需配合文字说明其饰面材料的品名、规格、色彩和工艺要求等，图 8-3 所示是某室内客厅装饰立面图。

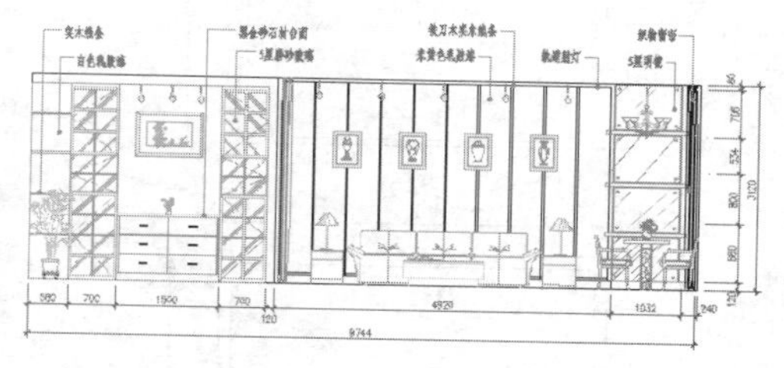

图 8-3

除了以上三大图纸之外，在室内设计中还有许多其他图纸，这些图纸将在后面章节中通过具体实例进行详细讲解。

8.4.4　室内设计制图规范

室内装修设计图与建筑设计图一样，一般都是按照正投影原理以及视图、剖视和断面等的基本图示方法绘制的，其制图规范，也应遵循建筑制图和家具制图中的图标规定，本节主要介绍室内设计图的制图规范。

1. 图纸与图框尺寸

CAD 工程图要求图纸的大小必须按照规定图纸幅面和图框尺寸裁剪。在建筑施工图中，经常用到的图纸幅面如表 8-1 所示。

表 8-1　图纸幅面和图框尺寸

单位：mm

<table>
<tr><th>尺寸代号</th><th>A0</th><th>A1</th><th>A2</th><th>A3</th><th>A4</th></tr>
<tr><td>L × B</td><td>1188 × 841</td><td>841 × 594</td><td>594 × 420</td><td>420 × 297</td><td>297 × 210</td></tr>
<tr><td>c</td><td colspan="3">10</td><td colspan="2">5</td></tr>
<tr><td>a</td><td colspan="5">25</td></tr>
<tr><td>e</td><td colspan="3">20</td><td colspan="2">10</td></tr>
</table>

表 8-1 中的 L 表示图纸的长边尺寸，B 为图纸的短边尺寸，图纸的长边尺寸 L 等于短边尺寸 B 的根下 2 倍。当图纸是带有装订边时，a 为图纸的装订边，尺寸为 25mm；c 为非装订边，A0~A2 号图纸的非装订边边宽为 10mm，A3、A4 号图纸的非装订边边宽为 5mm；当图纸为无装订边图纸时，e 为图纸的非装订边，A0~A2 号图纸边宽尺寸为 20mm，A3、A4 号图纸边宽为 10mm，各种图纸图框尺寸如图 8-4 所示。

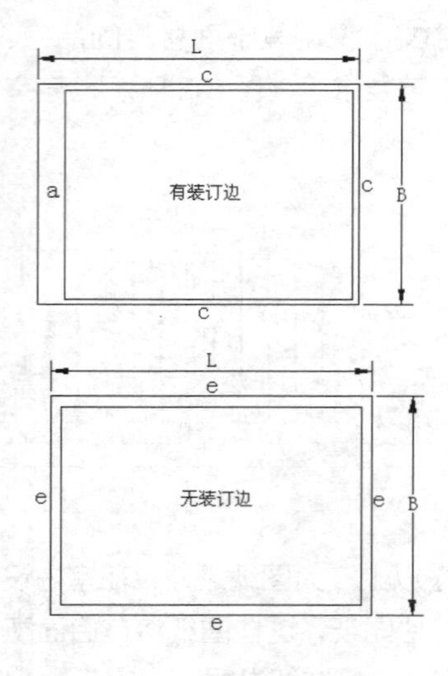

图 8-4

| 技术看板 | 图纸的长边可以加长，短边不可以加长，但长边加长时须符合标准：对于 A0、A2 和 A4 幅面可按 A0 长边的 1/8 的倍数加长，对于 A1 和 A3 幅面可按 A0 短边的 1/4 的整数倍进行加长。

2. 标题栏与会签栏

在一张标准的室内设计工程图纸上，总有一个特定的位置用来记录该图纸的有关信息资料，这个特定的位置就是标题栏。标题栏的尺寸是有规定的，但是各行各业却可以有自己的规定和特色。一般来说，常见的 CAD 工程图纸标题栏有四种形式，如图 8-5 所示。

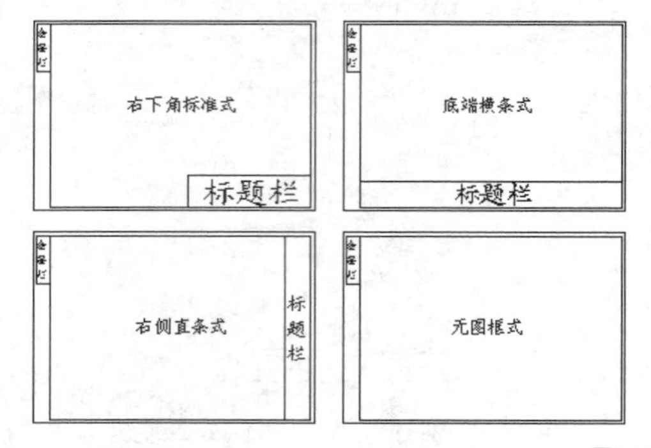

图 8-5

一般从零号图纸到四号图纸的标题栏尺寸均为 40mm × 180mm，也可以是 30mm × 180mm 或 40mm × 180mm。另外，需要会签栏的图纸要在图纸规定的位置绘制出会签栏，作为图纸会审后签名使用，会签栏的尺寸一般为 20mm × 75mm，如图 8-6 所示。

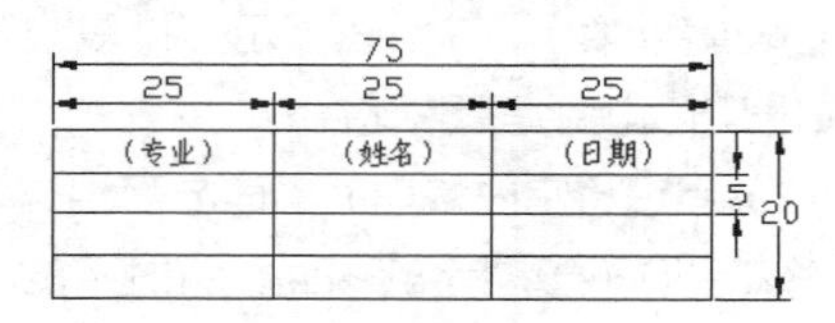

图 8-6

3. 比例

有时室内空间太大，必须采用不同的比例来绘制。对于整幢建筑物、构筑物的局部和细部结构都分别予以缩小绘出，特殊细小的线脚有时不缩小，甚至需要放大绘出。建筑施工图中，各种图样常用的比例如表 8-2 所示。

表 8-2 施工图比例

图　名	常用比例	备　注
总平面图	1:500、1:1000、1:2000	
平面图 立面图 剖视图	1:50、1:100、1:200	
次要平面图	1:300、1:400	平面图指屋面平面图、工具建筑的地面平面图等
详图	1:1、1:2、1:5、1:10、1:20、1:25、1:50	仅适用于结构构件详图

4. 图线

在室内设计图中，为了表明不同的内容并使层次分明，须采用不同线型和线宽的图线绘制。每个图样，应根据复杂程度与比例大小，首先要确定基本线宽 b，然后再根据制图需要，确定各种线型的线宽。图线的线型和线宽按表 8-3 的说明来选用。

表 8-3　图线的线型、线宽及用途

名称	线宽	用　途
粗实线	b	①平面图、剖视图中被剖切的主要建筑构造（包括构配件）的轮廓线 ②建筑立面图的外轮廓线 ③建筑构造详图中被剖切的主要部分的轮廓线 ④建筑构配件详图中的构配件的外轮廓线
中实线	0.5b	①平面图、剖视图中被剖切的次要建筑构造（包括构配件）的轮廓线 ②建筑平面图、立面图、剖视图中建筑构配件的轮廓线 ③建筑构造详图及建筑构配件详图中的一般轮廓线
细实线	0.35b	小于 0.5b 的图形线、尺寸线、尺寸界线、图例线、索引符号、标高符号等
中虚线	0.5b	①建筑构造及建筑构配件不可见的轮廓线 ②平面图中的起重机轮廓线 ③拟扩建的建筑物轮廓线
细实线	0.35b	图例线、小于 0.5b 的不可见轮廓线
粗点画线	b	起重机轨道线
细点画线	0.35b	中心线、对称线、定位轴线
折断线	0.35b	不需绘制全的断开界线
波浪线	0.35b	不需绘制全的断开界线、构造层次的断开界线

5. 字体

图纸上所标注的文字、字符和数字等，应做到排列整齐、清楚正确，尺寸大小要协调一致。当汉字、字符和数字并列书写时，汉字的字高要略高于字符和数字；汉字应采用国家标准规定的矢量汉字，汉字的高度应不小于 2.5mm，字母与数字的高度应不小于 1.8mm；图纸及说明中汉字的字体应采用长仿宋体，图名、大标题、标题栏等可选用长仿宋体、宋体、楷体或黑体等；汉字的最小行距应不小于 2mm，字符与数字的最小行距应不小于 1mm，当汉字与字符数字混合时，最小行距应根据汉字的规定使用。

6. 尺寸

图纸上的尺寸应包括尺寸界线、尺寸线、尺寸起止符号和尺寸数字等。尺寸界线是表示所度量图形尺寸的范围边限，应用细实线标注；尺寸线是表示图形尺寸度量方向的直线，它与被标注的对象之间的距离不宜小于 10mm，且互相平行的尺寸线之间的距离要保持一致，一般为 7~10mm；尺寸数字一律使用阿拉伯数字注写，在打印出图后的图纸上，字高一般为 2.5~3.5mm，同一张图纸上的尺寸数字大小应一致，并且图样上的尺寸单位，除建筑标高和总平面图等建筑图纸以米为单位之外，均应以毫米为单位。

8.5　室内房屋数据的测量方法

在室内设计中，获取室内房屋的各项数据是室内设计的首要条件，室内房屋数据包括基面和垂直面两方面的数据，本节介绍室内房屋数据的获取方法和相关技巧。

本节内容概览

知识点	功能 / 用途	难易度与使用频率
测量房屋数据所需工具与人员数量（P210）	● 测量房屋数据 ● 记录测量数据	难易度：★ 使用频率：★★★★★
室内基面的测量方法（P211）	● 测量基面数据 ● 记录测量数据	难易度：★ 使用频率：★★★★★
室内垂直面的测量方法（P213）	● 测量垂直面数据 ● 记录测量数据	难易度：★ 使用频率：★★★★★
室内门窗洞的测量方法（P214）	● 测量门窗洞数据 ● 记录测量数据	难易度：★ 使用频率：★★★★★
带垛门窗洞宽度的测量方法（P216）	● 测量带垛门窗洞数据 ● 记录测量数据	难易度：★ 使用频率：★★★★★
完善草图并整理数据（P217）	● 核对测量数据 ● 整理测量数据	难易度：★ 使用频率：★★★★★
将相关数据转化为室内设计图（P218）	● 根据测量数据绘制设计图	难易度：★ 使用频率：★★★★★

8.5.1 测量房屋数据所需工具与人员数量

一般情况下，当客户在进行房屋装修前，都要和设计师进行沟通，沟通主要内容包括客户对房屋的装修风格、功能要求、使用何种装修材料以及工程造价等相关要求进行说明，沟通结束后，客户会带设计师进入房屋内进行实地测量房屋数据，该数据将作为确定设计方案、预算工程造价和成本等一系列工作的重要依据。

设计师在测量房屋实际尺寸时所需工具主要有以下几种。

皮尺、钢卷尺：如图 8-7 所示，用于测量房屋地面、墙面、门窗等的长度、宽度和高度以及室内其他固定构件的长、宽、高等尺寸。

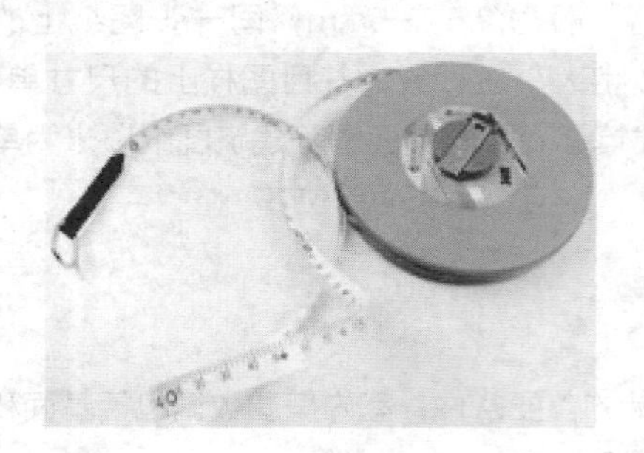

（a）

图 8-7

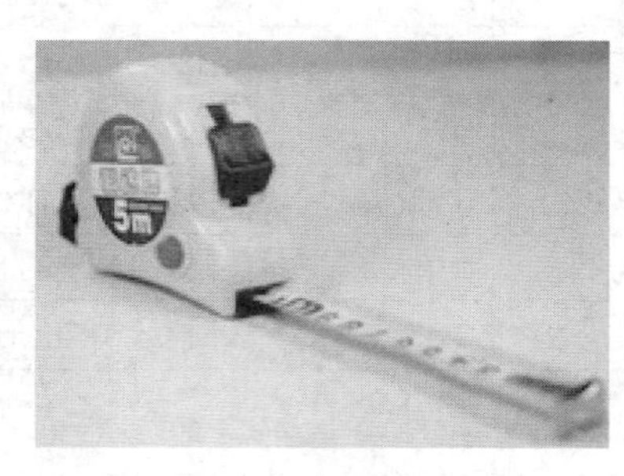

（b）

图 8-7（续）

手持激光测距仪：如图 8-8 所示，其作用与皮尺、钢卷尺相同。手持激光测距仪测量的数据更准确，速度更快，但不利于对短距离进行测量。

图 8-8

计算器：如图 8-9 所示，用于计算测量的数据。另外，有些房屋内部会有墙垛、立柱等建筑构件，这些建筑构件在测量时其尺寸会包含在房屋的其他面积之内，因此需要通过计算，对这些构件的尺寸进行另外记录，以便搞清楚房屋的实际面积，使用计算器计算更精确，也会很方便。

图 8-9

笔和纸：用于随时记录测量尺寸以及计算结果，便于后期绘制工程图，以及计算工程成本等使用。

在测量时，最少需要 3 人，其中 2 人测量，1 人记录，这样可以使测量的数据更准确，测量速度也会更快。

8.5.2　室内基面的测量方法

所谓“基面”，也就是我们常说的地面和屋顶。在测量房屋基面时，最好根据房产证上的房屋结构布局，或者实地勘察情况，手绘简单房屋结构草图，并标明各房间的名称，以便在草图上记录各房间基面测量数据。

房间基面的数据可以通过两种方式获取；一种是计算获取房间尺寸数据；另一种是实地测量获取房间尺寸数据。

1. 通过计算获取房屋基面数据

通过计算获取房间基面的实际长、宽数据时，首先需要得到房屋的建筑平面图，然后通过房屋的建筑平面图中的轴线尺寸进行计算。

轴线是墙体放样的依据，位于墙体中间。具体计算方式是：长度方向上的轴线尺寸减去两个宽度方向上的墙体一半的厚度尺寸。如果是砖混结构的承重墙，其厚度一般为 24cm，寒冷地区的承重墙体厚度为 37cm；如果是混凝土结构的承重墙，厚度为 20cm 或 16cm，而非承重墙厚度一般为 12cm、10cm、8cm 不等。

一般情况下，在建筑平面图中，只标注各房间的轴线尺寸和墙体厚度尺寸，不会标注各房间的内部长、宽尺寸，因此，在计算房屋内部长度尺寸时，要减去房屋宽度方向两个墙体厚度尺寸，同理，在计算房屋内部宽度尺寸时，要减去房屋长度方向两个墙体厚度尺寸，如图 8-10 所示，房屋长度方向的轴线尺寸为 4300mm，宽度方向的承重墙厚度为 240mm，则房屋内部长度尺寸计算方法如下：

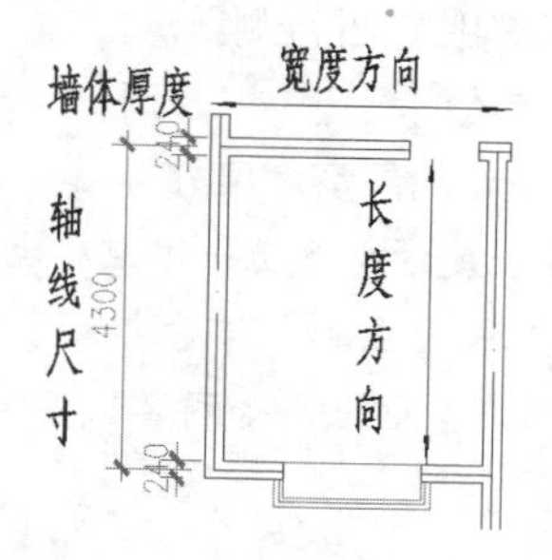

图 8-10

轴线尺寸（4300mm）—宽度方向上墙体厚度尺寸的一半（240mm÷2=120mm）—宽度方向下墙体厚度尺寸的一半（240mm÷2=120mm）= 房屋实际长度尺寸（4060mm）

下面请用户尝试使用同样的计算方法，精确计算出该房屋内部宽度的实际尺寸，如图 8-11 所示。

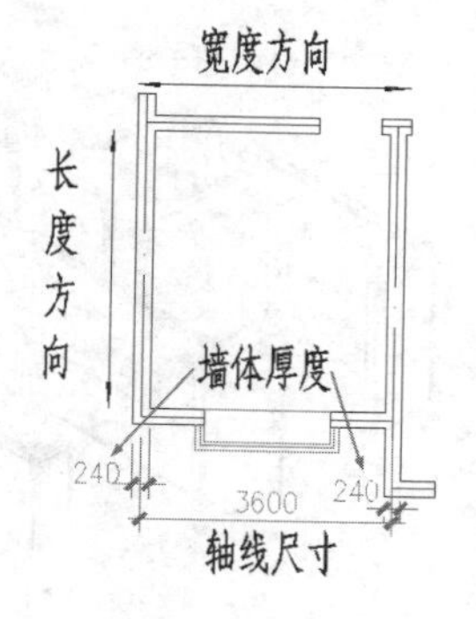

图 8-11

在此需要说明的是，这种计算方式计算出的房屋尺寸并没有计算墙面白灰抹面的厚度，一般情况下，白灰抹面的厚度为 20~30mm，根据具体情况，可以在计算出的尺寸中减去买一面墙的白灰抹面的厚度尺寸即可。

另外，通过计算得出的房屋地面尺寸并不是太准确，原因有很多，其中，开发商为了多赚钱，对房屋实际面积进行缩水是主要原因，也就是说，建筑施工图或房产证中标注的房屋面积与房屋的实际面积并不一定相符，因此，不提倡通过计算获取房屋的实际尺寸。

2. 实地测量获取房屋基面数据

要想获得房屋的真正的尺寸数据，最好的办法就是实地测量，实地测量房屋基面尺寸时，不能紧挨地面进行测量，而是要在距离地面 1~1.2m 的位置进行测量。

具体方法如下。

（1）测量房屋宽度尺寸

Step01 ▸ 在长度方向墙面一端距离地面 1200mm 的高度位置取 A 点，在相对应的另一墙面一端相同高度位置取 a 点，如图 8-12 所示。

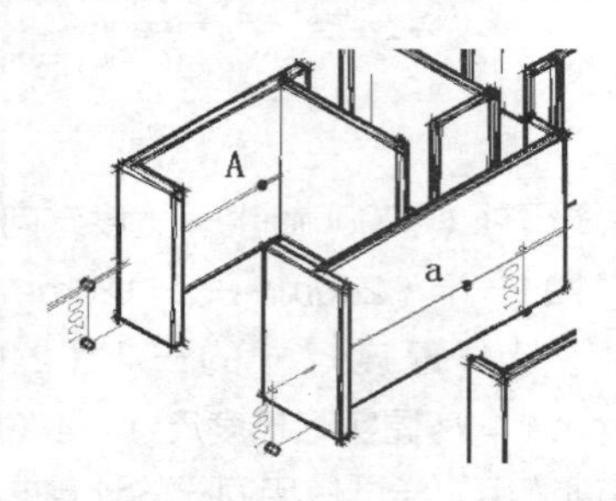

图 8-12

Step02 ▸ 一人将皮尺的一端固定在 A 点上，另一人收放皮尺到另一面墙的 a 点上，使皮尺处于绷直状态，如图 8-13 所示。

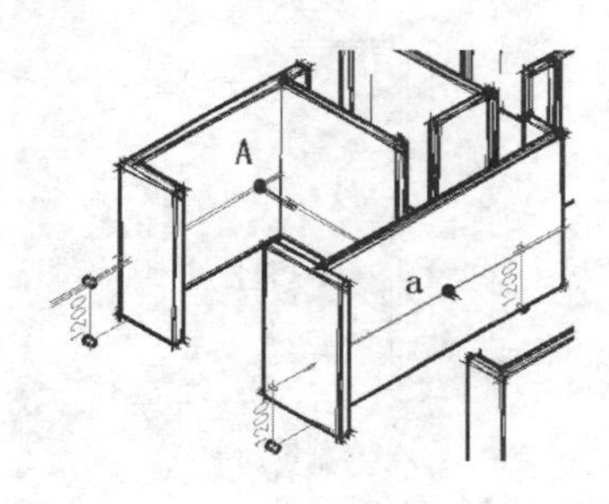

图 8-13

Step03 ▸ 由第三人记录皮尺的刻度，得出第一次测量的数据。

Step04 ▸ 在长度方向墙面的中间位置上距离地面 1200mm 的高度位置取 B 点，在相对应的另一墙面的中间相同高度位置取 b 点。

Step05 ▸ 一人将皮尺的一端固定在 B 点上，另一人收放皮尺到另一面墙的 b 点上，使皮尺处于绷直状态，如图 8-14 所示。

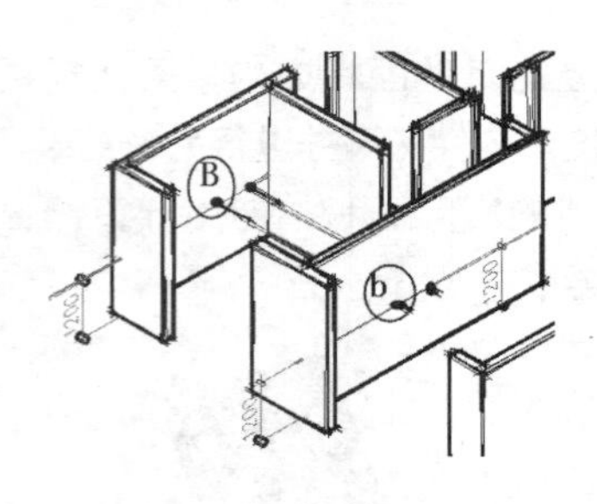

图 8-14

Step06 ▸ 由第三人记录皮尺的刻度，得出第二次测量的数据。

Step07 ▸ 使用相同的方法，在长度方向墙面的另一端上距离地面 1200mm 的高度位置取 C 点，在相对应的另一墙面另一端相同高度位置取 c 点。

Step08 ▸ 测量并记录数据得出第三次测量的数据，如图 8-15 所示。

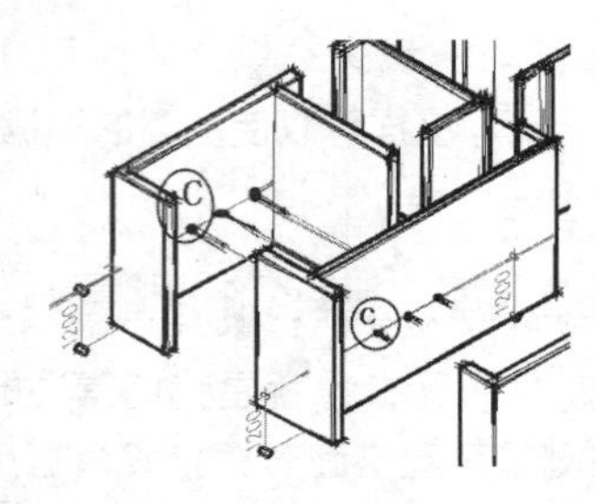

图 8-15

Step09 ▸ 得到三组数据之后，计算三组数据的平均值，得出房屋实际宽度，例如，第一组测量结果是 4050mm、第二组测量结果是 4080mm、第二组测量结果是 4170mm。

Step10 ▸ 下面计算房屋的宽度平均值，先计算出三次测量的总和：第一组数据（4050mm）+ 第二组数据（4080mm）+ 第三组数据（4170mm）=12300mm。

Step11 ▸ 使用三次测量的总和（12300mm）除以次数 3= 房屋的宽度平均值（4100mm）。

Step12 ▸ 这样就得出了房屋的实际宽度值，将该值记录并标注在手绘的草图上，如图 8-16 所示。

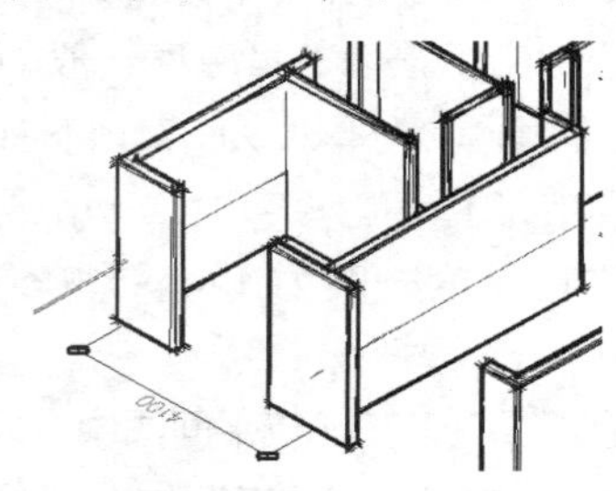

图 8-16

（2）测量房屋长度尺寸

Step01 ▸ 长度的测量方法与宽度的测量方法相同。分别在宽度方向墙面的一端、中间和另一端距离地面 1200mm 的高度位置分别取 A、B、C 3 个点，在相对应的另一墙面相同高度位置取 a、b、c 3 个点。

Step02 ▸ 一人将皮尺的一端分别固定在 A、B 和 C 点上，另一人收放皮尺到另一面墙的 a、b、c 点上，使皮尺处于绷直状态，如图 8-17 所示。

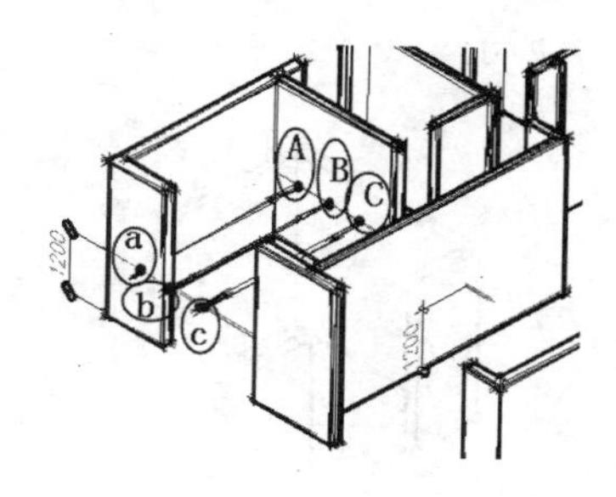

图 8-17

Step03 ▸ 由第三人分别记录每次测量皮尺的刻度，得出三次测量的数据。

Step04 ▸ 得到三组数据之后，计算三组数据的平均值，得出房屋实际长度，例如，第一组测量结果是 3200mm、第二组测量结果是 3280mm、第二组测量结果是 3300mm。

Step05 ▸ 下面计算房屋的长度平均值，先计算出三次测量的总和：第一组数据（3200mm）+第二组数据（3280mm）+第三组数据（3300mm）=9780mm。

Step06 ▸ 使用三次测量的总和（9780mm）除以测量次数 3= 房屋的长度平均值（3260mm）。

Step07 ▸ 将该值记录并标注在手绘的草图上，如图 8-18 所示。

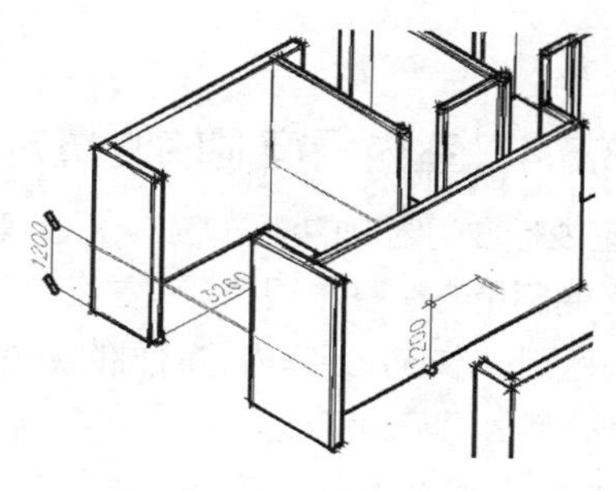

图 8-18

3. 计算房屋面积

Step01 ▸ 当测量出房屋的长度和宽度尺寸之后，就可以计算出房屋的面积了，房屋面积的计算非常简单，相信大家都会计算，使用房屋的实际长度（4100mm）× 房屋的实际宽度（3260mm）=13366000mm。

Step02 ▸ 计算出的面积采用“毫米”作为单位，可以将其换算为“米”作为单位，另外，一般情况下，房屋面积采用四舍五入法，因此，该房间的面积为 13.4m²，将计算结果标注在手绘的平面图上，结果如图 8-19 所示。

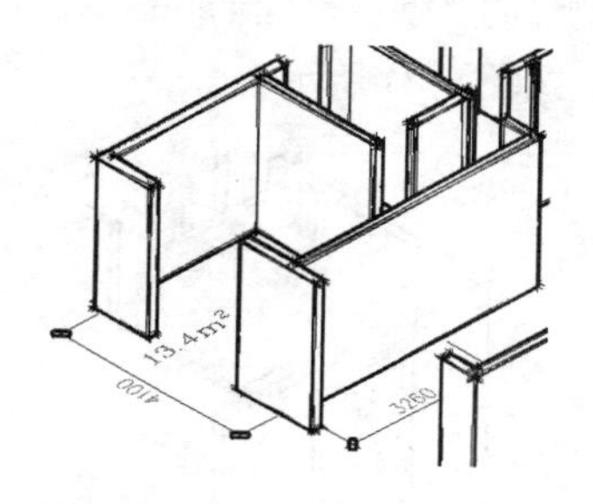

图 8-19

| 技术看板 | 在测量地面长度和宽度时，一般要求最少取 3 个点并测量 3 次，最后取 3 次测量结果的平均值，这样测量结果会更精准。另外，在测量时，要求距离地面 1.2m 的位置进行测量，而不是直接在地面位置测量，主要原因是，在地面位置测量时，测量人员必须蹲在地上，这样操作不方便。如果地面有杂物堆积，会影响测量的精度。

8.5.3 室内垂直面的测量方法

所谓“垂直面”，其实就是室内墙面，测量室内墙面的高度和宽度。一般情况下，房屋垂直面高度在 2800~3000mm 之间，地下室和阁楼房屋除外。

测量室内垂直面的方法与测量室内地面的方法相同，一般情况下，一个房间会有 4 个墙面，有些墙面上会有门、窗等，在测量时，可以先不考虑门窗的洞口大小，直接测量墙面的尺寸，最后再测量门窗尺寸，然后从墙面尺寸中减去门窗尺寸，即可得到墙面的实际尺寸，下面测量室内垂直面。

（1）在垂直面靠近地面位置的左、中、右

分别取 A、B 和 C 3 个点，如图 8-20 所示。

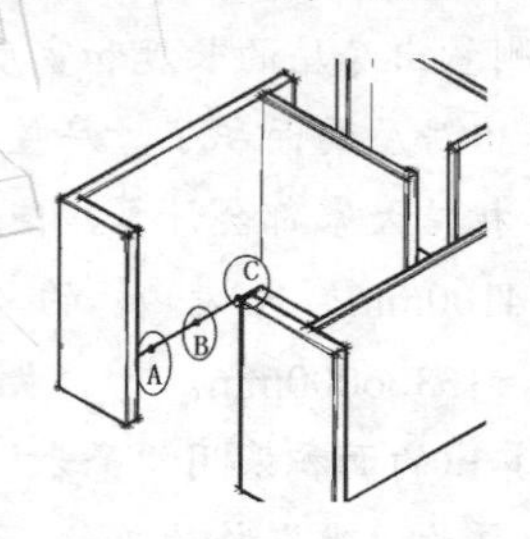

图 8-20

（2）一人将皮尺的一端分别固定在 A、B、C 点上，另一人收放皮尺到房屋顶面位置进行测量，测量时，使皮尺处于绷直状态，并与地面垂直，如图 8-21 所示。

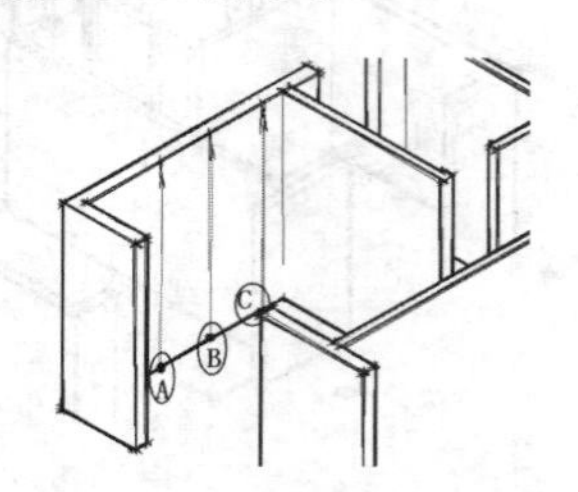

图 8-21

（3）由第三人分别记录皮尺的刻度，得出 3 次测量的 3 组数据。

（4）得到 3 组数据之后，计算 3 组数据的平均值，得出房屋实际高度，例如，第一组测量结果是 2910mm、第二组测量结果是 3090mm、第二组测量结果是 3000mm。

（5）下面计算房屋的高度平均值，先计算出三次测量的总和：第一组数据（2910mm）+ 第二组数据（3090mm）+ 第三组数据（3000mm）=9000mm。

（6）使用 3 次测量的总和（9000mm）除以测量次数 3= 房屋的高度平均值（3000mm）。

（7）这样就得出了房屋的实际宽度值，将该值记录并标注在手绘的草图上，如图 8-22 所示。

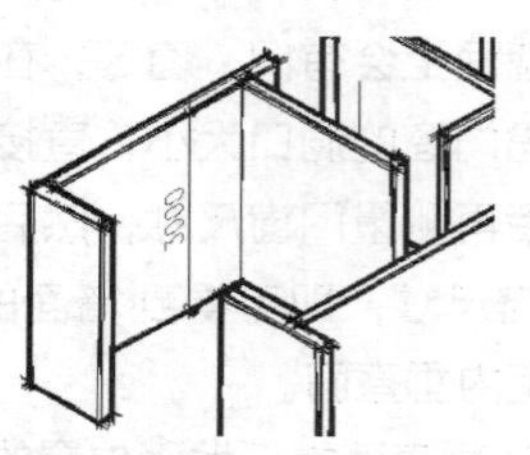

图 8-22

（8）当测量出房屋垂直面的高度后，可以计算垂直的面积了，垂直面的宽度其实就是基面的宽度，可以利用测量出的房屋基面的宽度进行计算，即垂直面高度（3000mm）× 基面宽度（3260mm）=9780000mm。

（9）计算出的面积采用“毫米”作为单位，可以将其换算为“米”作为单位，另外，与基面面积的计算相同，房屋垂直面的面积也要采用四舍五入法，因此，该垂直面的面积为 9.78m²，将计算结果标注在手绘的图上，结果如图 8-23 所示。

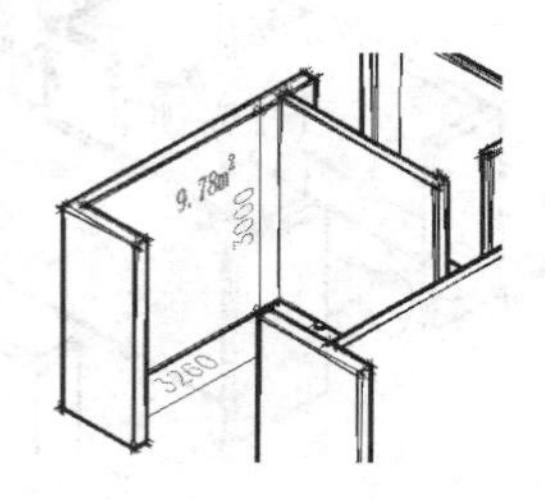

图 8-23

| 技术看板 | 在测量垂直面时，地坪点要求是成型面。所谓“成型面”，就是说地面已经通过整理变得很平整，但有时地面会堆有很多杂物，或地面坑洼不平，这时则从标高线往上量，最后再加上标高，就是垂直面的高度值。所谓标高线，在此可以理解为在地面上找到一个标准高度点，并将这些点连接起来，就是标高线，如图 8-24 所示。

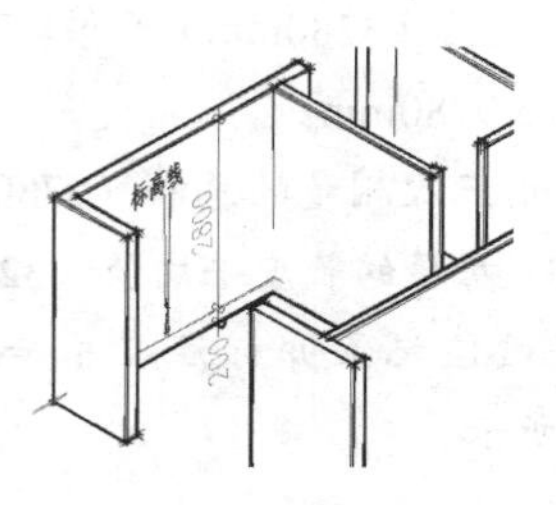

图 8-24

8.5.4 室内门窗洞的测量方法

室内标准门窗洞的测量方法与室内基面和垂直面的测量方法基本相同，只是在个别细节上稍有区别，本节介绍室内门窗洞的测量方法。

1. 测量门洞的宽度

Step01 ▸ 在门洞外侧一边的上、中、下 3 个位置取A、B、C 3个点，在另一边相对应的位置取a、b、c 3个点，如图8-25所示。

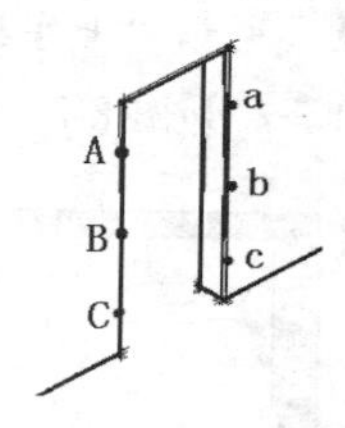

图8-25

Step02 ▸ 一人将皮尺的一端分别固定在A、B、C点上，另一人收放皮尺到门洞另一边的a、b、c点，使皮尺处于绷直状态，如图8-26所示。

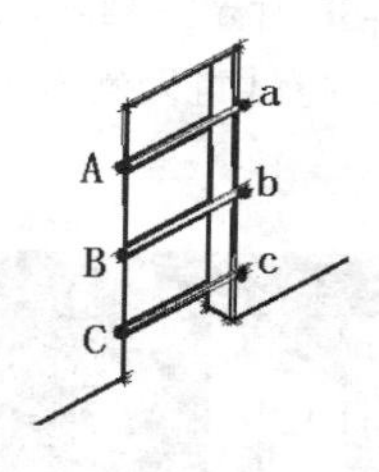

图8-26

Step03 ▸ 由第三人分别记录皮尺的刻度，得出3次测量的3组数据。

Step04 ▸ 得到3组数据之后，计算3组数据的平均值，得出房屋实际高度，例如，第一组测量结果是890mm、第二组测量结果是905mm、第二组测量结果是915mm。

Step05 ▸ 下面计算门洞的宽度平均值，先计算出三次测量的总和：第一组数据（890mm）+第二组数据（905mm）+第三组数据（905mm）=2700mm。

Step06 ▸ 使用3次测量的总和（2700mm）除以测量次数3=门洞的平均值（900mm）。

Step07 ▸ 这样就得出了门洞的实际宽度值，将该值记录并标注在手绘的草图上，如图8-27所示。

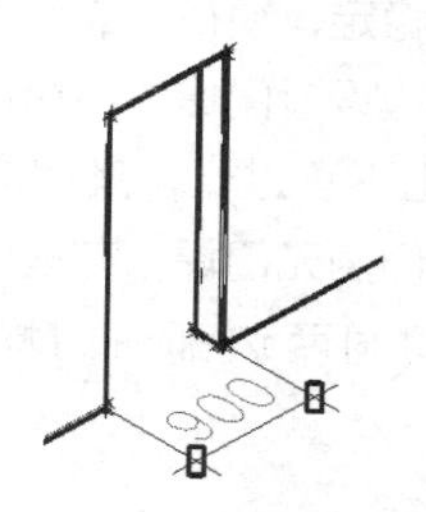

图8-27

Step08 ▸ 在门洞内侧的上、中、下3个位置取3个点，在另一边相对应的位置取a、b、c 3个点。

Step09 ▸ 3人相互配合，使用卷尺进行内宽度的测量，并记录测量尺寸，最后计算测量的平均值，并将其记录在手绘的草图上，结果如图8-28所示。

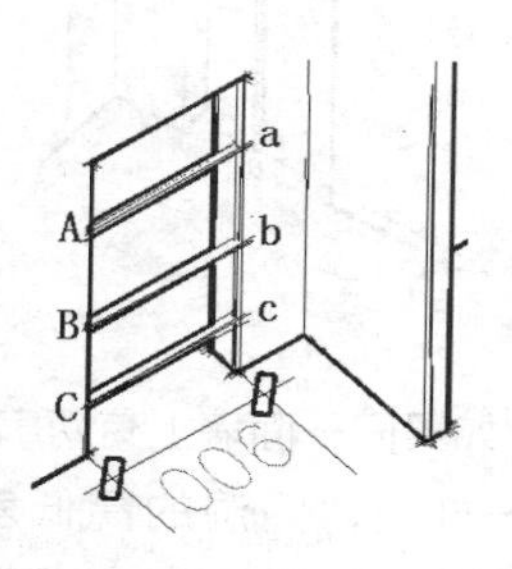

图8-28

2. 测量门洞的高度

Step01 ▸ 在门洞外侧上部的左、中、右3个位置取A、B、C 3个点，在门洞地面相应位置取a、b、c 3个点，如图8-29所示。

Step02 ▸ 3人相互配合，使用卷尺进行外高度的测量，并记录测量尺寸，最后计算测量的平均值，并将其记录在手绘的草图上，结果如图8-30所示。

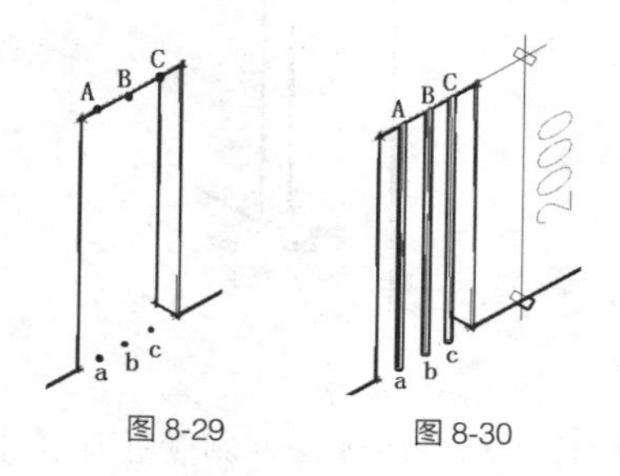

图8-29　　图8-30

Step03 ▸ 使用相同的方法，继续测量并计算出门洞内侧的高度，并将其记录在手绘的草图上，结果如图8-31所示。

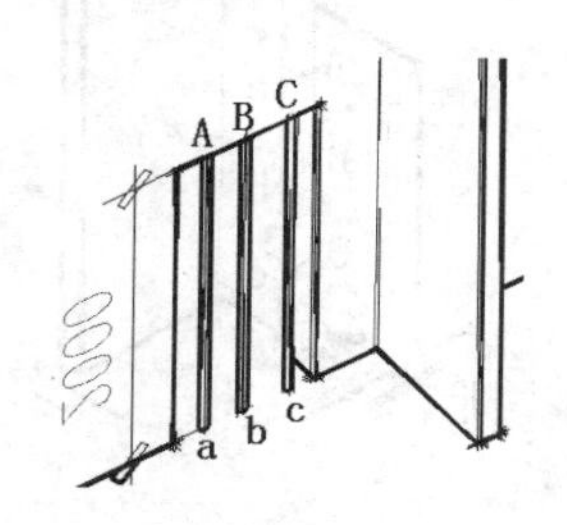

图8-31

Step04 ▶ 与测量垂直面相同，在进行门洞的高度测量时，地坪点要求是成型面，如无成型面，则从标高线往上量，再加上标高，就是门洞高度值，如图 8-32 所示。

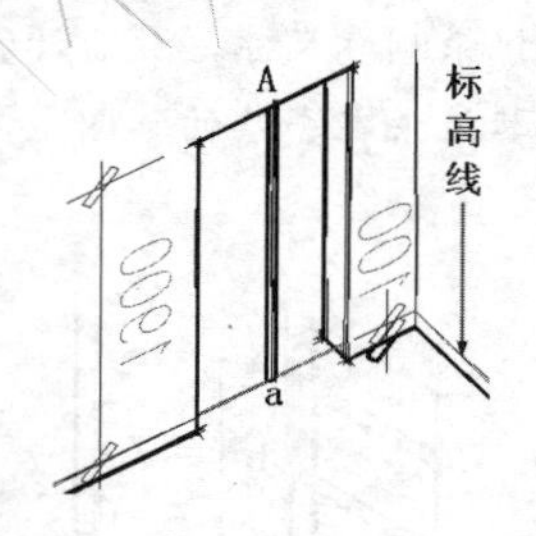

图 8-32

另外，如果同一面墙上有两扇门，客户要求两扇门一样高，门洞的高低差不能超过 30mm，否则要与客户沟通，对门洞进行修改。

3. 测量门洞的厚度

Step01 ▶ 在门洞左侧墙体两边的上、中、下分别取 A、B、C 和 a、b、c 6 个点。

Step02 ▶ 3 人配合测量出门洞左侧宽度的三组数值，记录并计算出平均值，并将其记录在草图上，如图 8-33 所示。

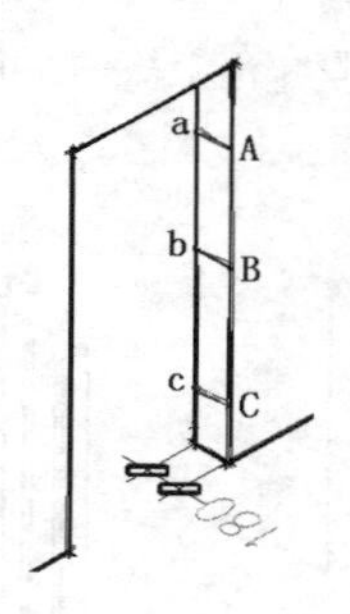

图 8-33

Step03 ▶ 使用相同的方法，测量并计算出门洞右侧的宽度平均值，将其记录在草图上，如图 8-34 所示。

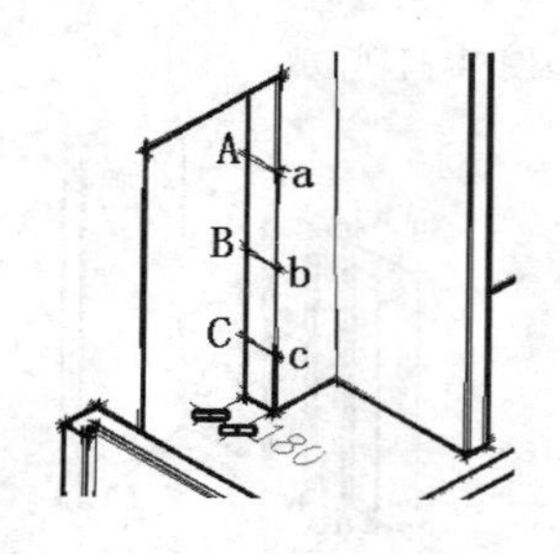

图 8-34

Step04 ▶ 需要注意的是，在一些高档室内装修设计中，门洞墙体边缘部分大多使用“七字插口”门套所包裹，所谓“七字插口”门套，就是呈七字形的门套，如图 8-35 所示。

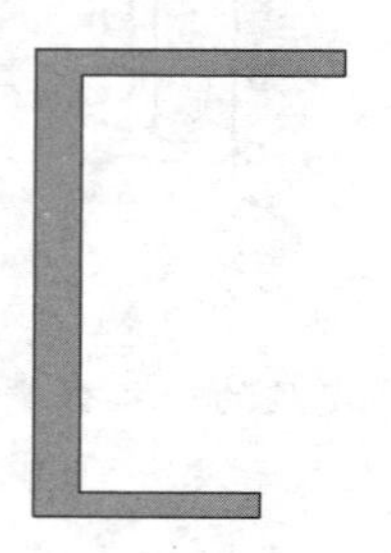

图 8-35

Step05 ▶ 如图 8-36 所示，门洞左侧墙体使用了七字插口门套，而门洞右侧墙体没有使用七字插口门套。

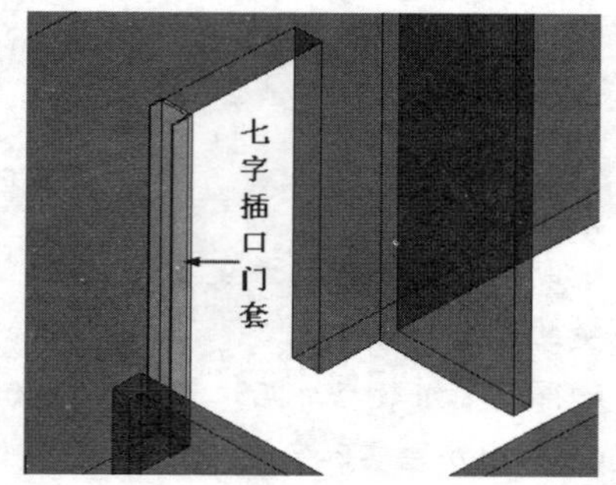

图 8-36

Step06 ▶ 在测量这类门洞的宽度和高度时，也要注意将七字插口门套的厚度值计算在内，没有使用七字插口门套的取最大值，使用了七字插口门套的取平均值，否则最后定制的门可能安装不上。

8.5.5 带垛门窗洞宽度的测量方法

简单地说，“门垛”就是门两边与门在同一平面上的墙。一般情况下，为便于门框的安置和保证门的稳定，须在门靠墙转角处或丁字接头墙体的一边设置门垛。门垛凸出墙面不少于 120mm，也不宜过长，其宽度一般同墙厚度相同。有些门洞无门垛，有些门洞一边有门垛，而有些门洞两边都有门垛，如图 8-37 所示。

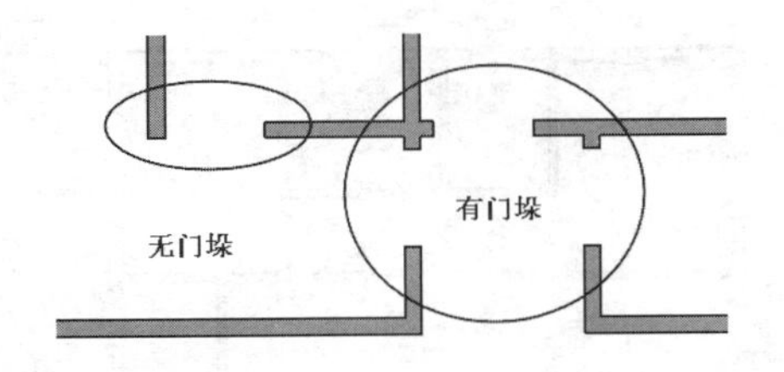

图 8-37

1. 一侧无垛（或垛小于 50mm）门洞宽度的测量方法

（1）在门洞的上、中、下 3 个位置取 A、B、C 3 个点。

（2）一人将皮尺的一端分别固定在 A、B、C 点上，另一人收放皮尺到无门垛的另一面墙上，使皮尺保持水平并处于绷直状态，如图 8-38 所示。

（3）由第三人记下皮尺刻度，然后计算 3 组数据的平均值，并将其标注在草图上，如图 8-39 所示。

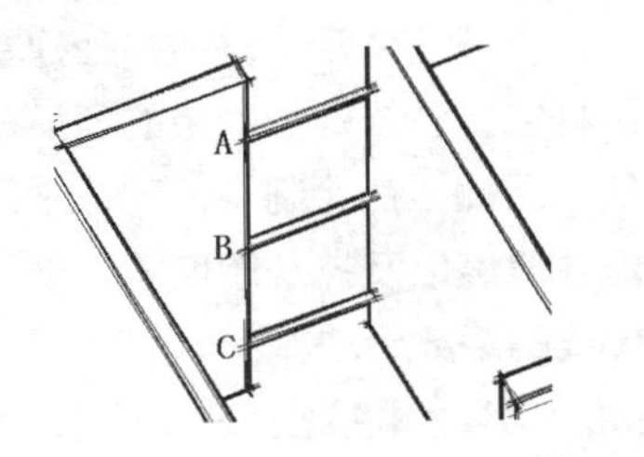

图 8-38

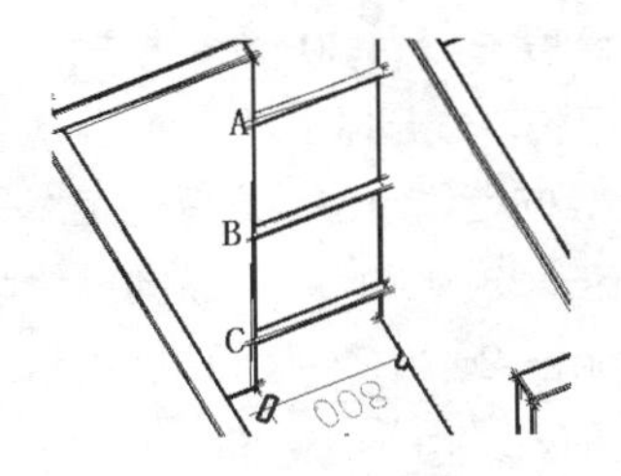

图 8-39

| 技术看板 | 一侧无门垛的，一定要在订货单上注明，并注明无垛的方向，以人在门外边判断左右方向。另外，一般情况下，门的宽度以 900 ～ 1200mm 为宜。一侧无垛的门，如果门洞太窄，则一定要和客户沟通，是否要对门洞拓宽。不拓宽，做出来的门就特别窄，不好看，如图 8-33 所示，门洞宽度只有 800mm，按照这样的门洞做出来的门肯定不好看。同时，如果原门洞够宽，则可以和客户沟通是否要在无门垛一边重新设置门垛，这样既可以保证门的安装更牢固，同时也能保证门的大小更合适。

2. 两侧无垛、两侧有垛门以及窗户的测量方法与注意事项

两侧无垛、两侧有垛门以及窗户的测量方法与前面讲述的标准门洞的测量方法相同，在此不再赘述，需要注意的是，对于两侧无垛门洞，一般也需要与客户沟通，是否要对门洞进行拓展或添加门垛。

需要特别注意的是，门窗洞宽度方向的最大值和最小值之间的误差不得大于 10mm，如超出此标准，则要求用户对洞口进行整改，达到标准要求；高度方向的最大值和最小值之间的误差不得大于 10mm，如超过此标准，则要求客户对洞口进行整改，达到标准要求；深度方向（即墙厚度）的最大值和最小值之间的误差不得大于 10mm。如超过此标准，则要求客户对洞口进行整改，达到标准要求。

8.5.6　完善草图并整理数据

前面我们讲过，在测量前最好依据房产证上的平面图，或者实地勘察结果手绘简单户型布置图，这样便于标注测量数据。当测量结束后，可以重新绘制一幅更准确的户型图，然后对测量数据进行整理并再次确认，如果发现有些数据不太确定，必要时一定要重新测量并获得准确的数据，千万不能怕麻烦，否则后果相当严重。当确认无误后，可以将其标注在手绘的草图上，并在草图上注明门窗的位置。下面以某套二住宅为例，其手绘平面草图与标注结果如图 8-40 所示。

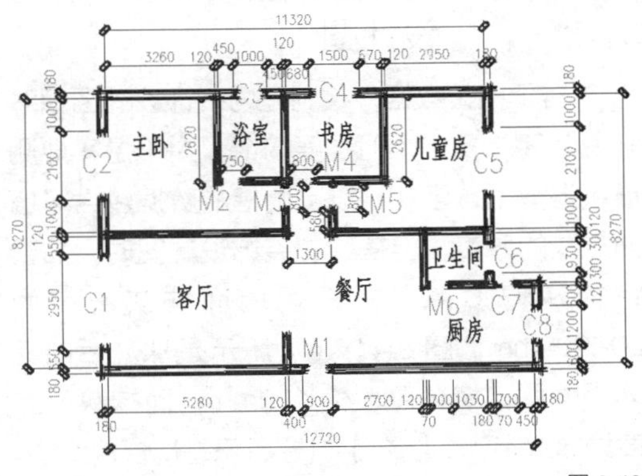

图 8-40

| 技术看板 | 在建筑设计中，门一般使用“M”代替，即门的汉语拼音第 1 个字母；而窗则使用“C”代替，即窗的汉语拼音第 1 个字母。

对于有一些数据，例如门以及门垛的宽度等这些数据，不方便在草图中标注的，可以将其制作成表格，并进行详细标注，这些数据将作为绘制设计图时的重要依据，表 8-4 所示是某套二户型门、窗与垛的详细参数。

表 8-4 某套二户型门、窗与垛参数表

单位：mm

名称	门窗垛	门垛宽度	门窗宽度
M1	无		900
M2	有（左）	50	750
M3	有（左）	100	800
M4	有（左）	100	800
M5	有（左）	100	800
M6	有（左）	70	700
C1	无		2950
C2	无		2100
C3	无		1000
C4	无		1500
C5	无		2100
C6	有（右）	300	930
C7	有（左）	70	700
C8	无		1200

以上草图和相关数据，将是绘制室内装饰设计图的重要参照和依据。

8.5.7 将相关数据转化为室内设计图

有了相关数据，绘制室内装饰设计图相对来说就简单多了，但是要切记，由于是实地测量所得数据，因此，以上测得的数据包含了墙面抹灰的厚度，但在绘制装饰设计图时，需要将抹灰厚度除外，一般墙面抹灰厚度为 20~300mm，图 8-41（a）所示是抹灰后的墙体平面图，墙体厚度为 120mm，而抹灰面厚度为 30mm，如图 8-41（b）所示是局部放大图。

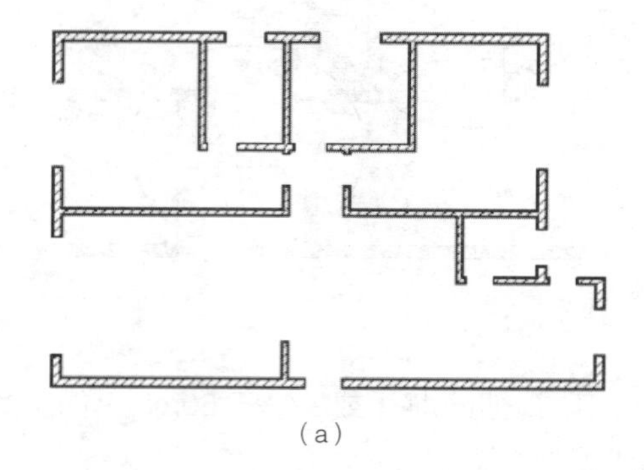

（a）

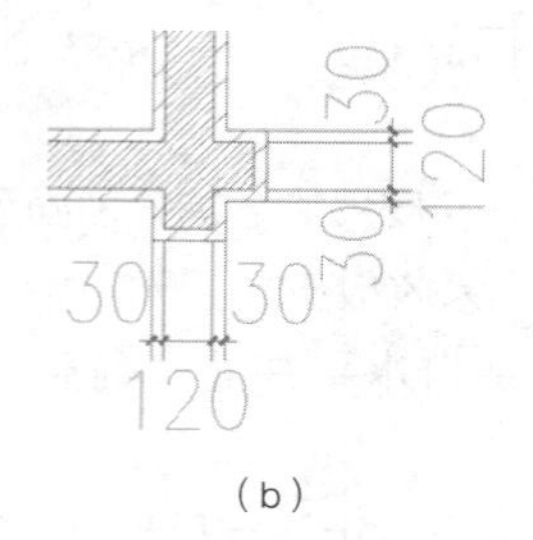

（b）

图 8-41

在绘制室内设计图时，首先需要绘制墙体定位轴线，所谓墙体定位轴线，在建筑施工中是墙体放样的重要依据，简单的理解就是墙体的中间线，因此，在绘制墙体定位轴线时，必须考虑墙体厚度以及抹灰厚度等，然后计算出墙体定位线的距离尺寸。

例如，实地测量主卧内长为 3440mm，内宽为 3200mm，墙体厚度一般为 180mm，墙面抹灰厚度一般为 30mm，根据这些尺寸来计算墙体定位轴线尺寸。

主卧纵向墙体定位线之间的距离是：

内宽度（3200mm）+ 纵向墙体厚度的一半（180mm ÷ 2）× 2+ 两面纵向墙的抹灰厚度（30mm+30mm）=3440mm。

主卧横向墙体定位线之间的距离是：

内长度（3440mm）+ 横向墙体厚度的一半（180mm ÷ 2）× 2+ 两面纵向墙的抹灰厚度（30mm+30mm）=3680mm。.

根据计算结果绘制墙体定位线，然后在定位线的基础上绘制结果，如图 8-42 所示。红色为墙体定位线，洋红色为墙面抹灰厚度，填充区域为墙体厚度。

了解以上知识，对你今后根据实地测量数据绘制室内设计图大有帮助。有关室内设计图的详细绘制方法，将在后面章节通过具体案例详细讲解。

另外，以上我们获得的数据只是房屋框架结构的内部基础数据，除此之外，在室内设计中，还有许多其他数据，例如墙面以及吊顶装饰等各构件的相关数据，这些数据属于设计范畴，可根据设计风格、用户要求等，结合设计理念进行确定，在此不再赘述。

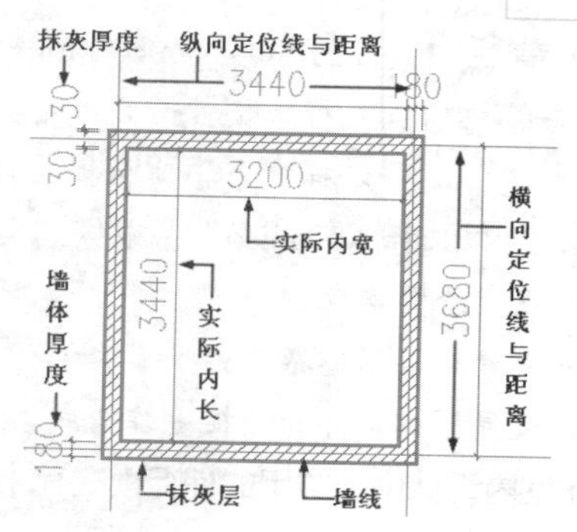

图 8-42

8.6 综合实例——制作室内设计样板文件

在 AutoCAD 室内设计中，有许多操作参数的设置都是相同的，例如尺寸标注样式、文字样式、墙线样式、窗线样式以及打印样式等，如果每绘制一幅设计图，都进行这些设置就会很麻烦，为此，我们可以制作一个样板文件，然后在样板文件中绘图，这样可以避免许多参数的重复性设置，大大节省绘图时间，提高绘图效率，同时也确保绘制的图形更符合规范、更标准，保证图面、质量的完整统一。

那么什么是“样板文件”呢？所谓“样板文件”，是指包含一定的绘图环境、参数变量、绘图样式、页面设置等内容，但并未绘制图形的空白文件，该文件一般保存在 AutoCAD 安装目录下的“Template”文件夹下，其保存格式为“.dwt”，下面我们就来学习制作室内设计样板文件。

本节内容概览

知识点	功能 / 用途	难易度与使用频率
设置样板文件绘图环境（P219）	● 设置绘图环境 ● 制作样板文件	难易度：★ 使用频率：★★★★★
设置样板文件的图层与特性（P220）	● 设置图层与特性 ● 制作样板文件	难易度：★ 使用频率：★★★★★
设置样板文件的绘图样式（P220）	● 设置绘图样式 ● 制作样板文件	难易度：★ 使用频率：★★★★★
绘制样板文件的图纸边框（P221）	● 制作图纸边框 ● 制作样板文件	难易度：★ 使用频率：★★★★★
绘制投影符号并设置页面布局（P223）	● 制作投影符号 ● 设置打印页面布局	难易度：★ 使用频率：★★★★★

8.6.1 设置样板文件绘图环境

效果文件	效果文件 \ 第 8 章 \ 综合实例——设置样板文件绘图环境 .dwg
视频文件	专家讲堂 \ 第 8 章 \ 综合实例——设置样板文件绘图环境 .swf

绘图环境是绘制图形的主要操作空间，室内设计绘图环境的设置主要包括绘图单位的设置、图形界限的设置、捕捉模数的设置、追踪功能的设置以及各种常用变量的设置。

实例引导 ——设置样板文件绘图环境

Step01 ▸ 新建空白文件。样板文件是在空白文件的基础上制作的，因此首先需要新建一个空白文件。

| 技术看板 | “acadISO -Named Plot Styles”是一个命令打印样式样板文件，如果用户需要使用“颜色相关打印样式”作为样板文件的打印样式，可以选择“acadiso”基础样式文件。

Step02 ▸ 设置绘图单位。

Step03 ▸ 设置样板图形界限。

Step04 ▸ 设置样板文件的捕捉追踪模式。

在室内设计中，常用的捕捉模式有【端点】和【交点】捕捉。除此之外，在具体绘图过程中，可以根据具体需要随时来设置。

Step05 ▸ 样板文件的绘图环境设置完毕后，使用【保存】命令，将当前文件命名保存。

详细的操作步骤请参见随书光盘中的视频文件“综合实例——设置样板文件绘图环境.swf”。

8.6.2 设置样板文件的图层与特性

素材文件	效果文件 \ 第 8 章 \ 综合实例——设置样板文件绘图环境 .dwg
效果文件	效果文件 \ 第 8 章 \ 综合实例——设置样板文件的图层与特性 .dwg
视频文件	专家讲堂 \ 第 8 章 \ 综合实例——设置样板文件的图层与特性 .swf

本节在上一节保存的文件的基础上创建新图层，并设置图层特性。具体操作步骤可参见光盘视频讲解文件。

实例引导 ——设置样板文件的图层与特性

Step01 ▸ 新建“尺寸层”“灯具层”“吊顶层”“家具层”“楼梯层”“轮廓线”“门窗层”“墙线层”“图块层”“文本层”“轴线层”和“其他层”等图层。

Step02 ▸ 设置图层的颜色特性。

Step03 ▸ 设置样板文件的线型特性。

Step04 ▸ 设置样板文件的线宽特性。

Step05 ▸ 执行【另存为】命令，将文件另名存储。

详细的操作步骤请观看随书光盘中的视频文件“综合实例——设置样板文件的图层与特性.swf”。

8.6.3 设置样板文件的绘图样式

素材文件	效果文件 \ 第 8 章 \ 综合实例——设置样板文件图层与特性 .dwg
效果文件	效果文件 \ 第 8 章 \ 综合实例——设置样板文件的绘图样式 .dwg
视频文件	专家讲堂 \ 第 8 章 \ 综合实例——设置样板文件的绘图样式 .swf

绘图样式其实就是指在绘图图形时所用到的线型样式、文字样式、标注样式等，这些样式是正确绘制室内设计图的关键。首先打开上一节保存的文件，下面在此文件的基础上设置样板文件的绘图样式。

实例引导 ——设置样板文件的绘图样式

Step01 ▸ 设置墙线和窗线样式

| 技术看板 | 窗线样式有 4 个图元，除了默认的 2 个图元之外，用户可以单击“添加”按钮，再添加 2 个图元，并设置这 2 个图元的“偏移量”分别为 0.25 和 -0.25。

Step02 ▸ 设置文字样式。

Step03 ▸ 绘制尺寸标注的箭头。

技术看板在室内设计中，图形尺寸标注的箭头一般使用的是“用户自定义箭头”，该箭头由用户使用多段线和直线来绘制，然后将其定义为图块。

Step04 ▸ 设置标注样式。

Step05 ▸ 设置样板文件的角度样式。

详细的操作步骤请观看随书光盘中的视频文件“综合实例——设置样板文件的绘图样式.swf”。

8.6.4　绘制样板文件的图纸边框

素材文件	效果文件 \ 第 8 章 \ 综合实例——设置样板文件的绘图样式 .dwg
效果文件	效果文件 \ 第 8 章 \ 综合实例——绘制样板文件的图纸边框 .dwg
视频文件	专家讲堂 \ 第 8 章 \ 综合实例——绘制样板文件的图纸边框 .swf

在室内设计中，为绘制好的图纸添加图纸边框也是必不可少的内容。图纸边框大小是根据绘图界限大小来确定的，下面绘制 2 号图纸的标准图框。

实例引导 ——绘制样板文件的图纸边框

1. 绘制图纸边框

Step01 ▸ 使用【矩形】命令绘制长度为 594mm、宽度为 420mm 的矩形作为 2 号图纸的外边框，如图 8-43 所示。

Step02 ▸ 按 Enter 键，重复执行【矩形】命令。

Step03 ▸ 输入“W”，按 Enter 键，激活“宽度”选项。

Step04 ▸ 输入“2”，按 Enter 键，指定矩形的线宽。

Step05 ▸ 激活“自”功能，捕捉外框的左下角点，如图 8-44 所示。

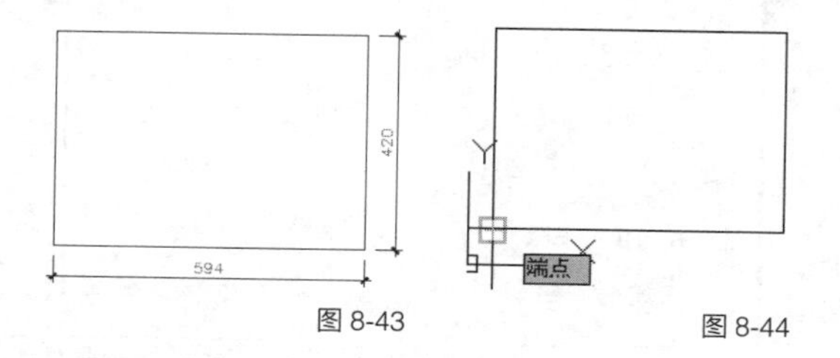

图 8-43　　图 8-44

Step06 ▸ 输入“@25,10”，按 Enter 键，指定第 1 个角点。

Step07 ▸ 激活“自”功能，捕捉外框右上角点，如图 8-45 所示。

Step08 ▸ 输入“@-10,-10”，按 Enter 键，指定另一个角点。绘制结果如图 8-46 所示。

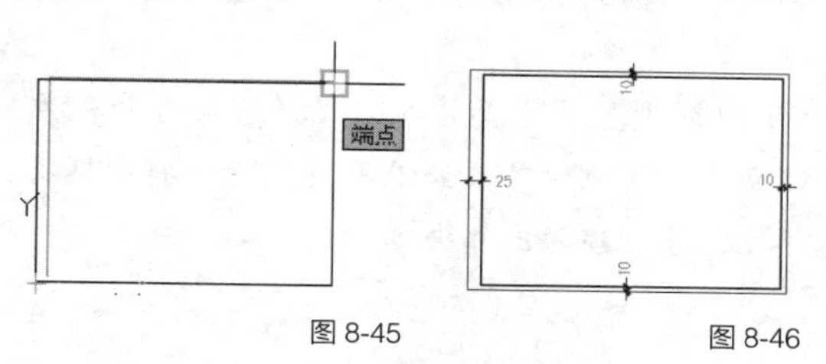

图 8-45　　图 8-46

2. 绘制标题栏与会签栏

标题栏和会签栏主要用于填充图纸的一些重要信息，例如图纸名称、作用以及相关绘图人员的信息等。

Step01 ▸ 重复执行【矩形】命令。

Step02 ▸ 输入“W”，按 Enter 键，激活“宽度”选项。

Step03 ▸ 输入“1.5”，按 Enter 键，设置线宽。

Step04 ▸ 捕捉内框右下角点作为矩形的第 1 个角点，如图 8-47 所示。

Step05 ▸ 输入“@-240,50”，按 Enter 键，指定矩形另一个角点，结果如图 8-48 所示。

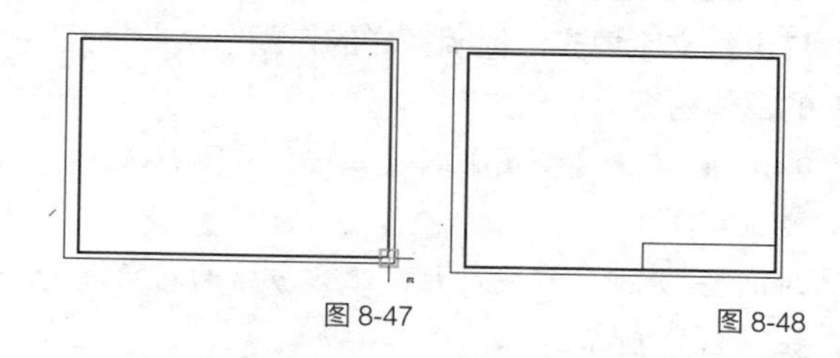

图 8-47　　图 8-48

Step06 ▸ 按 Enter 键，重复执行【矩形】命令。

Step07 ▸ 捕捉内框的左上角点，如图 8-49 所示。

Step08 ▸ 输入“@-20,-100”，按 Enter 键，指定另一个角点，结果如图 8-50 所示。

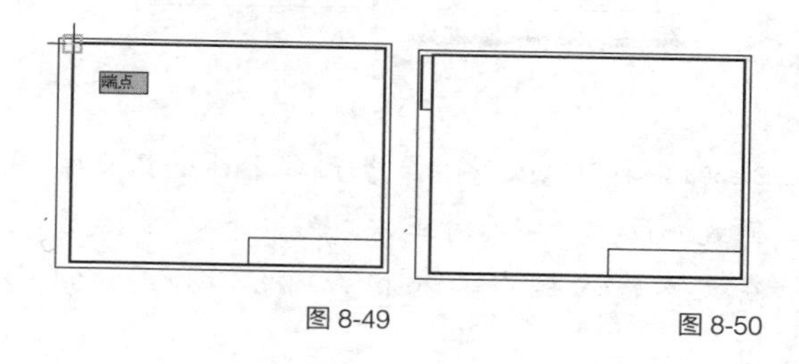

图 8-49　　图 8-50

Step09 ▸ 执行菜单栏中的【绘图】/【直线】命令，参照所示尺寸，绘制标题栏和会签栏内部的分格线，结果如图 8-51、图 8-52 所示。

| 技术看板 | 在绘制标题栏和会签栏内部图线时，可以使用【直线】命令配合【偏移】、【修剪】等命令来绘制。

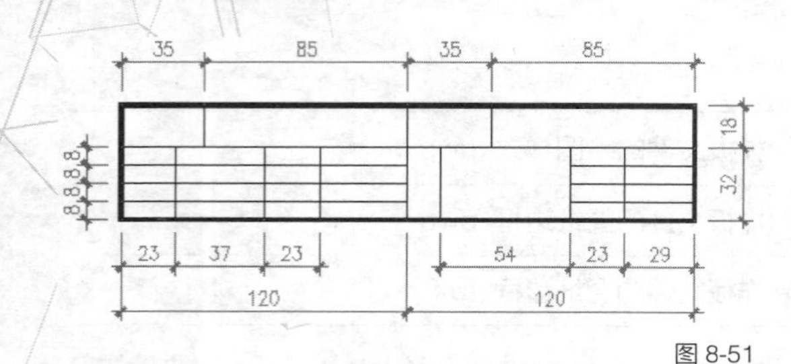

图 8-51

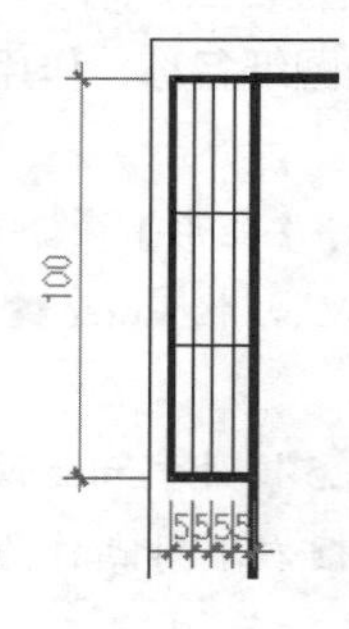

图 8-52

3. 填充标题栏和会签栏

当绘制完标题栏和会签栏之后，还需要对其进行文字填充，标明各栏的作用以及要填充的具体内容。

Step01 ▸ 单击【绘图】工具栏中的“多行文字”按钮A。

Step02 ▸ 分别捕捉标题栏左上方方格的对角点，如图 8-53 所示。

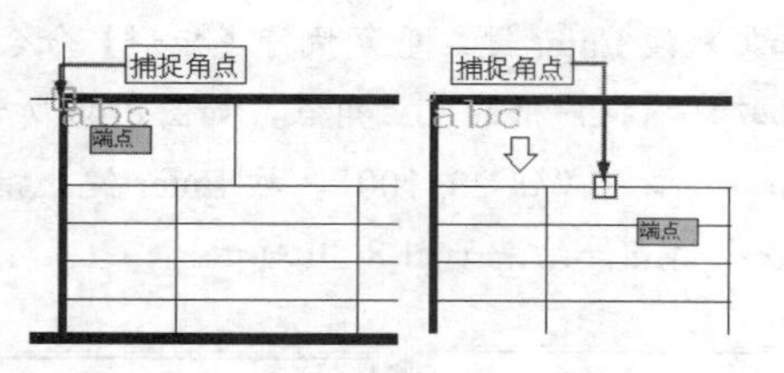

图 8-53

Step03 ▸ 打开【文字格式】编辑器，选择文字样式并设置文字的对正方式为“正中”，然后在文本输入框中输入相关内容，如图 8-54 所示。

图 8-54

Step04 ▸ 单击 确定 按钮关闭【文字格式】编辑器。

Step05 ▸ 使用【多行文字】命令，设置文字样式、高度和对正方式，填充标题栏其他文字，如图 8-55 所示。

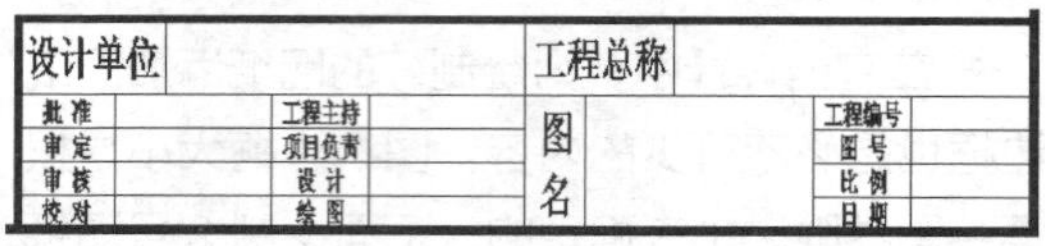

设计单位				工程总称		
批准		工程主持		图名	工程编号	
审定		项目负责			图号	
审核		设计			比例	
校对		绘图			日期	

图 8-55

Step06 ▸ 将会签栏旋转 -90°，继续使用【多行文字】命令为会签栏填充文字，结果如图 8-56 所示。

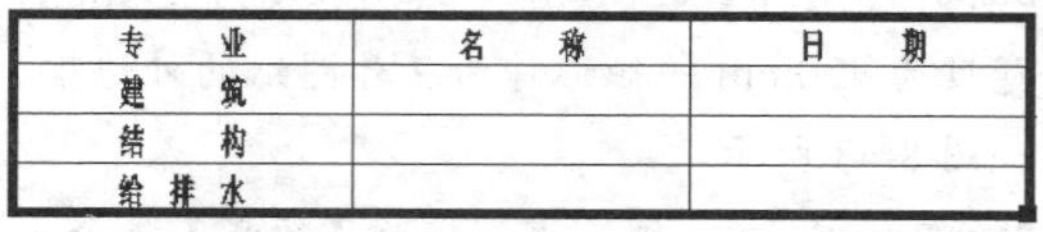

专业	名称	日期
建筑		
结构		
给排水		

图 8-56

Step07 ▸ 执行【旋转】命令将会签栏及填充的文字旋转 90°，完成图框标题栏和会签栏的填充，结果如图 8-57 所示。

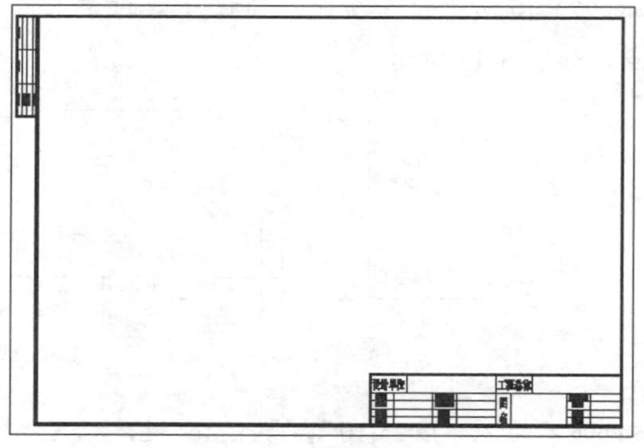

图 8-57

4. 创建图框块

下面将制作完成的图框创建为图块文件，这样就可以将其直接插入设计图中。

Step01 ▸ 使用快捷命令“B”打开【块定义】对话框。

Step02 ▸ 设置块名为“A2-H”，基点为外框左下角点，其他块参数如图 8-58 所示，将图框及填充文字创建为内部块。

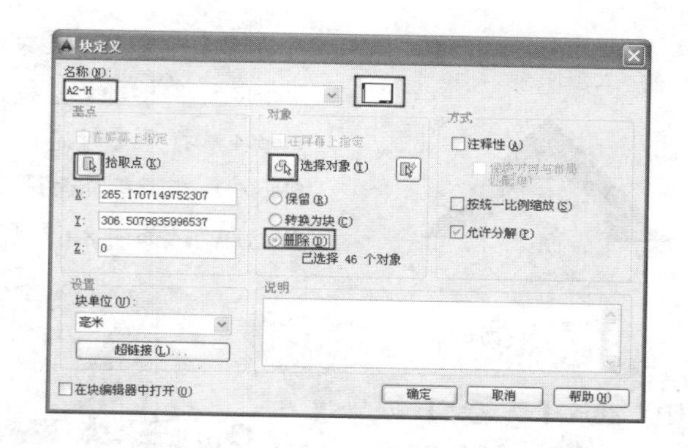

图 8-58

Step03 ▸ 执行【另存为】命令，将当前文件另名存储。

8.6.5　绘制投影符号并设置页面布局

素材文件	效果文件 \ 第 8 章 \ 综合实例——绘制样板文件的图纸边框 .dwg
效果文件	效果文件 \ 第 8 章 \ 综合实例——绘制投影符号并设置页面布局 .dwg
视频文件	专家讲堂 \ 第 8 章 \ 综合实例——绘制投影符号并设置页面布局 .swf

在室内设计图中，有时需要插入投影符号，以表明图形的投影方向。投影符号并不是系统预设的符号，而是需要自己动手来绘制。下面绘制投影符号。

实例引导 ——绘制投影符号并设置页面布局

1. 绘制投影符号

Step01 ▸ 使用快捷命令“PL”激活【多段线】命令。

Step02 ▸ 在绘图区单击鼠标左键，指定起点。

Step03 ▸ 输入“@10<45”，按 Enter 键，指定另一个点。

Step04 ▸ 输入“@10<315”，按 Enter 键，指定下一个点。

Step05 ▸ 输入“C”，按 Enter 键，结果如图 8-59 所示。

Step06 ▸ 使用快捷命令“C”激活【圆】命令，以三角形的斜边中点作为圆心，绘制一个半径为 3.5 的圆。

Step07 ▸ 使用快捷命令“TR”激活【修剪】命令，以圆作为边界，将位于内部的线段修剪掉。将位于圆内的界线修剪掉，结果如图 8-60 所示。

Step08 ▸ 使用快捷命令“H”激活【图案填充】命令，为投影符号填充如图 8-61 所示的“SOLID”实体图案。

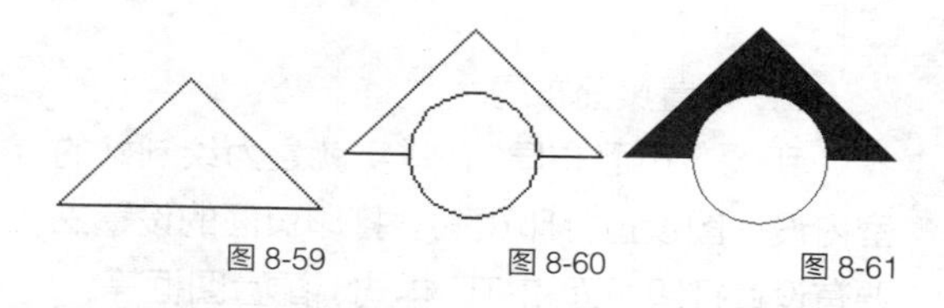

图 8-59　图 8-60　图 8-61

Step09 ▸ 执行菜单栏中的【绘图】/【块】/【定义属性】命令，打开【属性定义】对话框，为投影符号定制文字属性，如图 8-62 所示。

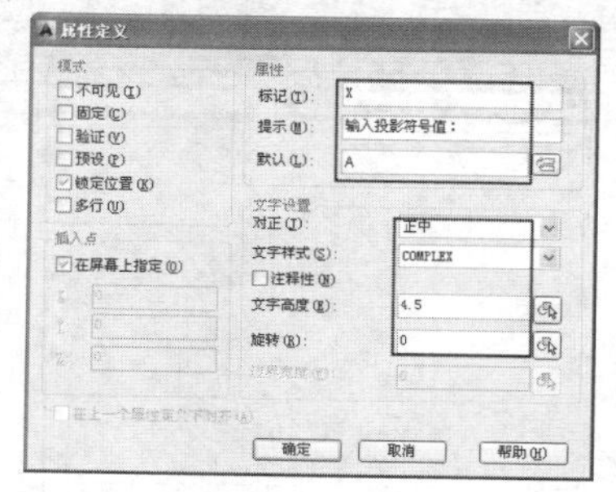

图 8-62

Step10 ▸ 单击 确定 按钮返回绘图区，捕捉投影符号的圆心作为属性的插入点，如图 8-63 所示，插入结果如图 8-64 所示。

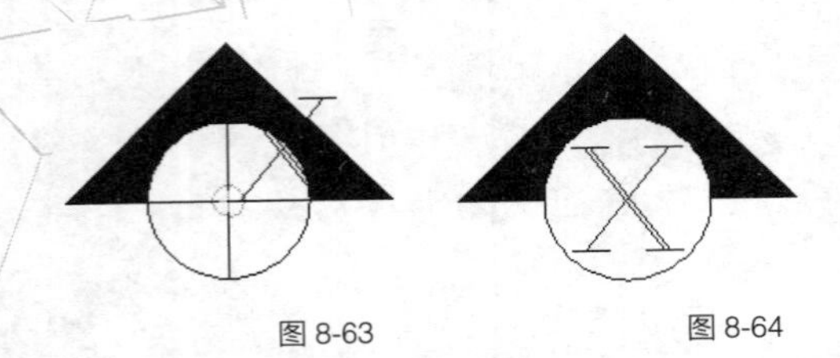

图 8-63　　图 8-64

Step11 ▸ 使用快捷命令“B”激活【创建块】命令，以投影符号的上端点作为基点，将投影符号与属性一起创建为“投影符号”的属性块，如图 8-65 所示。

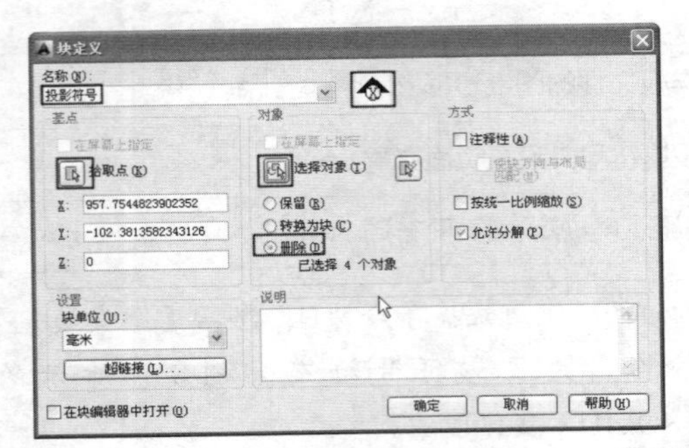

图 8-65

2. 设置页面布局

所谓“页面布局”，其实就是为绘制好的室内设计图设置打印页面。打印页面的设置主要有设置打印页面和打印样式、配置图框等。

Step01 ▸ 单击绘图区底部的“布局 1”标签，进入布局空间，如图 8-66 所示。

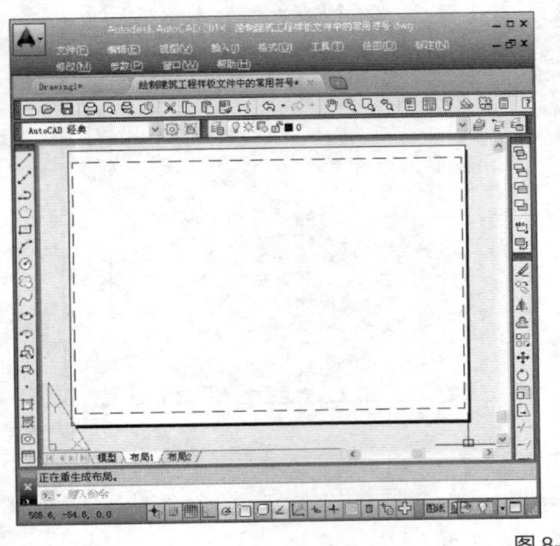

图 8-66

Step02 ▸ 执行菜单栏中的【文件】/【页面设置管理器】命令打开【页面设置管理器】对话框。

Step03 ▸ 单击 新建(N)... 按钮。

Step04 ▸ 打开【新建页面设置】对话框。

Step05 ▸ 在“新页面设置名”输入框中输入“布局打印”，如图 8-67 所示。

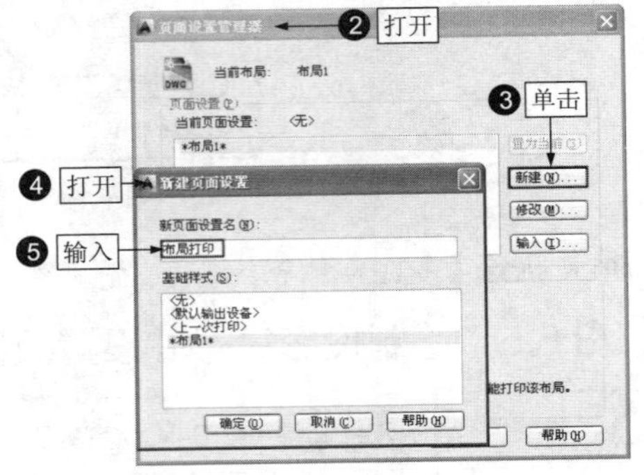

图 8-67

Step06 ▸ 单击 确定(O) 按钮，进入【页面设置 - 布局 1】对话框，设置打印设备、图纸尺寸、打印样式、打印比例等各页面参数，如图 8-68 所示。

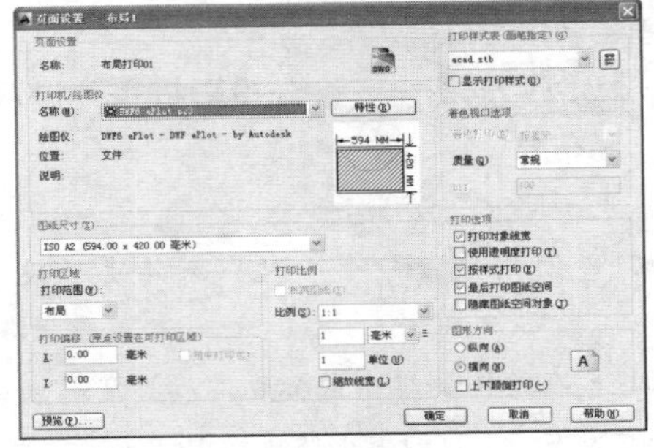

图 8-68

Step07 ▸ 单击 确定(O) 按钮，返回【页面设置管理器】对话框，将刚设置的新页面设置为当前，如图 8-69 所示。

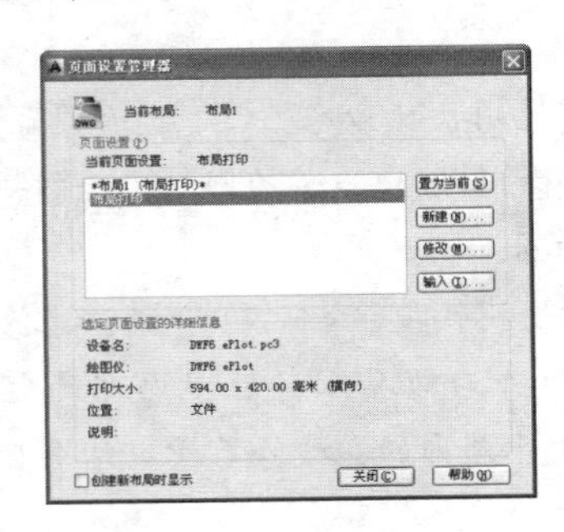

图 8-69

Step08 ▸ 单击的 关闭(C) 按钮，结束命令。

当设置好页面布局以及打印样式之后，还需要将前面我们制作的图纸边框插入页面中，最后将该页面保存为样板文件。

Step09 ▸ 使用快捷命令“I”激活【插入块】命令，打开【插入】对话框。

Step10 ▸ 选择上一节我们创建的名为“A2-H”的图块文件。

Step11 ▸ 继续设置插入点、轴向以及缩放比例等参数，如图 8-70 所示。

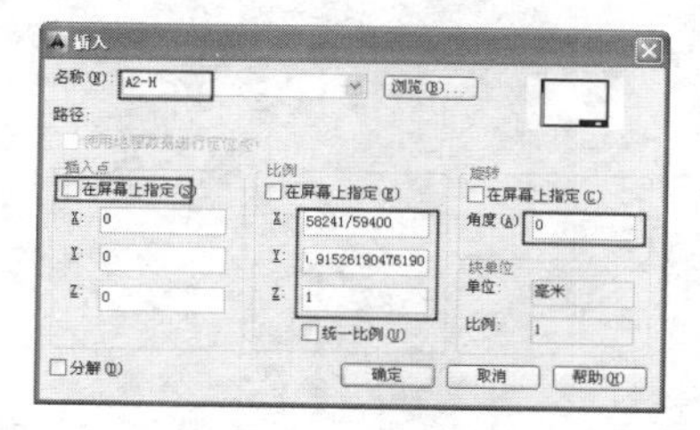

图 8-70

Step12 ▸ 单击 确定(O) 按钮，结果 A2-H 图表框被插入当前布局中的原点位置上，如图 8-71 所示。

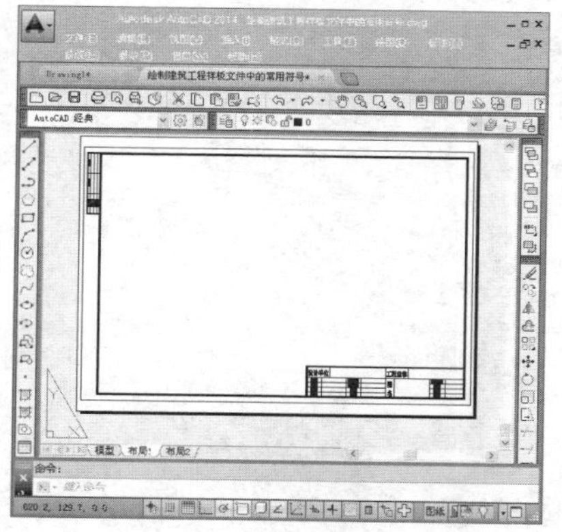

图 8-71

Step13 ▸ 单击页面下方的 模型 按钮，返回模型空间。

Step14 ▸ 单击菜单栏中的【文件】/【另存为】命令，在打开的【图形另存为】对话框中设置文件的存储类型为“AutoCAD 图形样板（*dwt)”，如图 8-72 所示。

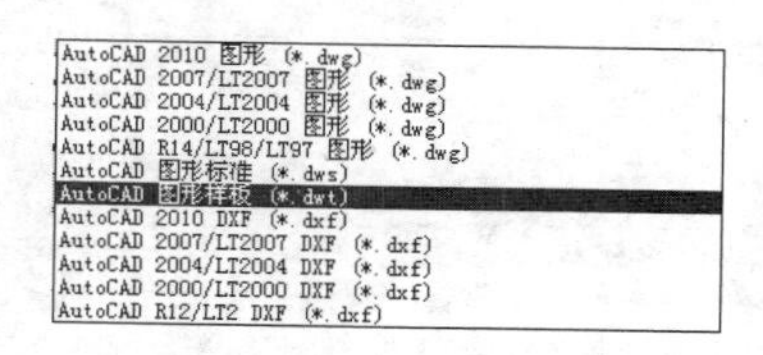

图 8-72

Step15 ▸ 在【图形另存为】对话框下部的【文件名】文本框内输入“室内设计样板文件.dwt”，单击 保存... 按钮，打开【样板选项】对话框，输入“A2-H 幅面室内设计样板文件”，如图 8-73 所示。

Step16 ▸ 单击 确定 按钮，结果创建了制图样板文件，保存于 AutoCAD 安装目录下的“Template”文件夹目录下。

Step17 ▸ 执行【另存为】命令，将当前文件另名存储。

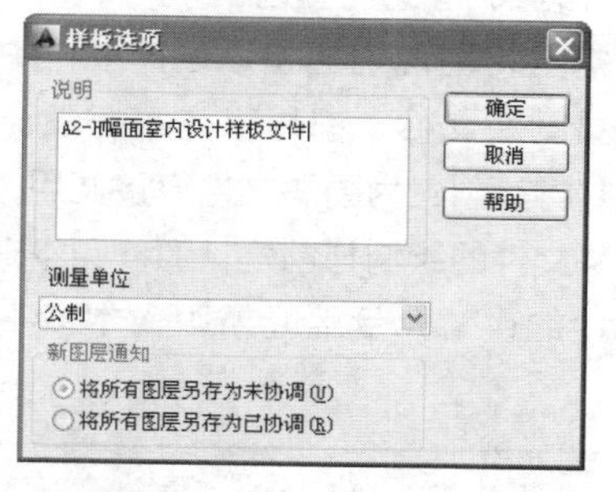

图 8-73

第9章 小户型室内设计

近年来，小户型越来越受到人们的青睐，尤其是单身人士和年轻夫妻似乎更是情有独钟。那么，如何打造小户型呢？在一些人眼里，小户型太小，不好设计，刷刷墙面、弄弄地板或铺铺砖就可以了。其实不然，小户型同样可以打造出别样天地。本章就来为某小户型进行室内装修设计。

需要特别说明的是，设计过程中所调用的室内家具图块文件，都是事先根据设计要求绘制好的，并将其创建为图块文件直接调用，有关室内家具图块文件的绘制与创建，请参阅本书5.7节综合实例中的讲解，受篇幅所限，本章不再进行详细讲解。

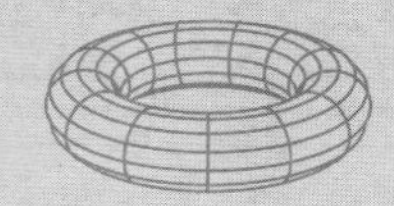

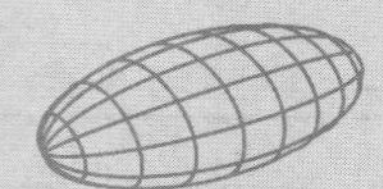

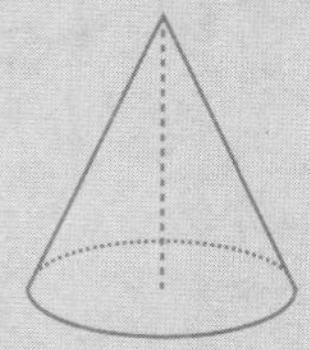

| 第 9 章 |

小户型室内设计

9.1　绘制小户型平面布置图

在室内设计中，平面布置图是室内设计的基础，其他所有设计图几乎都是在平面布置图的基础上进行设计的，本节首先绘制如图 9-1 所示的小户型平面布置图。

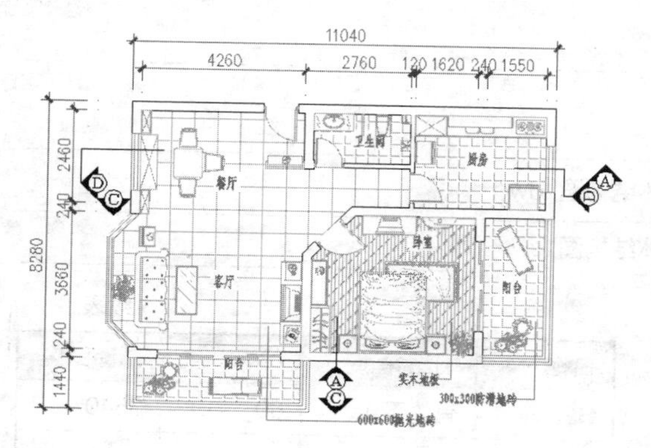

图 9-1

9.1.1　小户型平面布置图设计理念与思路

小户型的设计，需要从色彩、布局、少而精的家具以及简约的处理手法上重点考虑，只要处理得当，小户型同样可以兼具实用性和美观性。

♦ 色彩是打造小户型不可缺少的元素。一般来说，小户型整体色彩最好用浅色调，如白色、米色或淡绿色等，因为浅色可以拓展居室空间。如想再增加一些居室与众不同的感觉，可以局部运用重彩的方法加以修饰，但不宜过多。

♦ 打造小户型的另一法则是尽量让空间的使用功能扩大、延伸，因此空间的重叠应用就显得格外重要了。

♦ 小空间的家具以少而精为原则。首先要选定所喜好的家具风格，并协调好整体空间的搭配与居室布置，优先考虑空间活动的灵活性和机能性，使家具既可以独立使用，又能与其他相搭配，创造出家具的多重功效。

♦ 居室的饰品也要力争少而精，起到画龙点睛之作用即可。

♦ 使用轻薄的纱，多褶的落地窗帘，避免采用长而多褶的落地窗帘；窗帘的大小应与窗户大小一致，利落、清爽，在色彩上应以淡色为主。

♦ 至于影音设备，电视可选择体薄质轻、能够壁挂的产品，尽量减少电视柜的占用空间。有条件的话，可考虑选择投影设备，让墙面的设计更加简洁。音响设备尽量安装在墙面与顶面，既可以获得好的音效，又不会让面积紧张的地面更加繁杂琐碎。

♦ 最该把握的是简洁法则。小居室在设计上最忌讳用过多的曲线，而横、直线条则有利于小空间的视觉拓展，让人感到空间的宽敞。所以，在格局上，一定要以简单、方正为主，切不可过于复杂；在陈设与装饰上，也不易太杂，一定要体现时代感。

本案例要求设计简单、清新、淡雅，在房型的结构上基本不能进行大的改动，因此，其设计特点如下。

（1）客厅与餐厅是连为一体的开放式大空间，在这两者之间没有设置隔断，可运用绿色植物作功能上的划分，给人一种宽敞明亮的感觉；作为公共场所的客厅，其家具仅仅选择三人沙发、茶几，既可供家人看书、品茶，又可供家人与客人随意闲聊；作为私密空间的卧室在设计风格上仍然秉承简约风格，主卧室中超大阳台是一个亮点，阳台上放置一把躺椅，并使用绿化植物进行装点，把卧室打造成一个温馨、理想的休息天地。

（2）在地面铺装材料的选择上，客厅与餐厅地面铺设大理石，耐磨又易于清理，同时也从另一个侧面反映出主人热情好客、崇尚自然、热爱生活的外向型性格；而卧室地面则铺设实木地板，既干净又保温，卫生间与厨房地面则选择白色玻化防滑砖，给人一种清新、干净的感觉，同时也能防水、防滑。

在设计并绘制小户型平面布置图时，可以参照如下思路。

（1）根据测量出的数据绘制出墙体平面结构图。

（2）根据墙体平面图进行室内内含物的合理布置，如家具与陈设的布局以及室内环境的绿化等。

（3）对室内地面、柱等进行装饰设计，分别以线条图案和文字注解的形式，表达出设计的内容。

（4）为布置图标注必要的文字注解，以体现出所选材料及装修要求等内容。

（5）为布置图标注必要的尺寸及室内投影符号等。

9.1.2 绘制小户型墙体结构图

素材文件	样板文件 \ 室内设计样板文件 .dwt 图块文件 \ 单开门 .dwg
效果文件	效果文件 \ 第 9 章 \ 绘制小户型墙体结构图 .dwg
视频文件	专家讲堂 \ 第 9 章 \ 绘制小户型墙体结构图 .swf

墙体结构图是房屋的基础图样，在绘制平面布置图前，首先根据实地勘查结果手绘房屋内部结构草图，并在草图上标注相关尺寸，如图 9-2 所示。对于一些细节部分，例如门窗等，可以标注必要的编号，并将其制成表格，填写相关细节尺寸等信息，如表 9-1 所示，这些都将作为绘图参考。

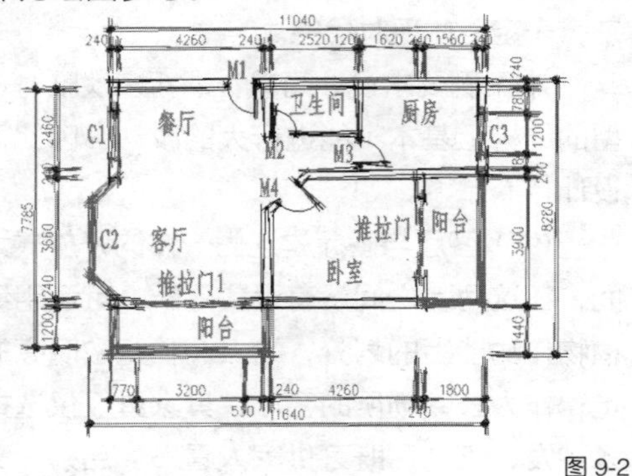

图 9-2

表 9-1 某套一户型门、窗与垛参数

单位：mm

名称	门窗垛	门垛宽度	门窗宽度
M1	无		900
M2	有（左）	30	750
M3	有（左、右）	100	800
M4	无		898
C1	无		1500

续表

名称	门窗垛	门垛宽度	门窗宽度
C2	有（下）	60	3540
C3	无		1300
推拉门 1	有（左、右）	530	3200
推拉门 2	有（左、右）	630	2400

操作步骤

1. 绘制墙体定位轴线

Step01 ▶ 执行【新建】命令，打开随书光盘“样板文件”目录下的“室内设计样板文件 .dwt”样板文件。

Step02 ▶ 在“图层”控制下拉列表中将“轴线层”图层设置为当前图层。

Step03 ▶ 按 F8 功能键，打开【正交】功能。

Step04 ▶ 输入“L”，按 Enter 键，激活【直线】命令，绘制长度为 10800 个绘图单位的水平直线和长度为 6600 个绘图单位的垂直线，并使其相交，如图 9-3 所示。

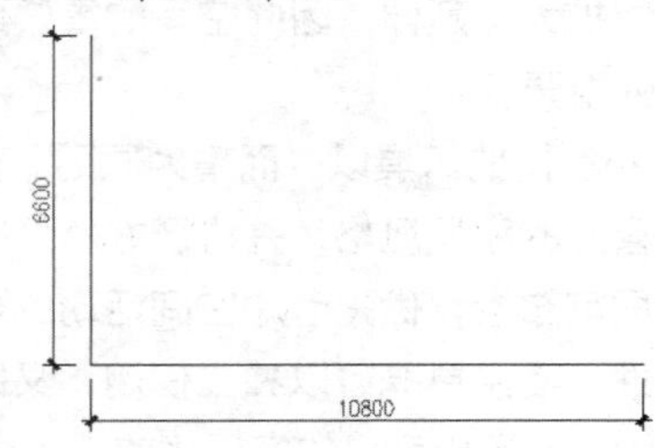

图 9-3

Step05 ▶ 输入“O”，按 Enter 键，激活【偏移】命令，将水平基准轴线向上偏移 2700、1200、1200 和 1500 个绘图单位，如图 9-4 所示。

Step06 ▶ 执行【偏移】命令，将垂直基准轴线向右偏移 4500、2700 和 1800 个绘图单位，如图 9-5 所示。

图 9-4

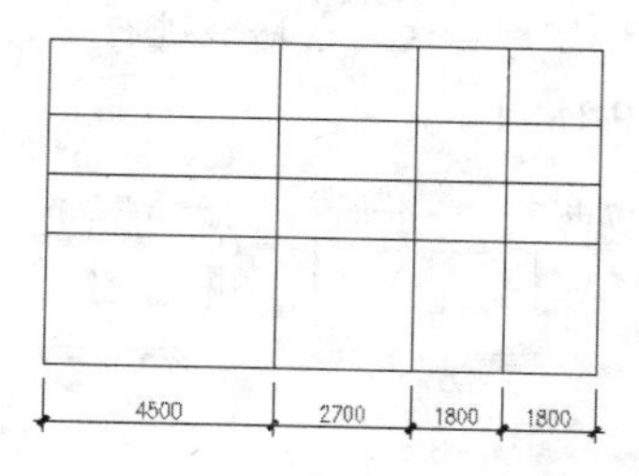

图 9-5

Step07 ▶ 在无命令执行的前提下，选择最右侧垂直轴线，使其呈现夹点显示状态，然后选择最下侧的夹点，将其向上移动到第 3 条水平线右端点位置，如图 9-6 所示。

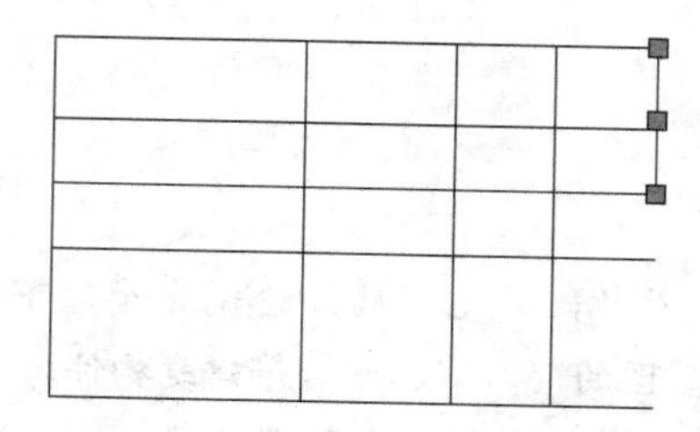

图 9-6

Step08 ▶ 按 Esc 键，取消对象的夹点显示状态。

Step09 ▶ 参照 Step07 操作步骤，配合“端点”捕捉和“交点”捕捉功能，分别对其他轴线进行夹点拉伸，编辑结果如图 9-7 所示。

Step10 ▶ 打开状态栏上的【极轴追踪】功能，并设置增量角为 45°。

Step11 ▶ 使用快捷命令“L”激活【直线】命令，捕捉图 9-7 所示的交点 A。

Step12 ▶ 向右上引出 45° 的极轴追踪矢量，捕捉追踪线与上水平线的交点，按 Enter 键结束操作，如图 9-8 所示。

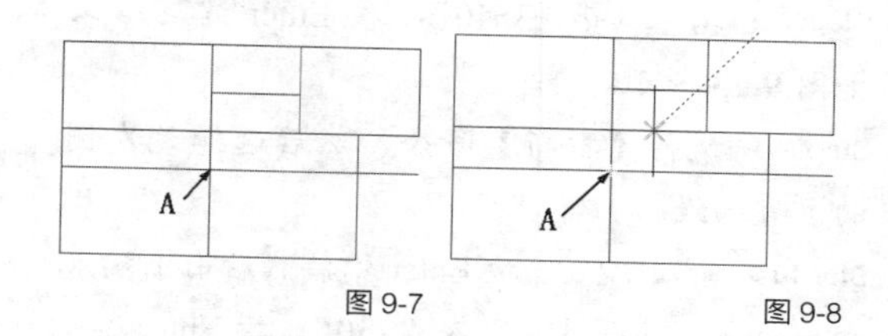

图 9-7 图 9-8

Step13 ▶ 使用快捷命令“TR”激活【修剪】命令，以绘制的斜线与第 2 条水平线作为修剪边界，对第 2 条垂直线和第 3 条水平线进行修剪，如图 9-9 所示。

Step14 ▶ 单击【修改】菜单中的【删除】命令，删除第 4 条水平轴线，结果如图 9-10 所示。

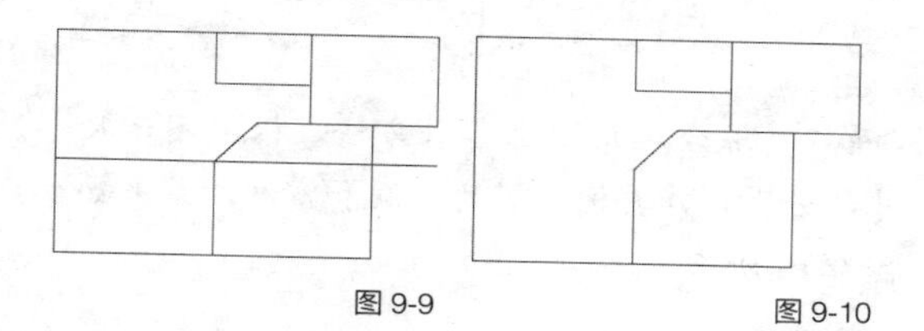

图 9-9 图 9-10

Step15 ▶ 至此，小户型图墙体定位轴线绘制完毕，下面将在定位轴线上创建门窗洞口。

2. 绘制门窗洞

Step01 ▶ 使用快捷命令“O”激活【偏移】命令，将最左侧的垂直轴线向右偏移 650 和 3200 个绘图单位，如图 9-11 所示。

Step02 ▶ 使用快捷命令“TR”激活【修剪】命令，以刚偏移出的两条辅助轴线作为边界，对下侧的水平轴线进行修剪，以创建宽度为 3200 的门洞，结果如图 9-12 所示。

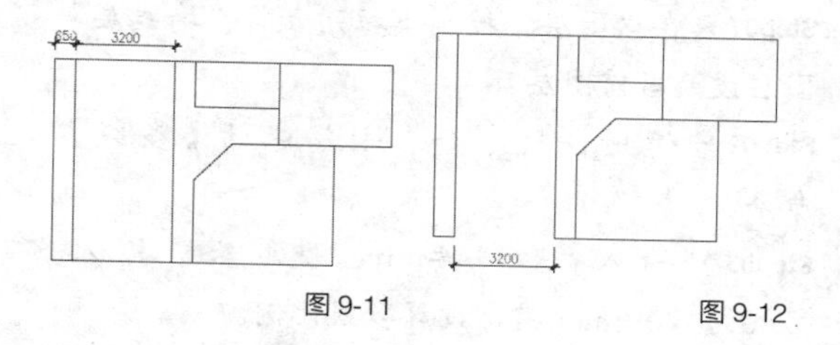

图 9-11 图 9-12

Step03 ▶ 删除刚偏移出的两条垂直辅助线。

Step04 ▶ 使用快捷命令“BR”激活【打断】命令。

Step05 ▶ 选择最左侧的垂直轴线，然后输入“F”，按 Enter 键。

Step06 ▸ 激活捕捉“自”功能，捕捉最左侧垂直线的下端点。

Step07 ▸ 输入“@0,180”，按 Enter 键。

Step08 ▸ 输入“@0,3540”，按 Enter 键，结果如图 9-13 所示。

Step09 ▸ 执行【打断】命令，然后选择最左侧的垂直轴线。

Step10 ▸ 输入“F”，按 Enter 键，然后由上端点向下引出延伸矢量，输入“750”，按 Enter 键

Step11 ▸ 输入“@0,-1500”，按 Enter 键，结果如图 9-14 的所示。

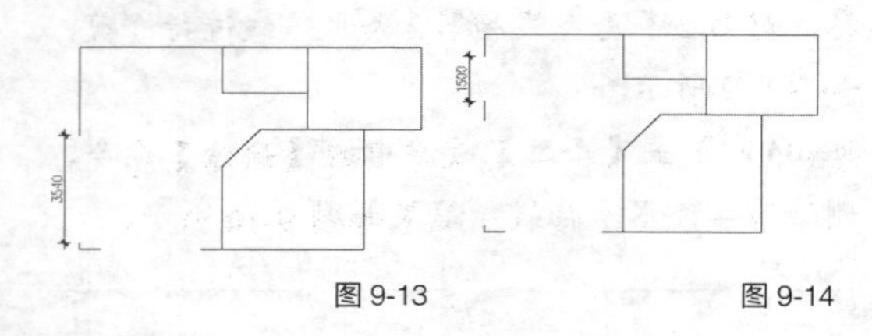

图 9-13　　图 9-14

Step12 ▸ 综合运用以上各种方法，根据图示尺寸，分别创建其他位置的门洞和窗洞，结果如图 9-15 所示。

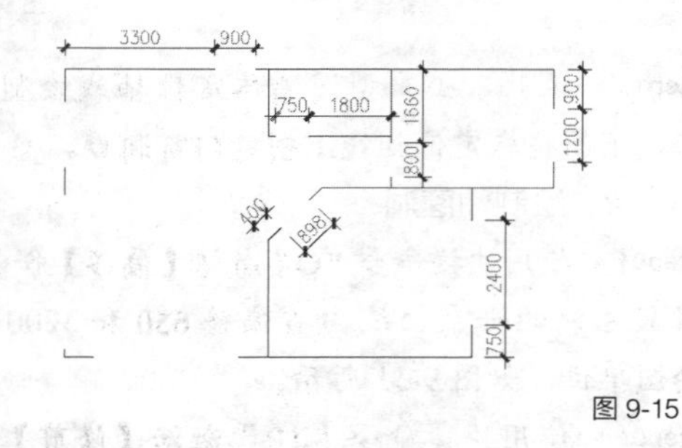

图 9-15

Step13 ▸ 至此，门窗洞口创建完毕，下面绘制主次墙线。

3. 绘制主次墙线

Step01 ▸ 在“图层”控制下拉列表将“墙线层”图层设为当前图层。

Step02 ▸ 使用快捷命令“ML”激活【多线】命令。

Step03 ▸ 输入“S”，按 Enter 键，然后输入“240”，按 Enter 键，设置多线比例。

Step04 ▸ 输入“J”，按 Enter 键，继续输入“Z”，按 Enter 键，设置“无对正”方式。

Step05 ▸ 配合“端点”捕捉功能，绘制主墙线，结果如图 9-16 所示。

Step06 ▸ 执行【多线】命令，设置多线对正方式不变，设置多线比例为 120，绘制其他次墙线，结果如图 9-17 所示。

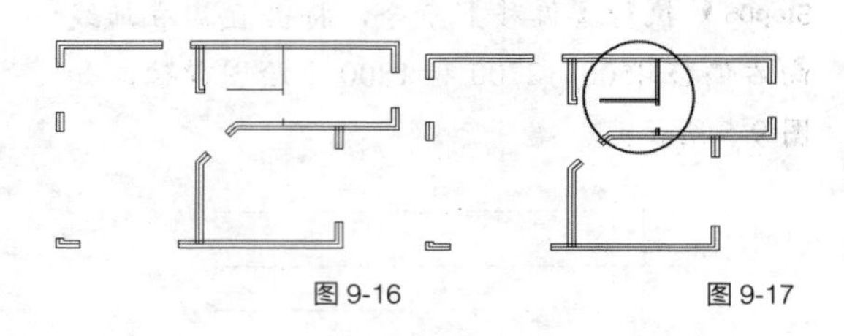

图 9-16　　图 9-17

Step07 ▸ 双击任意多线打开【多线编辑工具】对话框。

Step08 ▸ 单击“T 形合并”按钮返回绘图区，

Step09 ▸ 单击垂直多线，继续单击与其 T 形相交的水平墙线，将这两条墙线进行 T 形合并，结果如图 9-18 所示。

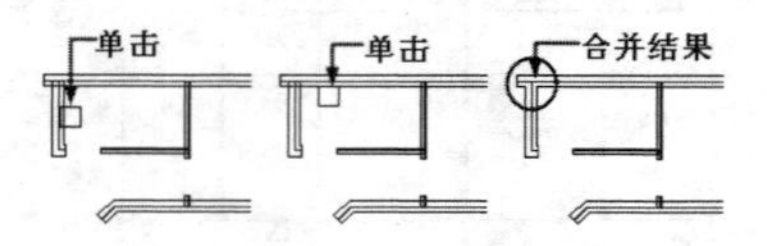

图 9-18

Step10 ▸ 使用相同的方法，继续对其他 T 形相交的墙线进行合并，结果如图 9-19 所示。

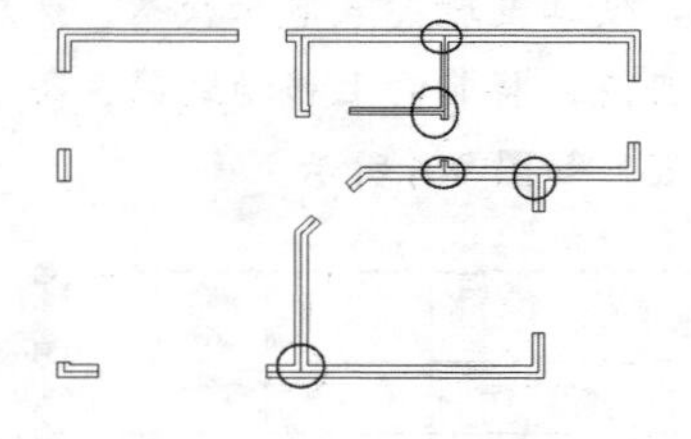

图 9-19

Step11 ▸ 至此，户型图墙线绘制完毕，下面绘制小户型图的门、窗、阳台等建筑构件。

4. 绘制平面门、窗及阳台

Step01 ▸ 在“图层”控制下拉列表中将“门窗层”图形设置为当前图层，并将“轴线层”图形暂时隐藏。

Step02 ▸ 执行【格式】/【多线样式】命令，在打开的【多线样式】对话框中设置“窗线样式”为当前样式。

Step03 ▸ 依照前面绘制墙线的方法，配合“中点”捕捉功能，在窗洞位置绘制各窗线，结果如图 9-20 所示。

Step04 ▸ 按 Enter 键，重复执行【多线】命令。

Step05 ▸ 输入“J”，按 Enter 键，然后输入“B”，按 Enter 键，设置“下对正”方式。

Step06 ▸ 捕捉左侧垂直墙线的端点，输入“@0,1440”，按 Enter 键。

Step07 ▸ 向右引出追踪线，然后由第 2 条垂直墙线的下端点引出追踪线，捕捉追踪线的交点。

Step08 ▸ 输入“@0,1440”，按 Enter 键，绘制结果如图 9-21 所示。

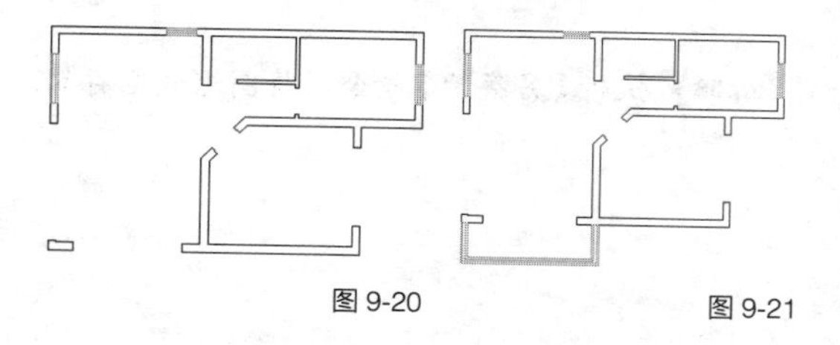

图 9-20　　图 9-21

Step09 ▸ 参照上一步骤，根据图示尺寸，配合“捕捉”与“追踪”功能绘制右边位置的阳台线，绘制结果如图 9-22 所示。

Step10 ▸ 使用快捷命令“PL”激活【多段线】命令。

Step11 ▸ 捕捉左侧墙线的内端点，然后输入“@-670,670”，按 Enter 键。

Step12 ▸ 输入“@0,2200”，按 Enter 键。

Step13 ▸ 输入“@670,670”，按 Enter 键。

Step14 ▸ 按 Enter 键，绘制结果如图 9-23 所示。

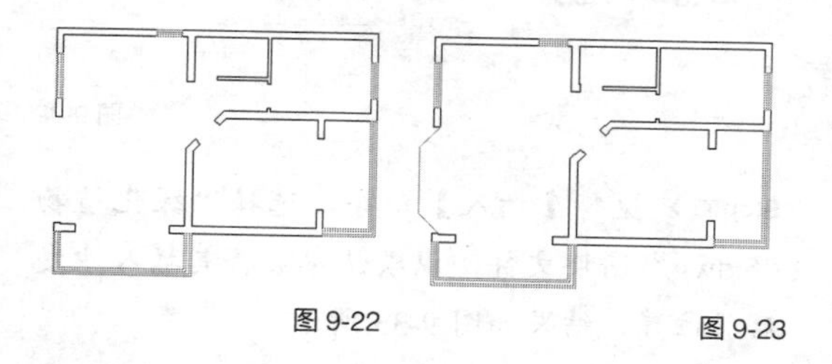

图 9-22　　图 9-23

Step15 ▸ 使用快捷命令“O”激活【偏移】命令，将刚绘制好的窗子轮廓线向左偏移 56、112、170 个绘图单位，然后使用【修剪】命令，以墙线作为修剪边界，对偏移出的多段线进行修剪，结果如图 9-24 所示。

Step16 ▸ 至此，小户型窗线和阳台线绘制完毕，下面插入单开门和阳台推拉门。

5. 插入单开门和推拉门

Step01 ▸ 使用快捷命令“I”打开【插入】对话框。

Step02 ▸ 分别选择随书光盘“图块文件”目录下的“小户型推拉门 01.dwg”和“小户型推拉门 02.dwg”的图块文件，使用默认设置，将其插入客厅阳台和卧室阳台位置，效果如图 9-25 所示。

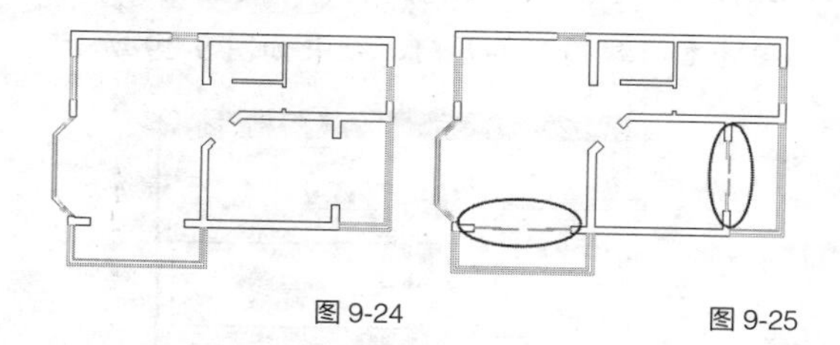

图 9-24　　图 9-25

Step03 ▸ 按 Enter 键，重复执行【插入】命令，选择随书光盘“图块文件”目录下的“单开门 .dwg”，并进行参数设置，将其插入餐厅房屋入口门洞位置，效果如图 9-26 所示。

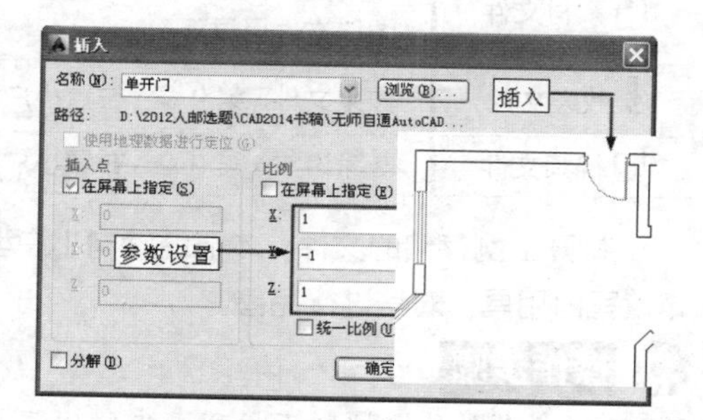

图 9-26

Step04 ▸ 执行【插入块】命令，设置插入参数，向卫生间门洞插入单开门，效果如图 9-27 所示。

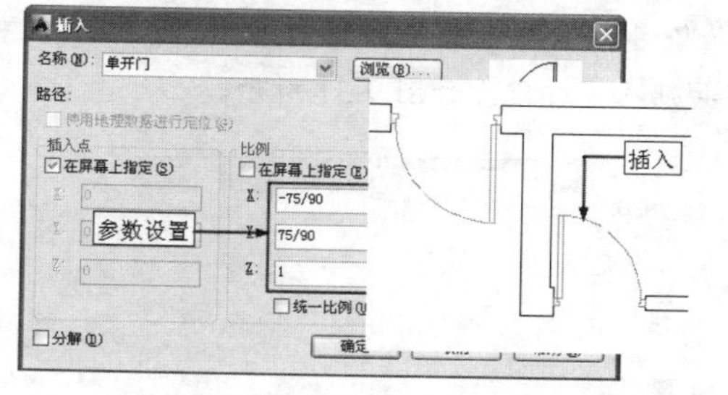

图 9-27

Step05 ▸ 执行【插入块】命令，设置插入参数，向厨房门洞插入单开门，效果如图 9-28 所示。

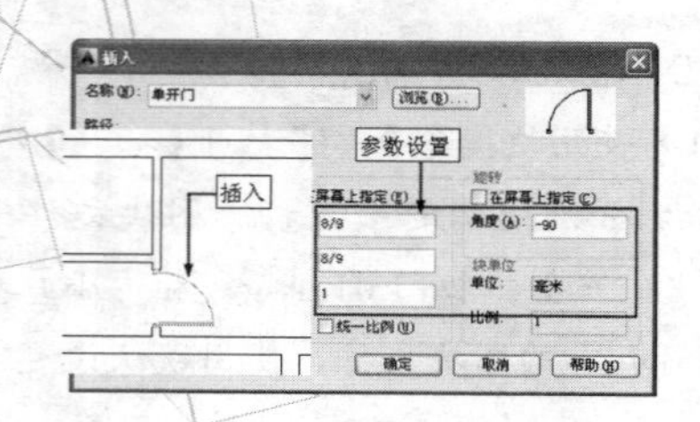

图 9-28

Step06 ▶ 执行【插入块】命令，设置插入参数，向卧室门洞插入单开门，效果如图 9-29 所示。

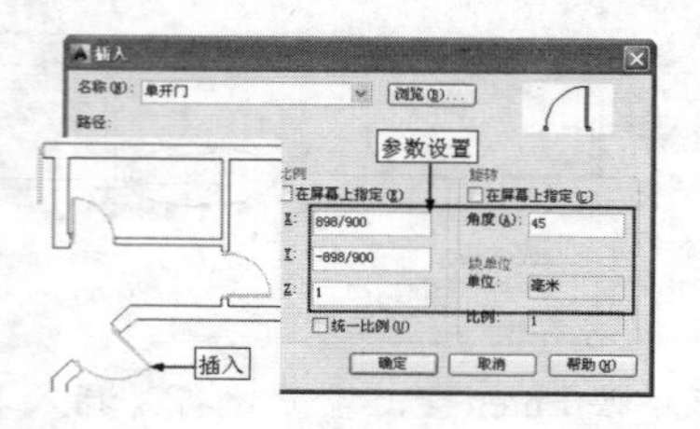

图 9-29

Step07 ▶ 调整视图，使图形全部显示，最终效果如图 9-30 所示。

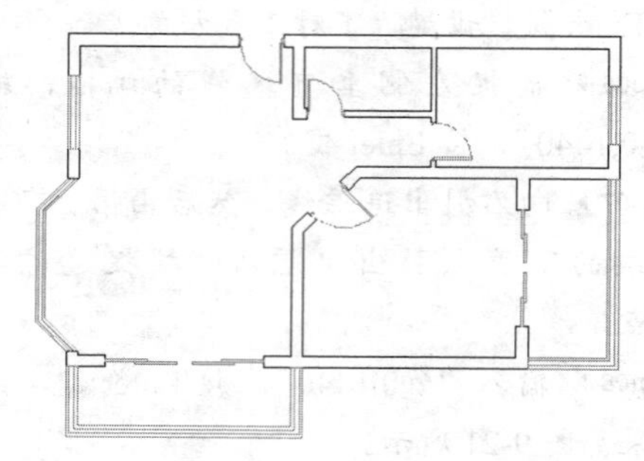

图 9-30

Step08 ▶ 执行【另存为】命令，将图形命名存储。

9.1.3 布置小户型室内用具

素材文件	效果文件 \ 第 9 章 \ 绘制小户型墙体结构图 .dwg 图块文件目录下
效果文件	效果文件 \ 第 9 章 \ 布置小户型室内用具 .dwg
视频文件	专家讲堂 \ 第 9 章 \ 布置小户型室内用具 .swf

打开上例存储的文件，本节继续向小户型布置室内用具，对其进行完善。

操作步骤

Step01 ▶ 在“图层”控制下拉列表中将“家具层”图层设置为当前图层。

Step02 ▶ 使用快捷命令“I”打开【插入】对话框。

Step03 ▶ 选择随书光盘“图块文件”目录下的“电视柜 .dwg”图块文件，采用默认设置，将其插入客厅中，如图 9-31 所示。

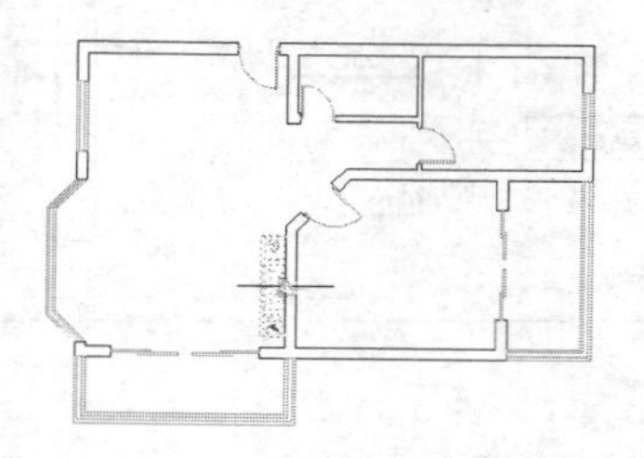

图 9-31

Step04 ▶ 执行【插入】命令，选择“小居室沙发组合 .dwg”图块文件，返回绘图区，由客厅窗线的端点向右引出追踪线，输入“585”，按 Enter 键，将其插入客厅，效果如图 9-32 所示。

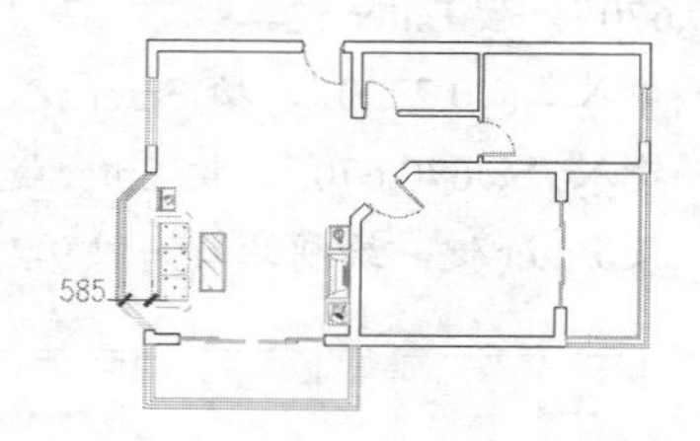

图 9-32

Step05 ▶ 执行【插入】命令，选择“绿化植物 05.dwg”图块文件，以默认参数将其插入沙发后面位置，结果如图 9-33 所示。

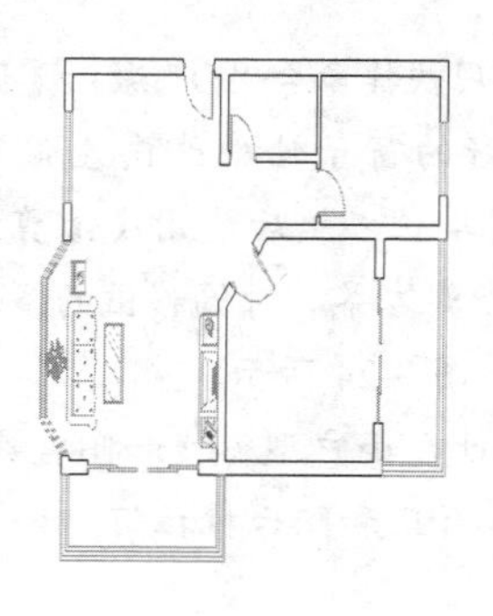

图 9-33

下面继续布置卧室用具

Step06 ▸ 执行【插入】命令，选择“小户型双人床.dwg”图块文件，并设置参数，将其插入卧室，效果如图 9-34 所示。

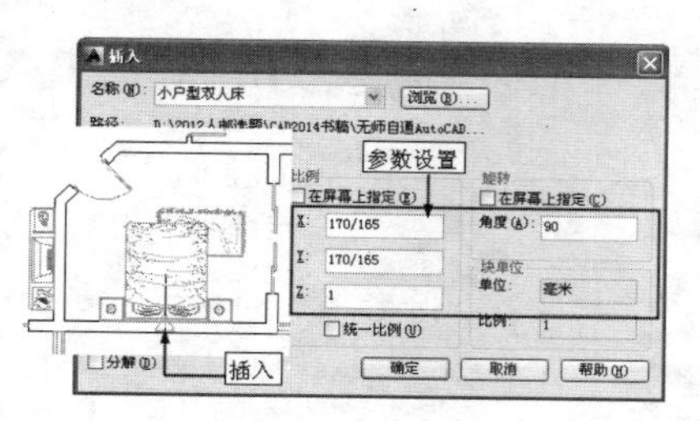

图 9-34

Step07 ▸ 执行【插入】命令，选择“衣柜.dwg”文件，设置旋转角度为 180°，其他设置默认，将其插入卧室，效果如图 9-35 所示。

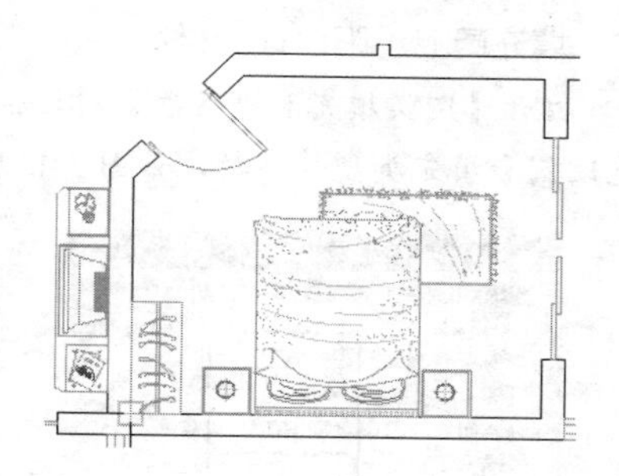

图 9-35

Step08 ▸ 参照上述操作，使用【插入】命令，向卧室布置“小居室卧室柜.dwg”“小居室卧室柜 01.dwg”和“小居室卧室电视.dwg”用具，然后将客厅的绿色植物复制到卧室，结果如图 9-36 所示。

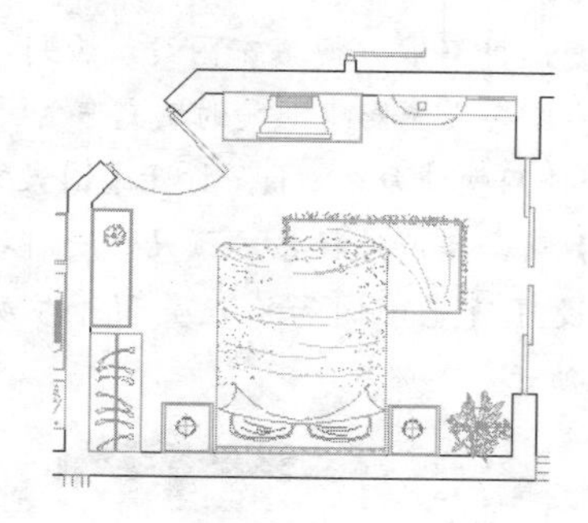

图 9-36

Step09 ▸ 参照上述操作，使用【插入】命令，向其他房间布置“图块文件”目录下的其他室内用具，效果如图 9-37 所示。

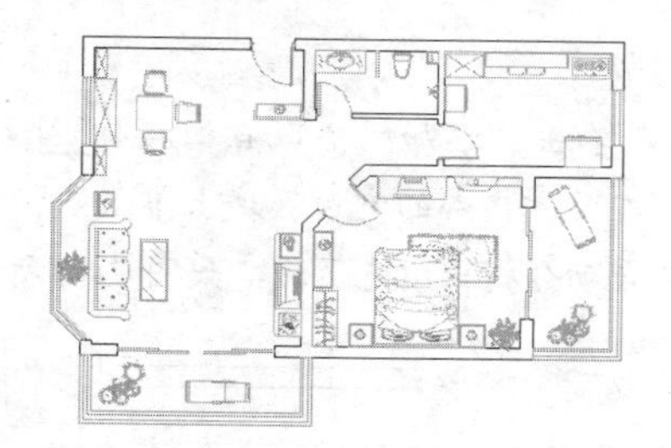

图 9-37

Step10 ▸ 至此，小居室室内用具布置完毕，将图形命名存储。

9.1.4 填充小户型地面材质

素材文件	效果文件 \ 第 9 章 \ 布置小户型室内用具 .dwg
效果文件	效果文件 \ 第 9 章 \ 填充小户型地面材质 .dwg
视频文件	专家讲堂 \ 第 9 章 \ 填充小户型地面材质 .swf

打开上例存储的文件，本节继续填充小户型地面材质，对其进行完善。

操作步骤

1. 填充卧室实木地板材质

Step01 ▸ 在“图层”控制下拉列表中将“填充层”图层设置为当前层。

Step02 ▸ 使用快捷命令“L”激活【直线】命令，配合“捕捉”功能分别将各房间两侧门洞连接起来，以形成封闭区域。

Step03 ▸ 使用快捷命令“PL”激活【多段线】命令，分别沿室内各家具边缘绘制闭合图形，然后冻结“家具层”和“图块层”图层，结果如图 9-38 所示。

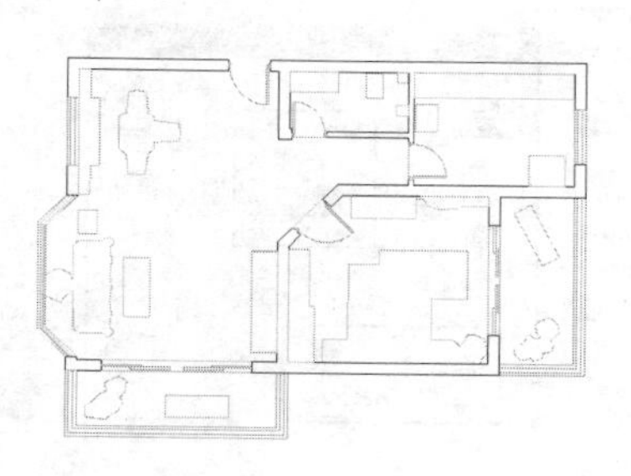

图 9-38

| 技术看板 |

沿家具边缘绘制闭合图形，并冻结“家具层”和“图块层”等图层，这样可以加快计算机的运算速度，更好地方便填充图案，否则，由于图块太多，会大大影响图案的填充速度。

Step04 ▸ 使用快捷命令“H”打开【图案填充和渐变色】对话框，选择系统预设的一种填充图案，并设置填充比例和填充类型等参数，如图 9-39 所示。

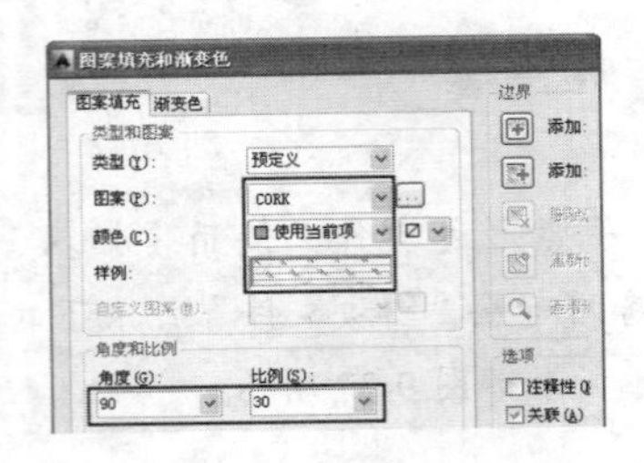

图 9-39

Step05 ▸ 单击“添加：拾取点”按钮返回绘图区，在卧室内部的空白区域上单击鼠标左键，系统会自动分析出填充区域，如图 9-40 所示。

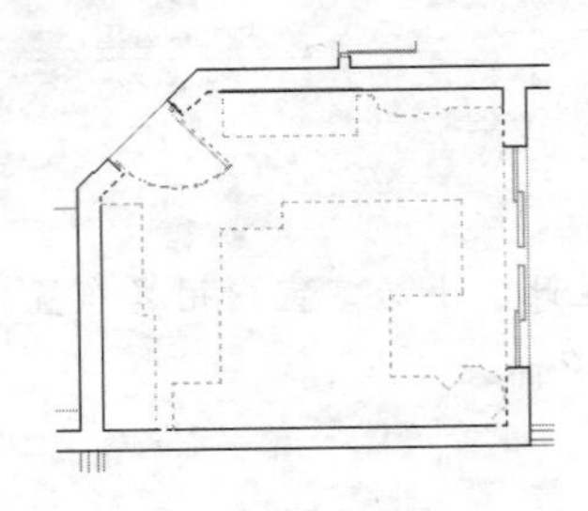

图 9-40

Step06 ▸ 按 Enter 键返回【图案填充和渐变色】对话框，单击 确定 按钮，即可为卧室填充地板装修图案。

2. 填充客厅与餐厅地面材质

Step01 ▸ 打开【图案填充和渐变色】对话框，设置填充比例和填充类型等参数，如图 9-41 所示。

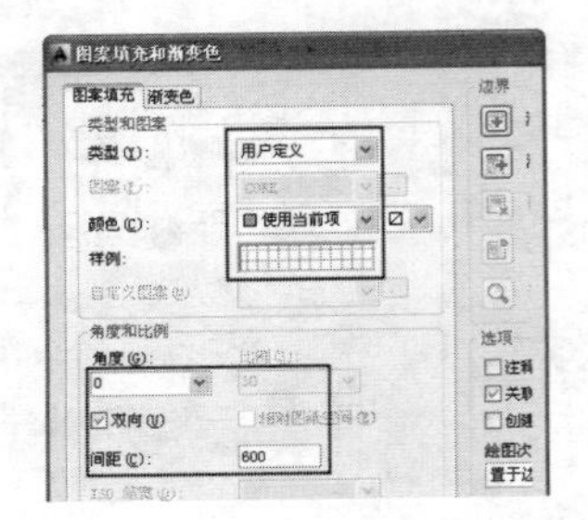

图 9-41

Step02 ▸ 单击“添加：拾取点”按钮返回绘图区，在客厅内部的空白区域上单击鼠标左键，系统会自动分析出填充区域，如图 9-42 所示。

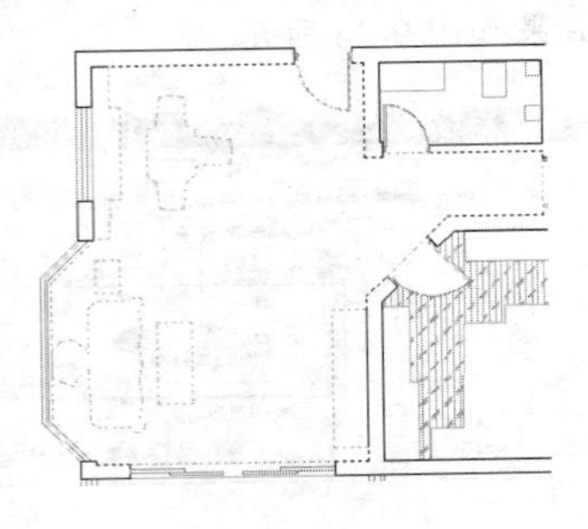

图 9-42

Step03 ▸ 按 Enter 键返回【图案填充和渐变色】对话框，单击 确定 按钮，向客厅和餐厅地面填充图案。

3. 填充厨卫与阳台地面材质

Step01 ▸ 打开【图案填充和渐变色】对话框，设置填充比例和填充类型等参数，如图 9-43 所示。

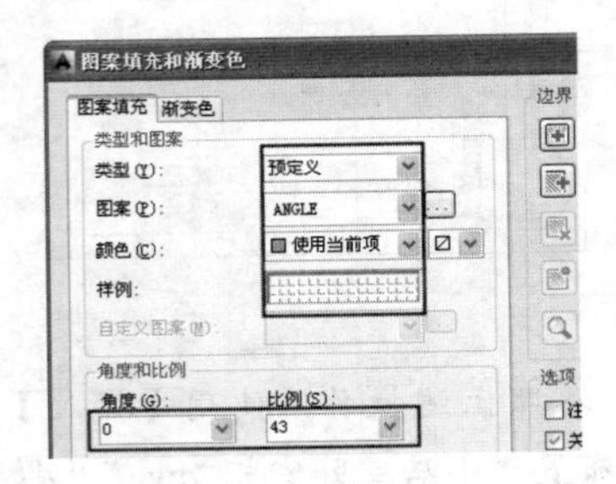

图 9-43

Step02 ▸ 单击“添加：拾取点”按钮返回绘图区，在卫生间、厨房和阳台空白区域上单击左键，系统会自动分析出填充区域，如图 9-44 所示。

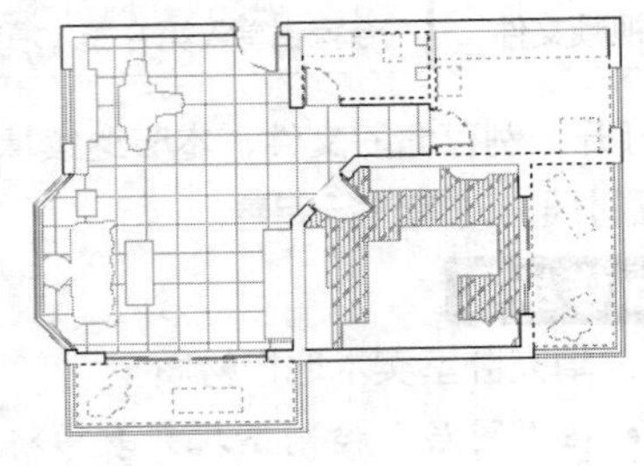

图 9-44

Step03 ▸ 按 Enter 键返回【图案填充和渐变色】对话框，单击 确定 按钮，即可填充地砖图案。

Step04 ▸ 至此，小户型地面材质填充完毕，解冻“家具层”和“图块层”图层，效果如图 9-45 所示。

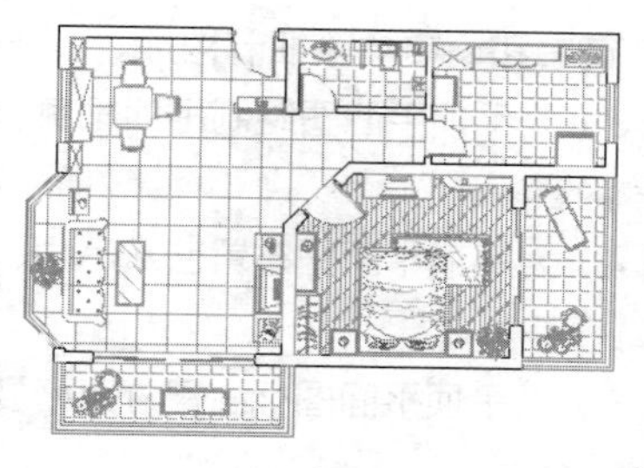

图 9-45

Step05 ▶ 执行【另存为】命令，将当前图形另名存储。

9.1.5　标注小户型尺寸与文字注释

素材文件	效果文件 \ 第 9 章 \ 填充小户型地面材质 .dwg
效果文件	效果文件 \ 第 9 章 \ 标注小户型尺寸与文字注释 .dwg
视频文件	专家讲堂 \ 第 9 章 \ 填充小户型尺寸与文字注释 .swf

打开上例存储的文件，本节继续标注小户型尺寸与文字注释，对其进行完善。

操作步骤

Step01 ▶ 标注房间功能。

Step02 ▶ 标注地面材质。

Step03 ▶ 标注投影符号。

详细的操作步骤请观看随书光盘中的视频文件“填充小户型尺寸与文字注释 .swf”。

9.2　绘制小户型吊顶装修图

吊顶装修图是室内装修工程中的重要图纸，也是室内设计中的重点内容，吊顶的装修设计直接影响整个室内设计风格和效果，因此，在进行室内装修设计时，吊顶的设计千万不能马虎。本节绘制如图 9-46 所示的小户型的吊顶装修图。

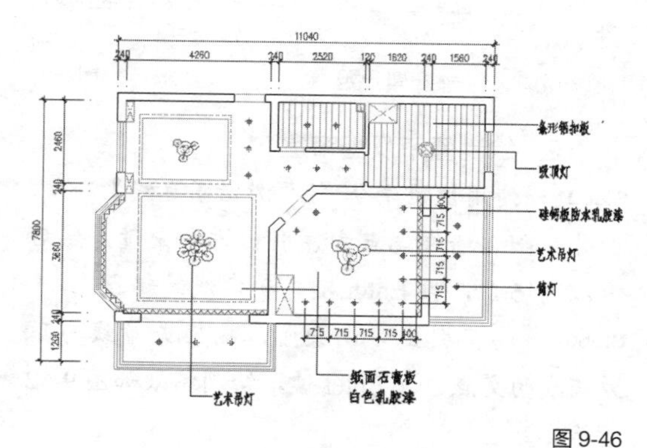

图 9-46

9.2.1　小户型吊顶设计理念与思路

1. 避免复杂的天花吊顶

小户型大多较矮，所以天花吊顶应点到为止，较薄的、造型较小的吊顶装饰应该成其首选，或者干脆不做吊顶。如果吊顶形状太规则，会使天花的空间区域感太强烈，不妨考虑做异形吊顶或木质、铝制的格栅吊顶。当然，可以在材料上做文章，选用一些新型材料或者打破常规的材料，既富有新意，又无局促感。

2. 避免单调的布光

由于小户型的吊顶造型较为简单，区域界线感不够强，这无形中给灯具的选择与使用造成了较大的难度。如果只放一个或几个主灯了事，就会显得过分单调。小空间的布光应该有主有次，主灯应大气明亮，以造型简洁的吸顶灯为主，辅之以台灯、壁灯、射灯等加以补充，相配的灯具和光线的运用，会使空间氛围更好。另外，还要强调灯具的功能性、层次感，不同的光源效果交叉使用，主体突出，功能明确。

3. 避免暗哑的墙面颜色

空间狭小的户型主体颜色的选择难度较大，一般选择明度与纯度都较低的色系，也就是常说的灰色系，因为颜色的纯度越强烈，越是先映入眼帘，这会让人有挤压感，心理上感觉空间缩小了。因此，明度的选择应以相对明亮的颜色为主，明度较高，感官上会有延展性，这就是我们通常所说的“宽敞明亮”。

在设计并绘制小户型吊顶图时，具体可以参照如下思路。

（1）在布置图的基础上，初步准备墙体平面图。

（2）补画天花图细部构件，具体有门洞、窗洞、窗帘和窗帘盒等细节构件。

（3）为吊顶平面图绘制吊顶轮廓、灯池及灯带等内容。

（4）为吊顶平面图布置艺术吊顶、吸顶灯以及筒灯等。

（5）为吊顶平面图标注尺寸及必要的文字注释。

9.2.2 绘制小户型吊顶轮廓图

素材文件	效果文件 \ 第 9 章 \ 标注小户型尺寸与文字注释 .dwg
效果文件	效果文件 \ 第 9 章 \ 绘制小户型吊顶轮廓图 .dwg
视频文件	专家讲堂 \ 第 9 章 \ 绘制小户型吊顶轮廓图 .swf

打开上一节存储的图形文件，下面将在该图形的基础上绘制如图 9-47 所示的小户型吊顶轮廓图。

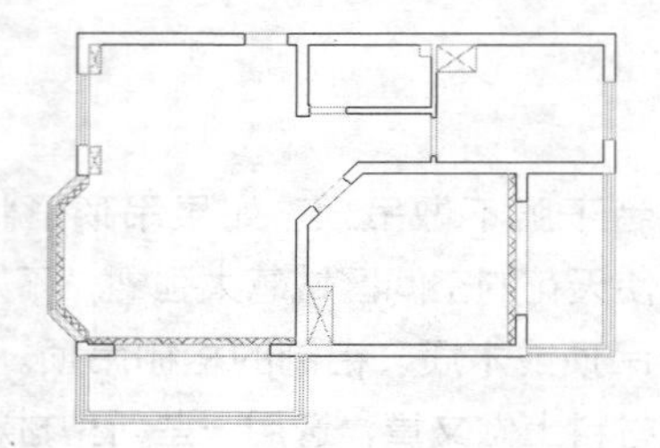

图 9-47

操作步骤

1. 整理图形

Step01 ▸ 在“图层”控制下拉列表中将“吊顶层”图层设置为当前图层。

Step02 ▸ 冻结“尺寸层”“家具层”“图块层”“其他层”以及“文本层”等与当前操作无关的其他图层，此时平面图的显示效果如图 9-48 所示。

Step03 ▸ 在无命令执行的前提下，夹点显示平面窗及阳台轮廓线，并将其放入“吊顶层”图层，如图 9-49 所示。

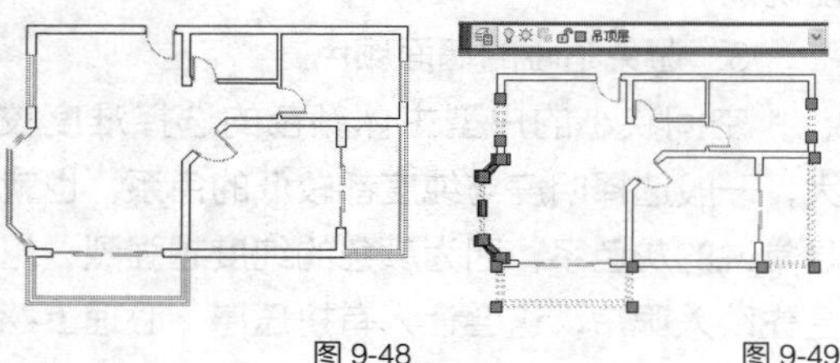

图 9-48　　图 9-49

Step04 ▸ 将“门窗层”图层冻结，然后使用快捷命令“L”激活【直线】命令，分别连接各门洞两侧的端点，绘制过梁底面的轮廓线，结果如图 9-50 所示。

Step05 ▸ 暂时解冻“家具层”图层，依照餐厅柜、卫生间排气孔以及卧室衣橱等图块边缘绘制其轮廓线，最后再次将“家具层”图层冻结，效果如图 9-51 所示。

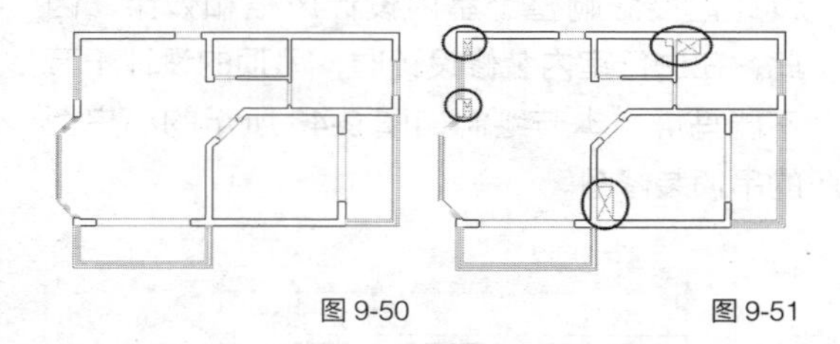

图 9-50　　图 9-51

2. 绘制窗帘及窗帘盒

Step01 ▸ 使用快捷命令“L”激活【直线】命令，由卧室阳台墙线端点向左引出方向矢量，然后输入“150”，按 Enter 键，确定线的起点。

Step02 ▸ 向下引出方向矢量，捕捉矢量线与下方墙线的交点，按 Enter 键，绘制结果如图 9-52 所示。

Step03 ▸ 使用快捷命令“O”激活【偏移】命令，将绘制的直线向右偏移 75 个绘图单位作为窗帘轮廓线，如图 9-53 所示。

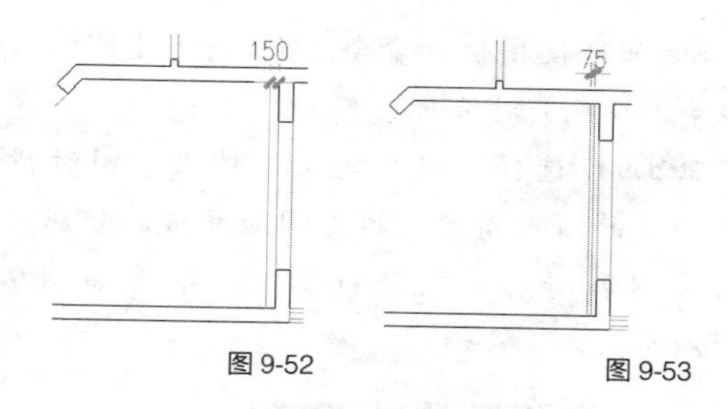

图 9-52　　　图 9-53

Step04 ▸ 单击【格式】菜单中的【线型】命令，打开【线型管理器】对话框，加载名为“ZIGZAG”的线型，并设置线型比例为 10。

Step05 ▸ 夹点显示窗帘轮廓线，在【特性】窗口中修改窗帘轮廓线的线型为加载的线型，并设置线型颜色，如图 9-54 所示。

Step06 ▸ 关闭【特性】窗口，并取消对象的夹点显示，窗帘效果如图 9-55 所示。

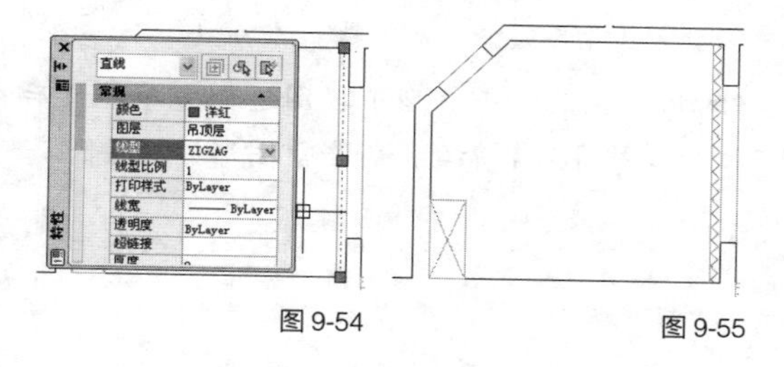

图 9-54　　　图 9-55

Step07 ▸ 参照相同的操作步骤，绘制客厅房间内的窗帘及窗帘盒轮廓线。

Step08 ▸ 使用快捷命令“O”激活【偏移】命令，将客厅的窗线向内偏移 75 和 150 个绘图单位，然后以餐厅下方的立柜下端点作为起点，绘制一条垂直线，如图 9-56 所示。

Step09 ▸ 使用快捷命令“TR”激活【修剪】命令，以垂直轮廓线作为边界，对偏移出的窗帘及窗帘盒轮廓线进行修剪，然后以窗帘盒作为修剪边，对垂直线进行修剪，结果如图 9-57 所示。

Step10 ▸ 在无命令执行的前提下选择窗帘轮廓线，在【特性】窗口中修改其线型及颜色，结果如图 9-58 所示。

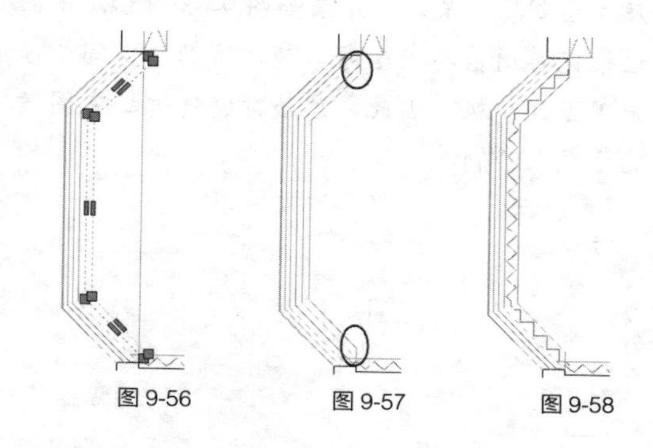

图 9-56　　　图 9-57　　　图 9-58

Step11 ▸ 至此，吊顶轮廓图绘制完毕，将该图形进行命名保存。

9.2.3　完善小户型吊顶图

素材文件	效果文件 \ 第 9 章 \ 绘制小户型吊顶轮廓图 .dwg
效果文件	效果文件 \ 第 9 章 \ 完善小户型吊顶图 .dwg
视频文件	专家讲堂 \ 第 9 章 \ 完善小户型吊顶图 .swf

打开上一节存储的图形文件，下面继续完善小户型吊顶图，效果如图 9-59 所示。

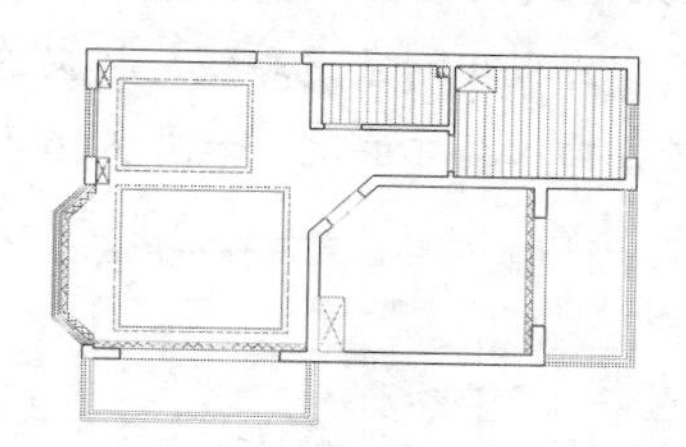

图 9-59

操作步骤

Step01 ▸ 使用快捷命令“REC”激活【矩形】命令。

Step02 ▸ 按住 Shift 键单击右键，选择“自”选项，然后捕捉客厅右下端点。

Step03 ▸ 输入“@-500,330”，按 Enter 键确定第 1 点。

Step04 ▸ 输入“@-3260,3030”，按 Enter 键确定另一点，结果如图 9-60 所示。

Step05 ▸ 使用快捷命令“O”激活【偏移】命令，将刚绘制的矩形向外偏移 100 个绘图单位作为灯带轮廓线，结果如图 9-61 所示。

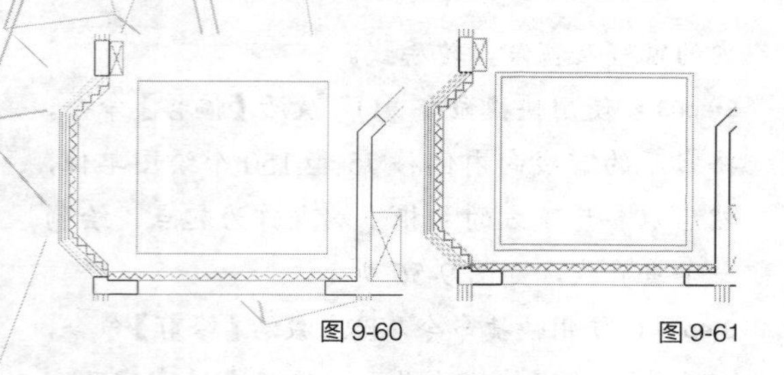
图 9-60　　图 9-61

Step06 ▶ 夹点显示偏移出的灯带轮廓线，在“线型控制”下拉列表中更改其线型为“DASHED”，按 Esc 键取消夹点显示，效果如图 9-62 所示。

Step07 ▶ 依照绘制客厅吊顶的方法，根据图示尺寸绘制餐厅吊顶，结果如图 9-63 所示。下面继续完善厨房与卫生间吊顶，这两个空间吊顶采用了铝扣板，因此，该吊顶将通过填充图案的方式来绘制。

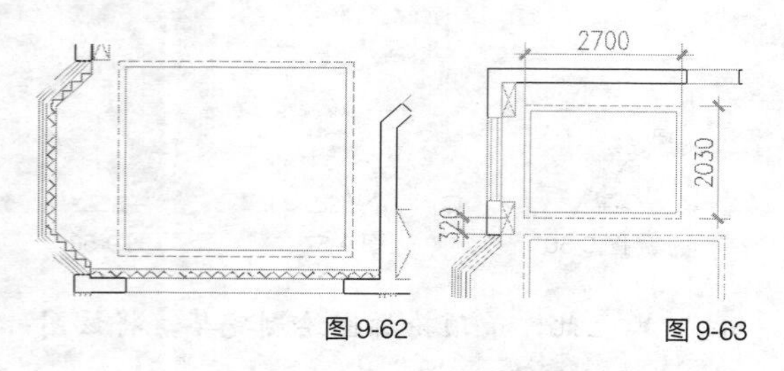

图 9-62　　图 9-63

Step08 ▶ 使用快捷命令“H”打开【图案填充和渐变色】对话框。

Step09 ▶ 选择“用户定义”图案，同时设置图案的填充角度及填充间距参数，分别对卫生间和厨房吊顶进行填充，结果如图 9-64 所示。

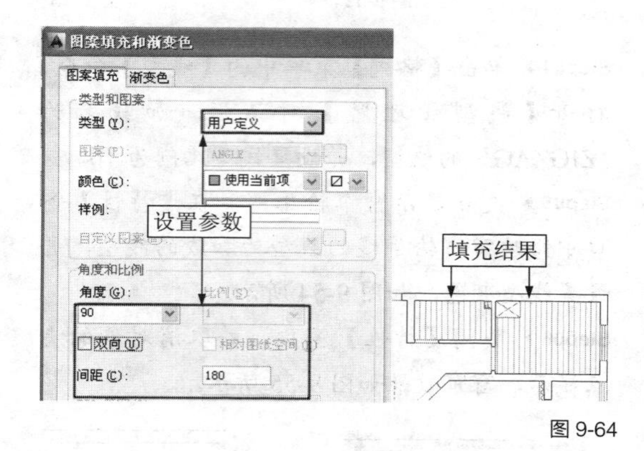

图 9-64

Step10 ▶ 至此，小户型吊顶图绘制完毕，最后执行【另存为】命令，将当前图形另名存储。

9.2.4　布置小户型吊顶灯具

素材文件	效果文件 \ 第 9 章 \ 完善小户型吊顶图 .dwg
效果文件	效果文件 \ 第 9 章 \ 布置小户型吊顶灯具 .dwg
视频文件	专家讲堂 \ 第 9 章 \ 布置小户型吊顶灯具 .swf

打开上一节存储的图形文件，下面继续布置小户型吊顶灯具，效果如图 9-65 所示。

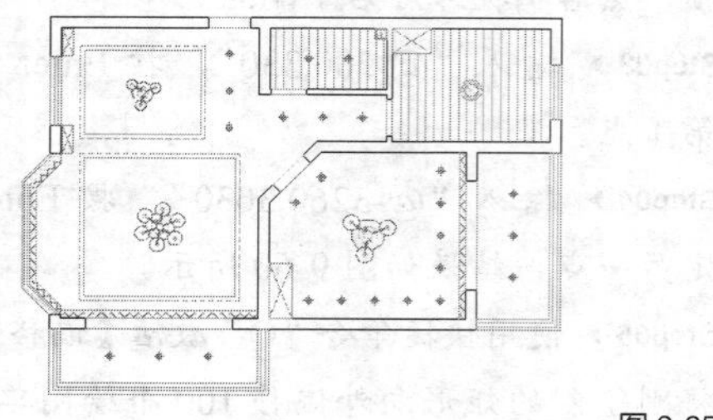
图 9-65

操作步骤

1. 插入客厅与餐厅艺术吊灯

Step01 ▶ 使用快捷命令“I”打开【插入】对话框，选择随书光盘“图块文件”目录下的“艺术吊灯 01.dwg”图块文件。

Step02 ▶ 采用默认参数，确认返回绘图区，由客厅吊顶中点引出两条追踪线，捕捉追踪线的交点，将其插入客厅吊顶，如图 9-66 所示。

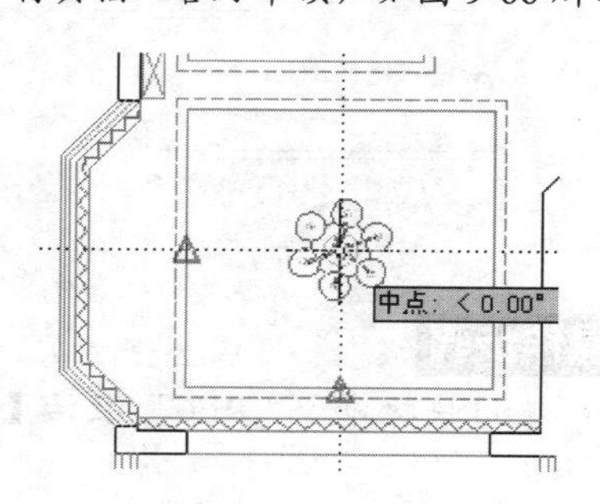

图 9-66

Step03 ▸ 执行【插入块】命令，选择随书光盘“图块文件”目录下的“艺术吊灯 02.dwg”图块文件，设置参数，将其插入餐厅吊顶，如图 9-67 所示。

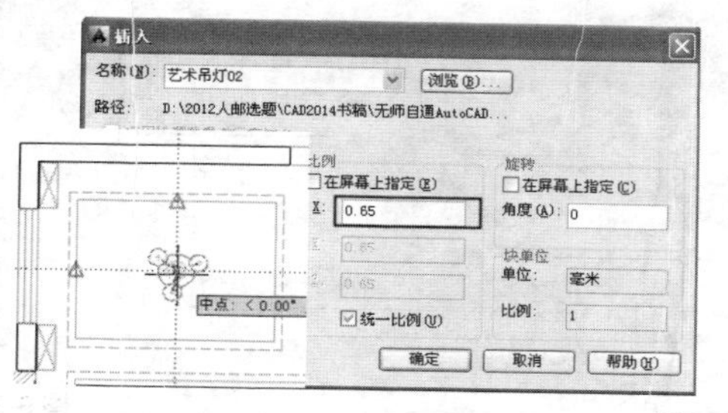

图 9-67

2. 布置厨房与卧室吸顶灯

Step01 ▸ 使用快捷命令“I”打开【插入】对话框，选择随书光盘“图块文件”目录下的“吸顶灯 .dwg”图块文件。

Step02 ▸ 采用默认参数，由餐厅吊顶中点引出两条追踪线，捕捉追踪线的交点，将其插入餐厅吊顶，如图 9-68 所示。

Step03 ▸ 在厨房吊顶填充图案上双击左键，打开【图案填充编辑】对话框，单击“添加：选择对象”按钮返回绘图区，选择插入的吸顶灯，然后按 Enter 键再次返回【图案填充编辑】对话框。

Step04 ▸ 单击 确定 按钮确认，此时吸顶灯下方的填充图案被删除，如图 9-69 所示。

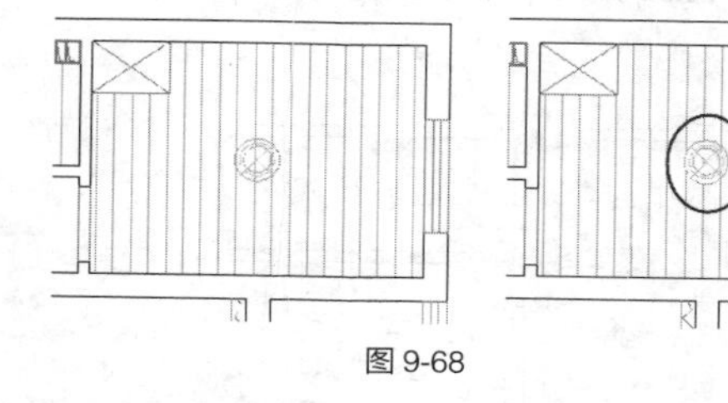

图 9-68　　图 9-69

Step05 ▸ 依照前面的操作，继续使用【插入】命令，采用默认参数将“艺术吊灯 02.dwg”插入卧室吊顶，效果如图 9-70 所示。

3. 布置卧室辅助灯具

Step01 ▸ 单击【格式】/【点样式】命令，在打开的【点样式】对话框设置当前点的样式与大小，如图 9-71 所示。

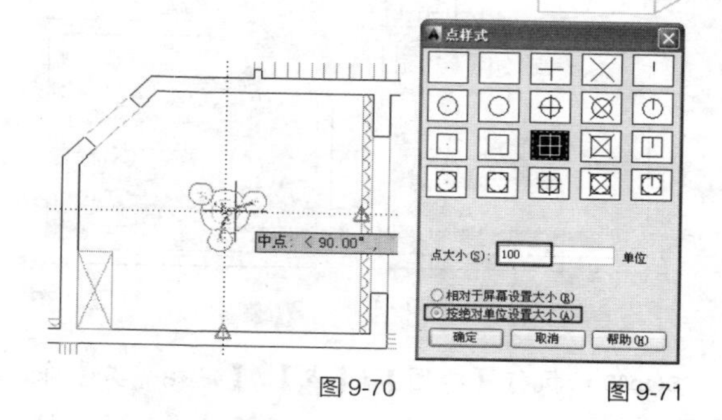

图 9-70　　图 9-71

Step02 ▸ 使用快捷命令“O”激活【偏移】命令，将卧室房间的窗帘盒和门洞处的直线向内偏移 400 个绘图单位，结果如图 9-72 所示。

Step03 ▸ 使用快捷命令“EX”激活【延伸】命令，以卧室的两条墙线作为边界，对卧室门洞位置的直线进行延伸。

Step04 ▸ 在无任何命令发出的情况下，单击偏移的窗帘盒垂直线使其夹点显示，单击下方的夹点进入夹基点，然后向上引导光标，输入“400”，按 Enter 键，将其向上缩短 400 个绘图单位，结果如图 9-73 所示。

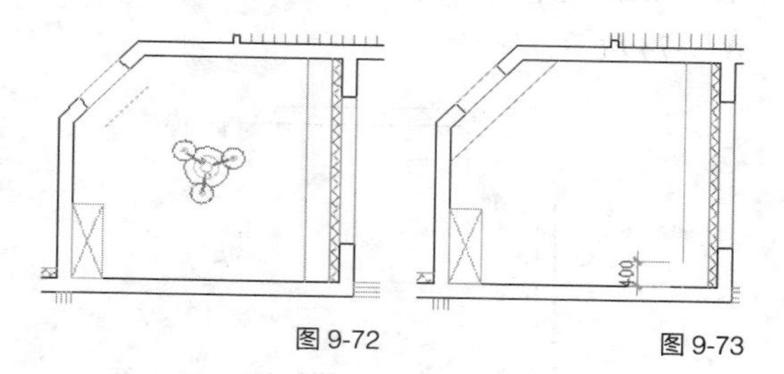

图 9-72　　图 9-73

Step05 ▸ 在【特性】工具栏设置当前颜色为“洋红”，然后使用快捷命令“L”激活【直线】命令，以右边垂直线的下端点作为起点，向左引出追踪线，捕捉追踪线与左边衣柜轮廓线的交点，绘制水平线，如图 9-74 所示。

Step06 ▸ 使用夹点编辑功能，将垂直线的上端向下缩短 400 个绘图单位。

Step07 ▸ 执行【绘图】/【点】/【定数等分】命令，选择倾斜辅助线，然后输入“3”，按 Enter 键，对该线进行等分，结果如图 9-75 所示。

Step08 ▸ 执行【绘图】/【点】/【定距等分】命令，在垂直线下端单击，然后输入“715”，按 Enter 键进行等分，结果如图 9-76 所示。

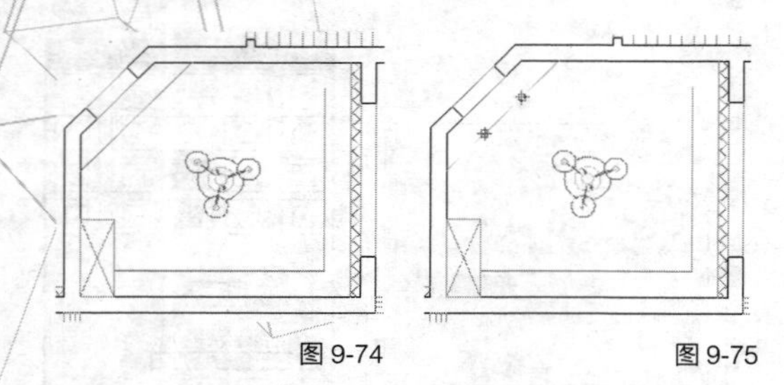

图 9-74　　　　图 9-75

Step09 ▸ 执行【绘图】/【点】/【定距等分】命令，在水平线右端单击，然后输入“715”，按 Enter 键进行等分，结果如图 9-77 所示。

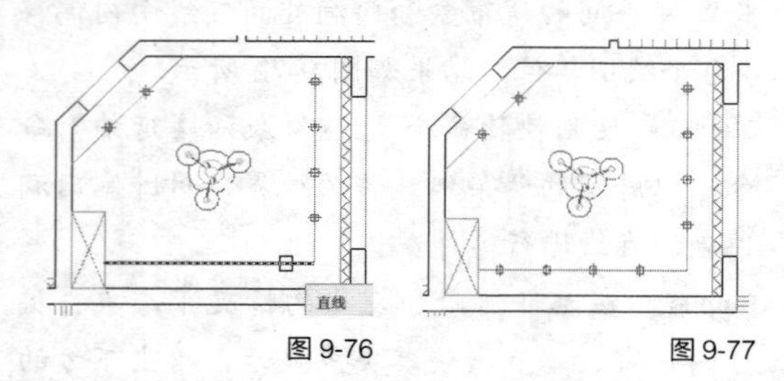

图 9-76　　　　图 9-77

Step10 ▸ 使用快捷命令“CO”激活【复制】命令，选择一个点标记，将其复制到水平定线的右端点上，然后删除三条定位辅助线，结果如图 9-78 所示。

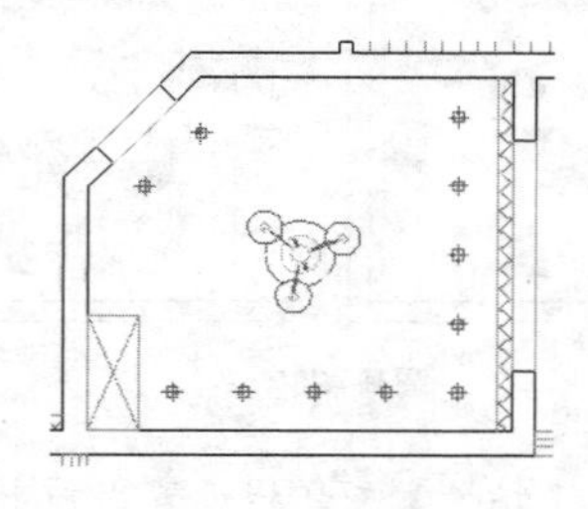

图 9-78

4. 布置阳台、卫生间筒灯

Step01 ▸ 使用快捷命令“L”激活【直线】命令，配合“中点”捕捉和“交点”捕捉等功能，分别在阳台、卫生间以及过道上等位置绘制如图 9-79 所示的 5 条直线作为灯具的定位辅助线。

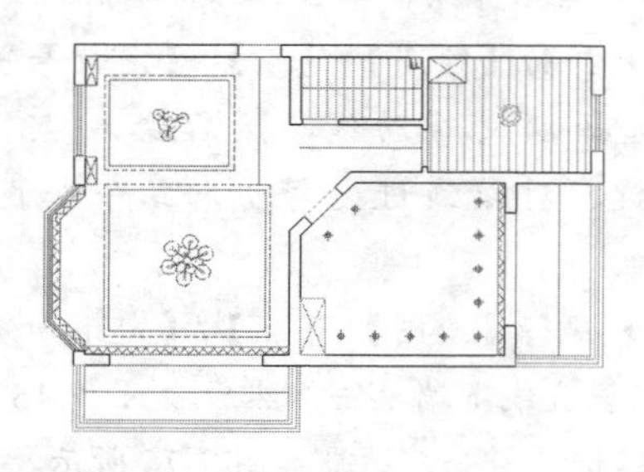

图 9-79

Step02 ▸ 使用快捷命令“DIV”激活【定数等分】命令，将卫生间定位辅助线等分为 2 份；将客厅和卧室阳台辅助线等分为 4 份，结果如图 9-80 所示。

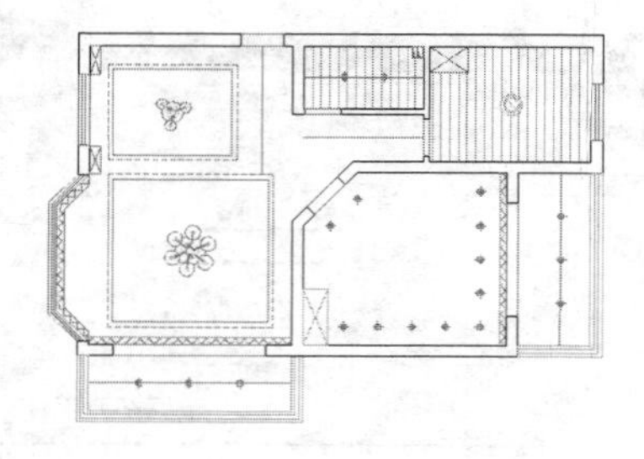

图 9-80

Step03 ▸ 执行【绘图】/【点】/【多点】命令，分别在过道定位线的中点处绘制点作为筒灯。

Step04 ▸ 使用快捷命令“CO”激活【复制】命令，选择卫生间过道上的点，按 Enter 键结束选择。

Step05 ▸ 拾取任一点，然后输入“@850,0”，按 Enter 键。

Step06 ▸ 输入“@-850,0”，按 Enter 键。

Step07 ▸ 按 2 次 Enter 键，重复【复制】命令。

Step08 ▸ 选择餐厅定位线上的点，按 Enter 键。

Step09 ▸ 拾取任一点，然后输入“@0, 800”，按 Enter 键。

Step10 ▸ 输入“@0, -800”，按 Enter 键。

Step11 ▸ 按 Enter 键结束命令，复制结果如图 9-81 所示。

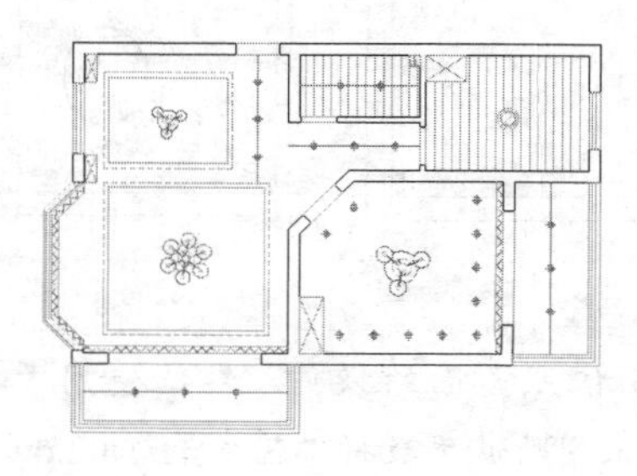

图 9-81

Step12 ▸ 使用快捷命令“E”激活【删除】命令，删除各位置的灯具定位辅助线，完成辅助灯具的添加。

Step13 ▸ 执行【另存为】命令，将当前图形另名存储。

9.2.5　标注小户型吊顶尺寸与文字注释

素材文件	效果文件 \ 第 9 章 \ 布置小户型吊顶灯具 .dwg
效果文件	效果文件 \ 第 9 章 \ 标注小户型吊顶尺寸与文字注释 .dwg
视频文件	专家讲堂 \ 第 9 章 \ 标注小户型吊顶尺寸与文字注释 .swf

打开上一节存储的图形文件，下面继续标注小户型吊顶尺寸与文字注释，效果如图 9-82 所示。

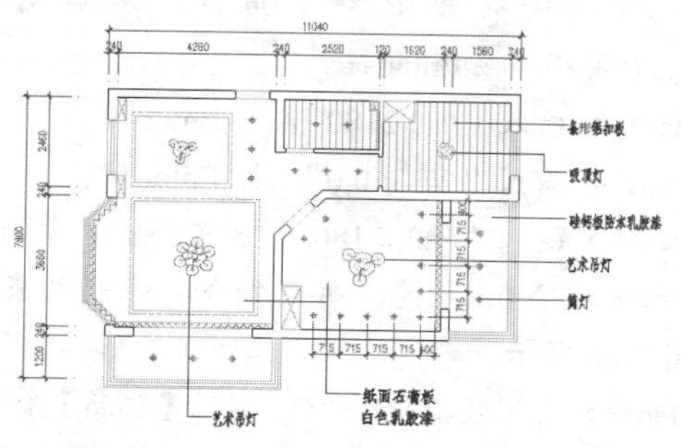

图 9-82

操作步骤

Step01 ▸ 标注吊顶文字注释。

Step02 ▸ 标注吊顶尺寸。

详细的操作步骤请观看随书光盘中的视频文件“标注小户型吊顶尺寸与文字注释 .swf”。

9.3　绘制小户型装修立面图

装修立面图主要用于表明室内某一装修空间的立面形式、尺寸及室内配套布置等内容，其图示内容如下。

♦ 在装饰立面图中，具体需要表现出室内立面上各种装饰品，如壁画、壁挂、金属等的式样、位置和大小尺寸。

♦ 在装饰立面图上还需要体现出门窗、花格、装修隔断等构件的高度尺寸和安装尺寸以及家具和室内配套产品的安放位置和尺寸等内容。

♦ 如果采用剖面图形表示的装饰立面图，还要表明顶棚的选级变化以及相关的尺寸。

♦ 必要时需配合文字说明其饰面材料的品名、规格、色彩和工艺要求等。

在设计并绘制室内立面图时，具体可以参照如下思路。

（1）根据地面布置图，定位需要投影的立面，并绘制主体轮廓线。

（2）绘制立面内部构件定位线。

（3）布置各种装饰图块。

（4）填充立面装饰图案。

（5）标注文本注释。

（6）标注装饰尺寸和各构件的安装尺寸。

本节继续绘制小户型装修立面图。

9.3.1　绘制客厅 C 向立面图

素材文件	样板文件 \ 室内设计样板文件 .dwt 图块文件目录下
效果文件	效果文件 \ 第 9 章 \ 绘制客厅 C 向立面图 .dwg
视频文件	专家讲堂 \ 第 9 章 \ 绘制客厅 C 向立面图 .swf

本节首先绘制如图 9-83 所示的客厅 C 向装饰立面图。

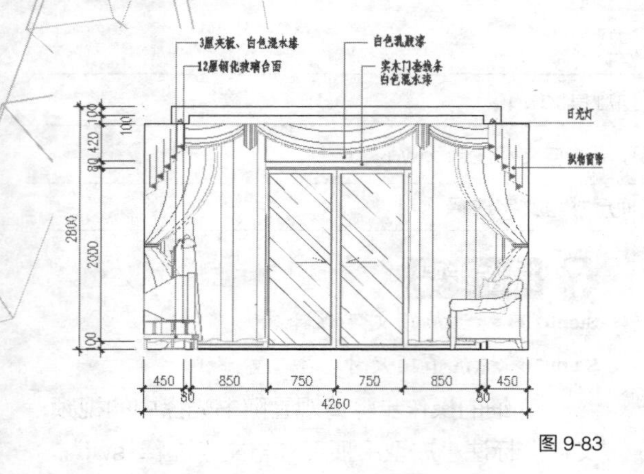

图 9-83

操作步骤

1. 绘制客厅 C 向轮廓图

Step01 ▸ 执行【新建】命令，以随书光盘“样板文件”目录下的“室内设计样板文件 .dwt”作为基础样板，创建空白文件。

Step02 ▸ 在“图层”控制下拉列表中将“轮廓线”图层为当前图层。

Step03 ▸ 使用快捷命令“REC”激活【矩形】命令，绘制长度为 4262 个绘图单位、宽度为 2600 个绘图单位的矩形作为 C 向立面外轮廓线。

Step04 ▸ 使用快捷命令“L”激活【直线】命令，按住 Shift 键同时单击鼠标右键，并选择“自”功能。

Step05 ▸ 捕捉矩形的左上角点，输入“@300,0”，按 Enter 键。

Step06 ▸ 输入“@0,200”，按 Enter 键。

Step07 ▸ 输入“@3660,0”，按 Enter 键。

Step08 ▸ 输入“@0,-200”，按 Enter 键。

Step09 ▸ 按 Enter 键，结束命令，绘制结果如图 9-84 所示。

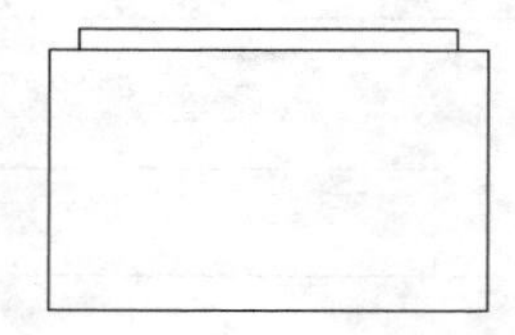
图 9-84

Step10 ▸ 参照上一步操作，重复执行【直线】命令，绘制内侧的轮廓线，绘制结果如图 9-85 所示。

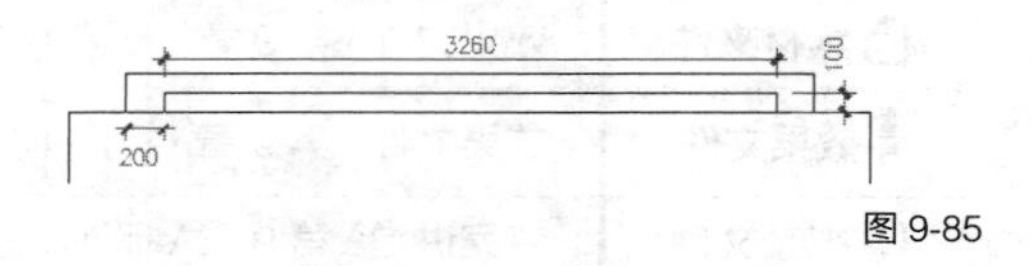

图 9-85

Step11 ▸ 使用快捷命令“PL”激活【多段线】命令，按住 Shift 键同时单击鼠标右键，并选择“自”功能。

Step12 ▸ 捕捉矩形左下角点，然后输入“@450,0”，按 Enter 键。

Step13 ▸ 输入“@0,2180”，按 Enter 键。

Step14 ▸ 输入“@3360,0”，按 Enter 键。

Step15 ▸ 输入“@0,-2180”，按 Enter 键。

Step16 ▸ 按 Enter 键，结束命令，绘制结果如图 9-86 所示。

Step17 ▸ 使用快捷命令“O”激活【偏移】命令，将绘制的图线向内偏移 10、70 和 80 个绘图单位，结果如图 9-87 所示。

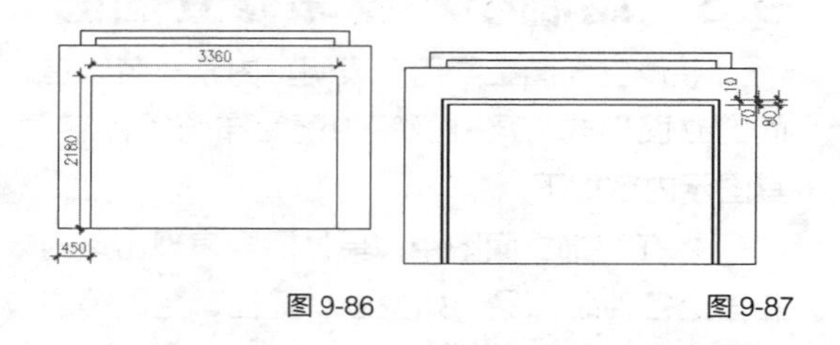

图 9-86　　图 9-87

Step18 ▸ 选择最外侧的多段线和偏移出的中间那条多段线，在“颜色”控制下拉列表中更改其颜色为 112 号色。

Step19 ▸ 至此，客厅 C 向立面轮廓线绘制完毕。

2. 绘制客厅 C 向构件图

Step01 ▸ 在“图层”控制下拉列表中将“家具层”图层设置为当前图层。

Step02 ▸ 使用快捷命令“I”激活【插入】命令，选择随书光盘“图块文件”目录下的“立面推拉门 01.dwg”文件，采用默认参数，以内部左下端点为插入点，将其插入立面图中，结果如图 9-88 所示。

Step03 ▸ 执行【插入】命令，选择“立面窗帘 01.dwg”文件，以默认参数将其插入立面图中，结果如图 9-89 所示。

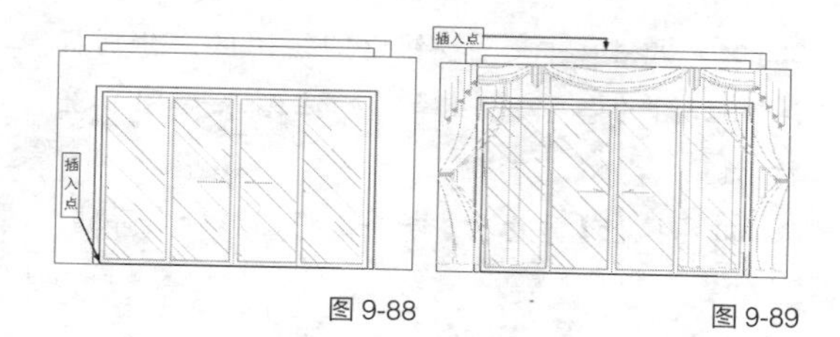

图 9-88　　图 9-89

Step04 ▶ 执行【插入块】命令，采用默认参数，分别插入“日光灯.dwg”“沙发01.dwg”“侧面电视及矮柜.dwg”3个文件，结果如图9-90所示。

Step05 ▶ 使用快捷命令“X”激活【分解】命令，将插入的窗帘及推拉门图块分解。

Step06 ▶ 使用快捷命令“TR”激活【修剪】命令，对分解后的立面构件轮廓线以及立面轮廓线进行修整，删除被遮挡住的图线，结果如图9-91所示。

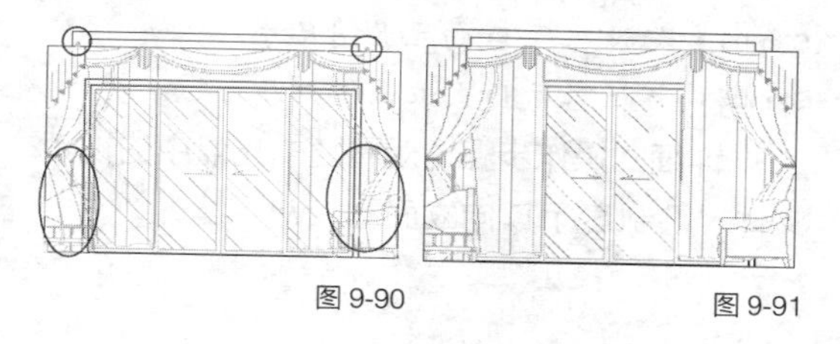

图 9-90　　图 9-91

Step07 ▶ 至此，客厅C向立面构件绘制完毕。

3. 标注C向客厅立面尺寸

Step01 ▶ 在“图层”控制下拉列表中将“尺寸层”图层设置为当前图层。

Step02 ▶ 使用快捷命令“DLI”激活【线性】命令，配合“节点”捕捉和“端点”捕捉功能，标注如图9-92所示的线性尺寸。

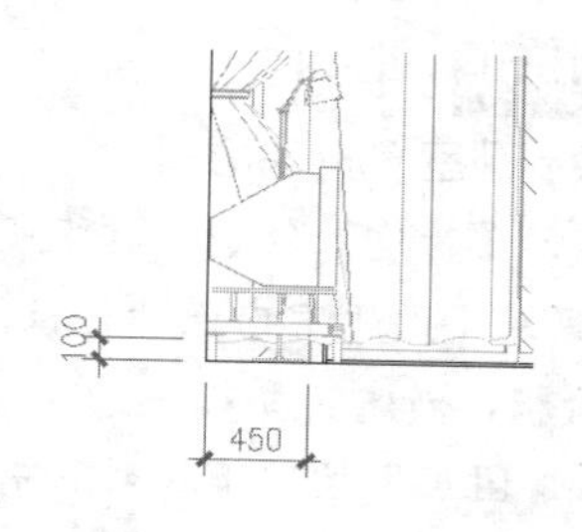

图 9-92

Step03 ▶ 使用快捷命令“DCO”激活【连续】命令，以刚标注的两个线性尺寸作为基准尺寸，标注连续尺寸作为细部尺寸，如图9-93所示。

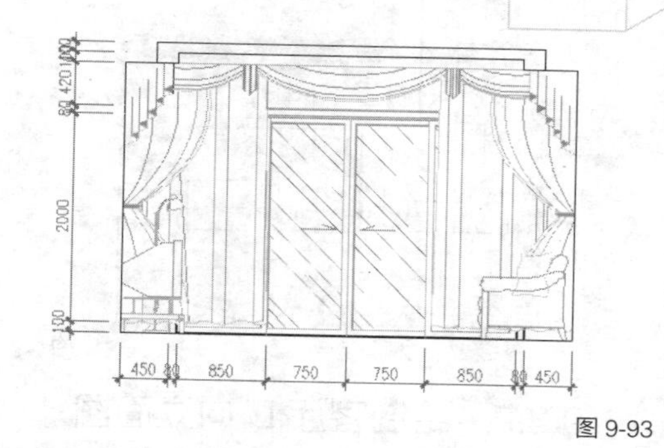

图 9-93

Step04 ▶ 单击【标注】工具栏上的“编辑标注文字”按钮A，协调重叠的尺寸文字位置。

Step05 ▶ 使用【线性】命令标注立面图两侧的总体尺寸，结果如图9-94所示。

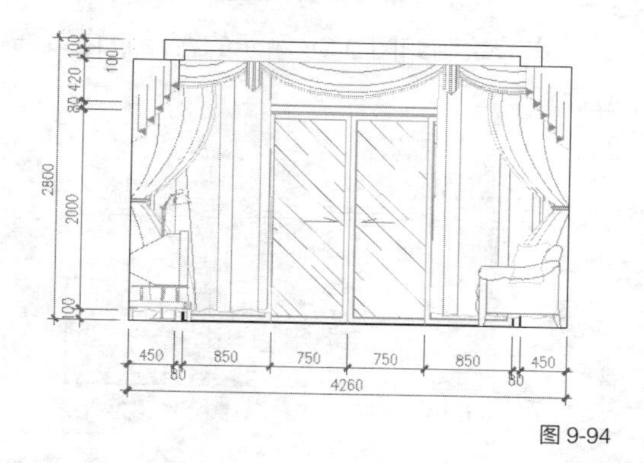

图 9-94

Step06 ▶ 至此，客厅C向立面图的尺寸标注完毕。

4. 标注客厅C向立面图材质

Step01 ▶ 在“图层”控制下拉列表中将“文本层”图层设置为当前图层。

Step02 ▶ 执行【标注样式】命令，然后替代当前尺寸样式，并修改引线箭头、大小以及尺寸文字样式等参数，如图9-95和图9-96所示。

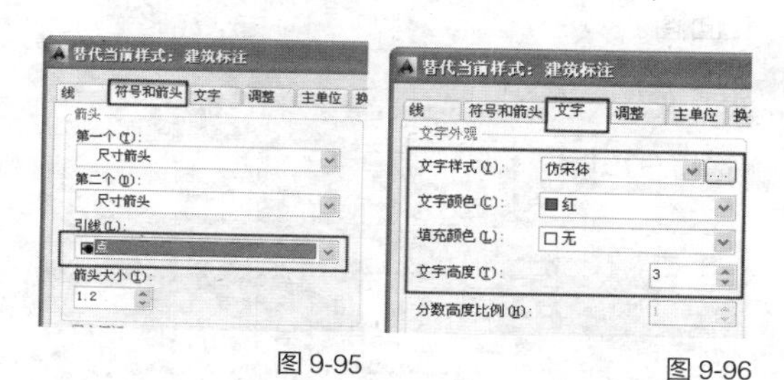

图 9-95　　图 9-96

Step03 ▶ 使用快捷命令“LE”激活【快速引线】命令，使用命令中的“设置”选项设置引线参数，如图9-97所示。

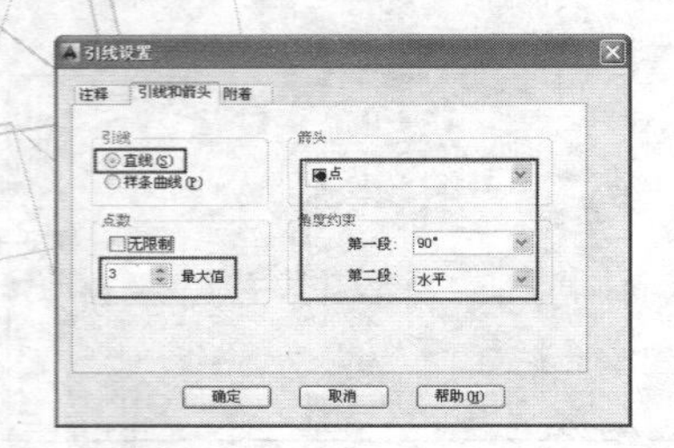

图 9-97

Step04 ▸ 单击 确定 按钮返回绘图区，分别标注立面图的各引线注释，标注结果如图 9-83 所示。

Step05 ▸ 执行【另存为】命令，将图形命名存储。

9.3.2 绘制客厅 D 向立面图

素材文件	样板文件 \ 室内设计样板文件 .dwt 图块文件目录下
效果文件	效果文件 \ 第 9 章 \ 绘制客厅 D 向立面图 .dwg
视频文件	专家讲堂 \ 第 9 章 \ 绘制客厅 D 向立面图 .swf

本节绘制如图 9-98 所示的客厅 D 向装饰立面图。

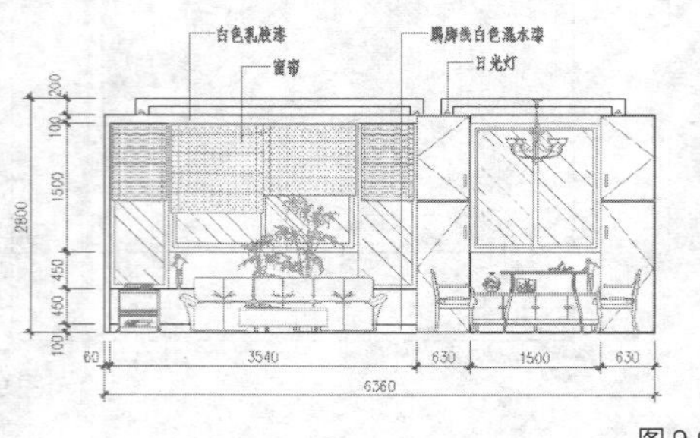

图 9-98

操作步骤

Step01 ▸ 绘制客厅 D 向轮廓图。

Step02 ▸ 绘制客厅 D 向构件图。

Step03 ▸ 标注客厅 D 向立面图尺寸。

Step04 ▸ 标注客厅 D 向立面图材质。

详细的操作步骤请观看随书光盘中的视频文件“绘制客厅 D 向立面图 .swf”。

9.3.3 绘制卧室 C 向立面图

素材文件	样板文件 \ 室内设计样板文件 .dwt 图块文件目录下
效果文件	效果文件 \ 第 9 章 \ 绘制卧室 C 向立面图 .dwg
视频文件	专家讲堂 \ 第 9 章 \ 绘制卧室 C 向立面图 .swf

本节绘制如图 9-99 所示的卧室 C 向装饰立面图。

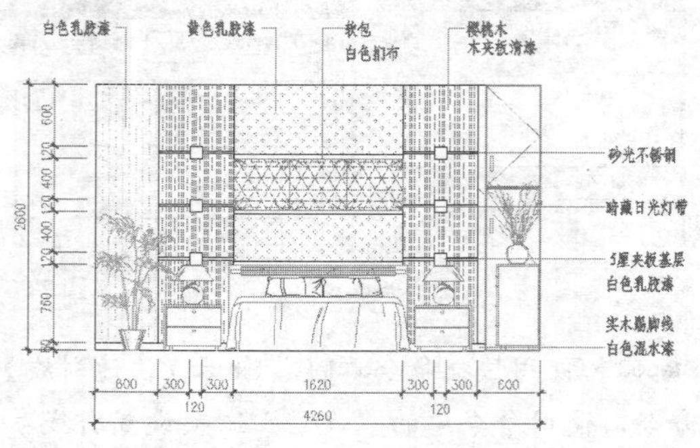

图 9-99

操作步骤

1. 绘制卧室 C 向轮廓图

Step01 ▸ 执行【新建】命令，以随书光盘“样板文件”目录下的“室内设计样板文件 .dwt”作为基础样板，创建空白文件。

Step02 ▸ 在“图层”控制下拉列表中将“轮廓线”图层设置为当前图层。

Step03 ▸ 使用快捷命令“REC”激活【矩形】命令，绘制长度为 4260 个绘图单位、宽度为 2600 个绘图单位的矩形作为立面图的主体轮廓线。

Step04 ▸ 使用快捷命令“X”激活【分解】命令，

将刚绘制的矩形分解为四条独立的线段。

Step05 ▶ 使用快捷命令“O”激活【偏移】命令，根据图示尺寸对矩形进行偏移，结果如图9-100所示。

Step06 ▶ 使用快捷命令“TR”激活【修剪】命令，对图形进行修剪，结果如图9-101所示。

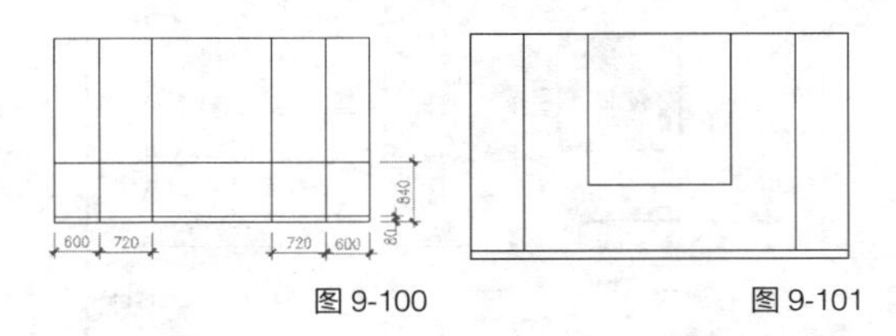

图9-100　　图9-101

Step07 ▶ 使用快捷命令“O”激活【偏移】命令，将修剪的水平轮廓线向上偏移40个绘图单位，结果如图9-102所示。

Step08 ▶ 使用快捷命令“CO”激活单击【复制】命令，将两条水平轮廓线向上复制500和1020个绘图单位，效果如图9-103所示。

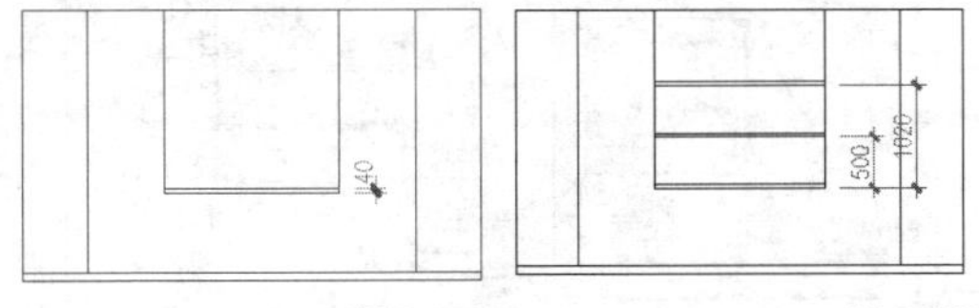

图9-102　　图9-103

| 技术看板 |

偏移、修剪和复制的操作比较简单，详细操作请参阅本书配套光盘“技术看板”的视频文件或者本书前面章节相关内容的详细讲解，篇幅所限，在此不再详细讲述。

Step09 ▶ 使用快捷命令“ML”激活【多线】命令。

Step10 ▶ 输入“S”，按Enter键激活“比例”选项，设置多线比例为20。

Step11 ▶ 输入“J”，按Enter键激活“对正”选项，设置对正方式为“无”。

Step12 ▶ 按住Shift键同时单击鼠标右键，选择“自”功能，然后捕捉第2条垂直线的上端点，并输入“@0,-660”，按Enter键。

Step13 ▶ 输入“@720,0”，按Enter键。

Step14 ▶ 按Enter键结束操作，绘制结果如图9-104所示。

Step15 ▶ 使用快捷命令“REC”激活【矩形】命令。

Step16 ▶ 按住Shift键同时单击鼠标右键，选择“自”功能，捕捉多线的左端点，然后输入“@330,20”，按Enter键确认。

Step17 ▶ 输入“@60,-60”，按Enter键确认，结果如图9-105所示。

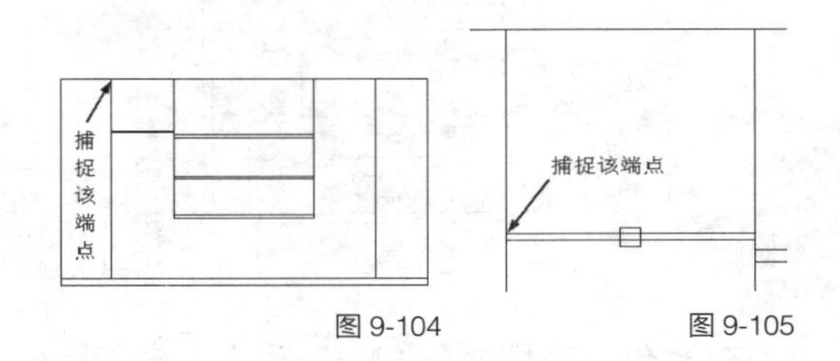

图9-104　　图9-105

Step18 ▶ 使用快捷命令“TR”激活【修剪】命令，以矩形作为修剪边，对多线进行修剪。

Step19 ▶ 使用快捷命令“CO”激活【复制】命令，将矩形和多线向下复制520和1040个绘图单位，复制结果如图9-106所示。

Step20 ▶ 使用快捷命令“MI”激活【镜像】命令，配合“中点”捕捉功能将左边图线镜像到右边位置，效果如图9-107所示。

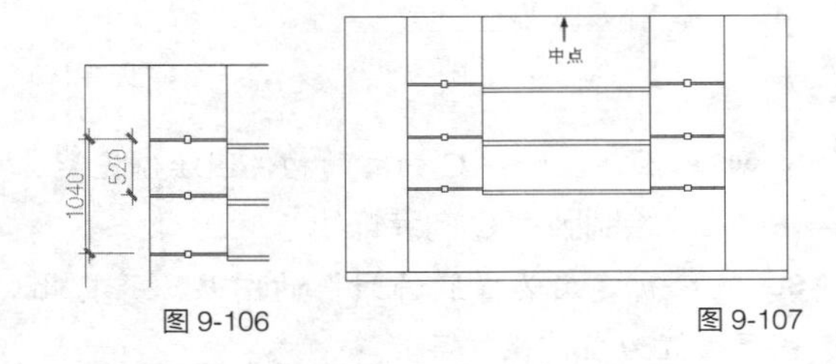

图9-106　　图9-107

Step21 ▶ 至此，卧室C向立面轮廓图绘制完毕。

2. 绘制卧室C向构件图

Step01 ▶ 在“图层”控制下拉列表中将“家具层”图层设置为当前层。

Step02 ▶ 使用快捷命令“I”激活【插入】命令，选择随书光盘“图块文件”目录下的“立面床.dwg”图块文件，采用默认设置将其插入立面图中，结果如图9-108所示。

图9-108

Step03 ▶ 执行【插入块】命令，分别插入随书光盘“图块文件”目录下的“床头柜.dwg”“台灯.dwg”“侧面衣柜.dwg”“立面植物01.dwg”“矮柜立面图.dwg”“花-3.dwg”和“软包.dwg”图例，结果如图9-109所示。

图9-109

Step04 ▶ 使用快捷命令“MI”激活【镜像】命令，将床头柜和台灯镜像到右边，然后使用【修剪】命令，将被遮挡住的踢脚线修剪掉，结果如图9-110所示。

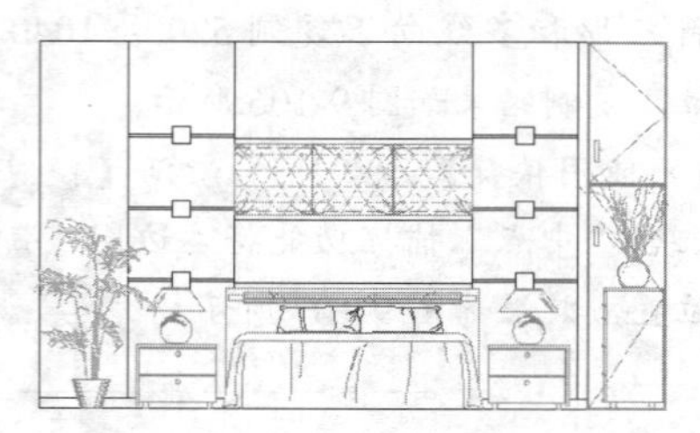

图9-110

Step05 ▶ 至此，卧室C向立面构件图绘制完毕。

3. 绘制卧室C向装饰线

Step01 ▶ 新建名为“装饰线”的图层，并将此图层设置为当前操作层。

Step02 ▶ 修改左侧的床头柜和台灯图层为“装饰线”图层，然后使用多段线沿立面床与床头柜之间的位置画线，以封闭填充区域，最后冻结“家具层”图层，效果如图9-111所示。

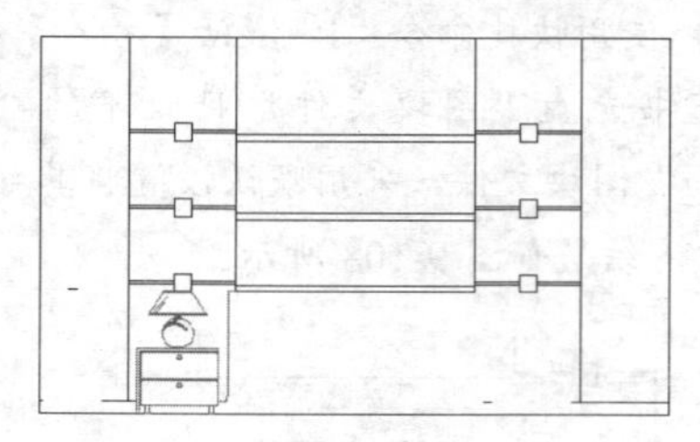

图9-111

Step03 ▶ 单击【格式】/【线型】命令，加载一种名为“DASHED”和“DOT”的线型，并将“DASHDE”线型设置为当前线型。

Step04 ▶ 使用快捷命令“H”激活【图案填充】命令，设置填充图案类型以及比例，为立面图填充墙面的装饰图案，结果如图9-112所示。

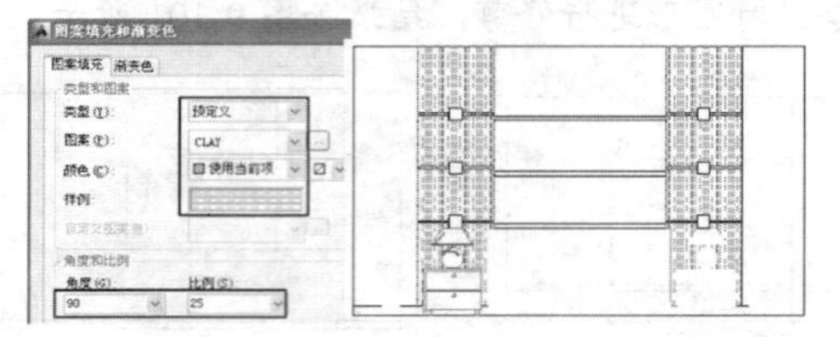

图9-112

Step05 ▶ 在【特性】工具栏设置当前线型为“DOT”线型。

Step06 ▶ 使用快捷命令“H”再次打开【图案填充和渐变色】对话框，选择填充图案并设置参数，继续对立面图进行填充，如图9-113所示。

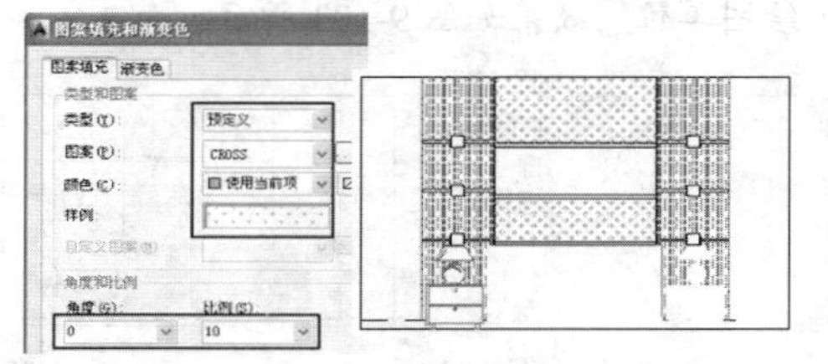

图9-113

Step07 ▶ 在【特性】工具栏设置当前颜色设置为132号色。

Step08 ▶ 打开【图案填充和渐变色】对话框，设置填充图案并设置参数，继续对立面图左边进行填充，效果如图9-114所示。

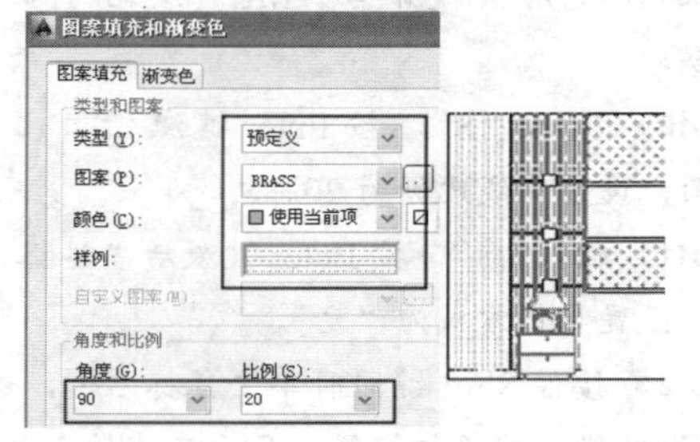

图9-114

Step09 ▶ 修改台灯与床头柜图层为“家具层”图层，同时解冻“家具层”图层，立面图效果如图9-115所示。

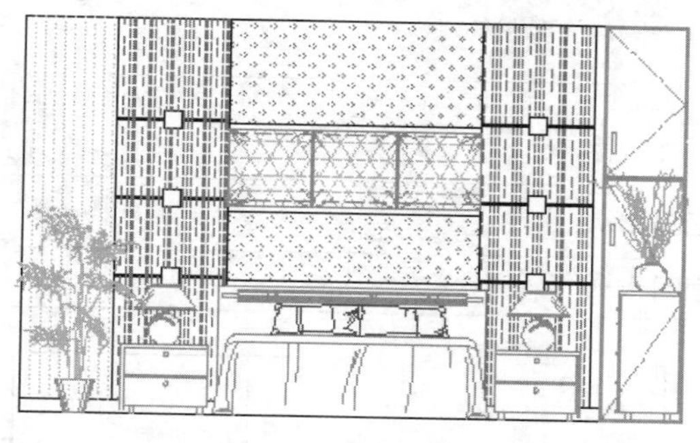

图 9-115

Step10 ▶ 至此，卧室 C 向立面装饰线绘制完毕。

4. 标注 C 向卧室材质说明

Step01 ▶ 在“图层”控制下拉列表中将“文本层”图层设置为当前图层。

Step02 ▶ 在【样式】工具栏将“仿宋体”设置为当前文字样式。

Step03 ▶ 使用快捷命令“PL”激活【多段线】命令，在立面图上绘制文字注释的指示线，如图 9-116 所示。

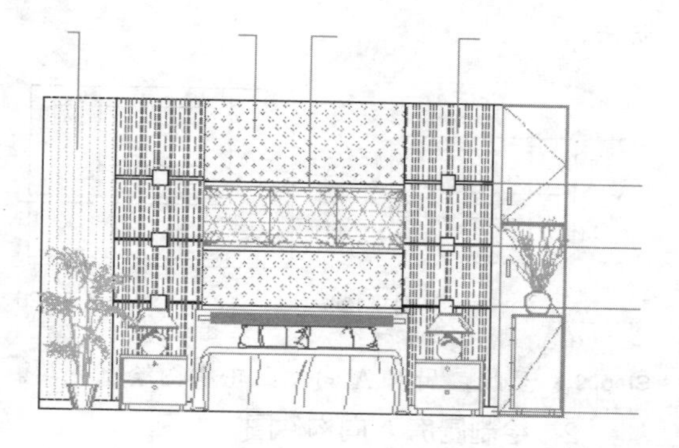

图 9-116

Step04 ▶ 执行【绘图】/【文字】/【单行文字】命令，设置文字的高度为 120，在指示线一端输入“砂光不锈钢”文字，如图 9-117 所示。

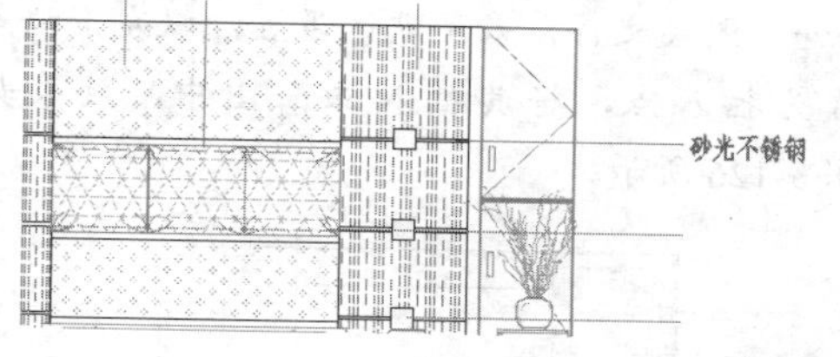

图 9-117

Step05 ▶ 执行【单行文字】命令，在其他指示线一端输入相关文字注释，结果如图 9-118 所示。

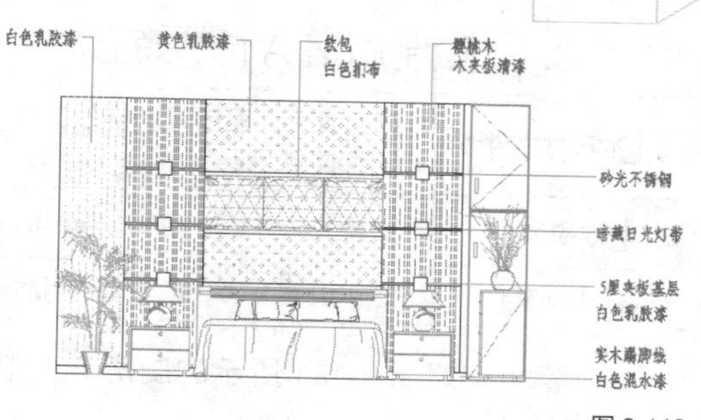

图 9-118

Step06 ▶ 至此，客厅 C 向卧室材质说明标注完毕。

5. 标注 C 向卧室立面尺寸

Step01 ▶ 在“图层”控制下拉列表中将“尺寸层”图层设置为当前图层。

Step02 ▶ 在【样式】工具栏将“建筑标注”设置为当前尺寸样式。

Step03 ▶ 使用快捷命令“DLI”激活【线性】命令，配合“捕捉”与“追踪”功能标注如图 9-119 所示的线性尺寸作为基准尺寸。

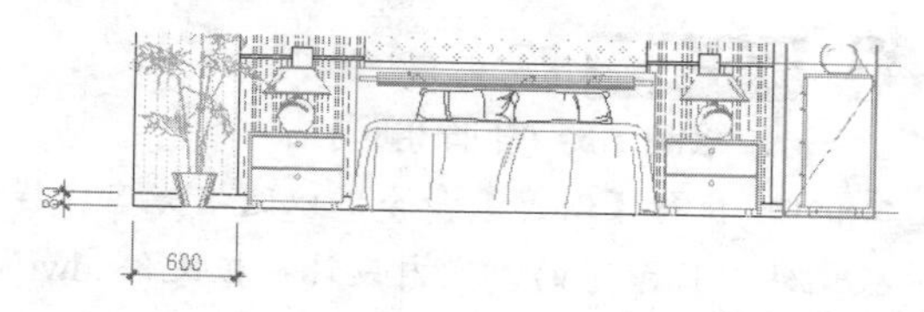

图 9-119

Step04 ▶ 使用快捷命令“DCO”激活【连续】命令，标注连续尺寸，然后单击【标注】工具栏上的“编辑标注文字”按钮，对重叠的尺寸文字进行编辑，结果如图 9-120 所示。

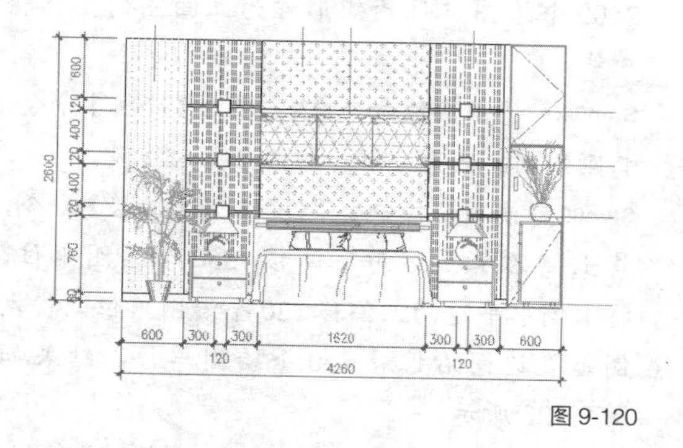

图 9-120

Step05 ▶ 至此，卧室 C 向立面图绘制完毕，使用【另存为】命令将图形命名存储。

9.3.4 绘制厨房 A 向立面图

素材文件	样板文件 \ 室内设计样板文件 .dwt 图块文件目录下
效果文件	效果文件 \ 第 9 章 \ 绘制厨房 A 向立面图 .dwg
视频文件	专家讲堂 \ 第 9 章 \ 绘制厨房 A 向立面图 .swf

本节绘制如图 9-121 所示的厨房 A 向装饰立面图。

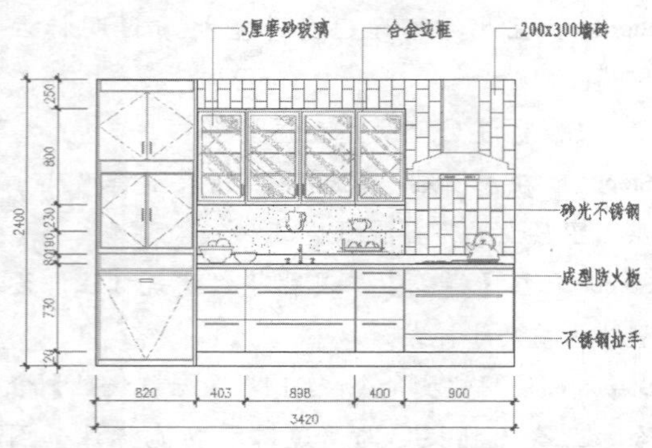

图 9-121

操作步骤

1. 绘制厨房 A 向轮廓图

Step01 ▸ 执行【新建】命令，以随书光盘“样板文件”目录下的“室内设计样板文件 .dwt”作为基础样板，创建空白文件。

Step02 ▸ 在“图层”控制下拉列表中将“轮廓线”图层设置为当前图层。

Step03 ▸ 使用快捷命令“REC”激活【矩形】命令，绘制长度为 3420 个绘图单位、宽度为 2400 个绘图单位的矩形作为立面图的主体轮廓线。

Step04 ▸ 使用快捷命令“X”激活【分解】命令，将刚绘制的矩形分解为四条独立的线段。

Step05 ▸ 使用快捷命令“O”激活【偏移】命令，将上侧的水平边向下偏移 1550 个绘图单位，将下侧水平边向上偏移 120 个绘图单位，将左侧垂直边向右偏移 820 个绘图单位，结果如图 9-122 所示。

Step06 ▸ 使用快捷命令“TR”激活【修剪】命令，以偏移出的垂直线作为修剪边界，对偏移出的两条水平线进行修剪，结果如图 9-123 所示。

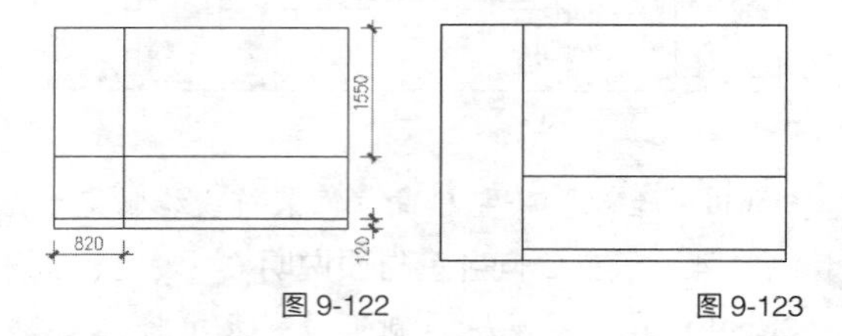

图 9-122　　图 9-123

Step07 ▸ 使用快捷命令“O”激活【偏移】命令，将右侧的垂直边向左偏移 900；将上侧的水平边分别向下偏移 250、1050、1280 和 1470 个绘图单位，结果如图 9-124 所示。

Step08 ▸ 使用快捷命令“TR”激活【修剪】命令，对各图线进行修剪编辑，结果如图 9-125 所示。

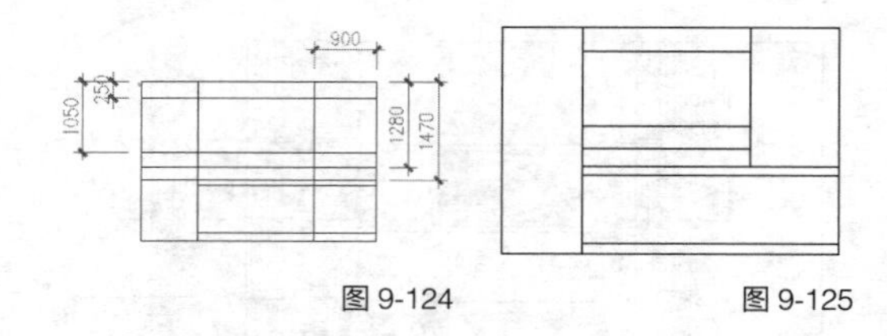

图 9-124　　图 9-125

Step09 ▸ 至此，厨房 A 向立面轮廓图绘制完毕。

2. 绘制厨房 A 向构件图

Step01 ▸ 在“图层”控制下拉列表中将“家具层”图层设置为当前层。

Step02 ▸ 使用快捷命令“I”激活【插入】命令，选择随书光盘“图块文件”目录下的“壁柜 .dwg”图块文件，采用默认设置，以左下端点作为插入点，将其插入立面图中，效果如图 9-126 所示。

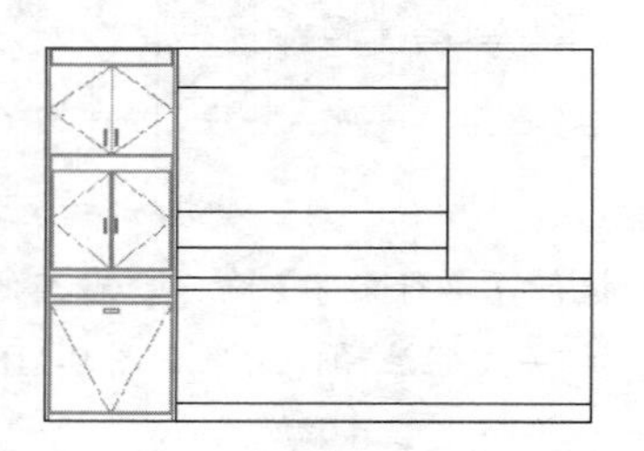

图 9-126

Step03 ▶ 插入“图块文件”目录下的“操作台.dwg”“立面窗.dwg”“抽油烟机.dwg”“水笼头.dwg”和“灶具.dwg”等立面构件，结果如图 9-127 所示。

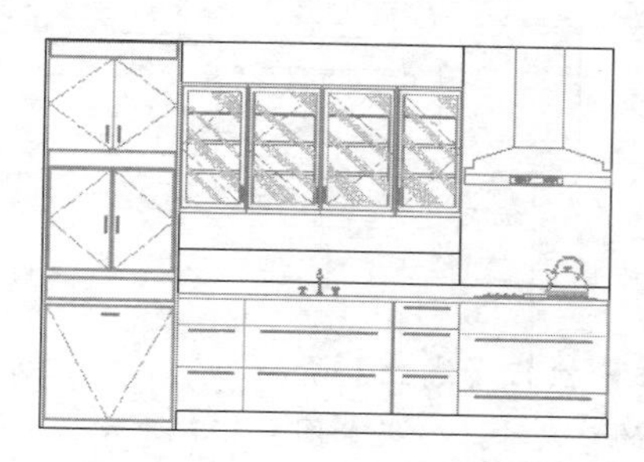

图 9-127

Step04 ▶ 插入“碗.dwg”“玻璃杯.dwg”“餐具架.dwg”和“酒壶.dwg”等用具图例，结果如图 9-128 所示。

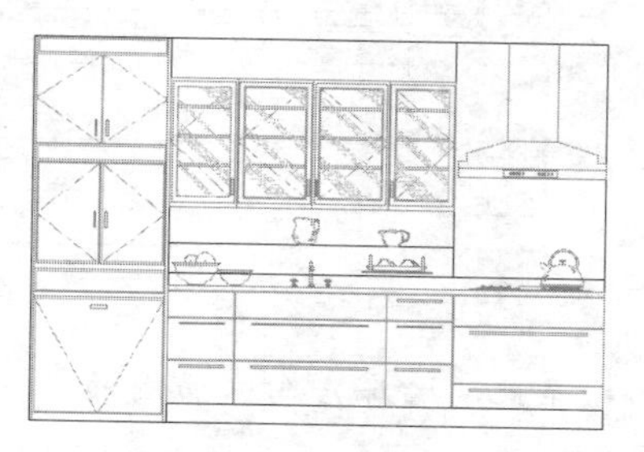

图 9-128

Step05 ▶ 使用快捷命令“TR”激活【修剪】命令，以插入的碗、灶具等图块作为边界，对立面轮廓线进行修剪，修剪结果如图 9-129 所示。

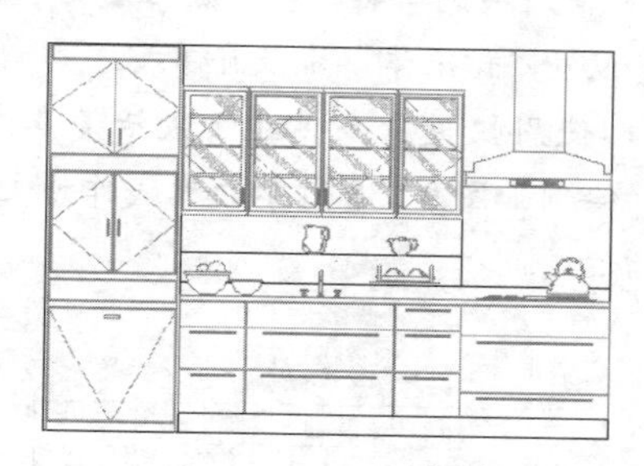

图 9-129

Step06 ▶ 至此，厨房 A 向立面构件图绘制完毕。

3. 绘制厨房 A 向装饰线

Step01 ▶ 新建名为“装饰线”的图层，设置图层颜色为 140 号色，并将此图层设置为当前图层。

Step02 ▶ 选择“抽油烟机”图块，将其放置到“装饰线”图层上，然后冻结“家具层”图层，使用画线工具封闭填充区域，图形的显示结果如图 9-130 所示。

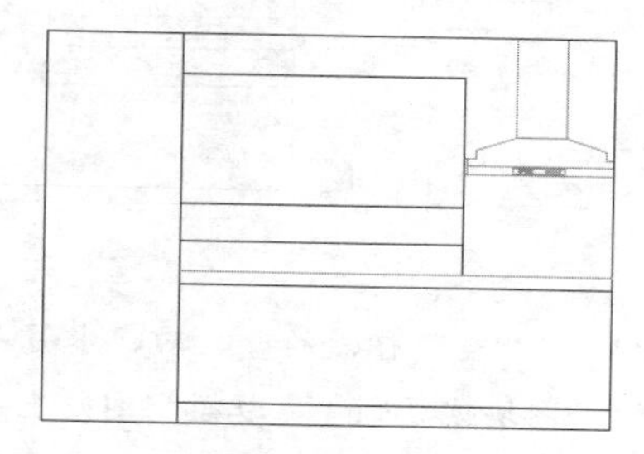

图 9-130

Step03 ▶ 使用快捷命令“H”打开【图案填充和渐变色】对话框，选择图案并设置参数，对立面图进行填充，结果如图 9-131 所示。

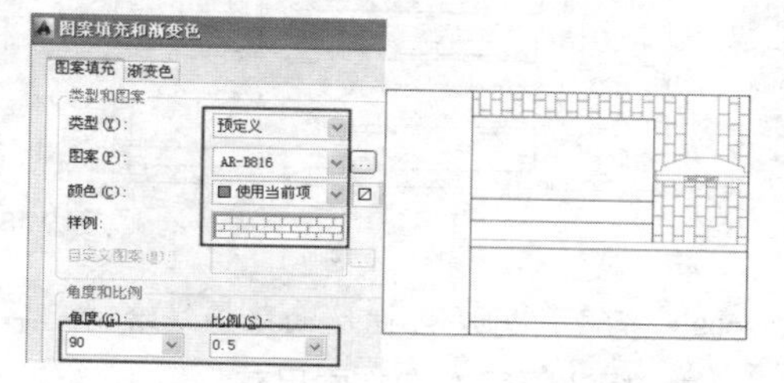

图 9-131

Step04 ▶ 单击【格式】/【线型】命令，加载名为“DOT”的线型，并将其设置为当前线型。

Step05 ▶ 解冻“家具层”图层，将“抽油烟机”图块重新放到“家具层”。

Step06 ▶ 单击选择“玻璃杯、酒壶、碗、水笼头、餐具架”图块，将其暂时放到“装饰线”图层上，同时将“家具层”图层冻结，此时效果如图 9-132 所示。

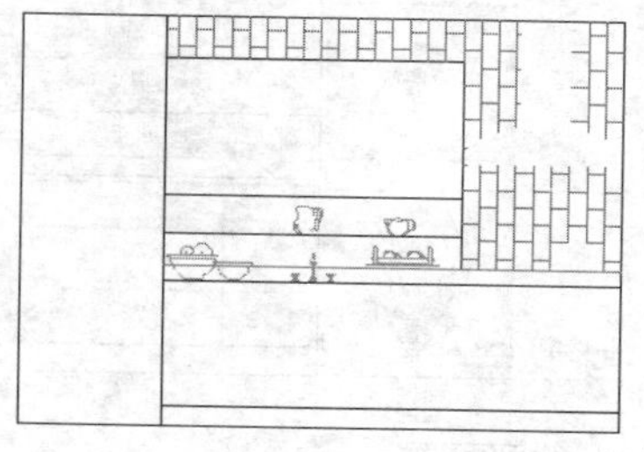

图 9-132

Step07 ▶ 使用快捷命令“H”打开【图案填充和渐变色】对话框，选择图案并设置参数，继续对立面图进行填充，结果如图 9-133 所示。

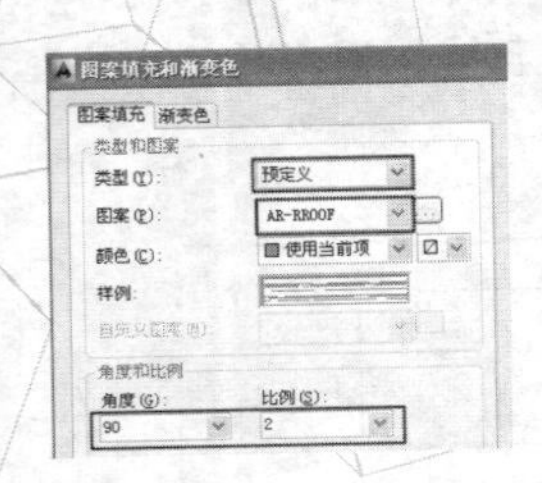

图 9-133

Step08 ▸ 将“玻璃杯、酒壶、碗、水笼头、餐具架”等图块恢复到“家具层”图层上，然后解冻“家具层”图层，结果如图 9-134 所示。

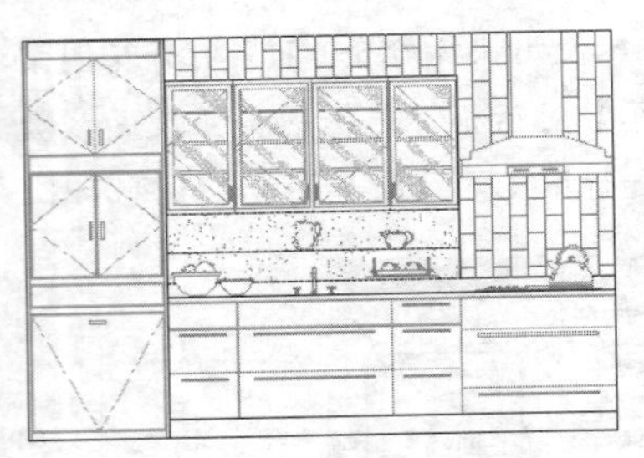

图 9-134

Step09 ▸ 至此，厨房 A 向墙面装饰线绘制完毕。

4．标注厨房 A 向立面尺寸

Step01 ▸ 在“图层”控制下拉列表中将“尺寸层”图层设置为当前图层。

Step02 ▸ 使用快捷命令“D”激活【标注样式】命令，设置“建筑标注”为当前样式，并修改样式比例为 25。

Step03 ▸ 使用快捷命令“DLI”激活【线性】命令，配合“捕捉”功能标注如图 9-135 所示的线性尺寸作为基准尺寸。

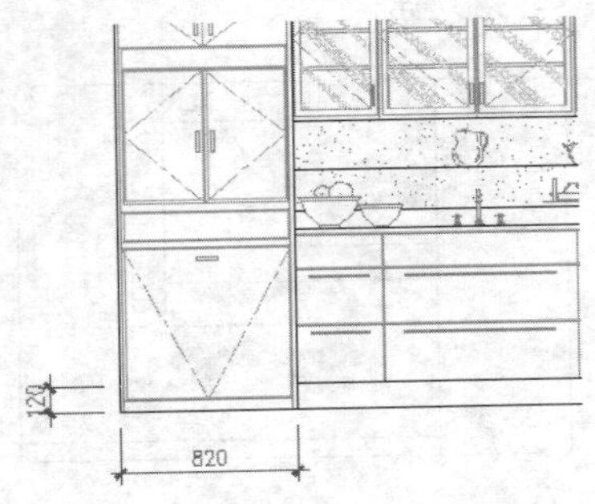

图 9-135

Step04 ▸ 使用快捷命令“DCO”激活【连续】命令，以刚标注的线性尺寸作为基准尺寸，标注如图 9-136 所示的细部尺寸。

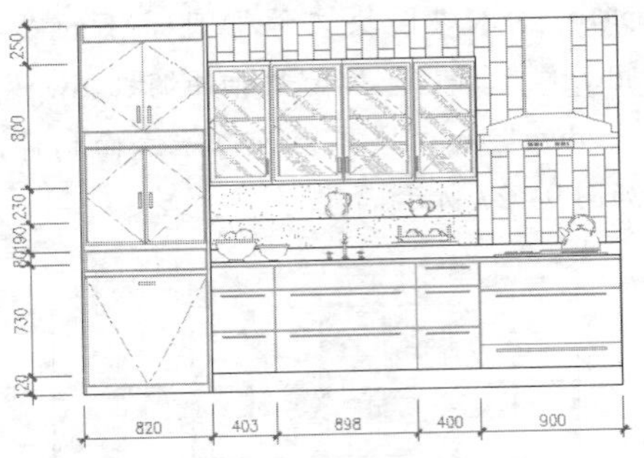

图 9-136

Step05 ▸ 执行【线性】命令，分别标注立面图两侧的总尺寸，结果如图 9-137 所示。

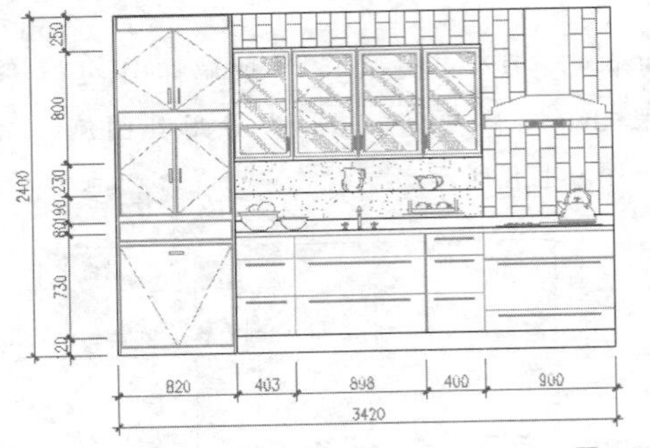

图 9-137

Step06 ▸ 至此，厨房 A 向立面图的尺寸标注完毕。

5．标注厨房 A 向材质说明

Step01 ▸ 在“图层”控制下拉列表中将“文本层”图层设置为当前图层。

Step02 ▸ 使用快捷命令“ST”激活【文字样式】命令，设置“仿宋体”为当前样式。

Step03 ▸ 使用快捷命令“PL”激活【多段线】命令，绘制如图 9-138 所示的直线作为文本注释的指示线。

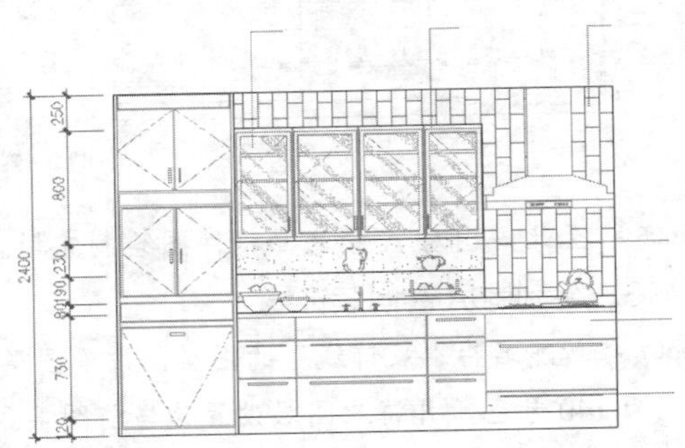

图 9-138

Step04 ▶ 执行【绘图】/【文字】/【单行文字】命令，设置文字高度为 120 个绘图单位，在指示线一端输入“5 厘磨砂玻璃”文字，按 Enter 键结束操作，结果如图 9-139 所示。

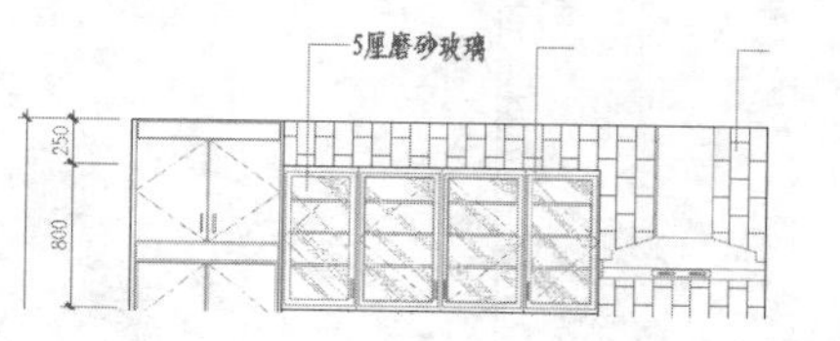

图 9-139

Step05 ▶ 使用快捷命令“CO”激活【复制】命令，将刚标注的文本注释分别复制到其他指示线的外端点，结果如图 9-140 的所示。

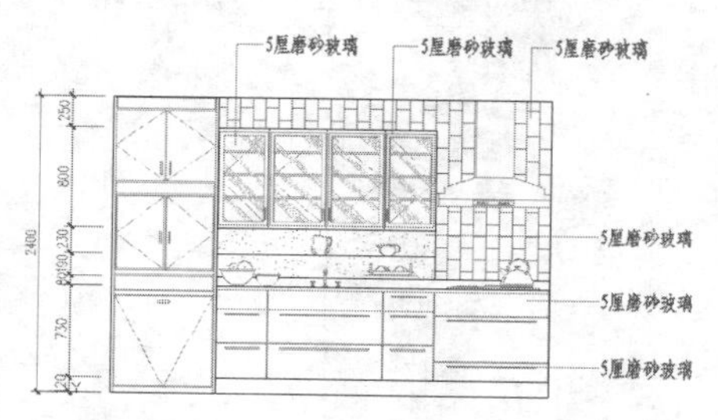

图 9-140

Step06 ▶ 分别在复制出的文字对象上双击左键进入编辑状态，然后输入正确的文字注释，效果如图 9-141 所示。

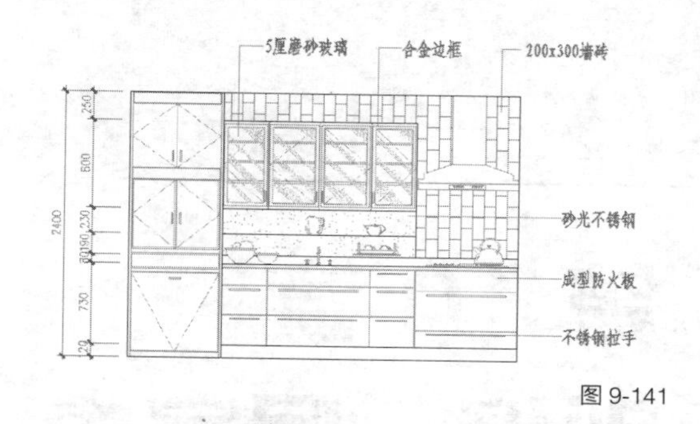

图 9-141

Step07 ▶ 至此，厨房 A 向立面图绘制完毕，执行【另存为】命令将图形命名存储。

第 10 章 别墅一层室内设计

别墅属于高档住宅，其装修的风格、空间功能的划分等都是十分考究的，本章就来为某别墅进行室内装修设计。

需要特别说明的是，设计过程中所调用的室内家具图块文件，都是事先根据设计要求绘制好，并将其创建为图块文件直接调用的，有关室内用具图块文件的绘制与创建，请参阅本书 5.7 节综合实例中的讲解，受篇幅所限，本章不再对其进行详细讲解。

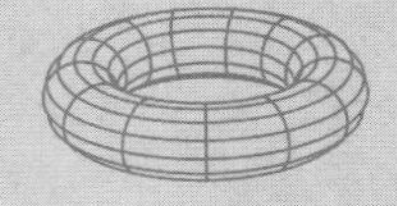

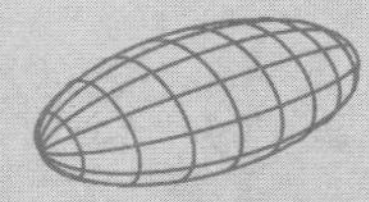

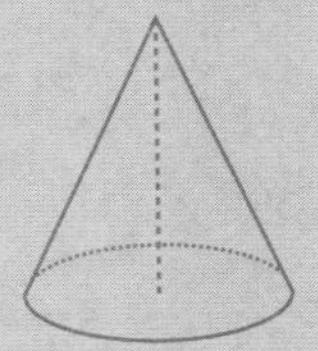

| 第 10 章 |
别墅一层室内设计

10.1　别墅室内设计理念

别墅设计的重点是对功能和风格的把握。由于别墅面积较大，一般有八九个房间，对于家庭成员较少的家庭来说，如何分配空间功能就是头大的问题。现阶段由于一些别墅设计师的不专业，往往使大面积的空间功能重复，让客户觉得其生活质量并没有很大限度的提高。原因在于设计师以公寓的生活模式去理解别墅设计。

其实，别墅设计与一般满足居住功能的公寓是不一样的概念。别墅里可能会有健身房、娱乐房、洽谈室、书房，客厅还可能有主、次、小客厅之分等，别墅设计要以理解别墅居住群体的生活方式为前提，才能够真正将空间功能划分到位。

关于别墅风格的选择，不仅取决于业主的喜好，还取决于业主生活的性质。有的是作为日常居住，有的则是第二居所。作为日常居住的别墅，首先要考虑到日常生活的功能，不能太艺术化、太乡村化，应多一些实用性功能。而度假性质的别墅，则可以相对多元化一点，可以营造一种与日常居家不同的感觉。

在别墅空间的规划设计中，还要兼顾以下几个重点。

1. 生活空间

设计生活空间不仅要满足最起码的功能需求，更要满足因为提高生活品质所需要的空间，因事业拓展所需求的生活空间。生活空间不再是为生活而生活的空间，而是达到为事业更上一层楼的生活、工作空间，因此在设计这个生活空间时，要尽多地考虑业主的工作习惯和生活习惯。

2. 心理空间

一套别墅不论空间大小，价位高低，能否体现主人的需求，能否体现主人精神，能否体现主人意识，这是关系到别墅设计所涉及的心理空间。心理空间是实用功能空间设计第二空间，如果把空间设计比喻为一个人的身躯，那么心理空间设计肯定是这个身躯的灵魂。

3. 个性空间

别墅空间的性质因为有山有水，有充裕的庭院空间，有独立的自然环境等，彼此伴随的独立因素比起其他房型必然会产生更多的个性特征，具体体现在以下方面。

- 别墅空间独特的建筑原形态。
- 主人思想境界的表述。
- 主人的文化层次的体现。
- 主人性格爱好的体现。
- 设计师自身的资历和整体把握。

4. 舒适空间

别墅设计绝不是硬要往里堆砌豪华的建材，搞得像总统套房，那毕竟是一种星级酒店的商用标准，这样花巨资不说，但不一定能让人的心理感到舒服和适合。家和酒店毕竟是有区别的，家的概念，第一必须体现温馨，随便那个房间，甚至哪个角落都可以坐下来倍感轻松和休闲，不存在任何的心理负荷，也不存在任何的心理障碍，住的舒服，适合自己和家人居住是第一位的。

综上所述，一个好的别墅设计方案，其室内空间的设计，必定要做到以下几点。

- 功能空间要实用。
- 心理空间要实际。
- 休闲空间要宽松自然。
- 自然空间要陶冶精神，放松心情。
- 生活空间要以人为本。
- 私密空间满足人性最大限度的空间释放。

10.2 绘制别墅一层平面布置图

与其他室内设计一样，在别墅室内设计中，同样需要首先从平面布置图开始，其他所有设计图都是在平面布置图的基础上进行设计的，本节绘制如图 10-1 所示的别墅平面布置图。

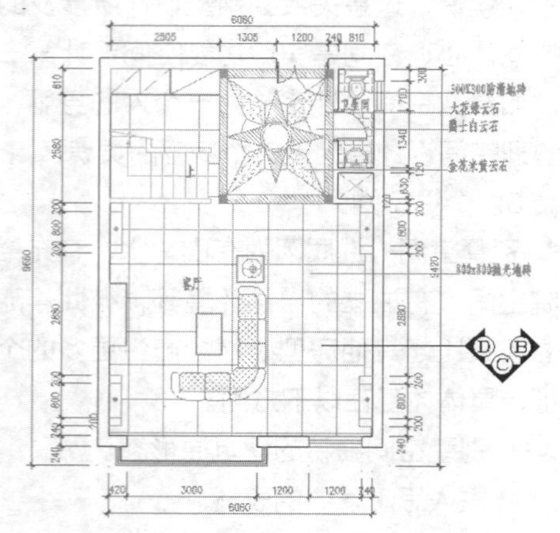

图 10-1

10.2.1 别墅一层平面布置图绘图流程

在居住类的建筑施工图纸中，各图纸中的房间功能都基本已规划好，比如带有卫生设施或上下水、房间面积偏小的空间一般被设计为卫生间或厨房等，其他面积较大、采光良好的房间则会被布置为卧室或客厅。本案为某联排别墅，根据客户要求，将一层空间划分为门厅、客厅和卫生间、储物区等 4 部分，其墙体图、布置图与吊顶图如图 10-2 所示。

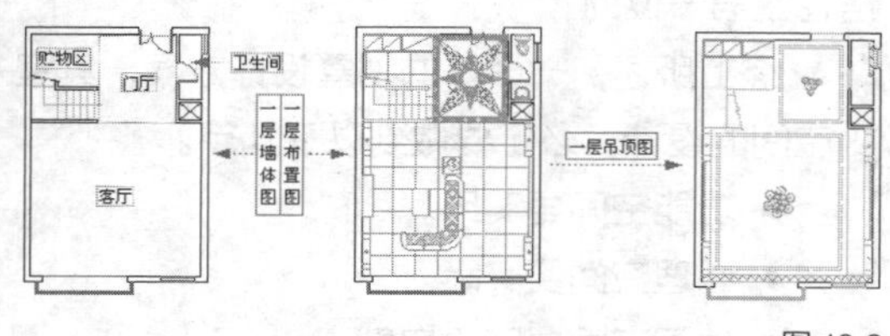

图 10-2

在一层的室内空间设计中，重点是门厅和客厅的装修设计。在门厅设计方案中，地面拼花的设计，是比较亮眼的一笔，也是重点设计区域；在客厅设计方案中，两侧墙面的装饰是重点。由于客厅空间较大，为了让室内空间既不显得空洞无物，又充分发挥客厅的功能和优势，在客厅中央区域配置了一组拐角沙发。而一层吊顶的设计较为简单，除了要发挥出吊顶的功能外，还要把握住一点，即与地面装修相互呼应。

在设计别墅一层方案时，具体可以参照如下思路。

（1）初步准备别墅一层的墙体结构平面图，包括墙、窗、门、楼梯等内容，如果无法得到这些图纸，可以去现场测量，并绘制简单草图、整理测量数据等，这些将作为绘图的重要依据，然后绘制完成一层墙体结构图。

（2）在别墅一层墙体结构图的基础上，合理、科学地绘制规划空间，并布置家具，完成家具布置图的绘制。

（3）在别墅一层家具布置图的基础上，绘制其地面材质图，以体现地面的装修概况。

（4）在别墅一层布置图中标注必要的尺寸，以文字的形式表达出装修材质，利用属性的特有功能标注布置图中的墙面投影符号。

（5）根据所绘制的别墅一层布置图，绘制别墅一层的吊顶图。

（6）根据布置图绘制墙面立面图，并标注立面尺寸及材质说明。

10.2.2 绘制别墅一层墙体结构图

素材文件	样板文件 \ 室内设计样板文件 .dwt 图块文件 \ 单开门 .dwg
效果文件	效果文件 \ 第 10 章 \ 绘制别墅一层墙体结构图 .dwg
视频文件	专家讲堂 \ 第 10 章 \ 绘制别墅一层墙体结构图 .swf

本节绘制如图 10-3 所示的别墅一层墙体结构图。

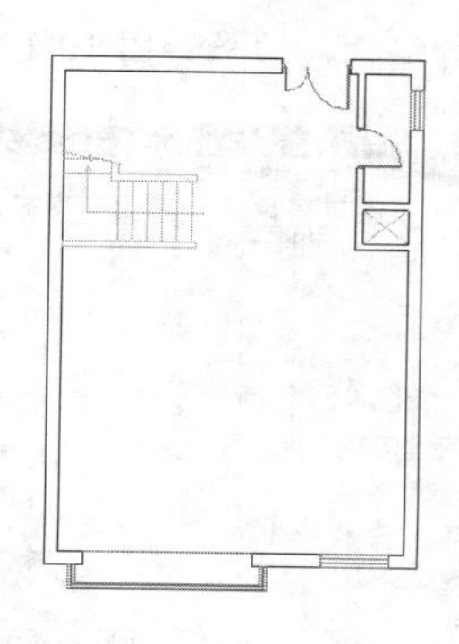

图 10-3

操作步骤

1. 绘制墙体定位轴线

Step01 ▸ 执行【新建】命令，打开随书光盘“选择样板”目录下的“室内设计样板文件 .dwt”样板文件。

Step02 ▸ 在“图层”控制下拉列表中将“轴线层”图层设置为当前图层。

Step03 ▸ 使用快捷命令“REC”激活【矩形】命令，绘制 6300mm×8970mm 的矩形作为基准线，如图 10-4 所示。

Step04 ▸ 使用快捷命令“L”激活【直线】命令，按住 Shift 键同时单击右键并选择“自”功能。

Step05 ▸ 捕捉矩形右上角点，输入“@−990,0”，按 Enter 键。

Step06 ▸ 输入“@0,−3270”，按 Enter 键。

Step07 ▸ 输入“@990,0”，按 Enter 键。

Step08 ▸ 按 Enter 键，结束命令，绘制结果如图 10-5 所示。

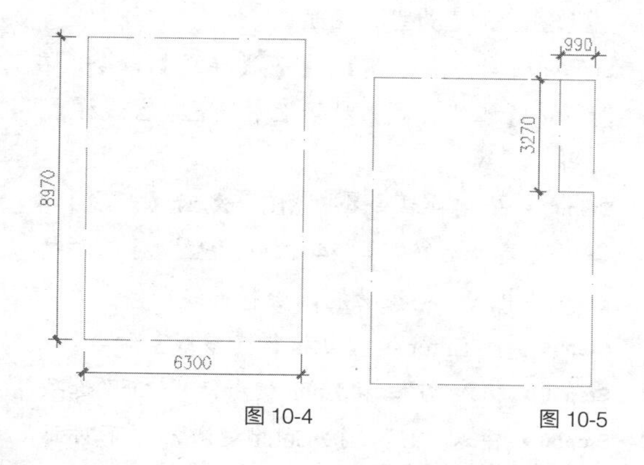

图 10-4 图 10-5

Step09 ▸ 使用快捷命令“O”激活【偏移】命令，将绘制的水平轴线向上偏移 750 个绘图单位，结果如图 10-6 所示。

Step10 ▸ 使用快捷命令“X”激活【分解】命令，将矩形分解，然后使用【偏移】命令将左侧垂直边向右偏移 540、3000、1200 和 1200 个绘图单位，如图 10-7 所示。

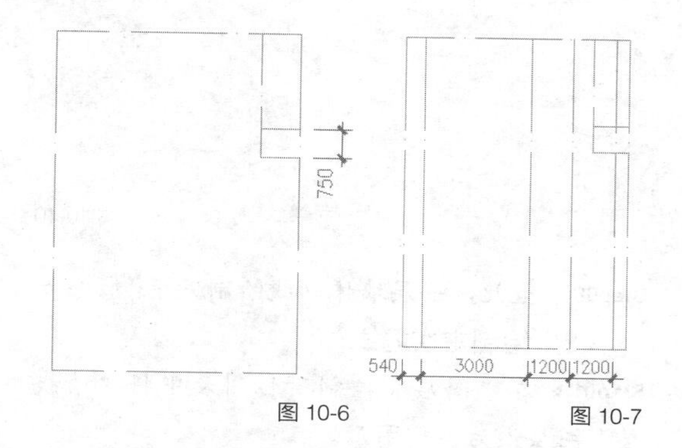

图 10-6 图 10-7

2. 创建门窗洞

Step01 ▸ 使用快捷命令“TR”激活【修剪】命令，以偏移出的四条垂直线段作为修剪边界，对下侧的水平轴线进行修剪，以创建宽度分别为 3000 和 1200 个绘图单位的窗洞，最后将偏移出的四条垂直轴线删除，结果如图 10-8 所示。

Step02 ▸ 使用快捷命令“BR”激活【打断】命令，选择最上侧的水平轴线。

Step03 ▸ 输入“F”，按 Enter 键，激活“第 1 点”选项。

Step04 ▸ 按住 Shift 键同时单击右键，选择“自”功能，然后捕捉上侧水平轴线的右端点。

Step05 ▸ 输入“@−1170,0”，按 Enter 键。

Step06 ▸ 输入“@−1200,0”，按 Enter 键，创建结果如图 10-9 所示。

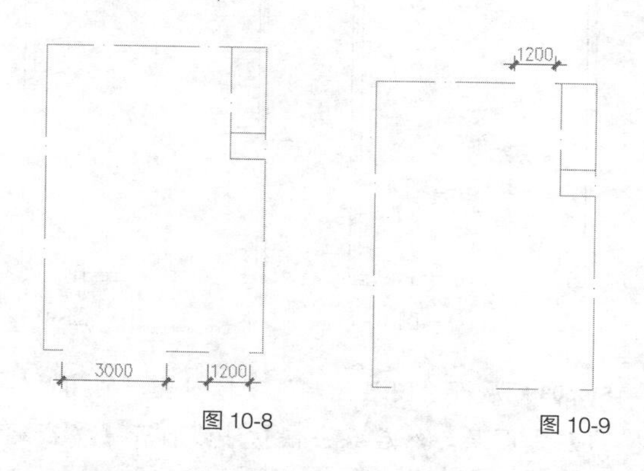

图 10-8 图 10-9

Step07 ▸ 执行【打断】命令，依照相同的操作，根据图示尺寸，继续创建其他门洞和窗洞，结果如图 10-10 所示。

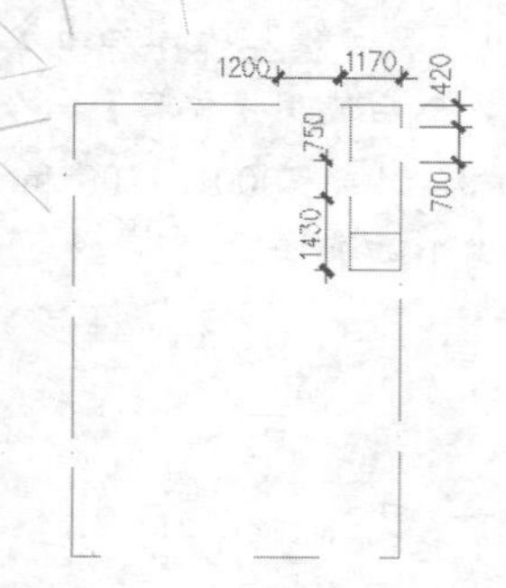

图 10-10

Step08 ▸ 至此，一层墙体轴线绘制完毕。

3. 绘制主次墙线

Step01 ▸ 在“图层”控制下拉列表中将“墙线层”图层设为当前图层。

Step02 ▸ 使用快捷命令“ML”激活【多线】命令，输入“S”，按 Enter 键激活“比例”选项。

Step03 ▸ 输入“240”，按 Enter 键，设置多线比例。

Step04 ▸ 输入“J”，按 Enter 键，激活“对正”选项。

Step05 ▸ 输入“Z”，按 Enter 键，设置“无对正”方式。

Step06 ▸ 依次捕捉定位线的端点，绘制主墙线，绘制结果如图 10-11 所示。

Step07 ▸ 执行【多线】命令，设置多线对正方式不变，设置多线“比例”为 120，绘制次墙线，结果如图 10-12 所示。

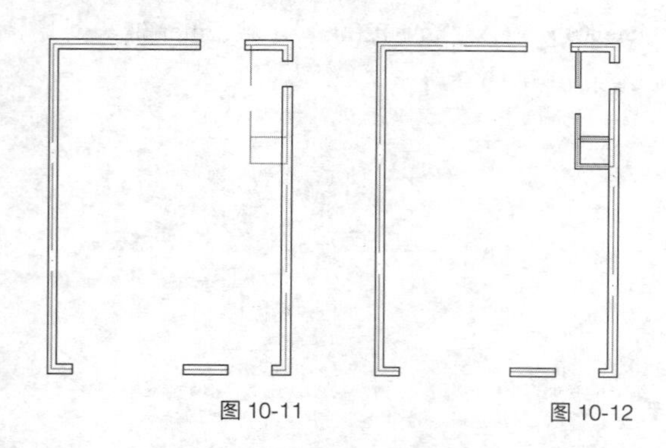

图 10-11　　图 10-12

Step08 ▸ 展开“图层控制”下拉列表，关闭“轴线层”图层，然后双击任意墙线打开【多线编辑工具】对话框。

Step09 ▸ 单击“T 形合并”按钮返回绘图区，单击垂直墙线，继续单击水平墙线，对 T 形相交的墙线进行编辑，结果如图 10-13 所示。

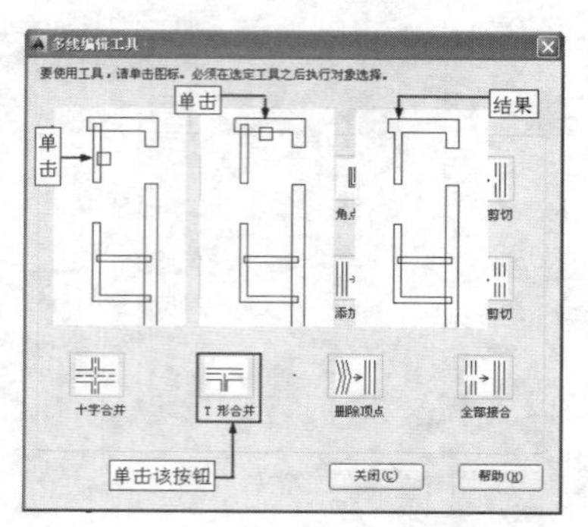

图 10-13

Step10 ▸ 使用相同的方法继续对其他 T 形相交的墙线进行编辑，编辑时注意墙线的选择顺序，选择顺序不同编辑结果不同，详细操作请参阅本书前面章节相关内容的讲解，编辑结果如图 10-14 所示。

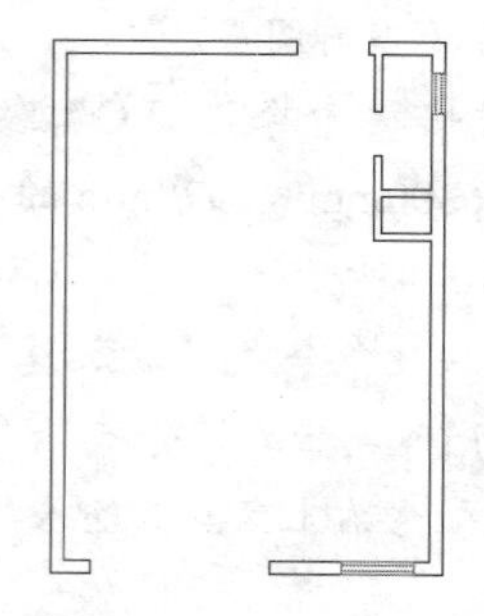

图 10-14

Step11 ▸ 至此，一层别墅墙线绘制完毕。

4. 绘制窗线

Step01 ▸ 在“图层”控制下拉列表中将“门窗层”图层设置为当前图层。

Step02 ▸ 单击【格式】/【多线样式】命令，在打开的【多线样式】对话框中设置“窗线样式”为当前样式。

Step03 ▸ 使用快捷命令“ML”激活【多线】命令，设置“比例”为 240，以“无”对正方式，配合“中点”捕捉功能，绘制窗线。

Step04 ▸ 按 Enter 键重复执行【多线】命令。

Step05 ▸ 输入“J”，按 Enter 键激活“对正”选项。

Step06 ▸ 输入“B”，按 Enter 键激活“下对正”方式。

Step07 ▸ 输入“S”，按 Enter 键激活“比例”选项。

Step08 ▸ 输入“120”，按 Enter 键。

Step09 ▸ 按住 Shift 键同时单击右键，选择“自”功能，捕捉下方门洞的右端点。

Step10 ▸ 输入“@240,0”，按 Enter 键确认。

Step11 ▸ 输入“@0,-450”，按 Enter 键确认。

Step12 ▸ 输入“@-3480,0”，按 Enter 键确认。

Step13 ▸ 输入“@0,450”，按 Enter 键确认。

Step14 ▸ 按 Enter 键结束命令，绘制结果如图 10-15 所示。

Step15 ▸ 使用快捷命令“L”激活【直线】命令，绘制内侧水平图线，结果如图 10-16 所示。

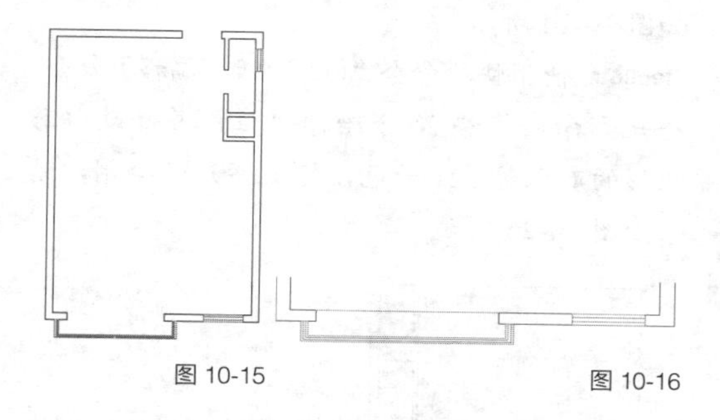

图 10-15　　图 10-16

5. 插入单开门与楼梯构件

Step01 ▸ 使用快捷命令“I”打开【插入】对话框，选择随书光盘“图块文件”目录下的“单开门 .dwg”图块文件，并设置参数，将其插入门洞位置，如图 10-17 所示。

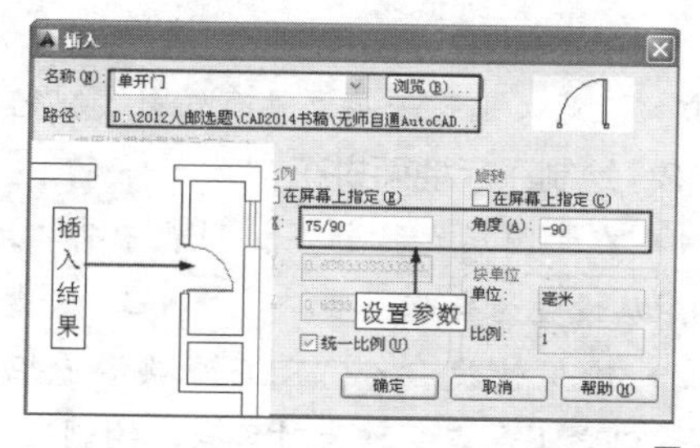

图 10-17

Step02 ▸ 执行【插入】命令，设置参数继续向另一个门洞插入“子母门 .dwg”图块文件，结果如图 10-18 所示。

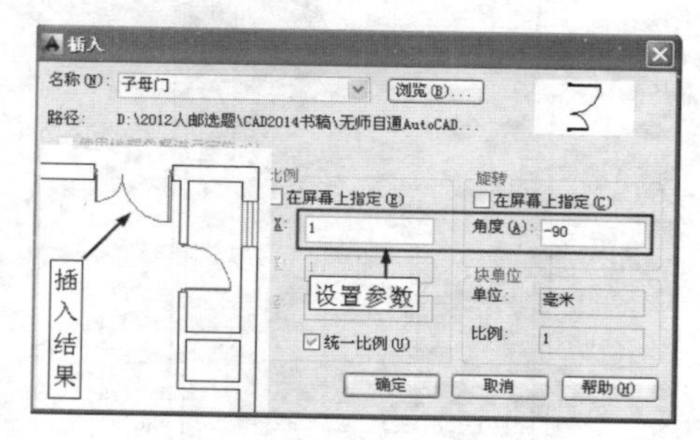

图 10-18

Step03 ▸ 执行【插入】命令，采用默认参数设置，继续插入“别墅一层楼梯 .dwg”图块文件，结果如图 10-19 所示。

Step04 ▸ 使用快捷命令“L”激活【直线】命令，绘制通风口图线，结果如图 10-3 所示。

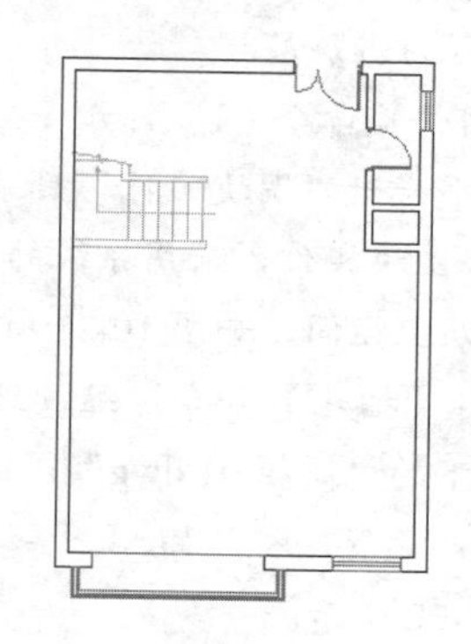

图 10-19

Step05 ▸ 至此，别墅一层墙体构件图绘制完毕，最后执行【另存为】命令将该图形命名存储。

10.2.3 绘制别墅一层家具与地面材质图

素材文件	效果文件 \ 第 10 章 \ 绘制别墅一层墙体结构图 .dwg 图块文件目录下
效果文件	效果文件 \ 第 10 章 \ 绘制别墅一层家具与地面材质图 .dwg
视频文件	专家讲堂 \ 第 10 章 \ 绘制别墅一层家具与地面材质图 .swf

打开上例存储的图形文件，本节继续绘制如图 10-20 所示的别墅一层家具与地面材质图。

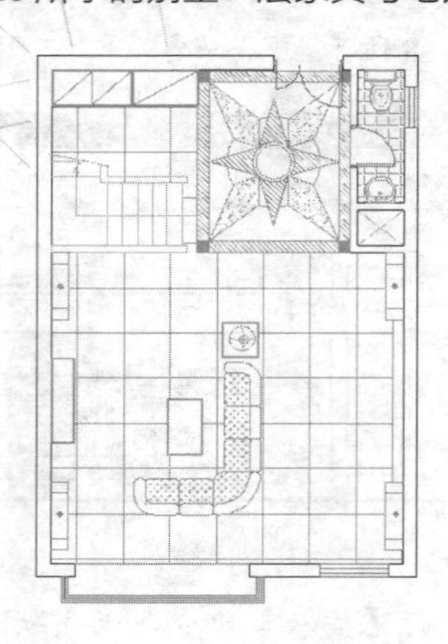

图 10-20

操作步骤

1. 布置别墅一层家具

Step01 ▸ 在“图层”控制下拉列表中将“家具层”图层设置为当前层。

Step02 ▸ 使用快捷命令“I”打开【插入】对话框，选择随书光盘“图块文件”目录下的“坐便 -01.dwg”图块文件，采用系统的默认设置，将其插入一层卫生间，如图 10-21 所示。

Step03 ▸ 执行【插入】命令，继续选择“图块文件”目录下的“高柜 01.dwg”图块文件，采用系统的默认设置，将其插入一层楼梯上方位置，如图 10-22 所示。

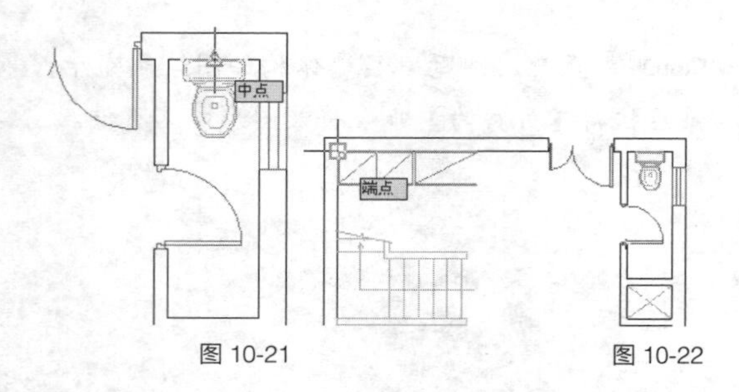

图 10-21　　图 10-22

Step04 ▸ 执行【插入】命令，分别插入“面盆 01.dwg”“拐角沙发组 .dwg”“墙面装饰柜 01.dwg”“墙面装饰柜 02.dwg”“茶几柜 .dwg”文件，并适当调整其位置，结果如图 10-23 所示。

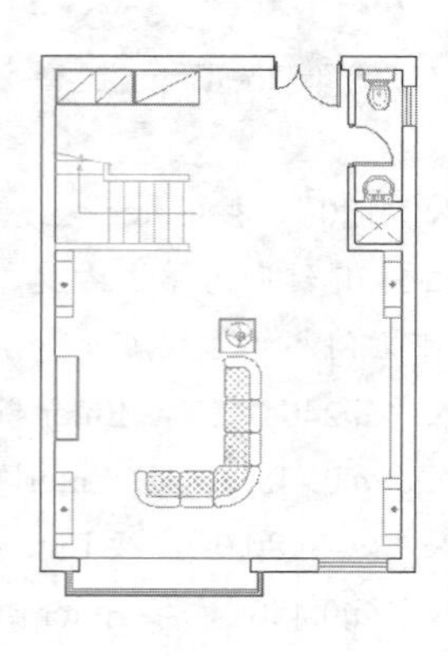

图 10-23

Step05 ▸ 使用快捷命令“REC”激活【矩形】命令，绘制长度为 600 个绘图单位、宽度为 1000 个绘图单位的矩形，作为茶几外轮廓线，如图 10-24 所示。

Step06 ▸ 使用快捷命令“O”激活【偏移】命令，将矩形向内偏移 20 个绘图单位，并修改偏移矩形的颜色为 221 号色，完成茶几的绘制，结果如图 10-25 所示。

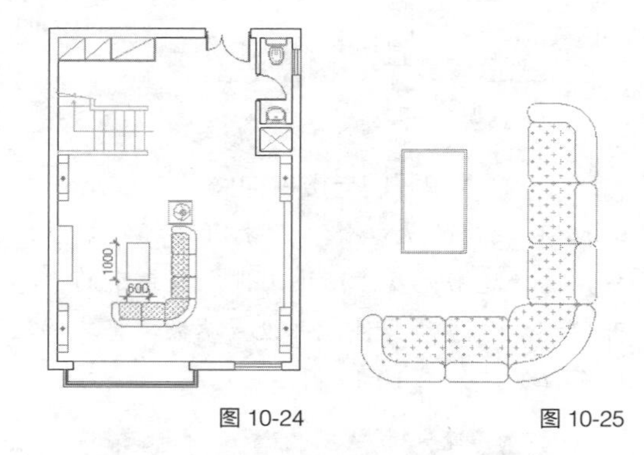

图 10-24　　图 10-25

Step07 ▸ 至此，别墅一层家具布置图绘制完毕。

2. 绘制门厅地面拼花

Step01 ▸ 在“图层”控制下拉列表中将“地面层”图层设置为当前图层。

Step02 ▸ 使用快捷命令“REC”激活【矩形】命令，以点 1 和点 2 作为对角点，绘制门厅地面材质图的外轮廓线，结果如图 10-26 所示。

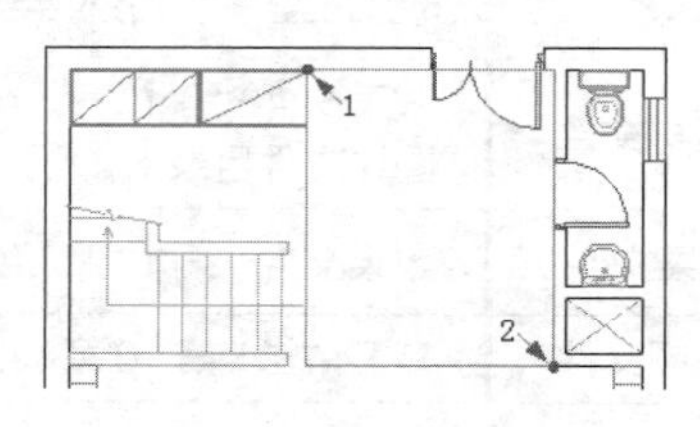

图 10-26

Step03 ▸ 使用快捷命令“X”激活【分解】命令，将刚绘制的矩形分解。

Step04 ▸ 使用快捷命令“O”激活【偏移】命令，将分解后的四条边向内偏移 200 个绘图单位，结果如图 10-27 所示。

Step05 ▸ 使用快捷命令“C”激活【圆】命令，由两条线的中点引出追踪线，布置追踪线的交点作为圆心，绘制半径分别为 800 个绘图单位和 300 个绘图单位的同心圆，结果如图 10-28 所示。

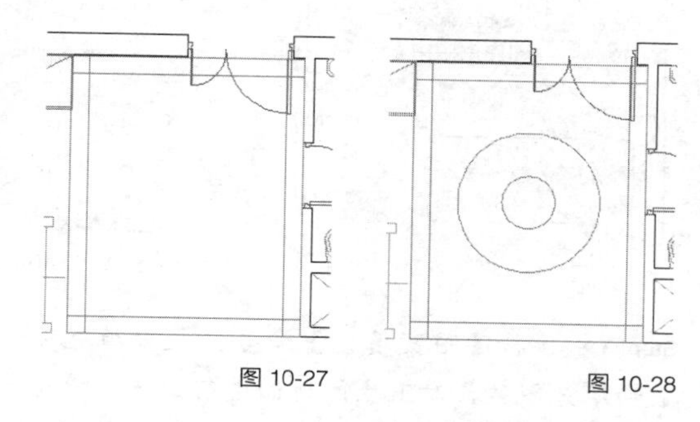

图 10-27　　图 10-28

Step06 ▸ 配合“圆心”捕捉、“中点”捕捉和“端点”捕捉功能，使用【直线】命令，绘制如图 10-29 所示的两条线段。

Step07 ▸ 夹点显示刚绘制的水平线段，然后以左侧的夹点作为夹基点，将其夹点旋转并复制，旋转交点分别为 16.19 和 -16.19，结果如图 10-30 所示。

Step08 ▸ 删除夹点显示的水平直线，然后使用快捷命令“AR”激活【阵列】命令。

Step09 ▸ 选择“环形阵列”方式，与圆心为旋转中心，将旋转复制出的两条直线旋转复制 4 份，结果如图 10-31 所示。

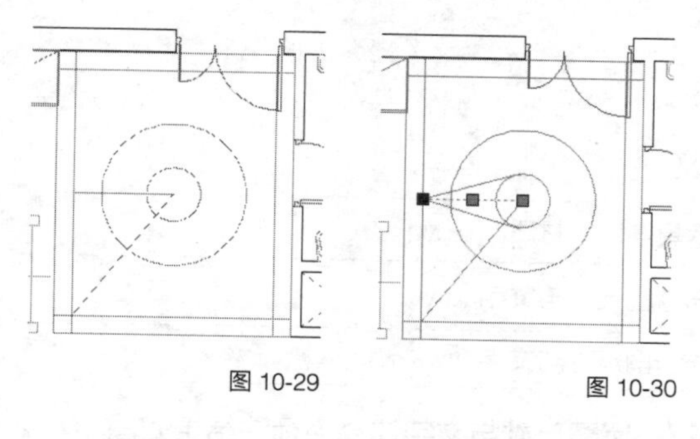

图 10-29　　图 10-30

Step10 ▸ 以阵列出的直线交点作为圆半径的另一端点绘制圆，然后以刚绘制的圆作为边界，对阵列出的各图线进行修剪，结果如图 10-32 所示。

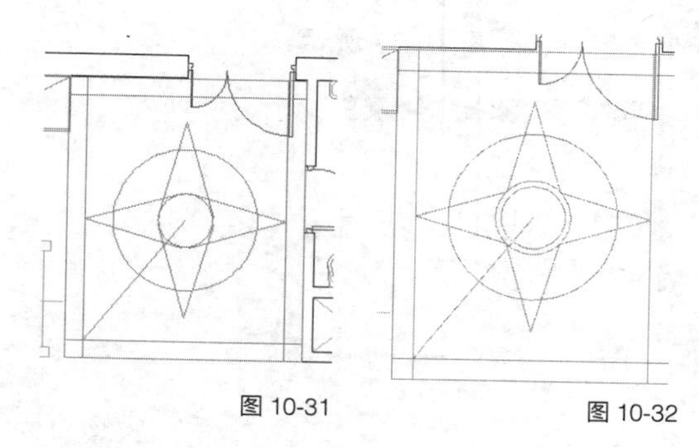

图 10-31　　图 10-32

Step11 ▸ 使用快捷命令“L”激活【直线】命令，继续绘制其他 3 条直线，如图 10-33 所示。

Step12 ▸ 依照前面的操作方法，分别对 4 条倾斜直线进行夹点旋转复制，复制角度为 15° 和 -15°，结果如图 10-34 所示。

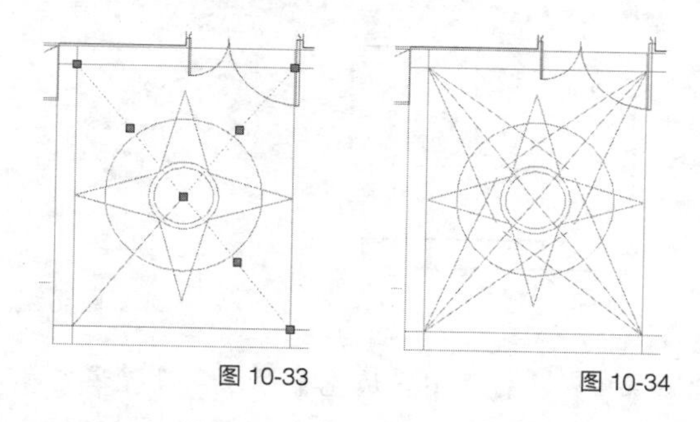

图 10-33　　图 10-34

Step13 ▸ 将 4 条倾斜直线删除，使用快捷命令“TR”激活【修剪】命令，对图形进行修剪，结果如图 10-35 所示。

Step14 ▸ 使用快捷命令“L”激活【直线】命令，配合“端点”捕捉功能绘制内部的分隔线，结果如图 10-36 所示。

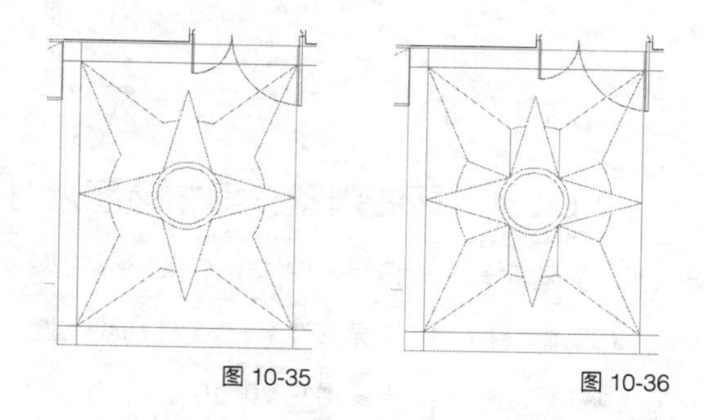

图 10-35　　图 10-36

Step15 ▸ 执行菜单栏中的【格式】/【线型】命令，加载一种名为“DOT”的线型，并将此线型暂时设置为当前线型。

Step16 ▸ 使用快捷命令“H”激活【图案填充】命令，设置填充参数和填充图案，为地板拼花填充图案，如图 10-37 所示。

图 10-37

Step17 ▸ 执行【图案填充】命令，重新设置填充参数和填充图案，继续对地板拼花填充图案，如图 10-38 所示。

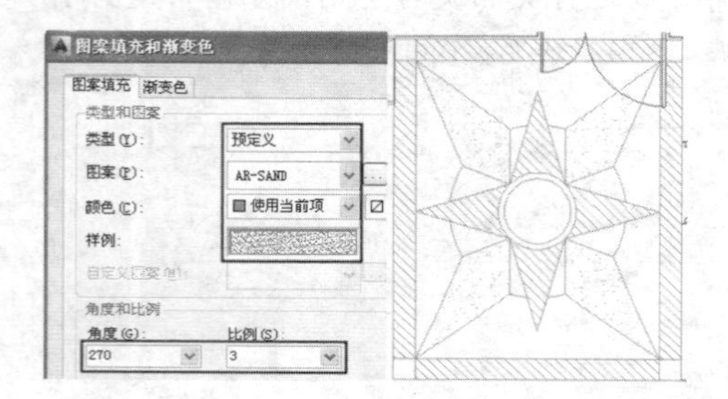

图 10-38

Step18 ▸ 执行【图案填充】命令，设置填充参数和填充图案，继续为地板拼花填充图案，结果如图 10-39 所示。

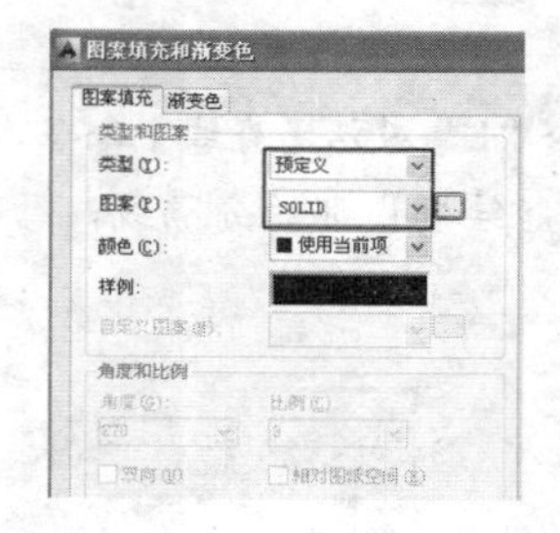

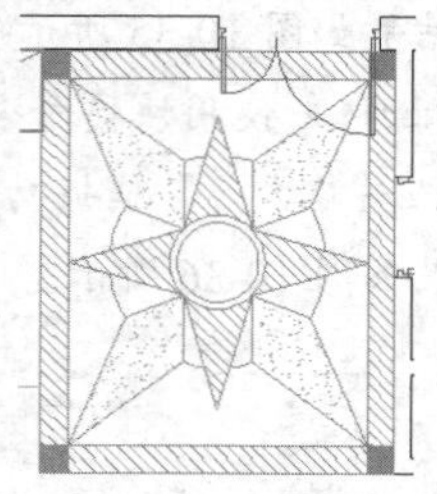

图 10-39

Step19 ▸ 至此，门厅地板拼花图案绘制完毕。

3. 填充一层客厅地面材质

Step01 ▸ 在【特性】工具栏的“线型”控制下拉列表设置当前线型为“Bylayer”。

Step02 ▸ 执行【图案填充】命令，设置填充参数和填充图案，对客厅地面进行填充，填充结果如图 10-40 所示。

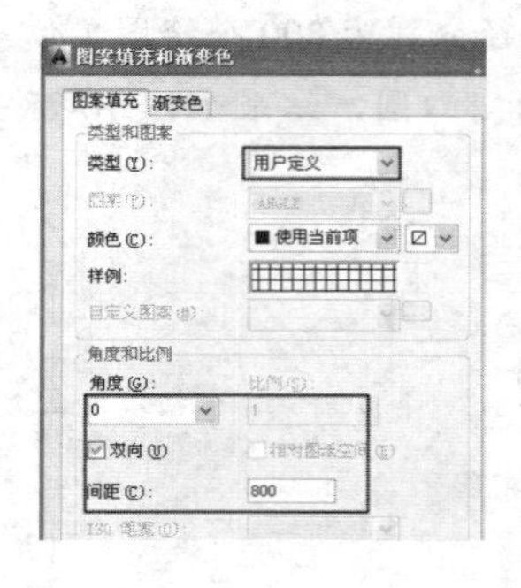

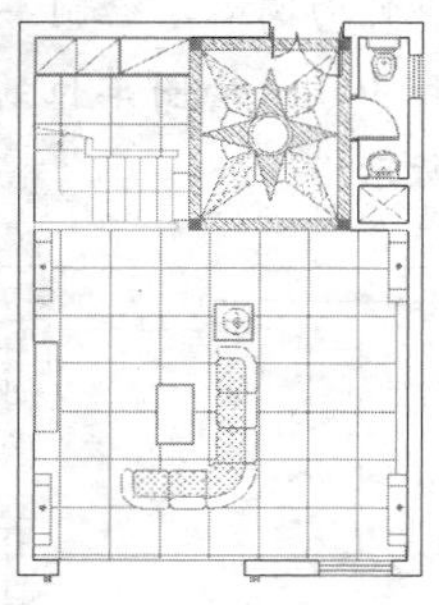

图 10-40

Step03 ▸ 执行【图案填充】命令，设置填充参数和填充图案，对卫生间地面进行填充，填充结果如图 10-41 所示。

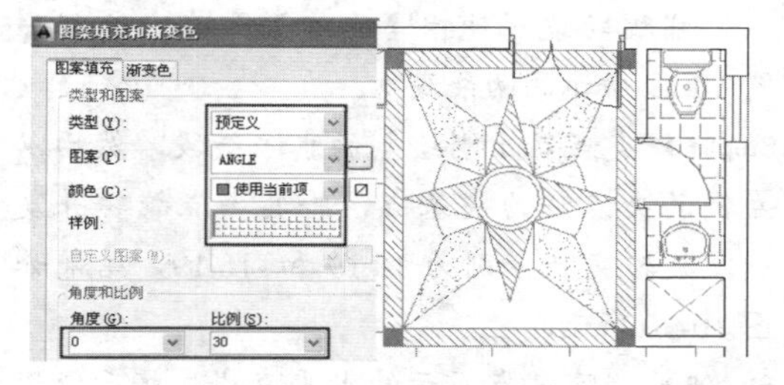

图 10-41

Step04 ▸ 使用【另存为】命令，将当前图形另名存储。

10.2.4 标注别墅一层布置图尺寸与文字

素材文件	效果文件 \ 第 10 章 \ 绘制别墅一层家具与地面材质图 .dwg
效果文件	效果文件 \ 第 10 章 \ 标注别墅一层布置图尺寸与文字 .dwg
视频文件	专家讲堂 \ 第 10 章 \ 标注别墅一层布置图尺寸与文字 .swf

打开上一节保存的文件，本节继续标注别墅一层布置图尺寸与文字注释，标注结果如图 10-42 所示。

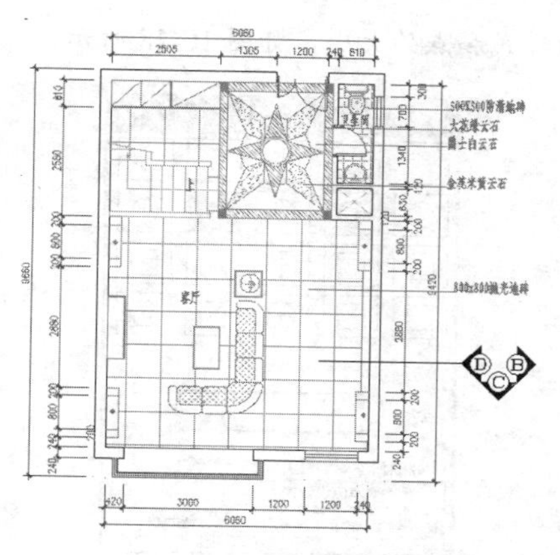

图 10-42

10.3　绘制别墅一层吊顶图

本节继续绘制别墅一层室内吊顶图，在绘制吊顶图时，可以在平面布置图的基础上绘制，绘制效果如图 10-43 所示。

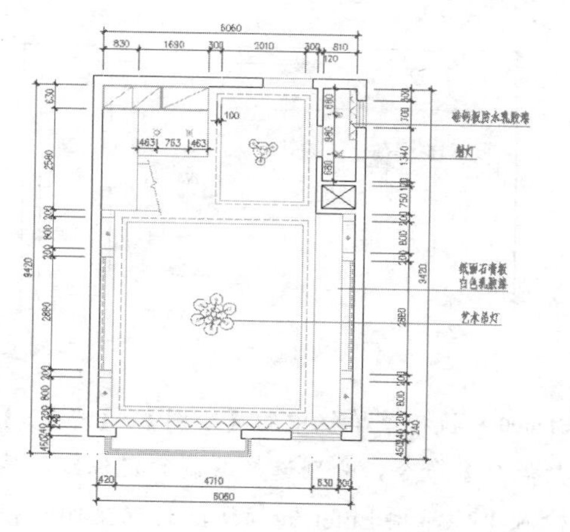

图 10-43

10.3.1　绘制别墅一层吊顶轮廓图

素材文件	效果文件 \ 第 10 章 \ 标注别墅一层布置图尺寸与文字 .dwg
效果文件	效果文件 \ 第 10 章 \ 绘制别墅一层吊顶轮廓图 .dwg
视频文件	专家讲堂 \ 第 10 章 \ 绘制别墅一层吊顶轮廓图 .swf

打开上节存储的别墅一层布置图，本节将在别墅一层布置图的基础上绘制如图 10-44 所示的别墅一层吊顶轮廓图。

操作步骤

Step01 ▸ 标注别墅一层布置图尺寸。

Step02 ▸ 标注一层布置图材质注解。

Step03 ▸ 标注一层布置图墙面投影。

详细的操作步骤请观看随书光盘中的视频文件“标注别墅一层布置图尺寸与文字 .swf”。

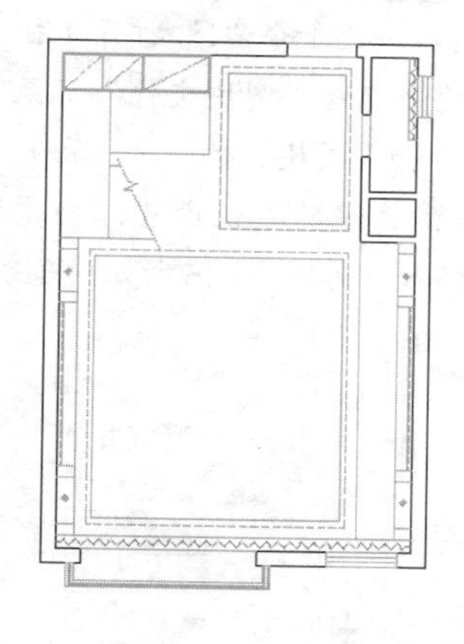

图 10-44

操作步骤

Step01 ▸ 整理平面布置图。

Step02 ▸ 完善吊顶图。

详细的操作步骤请观看随书光盘中的视频文件“绘制别墅一层吊顶轮廓图 .swf”。

10.3.2　布置别墅一层吊顶灯具

素材文件	效果文件 \ 第 10 章 \ 绘制别墅一层吊顶轮廓图 .dwg
效果文件	效果文件 \ 第 10 章 \ 布置别墅一层吊顶灯具 .dwg
视频文件	专家讲堂 \ 第 10 章 \ 布置别墅一层吊顶灯具 .swf

打开上节存储的别墅一层吊顶轮廓图，本节将在别墅一层吊顶轮廓图中布置吊顶灯具，结果如图 10-45 所示。

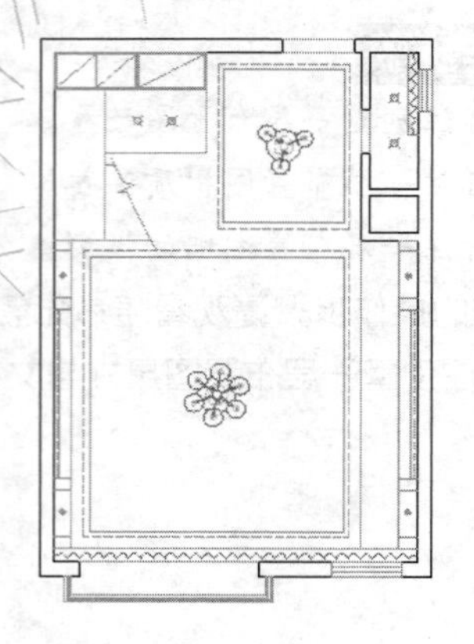

图 10-45

操作步骤

Step01 ▸ 使用快捷命令“I”打开【插入】对话框，选择随书光盘“图块文件”目录下的“艺术吊灯 01.dwg”图块文件。

Step02 ▸ 采用系统的默认设置，将其插入客厅吊顶中，插入点为图 10-46 所示的追踪线交点。

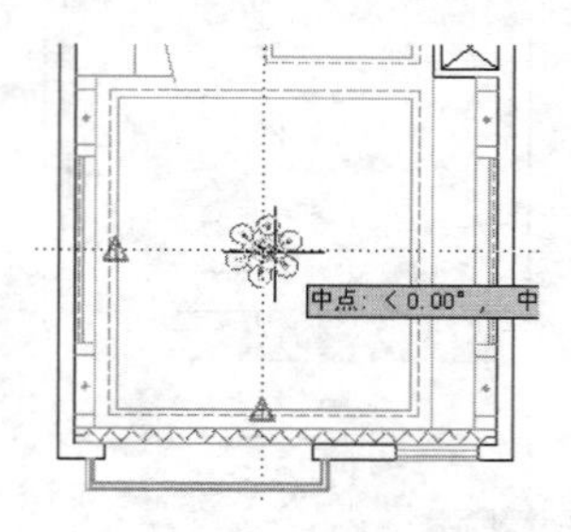

图 10-46

Step03 ▸ 执行【插入】命令，继续在门厅吊顶位置插入“艺术吊灯 02.dwg”文件，块参数设置如图 10-47 所示。

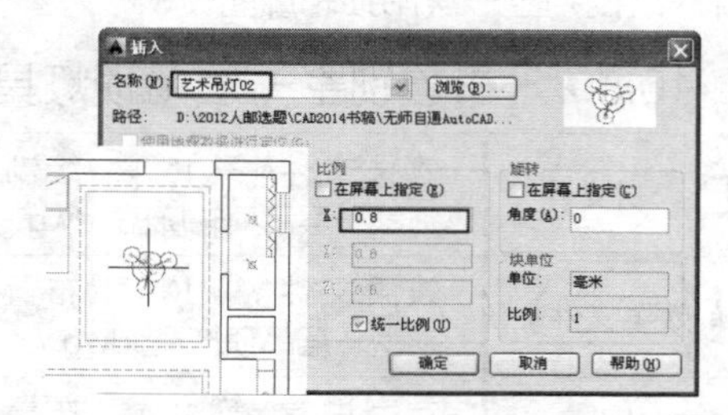

图 10-47

Step04 ▸ 执行菜单栏中的【格式】/【点样式】命令，在打开的【点样式】对话框中设置当前点的样式和点的大小，如图 10-48 所示。

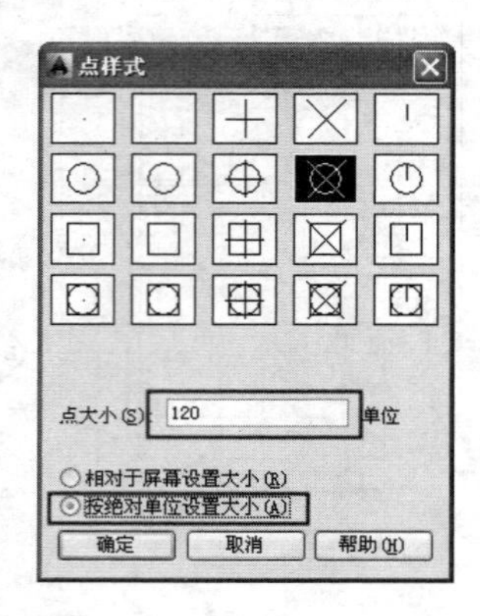

图 10-48

Step05 ▸ 使用快捷命令“L”激活【直线】命令，配合“延伸”捕捉和“交点”捕捉功能在卫生间和楼梯吊顶绘制直线作为射灯定位辅助线，如图 10-49 所示。

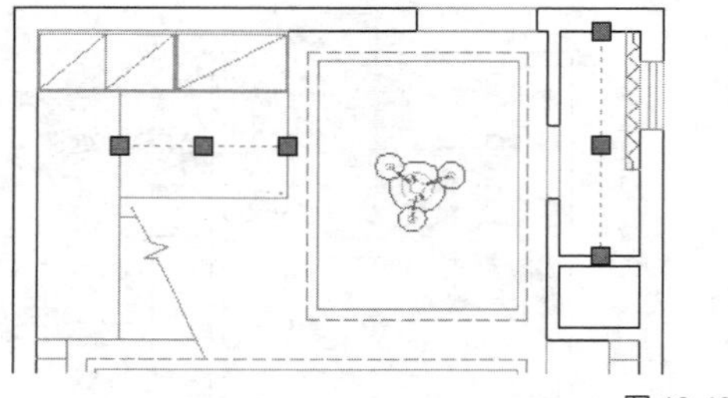

图 10-49

Step06 ▸ 执行菜单栏中的【绘图】/【点】/【定数等分】命令，分别选择绘制的定位线，然后输入“3”，按 Enter 键确认，为卫生间和楼梯吊顶各添加 2 盏灯具，如图 10-50 所示。

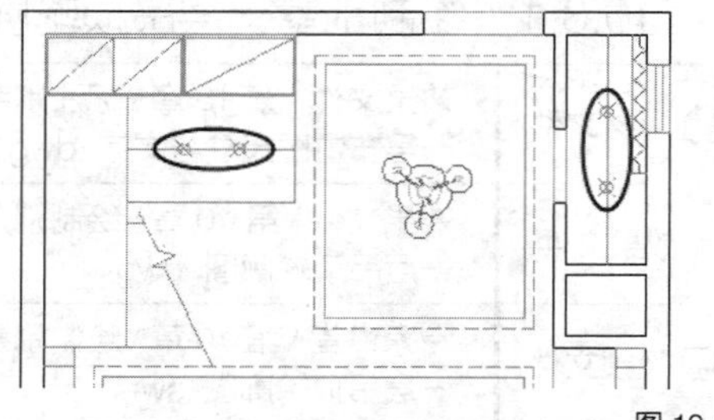

图 10-50

Step07 ▸ 至此，吊顶图灯具布置完毕，将该文件命名保存。

10.3.3　标注别墅一层吊顶图尺寸和文字

素材文件	效果文件 \ 第 10 章 \ 布置别墅一层吊顶灯具 .dwg
效果文件	效果文件 \ 第 10 章 \ 标注别墅一层吊顶图尺寸和文字 .dwg
视频文件	专家讲堂 \ 第 10 章 \ 标注别墅一层吊顶图尺寸和文字 .swf

打开上节存储的图形文件，本节继续标注别墅一层吊顶图尺寸和文字，结果如图 10-51 所示。

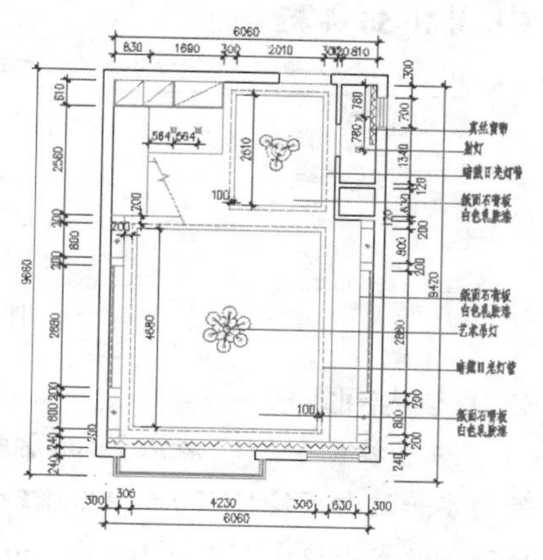

图 10-51

操作步骤

Step01 ▸ 在“图层”控制下拉列表中解冻“尺寸层”图层，并设置其为当前图层。

Step02 ▸ 使用【删除】命令删除不相关的尺寸。

Step03 ▸ 依照前面的操作方法，使用【线性】和【连续】命令，补标吊顶图的尺寸，结果如图 10-52 所示。

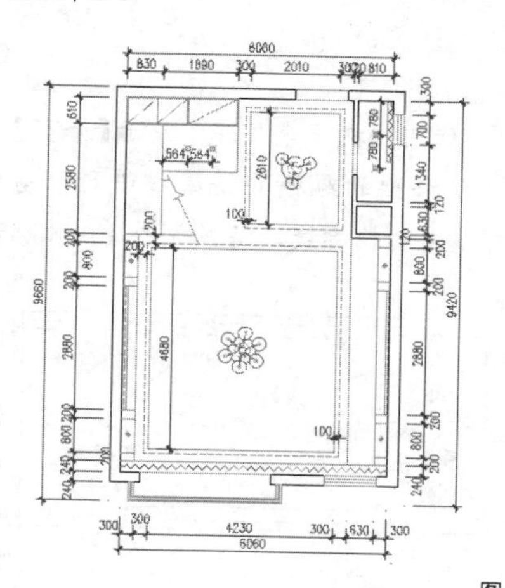

图 10-52

Step04 ▸ 在“图层”控制下拉列表中解冻“文本层”图层，并将“文本层”图层设置为当前图层，删除布置图中的文字对象。

Step05 ▸ 使用快捷命令“L”激活【直线】命令，重新绘制文字指示线。

Step06 ▸ 使用快捷命令“D”激活【单行文字】命令，设置字体高度为 240 个绘图单位，为吊顶图标注如图 10-53 所示的文字注释。

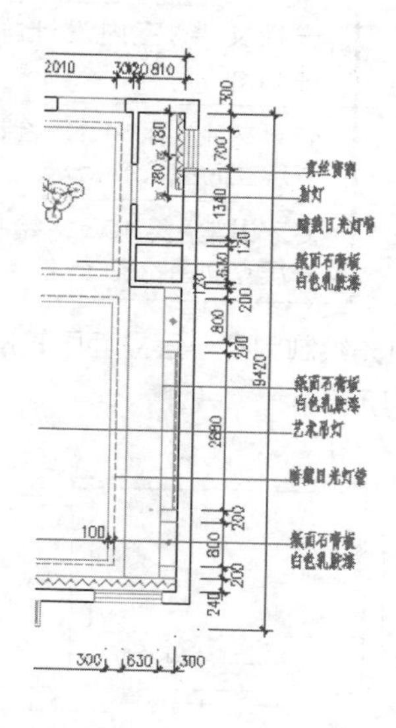

图 10-53

Step07 ▸ 至此，别墅一层吊顶图绘制完毕，最后执行【另存为】命令，将图形另名存储。

10.4 绘制别墅一层立面图

本节继续绘制别墅一层 B 向装饰立面图，效果如图 10-54 所示。

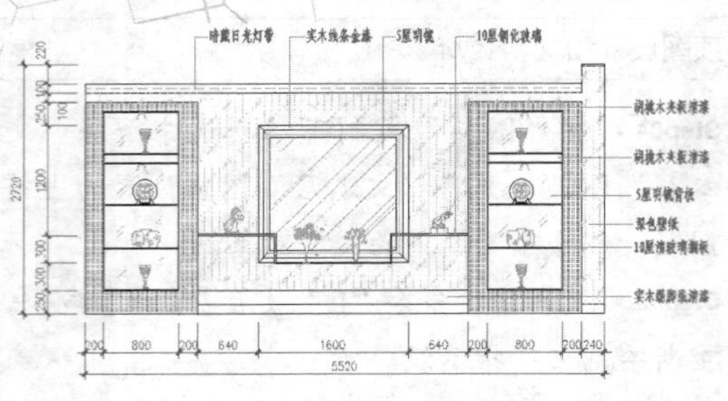

图 10-54

10.4.1 绘制别墅一层立面轮廓图

素材文件	样板文件\室内设计样板文件 .dwt
效果文件	效果文件\第 10 章\绘制别墅一层立面图轮廓 .dwg
视频文件	专家讲堂\第 10 章\绘制别墅一层立面图轮廓 .swf

本节首先绘制别墅一层立面图轮廓，结果如图 10-55 所示。

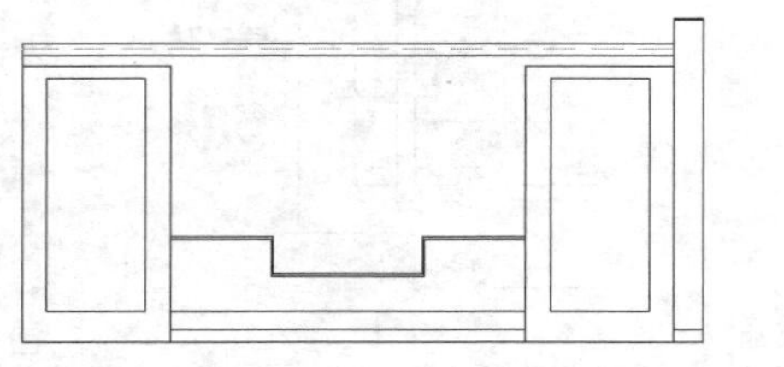

图 10-55

操作步骤

1. 绘制轮廓线

Step01 ▸ 调用随书光盘“样板文件”目录下的“室内设计样板文件 .dwt”文件。

Step02 ▸ 在“图层”控制下拉表中将“轮廓线”图层设置为当前图层。

Step03 ▸ 使用快捷命令“L”激活【直线】命令，在绘图区拾取一点。

Step04 ▸ 输入“@-5520,0”，按 Enter 键指定下一点。

Step05 ▸ 输入“@0,2500”，按 Enter 键指定下一点。

Step06 ▸ 输入“@5280,0”，按 Enter 键指定下一点。

Step07 ▸ 输入“@0,220”，按 Enter 键指定下一点。

Step08 ▸ 输入“@240,0”，按 Enter 键指定下一点。

Step09 ▸ 输入“C”，按 Enter 键结束命令，绘制结果如图 10-56 所示。

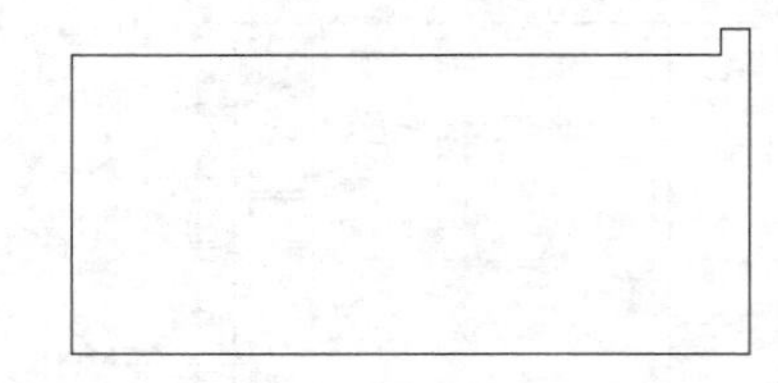

图 10-56

2. 编辑内部图线

Step01 ▸ 使用快捷命令“O”激活【偏移】命令，将上侧的水平边向下偏移 100 和 200 个绘图单位；将下侧的水平边向上偏移 100 和 250 个绘图单位；将左侧的垂直边向右偏移 1200 个绘图单位；将右侧的垂直边向左偏移 240 和 1440 个绘图单位，结果如图 10-57 所示。

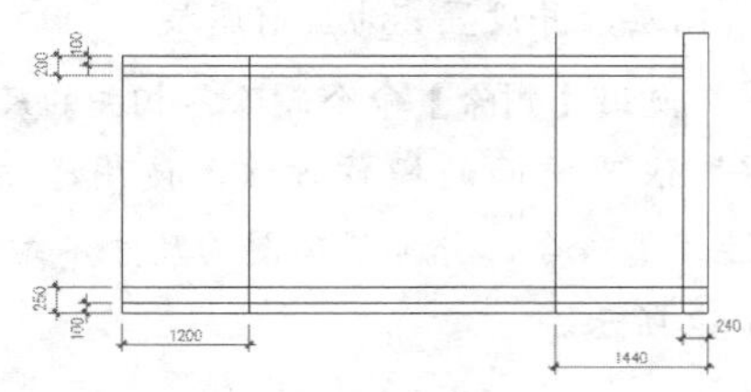

图 10-57

Step02 ▸ 使用快捷命令“TR”激活【修剪】命令，分别对偏移出的纵横向轮廓线进行修剪编辑，修剪掉多余的轮廓线，结果如图 10-58 所示。

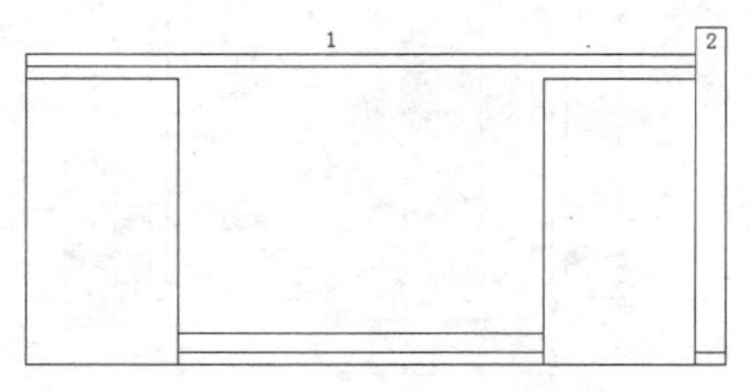

图 10-58

Step03 ▸ 使用快捷命令“O”激活【偏移】命令，

将上侧的水平轮廓线 1 向下偏移 50 个绘图单位；将水平轮廓线 2 向下偏移 20 个绘图单位，结果如图 10-59 所示。

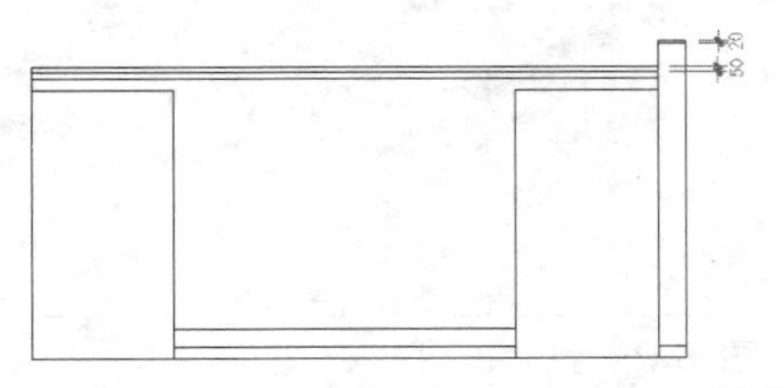

图 10-59

Step04 ▸ 使用快捷命令“LT”激活【线型】命令，加载如图 10-60 所示的两种线型。

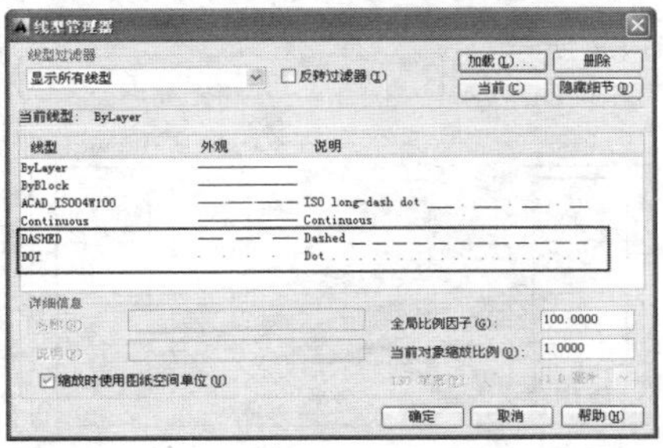

图 10-60

| 技术看板 |

加载线型的详细操作，请参阅本书配套光盘“技术看板”的视频文件或者本书前面章节相关内容的详细讲解，篇幅所限，在此不再详述。

Step05 ▸ 夹点显示偏移距离为 50 的水平图线，在【特性】窗口中更改其颜色、线型和比例，如图 10-61 所示。

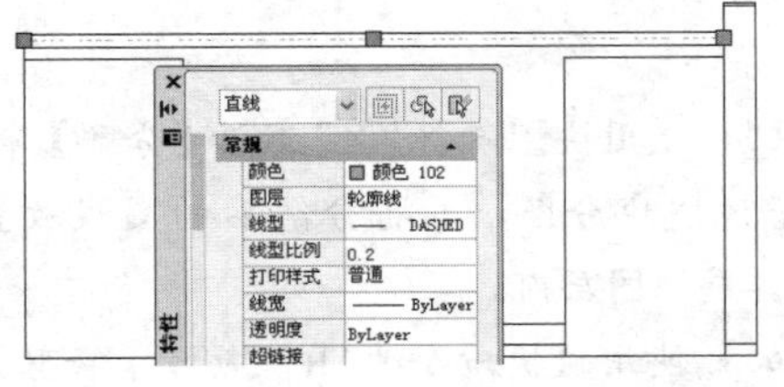

图 10-61

3. 完善内部图形

Step01 ▸ 使用快捷命令“REC”激活【矩形】命令，按住Shift键同时单击右键，选择“自”功能。

Step02 ▸ 捕捉第 3 条水平线的左端点，然后输入“@-200,0”，按 Enter 键确认。

Step03 ▸ 输入“@-800,1950”，按 Enter 键确认，指定另一个角点，绘制结果如图 10-62 所示。

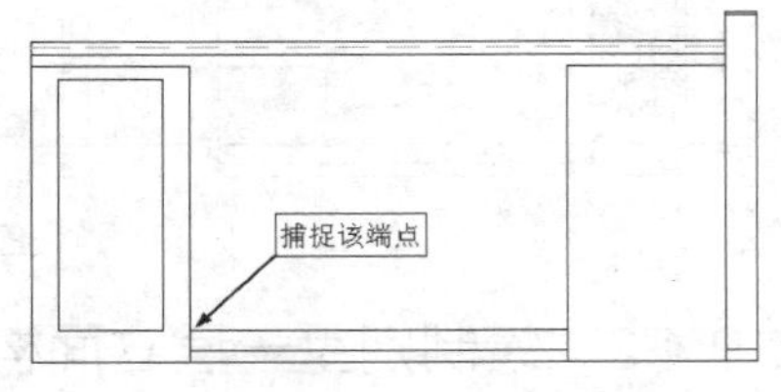

图 10-62

Step04 ▸ 使用快捷命令“MI”激活【镜像】命令，配合“中点”捕捉功能，将矩形镜像到右边位置，结果如图 10-63 所示。

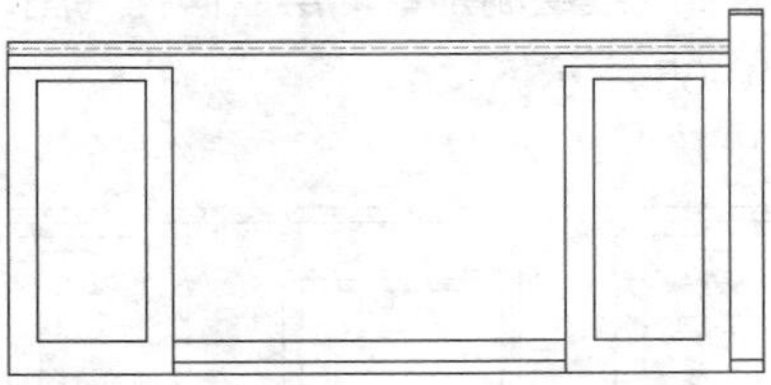

图 10-63

Step05 ▸ 使用快捷命令“ML”激活【多线】命令，输入“S”，按 Enter 键激活“比例”选项。

Step06 ▸ 输入“20”，按 Enter 键设置多线比例。

Step07 ▸ 输入“J”，按 Enter 键激活“对正”选项。

Step08 ▸ 输入“B”，按 Enter 键设置“下”对正方式。

Step09 ▸ 按住 Shift 键单击右键，选择“自”功能。

Step10 ▸ 捕捉第 3 条水平线的左端点，然后输入“@0,600”，按 Enter 键确认。

Step11 ▸ 输入“@820,0”，按 Enter 键确认，指定下一点。

Step12 ▸ 输入“@0,-310”，按 Enter 键确认，指定下一点。

Step13 ▸ 输入“@1240,0”，按 Enter 键确认，指定下一点。

Step14 ▸ 输入“@0,310”，按 Enter 确认，指定下一点。

Step15 ▸ 输入“@820,0”，按 Enter 键确认，指定下一点。

Step16 ▸ 按 Enter 键，结束命令，绘制结果如图 10-64 所示。

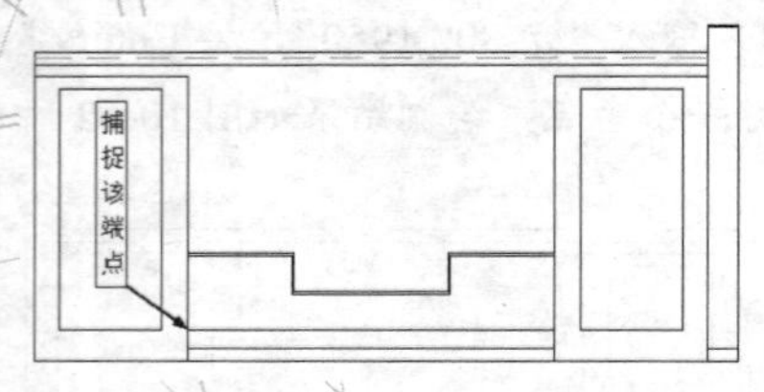

图 10-64

Step17 ▸ 至此，别墅一层 B 向立面轮廓图绘制完毕，将该图形命名保存。

10.4.2 绘制别墅一层立面构件图

素材文件	效果文件 \ 第 10 章 \ 绘制别墅一层立面轮廓图 .dwg
效果文件	效果文件 \ 第 10 章 \ 绘制别墅一层立面构件图 .dwg
视频文件	专家讲堂 \ 第 10 章 \ 绘制别墅一层立面构件图 .swf

本节继续绘制别墅一层立面构件图，结果如图 10-65 所示。

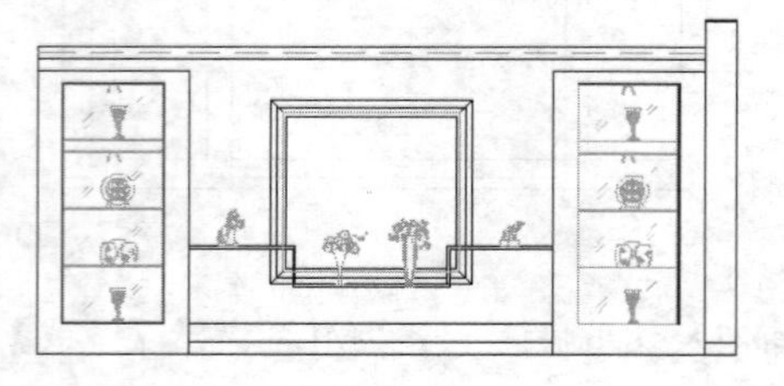

图 10-65

操作步骤

Step01 ▸ 使用快捷命令“I”打开【插入】对话框，选择随书光盘“图块文件”目录下的“立面陈列架 01.dwg”图块文件，采用系统的默认设置将其插入立面图中，结果如图 10-66 所示。

Step02 ▸ 使用快捷命令“CO”激活【复制】命令，对插入的图块复制到右边合适位置，结果如图 10-67 所示。

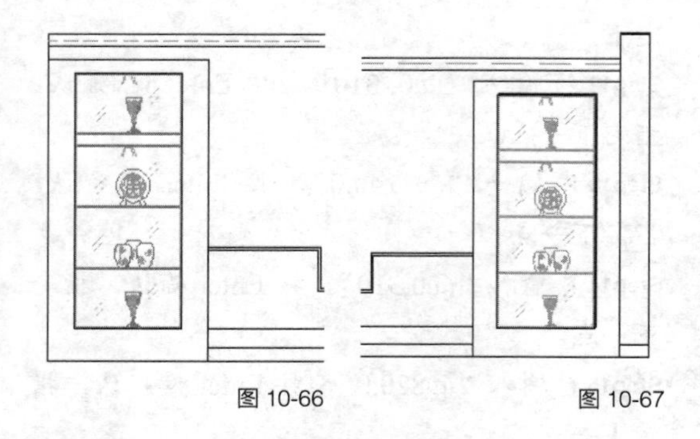

图 10-66　　图 10-67

Step03 ▸ 执行【插入】命令，采用默认参数，继续插入“壁镜 .dwg”图块文件，插入结果如图 10-68 所示。

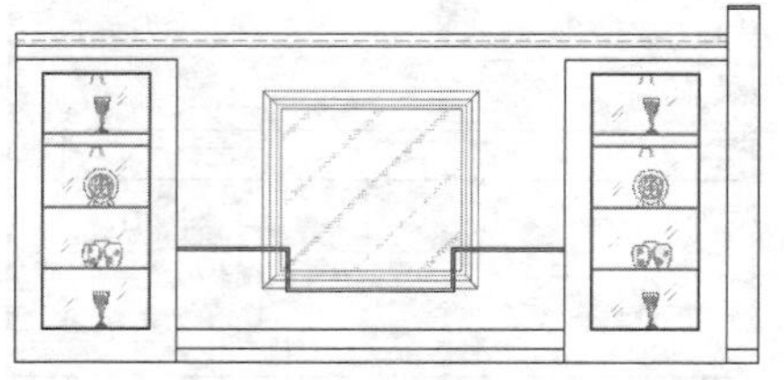

图 10-68

Step04 ▸ 执行【插入】命令，继续插入“马 .dwg”“花 .dwg”“花 08.dwg”“小象 .dwg”等装饰构件，插入结果如图 10-69 所示。

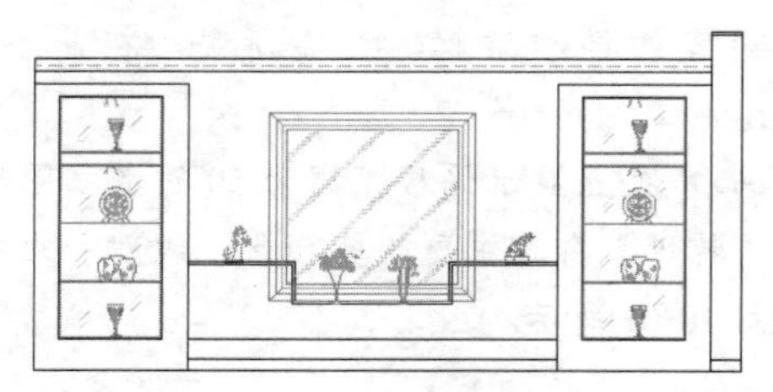

图 10-69

Step05 ▸ 使用快捷命令“X”激活【分解】命令，将壁镜图块分解，并将分解后的图线放置到“家具层”图层内。

Step06 ▸ 使用快捷命令“TR”激活【修剪】命令，将遮挡住的图线修剪掉，结果如图 10-65 所示。

Step07 ▸ 至此，别墅一层 B 向立面构件图绘制完毕。

10.4.3　绘制别墅一层立面装饰线

素材文件	效果文件 \ 第 10 章 \ 绘制别墅一层立面构件图 .dwg
效果文件	效果文件 \ 第 10 章 \ 绘制别墅一层立面装饰线 .dwg
视频文件	专家讲堂 \ 第 10 章 \ 绘制别墅一层立面装饰线 .swf

本节继续绘制别墅一层立面装饰线，结果如图 10-70 所示。

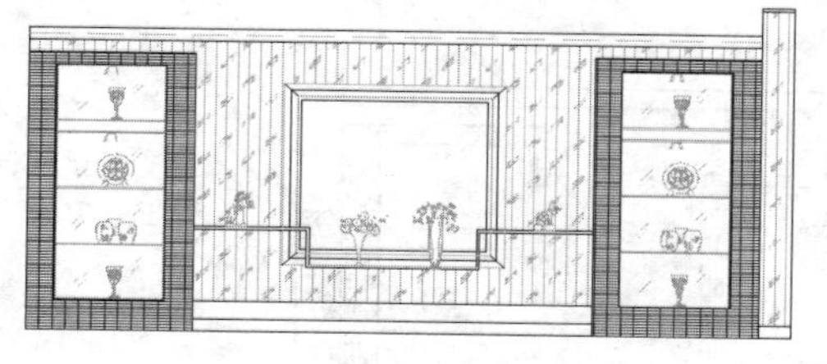

图 10-70

操作步骤

Step01 ▸ 使用快捷命令“LA”激活【图层】命令，新建名为“装饰线”的图层，并将此图层设置为当前操作层，如图 10-71 所示。

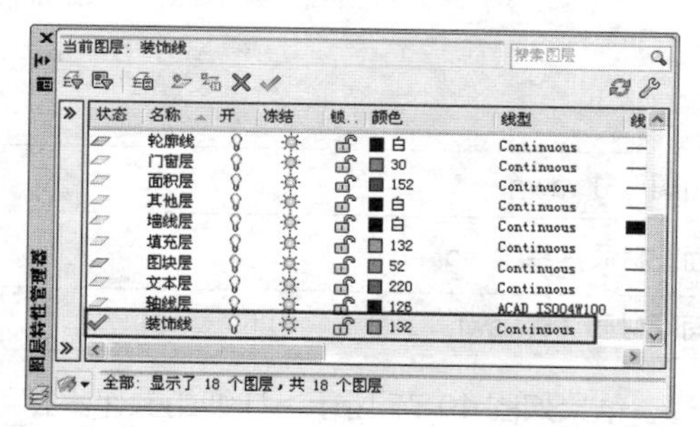

图 10-71

Step02 ▸ 在【特性】工具栏的“线型”控制下拉列表，将“DOT”线型设置为当前线型。

Step03 ▸ 夹点显示壁镜外轮廓线，将其暂时放置到“装饰线”图层上，同时冻结“图块层”图层，此时图形的显示结果如图 10-72 所示。

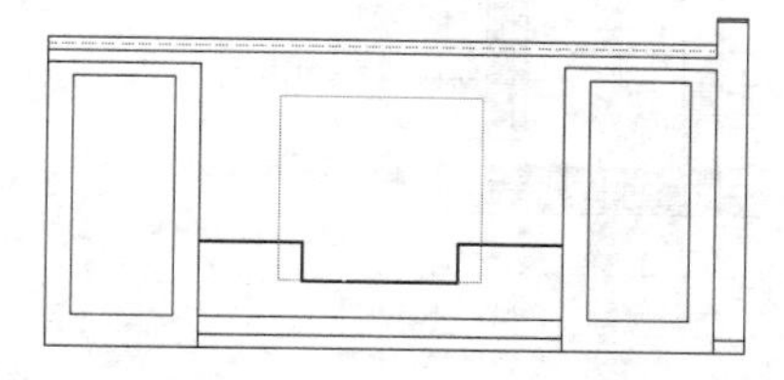

图 10-72

Step04 ▸ 使用快捷命令“H”打开【图案填充和渐变色】对话框，选择填充图案并设置比例等参数，为立面图填充墙面的装饰图案，结果如图 10-73 所示。

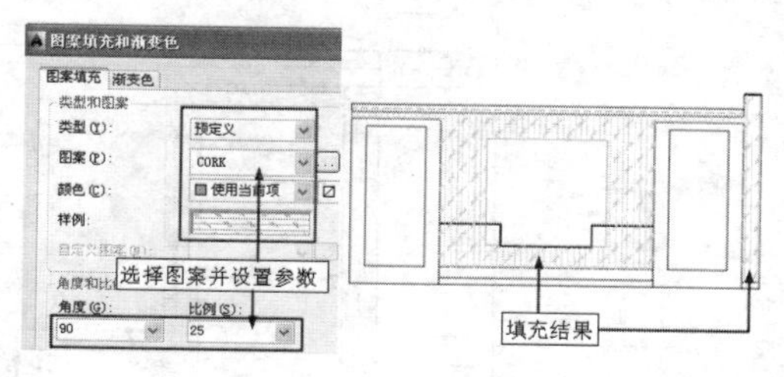

图 10-73

Step05 ▸ 将当前颜色设置为 244 号色，再次激活【图案填充】命令，选择填充图案并设置参数，继续对立面图进行填充，结果如图 10-74 所示。

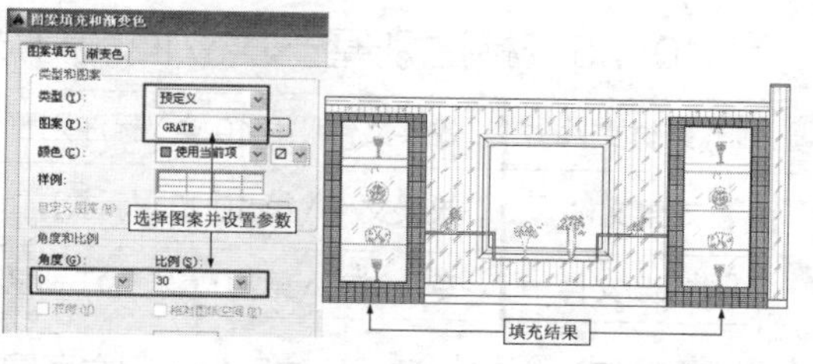

图 10-74

Step06 ▸ 将壁镜的外轮廓线恢复到“图块层”图层上，并解冻“图块层”图层，此时立面图的显示结果如图 10-75 所示。

图 10-75

Step07 ▸ 至此，别墅一层立面图墙面装饰线绘制完毕，将该图形命名保存。

10.4.4 标注别墅一层立面图尺寸

素材文件	效果文件 \ 第 10 章 \ 绘制别墅一层立面装饰线 .dwg
效果文件	效果文件 \ 第 10 章 \ 标注别墅一层立面图尺寸 .dwg
视频文件	专家讲堂 \ 第 10 章 \ 标注别墅一层立面图尺寸 .swf

本节请读者自行尝试标注别墅一层立面图尺寸，结果如图 10-76 所示。详细的操作步骤可观看随书光盘中的视频文件“标注别墅一层立面图尺寸 .swf”。

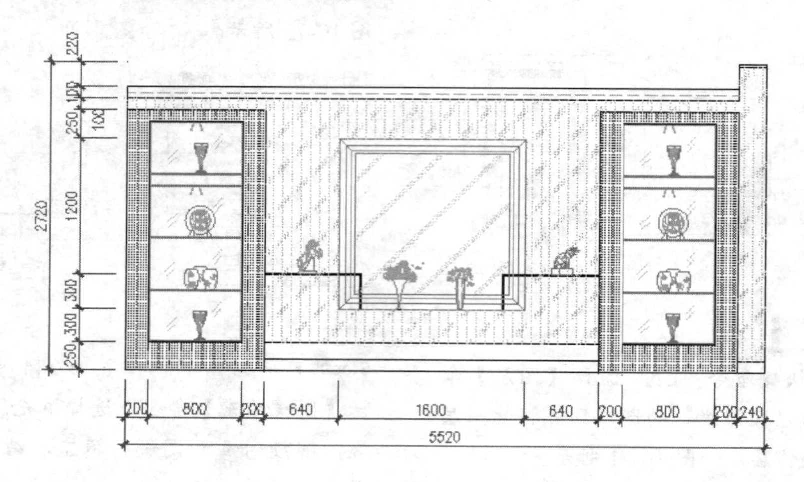

图 10-76

10.4.5 标注别墅一层立面图材质注释

素材文件	效果文件 \ 第 10 章 \ 标注别墅一层立面图尺寸 .dwg
效果文件	效果文件 \ 第 10 章 \ 标注别墅一层立面图材质注释 .dwg
视频文件	专家讲堂 \ 第 10 章 \ 标注别墅一层立面图材质注释 .swf

本节请读者自行尝试标注别墅一层立面图材质注释，结果如图 10-77 所示。详细的操作步骤可观看随书光盘中的视频文件“标注别墅一层立面图材质注释 .swf”。

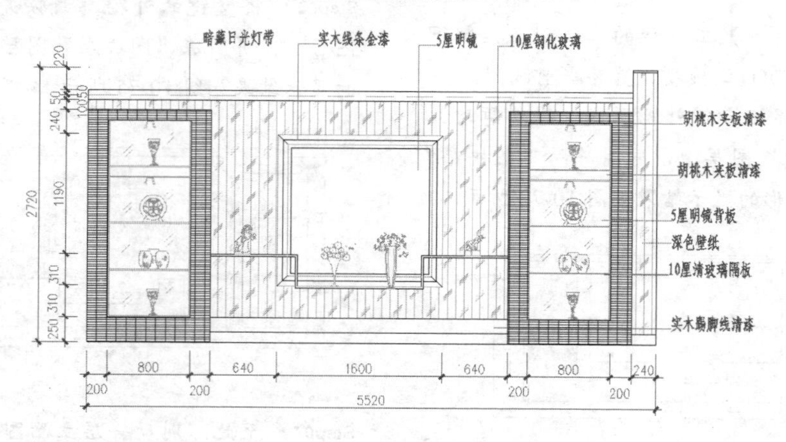

图 10-77

第 11 章 别墅二层室内设计

别墅二层空间功能主要划分为家庭室、卧室、餐厅、厨房、卫生间、洗衣房等，在设计时，一定要延续一层的设计风格和理念，使其与一层能够完整、统一。

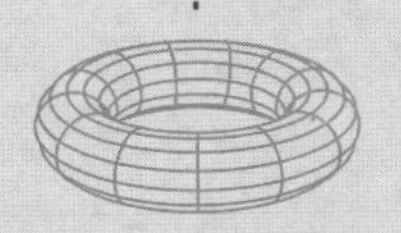

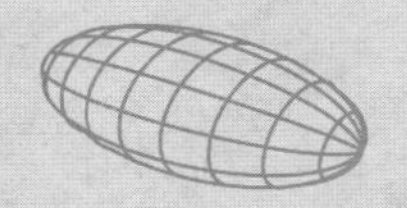

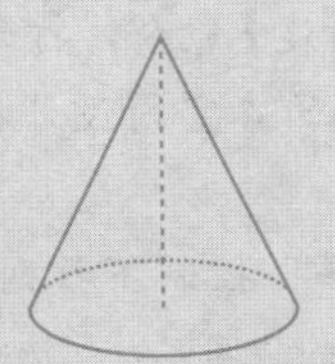

|第 11 章|

别墅二层室内设计

本章进行别墅二层室内的设计，其设计思路如下。

（1）根据事先测量的数据，初步准备别墅二层的墙体结构平面图，包括墙、窗、门、楼梯等内容。

（2）在二层墙体平面图基础上，合理、科学地绘制规划空间，绘制家具布置图。

（3）在二层家具布置图的基础上，绘制其地面材质图，以体现地面的装修概况。

（4）在二层布置图中标注必要的尺寸，以文字的形式表达出装修材质及墙面投影。

（5）根据别墅二层布置图绘制别墅二层的天花吊顶图，具体有吊顶轮廓的绘制及灯具的布置等。

（6）根据布置图绘制墙面立面图，并标注立面尺寸及材质说明。

11.1 绘制别墅二层平面布置图

别墅二层还是从平面布置图开始，其他所有设计图都可以在平面布置图的基础上进行设计，别墅二层平面布置图绘制效果如图 11-1 所示。

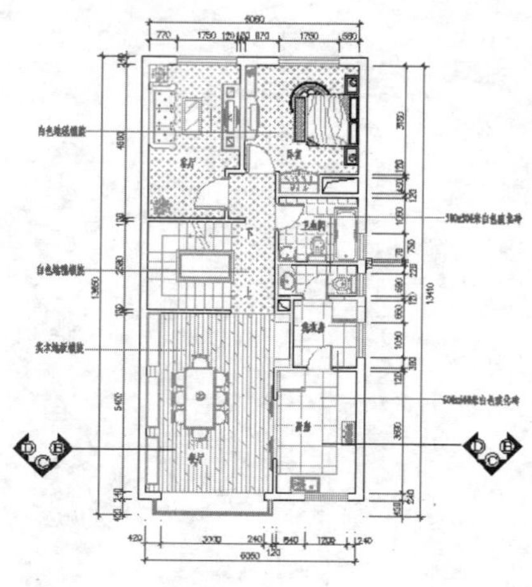

图 11-1

11.1.1 绘制别墅二层墙体结构图

素材文件	样板文件 \ 室内设计样板文件 .dwt 图块文件目录下
效果文件	效果文件 \ 第 11 章 \ 绘制别墅二层墙体结构图 .dwg
视频文件	专家讲堂 \ 第 11 章 \ 绘制别墅二层墙体结构图 .swf

本节绘制如图 11-2 所示的别墅二层墙体结构图。

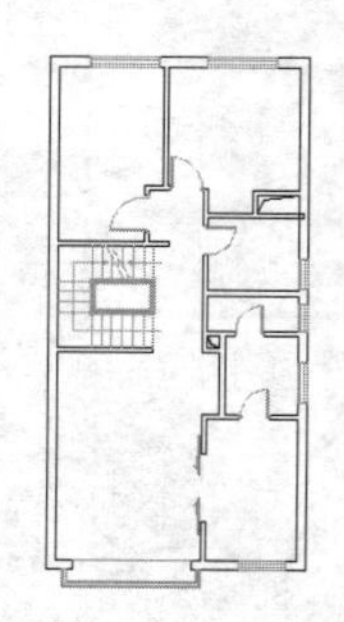

图 11-2

操作步骤

1. 绘制墙体定位轴线

Step01 ▸ 执行【新建】命令，打开随书光盘“选择样板”目录下的“室内设计样板文件 .dwt”样板文件。

Step02 ▸ 在“图层”控制下拉列表中将“轴线层”图层设置为当前图层。

Step03 ▸ 使用快捷命令“REC”激活【矩形】命令，绘制 6300mm×12960mm 的矩形作为基准线。

Step04 ▸ 使用快捷命令“X”激活【分解】命令，将绘制的矩形分解。

Step05 ▸ 使用快捷命令“O”激活【偏移】命令，将左侧的垂直边向右偏移 2370、2820 和 3840 个绘图单位，将右侧的垂直边向左偏移 1210 和 2010 个单位，结果如图 11-3 所示。

Step06 ▸ 执行【偏移】命令，将上侧的水平边向下偏移 3240、1440、2700 个绘图单位，将下侧的水平边向上偏移 3870、2130、1030、2000 和 570 个绘图单位，偏移结果如图 11-4 所示。

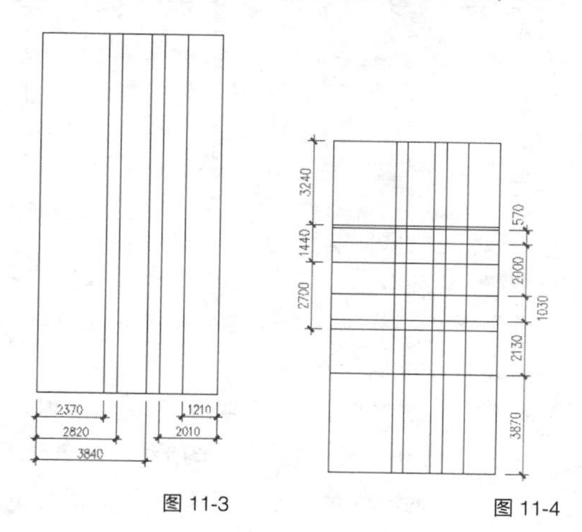

图 11-3　　图 11-4

Step07 ▸ 在无命令执行的前提下，单击选择下方第 2 条水平图线使其夹点显示，单击左边夹点进入夹基点，将其向右移动到第 4 条垂直线的交点位置，结果如图 11-5 所示。

Step08 ▸ 使用快捷命令“TR”激活【修剪】命令，以第 5 条垂直轴线作为边界，将第 3 条水平线右端修剪掉，结果如图 11-6 所示。

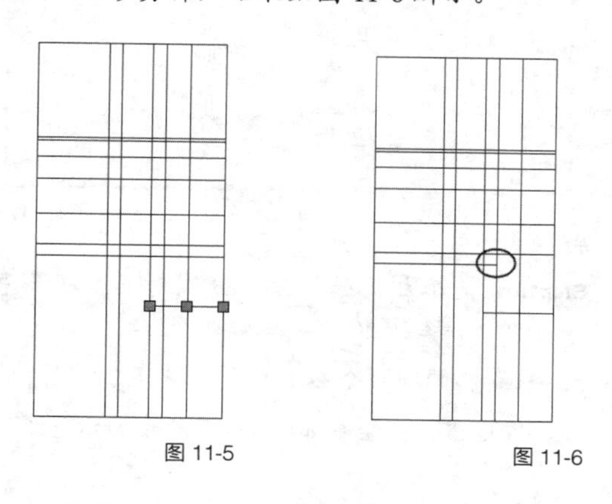

图 11-5　　图 11-6

Step09 ▸ 参照以上两个操作步骤，综合使用【修剪】和夹点编辑功能，对其他轴线进行编辑，编辑结果如图 11-7 所示。

2. 创建门窗洞

Step01 ▸ 使用快捷命令“O”激活【偏移】命令，将最左侧的垂直轴线向右偏移 540 和 3540 个绘图单位，如图 11-8 所示。

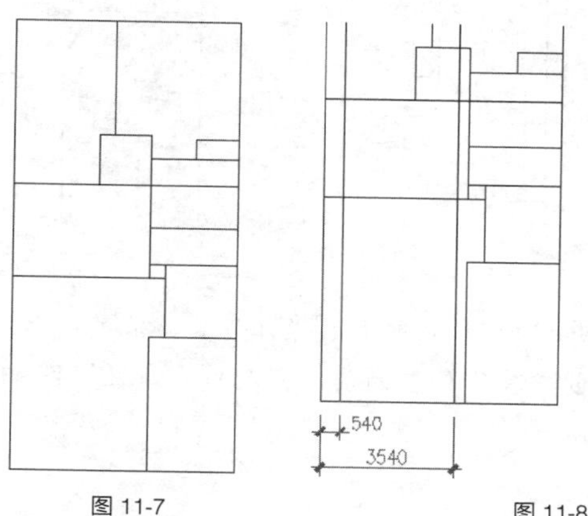

图 11-7　　图 11-8

Step02 ▸ 使用快捷命令“TR”激活【修剪】命令，以偏移出的两条垂直线段作为修剪边界，对下侧的水平轴线进行修剪，以创建宽度为 3000 个绘图单位的窗洞，结果如图 11-9 所示。

Step03 ▸ 使用快捷命令“E”激活【删除】命令，将偏移出的两条垂直轴线删除。

Step04 ▸ 使用快捷命令“BR”激活【打断】命令，选择最上侧的水平轴线。

Step05 ▸ 输入“F”，按 Enter 键，重新指定第一断点。

Step06 ▸ 按住 Shift 键同时单击鼠标右键，选择“自”功能。

Step07 ▸ 捕捉上侧水平轴线的左端点，然后输入“@890,0”，按 Enter 键。

Step08 ▸ 输入“@1750,0”，按 Enter 键，创建宽度为 1750 个绘图单位的窗洞，结果如图 11-10 所示。

Step09 ▸ 执行【打断】命令，选择最上侧的水平轴线。

Step10 ▸ 输入“F”，按 Enter 键，由右端点向左引出延伸矢量，输入“700”，按 Enter 键。

Step11 ▸ 输入“@-1750,0”，按 Enter 键，结果如图 11-11 的所示。

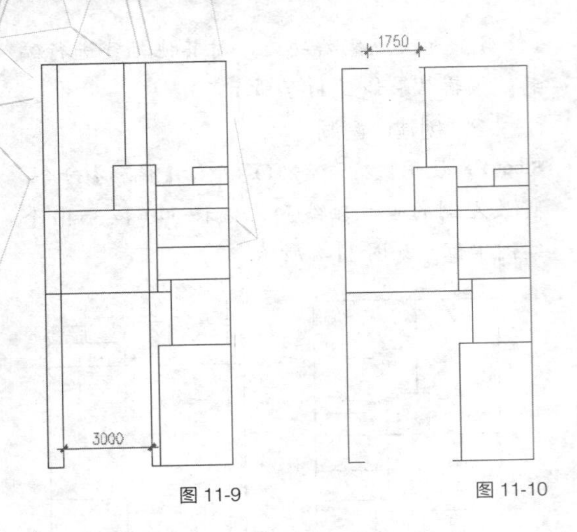

图 11-9　　图 11-10

Step12 ▸ 参照前面的操作步骤，根据提示尺寸创建其他位置的门、窗洞口，结果如图 11-12 所示。

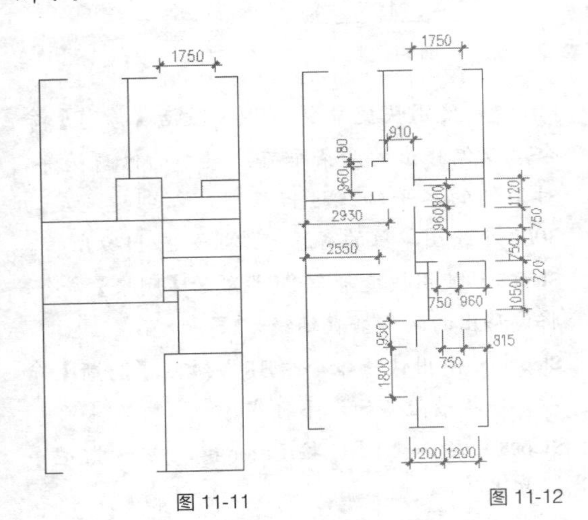

图 11-11　　图 11-12

Step13 ▸ 至此，二层墙体轴线绘制完毕。

3. 绘制主次墙线

Step01 ▸ 在“图层”控制下拉列表中将“墙线层”图层设为当前图层。

Step02 ▸ 使用快捷命令“ML”激活【多线】命令，输入“S”，按 Enter 键激活“比例”选项。

Step03 ▸ 输入“240”，按Enter键设置多线比例。

Step04 ▸ 输入“J”，按Enter键激活“对正”选项。

Step05 ▸ 输入“Z”，按 Enter 键设置“无”对正方式。

Step06 ▸ 依次捕捉各轴线的端点，绘制主墙线，结果如图 11-13 所示。

Step07 ▸ 执行【多线】命令，设置多线“比例”为 120，其他设置不变，绘制次墙线，绘制结果如图 11-14 所示。

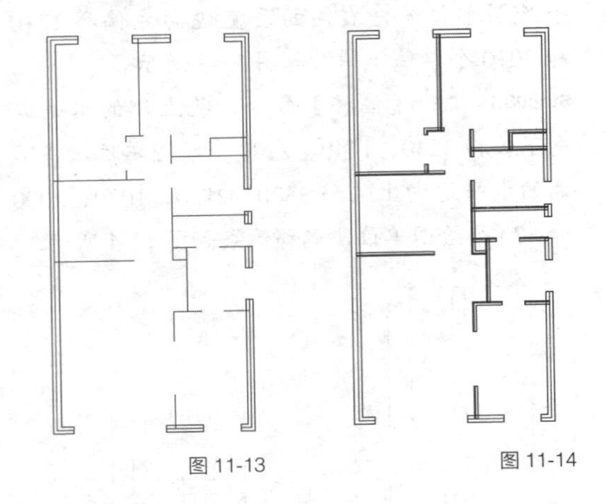

图 11-13　　图 11-14

Step08 ▸ 在“图层”控制下拉列表中关闭“轴线层”图层，然后双击任意墙线打开【多线编辑工具】对话框。

Step09 ▸ 单击“T 形合并”按钮返回绘图区，选择垂直墙线，继续选择水平墙线，结果这两条T形相交的多线被合并，结果如图 11-15 所示。

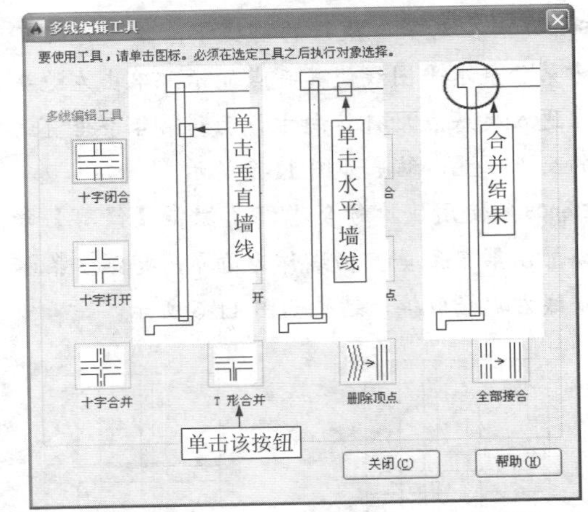

图 11-15

Step10 ▸ 使用相同的方法，分别对其他 T 形相交的墙线进行合并，结果如图 11-16 所示。

Step11 ▸ 使用快捷命令“PL”激活【多段线】命令，在风道位置绘制如图 11-17 所示的示意线。

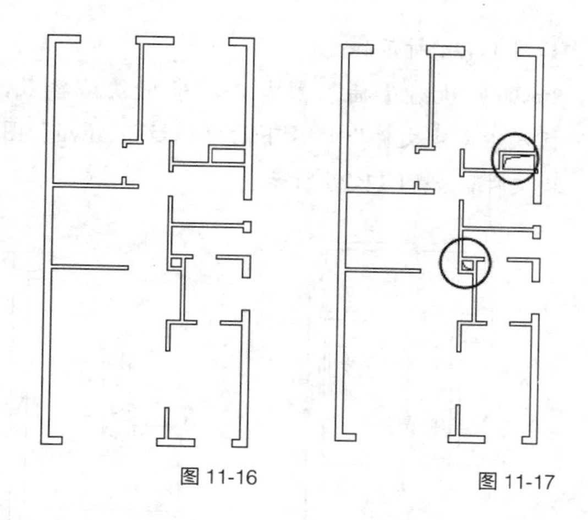

图 11-16　　图 11-17

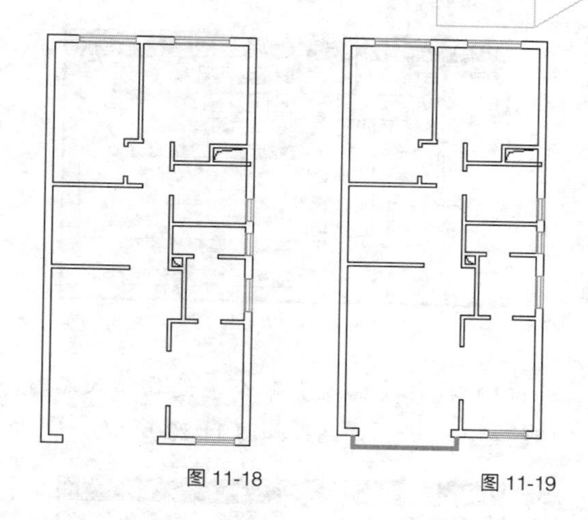

图 11-18　　图 11-19

Step12 ▸ 至此，二层别墅墙线绘制完毕。

4. 绘制窗构件

Step01 ▸ 在“图层”控制下拉列表中将“门窗层”图层设置为当前图层。

Step02 ▸ 执行【格式】/【多线样式】命令，在打开的【多线样式】对话框中设置“窗线样式”为当前样式。

Step03 ▸ 使用快捷命令“ML”激活【多线】命令，设置多线“比例”为 240，依照绘制墙线的方法，在窗洞位置绘制窗线，结果如图 11-18 所示。

Step04 ▸ 执行【多线】命令，输入“S”，按 Enter 键激活“比例”选项。

Step05 ▸ 输入“120”，按 Enter 键确认。

Step06 ▸ 输入“J”，按 Enter 键激活“对正”选项。

Step07 ▸ 输入“B”，按 Enter 键设置“下”对正方式。

Step08 ▸ 按住 Shift 键同时单击鼠标右键，选择“自”功能，然后捕捉左下方窗洞的端点，输入“@-240,0”，按 Enter 键确认。

Step09 ▸ 输入“@0,-450”，按 Enter 键指定下一点。

Step10 ▸ 输入“@3480,0”，按 Enter 键指定下一点。

Step11 ▸ 输入“@0,450”，按 Enter 键指定下一点。

Step12 ▸ 按 Enter 键结束命令，绘制结果如图 11-19 所示。

Step13 ▸ 使用快捷命令“L”激活【直线】命令，绘制下侧窗户内侧水平图线。

5. 插入门构件

Step01 ▸ 使用快捷命令“I”激活【插入】命令，选择随书光盘“图块文件”目录下的“单开门 .dwg”图块文件，并设置块参数，将其插入门洞位置，如图 11-20 所示。

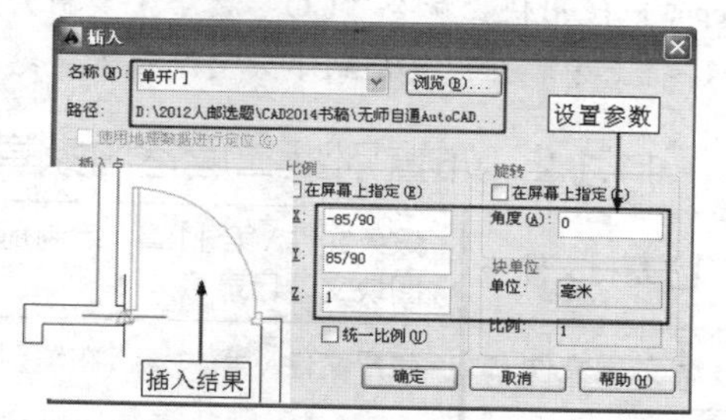

图 11-20

Step02 ▸ 执行【插入】命令，设置插入参数，继续插入单开门，结果如图 11-21 所示。

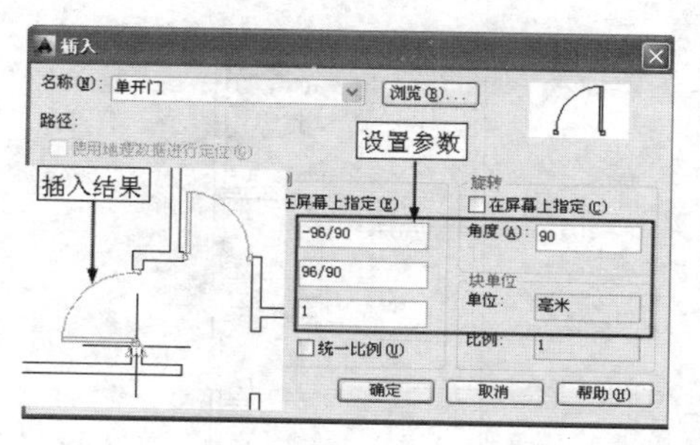

图 11-21

Step03 ▸ 执行【插入】命令，设置插入参数，继续插入单开门，结果如图 11-22 所示。

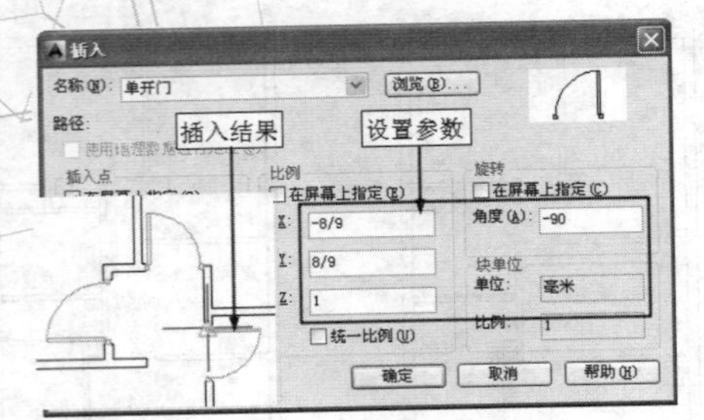

图 11-22

Step04 ▸ 执行【插入】命令，设置插入参数，继续插入单开门，结果如图 11-23 所示。

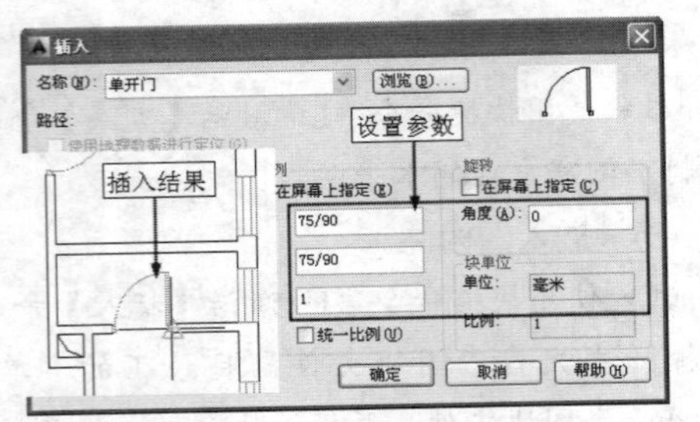

图 11-23

Step05 ▸ 使用快捷命令“CO”激活【复制】命令，将上方单开门复制到下方门洞位置，结果如图 11-24 所示。

Step06 ▸ 执行【插入】命令，采用默认参数，插入“图块文件”目录下的“推拉门 .dwg”图块文件，如图 11-25 所示。

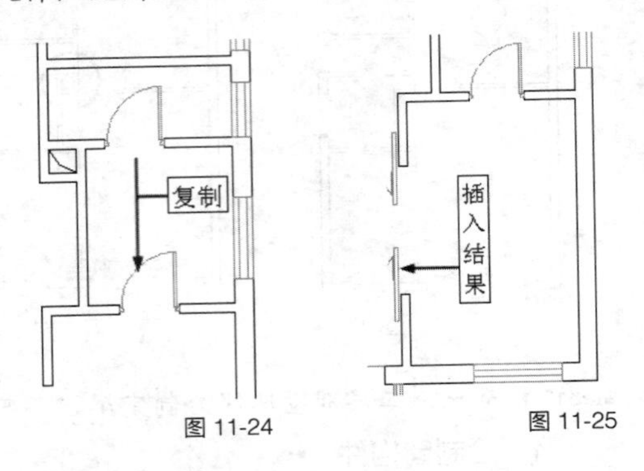

图 11-24　　图 11-25

Step07 ▸ 在“图层”控制下拉列表中将“楼梯层”图层设置为当前图层。

Step08 ▸ 执行【插入】命令，采用默认参数，插入“图块文件”目录下的“二层楼梯 .dwg”图块文件。

Step09 ▸ 至此，二层别墅门窗构件绘制完毕，最后执行【另存为】命令将图形命名存储。

11.1.2　布置别墅二层室内家具

素材文件	效果文件 \ 第 11 章 \ 绘制别墅二层墙体结构图 .dwg 图块文件目录下
效果文件	效果文件 \ 第 11 章 \ 布置别墅二层室内家具 .dwg
视频文件	专家讲堂 \ 第 11 章 \ 布置别墅二层室内家具 .swf

打开上一节保存的图形文件，本节继续布置别墅二层室内家具，其结果如图 11-26 所示。

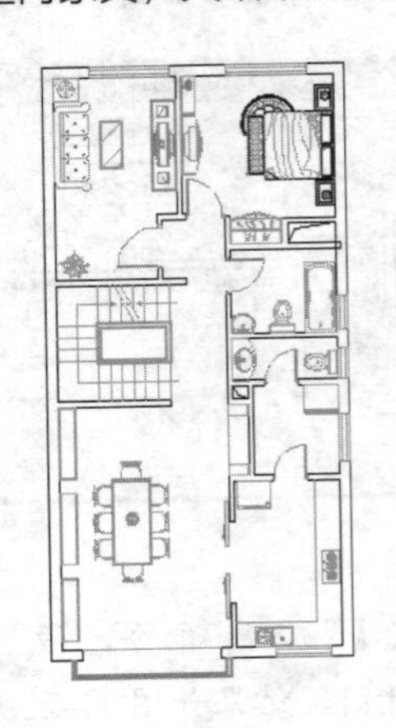

图 11-26

操作步骤

Step01 ▸ 布置客厅家具。

Step02 ▸ 布置卧室家具。

Step03 ▸ 布置其他房间家具。

详细的操作步骤请观看随书光盘中的视频文件“布置别墅二层室内家具 .swf”。

11.1.3　填充别墅二层地面材质

素材文件	效果文件 \ 第 11 章 \ 布置别墅二层室内家具 .dwg
效果文件	效果文件 \ 第 11 章 \ 填充别墅二层地面材质 .dwg
视频文件	专家讲堂 \ 第 11 章 \ 填充别墅二层地面材质 .swf

打开上一节保存的图形文件，本节继续填充别墅二层地面材质，其结果如图 11-27 所示。

操作步骤

1．填充卧室和客厅地面地毯材质

Step01 ▸ 在“图层”控制下拉列表中将“填充层”图层设置为当前层。

Step02 ▸ 使用快捷命令“L”激活【直线】命令，配合“捕捉”功能分别将各房间两侧门洞连接起来，以形成封闭区域，如图 11-28 所示。

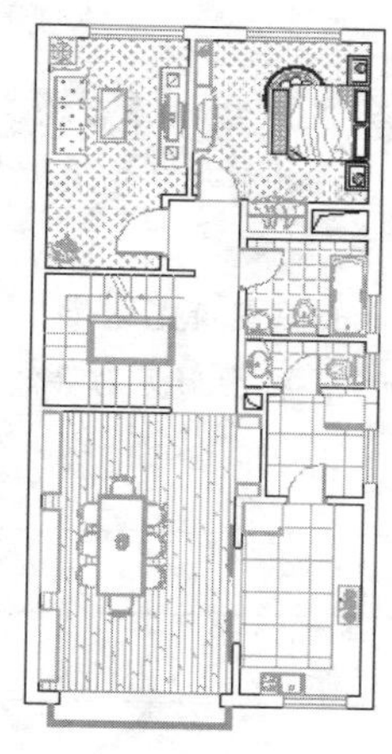

图 11-27

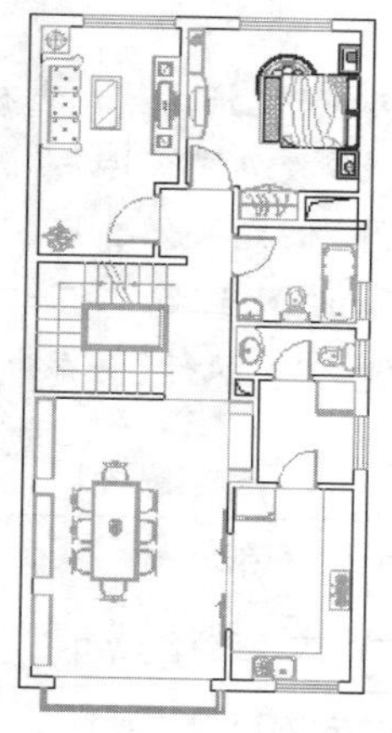

图 11-28

Step03 ▸ 在无命令执行的前提下，夹点显示客厅的所有对象，将其放置到“0 图层”上，并冻结“家具层”图层。

Step04 ▸ 使用快捷命令“LT”激活【线型】命令，加载一种名为“DOT”线型，并将其设置为当前线型。

Step05 ▸ 使用快捷命令“H”打开【图案填充和渐变色】对话框，选择一种填充图案，并设置填充参数，为客厅地面填充图案，如图 11-29 所示。

Step06 ▸ 将客厅室内家具恢复到“家具层”图层上，然后解冻“家具层”图层。

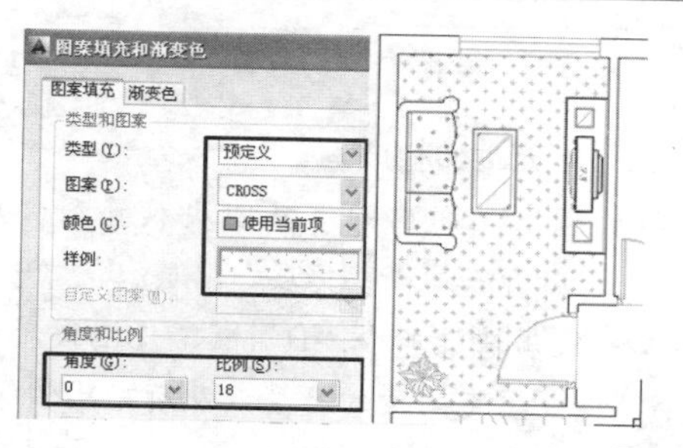

图 11-29

Step07 ▸ 使用相同的方法，将卧室内的所有家具暂时放置到“0 图层”上，然后再次冻结“家具层”图层。

Step08 ▸ 使用快捷命令“H”打开【图案填充和渐变色】对话框，设置填充图案及填充参数与客厅图案相同，为卧室和过道填充图案，结果如图 11-30 所示。

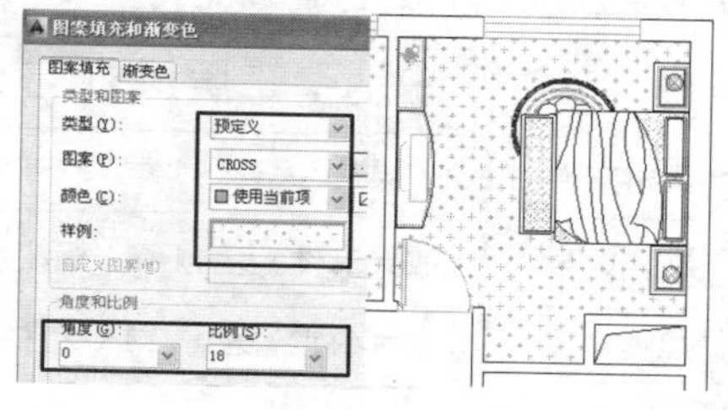

图 11-30

Step09 ▸ 将卧室内的双人床、电视及衣柜等图块恢复到“家具层”图层上，然后解冻“家具层”图层，完成卧室地面材质的填充。

2．填充餐厅地板材质

Step01 ▸ 在【特性】工具栏将当前线型恢复为“Bylayer”线型。

Step02 ▸ 依照前面的操作将餐厅内的桌椅及餐厅柜图块放入“0 图层”上，然后冻结“家具层”图层。

Step03 ▸ 在【图案填充和渐变色】对话框设置填充比例和填充类型，继续为餐厅地面填充实木地板图案，如图 11-31 所示。

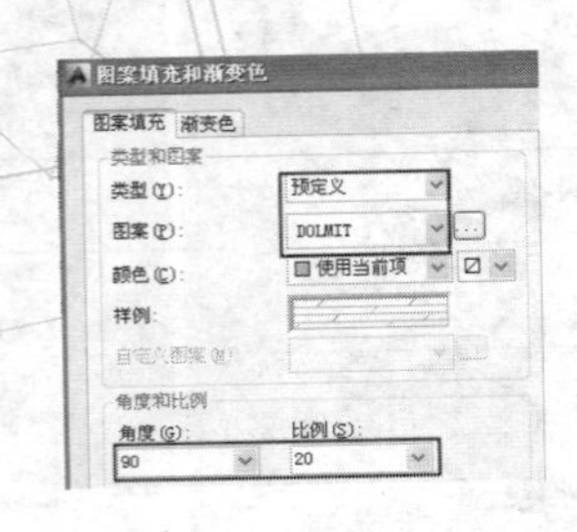

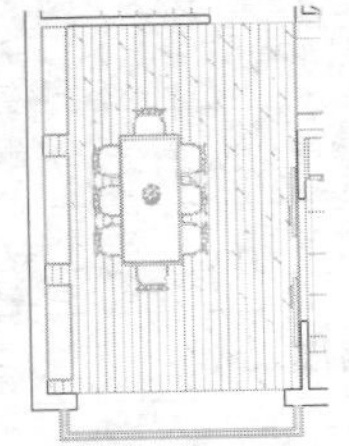

图 11-31

3. 填充地砖材质

Step01 ▸ 将卫生间内的洁具图块放置到“0 图层”上，然后冻结“家具层”图层。

Step02 ▸ 使用快捷命令“H”激活【图案填充】命令，设置填充图案的类型以及填充比例等参数，对卫生间地面进行填充，如图 11-32 所示。

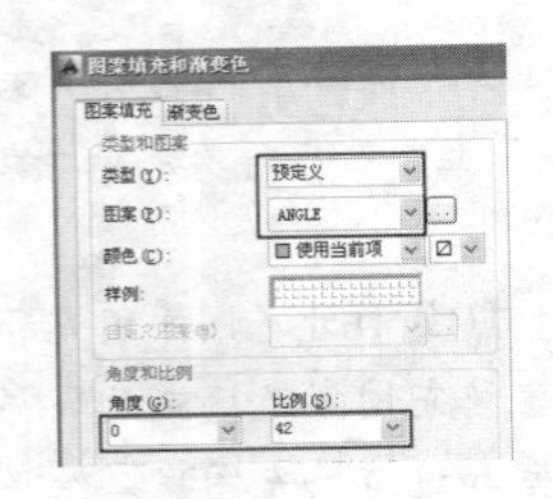

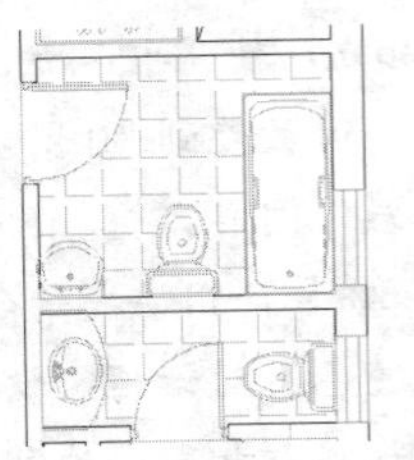

图 11-32

Step03 ▸ 将卫生间内的图块放置到“家具层”图层上，并解冻“家具层”图层。

Step04 ▸ 将冰箱、洗衣机、厨房操作台轮廓线放置到“0 图层”上，并冻结“家具层”图层。

Step05 ▸ 使用快捷命令“H”激活【图案填充】命令，设置填充图案的类型以及填充比例等，继续为厨房和洗衣房地面填充图案，如图 11-33 所示。

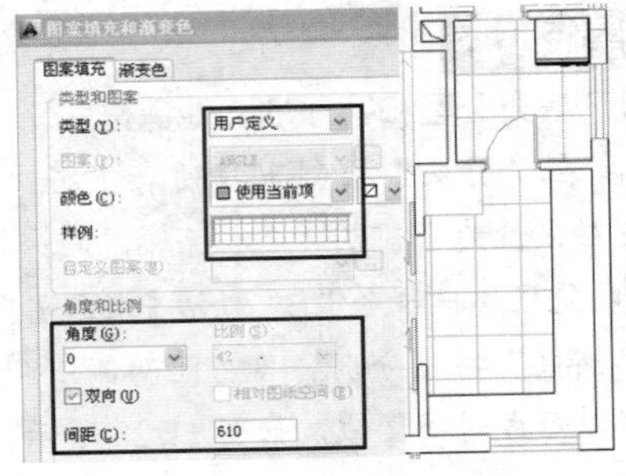

图 11-33

Step06 ▸ 将冰箱、洗衣机以及厨房操作台轮廓线恢复到“家具层”图层上，并解冻“家具层”图层，结果如图 11-37 所示。

Step07 ▸ 至此，别墅二层地面图案填充完毕。

Step08 ▸ 执行【另存为】命令，将图形另名存储。

11.1.4 标注别墅二层尺寸与文字注释

素材文件	效果文件 \ 第 11 章 \ 填充别墅二层地面材质 .dwg
效果文件	效果文件 \ 第 11 章 \ 标注别墅二层尺寸与文字注释 .dwg
视频文件	专家讲堂 \ 第 11 章 \ 标注别墅二层尺寸与文字注释 .swf

打开上一节保存的图形文件，本节继续标注别墅二层尺寸与文字注释，其结果如图 11-34 所示。

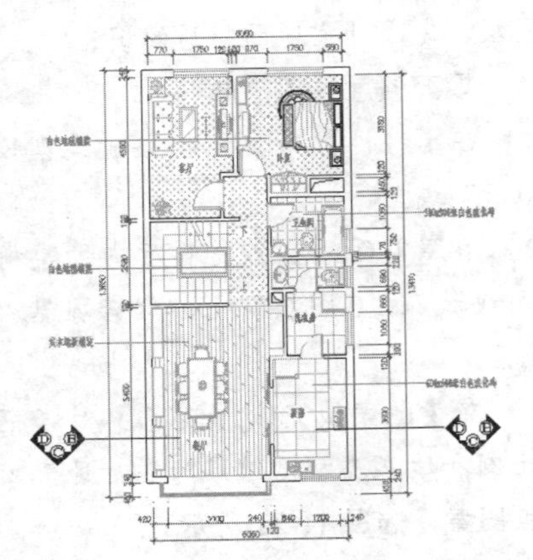

图 11-34

操作步骤

Step01 ▸ 标注别墅二层布置图尺寸。

Step02 ▸ 标注二层布置图房间功能。

Step03 ▸ 标注别墅二层布置图材质注解。

Step04 ▸ 标注别墅二层墙面投影。

详细的操作步骤请观看随书光盘中的视频文件“标注别墅二层尺寸与文字注释 .swf”。

11.2　绘制别墅二层吊顶图

本节继续在别墅二层平面布置图的基础上绘制别墅二层吊顶图，效果如图 11-35 所示。

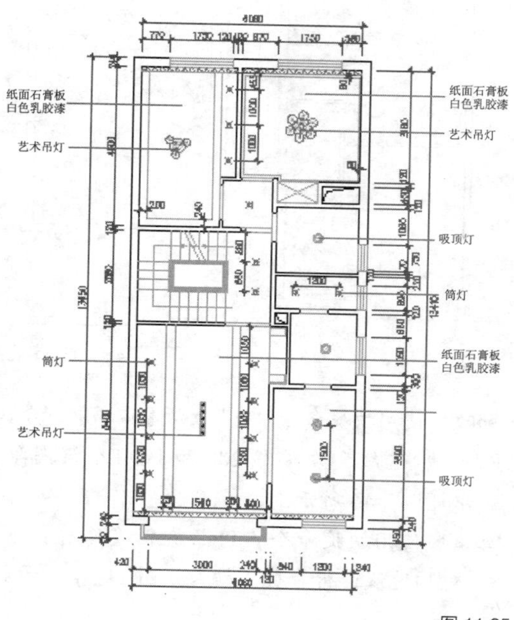

图 11-35

11.2.1　绘制别墅二层吊顶轮廓图

素材文件	效果文件 \ 第 11 章 \ 标注别墅二层尺寸与文字注释 .dwg
效果文件	效果文件 \ 第 11 章 \ 绘制别墅二层吊顶轮廓图 .dwg
视频文件	专家讲堂 \ 第 11 章 \ 绘制别墅二层吊顶轮廓图 .swf

打开上一节保存的图形文件，本节继续绘制别墅二层吊顶轮廓，其结果如图 11-36 所示。

操作步骤

1. 绘制窗帘与窗帘盒

Step01 ▸ 在“图层”控制下拉列表中将“吊顶层”图层设置为当前图层，并冻结与当前操作无关的图层，此时平面图的显示效果如图 11-37 所示。

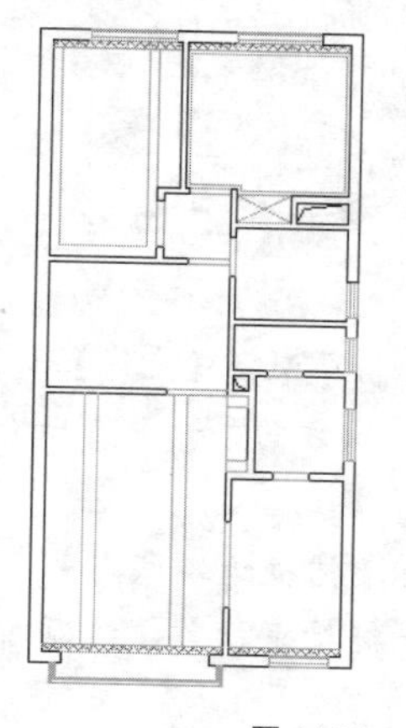

图 11-36

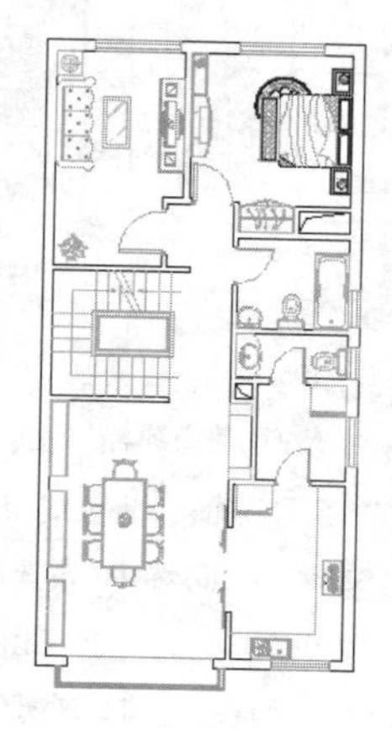

图 11-37

Step02 ▸ 在无命令执行的前提下，夹点显示如图 11-38 所示的平面窗及墙面餐厅柜图块，然后将其放入“吊顶层”图层。

Step03 ▸ 在“图层”控制下拉列表中冻结“家具层”图层和“门窗层”图层，然后使用快捷命令“L”激活【直线】命令，配合“端点”捕捉功能绘制门洞位置的轮廓线，结果如图 11-39 所示。

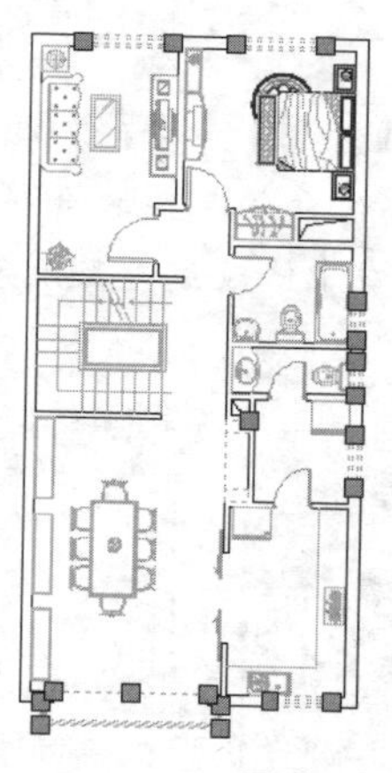

图 11-38

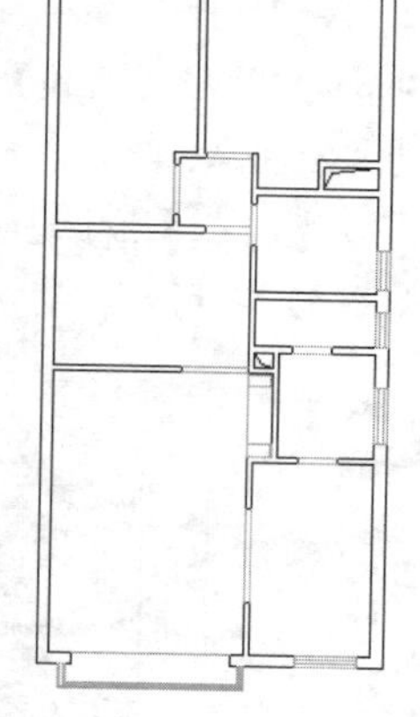

图 11-39

Step04 ▸ 使用快捷命令“REC”激活【矩形】命令，在卧室左下方衣柜位置绘制矩形，使用快捷命令“L”激活【直线】命令，配合“端点”捕捉功能绘制矩形的对角线，结果如图 11-40 所示。

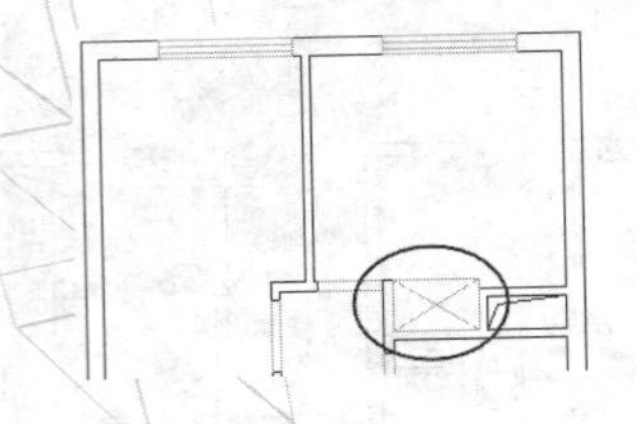

图 11-40

Step05 ▶ 使用快捷命令“L”激活【直线】命令，由客厅左上端点向下引出方向矢量，然后输入“75”，确定线的起点。

Step06 ▶ 向右引导光标，捕捉追踪线与客厅右墙线的交点，按 Enter 键结束操作，绘制窗帘线，如图 11-41 所示。

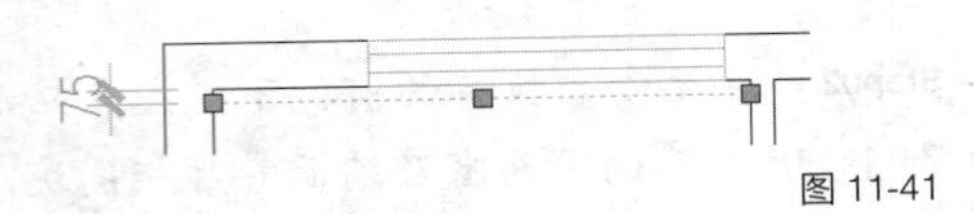

图 11-41

Step07 ▶ 使用快捷命令“O”激活【偏移】命令，将绘制的窗帘线向下偏移 75 个绘图单位作为窗帘盒轮廓线，结果如图 11-42 所示。

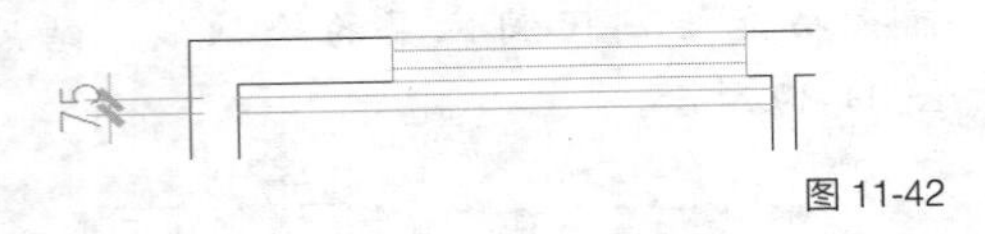

图 11-42

Step08 ▶ 执行【格式】/【线型】命令，加载名为“ZIGZAG”的线型，然后夹点显示绘制的窗帘线，在【特性】窗口中修改线型及颜色，如图 11-43 所示。

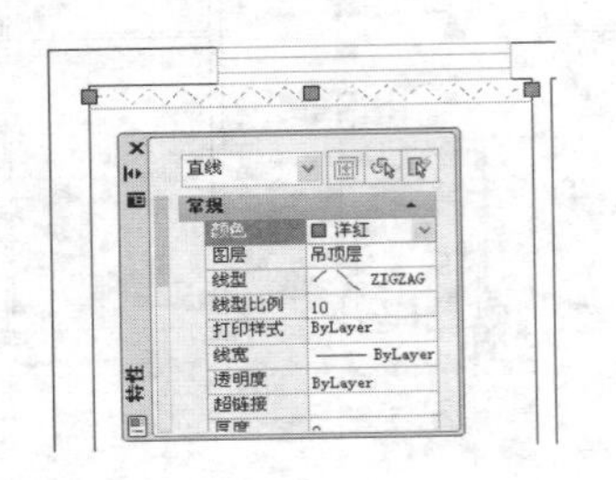

图 11-43

Step09 ▶ 使用相同的方法继续创建卧室、餐厅以及厨房窗户位置的窗帘与窗帘盒，效果如图 11-44 所示。

2. 绘制吊顶

Step01 ▶ 使用快捷命令“XL”激活【构造线】命令，在餐厅吊顶位置，配合“端点”捕捉功能绘制 2 条构造线，如图 11-45 所示。

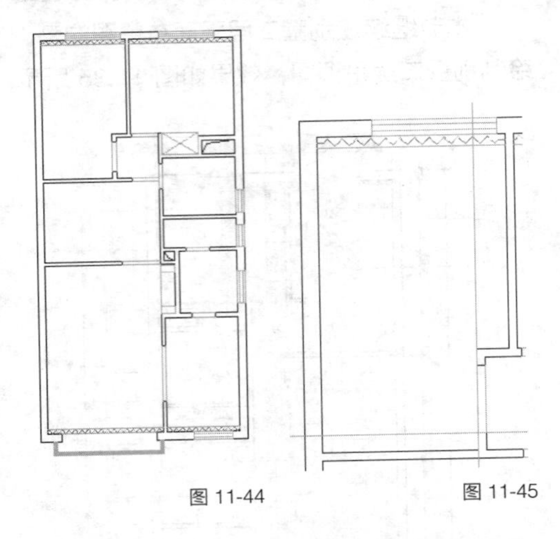

图 11-44　　图 11-45

Step02 ▶ 使用快捷命令“O”激活【偏移】命令，将垂直构造线向左偏移 200 和 1990 个绘图单位，如图 11-46 所示。

Step03 ▶ 使用快捷命令“TR”激活【修剪】命令，对构造线进行修剪，结果如图 11-47 所示。

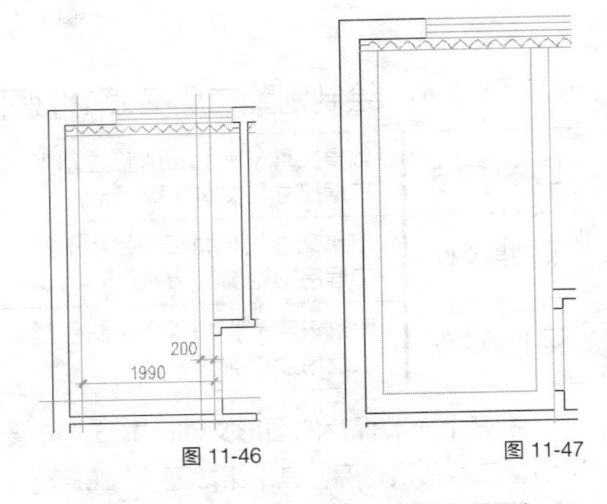

图 11-46　　图 11-47

Step04 ▶ 使用快捷命令“L”激活【直线】命令，配合“捕捉”与“追踪”功能，在餐厅吊顶位置绘制垂直线，如图 11-48 所示。

Step05 ▶ 使用快捷命令“O”激活【偏移】命令，将刚绘制的垂直线向右偏移 250、1810 和 2060 个绘图单位，结果如图 11-49 所示。

Step06 ▶ 执行【绘图】/【边界】命令打开【边界创建】对话框，单击“拾取点”按钮返回绘图区，在卧室吊顶单击拾取边界，然后按 Enter 键创建边界，如图 11-50 所示。

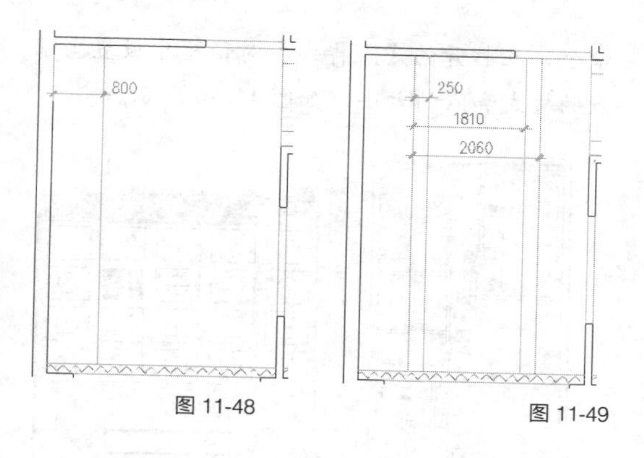

图 11-48　　图 11-49

Step07 ▸ 使用快捷命令“O”激活【偏移】命令，输入“E”，按 Enter 键激活“删除”选项。

Step08 ▸ 输入“Y”，按 Enter 键激活“是”选项，然后输入“80”，按 Enter 键设置偏移距离。

Step09 ▸ 选择创建的边界，在边界内部单击将其向内偏移 80 个绘图单位，结果如图 11-51 所示。

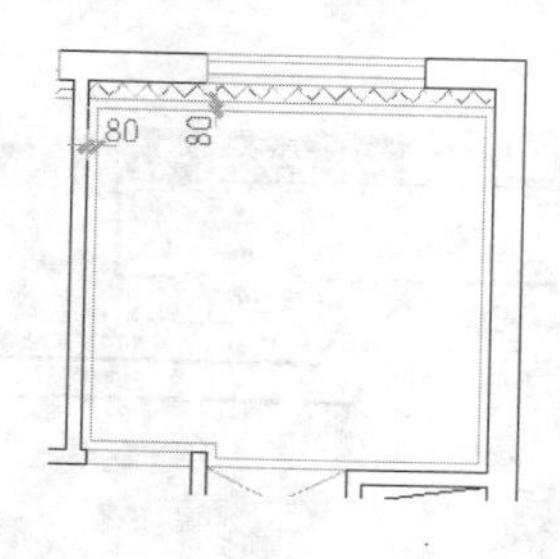

图 11-51

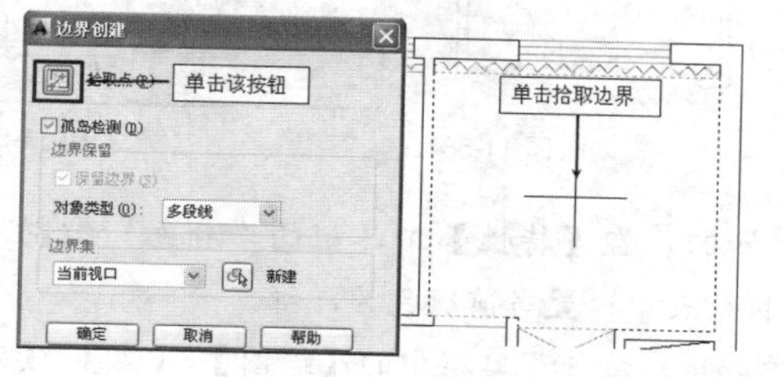

图 11-50

Step10 ▸ 至此，别墅二层吊顶轮廓绘制完毕，将该文件命名保存。

11.2.2 添加别墅二层吊顶灯具

素材文件	效果文件 \ 第 11 章 \ 绘制别墅二层吊顶轮廓图 .dwg
效果文件	效果文件 \ 第 11 章 \ 添加别墅二层吊顶灯具 .dwg
视频文件	专家讲堂 \ 第 11 章 \ 添加别墅二层吊顶灯具 .swf

打开上一节保存的图形文件，本节继续添加别墅二层吊顶灯具，其结果如图 11-52 所示。

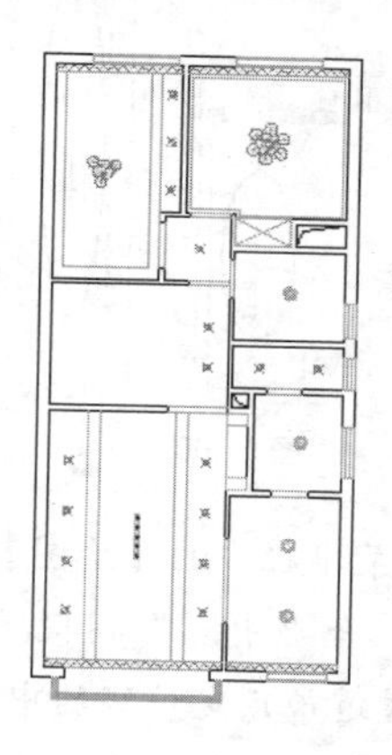

图 11-52

操作步骤

1. 插入艺术吊灯

Step01 ▸ 使用快捷命令“I”打开【插入】对话框，选择随书光盘“图块文件”目录下的“艺术吊灯 01.dwg”图块文件。

Step02 ▸ 设置相关参数，然后由卧室吊顶轮廓线的中点引出追踪线，以追踪线的交点作为插入点，将其插入卧室吊顶，如图 11-53 所示。

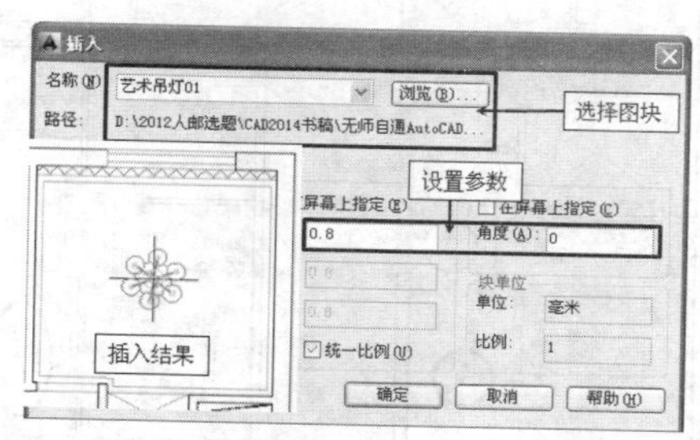

图 11-53

Step03 ▸ 执行【插入】命令，选择“艺术吊灯 02.dwg”文件并设置参数，将其插入客厅吊顶，如图 11-54 所示。

Step04 ▸ 执行【插入】命令，选择“吸顶灯 .dwg”文件并设置参数，将其插入卫生间吊顶，如图 11-55 所示。

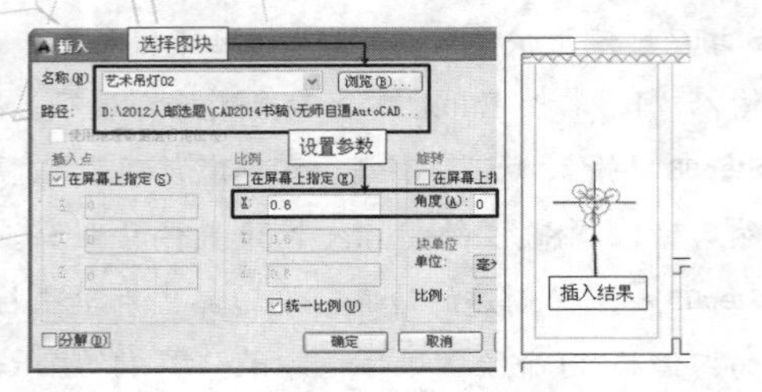

图 11-54

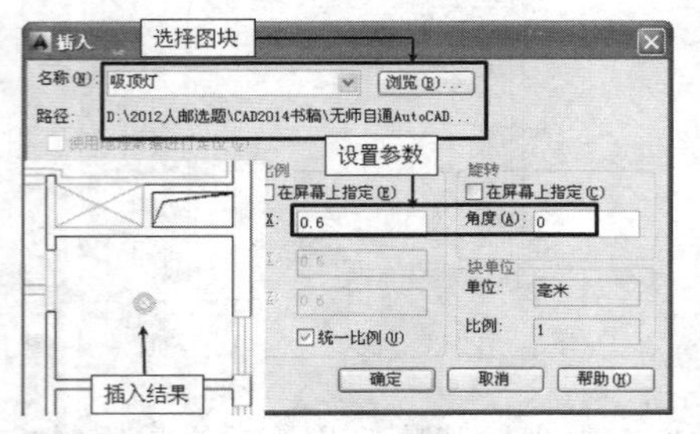

图 11-55

Step05 ▶ 使用快捷命令“CO”激活【复制】命令，配合“中点”捕捉功能，将卫生间吊顶位置的“吸顶灯”分别复制到洗衣房和厨房吊顶位置，结果如图 11-56 所示。

Step06 ▶ 执行【复制】命令，将厨房吊顶的吸顶灯上下对称复制 750 个绘图单位，并删除源图块，结果如图 11-57 所示。

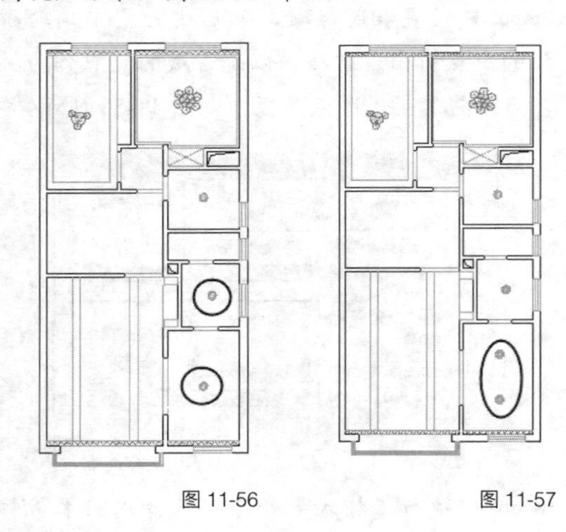

图 11-56　　图 11-57

2. 创建筒灯

Step01 ▶ 使用快捷命令“L”激活【直线】命令，配合“中点”捕捉和“交点”捕捉功能，在客厅、餐厅、楼梯间、厨房、卫生间以及洗衣房吊顶绘制灯具定位线，如图 11-58 所示。

Step02 ▶ 执行菜单栏中的【格式】/【点样式】命令，在打开的【点样式】对话框中设置当前点的样式和点的大小，如图 11-59 所示。

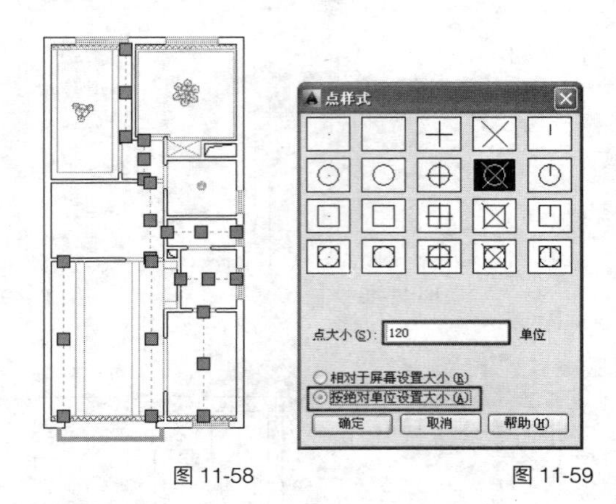

图 11-58　　图 11-59

Step03 ▶ 在【特性】工具栏的“颜色”控制下拉列表中设置当前颜色为洋红。

Step04 ▶ 执行菜单栏中的【绘图】/【点】/【定数等分】命令，选择楼梯间的灯具指示线，然后输入“3”，按 Enter 键，将其等分三份，为其添加 2 盏灯具，如图 11-60 所示。

Step05 ▶ 执行【定数等分】命令，将餐厅吊顶的两条定位线等分为 5 份，为其添加 4 盏灯具，如图 11-61 所示。

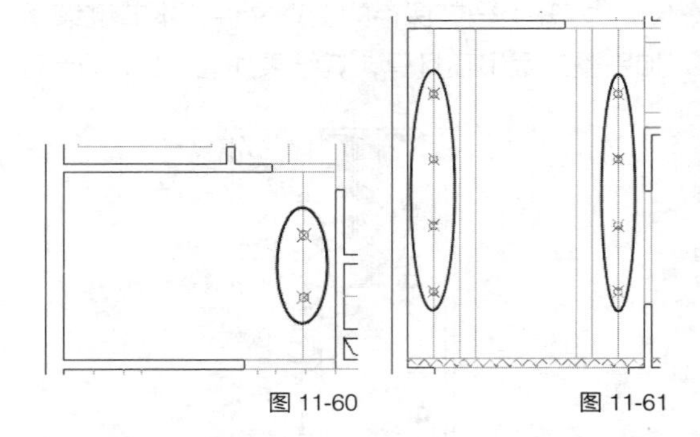

图 11-60　　图 11-61

Step06 ▶ 执行菜单栏中的【绘图】/【点】/【多点】命令，配合“中点”捕捉功能，在客厅、卫生间以及过道吊顶定位线的中点添加一盏灯具，结果如图 11-62 所示。

Step07 ▶ 使用快捷命令“CO”激活【复制】命令，将客厅吊顶添加的灯具上下对称复制 1000 个绘图单位；将卫生间吊顶添加的灯具左右对称复制 600 个绘图单位，并删除源对象，结果如图 11-63 所示。

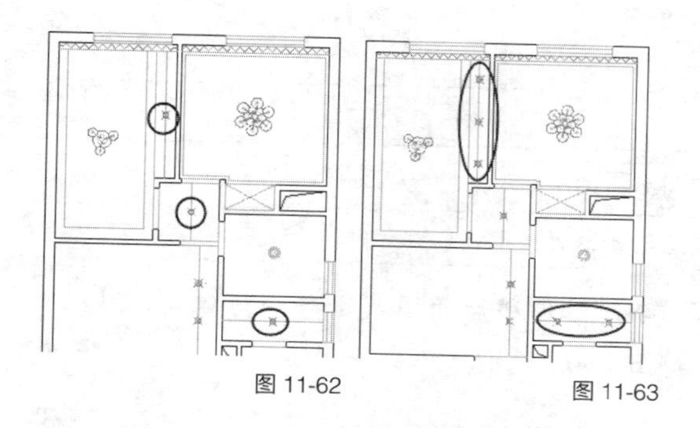

图 11-62　　图 11-63

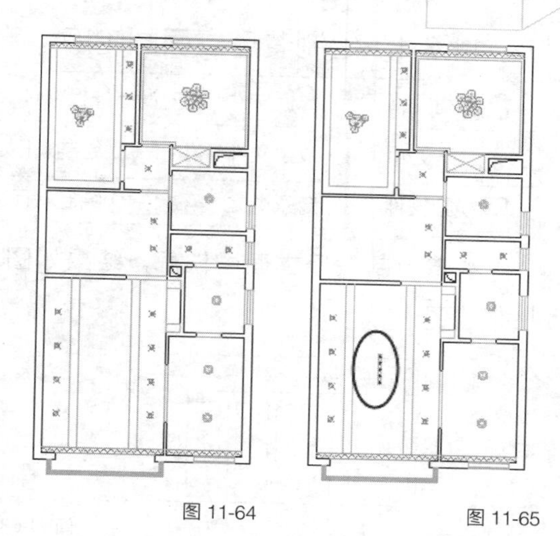

图 11-64　　图 11-65

Step08 ▸ 使用快捷命令“E”激活【删除】命令，删除各位置的灯具定位辅助线，灯具效果如图 11-64 所示。

Step09 ▸ 使用快捷命令“I”激活【插入】命令，采用默认参数，向餐厅吊顶继续插入随书光盘“图块文件”目录下的“艺术吊灯 03.dwg”图块文件，结果如图 11-65 所示。

Step10 ▸ 至此，别墅二层吊顶图灯具布置完毕，将该文件命名保存。

11.2.3　标注别墅二层吊顶尺寸和文字

素材文件	效果文件 \ 第 11 章 \ 添加别墅二层吊顶灯具 .dwg
效果文件	效果文件 \ 第 11 章 \ 标注别墅二层吊顶尺寸与文字 .dwg
视频文件	专家讲堂 \ 第 11 章 \ 标注别墅二层吊顶尺寸与文字 .swf

打开上一节保存的图形文件，本节请读者自行尝试标注别墅二层吊顶尺寸与文字，其结果如图 11-66 所示。详细的操作步骤详见随书光盘中的视频文件“标注别墅二层吊顶尺寸与文字 .swf”。

11.3　绘制别墅二层餐厅立面图

本节继续绘制别墅二层餐厅 B 向装饰立面图，效果如图 11-67 所示。

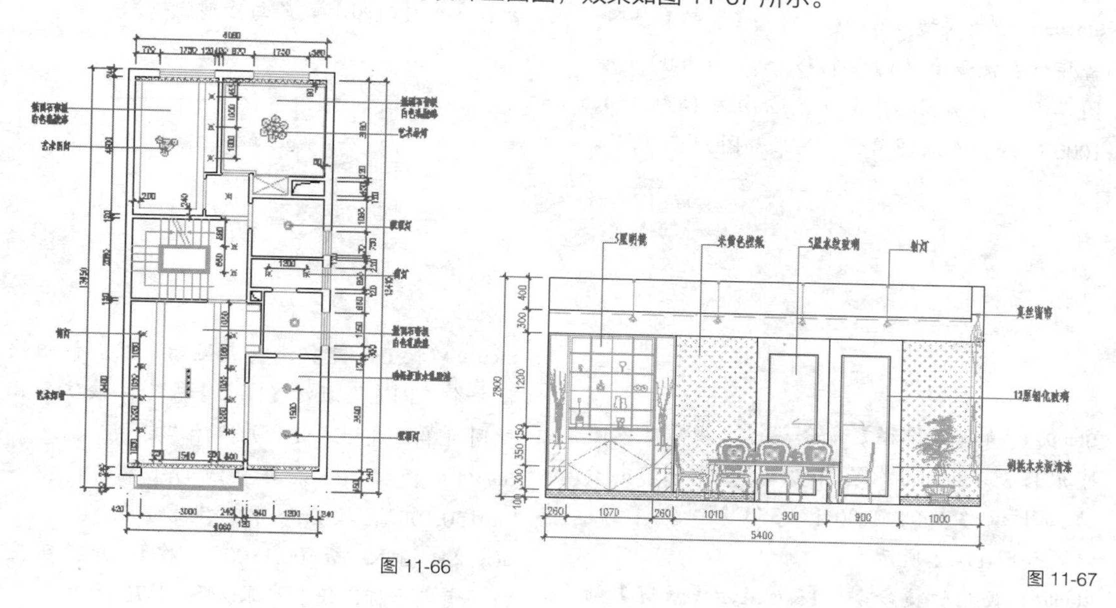

图 11-66　　图 11-67

11.3.1 绘制餐厅立面图轮廓

素材文件	样板文件\室内设计样板文件.dwt
效果文件	效果文件\第11章\绘制餐厅立面图轮廓.dwg
视频文件	专家讲堂\第11章\绘制餐厅立面图轮廓.swf

本节绘制餐厅立面图轮廓，结果如图11-68所示。

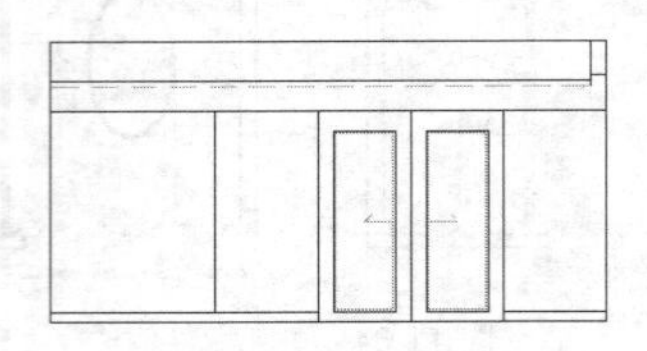

图11-68

操作步骤

Step01 ▶ 执行【新建】命令，打开随书光盘“样板文件”目录下的“室内设计样板文件.dwt”文件。

Step02 ▶ 在“图层”控制下拉列表中将“轮廓线”图层设置为当前图层。

Step03 ▶ 使用快捷命令“REC”激活【矩形】命令，绘制长度为5400个绘图单位、宽度为2800个绘图单位的矩形作为立面外轮廓线，如图11-69所示。

Step04 ▶ 使用快捷命令“X”激活【分解】命令，选择刚绘制的矩形并按Enter键，将其分解为四条独立的线段。

Step05 ▶ 使用快捷命令“O”激活【偏移】命令，将矩形左侧垂直边向右偏移1590和2600个绘图单位；将矩形右侧垂直边向左偏移150、1000和1900个绘图单位，结果如图11-70所示。

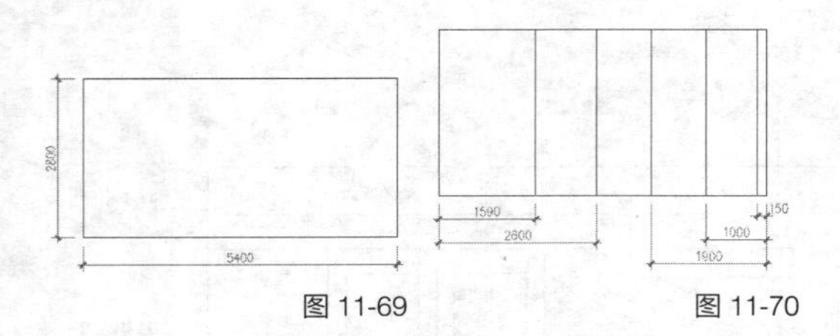

图11-69　　图11-70

Step06 ▶ 执行【偏移】命令，将上侧的水边向下偏移350和400个绘图单位，将下侧的水平边向上偏移100、2100和2350个绘图单位，结果如图11-71所示。

Step07 ▶ 使用快捷命令“TR”激活【修剪】命令，对偏移后的图线进行修剪编辑，结果如图11-72所示。

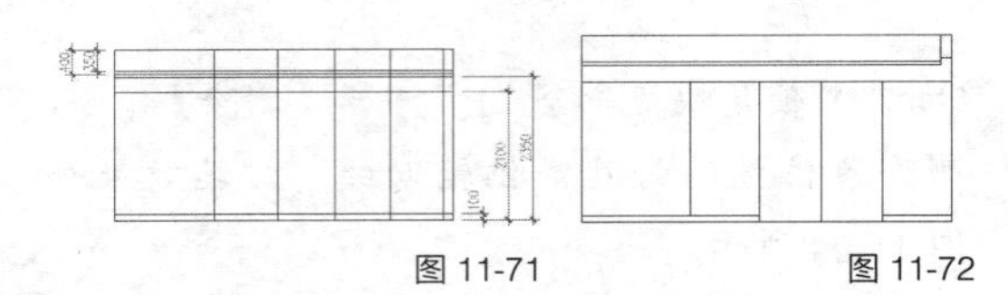

图11-71　　图11-72

Step08 ▶ 执行菜单栏中的【格式】/【线型】命令，打开【线型管理器】对话框，加载如图11-73所示的两种线型。

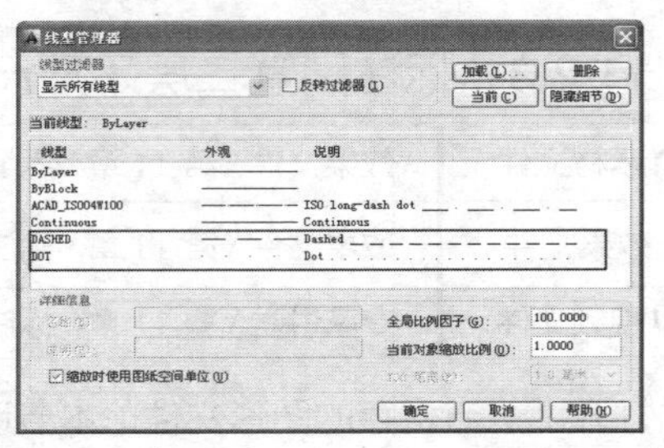

图11-73

Step09 ▶ 在无命令执行的前提下，夹点显示如图11-74所示的水平图线，然后打开【特性】窗口，更改线型、颜色与线型比例。

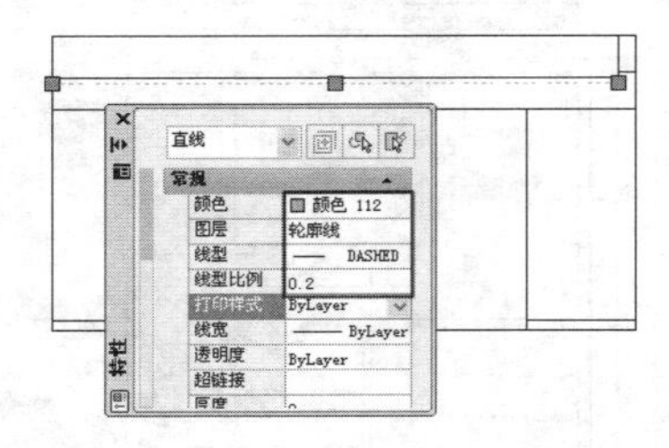

图11-74

Step10 ▶ 按Esc键取消夹点显示，然后使用快捷命令“REC”激活【矩形】命令，按住Shift键同时单击鼠标右键，并选择“自”功能。

Step11 ▶ 捕捉第3条垂直线的下端点，输入“@150,100”，按Enter键确定第1点。

Step12 ▶ 输入“@600,1800”，按Enter键确定另一角点坐标，绘制结果如图11-75所示。

Step13 ▶ 在“图层”控制下拉列表中将“家具层”图层设置为当前图层。

Step14 ▶ 使用快捷命令“O”激活【偏移】命令，输入“L”，按 Enter 键激活“图层”选项。

Step15 ▶ 输入“C”，按 Enter 键，激活“当前”选项。

Step16 ▶ 输入“20”，按 Enter 键，设置偏移距离。

Step17 ▶ 选择刚绘制的矩形，在矩形内部拾取一点。

Step18 ▶ 按 Enter 键结束命令，将矩形偏移到当前图层，结果如图 11-76 所示

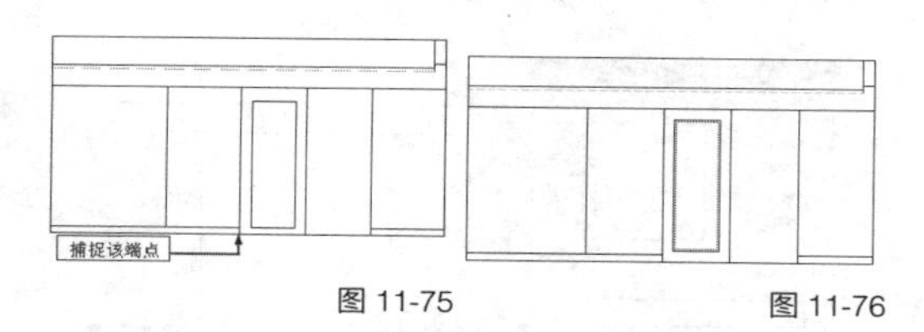

图 11-75　　图 11-76

Step19 ▶ 使用快捷命令“PL”激活【多段线】命令，在矩形内部绘制如图 11-77 所示的方向示意线作为推拉门的开启方向线。

Step20 ▶ 使用快捷命令“MI”激活【镜像】命令，以中间的直线作为镜像轴，将推拉门轮廓线两条开启方向指示线镜像到右侧位置，结果如图 11-78 所示。

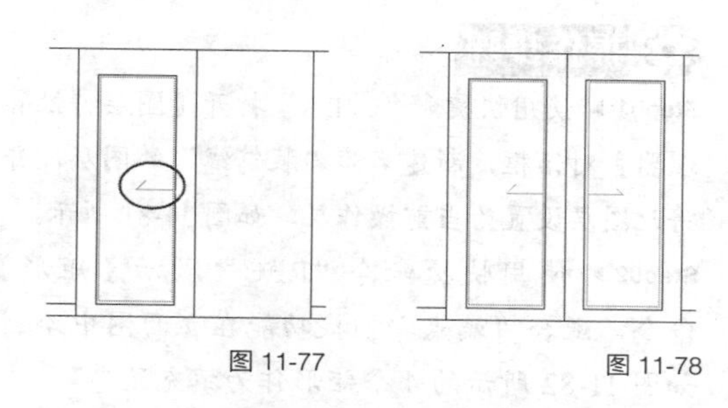

图 11-77　　图 11-78

Step21 ▶ 至此，餐厅 B 向墙面轮廓图绘制完毕，将该文件命名保存。

11.3.2　绘制餐厅立面构件图

素材文件	效果文件 \ 第 11 章 \ 绘制餐厅立面图轮廓图 .dwg 图块文件目录下
效果文件	效果文件 \ 第 11 章 \ 绘制餐厅立面构件图 .dwg
视频文件	专家讲堂 \ 第 11 章 \ 绘制餐厅立面构件图 .swf

本节请读者自行尝试绘制餐厅立面图构件，结果如图 11-79 所示。详细的操作步骤请观看随书光盘中本节的视频文件“绘制餐厅立面构件图 .swf”。

图 11-79

11.3.3　绘制餐厅墙面装饰线

素材文件	效果文件 \ 第 11 章 \ 绘制餐厅立面构件图 .dwg
效果文件	效果文件 \ 第 11 章 \ 绘制餐厅墙面装饰线 .dwg
视频文件	专家讲堂 \ 第 11 章 \ 绘制餐厅墙面装饰线 .swf

本节继续绘制餐厅墙面装饰线，结果如图 11-80 所示。

图 11-80

操作步骤

Step01 ▸ 使用快捷命令“LA”打开【图层特性管理器】对话框，新建名为“装饰线”的图层，并将此图层设置为当前操作层，如图 11-81 所示。

Step02 ▸ 使用快捷命令“REC”激活【矩形】命令，配合“端点”捕捉功能在立面图中绘制如图 11-82 所示的 4 个矩形作为填充边界。

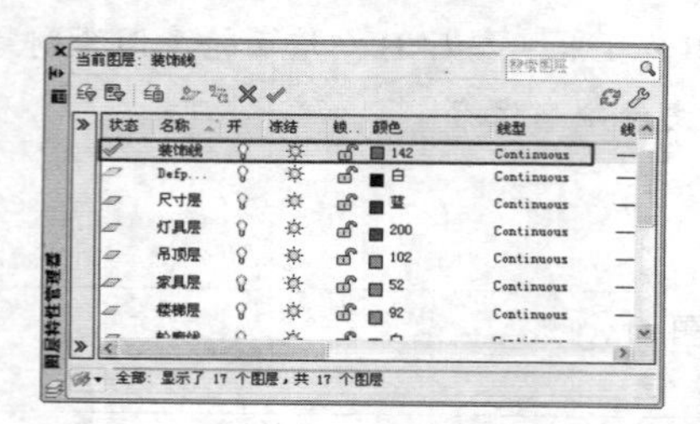
图 11-81

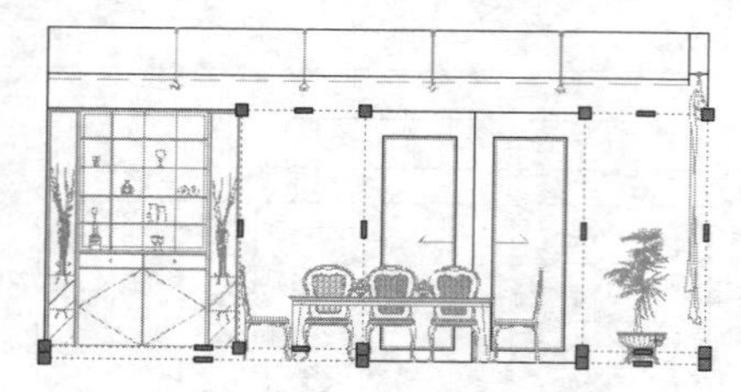
图 11-82

Step03 ▸ 在“图层”控制下拉列表中将“家具层”图层暂时冻结。

Step04 ▸ 使用快捷命令“H”打开【图案填充和渐变色】对话框，选择图案类型并设置相关参数，对立面图下方踢脚线进行填充，如图 11-83 所示。

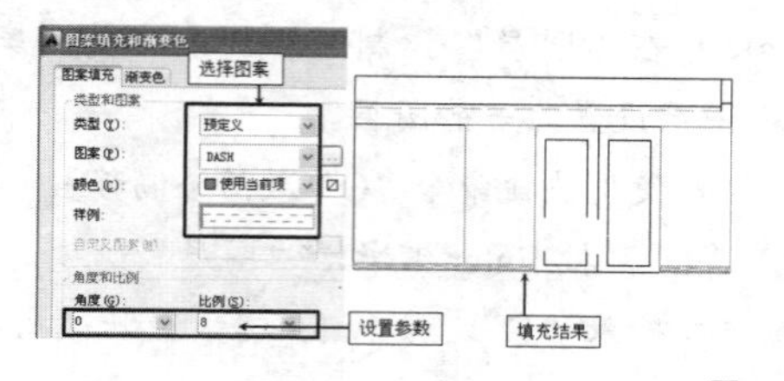

图 11-83

Step05 ▸ 在【特性】工具栏的“线型”控制下拉列表，将“DOT”线型设置为当前线型。

Step06 ▸ 使用快捷命令“H”打开【图案填充和渐变色】对话框，重新选择填充图案类型并设置参数，为墙面两个矩形进行填充，结果如图 11-84 所示。

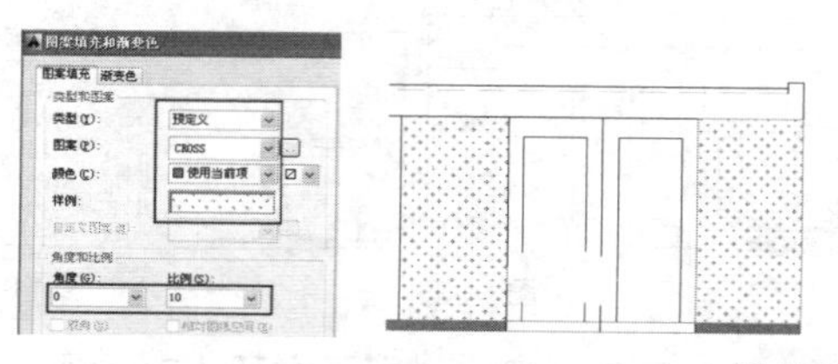
图 11-84

Step07 ▸ 使用快捷命令“E”激活【删除】命令，将四个矩形边界删除，然后在“图层”控制下拉列表中解冻被冻结的“家具层”图层，效果如图 11-85 所示。

图 11-85

Step08 ▸ 使用快捷命令“X”激活【分解】命令，将 4 个填充图案分解。

Step09 ▸ 使用快捷命令“E”激活【删除】命令，将被遮挡住的填充图案填充，结果如图 11-80 所示。

Step10 ▸ 至此，餐厅墙面装饰线绘制完毕，将该文件命名保存。

11.3.4 标注餐厅立面图尺寸与文字

素材文件	效果文件 \ 第 11 章 \ 绘制餐厅墙面装饰线 .dwg
效果文件	效果文件 \ 第 11 章 \ 标注餐厅立面图尺寸与文字 .dwg
视频文件	专家讲堂 \ 第 11 章 \ 标注餐厅立面图尺寸与文字 .swf

本节继续标注餐厅立面图尺寸与文字，结果如图 11-86 所示。

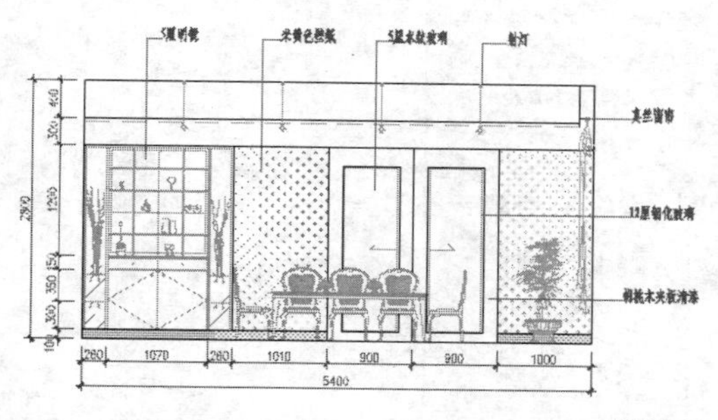

图 11-86

操作步骤

Step01 ▸ 标注餐厅立面图尺寸。

Step02 ▸ 标注餐厅装修材质说明。

详细的操作步骤请观看本书随书光盘中的视频文件“标注餐厅立面图尺寸与文字 .swf”。

第12章 别墅三层室内设计

本章讲解别墅三层的室内设计。别墅三层包括主卧室、次卧室、书房、卫生间、更衣室等，在设计时，可以参照如下思路。

（1）根据事先测量的数据，初步准备别墅三层的墙体结构平面图，包括墙、窗、门、楼梯等内容。

（2）在三层墙体平面图基础上，合理、科学地绘制规划空间，绘制家具布置图。

（3）在三层家具布置图的基础上，绘制其地面材质图，以体现地面的装修概况。

（4）在三层布置图中标注必要的尺寸、以文字的形式表达出装修材质及墙面投影。

（5）根据别墅三层布置图绘制别墅三层的天花吊顶图，具体有吊顶轮廓的绘制及灯具的布置等。

（6）根据布置图绘制墙面立面图，并标注立面尺寸及材质说明。

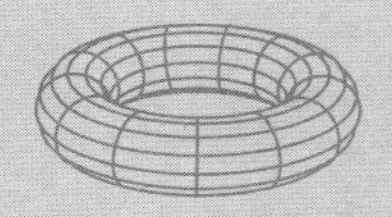

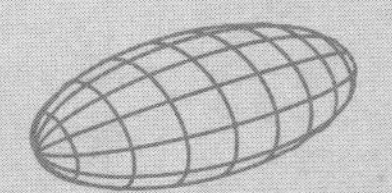

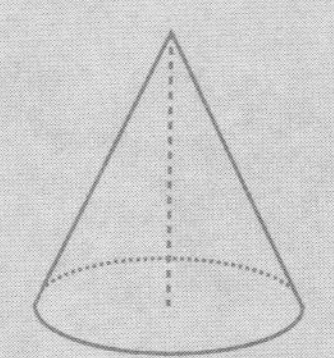

第 12 章

别墅三层室内设计

12.1 绘制别墅三层平面布置图

别墅三层还是从平面布置图开始，其他所有设计图都可以在平面布置图的基础上进行设计，别墅三层平面布置图绘制效果如图 12-1 所示。

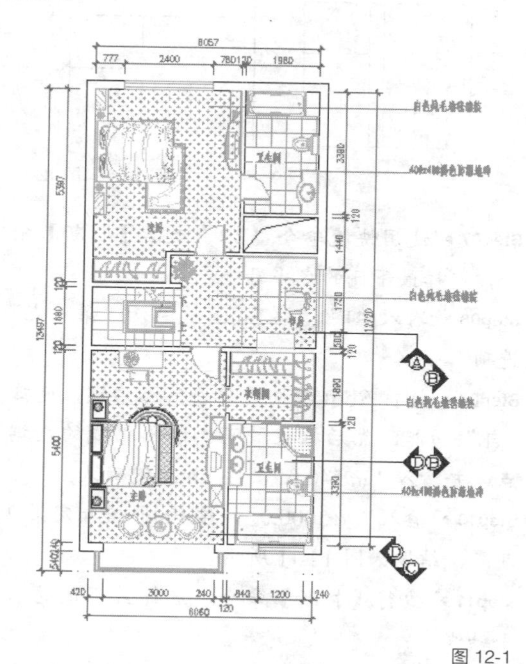

图 12-1

12.1.1 绘制别墅三层墙体结构图

素材文件	样板文件\室内设计样板文件.dwt 图块文件目录下
效果文件	效果文件\第 12 章\绘制别墅三层墙体结构图.dwg
视频文件	专家讲堂\第 12 章\绘制别墅三层墙体结构图.swf

本节绘制如图 12-2 所示的别墅三层墙体结构图。

操作步骤

1. 绘制墙体定位轴线

Step01 ▸ 执行【新建】命令，打开随书光盘“选择样板”目录下的“室内设计样板文件.dwt”样板文件。

Step02 ▸ 在“图层”控制下拉列表中将“轴线层”图层设置为当前图层。

Step03 ▸ 使用快捷命令“REC”激活【矩形】命令，绘制 6300mm×12960mm 的矩形作为基准线。

Step04 ▸ 使用快捷命令“X”激活【分解】命令，将绘制的矩形分解。

Step05 ▸ 使用快捷命令“O”激活【偏移】命令，将左侧的垂直边向右偏移 2160、2520、3840 和 4140 个绘图单位，结果如图 12-3 所示。

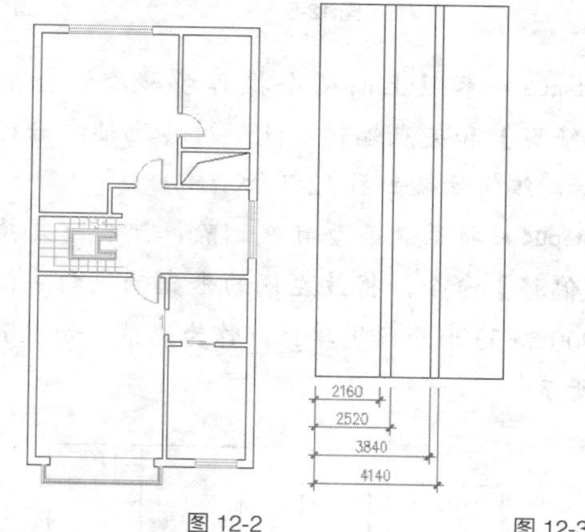

图 12-2 图 12-3

Step06 ▸ 执行【偏移】命令，将下侧的水平边向上偏移 3570、5580 和 8280 个绘图单位，将上侧的水平边向下偏移 3570 和 5580 个绘图单位，结果如图 12-4 所示。

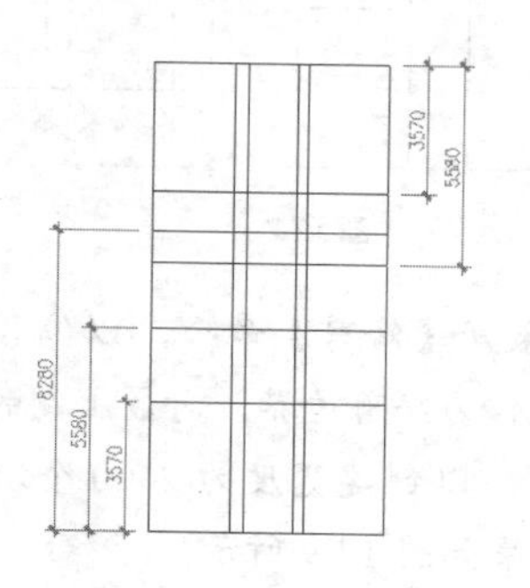

图 12-4

2. 创建门窗洞

Step01 ▸ 在无命令执行的前提下，单击选择下方第2条水平图线使其夹点显示，单击左边夹点进入夹基点，将其向右移动到第4条垂直线的交点位置，结果如图12-5所示。

Step02 ▸ 使用快捷命令"TR"激活【修剪】命令，以第3条垂直轴线作为边界，将第4条水平线右端修剪掉，结果如图12-6所示。

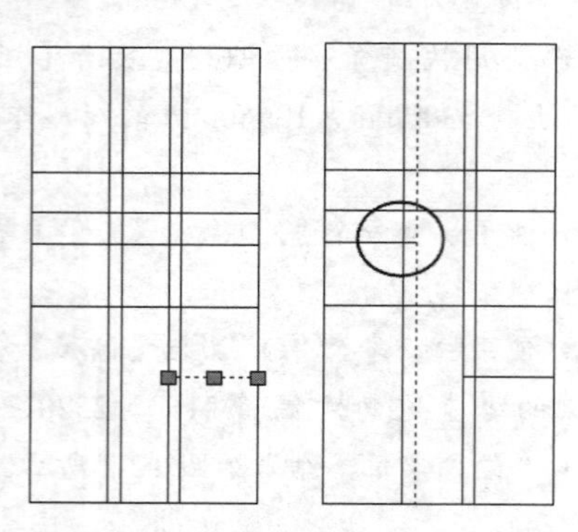

图12-5　　图12-6

Step03 ▸ 参照上面两个操作步骤，综合使用【修剪】和夹点编辑功能，对其他轴线进行编辑，编辑结果如图12-7所示。

Step04 ▸ 将第3条垂直线删除，然后重复执行【偏移】命令，将最左侧的垂直轴线向右偏移900和3300个绘图单位，作为边界，如图12-8所示。

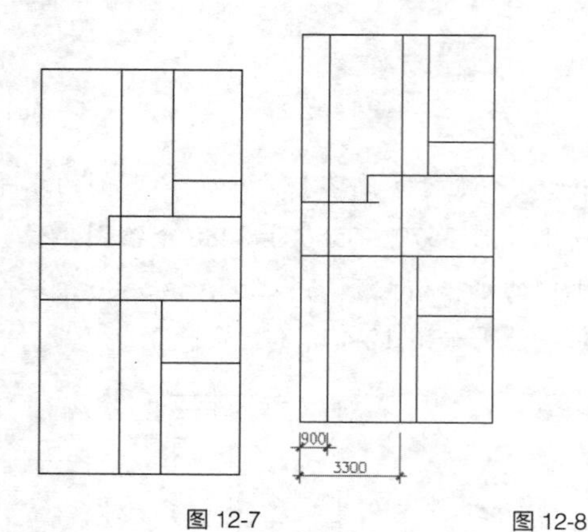

图12-7　　图12-8

Step05 ▸ 激活【修剪】命令，以偏移出的两条垂直线段作为修剪边界，对最上侧的水平轴线进行修剪，以创建宽度为2400个绘图单位的窗洞，结果如图12-9所示。

Step06 ▸ 使用快捷命令"E"激活【删除】命令，将偏移出的两条垂直轴线删除，结果如图12-10所示。

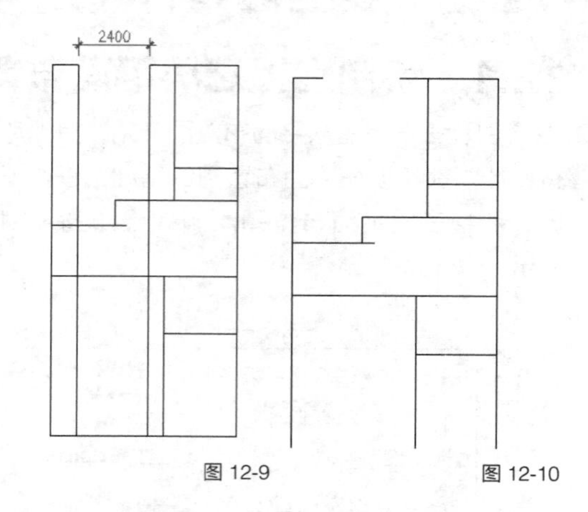

图12-9　　图12-10

Step07 ▸ 使用快捷命令"BR"激活【打断】命令，选择最下侧的水平轴线。

Step08 ▸ 输入"F"，按Enter键激活"第1点"选项。

Step09 ▸ 按住Shift键同时单击鼠标右键，选择"自"功能，然后捕捉最下侧水平轴线的左端点，并输入"@540,0"，按Enter键确认。

Step10 ▸ 输入"@3000,0"，按Enter键指定第2断点，结果如图12-11所示。

Step11 ▸ 执行【打断】命令，选择最下侧的水平轴线。

Step12 ▸ 输入"F"，按Enter键指定第一断点。

Step13 ▸ 由第3条垂直线与下水平线的交点A向右引出延伸矢量，输入"900"，按Enter键。

Step14 ▸ 输入"@1200,0"，按Enter键，结果如图12-12的所示。

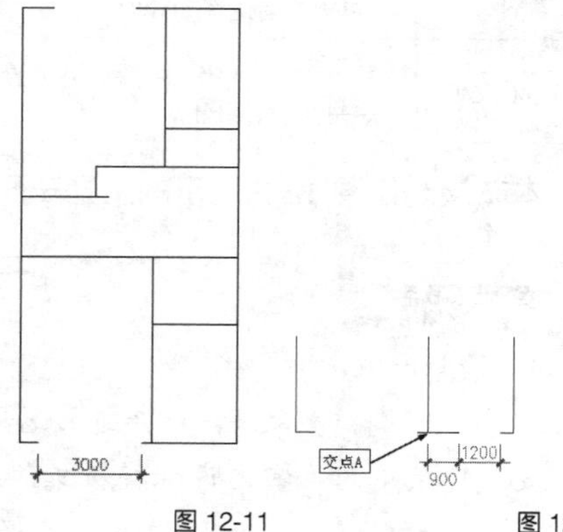

图12-11　　图12-12

Step15 ▸ 参照前面的操作步骤，分别对其他位置的轴线进行打断和修剪操作，以创建各位置的门洞，结果如图 12-13 所示。

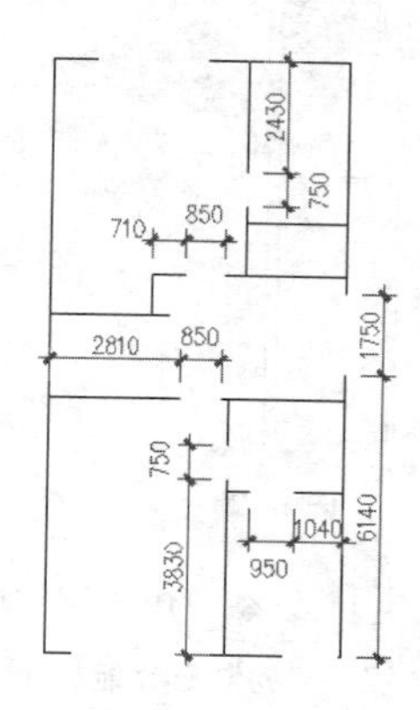

图 12-13

Step16 ▸ 至此，三层墙体轴线绘制完毕。

3. 绘制三层墙线

Step01 ▸ 在“图层”控制下拉列表中将“墙线层”图层设为当前图层。

Step02 ▸ 使用快捷命令“ML”激活【多线】命令，输入“S”，按 Enter 键激活“比例”选项。

Step03 ▸ 输入“240”，按 Enter 键设置多线比例。

Step04 ▸ 输入“J”，按 Enter 键激活“对正”选项。

Step05 ▸ 输入“Z”，按 Enter 键设置“无”对正方式。

Step06 ▸ 配合“端点”捕捉功能，绘制第 1 条墙线，如图 12-14 所示。

Step07 ▸ 执行【多线】命令，设置多线比例和对正方式保持不变，配合“端点”捕捉功能绘制其他主墙线，结果如图 12-15 所示。

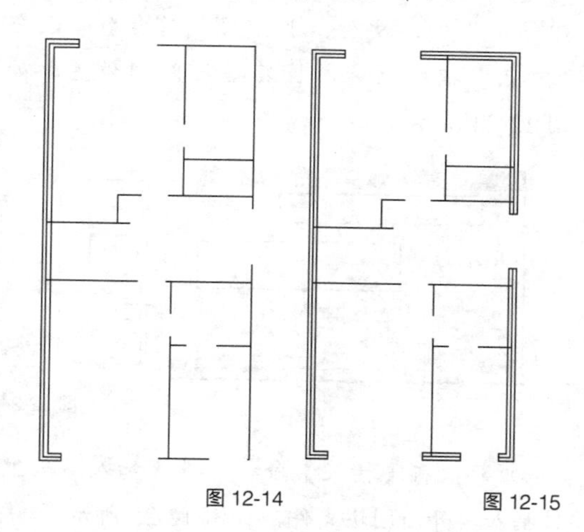

图 12-14　　图 12-15

Step08 ▸ 执行【多线】命令，设置多线对正方式不变，设置多线“比例”为 120，配合“端点”捕捉功能绘制非承重墙线，绘制结果如图 12-16 所示。

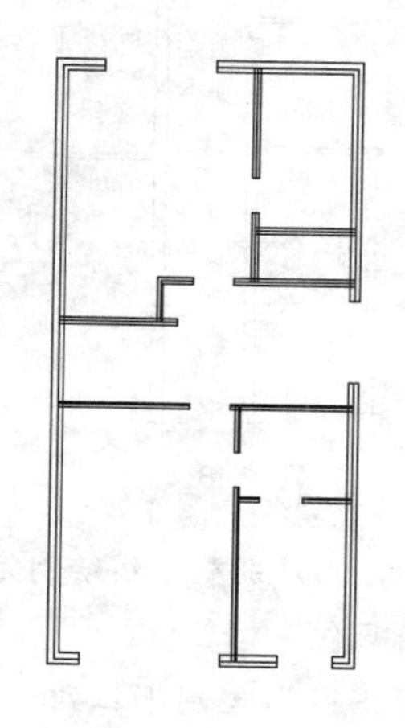

图 12-16

4. 编辑墙线

Step01 ▸ 在“图层”控制下拉列表中关闭“轴线层”图层，然后双击任意墙线打开【多线编辑工具】对话框，单击“T 形合并”按钮返回绘图区。

Step02 ▸ 单击 T 形相交的垂直墙线，再单击 T 形相交的水平墙线，对 T 形相交的墙线进行编辑，结果 12-17 所示。

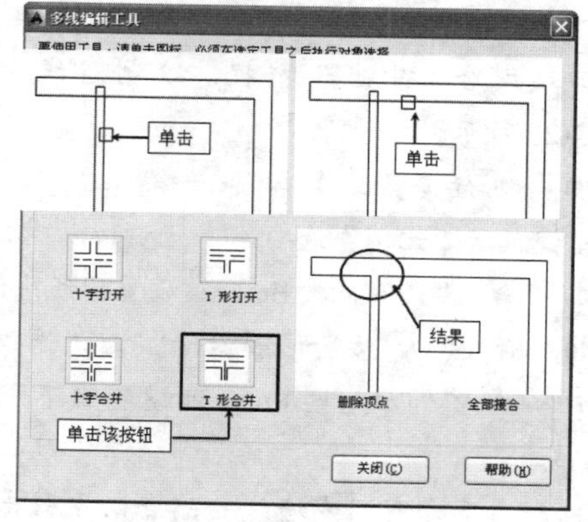

图 12-17

Step03 ▸ 使用相同的方法，继续对其他 T 形相交的墙线进行编辑，结果如图 12-18 所示。

Step04 ▸ 使用快捷命令“PL”激活【多段线】命令，在风管位置绘制示意线，完成三层墙线的编辑，结果如图 12-19 所示。

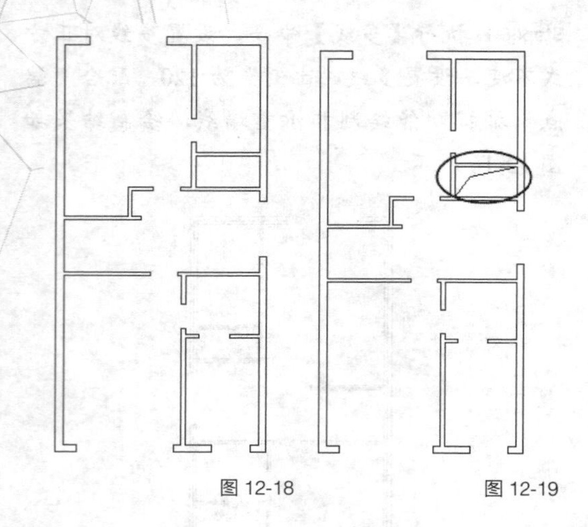

图 12-18　　图 12-19

Step05 ▸ 至此，三层别墅墙线绘制完毕。

5. 绘制窗线

Step01 ▸ 在“图层”控制下拉列表中将“门窗层”图层设置为当前图层。

Step02 ▸ 单击【格式】菜单中的【多线样式】命令，在打开的【多线样式】对话框中设置“窗线样式”为当前样式。

Step03 ▸ 使用快捷命令“ML”激活【多线】命令，输入“S”，按 Enter 键激活“比例”选项。

Step04 ▸ 输入“240”，按 Enter 键设置多线比例。

Step05 ▸ 输入“J”，按 Enter 键激活“对正”选项。

Step06 ▸ 输入“Z”，按 Enter 键设置“无”对正方式。

Step07 ▸ 配合“中点”捕捉，绘制窗线，如图 12-20 所示。

Step08 ▸ 执行【多线】命令，输入“S”，按 Enter 键激活“比例”选项。

Step09 ▸ 输入“120”，按 Enter 键设置多线比例。

Step10 ▸ 输入“J”，按 Enter 键激活“对正”选项。

Step11 ▸ 输入“B”，按 Enter 键设置“下”对正方式。

Step12 ▸ 由下方窗洞左墙线的端点向左引出追踪线，输入“240”，按 Enter 键确认。

Step13 ▸ 向下引出追踪线，输入“540”，按 Enter 键确认。

Step14 ▸ 向右引出追踪线，输入“3480”，按 Enter 键确认。

Step15 ▸ 向上引出追踪线，输入“540”，按 Enter 键确认，结果如图 12-21 所示。

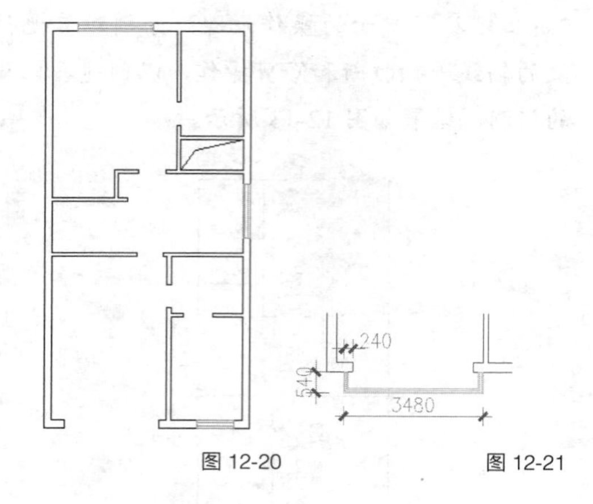

图 12-20　　图 12-21

Step16 ▸ 使用快捷命令“PL”激活【多段线】命令，配合“端点”捕捉功能，绘制下方窗洞的示意线与洗衣房门洞的开启方向指示线，如图 12-22 所示。

Step17 ▸ 使用快捷命令“REC”激活【矩形】命令，绘制长度为 500 个绘图单位、宽度为 40 个绘图单位的两个矩形作为推拉门，如图 12-23 所示。

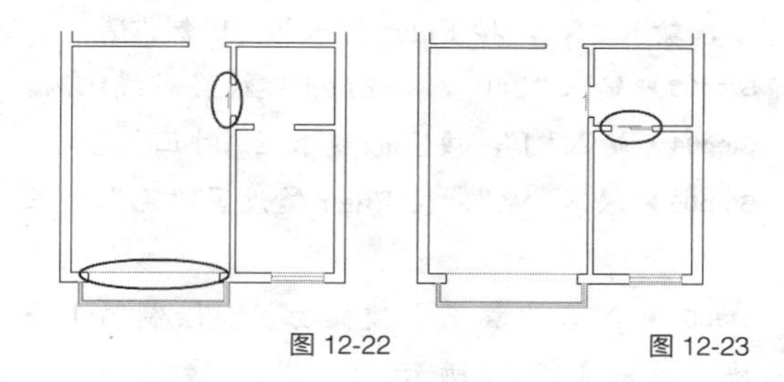

图 12-22　　图 12-23

6. 插入单开门构件

Step01 ▸ 使用快捷命令“I”激活【插入】命令，选择随书光盘“图块文件”目录下的“单开门.dwg”图块文件，并设置相关参数，配合“中点”捕捉功能，将其插入门洞位置，如图 12-24 所示。

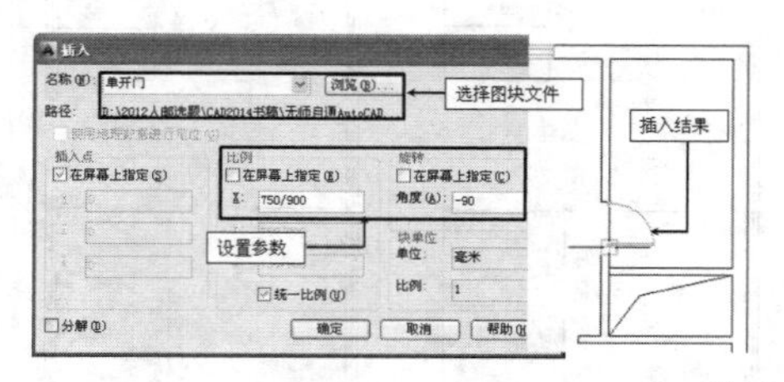

图 12-24

Step02 ▸ 执行【插入】命令，设置插入参数继续插入单开门图块文件，如图 12-25 所示。

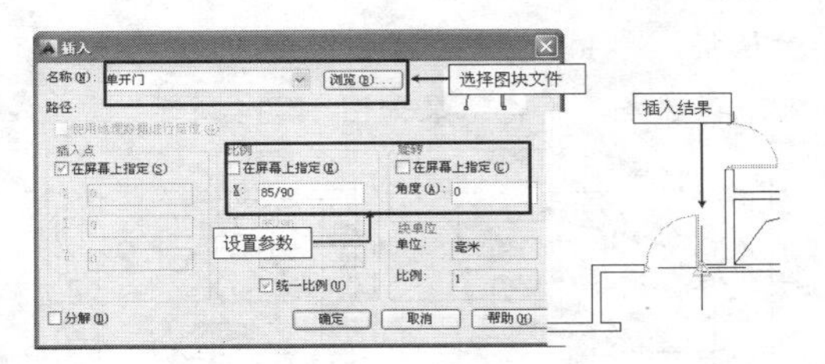

图 12-25

Step03 ▶ 执行【插入】命令，采用默认设置，设置插入参数继续插入单开门图块文件，如图 12-26 所示。

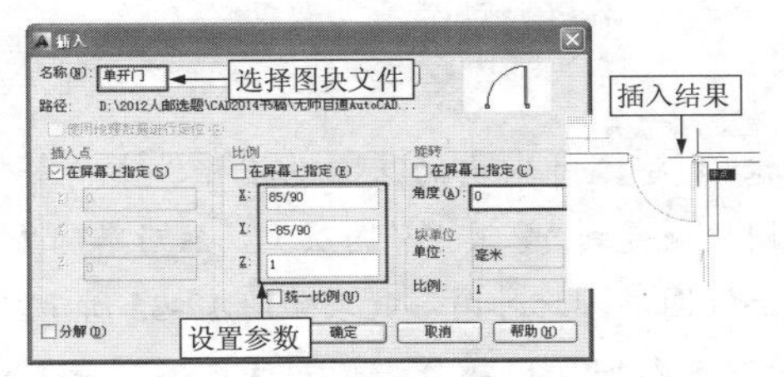

图 12-26

Step04 ▶ 在“图层”控制下拉列表中将“楼梯层”图层设置为当前图层。

Step05 ▶ 执行【插入】命令，采用默认设置，将随书光盘“图块文件”目录下的“别墅三层楼梯 .dwg”图块文件插入三层楼梯位置，结果如图 12-27 所示。

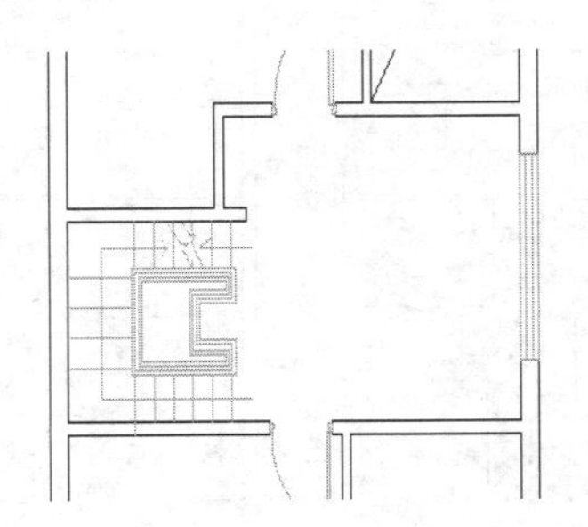

图 12-27

Step06 ▶ 至此，别墅三层墙体结构图绘制完毕，最后执行【另存为】命令，将图形命名存储。

12.1.2　绘制别墅三层室内布置图

素材文件	效果文件\第 12 章\绘制别墅三层墙体结构图 .dwg
效果文件	效果文件\第 12 章\绘制别墅三层室内布置图 .dwg
视频文件	专家讲堂\第 12 章\绘制别墅三层室内布置图 .swf

打开上一节保存的图形文件，本节首先绘制如图 12-28 所示别墅三层室内布置图。

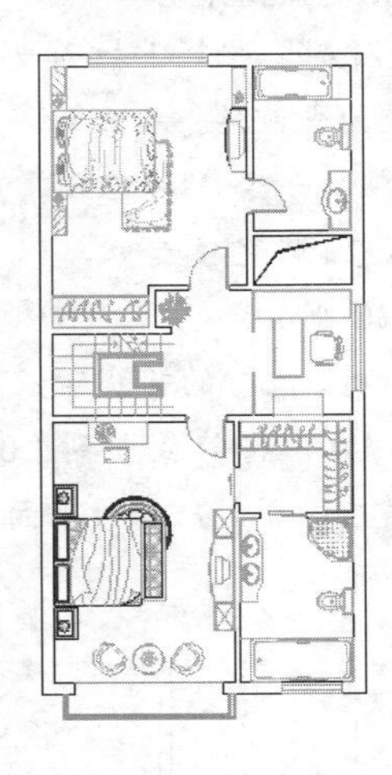

图 12-28

操作步骤

Step01 ▶ 绘制主卧室布置图。

Step02 ▶ 绘制卫生间与其他房间布置图。

详细的操作步骤请观看随书光盘中的视频文件“绘制别墅三层室内布置 .swf”。

12.1.3　绘制别墅三层地面材质图

素材文件	效果文件\第 12 章\绘制别墅三层室内布置图 .dwg
效果文件	效果文件\第 12 章\绘制别墅三层地面材质图 .dwg
视频文件	专家讲堂\第 12 章\绘制别墅三层地面材质图 .swf

打开上一节保存的图形文件，本节绘制如图 12-29 所示别墅三层地面材质图。

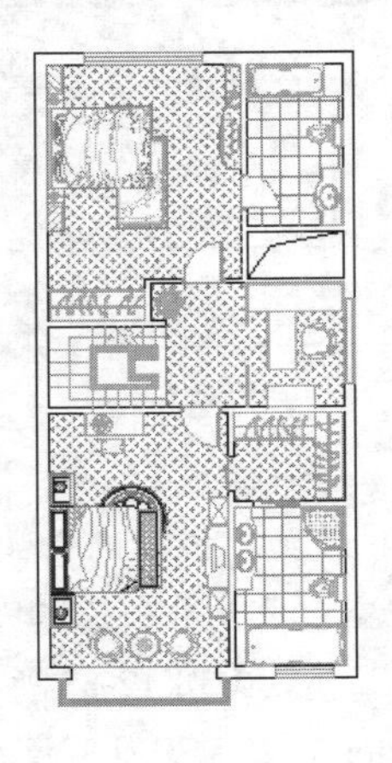

图 12-29

操作步骤

1. 绘制白色地毯材质

Step01 ▸ 在“图层”控制下拉列表中将“地面层”图层设置为当前层。

Step02 ▸ 使用快捷命令“L”激活【直线】命令，将各房间两侧门洞连接起来，以形成封闭区域，如图 12-30 所示。

Step03 ▸ 在无命令执行的前提下，夹点显示下方卧室中的对象，将其放置到“0 图层”上，并冻结“家具层”图层，此时平面图的显示结果如图 12-31 所示。

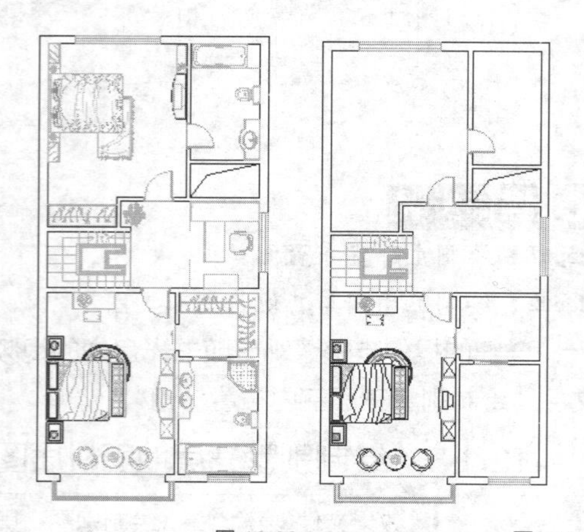

图 12-30　　　图 12-31

Step04 ▸ 使用快捷命令“LT”激活【线型】命令，加载“DOT”线型，并将其设置为当前线型。

Step05 ▸ 使用快捷命令“H”激活【图案填充】命令，选择填充图案并设置填充比例和参数，如图 12-32 所示。

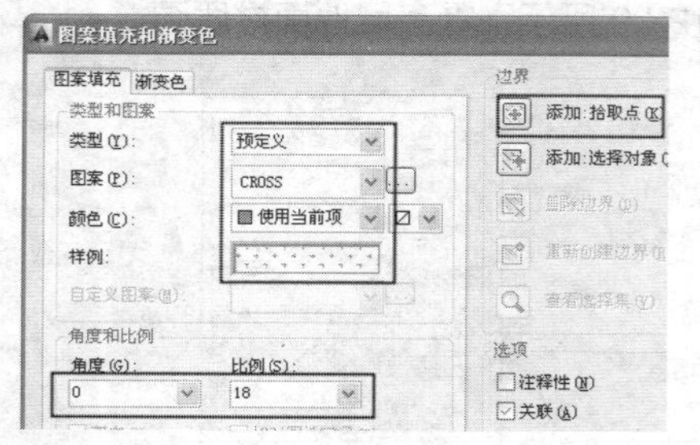

图 12-32

Step06 ▸ 单击“添加：拾取点”按钮返回绘图区，在卧室空白位置单击拾取填充区域，填充区域以虚线显示，如图 12-33 所示。

Step07 ▸ 按 Enter 键返回【图案填充和渐变色】对话框，单击 确定 按钮，即可为主卧室填充地毯图案，填充结果如图 12-34 所示。

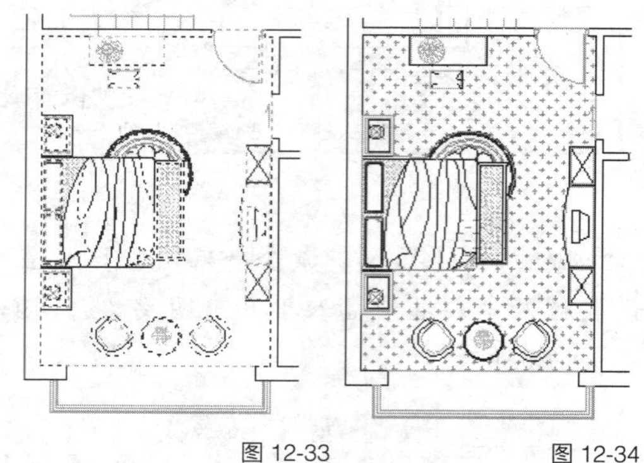

图 12-33　　　图 12-34

Step08 ▸ 将主卧室内的床、电视柜、桌椅等家具图块恢复到“家具层”图层上，然后解冻“家具层”图层，此时图形效果如图 12-35 所示。

Step09 ▸ 参照上述操作，使用【图案填充】命令，配合图层的冻结与解冻功能，分别为更衣室、书房、北卧室填充 CROSS 图案，结果如图 12-36 所示。

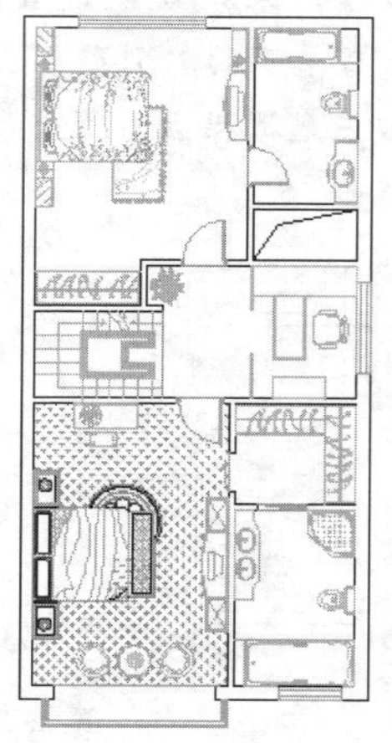

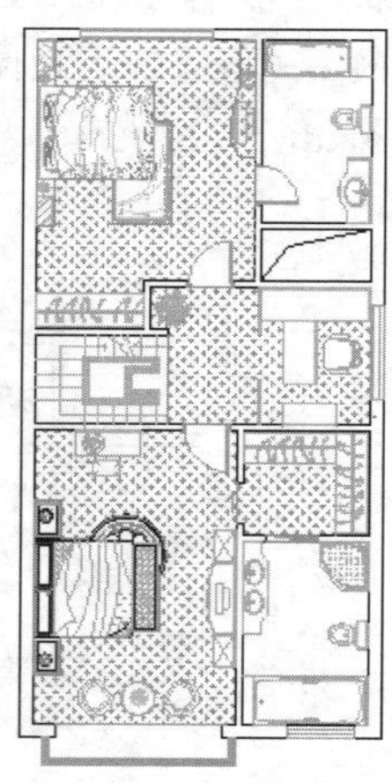

图 12-35　　　图 12-36

2. 绘制防滑地砖材质

Step01 ▸ 将卫生间内的洁具图块放置到“0 图层”上，然后冻结“家具层”图层。

Step02 ▸ 使用快捷命令“H”激活【图案填充】命令，设置填充图案的类型以及填充比例等参数设置。

Step03 ▸ 单击“添加：拾取点”按钮返回绘图区，分别在两个卫生间空白区域单击鼠标左键，系统自动分析出填充边界。

Step04 ▸ 按 Enter 键返回【图案填充和渐变色】对话框，单击 确定 按钮，即可填充地砖图案，填充结果如图 12-37 所示。

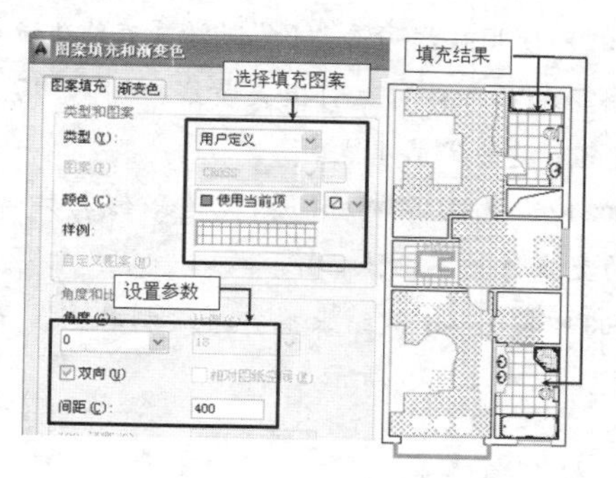

图 12-37

Step05 ▸ 将卫生间内的图块放置到“家具层”图层上，并解冻“家具层”。

Step06 ▸ 至此，别墅三层地面材质图绘制完毕，执行【另存为】命令，将图形另名存储。

12.1.4　标注别墅三层室内布置图

素材文件	效果文件 \ 第 12 章 \ 绘制别墅三层地面材质图 .dwg
效果文件	效果文件 \ 第 12 章 \ 标注别墅三层室内布置图 .dwg
视频文件	专家讲堂 \ 第 12 章 \ 标注别墅三层室内布置图 .swf

打开上一节保存的图形文件，本节首先标注别墅三层室内布置图，其标注结果如图 12-38 所示。

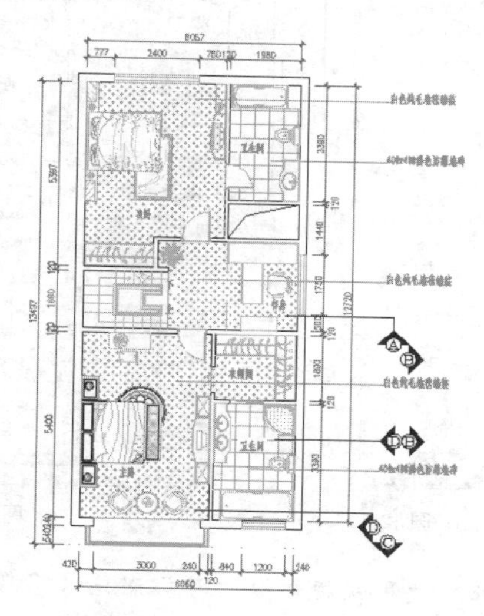

图 12-38

操作步骤

Step01 ▸ 标注三层布置图尺寸。

Step02 ▸ 标注三层布置图房间功能。

Step03 ▸ 标注图材质注解与墙面投影。

详细的操作步骤请观看随书光盘中的视频文件“标注别墅三层室内布置图 .swf”。

12.2　绘制别墅三层吊顶图

本节继续在上一节别墅三层平面布置图的基础上绘制别墅三层吊顶图，效果如图 12-39 所示。

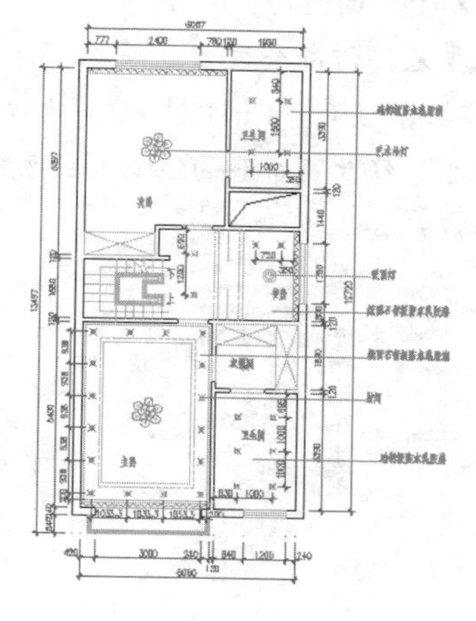

图 12-39

12.2.1　绘制别墅三层吊顶轮廓图

素材文件	效果文件 \ 第 12 章 \ 标注别墅三层室内布置图 .dwg
效果文件	效果文件 \ 第 12 章 \ 绘制别墅三层吊顶轮廓图 .dwg
视频文件	专家讲堂 \ 第 12 章 \ 绘制别墅三层吊顶轮廓图 .swf

打开上一节保存的图形文件，本节将在上一节图形的基础上绘制别墅三层吊顶轮廓，其结果如图 12-40 所示。

操作步骤

1. 调整图形

Step01 ▸ 在“图层”控制下拉列表中将“吊顶层”图层设置为当前图层，并冻结“尺寸层”“地面层”“其他层”和“文本层”，此时平面图的显示效果如图 12-41 所示。

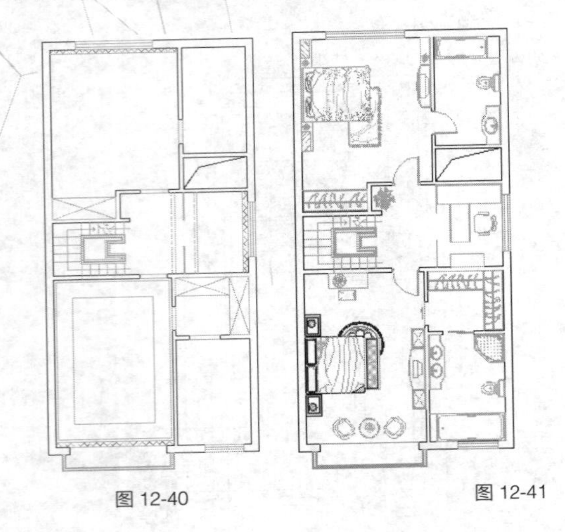

图 12-40　　图 12-41

Step02 ▸ 使用快捷命令“PL”激活【多段线】命令，配合“端点”捕捉功能，分别沿着更衣室和北卧室内的衣柜图块的边缘，绘制衣柜图形轮廓线，最后将“家具层”图层冻结，此时图形效果如图 12-42 所示。

Step03 ▸ 在无命令执行的前提下，夹点显示所有窗线，然后在“图层”控制下拉列表中选择“吊顶层”图层，将这些对象放入吊顶层，并冻结“门窗层”图层，此时图形效果如图 12-43 所示。

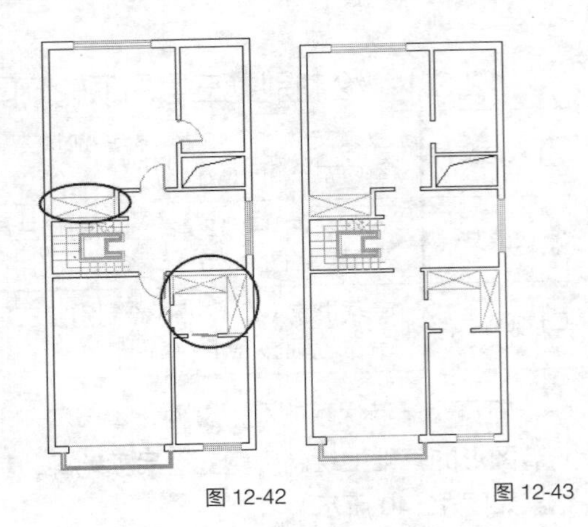

图 12-42　　图 12-43

Step04 ▸ 使用快捷命令“L”激活【直线】命令，配合“端点”捕捉功能绘制门洞位置的轮廓线，结果如图 12-44 所示。

Step05 ▸ 暂时解冻“家具层”图层，选择书房位置的玻璃隔断，并将其放入“吊顶层”图层，最后再次冻结“家具层”图层。

2. 绘制窗帘线

Step01 ▸ 使用快捷命令“L”激活【直线】命令，由卧室左下角点向上引出矢量线，输入“75”，按 Enter 键确定第 1 点。

Step02 ▸ 向右引导光标，捕捉追踪线与右侧墙线的交点作为第 2 点。

Step03 ▸ 按 Enter 键结束操作，绘制卧室窗帘轮廓线，如图 12-45 所示。

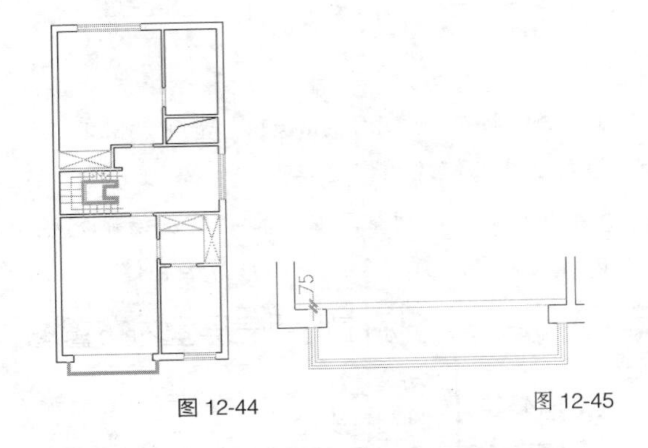

图 12-44　　图 12-45

Step04 ▸ 使用快捷命令“O”激活【偏移】命令，将绘制的窗帘轮廓线向外偏移 75 个绘图单位，作为窗帘盒轮廓线，结果如图 12-46 所示。

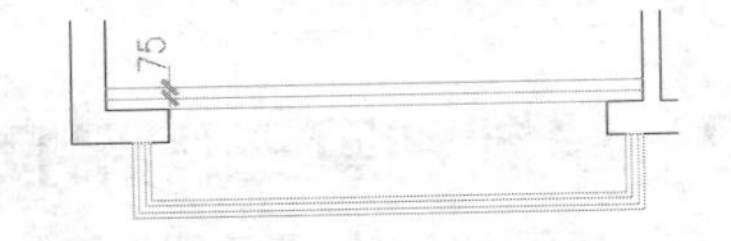

图 12-46

Step05 ▸ 执行【格式】/【线型】命令，加载名为“ZIGZAG”的线型。

Step06 ▸ 在无任何命令发出的情况下，选择绘制的窗帘线，使用“Ctrl+1”组合键打开【特性】对话框，修改窗帘线的线型、颜色和比例，如图 12-47 所示。

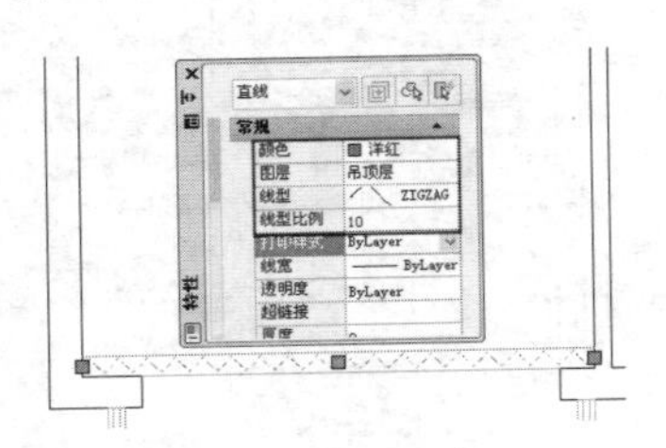

图 12-47

Step07 ▸ 依照相同的方法，继续绘制书房和次卧房间窗户位置的窗帘与窗帘盒，效果如图 12-48 所示。

3. 绘制吊顶

Step01 ▸ 使用快捷命令“REC”激活【矩形】命令，按住 Shift 键同时单击鼠标右键，选择“自”功能。

Step02 ▸ 捕捉主卧左下角点，输入“@80,80”，按 Enter 键确认。

Step03 ▸ 按住 Shift 键单击右键，选择“自”功能，然后捕捉主卧右上角点，输入“@-80,-80”，按 Enter 键确认，绘制结果如图 12-49 所示。

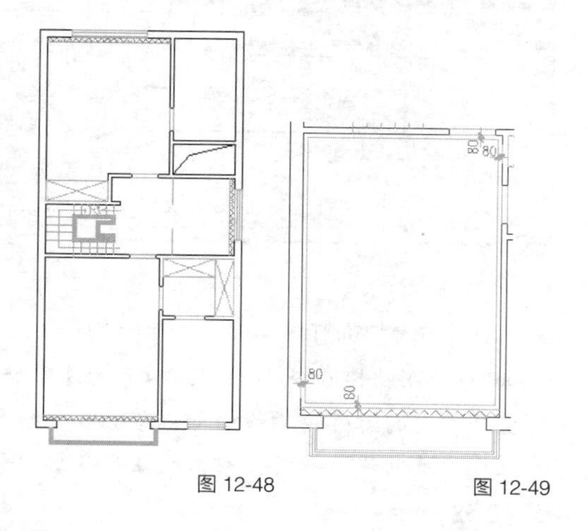

图 12-48　　图 12-49

Step04 ▸ 使用快捷命令“O”激活【偏移】命令，将刚绘制的矩形吊顶向内偏移 500 个绘图单位，结果如图 12-50 所示。

Step05 ▸ 使用快捷命令“L”激活【直线】命令，配合捕捉与追踪功能，在书房位置内绘制如图 12-51 所示的吊顶轮廓线。

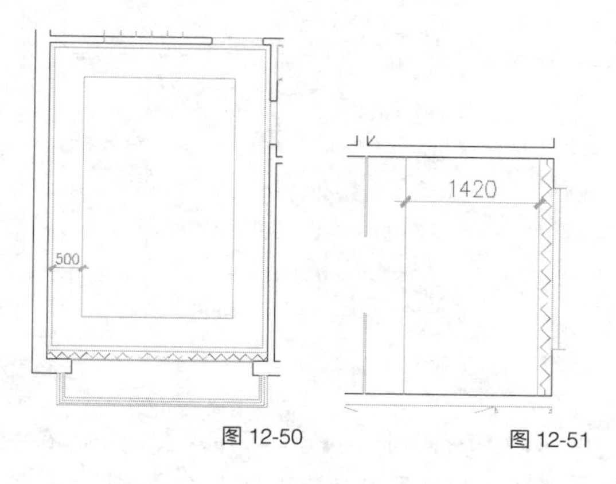

图 12-50　　图 12-51

Step06 ▸ 使用快捷命令“O”激活【偏移】命令，将刚绘制的书房吊顶轮廓线向左偏移 100、700 和 800 个绘图单位，结果如图 12-52 所示。

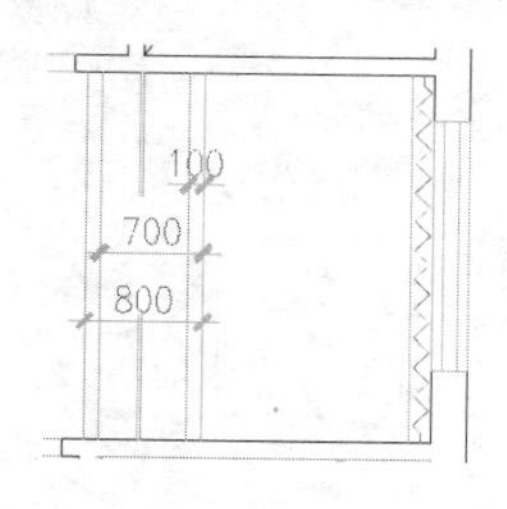

图 12-52

Step07 ▸ 使用快捷命令“LT”激活【线型】命令，加载一种名为“DASHED”的线型。

Step08 ▸ 在无命令执行的前提下，夹点显示偏移距离为 100 和 800 个绘图单位的轮廓线，在【特性】窗口中更改其线型及比例，如图 12-53 所示。

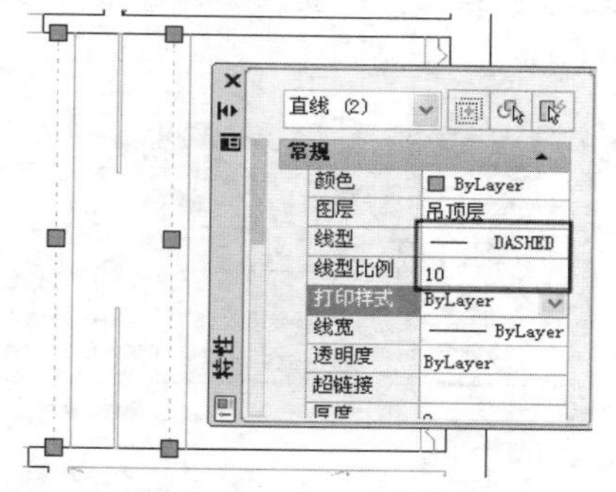

图 12-53

Step09 ▸ 按 Esc 键取消夹点显示，完成别墅三层吊顶轮廓图的绘制，结果如图 12-40 所示。

Step10 ▸ 执行【另存为】命令，将该图形命名保存。

12.2.2 布置别墅三层吊顶灯具

素材文件	效果文件 \ 第 12 章 \ 绘制别墅三层吊顶轮廓图 .dwg
效果文件	效果文件 \ 第 12 章 \ 布置别墅三层吊顶灯具 .dwg
视频文件	专家讲堂 \ 第 12 章 \ 布置别墅三层吊顶灯具 .swf

打开上一节保存的图形文件，本节继续布置别墅三层吊顶灯具，其结果如图 12-54 所示。

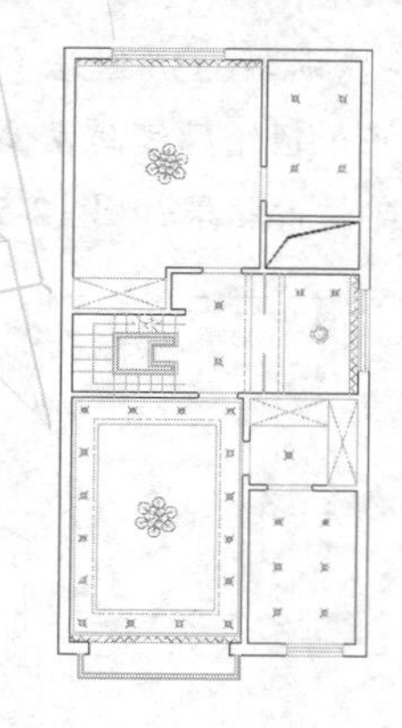

图 12-54

操作步骤

1. 布置艺术灯具

Step01 ▸ 使用快捷命令“I”激活【插入】命令，选择随书光盘“图块文件”目录下的“艺术吊灯 01.dwg”图块文件，设置参数，配合“中点”捕捉和追踪功能，将其插入卧室中，结果如图 12-55 所示。

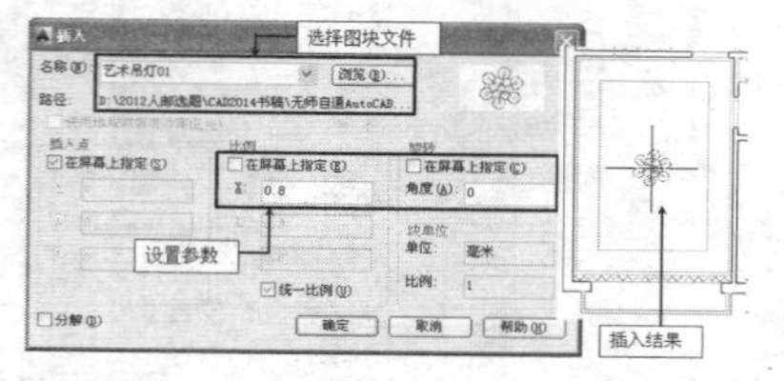

图 12-55

Step02 ▸ 使用快捷命令“L”激活【直线】命令，配合“中点”捕捉功能在次卧吊顶绘制一条垂直线作为灯具定位线。

Step03 ▸ 使用快捷命令“CO”激活【复制】命令，将主卧吊顶的艺术灯具复制到次卧吊顶位置，目标点为灯具定位线的中点，结果如图 12-56 所示。

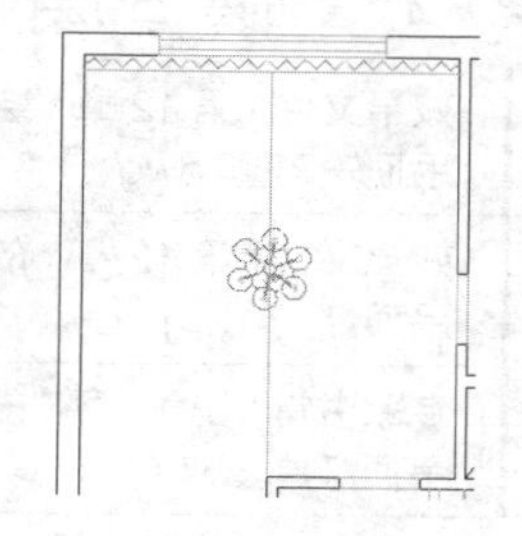

图 12-56

Step04 ▸ 使用【删除】命令删除垂直定位辅助线。

Step05 ▸ 使用快捷命令“O”激活【偏移】命令，将主卧室吊顶内部矩形轮廓线向外偏移 100 个绘图单位作为灯带轮廓线。

Step06 ▸ 使用快捷命令“MA”激活【特性匹配】命令，单击书房吊顶的灯带轮廓线，再次单击主卧吊顶偏移出的灯带轮廓线，将其线型及线型比例等特性匹配给刚偏移出的灯带。

Step07 ▸ 使用快捷命令“I”激活【插入】命令，选择随书光盘“图块文件”目录下的“吸顶灯 .dwg”图块文件，设置参数，将其插入书房，结果如图 12-57 所示。

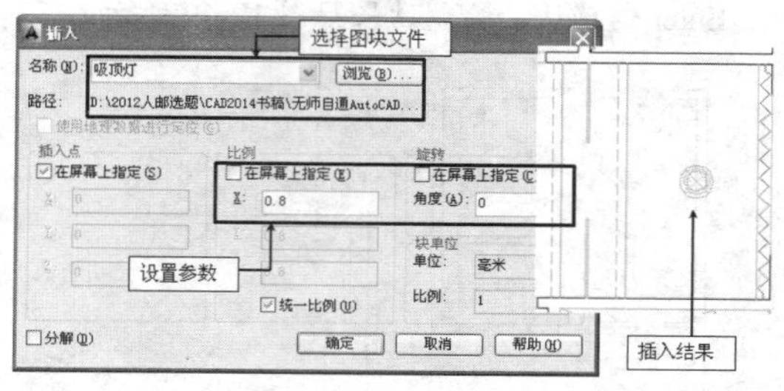

图 12-57

2. 布置装饰灯具

Step01 ▸ 使用快捷命令“O”激活【偏移】命令，将主卧室内的灯带轮廓线向外偏移 200 个绘图单位作为辅助线，并将偏移出的矩形分解，如图 12-58 所示。

Step02 ▸ 使用快捷命令“L”激活【直线】命令，根据图示尺寸，配合捕捉或追踪功能绘制其他装饰灯具辅助线，如图 12-59 所示。

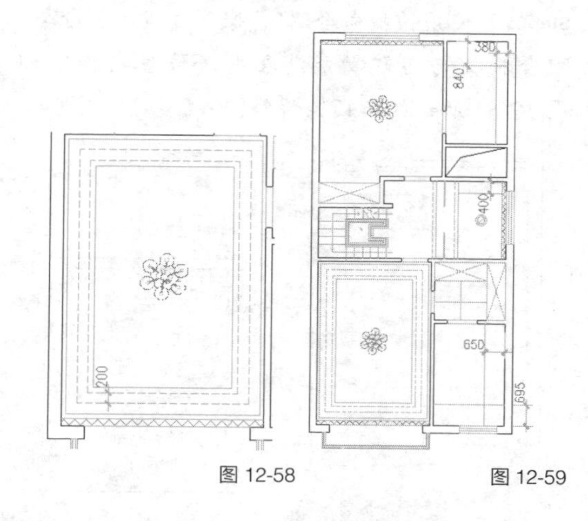

图 12-58　　图 12-59

Step03 ▸ 执行【格式】/【点样式】命令，在打开的【点样式】对话框设置当前点的样式和点的大小，如图 12-60 所示。

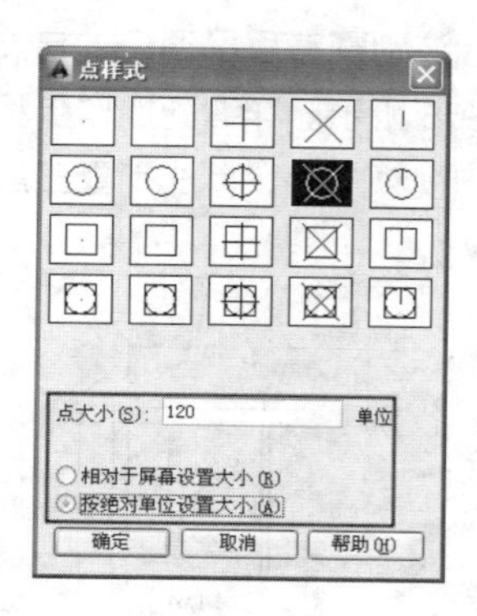

图 12-60

Step04 ▸ 在【特性】工具栏修改当前颜色为洋红，然后执行【绘图】/【点】/【定数等分】命令，分别选择主卧室吊顶两条垂直定位辅助线，输入“5”，按 Enter 键确认，为其添加 4 个装饰灯具，如图 12-61 所示。

Step05 ▸ 依照相同的方法，继续为水平定位线添加 2 盏装饰灯具，结果如图 12-62 所示。

图 12-61　　图 12-62

Step06 ▸ 执行【绘图】/【点】/【多点】命令，配合“交点”捕捉功能，在主卧吊顶水平定位线两端添加点，完成主卧吊顶装饰灯具的设置，结果如图 12-63 所示。

Step07 ▸ 使用【多点】命令，为主卧卫生间、次卧卫生间以及书房吊顶、衣帽间吊顶和走廊吊顶添加一盏装饰灯具，如图 12-64 所示。

Step08 ▸ 使用快捷命令“AR”激活【矩形阵列】命令，选择主卧卫生间吊顶的装饰灯具。

Step09 ▸ 按 Enter 键确认，然后输入“COU”，按 Enter 键确认激活“计数”选项。

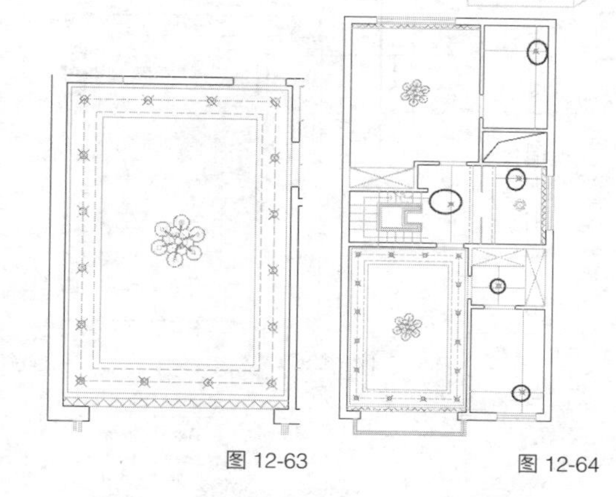

图 12-63　　图 12-64

Step10 ▸ 输入“2”，设置列数，按 Enter 键确认。

Step11 ▸ 输入“3”，设置行数，按 Enter 键确认。

Step12 ▸ 输入“S”，按 Enter 键确认，激活“间距”选项。

Step13 ▸ 输入“-1000”，设置列间距，按 Enter 键确认。

Step14 ▸ 输入“1000”，设置行间距，按 Enter 键确认，阵列结果如图 12-65 所示。

Step15 ▸ 使用快捷命令“AR”激活【矩形阵列】命令，选择次卧卫生间吊顶的装饰灯具。

Step16 ▸ 按 Enter 键确认，然后输入“COU”，按 Enter 键确认激活“计数”选项。

Step17 ▸ 输入“2”，设置列数，按 Enter 键确认。

Step18 ▸ 输入“2”，设置行数，按 Enter 键确认。

Step19 ▸ 输入“S”，按 Enter 键确认，激活“间距”选项。

Step20 ▸ 输入“-1000”，设置列间距，按 Enter 键确认。

Step21 ▸ 输入“-1500”，设置行间距，按 Enter 键确认，结果如图 12-66 所示。

Step22 ▸ 使用快捷命令“CO”激活【复制】命令，将书房吊顶装饰灯具对称复制 360 个绘图单位；将走廊吊顶装饰灯具对称复制 600 个绘图单位，结果如图 12-67 所示。

Step23 ▸ 使用快捷命令“E”激活【删除】命令，删除各位置的定位辅助线，与书房和走廊吊顶的源装饰灯具，完成别墅三层吊顶灯具的布置，结果如图 12-54 所示。

Step24 ▸ 至此，吊顶灯具图绘制完毕，将该图形命名保存。

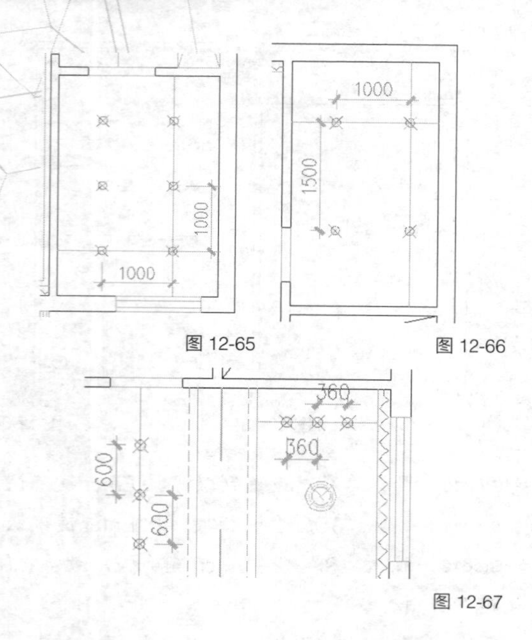

图 12-65　　图 12-66

图 12-67

打开上一节保存的图形文件，本节请读者自行尝试标注别墅三层吊顶尺寸与文字，其结果如图 12-68 所示。详细的操作步骤请观看随书光盘中的视频文件“标注别墅三层吊顶尺寸与文字 .swf”。

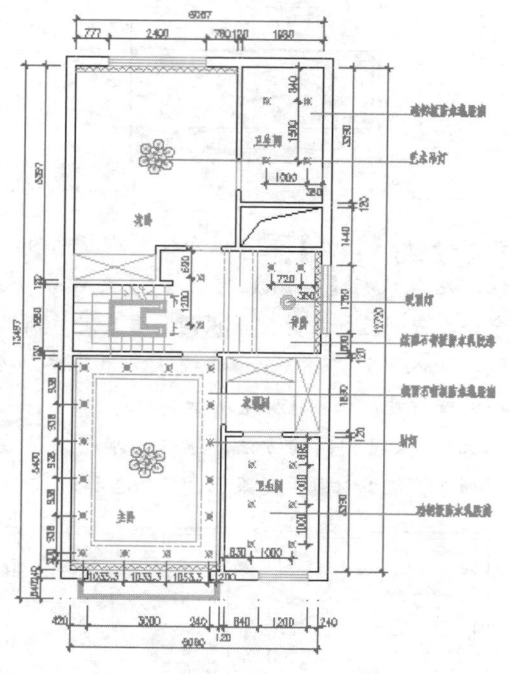

图 12-68

12.2.3　标注别墅三层吊顶尺寸与文字

素材文件	效果文件 \ 第 12 章 \ 布置别墅三层吊顶灯具 .dwg
效果文件	效果文件 \ 第 12 章 \ 标注别墅三层吊顶尺寸与文字 .dwg
视频文件	专家讲堂 \ 第 12 章 \ 标注别墅三层吊顶尺寸与文字 .swf

12.3　绘制别墅三层主卧 C 向装修立面图

本节继续绘制别墅三层主卧室 C 向装饰立面图，效果如图 12-69 所示。

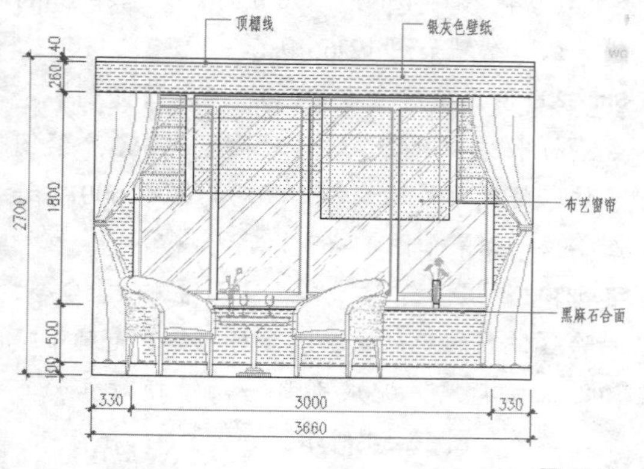

图 12-69

12.3.1　绘制别墅三层主卧 C 向立面轮廓图

素材文件	样板文件 \ 室内设计样板文件 .dwt
效果文件	效果文件 \ 第 12 章 \ 绘制别墅三层主卧 C 向立面轮廓 .dwg
视频文件	专家讲堂 \ 第 12 章 \ 绘制别墅三层主卧 C 向立面轮廓 .swf

本节请读者自行绘制如图 12-70 所示的别墅三层主卧 C 向立面轮廓。详细的操作步骤请观看随书光盘中的视频文件“绘制别墅三层主卧 C 向立面轮廓 .swf”。

图 12-70

12.3.2 绘制别墅三层主卧 C 向立面构件图

素材文件	效果文件 \ 第 12 章 \ 绘制别墅三层主卧 C 向立面轮廓图 .dwg 图块文件目录下
效果文件	效果文件 \ 第 12 章 \ 绘制别墅三层主卧 C 向立面构件图 .dwg
视频文件	专家讲堂 \ 第 12 章 \ 绘制别墅三层主卧 C 向立面构件图 .swf

打开上一节保存的图形文件，本节绘制如图 12-71 所示的别墅三层主卧 C 向立面构件。

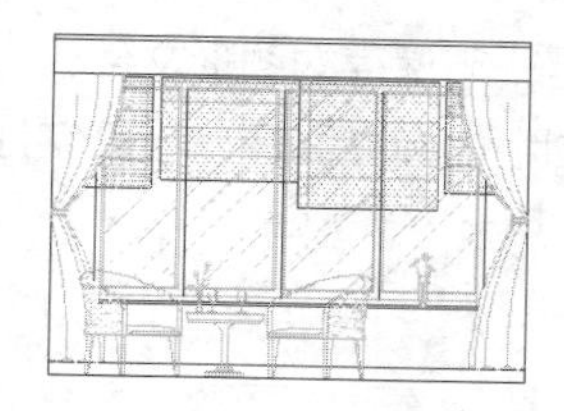

图 12-71

操作步骤

Step01 ▸ 在“图层”控制下拉列表中将“家具层”图层设置为当前图层。

Step02 ▸ 使用快捷命令“I”激活【插入】命令，选择随书光盘“图块文件”目录下的“立面窗 01.dwg”文件，采用默认参数，以立面图窗框左下端点为插入点，将其插入立面图，结果如图 12-72 所示。

图 12-72

Step03 ▸ 执行【插入】命令，选择随书光盘“图块文件”目录下的“窗帘 01.dwg”文件，以默认参数插入立面图中，结果如图 12-73 所示。

Step04 ▸ 使用快捷命令“X”激活【分解】命令，将插入的立面窗户分解。

Step05 ▸ 使用快捷命令“TR”激活【修剪】命令，以窗帘线作为修剪边界，对窗户进行修剪，修剪掉被窗帘挡住的部分，效果如图 12-74 所示。

图 12-73

图 12-74

Step06 ▸ 执行【插入】命令，采用默认参数，分别插入随书光盘“图块文件”目录下的“立面休闲桌椅 dwg”“花 01A.dwg”“花 02.dwg”窗帘 .dwg”4 个文件，插入结果如图 12-75 所示。

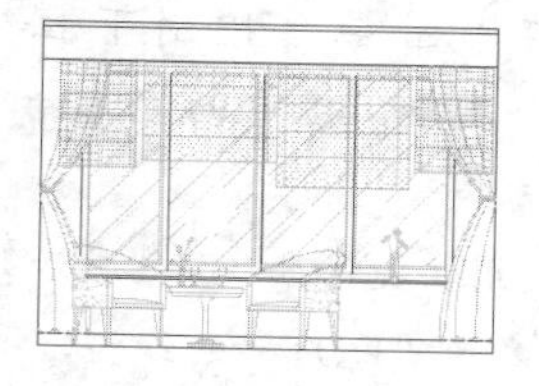

图 12-75

Step07 ▸ 使用快捷命令“X”激活【分解】命令，将插入的窗帘分解。

Step08 ▸ 使用快捷命令“TR”激活【修剪】命令，以窗帘线作为修剪边界，对窗帘、休闲桌椅等图形进行修剪，修剪掉被窗帘挡住的部分，效果如图 12-71 所示。

Step09 ▸ 至此，别墅三层卧室 C 向立面构件图绘制完毕，将该图形命名保存。

12.3.3 绘制别墅三层主卧 C 向立面壁纸

素材文件	效果文件 \ 第 12 章 \ 绘制别墅三层主卧 C 向立面构件图 .dwg
效果文件	效果文件 \ 第 12 章 \ 绘制别墅三层主卧 C 向立面壁纸 .dwg
视频文件	专家讲堂 \ 第 12 章 \ 绘制别墅三层主卧 C 向立面壁纸 .swf

打开上一节保存的图形文件，本节绘制别墅三层主卧C向立面壁纸，结果如图12-76所示。

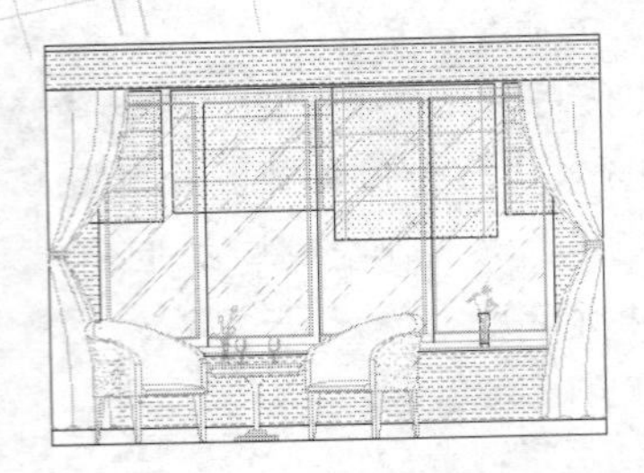
图 12-76

操作步骤

Step01 ▸ 使用快捷命令“LA”激活【图层】命令，新建名为“装饰线”的图层，并设置颜色为142号色，将此图层设置为当前图层。

Step02 ▸ 在无命令执行的前提下，夹点显示装饰植物与休闲桌椅等立面图块，将其放置到“其他层”图层上。

Step03 ▸ 在“图层”控制下拉列表中冻结“其他层”图层，图形的显示结果如图12-77所示。

Step04 ▸ 使用快捷命令“LT”激活【线型】命令，加载一种名为“DOT”的线型，并将其设置为当前线型。

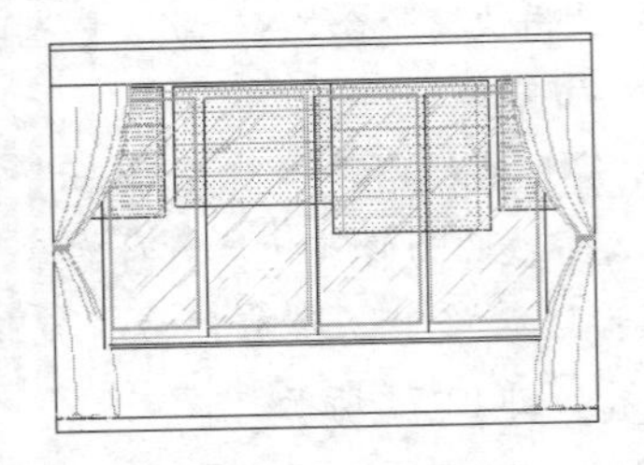
图 12-77

Step05 ▸ 使用快捷命令“H”激活【图案填充】命令，选择填充图案并设置填充参数，为立面图墙面填充图案，如图12-78所示。

Step06 ▸ 将“其他层”图层上的装饰植物以及休闲桌椅图块恢复到“家具层”图层上，然后使用【分解】命令将背景填充图案分解。

Step07 ▸ 使用【修改】和【删除】命令，删除和修剪被遮挡住的背景图线，结果如图12-76所示。

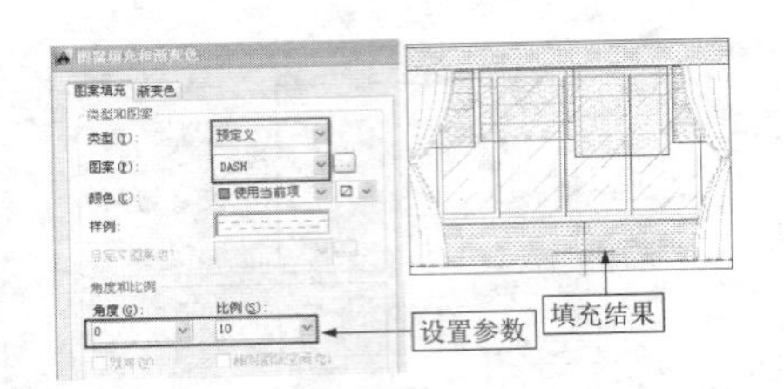

图 12-78

Step08 ▸ 至此，卧室墙面壁纸图绘制完毕，将该图形命名保存。

12.3.4 标注别墅三层主卧C向立面图尺寸与文字注释

素材文件	效果文件\第12章\绘制别墅三层主卧C向立面壁纸.dwg
效果文件	效果文件\第12章\标注别墅三层主卧C向立面图尺寸与文字注释.dwg
视频文件	专家讲堂\第12章\标注别墅三层主卧C向立面图尺寸与文字注释.swf

打开上一节保存的图形文件，本节来标注别墅三层主卧C向立面尺寸与文字注释，结果如图12-79所示。

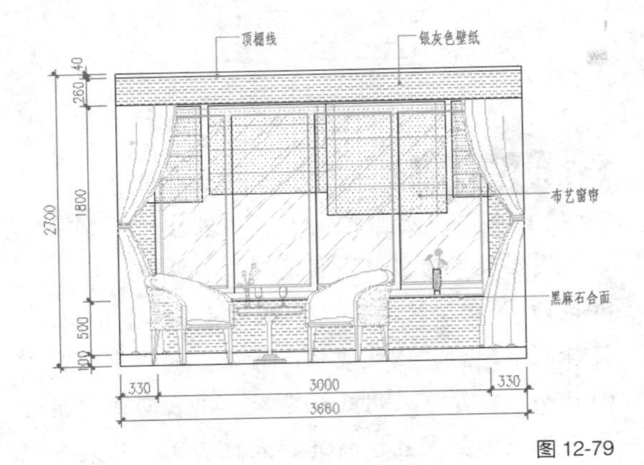

图 12-79

操作步骤

Step01 ▸ 在“图层”控制下拉列表中将“尺寸层”图层设置为当前图层。

Step02 ▸ 使用快捷命令“D”激活【标注样式】命令，设置“建筑标注”为当前样式，同时修改标注比例为30。

Step03 ▸ 使用快捷命令“DLI”激活【线性】命令，配合“对象”捕捉功能标注如图12-80所示的两个线性尺寸作为基础尺寸。

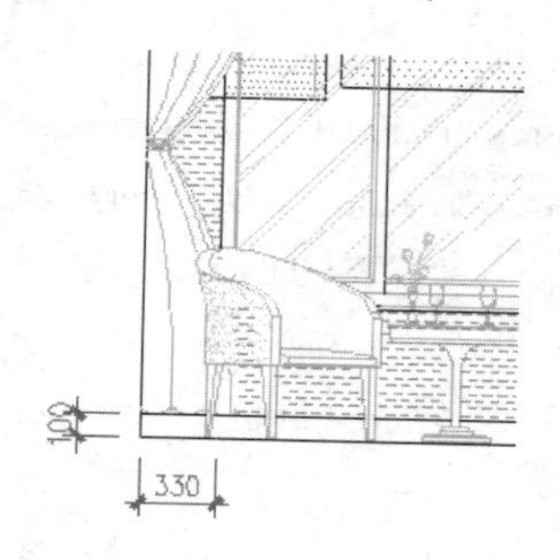

图 12-80

Step04 ▸ 使用快捷命令“DCO”激活【连续】命令，以刚标注的两个线性尺寸作为基准尺寸，标注连续尺寸作为细部尺寸。

Step05 ▸ 使用【线性】命令，标注立面图两侧的总体尺寸，结果如图 12-81 所示。

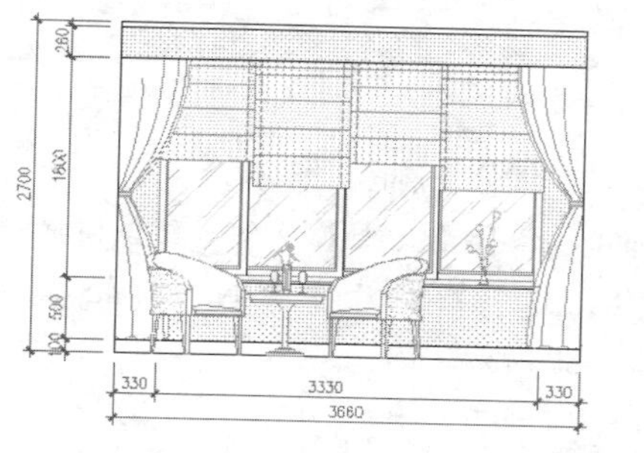

图 12-81

Step06 ▸ 在“图层”控制下拉列表中将“文本层”图层设置为当前图层。

Step07 ▸ 使用快捷命令“D”打开【标注样式管理器】对话框，单击 替代(O)... 按钮进入【替代当前样式：建筑标注】对话框，修改引线箭头、大小以及尺寸文字样式等参数，如图 12-82 所示。

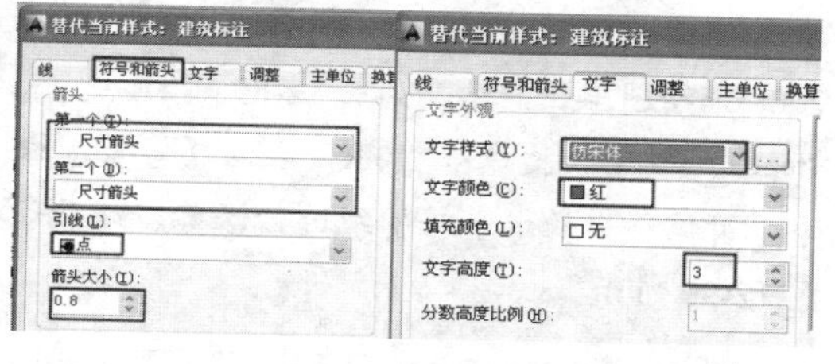

图 12-82

Step08 ▸ 进入“调整”选项卡，修改标注比例为 35，然后确认返回【标注样式管理器】对话框，并关闭该对话框。

Step09 ▸ 使用快捷命令“LE”激活【快速引线】命令，输入“S”，按 Enter 键激活“设置”选项，在打开的【引线设置】对话框设置参数，如图 12-83 所示。

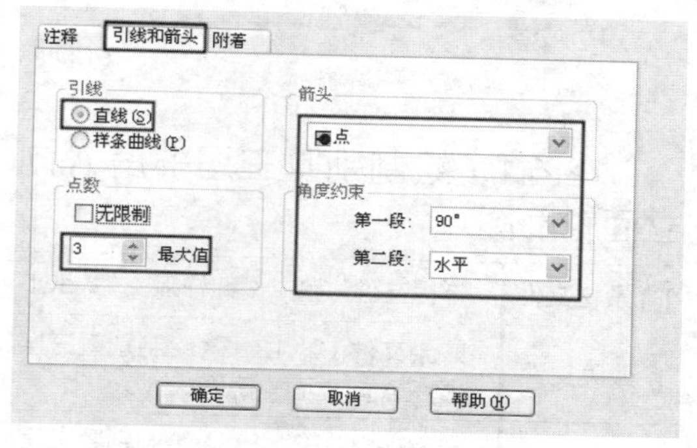

图 12-83

Step10 ▸ 单击【引线设置】对话框中的 确定 按钮，返回绘图区，在立面图上方顶棚线位置单击拾取一点，向上引导光标拾取第 2 点，向右引导光标拾取第 3 点，然后按 Enter 键打开【文字格式】编辑器，输入“顶棚线”文字内容，如图 12-84 所示。

图 12-84

Step11 ▸ 单击 确定 按钮完成文字的输入。

Step12 ▸ 使用相同的方法，继续在立面图合适位置输入引线文字注释，结果如图 12-79 所示。

Step13 ▸ 至此，别墅三层主卧 C 向立面图尺寸与文字标注完毕，执行【另存为】命令，将图形命名存储。

12.4　绘制别墅三层书房 A 向立面图

本节继续绘制别墅三层书房 A 向装饰立面图，效果如图 12-85 所示。

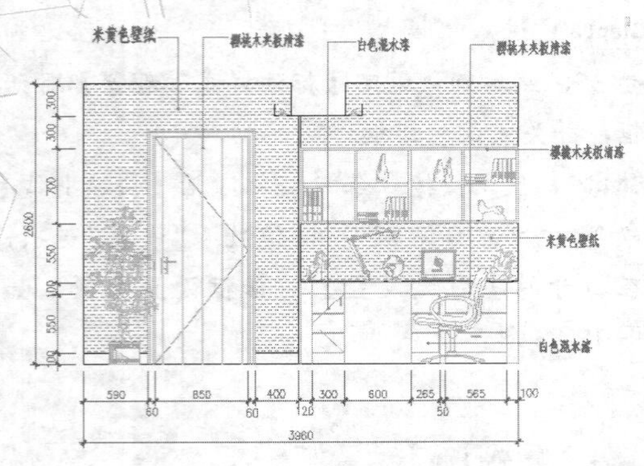

图 12-85

12.4.1 绘制别墅三层书房 A 向立面轮廓图

素材文件	样板文件 \ 室内设计样板文件 .dwt
效果文件	效果文件 \ 第 12 章 \ 绘制别墅三层书房 A 向立面轮廓图 .dwg
视频文件	专家讲堂 \ 第 12 章 \ 绘制别墅三层书房 A 向立面轮廓图 .swf

本节绘制如图 12-86 所示的别墅三层书房 A 向立面轮廓。

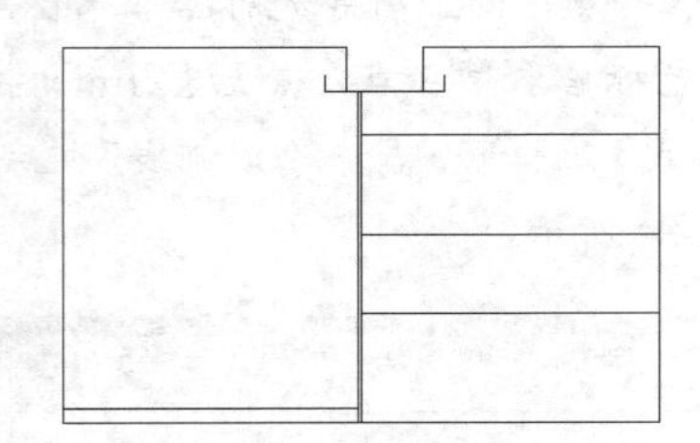

图 12-86

操作步骤

1. 绘制书房外轮廓

Step01 ▶ 以随书光盘“样板文件”目录下的“室内设计样板文件 .dwt”作为基础样板新建文件。

Step02 ▶ 在“图层”控制下拉列表中设置“轮廓线”图层为当前图层。

Step03 ▶ 使用快捷命令“L”激活【直线】命令，在绘图区拾取一点。

Step04 ▶ 输入“@0,2600”，按 Enter 键指定下一点。

Step05 ▶ 输入“@1890,0”，按 Enter 键指定下一点。

Step06 ▶ 输入“@0,-300”，按 Enter 键指定下一点。

Step07 ▶ 输入“@500,0”，按 Enter 键指定下一点。

Step08 ▶ 输入“@0,300”，按 Enter 键指定下一点。

Step09 ▶ 输入“@1570,0”，按 Enter 键指定下一点。

Step10 ▶ 输入“@0,-2600”，按 Enter 键指定下一点。

Step11 ▶ 输入“C”，按 Enter 键结束命令，绘制结果如图 12-87 所示。

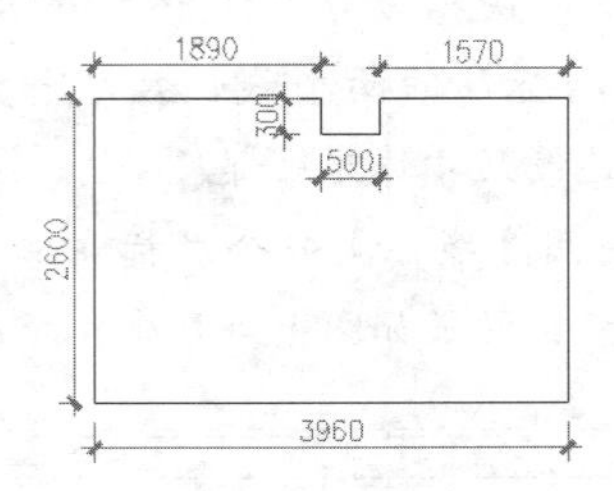

图 12-87

2. 细化轮廓图

Step01 ▶ 执行【直线】命令，配合捕捉与追踪功能，根据图示尺寸绘制内部轮廓线，如图 12-88 所示。

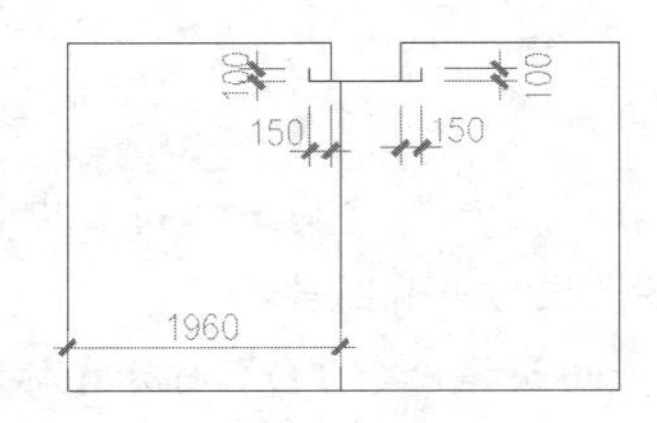

图 12-88

Step02 ▶ 使用快捷命令“O”激活【偏移】命令，将内侧的垂直轮廓线向右偏移 20 个绘图单位；将下侧的水平边向上偏移 100、760、1300 和 2000 个绘图单位，结果如图 12-89 所示。

Step03 ▶ 使用快捷命令“TR”激活【修剪】命令，对偏移出的水平轮廓线进行修剪，结果如图 12-90 所示。

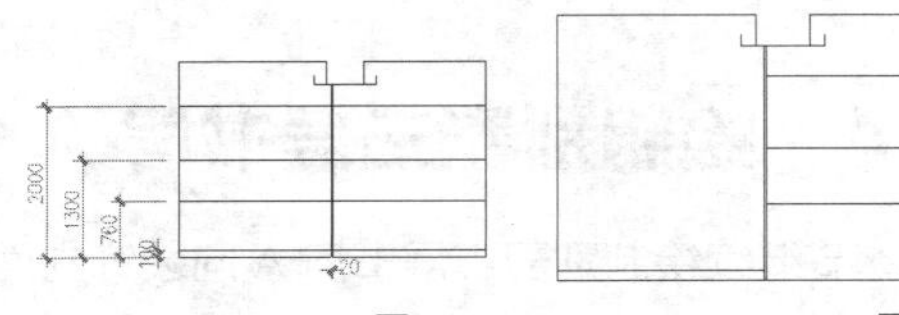

图 12-89　　图 12-90

Step04 ▸ 至此，书房的立面轮廓线绘制完毕，将该图形命名保存。

12.4.2　绘制别墅三层书房 A 向立面构件图

素材文件	效果文件 \ 第 12 章 \ 绘制别墅三层书房 A 向立面轮廓图 .dwg 图块文件目录下
效果文件	效果文件 \ 第 12 章 \ 绘制别墅三层书房 A 向立面构件图 .dwg
视频文件	专家讲堂 \ 第 12 章 \ 绘制别墅三层书房 A 向立面构件图 .swf

打开上一节保存的图形文件，本节请读者自行尝试绘制如图 12-91 所示的别墅三层书房 A 向立面构件。详细的操作步骤请观看随书光盘中的视频文件“绘制别墅三层书房 A 向立面构件图 .swf”。

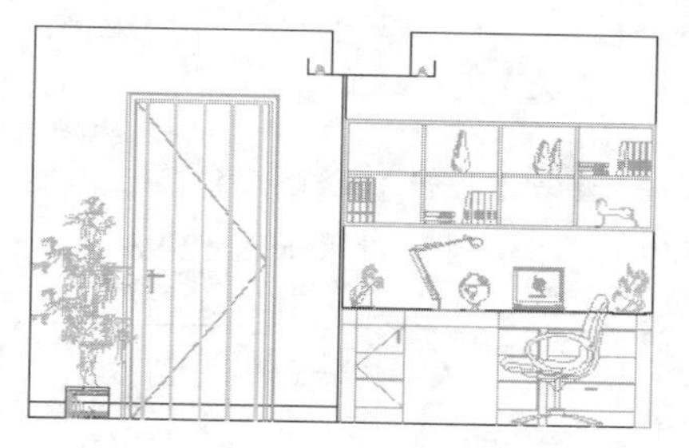

图 12-91

12.4.3　绘制别墅三层书房 A 向墙面壁纸

素材文件	效果文件 \ 第 12 章 \ 绘制别墅三层书房 A 向立面构件图 .dwg
效果文件	效果文件 \ 第 12 章 \ 绘制别墅三层书房 A 向墙面壁纸 .dwg
视频文件	专家讲堂 \ 第 12 章 \ 绘制别墅三层书房 A 向墙面壁纸 .swf

打开上一节保存的图形文件，本节绘制如图 12-92 所示的别墅三层书房 A 向墙面壁纸。

操作步骤

Step01 ▸ 使用【图层】命令，新建名为“装饰线”的图层，将其设置为当前图层，并设置图层颜色为 142 号色。

Step02 ▸ 在无命令执行的前提下，夹点显示立面门图块，将其放置到“0 图层”图层上，然后冻结“家具层”图层，图形的显示结果如图 12-93 所示。

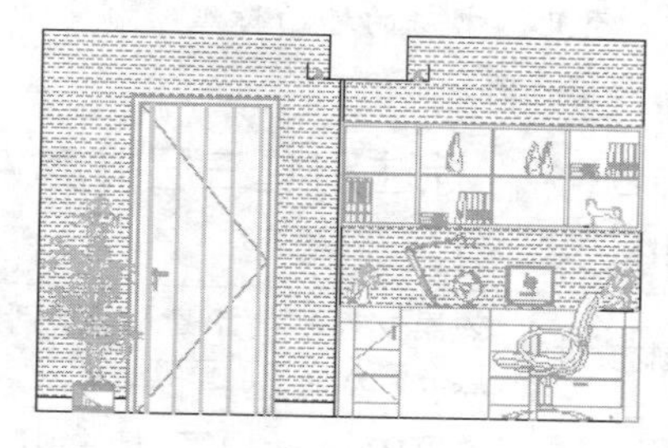

图 12-92

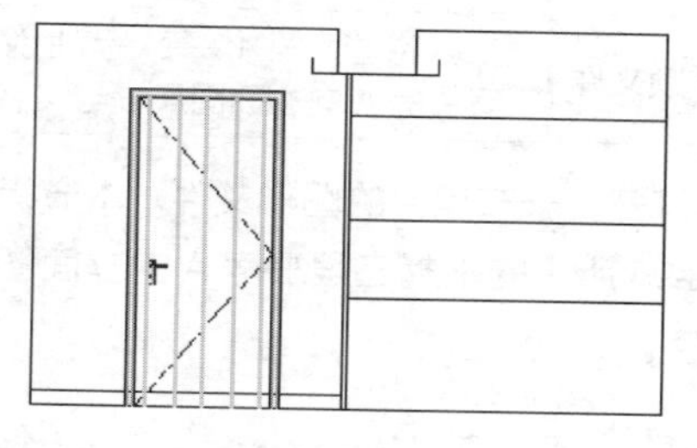

图 12-93

Step03 ▸ 使用快捷命令“LT”激活【线型】命令，加载一种名为“DOT”的线型。

Step04 ▸ 使用快捷命令“H”打开【图案填充和渐变色】对话框，选择填充图案并设置填充参数，然后单击“添加：拾取点”按钮返回绘图区。

Step05 ▸ 在立面墙单击确定填充边界，然后按 Enter 键确认，再次返回【图案填充和渐变色】对话框，单击 确定 按钮为立面图填充图案，结果如图 12-94 所示。

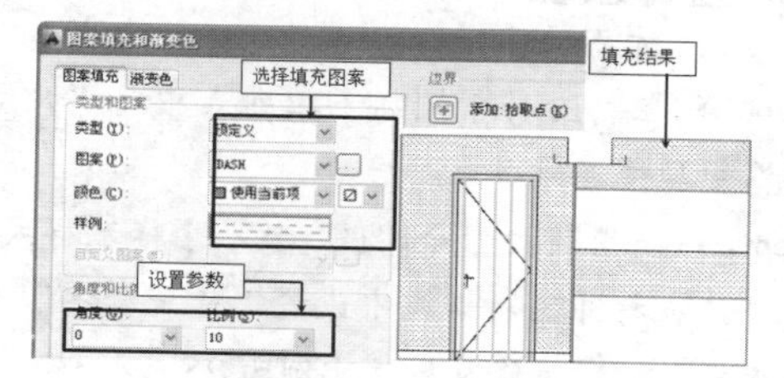

图 12-94

Step06 ▸ 将立面门图块恢复到“家具层”图层上，然后解冻“家具层”图层。

Step07 ▸ 使用快捷命令“X”激活【分解】命令，然后单击选择填充的图案，按 Enter 键将其分解。

Step08 ▸ 选择被遮挡的填充图案将其删除，然后以立面门作为修剪边界，对下方踢脚线进行修剪，结果如图 12-92 所示。

Step09 ▸ 至此，书房的墙面壁纸绘制完毕，将该图形命名保存。

12.4.4 标注别墅三层书房 A 向立面图尺寸与文字

素材文件	效果文件\第 12 章\绘制别墅三层书房 A 向墙面壁纸 .dwg
效果文件	效果文件\第 12 章\标注别墅三层书房 A 向立面图尺寸与文字 .dwg
视频文件	专家讲堂\第 12 章\标注别墅三层书房 A 向立面图尺寸与文字 .swf

打开上一节保存的图形文件，本节标注如图 12-95 所示的别墅三层书房 A 向立面图尺寸与文字。

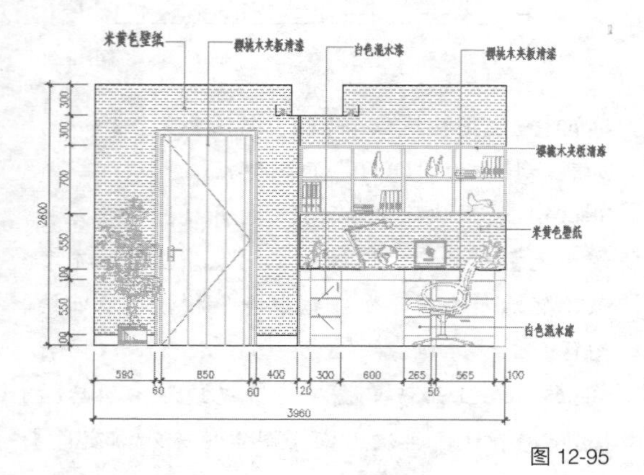

图 12-95

操作步骤

1. 标注尺寸

Step01 ▸ 在“图层”控制下拉列表中将“尺寸层”图层设置为当前图层。

Step02 ▸ 使用快捷命令“D”激活【标注样式】命令，在打开的对话框中设置“建筑标注”为当前样式，同时修改标注比例为 25。

Step03 ▸ 使用快捷命令“DLI”激活【线性】命令，配合“对象”捕捉功能，在立面图左下位置标注如图 12-96 所示的两个线性尺寸作为基准尺寸。

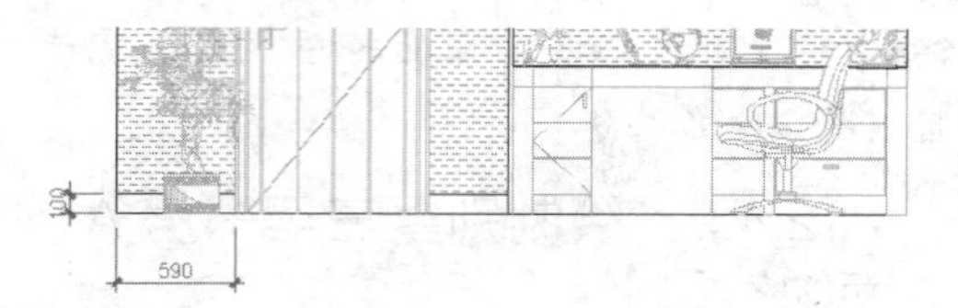

图 12-96

Step04 ▸ 使用快捷命令“DCO”激活【连续】命令，以刚标注的两个线性尺寸作为基准尺寸，标注如图 12-97 所示的细部尺寸。

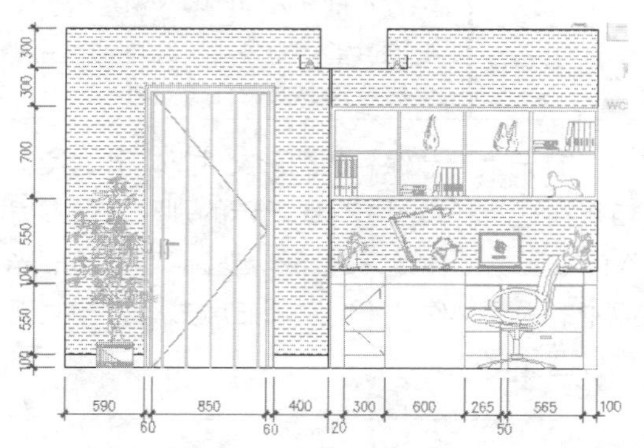

图 12-97

Step05 ▸ 激活【线性】命令，标注立面图左侧和下方的总体尺寸，结果如图 12-98 所示。

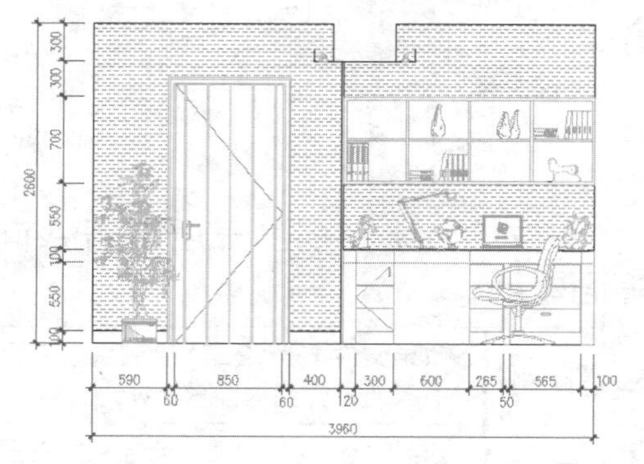

图 12-98

2. 标注立面图材质说明

Step01 ▸ 在“图层”控制下拉列表中将“文本层”图层设置为当前图层。

Step02 ▸ 使用快捷命令“D”打开【标注样式管理器】对话框。

Step03 ▸ 选择“建筑标注”样式，然后单击 替代(O)... 按钮打开【替代当前样式：建筑标注】对话框。

Step04 ▸ 进入“符号和箭头”选项卡，修改当前箭头样式、大小；进入“文字”选项卡，继续修改文字样式等参数，如图 12-99 所示。

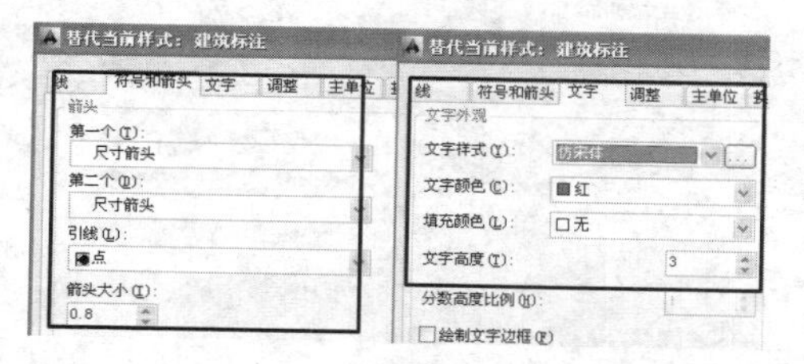

图 12-99

Step05 ▸ 使用快捷命令“LE”激活【快速引线】命令，输入“S”，按 Enter 键打开【引线设置】对话框，在“引线和箭头”选项卡设置引线参数，如图 12-100 所示。

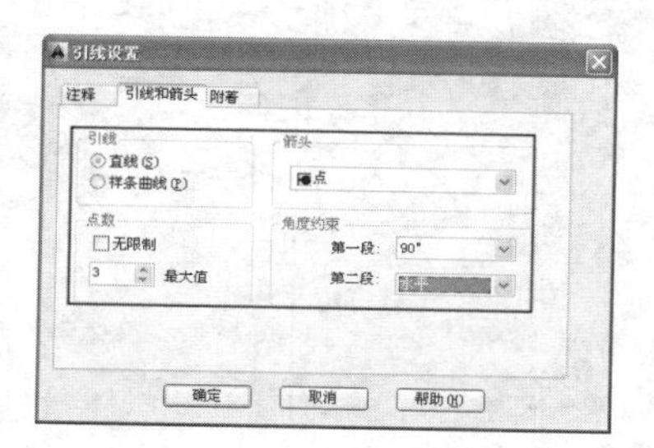

图 12-100

Step06 ▸ 单击 确定 按钮返回绘图区，在立面图左上方位置单击拾取一点，向上引导光标，在合适位置单击拾取第 2 点，向左引导光标，在合适位置单击拾取第 3 点。

Step07 ▸ 按 2 次 Enter 键打开【文字格式】编辑器，在文本框输入“米黄色壁纸”文字内容，如图 12-101 所示。

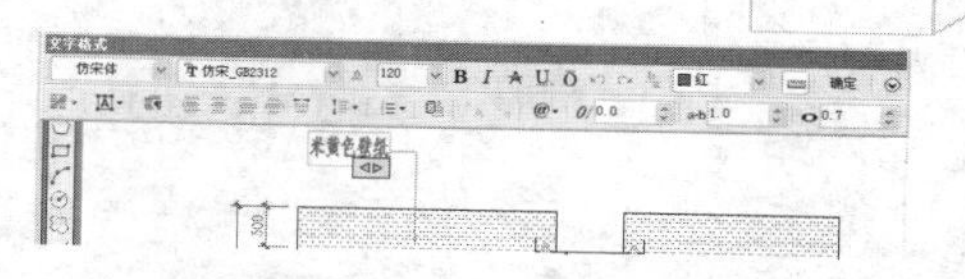

图 12-101

Step08 ▸ 单击 确定 按钮确认。

Step09 ▸ 执行【快速引线】命令，按照当前的引线参数设置，继续标注上方其他引线注释，结果如图 12-102 所示。

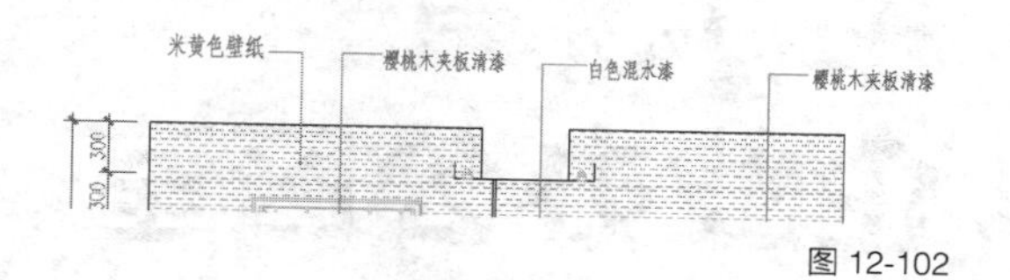

图 12-102

Step10 ▸ 执行【快速引线】命令，修改引线的点数，如图 12-103 所示。

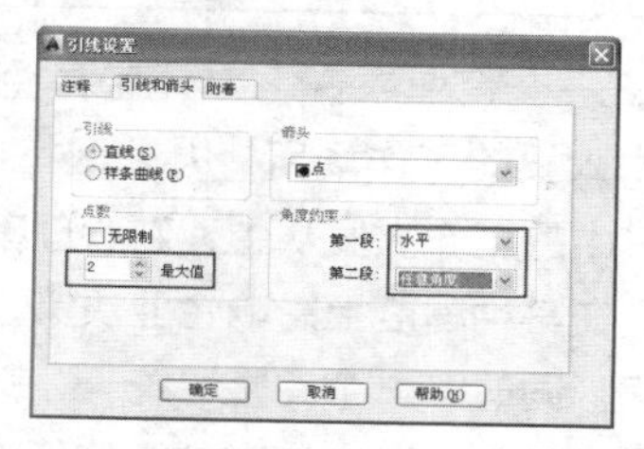

图 12-103

Step11 ▸ 单击 确定 按钮返回绘图区，在左侧合适位置单击指定两个引线点绘制引线，然后输入引线注释，结果如图 12-95 所示。

Step12 ▸ 至此，别墅三层书房 A 向立面图尺寸与文字标注完毕，将该图形命名存储。

第13章 企业办公区室内设计

对于一个企业来说，办公区是企业行政管理以及技术人员的工作场所。办公区室内装修布置，对置身其中的工作人员从生理到心理都有一定的影响，并会在某种程度上影响企业决策、管理效果和工作效率。同时，一个完整、统一、美观的办公区室内环境，不但可以增加客户的信任感，同时也是企业整体形象的体现。本章对某企业办公区进行室内装修设计。

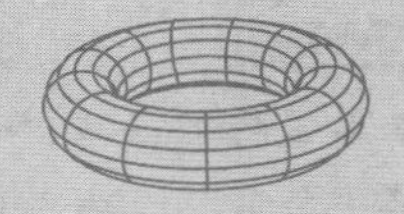

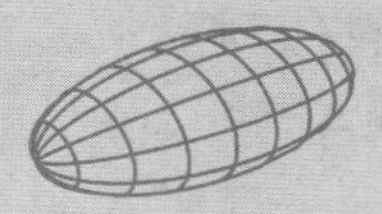

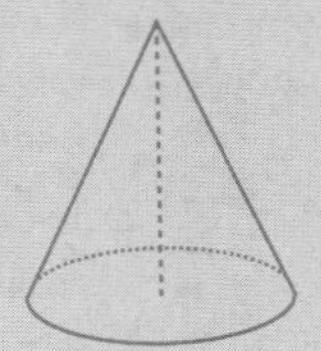

|第13章|

企业办公区室内设计

13.1　企业办公区室内设计的目的、要求与特点

1. 办公区室内设计的目的

办公区室内设计主要包括办公用房的规划、装修、室内色彩及灯光音响的设计、办公用品及装饰品的配备和摆设等内容，主要有 3 个层次的目标。

♦ 经济实用。一方面要满足实用要求、给办公人员的工作带来方便，另一方面要尽量低费用、追求最佳的功能费用比。

♦ 美观大方。能够充分满足人的生理和心理需要，创造出一个赏心悦目的良好工作环境。

♦ 独具品味。办公室是企业文化的物质载体，要努力体现企业物质文化和精神文化，反映企业的特色和形象，对置身其中的工作人员产生积极的、和谐的影响。

这 3 个层次的目标虽然由低到高、由易到难，但它们不是孤立的，而是有着紧密的内在联系，出色的办公室设计应该努力同时实现这 3 个目标。

2. 办公区室内设计的要求

现代办公区室内装修设计应符合下述基本要求。

♦ 符合企业实际。不要一味追求办公室的高档豪华气派。

♦ 符合行业特点。例如，五星级饭店和校办科技企业由于分属不同的行业，因而办公室在装修、家具、用品、装饰品、声光效果等方面都应有显著的不同。

♦ 符合使用要求。例如，总经理（厂长）办公室在楼层安排、使用面积、室内装修、配套设备等方面都与一般职员的办公室不同，并非总经理、厂长与一般职员身份不同，而是他们的办公室具有不同的使用要求。

♦ 符合工作性质。例如，技术部门的办公室需要配备微机、绘图仪器、书架（柜）等技术工作必需的设备，而公共关系部门则显然更需要电话、传真机、沙发、茶几等与对外联系和接待工作相应的设备和家具。

3. 办公区室内设计的特点

从办公区的特征与功能要求来看，办公区室内设计有如下几个基本特点。

（1）秩序感

秩序感指的是形的反复、形的节奏、形的完整和形的简洁。办公区设计也正是运用这一特点来创造一种安静、平和与整洁的办公环境的，此种特点在办公区设计中起着最为关键的作用。

要达到办公区室内设计秩序的目的，主要涉及以下几个方面。

♦ 家具样式与色彩的统一。

♦ 平面布置的规整性。

♦ 隔断高低尺寸与色彩材料的统一。

♦ 天花的平整性与墙面不带花哨的装饰。

♦ 合理的室内色调及人流导向。

（2）明快感

办公区环境的明快感指的就是办公环境的色调干净明亮、灯光布置合理、有充足的光线等，是办公设计的一种基本要求。在装饰中明快的色调可给人一种愉快心情，给人一种洁净之感，同时明快的色调也可在白天增加室内的采光度。

目前，有许多设计师将明度较高的绿色引入办公室，这类设计往往给人一种良好的视觉冲击效果，从而创造一种春意，这也是一种明快感在室内的创意手段。

（3）现代感

目前，在我国许多企业的办公室，为了便于思想交流，加强民主管理，往往采用共享空间——开敞式设计，这种设计已成为现代新型办公室的特征，它形成了现代办公室新空间的概念。

现代办公室设计还注重于办公环境的研究，将自然环境引入室内，绿化室内外的环境，给办公环境带来一派生机，这也是现代办公室的另一特征。

现代人机学的出现，使办公设备在适合人机学的要求下日益增多与完善，办公的科学化、自动化给人类工作带来了极大方便。我们在设计中充分地利用人机学的知识，按特定的功能与尺寸要求来进行设计，这些都是设计的基本要素。

13.2　绘制某办公区墙体平面图

办公区室内设计与居住室内设计流程基本一致，都是先从墙体平面图开始的，其他室内设计图都是在平面图的基础上来设计的，本节绘制某办公区墙体平面图，如图 13-1 所示。

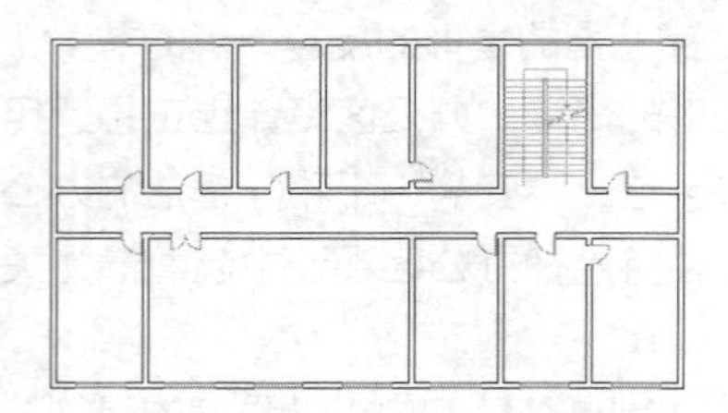

图 13-1

13.2.1　绘制办公区墙体纵横定位轴线

素材文件	样板文件 \ 室内设计样板文件 .dwt
效果文件	效果文件 \ 第 13 章 \ 绘制办公区墙体纵横定位轴线 .dwg
视频文件	专家讲堂 \ 第 13 章 \ 绘制办公区墙体纵横定位轴线 .swf

本节首先绘制办公区墙体纵横定位轴线，效果如图 13-2 所示。

操作步骤

Step01 ▸ 以随书光盘“样板文件”目录下的“室内设计样板文件 .dwt”作为基础样板，新建空白文件。

Step02 ▸ 在“图层”控制下拉列表中将“轴线层”图层设置为当前图层。

Step03 ▸ 使用快捷命令“LT”打开【线型管理器】对话框，设置线型比例为 1。

Step04 ▸ 使用快捷命令“REC”激活【矩形】命令，绘制长度为 25440、宽度为 14340 的矩形，作为基准轴线。

Step05 ▸ 使用快捷命令“X”激活【分解】命令，将矩形分解为四条独立的线段。

Step06 ▸ 使用快捷命令“O”激活【偏移】命令，将矩形左侧垂直边向右偏移 3720、3600、3600、3600、3600 和 3600 个绘图单位；将矩形两条水平边向内偏移 6240 个绘图单位，结果如图 13-3 所示。

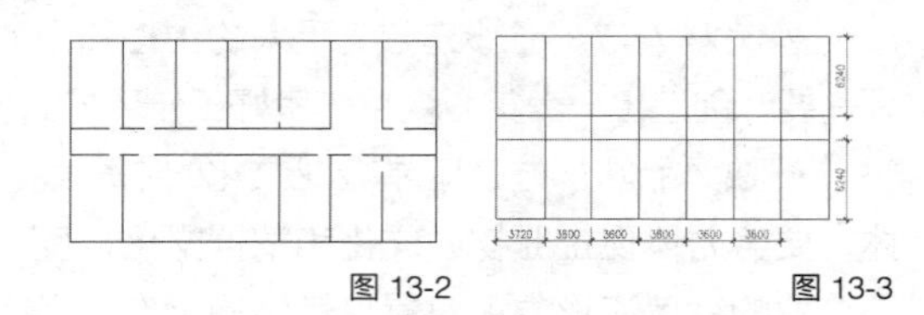

图 13-2　　图 13-3

Step07 ▸ 使用快捷命令“TR”激活【修剪】命令，以偏移的两条水平线作为修剪边界，对偏移的垂直边进行修剪，然后以右侧两条偏移垂直边作为修剪边，对上水平边进行修剪，结果如图 13-4 所示。

Step08 ▸ 使用快捷命令“BR”激活【打断】命令，选择偏移出的上方水平边。

Step09 ▸ 输入“F”，按 Enter 键，激活“第一点”选项。

Step10 ▸ 按住 Shift 键单击右键，选择“自”功能，然后捕捉水平线的左端点。

Step11 ▸ 输入“@2720,0”，按 Enter 键确认。

Step12 ▸ 输入“@800,0”，按 Enter 键确认，打断结果如图 13-5 所示。

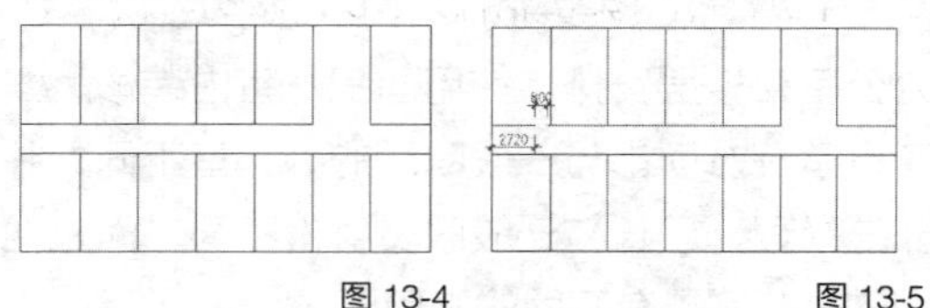

图 13-4　　图 13-5

Step13 ▸ 执行【打断】命令，根据图示尺寸，分别创建其他位置的门洞，结果如图 13-6 所示。

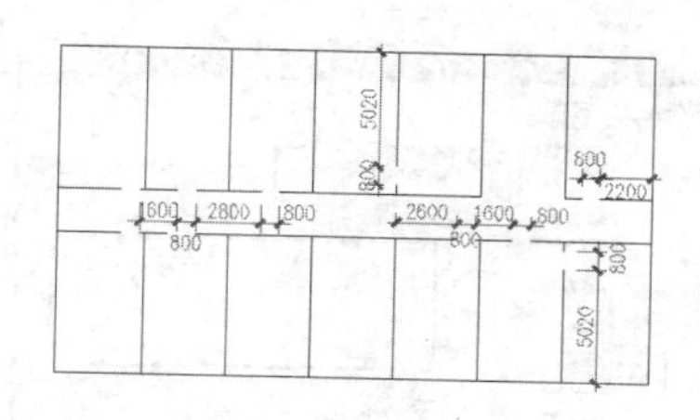

图 13-6

Step14 ▸ 在无任何命令发出的情况下，单击选择下方第 3 条和第 4 条两条垂直线，按 Delete 键将其删除，完成办公区墙体纵横定位轴线的绘制，结果如图 13-2 所示。

Step15 ▸ 执行【另存为】命令，将该文件命名保存。

13.2.2　绘制办公区墙体平面图

素材文件	效果文件 \ 第 13 章 \ 绘制办公区墙体纵横定位轴线 .dwg
效果文件	效果文件 \ 第 13 章 \ 绘制办公区墙体平面图 .dwg
视频文件	专家讲堂 \ 第 13 章 \ 绘制办公区墙体平面图 .swf

打开上一节保存的图形文件，本节请读者自行尝试在该轴线图的基础上绘制办公区墙体平面图，效果如图 13-7 所示。具体的操作步骤请观看随书光盘中的视频文件“绘制办公墙体平面图 .swf”。

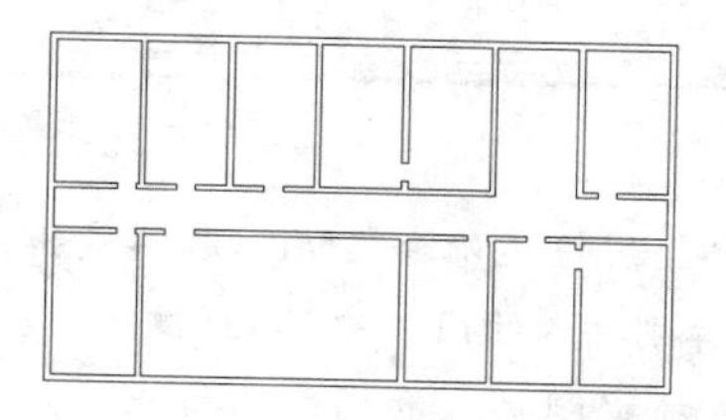

图 13-7

13.2.3　绘制办公区门窗构件图

素材文件	效果文件 \ 第 13 章 \ 绘制办公区墙体平面图 .dwg
效果文件	效果文件 \ 第 13 章 \ 绘制办公区门窗构件图 .dwg
视频文件	专家讲堂 \ 第 13 章 \ 绘制办公区门窗构件图 .swf

打开上一节保存的图形文件，本节继续绘制办公区的门窗构件，效果如图 13-8 所示。

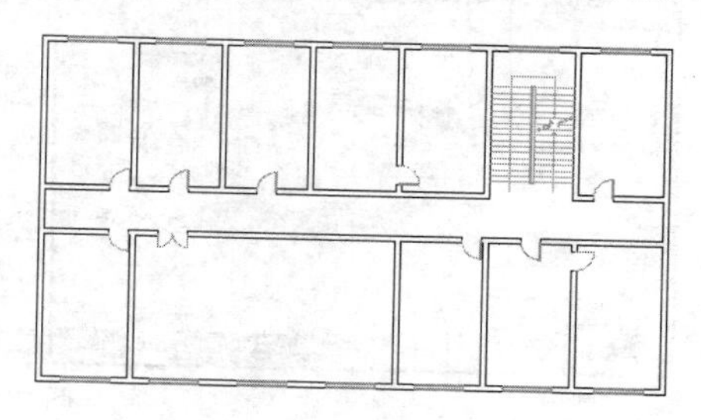

图 13-8

操作步骤

1. 创建门图块文件

Step01 ▸ 在“图层”控制下拉列表中将“门窗层”图层设置为当前图层。

Step02 ▸ 使用快捷命令“REC”激活【矩形】命令，在绘图区绘制 20mm×800mm 的矩形。

Step03 ▸ 使用快捷命令“ARC”激活【圆弧】命令，输入“C”，按 Enter 键激活“圆心”选项。

Step04 ▸ 捕捉矩形右下角点确定圆弧的圆心。

Step05 ▸ 捕捉矩形右上角点确定圆弧的起点，向左引导光标，在合适位置单击确定圆弧的端点，绘制结果如图 13-9 所示。

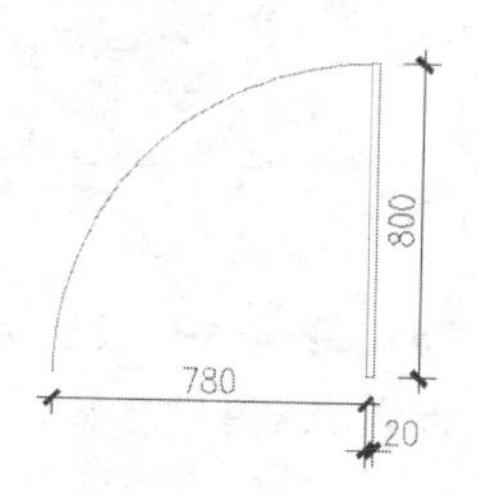

图 13-9

Step06 ▸ 使用快捷命令“B”打开【块定义】对话框，在“名称”输入框输入“办公区门”字样。

Step07 ▸ 单击“拾取点”按钮返回绘图区，捕捉矩形右下角点。

Step08 ▸ 返回【块定义】对话框，勾选“删除”选项，然后单击“选择对象”按钮再次返回绘图区，以窗选方式选择矩形和圆弧对象。

Step09 ▸ 按 Enter 键再次返回【块定义】对话框，单击按钮确认，将绘制的平面门创建为内部块，如图 13-10 所示。

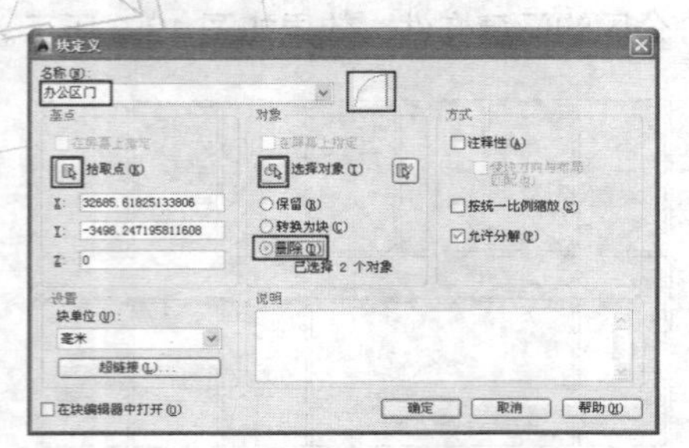

图 13-10

2. 插入门图块

Step01 ▸ 使用快捷命令“I”打开【插入】对话框，在“名称”列表选择刚创建的“办公区门”的图块文件，采用默认参数，以墙线的中点为插入点，将其插入左上方第 1 个门洞位置，结果如图 13-11 所示。

Step02 ▸ 使用快捷命令“CO”激活【复制】命令，配合“中点”捕捉功能将刚插入的单开门水平向右复制到其他洞口处，结果如图 13-12 所示。

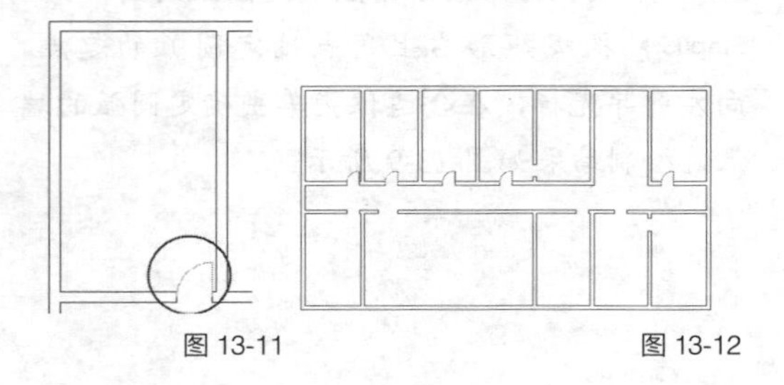

图 13-11　　图 13-12

Step03 ▸ 执行【插入】命令，设置块参数，继续插入另一位置的单开门图例，如图 13-13 所示。

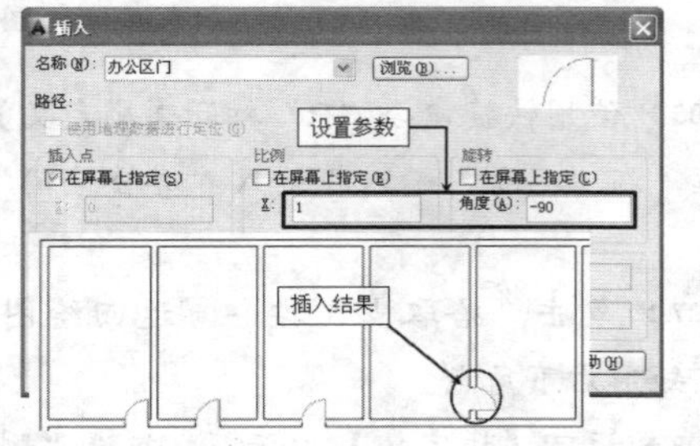

图 13-13

Step04 ▸ 执行【插入】命令，设置块参数，继续插入另一位置的单开门图例，如图 13-14 所示。

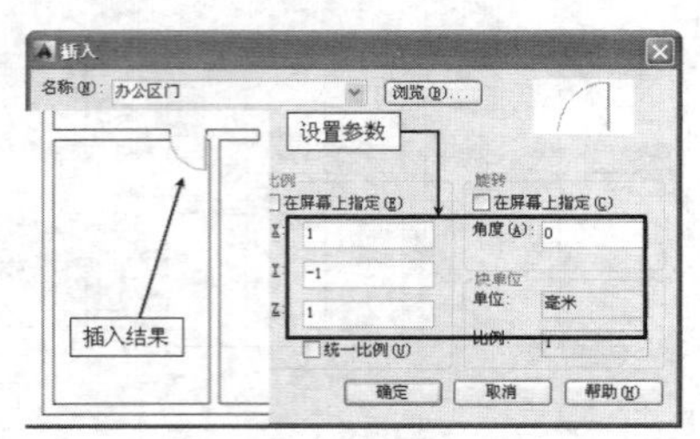

图 13-14

Step05 ▸ 使用快捷命令“CO”激活【复制】命令，配合“中点”捕捉功能将刚插入的单开门复制到其他洞口处，如图 13-15 所示。

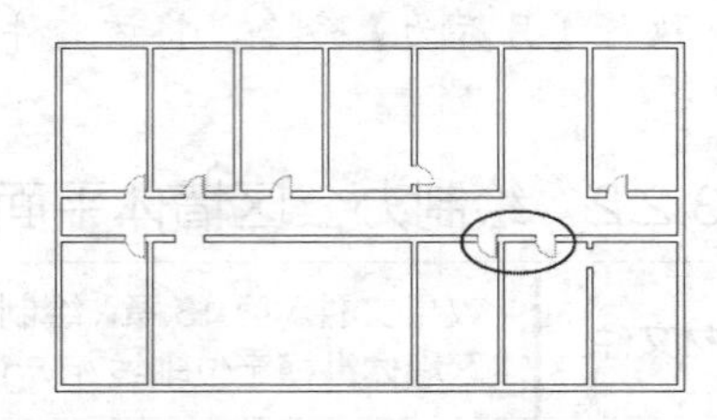

图 13-15

Step06 ▸ 执行【插入】命令，设置图块的参数，继续向墙体平面图中插入此单开门，如图 13-16 所示。

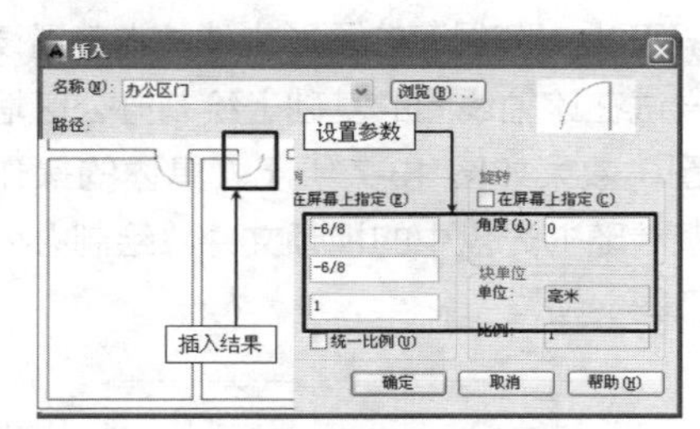

图 13-16　设置插入参数

Step07 ▸ 使用快捷命令“MI”激活【镜像】命令，选择刚插入的门，按 Enter 键。

Step08 ▸ 捕捉刚插入的门的右端点，然后沿 Y 轴方向拾取一点。

Step09 ▸ 按 Enter 键结束命令，镜像结果如图 13-17 所示。

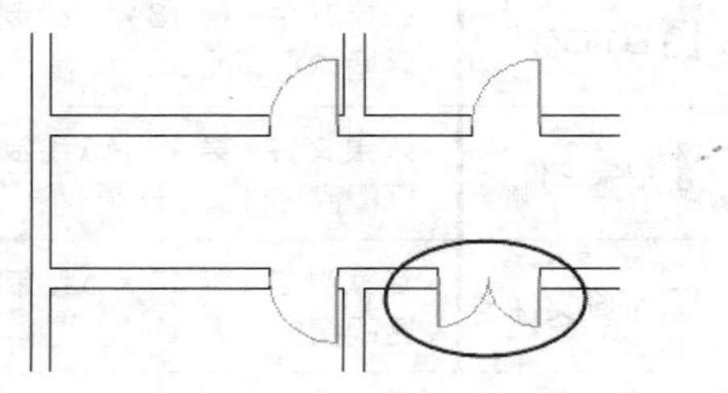

图 13-17

Step10 ▸ 执行【插入】命令，设置图块的参数，再次在右下方门洞位置插入此单开门图形，如图 13-18 所示。

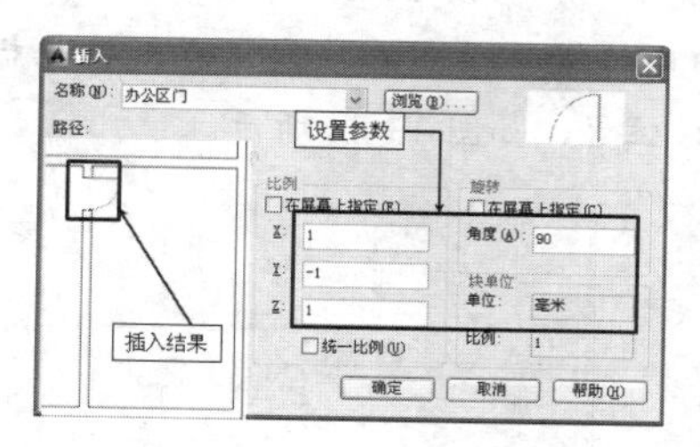

图 13-18

3. 绘制窗线

Step01 ▸ 单击【格式】/【多线样式】命令，在打开的【多线样式】对话框中设置“窗线样式”为当前多线样式。

Step02 ▸ 使用快捷命令“ML”激活【多线】命令，输入“J”，按 Enter 键激活“对正”选项。

Step03 ▸ 输入“T”，按 Enter 键选择“上”对正方式。

Step04 ▸ 输入“S”，按 Enter 键激活“比例”选项。

Step05 ▸ 输入“240”，按 Enter 键设置比例。

Step06 ▸ 按住 Shift 键同时单击鼠标右键，选择“自”功能，然后捕捉下边墙线的左下端点。

Step07 ▸ 输入“@1040,240”，按 Enter 键确认。

Step08 ▸ 输入“@2000,0”，按 Enter 键确认。

Step09 ▸ 按 Enter 键结束操作，绘制结果如图 13-19 所示。

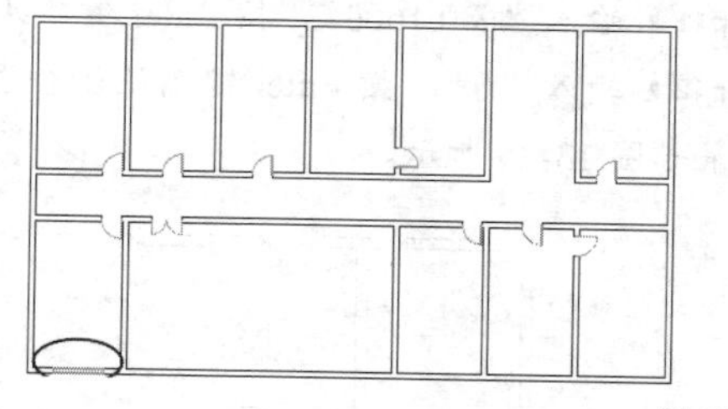

图 13-19

Step10 ▸ 使用快捷命令“CO”激活【复制】命令，选择刚绘制的窗线，按 Enter 键确认。

Step11 ▸ 捕捉窗线的端点，然后输入“@3600,0”，按 Enter 键确认。

Step12 ▸ 输入“@7200,0”，按 Enter 键确认。

Step13 ▸ 输入“@10800,0”，按 Enter 键确认。

Step14 ▸ 输入“@14400,0”，按 Enter 键确认。

Step15 ▸ 输入“@18000,0”，按 Enter 键确认。

Step16 ▸ 输入“@21720,0”，按 Enter 键确认。

Step17 ▸ 按 Enter 键确认结束操作，结果如图 13-20 所示。

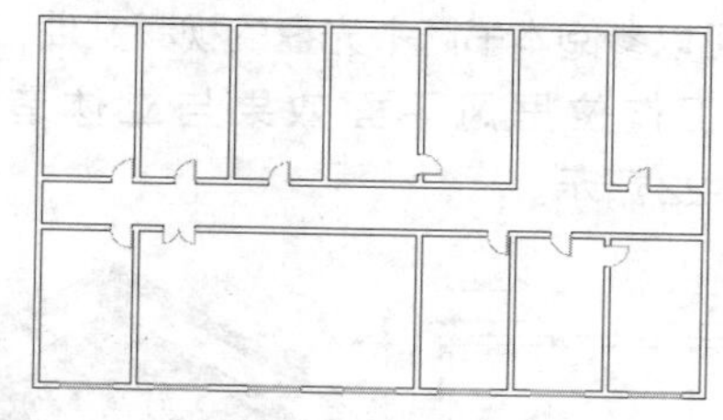

图 13-20

Step18 ▸ 使用快捷命令“MI”激活【镜像】命令，选择下方所有的窗线，按 Enter 键确认。

Step19 ▸ 捕捉左边垂直墙线的中点作为镜像轴的第 1 点，然后输入“@0,1”，按 Enter 键确定镜像轴的第 2 点。

Step20 ▸ 按 Enter 键确认，镜像结果如图 13-21 所示。

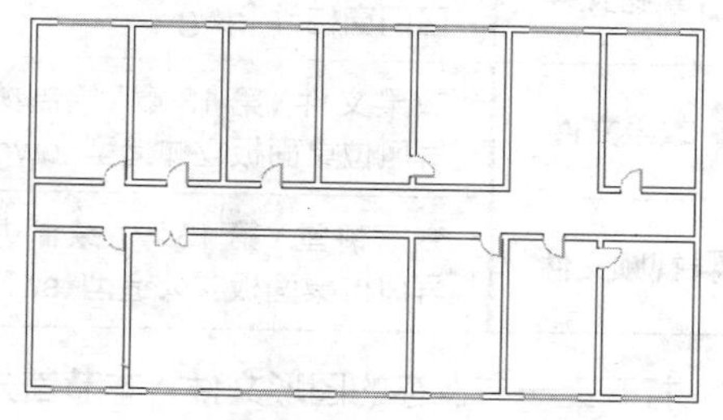

图 13-21

Step21 ▸ 在“图层”控制下拉列表中将“楼梯层”图层设置为当前图层。

Step22 ▸ 使用快捷命令“I”激活【插入】命令，采用默认参数设置，以楼梯口左墙线的下端点为插入点，插入随书光盘“图块文件”目录下的“办公区楼梯 .dwg”文件，结果如图 13-8 所示。

Step23 ▸ 至此，办公区门窗构件绘制完毕，最后使用【另存为】命令将图形另名存储。

13.3 绘制办公区屏风工作位立体造型

在办公区室内装修中，办公家具一般都是根据办公区空间大小和具体需要来定制的，本节我们就根据目前该办公区空间大小和需要，设计其办公屏风工作位家具立体造型，在绘制时要用到三维建模功能，有关三维建模功能，请参阅其他书籍的详细讲解，本例中的详细操作，可以参阅本书随书光盘的视频文件，其绘制的工作位屏风平面效果与立体造型如图 13-22 所示。

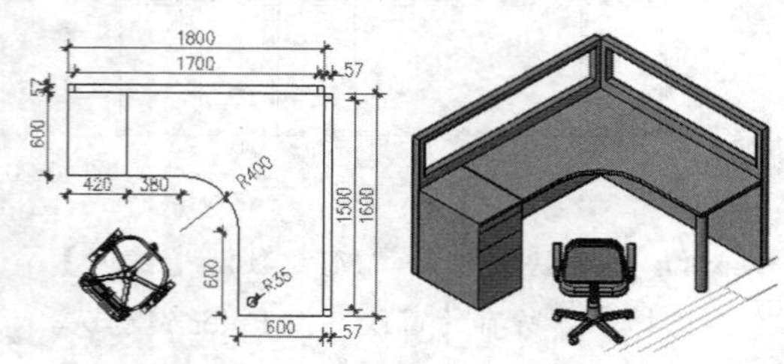

图 13-22

13.3.1 绘制办公屏风位桌面板立体造型

素材文件	效果文件 \ 第 13 章 \ 绘制办公区门窗构件 .dwg
效果文件	效果文件 \ 第 13 章 \ 绘制办公屏风位桌面板立体造型 .dwg
视频文件	专家讲堂 \ 第 13 章 \ 绘制办公屏风位桌面板立体造型 .swf

打开上一节保存的图形文件，本节首先绘制办公屏风位桌面板立体造型，效果如图 13-23 所示。

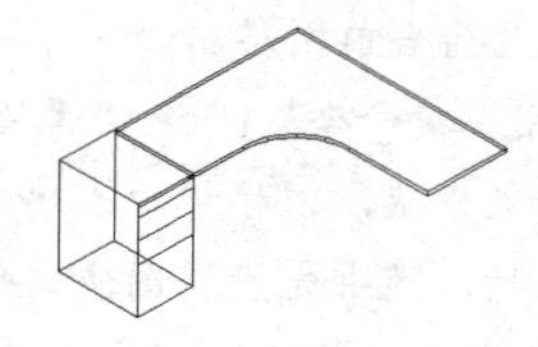

图 13-23

操作步骤

1. 定义坐标系

Step01 ▸ 在“图层”控制下拉列表中将“家具层”图层设置为当前图层，并修改其颜色为“黑色”。

Step02 ▸ 使用快捷命令“UCS”，激活【UCS】命令，输入“M”，按 Enter 键，激活“移动”选项。

Step03 ▸ 捕捉平面图外墙线角点，将坐标系移动到该位置，如图 13-24 所示。

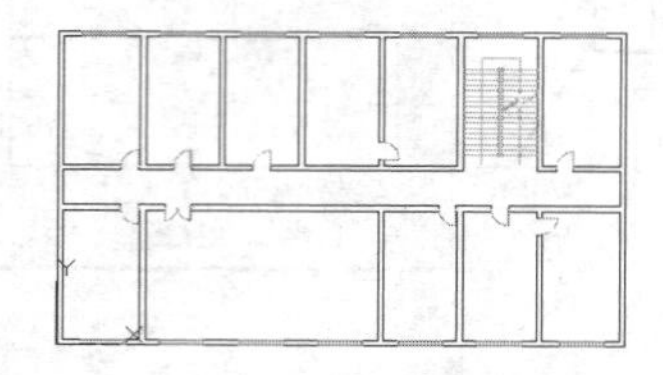

图 13-24

2. 绘制桌面二维图形

Step01 ▸ 使用快捷命令“PL”激活【多段线】命令。

Step02 ▸ 按住Shift键单击右键。选择“自”功能，然后捕捉墙体平面图的左下角点作为基点。

Step03 ▸ 输入“@5626,1840,735”，按 Enter 键确认。

Step04 ▸ 输入“@0,-600”，按 Enter 键确认。

Step05 ▸ 输入“@380,0”，按 Enter 键确认。

Step06 ▸ 输入“A”，按 Enter 键确认，激活“圆弧”选项。

Step07 ▸ 输入“@400,-400”，按 Enter 键确认。

Step08 ▸ 输入“L”，按 Enter 键激活“直线”选项。

Step09 ▸ 输入“@0,-600”，按 Enter 键确认。

Step10 ▸ 输入“@600,0”，按 Enter 键确认。

Step11 ▸ 输入“@0,1600”，按 Enter 键确认。

Step12 ▸ 输入“C”，按 Enter 键确认闭合图形，结果如图 13-25 所示。

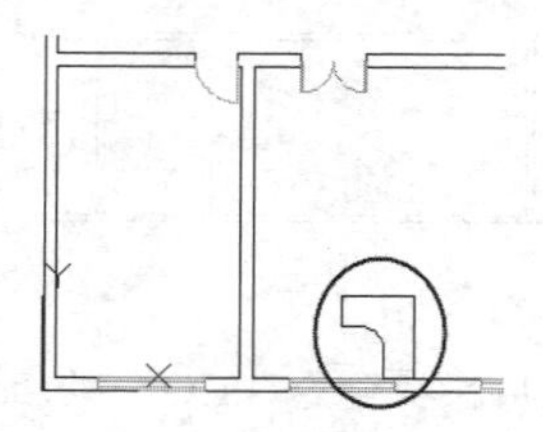

图 13-25

3. 拉伸创建三维模型

Step01 ▸ 使用快捷命令“EXT”激活【拉伸】命令，选择刚绘制的多段线，按 Enter 键确认。

Step02 ▸ 输入“25”，按 Enter 键确认。

Step03 ▸ 单击菜单【视图】/【三维视图】/【西南等轴测】命令，将当前视图切换为西南视图，观看拉伸效果，如图 13-26 所示。

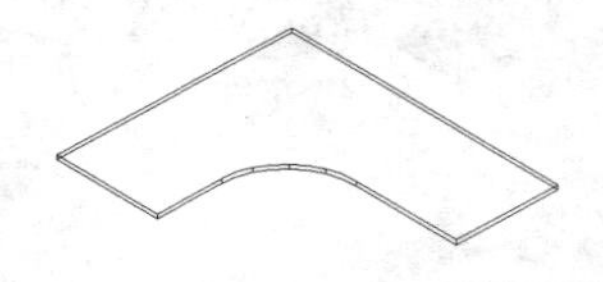

图 13-26

Step04 ▸ 单击菜单【视图】/【三维视图】/【俯视】命令，将视图切换为俯视图。

Step05 ▸ 使用快捷命令“I”激活【插入】命令，采用默认参数，以图形左上端点为插入点，插入随书光盘“图块文件”目录下的“落地柜 .dwg”图块文件，插入结果如图 13-27 所示。

Step06 ▸ 单击菜单【视图】/【三维视图】/【西南等轴测】命令，将当前视图切换为西南视图，观看拉伸效果，如图 13-28 所示。

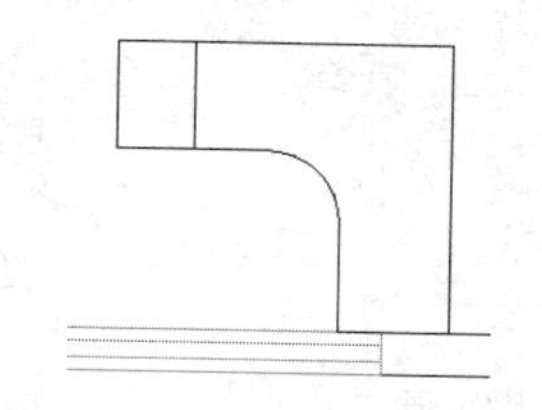

图 13-27

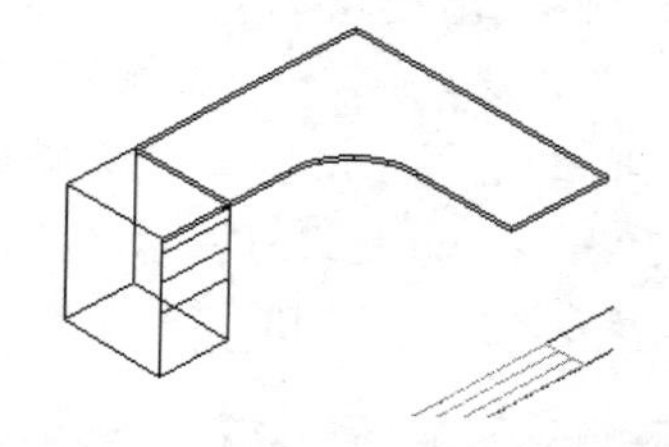

图 13-28

Step07 ▸ 至此，桌面板造型绘制完毕，将该文件命名保存。

13.3.2　绘制办公屏风立体造型

素材文件	效果文件 \ 第 13 章 \ 绘制办公屏风位桌面板立体造型 .dwg
效果文件	效果文件 \ 第 13 章 \ 绘制办公屏风立体造型 .dwg
视频文件	专家讲堂 \ 第 13 章 \ 绘制办公屏风立体造型 .swf

打开上一节保存的图形文件，本节继续绘制办公屏风立体造型，效果如图 13-29 所示。

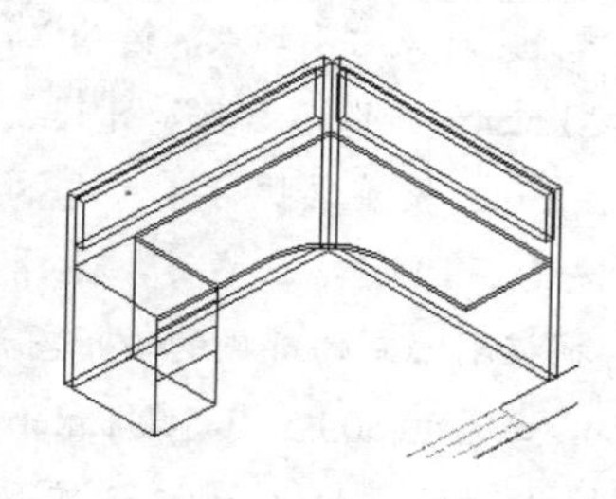

图 13-29

操作步骤

1. 绘制左侧屏风

Step01 ▸ 使用快捷命令“BOX”激活【长方体】命令。

Step02 ▸ 捕捉落地柜左下角，然后输入“@1800,57,1200”，按 Enter 键确认，结果如图 13-30 所示。

Step03 ▸ 按 Enter 键重复执行【长方体】命令。

Step04 ▸ 按住 Shift 键单击右键，选择“自”功能，然后捕捉落地柜左下角点。

Step05 ▸ 输入“@50,0,850”，按 Enter 键确认。

Step06 ▸ 输入“@1700,57,300”，按 Enter 键确认，结果如图 13-31 所示。

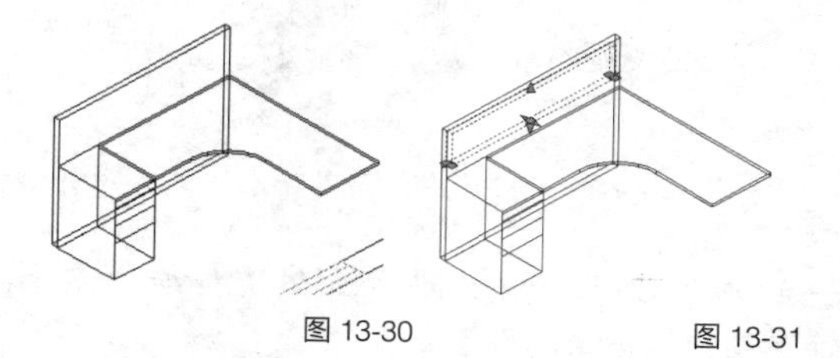

图 13-30　　图 13-31

Step07 ▸ 使用快捷命令“SU”激活【差集】命令。

Step08 ▸ 选择大长方体，按 Enter 键确认。

Step09 ▸ 选择刚绘制的小长方体，按 Enter 确认进行差集运算，如图 13-32 所示。

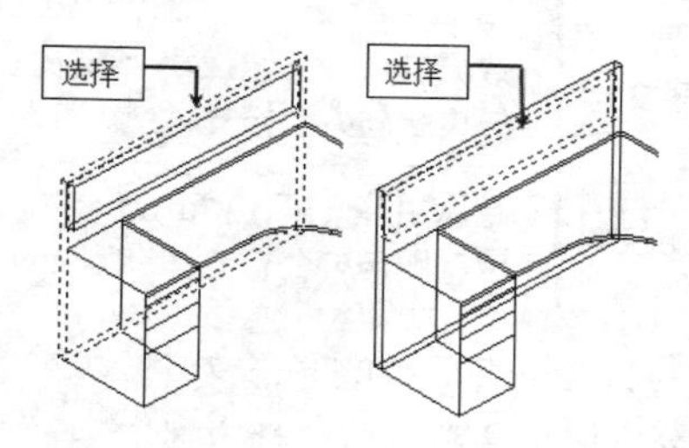

图 13-32

2. 绘制右侧屏风

Step01 ▸ 执行【长方体】命令。

Step02 ▸ 捕捉左屏风右下端点，输入“@57,-1600,1200”，按 Enter 键确认，结果如图 13-33 所示。

Step03 ▸ 按 Enter 键重复执行【长方体】命令。

Step04 ▸ 按住 Shift 键单击右键，选择“自”功能，然后捕捉刚绘制的屏风的右下内角点。

Step05 ▸ 输入“@0,50,850”，按 Enter 键确认。

Step06 ▸ 输入“@57,1500,300”，按 Enter 键确认，结果如图 13-34 所示。

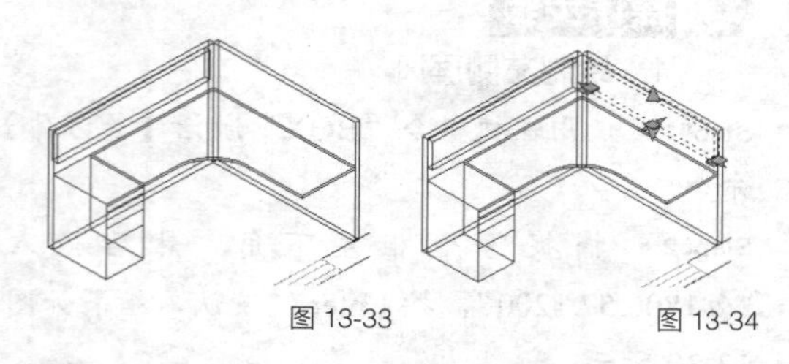

图 13-33　　图 13-34

Step07 ▸ 使用快捷命令“SU”激活【差集】命令。

Step08 ▸ 选择大长方体，按 Enter 键确认。

Step09 ▸ 选择刚绘制的小长方体，按 Enter 确认进行差集运算，如图 13-35 所示。

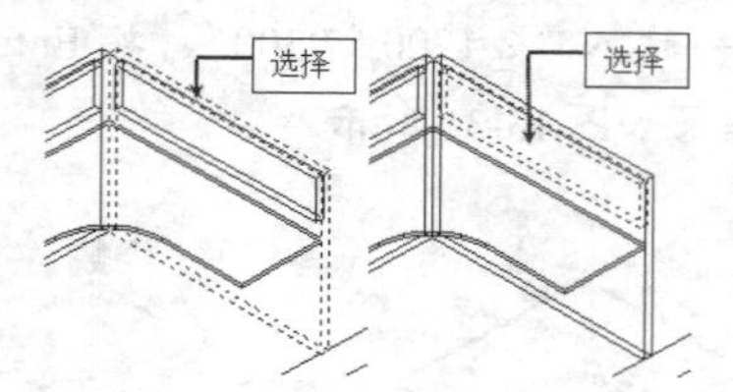

图 13-35

Step10 ▸ 至此，办公屏风立体造型绘制完毕，将该图形命名保存。

13.3.3 绘制办公屏风位桌腿与办公椅立体造型

素材文件	效果文件 \ 第 13 章 \ 绘制办公屏风立体造型 .dwg
效果文件	效果文件 \ 第 13 章 \ 绘制办公屏风位桌腿与办公椅立体造型 .dwg
视频文件	专家讲堂 \ 第 13 章 \ 绘制办公屏风位桌腿与办公椅立体造型 .swf

打开上一节保存的图形文件，本节继续绘制办公屏风位桌腿与办公椅立体造型，效果如图 13-36 所示。

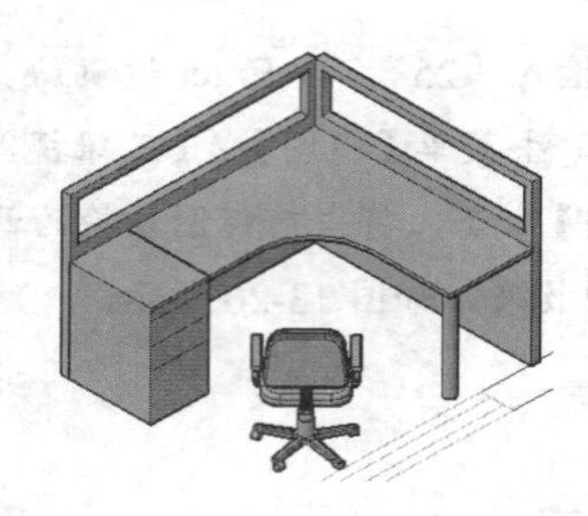

图 13-36

操作步骤

Step01 ▸ 使用快捷命令“CYL”激活【圆柱体】命令，按住 Shift 键单击右键，选择“自”功能。

Step02 ▸ 捕捉右侧屏风右下内角点，输入“@-500,100,0”，按 Enter 键指定圆柱体的圆心。

Step03 ▸ 输入“35”，按 Enter 键设置圆柱体半径。

Step04 ▸ 输入“735”，按 Enter 键指定圆柱体高度，绘制结果如图 13-37 所示。

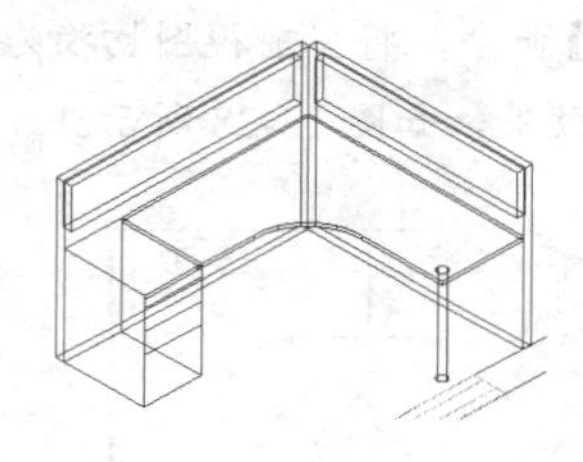

图 13-37

Step05 ▸ 使用快捷命令“I”打开【插入】对话框，选择随书光盘“图块文件”目录下的“职员椅 .dwg”图块文件，并设置相关参数。

Step06 ▸ 单击 确定 按钮返回绘图区，输入“5800,730”，按 Enter 键确定插入点，将其插入视图，插入结果如图 13-38 所示。

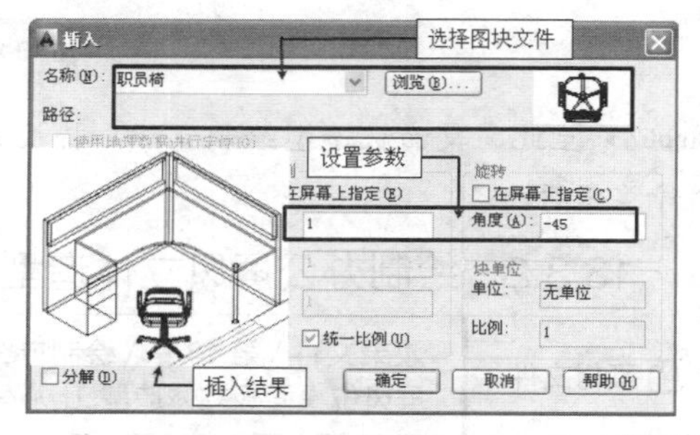

图 13-38

Step07 ▸ 使用快捷命令“H”激活【消隐】命令，对屏风工作位进行消隐着色，结果如图 13-39 所示。

图 13-39

Step08 ▶ 使用快捷命令“VS”激活【视觉样式】命令，然后输入“C”，按 Enter 键激活“概念”选项，继续对屏风工作位进行概念着色，效果如图 13-36 所示。

Step09 ▶ 至此，办公区屏风工作位绘制完毕，将该图形命名保存。

13.4　绘制办公区家具布置图

本节继续布置办公区家具，其家具布置平面效果和立体效果如图 13-40 所示。

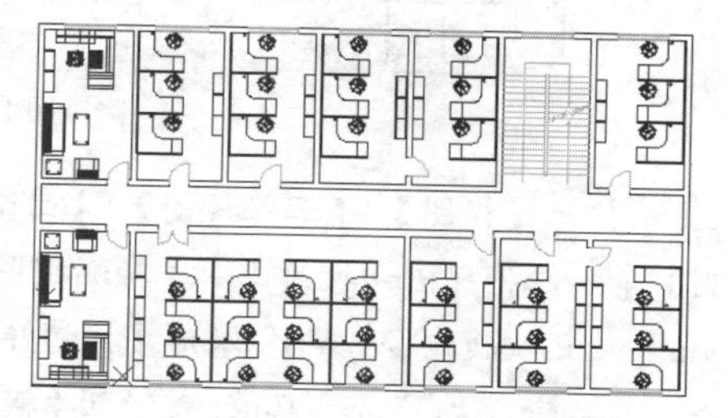

图 13-40

13.4.1　布置多人办公区家具

素材文件	效果文件 \ 第 13 章 \ 绘制办公屏风位桌腿与办公椅立体造型 .dwg
效果文件	效果文件 \ 第 13 章 \ 布置多人办公区家具 .dwg
视频文件	专家讲堂 \ 第 13 章 \ 布置多人办公区家具 .swf

打开上一节保存的图形文件，本节首先布置多人办公区家具，效果如图 13-41 所示。

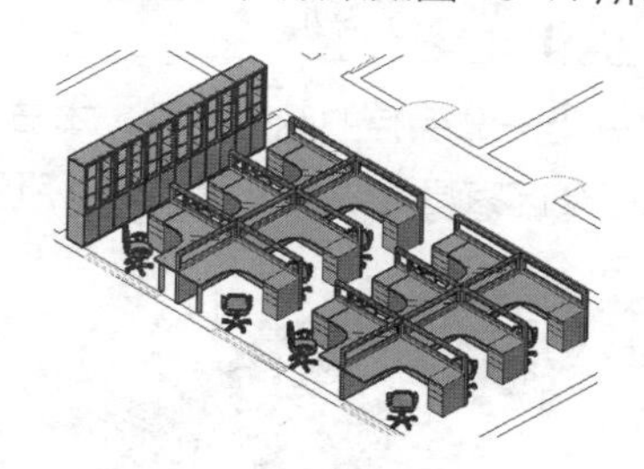

图 13-41

操作步骤

1. 复制工作屏风位立体造型

Step01 ▶ 使用快捷命令“CO”激活【复制】命令。

Step02 ▶ 选择绘制的办公屏风位与办公椅立体造型，按 Enter 键确认。

Step03 ▶ 捕捉屏风位的角点作为基点，输入“@0,1657”，按 Enter 键确认。

Step04 ▶ 输入“@0,3314”，按 Enter 键确认。

Step05 ▶ 按 Enter 键结束命令，复制结果如图 13-42 所示。

2. 镜像工作屏风位立体造型

Step01 ▶ 使用快捷命令“MI”激活【镜像】命令。

Step02 ▶ 用窗交方式选择除右侧三块屏风外的其他模型，如图 13-43 所示。

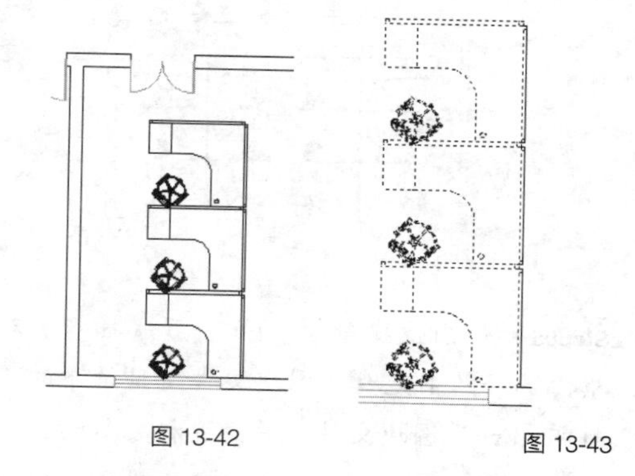

图 13-42　　图 13-43

Step03 ▶ 按 Enter 键确认。

Step04 ▶ 捕捉右侧屏风的中点作为镜像轴的第 1 点，然后输入“@0,1”，按 Enter 键指定镜像轴的另一点坐标。

Step05 ▶ 按 Enter 键确认，镜像结果如图 13-44 所示。

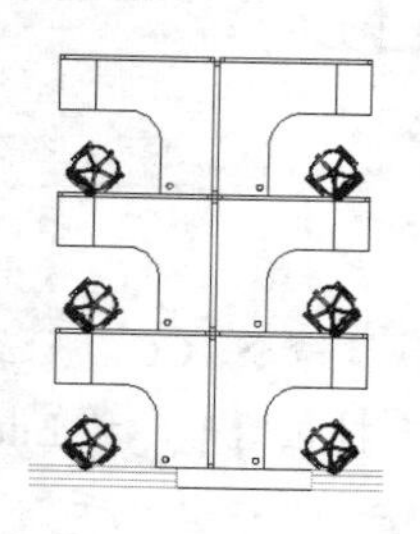

图 13-44

Step06 ▸ 将视图切换到西南等轴测视图，并设置“概念”着色模式，查看效果，如图 13-45 所示。

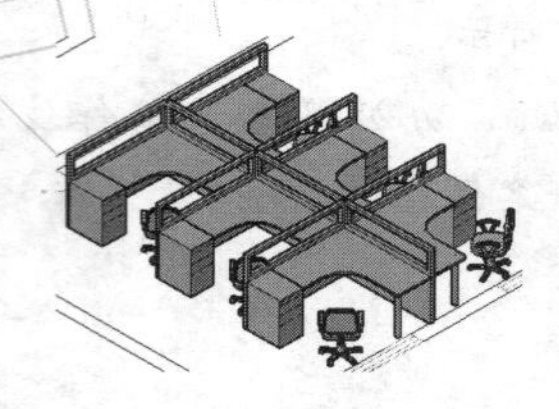

图 13-45

3. 继续布置工作屏风位图形

Step01 ▸ 使用快捷命令“CO”激活【复制】命令。

Step02 ▸ 选择所有的办公家具模型，并按 Enter 键确认。

Step03 ▸ 拾取任一点作为基点，输入“@4657,0”，按 Enter 键确认。

Step04 ▸ 按 Enter 键结束命令，复制结果如图 13-46 所示。

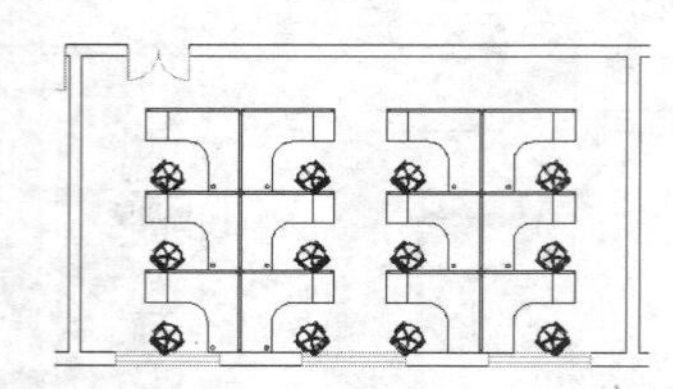

图 13-46

Step05 ▸ 使用快捷命令“I”打开【插入】对话框，选择随书光盘“图块文件”目录下的“资料柜 .dwg”图块文件，并设置相关参数。

Step06 ▸ 单击 确定 按钮返回绘图区，捕捉办公区左下端点作为插入点，插入资料柜图块，插入结果如图 13-47 所示。

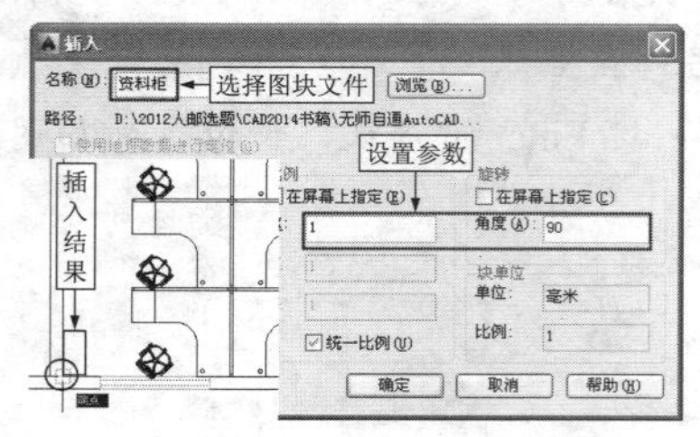

图 13-47

Step07 ▸ 使用快捷命令“CO”激活【复制】命令。

Step08 ▸ 选择资料柜图形，按 Enter 键确认。

Step09 ▸ 拾取任一点，然后输入“@0,840”，按 Enter 键确认。

Step10 ▸ 输入“@0,1680”，按 Enter 键确认。

Step11 ▸ 输入“@0,2520”，按 Enter 键确认。

Step12 ▸ 输入“@0,3360”，按 Enter 键确认。

Step13 ▸ 输入“@0,4200”，按 Enter 键确认。

Step14 ▸ 按 Enter 键结束命令，复制结果如图 13-48 所示。

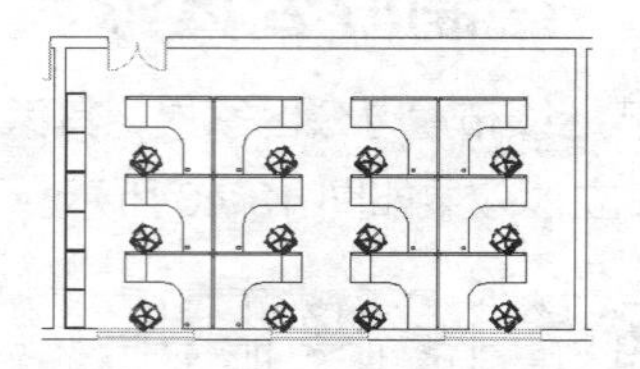

图 13-48

Step15 ▸ 执行【视图】/【三维视图】/【西南等轴测】命令，将视图切换为西南等轴测视图。

Step16 ▸ 使用快捷命令“VS”激活【视觉样式】命令，然后输入“C”，按 Enter 键激活“概念”选项，继续对屏风工作位进行概念着色，效果如图 13-41 所示。

Step17 ▸ 至此，多人办公区家具布置完毕，将该文件命名保存。

13.4.2 绘制标准办公区家具

素材文件	效果文件 \ 第 13 章 \ 布置多人办公区家具 .dwg
效果文件	效果文件 \ 第 13 章 \ 布置标准办公区家具 .dwg
视频文件	专家讲堂 \ 第 13 章 \ 布置标准办公区家具 .swf

打开上一节保存的图形文件，本节继续布置标准办公区家具，效果如图 13-49 所示。

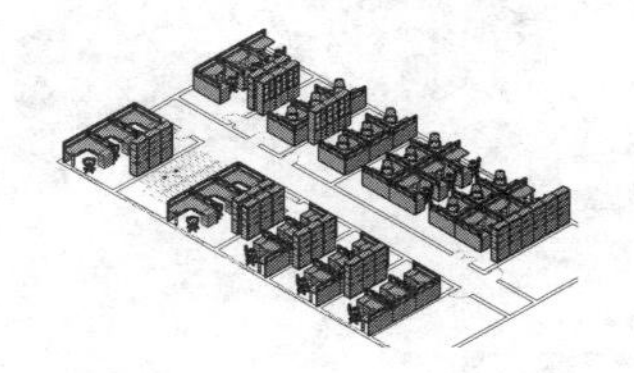

图 13-49

操作步骤

Step01 ▸ 执行【视图】/【三维视图】/【俯视】命令，将视图切换为俯视图。

Step02 ▶ 使用快捷命令“VS”激活【视觉样式】命令，然后输入“2”，按 Enter 键激活“二维线框”选项，对屏风工作位进行二维线框着色。

Step03 ▶ 使用快捷命令“CO”激活【复制】命令，由左向右拉出如图 13-50 所示的窗口选择框，将右侧的屏风工作位选择。

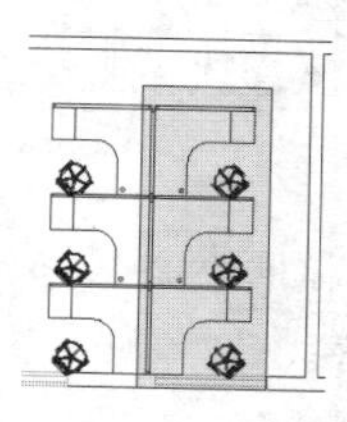

图 13-50

Step04 ▶ 按 Enter 键确认，然后捕捉任意一点作为基点。

Step05 ▶ 输入“@3097,0”，按 Enter 键确认。

Step06 ▶ 输入“@6697,0”，按 Enter 键确认。

Step07 ▶ 按 Enter 键结束命令，将其复制到右侧两个房间，结果如图 13-51 所示。

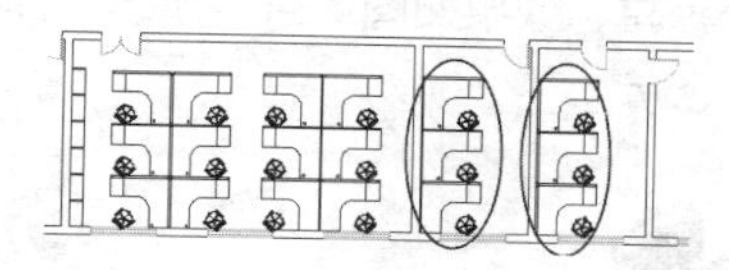

图 13-51

Step08 ▶ 使用快捷命令“MI”激活【镜像】命令，由左向右拉长如图 13-52 所示的窗口选择框，将右侧房间的屏风工作位选择。

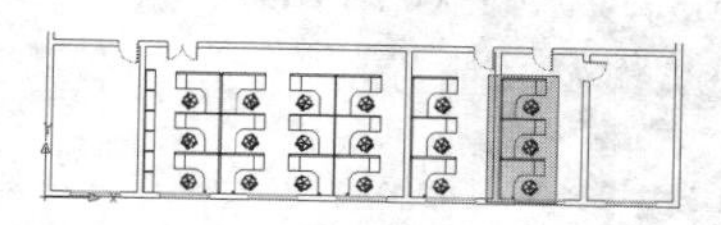

图 13-52

Step09 ▶ 按 Enter 键确认，然后输入“21900,0”，按 Enter 键确认指定镜像轴的第 1 点。

Step10 ▶ 输入“@0,1”，按 Enter 键确认，指定镜像轴的另一点。

Step11 ▶ 按 Enter 键结束命令，将其镜像到最右边房间，如图 13-53 所示。

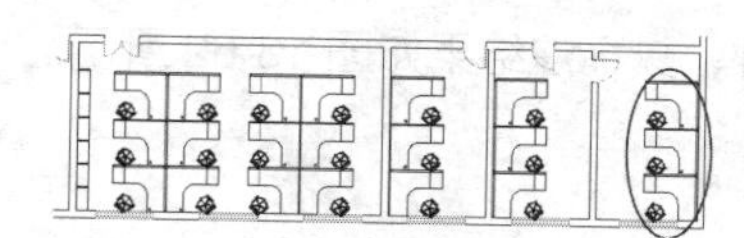

图 13-53

Step12 ▶ 使用快捷命令“CO”激活【复制】命令，从右向左拉出如图 13-54 所示的窗交选择框，将多人办公区的 3 个资料柜图形选择。

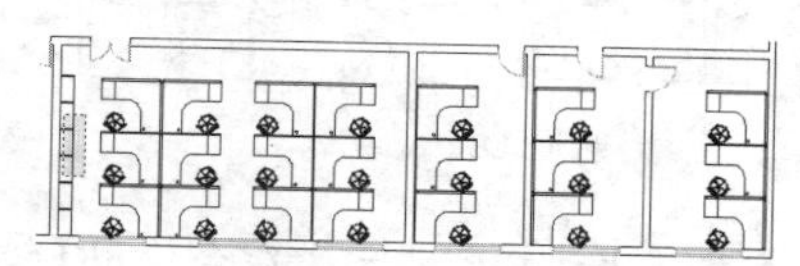

图 13-54

Step13 ▶ 按 Enter 键确认，然后拾取任意一点作为基点。

Step14 ▶ 输入“@18000,0”，按 Enter 键确认，指定目标点。

Step15 ▶ 按 Enter 键结束操作，复制结果如图 13-55 所示。

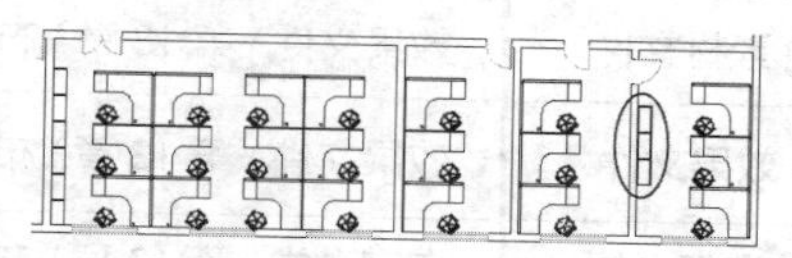

图 13-55

Step16 ▶ 使用快捷命令“MI”激活【镜像】命令，从左向右拉长如图 13-56 所示的窗口选择框，将刚复制的资料柜图形选择。

Step17 ▶ 按 Enter 键确认，然后捕捉最右侧房间左墙线的中点作为镜像轴的第 1 点。如图 13-57 所示。

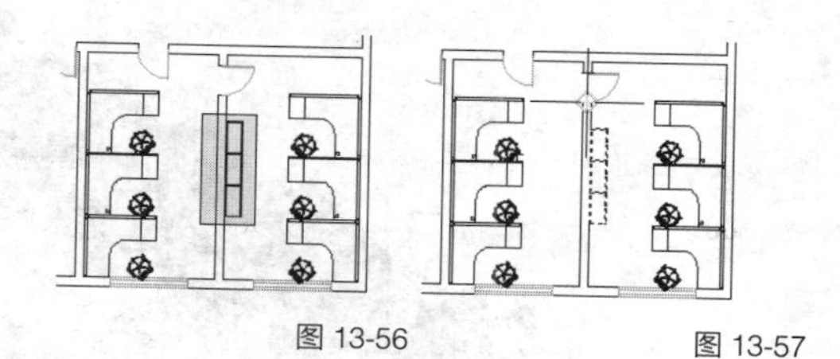

图 13-56　　图 13-57

Step18 ▶ 输入“@0,1”，按 Enter 键指定镜像轴的另一点。

Step19 ▶ 按 Enter 键结束命令，镜像结果如图 13-58 所示。

Step20 ▶ 使用快捷命令“CO”激活【复制】命令，选择刚镜像出的资料柜，按 Enter 键确认。

Step21 ▶ 拾取任一点作为基点，然后输入“@-3600,0”，按 Enter 键确认。

Step22 ▶ 按 Enter 键结束操作，复制结果如图 13-59 所示。

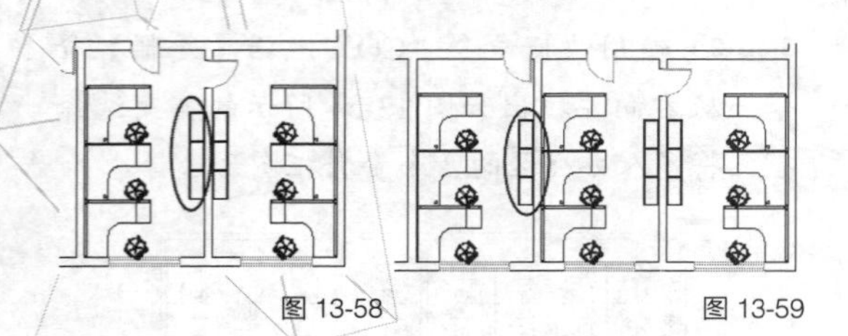
图 13-58　　图 13-59

Step23 ▶ 参照上述操作步骤，综合使用【镜像】、【复制】等命令，并配合“捕捉”和“坐标输入”功能，创建和布置其他标准办公室内的家具模型，结果如图 13-60 所示。

Step24 ▶ 执行【视图】/【三维视图】/【西北等轴测】命令，将当前视图切换到西北视图，然后进行“概念”着色，效果如图 13-49 所示。

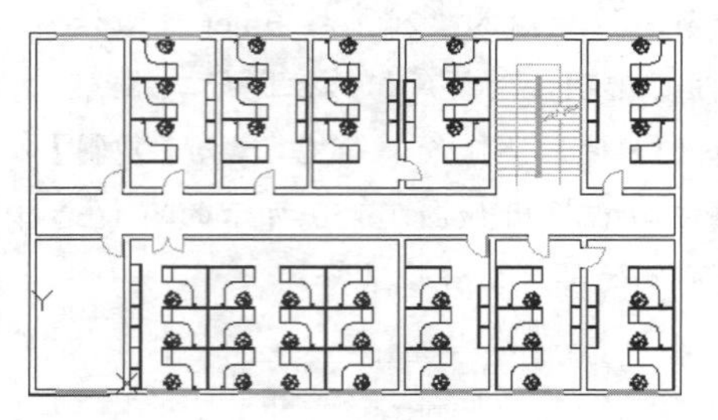
图 13-60

Step25 ▶ 至此，标准办公区家具布置完毕，将该图形命名保存。

13.4.3 布置经理室办公家具

素材文件	效果文件 \ 第 13 章 \ 布置标准办公区家具 .dwg
效果文件	效果文件 \ 第 13 章 \ 布置经理室办公家具 .dwg
视频文件	专家讲堂 \ 第 13 章 \ 布置经理室办公家具 .swf

打开上一节保存的图形文件，本节继续布置经理室办公家具，效果如图 13-61 所示。详细的操作步骤请观看随书光盘中的视频文件“布置经理室办公家具 .swf”。

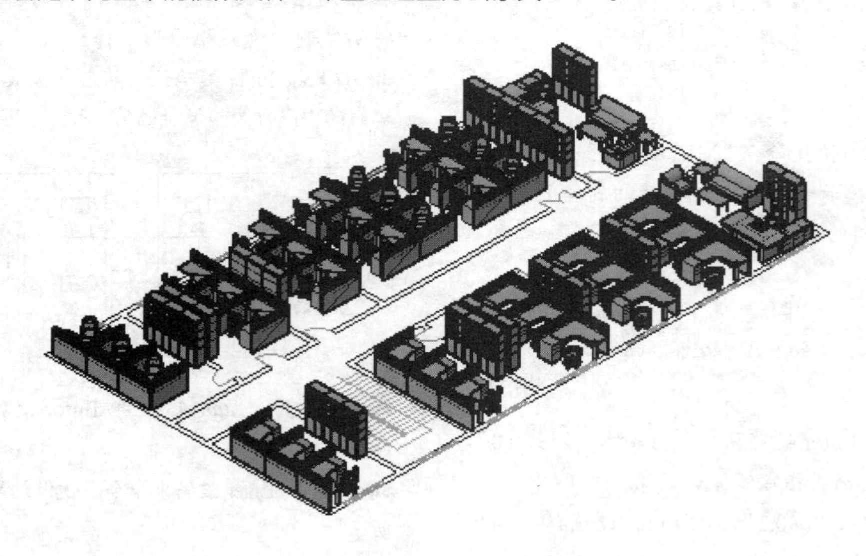
图 13-61

13.5 标注办公区家具布置图

本节继续为办公区家具布置图标注房间功能和图形尺寸，其标注结果如图 13-62 所示。

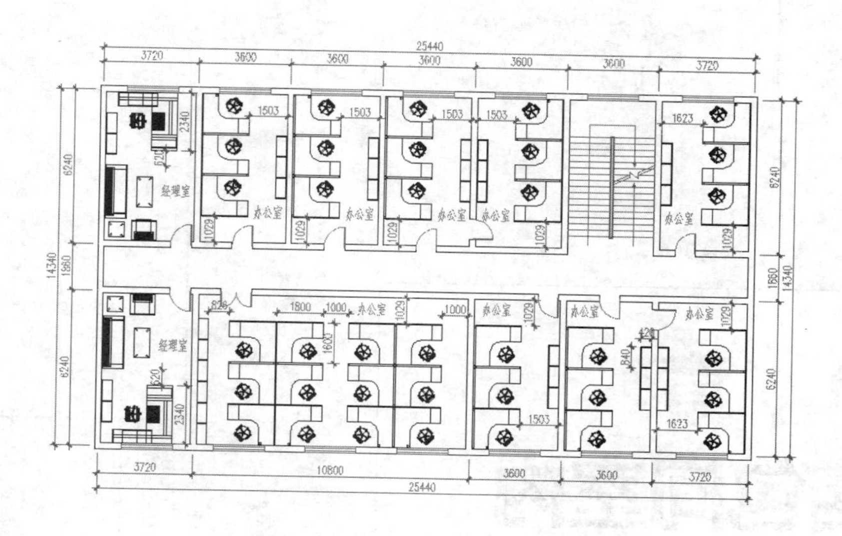

图 13-62

13.5.1　标注办公区布置图房间功能

素材文件	效果文件 \ 第 13 章 \ 布置经理室办公家具 .dwg
效果文件	效果文件 \ 第 13 章 \ 标注办公区布置图房间功能 .dwg
视频文件	专家讲堂 \ 第 13 章 \ 标注办公区布置图房间功能 .swf

打开上一节保存的图形文件，本节标注办公区布置图房间功能，标注结果如图 13-63 所示。详细的操作步骤请观看随书光盘中的视频文件“标注办公区布置图房间功能 .swf”。

13.5.2　标注办公区布置图内外尺寸

素材文件	效果文件 \ 第 13 章 \ 标注办公区布置图房间功能 .dwg
效果文件	效果文件 \ 第 13 章 \ 标注办公区布置图内外尺寸 .dwg
视频文件	专家讲堂 \ 第 13 章 \ 标注办公区布置图内外尺寸 .swf

打开上一节保存的图形文件，本节标注办公区布置图内外尺寸，标注结果如图 13-64 所示。详细的操作步骤请观看随书光盘中的视频文件“标注办公区布置图内外尺寸 .swf”。

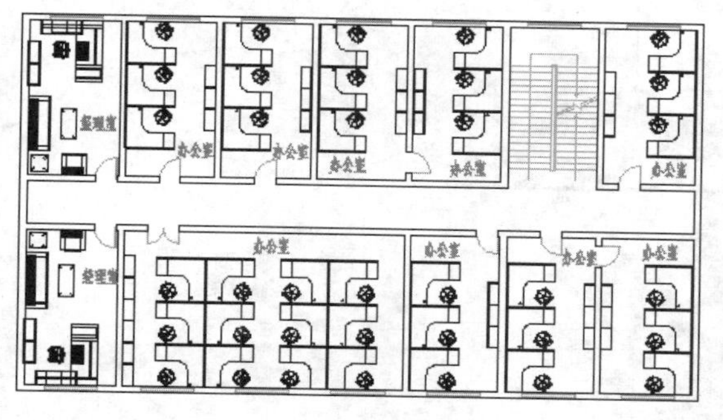

图 13-63

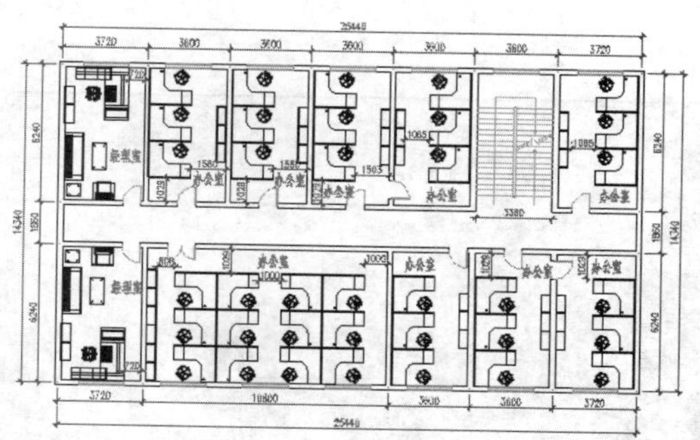

图 13-64

第 14 章
酒店包间室内设计

酒店设计不同于单纯的工业与民用建筑设计，它包括酒店整体规划、室内装饰设计、酒店形象识别、酒店设备和用品顾问、酒店发展趋势研究等工作内容在内的专业体系，本章对某酒店包间进行室内装修设计。

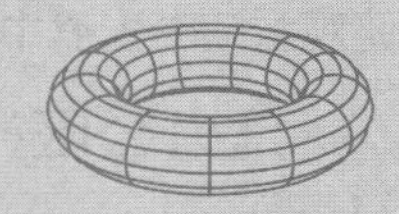

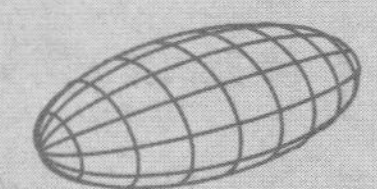

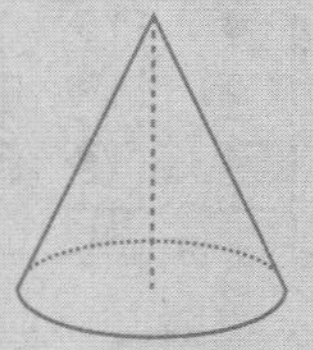

| 第 14 章 |

酒店包间室内设计

14.1　酒店包间室内设计理念

酒店设计的目的是为投资者和经营者实现持久利润服务，要实现经营利润，就需要通过满足客人的需求来实现。而酒店包间在国内酒店众多餐饮项目中则占有最重要、最核心的位置，其经营的水平实际上决定了酒店整个餐饮的走势，而设计和装修对经营则有很大的影响。为此，在设计装修时要特别注意以下问题。

◆ 酒店包间的设计应围绕经营而进行，以顾客为中心，因此，需首先对目标市场的容量及酒店中餐饮需求的趋势进行分析；同时，还需考虑酒店的整体风格、餐饮的整体规划、星评标准的要求，以及装修的投入和产出等相关问题。

◆ 酒店餐厅与包间应分设入口，同时，服务流线避免与客人通道交叉。许多酒店将贵宾包间设在酒店餐厅中，这很不科学，一方面进出包间的客人会影响酒店餐厅客人的就餐，另一方面对包间客人也无私密性可言。所以分设包间及酒店餐厅的入口非常有必要。

◆ 尽可能减少包间区域地平高低的变化。

◆ 包间的门不要相对，应尽可能错开。

◆ 包间的桌子不要正对包间门，否则，其他客人从走道过一眼就可将包间内的情况看得一清二楚。

◆ 一些高档包间内设备餐间，备餐间的入口最好要与包间的主入口分开，同时，备餐间的出口也不要正对餐桌。

◆ 重视灯光设计。桌面的重点照明可有效地增进食欲，而其他区域则应相对暗一些，有艺术品的地方可用灯光突出，灯光的明暗结合可使整个环境富有层次。

◆ 在包间内应尽量避免彩色光源的使用，那会使得餐厅显得俗气，也会使客人感到烦躁。

◆ 营造文化氛围。结合当地的人文景观，通过艺术的加工与提炼，创造富于地方特色的就餐环境。另外，高雅的文化氛围还需通过艺术品和家具来体现，这是需精心设计方可达到的，切不可随意布置和摆放。

◆ 除备餐台外，高档的包间还应设置会客区、衣帽间等，最好设计成嵌墙式的。

◆ 在装修设计中还需考虑分包间的多功能性，通过使用隔音效果好的活动隔断，使包间可分可合，满足多桌客人在一相对独立的场所就餐的需求，增加包间使用的灵活性，提高包间的使用率。

◆ 酒店包间内不应设卡拉 OK 设施，这样不仅会破坏高雅的就餐氛围，降低档次，还会影响其他包间的客人。

在设计与绘制酒店包间方案图时，可以参照如下思路。

（1）根据原有建筑空间和要求，科学规划包间数量、位置、大小等，并绘制出设计草图。

（2）根据设计草图，绘制酒店包间装修布置图，重在室内用具的选用、布置及地面材质的表达、室内空间的规划方面下功夫。

（3）根据绘制的酒店包间布置图，绘制包间天花装修图，主要是天花吊顶的绘制、灯具的布置、色彩的运用等方面。

（4）根据酒店包间布置图，绘制出相应的墙面投影图，即墙面装饰立面图，重在立面饰线的分布、立面构件的体现以及墙面材质、色彩和表达等方面。

14.2 绘制某酒店包间室内平面布置图

酒店包间室内设计同样需要从室内平面布置图开始，其他设计图都是以该图为依据进行设计的，本节绘制酒店包间平面布置图，如图 14-1 所示。

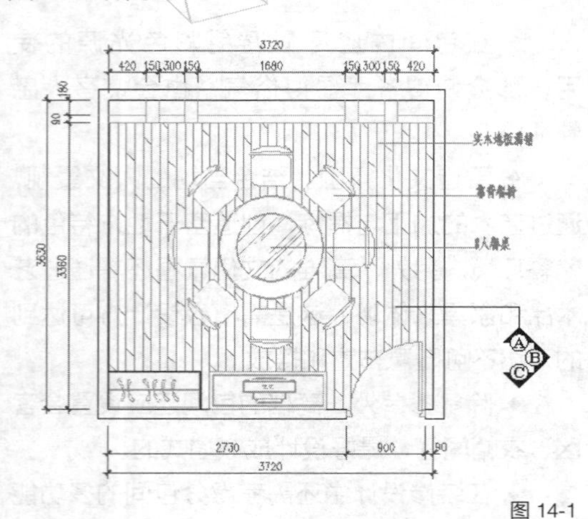

图 14-1

14.2.1 绘制酒店包间墙体结构图

素材文件	样板文件 \ 室内设计样板文件 .dwt
效果文件	效果文件 \ 第 14 章 \ 绘制酒店包间墙体结构图 .dwg
视频文件	专家讲堂 \ 第 14 章 \ 绘制酒店包间墙体结构图 .swf

本节首先绘制酒店包间墙体结构图，效果如图 14-2 所示。

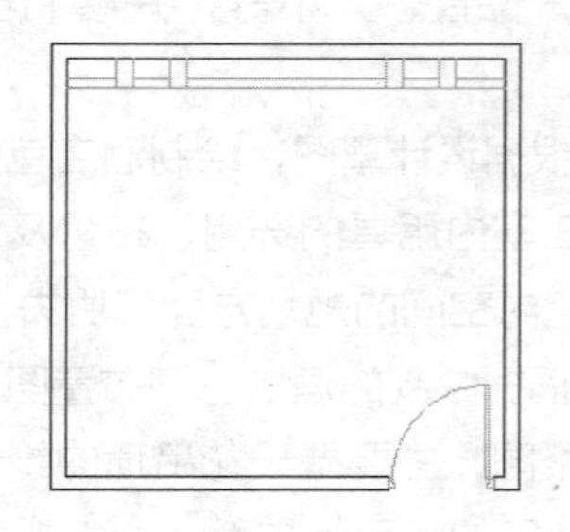

图 14-2

操作步骤

Step01 ▸ 绘制墙线。

Step02 ▸ 添加门窗与家具。

详细的操作步骤请观看随书光盘中的视频文件“绘制酒店包间墙体结构图 .swf”。

14.2.2 布置酒店包间内含物并填充图案

素材文件	效果文件 \ 第 14 章 \ 绘制酒店包间墙体结构图 .dwt 图块文件目录下
效果文件	效果文件 \ 第 14 章 \ 布置酒店包间内含物并填充图案 .dwg
视频文件	专家讲堂 \ 第 14 章 \ 布置酒店包间内含物并填充图案 .swf

打开上一节保存的图形文件，本节继续布置酒店包间内含物，并对地面填充图案，对酒店包间进行完善，效果如图 14-3 所示。

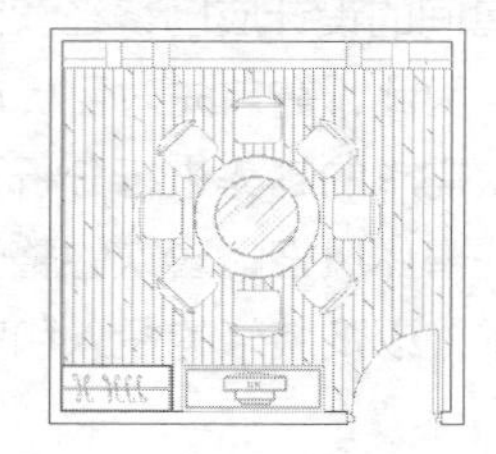

图 14-3

操作步骤

1. 插入衣柜与电视

Step01 ▸ 使用快捷命令“I”打开【插入】对话框，选择随书光盘“图块文件”目录下的“衣柜 03.dwg”图块文件。

Step02 ▸ 采用系统的默认设置，以左下角点为插入点，将其插入包间平面图中，结果如图 14-4 所示。

Step03 ▸ 执行【插入】命令，选择随书光盘“图块文件”目录下的“电视及电视柜 02.dwg”文件图块文件。

Step04 ▸ 由衣柜右下端点向右引出矢量线，输入“780”，按 Enter 键确认插入点，将其插入平面图，结果如图 14-5 所示。

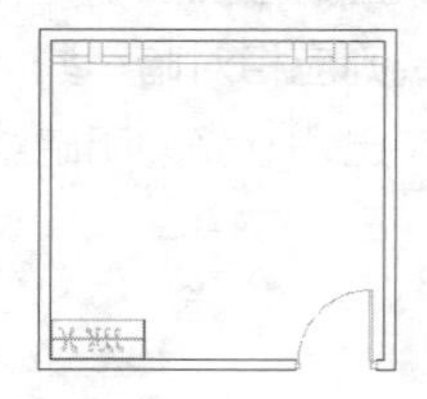

图 14-4

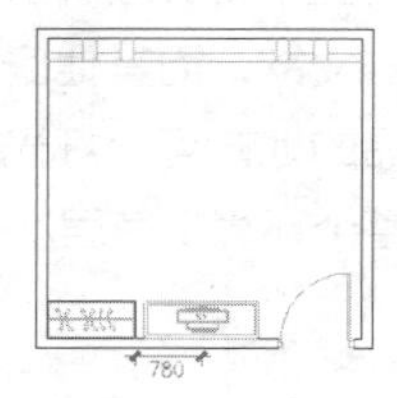

图 14-5

2. 绘制餐桌

Step01 ▶ 使用快捷命令“L”激活【直线】命令，以上墙线的中点为起点，绘制垂直辅助线，然后以该垂直辅助线的中点为通过点，绘制水平辅助线，如图 14-6 所示。

Step02 ▶ 使用快捷命令“C”激活【圆】命令，以水平辅助线中点为圆心，绘制半径为 390 和 590 个绘图单位的同心圆，结果如图 14-7 所示。

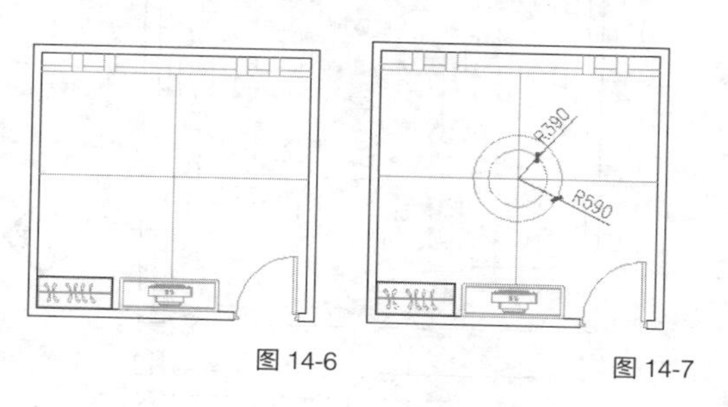

图 14-6　　图 14-7

Step03 ▶ 使用快捷命令“E”激活【删除】命令，删除两条辅助线。

Step04 ▶ 使用快捷命令“O”激活【偏移】命令，分别将两个同心圆向外偏移 10 个绘图单位，结果如图 14-8 所示。

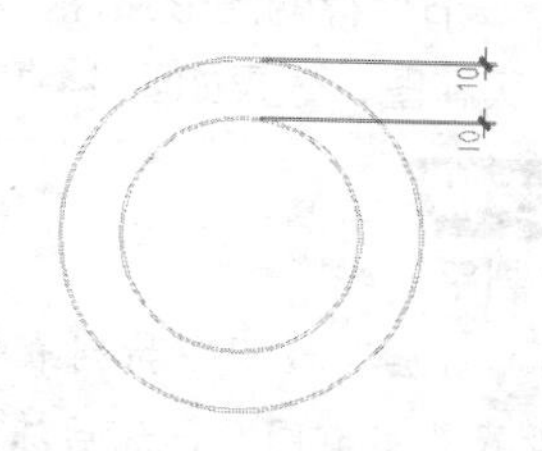

图 14-8

Step05 ▶ 使用快捷命令“H”激活【图案填充】命令，设置填充图案及参数，为内侧的圆填充图案，如图 14-9 所示。

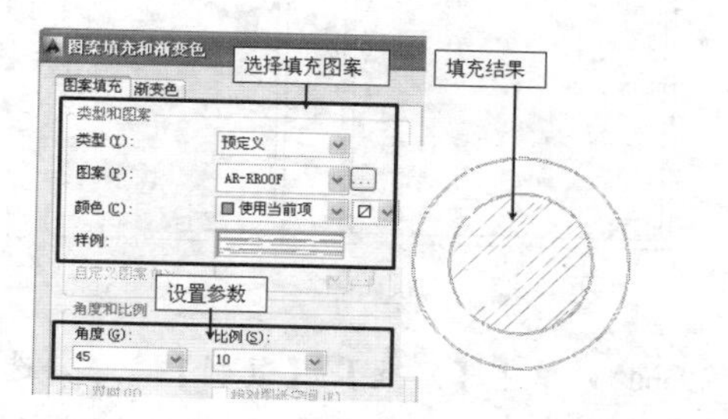

图 14-9

3. 布置餐椅

Step01 ▶ 使用快捷命令“O”激活【偏移】命令，将最外侧的大圆向外偏移 120 个绘图单位，作为辅助圆，结果如图 14-10 所示。

Step02 ▶ 使用快捷命令“I”激活【插入】命令，插入随书光盘“图块文件”目录下的“餐椅 01.dwg”图块文件。

Step03 ▶ 采用默认设置，以外侧圆的下象限点作为插入点，将其插入平面图中，结果如图 14-11 所示。

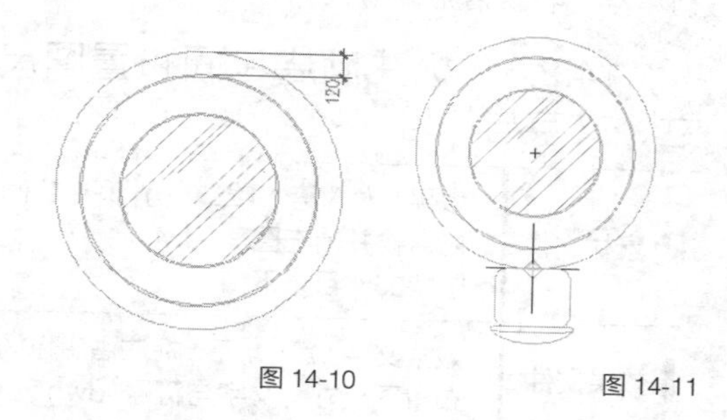

图 14-10　　图 14-11

Step04 ▶ 使用快捷命令“AR”激活【阵列】命令，选择插入的餐椅，按 Enter 键确认。

Step05 ▶ 输入“PO”，按 Enter 键激活“极轴”选项。

Step06 ▶ 捕捉圆心作为阵列中心，然后输入“I”，按 Enter 键激活“项目”选项。

Step07 ▶ 输入“8”，按 2 次 Enter 键结束操作，阵列结果如图 14-12 所示。

Step08 ▶ 使用快捷命令“E”激活【删除】命令，将偏移出的辅助圆删除，效果如图 14-13 所示。

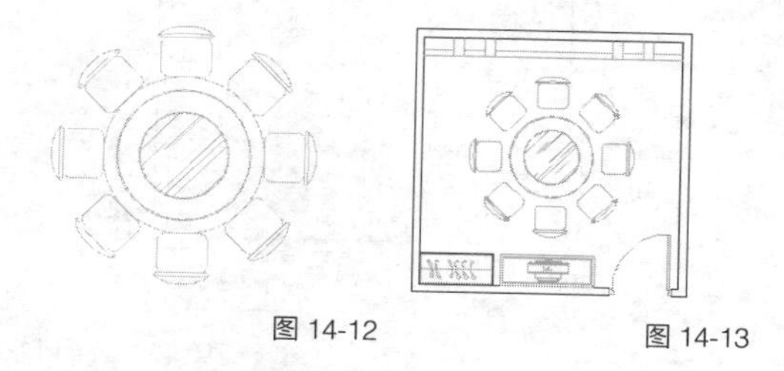

图 14-12　　图 14-13

4. 填充地板图案

Step01 ▶ 使用快捷命令“LA”激活【图层】命令，新建名为“装饰线”的图层，并将此图层设置为当前操作层。

Step02 ▶ 使用快捷命令“H”激活【图案填充】命令，设置填充图案类型以及填充比例，对包间地面进行填充，结果如图 14-14 所示。

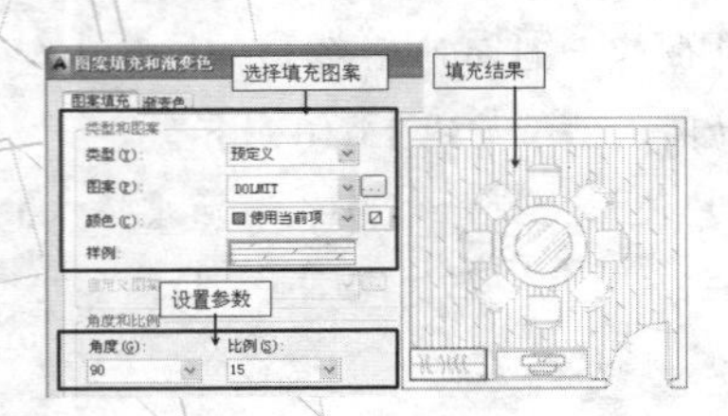

图 14-14

Step03 ▸ 至此，酒店包间内含物与地板图案绘制完毕，将该图形命名保存。

14.2.3　标注酒店包间布置图尺寸、文字与符号

素材文件	效果文件 \ 第 14 章 \ 布置酒店包间内含物并填充图案 .dwt 图块文件目录下
效果文件	效果文件 \ 第 14 章 \ 标注酒店包间布置图尺寸、文字与符号 .dwg
视频文件	专家讲堂 \ 第 14 章 \ 标注酒店包间布置图尺寸、文字与符号 .swf

打开上一节保存的图形文件，本节继续标注酒店包间布置图尺寸、文字与符号，继续对酒店包间布置图进行完善，效果如图 14-15 所示。详细操作步骤见光盘视频讲解文件。

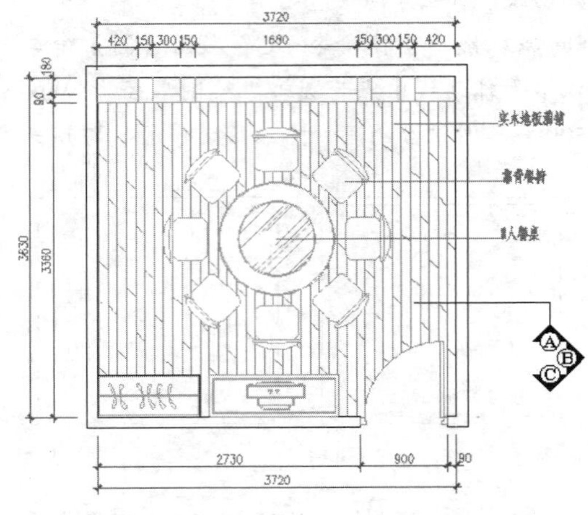

图 14-15

14.3　绘制酒店包间天花装修图

本节在酒店包间布置图的基础上继续绘制酒店包间天花装修图，效果如图 14-16 所示。

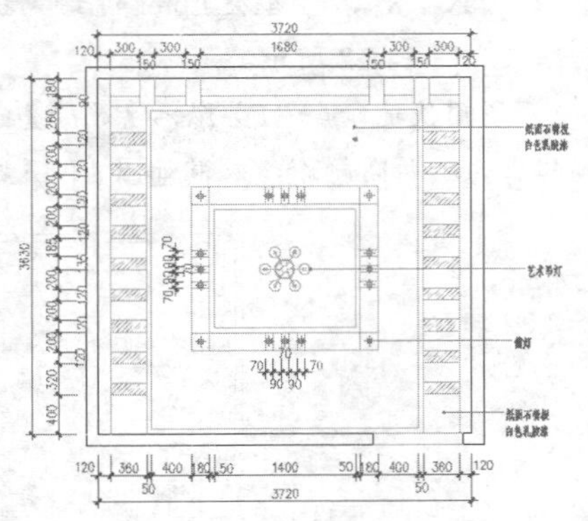

图 14-16

14.3.1　绘制酒店包间天花图

素材文件	效果文件 \ 第 14 章 \ 标注酒店包间布置图尺寸、文字与符号 .dwt
效果文件	效果文件 \ 第 14 章 \ 绘制酒店包间天花图 .dwg
视频文件	专家讲堂 \ 第 14 章 \ 绘制酒店包间天花图 .swf

打开上一节保存的图形文件，本节继续绘制酒店包间天花图，效果如图 14-17 所示。

操作步骤

1. 绘制吊顶线

Step01 ▸ 在“图层”控制下拉列表中将“吊顶层”图层设置为当前图层，然后冻结与当前操作无关的其他图层，图形显示效果如图 14-18 所示。

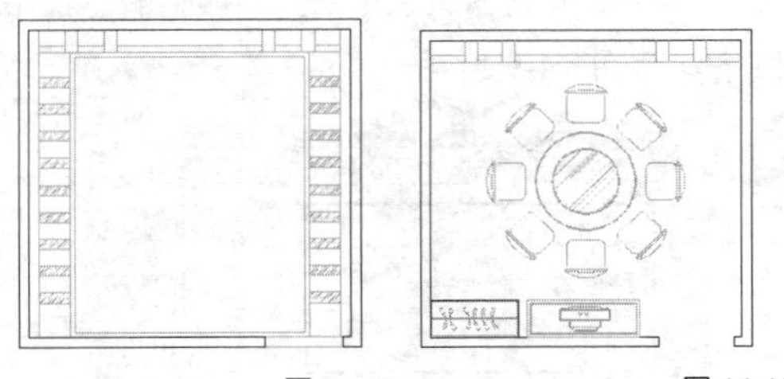

图 14-17　　图 14-18

Step02 ▸ 单击【修改】/【复制】命令，选择装饰墙轮廓线，输入“0,0”，按 Enter 键确定基点。

Step03 ▸ 输入“0,0”，按 Enter 键确定目标点，将其在原位进行复制。

Step04 ▸ 使用“点选”的方式，依次单击被复

制出的装饰墙对象，在“图层”控制下拉列表中选择“吊顶层”图层，然后冻结“家具层”图层，结果如图 14-19 所示。

Step05 ▶ 使用快捷命令“L”激活【直线】命令，配合“端点”捕捉功能绘制门洞位置的轮廓线，结果如图 14-20 所示。

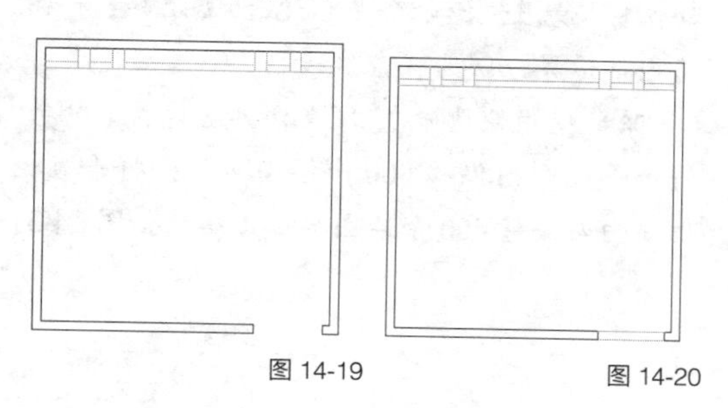

图 14-19　　图 14-20

Step06 ▶ 执行【直线】命令，由左下角点向右引出矢量线，输入“120”，按 Enter 键定位起点，然后向上引出矢量线，捕捉矢量线与上墙线的交点，绘制垂直线，效果如图 14-21 所示。

Step07 ▶ 使用快捷命令“O”激活【偏移】命令，将绘制的垂直线向右偏移 360 个绘图单位。

Step08 ▶ 执行【直线】命令，继续由垂直线下端点向上引出矢量线，输入“400”，按 Enter 键定位起点，然后向右引出矢量线，捕捉矢量线与右垂直线的交点，绘制水平线。

Step09 ▶ 使用快捷命令“O”激活【偏移】命令，将绘制的水平线向上偏移 120 个绘图单位，效果如图 14-22 所示。

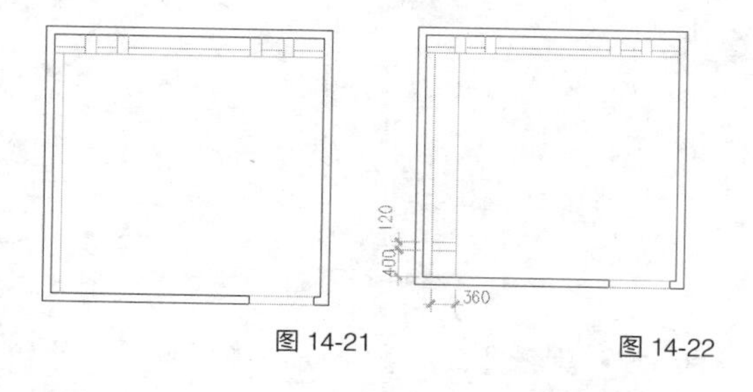

图 14-21　　图 14-22

Step10 ▶ 使用快捷命令“TR”激活【修剪】命令，对偏移出的垂直轮廓线和装饰墙轮廓线进行修剪，结果如图 14-23 所示。

2. 阵列吊顶线

Step01 ▶ 使用快捷命令“AR”激活【阵列】命令，选择下方两条水平短线，按 Enter 键确认。

Step02 ▶ 输入“R”，按 Enter 键激活“矩形”选项。

Step03 ▶ 输入“COU”，按 Enter 键激活“计数”选项。

Step04 ▶ 输入“1”，按 Enter 键设置列数。

Step05 ▶ 输入“9”，按 Enter 键设置行数。

Step06 ▶ 输入“S”，按 Enter 键激活“间距”选项。

Step07 ▶ 输入“1”，按 Enter 键设置列距。

Step08 ▶ 输入“320”，按 Enter 键设置行距。

Step09 ▶ 按 Enter 键结束操作，阵列效果如图 14-24 所示。

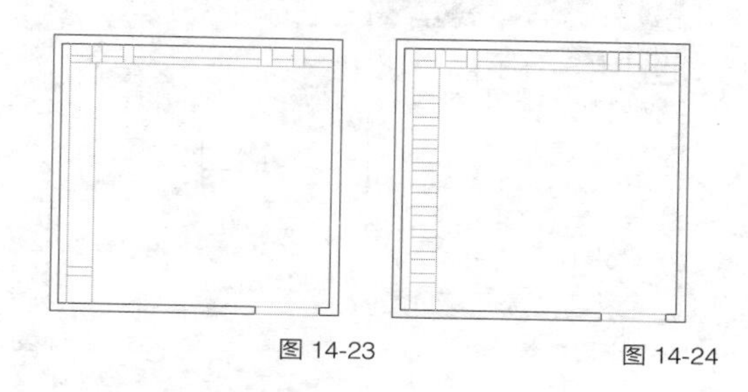

图 14-23　　图 14-24

3. 镜像吊顶线

Step01 ▶ 使用快捷命令“MI”激活【镜像】命令，选择左侧的吊顶线。

Step02 ▶ 按 Enter 键确认，然后捕捉上方墙线的中点作为镜像轴的第 1 点。

Step03 ▶ 输入“@0,1”，按 Enter 键确认，镜像结果如图 14-25 所示。

Step04 ▶ 使用快捷命令“TR”激活【修剪】命令，以镜像后的垂直轮廓线作为边界，对装饰墙轮廓线进行修剪，结果如图 14-26 所示。

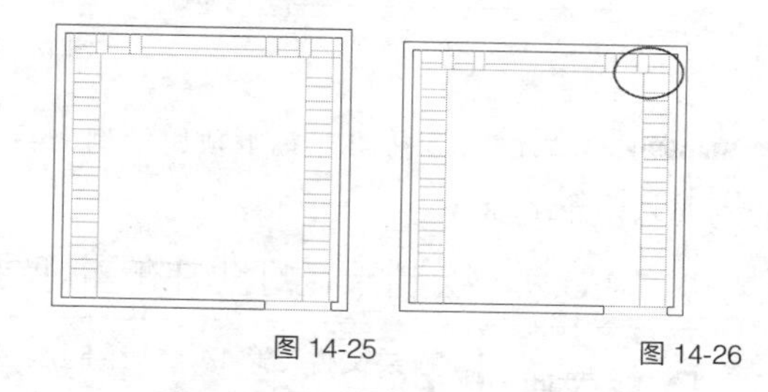

图 14-25　　图 14-26

Step05 ▶ 使用快捷命令“H”激活【图案填充】命令，设置填充图案及参数，对吊顶线进行填充，结果如图 14-27 所示。

Step06 ▶ 执行【绘图】/【边界】命令打开【边界创建】对话框，单击“拾取点”按钮返回绘图区，在包间内部空白位置单击确定边界，边界以虚线显示，如图 14-28 所示。

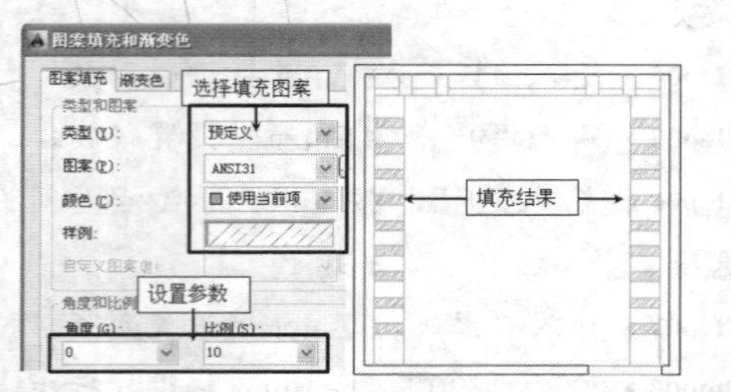

图 14-27

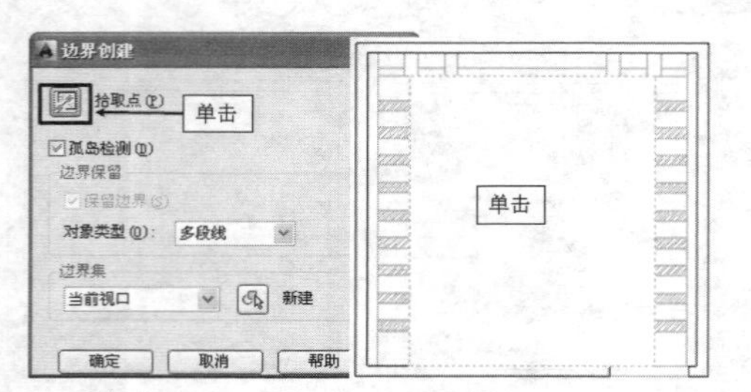

图 14-28

Step07 ▸ 按 Enter 键创建一个边界。

Step08 ▸ 使用快捷命令"O"激活【偏移】命令，将创建的边界向内偏移 50 个绘图单位，然后删除创建的源边界，结果如图 14-29 所示。

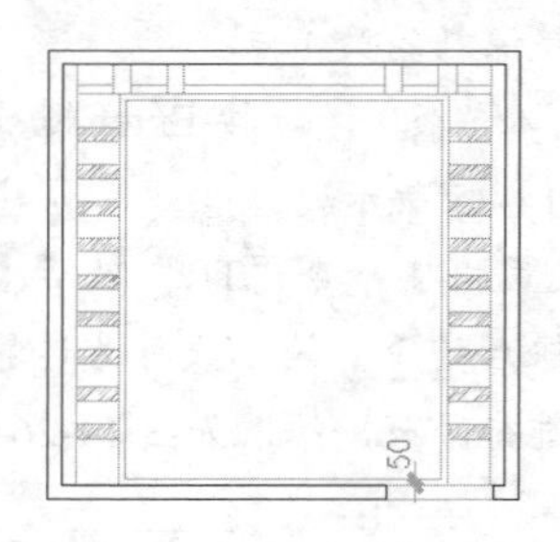

图 14-29

Step09 ▸ 至此，酒店包间天花吊顶图绘制完毕，将该图形命名保存。

14.3.2 绘制天花灯池并布置灯具

素材文件	效果文件\第 14 章\绘制酒店包间天花图 .dwt
效果文件	效果文件\第 14 章\绘制天花灯池并布置灯具 .dwg
视频文件	专家讲堂\第 14 章\绘制天花灯池并布置灯具 .swf

打开上一节保存的图形文件，本节继续绘制天花灯池并布置灯具，效果如图 14-30 所示。

操作步骤

1. 绘制灯池并添加灯具

Step01 ▸ 使用快捷命令"X"激活【分解】命令，将内部边界分解为 4 条线段。

Step02 ▸ 使用快捷命令"O"激活【偏移】命令，将水平线向内偏移 800 个绘图单位，将垂直轮廓线向内偏移 400 个绘图单位，结果如图 14-31 所示。

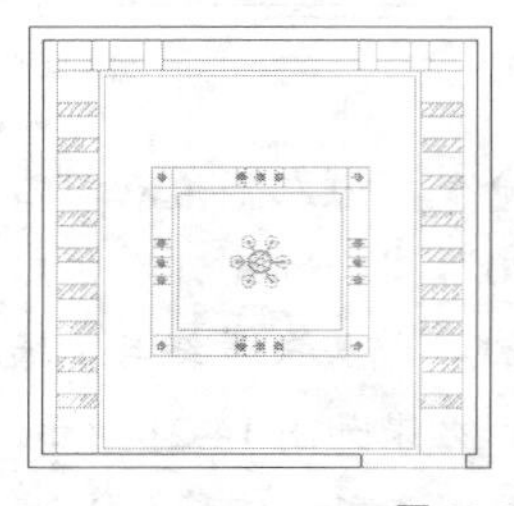
图 14-30

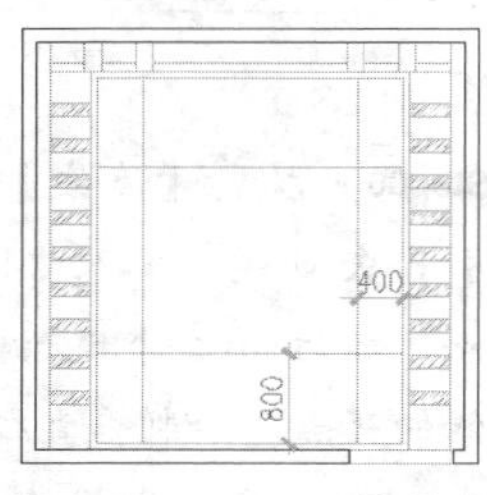

图 14-31

Step03 ▸ 使用快捷命令"TR"激活【修剪】命令，对偏移出的 4 条线进行修剪，结果如图 14-32 所示。

Step04 ▸ 使用快捷命令"O"激活【偏移】命令，将修剪后的四条图线分别向内偏移 180 个绘图单位，结果如图 14-33 所示。

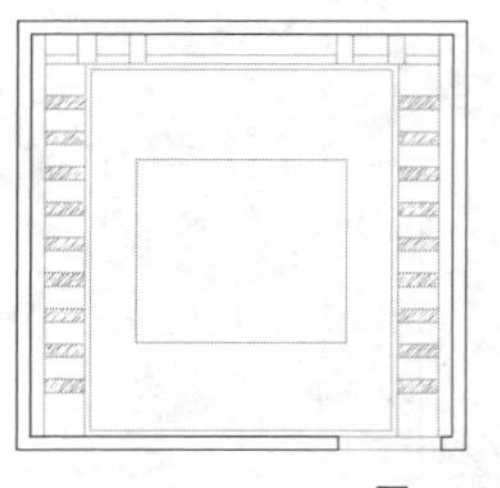
图 14-32

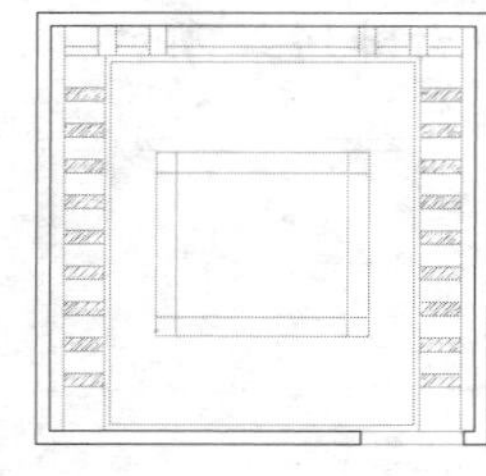
图 14-33

Step05 ▸ 执行【偏移】命令，将刚偏移出的四条图线再次向内偏移 50 个绘图单位，结果如图 14-34 所示。

Step06 ▸ 使用【修剪】命令，对偏移出的最内侧的四条图线进行修剪。

Step07 ▸ 使用快捷命令"I"激活【插入】命令，选择随书光盘"图块文件"目录下的"艺术吊灯 04.dwg"图块文件，采用默认设置，配合

“中点”捕捉功能，将其插入天花位置，效果如图 14-35 所示。

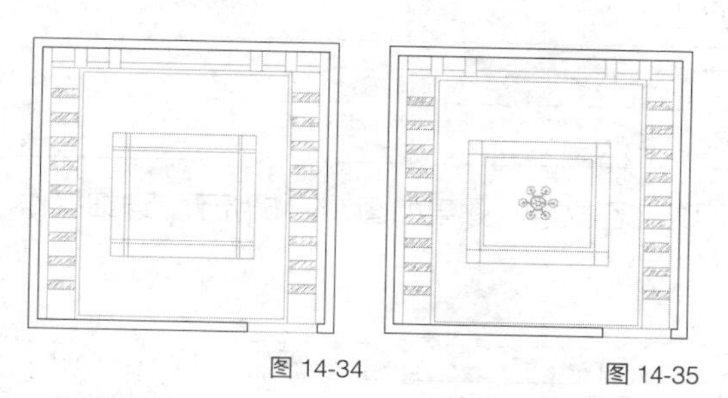

图 14-34　　图 14-35

Step08 ▶ 使用快捷命令“XL”【构造线】命令，配合“中点”捕捉功能绘制如图 14-36 所示的两条构造线作为定位辅助线。

Step09 ▶ 使用快捷命令“O”激活【偏移】命令，将两条构造线对称偏移 35、125 和 195，并删除源偏移对象，结果如图 14-37 所示。

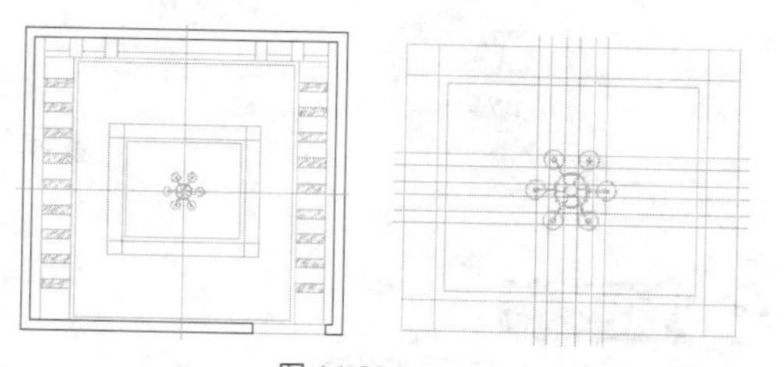

图 14-36　　图 14-37

Step10 ▶ 使用快捷命令“TR”激活【修剪】命令，以灯池外侧的两条线作为修剪边界，对构造线进行修剪，修剪结果如图 14-38 所示。

2. 创建装饰灯具

Step01 ▶ 单击【格式】/【点样式】命令，在打开的【点样式】对话框中设置当前点的样式和点的大小，如图 14-39 所示。

Step02 ▶ 修改当前颜色为“洋红”，使用快捷命令“PL”激活【多段线】命令，绘制如图 14-40 所示的多段线作为定位辅助线。

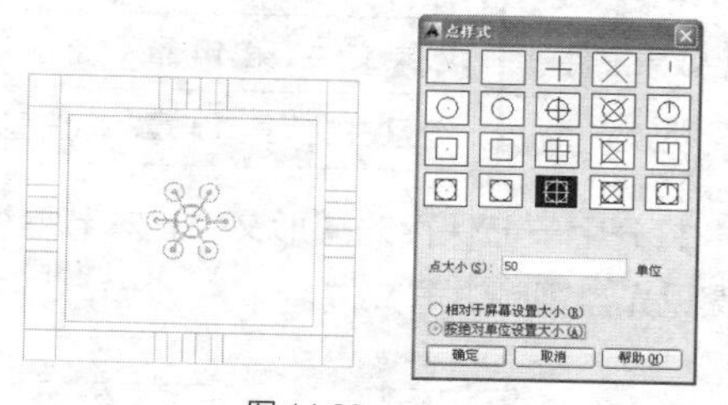

图 14-38　　图 14-39

Step03 ▶ 执行【绘图】/【点】/【多点】命令，配合“中点”捕捉功能，绘制如图 14-41 所示的点作为辅助灯具。

Step04 ▶ 使用快捷命令“E”激活【删除】命令，删除定位辅助线，结果如图 14-42 所示。

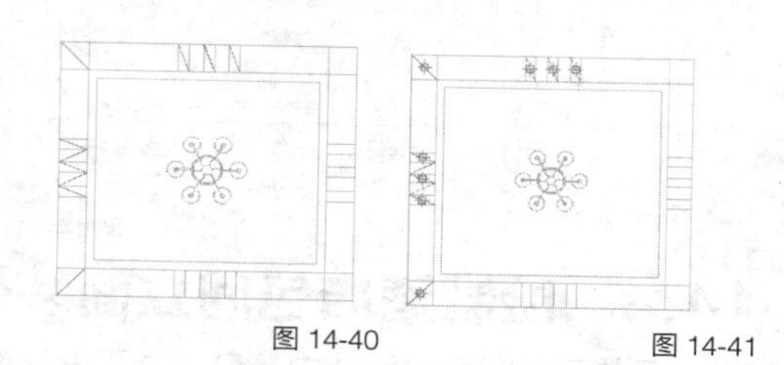

图 14-40　　图 14-41

Step05 ▶ 使用快捷命令“MI”激活【镜像】命令，对绘制的点标记进行镜像，结果如图 14-43 所示。

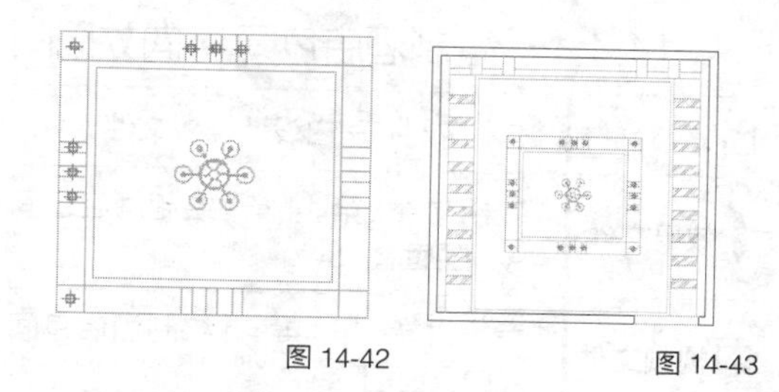

图 14-42　　图 14-43

Step06 ▶ 至此，酒店包间天花灯具图绘制完毕，将该图形命名保存。

14.3.3　标注包间天花图尺寸

素材文件	效果文件 \ 第 14 章 \ 绘制天花灯池并布置灯具 .dwt
效果文件	效果文件 \ 第 14 章 \ 标注包间天花图尺寸 .dwg
视频文件	专家讲堂 \ 第 14 章 \ 标注包间天花图尺寸 .swf

打开上一节保存的图形文件，本节继续标注包间天花图尺寸，效果如图 14-44 所示。详细操作步骤见光盘视频讲解文件。

14.3.4 标注包间天花图文字

素材文件	效果文件 \ 第 14 章 \ 标注包间天花图尺寸 .dwt
效果文件	效果文件 \ 第 14 章 \ 标注包间天花图文字 .dwg
视频文件	专家讲堂 \ 第 14 章 \ 标注包间天花图文字 .swf

打开上一节保存的图形文件，本节继续标注包间天花图文字，效果如图 14-45 所示。详细操作步骤见光盘视频讲解文件。

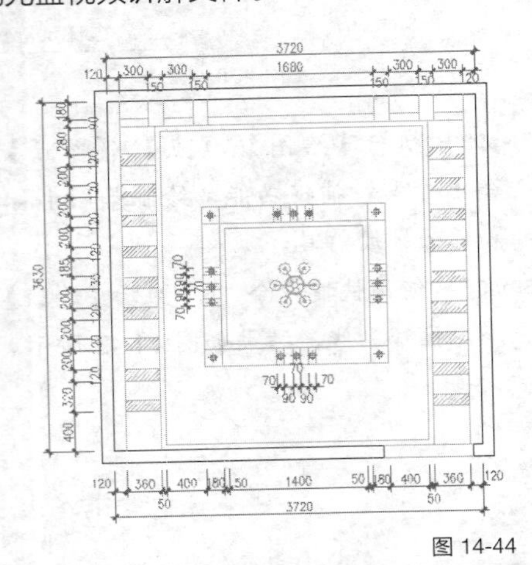

图 14-44

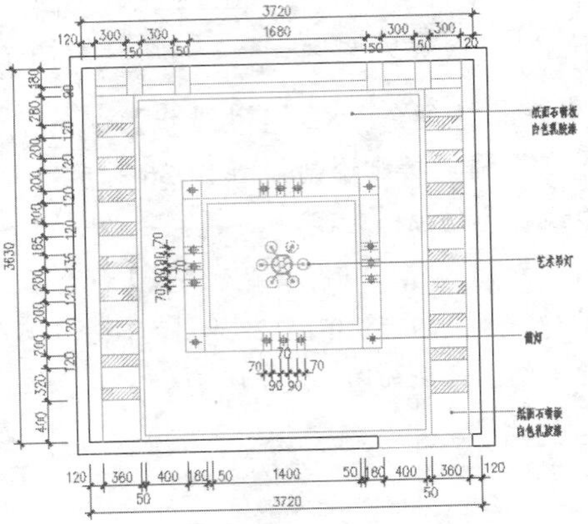

图 14-45

14.4 绘制酒店包间立面装修图

在酒店包间室内设计中，包间立面墙面设计是不容忽视的，本节继续对酒店包间 A 向、B 向和 C 向墙面进行设计。

14.4.1 绘制酒店包间 A 向立面图

素材文件	样板文件 \ 室内设计样板文件 .dwt
效果文件	效果文件 \ 第 14 章 \ 绘制酒店包间 A 向立面图 .dwg
视频文件	专家讲堂 \ 第 14 章 \ 绘制酒店包间 A 向立面图 .swf

本节首先绘制酒店包间 A 向立面图，效果如图 14-46 所示。

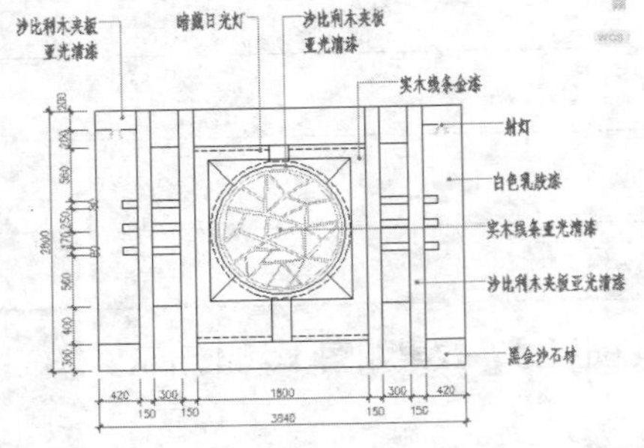

图 14-46

操作步骤

1. 绘制 A 向立面轮廓

Step01 ▸ 以随书光盘“样板文件”目录下的“室内设计样板文件 .dwt”作为基础样板，创建空白文件。

Step02 ▸ 在“图层”控制下拉列表中设置“轮廓线”图层为当前图层。

Step03 ▸ 使用快捷命令“REC”激活【矩形】命令，绘制长度为 3840、宽度为 2800 的矩形作为立面外轮廓线，如图 14-47 所示。

Step04 ▸ 使用快捷命令“X”激活【分解】命令，将绘制的矩形分解为四条独立的线段。

Step05 ▸ 使用快捷命令“O”激活【偏移】命令，将矩形两侧的垂直边分别向内偏移 420、570、870 和 1020 个绘图单位；将矩形下侧的水平边向上偏移 300 和 700 个单位；将上侧的水平边向下偏移 200 和 400 个单位，结果如图 14-48 所示。

Step06 ▸ 使用快捷命令“TR”激活【修剪】命令，对偏移的各图线进行修剪，结果如图 14-49 所示。

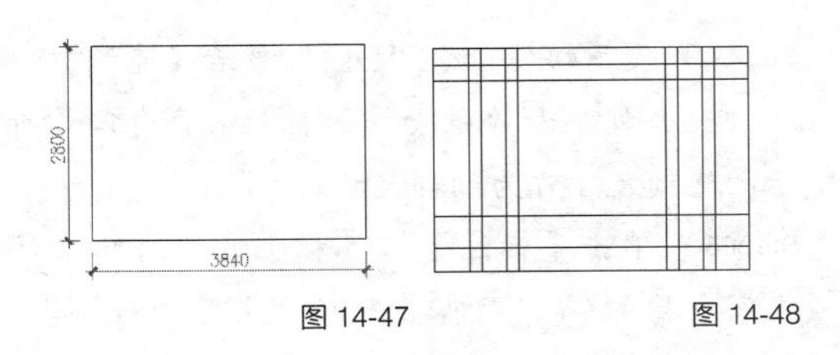

图 14-47　　图 14-48

Step07 ▸ 至此，酒店包间 A 向墙面主体轮廓线绘制完毕。

2. 绘制 A 向墙面装饰线

Step01 ▸ 执行【偏移】命令，将最下侧的水平边向上偏移 1260、1340 和 1510 个单位；将最上侧的水平边向下偏移 960、1040 和 1210 个单位；将两侧的矩形垂直边向内偏移 270 个单位，结果如图 14-50 所示。

Step02 ▸ 使用快捷命令“TR”激活【修剪】命令，对偏移的各图线进行修剪，结果如图 14-51 所示。

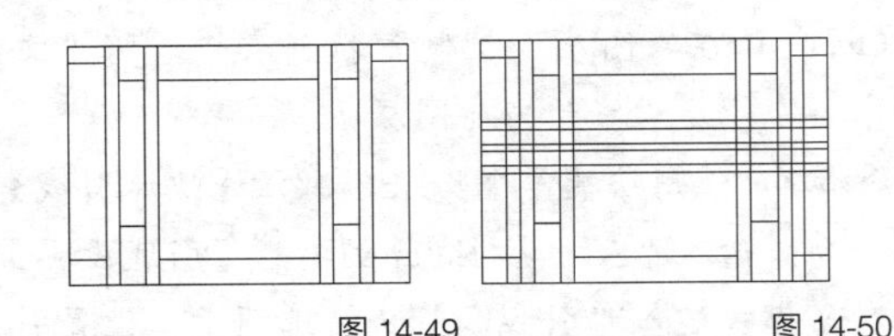

图 14-49　　图 14-50

Step03 ▸ 使用快捷命令“O”激活【偏移】命令，将图线 A、B、D 向内偏移 150，将图线 C 向上偏移 450，结果如图 14-52 所示。

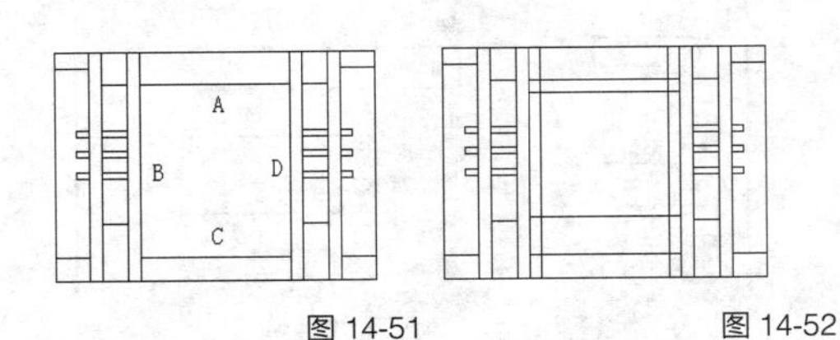

图 14-51　　图 14-52

Step04 ▸ 使用快捷命令“TR”激活【修剪】命令，对偏移的各图线进行修剪，结果如图 14-53 所示。

Step05 ▸ 使用快捷命令“C”激活【圆】命令，由内部矩形各边线的中点引出矢量线，以矢量线的交点作为圆心，绘制半径为 735 和 685 的同心圆，如图 14-54 所示。

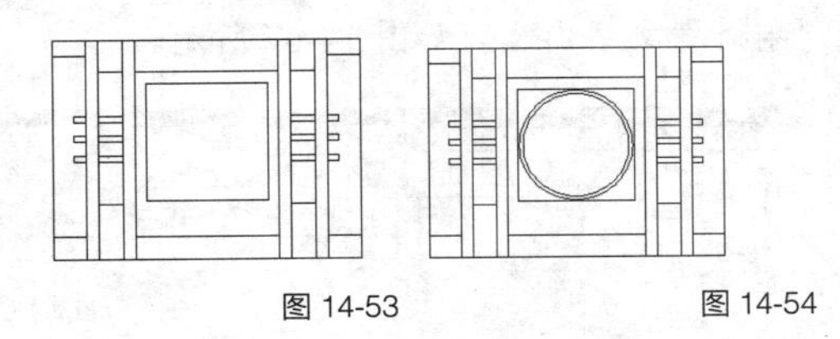

图 14-53　　图 14-54

Step06 ▸ 使用快捷命令“L”激活【直线】命令，配合“端点”捕捉和“中点”捕捉功能绘制如图 14-55 所示的 3 条直线。

Step07 ▸ 使用快捷命令“O”激活【偏移】命令，将刚绘制的垂直轮廓线对称偏移 100 个单位，如图 14-56 所示。

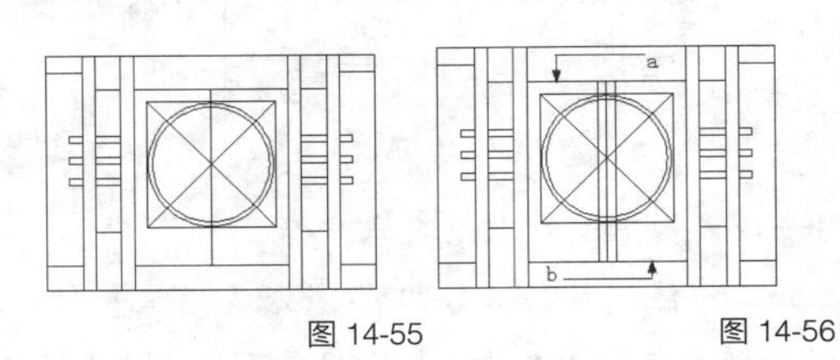

图 14-55　　图 14-56

Step08 ▸ 执行【偏移】命令，将图线 a 向下偏移 48 个单位，将图线 b 向上偏移 48 个单位，结果如图 14-57 所示。

Step09 ▸ 执行【修剪】命令，对偏移的各图线进行修剪，并删除多余图线，结果如图 14-58 所示。

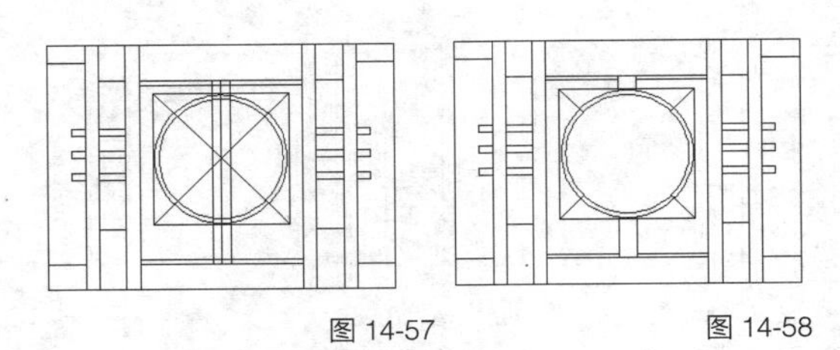

图 14-57　　图 14-58

Step10 ▸ 单击【格式】/【线型】命令，加载一种名为“DASHED”的线型，并设置线型比例为 5，如图 14-59 所示。

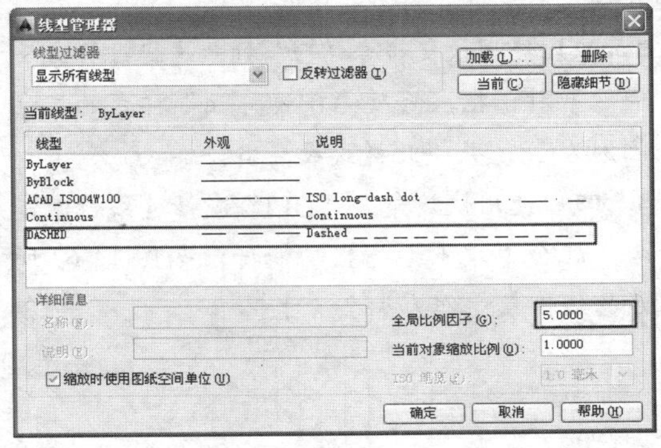

图 14-59

Step11 ▸ 夹点显示如图 14-60 所示的四条线段及圆，然后在“线型控制”下拉列表选择“DASHED”的线型。

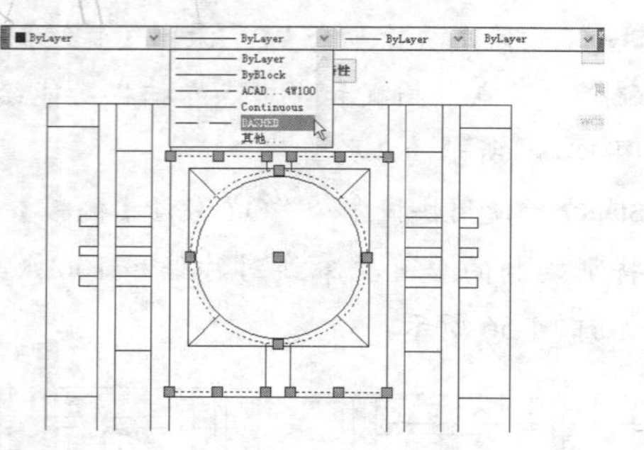

图 14-60

Step12 ▸ 按 Esc 键取消夹点显示。

Step13 ▸ 使用快捷命令“I”激活【插入】命令，选择随书光盘“图块文件”目录下的“墙面装饰架 .dwg”图块文件，采用默认参数，以圆心为插入点，将其插入立面图中，结果如图 14-61 所示。

Step14 ▸ 使用【插入】命令，选择随书光盘“图块文件”目录下的“射灯 1.dwg”图块文件，采用默认参数，将其插入立面图两边射灯位置，结果如图 14-62 所示。

图 14-61

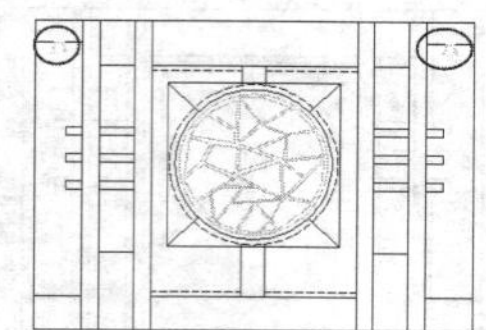

图 14-62

Step15 ▸ 至此，包间的墙面装饰线绘制完毕。

3. 标注包间 A 向立面图尺寸

Step01 ▸ 在“图层”控制下拉列表中，将“尺寸层”图层设置为当前图层。

Step02 ▸ 使用快捷命令“D”打开【标注样式管理器】对话框，修改“建筑标注”样式的标注比例为 28，并将此样式设置当前样式。

Step03 ▸ 使用快捷命令“DLI”激活【线性】命令，配合“端点”捕捉功能标注如图 14-63 所示的线性尺寸作为基准尺寸。

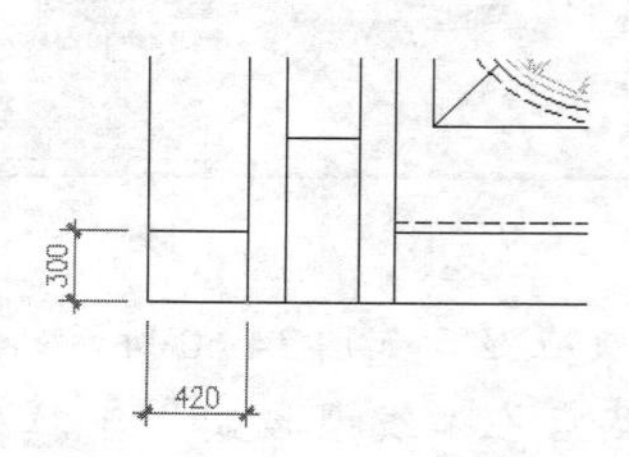

图 14-63

Step04 ▸ 使用快捷命令“DLI”激活【连续】命令，配合捕捉和追踪功能，标注如图 14-64 所示的连续尺寸作为细部尺寸。

Step05 ▸ 单击【标注】工具栏上的“编辑标注文字”按钮，对重叠的尺寸文字进行协调，然后执行【线性】命令，配合捕捉功能标注左侧的总尺寸，结果如图 14-65 所示。

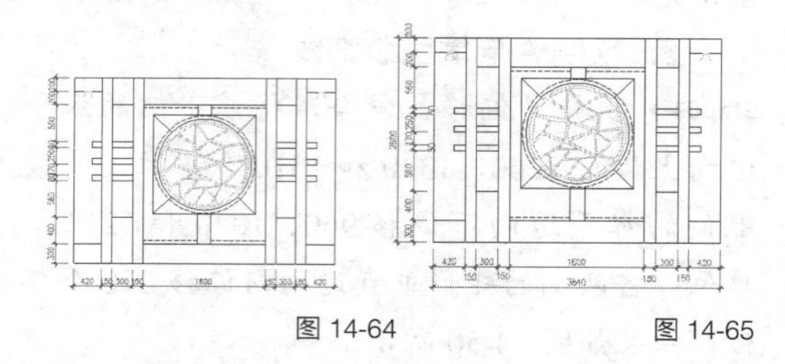

图 14-64　　图 14-65

Step06 ▸ 至此，A 向立面图尺寸标注完毕。

4. 标注包间 A 向墙面材质注解

Step01 ▸ 在“图层”控制下拉列表中，将“文本层”图层设置为当前图层。

Step02 ▸ 使用快捷命令“LE”激活【快速引线】命令，输入“S”，按 Enter 键打开【引线设置】对话框，进入“引线和箭头”选项卡，设置引线参数，如图 14-66 所示。

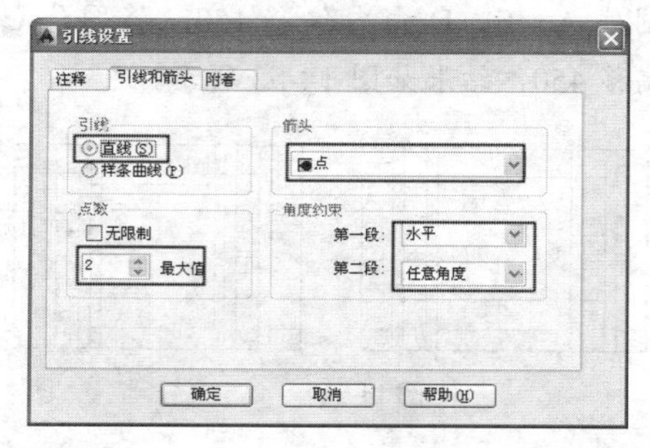

图 14-66

Step03 ▸ 单击 确定 按钮返回绘图区，在右侧射灯位置单击拾取第 1 点，水平向右引导光标到合适位置单击拾取第 2 点。

Step04 ▸ 按 2 次 Enter 键打开【文字格式】编辑器，选择文字样式并设置文字高度，然后输入“射灯”文字内容，如图 14-67 所示。

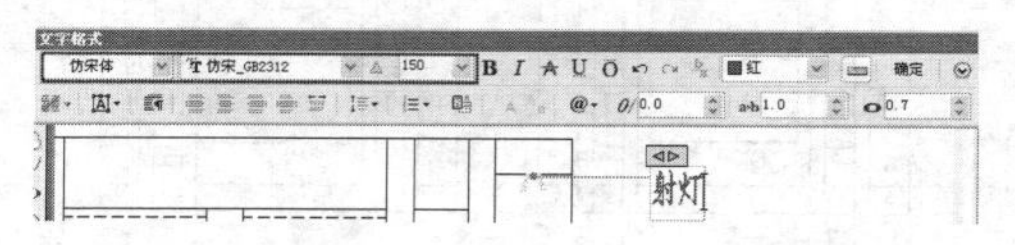

图 14-67

Step05 ▶ 单击 确定 按钮确认。

Step06 ▶ 执行【快速引线】命令，按照当前的引线参数设置，标注其他位置的引线注释，结果如图 14-68 所示。

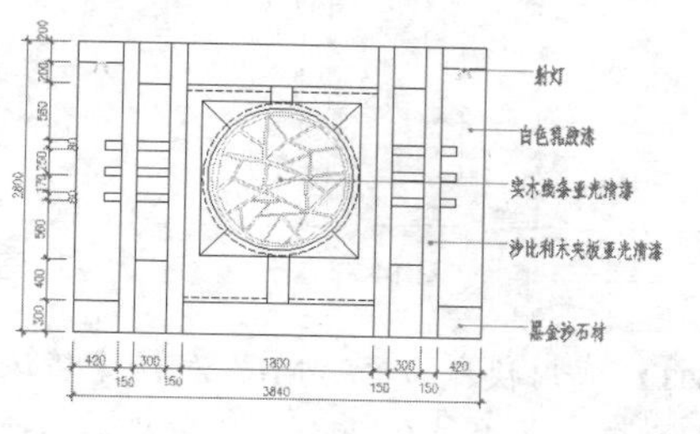

图 14-68

Step07 ▶ 执行【快速引线】命令，修改当前引线参数，如图 14-69 所示。

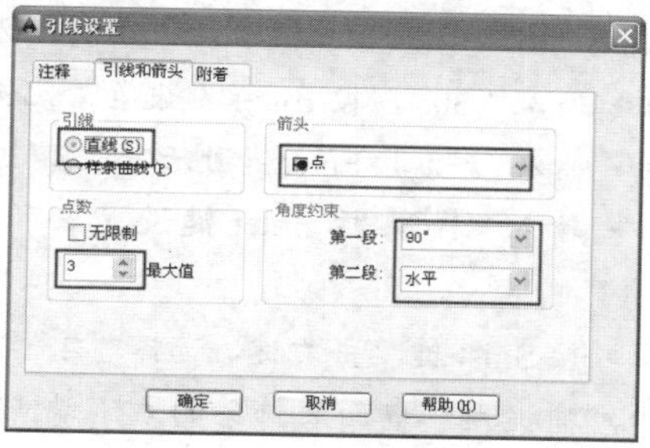

图 14-69

Step08 ▶ 单击 确定 按钮返回绘图区，在左上方位置单击拾取第 1 点，向上引导光标到合适位置单击拾取第 2 点，向左引导光标，在合适位置单击拾取第 3 点。

Step09 ▶ 按 2 次 Enter 键打开【文字格式】编辑器，选择文字样式并设置文字高度，然后输入“沙比利木夹板亚光清漆”文字内容，如图 14-70 所示。

图 14-70

Step10 ▶ 单击 确定 按钮确认。

Step11 ▶ 执行【快速引线】命令，按照当前的引线参数设置，标注其他位置的引线注释，结果如图 14-46 所示。

Step12 ▶ 至此，酒店包间 A 向立面图绘制完毕，执行【另存为】命令，将图形命名存储。

14.4.2　绘制酒店包间 B 向立面图

素材文件	样板文件 \ 室内设计样板文件 .dwt
效果文件	效果文件 \ 第 14 章 \ 绘制酒店包间 B 向立面图 .dwg
视频文件	专家讲堂 \ 第 14 章 \ 绘制酒店包间 B 向立面图 .swf

本节继续绘制酒店包间 B 向立面图，效果如图 14-71 所示。

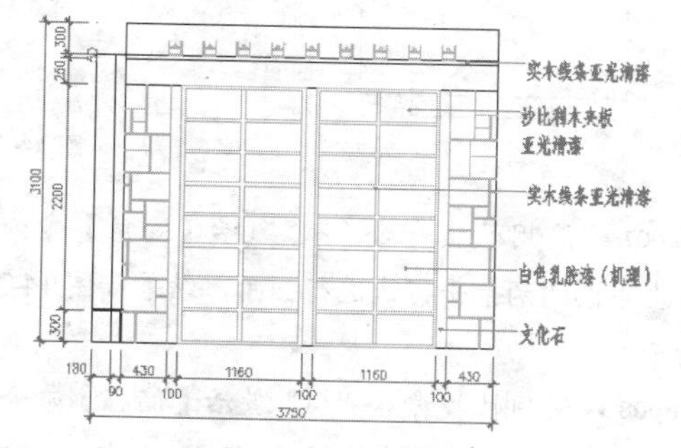

图 14-71

操作步骤

1. 绘制 B 向立面轮廓

Step01 ▶ 以随书光盘“样板文件”目录下的“室内设计样板文件 .dwt”作为基础样板，创建空白文件。

Step02 ▶ 在“图层”控制下拉列表中设置“轮廓线”图层为当前图层。

Step03 ▶ 使用快捷命令“REC”激活【矩形】命令，绘制长度为 3750 个绘图单位、宽度为 3100 个绘图单位的矩形作为立面外轮廓线，如图 14-72 所示。

图 14-72

Step04 ▸ 使用快捷命令“X”激活【分解】命令，将绘制的矩形分解为四条独立的线段。

Step05 ▸ 使用快捷命令“O”激活【偏移】命令，将左侧的垂直边向右偏移 180、270、700 个绘图单位；将右侧的垂直边向左偏移 430 个绘图单位，将下侧的矩形水平边向上偏移 300 和 320 个绘图单位，将上侧的水平边向下偏移 300、350 和 600 个绘图单位，结果如图 14-73 所示。

Step06 ▸ 使用快捷命令“TR”激活【修剪】命令，对偏移的各图线进行修剪，编辑结果如图 14-74 所示。

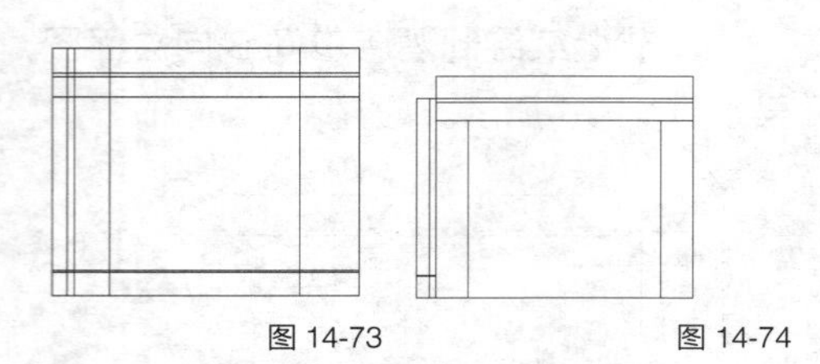

图 14-73　　图 14-74

Step07 ▸ 使用快捷命令“F”激活【圆角】命令，对左下侧的两条平行线进行圆角，结果如图 14-75 所示。

Step08 ▸ 使用快捷命令“O”激活【偏移】命令，将第 3 条垂直轮廓线向左偏移 20 个单位，结果如图 14-76 所示。

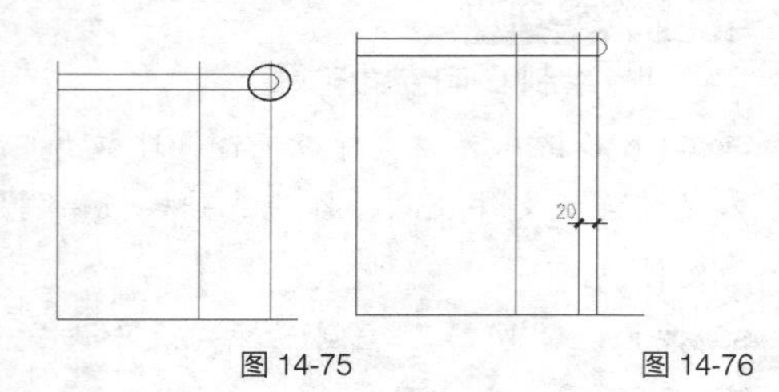

图 14-75　　图 14-76

Step09 ▸ 使用快捷命令“TR”激活【修剪】命令，对偏移出的垂直线进行修剪，结果如图 14-77 所示。

Step10 ▸ 至此，酒店包间 B 向墙面主体轮廓线绘制完毕。

2. 绘制 B 向墙面装饰线

Step01 ▸ 在“图层”控制下拉列表中，将“家具层”图层设置为当前图层。

Step02 ▸ 使用快捷命令“I”激活【插入】命令，选择随书光盘“图块文件”目录下的“墙面装饰架 01.dwg”文件，采用默认设置，以第 3 条垂直线的下端点为插入点，将其插入立面图，插入结果如图 14-78 所示。

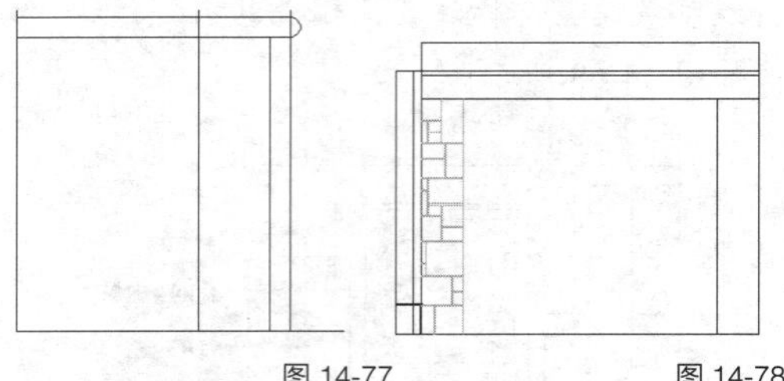

图 14-77　　图 14-78

Step03 ▸ 使用快捷命令“MI”激活【镜像】命令，以第 4 条水平线的中点作为第一镜像轴第 1 点，以“@0,1”作为镜像轴第 2 点，对插入的图块进行镜像，结果如图 14-79 所示。

Step04 ▸ 使用快捷命令“ML”激活【多线】命令，输入“S”，按 Enter 键激活“比例”选项。

Step05 ▸ 输入“30”，按 Enter 键设置“比例”。

Step06 ▸ 输入“J”，按 Enter 键激活“对正”选项。

Step07 ▸ 输入“B”，按 Enter 键设置“下”对正方式。

Step08 ▸ 按 Shist 键单击右键，选择“自”功能。

Step09 ▸ 捕捉左侧墙面装饰架的右下端点，输入“@100,0”，按 Enter 键确认。

Step10 ▸ 输入“@1160,0”，按 Enter 键确认。

Step11 ▸ 输入“@0,2500”，按 Enter 键确认。

Step12 ▸ 输入“@-1160,0”，按 Enter 键确认。

Step13 ▸ 输入“C”，按 Enter 键结束命令，绘制结果如图 14-80 所示。

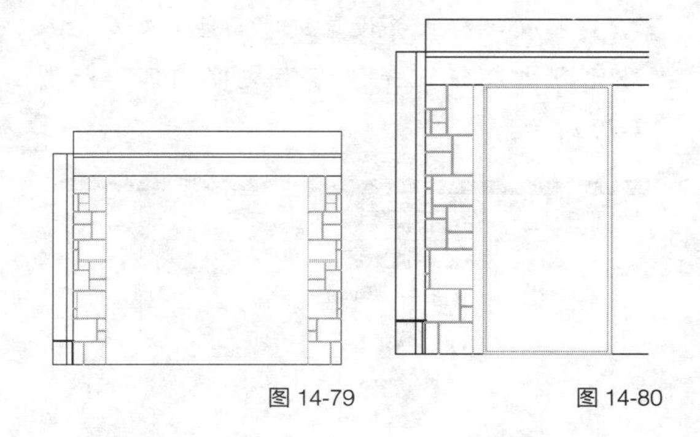

图 14-79　　图 14-80

Step14 ▸ 按 Enter 键重复执行【多线】命令。

Step15 ▸ 由左边多线的下多点向上引出矢量线，输入“279”，按 Enter 键确认。

Step16 ▸ 向右引出矢量线，捕捉矢量线与右垂直多线的交点。

Step17 ▸ 按 Enter 键结束操作，绘制结果如图 14-81 所示。

Step18 ▸ 按 Enter 键重复执行【多线】命令。

Step19 ▸ 输入“J”，按 Enter 键激活“对正”选项。

Step20 ▸ 输入“Z”，按 Enter 键设置“无对正”方式。

Step21 ▸ 捕捉下侧水平多线的中点，继续捕捉上侧水平多线的中点。

Step22 ▸ 按 Enter 键结束命令，绘制结果如图 14-82 所示。

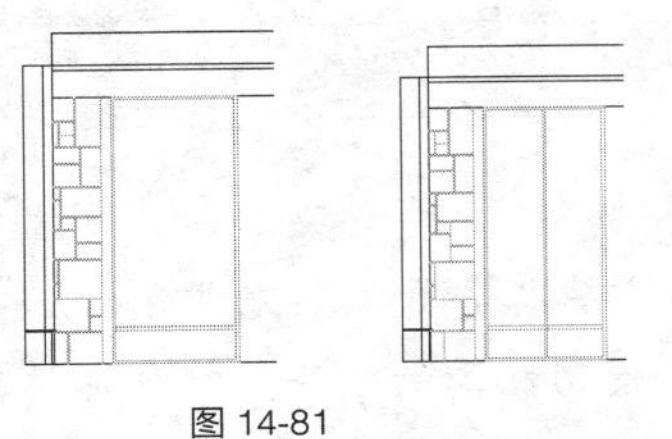

图 14-81　　图 14-82

Step23 ▸ 使用快捷命令“AR”激活【阵列】命令，选择下方水平多线，按 Enter 键。

Step24 ▸ 输入“R”，按 Enter 键激活“矩形”选项。

Step25 ▸ 输入“COU”，按 Enter 键激活“计数”选项。

Step26 ▸ 输入“1”，按 Enter 键设置列数。

Step27 ▸ 输入“7”，按 Enter 键设置行数。

Step28 ▸ 输入“S”，按 Enter 键激活“间距”选项。

Step29 ▸ 输入“1”，按 Enter 键设置列间距。

Step30 ▸ 输入“309”，按 Enter 键设置行间距。

Step31 ▸ 按 Enter 键结束操作，阵列结果如图 14-83 所示。

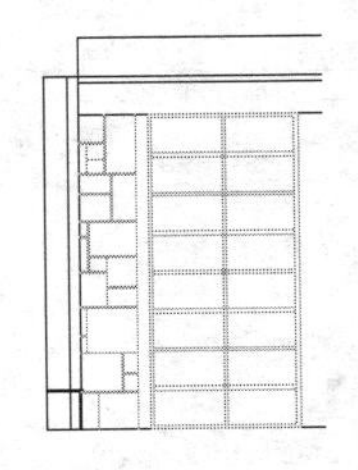

图 14-83

Step32 ▸ 在阵列出的多线上双击左键打开【多线编辑工具】对话框，单击“十字合并”按钮 ╪ 返回绘图区，单击水平多线，再单击垂直多线，对十字相交的多线进行合并，结果如图 14-84 所示。

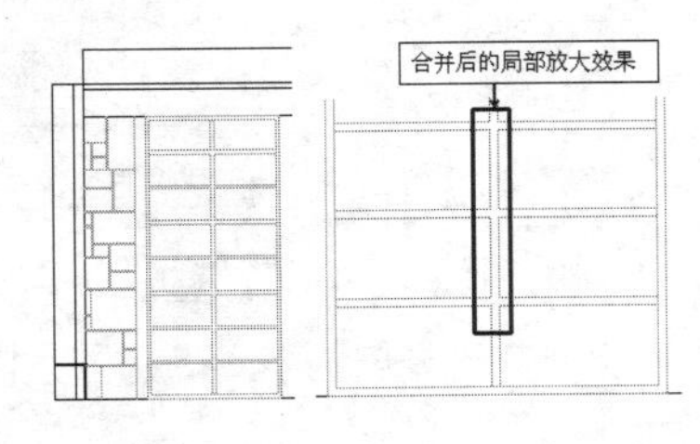

图 14-84

Step33 ▸ 使用快捷命令“MI”激活【镜像】命令，配合“中点”捕捉功能，将编辑后的左边多线方格装饰线镜像到右侧位置，结果如图 14-85 所示。

Step34 ▸ 使用快捷命令“I”激活【插入】命令，选择随书光盘“图块文件”目录下的“灯具 01.dwg”图块文件。

Step35 ▸ 采用默认参数，单击 确定 按钮返回绘图区，由第 3 条垂直线的上端点向右引出矢量线，输入“460”，按 Enter 键，将其插入立面图中，结果如图 14-86 所示。

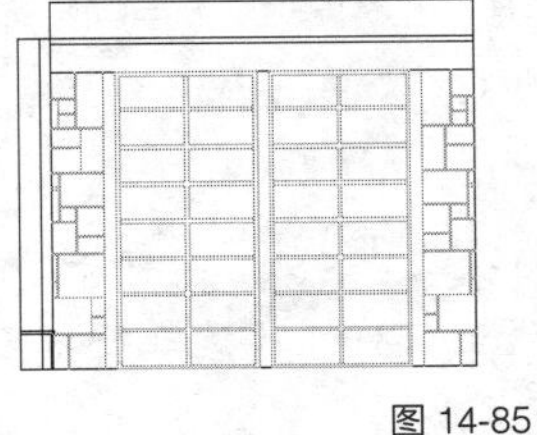

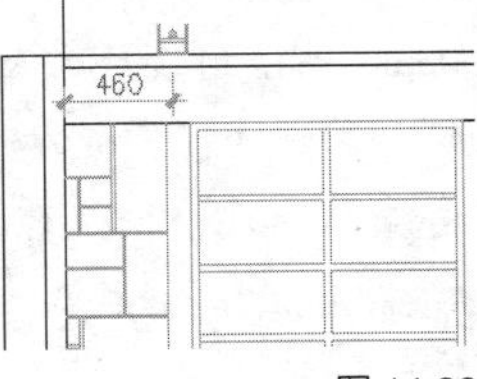

图 14-85　　图 14-86

Step36 ▸ 使用快捷命令“AR”激活【阵列】命令，依照前面的操作方法，将该灯具阵列 1 行 9 列，列距为 320，效果如图 14-87 所示。

3. 标注 B 向立面图尺寸

Step01 ▸ 在“图层”控制下拉列表中，将“尺寸层”图层设置为当前图层。

Step02 ▸ 使用快捷命令“D”打开【标注样式管理器】对话框，修改“建筑标注”样式的标注比例为 30，并将此样式设置当前样式。

Step03 ▸ 使用快捷命令“DLI”激活【线性】命令，配合“端点”捕捉功能，在立面图左下方标注如图 14-88 所示的线性尺寸作为基准尺寸。

Step04 ▸ 使用快捷命令“DCO”激活【连续】

命令，配合捕捉和追踪功能，标注如图 14-89 所示的连续尺寸作为细部尺寸。

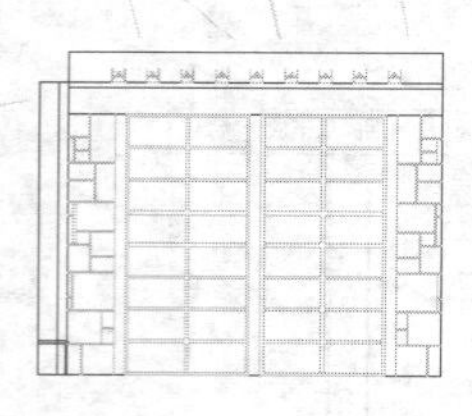

图 14-87

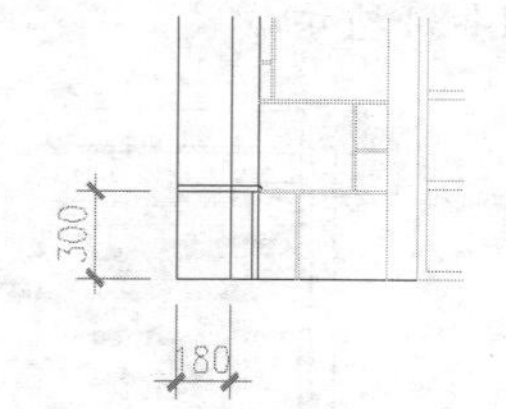

图 14-88

Step05 ▸ 单击【标注】工具栏上的“编辑标注文字”按钮，对重叠的尺寸文字进行协调，然后再次使用【线性】命令标注下方和左侧的总尺寸，效果如图 14-90 所示。

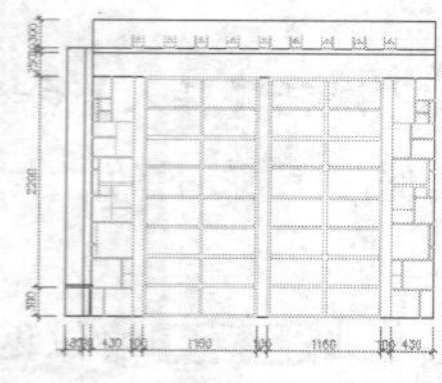

图 14-89

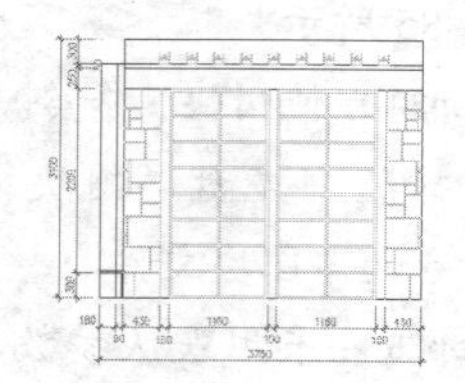

图 14-90

4. 标注包间 B 向墙面材质注解

Step01 ▸ 在“图层”控制下拉列表中，将“文本层”图层设置为当前图层。

Step02 ▸ 使用快捷命令“D”打开【标注样式管理器】对话框。

Step03 ▸ 选择“建筑标注”样式，然后单击 替代(O)... 按钮打开【替代当前样式：建筑标注】对话框。

Step04 ▸ 进入“符号和箭头”选项卡，设置符号和箭头参数，然后进入“文字”选项卡，设置当前文字为“仿宋体”，如图 14-91 所示。

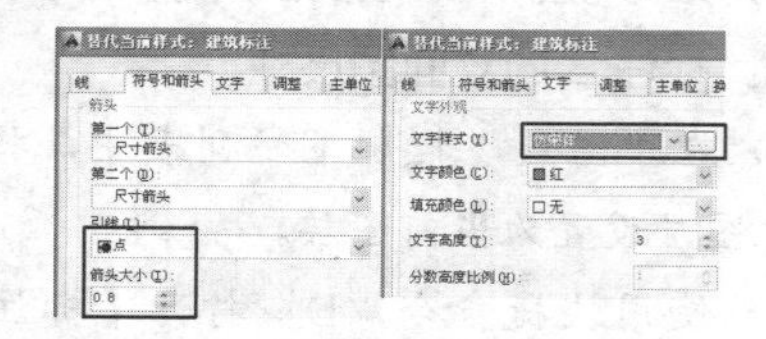

图 14-91

Step05 ▸ 使用快捷命令“LE”激活【快速引线】命令，输入“S”，按 Enter 键打开【引线设置】对话框，进入“引线和箭头”选项卡，设置引线选项和参数，如图 14-92 所示。

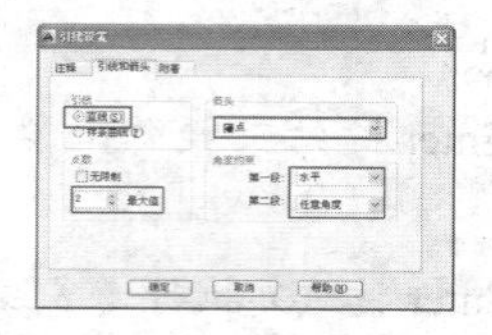

图 14-92

Step06 ▸ 单击 确定 按钮返回绘图区，在立面图右上方位置单击拾取第 1 点。

Step07 ▸ 向右引导光标，在合适位置单击拾取第 2 点，然后按两次 Enter 键打开【文字格式】编辑器，输入“实木线条亚光清漆”文字内容，如图 14-93 所示。

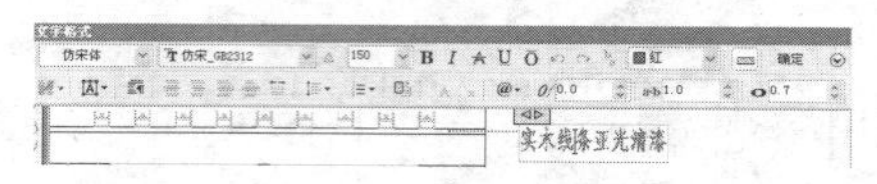

图 14-93

Step08 ▸ 单击 确定 按钮完成输入。

Step09 ▸ 使用相同的方法，继续标注其他文字注释，结果如图 14-72 所示。

Step10 ▸ 至此，酒店包间 B 向立面图绘制完毕，最后执行【另存为】命令，将图形命名存储。

14.4.3 绘制酒店包间 C 向立面图

素材文件	样板文件 \ 室内设计样板文件 .dwt
效果文件	效果文件 \ 第 14 章 \ 绘制酒店包间 C 向立面图 .dwg
视频文件	专家讲堂 \ 第 14 章 \ 绘制酒店包间 C 向立面图 .swf

本节继续绘制酒店包间 C 向立面图，效果如图 14-94 所示。

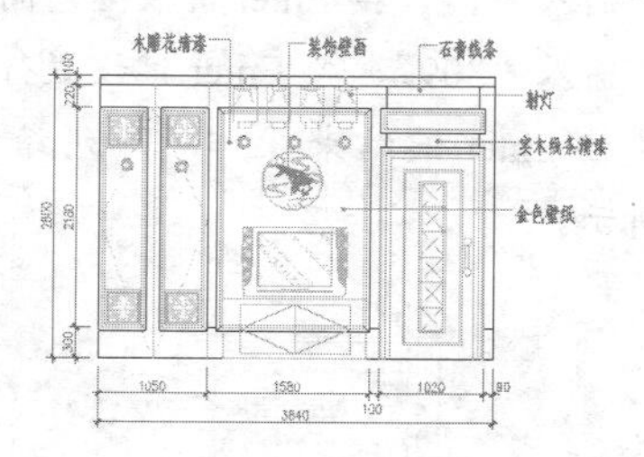

图 14-94

操作步骤

Step01 ▸ 绘制 C 向立面轮廓。

Step02 ▸ 绘制包间 C 向立面构件图。

Step03 ▸ 标注包间 C 向立面图尺寸。

Step04 ▸ 标注包间 C 向墙面材质注解。

第 15 章 宾馆套房室内设计

宾馆套房的功能分区一般包括几个部分，即入口通道区、客厅区、就寝区、卫生间等，这些功能分区可视套房空间的实际大小单独安排或者交叉安排。

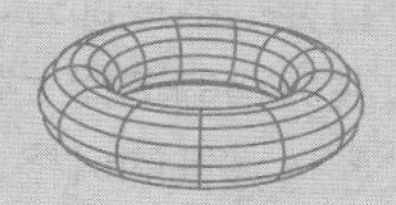

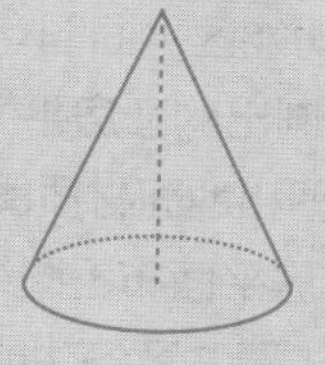

第15章 宾馆套房室内设计

15.1 宾馆套房室内设计理念

在进行宾馆套房的装修设计时，要兼顾以下几点。

• 套房设计的人性化

宾馆套房设计如何才能使顾客有宾至如归的感觉呢？这要靠套房环境来实现，在进行套房设计时，除了考虑大的功能以外，还必须注意细节上的详细和周到，具体体现在以下几个方面。

♦ 入口通道。一般情况下，入口通道部分都设有衣柜、酒柜、穿衣镜等，在设计时要注意，柜门选配高质量、低噪声的滑道或合页，降低噪声对客人的影响；保险箱在衣柜里不宜设计得太高，以方便客人使用为宜；天花上的灯最好选用带磨砂玻璃罩的节能筒灯，这样不会产生眩光。

♦ 卫生间设计。最好选用抽水力大的静音马桶，淋浴的设施不要太复杂；淋浴房要选用安全玻璃；镜子要防雾且镜面要大，因为卫生间一般较小，由于镜面反射的缘故会使空间显得宽敞；卫生间地砖要防滑、耐污；镜前灯要有防眩光的装置，天花中间的筒灯最好选用有磨砂玻璃罩的；淋浴房的地面要做防滑设计，还可选择有防滑设计的浴缸，防滑垫等。

♦ 房间内设计。套房家具的角最好都是钝角或圆角的，这样不会给年龄小、个子不高的客人带来伤害；电视机下应设可旋转的隔板，因为很多客人看电视时需要调整电视角度；床头灯的选择要精心，要防眩光；电脑上网线路的布置要考虑周到，其插座的位置不要离写字台太远。

• 套房设计的文化性

套房空间设计、色彩设计、材质设计、布艺设计、家具设计、灯具设计及陈设设计，均可产生一定的文化内涵，达到其一定的隐喻性、暗示性及叙述性。其中，陈设设计是最具表达性和感染力的。陈设主要是指墙壁上悬挂的书画、图片、壁挂等，或者家具上陈设和摆设的瓷器、陶罐、青铜、玻璃器皿、木雕等。这类陈设品从视觉形象上最具有完整性，既可表达一定的民族性、地域性、历史性，又有极好的审美价值。

• 套房设计的风格处理

有人认为，宾馆套房一般都是标准大小，很难做出各种风格的造型，这种观念是不对的。风格可以体现在有代表性的装饰构件上，有明显风格的灯具、家具以及图案、色彩上等。从风格的从属性上讲，由于宾馆套房既是宾馆整体的一个重要的组成部分，又具有相对的独立性，所以在风格的选择上就有很大的余地。既可以延续整体宾馆的风格，又可以创造属于客房本身的风格，这样还有助于接待来自不同国家和地区的客户。

总之，宾馆套房设计是一个比较精细而复杂的工程，只有用心体会，就会有所创新。

在绘制并设计宾馆套房方案图时，可以参照如下思路。

（1）根据原有建筑平面图或测量数据，绘制并规划套房各功能区平面图。

（2）根据绘制出的套房平面图，绘制各功能区的平面布置图和地面材质图。

（3）根据套房平面布置图绘制各功能区的天花吊顶方案图，要注意各功能区的协调。

（4）根据套房的平面布置图，绘制墙面的投影图，具体有墙面装饰轮廓的表达、立面构件的配置以及文字尺寸的标注等内容。

15.2 绘制某宾馆套房平面布置图

宾馆套房室内设计同样需要从室内平面布置图开始，其他设计图都是以该图为依据来进行设计的，本节首先绘制宾馆套房平面布置图，如图 15-1 所示。

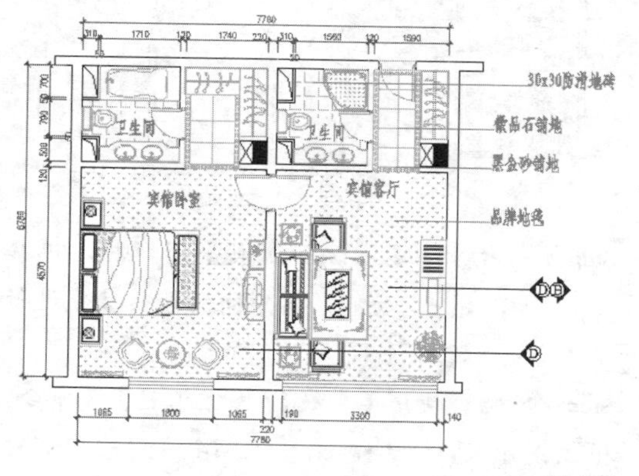

图 15-1

15.2.1 绘制宾馆套房墙体结构图

素材文件	样板文件\室内设计样板文件.dwt
效果文件	效果文件\第 15 章\绘制宾馆套房墙体结构图.dwg
视频文件	专家讲堂\第 15 章\绘制宾馆套房墙体结构图.swf

本节绘制宾馆套房墙体结构图，效果如图 15-2 所示。

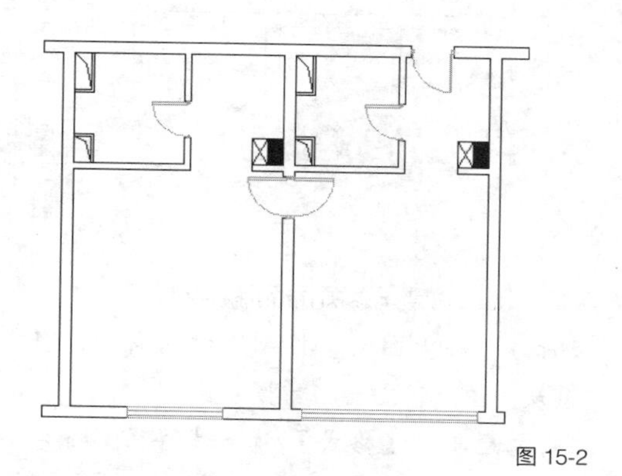

图 15-2

操作步骤

1. 绘制宾馆套房墙体轴线

Step01 ▸ 以随书光盘“样板文件”目录下的“室内设计样板文件.dwt”作为基础样板，新建空白文件。

Step02 ▸ 在“图层”控制下拉列表中将“轴线层”图层设置为当前图层。

Step03 ▸ 使用快捷命令“REC”激活【矩形】命令，绘制长度为 8000 个绘图单位、宽度为 7000 个绘图单位的矩形作为基准轴线。

Step04 ▸ 使用快捷命令“X”激活【分解】命令，将绘制的矩形分解为 4 条独立的线段。

Step05 ▸ 使用快捷命令“O”激活【偏移】命令，将左侧的垂直边向右偏移 2240 和 4150 个绘图单位；将右侧的垂直边向左偏移 1760 个绘图单位；将上侧的水平边向下偏移 2260 个绘图单位，结果如图 15-3 所示。

Step06 ▸ 使用快捷命令“TR”激活【修剪】命令，以第 2 条水平线作为修剪边，对第 2 条和第 4 条垂直线进行修剪，结果如图 15-4 所示。

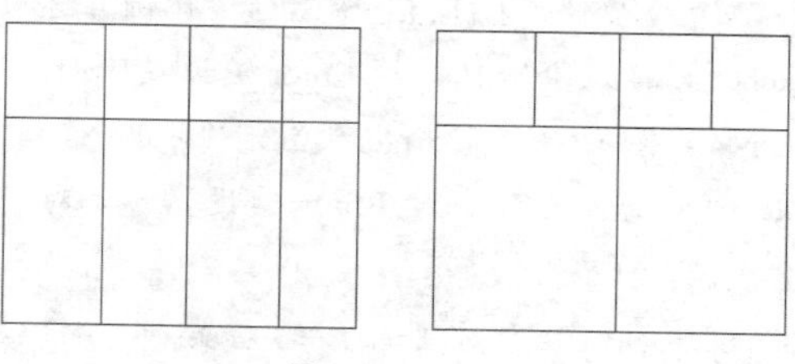

图 15-3　　图 15-4

Step07 ▸ 使用快捷命令“O”激活【偏移】命令，根据图示尺寸将最左侧的垂直边向右偏移，如图 15-5 所示。

Step08 ▸ 使用快捷命令“TR”激活【修剪】命令，以偏移出的垂直轴线作为边界，对下侧的水平轴线进行修剪，以创建窗洞，结果如图 15-6 所示。

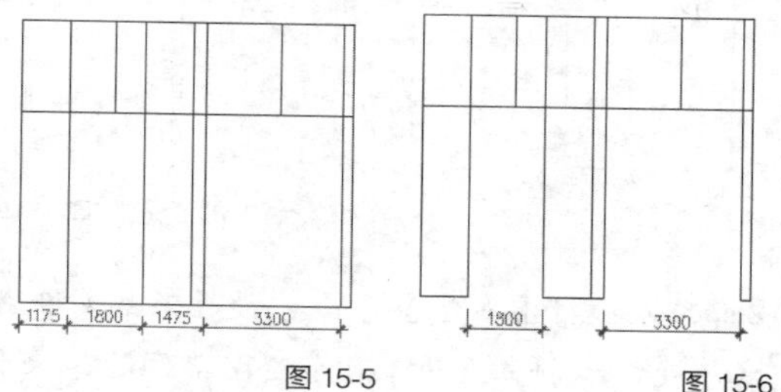

图 15-5　　图 15-6

Step09 ▸ 使用快捷命令“E”激活【删除】命令，删除偏移出的 4 条垂直轴线。

Step10 ▸ 参照上面操作步骤，综合使用【修剪】、【偏移】和【删除】等命令，分别创建其他位置的洞口，结果如图 15-7 所示。

Step11 ▸ 使用夹点拉伸功能，对外侧的轴线向外适当的拉长，结果如图 15-8 所示。

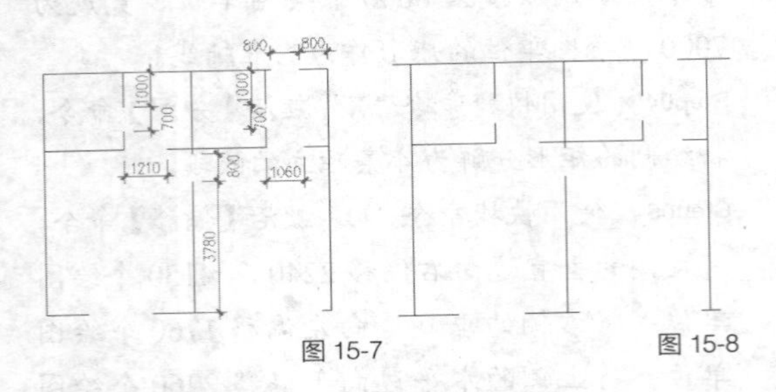

图 15-7　　图 15-8

2. 绘制宾馆套房墙线

Step01 ▸ 在“图层”控制下拉列表中，将“墙线层”图层设置为当前图层。

Step02 ▸ 使用快捷命令“ML”激活【多线】命令，输入“S”，按 Enter 键激活“比例”选项。

Step03 ▸ 输入“220”，按 Enter 键设置比例。

Step04 ▸ 输入“J”，按Enter键激活“对正”选项。

Step05 ▸ 输入“Z”，按 Enter 键设置“无对正”方式。

Step06 ▸ 捕捉上侧水平轴线的左端点，继续捕捉上侧水平轴线的右端点。

Step07 ▸ 按 Enter 键结束操作，绘制墙线，结果如图 15-9 所示。

Step08 ▸ 执行【多线】命令，设置多线比例和对正方式保持不变，配合“端点”捕捉功能绘制其他主墙线，结果如图 15-10 所示。

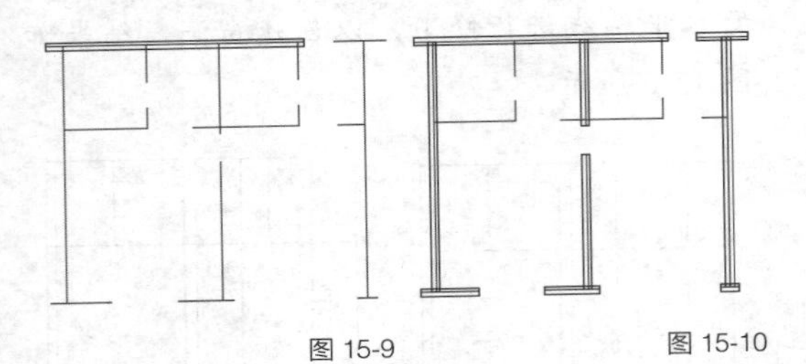

图 15-9　　图 15-10

Step09 ▸ 执行【多线】命令，设置多线对正方式不变，绘制宽度为 120 个绘图单位的非承重墙线，绘制结果如图 15-11 所示。

Step10 ▸ 暂时关闭“轴线层”图层，然后双击任意墙线打开【多线编辑工具】对话框，单击“T 形合并”按钮返回绘图区，对 T 形相交的墙线进行合并，结果如图 15-12 所示。

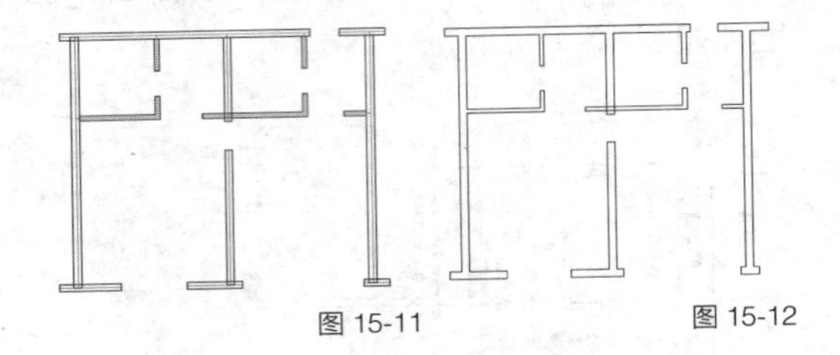

图 15-11　　图 15-12

Step11 ▸ 打开【多线编辑工具】对话框，选择“十字合并”功能，对中间的两条墙线进行十字合并，结果如图 15-13 所示。

Step12 ▸ 综合使用【直线】【图案填充】等命令，根据图示尺寸，绘制如图 15-14 所示的内部结构线。

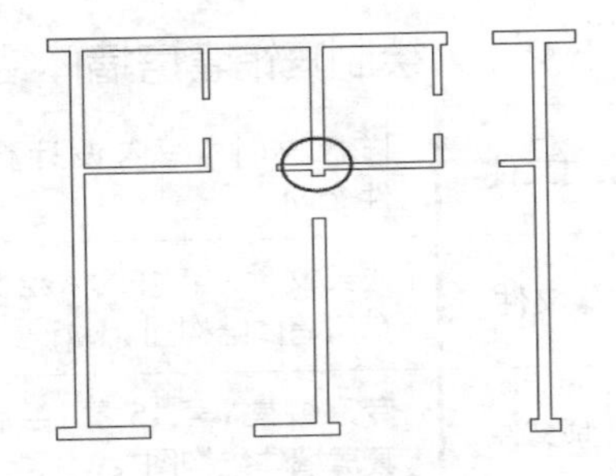

图 15-13

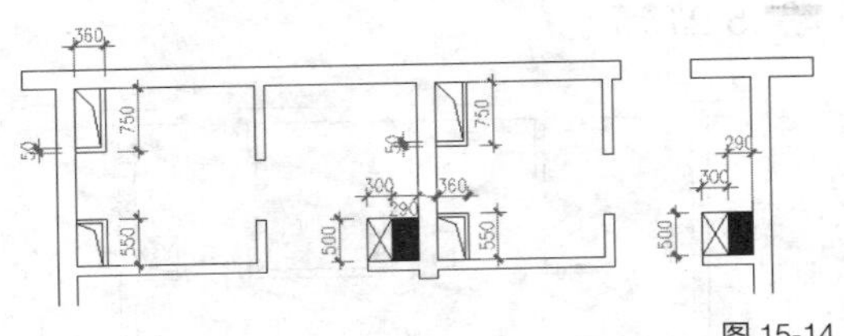

图 15-14

3. 绘制宾馆套房门窗构件

Step01 ▸ 在“图层”控制下拉列表中，将“门窗层”图层设置为当前图层。

Step02 ▸ 单击【格式】/【多线样式】命令，设置“窗线样式”为当前样式。

Step03 ▸ 使用快捷命令“ML”激活【多线】命令，输入“S”，按 Enter 键激活“比例”选项。

Step04 ▸ 输入“220”，按 Enter 键设置比例。

Step05 ▸ 输入“J”，按 Enter 键激活“对正”选项。

Step06 ▸ 输入“Z”，按Enter键设置“无对正”方式。

Step07 ▸ 分别捕捉下侧左边和右边两个窗洞两边墙线的中点，绘制窗线，结果如图 15-15 所示。

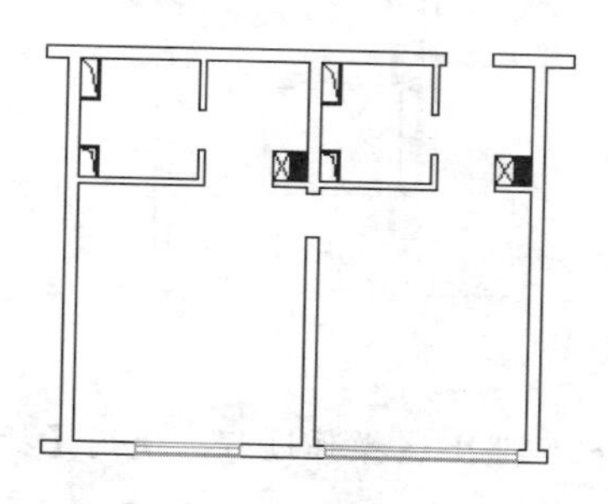

图 15-15

Step08 ▸ 使用快捷命令“I”激活【插入】命令，选择随书光盘“图块文件”目录下的“单开门 .dwg”图块文件，并设置块参数，将其插入中间墙的门洞位置，如图 15-16 所示。

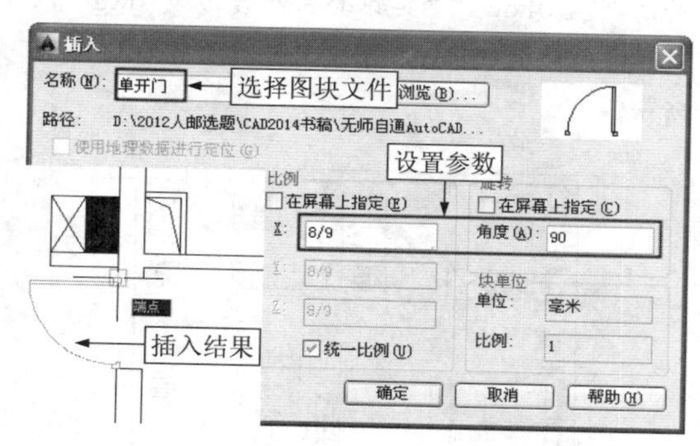

图 15-16

Step09 ▸ 使用快捷命令“MI”激活【镜像】命令，以墙线的中点作为镜像轴，将插入的单开门镜像到另一边，结果如图 15-17 所示。

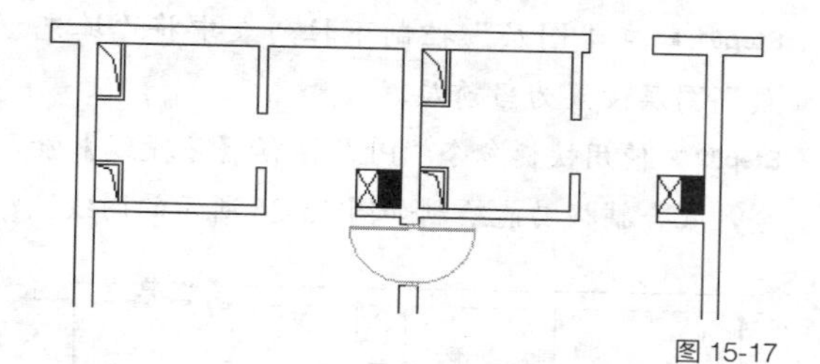

图 15-17

Step10 ▸ 执行【插入块】命令，设置插入参数，继续插入单开门，如图 15-18 所示。

Step11 ▸ 使用快捷命令“CO”激活【复制】命令，将刚插入的单开门复制到另一侧，结果如图 15-19 所示。

Step12 ▸ 执行【插入】命令，设置插入参数，继续插入单开门，如图 15-20 所示。

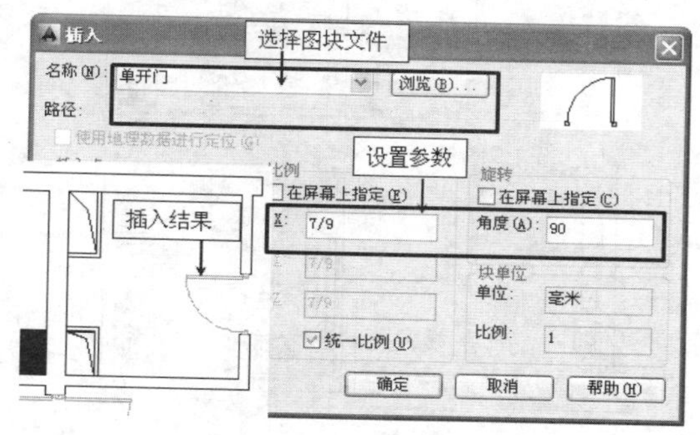

图 15-18

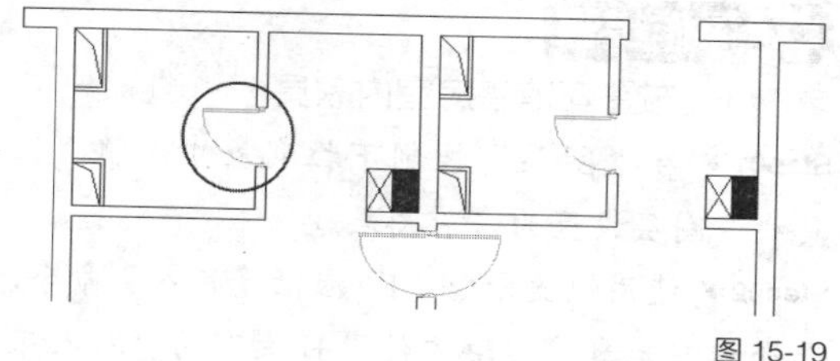

图 15-19

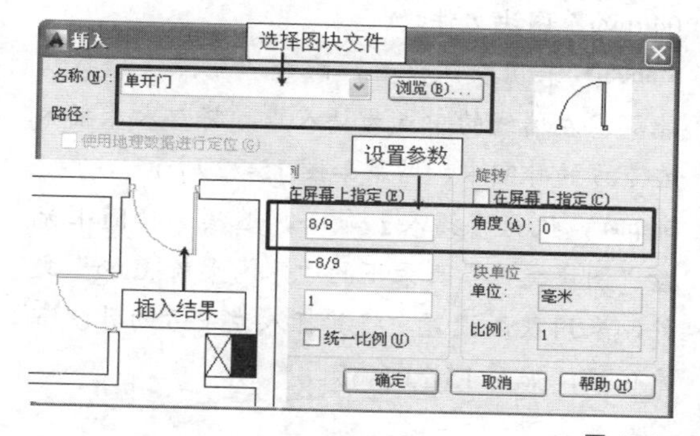

图 15-20

Step13 ▸ 至此，宾馆套房墙体结构图绘制完毕，调整视图查看效果，如图 15-2 所示。

Step14 ▸ 执行【另存为】命令，将该图形命名存储。

15.2.2　绘制宾馆套房平面布置图

素材文件	效果文件 \ 第 15 章 \ 绘制宾馆套房墙体结构图 .dwg
效果文件	效果文件 \ 第 15 章 \ 绘制宾馆套房平面布置图 .dwg
视频文件	专家讲堂 \ 第 15 章 \ 绘制宾馆套房平面布置图 .swf

打开上一节保存的图形文件，本节继续绘制宾馆套房平面布置图，效果如图 15-21 所示。

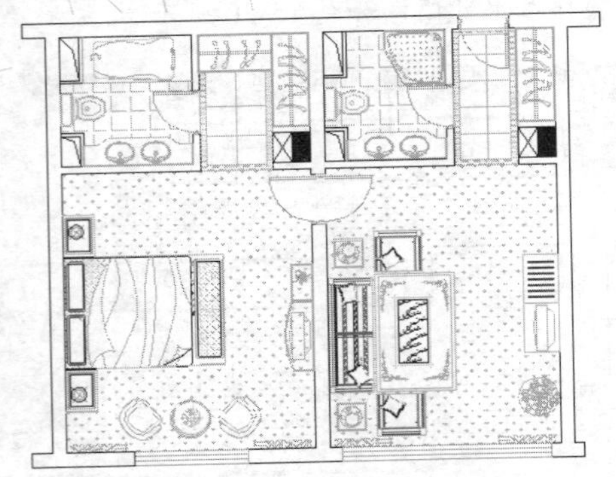

图 15-21

操作步骤

1. 布置宾馆套房室内家具

Step01 ▸ 在“图层”控制下拉列表中，将“家具线”图层设置为当前图层。

Step02 ▸ 使用快捷命令“I”激活【插入】命令，选择随书光盘“图块文件”目录下的“双人床 04.dwg”图块文件。

Step03 ▸ 采用默认设置，配合“中点”捕捉功能，以左墙线的中点为插入点，将双人床插入左下方的卧室中，结果如图 15-22 所示。

Step04 ▸ 执行【插入】命令，继续选择随书光盘“图块文件”目录下的“休闲桌椅 .dwg”文件，采用默认设置，将其插入左下方的卧室窗户位置，如图 15-23 所示。

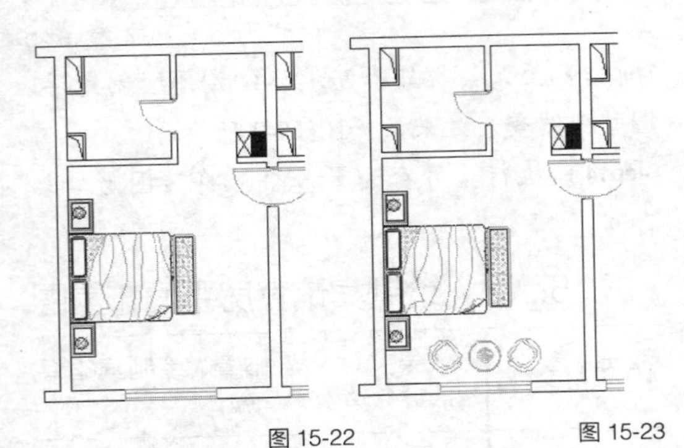

图 15-22　　图 15-23

Step05 ▸ 执行【插入】命令，继续选择随书光盘“图块文件”目录下的“电视柜与梳妆台 02.dwg”文件，采用默认设置，以左下方的卧室右墙面中点为插入点，将其插入，效果如图 15-24 所示。

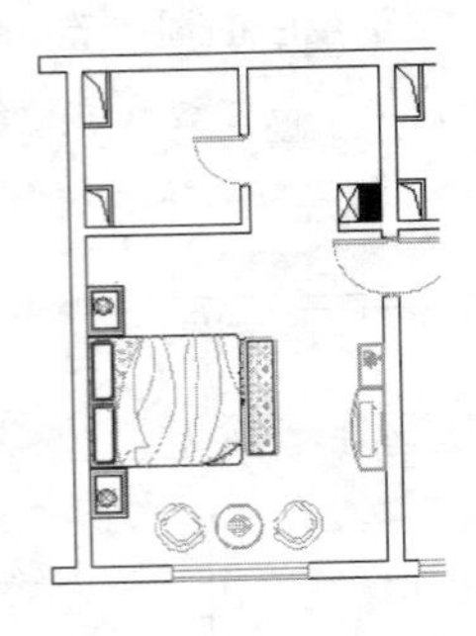

图 15-24

Step06 ▸ 参照上述操作过程，使用【插入】命令，继续向套房插入“宾馆套房窗帘 .dwg”“宾馆套房电视 .dwg”“宾馆套房淋浴房 .dwg”“宾馆套房马桶 01.dwg”“宾馆套房洗手池 01.dwg”“宾馆套房洗手池 02.dwg”“宾馆套房衣柜 .dwg”“宾馆套房衣柜 01.dwg”“宾馆套房浴盆 01.dwg”“宾馆套房组合沙发 .dwg”以及“绿化植物 05.dwg”图块文件，效果如图 15-25 所示。

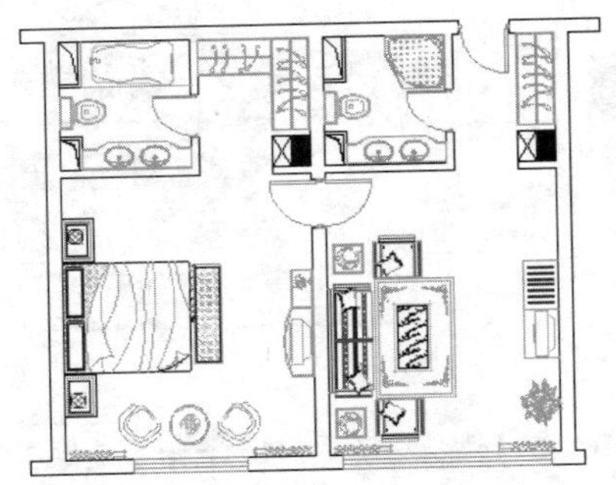

图 15-25

2. 绘制过道微晶石材质

Step01 ▸ 在“图层”控制下拉列表中将“填充层”图层设置为当前层。

Step02 ▸ 使用快捷命令“PL”激活【多段线】命令，配合捕捉功能绘制如图 15-26 所示的图线。

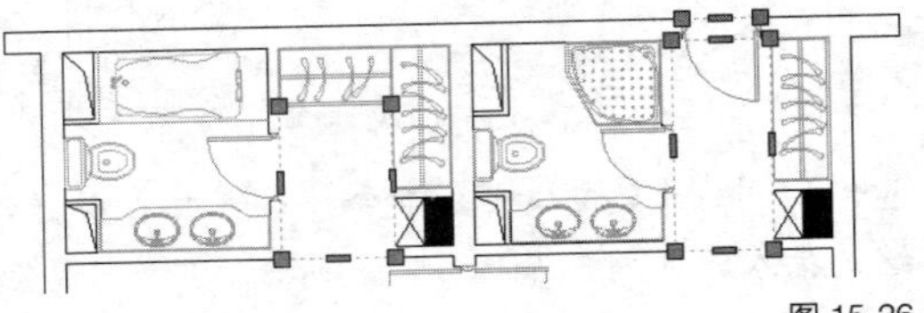

图 15-26

Step03 ▸ 使用快捷命令“O”激活【偏移】命令，

将绘制的图线向内偏移 100 个绘图单位，结果如图 15-27 所示。

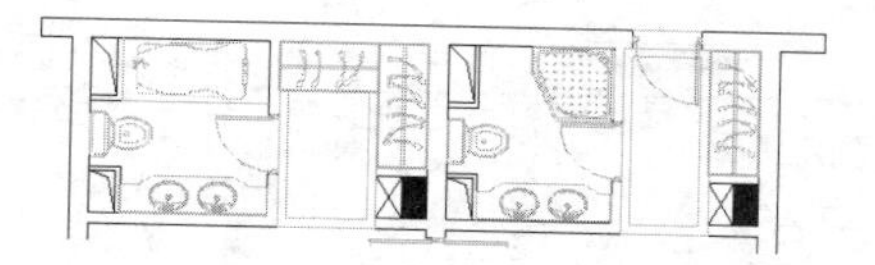

图 15-27

Step04 ▶ 在无命令执行的前提下，夹点显示如图 15-28 所示的对象，将其放置到“0 图层”上，如图 15-28 所示。

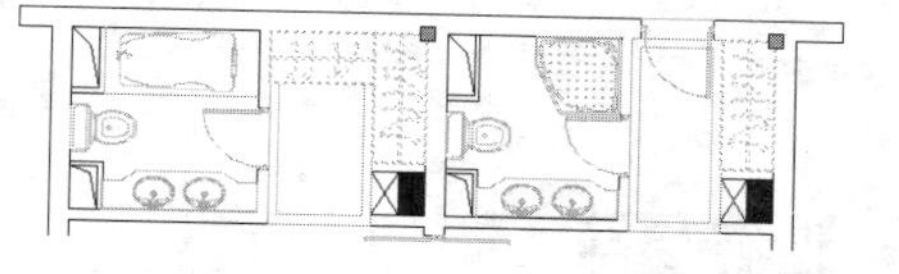

图 15-28

Step05 ▶ 冻结“家具层”图层，然后使用快捷命令“H”打开【图案填充和渐变色】对话框，选择填充图案并设置比例。

Step06 ▶ 单击“添加：拾取点”按钮返回绘图区，在两个图形边缘区域单击确定填充区域，对图形进行填充，如图 15-29 所示。

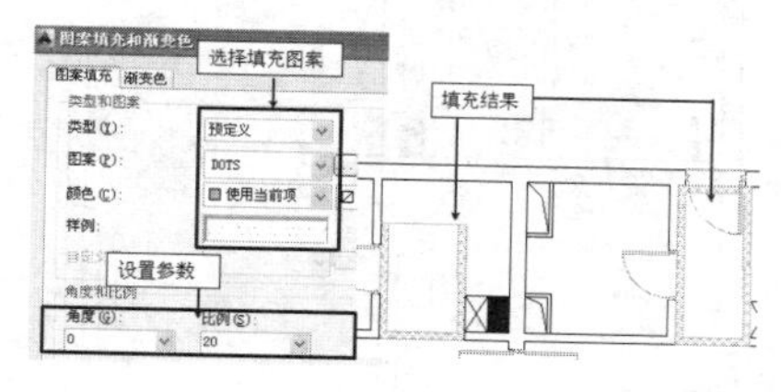

图 15-29

Step07 ▶ 使用快捷命令“X”激活【分解】命令，将内部图形分解，然后使用快捷命令“O”激活【偏移】命令，根据图示尺寸，对内部图线进行偏移，结果如图 15-30 所示。

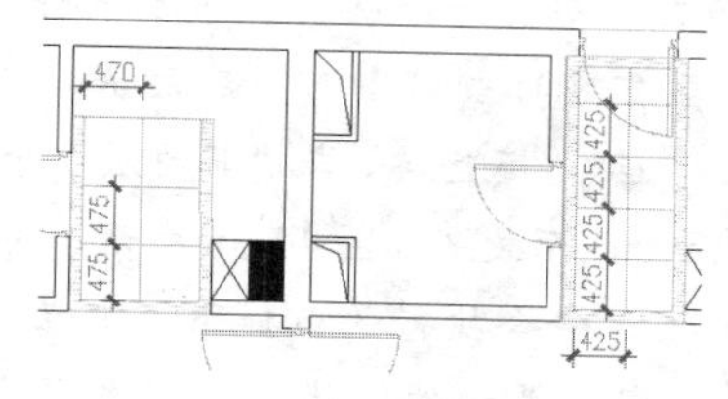

图 15-30

3. 绘制地砖与地毯材质

Step01 ▶ 使用快捷命令“H”激活【图案填充】命令，设置填充图案及填充参数，如图 15-31 所示。

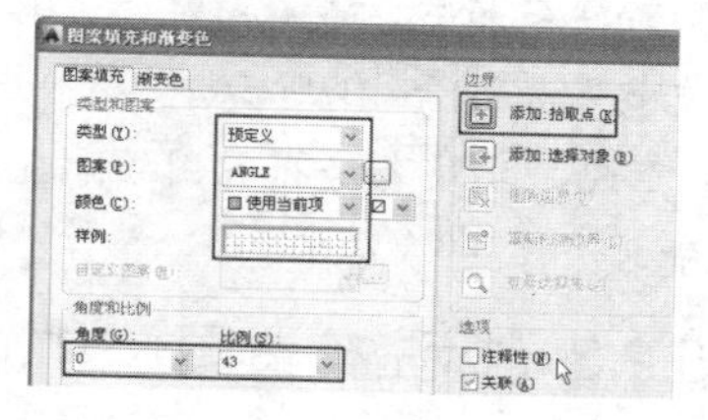

图 15-31

Step02 ▶ 单击“添加：拾取点”按钮返回绘图区，在两个卫生间地面位置单击确定填充区域，对地面进行填充，如图 15-32 所示。

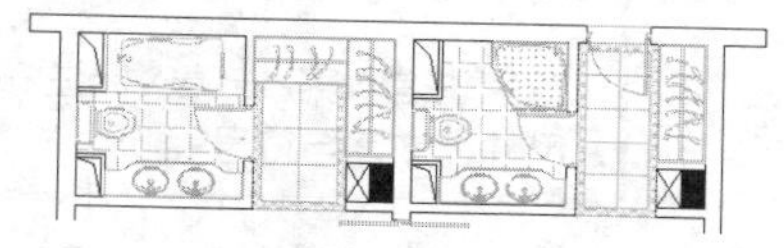

图 15-32

Step03 ▶ 执行【格式】/【线型】命令打开【线型】对话框，加载一种名为“DOT”的线型，并将此线型设置为当前线型。

Step04 ▶ 综合使用【圆】、【多段线】、【矩形】等命令，分别沿着客厅和卧室内的家具图块外边缘，绘制闭合边界，然后冻结“家具层”图层，结果如图 15-33 所示。

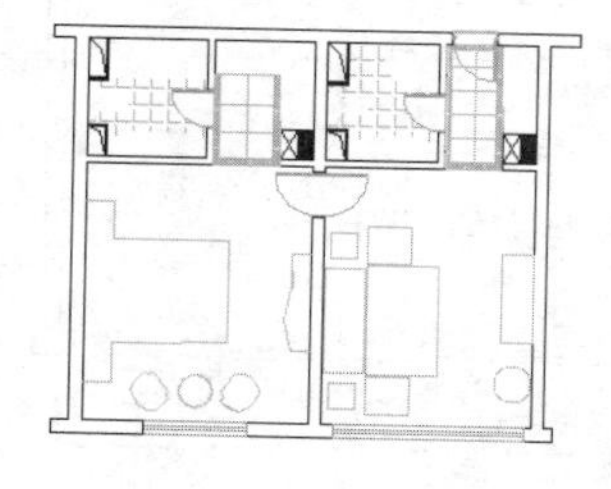

图 15-33

Step05 ▶ 使用快捷命令“H”激活【图案填充】命令，设置填充图案及填充参数，如图 15-34 所示。

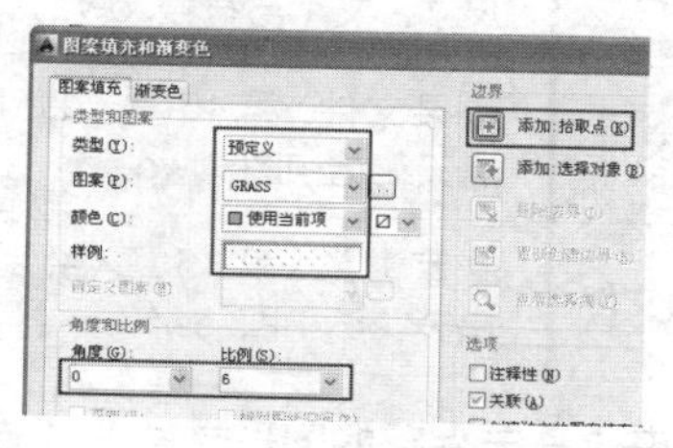

图 15-34

Step06 ▸ 单击“添加：拾取点”按钮▣返回绘图区，在卧室和客厅地面位置单击确定填充区域，对地面进行填充，最后解冻“家具层”图层，填充效果如图 15-21 所示。

Step07 ▸ 至此，宾馆套房布置图绘制完毕，将该图形命名保存。

15.2.3 标注布置图尺寸、文字与符号

素材文件	效果文件 \ 第 15 章 \ 绘制宾馆套房平面布置图 .dwg
效果文件	效果文件 \ 第 15 章 \ 标注布置图尺寸、文字与符号 .dwg
视频文件	专家讲堂 \ 第 15 章 \ 标注布置图尺寸、文字与符号 .swf

打开上一节保存的图形文件，本节继续标注宾馆套房布置图尺寸、文字与投影符号，效果如图 15-35 所示。

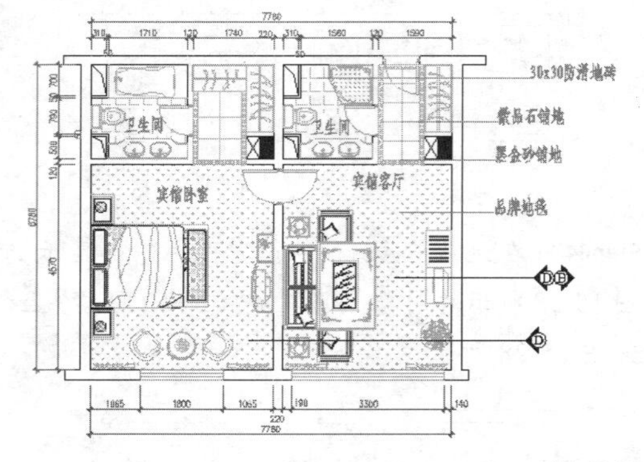

图 15-35

操作步骤

Step01 ▸ 标注布置图尺寸。

Step02 ▸ 标注布置图文字与投影。

15.3 绘制某宾馆套房天花装修图

本节继续绘制某宾馆套房天花装修图，效果如图 15-36 所示。

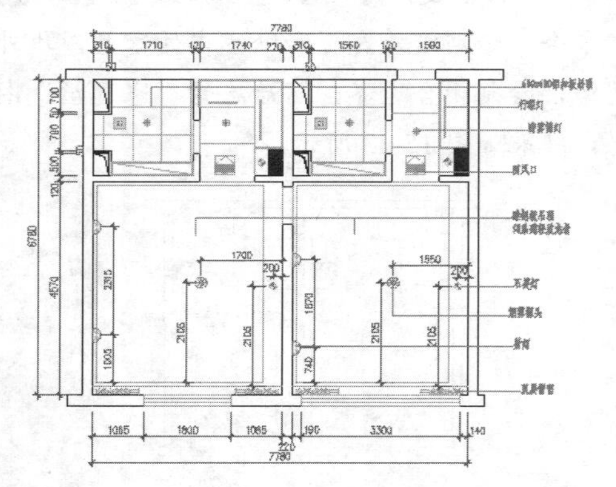

图 15-36

15.3.1 绘制宾馆套房天花结构图

素材文件	效果文件 \ 第 15 章 \ 标注布置图尺寸、文字与符号 .dwg
效果文件	效果文件 \ 第 15 章 \ 绘制宾馆套房天花结构图 .dwg
视频文件	专家讲堂 \ 第 15 章 \ 绘制宾馆套房天花结构图 .swf

打开上一节保存的图形文件，本节继续在该图形的基础上绘制宾馆套房天花图，效果如图 15-37 所示。

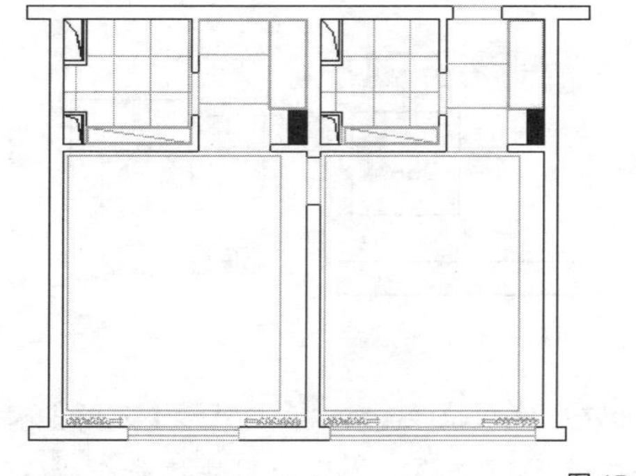

图 15-37

操作步骤

Step01 ▸ 在“图层”控制下拉列表中将“吊顶层”图层设置为当前图层，然后冻结“尺寸层”“文字层”“填充层”与“其他层”等图层，此时平面图显示效果如图 15-38 所示。

Step02 ▸ 在无命令执行的前提下，夹点显示衣柜、窗、窗帘等构件，然后在“图层”控制下拉列表中选择“吊顶层”图层，并冻结“家具层”和“门窗层”等图层，结果如图 15-39 所示。

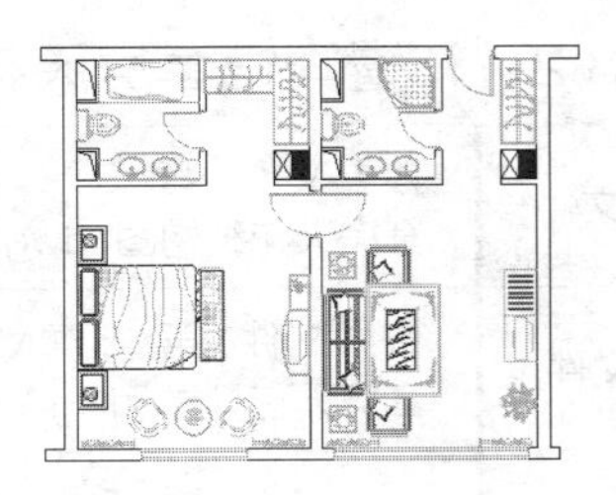

图 15-38

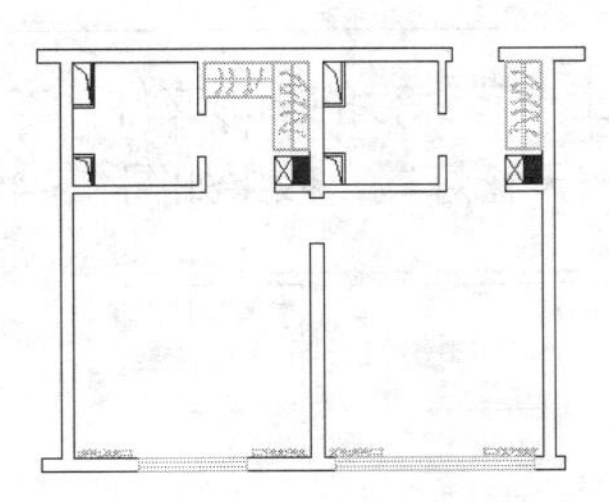

图 15-39

Step03 ▸ 使用快捷命令“L”激活【直线】命令，配合“端点”捕捉功能绘制门洞位置的轮廓线，结果如图 15-40 所示。

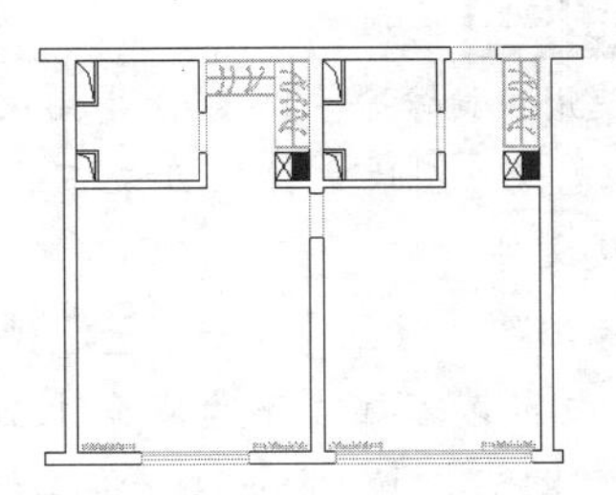

图 15-40

Step04 ▸ 使用快捷命令“X”激活【分解】命令，再次选择衣柜图块，按 Enter 键确认将其分解，然后删除不需要的对象，并将修改后的图线放到“吊顶层”图层，结果如图 15-41 所示。

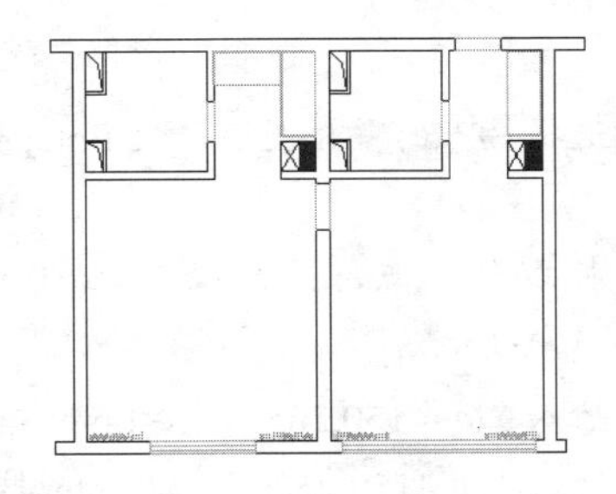

图 15-41

Step05 ▸ 使用【直线】和【矩形】命令，根据图示尺寸，绘制如图 15-42 所示的矩形和示意线。

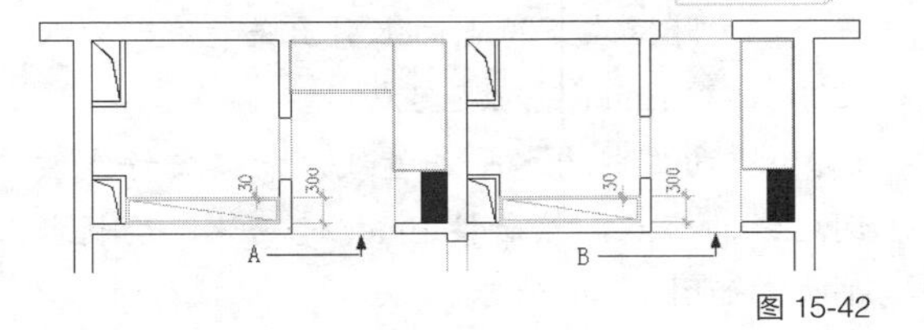

图 15-42

Step06 ▸ 使用快捷命令“O”激活【偏移】命令，将水平轮廓线 B 向上偏移 740 和 1480 个绘图单位，将水平轮廓线 A 向上偏移 810 个绘图单位，作为吊顶轮廓线，结果如图 15-43 所示。

Step07 ▸ 使用快捷命令“H”打开【图案填充和渐变色】对话框，设置填充图案及参数，如图 15-44 所示。

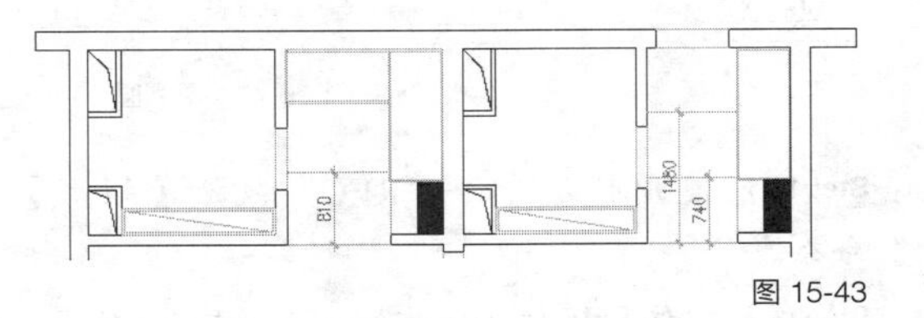

图 15-43

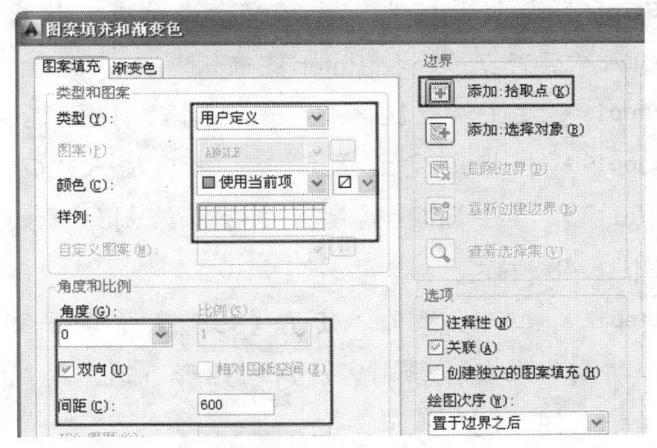

图 15-44

Step08 ▸ 单击“添加：拾取点”按钮返回绘图区，分别在两个卫生间天花单击拾取填充区域，然后按 Enter 键返回【图案填充和渐变色】对话框，单击 确定 按钮进行填充，结果如图 15-45 所示。

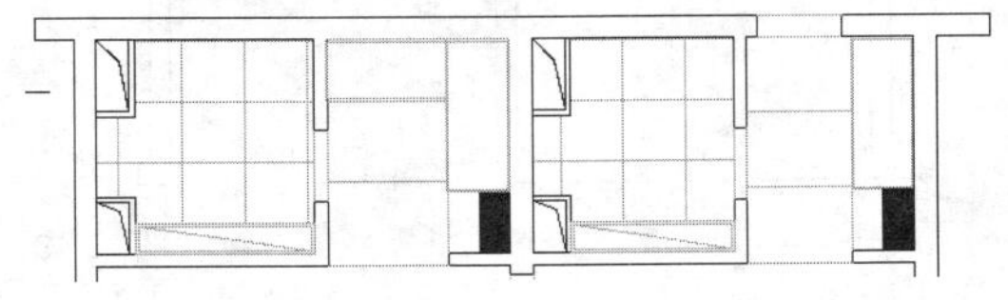

图 15-45

Step09 ▸ 使用快捷命令“XL”激活【构造线】

命令，由卧室左下角点向上引出矢量线，输入“200”，按 Enter 键确定起点。

Step10 ▸ 向右引出水平矢量线，捕捉矢量线右侧墙线的交点，然后按 Enter 键确认，绘制水平线，如图 15-46 所示。

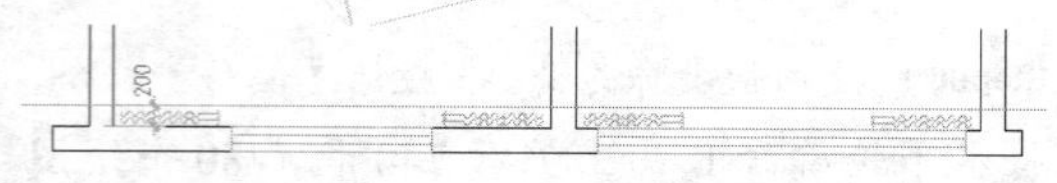

图 15-46

Step11 ▸ 使用快捷命令“TR”激活【修剪】命令，以墙线作为修剪边，对构造线进行修剪，将其编辑为窗帘盒轮廓线，结果如图 15-47 所示。

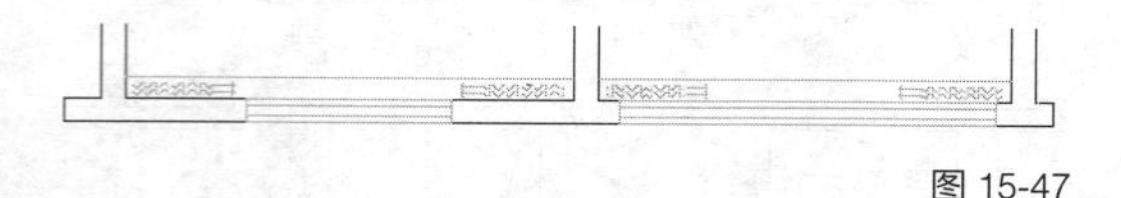

图 15-47

Step12 ▸ 使用快捷命令“REC”激活【矩形】命令。

Step13 ▸ 按住 Shift 键单击右键，选择“自”功能。

Step14 ▸ 捕捉卧室左下方窗帘盒左端点，然后输入“@75,75”，按 Enter 键确认。

Step15 ▸ 按住 Shift 键单击右键，选择“自”功能。

Step16 ▸ 捕捉卧室右上角点，然后输入“@-400,-75”，按 Enter 键结束命令，绘制结果如图 15-48 所示。

Step17 ▸ 上一步操作，使用【矩形】命令并配合“自”功能，绘制客厅内的矩形吊顶，绘制结果如图 15-37 所示。

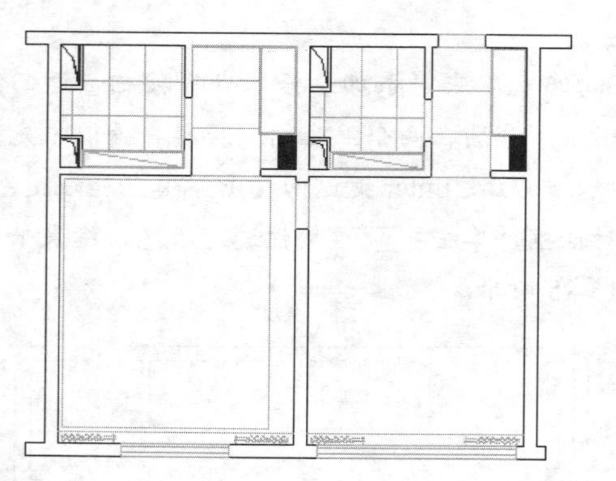

图 15-48

Step18 ▸ 至此，宾馆套房天花吊顶图绘制完毕，将该图形命名保存。

15.3.2 布置宾馆套房天花灯具

素材文件	效果文件\第 15 章\绘制宾馆套房天花结构图 .dwg
效果文件	效果文件\第 15 章\布置宾馆套房天花灯具 .dwg
视频文件	专家讲堂\第 15 章\布置宾馆套房天花灯具 .swf

打开上一节保存的图形文件，本节继续布置宾馆套房天花灯具，效果如图 15-49 所示。

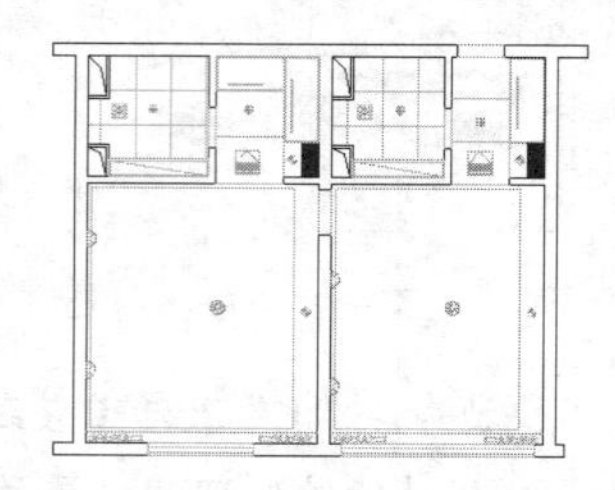

图 15-49

操作步骤

Step01 ▸ 使用快捷命令“I”激活【插入】命令，选择随书光盘“图块文件”目录下的“壁灯 .dwg”图块文件。

Step02 ▸ 采用默认设置，单击 确定 按钮返回绘图区，由宾馆客厅左下角点向上引出矢量线，输入“815”，按 Enter 键，将其插入客厅天花位置，结果如图 15-50 所示。

Step03 ▸ 使用快捷命令“CO”激活【复制】命令。

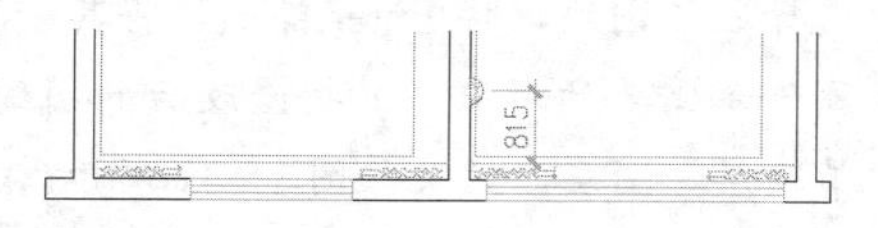

图 15-50

Step04 ▸ 选择插入的壁灯图块，按 Enter 键结束选择。

Step05 ▸ 拾取任一点，然后输入“@0,1870”，按 Enter 键确认。

Step06 ▸ 输入“@-4150,265”，按 Enter 键确认。

Step07 ▸ 输入“@-4150,2580”，按 Enter 键确认。

Step08 ▸ 按 Enter 键结束命令，复制结果如图 15-51 所示。

Step09 ▸ 使用快捷命令“I”激活【插入】命令，选择随书光盘“图块文件”目录下的“石英

灯 .dwg”图块文件。

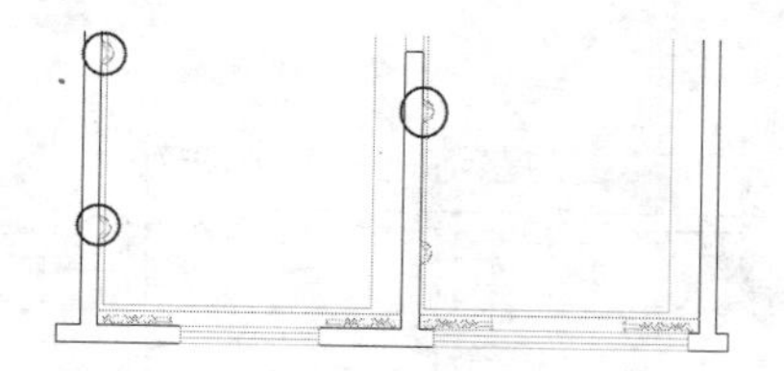

图 15-51

Step10 ▸ 采用默认设置，单击 确定 按钮返回绘图区，按住 Shift 键同时单击鼠标右键，选择“自”功能。

Step11 ▸ 捕捉宾馆卧室吊顶轮廓线的右上端点，输入“@200，-2190”，按 Enter 键确认，将其插入卧室天花位置。

Step12 ▸ 使用快捷命令“CO”激活【复制】命令。

Step13 ▸ 选择插入的“石英灯 .dwg”图块，按 Enter 键结束选择。

Step14 ▸ 拾取任一点，然后输入“@3850,10”，按 Enter 键确认。

Step15 ▸ 按 Enter 键结束命令，将其复制到客厅天花位置，结果如图 15-52 所示。

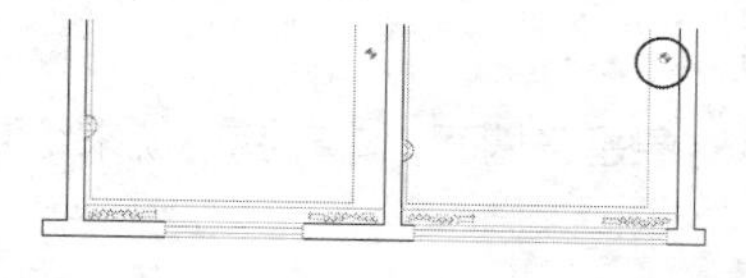

图 15-52

Step16 ▸ 使用快捷命令“I”激活【插入】命令，选择随书光盘“图块文件”目录下的“烟感探头 .dwg”图块文件。

Step17 ▸ 采用默认设置，单击 确定 按钮返回绘图区，按住 Shift 键同时单击鼠标右键，选择“自”功能。

Step18 ▸ 捕捉宾馆卧室右上端点，输入“@-1700，-2190”，按 Enter 键确认，将其插入卧室天花位置，插入结果如图 15-53 所示。

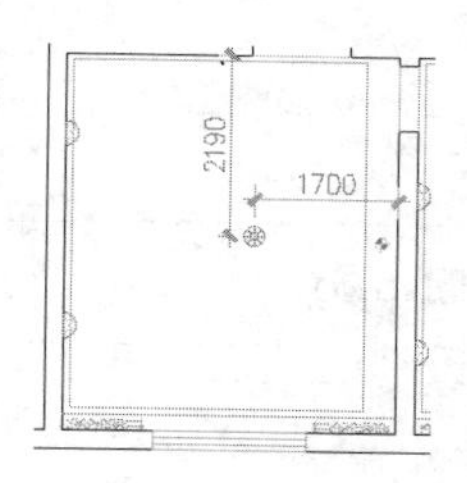

图 15-53

Step19 ▸ 使用快捷命令“CO”激活【复制】命令。

Step20 ▸ 选择插入的“烟感探头 .dwg”图块，按 Enter 键结束选择。

Step21 ▸ 拾取任一点，然后输入“@4000,0”，按 Enter 键确认。

Step22 ▸ 按 Enter 键结束命令，将其复制到客厅天花位置，结果如图 15-54 所示。

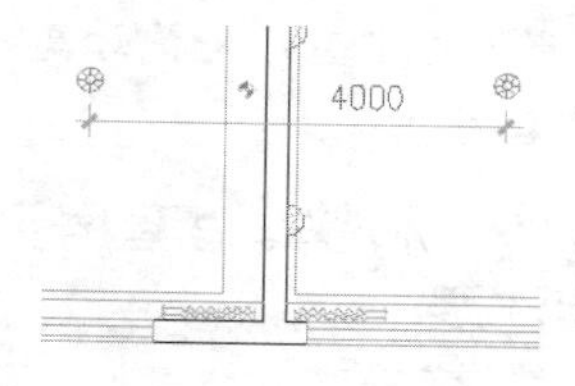

图 15-54

Step23 ▸ 执行【复制】命令，将在“石英灯 .dwg”图块分别复制到壁柜位置上，结果如图 15-55 所示。

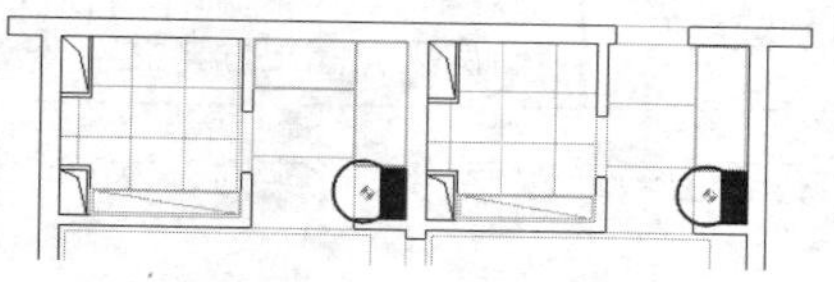

图 15-55

Step24 ▸ 使用快捷命令“I”激活【插入】命令，选择随书光盘“图块文件”目录下的“防雾筒灯 .dwg”图块文件，将其插入卫生间天花，然后使用【复制】命令将其复制到卫生间过道位置，效果如图 15-56 所示。

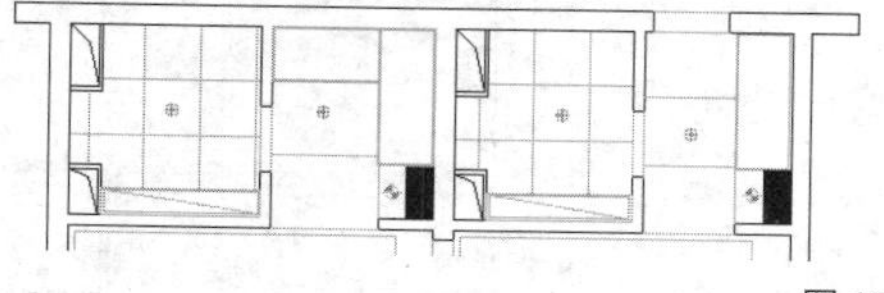

图 15-56

Step25 ▸ 使用相同的方法继续在卫生间天花插入“排气扇 .dwg”和“回风口与消防喇叭 .dwg”图块文件，插入结果如图 15-57 所示。

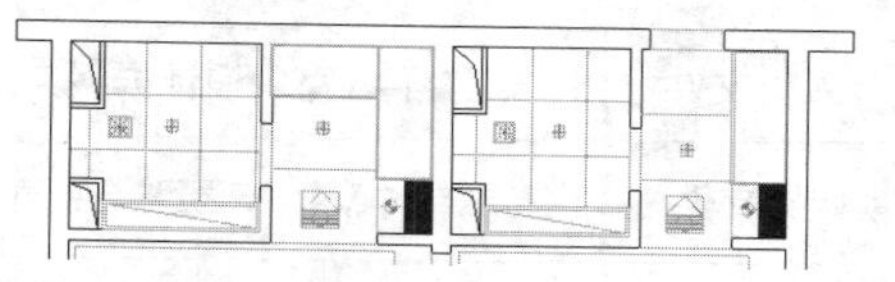

图 15-57

Step26 ▸ 使用快捷命令“REC”激活【矩形】命

令，在衣柜内部绘制宽度为 30 个绘图单位的矩形，作为行程灯轮廓线，结果如图 15-58 所示。

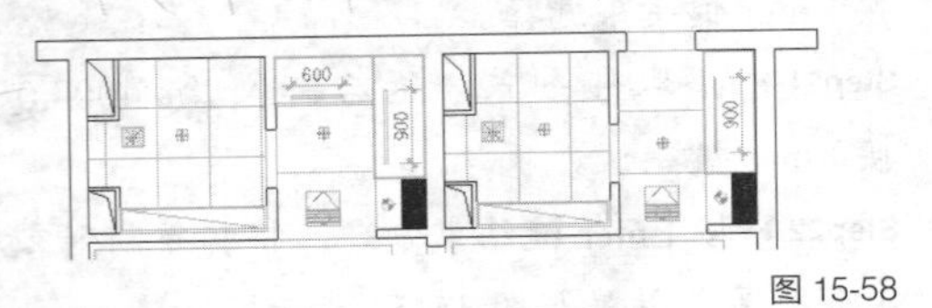

图 15-58

Step27 ▸ 至此，宾馆套房天花灯具布置完毕，将该图形命名保存。

15.3.3 标注宾馆套房天花图尺寸与文字注释

素材文件	效果文件 \ 第 15 章 \ 布置宾馆套房天花灯具 .dwg
效果文件	效果文件 \ 第 15 章 \ 标注宾馆套房天花图尺寸与文字 .dwg
视频文件	专家讲堂 \ 第 15 章 \ 标注宾馆套房天花图尺寸与文字 .swf

打开上一节保存的图形文件，本节继续标注宾馆套房天花尺寸与文字，效果如图 15-59 所示。

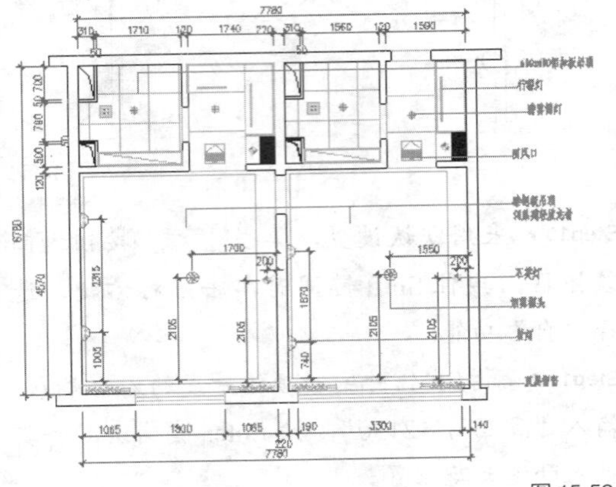

图 15-59

操作步骤

Step01 ▸ 标注宾馆套房天花尺寸。

Step02 ▸ 标注套房天花图文字。

详细的操作步骤请观看随书光盘中的视频文件“标注宾馆套房天花图尺寸与文字 .swf”。

15.4 绘制宾馆套房客厅 B 向立面图

在宾馆套房装修中，一般天花装修较简单，其主要装修对象是各墙面，本节我们就来绘制某宾馆套房客厅 B 向立面装修图，效果如图 15-60 所示。

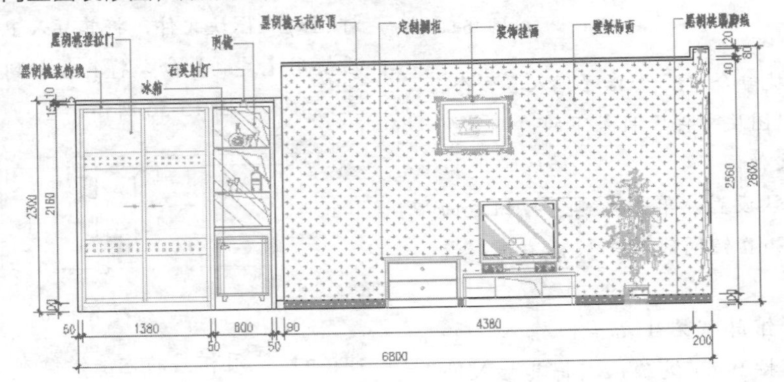

图 15-60

15.4.1 绘制宾馆套房客厅 B 向立面轮廓图

素材文件	样板文件 \ 室内设计样板文件 .dwt
效果文件	效果文件 \ 第 15 章 \ 绘制宾馆套房客厅 B 向立面轮廓图 .dwg
视频文件	专家讲堂 \ 第 15 章 \ 绘制宾馆套房客厅 B 向立面轮廓图 .swf

本节首先绘制宾馆套房客厅 B 向立面轮廓，效果如图 15-61 所示。

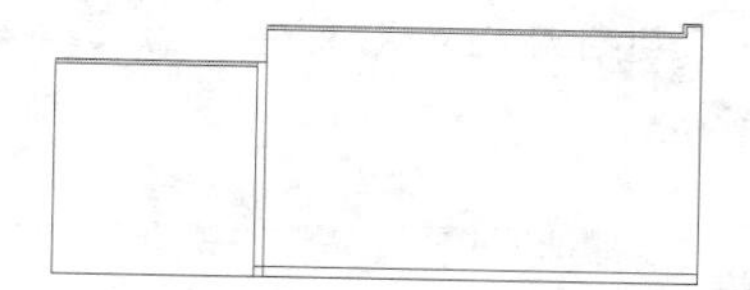

图 15-61

操作步骤

Step01 ▶ 以随书光盘“样板文件”目录下的“室内设计样板文件 .dwt”作为基础样板，新建空白文件。

Step02 ▶ 在“图层”控制下拉列表中设置“轮廓线”图层为当前图层。

Step03 ▶ 使用快捷命令“L”激活【直线】命令，在绘图区单击确定起点。

Step04 ▶ 输入“@0,2300”，按 Enter 键指定下一点。

Step05 ▶ 输入“@2220,0”，按 Enter 键指定下一点。

Step06 ▶ 输入“@0,400”，按 Enter 键指定下一点。

Step07 ▶ 输入“@4380,0”，按 Enter 键指定下一点。

Step08 ▶ 输入“@0,100”，按 Enter 键指定下一点。

Step09 ▶ 输入“@200,0”，按 Enter 键指定下一点。

Step10 ▶ 输入“@0,-2800”，按 Enter 键指定下一点。

Step11 ▶ 输入“C”，按 Enter 键结束命令，绘制结果如图 15-62 所示。

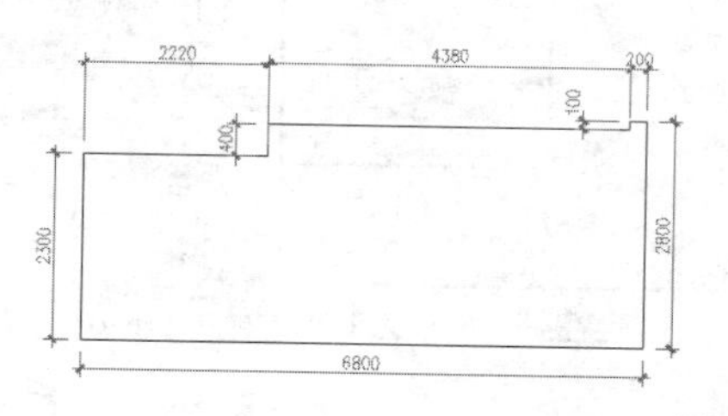

图 15-62

Step12 ▶ 使用快捷命令“O”激活【偏移】命令，将最左侧的垂直轮廓线向右偏移 2130、2220 个绘图单位；将右侧的垂直边向左偏移 160 个绘图单位；将最上侧的两条长水平边向下偏移 40 个绘图单位；将右上侧的短水边向下偏移 20 个绘图单位；将最下侧的水平边向上偏移 100 个绘图单位，结果如图 15-63 所示。

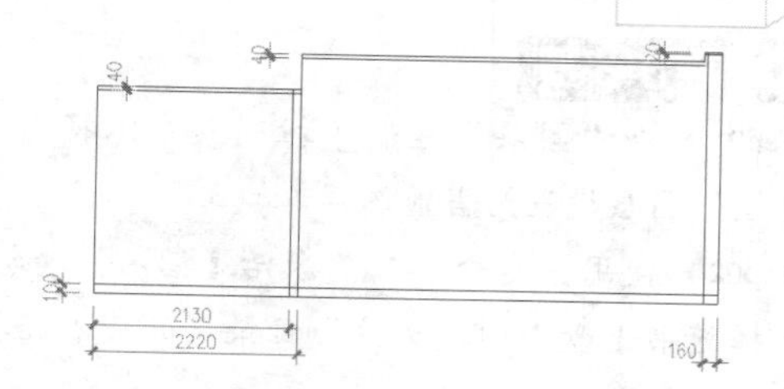

图 15-63

Step13 ▶ 使用快捷命令“TR”激活【修剪】命令，对偏移的各图线进行修剪，结果如图 15-64 所示。

Step14 ▶ 激活【偏移】命令，将水平边 A 和 B 分别向上偏移 15 和 30 个单位，作为线角示意线，然后夹点显示所偏移出的四条示意线，修改其颜色为 254 号色，效果如图 15-61 所示。

Step15 ▶ 至此，宾馆套房客厅 B 向立面轮廓图绘制完毕，将该图形命名保存。

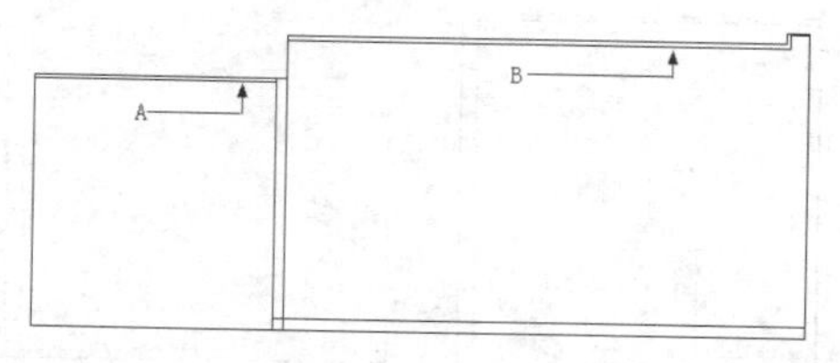

图 15-64

15.4.2　绘制宾馆套房客厅 B 向立面构件与壁纸

素材文件	效果文件 \ 第 15 章 \ 绘制宾馆套房客厅 B 向立面轮廓图 .dwt
效果文件	效果文件 \ 第 15 章 \ 绘制宾馆套房客厅 B 向立面构件与壁纸 .dwg
视频文件	专家讲堂 \ 第 15 章 \ 绘制宾馆套房客厅 B 向立面构件与壁纸 .swf

打开上一节保存的图形文件，本节继续绘制宾馆套房客厅 B 向立面构件与壁纸，效果如图 15-65 所示。

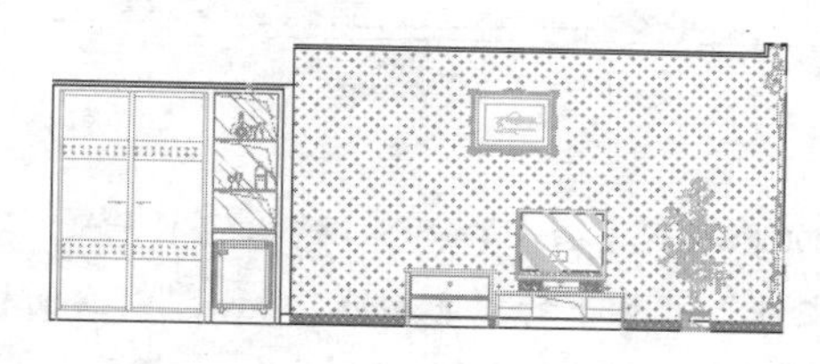

图 15-65

操作步骤

Step01 ▶ 在“图层”控制下拉列表中，将“家具层”图层设置为当前图层。

Step02 ▶ 使用快捷命令“I”激活【插入】命令，选择随书光盘“图块文件”目录下的“衣柜推拉门.dwg”图块文件。

Step03 ▶ 采用默认参数，返回绘图区，由立面图左下角点向右引出矢量线，输入“50”，按Enter键确认插入点，插入结果如图15-66所示。

Step04 ▶ 执行【插入】命令，选择随书光盘“图块文件”目录下的“酒水壁柜.dwg”文件。

Step05 ▶ 采用默认参数，返回绘图区，由衣柜推拉门右下角向右引出矢量线，输入“50”，按Enter键确认插入点，插入结果如图15-67所示。

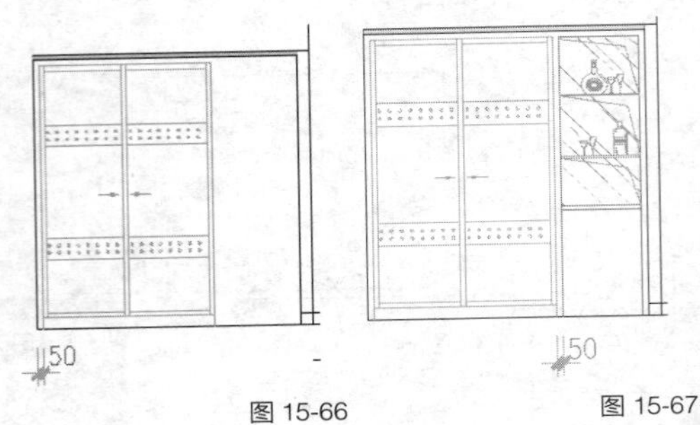

图15-66　　图15-67

Step06 ▶ 执行【插入】命令，选择随书光盘“图块文件”目录下的“立面电视及电视柜.dwg”文件。

Step07 ▶ 采用默认参数，返回绘图区，由酒水柜右下角向右引出矢量线，输入“1225”，按Enter键确认插入点，插入结果如图15-68所示。

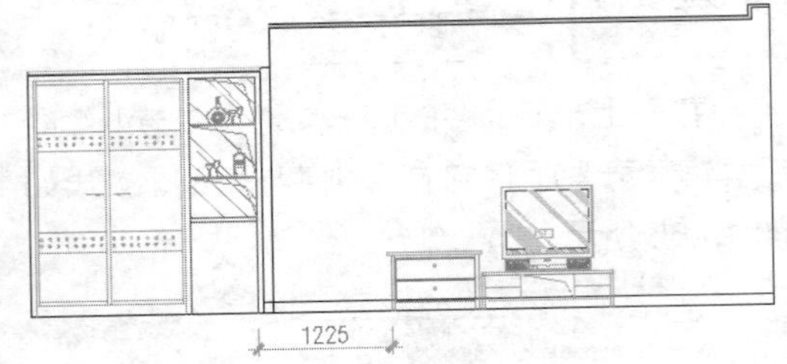

图15-68

Step08 ▶ 执行【插入】命令，选择随书光盘“图块文件”目录下的“立面冰箱.dwg”“立面植物03.dwg”“挂画01.dwg”“窗帘-剖.dwg”“石英射灯.dwg”文件，插入结果如图15-69所示。

图15-69

Step09 ▶ 使用快捷命令“MI”激活【镜像】命令，将窗帘图块进行垂直镜像，并删除源对象。

Step10 ▶ 使用快捷命令“SC”激活【缩放】命令，将镜像后的窗帘缩放1.2倍。

Step11 ▶ 创建名为“装饰线”的新图层，设置图层颜色为142号色，并将其设置为当前图层。

Step12 ▶ 执行【格式】/【线型】命令，加载一种名为“DOT”的线型，并将此线型设置为当前线型。

Step13 ▶ 在“图层”控制下拉列表中将“家具层”图层暂时冻结，使用快捷命令“H”打开【图案填充和渐变色】对话框，选择填充图案并设置填充参数，如图15-70所示。

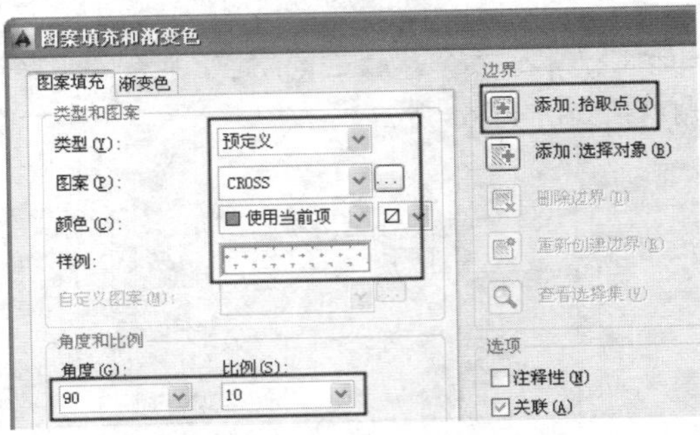

图15-70

Step14 ▶ 单击“添加：拾取点”按钮返回绘图区，在立面图右上区域单击拾取填充区域，然后按Enter键返回【图案填充和渐变色】对话框，单击 确定 按钮进行填充，结果如图15-71所示。

Step15 ▶ 使用相同的方法，重新设置填充图案与参数，如图15-72所示。

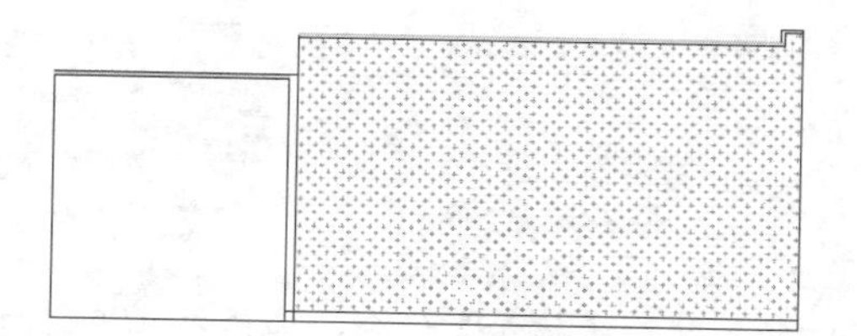

图 15-71

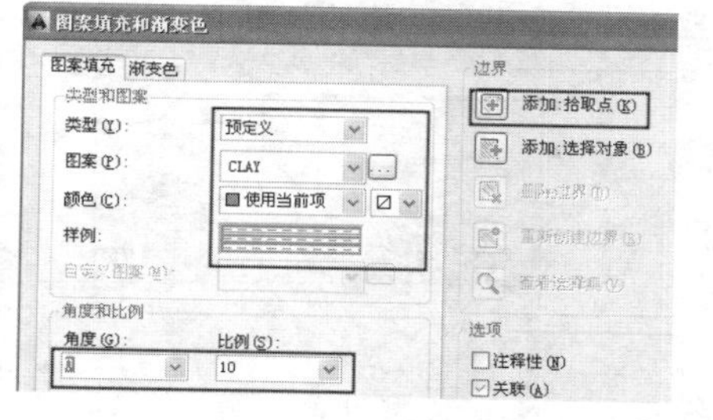

图 15-72

Step16 ▸ 对最下方踢脚线区域进行填充，结果如图 15-73 所示。

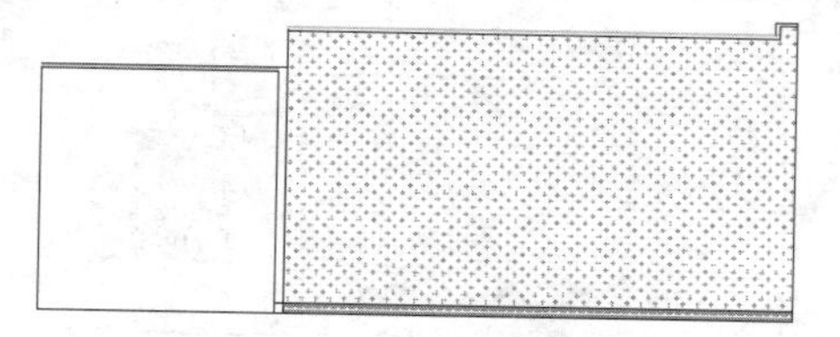

图 15-73

Step17 ▸ 解冻“家具层”图层，然后使用快捷命令“X”激活【分解】命令，将填充的图案分解。

Step18 ▸ 综合使用【修剪】和【删除】命令，将墙面被家具挡住的填充线进行删除，结果如图 15-65 所示。

Step19 ▸ 至此，套房客厅 B 向立面构件及墙面装饰线绘制完毕，将图形命名保存。

15.4.3　标注宾馆套房客厅 B 向立面图尺寸与文字

素材文件	效果文件 \ 第 15 章 \ 绘制宾馆套房客厅 B 向立面构件与壁纸 .dwt
效果文件	效果文件 \ 第 15 章 \ 标注宾馆套房客厅 B 向立面图尺寸与文字 .dwg
视频文件	专家讲堂 \ 第 15 章 \ 标注宾馆套房客厅 B 向立面图尺寸与文字 .swf

打开上一节保存的图形文件，本节继续标注宾馆套房客厅 B 向立面图尺寸与文字，效果如图 15-74 所示。

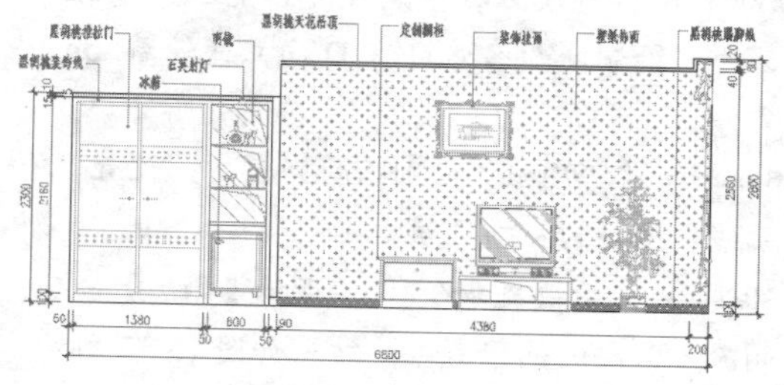

图 15-74

操作步骤

Step01 ▸ 标注立面图尺寸。

Step02 ▸ 标注套房客厅 B 向墙面文字。

详细的操作步骤请观看随书光盘中的视频文件“标注宾馆套房客厅 B 向立面图尺寸与文字 .swf”。

15.5　绘制宾馆套房卧室 D 向立面图

本节继续绘制宾馆套房房卧室 D 向装饰立面图，效果如图 15-75 所示。

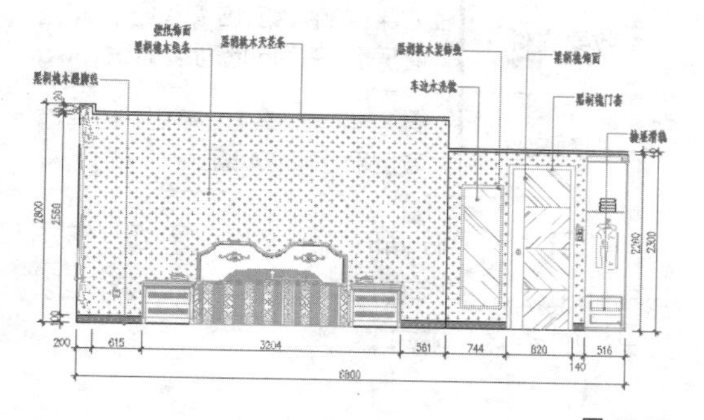

图 15-75

15.5.1　绘制宾馆套房卧室 D 向立面图

素材文件	效果文件 \ 第 15 章 \ 标注宾馆套房客厅 B 向立面图尺寸与文字 .dwg
效果文件	效果文件 \ 第 15 章 \ 绘制宾馆套房卧室 D 向立面图 .dwg
视频文件	专家讲堂 \ 第 15 章 \ 绘制宾馆套房卧室 D 向立面图 .swf

打开上一节绘制并存储的“标注宾馆套房

客厅 B 向立面图尺寸与文字 .dwg”图形文件，下面在该图的基础上绘制宾馆套房卧室 D 向立面图，效果如图 15-76 所示。

图 15-76

操作步骤

Step01▶ 打开上节存储的“标注宾馆套房客厅 B 向立面图尺寸与文字 .dwg”。

Step02▶ 执行【另存为】命令，将图形另名存储为“绘制宾馆套房卧室 D 向立面轮廓 .dwg”文件。

Step03▶ 在“图层”控制下拉列表中，设置“轮廓线”图层为当前图层。

Step04▶ 使用快捷命令“E”激活【删除】命令，删除不需要的图形对象，结果如图 15-77 所示。

Step05▶ 使用快捷命令“MI”激活【镜像】命令，将图形对象进行水平镜像，并删除源对象，效果如图 15-78 所示。

Step06▶ 使用快捷命令“EX”激活【延伸】命令，对下侧的踢脚线和上侧的线角示意线进行延伸，结果如图 15-79 所示。

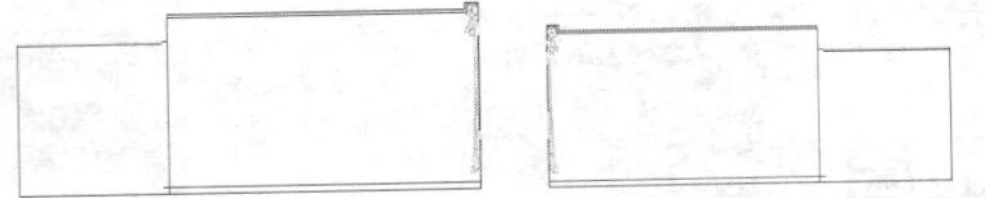

图 15-77　　图 15-78

Step07▶ 在“图层”控制下拉列表中将“家具层”图层设置为当前图层。

Step08▶ 使用快捷命令“I”激活【插入】命令，选择随书光盘“图块文件”目录下的“床柜立面组合 .dwg”文件。

Step09▶ 采用默认参数，返回绘图区，由立面图左下角点向右引出矢量线，输入“815”，按 Enter 键确认插入点，插入结果如图 15-80 所示。

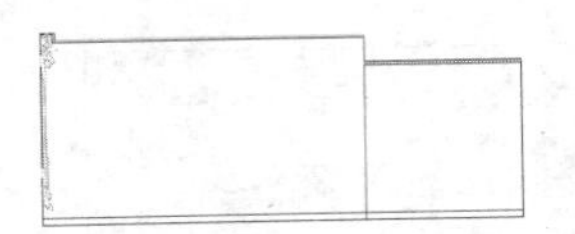

图 15-79

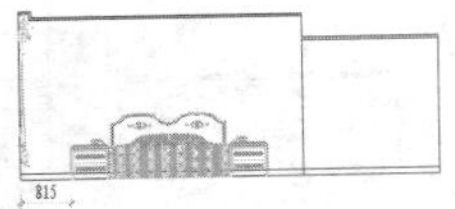

图 15-80

Step10▶ 执行【插入】命令，选择“衣柜剖面图 .dwg”和“宾馆套房立面门 .dwg”文件，将其插入里面图中，效果如图 15-81 所示。

图 15-81

Step11▶ 执行【插入】命令，继续插入“开关 .dwg”和“插座 .dwg”图块文件，插入结果如图 15-82 所示。

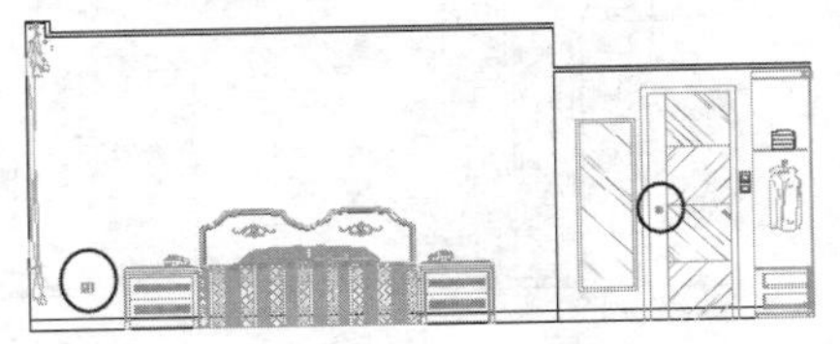

图 15-82

Step12▶ 使用快捷命令“TR“激活【修剪】命令，将下侧被挡住的踢脚线进行修剪，结果如图 15-76 所示。

Step13▶ 至此，宾馆套房卧室 D 向立面图绘制完毕，将该图形命名保存。

15.5.2 绘制宾馆套房卧室 D 向墙面装饰线

素材文件	效果文件 \ 第 15 章 \ 绘制宾馆套房卧室 D 向立面图 .dwg
效果文件	效果文件 \ 第 15 章 \ 绘制宾馆套房卧室 D 向墙面装饰线 .dwg
视频文件	专家讲堂 \ 第 15 章 \ 绘制宾馆套房卧室 D 向墙面装饰线 .swf

打开上一节存储的图形文件，下面在该图的基础上绘制宾馆套房卧室 D 向墙面装饰线，效果如图 15-83 所示。

图 15-83

操作步骤

Step01 ▸ 在“图层”控制下拉列表中，将“装饰线”图层设置为当前图层。

Step02 ▸ 使用【矩形】、【多段线】命令，分别沿着各立面构件外边缘绘制多段线边界，然后冻结“家具层”图层，图形的显示结果如图 15-84 所示。

Step03 ▸ 使用快捷命令“H”激活【图案填充】命令，设置填充图案及填充参数，如图 15-85 所示。

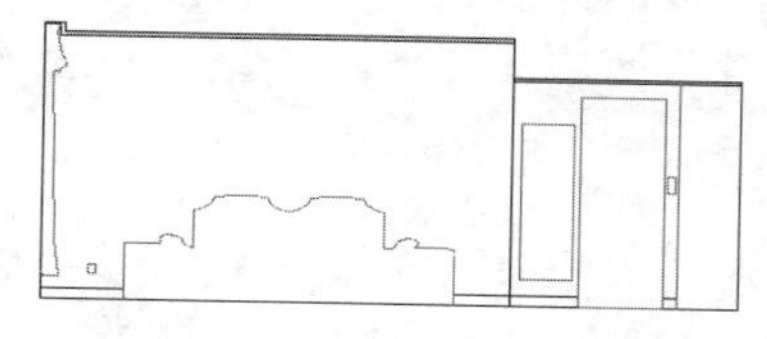

图 15-84

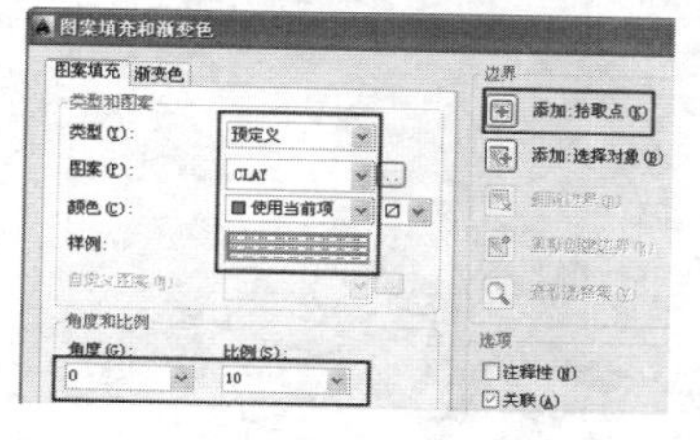

图 15-85

Step04 ▸ 单击“添加：拾取点”按钮返回绘图区，在下面踢脚线位置单击拾取填充区域，然后按 Enter 键返回【图案填充和渐变色】对话框，单击 确定 按钮进行填充，结果如图 15-86 所示。

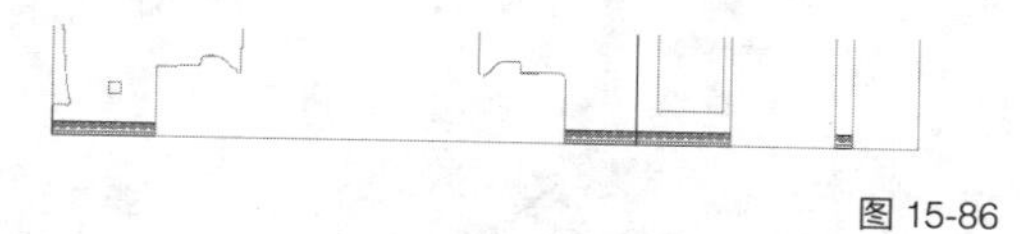

图 15-86

Step05 ▸ 使用快捷命令“H”激活【图案填充】命令，设置填充图案及填充参数，如图 15-87 所示。

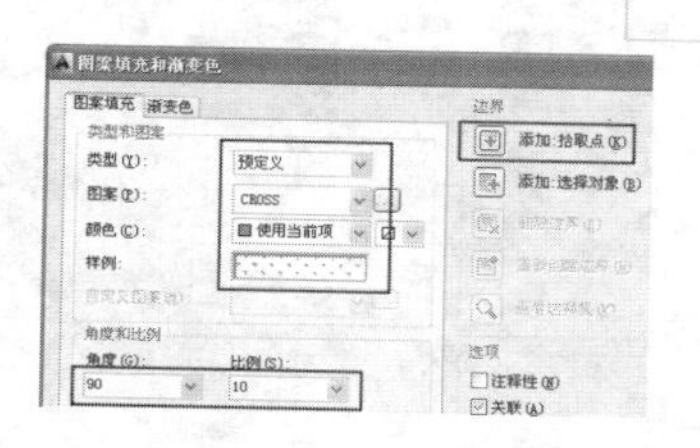

图 15-87

Step06 ▸ 单击“添加：拾取点”按钮返回绘图区，在墙面位置单击拾取填充区域，然后按 Enter 键返回【图案填充和渐变色】对话框，单击 确定 按钮进行填充，结果如图 15-88 所示。

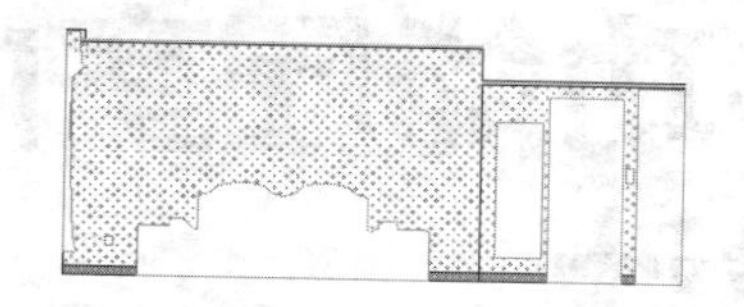

图 15-88

Step07 ▸ 删除填充边界线，然后解冻“家具层”图层，立面图的显示结果如图 15-83 所示。

Step08 ▸ 至此，宾馆套房卧室 D 向立面构件及墙面装饰线绘制完毕，将该图形命名保存。

15.5.3　标注宾馆套房卧室 D 向文字与尺寸

素材文件	效果文件 \ 第 15 章 \ 绘制宾馆套房卧室 D 向墙面装饰线 .dwg
效果文件	效果文件 \ 第 15 章 \ 标注宾馆套房卧室 D 向文字与尺寸 .dwg
视频文件	专家讲堂 \ 第 15 章 \ 标注宾馆套房卧室 D 向文字与尺寸 .swf

打开上一节存储的图形文件，下面继续标注宾馆套房卧室 D 向文字注释与尺寸，效果如图 15-89 所示。详细操作步骤见光盘视频讲解文件。

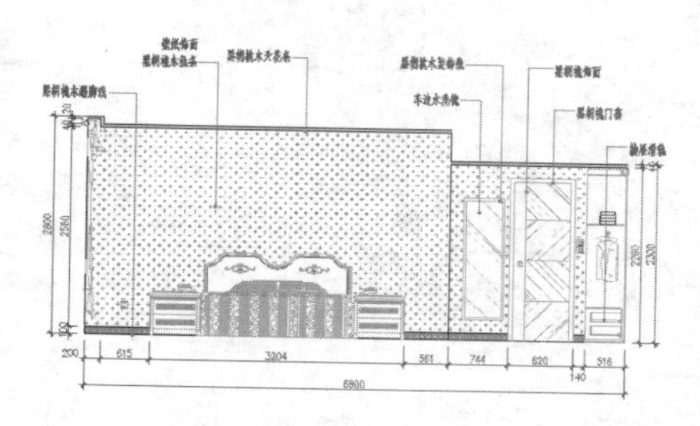

图 15-89

第 16 章 多功能厅室内设计

所谓“多功能厅”，指的就是包含多种功能的房厅。随着经济、社会的发展，在建筑方面出现较大变化，各个单位建设时，往往将会议厅改成具有多种功能的厅，兼顾报告厅、学术讨论厅、培训教室以及视频会议厅等。多功能厅经过合理的布置，并按所需增添各种功能，增设相应的设备和采取相应的技术措施，就能够达到多种功能的使用目的，实现现代化的会议、教学、培训和学术讨论。现在许多宾馆、酒店、会议展览中心以及大剧院、图书馆、博览中心，甚至学校都设有多功能厅，本章为某单位的多功能厅进行室内装修设计。

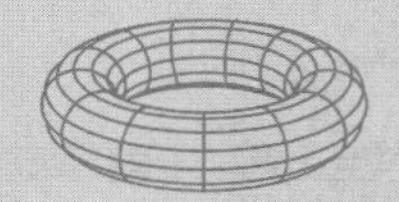

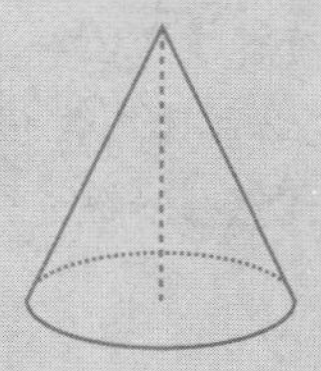

| 第 16 章 |

多功能厅室内设计

16.1 多功能厅室内设计理念与思路

多功能厅具有灵活多变的特点，在空间设计的过程中，必须对空间分割的合理性和科学性进行不断的分析，尽量利用开阔的空间，进行合理布局，使其具有较强的序列、秩序和变化，突出开阔、简洁、大方和朴素的设计理念。

另外，在规划与设计多功能厅时，还需要兼顾以下几个系统。

♦ 多媒体显示系统。多媒体显示系统由高亮度、高分辨率的液晶投影机和电动屏幕构成，完成对各种图文信息的大屏幕显示，以让各位置的人都能够更清楚地观看。

♦ A/V 系统。A/V 系统由算机、摄像机、DVD 机、VCR 机、MD 机、实物展台、调音台、话筒、功放、音箱、数字硬盘录像机等设备构成。完成对各种图文信息的播放功能，实现多功能厅的现场扩音、播音，配合大屏幕投影系统，提供优良的视听效果。

♦ 会议室环境系统。会议室环境系统由会议室的灯光（包括白炽灯、日光灯）、窗帘等设备构成，完成对整个会议室环境、气氛的改变，以自动适应当前的需要。譬如播放 DVD 时，灯光会自动变暗、窗帘自动关闭。

♦ 智能型多媒体中央控制系统。采用目前业内档次最高、技术最成熟、功能最齐全、用途最广的中央控制系统，实现多媒体电教室各种电子设备的集中控制。

在绘制并设计多功能厅时，可以参照如下思路。

（1）根据客户提供的房屋结构图，结合实地测量数据，绘制出多功能厅的建筑结构平面图。

（2）根据绘制的多功能厅建筑结构图以及需要发挥的多种使用功能，进行建筑空间的规划与布置，科学合理地绘制出多功能厅的平面布置图。

（3）根据绘制的多功能厅平面布置图，在其基础上快速绘制其天花装修图，重点在天花吊顶的表达以及天花灯具定位和布局。

（4）根据实际情况及需要，绘制出多功能厅的墙面装饰投影图，必要时附着文字说明。

16.2 绘制多功能厅平面布置图

多功能厅室内设计同样需要从平面布置图开始，其他设计图都是以该图为依据进行设计的，本节首先绘制多功能厅平面布置图，如图 16-1 所示。

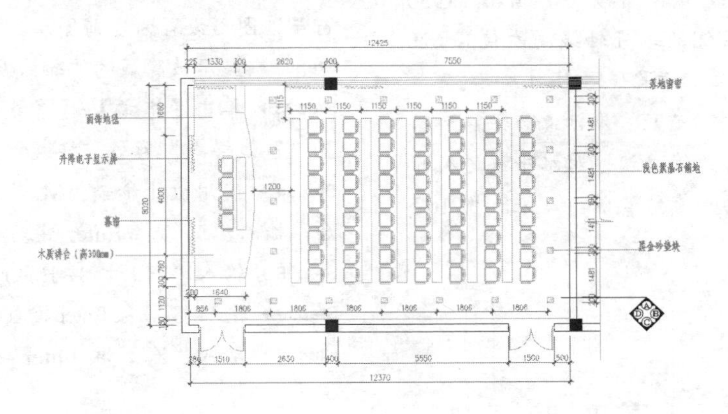

图 16-1

16.2.1 绘制多功能厅墙体结构图

素材文件	样板文件 \ 室内设计样板文件 .dwt
效果文件	效果文件 \ 第 16 章 \ 绘制多功能厅墙体结构图 .dwg
视频文件	专家讲堂 \ 第 16 章 \ 绘制多功能厅墙体结构图 .swf

本节首先绘制多功能厅墙体结构图，效果如图 16-2 所示。

操作步骤

1. 绘制多功能厅墙体轴线

Step01 ▶ 以随书光盘“样板文件”目录下的“室内设计样板文件 .dwt”作为基础样板，新建空白文件。

Step02 ▶ 在“图层”控制下拉列表中将“轴线层”图层设置为当前图层。

Step03 ▶ 使用快捷命令“REC”激活【矩形】命令，绘制长度为 13530 个绘图单位、宽度为 8260 个绘图单位的矩形作为基准轴线。

Step04 ▶ 使用快捷命令“X”激活【分解】命令，将绘制的矩形分解为 4 条独立的线段。

Step05 ▶ 使用快捷命令“M”激活【移动】命令，将矩形右侧垂直边向左移动 880 个绘图单位，结果如图 16-3 所示。

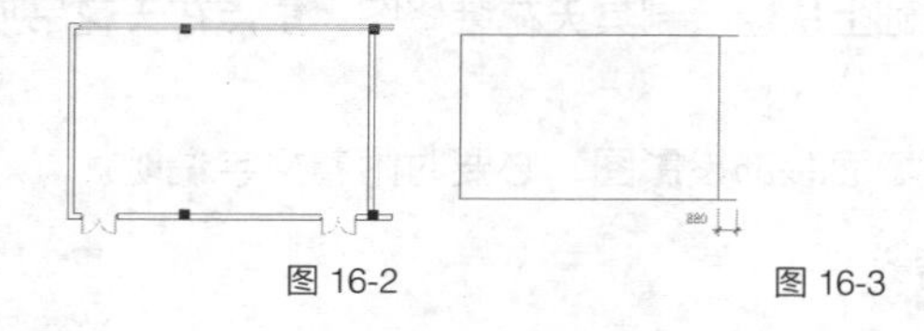

图 16-2　　图 16-3

Step06 ▶ 使用快捷命令“O”激活【偏移】命令，将左侧的垂直轴线向右偏移 330、440、1950 个绘图单位，将右侧的垂直轴线向左偏移 620 和 2120 个绘图单位，结果如图 16-4 所示。

Step07 ▶ 使用快捷命令“TR”激活【修剪】命令，以偏移出的图线作为修剪边，对水平线进行修剪，最后将偏移的垂直线删除，结果如图 16-5 所示。

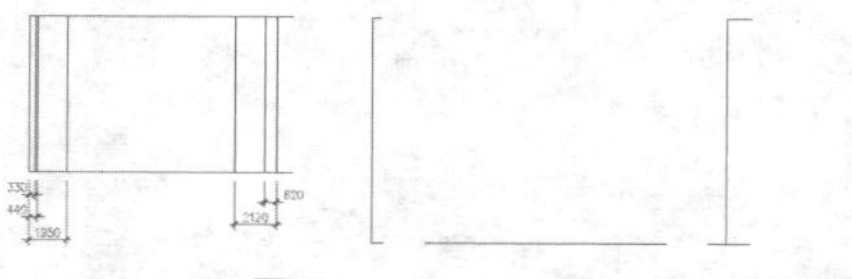

图 16-4　　图 16-5

2. 绘制墙线

Step01 ▶ 在“图层”控制下拉列表中，将“墙线层”图层设为当前图层。

Step02 ▶ 使用快捷命令“ML”激活【多线】命令，输入“S”，按 Enter 键激活“比例”选项。

Step03 ▶ 输入“240”，按 Enter 键设置比例。

Step04 ▶ 输入“J”，按 Enter 键激活“对正”选项。

Step05 ▶ 输入“Z”，按 Enter 键设置“无对正”方式。

Step06 ▶ 配合“端点”捕捉功能，分别捕捉各轴线的端点，绘制墙线，结果如图 16-6 所示。

Step07 ▶ 暂时关闭“轴线层”图层，然后双击任意墙线打开【多线编辑工具】对话框，单击“T 形合并”按钮返回绘图区，单击最右侧的垂直墙线，再单击与其 T 形相交的水平墙线，对这两个墙线进行合并，结果如图 16-7 所示。

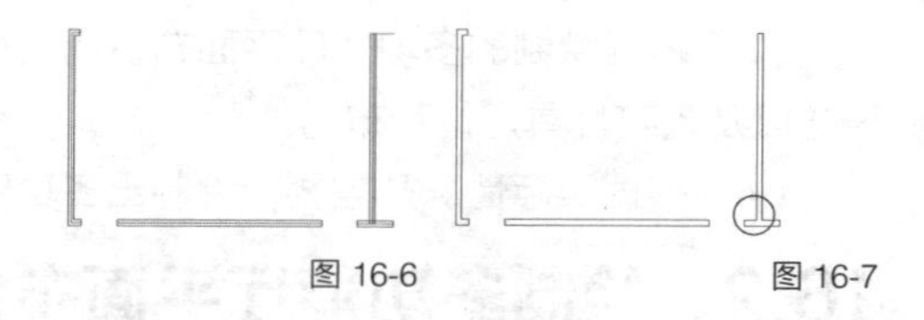

图 16-6　　图 16-7

3. 绘制门窗构件

Step01 ▶ 在“图层”控制下拉列表中，将“门窗层”图形设置为当前图层。

Step02 ▶ 显示被隐藏的“轴线层”图层。

Step03 ▶ 单击【格式】/【多线样式】命令，设置“窗线样式”为当前样式。

Step04 ▶ 使用快捷命令“ML”激活【多线】命令，输入“S”，按 Enter 键激活“比例”选项。

Step05 ▶ 输入“240”，按 Enter 键设置比例。

Step06 ▶ 输入“J”，按 Enter 键激活“对正”选项。

Step07 ▶ 输入“Z”，按 Enter 键设置“无对正”方式。

Step08 ▶ 捕捉左上方水平轴线的右端点，继续捕捉右侧水平轴线的右端点，然后按 Enter 键确认，绘制窗线，结果如图 16-8 所示。

图 16-8

Step09 ▸ 使用快捷命令“I”激活【插入】命令，选择随书光盘“图块文件”目录下的“双开门 -01.dwg”图块文件，并设置块参数，将其插入中间墙的门洞位置，如图 16-9 所示。

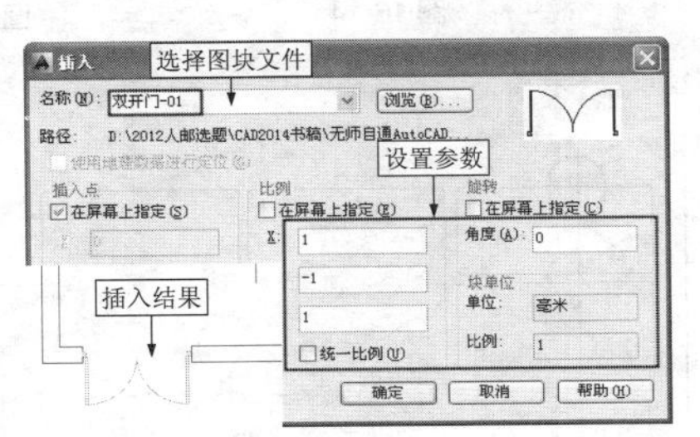

图 16-9

Step10 ▸ 使用快捷命令“MI”激活【镜像】命令，以下墙线的中点作为镜像轴，将插入的双开门镜像到另一边门洞，结果如图 16-10 所示。

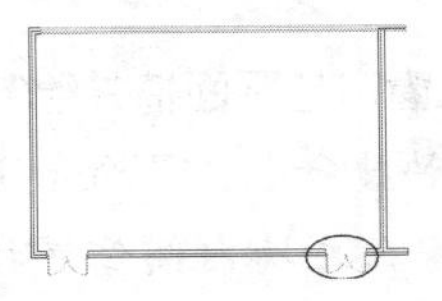

图 16-10

4. 绘制立柱轮廓

Step01 ▸ 关闭“轴线层”图层，将“其他层”图层设置为当前图层。

Step02 ▸ 使用快捷命令“REC”激活【矩形】命令，配合“交点”捕捉和“延伸”捕捉功能，在右侧墙线和窗线交叉位置绘制长为 400 个绘图单位、宽为 400 个绘图单位的矩形，作为柱子轮廓线，如图 16-11 所示。

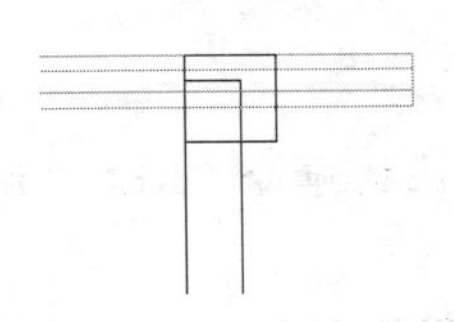

图 16-11

Step03 ▸ 使用快捷命令“H”激活【图案填充】命令，为矩形填充名为“SOLID”的图案，结果如图 16-12 所示。

Step04 ▸ 使用快捷命令“CO”激活【复制】命令，以“窗口选择”方式选择矩形柱。

Step05 ▸ 按 Enter 键确认，然后拾取任一点作为基点。

Step06 ▸ 输入“@-7950,0”，按 Enter 键确认。

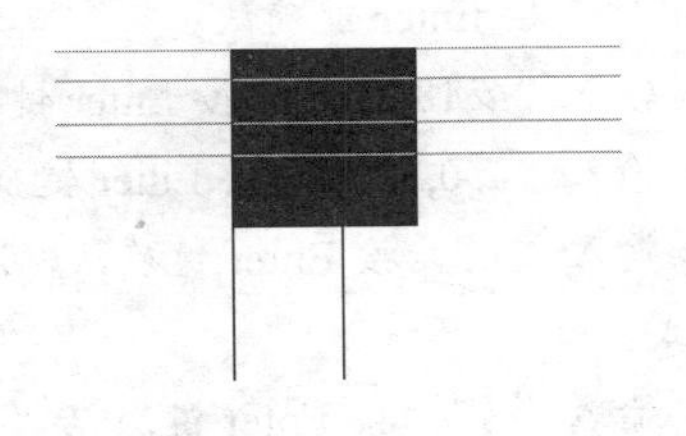

图 16-12

Step07 ▸ 输入“@-7950,-8100”，按 Enter 键确认。

Step08 ▸ 输入“@0,-8100”，按 Enter 键确认。

Step09 ▸ 按 Enter 键结束命令，复制结果如图 16-2 所示。

Step10 ▸ 至此，多功能厅墙体结构图绘制完毕，将该图形命名保存。

16.2.2　绘制多功能厅布置图

素材文件	效果文件 \ 第 16 章 \ 绘制多功能厅墙体结构图 .dwg
效果文件	效果文件 \ 第 16 章 \ 绘制多功能厅布置图 .dwg
视频文件	专家讲堂 \ 第 16 章 \ 绘制多功能厅布置图 .swf

打开上一节保存的图形文件，本节继续在上一节图形的基础上绘制多功能厅布置图，效果如图 16-13 所示。

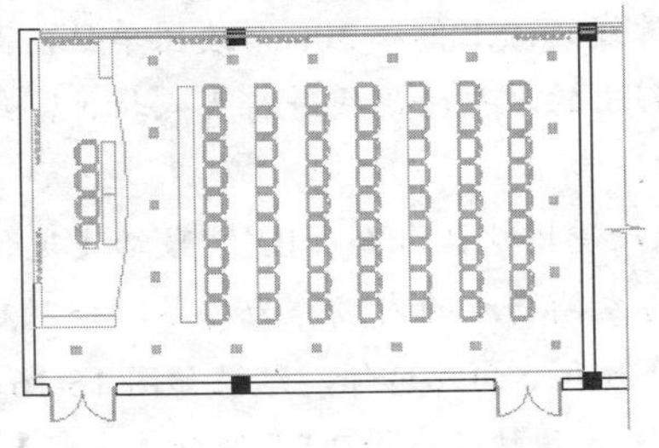

图 16-13

操作步骤

1. 绘制主席台结构线

Step01 ▸ 在“图层”控制下拉列表中，将“家具线”图层设置为当前图层。

Step02 ▸ 使用快捷命令“PL”激活【多段线】命令，按住 Shift 键同时单击鼠标右键，选择“自”功能。

Step03 ▸ 捕捉多功能厅内左下角点，然后输入“@0,1300”，按 Enter 键确认。

Step04 ▸ 输入“@1840,0”，按 Enter 键确认。

Step05 ▸ 输入“@0,300”，按 Enter 键确认。

Step06 ▸ 输入“A”，按 Enter 键确认，激活“画弧”模式。

Step07 ▸ 输入“S”，按 Enter 键激活“第 2 点”选项。

Step08 ▸ 输入“@300,2760”，按 Enter 键确认。

Step09 ▸ 输入“@-300,2760”，按 Enter 键确认。

Step10 ▸ 输入“L”，按 Enter 键激活“直线”模式。

Step11 ▸ 输入“@-300,0”，按 Enter 键确认。

Step12 ▸ 输入“@0,900”，按 Enter 键确认。

Step13 ▸ 输入“@-1340,0”，按 Enter 键确认。

Step14 ▸ 输入“@0,-1660”，按 Enter 键确认。

Step15 ▸ 输入“@-180,0”，按 Enter 键确认。

Step16 ▸ 输入“@0,-4000”，按 Enter 键确认。

Step17 ▸ 输入“@180,0”，按 Enter 键确认。

Step18 ▸ 输入“@0,-1060”，按 Enter 键确认。

Step19 ▸ 按 Enter 键结束命令，绘制结果如图 16-14 所示。

Step20 ▸ 使用快捷命令“X”激活【分解】命令，选择绘制的图线，按 Enter 键确认将其分解。

Step21 ▸ 使用快捷命令“O”激活【偏移】命令，将分解后的轮廓线 a 向右偏移 300 个绘图单位，将轮廓线 d 向上偏移 300 个绘图单位，并将最后偏移出的水平轮廓线进行夹点拉伸，结果如图 16-15 所示。

Step22 ▸ 使用快捷命令“EX”激活【延伸】命令，与左侧墙线的内线作为边界，分别对水平轮廓线 b 和 c 向左延伸，结果如图 16-16 所示。

Step23 ▸ 使用快捷命令“L”激活【直线】命令，配合捕捉和追踪功能，在右侧绘制垂直折断线，在距离下侧墙线内侧 180 个绘图单位绘制水平直线作为装饰线，如图 16-17 所示。

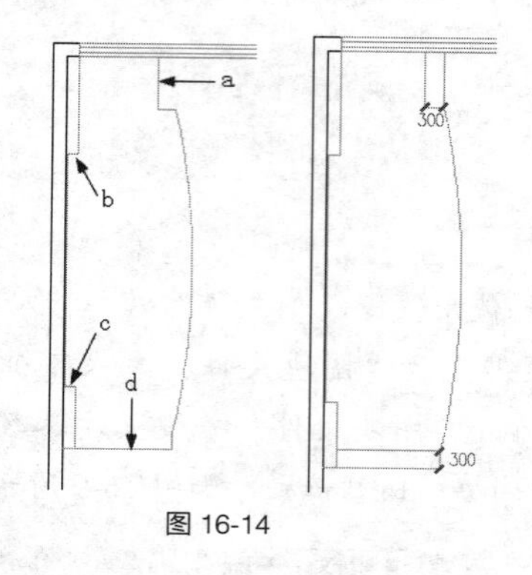

图 16-14　　图 16-15

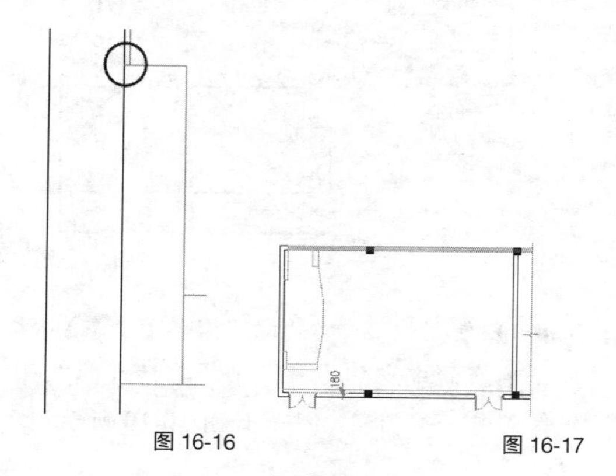

图 16-16　　图 16-17

2. 插入窗帘与平面椅并绘制长条桌

Step01 ▸ 使用快捷命令“I”激活【插入】命令，以默认参数，在左墙内侧位置插入随书光盘“图块文件”目录下的“窗帘 1.dwg”图块文件，插入结果如图 16-18 所示。

Step02 ▸ 综合使用【复制】、【旋转】、【移动】命令，分别创建其他位置的窗帘，结果如图 16-19 所示。

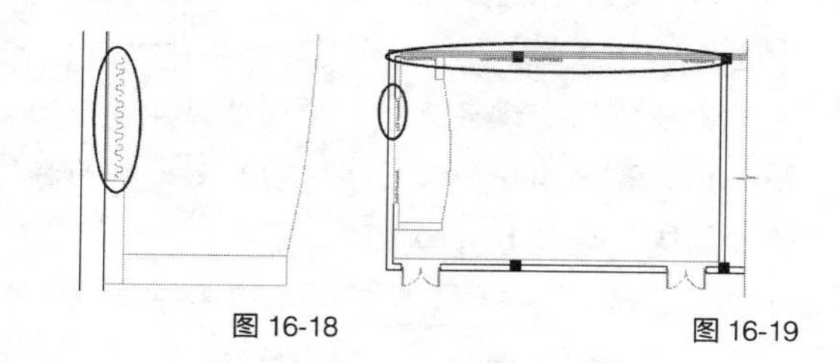

图 16-18　　图 16-19

Step03 ▸ 使用快捷命令“REC“激活【矩形】命令。

Step04 ▸ 按住 Shift 键同时单击鼠标右键，选择

"自"功能，捕捉主席台右下端点。

Step05 ▸ 输入"@1500,115"，按 Enter 键确认第 1 角点。

Step06 ▸ 输入"@315,5490"，按 Enter 键结束命令，绘制结果如图 16-20 所示。

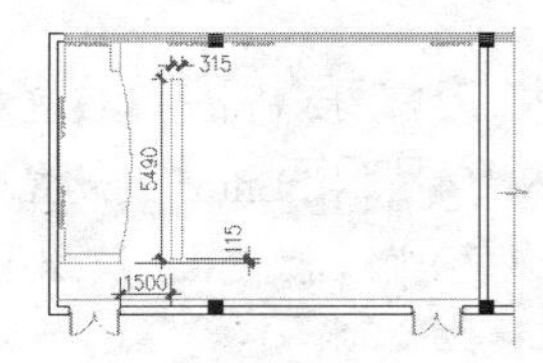

图 16-20

Step07 ▸ 使用快捷命令"I"激活【插入】命令，选择随书光盘"图块文件"目录下的"平面椅.dwg"图块文件。

Step08 ▸ 采用默认参数，单击确定按钮回到绘图区，按住 Shift 键同时单击鼠标右键，选择"自"功能，捕捉长条矩形桌的右下端点，然后输入"@255,259"，按 Enter 键确认，将其插入平面图。

3. 阵列复制平面椅

Step01 ▸ 使用快捷命令"AR"激活【阵列】命令，选择插入的平面椅图块文件，然后按 Enter 键确认。

Step02 ▸ 输入"COU"，按 Enter 键激活"计数"选项。

Step03 ▸ 输入"1"，按 Enter 键设置列数。

Step04 ▸ 输入"9"，按 Enter 键设置行数。

Step05 ▸ 输入"S"，按 Enter 键激活"间距"选项。

Step06 ▸ 输入"1"，按 Enter 键设置列间距。

Step07 ▸ 输入"622"，按 Enter 键设置行间距。

Step08 ▸ 按 Enter 键结束操作，阵列结果如图 16-21 所示。

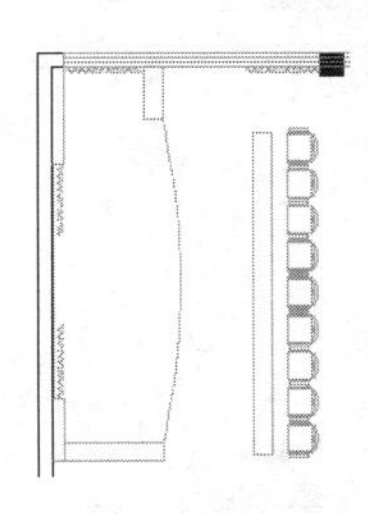

图 16-21

Step09 ▸ 执行【阵列】命令。

Step10 ▸ 选择所有平面椅图块文件，然后按 Enter 键确认。

Step11 ▸ 输入"COU"，按 Enter 键激活"计数"选项。

Step12 ▸ 输入"7"，按 Enter 键设置列数。

Step13 ▸ 输入"1"，按 Enter 键设置行数。

Step14 ▸ 输入"S"，按 Enter 键激活"间距"选项。

Step15 ▸ 输入"1150"，按 Enter 键设置列间距。

Step16 ▸ 输入"1"，按 Enter 键设置行间距。

Step17 ▸ 按 Enter 键结束操作，阵列结果如图 16-22 所示。

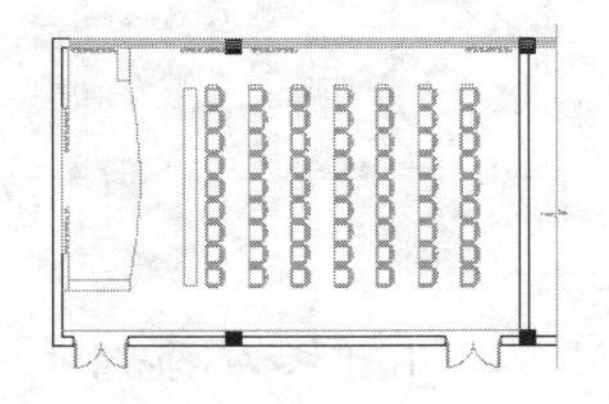

图 16-22

Step18 ▸ 使用快捷命令"REC"激活【矩形】命令，在主席台绘制两个矩形作为主席台的桌子。

Step19 ▸ 综合使用【复制】、【镜像】、【移动】命令，为主席台布置如图 16-23 所示的四人平面椅。

4. 插入嵌块

Step01 ▸ 使用快捷命令"I"激活【插入】命令，选择随书光盘"图块文件"目录下的"嵌块.dwg"文件，采用默认设置，单击确定按钮返回绘图区。

Step02 ▸ 按住 Shift 键同时单击鼠标右键，选择"自"功能，捕捉平面图下墙面装饰线的右端点，然后输入"@-518,518"，按 Enter 键确认，将其插入平面图，结果如图 16-24 所示。

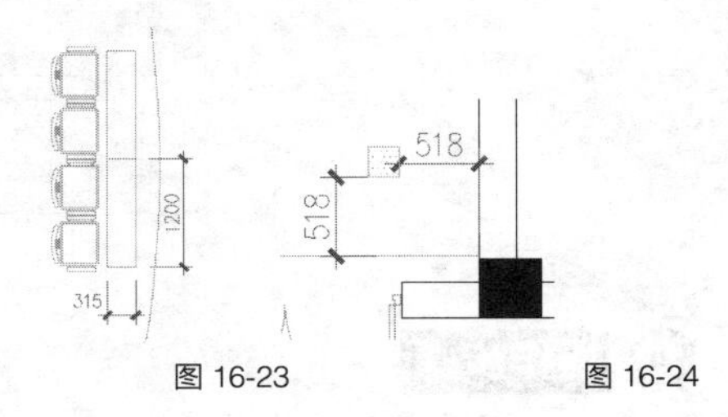

图 16-23　　图 16-24

Step03 ▸ 执行【阵列】命令。

Step04 ▸ 选择插入的嵌块图块文件，然后按

Enter 键确认。

Step05 ▸ 输入“COU”，按 Enter 键激活“计数”选项。

Step06 ▸ 输入“7”，按 Enter 键设置列数。

Step07 ▸ 输入“2”，按 Enter 键设置行数。

Step08 ▸ 输入“S”，按 Enter 键激活“间距”选项。

Step09 ▸ 输入“-1806”，按 Enter 键设置列间距。

Step10 ▸ 输入“6724”，按 Enter 键设置行间距。

Step11 ▸ 按 Enter 键结束操作，阵列结果如图 16-25 所示。

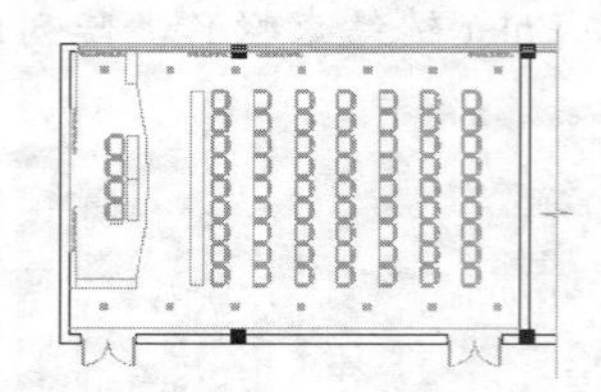

图 16-25

Step12 ▸ 删除左上侧的嵌块，然后重复执行【阵列】命令。

Step13 ▸ 选择插入的嵌块图块文件，然后按 Enter 键确认。

Step14 ▸ 输入“COU”，按 Enter 键激活“计数”选项。

Step15 ▸ 输入“2”，按 Enter 键设置列数。

Step16 ▸ 输入“4”，按 Enter 键设置行数。

Step17 ▸ 输入“S”，按 Enter 键激活“间距”选项。

Step18 ▸ 输入“-9029”，按 Enter 键设置列间距。

Step19 ▸ 输入“1681”，按 Enter 键设置行间距。

Step20 ▸ 按 Enter 键结束操作，阵列结果如图 16-13 所示。

Step21 ▸ 至此，多功能厅布置图绘制完毕，将该图形命名保存。

16.2.3 标注多功能厅布置图尺寸、文字与投影符号

素材文件	效果文件 \ 第 16 章 \ 绘制多功能厅布置图 .dwg
效果文件	效果文件 \ 第 16 章 \ 标注多功能厅布置图尺寸、文字与投影符号 .dwg
视频文件	专家讲堂 \ 第 16 章 \ 标注多功能厅布置图尺寸、文字与投影符号 .swf

打开上一节保存的图形文件，本节继续标注多功能厅布置图尺寸、文字与投影符号，对布置图进行完善，效果如图 16-26 所示。

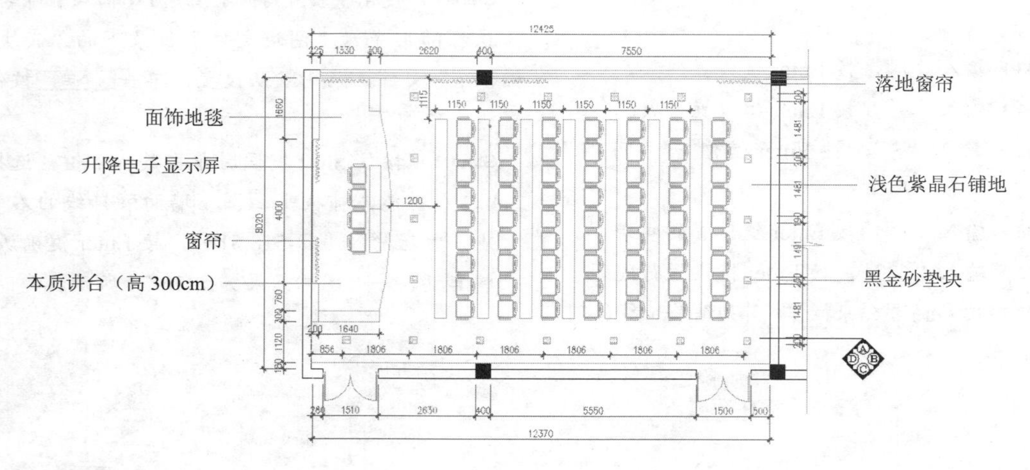

图 16-26

操作步骤

Step01 ▸ 标注布置图尺寸。

Step02 ▸ 标注布置图文字与墙面投影。

详细的操作步骤请观看随书光盘中的视频文件“标注多功能厅布置图尺寸、文字与投影符号 .swf”。

16.3　绘制多功能厅天花装修图

本节继续绘制多功能厅天花装修图，效果如图 16-27 所示。

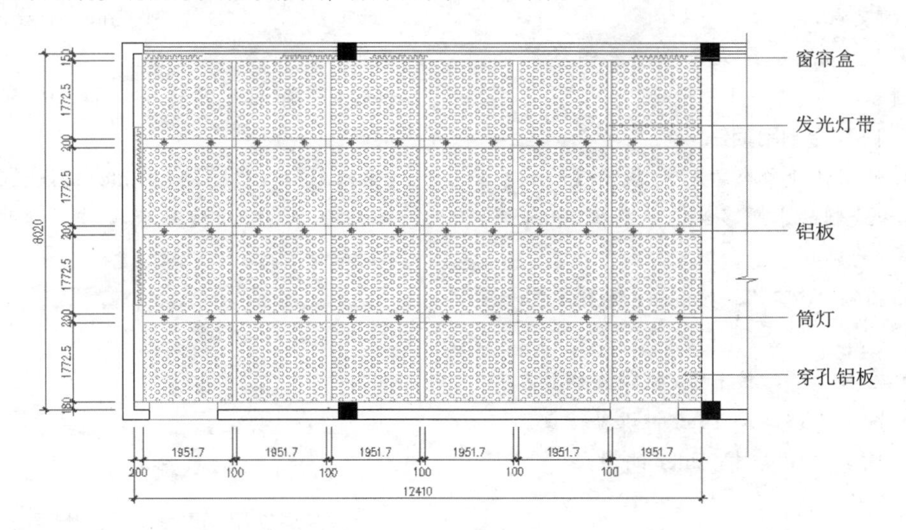

图 16-27

16.3.1　绘制多功能厅天花图

素材文件	效果文件 \ 第 16 章 \ 标注多功能厅布置图尺寸、文字与投影符号 .dwg
效果文件	效果文件 \ 第 16 章 \ 绘制多功能厅天花图 .dwg
视频文件	专家讲堂 \ 第 16 章 \ 绘制多功能厅天花图 .swf

打开上一节保存的图形文件，本节在该图形的基础上绘制多功能厅天花图，效果如图 16-28 所示。

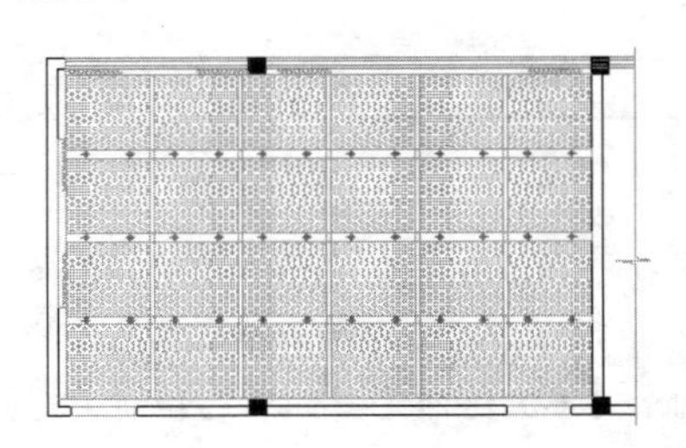

图 16-28

操作步骤

1. 绘制水平吊顶线

Step01 ▸ 在“图层”控制下拉列表中双击“吊顶层”图层，将此图层设置为当前图层。

Step02 ▸ 使用快捷命令“E”激活【删除】命令，删除其他需要的对象，结果如图 16-29 所示。

Step03 ▸ 选择窗帘等内部图形，将其放入“吊顶层”图层。

Step04 ▸ 使用快捷命令“L”激活【直线】命令，配合捕捉或追踪功能绘制门洞位置的轮廓线以及上方窗帘盒轮廓线，结果如图 16-30 所示。

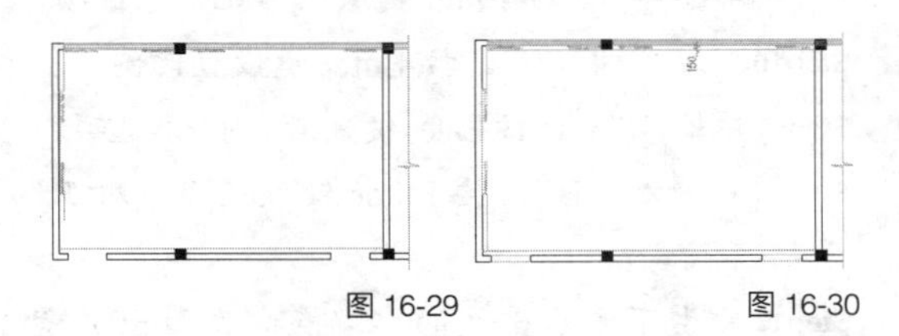

图 16-29　　图 16-30

Step05 ▸ 使用快捷命令“ML”激活【多线】命令，输入“S”，按 Enter 键激活“比例”选项。

Step06 ▸ 输入“200”，按 Enter 键设置比例。

Step07 ▸ 输入“J”，按 Enter 键激活“对正”选项。

Step08 ▸ 输入“B”，按 Enter 键设置“下对正”方式。

Step09 ▸ 按住 Shift 键单击右键，选择“自”功能。

Step10 ▸ 捕捉下方水平线的右端点，然后输入

"@0,1972.5"，按 Enter 键确认。

Step11 ▸ 水平向左引出矢量线，捕捉矢量线与左墙线的交点。

Step12 ▸ 按 Enter 键结束命令，绘制结果如图 16-31 所示。

2. 阵列复制吊顶线

Step01 ▸ 使用快捷命令"AR"激活【阵列】命令，选择绘制的水平多线，然后按 Enter 键确认。

Step02 ▸ 输入"COU"，按 Enter 键激活"计数"选项。

Step03 ▸ 输入"1"，按 Enter 键设置列数。

Step04 ▸ 输入"3"，按 Enter 键设置行数。

Step05 ▸ 输入"S"，按 Enter 键激活"间距"选项。

Step06 ▸ 输入"1"，按 Enter 键设置列间距。

Step07 ▸ 输入"1972.5"，按 Enter 键设置行间距。

Step08 ▸ 按 Enter 键结束操作，阵列结果如图 16-32 所示。

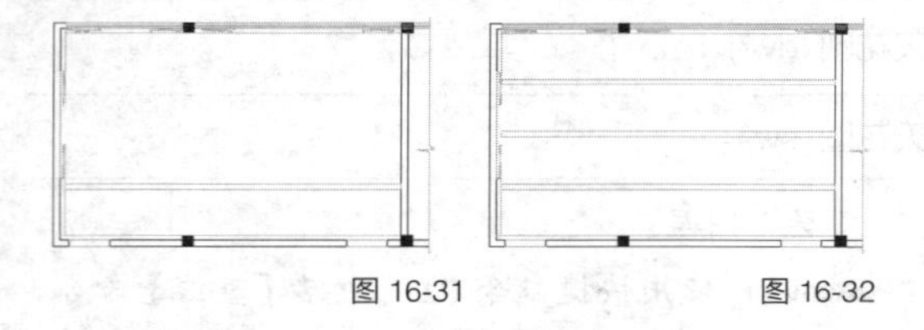

图 16-31　　图 16-32

Step09 ▸ 使用快捷命令"ML"激活【多线】命令，输入"S"，按 Enter 键激活"比例"选项。

Step10 ▸ 输入"100"，按 Enter 键设置比例。

Step11 ▸ 输入"J"，按 Enter 键激活"对正"选项。

Step12 ▸ 输入"B"，按 Enter 键设置"下对正"方式。

Step13 ▸ 由下方水平线的右端点向左引出矢量线，输入"11710/6"，按 Enter 键确认。

Step14 ▸ 垂直向上引出矢量线，捕捉矢量线与上窗帘盒线的交点。

Step15 ▸ 按 Enter 键结束命令，绘制结果如图 16-33 所示。

Step16 ▸ 使用快捷命令"AR"激活【阵列】命令，选择绘制的垂直多线，然后按 Enter 键确认。

Step17 ▸ 输入"COU"，按 Enter 键激活"计数"选项。

Step18 ▸ 输入"5"，按 Enter 键设置列数。

Step19 ▸ 输入"1"，按 Enter 键设置行数。

Step20 ▸ 输入"S"，按 Enter 键激活"间距"选项。

Step21 ▸ 输入"-2051.66"，按 Enter 键设置列间距。

Step22 ▸ 输入"1"，按 Enter 键设置行间距。

Step23 ▸ 按 Enter 键结束操作，阵列结果如图 16-34 所示。

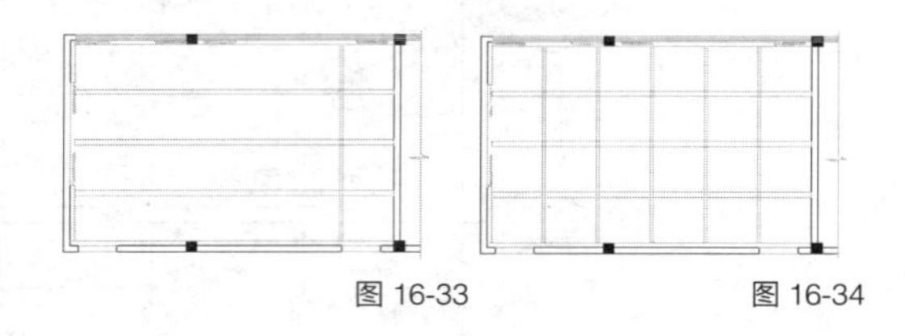

图 16-33　　图 16-34

3. 填充吊顶图案并添加灯具

Step01 ▸ 修改当前颜色为 132 号色，然后使用快捷命令"H"激活【图案填充】命令，选择填充图案并设置参数，如图 16-35 所示。

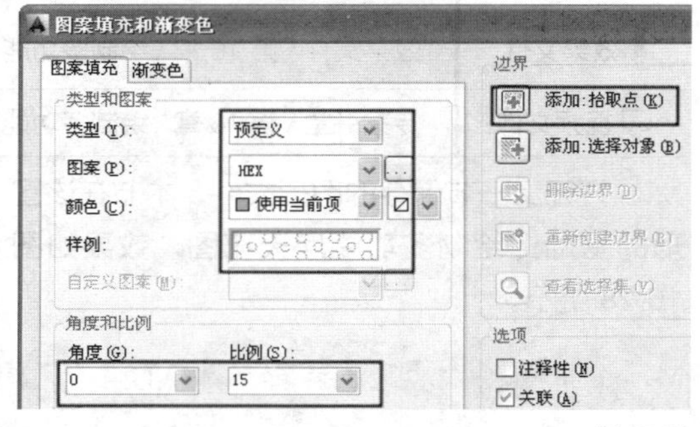

图 16-35

Step02 ▸ 单击"添加：拾取点"按钮返回绘图区，在吊顶空白方格内单击拾取填充区域，然后按 Enter 键再次返回【图案填充和渐变色】对话框，单击 确定 按钮进行填充，结果如图 16-36 所示。

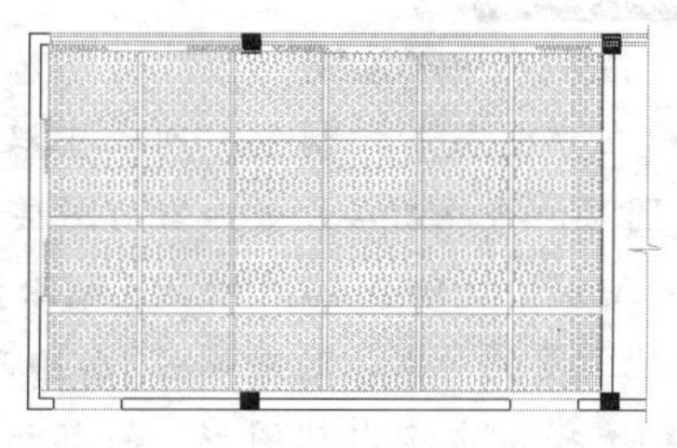

图 16-36

Step03 ▸ 单击【格式】/【点样式】命令，在打开的【点样式】对话框中，设置当前点的样式和点的大小，如图 16-37 所示。

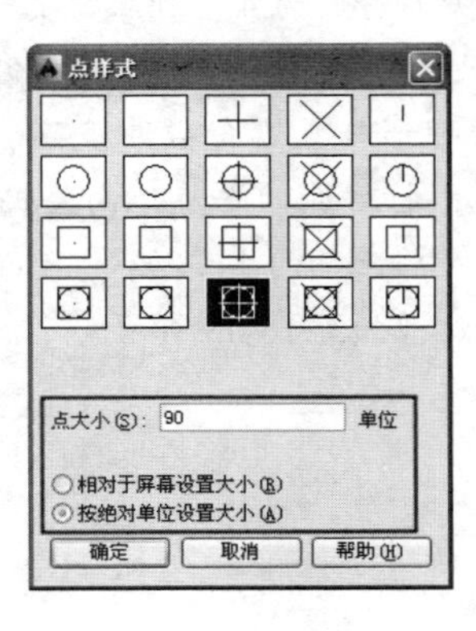

图 16-37

Step04 ▸ 修改颜色为“洋红”，使用快捷命令“L”激活【直线】命令，配合“中点”捕捉和“交点”捕捉功能，绘制如图 16-38 所示的水平直线作为定位辅助线。

Step05 ▸ 执行菜单栏中的【绘图】/【点】/【多点】命令，配合“中点”捕捉功能，在水平辅助线的中点处绘制点作为筒灯，如图 16-39 所示。

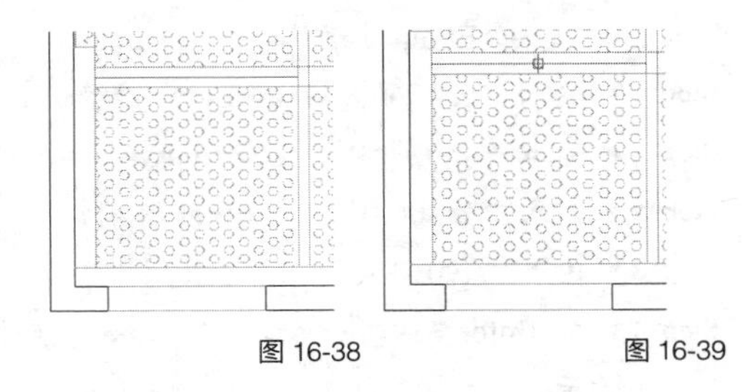

图 16-38　　图 16-39

Step06 ▸ 使用快捷命令“E”激活【删除】命令，删除定位辅助线，然后使用快捷命令“CO”激活【复制】命令，将绘制的点对称复制 512.5 个绘图单位，并删除源对象，复制结果如图 16-40 所示。

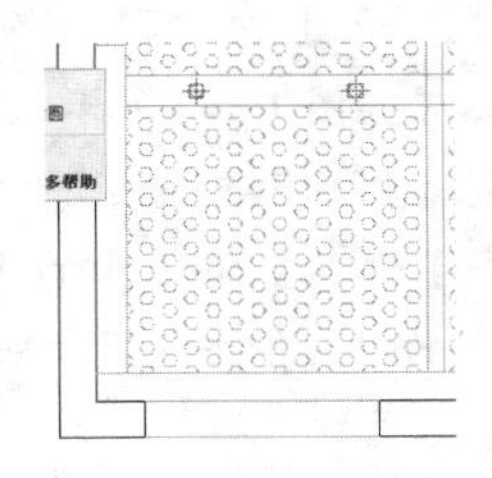

图 16-40

Step07 ▸ 使用快捷命令“AR”激活【阵列】命令，选择两个点对象，然后按 Enter 键确认。

Step08 ▸ 输入“COU”，按 Enter 键激活“计数”选项。

Step09 ▸ 输入“6”，按 Enter 键设置列数。

Step10 ▸ 输入“3”，按 Enter 键设置行数。

Step11 ▸ 输入“S”，按 Enter 键激活“间距”选项。

Step12 ▸ 输入“2051.7”，按 Enter 键设置列间距。

Step13 ▸ 输入“1972.5”，按 Enter 键设置行间距。

Step14 ▸ 按 Enter 键结束操作，阵列结果如图 16-28 所示。

Step15 ▸ 至此，多功能厅天花图绘制完毕，将该图形命名保存。

16.3.2　标注多功能厅天花图尺寸与文字

素材文件	效果文件 \ 第 16 章 \ 绘制多功能厅天花图 .dwg
效果文件	效果文件 \ 第 16 章 \ 标注多功能厅天花图尺寸与文字 .dwg
视频文件	专家讲堂 \ 第 16 章 \ 标注多功能厅天花图尺寸与文字 .swf

打开上一节保存的图形文件，本节继续标注多功能厅天花图尺寸与文字，效果如图 16-41 所示。

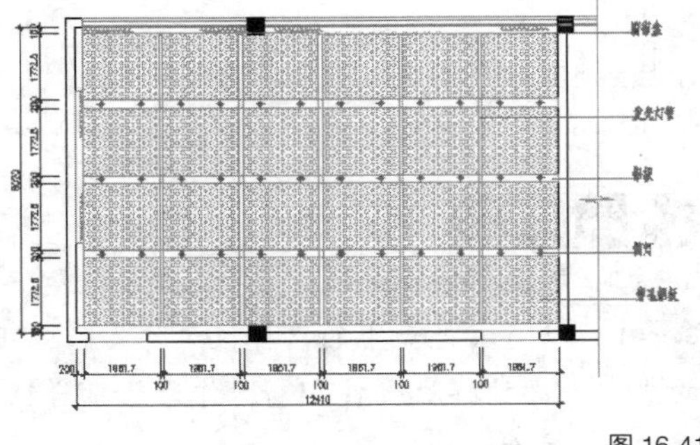

图 16-41

操作步骤

Step01 ▸ 标注多功能厅天花图尺寸。

Step02 ▸ 标注多功能厅天花图文字。

详细的操作步骤请观看随书光盘中的视频文件“标注多功能厅天花图尺寸与文字 .swf”。

16.4 绘制多功能厅 A 向装修立面图

多功能厅的天花装修一般比较简单，但是立面墙面装修却是主要装修部位，本节绘制多功能厅 A 向墙面装饰立面图，效果如图 16-42 所示。

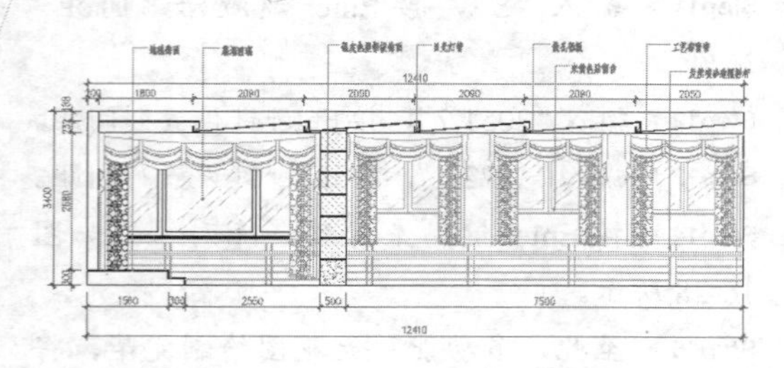

图 16-42

16.4.1 绘制多功能厅 A 向立面轮廓图

素材文件	样板文件 \ 室内设计样板文件 .dwt
效果文件	效果文件 \ 第 16 章 \ 绘制多功能厅 A 向立面轮廓图 .dwg
视频文件	专家讲堂 \ 第 16 章 \ 绘制多功能厅 A 向立面轮廓图 .swf

本节首先绘制多功能厅 A 向立面轮廓图，效果如图 16-43 所示。

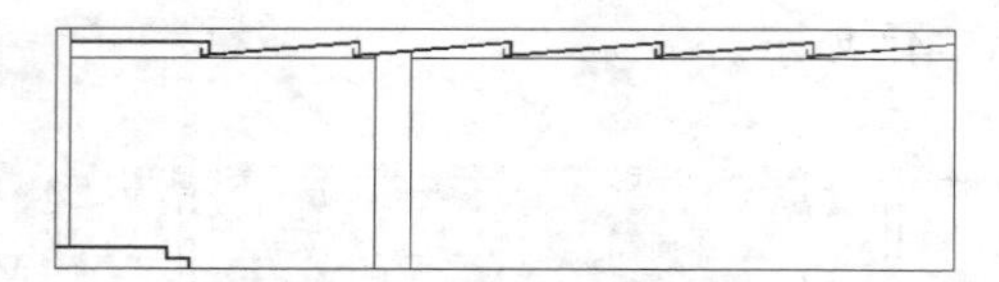

图 16-43

操作步骤

1. 绘制地台轮廓线

Step01 ▶ 以随书光盘中的“样板文件”目录下的“室内设计样板文件 .dwt”作为基础样板，创建空白文件。

Step02 ▶ 在“图层”控制下拉列表中，设置“轮廓线”图层为当前图层。

Step03 ▶ 使用快捷命令“REC”激活【矩形】命令，绘制长度为 12410 个绘图单位、宽度为 3400 个绘图单位的矩形作为立面外轮廓线，如图 16-44 所示。

Step04 ▶ 使用快捷命令“X”激活【分解】命令，将绘制的矩形分解为 4 条独立的线段。

Step05 ▶ 使用快捷命令“O”激活【偏移】命令，将左侧的矩形垂直边向右偏移 200 和 4410 个绘图单位；将右侧的垂直边向左偏移 7500 个绘图单位；将上侧的水平边向下偏移 420 个绘图单位，结果如图 16-45 所示。

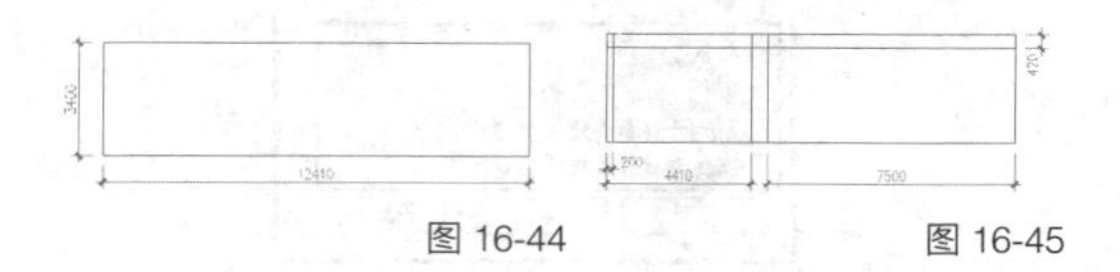

图 16-44　　图 16-45

Step06 ▶ 使用快捷命令“TR”激活【修剪】命令，对偏移的各图线进行修剪，编辑结果如图 16-46 所示。

Step07 ▶ 使用快捷命令“PL”激活【多段线】命令。

Step08 ▶ 按住 Shift 键同时单击鼠标右键，选择“自”功能。

Step09 ▶ 捕捉外轮廓线左下角点，然后输入“@0,300”，按 Enter 键确认。

Step10 ▶ 输入“@1560,0”，按 Enter 键确认。

Step11 ▶ 输入“@0,-150”，按 Enter 键确认。

Step12 ▶ 输入“@300,0”，按 Enter 键确认。

Step13 ▶ 输入“@0,-150”，按 Enter 键确认。

Step14 ▶ 按 Enter 键结束命令，绘制结果如图 16-47 所示

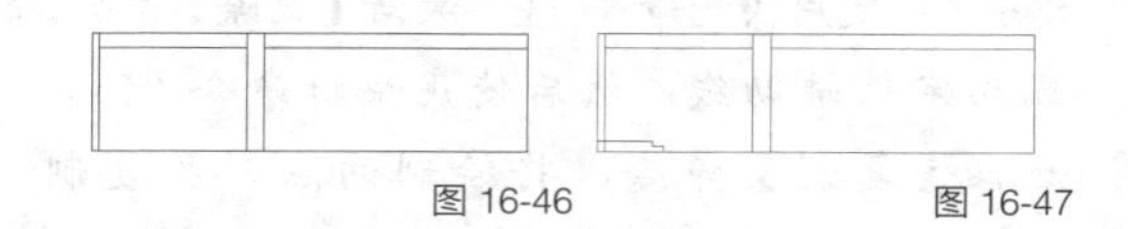

图 16-46　　图 16-47

Step15 ▶ 将刚绘制的地台轮廓线向内偏移 20 个绘图单位，然后使用【修剪】命令对垂直图线进行修剪，结果如图 16-48 所示。

2. 绘制墙面装饰线

Step01 ▶ 单击【格式】菜单中的【多线样式】命令，在打开的对话框中设置“墙线样式为当前样式。

Step02 ▶ 使用快捷命令“ML”激活【多线】命令，输入“S”，按 Enter 键激活“比例”选项。

Step03 ▸ 输入“12”，按 Enter 键设置比例。

Step04 ▸ 输入“J”，按 Enter 键激活“对正”选项。

Step05 ▸ 输入“B”，按 Enter 键设置“下对正”方式。

Step06 ▸ 按住 Shift 键同时单击鼠标右键，选择“自”功能。

Step07 ▸ 捕捉外轮廓线的左上角点，然后输入“@200,-200”，按 Enter 键确认。

Step08 ▸ 输入“@1912,0”，按 Enter 键确认。

Step09 ▸ 输入“@0,-185”，按 Enter 键确认。

Step10 ▸ 按 Enter 键结束命令，绘制结果如图 16-49 所示。

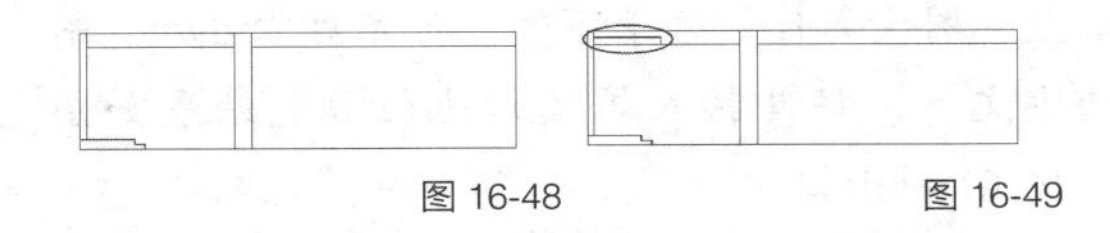

图 16-48　　　　图 16-49

Step11 ▸ 执行【多线】命令，保持各设置不变。

Step12 ▸ 按住 Shift 键同时单击鼠标右键，选择“自”功能。

Step13 ▸ 捕捉外轮廓线的左上角点，然后输入“@2000,-300”，按 Enter 键确认。

Step14 ▸ 输入“@0,-100”，按 Enter 键确认。

Step15 ▸ 输入“@2180,200”，按 Enter 键确认。

Step16 ▸ 输入“@0,-185”，按 Enter 键确认。

Step17 ▸ 按 Enter 键结束命令，绘制结果如图 16-50 所示。

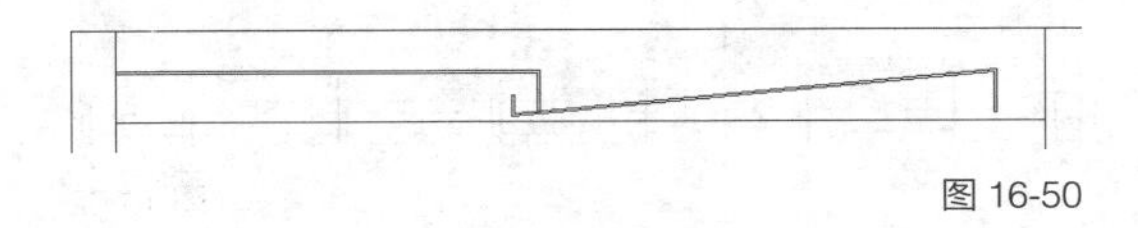

图 16-50

Step18 ▸ 使用快捷命令“AR”激活【阵列】命令，选择绘制的多线，按 Enter 键确认。

Step19 ▸ 输入“COU”，按 Enter 键激活“计数”选项。

Step20 ▸ 输入“5”，按 Enter 键设置列数。

Step21 ▸ 输入“1”，按 Enter 键设置行数。

Step22 ▸ 输入“S”，按 Enter 键激活“间距”选项。

Step23 ▸ 输入“2090”，按 Enter 键设置列间距。

Step24 ▸ 输入“1”，按 Enter 键设置行间距。

Step25 ▸ 按 Enter 键结束操作，阵列结果如图 16-51 所示。

Step26 ▸ 在阵列出的多线上双击鼠标左键打开【多线编辑工具】对话框。

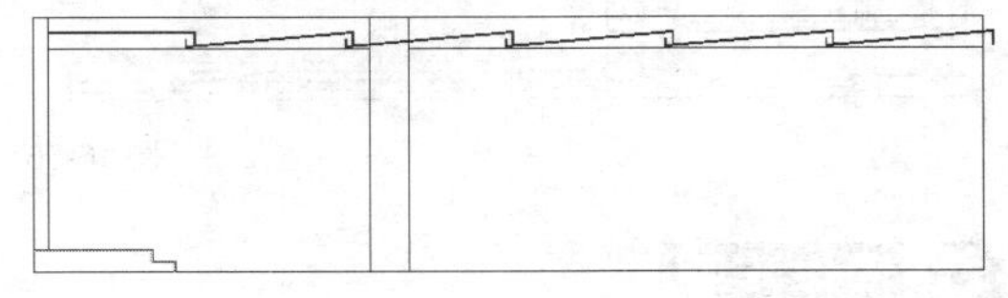

图 16-51

Step27 ▸ 单击“T 形闭合”按钮 返回绘图区，单击垂直多线，如图 16-52 所示。

Step28 ▸ 单击水平多线，如图 16-53 所示，对多线进行编辑，结果如图 16-54 所示。

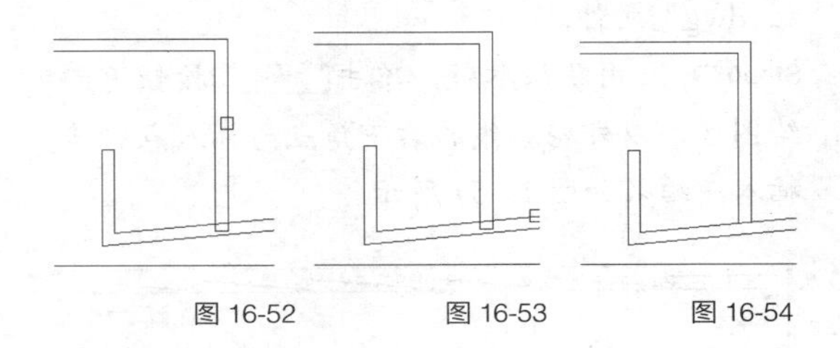

图 16-52　　　　图 16-53　　　　图 16-54

Step29 ▸ 参照上述操作，分别对其他位置的多线进行编辑。

Step30 ▸ 使用快捷命令“TR”激活【修剪】命令，对图形进行修剪完善，结果如图 16-55 所示。

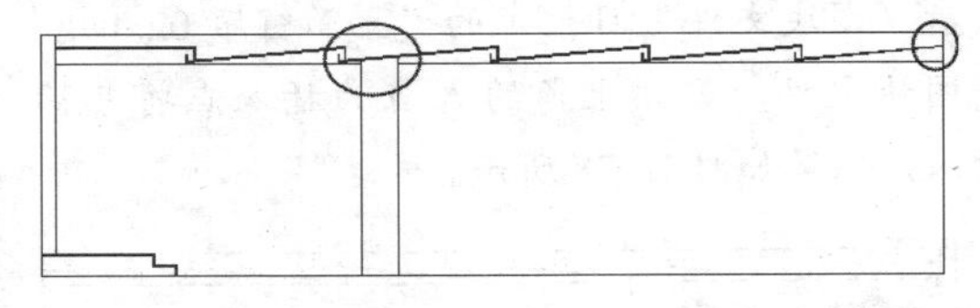

图 16-55

Step31 ▸ 至此，多功能厅 A 向立面轮廓图绘制完毕，将该图形命名保持。

16.4.2　绘制多功能厅 A 向构件图

素材文件	效果文件 \ 第 16 章 \ 绘制多功能厅 A 向立面轮廓图 .dwg
效果文件	效果文件 \ 第 16 章 \ 绘制多功能厅 A 向构件图 .dwg
视频文件	专家讲堂 \ 第 16 章 \ 绘制多功能厅 A 向构件图 .swf

打开上一节保存的图形文件，本节继续绘制多功能厅A向构件图，效果如图16-56所示。

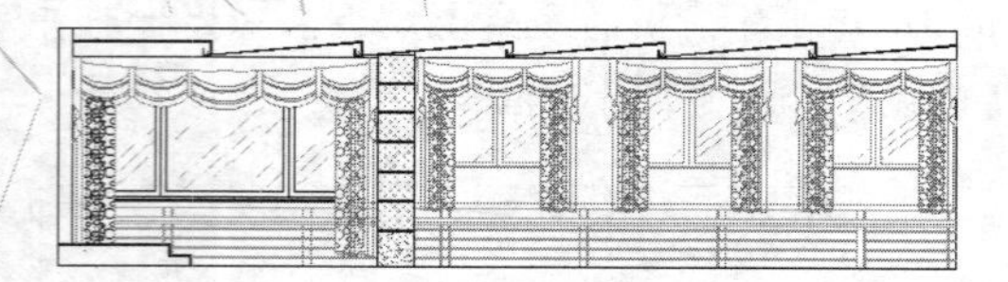

图 16-56

操作步骤

1. 添加墙面装饰

Step01 ▸ 在“图层”控制下拉列表中，将“家具层”图层设置为当前图层。

Step02 ▸ 使用快捷命令“I”激活【插入】命令，选择随书光盘“图块文件”目录下的“扶栏.dwg”文件。

Step03 ▸ 采用默认参数，单击 确定 按钮返回绘图区，以外轮廓线的右下角点为插入点将其插入，结果如图16-57所示。

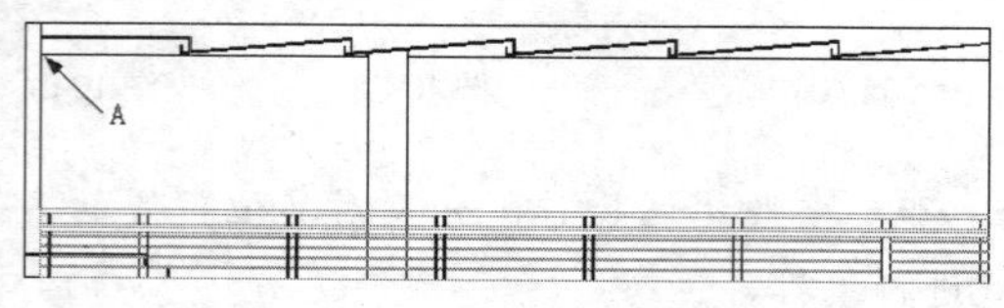

图 16-57

Step04 ▸ 执行【插入】命令，继续选择随书光盘“图块文件”目录下的“立面窗帘02.dwg”图块文件，以左上角的A点为插入点将其插入，结果如图16-58所示。

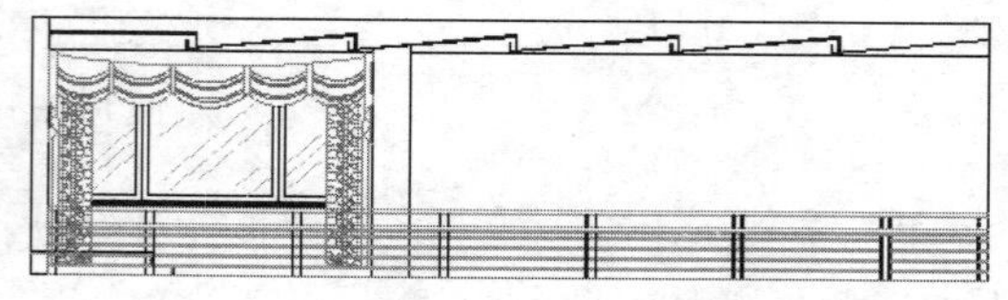

图 16-58

Step05 ▸ 执行【插入】命令，继续选择随书光盘“图块文件”目录下的“立面窗帘03.dwg”图块文件，以右上角点为插入点将其插入，结果如图16-59所示。

Step06 ▸ 使用快捷命令“CO”激活【复制】命令，对右侧的窗帘进行多重复制，结果如图16-60所示。

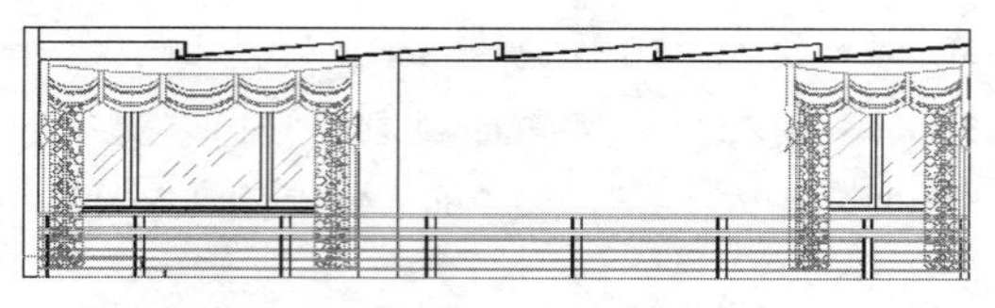

图 16-59

图 16-60

Step07 ▸ 执行【插入】命令，继续选择随书光盘“图块文件”目录下的“日光灯管dwg”图块文件，将其插入吊顶灯池位置，结果如图16-61所示。

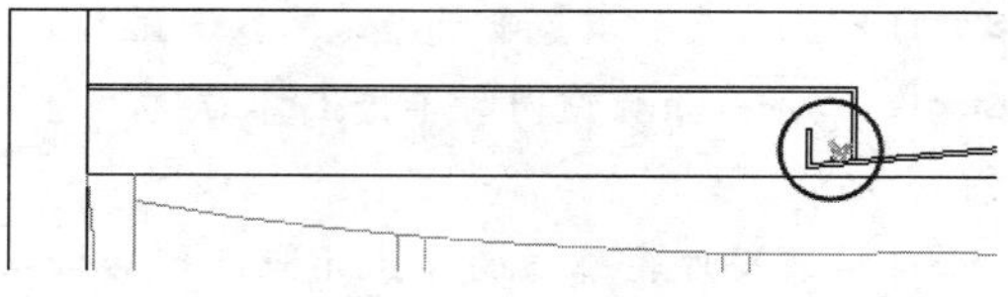

图 16-61

Step08 ▸ 使用快捷命令“CO”激活【复制】命令，将插入的日光灯管图块分别复制到其他灯池位置上，结果如图16-62所示。

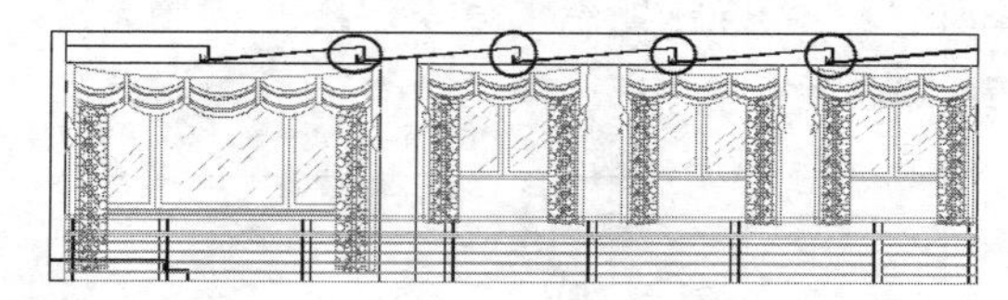

图 16-62

Step09 ▸ 使用快捷命令“X”激活【分解】命令，将左侧的窗帘和扶栏两个图块分解。

Step10 ▸ 使用快捷命令“TR”激活【修剪】命令，对扶栏和窗帘轮廓线进行修剪，并删除多余图线，结果如图16-63所示。

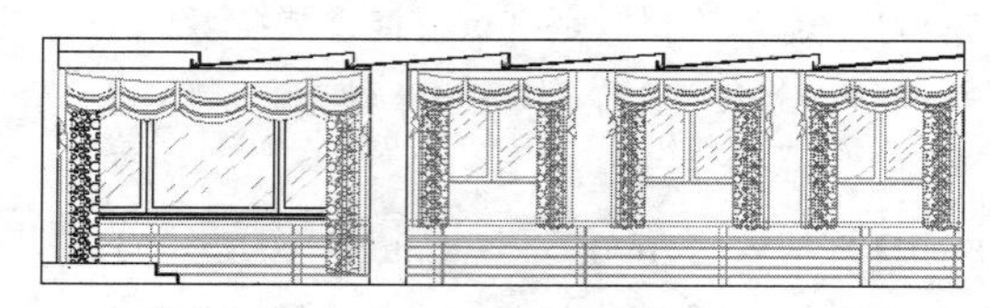

图 16-63

2. 绘制 A 向墙面的立面柱

Step01 ▸ 在“图层”控制下拉列表中，将“轮廓线”图层设置为当前图层。

Step02 ▸ 使用快捷命令“REC”激活【矩形】命令，捕捉立柱左下角点，绘制长度为 500 个绘图单位、宽度为 500 个绘图单位的矩形，如图 16-64 所示。

Step03 ▸ 执行【矩形】命令，在刚绘制的矩形的上侧 20 个绘图单位位置绘制长度为 500 个绘图单位、宽度为 400 个绘图单位的矩形，如图 16-65 所示。

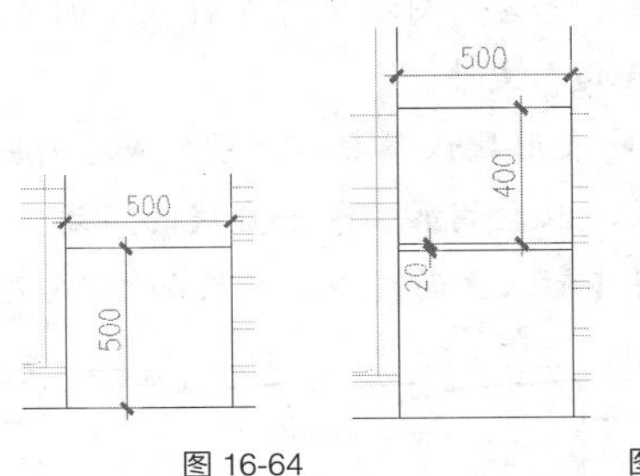

图 16-64　　图 16-65

Step04 ▸ 修改当前颜色为洋红，然后使用快捷命令“H”激活【图案填充】命令，设置填充图案及填充参数，为下侧的矩形填充图案，如图 16-66 所示。

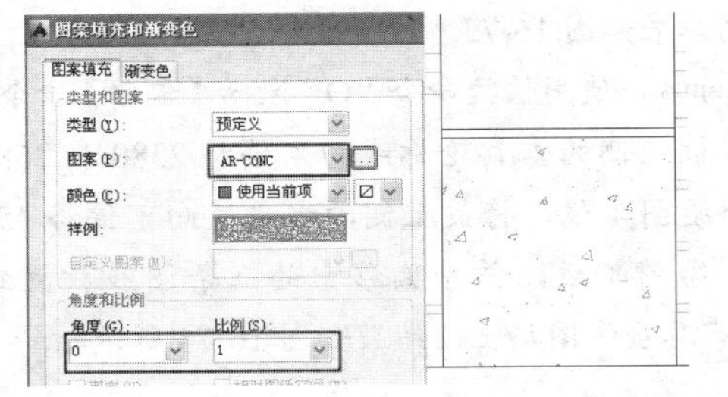

图 16-66

Step05 ▸ 修改当前颜色为 100 号色，然后再次激活【图案填充】命令，设置填充图案及填充参数，为上侧的矩形填充图案，如图 16-67 所示。

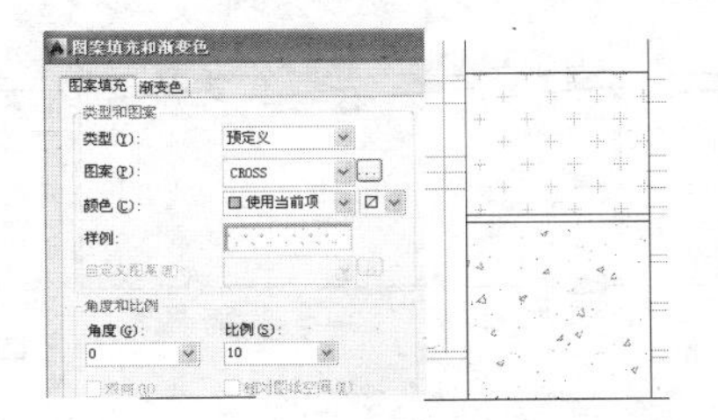

图 16-67

Step06 ▸ 使用快捷命令“AR”激活【阵列】命令，选择上侧矩形及其填充图案，然后按 Enter 键确认。

Step07 ▸ 输入“COU”，按 Enter 键激活“计数”选项。

Step08 ▸ 输入“1”，按 Enter 键设置列数。

Step09 ▸ 输入“6”，按 Enter 键设置行数。

Step10 ▸ 输入“S”，按 Enter 键激活“间距”选项。

Step11 ▸ 输入“1”，按 Enter 键设置列间距。

Step12 ▸ 输入“420”，按 Enter 键设置行间距。

Step13 ▸ 按 Enter 键结束操作，阵列结果如图 16-56 所示。

Step14 ▸ 至此，多功能厅 A 向立面构件图绘制完毕，将该图形命名保存。

16.4.3　标注多功能厅 A 向立面图尺寸与文字

素材文件	效果文件 \ 第 16 章 \ 绘制多功能厅 A 向构件图 .dwg
效果文件	效果文件 \ 第 16 章 \ 标注多功能厅 A 向立面图尺寸与文字 .dwg
视频文件	专家讲堂 \ 第 16 章 \ 标注多功能厅 A 向立面图尺寸与文字 .swf

打开上一节保存的图形文件，本节继续标注多功能厅 A 向立面图尺寸与文字，效果如图 16-68 所示。

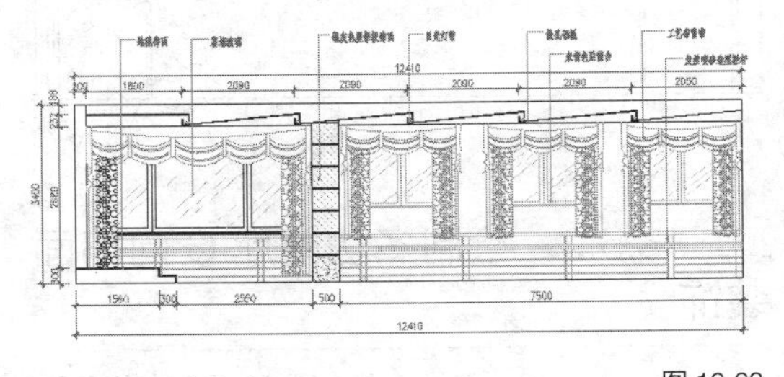

图 16-68

操作步骤

Step01 ▸ 标注尺寸。

Step02 ▸ 标注文字。

详细的操作步骤请观看随书光盘中的视频文件“标注多功能厅 A 向立面图尺寸与文字 .swf”。

16.5 绘制多功能厅 C 向立面图

本节继续绘制多功能厅 C 向装饰立面图，效果如图 16-69 所示。

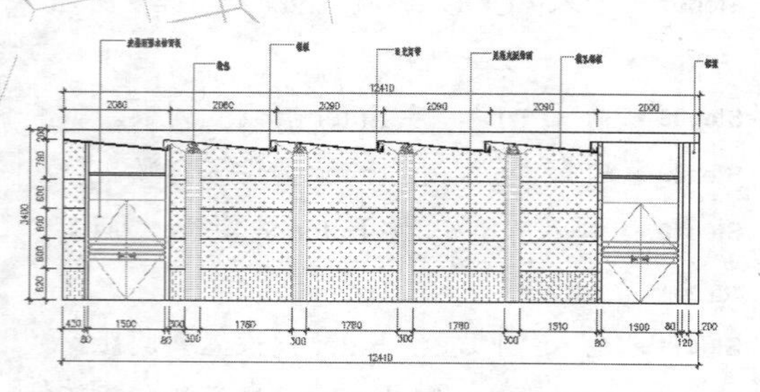

图 16-69

16.5.1 绘制多功能厅 C 向立面轮廓图

素材文件	效果文件 \ 第 16 章 \ 标注多功能厅 A 向立面图尺寸与文字 .dwg
效果文件	效果文件 \ 第 16 章 \ 绘制多功能厅 C 向立面轮廓图 .dwg
视频文件	专家讲堂 \ 第 16 章 \ 绘制多功能厅 C 向立面轮廓图 .swf

打开上一节保存的图形文件，本节继续在上一节绘制的图形的基础上绘制多功能厅 C 向立面轮廓图，效果如图 16-70 所示。详细操作步骤见光盘视频讲解文件。

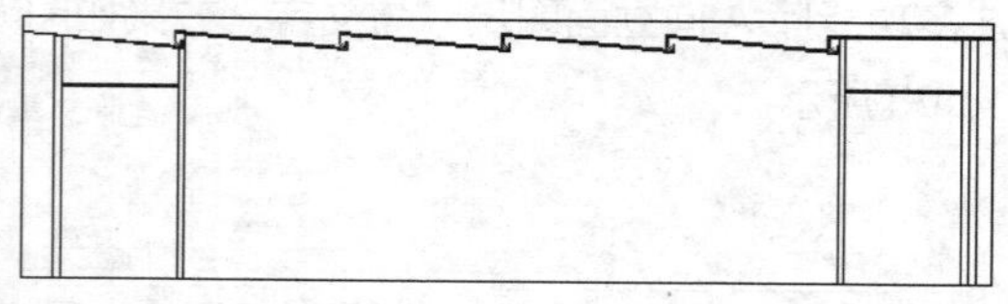

图 16-70

16.5.2 绘制多功能厅 C 向墙面装饰线

素材文件	效果文件 \ 第 16 章 \ 绘制多功能厅 C 向立面轮廓图 .dwg
效果文件	效果文件 \ 第 16 章 \ 绘制多功能厅 C 向立面装饰线 .dwg
视频文件	专家讲堂 \ 第 16 章 \ 绘制多功能厅 C 向立面装饰线 .swf

打开上一节保存的图形文件，本节继续在上一节绘制的图形的基础上绘制多功能厅 C 向立面装饰线，效果如图 16-71 所示。

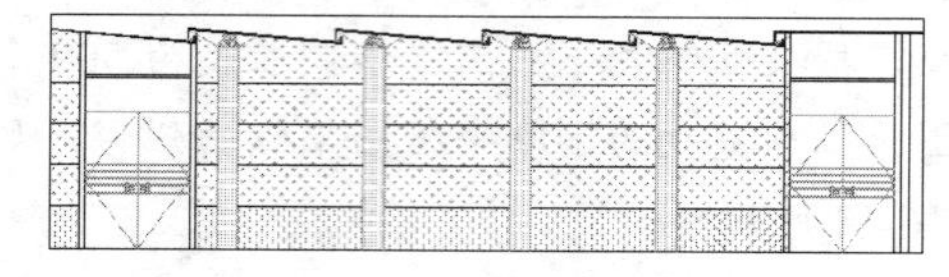

图 16-71

操作步骤

Step01 ▸ 使用快捷命令“I”激活【插入】命令，选择随书光盘“图块文件”目录下的“立面双开门 .dwg”文件。

Step02 ▸ 采用默认参数，单击 确定 按钮返回绘图区，以左侧第 3 条垂直线的下端点为插入点，将其插入立面图中，结果如图 16-72 所示。

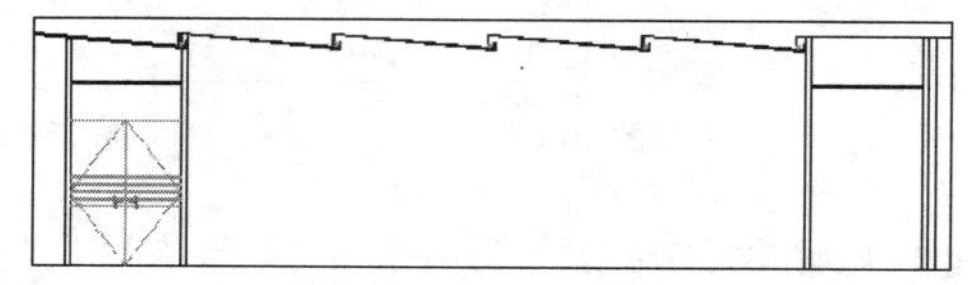

图 16-72

Step03 ▸ 使用快捷命令“CO”激活【复制】命令，将插入的立面门复制到右侧门洞位置，复制结果如图 16-73 所示。

Step04 ▸ 使用快捷命令“O”激活【偏移】命令，将最左侧的垂直轮廓线向右偏移 2380 和 2680 个绘图单位，将最上侧的水平边向下偏移 450 个绘图单位，并将偏移出的三条图线放置到“家具层”图层上，结果如图 16-74 所示。

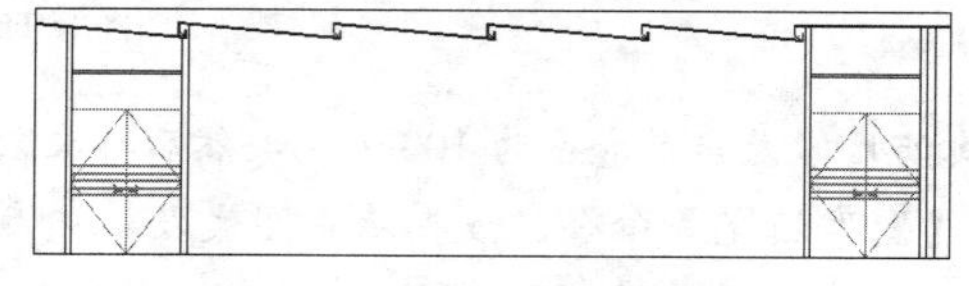

图 16-73

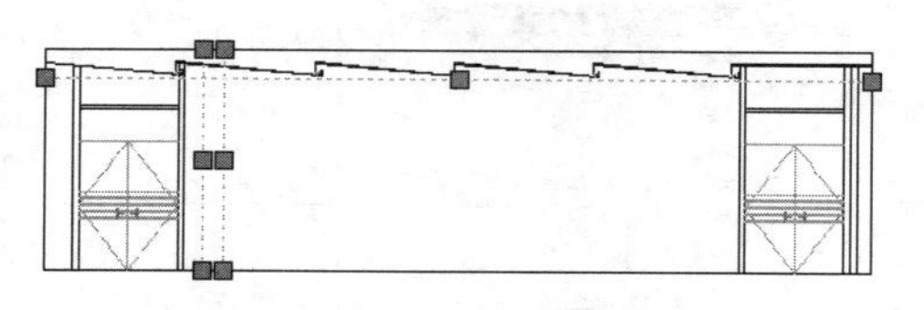

图 16-74

Step05 ▸ 使用快捷命令“XL”激活【构造线】

命令，输入“A”，按 Enter 键激活“角度”选项。

Step06 ▸ 输入“69.2”，按 Enter 键设置角度。

Step07 ▸ 捕捉如图 16-75 所示的交点，然后按 Enter 键确认绘制构造线。

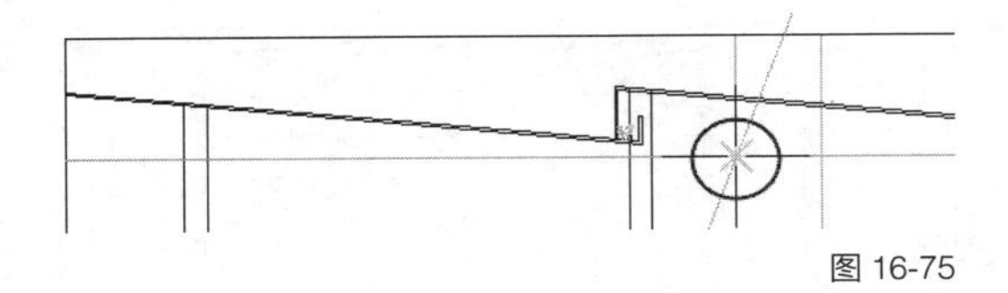

图 16-75

Step08 ▸ 执行【构造线】命令，输入“A”，按 Enter 键激活“角度”选项。

Step09 ▸ 输入“32”，按 Enter 键设置角度。

Step10 ▸ 捕捉如图 16-76 所示的交点，然后按 Enter 键确认绘制构造线。

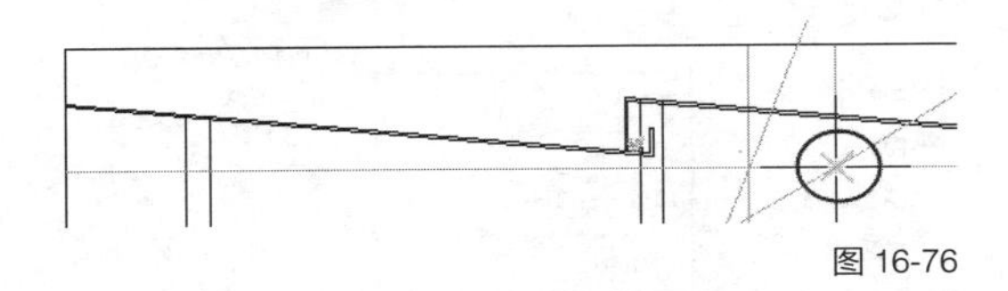

图 16-76

Step11 ▸ 执行【构造线】命令，输入“A”，按 Enter 键激活“角度”选项。

Step12 ▸ 输入“110.8”，按 Enter 键设置角度。

Step13 ▸ 捕捉如图 16-77 所示的交点，然后按 Enter 键确认绘制构造线。

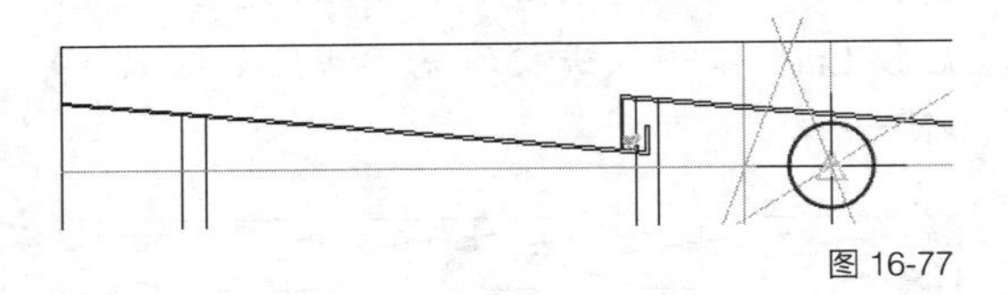

图 16-77

Step14 ▸ 使用快捷命令“TR”激活【修剪】命令，对各图线进行修剪，结果如图 16-78 所示。

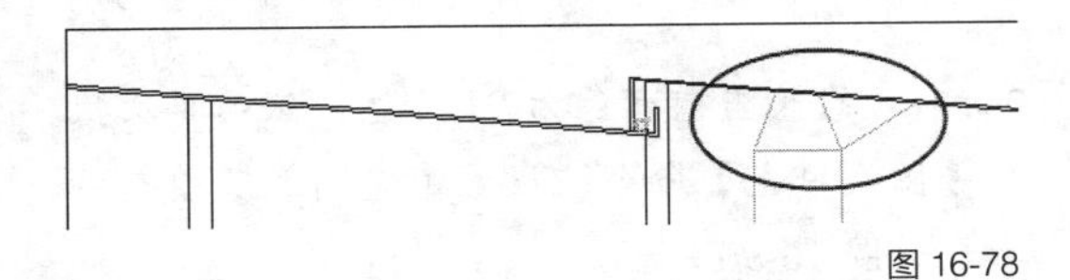

图 16-78

Step15 ▸ 使用快捷命令“L”激活【直线】命令，配合端点捕捉功能绘制如图 16-79 所示的倾斜图线。

Step16 ▸ 使用快捷命令“TR”激活【修剪】命令，以刚绘制的倾斜图线作为边界，对左侧的垂直图线进行修剪，结果如图 16-80 所示。

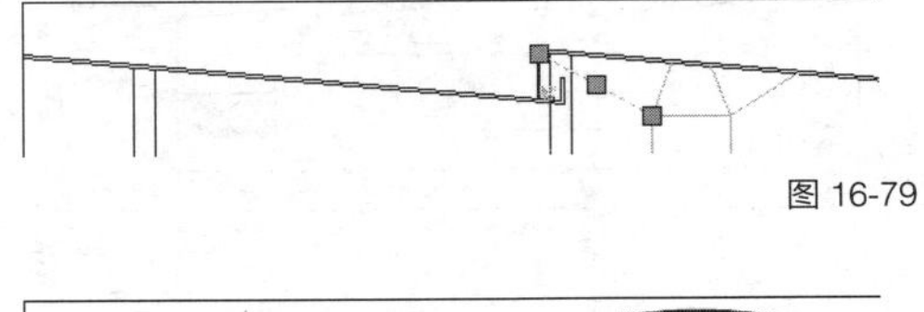

图 16-79

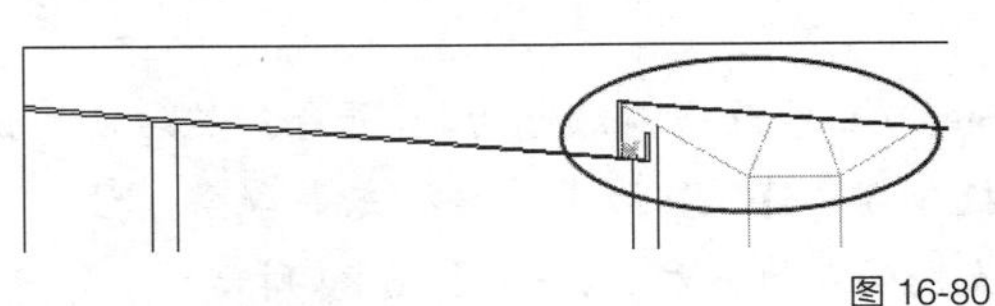

图 16-80

Step17 ▸ 使用快捷命令“AR”激活【阵列】命令，选择修剪完成的轮廓线，然后按 Enter 键确认。

Step18 ▸ 输入“COU”，按 Enter 键激活“计数”选项。

Step19 ▸ 输入“4”，按 Enter 键设置列数。

Step20 ▸ 输入“1”，按 Enter 键设置行数。

Step21 ▸ 输入“S”，按 Enter 键激活“间距”选项。

Step22 ▸ 输入“2080”，按 Enter 键设置列间距。

Step23 ▸ 输入“1”，按 Enter 键设置行间距。

Step24 ▸ 按 Enter 键结束操作，阵列结果如图 16-81 所示。

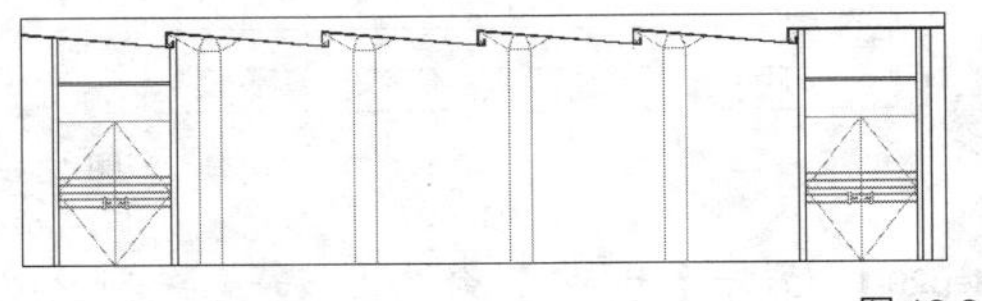

图 16-81

Step25 ▸ 激活【偏移】命令，将最下侧的水平轮廓线向上偏移 620 个绘图单位，然后将偏移出的水平轮廓线向上偏移 600、1200 和 1800 个绘图单位，并将偏移出的各图线放置到“家具层”图层上，结果如图 16-82 所示。

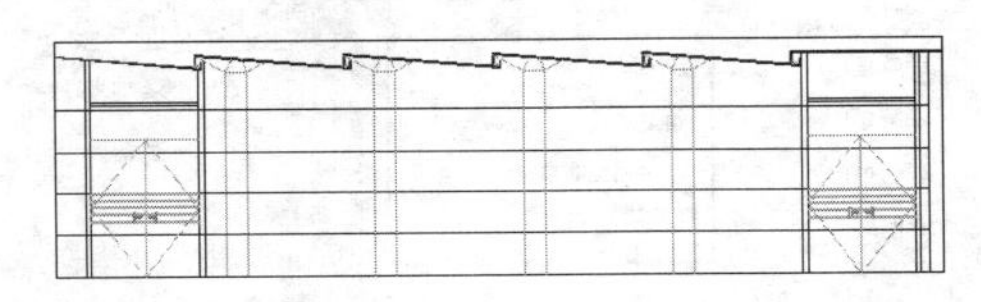

图 16-82

Step26 ▸ 使用快捷命令“TR”激活【修剪】命令，对偏移出的各水平图线进行修剪，结果如

图 16-83 所示。

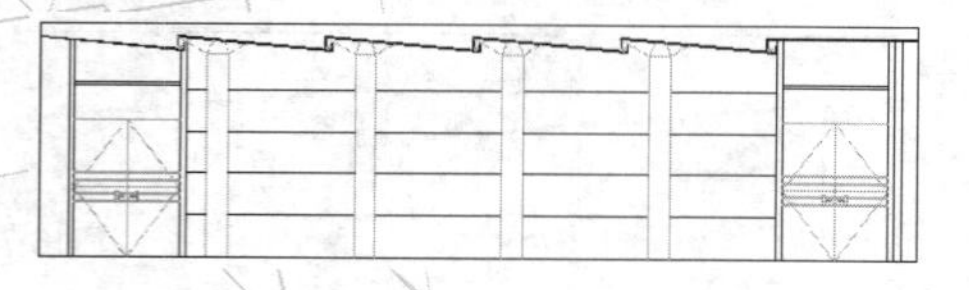

图 16-83

Step27 ▸ 修改当前颜色为 30 号色，然后使用快捷命令“H”激活【图案填充】命令，设置填充图案及填充参数，如图 16-84 所示。

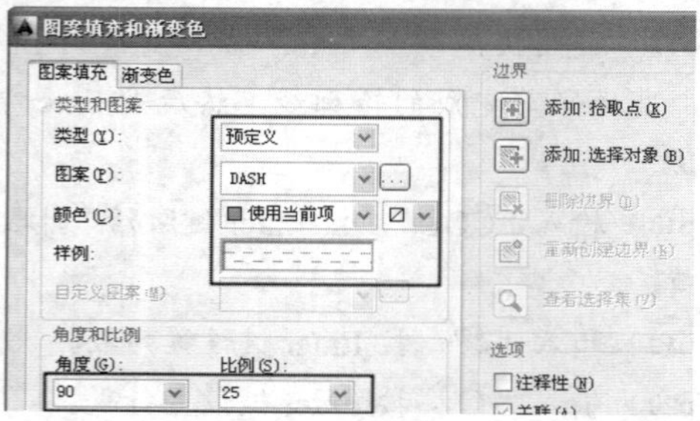

图 16-84

Step28 ▸ 单击“添加：拾取点”按钮返回绘图区，在下方区域单击拾取填充区域，然后按 Enter 键确认进行填充，结果如图 16-85 所示。

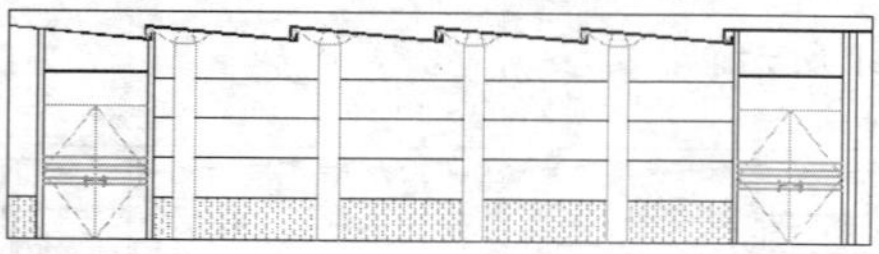

图 16-85

Step29 ▸ 执行【线型】命令，加载一种名为“DOT”的线型，并将此线型设置为当前线型。

Step30 ▸ 修改当前颜色为 221 号色，然后再次执行【图案填充】命令，设置填充图案及填充参数，如图 16-86 所示。

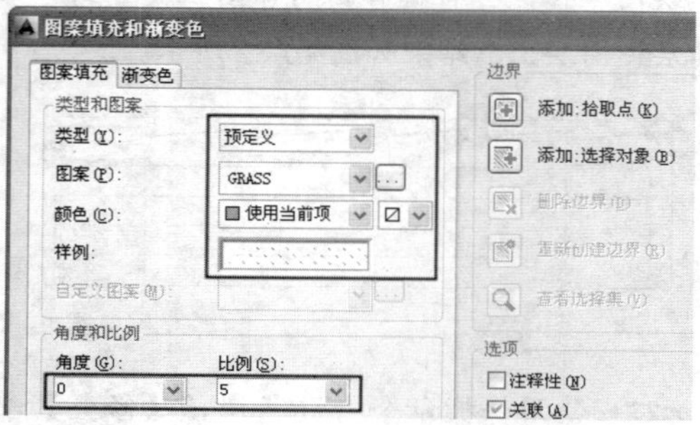

图 16-86

Step31 ▸ 单击“添加：拾取点”按钮返回绘图区，在上方其他区域单击拾取填充区域，然后按 Enter 键确认进行填充，结果如图 16-87 所示。

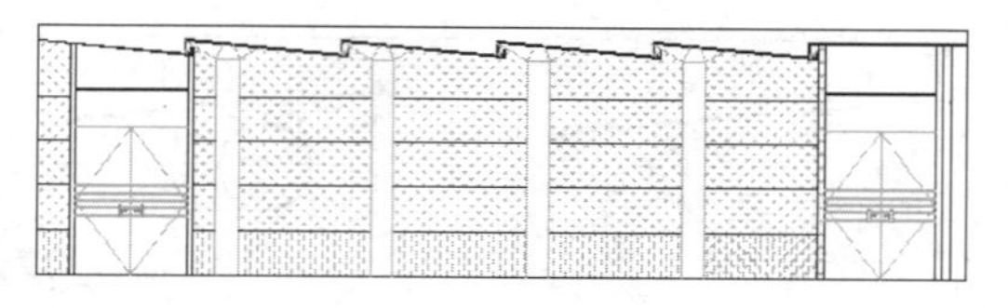

图 16-87

Step32 ▸ 修改当前颜色为 230 号色，然后再次执行【图案填充】命令，设置填充图案及填充参数，如图 16-88 所示。

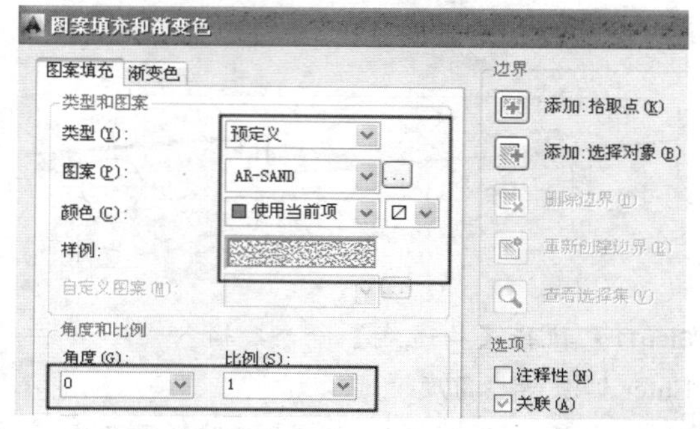

图 16-88

Step33 ▸ 单击“添加：拾取点”按钮返回绘图区，在柱子上方区域单击拾取填充区域，然后按 Enter 键确认进行填充，结果如图 16-89 所示。

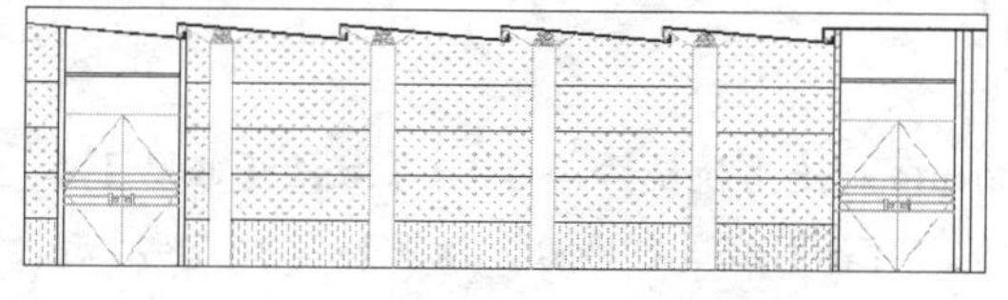

图 16-89

Step34 ▸ 修改当前颜色为 91 号色，然后再次执行【图案填充】命令，设置填充图案及填充参数，如图 16-90 所示。

Step35 ▸ 单击“添加：拾取点”按钮返回绘图区，在柱子区域单击拾取填充区域，然后按 Enter 键确认进行填充，结果如图 16-71 所示。

Step36 ▸ 至此，多功能厅 C 向立面装饰线绘制完毕，将该图形命名保存。

图 16-90

16.5.3　标注多功能厅 C 向立面图尺寸与文字

素材文件	效果文件 \ 第 16 章 \ 绘制多功能厅 C 向立面装饰线 .dwg
效果文件	效果文件 \ 第 16 章 \ 标注多功能厅 C 向立面图尺寸与文字 .dwg
视频文件	专家讲堂 \ 第 16 章 \ 绘制多功能厅 C 向立面图尺寸与文字 .swf

打开上一节保存的图形文件，本节继续标注多功能厅 C 向立面图尺寸与文字，效果如图 16-91 所示。

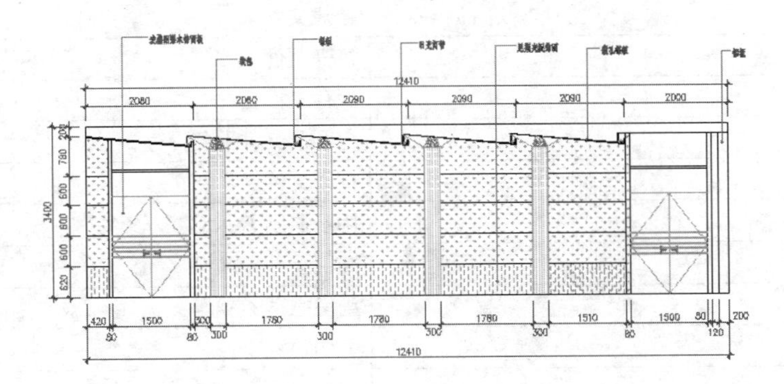

图 16-91

操作步骤

Step01 ▸ 标注尺寸。

Step02 ▸ 标注文字注释。

详细的操作步骤请观看随书光盘中的视频文件“绘制多功能厅 C 向立面图尺寸与文字 .swf”。

附录 1

命令功能键和快捷键速查表

1. 命令功能键

功 能 键	功 能 含 义
F1	AutoCAD 帮助
F2	文本窗口打开
F3	对象捕捉开关
F4	三维捕捉开关
F5	等轴测平面转换
F6	动态 UCS 开关
F7	栅格开关
F8	正交开关
F9	捕捉开关
F10	极轴开关
F11	对象跟踪开关
Ctrl+A	用于一次选择当前图形文件中的所有图形对象
Ctrl+N	新建文件
Ctrl+O	打开文件
Ctrl+S	保存文件
Ctrl+Shift+S	将图形文件另名保存
Ctrl+P	打印文件
Ctrl+Q	用于退出 AutoCAD 软件
Ctrl+Z	撤销上一步操作
Ctrl+Y	重复撤销的操作
Ctrl+X	剪切对象
Ctrl+C	复制对象
Ctrl+Shift+C	带基点复制
Ctrl+V	粘贴对象
Ctrl+Shift+V	粘贴为块
Ctrl+K	超级链接
Ctrl+1	特性管理器
Ctrl+2	设计中心
Ctrl+3	工具选项板窗口
Ctrl+4	图纸集管理器
Ctrl+5	信息选项板
Ctrl+6	数据库链接
Ctrl+7	标记集管理器
Ctrl+8	快速计算器
Ctrl+9	命令行开关
Delete	清除

2. 快捷命令

命　　令	快捷命令	功能含义
设计中心	ADC	设计中心资源管理器
对齐	AL	用于对齐图形对象
圆弧	A	用于绘制圆弧
面积	AA	用于计算对象及指定区域的面积和周长
阵列	AR	将对象矩形阵列或环形阵列
定义属性	ATT	以对话框的形式创建属性定义
创建块	B	创建内部图块，以供当前图形文件使用
边界	BO	以对话框的形式创建面域或多段线
打断	BR	删除图形一部分或把图形打断为两部分
倒角	CHA	给图形对象的边进行倒角
特性	CH	特性管理窗口
圆	C	用于绘制圆
颜色	COL	定义图形对象的颜色
复制	CO、CP	用于复制图形对象
编辑文字	ED	用于编辑文本对象和属性定义
对齐标注	DAL	用于创建对齐标注
角度标注	DAN	用于创建角度标注
基线标注	DBA	从上一或选定标注基线处创建基线标注
圆心标注	DCE	创建圆和圆弧的圆心标记或中心线
连续标注	DCO	从基准标注的第二尺寸界线处创建标注
直径标注	DDI	用于创建圆或圆弧的直径标注
编辑标注	DED	用于编辑尺寸标注
线性标注	Dli	用于创建线性尺寸标注
坐标标注	DOR	创建坐标点标注
半径标注	Dra	创建圆和圆弧的半径标注
标注样式	D	创建或修改标注样式
距离	DI	用于测量两点之间的距离和角度
定数等分	DIV	按照指定的等分数目等分对象
圆环	DO	绘制填充圆或圆环
绘图顺序	DR	修改图像和其他对象的显示顺序
草图设置	DS	用于设置或修改状态栏上的辅助绘图功能
鸟瞰视图	AV	打开“鸟瞰视图”窗口
椭圆	EL	创建椭圆或椭圆弧
删除	E	用于删除图形对象
分解	X	将组合对象分解为独立对象

续表

命　令	快捷命令	功能含义
输出	EXP	以其他文件格式保存对象
延伸	EX	用于根据指定的边界延伸或修剪对象
拉伸	EXT	用于拉伸或放样二维对象以创建三维模型
圆角	F	用于为两对象进行圆角
编组	G	用于为对象进行编组，以创建选择集
图案填充	H	以对话框的形式为封闭区域填充图案
编辑图案填充	HE	修改现有的图案填充对象
消隐	HI	用于对三维模型进行消隐显示
导入	IMP	向 AutoCAD 输入多种文件格式
插入	I	用于插入已定义的图块或外部文件
交集	IN	用于创建两对象的公共部分
图层	LA	用于设置或管理图层及图层特性
拉长	LEN	用于拉长或缩短图形对象
直线	L	创建直线
线型	LT	用于创建、加载或设置线型
列表	LI、LS	显示选定对象的数据库信息
线型比例	LTS	用于设置或修改线型的比例
线宽	LW	用于设置线宽的类型、显示及单位
特性匹配	MA	把某一对象的特性复制给其他对象
定距等分	ME	按照指定的间距等分对象
镜像	MI	根据指定的镜像轴对图形进行对称复制
多线	ML	用于绘制多线
移动	M	将图形对象从原位置移动到所指定的位置
多行文字	T、MT	创建多行文字
偏移	O	按照指定的偏移间距对图形进行偏移复制
选项	OP	自定义 AutoCAD 设置
对象捕捉	OS	设置对象捕捉模式
实时平移	P	用于调整图形在当前视口内的显示位置
编辑多段线	PE	编辑多段线和三维多边形网格
多段线	PL	创建二维多段线
点	PO	创建点对象
正多边形	POL	用于绘制正多边形
特性	CH、PR	控制现有对象的特性
快速引线	LE	快速创建引线和引线注释
矩形	REC	绘制矩形

续表

命　　令	快捷命令	功能含义
重画	R	刷新显示当前视口
全部重画	RA	刷新显示所有视口
重生成	RE	重生成图形并刷新显示当前视口
全部重生成	REA	重新生成图形并刷新所有视口
面域	REG	创建面域
重命名	REN	对象重新命名
渲染	RR	创建具有真实感的着色渲染
旋转实体	REV	绕轴旋转二维对象以创建对象
旋转	RO	绕基点移动对象
比例	SC	在 X、Y 和 Z 方向等比例放大或缩小对象
切割	SEC	用剖切平面和对象的交集创建面域
剖切	SL	用平面剖切一组实体对象
捕捉	SN	用于设置捕捉模式
二维填充	SO	用于创建二维填充多边形
样条曲线	SPL	创建二次或三次 (NURBS) 样条曲线
编辑样条曲线	SPE	用于对样条曲线进行编辑
拉伸	S	用于移动或拉伸图形对象
样式	ST	用于设置或修改文字样式
差集	SU	用差集创建组合面域或实体对象
公差	TOL	创建形位公差标注
圆环	TOR	创建圆环形对象
修剪	TR	用其他对象定义的剪切边修剪对象
并集	UNI	用于创建并集对象
单位	UN	用于设置图形的单位及精度
视图	V	保存和恢复或修改视图
写块	W	创建外部块或将内部块转变为外部块
楔体	WE	用于创建三维楔体模型
外部参照	XA	用于向当前图形中附着外部参照
外部参照绑定	XB	将外部参照依赖符号绑定到图形中
构造线	XL	创建无限长的直线（即参照线）
分解	X	将组合对象分解为组建对象
外部参照管理	XR	控制图形中的外部参照
缩放	Z	放大或缩小当前视口对象的显示

附录 2

综合自测参考答案

第 1 章

选择题	题号	1	2	3	4
	答案	B	A	D	A

第 2 章

选择题	题号	1	2	3	4	5
	答案	C	D	A	B	B
操作提示	（1）激活【直线】命令。 （2）配合“正交”功能绘制外侧水平和垂直图线。 （3）激活“自”功能，继续使用【直线】命令绘制内部图线。					

第 3 章

选择题	题号	1	2	3	4	5	6	7
	答案	A	H	B	A	D	S	B
操作提示	（1）激活【多线】命令，设置多线样式、比例、对正方式等。 （2）使用【多线】创建立面窗外框。 （3）继续使用【多线】命令创建立面窗内框。 （4）使用【多段线】配合“中点”捕捉功能绘制立面窗内装饰线。							

第 4 章

选择题	题号	1	2	3	4	5
	答案	A	D	B	A	A
操作提示	（1）使用【矩形】命令绘制平面椅子面轮廓。 （2）使用【矩形】命令绘制平面椅子扶手。 （3）使用【圆】与【多段线】命令绘制平面椅子靠背图形。 （4）使用【直线】命令完善图形。					

第 5 章

选择题	题号	1	2	3	4	5
	答案	A	A	B	C	D
操作提示	（1）绘制矩形作为茶几面。 （2）将矩形分解，然后将其向外偏移，创建茶几外部图形。 （3）对偏移的直线进行圆角处理，然后使用【直线】命令连接外部圆弧的端点。 （4）对茶几面进行图案填充，完成茶几的绘制。					

第 6 章

选择题	题号	1	2	3	4
	答案	A	B	B	A
操作提示 1	（1）绘制矩形作为浴缸基本图形。 （2）对矩形进行偏移创建内部结构。 （3）对内部矩形进行圆角处理。				
操作提示 2	（1）使用【插入】命令插入创建的图块文件。 （2）使用【图案填充】命令向地面填充图案。				

第 7 章

选择题	题号	1	2	3	4	5
	答案	C	A	A	A	A
操作提示	（1）设置尺寸样式并标注平面图尺寸。 （2）设置文字样式并标注平面图房间功能。 （3）设置文字样式并标注平面图房间面积。					